Springer Collected Works in Mathematics

For further volumes:
http://www.springer.com/series/11104

Hermann Weyl

Gesammelte Abhandlungen III

Editor

Komaravolu Chandrasekharan

Reprint of the 1968 Edition

 Springer

Author
Hermann Weyl
1885 Elmshorn, Germany –
1955 Zürich, Switzerland

Editor
Komaravolu Chandrasekharan
Department of Mathematics
ETH Zürich
Switzerland

ISSN 2194-9875
ISBN 978-3-662-44251-7   (Softcover)
      978-3-540-04388-1   (Hardcover)
DOI 10.1007/978-3-662-44252-4
Springer Heidelberg New York Dordrecht London

Library of Congress Control Number: 2012954381

Mathematical Subject Classification (2010): 01-XX, 83-XX

Printed on acid-free paper

Springer is part of Springer Science+Business Media (www.springer.com)

Preface

The name of HERMANN WEYL is enshrined in the history of mathematics. A thinker of exceptional depth, and a creator of ideas, WEYL possessed an intellect which ranged far and wide over the realm of mathematics, and beyond. His mind was sharp and quick, his vision clear and penetrating. Whatever he touched he adorned. His personality was suffused with humanity and compassion, and a keen aesthetic sensibility. Its fullness radiated charm. He was young at heart to the end. By precept and example, he inspired many mathematicians, and influenced their lives. The force of his ideas has affected the course of science. He ranks among the few universalists of our time.

This collection of papers is a tribute to his genius. It is intended as a service to the mathematical community.

Thanks are due to Springer-Verlag for undertaking the publication, and to the Zentenarfonds of the Eidgenössische Technische Hochschule, Zürich, and to its President Dr. J. BURCKHARDT, for a generous subvention. The co-operation of Professor B. ECKMANN has helped the project along.

These papers will no doubt be a source of inspiration to scholars through the ages.

Zürich, May 1968   K. CHANDRASEKHARAN

Note

These four volumes of papers by HERMANN WEYL contain all those listed in the bibliography given in the *Selecta* HERMANN WEYL, together with four additions. No changes in the text have been made other than those made by the author himself at the time of the publication of his *Selecta*.

An obituary notice by A. WEIL and C. CHEVALLEY, originally published in *l'Enseignement mathématique*, is reproduced at the end, by courtesy of the authors.

The co-operation of the publishers of the various periodicals in which WEYL's work appeared, and particularly of Birkhäuser-Verlag who brought out the *Selecta*, is gratefully acknowledged. The excellent work done by the printer merits a special mention. The frontispiece is from the collection of Mrs. ELLEN WEYL.

Inhaltsverzeichnis Band III

Vollständige Liste aller Titel

Band I

Band III

Band IV

69.

Zur Darstellungstheorie und Invariantenabzählung der projektiven, der Komplex- und der Drehungsgruppe
Acta Mathematica 48, 255—278 (1926)

Gestützt auf CARTAN's umfassende Untersuchungen über infinitesimale Gruppen[1] und vor allem auf die tief eindringende Charakteristiken-Methode, welche I. SCHUR nach dem Muster der endlichen Gruppen (FROBENIUS) an der reellen Drehungsgruppe entwickelte[2], habe ich kürzlich eine allgemeine Theorie der Darstellung kontinuierlicher halb-einfacher Gruppen durch lineare Transformationen aufgestellt.[3] Zu den halb-einfachen gehören insbesondere die Gruppe $\mathfrak{g}\,\mathfrak{1}$ aller homogenen linearen Transformationen von der Determinante $\mathfrak{1}$ sowie die Drehungsgruppe $\mathfrak{b}$ und die Komplexgruppe $\mathfrak{c}$, welche in der ersten enthalten sind. Von den Formeln ihrer primitiven Charakteristiken sollen hier einige naheliegende Anwendungen gemacht werden. Die erste betrifft die *Abzählung von Invarianten;* es war dieses Problem, von welchem I. SCHUR seinen Ausgang nahm, und für die Zwecke der Invariantentheorie stellte HURWITZ zuerst jenen das Kontinuum der Gruppe als Integrationsgebiet verwendenden Integralkalkül auf, der die Seele der SCHURschen Methode ist. — Die zweite Anwendung betrifft die folgende Frage: jede primitive (irreduzible) Darstellung der Gruppen $\mathfrak{g}\,\mathfrak{1}$, $\mathfrak{c}$, $\mathfrak{b}$ in ν Dimensionen liefert zugleich eine Darstellung der entsprechenden Gruppe in $\nu-\mathfrak{1}$ Dimensionen; wie setzt diese sich aus primitiven zusammen? — Endlich dehne ich

---

[1] Vor allem die Thèses (Paris 1894) und: Bull. Soc. Math. de France *41*, p. 53.

[2] Drei Abhandlungen in den Sitzungsber. d. Preuss. Akademie 1924, p. 189, p. 297, p. 346 (zitiert als: Schur *1, 2, 3*).

[3] Drei Abhandlungen in der Math. Zeitschr. 1925, Bd. *23*, p. 271, Bd. *24*, p. 328 und p. 377 (zitiert als: I, II, III).

drittens die Charakteristikenformeln für die Gruppe $\mathfrak{d}$ auf die Gruppe $\mathfrak{d}'$ aller orthogonalen Transformationen aus, welche neben den eigentlichen auch die uneigentlichen Operationen von der Determinante -1 enthält.

§ 1. Rekapitulation.

Wir operieren im zentrierten affinen Raum $\mathfrak{r}$ von ν Dimensionen. Statt $\mathfrak{g}$ 1 werden wir hier (obwohl sie nicht halb-einfach ist) die volle Gruppe $\mathfrak{g}$ *aller* homogenen linearen Transformationen von nicht-verschwindender Determinante betrachten. Im Falle der Komplexgruppe ist ν notwendig gerade $=2\,n$, im Falle der Drehungsgruppe unterscheiden wir ungerade und gerade Dimensionszahl: $\nu = 2\,n+1$ oder $\nu = 2\,n$. Die vier behandelten Klassen von Gruppen sind also — und wir werden fortan immer diese Reihenfolge innehalten —:

$$\mathfrak{g}, \nu = n; \quad \mathfrak{c}, \nu = 2\,n; \quad \mathfrak{d}, \nu = 2\,n+1; \quad \mathfrak{d}, \nu = 2\,n.$$

Dem »schiefen» und dem »skalaren» Produkt, d. i. der invarianten schiefsymmetrischen bezw. symmetrischen Bilinearform zweier Vektoren

$$x = \{x_0\}, \ x_1, \ldots, x_n, \ x'_1, \ldots, x'_n \text{ und } y,$$

welche der Definition der Gruppe $\mathfrak{c}$ und $\mathfrak{d}$ zugrunde liegen — das in $\{\ \}$ gesetzte Glied tritt nur bei ungerader Dimensionszahl auf —, geben wir die Gestalt

$$(1) \qquad [x\,y] = \qquad (x_1\,y'_1 - y_1\,x'_1) + \cdots + (x_n\,y'_n - y_n\,x'_n),$$

$$(2) \qquad (x\,y) = \{x_0\,y_0\} + (x_1\,y'_1 + y_1\,x'_1) + \cdots + (x_n\,y'_n + y_n\,x'_n).$$

Indem wir uns innerhalb der Gruppen auf die unitären Transformationen beschränken, entstehen die geschlossenen Kontinua $\mathfrak{g}_u, \mathfrak{c}_u, \mathfrak{d}_u$. Innerhalb dieser Gruppen ist jede Transformation τ zu einer »Haupttransformation» (ε) konjugiert, in deren Matrix nur die Hauptdiagonale mit Zahlen $\varepsilon_1, \varepsilon_2, \ldots, \varepsilon_\nu$ besetzt ist, welche nicht verschwinden. Die ε sind vom absoluten Betrage 1. Wir setzen ein für allemal

$$\varepsilon = e^{2\pi i \varphi} = e(\varphi), \quad c(\varphi) = e(\varphi) + e(-\varphi), \quad s(\varphi) = e(\varphi) - e(-\varphi).$$

Im Falle $\mathfrak{c}$ und $\mathfrak{d}$ sind die ε zu je zweien reziprok:

$$\{\varepsilon_0 = 1\}; \ \varepsilon_1, \ldots, \varepsilon_n; \ \varepsilon'_1 = \frac{1}{\varepsilon_1}, \ldots, \varepsilon'_n = \frac{1}{\varepsilon_n}.$$

3

Die nur mod. 1 bestimmten Grössen φ_1, φ_2, ..., φ_n:

$$\varepsilon_1 = e(\varphi_1), \quad \varepsilon_2 = e(\varphi_2), \ldots, \quad \varepsilon_n = e(\varphi_n)$$

heissen die Drehwinkel der Operation τ. Das Volumen

$$d\Omega = \varDelta\,\overline{\varDelta}\,d\varphi_1\,d\varphi_2 \ldots d\varphi_n$$

desjenigen Teiles, welcher aus der Gruppe $\mathfrak{g}_u$, $\mathfrak{c}_u$ oder $\mathfrak{d}_u$ dadurch ausgeschnitten wird, dass man die Drehwinkel auf den Spielraum $\varphi_i \ldots \varphi_i + d\varphi_i$ beschränkt, berechnet sich für die vier unterschiedenen Gruppen aus:

$$\varDelta = \underset{i>k}{\varPi}\big(e(\varphi_i) - e(\varphi_k)\big),$$

$$\varDelta = \underset{i}{\varPi}\,s(\varphi_i) \cdot \underset{i>k}{\varPi}\big(c(\varphi_i) - c(\varphi_k)\big),$$

$$\varDelta = \underset{i}{\varPi}\,s\left(\frac{\varphi_i}{2}\right) \cdot \underset{i>k}{\varPi}\big(c(\varphi_i) - c(\varphi_k)\big),$$

$$\varDelta = \underset{i>k}{\varPi}\big(c(\varphi_i) - c(\varphi_k)\big).$$

Die Indizes i und k durchlaufen die Werte von 1 bis n, $\bar{\alpha}$ bezeichnet allgemein die zu α konjugiert-komplexe Zahl.

Bei einer primitiven oder irreduziblen Darstellung der Gruppe durch lineare Transformationen in N Variablen (N-dimensionale Darstellung) kann man das Koordinatensystem im N-dimensionalen Bildraum immer so wählen, dass den Haupttransformationen (ε) Haupttransformationen (E) korrespondieren; und zwar stehen in der Hauptdiagonale von (E) lauter Terme von der Gestalt

$$e(\varPhi_k), \qquad \varPhi_k = k_1\varphi_1 + k_2\varphi_2 + \cdots + k_n\varphi_n.$$

Die vorkommenden Linearformen $\varPhi_k$ heissen die *Gewichte;* die Summe der $e(\varPhi_k)$ ist die *Spur* von (E) und damit zugleich die Spur $\chi(\tau)$ derjenigen Transformation T, welche in der Darstellung dem Element τ der gegebenen Gruppe korrespondiert. Wenn wir uns bei $\mathfrak{d}$ und $\mathfrak{g}$ auf die *eindeutigen* Darstellungen beschränken (für $\mathfrak{d}$ existieren auch zweideutige, für $\mathfrak{g}$ sogar unendlichvieldeutige), so sind die Koeffizienten k ganze Zahlen. Die endliche Fourierreihe χ ist invariant gegenüber denjenigen auf die φ auszuübenden Substitutionen S, welche (ε) in ein konjugiertes Element seiner Gruppe überführen. Die Gruppe der S besteht im Falle $\mathfrak{g}$ aus allen Permutationen; im Falle $\mathfrak{c}$ und $\mathfrak{d}$, $\nu = 2n+1$ sind ihre Erzeugenden die Transpositionen und die Vorzeichenänderungen an je einer Variablen φ, im Falle

$\mathfrak{b}$, $\nu = 2n$ die Transpositionen und die Vorzeichenänderungen an je einem Variablenpaar. Die Ordnungen sind bezw. $= n!$, $2^n \cdot n!$, $2^{n-1} \cdot n!$. Bei lexikographischer Anordnung der Glieder von χ — nach dem Prinzip, dass $k_1 \varphi_1 + k_2 \varphi_2 + \cdots + k_n \varphi_n$ höher steht als $k_1' \varphi_1 + k_2' \varphi_2 + \cdots + k_n' \varphi_n$, wenn die letzte von o verschiedene der Differenzen $k_1 - k_1'$, $k_2 - k_2'$, $\ldots$, $k_n - k_n'$ positiv ist — tritt ein höchstes Gewicht auf

$$(3) \qquad \varPhi = g_1 \varphi_1 + g_2 \varphi_2 + \cdots + g_n \varphi_n;$$

dieses ist stets von der Multiplizität 1 und bestimmt die primitive Darstellung eindeutig. Die ganzen Zahlen g_i genügen jenen Ungleichungen, welche ausdrücken, dass $\varPhi$ nicht tiefer steht als die äquivalenten (aus $\varPhi$ durch die Substitutionen S hervorgehenden) Linearformen.

Um die *Charakteristiken* χ bequem ausdrücken zu können, habe ich die *Elementarsummen* eingeführt:

$$\xi(l) = \sum_{(S)} \pm e(l_1 \varphi_1 + l_2 \varphi_2 + \cdots + l_n \varphi_n).$$

Die Summe erstreckt sich alternierend über diejenigen Terme, die sich aus dem hingeschriebenen durch Ausübung der Substitutionen S ergeben. In Determinantenform ist

$$\xi(l) = |\, \varepsilon_i^{l_k} \,| \qquad (\mathfrak{g}),$$

$$\xi(l) = |\, \varepsilon_i^{l_k} - \varepsilon_i^{-l_k} \,| \qquad (\mathfrak{c} \text{ und } \mathfrak{d}, \nu = 2n+1),$$

$$2\,\xi(l) = |\, \varepsilon_i^{l_k} + \varepsilon_i^{-l_k} \,| + |\, \varepsilon_i^{l_k} - \varepsilon_i^{-l_k} \,| \qquad (\mathfrak{d}, \nu = 2n).$$

Stets ist $\Omega = \int d\Omega$ (die Integration erstreckt sich nach allen Winkeln φ_1, φ_2, $\ldots$, φ_n von o bis 1) gleich der Ordnung der S-Gruppe, ferner $\varDelta = \xi(l^0)$ mit

$$(l_1^0, l_2^0, \ldots, l_n^0) = (0, 1, \ldots, n-1) \quad : \qquad \mathfrak{g} \text{ und } \mathfrak{d}, \nu = 2n;$$

$$= (1, 2, \ldots, n) \quad : \qquad \mathfrak{c};$$

$$= \left(\frac{1}{2}, \frac{3}{2}, \ldots, n - \frac{1}{2} \right) : \qquad \mathfrak{d}, \nu = 2n+1.$$

Die Charakteristik χ der primitiven Darstellung vom höchsten Gewicht (3) aber berechnet sich aus der Formel

$$\chi = \frac{\xi(l)}{\xi(l^0)}, \qquad l_i = g_i + l_i^0.$$

Die verschiedenen χ bilden ein Orthogonalsystem für das Integrationselement $d\Omega$. Jede (bei $\mathfrak{g}$ und $\mathfrak{b}$ scilicet: eindeutige) Darstellung zerfällt in primitive.

§ 2. Die Formeln für die Invariantenabzählung.

Liegt eine M-dimensionale Darstellung $\mathfrak{H}: \tau \to T$ vor, so versteht man unter einer zugehörigen *Invariante* ι eine Linearform der Koordinaten $y_1, y_2, \ldots, y_M$ des Bildraumes, welche durch die sämtlichen Transformationen T in sich übergeht. Ist X die Charakteristik der Darstellung $\mathfrak{H}$, so ist nach Schur die Anzahl der linear unabhängigen zu $\mathfrak{H}$ gehörigen Invarianten[1]

$$= \frac{1}{\Omega} \int X(\varphi)\, d\Omega.$$

Der Begriff der (skalaren) Invariante ist zu verallgemeinern zu dem der *invarianten Grösse*. Es sei $\mathfrak{h}: \tau \to t$ die primitive μ-dimensionale Darstellung mit dem höchsten Gewicht (3); eine zu $\mathfrak{H}$ gehörige invariante Grösse vom Typus $\mathfrak{h}$ oder vom Typus $(g_1, g_2, \ldots, g_n)$ ist ein System von μ Linearformen $(\iota_1, \iota_2, \ldots, \iota_\mu)$ der Koordinaten $y_1, y_2, \ldots, y_M$, welche untereinander die Transformation t erleiden, wenn T auf die Variabeln y ausgeübt wird; dabei sind t, T die beiden Transformationen, welche in den Darstellungen $\mathfrak{h}$ und $\mathfrak{H}$ demselben willkürlichen Element τ unserer Gruppe entsprechen. Die Anzahl der linear unabhängigen unter ihnen beträgt, wenn χ den Charakter der Darstellung $\mathfrak{h}$ bezeichnet[2]:

$$A = \frac{1}{\Omega} \int X(\varphi)\, \bar{\chi}(\varphi)\, d\Omega.$$

Wir wollen jetzt $\mathfrak{H}$ spezialisieren. Es sei $x = (x_1, x_2, \ldots, x_\nu)$ ein willkürlicher Vektor des zugrunde liegenden Raumes $\mathfrak{r}$. Jede homogene Funktion der Ordnung r von x ist eine lineare Kombination der sämtlichen Monome

$$(4) \qquad\qquad y = x_1^{i_1} x_2^{i_2} \ldots x_\nu^{i_\nu},$$

deren Exponentensumme $= r$ ist. Die Monome erfahren bei Ausübung der Transformation τ auf die Koordinaten x untereinander eine Substitution T; da (4) sich durch die Haupttransformation (ε) mit $\varepsilon_1^{i_1} \varepsilon_2^{i_2} \ldots \varepsilon_\nu^{i_\nu}$ multipliziert, ist die Charakteristik X dieser Darstellung $\mathfrak{H}: \tau \to T$ gleich

---

[1] Schur *1*, p. 201.
[2] III, p. 393, Formel (24).

$$\sum_{(i_1+i_2+\cdots+i_\nu=r)} \varepsilon_1^{i_1} \varepsilon_2^{i_2} \ldots \varepsilon_\nu^{i_\nu}$$

oder gleich dem Koeffizienten von z^r in der Potenzentwicklung des Reziproken der Funktion

$$f(z) = (1 - \varepsilon_1 z)(1 - \varepsilon_2 z) \ldots (1 - \varepsilon_\nu z).$$

Dies charakteristische Polynom ist, wenn δ die ν-dimensionale Einheitsmatrix bedeutet,

$$f(z) = \det(\delta - z\,\tau).$$

Sind allgemeiner $\overset{1}{x}, \overset{2}{x}, \ldots$ mehrere willkürliche, insgesamt e Vektoren in $\mathfrak{r}$ und wollen wir diejenigen Invarianten oder diejenigen invarianten Grössen von bestimmtem Typus $\mathfrak{h}$ finden, welche ganze rationale Funktionen von $\overset{1}{x}, \overset{2}{x}, \ldots \overset{e}{x}$ bezw. der Ordnung $r_1, r_2, \ldots, r_e$ sind, so ist für X der Koeffizient von $z_1^{r_1} z_2^{r_2} \ldots z_e^{r_e}$ in der Potenzentwicklung der Funktion

$$\frac{1}{f(z_1)f(z_2)\ldots f(z_e)}$$

zu nehmen. Es ist klar, dass solche invarianten Grössen nur für die eindeutigen Darstellungstypen $\mathfrak{h}$ existieren, die τ ein ganz rational von τ abhängiges t zuordnen.

Satz. Um die Anzahl $A_{r_1 r_2 \ldots r_e}$ der linear unabhängigen unter denjenigen invarianten Grössen von gegebenem Typus $\mathfrak{h}$, welche von e willkürlichen Vektoren ganz rational bezw. in der Ordnung $r_1, r_2, \ldots, r_e$ abhängen, simultan für alle Ordnungen $r_1, r_2, \ldots, r_e$ zu bestimmen, hat man die erzeugende Funktion

$$F(z_1, z_2, \ldots, z_e) = \sum_{r=0}^{\infty} A_{r_1 r_2 \ldots r_e}\, z_1^{r_1} z_2^{r_2} \ldots z_e^{r_e}$$

zu konstruieren. Es ist

$$(5) \qquad F = \frac{1}{\Omega} \int \frac{\bar{\chi}(\varphi)\, d\Omega}{f(z_1)f(z_2)\ldots f(z_e)}.$$

(Konvergenz herrscht dort, wo alle z dem absoluten Betrage nach < 1 sind.)

Gruppe $\mathfrak{g}$. Von irgend welchen Grössen $z_1, z_2, \ldots$ bedeute

$$D(z) = \prod_{i > k} (z_i - z_k)$$

das Differenzenprodukt. Ist $\mathfrak{h}$ die Darstellung vom höchsten Gewicht

$$g_1 \varphi_1 + g_2 \varphi_2 + \cdots + g_n \varphi_n \qquad (g_1 \leqq g_2 \leqq \cdots \leqq g_n)$$

— es ist klar, dass $g_1 \geqq 0$ sein muss, wenn überhaupt invariante Grössen der gewünschten Art existieren sollen —, so setze man wie oben

$$l_1 = g_1, \qquad l_2 = g_2 + 1, \ldots, \qquad l_n = g_n + n - 1.$$

Dann ist nach § 1

$$\varDelta = D(\varepsilon), \qquad \varDelta \chi = | \varepsilon^{l_1}, \varepsilon^{l_2}, \ldots, \varepsilon^{l_n} |, \qquad \varOmega = n!.$$

Der Zähler unter dem Integralzeichen der Formel (5) lautet mithin

$$| \varepsilon^{-l_1}, \varepsilon^{-l_2}, \ldots, \varepsilon^{-l_n} | D(\varepsilon) \, d\varphi_1 \, d\varphi_2 \ldots d\varphi_n.$$

Löst man die Determinante in ihre $n!$ Glieder auf, so liefert jedes den gleichen Beitrag zum Integral, da die verschiedenen Bestandteile durch die Vertauschungen der Variablen φ_i ineinander übergehen. Infolgedessen haben wir

$$(6) \qquad F = \int_0^1 \cdots \int_0^1 \int_0^1 \frac{\varepsilon_1^{-l_1} \varepsilon_2^{-l_2} \ldots \varepsilon_n^{-l_n} D(\varepsilon)}{f(z_1) f(z_2) \ldots f(z_e)} \, d\varphi_1 \, d\varphi_2 \cdots d\varphi_n.$$

Nach dem Vorgange von SCHUR[1] rechnen wir zunächst den Fall $e = n$ durch und übertragen hernach das Resultat successive auf $e = n + 1$, $n + 2, \ldots$. (Die Fälle $e < n$ sind natürlich in der Formel für $e = n$ mitenthalten.)

1) $e = n$. Wir multiplizieren $F(z)$ mit $D(z)$. Nach einer vielgebrauchten Formel von CAUCHY ist

$$\frac{D(z) D(\varepsilon)}{f(z_1) \ldots f(z_n)} = \left| \frac{1}{1 - \varepsilon_i z_k} \right|.$$

Berücksichtigen wir in der Determinante rechts zunächst das Hauptglied, so haben wir das folgende Integral zu berechnen

$$I = \int_0^1 \cdots \int_0^1 \int_0^1 \frac{\varepsilon_1^{-l_1} \varepsilon_2^{-l_2} \ldots \varepsilon_n^{-l_n}}{(1 - \varepsilon_1 z_1)(1 - \varepsilon_2 z_2) \ldots (1 - \varepsilon_n z_n)} \, d\varphi_1 \, d\varphi_2 \cdots d\varphi_n.$$

Dies zerfällt aber in ein Produkt einfacher Integrale von der Form

---

[1] Schur p. 2, 307.

$$\int_0^1 \frac{\varepsilon^{-l}}{1-\varepsilon z}\, d\varphi = z^l \qquad (\,|z|<1;\ l\geqq 0).$$

(Wenn die ganze Zahl $l<0$ ist, bekommt das Integral den Wert 0 — im Einklang damit, dass für $g_1<0$ überhaupt keine invariante Grösse vom Typus $\mathfrak{h}$ existiert, die eine ganze rationale Funktion der Vektoren $\overset{1}{x}, \overset{2}{x}, \ldots$ ist). Das Integral I hat demnach den Wert $z_1^{l_1} z_2^{l_2} \ldots z_n^{l_n}$; die übrigen zu berücksichtigenden Glieder gehen daraus durch Vertauschung von $z_1, z_2, \ldots, z_n$ hervor. Unser Resultat ist demnach

$$(7) \qquad\qquad F(z) = \frac{\left|\, z^{l_1}, z^{l_2}, \ldots, z^{l_n}\,\right|}{\left|\, 1, z, \ldots, z^{n-1}\,\right|} \qquad \text{für } e=n.$$

2) *Übergang von $e\,(\geqq n)$ auf $e+1$.* Wir werden, auf Grund der eben gewonnenen Erfahrung, allgemein

$$D(z_1, z_2, \ldots, z_e)\, F(z_1, z_2, \ldots, z_e) = F^*(z_1, z_2, \ldots, z_e)$$

setzen. Wir gehen zur nächst höheren Argumentzahl $e+1$ über, indem wir ein weiteres Argument z_0 einführen. Die letzte Kolonne in

$$D(z_0, z_1, \ldots, z_e) = \left|\, 1, z, \ldots, z^e\,\right|$$

kann dann ersetzt werden durch

$$z^{e-n} \cdot \frac{f(z)}{(-1)^n\, \varepsilon_1 \varepsilon_2 \ldots \varepsilon_n}\,.$$

Tut man dies, so erhält man aus (6) eine Rekursionsformel für F^*:

$$F^*_{(l)}(z_0, z_1, \ldots, z_e) = (-1)^{e-n}\{z_0^{e-n}\, F^*_{(l+1)}(z_1, z_2, \ldots, z_e) - + \cdots\}.$$

Der Index (l) deutet auf das System der ganzen Zahlen $l_1, l_2, \ldots, l_n$ hin; in $(l+1)$ sind alle diese Zahlen um 1 erhöht. Die Summe in der geschweiften Klammer besteht aus $e+1$ alternierenden Termen, in denen $z_0, z_1, \ldots, z_e$ der Reihe nach die Rolle übernehmen, welche z_0 im hingeschriebenen Glied spielt. Daraus gewinnen wir sofort $F^*(z_1, z_2, \ldots, z_e)$ in Gestalt einer Determinante[1]:

---

[1] Den Grundgedanken des Schurschen Induktionsschlusses (Schur 2, pp. 307—311) habe ich hier so modifiziert, dass er für alle e zu einer geschlossenen Formel führt.

$$\mid 1, z, \ldots, z^{e-n-1} \mid z^{e-n+l_1}, \ldots, z^{e-n+l_n} \mid.$$

Denn der behauptete Ausdruck ist richtig für $e=n$ und erfüllt beim Übergang von e auf $e+1$ die aufgestellte Rekursionsformel. Schreiben wir noch zur Abkürzung $e-n=f$, so lässt sich das Ergebnis in die Gleichung fassen:

$$(8) \qquad F = \frac{\mid 1, z, \ldots, z^{f-1} \mid z^{f+g_1}, \ldots, z^{(e-1)+g_n} \mid}{\mid 1, z, \ldots, z^{f-1} \mid z^{f}, \ldots, z^{e-1} \mid}.$$

Gruppe c. Für irgendwelche Grössen z_1, z_2, ... schreiben wir

$$V(z) = \prod_{i<k} \left\{ \left(z_i + \frac{1}{z_i}\right) - \left(z_k + \frac{1}{z_k}\right) \right\} = \mid \ldots, z^2 + z^{-2}, z + z^{-1}, 1 \mid$$

und daneben mit anderm Vorzeichen

$$V'(z) = D\left(z + \frac{1}{z}\right) = \mid 1, z + z^{-1}, z^2 + z^{-2}, \ldots \mid.$$

Die integrale Grundformel (5) vereinfacht sich auf die gleiche Art wie vorhin zunächst zu:

$$F = \frac{1}{2^n} \int\limits_0^1 \cdots \int\limits_0^1 \int\limits_0^1 \frac{\Pi\left\{(\varepsilon^{-l} - \varepsilon^l)(\varepsilon - \varepsilon^{-1})\right\} \cdot V'(\varepsilon)}{\Pi f(z)} \, d\varphi_1 \, d\varphi_2 \cdots d\varphi_n.$$

Das Produkt Π erstreckt sich stets über einen von 1 bis e, bezw. von 1 bis n laufenden Index, der dem Zeichen z, bezw. φ, ε, l anzuhängen ist.

$$\left(\varepsilon^{-l} - \varepsilon^l\right)\left(\varepsilon - \varepsilon^{-1}\right) = \varepsilon^{l-1}\left(1 - \varepsilon^2\right) + \varepsilon^{-(l-1)}\left(1 - \varepsilon^{-2}\right).$$

Gemäss den beiden Summengliedern auf der rechten Seite zerfällt das Integral nach φ_1 in zwei gleiche Teile, die durch die Substitution $\varphi_1 \to -\varphi_1$ ineinander übergehen. Das Gleiche gilt für $\varphi_2, \ldots, \varphi_n$; daher

$$F = \int\limits_0^1 \cdots \int\limits_0^1 \int\limits_0^1 \frac{\Pi\left\{\varepsilon^{l-1}\left(1 - \varepsilon^2\right)\right\} \cdot V'(\varepsilon)}{\Pi f(z)} \, d\varphi_1 \, d\varphi_2 \cdots d\varphi_n.$$

1. $e = n$. $f(z)$ ist

$$= z^n \cdot \prod_{i=1}^n \left\{ \left(z + \frac{1}{z}\right) - \left(\varepsilon_i + \frac{1}{\varepsilon_i}\right) \right\} = z^n \cdot f^*(z).$$

Für

$$F^*(z) = (\Pi z)^n \, V(z) \, F(z)$$

bekommt man demnach einen Ausdruck, in welchem man nach der Cauchyschen Formel

$$\frac{V(z) \cdot V'(\varepsilon)}{f^*(z_1) \dots f^*(z_n)} \quad \text{ersetzen kann durch} \quad \Pi z \cdot \left| \frac{1}{(1 - \varepsilon_i z_k)(1 - \varepsilon_i^{-1} z_k)} \right|.$$

Für das Hauptglied der rechts stehenden Determinante bricht das n-fache Integral wieder auseinander in ein Produkt einfacher Integrale vom Typus

$$\int\limits_0^1 \frac{\varepsilon^{l-1}(1 - \varepsilon^2)\, d\varphi}{(1 - \varepsilon z)(1 - \varepsilon^{-1} z)} = \frac{1}{2\pi i} \int \frac{\varepsilon^{l-1}(1 - \varepsilon^2)\, d\varepsilon}{(1 - \varepsilon z)(\varepsilon - z)},$$

dessen Wert gleich z^{l-1}, dem Residuum im einzigen innerhalb des Einheitskreises gelegenen Pole $\varepsilon = z$ ist; und wir finden schliesslich

$$(9) \qquad\qquad F^*(z) = |\, z^{l_1},\, z^{l_2},\, \dots,\, z^{l_n}\,| \qquad \text{für } e = n.$$

2. *Übergang von e auf $e+1$ durch Hinzufügung eines Arguments z_0.* In

$$V(z) = |\, z^e + z^{-e},\, \dots,\, z + z^{-1},\, 1\,| \qquad (z = z_0,\, z_1,\, \dots,\, z_e)$$

kann $z^e + z^{-e}$ ersetzt werden durch

$$\left(z^{e-n} + z^{-(e-n)} \right) f^*(z).$$

Darum ergibt sich die Rekursionsformel (für $e = n$ ist der erste Faktor rechts zu ersetzen durch 1):

$$F^*(z_0,\, z_1,\, \dots,\, z_e) = \left(z_0^{\,e-n} + z_0^{\,-(e-n)} \right) F^*(z_1,\, \dots,\, z_e) - + \cdots$$

und damit

$$F^*(z_1,\, \dots,\, z_e) = |\, z^{e-n-1} + z^{-e+n+1},\, \dots,\, 1\, \vdots\, z^{l_1},\, \dots,\, z^{l_n}\,|,$$

$$(10) \qquad F = \frac{|\, 1 + z^{2(f-1)},\, \dots,\, z^{f-2} + z^f,\, z^{f-1}\, \vdots\, z^{f+g_1},\, \dots,\, z^{(e-1)+g_n}\,|}{|\, 1 + z^{2(e-1)},\, \dots,\, z^{e-2} + z^e,\, z^{e-1}\,|}.$$

Gruppe b, $\nu = 2n + 1$. Die Behandlung ist ganz analog. $f(z)$ ist

$$= (1 - z)\, z^n f^*(z), \qquad f^*(z) = \prod_{i=1}^{n} \left\{ \left(z + \frac{1}{z} \right) - \left(\varepsilon_i + \frac{1}{\varepsilon_i} \right) \right\}.$$

Setzt man einen Augenblick $l_i = k_i + \frac{1}{2}$, um auf ganze Zahlen k_i zu kommen, so erhält man im Falle $e=n$:

$$\Pi(1-z)\cdot \Pi z^n \cdot P(z)\cdot F(z) = \frac{\left| z^{k_1+1},\ z^{k_2+1},\ \ldots,\ z^{k_n+1}\right|}{\Pi(1+z)}$$

Den F vorzusetzenden Faktor wählt man so, dass sich für $e=n$ eine Determinante ergibt; man führt also allgemein

$$\Pi\left\{(1-z)\left(z^{1/2}+z^{-1/2}\right)z^n\right\}\cdot P(z)\,F = F^*$$

ein und hat dann

$$(11) \qquad F^* = \left| z^{l_1},\ z^{l_2},\ \ldots,\ z^{l_n}\right| \qquad \text{für } e=n.$$

Beim Übergang von e auf $e+1$ ersetzt man in der Determinante

$$\Pi\left(z^{1/2}+z^{-1/2}\right)\cdot P(z) = \left| z^{e+\frac{1}{2}}+z^{-(e+\frac{1}{2})},\ \ldots,\ z^{\frac{1}{2}}+z^{-\frac{1}{2}}\right| \qquad (z=z_0,\, z_1,\, \ldots,\, z_e)$$

das Glied in der ersten Kolonne durch

$$\left(z^{e-n+\frac{1}{2}}+z^{-(e-n+\frac{1}{2})}\right)\cdot f^*(z)$$

und kommt auf diesem Wege zu:

$$(12) \qquad F = \frac{\left| 1+z^{2f-1},\ \ldots,\ z^{f-1}+z^f \,\vdots\, z^{f+g_1},\ \ldots,\ z^{(e-1)+g_n}\right|}{\Pi(1-z^2)\cdot\left| 1+z^{2(e-1)},\ \ldots,\ z^{e-2}+z^e,\ z^{e-1}\right|}.$$

Gruppe $\mathfrak{d}$, $\nu=2n$. Mit denselben Bezeichnungen lautet das auf dem gleichen Wege gewonnene Resultat hier:

$$(13) \qquad F = \frac{\left| 1-z^{2f},\ \ldots,\ z^{f-1}-z^{f+1} \,\vdots\, z^{f+g_1},\ \ldots,\ z^{(e-1)+g_n}\right|}{\Pi(1-z^2)\cdot\left| 1+z^{2(e-1)},\ \ldots,\ z^{e-2}+z^e,\ z^{e-1}\right|}.$$

§ 3. Diskussion der Formeln.

Gruppe $\mathfrak{g}$. Was in der klassischen Invariantentheorie als Invariante »vom Gewichte g« bezeichnet wird: eine einzelne ganze rationale Funktion ι mehrerer willkürlicher Vektoren, die bei einer beliebigen Koordinatentransformation τ des zugrunde liegenden zentrierten affinen Raumes sich mit der g-ten Potenz der Transformationsdeterminante multipliziert, tritt hier als invariante Grösse vom

Typus $(g, g, \ldots, g)$ auf. Nach dem »ersten Fundamentalsatz« ist jede solche Invariante ein Aggregat derjenigen Determinanten, die sich aus irgend n unter den Argumentvektoren bilden lassen. Zwischen diesen Determinanten bestehen Relationen, die im »zweiten Fundamentalsatz« aufgezählt werden, jedoch ihrerseits wieder durch Beziehungen untereinander verknüpft sind; und es gelingt kaum, das Gewirr dieser »Syzygien« so vollständig zu durchblicken, dass man daraus ableiten könnte, wie viele linear unabhängige Invarianten von gegebener Ordnung $r_1, r_2, \ldots, r_e$ in den Argumentvektoren schliesslich sich ergeben. Hier springt unsere transzendente Methode ein: sie liefert jene Anzahlen als die Koeffizienten einer ganzen rationalen Funktion F von e Argumenten $z_1, z_2, \ldots, z_e$, deren Nenner die Determinante bildet

$$\left| 1, z, \ldots, z^{e-1} \right|$$

und deren Zähler daraus so entsteht, dass man die Exponenten der letzten n Kolonnen um g erhöht. (Es ist klar, dass nur solche Invarianten vom Gewichte g vorkommen können, deren Ordnungen $r_1, r_2, \ldots, r_e$ die Summe ng ergeben.) So erhellen der erste Fundamentalsatz und diese Anzahlbestimmung die beiden äussersten Enden eines Zusammenhangs, den wir in allen seinen Stufen nicht völlig durchschauen können. Nur bei der niedrigsten Argumentzahl, die überhaupt etwas liefert, $e=n$, fallen Anfang und Ende in eins; da lehrt die Formel

$$F = (z_1 z_2 \ldots z_n)^g$$

direkt, dass nur eine einzige Invariante vom Gewichte g existiert, nämlich die g-te Potenz der aus den Argumentvektoren gebildeten Determinante. (Und von hier nimmt der Beweis des ersten Fundamentalsatzes seinen Ausgang, indem auf die höheren Fälle geschlossen wird mittels jener einfachen Capellischen Identität — vergl. etwa Weyl, Math. Zeitschrift *20*, p. 134, Formel (2) —, in welcher die Zahl der Argumentvektoren die Dimensionszahl übersteigt und der Cayleysche Ω-Prozess nicht auftritt.)

Ähnlich einfache Gesetze beherrschen die Anzahlen der linear unabhängigen invarianten Grössen von beliebigem Typus $(g_1, g_2, \ldots, g_n)$. Besonders merkwürdig ist hier die Formel (7) im niedrigsten Falle $e=n$, weil sie ganz und gar übereinstimmt mit der Formel für die zugehörige Charakteristik:

$$(14) \qquad \chi = \frac{\left| \varepsilon^{l_1}, \varepsilon^{l_2}, \ldots, \varepsilon^{l_n} \right|}{\left| 1, \varepsilon, \ldots, \varepsilon^{n-1} \right|}.$$

Darin liegt eine Art von Reziprozitätsgesetz:

Satz (über die Gruppe $\mathfrak{g}$). Die Anzahl der linear unabhängigen invarianten Grössen von gegebenem Typus $\mathfrak{h}$, welche von n Argumentvektoren bezw. in der Ordnung $r_1, r_2 \ldots, r_n$ abhängen, ist ebenso gross wie die Multiplizität des Gewichtes $r_1 \varphi_1 + r_2 \varphi_2 + \cdots + r_n \varphi_n$ in der Darstellung $\mathfrak{h}$.

Die für beliebige Anzahl e der Argumentvektoren gültige Formel (8) lehrt zunächst die selbstverständliche Tatsache, dass für jede invariante Grösse vom Typus $(g_1, g_2, \ldots, g_n)$ die Gesamtordnung $r = r_1 + r_2 + \cdots + r_e$ der Grösse in den Argumenten gleich dem Gesamtgewicht $g = g_1 + g_2 + \cdots + g_n$ des Typus sein muss. F ist nach ihr allgemein von analogem Bau wie die Charakteristik (14); man hat in ihr n durch e, die ε durch die z zu ersetzen und als g-Reihe die folgende zu nehmen:

$$0, 0, \ldots, 0, g_1, g_2, \ldots, g_n.$$

Nun kann man aber die Koeffizienten des Polynoms χ der ε ausdrücken durch die Charaktere der Vertauschungsgruppe $\mathfrak{P}_r$ von r Dingen. Ordnet man nämlich

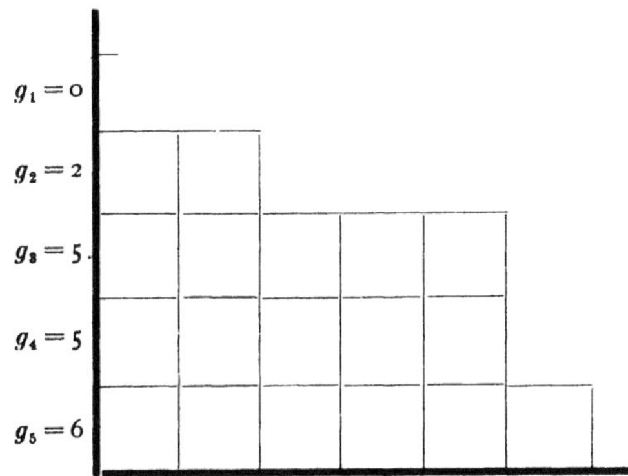

die r Ziffern von 1 bis r in ein Treppenschema (g) wie das nebenstehende ein, dessen Stufen bezw. die Länge $g_1, g_2, \ldots, g_n$ haben, so gehört dazu eine bestimmte primitive Darstellung der endlichen Gruppe $\mathfrak{P}_r$ und damit ein einfacher Charakter σ von ihr. Zu seiner Berechnung stehen zwei Methoden zur Verfügung, über die in I referiert wurde. Und die Formel in I, p. 306 für den dort mit $r_{k_1 k_2 \ldots k_n}$ bezeichneten Koeffizienten liefert jetzt den

Satz. Die Anzahl der linear unabhängigen invarianten Grössen vom Typus $(g_1, g_2, \ldots, g_n)$, welche in den e Argumentvektoren von der Ordnung $r_1, r_2, \ldots, r_e$ sind, beträgt, falls σ den zum Treppenschema (g) gehörigen Charakter der Permutationsgruppe $\mathfrak{P}_r$ bedeutet:

$$\frac{\Sigma \, \sigma(P)}{r_1! \, r_2! \ldots r_e!}.$$

Die Summe ist zu erstrecken über alle $r_1! \, r_2! \ldots r_e!$ Permutationen P, welche bei Zerlegung der Ziffernreihe in successive Abschnitte von der Länge $r_1, r_2, \ldots, r_e$ die Ziffern jedes Abschnitts nur untereinander vertauschen.

14

Gruppe c.

$$V(z) \text{ ist} = \underset{i<k}{\varPi} \frac{(z_k - z_i)(1 - z_i z_k)}{z_i z_k},$$

daher

$$(\varPi z)^{e-1} V(z) = \left| 1 + z^{2(e-1)}, \ldots, z^{e-2} + z^e, z^{e-1} \right| = D(z) \cdot \underset{i<k}{\varPi} (1 - z_i z_k).$$

Daraus geht hervor, dass $F(z)$ hier die Gestalt hat:

$$(15) \qquad \frac{\text{ganze rationale Fkt.}}{\underset{i<k}{\varPi}(1 - z_i z_k)}.$$

Was das zu bedeuten hat, machen wir uns zunächst an den skalaren Invarianten klar. Die in der Formel (10) als Zähler auftretende Determinante
lässt sich, wenn alle $g_i = 0$ sind, dadurch vereinfachen, dass man von der $(n+2)^{\text{ten}}$,
$(n+3)^{\text{ten}}, \ldots, (2n+1)^{\text{ten}}$ Kolonne bezw. die $n^{\text{te}}, (n-1)^{\text{te}}, \ldots 1^{\text{te}}$ subtrahiert. Sie
lautet dann:

$$\left| 1 + z^{2(e-1)-\nu}, \ldots, z^{e-\nu-2} + z^e \, \right| \, z^{e-\nu-1}, z^{e-\nu}, \ldots, z^{e-1} \right|.$$

Solange $e \leqq \nu + 1$ ist, gilt insbesondere

$$(16) \qquad F(z) = \frac{D(z)}{V(z)} = \underset{i<k}{\varPi} \frac{1}{1 - z_i z_k}.$$

Skalare Invarianten sind die schiefen Produkte je zweier der Argumentvektoren

$$\pi_{ik} = \begin{bmatrix} i & k \\ x & x \end{bmatrix} \qquad (i < k).$$

Die Gleichung (16) bedeutet, dass soviele unabhängige Invarianten vorhanden
sind als Monome der π_{ik}, die in den Argumentvektoren von der gewünschten
Ordnung sind. Stützt man sich auf den »ersten Fundamentalsatz», der aussagt,
dass alle Invarianten Aggregate der π_{ik} sind (siehe WEYL, Math. Zeitschr. *20*,
p. 140 ff.), so schliesst man daraus, dass diese voneinander algebraisch unabhängig sind, solange die Anzahl der Argumentvektoren $\nu + 1$ nicht übersteigt.
Stützt man sich umgekehrt auf die leicht einzusehende Tatsache, dass·die π_{ik}
unter dieser Voraussetzung algebraisch unabhängig sind — man kann nämlich
den π_{ik} beliebige Werte verleihen; diese Behauptung ist im wesentlichen damit
gleichbedeutend, dass man jede nicht-ausgeartete schiefsymmetrische Bilinearform
in die Normalform (1) überführen kann —, so liefert jene Formel den Fundamental-

satz für $e \leqq \nu + 1$. (Es genügt, ihn für $e = \nu$ zu besitzen, um ihn daraus mit Hülfe der einfachen Capellischen Identität allgemein zu gewinnen.)

Auf Grund des Gesagten wird man nun wohl den Umstand, dass $F(z)$ allgemein die Gestalt (15) besitzt, dahin verstehen müssen, dass bei gegebenem Typus $(g_1, g_2, \ldots, g_n)$ und gegebener Argumentzahl e nur bis zu einer gewissen Gesamtordnung r hin wirklich neue invariante Grössen vom Typus (g) auftreten, von da ab jedoch nur solche, die aus Grössen niedrigerer Ordnung durch Vorsetzen von Faktoren $[xy]$ entstehen. Dies ist nun wirklich richtig, und zwar existiert, wie $[xy]$ die einzige elementare Invariante ist, *bei vorgegebenem Typus $(g_1, g_2, \ldots, g_n)$ unabhängig von der Anzahl e der Argumentvektoren nur eine endliche Zahl invarianter Elementargrössen dieses Typus', die höchstens $g = g_1 + g_2 + \cdots + g_n$ Argumente $x, y, \ldots$ linear enthalten.* Das heisst: man erhält alle invarianten Grössen des Typus, die von irgend einer Anzahl willkürlicher Vektoren $\overset{1}{x}, \overset{2}{x}, \ldots$ abhängen, durch folgende Operationen: man setzt für die Argumente $x, y, \ldots$ in den Elementargrössen irgendwelche der Vektoren $\overset{1}{x}, \overset{2}{x}, \ldots$ ein, multipliziert mit invarianten Faktoren von der Gestalt $[xy]$ und addiert mehrere Grössen gleicher Ordnung, die man so gewann.

Der Beweis beruht auf dem Fundamentalsatz und der Tatsache, dass die primitive Darstellung $\mathfrak{h}$ vom höchsten Gewicht $g_1 \varphi_1 + g_2 \varphi_2 + \cdots + g_n \varphi_n$ gemäss ihrer in II, p. 335 skizzierten Konstruktion in der Darstellung $\mathfrak{c}^g$ enthalten ist und darum nach dem Satz von der vollen Reduzibilität $\mathfrak{c}^g$ in $\mathfrak{h}$ und einen weiteren Bestandteil zerfällt. Die n^g Variablen der Darstellung $\mathfrak{c}^g$: $\tau \to T$ sind die Koeffizienten einer willkürlichen Linearform von g kontravarianten Vektoren $\xi, \eta, \ldots$:

$$(17) \qquad \sum_{i, k, \ldots} f_{ik\ldots}\, \xi_i \eta_k \cdots .$$

Dass sich aus ihr die μ-dimensionale Darstellung $\mathfrak{h}$: $\tau \to t$ rein abspalten lässt, besagt offenbar:

1) man kann μ unabhängige Linearkombinationen der $f_{ik\ldots}$ bilden:

$$(18) \qquad \iota_1, \ldots, \iota_\mu = \text{Linearkomb.} (f_{ik\ldots}),$$

die sich untereinander nach t transformieren, wenn die $f_{ik\ldots}$ der Transformation T unterworfen werden.

2) Man kann umgekehrt die $f_{ik\ldots}$ so als Linearkombinationen von μ unabhängigen Variablen $\iota_1, \ldots, \iota_\mu$ ansetzen:

(19) $$f_{ik}\ldots = \text{Linearkomb.}\ (\iota_1, \ldots, \iota_\mu),$$

dass bei Ausübung der Transformation t auf die ι die $f_{ik}\ldots$ die Transformation T erleiden.

3) Setzt man in (18) rechts für $f_{ik}\ldots$ die durch (19) eingeführten Ausdrücke ein, so entstehen identisch die linken Seiten $\iota_1, \ldots, \iota_\mu$.

Nimmt man nun eine beliebige Invariante

$$I = \sum f_{ik}\ldots(\overset{1}{x}, \overset{2}{x}, \ldots)\, \xi_i\, \eta_k \ldots$$

her, die ausser von den Argumentvektoren $\overset{1}{x}, \overset{2}{x}, \ldots$ in den Ordnungen $r_1, r_2, \ldots$ noch von g kontravarianten Vektoren $\xi, \eta, \ldots$ linear abhängt, so erhält man nach den Gleichungen (18) aus ihr eine invariante Grösse $\iota = (\iota_1, \ldots, \iota_\mu)$ des gewünschten Typus und der gewünschten Ordnung in den verschiedenen Argumenten $\overset{1}{x}, \overset{2}{x}, \ldots$. Ist umgekehrt $(\iota_1, \ldots, \iota_\mu)$ eine beliebige Grösse dieser Art, so gewinnt man dazu mittels der Gleichungen (19) eine Form (17), welche gegenüber der Gruppe $\mathfrak{c}$ invariant ist und aus der durch den Prozess (18), wie die Aussage 3) lehrt, ι wiedergewonnen wird. Unser Erzeugungsprozess liefert infolgedessen *alle* invarianten Grössen der gewünschten Art. — Da nun alle skalaren Invarianten, die ausser kogredienten $x, y, \ldots$ auch kontragrediente Vektoren $\xi, \eta, \ldots$ enthalten, nach dem Fundamentalsatz sich aus Elementarinvarianten von der Gestalt

$$[x\,y], \qquad (x\,\xi) = x_1\,\xi_1 + x_2\,\xi_2 + \cdots + x_\nu\,\xi_\nu, \qquad [\xi\,\eta]$$

zusammensetzen, genügt es den geschilderten Prozess auf Invarianten I anzuwenden, die ein Produkt solcher Elementarinvarianten sind; und damit ist unsere Behauptung bewiesen.

Genau der gleiche Satz gilt offenbar für die Gruppe $\mathfrak{g}$.

Gruppe $\mathfrak{d}$. Und mit einer geringen Modifikation auch für die Gruppe $\mathfrak{d}$. Der »erste Fundamentalsatz« besagt hier, dass jede Invariante sich aus Determinanten von ν Vektoren $|x, y, \ldots|$ und skalaren Produkten $(x\,y)$ zusammensetzt. In jedem Gliede des Aggregats braucht man nur *eine* Determinante auftreten zu lassen, weil das Produkt zweier Determinanten sich durch die skalaren Produkte ausdrückt. Es können ohne weiteres auch kontravariante Vektoren ξ zugelassen werden, da mit ξ ein kovarianter $x = \xi'$ durch die Gleichungen

$$\{x_0 = \xi_0\}, \; x_1 = \xi'_1, \; x'_1 = \xi_1, \ldots, \; x_n = \xi'_n, \; x'_n = \xi_n$$

verbunden ist. In einem Aggregatglied mag daher neben Faktoren

$$(x\,\xi), \qquad (x\,y), \qquad (\xi\,\eta)$$

auch *ein* Faktor von der folgenden Art vorkommen:

$$|\,\xi',u,v,\ldots\,| \quad \text{oder} \quad |\,\xi',\eta',v,\ldots\,| \qquad \text{u. s. w.}$$

Infolgedessen muss man damit rechnen, dass die invarianten Elementargrössen eines gegebenen Typus $(g_1,g_2,\ldots,g_n)$ bis zu $g+\nu-2$ (statt g, wie es oben hiess) Argumentvektoren $x,y,\ldots$ linear enthalten können.

Im übrigen sind ähnliche Bemerkungen wie gelegentlich der Gruppe $\mathfrak{c}$ zu machen. Der Nenner in den Formeln (12), (13) für F lautet

$$D(z) \cdot \prod_{i \leqq k}(1 - z_i z_k),$$

dem Umstande entsprechend, dass jetzt neben den skalaren Produkten $\left(\overset{i}{x}\,\overset{k}{x}\right)$ zweier verschiedener Argumente auch die skalaren Produkte $\left(\overset{i}{x}\,\overset{i}{x}\right)$ der Argumente mit sich selber zu berücksichtigen sind. — Für die *Skalarinvarianten* (alle $g_i=0$) lässt sich der Zähler verwandeln in:

$$|\,1 \pm z^{2\,e-\nu}, \ldots, z^{e-\nu} \pm z^\nu \mid z^{e-\nu+1}, \ldots, z^{e-1}\,|.$$

Das obere Vorzeichen entspricht ungerader, das untere gerader Dimensionszahl ν. Ist die Anzahl e der Argumente $\leqq \nu-1$, so erhält man also

$$(20) \qquad F = \prod_{i \leqq k} \frac{1}{1 - z_i z_k},$$

während für $e = \nu$ kommt:

$$(21) \qquad F = (1 + z_1 z_2 \cdots z_\nu) \prod_{i \leqq k} \frac{1}{1 - z_i z_k}.$$

Das ist natürlich mit dem Fundamentalsatz im besten Einklang. Der Faktor $1 + z_1 z_2 \ldots z_\nu$ in der letzten Formel bedeutet, dass bei ν Argumenten zu den »geraden« Invarianten, die sich aus den algebraisch unabhängigen skalaren Produkten $\left(\overset{i}{x}\,\overset{k}{x}\right)$ der Argumente aufbauen, die »ungeraden« durch Multiplikation mit der Determinante $|\,\overset{1}{x}\,\overset{2}{x}\ldots\overset{\nu}{x}\,|$ hinzukommen. — Mit Hülfe dieser im wesentlichen aus dem Fundamentalsatz abgelesenen Formel hat Herr SCHUR in umgekehrter Wegrichtung den Ausdruck des Volumens $d\Omega$ hergeleitet.[1]

---

[1] Schur *3*, p. 350.

Ich mache zum Schluss noch auf einen merkwürdigen Umstand aufmerksam, welcher der Ausdeutung und Aufklärung bedürftig ist: für n Argumentvektoren ($e = n$) und alle möglichen Typen ($g_1, g_2, \ldots, g_n$) stehen die zu den Gruppen $\mathfrak{g}, \mathfrak{c}, \mathfrak{b}$ gehörigen Funktionen F in dem einfachen Zusammenhang:

$$F_{\mathfrak{c}} = \Pi_{i<k} \frac{1}{1 - z_i z_k} \cdot F_{\mathfrak{g}}, \qquad F_{\mathfrak{b}} = \Pi_{i \leq k} \frac{1}{1 - z_i z_k} \cdot F_{\mathfrak{g}}.$$

§ 4. Reduktion der Darstellung bei Reduktion der Dimensionszahl.

Gruppe $\mathfrak{g}$. Wir betrachten die primitive Darstellung $\mathfrak{h}$ mit dem höchsten Gewicht (3). Beschränken wir uns auf diejenigen Transformationen τ des zugrunde liegenden ν-dimensionalen Raumes, welche die ersten $\nu - 1$ Koordinaten untereinander transformieren und die letzte ungeändert lassen, so haben wir darin zugleich eine Darstellung $\mathfrak{h}_{\nu-1}$ der Gruppe $\mathfrak{g}$ in $\nu - 1$ Dimensionen. Wir sagen, sie »liege« in der Darstellung $\mathfrak{h}$ von $\mathfrak{g}_\nu$. In was für irreduzible Bestandteile zerfällt sie? Ich behaupte:

Satz. Die Darstellung der Gruppe $\mathfrak{g}_{\nu-1}$ in $\nu - 1$ Dimensionen, die in der primitiven Darstellung der Gruppe $\mathfrak{g}_\nu$ vom Typus $(g_1, g_2, \ldots, g_n)$ liegt, enthält diejenigen primitiven Darstellungen von $\mathfrak{g}_{\nu-1}$, deren Typus $(g'_1, g'_2, \ldots, g'_{n-1})$ den Ungleichungen

$$(22) \qquad g_1 \leq g'_1 \leq g_2 \leq \ldots \leq g_{n-1} \leq g'_{n-1} \leq g_n$$

genügt, einmal und keine anderen.

Der Beweis ist sehr einfach. Die Charakteristik von $\mathfrak{h}_{\nu-1}$ entsteht aus der Charakteristik (14) von $\mathfrak{h} = \mathfrak{h}_\nu$, wenn man $\varepsilon_n = 1$ setzt. Der Nenner

$$D_n(\varepsilon) = \Pi(\varepsilon_i - \varepsilon_k) \qquad (i > k; \; i, k = 1, 2, \ldots, n)$$

geht dadurch über in

$$D_{n-1}(\varepsilon) \cdot (1 - \varepsilon_1)(1 - \varepsilon_2) \cdots (1 - \varepsilon_{n-1}).$$

Um den zweiten Faktor aus dem Zähler herauszudividieren, subtrahieren wir in der Zählerdeterminante von jeder Spalte (ausser von der letzten) die nächstfolgende. Weil dadurch die letzte Zeile sich in $(0, 0, \ldots, 0, 1)$ verwandelt und z. B.

$$\frac{\varepsilon^{l_1} - \varepsilon^{l_2}}{1 - \varepsilon} = \varepsilon^{l_1} + \varepsilon^{l_1+1} + \cdots + \varepsilon^{l_2-1}$$

ist, hat sie nach vollzogener Division sich in die $(n-1)$ gliedrige Determinante

$$\left| \varepsilon^{l_1} + \varepsilon^{l_1+1} + \cdots + \varepsilon^{l_2-1}, \ldots, \varepsilon^{l_n-1} + \cdots + \varepsilon^{l_n-1} \right|$$

umgewandelt. Diese aber ist die Summe aller Determinanten von der Form

$$\left| \varepsilon^{l'_1}, \varepsilon^{l'_2}, \ldots, \varepsilon^{l'_{n-1}} \right|,$$

deren Exponenten l' den Ungleichungen genügen

$$l_1 \leqq l'_1 < l_2 \leqq l'_2 < \cdots < l_{n-1} \leqq l'_{n-1} < l_n.$$

Und an der summatorischen Zerlegung der Charakteristik in primitive erkennt man den Zerfall der Darstellung in irreduzible Bestandteile.

Das Resultat enthält, wenn es absteigend bis zur Dimensionszahl o verwendet wird, eine rekursive Bestimmung der Dimensionszahlen der primitiven Darstellungen von $\mathfrak{g}_\nu$, für die freilich auch eine geschlossene Formel existiert (I, p. 300, Satz 6).

Gruppe $\mathfrak{c}$ *und* $\mathfrak{b}$. Bei ihnen führt genau die gleiche Methode zum Ziel.

$\mathfrak{b}$, $\nu = 2n+1$. Anstelle von (22) treten die Ungleichungen

$$\left| g'_1 \right| \leqq g_1 \leqq g'_2 \leqq \cdots \leqq g_{n-1} \leqq g'_n \leqq g_n.$$

Die in der primitiven Darstellung des Typus (g) von $\mathfrak{b}_\nu$ liegende Darstellung von $\mathfrak{b}_{\nu-1}$ enthält alle primitiven Typen (g') einmal, welche diesen Ungleichungen genügen, und keine anderen.

$\mathfrak{b}$, $\nu = 2n$. Hier lauten die entsprechenden Ungleichungen

$$\left| g_1 \right| \leqq g'_1 \leqq g_2 \leqq \cdots \leqq g_{n-1} \leqq g'_{n-1} \leqq g_n.$$

Die Ergebnisse sind übrigens weder bei $\mathfrak{g}$ noch bei $\mathfrak{b}$ beschränkt auf die eindeutigen Darstellungen. Nur muss zur vollständigen Formulierung hinzugefügt werden, dass, wie die g (und die g') untereinander sich lediglich um ganze Zahlen unterscheiden, so auch die g'-Reihe von der g-Reihe um ganze Zahlen differieren soll.

Gruppe $\mathfrak{c}$. Ihre Dimensionszahl $\nu = 2n$ kann nur um 2 springen. Da aber die Charakteristikenformel für $\mathfrak{c}_{2n}$ im wesentlichen identisch ist mit derjenigen für $\mathfrak{b}_{2n+1}$, lässt sich das Resultat aus dem zwiefachen Abstieg $\mathfrak{b}_{2n+1} \rightarrow \mathfrak{b}_{2n} \rightarrow \mathfrak{b}_{2n-1}$ ablesen. Man schreibe also jedes Zahlensystem $g'_1, g'_2, \ldots, g'_n$ einmal auf, das den Ungleichungen genügt

$$0 \leqq g' \leqq g_1 \leqq g'_2 \leqq \cdots \leqq g_{n-1} \leqq g'_n \leqq g_n$$

und entwickle aus jedem von ihnen diejenigen Zahlsysteme $g''_1, g''_2, \ldots, g''_{n-1}$, für welche

$$g_1' \leqq g_1'' \leqq g_2' \leqq \cdots \leqq g_{n-1}' \leqq g_{n-1}'' \leqq g_n'$$

gilt. Die in der primitiven Darstellung der Gruppe c_ν $(\nu = 2n)$ vom Typus (g) l
gende Darstellung von $c_{\nu-2}$ enthält alle und nur die primitiven Darstellunge
deren Typus eines der Zahlsysteme (g'') ist, und jede in derjenigen Vielfachhe
wie sie das beschriebene Verfahren liefert. Explizite: der Typus (g'') tritt so (
auf, wie die folgende Formel angibt, vorausgesetzt dass alle darin auftretend
Faktoren positiv sind; sonst aber überhaupt nicht.

$$[\mathrm{I} + \min(g_1, g_1'')] \; [\mathrm{I} + \min(g_2, g_2'') - \max(g_1, g_1'')] \cdots [\mathrm{I} + g_n - \max(g_{n-1}, g_{n-1}'')].$$

§ 5. Die Darstellungen der zweischichtigen orthogonalen Gruppe $\mathfrak{b}'$.

Neben der Gruppe $\mathfrak{b}$ aller (xx) invariant lassenden homogenen linear
Transformationen von der Determinante I, welche ein einziges zusamenhängend
Kontinuum ausmacht, betrachtet Hr. Schur[1] die Gruppe $\mathfrak{b}'$, in die ausser d
eigentlichen auch die uneigentlichen Operationen von der Determinante $- \mathrm{I}$ a
genommen werden. Zur Vervollständigung meiner früheren Untersuchungen mö
dieser Fall hier auch auf dem von mir gewählten Wege erledigt werden. I
ungerader Dimensionszahl $\nu = 2n + 1$ sind die Verhältnisse sofort zu übersehe
weil die »Nebengruppe« zu $\mathfrak{b}$ innnerhalb $\mathfrak{b}'$ dadurch erhalten wird, dass alle M
trizen τ von $\mathfrak{b}$ in $- \tau$ verwandelt werden. Jeder primitiven Darstellung $\tau \to t$ v
$\mathfrak{b}$ entsprechen zwei primitive, zueinander »assoziierte« Darstellungen von $\mathfrak{b}'$; nämli

$$\mathrm{I.} \qquad \tau \to t, \quad -\tau \to t;$$

$$\mathrm{2.} \qquad \tau \to t, \quad -\tau \to -t.$$

Damit sind die primitiven Darstellungen erschöpft. Denn der Spiegelung a
Nullpunkt, der ν-dimensionalen negativen Einheitsmatrix $- \delta$ muss, da sie zu
gehört und mit allen Operationen von $\mathfrak{b}'$ vertauschbar ist, in einer primitiv
Darstellung von $\mathfrak{b}'$ ein Multiplum a der Einheitsmatrix korrespondieren. Weg
$(-\delta)^2 = \delta$ muss $a^2 = \mathrm{I}$ sein; es gibt also nur die beiden Möglichkeiten, dass $-$
durch die Einheitsmatrix oder durch die negative Einheitsmatrix dargestellt wii

Viel verwickelter ist *die gerade Dimensionszahl* $\nu = 2n$. Eine Charakteris
von $\mathfrak{b}'$ muss invariant sein gegenüber dem Vorzeichenwechsel jedes einzeln
Drehwinkels φ. Denn innerhalb $\mathfrak{b}'$ ist mit der Hauptmatrix (ε) auch diejeni
konjugiert, die aus ihr durch Vertauschung von ε_1 mit ε_1^{-1} entsteht. Dar
müssen die Koeffizienten des höchsten Gewichts den Ungleichungen

---

[1] Schur *2* und *3*.

$$(23) \qquad 0 \leqq g_1 \leqq g_2 \leqq \ldots \leqq g_n$$

genügen, und muss $\varDelta \cdot \chi$ (innerhalb der Hauptgruppe $\mathfrak{d}$) additiv zusammengesetzt sein aus den Elementarsummen

$$\xi^\bullet(0, l_2, \ldots, l_n) = \xi(0, l_2, \ldots, l_n) = |\, 1,\, c(l_2\varphi),\, \ldots,\, c(l_n\varphi)\,|;$$

$$\xi^\bullet(l_1, l_2, \ldots, l_n) = \xi(l_1, l_2, \ldots, l_n) + \xi(-l_1, l_2, \ldots, l_n)$$

$$= |\, c(l_1\varphi),\, c(l_2\varphi),\, \ldots,\, c(l_n\varphi)\,| \qquad (l_1 > 0).$$

Da im zweiten Fall für $\dfrac{\xi^\bullet(l)}{\varDelta} = \chi^\bullet$ bei Integration über $\mathfrak{d}$ die Gleichung besteht

$$\int\limits_{\mathfrak{d}} \chi^\bullet(\tau)\, \bar\chi^\bullet(\tau)\, |\,d\tau\,| = 2 \int\limits_{\mathfrak{d}} |\,d\tau\,| = \int\limits_{\mathfrak{d}'} |\,d\tau\,|,$$

der Mittelwert von $|\chi|^2$ für eine primitive Charakteristik χ aber $= 1$ sein muss, kann die primitive Charakteristik der Gruppe $\mathfrak{d}'$ vom höchsten Gewicht $g_1\varphi_1 + g_2\varphi_2 + \cdots + g_n\varphi_n$, $g_1 > 0$ nur so lauten:

$$(24) \quad \begin{cases} \chi(\tau) = \dfrac{|\, \varepsilon^{l_1} + \varepsilon^{-l_1},\ \varepsilon^{l_2} + \varepsilon^{-l_2},\ \ldots,\ \varepsilon^{l_n} + \varepsilon^{-l_n}\,|}{|\, 1,\, \varepsilon + \varepsilon^{-1},\, \ldots,\, \varepsilon^{n-1} + \varepsilon^{-(n-1)}\,|}, \qquad l_i = g_i + (i-1), \\[4pt] \qquad\quad \text{für die eigentlichen Operationen } \tau, \\[2pt] \chi(\tau) = 0 \text{ für die uneigentlichen Operationen.} \end{cases}$$

Ihre Dimensionszahl ist doppelt so gross wie die korrespondierende von $\mathfrak{d}$, und sie zerfällt für die Operationen von $\mathfrak{d}$ in die beiden »adjungierten« irreduziblen Darstellungen vom Typus $(\pm g_1, g_2, \ldots, g_n)$. Dass die Gewichtskoeffizienten g_i unter Einhaltung der Ungleichungen (23) und $g_1 > 0$ willkürlich vorgegeben werden können, ergibt sich für ganzzahlige g mittels der alten Konstruktion; für halbganze g käme es nur darauf an, die primitive Darstellung des Typus $\left(\dfrac{1}{2}, \dfrac{1}{2}, \ldots, \dfrac{1}{2}\right)$ von $\mathfrak{d}'$ anzugeben. Dies gelingt algebraisch, wenn man die entsprechende Darstellung von $\mathfrak{d}$ an den Operationen von $\mathfrak{d}$ selber, nicht an den infinitesimalen Erzeugenden schildert; durch die transzendente Methode (III, p. 390) ist die Existenz auf jeden Fall gesichert.

Ist $g_1 = 0$, so muss man auf die Nebengruppe eingehen. Als Normalform ihrer Operationen, auf die sich jede durch geeignete Wahl eines »orthogonalen« Koordinatensystems bringen lässt, kann man benutzen

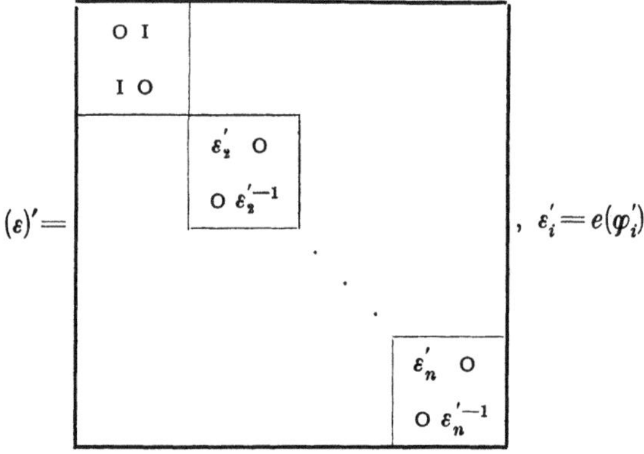

$$(\varepsilon)' = \begin{array}{|ccc|} \hline \begin{array}{cc} O & I \\ I & O \end{array} & & \\ & \begin{array}{cc} \varepsilon_2' & O \\ O & \varepsilon_2'^{-1} \end{array} & \\ & \cdot & \\ & & \begin{array}{cc} \varepsilon_n' & O \\ O & \varepsilon_n'^{-1} \end{array} \\ \hline \end{array} \quad , \quad \varepsilon_i' = e(\varphi_i').$$

Indem man die Transformation

$$\delta u \rightarrow \delta u - (\varepsilon)' \, \delta u \, (\varepsilon)'^{-1}$$

im Gebiet der infinitesimalen Drehungen δu studiert, bekommt man als Ausdruck desjenigen Volumenteils der Nebengruppe, auf welchem die »Drehwinkel» φ_i' dem Spielraum $\varphi_i' \ldots \varphi_i' + d\varphi_i'$ angehören:

$$d\Omega' = \varDelta' \overline{\varDelta}' \, d\varphi_2' \ldots d\varphi_n' \quad \text{mit}$$

$$\varDelta' = \Pi \, s(\varphi_i') \cdot \Pi(c(\varphi_i') - c(\varphi_k')) \quad (i < k; \; i, k = 2, 3, \ldots, n).$$

Da $(\varepsilon)'$ durch Verwandlung eines φ' in $-\varphi'$ in eine innerhalb $\mathfrak{b}'$ zu $(\varepsilon)'$ konjugierte Operation übergeht, ebenso, wenn man $\varphi_2', \varphi_3', \ldots, \varphi_n'$ untereinander vertauscht, muss der mit $\varDelta'$ multiplizierte primitive Charakter χ innerhalb der Nebengruppe sich aus Ausdrücken von der Form zusammensetzen

$$\xi'(l) = |s(l_i \, \varphi_k')|_{i, k = 2, 3, \ldots, n}.$$

Danach ist zu erwarten, dass es zwei und nur zwei zueinander assoziierte primitive Darstellungen der Gruppe $\mathfrak{b}'$ vom Typus $(g_1 = 0, g_2, \ldots, g_n)$ gibt und ihre Charakteristiken so aussehen:

$$(25) \begin{cases} \chi = \dfrac{|1, \, c(l_2 \varphi), \ldots, \, c(l_n \varphi)|}{|1, \, c(\varphi), \ldots, \, c((n-1)\varphi)|} & \text{für die Operationen von } \mathfrak{b}, \\[4mm] \chi = \pm \dfrac{|s(l_2 \varphi'), \ldots, s(l_n \varphi')|}{\displaystyle\prod_{i=2}^{n} s(\varphi_i') \cdot |1, \, c(\varphi'), \ldots, c((n-2)\varphi')|} & \text{für die Operationen der Nebengruppe.} \end{cases}$$

Die Determinanten sind so zu lesen, dass anstelle von φ der Reihe nach φ_1, φ_2, ... φ_n, anstelle von φ' aber nur φ_2', ..., φ_n' gesetzt werden. Die Dimensionszahl ist die gleiche wie für die Gruppe $\mathfrak{d}$. Doch bedarf unsere Behauptung noch der näheren Begründung.

Eine primitive Darstellung von $\mathfrak{d}'$ des gewünschten Typus erhält man nach II, indem man die kleinste lineare Mannigfaltigkeit bildet, welche alle durch die Transformationen von $\mathfrak{d}'$ aus dem Hypervektor

$$E_1 = e_n^{p_n}\,(e_n \times e_{n-1})^{p_{n-1}} \ldots (e_n \times \ldots \times e_2)^{p_2}$$

entstehenden Hypervektoren umspannt; $e_1, e_2, \ldots, e_n$; $e_1', e_2', \ldots, e_n'$ bedeuten dabei die Grundvektoren, das Koordinatensystem des Raumes $\mathfrak{r}$, p_i ist die ganze Zahl $g_i - g_{i-1} \geqq 0$. Das Koordinatensystem im Darstellungsraum kann aber so angenommen werden: $E_1, E_2, \ldots$, dass jeder der Hypervektoren E_i linear zusammengesetzt ist aus Produkten, welche p_n eindimensionale Grundvektoren, p_{n-1} zweidimensionale, ..., p_2 $(n-1)$ dimensionale als Faktoren enthalten, und welche alle das gleiche Gewicht besitzen. Nur E_1 hat darunter das höchste Gewicht $g_2 \varphi_2 + \cdots + g_n \varphi_n$. Bei Ausübung der Substitution $(\varepsilon)'$ gilt daher

$$E_1 \rightarrow e\,(g_2\,\varphi_2' + \cdots + g_n\,\varphi_n').\ E_1,$$

und die übrigen Koeffizienten der $(\varepsilon)'$ in der Darstellung korrespondierenden Matrix $(E)'$ enthalten nur Glieder von niedrigerem Gewicht als das hingeschriebene. Somit beginnt die Charakteristik unserer irreduziblen Darstellung für die Elemente der Gruppe $\mathfrak{d}$ mit dem höchsten Glied $e\,(g_2\,\varphi_2 + \cdots + g_n\,\varphi_n)$ und für die Elemente der Nebengruppe mit dem höchsten Glied $e\,(g_2\,\varphi_2' + \cdots + g_n\,\varphi_n')$. Es gilt also

$$\varDelta \cdot \chi = \xi(l) + c_* \,\xi(l_*) + \cdots \qquad \text{in der Hauptgruppe,}$$

$$\varDelta' \cdot \chi = \xi'(l) + c_*' \,\xi'(l_*') + \cdots \qquad \text{in der Nebengruppe.}$$

$c_*, \ldots, c_*', \ldots$ sind konstante Koeffizienten, die mit ihnen behafteten Zusatzterme stehen niedriger als der den Koeffizienten 1 tragende Hauptterm. Die Forderung aber, dass der Mittelwert von $|\chi|^2$ gleich 1 sein muss, liefert die Beziehung

$$(1 + |\,c_*\,|^2 + \cdots) + (1 + |\,c_*'\,|^2 + \cdots) = 2,$$

aus welcher das Verschwinden der Zusatzglieder hervorgeht. Damit ist sicher gestellt, dass die beiden assoziierten Darstellungen $\mathfrak{D}_+$, $\mathfrak{D}_-$ mit den Charakteristiken (25), $\chi = \chi_+$ und χ_- wirklich existieren.

Es kann aber auch keine andere geben von demselben höchsten Gewicht. Denn für eine solche $\mathfrak{D}$ würde die Charakteristik ζ innerhalb der Hauptgruppe die Gestalt besitzen

$$\varDelta \cdot \zeta = c \cdot \xi(l) + c_* \cdot \xi(l_*) + \cdots,$$

wo $c \neq 0$, c_*, ... *ganze Zahlen* sind. Da $\int_{\mathfrak{b}'} |\zeta|^2 |d\tau|$ gleich dem doppelten Volumen von $\mathfrak{b}$ sein muss, gibt es nur die Möglichkeiten: 1) $\varDelta \cdot \zeta = \xi(l)$ in der Hauptgruppe; 2) $\varDelta \cdot \zeta = \xi(l) \pm \xi(l_*)$ in der Hauptgruppe, $\zeta = 0$ in der Nebengruppe. Im Falle 2) muss die erste Komponente des Zahlensystems l_* gleich 0 sein, da sonst die Symmetrieeigenschaften von ζ verletzt wären. Dann aber genügt ζ nicht der Orthogonalitätsbedingung

$$\int_{\mathfrak{b}'} \bar{\zeta} \chi_* |d\tau| = 0$$

gegenüber der durch die Formeln (25) für $l = l_*$ gelieferten Charakteristik χ_*. Bleibt also nur die erste Möglichkeit, dass die Charakteristik ζ von $\mathfrak{D}$ innerhalb der Hauptgruppe mit der Charakteristik χ von $\mathfrak{D}_+$ und $\mathfrak{D}_-$ übereinstimmt. Wäre nun $\mathfrak{D}$ weder mit $\mathfrak{D}_+$ noch mit $\mathfrak{D}_-$ äquivalent, so bestünden die Orthogonalitätsrelationen

$$\int_{\mathfrak{b}'} \bar{\zeta} \chi_+ |d\tau| = 0, \qquad \int_{\mathfrak{b}'} \bar{\zeta} \chi_- |d\tau| = 0,$$

deren Addition zu der unmöglichen Gleichung

$$2 \int_{\mathfrak{b}} \bar{\zeta} \chi |d\tau| = 2 \int_{\mathfrak{b}} \bar{\chi} \chi |d\tau| = 0$$

führt.[1]

---

[1] Vergl. Schur 2, pp. 301/302.

70.

Elementare Sätze über die Komplex- und die Drehungsgruppe

Nachrichten der Gesellschaft der Wissenschaften zu Göttingen. Mathematisch-physikalische Klasse, 235—243 (1926)

Der Komplexgruppe $\mathfrak{C}$ im zentrierten affinen Raum von $2n$ Dimensionen liegt ein nicht-ausgeartetes schiefes Produkt

$$[xy] = \sum_{i,\,k} c_{ik}\, x_i\, y_k$$

zweier willkürlicher Vektoren x, y zugrunde, dem wir unter Verwendung eines aus den Grundvektoren $e_\alpha, e'_\alpha\,(\alpha = 1, 2, \ldots, n)$ bestehenden „normalen" Koordinatensystems zweckmäßigerweise die Gestalt

$$(x_1 y'_1 - x'_1 y_1) + \cdots + (x_n y'_n - x'_n y_n)$$

geben (x_α, x'_α bedeuten die Komponenten des Vektors x). x, y mögen konjugiert zueinander heißen, wenn $[xy] = 0$ ist. Die Grundvektoren $e_1, e_2, \ldots, e_n$ spannen eine n-dimensionale Nullmannigfaltigkeit $\mathfrak{r}_n$ auf, d. h. eine solche, innerhalb deren das schiefe Produkt verschwindet.

Um die Theorie der Darstellungen der Gruppe $\mathfrak{C}$, wie ich sie in MZ II entwickelte[1]), algebraisch vollständig abzuschließen, gilt es folgenden Satz zu beweisen über Polynome $H(x, y, \ldots, z)$, die von n Argumentvektoren $x, y, \ldots, z$ ganz rational abhängen, und zwar homogen der r_1^{ten} Ordnung in den Komponenten von x, der r_2^{ten} Ordnung in $y, \ldots$, der r_n^{ten} Ordnung in z:

Satz 1. *Verschwindet H immer dann, wenn die Argumentvektoren zueinander konjugiert sind, so gehört H demjenigen Polynomideal Π an,*

---

[1]) Mit MZ I, II, III zitiere ich die drei Abhandlungen über Darstellungstheorie in der Mathem. Zeitschr. **23** (1925), S. 271—309; **24** (1925), S. 328—376; S. 377—395.

dessen Basis von den schiefen Produkten der Argumentvektoren zu je zweien gebildet wird.

Es bezeichne nämlich J das aus n Zeilen bezw. von der Läng $r_1, r_2, \ldots, r_n$ bestehende Indexschema

$$J = \begin{cases} i_1\, i_2\, i_3\, \ldots \\ k_1\, k_2\, \ldots \\ \cdots\cdots\cdots \\ l_1\, \ldots \end{cases}$$

Jeder Index durchläuft unabhängig von den anderen die Reihe $1, 2, \ldots, n, 1', 2', \ldots, n'$. Wir betrachten die lineare Mannigfaltigkeit (φ) aller Tensoren φ der r^{ten} Stufe, $r = r_1 + r_2 + \cdots r_n$, deren Komponenten φ_J symmetrisch sind in den Indizes jeder Zeile des Schemas und den $\dfrac{r(r-1)}{2}$ „Überschiebungsbedingungen" genügen

$$\sum_{p,\, q} c_{pq}\, \varphi_{\ldots p\ldots q\ldots} = 0.$$

Diese verlangen, daß alle aus φ durch Verjüngung entstehenden Tensoren $(r-2)^{\text{ter}}$ Stufe null sind (es genügt, die $\sum\limits_{\alpha < \beta} r_\alpha r_\beta$ Gleichungen zu postulieren, in denen die beiden Summationsindizes p, q zwei zu verschiedenen Zeilen gehörige Stellen im Schema einnehmen). Man erhält spezielle solche Tensoren φ durch den Ansatz

$$\varphi_J = x_{i_1}\, x_{i_2}\, x_{i_3} \ldots y_{k_1}\, y_{k_2} \ldots\ldots z_{l_1} \ldots,$$

falls die n Vektoren $x, y, \ldots, z$ zueinander konjugiert sind. Unser Satz lehrt, daß (φ) die kleinste lineare Schar von Tensoren r^{ter} Stufe ist, welche alle diese speziellen Tensoren umfaßt; denn durch ihn überblicken wir die linearen Relationen mit konstanten Koeffizienten α_J:

$$H \equiv \sum_J \alpha_J\, \varphi_J = 0$$

zwischen den Komponenten φ_J, welche von sämtlichen speziellen Tensoren erfüllt werden. Damit zeigt sich, daß die aus den Tensoren φ der linearen Schar (φ) durch Alternation in bezug auf die Indizes jeder Spalte hervorgehenden Tensoren φ^* das Substrat einer *irreduziblen* Darstellung von $\mathfrak{C}$ bilden, deren höchstes Gewicht $= (r_1, r_2, \ldots, r_n)$ ist $(r_1 \geqq r_2 \geqq \ldots \geqq r_n \geqq 0)$; und erst damit ist die rein algebraische Konstruktion der irreduziblen Darstellungen vollendet[1]. Aber auch unabhängig von dieser Anwendung hat der

---

1) Vgl. MZ II, S. 335 f.

Satz 1 selbständiges Interesse. Den Beweis will ich mit Hilfe von Gedanken führen, die der Darstellungstheorie angehören, aber ohne Verwendung transzendenter Hilfsmittel.

Die sämtlichen Polynome unserer $n \cdot 2n$ Variablen

$$x_1, x_2, \ldots, x_n',$$
$$y_1, y_2, \ldots, y_n',$$
$$\cdot \cdot \cdot \cdot \cdot \cdot \cdot \cdot \cdot$$
$$z_1, z_2, \ldots, z_n',$$

welche in den Variablen jeder Zeile homogen sind bezw. in den vorgeschriebenen Ordnungen $r_1, r_2, \ldots, r_n$, bilden eine lineare Schar $\mathfrak{X}$, als deren Basis man die sämtlichen Monome X_J der betreffenden Ordnungen verwenden kann. Übe ich auf die Argumentvektoren des gegebenen Polynoms H kogredient eine Transformation s der Gruppe $\mathfrak{C}$ aus, so entsteht ein Polynom Hs, welches die gleiche Eigenschaft wie H besitzt: zu verschwinden, falls die Argumentvektoren zueinander konjugiert sind. Durchläuft s die ganze Gruppe, so spannen alle transformierten Hs eine lineare Schar $\mathfrak{H}$ innerhalb $\mathfrak{X}$ auf, welche invariant ist gegenüber der Gruppe $\mathfrak{C}$. Der Beweis unseres Satzes wird also erbracht sein, wenn wir zeigen:

Hilfssatz. *Ist $\mathfrak{H}$ eine gegenüber $\mathfrak{C}$ invariante lineare Teilschar der Polynomschar $\mathfrak{X}$, so gehören die Polynome von $\mathfrak{H}$ dem Ideal Π an, falls sie verschwinden für die speziellen zueinander konjugierten Argumente*

$$(1) \qquad x = e_1, \; y = e_2, \ldots, \; z = e_n.$$

Ist $H_1, \ldots, H_\mu$ eine Basis der Schar $\mathfrak{H}$, so gehen die H_ϱ durch Ausübung der Transformation s über in lineare Kombinationen der H_ϱ; so ist $\mathfrak{H}$ das Substrat für eine gewisse μ-dimensionale Darstellung der Komplexgruppe $\mathfrak{C}$. Nach dem Satz von der vollen Reduzibilität kann man $\mathfrak{X}$ zerlegen in $\mathfrak{H}$ und eine andere lineare Teilschar $\mathfrak{H}^*$, welche gleichfalls invariant gegenüber $\mathfrak{C}$ ist; das meint: jedes Polynom P von $\mathfrak{X}$ ist kongruent einem Polynom von $\mathfrak{H}$ (mod. $\mathfrak{H}^*$); ein Polynom von $\mathfrak{H}$, das kongruent 0 (mod. $\mathfrak{H}^*$) ist, ist *gleich* 0. Ich assoziiere jedem der Argumentvektoren einen variablen kontragradienten Vektor $\xi, \eta, \ldots, \zeta$. $(x\xi)$ bedeute

$$x_1 \xi_1 + x_2 \xi_2 + \cdots + x_n' \xi_n',$$

Ξ_J das Monom, das in gleicher Weise aus $\xi, \eta, \ldots, \zeta$ gebildet ist wie X_J aus $x, y, \ldots, z$. Die Invariante

$$\sum_J X_J \, \Xi_J = (x\xi)^{r_1} \, (y\eta)^{r_2} \ldots (z\zeta)^{r_n}$$

ist mod. $\mathfrak{H}^*$ einer Funktion

$$f = \sum_J P_J(x, y, \ldots, z)\Xi_J$$

in $\mathfrak{H}$ kongruent:

$$X_J \equiv P_J (\mathrm{mod.}\ \mathfrak{H}^*),\quad P_J\ \text{Polynome in}\ \mathfrak{H}.$$

Aus $fs \equiv f$ (mod. $\mathfrak{H}^*$) folgt, da f und fs in $\mathfrak{H}$ liegen: $fs = f$. Als Invariante der Gruppe $\mathfrak{C}$ ist f (nach dem bekannten Fundamentalsatz über Vektorinvarianten) ein Aggregat der Größen

$$(2)\qquad \begin{cases} (x\,\xi),\ (y\,\xi),\ \ldots,\ (z\xi), \\ (x\eta),\ (y\eta),\ \ldots,\ (z\eta), \\ \cdot\quad \cdot\quad \cdot\quad \cdot\quad \cdot\quad \cdot\quad \cdot \end{cases}$$

ferner der schiefen Produkte vom Typus $[xy]$ und vom Typus $[\xi\eta]$. Weil die Ordnung in den lateinischen Variabeln die gleiche ist wie in den griechischen, hat jedes Aggregatglied ebensoviele Faktoren von der Form $[xy]$ wie $[\xi\eta]$. Unter Fortlassung der Glieder, welche einen Faktor vom Typus $[xy]$ enthalten, reduziert sich f daher auf ein Aggregat

$$f_0 \left\{(x\xi),\ (y\xi),\ \ldots,\ (z\xi)\right\}$$

der Größen (2) allein. Nach Voraussetzung soll f und daher f_0 verschwinden für die speziellen Argumente (1). Für diese besteht aber die Tafel (2) einfach aus den unabhängigen Variablen

$$\xi_1,\ \xi_2,\ \ldots,\ \xi_n,$$
$$\eta_1,\ \eta_2,\ \ldots,\ \eta_n,$$
$$\cdot\quad \cdot\quad \cdot\quad \cdot\quad \cdot\quad \cdot$$

Darum ist f_0 identisch null, f oder die Polynome P_J gehören dem Ideal Π an. Ist nun H ein Polynom aus $\mathfrak{H}$ mit den Koeffizienten α_J:

$$H = \sum_J \alpha_J X_J,$$

so ist

$$H \equiv \sum_J \alpha_J P_J\ (\mathrm{mod.}\ \mathfrak{H}^*),\ \text{also auch}\ H = \sum_J \alpha_J P_J.$$

Der Beweis ist damit vollendet.

Wir stützten uns auf den Satz von der vollen Reduzibilität. Für den Darstellungsraum $\mathfrak{X}$ ist dieser Satz elementar beweisbar. Denn bedeutet der Querstrich den Übergang zum Konjugiert-komplexen, so ist

$$\sum_J \Xi_J \overline{\Xi}_J = (\xi \bar{\xi})^{r_1} (\eta \bar{\eta})^{r_2} \cdots (\zeta \bar{\zeta})^{r_n}$$

gegenüber der *unitär beschränkten* Gruppe $\mathfrak{C}_u$ invariant. Innerhalb der linearen Schar $\mathfrak{X}$ von Polynomen

$$P = \sum_J \pi_J X_J \qquad (\pi_J \text{ Zahlkoeffizienten})$$

ist der Ausdruck $\sum \pi_J \overline{\pi}_J$ somit eine gegenüber $\mathfrak{C}_u$ invariante definite Hermitesche Form. Unter $\mathfrak{H}^*$ verstehe man den zu $\mathfrak{H}$ senkrechten Raum im Sinne der durch diese Hermitesche Form in $\mathfrak{X}$ definierten Metrik. Man schließe nun in bekannter Weise, daß $\mathfrak{H}^*$ nicht nur gegen $\mathfrak{C}_u$, sondern auch gegenüber $\mathfrak{C}$ invariant ist; oder man führe die ganze Argumentation für die beschränkte Gruppe $\mathfrak{C}_u$ durch.

Eine analoge Betrachtung klärt die auf den ersten Blick so merkwürdige Formel auf, welche ich an der unten zitierten Stelle[1] im Falle von n Argumentvektoren aufstellte zwischen den Anzahlen der zur Gruppe $\mathfrak{C}$ im $(2n)$-dimensionalen Raum und den zur vollen linearen Gruppe $\mathfrak{G}$ im n-dimensionalen Raum gehörigen invarianten Größen. Liegt wieder eine lineare gegenüber $\mathfrak{C}$ invariante Teilschar $\mathfrak{H}$ von $\mathfrak{X}$ mit der Basis $(H_1, \ldots, H_\mu)$ vor, so hat jedes in der zugehörigen Darstellung $\mathfrak{H}$ vorkommende Gewicht $(q_1, q_2, \ldots, q_n)$ eine Summe $q_1 + q_2 + \cdots + q_n \leqq r$. Was bedeutet „Gewicht"? Man hat die spezielle Transformation s:

$$x_\alpha \to \varepsilon_\alpha x_\alpha, \quad x'_\alpha \to \frac{1}{\varepsilon_\alpha} x'_\alpha \qquad (\alpha = 1, 2, \ldots, n)$$

auszuführen und die Spur der linearen Transformation zu berechnen, welche von den H_ϱ zu den $H_\varrho s$ führt. Diese Charakteristik von $\mathfrak{H}$ ist offenbar eine lineare Kombination von Monomen $\varepsilon_1^{q_1} \varepsilon_2^{q_2} \ldots \varepsilon_n^{q_n}$ mit ganzzahligen Exponenten q; der Exponentensatz jedes solchen Monoms, das in der Charakteristik wirklich auftritt, ist ein in $\mathfrak{H}$ vorkommendes „Gewicht". Daraus geht die Richtigkeit unserer Bemerkung (die nicht an die Zahl n von Argumentvektoren gebunden ist) ohne weiteres hervor.

Ist die Darstellung $\mathfrak{H}$ insbesondere irreduzibel, der Polynomsatz $(H_1, \ldots, H_\mu)$ also das, was ich eine invariante Größe ι vom Typus $\mathfrak{H}$ genannt habe, und $(g_1, g_2, \ldots, g_n)$ das höchste in $\mathfrak{H}$ vorkommende

---

1) Acta Mathematica **48** (1926), S. 272, letzte Zeile von § 3. Die Arbeit zitiere ich im folgenden als AM. die Formel mit dem Zeichen (F).

Gewicht $(g_1 \geqq g_2 \geqq \ldots \geqq g_n \geqq 0)$ mit der Gewichtssumme $g_1 + g_2 + \cdots + g_n = g$, so muß die Gesamtordnung r der Polynome $\geqq g$ sein. Ich benutze jetzt unseren Beweisgedanken in etwas anderer Fassung, nämlich so wie auf S. 269—270 von AM. Die Darstellung $\mathfrak{h}$ ist enthalten in derjenigen, nach welcher sich die Komponenten f_J der Tensoren g^{ter} Stufe transformieren, welche symmetrisch sind in den Indizes jeder Zeile des Schemas J. Das Schema J besteht diesmal aus n Zeilen bzw. von der Länge $g_1, g_2, \ldots, g_n$. Führe ich wieder n kontragrediente Vektoren $\xi, \eta, \ldots, \zeta$ ein und hat Ξ_J die frühere Bedeutung, wobei nur die Zahlen r_i durch g_i zu ersetzen sind, so gehört zu einem derartigen Tensor $\{f_J\}$ der invariante Skalar

$$f = \sum_J f_J \Xi_J,$$

welcher homogen der g_1^{ten} Ordnung in den Komponenten von ξ, g_2^{ter} Ordnung in $\eta, \ldots, g_n^{\text{ter}}$ Ordnung in ζ ist. Durch den linearen Mechanismus, der $\mathfrak{h}$ aus der erwähnten umfassenderen Darstellung ausfällt, führt jede invariante Größe $\iota = (\iota_1, \ldots, \iota_\mu)$ vom Typus $\mathfrak{h}$ zu einem solchen Skalar $f = f_\iota$; umgekehrt entsteht aus jedem Skalar f, welcher die vorgegebenen Ordnungen $g_1, g_2, \ldots, g_n$ in $\xi, \eta, \ldots, \zeta$ hat, eine invariante Größe ι vom Typus $\mathfrak{h}$, und wenn dieser Prozeß auf f_ι angewendet wird, führt er zu ι zurück. Ausgehend von der invarianten Größe $(H_1, \ldots, H_\mu)$, erhalten wir für f eine Invariante, die in den Ordnungen $r_1, r_2, \ldots, r_n;\ g_1, g_2, \ldots, g_n$ von n kovarianten und n kontravarianten Vektoren $x, y, \ldots, z;\ \xi, \eta, \ldots, \zeta$ abhängt. Sie ist darum ein Aggregat der Fundamentalinvarianten von den drei Typen $(x\xi)$, $[xy]$, $[\xi\eta]$. Jedes einzelne Aggregatglied ist eine Invariante und führt darum zu einer invarianten Größe ι vom Typus $\mathfrak{h}$; die gegebene ist die Summe all dieser aus den einzelnen Aggregatgliedern entspringenden Bestandteile. Die Glieder, welche einen Faktor vom Typus $[\xi\eta]$ enthalten, liefern dabei lediglich den Beitrag $\iota = 0$ und können daher einfach weggelassen werden. Denn die aus einem solchen Glied entspringende invariante Größe ι ist bis auf vorgesetzte Faktoren vom Typus $[xy]$ gleich einer solchen

$$\iota(x, y, \ldots, z) = (\iota_1, \iota_2, \ldots, \iota_\mu),$$

für welche die Gesamtordnung in den Argumenten $x, y, \ldots, z$ kleiner ist als g (nämlich $= g - 2h$, wenn h die Anzahl von auftretenden Faktoren des Typus $[\xi\eta]$ ist). Nun verschwinden die μ Polynome $\iota_1, \ldots, \iota_\mu$ entweder identisch oder sie sind linear unabhängig voneinander, weil die von ihnen aufgespannte lineare Polynomschar invariant gegenüber $\mathfrak{C}$ und die Darstellung $\mathfrak{h}$ nach Voraussetzung irreduzibel ist. Der zweite Fall ist unmöglich, weil oben gezeigt wurde, daß die Gewichtssumme g höchstens gleich der Gesamtordnung in den Vektoren sein kann, die hier $g - 2h$ beträgt. Wir kommen so für die invarianten Größen von gegebenem irreduziblen Typus $\mathfrak{h}$, deren Komponenten dem Polynombereich $\mathfrak{X}$ entstammen, zu folgendem

Satz 2. *Von 0 verschiedene invariante Größen aus dem Polynombereich $\mathfrak{X}$ vom Typus $\mathfrak{h}$ existieren nur, wenn die Gesamtordnung r der Polynome von $\mathfrak{X}$ nicht kleiner ist als die Gewichtssumme g des höchsten Gewichts von $\mathfrak{h}$; und zwar muß $r - g$ eine gerade Zahl $2h$ sein. Ist $r = g + 2h$, $h > 0$, so erscheint jede invariante Größe der geforderten Art als ein Polynom h^{ter} Ordnung der sämtlichen $\dfrac{n(n-1)}{2}$ schiefen Produkte der Argumentvektoren $x, y, \ldots, z$ mit Koeffizienten, die selber invariante Größen des Typus $\mathfrak{h}$, aber von der Gesamtordnung g in den Argumentvektoren sind.*

Im Falle $r = g$ verschwindet die invariante Größe identisch in den Argumentvektoren, falls sie verschwindet für die speziellen zueinander konjugierten Werte

$$x = e_1, \quad y = e_2, \ldots, z = e_n.$$

Im Falle $r > g$ ist das erwähnte Polynom h^{ter} Ordnung nur dann identisch 0, wenn die als Koeffizienten auftretenden invarianten Größen der Gesamtordnung g identisch verschwinden.

Der auf $r = g$ bezügliche Zusatz folgt wie oben daraus, daß ein Aggregat der Größen (2) identisch verschwindet, falls es für die speziellen Werte (1) identisch in den kontragredienten Vektoren verschwindet. Für den Fall $r > g$ hat man zu bemerken, daß man die Vektoren $x, y, \ldots, z$; $\xi, \eta, \ldots, \zeta$ so bestimmen kann, daß von den drei Matrizen

$$
\begin{array}{c|c|c}
(x\,\xi), \ldots, (z\,\xi) & [x\,x], \ldots, [x\,z] & [\xi\,\xi], \ldots, [\xi\,\zeta] \\
\cdot \quad \cdot \quad \cdot \quad \cdot \quad \cdot & \cdot \quad \cdot \quad \cdot \quad \cdot & \cdot \quad \cdot \quad \cdot \quad \cdot \\
(x\,\zeta), \ldots, (z\,\zeta) & [z\,x], \ldots, [z\,z] & [\zeta\,\xi], \ldots, [\zeta\,\zeta]
\end{array}
$$

die erste einer beliebig vorgegebenen Matrix $\lambda_{\alpha\beta}$, die zweite einer beliebig vorgegebenen schiefsymmetrischen Matrix $\pi_{\alpha\beta}$ gleich wird $(\alpha, \beta = 1, 2, \ldots, n)$ und die dritte verschwindet. Der Ansatz

$$\begin{array}{l|l}
x:1 \quad 0 \;\ldots\; 0 & x'_{11} \; x'_{12} \;\ldots\; x'_{1n} \\
y:0 \quad 1 \;\ldots\; 0 & x'_{21} \; x'_{22} \;\ldots\; x'_{2n} \\
\quad\cdot\;\;\cdot\;\;\cdot\;\;\cdot\;\;\cdot & \quad\cdot\;\;\cdot\;\;\cdot\;\;\cdot \\
z:0 \quad 0 \;\ldots\; 1 & x'_{n1} \; x'_{n2} \;\ldots\; x'_{nn} \\ \hline
\xi:\lambda_{11} \; \lambda_{12} \;\ldots\; \lambda_{1n} & 0 \quad 0 \;\ldots\; 0 \\
\eta:\lambda_{21} \; \lambda_{22} \;\ldots\; \lambda_{2n} & 0 \quad 0 \;\ldots\; 0 \\
\quad\cdot\;\;\cdot\;\;\cdot\;\;\cdot\;\;\cdot & \quad\cdot\;\;\cdot\;\;\cdot\;\;\cdot \\
\zeta:\lambda_{n1} \; \lambda_{n2} \;\ldots\; \lambda_{nn} & 0 \quad 0 \;\ldots\; 0
\end{array}$$

erfüllt diese Forderungen, falls

$$x'_{\beta\alpha} - x'_{\alpha\beta} = \pi_{\alpha\beta} \qquad \text{ist.}$$

Zur vollen Aufklärung der Formel (F) gilt es jetzt noch zu verstehen, warum im Falle $r = g$ die Anzahl der linear unabhängigen unter den invarianten Größen vom Typus $\mathfrak{h}$ sich nicht ändert, wenn wir den $2\,n$-dimensionalen Raum durch den n-dimensionalen, die Gruppe $\mathfrak{C}$ durch die n-dimensionale $\mathfrak{G}$ und $\mathfrak{h} = \mathfrak{h}_{\mathfrak{C}}$ ersetzen durch diejenige irreduzible Darstellung $\mathfrak{h}_{\mathfrak{G}}$ von $\mathfrak{G}$, welche dasselbe höchste Gewicht wie $\mathfrak{h}_{\mathfrak{C}}$ besitzt. Der Zusammenhang ist dieser. Beschränken wir uns in unserem $2\,n$-dimensionalen Raum auf die von den zueinander konjugierten Grundvektoren $e_1, e_2, \ldots e_n$ aufgespannte n-dimensionale Nullmannigfaltigkeit $\mathfrak{r}_n$, so bilden die Transformationen von $\mathfrak{C}$, welche $\mathfrak{r}_n$ invariant lassen, die volle lineare Gruppe in $\mathfrak{r}_n$. Konstruieren wir das Substrat (φ^*) von $\mathfrak{h}_{\mathfrak{C}}$, wie im Anschluß an Satz 1 geschildert wurde, so gewinnen wir daraus das Substrat für $\mathfrak{h}_{\mathfrak{G}}$ durch Beschränkung auf diejenigen Tensoren $\{\varphi_J\}$, für welche alle Komponenten mit einem gestrichenen Index verschwinden. Stellen wir uns eine invariante Größe $\iota_{\mathfrak{C}}$ der geforderten Art aus einem invarianten Skalar f her, so besteht f, unter Fortlassung der Glieder mit Faktoren vom Typus $[\xi\,\eta]$, nur aus den Größen (2), liefert also bei Beschränkung der Argumentvektoren $x, y, \ldots, z$ auf $\mathfrak{r}_n$ eine entsprechende unter $\mathfrak{G}$ invariante Größe $\iota_{\mathfrak{G}}$ (die nicht verschwindet, wenn $\iota_{\mathfrak{C}}$ nicht verschwindet). Bei Beschränkung der Vektoren $x, y, \ldots, z$ auf $\mathfrak{r}_n$ bleiben die Komponenten $\iota_1, \ldots, \iota_\mu$ von $\iota_{\mathfrak{C}}$ natürlich nicht voneinander linear unabhängig; aber die linearen Transformationen, welche in der von ihnen aufgespannten linearen Mannigfaltigkeit induziert werden von den auf die Argumentvektoren kogredient auszuübenden, $\mathfrak{r}_n$ invariant lassenden Operationen s von $\mathfrak{C}$, hängen nach dem Gesagten nur ab von demjenigen Teil von s, der $\mathfrak{r}_n$ ergreift. Indem man die gleiche Methode der Zurückführung der invarianten Größen auf Skalare auch für die Gruppe $\mathfrak{G}$ benutzt, erkennt man noch, daß $\iota_{\mathfrak{G}}$ die *sämtlichen* unter $\mathfrak{G}$ invarianten Größen vom Typus $\mathfrak{h}_{\mathfrak{G}}$, die dem Polynombereich $\mathfrak{H}$ entstammen, durchläuft. Damit wird nicht nur die Formel (F) durchsichtig, sondern zugleich der innere Grund für das in der Acta-Arbeit, S. 267 ausgesprochene *Reziprozitätsgesetz* völlig aufgehellt.

Unsere Entwicklungen enthalten nichts, was sich nicht sogleich auf die *orthogonale Gruppe* übertragen ließe, der eine nicht-ausgeartete *symmetrische* Form (xy) zweier willkürlicher Vektoren x, y zugrunde liegt.

71.

Beweis des Fundamentalsatzes in der Theorie der fastperiodischen Funktionen

Sitzungsberichte der Preußischen Akademie der Wissenschaften zu Berlin, 211—214
(1926)

Als Sie uns neulich in Zürich über die fastperiodischen Funktionen vortrugen, regte sich in mir von neuem der lebhafte Wunsch nach einer natürlichen Begründung des *Fundamentalsatzes* Ihrer schönen Theorie, des Analogon der Parsevalschen Gleichung[1]. Ich brachte das Unbefriedigende der gegenwärtigen Lage in der Diskussion zum Ausdruck und meinte: wenn es gelänge, für die Parsevalsche Gleichung im Gebiet der gewöhnlichen Fourierreihen einen Beweis zu finden, der nicht durch die gleichmäßige Approximation der gegebenen Funktion f mittels trigonometrischer Polynome hindurchgeht, so stünde zu erwarten, daß sich dieser Beweis auf die fastperiodischen Funktionen werde übertragen lassen. Ein solcher Beweis sei um so mehr erwünscht, da ja in der allgemeinen Theorie der fastperiodischen Funktionen der Approximationssatz sich auf die Parsevalsche Gleichung stützen muß und nicht umgekehrt. Inzwischen ist es mir gelungen, dieses Desideratum zu erfüllen. Meine Untersuchungen über geschlossene kontinuierliche Gruppen zeigten mir den Weg. Auch dort steht im Zentrum ein Vollständigkeitstheorem: die Vollständigkeit des Charakteristikensystems[2]. Man gewinnt sie durch Reduktion der sog. regulären Darstellung. Für die einfachste Gruppe, für die einparametrige kommutative Gruppe der Drehungen eines Kreises fällt aber dieser gruppentheoretische Vollständigkeitssatz mit der gewöhnlichen Parsevalschen Gleichung zusammen.

Ich gehe danach so vor. Ist $f(s)$ die stetige Funktion von der Periode 2π, für welche die Parsevalsche Gleichung bewiesen werden soll, so nehme ich $f(s-t)$ *als Kern einer Integralgleichung* und suche die Eigenwerte und Eigenfunktionen des »Hermiteschen Kernes«

$$(1) \qquad \frac{1}{2\pi} \int_{-\pi}^{\pi} f(s-r)\,\bar{f}(t-r)\,dr = g(s-t)$$

<hr>

[1] Vgl. vor allem H. Bohr, Zur Theorie der fastperiodischen Funktionen I. II. III., Acta Mathematica **45—47** (1924—26).

[2] Weyl, Mathematische Zeitschrift **24** (1925), S. 390.

zu bestimmen. Offenbar ist jede einfache Schwingung $e^{i\lambda s}$ mit ganzzahliger Frequenz λ, für welche der zugehörige Fourierkoeffizient

$$a(\lambda) = \frac{1}{2\pi} \int_{-\pi}^{+\pi} f(s)\, e^{-i\lambda s}\, ds \;\neq\; 0$$

ist, eine solche Eigenfunktion und $|a(\lambda)|^2$ der zugehörige Eigenwert (ich nenne hier Eigenwert, was nach HILBERT als reziproker Eigenwert zu bezeichnen wäre). Ich behaupte: (A) *Dies sind alle Eigenfunktionen.* Alsdann liefert der allgemeine Satz aus der Theorie der Integralgleichungen, daß (B) die Spur des Kernes $g(s-t)$ gleich der Summe der Eigenwerte ist, die PARSEVALsche Gleichung. (A) ist natürlich auf Grund der Theorie der Fourierreihen sofort klar; es gilt aber, den Beweis dafür auf direktem Wege zu erbringen.

Die einfachste heute klassische Begründung des Satzes (B) gab E. SCHMIDT in seiner Dissertation (Göttingen 1905). Wendet man seine Methode konstruktiv, so sieht sie in unserm Falle so aus: Man bildet die iterierten Kerne $g, g^2, g^3, \cdots$ gemäß der Formel für die (hier kommutative) Zusammensetzung

$$ff^*(s-t) = \frac{1}{2\pi} \int_{-\pi}^{+\pi} f(s-r) f^*(r-t)\, dr$$

oder

$$(2) \qquad ff^*(s) = \frac{1}{2\pi} \int_{-\pi}^{+\pi} f(s-r) f^*(r)\, dr\,.$$

Ist f nicht identisch $= 0$, so sind deren Spuren $g^n(0) = \gamma_n$ positive Zahlen, und es strebt γ_n/γ_{n-1} wachsend gegen eine Zahl c, $\dfrac{g^n(s-t)}{c^n}$ gleichmäßig gegen eine Funktion $E(s-t)$. c ist der größte Eigenwert, $E(s-t)$ derjenige Bestandteil des Kernes $g(s-t)$, der zu diesem Eigenwert gehört:

$$(3) \qquad gE = c \cdot E, \quad EE = E.$$

Wendet man die Methode von neuem auf $g - c \cdot E$ an, so erhält man den nächst kleineren Eigenwert c' samt dem zugehörigen Bestandteil $E'(s-t)$, usf. Die Gleichung

$$g(s-t) = c E(s-t) + c' E'(s-t) + \cdots$$

ist eine selbstverständliche Folge dieser Konstruktion.

$$(4) \qquad E(s-t) \text{ ist } = \phi_1(s)\,\overline{\phi}_1(t) + \cdots + \phi_h(s)\,\overline{\phi}_h(t),$$

wo die $\phi_\alpha(s)$ das unitär-orthogonale System der zu c gehörigen Eigenfunktionen bilden $[E(0) = \text{Spur von } E(s-t) = h]$. Sie sind nur bis auf eine unitäre Transformation bestimmt. Um zu der Behauptung (A) zu gelangen und damit die PARSEVALsche Gleichung zu beweisen, muß aus der Tatsache, daß die rechte Seite von (4) eine Funktion von $s-t$ allein ist, geschlossen werden, daß bei geeigneter Normierung die $\phi(s)$ einfache Schwingungen sind. Dies kann man auf verschiedene Weisen erkennen. Z. B. ergibt es sich aus der Theorie der kommutativen h-gliedrigen hyperkomplexen Zahlen; die hyperkomplexen Zahlen sind dabei die linearen Kombinationen der h Funktionen $\phi_1(s)$, $\phi_2(s)$, $\cdots$, $\phi_h(s)$; ihre Multiplikation, die aus dieser h-dimensionalen linearen Mannigfaltigkeit nicht herausführt, ist durch (2) erklärt. Oder man kann so verfahren. Bei irgendeinem festen t ist $\phi(s+t)$ so gut eine zu c gehörige Eigenfunktion wie $\phi(s)$; daher gelten Formeln

$$(5) \qquad \phi_\alpha(s+t) = \sum_{\beta=1}^{h} e_{\alpha\beta}(t)\,\phi_\beta(s)\,. \qquad (\alpha = 1,2,\cdots,h)$$

Aus (4) erkennt man dies, wenn man in

$$\phi_\alpha(s) = \frac{1}{2\pi}\int\limits_{-\pi}^{+\pi} E(s-r)\,\phi_\alpha(r)\,dr$$

s durch $s+t$ ersetzt:

$$e_{\alpha\beta}(t) = \frac{1}{2\pi}\int\limits_{-\pi}^{+\pi} \overline{\phi}_\beta(r-t)\,\phi_\alpha(r)\,dr\,.$$

Die Gleichungen (5) sagen aus: Verschiebung des Arguments um t bewirkt an den Funktionen $\phi_\alpha(s)$ die lineare Transformation

$$E(t) = \|\,e_{\alpha\beta}(t)\,\|\,.$$

Darum muß

$$(6) \qquad E(t)\,E(t') = E(t+t')$$

sein [$E(t)$ ist eine Darstellung der Drehungsgruppe $x' = e^{it}x$], und $E(t)$ ist für jeden Wert von t unitär, weil das Funktionssystem $\phi_\alpha(s)$ unitär-orthogonal ist und diesen Charakter durch die Verschiebung des Arguments um t nicht verliert. Hieraus und aus der Kommutativität

$$E(s)\,E(t) = E(t)\,E(s)$$

folgt nun auf bekannte Weise, daß die Normierung so getroffen werden kann, daß alle seitlichen $e_{\alpha\beta}(t)\,(\alpha \neq \beta)$ verschwinden, während die in der Hauptdiagonale stehenden $e_\alpha(t)$ vom absoluten Betrag 1 sind. Die Gleichungen (6) und (5) liefern

$$e_\alpha(s)\,e_\alpha(t) = e_\alpha(s+t)\,, \qquad \phi_\alpha(t) = e_\alpha(t)\,\phi_\alpha(0)$$

und damit das gewünschte Resultat:

$$\phi_1(s) = e^{i\lambda_1 s}\,, \qquad \phi_2(s) = e^{i\lambda_2 s}\,, \cdots, \qquad \phi_h(s) = e^{i\lambda_h s}\,.$$

Wegen der Periodizität müssen die reellen λ ganze Zahlen sein. c ist das Quadrat des Betrages der zugehörigen Fourierkoeffizienten a_1, a_2, $\cdots$, a_h von f. — Der bei Fortsetzung des Verfahrens zu bildende Kern

$$g'(s-t) = g(s-t) - c\cdot E(s-t)$$

entsteht nach der Formel (1) aus derjenigen Funktion

$$f'(s) = f(s) - (a_1\,e^{i\lambda_1 s} + \cdots + a_h\,e^{i\lambda_h s})\,,$$

die von f übrigbleibt, wenn die beim ersten Schritt ermittelten, in f enthaltenen Schwingungen subtrahiert werden.

Und dies alles läßt sich nun in der Tat ohne weiteres auf die fastperiodischen Funktionen übertragen! Man braucht sich dabei nicht einmal auf die Tatsache zu stützen — deren direkter Beweis etwas peinlich ist —, daß Summe und Produkt von fastperiodischen Funktionen wieder fastperiodisch sind. Denn bei der Bildung von g und seiner Iterierten entstehen immer nur Funktionen f^* »von gleicher Art« wie f; d. h. man hat eine positive Konstante C von der Beschaffenheit, daß jede Fastperiode τ von f mit dem Annäherungsmaß ε:

$$\left| f(s+\tau) - f(s) \right| \leqq \varepsilon \ \text{für alle}\ s,$$

eine Fastperiode von f^* mit dem Annäherungsmaß $C\varepsilon$ ist. Nur den Satz also, daß eine fastperiodische Funktion f einen Mittelwert $M\{f\}$ besitzt, benötige ich. Für E ergeben sich seiner Konstruktion zufolge durch Grenzübergang wieder die Gleichungen (3), aus deren erster übrigens nachträglich sofort folgt, daß $E(s)$ fastperiodisch ist, und zwar »von der gleichen Art« wie $f(s)$.

Im rein periodischen Fall liefert der sog. Entwicklungssatz der Integralgleichungstheorie, der hier eine unmittelbare Folge der PARSEVALschen Gleichung ist, für jede Funktion von der Gestalt

$$\frac{1}{2\pi} \int_{-\pi}^{+\pi} f(s-t)\, x(t)\, dt$$

eine gleichmäßig konvergente Fourierreihe, in der nur die Frequenzen von $f(s)$ auftreten. Den Approximationssatz gewinnt man daraus, wenn man für $x(t)$ eine nicht-negative Funktion vom Mittelwert 1 wählt, welche nur in der nächsten Umgebung der Stelle $t=0$ von Null verschieden ist. Analog kann man vorgehen im Gebiete der fastperiodischen Funktionen. Man erkennt so, daß der Approximationssatz, welcher behauptet, daß $f(s)$ durch eine Superposition von -in f vorkommenden einfachen Schwingungen beliebig genau gleichmäßig angenähert werden kann, mit der Frage der Basis, mit den zahlentheoretischen Eigenschaften und Abhängigkeiten der vorkommenden Frequenzen nichts zu tun hat, und man bekommt eine explizite Abschätzung der Gliederzahl des approximierenden Aggregats, welche nur die Kenntnis jener Größen voraussetzt, deren Existenz durch den Begriff der fastperiodischen Funktion selbst gefordert ist. Erst nachdem der Approximationssatz gewonnen ist, zeigt man dann, daß für jede durch unsere Konstruktion nicht gelieferte Frequenz λ der Mittelwert $a(\lambda) = M\{f(s)e^{-i\lambda s}\}$ (gleichfalls existiert und) $= 0$ ist; ferner, daß man durch Addition und Multiplikation den Bereich der fastperiodischen Funktionen nicht verläßt. weil jedes endliche Aggregat einfacher Schwingungen fastperiodisch ist.

72.

Integralgleichungen und fastperiodische Funktionen

Mathematische Annalen 97, 338—356 (1927)

§ 1. Thema. Methode. Vorbereitungen

Eine stetige Funktion $f(s)$ der die ganze reelle Achse durchlaufenden Variablen s besitzt die «Fastperiode (Verschiebungszahl) τ vom Annäherungsgrad ε», wenn für alle s

$$|f(s + \tau) - f(s)| \leqq \varepsilon$$

ist. Nach BOHR[1]) heisst $f(s)$ *fastperiodisch*, wenn zu jedem positiven ε eine Länge l vorhanden ist derart, dass in jedem Intervall von der Länge l eine Fastperiode der Funktion vom Annäherungsgrad ε angetroffen wird. Eine solche Funktion f ist offenbar beschränkt, $|f(s)| \leqq A$, und gleichmässig stetig. Es gibt also ein positives δ, so dass alle Zahlen τ des Intervalls $-\delta \leqq \tau \leqq \delta$ Fastperioden vom Annäherungsgrad ε sind. Ferner hat f einen bestimmten *Mittelwert* auf der ganzen Zahlgeraden; d.h. es existiert eine Zahl

$$M\{f\} = M^t\{f(t)\},$$

von welcher sich der Mittelwert der Funktion im Intervall J: $M_J\{f\}$ um weniger als ein vorgegebenes ε unterscheidet, sobald die Intervallänge $|J|$ eine gewisse von ε abhängige Grösse $T(\varepsilon)$ überschreitet – wo im übrigen auch das Intervall auf der Zahlgeraden liegen mag. Hängt die Funktion noch von Parametern ab, so existiert der Mittelwert *gleichmässig*, falls dieses $T(\varepsilon)$ von den Parametern unabhängig gewählt werden kann.

Ist λ eine reelle Zahl, so heisse $e^{i\lambda s}$ eine einfache Schwingung und λ ihre Frequenz. Existiert der Mittelwert

$$M\{f(t)\, e^{-i\lambda t}\} = \alpha,$$

so folgt daraus, indem man t durch $s-t$ ersetzt,

$$M^t\{f(s - t)\, e^{i\lambda t}\} = \alpha \cdot e^{i\lambda s}. \tag{1}$$

Ist der Fourier-Koeffizient $\alpha \neq 0$, so ist demgemäss $e^{i\lambda s}$ eine zum Eigenwert α gehörige «*Eigenfunktion* (Eigenschwingung)» des Kernes $f(s-t)$. Wir sagen

---

[1]) Die Theorie der fastperiodischen Funktionen entwickelte H. BOHR namentlich in drei grossen Abhandlungen in den Acta Math. *45*, S. 29–121 (1924); *46*, S. 101–214 (1925); *47*, S. 237–281 (1926). Zitiert als: BOHR I, II, III.

dann auch, die Schwingung $e^{i\lambda s}$ komme in $f(s)$ mit dem Faktor α vor. Um die vorkommenden einfachen Schwingungen zu ermitteln, werden wir demnach die Integralgleichung oder vielmehr die «Mittelwertgleichung» mit dem Kern $f(s-t)$ ansetzen und nach bekannter Methode deren Eigenfunktionen konstruieren[2]). Darauf werden wir durch einen gruppentheoretischen Schluss zeigen, dass bei geeigneter Normierung die so gewonnenen Eigenfunktionen einfache Schwingungen sind. So wird sich ein natürlicher Beweis für BOHRS Fundamentalsatz, das Analogon der PARSEVALschen Gleichung ergeben. – Aus der Gleichung (1) geht übrigens hervor, dass $\alpha \cdot e^{i\lambda s}$ und folglich, wenn $\alpha \neq 0$, $e^{i\lambda s}$ fastperiodisch *vom selben Typus wie f ist.* $f'(s)$ nenne ich vom selben Typus wie f, wenn ich eine Konstante C habe, derart, dass jede Fastperiode der Funktion f vom Annäherungsgrad ε eine Fastperiode von f' mit dem Annäherungsgrad $C\varepsilon$ ist. Den Kreis der Funktionen vom gleichen Typus wie f verlassen wir offenbar weder durch Addition noch durch Multiplikation. Von dem tiefer liegenden Theorem, dass Summe und Produkt zweier fastperiodischer Funktionen wieder fastperiodisch sind, werden wir hier jedoch keinen Gebrauch machen.

Es sei gestattet, die Existenz des Mittelwertes $M\{f\}$ nochmals zu beweisen, weil wir die Methode für das Folgende benötigen. Nachdem die positiven Zahlen ε und T beliebig gewählt sind, konstruieren wir für jedes ganze n eine Fastperiode τ_n vom Annäherungsgrad ε, die zwischen $n(T+l) \pm l/2$ liegt, und zu τ_n das Intervall I_n von der Länge T mit dem Mittelpunkt τ_n. Die Intervalle I_n überdecken sich nicht, sondern werden durch die Punkte $(n+1/2)(T+l)$ voneinander getrennt. Der Mittelwert der Funktion f im Intervall I_n weicht von

$$m_T = \frac{1}{T} \int_{-T/2}^{+T/2} f(t)\, dt$$

um weniger als ε ab. In den dazwischen liegenden Lückenintervallen kann jene Abweichung höchstens $2A$ betragen. Die Länge der Lückenintervalle verhält sich zu dem von den I_n bedeckten Teil der Zahlgeraden insgesamt wie $l : T$. Darum schwankt bei unbegrenzt wachsendem U der Mittelwert m_U schliesslich nur noch zwischen Grenzen, die beliebig wenig weiter gesteckt sind als

$$m_T \pm \frac{\varepsilon T + 2Al}{T+l},$$

also etwa zwischen

$$m_T \pm \left(\varepsilon + \frac{2Al}{T} \right).$$

Daraus folgt die Ungleichung

$$|m_T - m_{T'}| \leq 2\varepsilon + 2Al \left(\frac{1}{T} + \frac{1}{T'} \right),$$

---

[2]) Der Gedanke einer Ableitung der PARSEVALschen Gleichung auf diesem Wege findet sich, worauf ich nachträglich aufmerksam gemacht worden bin, schon bei I. SCHUR, Schwarz-Festschrift, S. 404. Doch fehlt dort noch der für meine Methode entscheidende Punkt, da die «Abgeschlossenheit» des Orthogonalsystems e^{ins} als bekannt vorausgesetzt wird. (Zusatz bei der Korrektur 10. 8. 26.)

durch welche nach dem CAUCHYSCHEN Kriterium die Konvergenz von m_T mit unbegrenzt wachsendem T gegen einen Limes $M\{f\}$ sichergestellt ist. Zugleich ergab sich die Abschätzung

$$|m_T - M\{f\}| \leqq \varepsilon + \frac{2\,A\,l}{T},$$

oder allgemeiner, gemäss der gleichen Überlegung,

$$|M_J\{f\} - M\{f\}| \leqq \varepsilon + \frac{2\,A\,l}{|J|}. \tag{2}$$

Ein (beschränkter) Kern $k(s,t)$ ist vom Typus (f), wenn es eine Konstante C gibt, so dass jede Fastperiode τ von f mit dem Annäherungsgrad ε eine Fastperiode von $k(s,t)$ mit dem Annäherungsgrad $C\varepsilon$ ist, sowohl in bezug auf s wie in bezug auf t:

$$|k(s, t + \tau) - k(s, t)| \leqq C\varepsilon, \quad |k(s + \tau, t) - k(s, t)| \leqq C\varepsilon.$$

Es ist dann offenbar auch $k(s,s)$ vom gleichen Typus:

$$|k(s + \tau, s + \tau) - k(s,s)| \leqq 2\,C\varepsilon,$$

und somit existiert die «Spur» von k:

$$S(k) = M^s\{k(s,s)\}.$$

Die Zusammensetzung $k_1\,k_2 = k$ ist definiert durch

$$k(s,t) = M^r\{k_1(s,r)\,k_2(r,t)\}.$$

Sie ist assoziativ, weil $(k_1\,k_2)\,k_3$ und $k_1(k_2\,k_3)$ beide Limes von

$$\frac{1}{|J|^2} \cdot \int\limits_J \int\limits_J k_1(s,r_1)\,k_2(r_1,r_2)\,k_3(r_2,t)\,dr_1\,dr_2$$

für $|J| \to \infty$ sind. Die zum Beweise nötige Gleichmässigkeit der Grenzübergänge wird durch die Abschätzung (2) garantiert. Alle Kerne, von denen wir reden, sollen natürlich vom selben Typus (f) sein. In dem Ausdruck der Spur eines aus mehreren Kernen k_1, k_2, ..., k_n zusammengesetzten treten die k_i in zyklischer Anordnung auf, so dass diese Spur bei zyklischer Vertauschung der komponierenden Kerne sich nicht ändert. Unter $\tilde{k}$ verstehen wir den Kern

$$\tilde{k}(s,t) = \bar{k}(t,s)$$

(der Querstrich bedeutet den Übergang zum Konjugiert-Komplexen). Aus $k = k_1\,k_2$ folgt $\tilde{k} = \tilde{k}_2\,\tilde{k}_1$. k ist «Hermitesch», wenn $\tilde{k} = k$ ist. Der doppelte Mittelwert in bezug auf s und t

$$M^{s,t}\,|k(s,t)|^2 \text{ ist } = S(k\,\tilde{k}). \tag{3}$$

Aus dem Satze, dass der Mittelwert einer stetigen nicht-negativen fastperiodischen Funktion nicht 0, sondern > 0 ist, es sei denn, dass die Funktion identisch verschwindet (auf den Beweis kommen wir unten zurück), folgt, dass der Quadrat-Mittelwert (3) eines nicht identisch verschwindenden Kernes k vom Typus (f) nicht Null sein kann. Die Schwarzsche Ungleichheit liefert für $k = k_1 k_2$:

$$\left| M^{s,t} \left\{ k_1(s, t)\, k_2(t, s) \right\} \right|^2 \leq M^{s,t} \left| k_1(s, t) \right|^2 \cdot M^{s,t} \left| k_2(t, s) \right|^2,$$

$$\left| k(s, t) \right|^2 \leq M^r \left| k_1(s, r) \right|^2 \cdot M^r \left| k_2(r, t) \right|^2.$$

Nimmt man in der zweiten Relation beiderseits den Mittelwert in bezug auf s und t, so bekommt man also

$$\left| S(k) \right|^2 \leq S(k_1\, \tilde{k}_1) \cdot S(k_2\, \tilde{k}_2), \tag{4}$$

$$S(k\, \tilde{k}) \leq S(k_1\, \tilde{k}_1) \cdot S(k_2\, \tilde{k}_2). \tag{5}$$

Wir betrachten speziell Kerne von der Form $g(s-t)$. Für einen solchen ist die Spur $= g(0)$. Sind $g_1(s)$, $g_2(s)$ zwei Funktionen vom Typus (f), so kann man bilden

$$g_1 g_2(s) = M^r \left\{ g_1(s - r)\, g_2(r) \right\};$$

dann wird, wenn man r ersetzt durch $r - t$,

$$g_1 g_2(s - t) = M^r \left\{ g_1(s - r)\, g_2(r - t) \right\}.$$

Durch Zusammensetzung verlässt man also den Kreis der Kerne von dieser speziellen Form nicht. Ebenso ist, wenn allgemein $\tilde{g}(s) = \bar{g}(-s)$ geschrieben wird, $\tilde{g}(s-t)$ derjenige Kern, der aus dem Kern $g(s-t)$ durch den oben mit einem Zirkumflex bezeichneten Prozess hervorgeht.

Wir überzeugen uns in § 2, dass die einfachste Methode zur Behandlung der Integralgleichungen, die von Schmidt in seiner berühmten Dissertation entwickelt wurde (Göttingen 1905), auf unsern Fall sich überträgt; doch habe ich die Absicht, ein paar leichte Abänderungen daran anzubringen. Wir gehen also aus von einem Kern $f(s, t)$ des Typus (f); der Bequemlichkeit halber sei

$$M^t \left| f(s, t) \right|^2 \leq 1, \qquad M^t \left| f(t, s) \right|^2 \leq 1 \tag{6}$$

angenommen. Der Kern, an dem die Methode durchgeführt wird, ist dann der Hermitesche $g = f\, \tilde{f}$. Erst in § 3 werden wir speziell $f(s, t) = f(s-t)$ wählen und zeigen, dass die nach dem Schmidtschen Verfahren konstruierten Eigenfunktionen einfache Schwingungen sind.

§2. Übertragung der Integralgleichungstheorie

Von $g = f\tilde{f}$ werden die iterierten Kerne g, g^2, g^3, ... gebildet und ihre Spuren

$$\Gamma_n = S(g^n) = S(f\tilde{f}\ldots f\tilde{f}).$$

Teilt man das rechts unter dem Spurzeichen stehende $(2n)$-gliedrige «Produkt» zwischen dem $(n-1)$-ten und n-ten Faktor durch und wendet die Ungleichung (4) an, so erhält man

$$\Gamma_n^2 \leqq \Gamma_{n-1}\,\Gamma_{n+1}. \tag{7}$$

Teilt man das $(m+n)$-gliedrige Produkt $f\tilde{f}f\ldots$ hinter dem m-ten Faktor durch, so liefert (5):

$$\Gamma_{m+n} \leqq \Gamma_m\,\Gamma_n. \tag{8}$$

Benutzt wird dabei, dass die Spur $S(f\tilde{f}f\ldots)$ sich nicht durch zyklische Verschiebung der Faktoren um eine Stelle ändert. Ist f nicht identisch 0, so sind Γ_1, Γ_2 und damit nach (7) alle Γ_n positiv. Die Zahlen

$$\gamma_n = \frac{\Gamma_{n+1}}{\Gamma_n}$$

bilden eine monotone Folge: $\gamma_1 \leqq \gamma_2 \leqq \cdots$, bleiben aber nach (8), $m = 1$, unterhalb der Grenze $\Gamma_1 \leqq 1$, konvergieren folglich gegen einen Limes $\gamma > 0^{1)}$. Es ist

$$\Gamma_{n+1} \leqq \gamma\,\Gamma_n \quad \text{oder} \quad \frac{\Gamma_{n+1}}{\gamma^{n+1}} \leqq \frac{\Gamma_n}{\gamma^n}.$$

Darum konvergiert Γ_n/γ_n abnehmend gegen eine Grenze h. Da aus (8)

$$\Gamma_n \geqq \frac{\Gamma_{m+n}}{\Gamma_m} = \gamma_m\,\gamma_{m+1}\cdots\gamma_{m+n-1} \geqq \gamma_m^n, \quad \Gamma_n \geqq \gamma^n$$

folgt, ist $h \geqq 1$. Teilt man das $(2n+2)$-gliedrige Produkt $f\tilde{f}\ldots f\tilde{f}$ so ab, dass vorne der erste Faktor f und hinten der letzte $\tilde{f}$ gesondert heraustritt, $g^{n+1} = f g_*^{(n)}\tilde{f}$, so liefert die Schwarzsche Ungleichung, wenn einen Augenblick

$$\frac{g_*^{(m)}}{\gamma^m} - \frac{g_*^{(n)}}{\gamma^n} = k$$

$^{1)}$ Man kann die Konvergenz auch leicht abschätzen. Wegen

$$\Gamma_n = \Gamma_1 \gamma_1 \gamma_2 \cdots \gamma_{n-1} \leqq \gamma_n^{n-1},$$

und da, wie sich weiter unten zeigt, alle γ_m kleiner bleiben als $\sqrt[n]{\Gamma_n}$, folgt, dass von γ_n ab die Reihe der γ höchstens nur noch um

$$\gamma_n^{\frac{n-1}{n}}\left(1 - \sqrt[n]{\gamma_n}\right) \leqq 1 - \sqrt[n]{\gamma_n} \leqq \frac{1}{n}\left(\frac{1}{\gamma_n} - 1\right) \leqq \frac{1}{n}\frac{1-\gamma_1}{\gamma_1}$$

zunehmen kann.

gesetzt wird, unter Berücksichtigung von (6):

$$\left|\frac{g^{m+1}}{\gamma^{m+1}} - \frac{g^{n+1}}{\gamma^{n+1}}\right|^2 \leq \frac{1}{\gamma^2}\, S(k\,\tilde{k}) = \frac{1}{\gamma^2}\left(\frac{\Gamma_{2m}}{\gamma^{2m}} - 2\frac{\Gamma_{m+n}}{\gamma^{m+n}} + \frac{\Gamma_{2n}}{\gamma^{2n}}\right).$$

Darum strebt

$$e_n(s,\,t) = \frac{g^n(s,\,t)}{\gamma^n}$$

mit $n \to \infty$ gleichmässig gegen eine Grenze $e(s,\,t)$. e ist ein Hermitescher Kern. Wählt man n so gross, dass e_n sich von e und $S(e_n)$ sich von h um weniger als ε unterscheidet, und darauf ein T, dass

$$\left|M_J^s\{e_n(s,s)\} - h\right| \leq 2\,\varepsilon \quad \text{für} \quad |J| \geq T$$

gilt, so wird unter der gleichen Bedingung

$$\left|M_J^s\{e(s,s)\} - h\right| \leq 3\,\varepsilon.$$

Also existiert $S(e) = h \geq 1$. (Der Grenzübergang konnte nicht direkt ausgeführt werden, weil zunächst die Existenz des Mittelwertes $S(e)$ gar nicht feststeht.) Daraus folgt insbesondere, dass $e(s,\,t)$ nicht identisch Null ist. Auf die gleiche Art findet man durch Grenzübergang aus den Gleichungen

$$g\,e_n = e_n\,g = \gamma\,e_{n+1}\colon \quad g\,e = e\,g = \gamma \cdot e.$$

Diese (wegen der Hermiteschen Natur der Kerne identischen) Gleichungen

$$e(s,\,t) = \frac{1}{\gamma}\,M^r\{g(s,\,r)\,e(r,\,t)\} = \frac{1}{\gamma}\,M^r\{e(s,\,r)\,g(r,\,t)\}$$

lassen erkennen, dass der Kern $e(s,\,t)$ vom Typus (f) ist. Darum ergibt sich schliesslich noch durch direkten Grenzübergang aus

$$e_n\,e_m = e_{n+m}\colon \quad e\,e = e.$$

In bekannter Weise erschliesst man daraus die Zerlegung

$$e(s,\,t) = \varphi_1(s)\,\bar{\varphi}_1(t) + \cdots + \varphi_h(s)\,\bar{\varphi}_h(t),$$

wo die $\varphi(s)$ wiederum vom Typus (f) sind und ein unitär-orthogonales Funktionssystem bilden:

$$M\{\varphi_i\,\bar{\varphi}_k\} = \delta_{ik} = \begin{cases} 1\ (i = k) \\ 0\ (i \neq k) \end{cases}.$$

Das sind die h linear unabhängigen, zum grössten Eigenwert γ gehörigen Eigenfunktionen von $g(s,\,t)$. Zugleich erweist sich die Spur $S(e) = h$ als eine ganze Zahl. Die Funktionen $\varphi_i(s)$ sind nur bis auf eine unitäre Transformation (mit konstanten Koeffizienten) bestimmt. Jede von ihnen lässt sich auch in der Form schreiben

$$\varphi_i(s) = M^t\{e(s,\,t)\,\varphi_i(t)\}. \tag{9}$$

§3. Die Eigenfunktionen des Kerns f(s − t)

Nunmehr folgt der zweite Teil: für den Kern $f(s-t)$, behaupte ich, lassen sich die eben gewonnenen Eigenfunktionen $\varphi(s)$ so normieren, dass sie *einfache Schwingungen* werden. Aus der Konstruktion geht hervor, dass jetzt auch $e(s, t)$ eine Funktion von $s-t$ allein ist, $e(s-t)$. Darauf muss sich der Beweis stützen. Aus (9) folgt

$$\varphi_i(s + t) = M^r\left\{e(s + t - r)\,\varphi_i(r)\right\} = \sum_{k=1}^{h} e_{ik}(t)\,\varphi_k(s),\qquad(10)$$

$$e_{ik}(t) = M^r\left\{\varphi_i(r)\,\overline{\varphi}_k(r - t)\right\}.$$

Das ist eigentlich selbstverständlich, dass bei festem t' mit $\varphi(s)$ auch $\varphi(s+t')$ eine zu γ gehörige Eigenfunktion des Kernes $g(s-t)$ ist. Gleichung (10) sagt aus: bei Verschiebung des Arguments s um t erleiden die Funktionen $\varphi_i(s)$ die lineare Transformation

$$E(t) = \left\|\,e_{ik}(t)\,\right\|.$$

Daher ist

$$E(t')\,E(t) = E(t + t'),\qquad(11)$$

und $E(t)$ muss eine unitäre Matrix sein; denn die $\varphi_i(s)$ bilden ein unitär-orthogonales Funktionensystem und verlieren diese Eigenschaft nicht durch die Verschiebung des Arguments um t. Jede kommutative Gruppe unitärer Transformationen geht aber durch unitäre Transformation in eine äquivalente über, deren Elemente lauter *Diagonalmatrizen* sind [1]).

Denn verschwinden nicht alle seitlichen Glieder der Matrix $E(t)$ identisch, so wähle ich einen Wert t_0, für welchen ein solches seitliches Glied $\neq 0$ ist. Durch unitäre Transformation verwandle ich die «Drehung» $E(t_0)$ in eine Diagonalmatrix mit den Gliedern ε_1, ε_2, ..., ε_h (vom absoluten Betrag 1). Dabei können nicht alle ε_i einander gleich sein. Aus

$$E(t_0)\,E(t) = E(t)\,E(t_0)$$

ergibt sich dann, dass $E(t)$ (nach Ausführung jener Transformation) in so viele längs der Hauptdiagonale sich aneinanderreihende quadratische Matrizen zerfällt, als es Gruppen verschiedener unter den h Zahlen ε gibt. Ist damit das erstrebte Ziel noch nicht erreicht, so kann man das gleiche Verfahren auf die entstandenen Teilmatrizen von neuem anwenden, und nach höchstens h Schritten ist man fertig.

Dann haben wir also mit $e_{ii}(t) = e_i(t)$ die Beziehungen

$$e_i(t + t') = e_i(t)\,e_i(t'),\quad \left|e_i(t)\right| = 1,$$

und

$$\varphi_i(s + t) = \varphi_i(s)\,e_i(t),\quad \text{insbesondere}\quad \varphi_i(t) = \varphi_i(0)\,e_i(t).$$

---

[1]) Siehe z.B. FROBENIUS, Sitz.-Ber. Berl. Akad. *1911*, S. 243.

Die $e_k(t)$ sind folglich einfache Schwingungen mit reellen Frequenzen λ_k, und da die $\varphi_k(t)$ mit ihnen bis auf einen konstanten Faktor übereinstimmen, können wir auch, die letzte Normierungsmöglichkeit dieses Faktors ausnutzend,

$$\varphi_1(s) = e^{i\lambda_1 s}, \ldots, \varphi_h(s) = e^{i\lambda_h s}$$

setzen. Sind $\alpha_1, \ldots, \alpha_h$ die zugehörigen Fourier-Koeffizienten von f:

$$M^t\{f(s-t)\, e^{i\lambda_k t}\} = \alpha_k \cdot e^{i\lambda_k s} \quad (k = 1, 2, \ldots, h),$$

so ist

$$|\alpha_1|^2 = |\alpha_2|^2 = \cdots = |\alpha_h|^2 = \gamma.$$

§ 4. Die Vollständigkeitsrelation

Iteration des Verfahrens liefert die sämtlichen Eigenfunktionen mit ihren Eigenwerten. Wir hätten diese Weiterführung in § 2 an einem allgemeinen Kern $f(s, t)$ schildern können, ziehen aber vor, sie hier nur für den Kern $f(s-t)$ durchzuführen, der uns ausschliesslich interessiert und bei dem sich einige Vereinfachungen ergeben, namentlich was die expliziten Abschätzungen angeht. $M|f|^2$ sei ≤ 1 angenommen. Der zweite Schritt wird darin bestehen, dass man das gleiche Verfahren auf die Funktion

$$f(s) - (\alpha_1\, e^{i\lambda_1 s} + \cdots + \alpha_h\, e^{i\lambda_h s})$$

anwendet, die übrig bleibt, wenn der ermittelte, aus einfachen Schwingungen superponierte Bestandteil von f abgezogen wird. Für die theoretische Auseinandersetzung ist es etwas bequemer, *eine* Eigenschwingung nach der andern zu subtrahieren. Wir nehmen also

$$f'(s) = f(s) - \alpha\, e^{i\lambda s} \quad (\alpha = \alpha_1, \lambda = \lambda_1).$$

Dann ist

$$g'(s) = f'\tilde{f}'(s) = g(s) - \gamma\, e^{i\lambda s} \quad (\gamma = |\alpha|^2),$$

und darum

$$g'^n(s) = g^n(s) - \gamma^n\, e^{i\lambda s},$$

$$\Gamma'_n = \Gamma_n - \gamma^n \leq \gamma(\Gamma_{n-1} - \gamma^{n-1}) = \gamma\, \Gamma'_{n-1}, \tag{12}$$

insbesondere $(n = 2)$

$$M\,|g'|^2 \leq \gamma \cdot M\,|f'|^2. \tag{13}$$

Ist $f'(s)$ nicht identisch 0, so ergibt sich ein positives

$$\gamma' = \lim_{n\to\infty} \frac{\Gamma'_n}{\Gamma'_{n-1}},$$

welches nach (12) $\leq \gamma$ ist, samt einer zugehörigen Eigenschwingung $e^{i\lambda's}$, die in f' mit dem Faktor α' auftritt, $|\alpha'|^2 = \gamma'$. Weil aber $e^{i\lambda s}$ in f' nicht vorkommt:

$$M\{f'(t)\, e^{-i\lambda t}\} = 0,$$

muss $\lambda' \neq \lambda$ sein, und darum ist $e^{i\lambda's}$ auch eine Eigenfunktion von $f(s-t)$ mit dem Eigenwert α'. Nach p-maliger Wiederholung des Verfahrens haben wir – sofern es nicht vorher abgebrochen ist – ein lineares Aggregat

$$F_p(s) = \alpha_1 \, e^{i\lambda_1 s} + \cdots + \alpha_p \, e^{i\lambda_p s}$$

ermittelt mit lauter verschiedenen Frequenzen λ und mit Faktoren α, deren quadrierte Beträge $|\alpha|^2 = \gamma$ absteigend geordnet sind:

$$\gamma_1 \geq \gamma_2 \geq \cdots \geq \gamma_p > 0.$$

(Ich gebrauche jetzt die Zeichen γ_i in anderm Sinne wie oben; Verwechslungen sind nicht zu befürchten, weil ich auf den Grenzübergang, der die γ lieferte, nicht zurückkomme.) Zu

$$f_p(s) = f(s) - F_p(s) = f(s) - (\alpha_1 \, e^{i\lambda_1 s} + \cdots + \alpha_p \, e^{i\lambda_p s})$$

gehört

$$g_p(s) = f_p \, \tilde{f}_p(s) = g(s) - (\gamma_1 \, e^{i\lambda_1 s} + \cdots + \gamma_p \, e^{i\lambda_p s}).$$

Für $s = 0$ ist in der letzten Gleichung insbesondere die Beziehung enthalten (BESSELsche Ungleichung):

$$M\,|f|^2 - (|\alpha_1|^2 + \cdots + |\alpha_p|^2) = M\,|f_p|^2 \geq 0.$$

Gemäss der Ungleichung (13), die wir auf den letzten Konstruktionsschritt, d.i. auf f_{p-1} an Stelle von f anwenden, wird

$$M\,|g_p|^2 \leq \gamma_p\, M\,|f_p|^2 \leq \gamma_p\, M\,|f|^2 \leq \gamma_p.$$

Da

$$p\,\gamma_p \leq \gamma_1 + \gamma_2 + \cdots + \gamma_p \leq M\,|f|^2 \leq 1$$

ist, gilt also

$$M\,|g_p|^2 \leq \frac{1}{p}. \tag{14}$$

Bricht das Verfahren niemals ab, so konvergiert die unendliche Reihe

$$\gamma_1 \, e^{i\lambda_1 s} + \gamma_2 \, e^{i\lambda_2 s} + \cdots$$

gleichmässig gegen $g(s)$. Hier scheint es mir nützlich, von dem SCHMIDTschen Gedankengang abzuweichen. Denn es ist unnatürlich, zuerst die Konvergenz zu beweisen und erst hernach festzustellen, dass der Limes das a priori bekannte $g(s)$ ist, und auf diesem Wege ergibt sich auch keine explizite Restabschätzung.

Aus $g_p = f \tilde{f}_p$ folgt, wenn τ eine Fastperiode von f im Annäherungsgrad ε ist, durch die SCHWARZsche Ungleichung

$$|g_p(s + \tau) - g_p(s)|^2 \leqq \varepsilon^2 \cdot M\,|f_p|^2 \leqq \varepsilon^2.$$

Die unendlich vielen Funktionen $g_p(s)$ sind also «gleichartig» in bezug auf ihre gleichmässige Stetigkeit und Fastperiodizität[1]). Daher folgt aus (14):

$$M\,|g_p|^2 \to 0, \text{ gleichmässig in } s: \quad g_p(s) \to 0 \text{ mit } p \to \infty.$$

Zur genaueren Ausführung dieses Schlusses ist die in § 1 angegebene Konstruktion der Intervalle I_n zu benutzen, mit der Abänderung jedoch, dass das zu Anfang des § 1 erwähnte δ die Rolle von $T/2$ übernimmt. Ist nun an einer Stelle

$$|g_p(s)| \geqq 4\,\varepsilon,$$

so bleibt

$$|g_p(s + t)| \geqq 2\,\varepsilon,$$

wenn t im Intervall I_n sich bewegt, weil für solche t allgemein

$$|g_p(s + t) - g_p(s)| \leqq 2\,\varepsilon$$

gilt. Setzen wir

$$T = \left(n + \tfrac{1}{2}\right)(l + 2\,\delta) \quad (n \text{ eine ganze positive Zahl}) \tag{15}$$

und berücksichtigen in dem Integral

$$\frac{1}{2\,T} \int\limits_{-T}^{+T} |g_p(s + t)|^2\, dt$$

nur die Beiträge, welche die Intervalle I_n leisten, so erkennen wir, dass das Integral

$$\geqq \frac{(2\varepsilon)^2 \cdot 2\,\delta}{l + 2\,\delta}$$

ist; daher

$$\frac{1}{p} \geqq M|g_p|^2 \geqq \frac{8\,\varepsilon^2\,\delta}{l + 2\,\delta}.$$

Sobald also umgekehrt p die Zahl

$$\frac{l + 2\,\delta}{8\,\varepsilon^2\,\delta}$$

übersteigt, gilt

$$|g(s) - (\gamma_1 e^{i\lambda_1 s} + \cdots + \gamma_p e^{i\lambda_p s})| < 4\,\varepsilon.$$

---

[1]) Vgl. BOHR II, S. 107–119.

Es kann nützlich sein, über eine derartige explizite Abschätzung zu verfügen. Insbesondere ergibt sich für $s = 0$ der BOHRsche *Fundamentalsatz, die Vollständigkeitsrelation*:

Sind α_1, α_2, α_3, ... die Faktoren, mit denen die verschiedenen Eigenschwingungen in der stetigen fastperiodischen Funktion $f(s)$ vorkommen, so ist

$$M |f|^2 = |\alpha_1|^2 + |\alpha_2|^2 + |\alpha_3|^2 + \cdots .$$

Sind die $|\alpha_i|$ absteigend geordnet, so ist der Unterschied

$$M |f|^2 - (|\alpha_1|^2 + \cdots + |\alpha_p|^2) \leqq \varepsilon \cdot M |f|^2 ,$$

sobald p grösser ist als $(2\,l + 4\,\delta)/\varepsilon^2\,\delta$.

Der hier zur Gewinnung des Fundamentalsatzes im Gebiet der fastperiodischen Funktionen beschrittene Weg steht in enger Beziehung zum Vollständigkeitsbeweis für das System der primitiven *Charakteristiken einer kontinuierlichen Gruppe*. Man vergleiche darüber eine demnächst in den Mathematischen Annalen erscheinende Arbeit von PETER und WEYL, in welcher jener Beweis allgemein erbracht wird.

§ 5. Der Approximationssatz

Im Falle der rein periodischen Funktionen (Periode $2\,\pi$) gewinnt man den *Approximationssatz*, wenn man mittels der Vollständigkeitsrelation

$$\frac{1}{2\,\pi} \int\limits_{-\pi}^{+\pi} f(s - t)\, x(t)\, dt$$

durch seine gleichmässig konvergente Fourier-Reihe ausdrückt, für $x(t)$ eine nichtnegative Funktion wählend, welche im Integral die Umgebung der Stelle $t = 0$ überwiegend betont; z. B.

$$x(t) = \frac{1}{2\,\delta} \quad \text{für} \quad -\delta \leqq t \leqq +\delta, \quad \text{sonst} \quad x(t) = 0 .$$

Der gleiche Gedankengang führt mit einer leichten Modifikation hier zum Ziel.

Zu einem gegebenen positiven ε konstruieren wir uns wieder die eben benutzten nicht übereinandergreifenden Intervalle I_n von der Länge $2\,\delta$ und betrachten diejenige Funktion $x(t)$, welche in jedem dieser Intervalle konstant $= 1/2\,\delta$, sonst aber $= 0$ ist. Dann ist für irgendein nach (15) gewähltes T in

$$\left| \frac{1}{2\,n + 1} \int\limits_{-T}^{+T} f_p(s + t)\, x(t)\, dt \right|^2$$

$$\leqq \frac{1}{2\,n + 1} \int\limits_{T}^{+T} |f_p(s + t)|^2\, dt \cdot \frac{1}{2\,n + 1} \int\limits_{-T}^{+T} |x(t)|^2\, dt \tag{16}$$

der zweite Faktor rechts $= 1/2\,\delta$, daher die ganze rechte Seite

$$= \frac{l + 2\,\delta}{2\,\delta} \cdot \frac{1}{2\,T} \int\limits_{-T}^{+T} |f_p(s + t)|^2 \, dt\,.$$

Wählen wir also erst p und dann n oder T gemäss (15) so gross, dass

$$M^t |f_p(s + t)|^2 = M\,|f_p|^2 \leqq \frac{4\,\varepsilon^2\,\delta}{l + 2\,\delta}\,, \qquad \frac{1}{2\,T} \int\limits_{-T}^{+T} |f_p(s + t)|^2 \, dt \leqq \frac{8\,\varepsilon^2\,\delta}{l + 2\,\delta}$$

wird identisch in s, so gewinnen wir für die linke Seite von (16) die obere Grenze $4\,\varepsilon^2$. Es ist

$$\frac{1}{2\,n + 1} \int\limits_{-T}^{+T} e^{i\lambda t}\, x(t)\, dt = r_n(\lambda) = \frac{\sin \lambda\,\delta}{\lambda\,\delta} \cdot \frac{e^{i\lambda\tau_n} + \cdots + e^{i\lambda\tau_{-n}}}{2\,n + 1}\,.$$

Bezeichnen wir also die p-te Partialsumme der Reihe

$$\alpha_1\, r_n(\lambda_1)\, e^{i\lambda_1 s} + \alpha_2\, r_n(\lambda_2)\, e^{i\lambda_2 s} + \cdots$$

mit $P_p^{(n)}(s)$, so haben wir

$$\left| \frac{1}{2\,n + 1} \sum_{\nu = -n}^{+n} M_{I_\nu}^t \{f(s + t)\} - P_p^{(n)}(s) \right| \leqq 2\,\varepsilon$$

und damit, weil der Mittelwert der Funktion $f(s + t)$ in jedem Intervall I_ν um höchstens ε von dem Mittelwert im Intervall $-\,\delta \leqq t \leqq \delta$ abweicht,

$$\left| \frac{1}{2\,\delta} \int\limits_{-\delta}^{+\delta} f(s + t)\, dt - P_p^{(n)}(s) \right| \leqq 3\,\varepsilon\,, \qquad |f(s) - P_p^{(n)}(s)| \leqq 4\,\varepsilon:$$

Die stetige fastperiodische Funktion $f(s)$ kann durch endliche lineare Aggregate der in ihr vorkommenden einfachen Schwingungen gleichmässig mit jeder beliebigen Genauigkeit approximiert werden.

Auch hier erhalten wir eine *explizite Abschätzung* der Gliederzahl p, welche für einen vorgegebenen Genauigkeitsgrad ausreicht, sobald wir die Zahlen δ und l, welche die gleichmässige Stetigkeit und die Fastperiodizität von f festlegen, in ihrer Abhängigkeit von ε kennen. Darin scheint mir diese Methode den Vorzug zu verdienen vor der BOHRschen und der BOCHNERschen[1]), welche beide die Annäherung von der Bestimmung einer Basis abhängig machen, von den homogenen linearen ganzzahligen Relationen, die zwischen den vorkommenden Frequenzen bestehen.

BOHR bewies[2]), dass

$$\alpha_1 + \alpha_2 + \cdots + \alpha_p \leqq f(0)$$

ist, wenn alle Fourier-Koeffizienten von f positive reelle Zahlen sind. Dies folgt aus der Ungleichung $f(0) \geqq 0$, wenn sie angewendet wird auf die Funktion $f_p(s)$ statt auf $f(s)$. Der korrespondierende Satz aus der Theorie der Integralgleichungen sagt aus, dass die Spur eines Kernes mit lauter positiven Eigenwerten $\geqq 0$ ist. Man wird also, in unserm Gedankenkreis verbleibend, den Beweis so führen, dass man mit der eben benutzten Funktion $x(t)$ die Form bildet

$$\frac{1}{(2\,n+1)^2} \int\limits_{-T}^{+T} \int\limits_{-T}^{+T} f(s-t)\, x(s)\, x(t)\, ds\, dt$$

und genau wie vorhin feststellt, dass, wenn der Reihe nach δ, p, n geeignet gewählt werden,

$$f(0) - \alpha_1\,|r_n(\lambda_1)|^2 - \cdots - \alpha_p\,|r_n(\lambda_p)|^2$$

zwischen vorgegebene beliebig enge Grenzen eingeschlossen werden kann. Daraus folgt in der Tat die Behauptung $f(0) \geqq 0$ unter der Voraussetzung positiver Fourier-Koeffizienten.

§ 6. Schlussbemerkungen

1. Der Approximationssatz lässt erkennen, dass auch für solche Frequenzen λ, welche von allen in f vorkommenden verschieden sind, der Mittelwert

$$M^t\left\{f(s-t)\,e^{i\,\lambda\,t}\right\} \quad \text{existiert, aber} = 0 \text{ ist.}$$

Noch eleganter ergibt sich das direkt aus der Vollständigkeitsrelation. Zur positiven Zahl ε können wir erst p und dann T so wählen, dass

$$V = M_J\,|f_p|^2 \leqq 3\,\varepsilon^2$$

ist und

$$W = M_J\left\{F_p(t)\, e^{\,i\,\lambda\,t}\right\}$$

dem absoluten Betrage nach ε nicht übersteigt, sobald $|J| \geqq T$ ist. Setzen wir einen Augenblick

$$\alpha = \alpha_J = M_J\left\{f(t)\, e^{-i\,\lambda\,t}\right\},$$

so folgt aus

$$M_J\,|f_p(t) - \alpha\, e^{i\,\lambda\,t}|^2 = V + 2\,\Re(\overline{\alpha}\,W) - |\alpha|^2 \geqq 0:$$

$$|\alpha - W|^2 \leqq V + |W|^2 \leqq 4\,\varepsilon^2, \quad |\alpha| \leqq 3\,\varepsilon,$$

also

$$\alpha_J \to 0 \text{ mit } |J| \to \infty.$$

2. Dass Summe und Produkt fastperiodischer Funktionen wieder fastperiodisch sind, ergibt sich aus dem Approximationssatz auf Grund der Tatsache, dass *jedes endliche lineare Aggregat einfacher Schwingungen fastperiodisch ist.* Dies aber geht hervor aus dem folgenden Satze von BOHL und WENNBERG[1]): Sind λ_1, λ_2, ..., λ_p reelle Frequenzen und ε eine vorgegebene positive Zahl, so existiert eine Länge l von der Art, dass in jedem Intervall von der Länge $2\,l$ eine Zahl τ angetroffen wird, für welche die sämtlichen Ungleichungen gelten

$$\left| e^{i\lambda_1\tau} - 1 \right| \leqq \varepsilon, \quad \left| e^{i\lambda_2\tau} - 1 \right| \leqq \varepsilon, \quad ..., \quad \left| e^{i\lambda_p\tau} - 1 \right| \leqq \varepsilon.$$

Die ganze Kurve

$$x_1 = e^{i\lambda_1 s}, \; x_2 = e^{i\lambda_2 s}, \; ..., \; x_p = e^{i\lambda_p s},$$

heisst das, verläuft in der ε-Umgebung eines gewissen, von ε abhängigen Stückes $-l \leqq s \leqq l$ derselben. Ein allgemeiner Beweis dafür ist sehr leicht erbracht. Zerlegt man unter Benutzung einer grossen ganzen Zahl n den ganzen p-dimensionalen Raum mit den Koordinaten x_k, welche durch die Bedingungen $|x_k| = 1$ eingeschränkt sind, $x_k = e^{i\varphi_k}$, dadurch in n^p Parzellen, dass man den Spielraum $2\,\pi$ jedes Arcus φ_k in die Teilintervalle von der Länge $2\,\pi/n$ teilt, und nimmt in jeder Parzelle, *in welche die Kurve überhaupt eindringt,* einen Kurvenpunkt $s = t_i$ an, so genügt ein Intervall $(-l, +l)$, das alle diese Punkte t_i enthält, unserer Forderung mit dem Annäherungsgrad $\varepsilon = 2\,\pi/n$. Aber man erhält so keine wirkliche Abschätzung und keine Einsicht, wovon die Grösse l entscheidend beeinflusst wird. Wendet man die von mir für die «Gleichverteilung mod. 1» entwickelte Methode[2]) an, benutzt aber zur extremen Hervorhebung einer Stelle den FEJÉRschen Kern, so kommt man auf einen analogen Ansatz wie der, dessen sich BOCHNER bedient. Der FEJÉRsche Kern ist

$$\pi_n(t) = \frac{1}{n}\left(\frac{\sin{(n\,t/2)}}{\sin{(t/2)}}\right)^2.$$

Man bildet

$$\Pi_n(t) = \pi_n(\lambda_1\,t)\,\pi_n(\lambda_2\,t)\,...\,\pi_n(\lambda_p\,t).$$

Das, was übrig bleibt, wenn man in diesem Produkt den k-ten Faktor weglässt, heisse $\Pi_n^{(k)}(t)$. Man bilde

$$\frac{1}{2\,l}\int_{-l}^{l}\Pi_n(s-t)\,dt. \tag{17}$$

Bedeutet N_n die Summe

$$\sum\left(1 - \frac{|n_1|}{n}\right)\left(1 - \frac{|n_2|}{n}\right)\cdots\left(1 - \frac{|n_p|}{n}\right),$$

erstreckt über diejenigen Systeme ganzer Zahlen $(n_1, n_2, ..., n_p)$ im «Würfel» $|n_k| < n$, für welche

$$n_1\,\lambda_1 + n_2\,\lambda_2 + \cdots + n_p\,\lambda_p = 0$$

---

[1]) P. BOHL, Crelles J. *131*, S. 279 (1906). S. WENNBERG, Dissertation (Upsala 1920), S. 19.
[2]) H. WEYL, Math. Ann. *77*, S. 313–352 (1916) [diese Ausgabe S. 111–147].

ist, so konvergiert (17) mit wachsendem l gegen N_n. Wir müssen den Fehler abschätzen; dabei tritt offenbar die Reihe

$$\sum \frac{\left(1 - \frac{|n_1|}{n}\right)\left(1 - \frac{|n_2|}{n}\right)\cdots\left(1 - \frac{|n_p|}{n}\right)}{|n_1\lambda_1 + n_2\lambda_2 + \cdots + n_p\lambda_p|} = R_n$$

auf, deren Summationsbereich durch

$$|n_k| < n, \quad n_1\lambda_1 + n_2\lambda_2 + \cdots + n_p\lambda_p \neq 0$$

beschrieben ist. Es ist

$$\left| \frac{1}{2l}\int_{-l}^{l} \Pi_n(s-t)\, dt - N_n \right| \leq \frac{R_n}{l}.$$

Wählen wir also

$$l = \frac{2R_n}{N_n},$$

so ist

$$\left| \frac{1}{2l}\int_{-l}^{l} \Pi_n(s-t)\, dt \right| \geq \frac{1}{2} N_n \tag{18}$$

und zugleich

$$\left| \frac{1}{2l}\int_{-l}^{l} \Pi_n^{(k)}(s-t)\, dt \right| \leq N_n + \frac{R_n}{l} = \frac{3}{2} N_n \quad (k = 1, 2, \ldots, p).$$

Die Beiträge zum Integral (17), welche von denjenigen Intervallen herrühren, in denen

$$\left(\sin \frac{\lambda_1(s-t)}{2}\right)^2 > \varepsilon$$

ist, machen offenbar weniger aus als

$$\frac{1}{n\varepsilon} \cdot \frac{1}{2l}\int_{-l}^{l} \Pi_n^{(1)}(s-t)\, dt \leq \frac{3}{2n\varepsilon} N_n.$$

Gibt es also in unserm Intervall $(-l, +l)$ keinen Wert t, für welchen die Ungleichungen

$$\left(\sin \frac{\lambda_k(s-t)}{2}\right)^2 \leq \varepsilon \quad (k = 1, 2, \ldots, p)$$

simultan erfüllt sind, so ist

$$\frac{1}{2l}\int_{-l}^{l} \Pi_n(s-t)\, dt \leq \frac{3p}{2n\varepsilon} N_n.$$

Das steht mit (18) in Widerspruch, sobald $\varepsilon > 3\,p/n$ ist. Zu jedem s gibt es demnach im Intervall $-l \leq t \leq +l$ eine Zahl t von der Beschaffenheit, dass die p Ungleichungen

$$\left(\sin \frac{\lambda_k(s-t)}{2}\right)^2 \leq \frac{3\,p}{n}.$$

gelten.

Dass die «kleinen Divisoren»

$$\lambda = n_1\,\lambda_1 + n_2\,\lambda_2 + \cdots + n_p\,\lambda_p$$

in R_n, welche der Null nahekommen, ohne dass die n_k sehr gross sind, gefährlich werden und die erforderliche Länge l heraufdrücken, liegt in der Natur der Sache, wie die folgende Überlegung lehrt. Kommen in der fastperiodischen Funktion $f(s)$ die einfachen Schwingungen

$$e^{i\lambda_1 s},\ e^{i\lambda_2 s},\ \ldots,\ e^{i\lambda_p s}$$

bzw. mit den Faktoren $\alpha_1, \alpha_2, \ldots, \alpha_p$ vor, so ist jede Fastperiode von f mit der Annäherung ε eine Fastperiode von $\alpha_1\,e^{i\lambda_1 s}$ mit derselben Annäherung, also von $e^{i\lambda_1 s}$ mit der Annäherung $\varepsilon/|\alpha_1|$, von $e^{i n_1 \lambda_1 s}$ mit der Annäherung $\varepsilon\,|n_1/\alpha_1|$, von

$$e^{i\,n_1\,\lambda_1 s} \cdot e^{i\,n_2\,\lambda_2 s} \ldots e^{i\,n_p\,\lambda_p s} = e^{i\lambda s}$$

also mit der Annäherung

$$\varepsilon\,N,\ N = \left|\frac{n_1}{\alpha_1}\right| + \left|\frac{n_2}{\alpha_2}\right| + \cdots + \left|\frac{n_p}{\alpha_p}\right|.$$

Wählen wir $\varepsilon = 1/N$, so sollte also in jedem Intervall von der Länge $l = l(\varepsilon)$ sich eine Zahl τ finden, für welche

$$\left|e^{i\lambda\tau} - 1\right| \leq 1$$

ist. Die Bereiche, in denen diese Ungleichung gilt, bilden aber, $\lambda \neq 0$ vorausgesetzt, äquidistante Intervalle von der Länge $2\,\pi/(3\,|\lambda|)$, welche unterbrochen werden von solchen der Länge $4\,\pi/(3\,|\lambda|)$. Es muss demnach

$$l(\varepsilon) \geq \frac{4\,\pi}{3\,|\lambda|} \qquad \text{oder} \qquad \frac{1}{|\lambda|} \leq \frac{3}{4\,\pi} \cdot l\left(\frac{1}{N}\right)$$

sein, d.h. der «Divisor» λ muss, wenn er nicht streng verschwindet, seinem absoluten Betrage nach einen a priori angebbaren Wert überschreiten. Insbesondere ergibt sich für zwei in f vorkommende Frequenzen λ_1, λ_2:

$$\frac{1}{|\lambda_1 - \lambda_2|} \leq \frac{3}{4\,\pi} \cdot l\left(\frac{|\alpha_1\,\alpha_2|}{|\alpha_1| + |\alpha_2|}\right)$$

3. Unsere Behandlung liefert die genauen, *die notwendigen und hinreichenden Bedingungen für die Gültigkeit der Vollständigkeitsrelation.* $f(s)$ sei messbar und $|f(s)|^2$ summabel in jedem endlichen Intervall. Es existiere ferner gleichmässig in s der Mittelwert

$$M^t\{f(s+t)\,\bar{f}(t)\} = g(s) \tag{19}$$

und damit

$$m(s) = M^t\,|f(s+t) - f(t)|^2.$$

An Stelle der Fastperiodizität fordere ich, dass zu beliebigem positivem ε eine Länge l angegeben werden könne derart, dass in keinem Intervall von der Länge l die Funktion $m(s)$ durchweg $\geqq \varepsilon^2$ bleibt. Unter diesen Voraussetzungen gilt für $f(s)$ die Vollständigkeitsrelation. Denn $g(s)$ ist fastperiodisch – und zugleich stetig, da nach einem Theorem von Lebesgue[1])

$$\lim_{\delta=0} \int_J |f(t+\delta) - f(t)|^2\,dt = 0$$

ist. Alle unsere Entwicklungen sind also auf die Funktion $g(s)$ wie früher anwendbar.

Anderseits sind diese Bedingungen auch notwendig. Besitzt $|f|^2$ einen Mittelwert $(\leqq 1)$ und gilt die Vollständigkeitsrelation, so konvergiert

$$M^t_J\{f(s+t)\,\bar{f}(t)\} \tag{20}$$

mit $|J| \to \infty$ gleichmässig gegen die stetige Funktion

$$g(s) = \gamma_1\,e^{i\lambda_1 s} + \gamma_2\,e^{i\lambda_2 s} + \cdots.$$

Ist nämlich p so gross gewählt, dass

$$M\,|f|^2 - (\gamma_1 + \gamma_2 + \cdots + \gamma_p) \leqq \varepsilon^2\;(<1)$$

ist, und zerlegen wir (20) in zwei Summanden nach der Gleichung

$$\bar{f}(t) = \bar{F}_p(t) + \bar{f}_p(t),$$

so konvergiert der erste Teil mit $|J| \to \infty$ gleichmässig gegen

$$\gamma_1\,e^{i\lambda_1 s} + \gamma_2\,e^{i\lambda_2 s} + \cdots + \gamma_p\,e^{i\lambda_p s},$$

was sich von $g(s)$ um nicht mehr als ε^2 unterscheidet, während sich für den quadrierten absoluten Betrag des zweiten Teils mittels der Schwarzschen Ungleichung eine obere Grenze ergibt, die gleichmässig gegen

$$M\,|f|^2 \cdot M\,|f_p|^2 \leqq \varepsilon^2$$

strebt. Für die absolute Differenz zwischen (20) und $g(s)$ bekommt man demnach eine obere Schranke, die im gleichen Sinne $\varepsilon(1+\varepsilon)$ zustrebt, und darum

---

[1]) H. Lebesgue, *Leçons sur les séries trigonométriques* (Paris 1906), S. 15.

ist die Differenz in der Tat absolut $\leq 2\,\varepsilon$, sobald die Intervallänge $|J|$ ein gewisses von ε abhängiges T übersteigt. Infolgedessen gilt die Gleichung

$$m(s) = 2\,g(0) - \big(g(s) + \bar{g}(s)\big)$$

$$= \gamma_1 \,|e^{i\lambda_1 s} - 1|^2 + \gamma_2\,|e^{i\lambda_2 s} - 1|^2 + \cdots,$$

welche nach BOHL und WENNBERG zu der oben geforderten Eigenschaft von $m(s)$ führt.

Man kann die aufgestellten Bedingungen so fassen, dass in ihnen die Existenz der auf die ganze Zahlgerade bezüglichen Mittelwerte nicht a priori postuliert wird:

(V) *Zu beliebigem positivem ε soll es ein $l(\varepsilon)$ und $T(\varepsilon)$ geben derart, dass in jedem Intervall von der Länge $l(\varepsilon)$ eine Zahl τ sich findet, welche die Ungleichung*

$$M_J^t\,|f(t+\tau) - f(t)|^2 \leq \varepsilon^2 \tag{21}$$

erfüllt für alle Intervalle J, deren Länge $|J| \geq T(\varepsilon)$ ist.

Es gilt offenbar, hieraus die gleichmässige Existenz des Mittelwertes (19) zu gewinnen. Wir beweisen zunächst die Existenz des Mittelwertes von $|f|^2$. Da

$$4 \cdot M^t\big\{f(s+t)\,\bar{f}(t)\big\} = \sum_{h=0}^{3} i^h\,M^t\,|f(s+t) + i^h\,f(t)|^2,$$

folgt daraus die Existenz von $g(s)$, wenn das Resultat statt auf $f(t)$ auf die vier Funktionen $f(s+t) + i^h f(t)$ angewendet wird. Man benutze die gleiche Intervallkonstruktion wie in § 1, wobei unter T irgendeine Zahl $> T(\varepsilon)$ und $> l = l(\varepsilon)$ zu verstehen ist. Die τ_n sind als solche den Intervallen $n(T+l) \pm l/2$ angehörige Verschiebungszahlen τ gewählt, dass (21) gilt. Es sei

$$\frac{1}{T}\int\limits_{-T/2}^{T/2} |f(t)|^2\,dt = m_T^2$$

gesetzt. Dann ist der Mittelwert von $|f|^2$ im Intervall I_n nach (21) offenbar $\geq (m_T - \varepsilon)^2$, und bei unbegrenzt wachsendem U übersteigt infolgedessen m_U^2 schliesslich jede Zahl, welche kleiner ist als

$$\frac{T}{T+l}\,(m_T - \varepsilon)^2.$$

Anderseits konstruieren wir Verschiebungszahlen $\tau = \tau'_n$, die der Ungleichung (21) genügen und bzw. den Intervallen $n(T-l) \pm l/2$ angehören. Die um die τ'_n als Mittelpunkte konstruierten Intervalle I'_n von der Länge T bedecken dann, zum Teil übereinander greifend, die ganze Zahlgerade. Der Mittelwert von $|f|^2$ in I'_n ist $\leq (m_T + \varepsilon)^2$, und darum sinkt m_U^2 schliesslich unter jede Schranke herunter, die grösser als

$$\frac{T}{T-l}\,(m_T + \varepsilon)^2$$

angenommen wird. Insbesondere bleibt m_U beschränkt. Wenden wir das erste Resultat auf T, das zweite auf eine den gleichen Bedingungen genügende Zahl T' an, oder umgekehrt, so erhalten wir daraus die Ungleichungen

$$\frac{T}{T+l}\,(m_T - \varepsilon)^2 \leqq \frac{T'}{T'-l}\,(m_{T'} + \varepsilon)^2,$$

$$\frac{T'}{T'+l}\,(m_{T'} - \varepsilon)^2 \leqq \frac{T}{T-l}\,(m_T + \varepsilon)^2.$$

Unter Berücksichtigung der Beschränktheit von m_T ergibt sich daraus die Existenz des Limes m von m_T für $T \to \infty$. Und wir haben zugleich die Abschätzungen

$$m_T - \varepsilon \leqq \sqrt{1 + \frac{l}{T}} \cdot m, \quad m_T + \varepsilon \geqq \sqrt{1 - \frac{l}{T}} \cdot m,$$

folglich

$$|m_T - m| \leqq \varepsilon + \left(1 - \sqrt{1 - \frac{l}{T}}\right) m = c,$$

$$|m_T^2 - m^2| \leqq c\,(2\,m + c).$$

Hierin kann m_T^2 allgemeiner durch den Mittelwert in irgendeinem Intervall J von der Länge T ersetzt werden:

$$M\,|f|^2 - M_J\,|f|^2 \text{ abs. } \leqq c(2\,m + c),$$

und in dieser sowie in der Formel für c darf m^2 auch als irgendeine Zahl $\geqq M|f|^2$ gedeutet werden.

Für jede der vier Funktionen $f(s+t) + i^h f(t)$ ist ε durch $2\,\varepsilon$ zu ersetzen und kann $4\,m^2$ an Stelle von m^2 als obere Grenze des Mittelwertes ihres quadrierten absoluten Betrages benutzt werden. Darum gilt

$$|g(s) - M_J^t\{f(s+t)\,\bar{f}(t)\}| \leqq 4\,c(2\,m + c).$$

Ist wieder $M|f|^2 \leqq 1$, so findet man mit $m = 1$, dass die linke Seite $\leqq 16\,\varepsilon\,(1 + \varepsilon)$ ist, sobald

$$|J| > T(\varepsilon) \quad \text{und zugleich} \quad > \frac{l(\varepsilon)}{\varepsilon(2 - \varepsilon)}$$

ist. Die Gleichmässigkeit der Konvergenz in s ist damit garantiert.

(V) ist die notwendige und hinreichende Bedingung dafür, dass $f(s)$ sich
«im Mittel» durch Superposition einfacher Schwingungen beliebig approximieren lässt. Infolgedessen genügt mit zwei Funktionen immer auch deren
Summe dem Postulate. (V) verlangt etwas weniger als die STEPANOFFsche Bedingung III [Math. Ann. 95, S. 490 (1926)][1]. Ist diese erfüllt, so lässt sich
nach unserm Beweis der Mittelwert von $f(t)$ im Intervall von $s-\delta$ bis $s+\delta$
(δ eine beliebige positive Konstante) gleichmässig durch eine endliche Superposition einfacher Schwingungen approximieren. Ist ausserdem $f(s)$ gleichmässig stetig, so ergibt sich das gleiche für die Funktion selber: die gleichmässige Stetigkeit zusammen mit der Bedingung (III) von STEPANOFF hat also
zur Folge, dass die Funktion fastperiodisch ist im Sinne von BOHR.

---

[1]) Man vergleiche dazu auch N. WIENER, Math. Z. *24*, S. 575–614 (1925).

73.

Die Vollständigkeit der primitiven Darstellungen einer geschlossenen kontinuierlichen Gruppe (F. Peter und H. Weyl)

Mathematische Annalen 97, 737—755 (1927)

§ 1. Grundlagen. Die Orthogonalitätsrelationen

1. *Gruppe. Volummessung in der Gruppenmannigfaltigkeit.* Es handelt sich im folgenden um die *Darstellungen einer geschlossenen kontinuierlichen Gruppe durch homogene lineare Transformationen* oder Matrizes. Innerhalb der gegebenen Gruppe $\mathfrak{G}$ bedeute $\circ$ das Einheitselement. Um der Möglichkeit einer invarianten Volummessung willen werde vorausgesetzt, dass LIEs infinitesimale Begriffsbildungen auf die Gruppe $\mathfrak{G}$ anwendbar sind. Es sollen also die zu $\circ$ unendlich benachbarten, die infinitesimalen Elemente von $\mathfrak{G}$, eine lineare, etwa r-parametrige Schar bilden. Zu einem Element a von $\mathfrak{G}$ gehört die durch die Formel $s' = s\,a$ definierte Abbildung $s \to s'$ von $\mathfrak{G}$ auf sich selbst. Bezeichnen wir sie als (rechtsseitige) *Translation*, so ist das Volummass auf $\mathfrak{G}$ durch die Forderung bestimmt, dass das Volumen den Translationen gegenüber invariant sein soll. Sind s, s' zwei unendlich benachbarte Elemente (oder «Punkte») auf $\mathfrak{G}$, so verstehen wir unter dem von s nach s' führenden Vektor das infinitesimale Element $s's^{-1}$ bzw. dessen Komponenten relativ zu einer fest gewählten Basis der infinitesimalen Gruppe. Als *Volumen* eines parallel-epipedischen Volumelementes, das von s aus durch r infinitesimale Vektoren aufgespannt wird, ist der absolute Betrag der Determinante aus den Komponenten dieser Vektoren anzusetzen. Das Volumen eines solchen, an der Stelle s befindlichen Volumelementes werde bei Integrationen, die sich über das ganze geschlossene Gebilde $\mathfrak{G}$ erstrecken, mit ds bezeichnet. Es ist wichtig, dass ds auch gegenüber den folgenden Transformationen $s \to s'$ invariant ist:

1. $s' = a\,s$ (linksseitige Translation),   2. $s' = s^{-1}$ (Inversion).

Um dies einzusehen, muss man zeigen, dass aus r infinitesimalen Elementen δs durch die homogene lineare Transformation

$$\delta s' = a \cdot \delta s \cdot a^{-1} \tag{1}$$

r Vektoren $\delta s'$ entstehen, deren Determinante absolut mit der Determinante der δs übereinstimmt; oder dass jene Transformation A, welche in der adjungierten Gruppe dem Element a von $\mathfrak{G}$ korrespondiert, eine Determinante D

vom absoluten Betrag 1 besitzt. Wegen der Geschlossenheit der adjungierten Gruppe müssen aber die Determinanten D^v der aus A durch Iteration entstehenden Transformationen A^v für $v \to \infty$ einen endlichen, von 0 verschiedenen Verdichtungswert besitzen; und darum ist in der Tat $|D| = 1$.

2. *Darstellung.* Eine *Darstellung n-ter Ordnung* liegt vor, wenn in stetiger Weise jedem Element s der Gruppe eine quadratische Matrix $E(s)$ von n Zeilen und Kolonnen zugeordnet ist, derart, dass allgemein

$$E(st) = E(s)\,E(t) \tag{2}$$

gilt. Durch Einführung eines anderen Koordinatensystems im Darstellungsraum kann die Darstellung $E(s)$ durch die «äquivalente» $AE(s)A^{-1}$ ersetzt werden (A eine beliebige konstante Matrix mit einer von 0 verschiedenen Determinante). $E(\mathrm{o}) = C$ genügt den Gleichungen

$$C \cdot C = C; \quad C \cdot E(s) = E(s) \cdot C = E(s).$$

Aus der ersten folgt, dass bei geeigneter Wahl des Koordinatensystems C die Gestalt hat

$$C = \left\| \begin{matrix} \mathbf{1}_m & 0 \\ 0 & 0 \end{matrix} \right\|,$$

wo $\mathbf{1}_m$ die m-gliedrige Einheitsmatrix bezeichnet ($m \leq n$). Die beiden anderen Gleichungen lehren dann, dass $E(s)$ nur in dem Teilquadrat von 0 verschiedene Komponenten aufweist, das in C von der Einheitsmatrix $\mathbf{1}_m$ ausgefüllt ist. Man kann sich also auf diejenigen Darstellungen beschränken, für welche $E(\mathrm{o})$ die Einheitsmatrix ist; die anderen sind solchen äquivalent, die daraus durch Hinzufügung eines Randes von Nullen entstehen. Insbesondere ist in einer *irreduziblen* oder *primitiven Darstellung* $E(\mathrm{o})$ notwendig gleich der Einheitsmatrix. (Reduzibel heisst die Darstellung bekanntlich, wenn man im n-dimensionalen Vektorraum einen linearen Unterraum von weniger Dimensionen ausfindig machen kann, der durch alle Transformationen $E(s)$ in sich übergeht.)

3. *Charakteristik.* Die Spur $\chi(s)$ von $E(s)$ heisst die Charakteristik. Zu äquivalenten Darstellungen gehört dieselbe Charakteristik. $\chi(s)$ ist eine Klassenfunktion, d.h. es ist

$$\chi(asa^{-1}) = \chi(s) \quad \text{oder} \quad \chi(st) = \chi(ts)$$

für irgend zwei Elemente a und s oder s und t der Gruppe $\mathfrak{G}$. Denn die Spuren von

$$E(st) = E(s)\,E(t) \quad \text{und} \quad E(ts) = E(t)\,E(s)$$

stimmen überein, weil allgemein die Spur des Produktes zweier Matrizen von der Reihenfolge der Faktoren unabhängig ist.

4. *Die Orthogonalitätsrelationen. Jede Darstellung* (für welche $E(\mathrm{o})$ die Einheitsmatrix ist) *ist einer solchen äquivalent, deren Matrizen $E(s)$ unitär sind.* –

Der Querstrich diene zur Bezeichnung des Konjugiertkomplexen, der Stern deute den Übergang zur transponierten Matrix an. Man übe auf die Hermitesche Einheitsform

$$x_1\,\bar{x}_1 + x_2\,\bar{x}_2 + \cdots + x_n\,\bar{x}_n \tag{3}$$

die Transformation $E(s) = \|\,e_{ik}(s)\,\|$ aus und integriere unter Verwendung des invarianten Volumelements die so entstehende, von s abhängige Form über die ganze Gruppe $\mathfrak{G}$. Man erhält eine positiv-definite Hermitesche Form H, welche durch jede der Transformationen $E(s)$ in sich übergeht. Bringt man durch eine Koordinatentransformation H auf die Gestalt (3), so sind die $E(s)$ in der Tat unitär. Die Form H ist

$$= \int_{\mathfrak{G}} \sum_{i=1}^{n} \Big|\, \sum_{k=1}^{n} e_{ik}(s)\, x_k \,\Big|^2\, ds, \tag{4}$$

ihre Koeffizientenmatrix

$$= \int_{\mathfrak{G}} E^*(t)\, \bar{E}(t)\, dt. \tag{5}$$

Die Formel (4) zeigt, dass H in der Tat positiv-definit ist, wenn $E(\mathrm{o})$ die Einheitsmatrix ist, aus (5) ergibt sich die behauptete Invarianz durch folgende Rechnung:

$$E^*(s)\, H\bar{E}(s) = \int_{\mathfrak{G}} E^*(ts)\, \bar{E}(ts)\, dt = \int_{\mathfrak{G}} E^*(t)\, \bar{E}(t)\, dt = H.$$

Nachdem H zur Einheitsmatrix gemacht ist, haben wir also

$$E^*(s)\, \bar{E}(s) = \mathbf{1}$$

oder, da

$$E(s)\, E(s^{-1}) = E(\mathrm{o}) = \mathbf{1}, \quad E(s^{-1}) = E^{-1}(s)$$

ist,

$$E(s^{-1}) = \bar{E}^*(s).$$

Für die Charakteristik folgt daraus

$$\chi(s^{-1}) = \bar{\chi}(s).$$

Auf ähnliche Weise zeigte I. Schur, dass für zwei nicht-äquivalente irreduzible Darstellungen

$$E(s) = \|\,e_{ik}(s)\,\|, \quad E'(s) = \|\,e'_{\iota\varkappa}(s)\,\|$$

die Relationen gelten[1]:

$$\int_{\mathfrak{G}} e_{ik}(s)\, e'_{\varkappa\iota}(s^{-1})\, ds = 0. \tag{6}$$

---

[1] I. Schur, Sitz.-Ber. Berl. Akad. *1905*, S. 406; *1924*, S. 199. Vgl. auch H. Weyl, *Darstellung kontinuierlicher halb-einfacher Gruppen I, II, III*, diese Ausgabe S. 262–366 (im folgenden zitiert als W. I, II, III): S. 286.

Für die einzelne irreduzible Darstellung aber ergeben sich aus der Tatsache, dass jede konstante, mit allen $E(s)$ vertauschbare Matrix ein Multiplum der Einheitsmatrix sein muss, die Beziehungen

$$\int_{\mathfrak{G}} e_{ik}(s)\, e_{\varkappa\iota}(s^{-1})\, ds = \begin{cases} \dfrac{V}{n} \text{ für } i = \iota, k = \varkappa; \\[2ex] 0 \text{ in allen andern Fällen.} \end{cases} \tag{7}$$

$V = \int ds$ bedeutet das Gesamtvolumen von $\mathfrak{G}$. Nehmen wir die darstellenden Matrizen, wie das erlaubt ist, als unitär an, so sind die linken Seiten der Gleichungen (6), (7) bzw.

$$= \int e_{ik}(s)\, \bar{e}'_{\iota\varkappa}(s)\, ds \quad \text{und} \quad = \int e_{ik}(s)\, \bar{e}_{\iota\varkappa}(s)\, ds.$$

Die Komponenten der verschiedenen inäquivalenten irreduziblen Darstellungen $E(s)$ bilden also ein unitär-orthogonales Funktionensystem auf der Mannigfaltigkeit $\mathfrak{G}$. Es folgt daraus, dass sie samt und sonders voneinander linear unabhängig sind[1]). *Es soll im folgenden die Vollständigkeit dieses Orthogonalsystems bewiesen werden.* Für die primitiven Charakteristiken ergeben sich aus den oben erwähnten Orthogonalitätsrelationen die Gleichungen

$$\int \chi(s)\, \bar{\chi}'(s)\, ds = 0, \quad \int \chi(s)\, \bar{\chi}(s)\, ds = V. \tag{8}$$

Die erste gilt, wenn die Charakteristiken χ, χ' zu inäquivalenten irreduziblen Darstellungen gehören; es geht daraus hervor, dass solche Charakteristiken notwendig voneinander verschieden sind.

Zum Vergleich mit dem Folgenden ist es nützlich, den Beweis dafür, dass jede mit allen $E(s)$ vertauschbare Matrix A Multiplum der Einheitsmatrix ist, unter Benutzung des Umstandes, dass $E(s)$ unitär ist, etwas anders zu führen, als dies durch I. SCHUR geschah. Wir wollen zeigen, wie wir mittels einer mit allen $E(s)$ vertauschbaren Matrix A, die nicht Multiplum von $\mathbf{1}$ ist, den Zerfall der Darstellung in gesonderte Bestandteile herbeiführen können. Aus

$$E(s)\, A = A\, E(s) \quad \text{oder} \quad E(s) A \bar{E}^*(s) = A$$

folgt die gleiche Beziehung für $\bar{A}^*$ an Stelle von A. Mit A wird wenigstens eine der beiden Hermiteschen Matrizen

$$A + \bar{A}^* \quad \text{und} \quad \frac{A - \bar{A}^*}{\sqrt{-1}},$$

aus denen sich A linear zusammensetzt, die Eigenschaft teilen, nicht Multiplum von $\mathbf{1}$ zu sein. Bezeichnen wir diese gegenüber allen $E(s)$ invariante Hermitesche

---

[1]) Für ganz beliebige Gruppen wurde diese Unabhängigkeit bewiesen von G. FROBENIUS und I. SCHUR, Sitz.-Ber. Berl. Akad. *1906*, S. 215, nach einer Methode, die BURNSIDE für die Komponenten einer einzigen irreduziblen Darstellung zum gleichen Ziel geführt hatte.

Form jetzt mit A, so kann A durch eine unitäre Transformation des Koordinatensystems auf die Gestalt gebracht werden:

$$A = \alpha_1 x_1 \bar{x}_1 + \alpha_2 x_2 \bar{x}_2 + \cdots + \alpha_n x_n \bar{x}_n,$$

wobei unmöglich alle Koeffizienten α_i einander gleich sein können. Die mit A vertauschbaren Matrizen $E(s)$ zerfallen dann ebenso in Teilquadrate längs der Hauptdiagonale, wie sich die Grössen α_i (bei geeigneter Anordnung) in Abschnitte untereinander gleicher teilen.

§ 2. Besselsche Ungleichung. Ansatz des Problems

Zu jeder stetigen Funktion $x(s)$ auf der Mannigfaltigkeit $\mathfrak{G}$ können wir die Matrix und die Zahl bilden, welche für unser Orthogonalsystem die Rolle der Fourier-Koeffizienten spielen:

$$A\,(x) = \int x\,(s)\,E^*\,(s^{-1})\,ds = \int x\,(s)\,\bar{E}\,(s)\,ds,$$

bzw. deren Spur

$$\alpha\,(x) = \mathrm{Sp}\,\big(A(x)\big) = \int x\,(s)\,\chi\,(s^{-1})\,ds = \int x\,(s)\,\bar{\chi}\,(s)\,ds.$$

Zufolge der aufgestellten Orthogonalitätsrelationen gelten dann, wenn $\alpha_{ik}(x)$ die Komponenten der Matrix $A(x)$ sind, die BESSELschen Ungleichungen

$$n \sum_{i,\,k} |\,\alpha_{ik}\,(x)\,|^2 + \cdots \leqq V \!\int |\,x\,(s)\,|^2 ds, \tag{8}$$

$$|\,\alpha\,(x)\,|^2 + \cdots \leqq V \!\int |\,x\,(s)\,|^2 ds. \tag{9}$$

In der Summe links deutet $+ \cdots$ eine Anzahl analoger Glieder an, die von lauter inäquivalenten irreduziblen Darstellungen herrühren. Die Behauptung der Vollständigkeit meint, dass, wenn links so die sämtlichen irreduziblen Darstellungen aufgenommen werden, in der ersten Relation immer, in der zweiten dann das Gleichheitszeichen gilt, wenn $x(s)$ eine Klassenfunktion ist.

Jede Funktion $x(s)$ auf der Gruppenmannigfaltigkeit betrachten wir als eine «*Gruppenzahl*». Die Addition hat den gewöhnlichen Sinn, die *Multiplikation* aber ist erklärt durch

$$xy\,(s) = \int x\,(sr^{-1})\,y\,(r)\,dr.$$

In mehr symmetrischer Weise kann man dafür schreiben

$$xy\,(st^{-1}) = \int x\,(sr^{-1})\,y\,(rt^{-1})\,dr.$$

Man braucht, um das zu rechtfertigen, in dem letzten Integral nur $r\,t^{-1}$ durch r zu ersetzen. Aus dem Bereich der *Kerne von der Form* $k(s, t) = x(s\,t^{-1})$ kommt man also nicht heraus durch die Operationen der Addition und der Zusammensetzung. Die Spur dieses Kernes, welche wir auch die Spur der Gruppenzahl x nennen, ist

$$S(x) = V \cdot x(\circ);$$

demnach

$$S(xy) = V \cdot \int x(s^{-1}) y(s)\, ds = V \cdot \int x(s) y(s^{-1})\, ds = S(yx).$$

Als (Hermitesche) Konjugierte der Gruppenzahl $x(s)$ gilt

$$\tilde{x}(s) = \bar{x}(s^{-1});$$

das stimmt für den zugehörigen Kern $k(s, t)$ mit der bekannten Definition

$$\tilde{k}(s, t) = \bar{k}(t, s)$$

überein. Eine Gruppenzahl x bzw. ein Kern ist Hermitisch, wenn $x = \tilde{x}$ gilt. Das Produkt $x\tilde{x}$ ist stets Hermitisch.

Es ist

$$A(\tilde{x}) = \int \bar{x}(s^{-1})\, \bar{E}(s)\, ds = \int \bar{x}(s)\, \bar{E}(s^{-1})\, ds$$

die konjugiert-transponierte Matrix zu

$$\int x(s)\, E^*(s^{-1})\, ds = A(x),$$

daher zugleich

$$\alpha(\tilde{x}) = \bar{\alpha}(x).$$

Wir können danach die Besselschen Ungleichungen auch in der Form schreiben:

$$n\, \mathrm{Sp}\big(A(x)\, A(\tilde{x})\big) + \cdots \leqq S(x\tilde{x}); \tag{8'}$$

$$\alpha(x)\, \alpha(\tilde{x}) + \cdots \leqq S(x\tilde{x}). \tag{9'}$$

Der Darstellungseigenschaft (2) entspricht die Multiplikationsregel

$$A(xy) = A(x)\, A(y).$$

Denn das Produkt rechts ist

$$= \int\int x(s)\, y(t)\, \bar{E}(st)\, ds\, dt.$$

Ersetzt man hierin s bei festem t durch $s\, t^{-1}$, so erhält man

$$\int\int x(st^{-1})\, y(t)\, \bar{E}(s)\, ds\, dt,$$

und dies liefert durch Vertauschung der Reihenfolge der Integration $A(xy)$. Ferner bestehen die wichtigen Gleichungen

$$E(s)\, A^*(x) = \int x(t)\, E(st^{-1})\, dt = \int x(ts)\, E(t^{-1})\, dt, \tag{10}$$

$$A^*(x)\, E(s) = \int x(t)\, E(t^{-1}s)\, dt = \int x(st)\, E(t^{-1})\, dt. \tag{11}$$

Wenn x eine Klassenfunktion ist, wird $A^*(x)$ daher mit allen $E(s)$ vertauschbar und folglich Multiplum der n-zeiligen Einheitsmatrix sein:

$$A(x) = \frac{\alpha(x)}{n} \cdot \mathbf{1}.$$

Dadurch geht die zu (9') gehörige spezielle Vollständigkeitsrelation, welche sich auf Klassenfunktionen bezieht, aus der allgemeinen zu (8') gehörigen hervor.

Die Vollständigkeitsrelation gewinnen wir aus der Theorie der Eigenwerte und Eigenfunktionen von Kernen der besonderen Gestalt $x(st^{-1})$. Ist $x\tilde{x} = z$ der durch Zusammensetzung mit dem konjugierten entstehende Hermitesche Kern, so lehrt die Gleichung (11), dass

$$\int z(st^{-1})\, E(t)\, dt = \boldsymbol{\Gamma}^* \, E(s) \tag{12}$$

ist, wo

$$\boldsymbol{\Gamma} = A(z) = A(x)\, \bar{A}^*(x)$$

eine Hermitesche Matrix ist; die zugehörige Hermitesche Form ist keiner negativen Werte fähig. Durch eine geeignete unitär-orthogonale Normierung der Darstellung $E(s)$ («Orientierung») können wir erreichen, dass $\boldsymbol{\Gamma}$ eine Diagonalmatrix wird, deren (reelle, nicht negative) Glieder mit $\gamma_1, \gamma_2, \ldots, \gamma_n$ bezeichnet seien. Wir erkennen dann aus (12), dass

$$e_{i1}(s),\; e_{i2}(s),\; \ldots,\; e_{in}(s)$$

zum Eigenwert γ_i gehörige Eigenfunktionen des Kernes $z(st^{-1})$ sind. Die Theorie der Integralgleichungen wird uns also, wenn sie auf diesen Kern angewendet wird, diejenigen irreduziblen Darstellungen der Gruppe liefern, für welche der Fourier-Koeffizient $A(x)$ nicht verschwindet; und diese übrigens in einer gewissen, von x abhängigen Orientierung. Die behauptete Vollständigkeitsrelation aber ist mit dem bekannten Satze aus der Theorie der Integralgleichungen identisch, dass die Spur des Kernes $z = x\tilde{x}$ gleich der Summe seiner Eigenwerte ist. Wir werden so durch *konstruktive Erzeugung* der irreduziblen Darstellungen von neuem alle in § 1 besprochenen Resultate ableiten, darüber hinaus aber die Vollständigkeit gewinnen[1]. An dem einfachsten Fall der kommutativen einparametrigen Gruppe der Drehungen eines Kreises in sich wurde die Methode bereits in den Berl. Sitzungsberichten 1926, 211, geschildert. Sie führt zur bekannten PARSEVALschen Gleichung in der Theorie der Fourier-Reihen und lässt sich, wie dort und Math. Annalen 97, 338ff. [diese Ausgabe S. 367ff.], gezeigt wurde, auch sehr schön zur Gewinnung der allgemeineren BOHRschen Vollständigkeitsrelation im Gebiete der fastperiodischen Funktionen verwerten.

---

[1] Das Programm des Beweises samt dem Resultat wurde schon ausgesprochen in W. III, diese Ausgabe S. 360.

§ 3. Konstruktion der höchsten zu einer Gruppenzahl gehörigen Darstellung

Als Methode zur Konstruktion der Eigenwerte und Eigenfunktionen benutzen wir – mit geringen Modifikationen, die schon in der eben zitierten Annalenarbeit angegeben wurden – die von E. SCHMIDT in seiner Dissertation 1905 entwickelte. Die Hauptsache ist, zu der nicht identisch verschwindenden Funktion $x(s)$ auf der Gruppenmannigfaltigkeit eine Darstellung $E(s)$ zu konstruieren, für welche $A(x) \neq 0$ ist. Da jede Darstellung einer geschlossenen Gruppe vollständig reduzibel ist, kann man sich daraus dann auch eine *irreduzible* Darstellung mit der gleichen Eigenschaft herstellen.

Wir iterieren den Hermiteschen Kern $z = x\tilde{x}$: z, z^2, z^3, ... Die Spuren σ_ν ($\nu = 1,\ 2,\ 3,\ \ldots$) der Iterierten sind positive Zahlen, und die Quotienten $\sigma_\nu/\sigma_{\nu-1} = \gamma_\nu$ streben wachsend einem positiven Grenzwert γ zu, während $z^\nu(s)/\gamma_\nu$ gleichmässig auf der Gruppenmannigfaltigkeit gegen einen Limes $e(s)$ konvergiert. Die Gruppenzahl $e(s)$ ist Hermitisch, ihre Spur ≥ 1. γ ist der grösste Eigenwert von $z(st^{-1})$, $e(st^{-1})$ der zu diesem Eigenwert gehörige Teil des Kernes $z(s\,t^{-1})$. Es gelten die Relationen

$$ze = ez = \gamma e, \quad ee = e.$$

Wegen der letzten Gleichung zerfällt $e(s\,t^{-1})$ in der folgenden Weise:

$$e(st^{-1}) = \varphi_1(s)\,\bar{\varphi}_1(t) + \varphi_2(s)\,\bar{\varphi}_2(t) + \cdots + \varphi_n(s)\,\bar{\varphi}_n(t), \tag{13}$$

wo die $\varphi_i(s)$ ein unitär-orthogonales System bilden:

$$\int \varphi_i(s)\,\bar{\varphi}_k(s)\,ds = \delta_{ik} = \begin{cases} 1\ (i = k) \\ 0\ (i \neq k), \end{cases}$$

das System der linear unabhängigen zu γ gehörigen Eigenfunktionen von z. Die Spur des Kernes $e(st^{-1})$ erweist sich damit als eine ganze Zahl n.

Da bei festem t mit $\varphi_i(s)$ auch $\varphi_i(st^{-1})$ eine zu γ gehörige Eigenfunktion des Kernes z ist, müssen Gleichungen gelten:

$$\varphi_i(st^{-1}) = \sum_{k=1}^{n} \bar{e}_{ik}(t)\,\varphi_k(s). \tag{14}$$

Man erhält sie aus

$$\varphi_i(s) = \int e(s\,r^{-1})\,\varphi_i(r)\,dr,$$

wenn man darin s durch st^{-1} ersetzt und den Ausdruck

$$e(st^{-1}r^{-1}) = \sum_{k=1}^{n} \varphi_k(s)\,\bar{\varphi}_k(rt)$$

benutzt:

$$\bar{e}_{ik}(t) = \int \varphi_i(r)\,\bar{\varphi}_k(rt)\,dr.$$

Die Funktionen $\varphi_i(s)$ erfahren also bei der Transformation $s \to s' = s t^{-1}$ des Arguments untereinander die lineare Substitution

$$\bar{E}(t) = \| \bar{e}_{ik}(t) \| .$$

Daraus ergibt sich sogleich

$$\bar{E}(t') \, \bar{E}(t) = \bar{E}(t't) ,$$

d.h., $E(s)$ *ist eine Darstellung der Gruppe* von der Ordnung n. $E(\mathrm{o})$ ist die Einheitsmatrix. Da die $\varphi_i(s)$ ein unitär-orthogonales Funktionensystem bilden und diese Eigenschaft offenbar nicht bei der Ersetzung des Arguments s durch $s t^{-1}$ einbüssen, ist die lineare Transformation unitär:

$$\bar{E}^*(t) = E(t^{-1}) , \quad \tilde{e}_{ik}(t) = e_{ki}(t) .$$

Man hat sich endlich noch davon zu überzeugen, dass für diese Darstellung die Matrix

$$A(z) = \boldsymbol{\Gamma} = \| \gamma_{ik} \| \neq 0$$

ist. Das gelingt wohl am raschesten folgendermassen. Nach (14) gilt die Gleichung

$$\int \varphi_i(s\, t^{-1})\, z(t)\, dt = \sum_k \gamma_{ik}\, \varphi_k(s) ,$$

also

$$\int \varphi_i(t)\, z(t^{-1})\, dt = \sum_k \gamma_{ik}\, \varphi_k(\mathrm{o}) .$$

Ausserdem ist

$$\int z(s\, t^{-1})\, e(t)\, dt = \gamma\, e(s) ,$$

mithin

$$\gamma\, e(\mathrm{o}) = \frac{\gamma n}{V} = \int z(t^{-1})\, e(t)\, dt = \sum_{i=1}^{n} \bar{\varphi}_i(\mathrm{o}) \int z(t^{-1})\, \varphi_i(t)\, dt$$

$$= \sum_{i,\,k} \gamma_{ik}\, \bar{\varphi}_i(\mathrm{o})\, \varphi_k(\mathrm{o}) .$$

Die Hermitesche Form mit den Koeffizienten γ_{ik} nimmt für die Argumente $\bar{\varphi}_i(\mathrm{o})$ den von 0 verschiedenen Wert $\gamma n/V$ an, kann daher nicht identisch verschwinden.

§ 4. Zerfällung der gewonnenen Darstellung

Es wird zunächst gut sein, das Verhältnis der gewonnenen Darstellung $E(s)$ zu den Eigenfunktionen $\varphi_i(s)$ genauer aufzuklären. Ferner soll die Zerfällung von $E(s)$ in irreduzible Bestandteile konstruktiv in möglichst einfacher Weise durchgeführt werden. Endlich gilt es, durch Wiederholung des eingeschlagenen Verfahrens alle zum Kern $x(s t^{-1})$ gehörigen Darstellungen zu ermitteln und so den Beweis der Vollständigkeit zu erbringen.

Was den ersten Punkt betrifft, so liefert die Gleichung (11):

$$z\,E(s) = \int z(s\,t^{-1})\,E(t)\,dt = \boldsymbol{\Gamma}^*\,E(s).$$

Durch geeignete Orientierung ist zu erreichen, dass $\boldsymbol{\Gamma}$ eine Diagonalmatrix mit den Gliedern $\gamma_1, \gamma_2, \ldots, \gamma_n$ wird, $\gamma_i \geqq 0$.

$$e_{i1}(s),\ e_{i2}(s),\ \ldots,\ e_{in}(s)$$

sind alsdann Eigenfunktionen des Kerns $z(s\,t^{-1})$, welche zu dem Eigenwert γ_i gehören. Ersetzt man in (14) t durch t^{-1}, $\bar{e}_{ik}(t^{-1})$ durch $e_{ki}(t)$ und setzt $s = \mathrm{o}$, so sieht man, dass die zum Eigenwert γ gehörige Eigenfunktion

$$\varphi_i(t) = \sum_k e_{ki}(t)\,\varphi_k(\mathrm{o}) \tag{15}$$

sich linear aus den Komponenten zusammensetzt, welche die i-te Spalte von $E(t)$ bilden. γ muss also unter den Zahlen $\gamma_1, \gamma_2. \ldots, \gamma_n$ vorkommen. $[\varphi_k(\mathrm{o})\,e_{ki}(t)$ muss null sein für solche Indizes k, deren zugehöriges $\gamma_k \neq \gamma$ ist, und für alle i; nimmt man $i = k$ und $t = \mathrm{o}$, so schliesst man daraus: $\varphi_k(\mathrm{o}) = 0$, wenn $\gamma_k \neq \gamma$.]

Um zweitens die Reduktion vorzunehmen, suchen wir alle «charakteristischen Einheiten» auf, das sind diejenigen Funktionen $f(s)$, für welche eine Zerlegung gilt

$$f(s\,t^{-1}) = \sum_{i,\,k} \lambda_{ik}\,\varphi_i(s)\,\bar{\varphi}_k(t) \tag{16}$$

mit konstanten Koeffizienten λ_{ik}. Eine solche setzt sich nach der Gleichung (16) linear zusammen aus $\varphi_1(s), \varphi_2(s), \ldots, \varphi_n(s)$. Ausserdem ist

$$ef = fe = f.$$

Es ist darum $f(s)$ eine lineare Kombination von

$$\varphi_1\,e(s),\ \varphi_2\,e(s),\ \ldots,\ \varphi_n\,e(s). \tag{17}$$

Anderseits sind diese Produkte tatsächlich charakteristische Einheiten, weil $\varphi_i(s\,r^{-1})$ sich linear aus den Funktionen $\varphi(s)$ und $e(r\,t^{-1})$ aus den Funktionen $\bar{\varphi}(t)$ zusammensetzt. Wir prüfen, ob die Funktionen (17) konstante Multipla von $e(s)$ sind. Trifft dies zu, so ist, wie wir behaupten, die Darstellung $E(s)$ irreduzibel. Andernfalls liefert die Tabelle (17) eine charakteristische Einheit $f(s)$, die nicht Multiplum von $e(s)$ ist. Da mit $f(s)$ auch die konjugierte $\tilde{f}(s)$ von der gleichen Natur ist:

$$\tilde{f}(s\,t^{-1}) = \sum_{i,\,k} \bar{\lambda}_{ki}\,\varphi_i(s)\,\bar{\varphi}_k(t),$$

besitzen wir in

$$f + \tilde{f} \quad \text{oder} \quad \frac{f - \tilde{f}}{\sqrt{-1}}$$

eine charakteristische Einheit, welche nicht Multiplum von $e(s)$ und zugleich Hermitisch ist. Wenn wir diese nunmehr mit f bezeichnen, gelten für die Koeffizienten der Entwicklung (16) die Beziehungen $\bar{\lambda}_{ik} = \lambda_{ki}$. Durch eine geeignete unitäre Transformation des Systems der Eigenfunktionen $\varphi_i(s)$ – nur bis auf eine solche ist es überhaupt determiniert – können wir die Hermitesche Matrix der λ_{ik} in eine Diagonalmatrix verwandeln: $\lambda_{ik} = 0$ für $i \neq k$. Sind von den Zahlen $\lambda_{ii} = \lambda_i$ etwa $\lambda_1, \lambda_2, \ldots, \lambda_g = \lambda'$, während die übrigen $\neq \lambda'$ sind, so kann man durch lineare Kombination von f und seinen Iterierten die charakteristische Einheit

$$e'(st^{-1}) = \sum_{i=1}^{g} \varphi_i(s)\, \bar{\varphi}_i(t)$$

aus f herauskristallisieren. Man braucht in der Tat, wenn $\lambda', \lambda'', \ldots$ die h verschiedenen unter den n Zahlen λ_i sind, ein Polynom der Variablen μ vom Maximalgrad $h-1$:

$$\beta_0 + \beta_1 \mu + \cdots + \beta_{h-1} \mu^{h-1}$$

nur so zu bestimmen, dass es $= 1$ wird für $\mu = \lambda'$, hingegen $= 0$ für $\mu = \lambda'', \ldots, \lambda^{(h)}$; dann ist die gewünschte Einheit

$$e'(s) = \beta_0 e(s) + \beta_1 f(s) + \beta_2 ff(s) + \cdots + \beta_{h-1} f^{h-1}(s).$$

Aus der Definition der Matrix $E(t)$ geht hervor, dass sie in gleicher Weise in h längs der Hauptdiagonale sich aneinander reihende Quadrate zerfällt, wie die Reihe $\lambda_1, \lambda_2, \ldots, \lambda_n$ sich in Gruppen untereinander gleicher Zahlen teilt. Dasselbe gilt für die Matrix $\Gamma = A(z)$. An jeder der gewonnenen Funktionen $e'(s), e''(s), \ldots$ kann man das gleiche Verfahren wiederholen, das eben auf $e(s)$ angewendet wurde, und erhält so schliesslich nach höchstens n Schritten, die jedesmal das unitär-orthogonale System der Eigenfunktionen $\varphi_i(s)$ genauer normieren, dies System in Abschnitte eingeteilt:

$$|\varphi_1(s), \ldots, \varphi_g(s)| \ldots | \ldots,$$

derart, dass für den einzelnen Abschnitt die Summe

$$e'(st^{-1}) = \sum_{i=1}^{g} \varphi_i(s)\, \bar{\varphi}_i(t)$$

eine Funktion von st^{-1} allein ist, eine bilineare Kombination

$$\sum_{i,k=1}^{g} \lambda_{ik}\, \varphi_i(s)\, \bar{\varphi}_k(t)$$

aber nur dann, wenn sie konstantes Multiplum von $e'(st^{-1})$ ist. Entsprechend zerfallen die Matrizen $E(t)$ und Γ. Durch eine letzte Normierung kann Γ auf die Gestalt einer Diagonalmatrix gebracht werden. Unter den zu einem Abschnitt gehörigen $\gamma_1, \ldots, \gamma_g$ findet sich dann allemal nach der Gleichung (15) die Zahl γ vertreten. Es bleibt noch der Beweis zu führen, dass die gewonnenen Teilmatrizen *irreduzible* Darstellungen unserer kontinuierlichen Gruppe liefern.

Wir schreiben jetzt wieder, indem wir nur einen der eben konstruierten Abschnitte beibehalten, n statt g. Man bilde die Grösse

$$\int \varphi_i(sr^{-1})\,\bar{\varphi}_k(tr^{-1})\,dr = \psi(st^{-1}) = \sum_{p,q=1}^{n} \lambda_{pq}\,\varphi_p(s)\,\bar{\varphi}_q(t)\,,$$

$$\lambda_{pq} = \int \bar{e}_{ip}(r)\,e_{kq}(r)\,dr\,.$$

Gemäss der Voraussetzung muss die Matrix $\|\lambda_{pq}\|$ ein Multiplum der Einheitsmatrix sein:

$$\int \bar{e}_{ip}(r)\,e_{kq}(r)\,dr = \varrho_{ik}\,\delta_{pq}\,.$$

Setzt man $p = q$ und summiert über den Index p, so erhält man wegen der Orthogonalitätsrelationen

$$\sum_p \bar{e}_{ip}(r)\,e_{kp}(r) = \delta_{ik}$$

die Formel

$$V\delta_{ik} = n\,\varrho_{ik}\,,$$

also

$$\int \bar{e}_{ip}(r)\,e_{kq}(r)\,dr \left\{ \begin{array}{l} = \dfrac{V}{n} \quad \text{für } i = k,\, p = q, \\[2mm] \text{und sonst } = 0. \end{array} \right. \tag{18}$$

Damit sind die Orthogonalitätsbeziehungen (7) zwischen den Elementen der abgespaltenen Darstellung von neuem bewiesen. Ihnen zufolge sind die Komponenten $e_{ik}(s)$ voneinander linear unabhängig, und demnach ist die Darstellung irreduzibel. Bildet man mit irgendwelchen Konstanten $\|\alpha_{ik}\| = A$ die Funktion

$$y(s) = \frac{n}{V} \sum_{i,k} \alpha_{ik}\,e_{ik}(s)\,,$$

so ist nach (18): $A(y) = A$ und die Gleichung (11) liefert

$$y\,e_{qk} = \sum_i \alpha_{iq}\,e_{ik}\,.$$

Also lassen sich die Relationen (18) erweitern zu

$$e_{ip}\,e_{qk} = \left\{ \begin{array}{ll} 0 & (p \neq q) \\[2mm] \dfrac{V}{n}\,e_{ik} & (p = q)\,. \end{array} \right. \tag{19}$$

Die hier angestellten Überlegungen stehen offenbar mit den in § 1 rekapitulierten, die auf I. Schur zurückgehen, in enger Beziehung. Um dies völlig klarzustellen, beweisen wir mit Bezug auf die *sämtlichen* n zum Eigenwert γ gehörigen Eigenfunktionen $\varphi_i(s)$ des Kernes $z(st^{-1})$ und die dazugehörige Darstellung $E(s)$ der n-ten Ordnung (welche nicht notwendig irreduzibel ist) den Satz:

$$\sum_{i,\,k=1}^{n} \lambda_{ik}\,\varphi_i(s)\,\overline{\varphi}_k(t) \tag{20}$$

hat dann und nur dann die Form $f(st^{-1})$, wenn die Matrix $\Lambda = \|\lambda_{ik}\|$ mit allen $E(s)$ vertauschbar ist. — Die Summe (20), $f(s,t)$, hat nämlich dann und nur dann die behauptete Gestalt, wenn

$$f(sr,\,tr) = f(s,t) \tag{21}$$

ist. Nun gilt aber

$$\varphi_i(sr) = \sum_p e_{pi}(r)\,\varphi_p(s)\,, \quad \overline{\varphi}_k(tr) = \sum_q \overline{e}_{qk}(r)\,\overline{\varphi}_q(s)\,.$$

Die Forderung (21) lautet daher

$$\sum_{i,\,k} \lambda_{ik}\,e_{pi}(r)\,\overline{e}_{qk}(r) = \lambda_{pq}$$

oder

$$E(r)\,\Lambda\,\overline{E}{}^{*}(r) = \Lambda\,.$$

§ 5. Iteration. Beweis der Vollständigkeitsrelation

Zu der nicht-verschwindenden Gruppenzahl x haben wir eine positive Zahl γ und eine irreduzible Darstellung unserer Gruppe $E(s) = \|e_{ik}(s)\|$ $(i, k = 1, \ldots, n)$ so ermittelt, dass $A(x)\,\overline{A}{}^{*}(x) = \Gamma$ eine Hauptmatrix ist, deren Elemente $\gamma_1, \gamma_2, \ldots, \gamma_n$ den Bedingungen $0 \leqq \gamma_i \leqq \gamma$ genügen; wenigstens eines der γ_i ist $= \gamma$. Die Spur von Γ ist demnach $\geqq \gamma$.

Man hat jetzt von $x(s)$ denjenigen Bestandteil abzuziehen, der den ermittelten Eigenfunktionen entspricht:

$$x(s) = \frac{n}{V}\sum_{i,\,k} \alpha_{ik}\,e_{ik}(s) + x'(s) \quad [\alpha_{ik} = \alpha_{ik}(x)]\,.$$

Unter Berücksichtigung der Relationen (19) und weil $\tilde{e}_{ik} = e_{ki}$ ist, ergibt sich nun sogleich für $z' = x'\tilde{x}'$:

$$z(s) = \frac{n}{V}\sum_i \gamma_i\,e_{ii}(s) + z'(s)$$

und durch Iteration

$$z^{\nu}(s) = \frac{n}{V}\sum_i \gamma_i^{\nu}\,e_{ii}(s) + z'^{\nu}(s)\,.$$

Die Spur σ'_ν von z'^{ν} wird

$$= \sigma_\nu - n\,(\gamma_1^{\nu} + \gamma_2^{\nu} + \cdots + \gamma_n^{\nu})\,.$$

Ist x' nicht identisch 0, so konvergiert $\sigma'_\nu/\sigma'_{\nu-1}$ mit $\nu \to \infty$ gegen einen Limes γ'. Es kann nicht $\gamma' > \gamma$ sein; denn $\sigma'_\nu/\gamma'^\nu \leqq \sigma_\nu/\gamma'^\nu$ konvergiert, ebenso wie σ_ν/γ^ν, gegen eine (ganze) Zahl $n' \geq 1$. Man erhält als den zum Eigenwert γ' gehörigen Bestandteil des Kernes $z'(st^{-1})$ eine Funktion

$$e'(st^{-1}) = \varphi_1'(s)\,\overline{\varphi}_1'(t) + \cdots \qquad (n' \text{ Glieder}).$$

Aus $z'e_{ik} = 0$ folgt $e'e_{ik} = 0$, d.i.

$$\int \overline{\varphi}_p'(t)\,e_{ik}(t)\,dt = 0 \quad \text{oder} \quad \int \varphi_p'(t)\,\overline{e}_{ik}(t)\,dt = 0.$$

Darum ist nach (11) vollständiger

$$\int \varphi_p'(st^{-1})\,e_{ik}(t)\,dt = 0,$$

oder da

$$\varphi_1'(st^{-1}) = \sum_q \overline{e}_{pq}'(t)\,\varphi_q'(s)$$

zu setzen ist,

$$\int \overline{e}_{pq}'(t)\,e_{ik}(t)\,dt = 0. \tag{22}$$

Auch für den aus der Darstellung $E'(s) = \|\,e_{pq}'(s)\,\|$ abzuspaltenden *irreduziblen* Bestandteil, den wir fortan mit $E'(s)$ bezeichnen, gelten diese Beziehungen. $E'(s)$ ist danach nicht äquivalent mit $E(s)$, und wir haben zugleich von neuem die Orthogonalitätsrelationen (6) gewonnen, welche zeigen, dass der zugehörige Fourier-Koeffizient

$$\boldsymbol{A}'(z') = \boldsymbol{A}'(z)$$

ist.

Haben wir unseren Prozess p-mal wiederholt[1]), ohne dass er vorher durch Erschöpfung der Funktion $x(s)$ ein Ende erreichte, so ist aus $x(s)$ die Funktion

$$x^{(p)}(s) = x(s) - \left\{ \frac{n}{V} \sum_{i,k} \alpha_{ik} e_{ik}(s) + \cdots \right\} \qquad (p \text{ Glieder})$$

entstanden mit dem zugehörigen

$$z^{(p)}(s) = z(s) - \left\{ \frac{n}{V} \sum_i \gamma_i e_{ii}(s) + \cdots \right\}.$$

Es ist danach

$$n \sum_i \gamma_i + \cdots \leq V \cdot z(\circ);$$

darum, wenn der Einfachheit wegen $z(\circ) \leq 1$ angenommen wird, a fortiori

$$\gamma + \gamma' + \cdots \leq V.$$

Wegen $\gamma \geq \gamma' \geq \cdots$ ist also $\gamma^{(p-1)} \leq V/p$, und es gilt nach Konstruktion

$$\sigma_2^{(p)} \leq \gamma^{(p-1)} \sigma_1^{(p)},$$

d. i.

$$\int |z^{(p)}(s)|^2\,ds \leq \gamma^{(p-1)} \leq \frac{V}{p}. \tag{23}$$

---

[1]) Diese Iteration ist etwas ausführlicher entwickelt in Math. Annalen *97*, S. 345 (diese Ausgabe S. 374).

Bricht das Verfahren nicht ab, wie weit man es auch fortsetzt, so konvergiert $z^{(p)}(s)$ mit unbegrenzt wachsendem p gleichmässig gegen 0. Ist nämlich

$$\int |x(ts) - x(s)|^2 ds \leqq \varepsilon^2,$$

sobald t in einer gewissen Umgebung $\mathfrak{G}_e$ des Einheitspunktes $\circ$ vom Volumen V_e liegt, so folgt aus $z = x\tilde{x}$, $z^{(p)} = x^{(p)}\tilde{x}$ durch die SCHWARZsche Ungleichung: es ist

$$\left| z(st^{-1}) - z(s) \right| \leqq \varepsilon, \qquad \left| z^{(p)}(st^{-1}) - z^{(p)}(s) \right| \leqq \varepsilon$$

für alle t, die jenem Gebiet $\mathfrak{G}_e$ angehören, und alle s. Die sämtlichen Funktionen $z^{(p)}(s)$ sind also «gleichartig» gleichmässig stetig. Ist an einer Stelle $|z^{(p)}(s)| \geqq 2\,\varepsilon$, so bleibt folglich in einer ganzen Umgebung dieser Stelle vom Volumen V_ε die Funktion $z^{(p)}(s)$ absolut $\geqq \varepsilon$, und das Integral auf der linken Seite von (23) ist mindestens gleich $\varepsilon^2 V_\varepsilon$; also $p \leqq V/(\varepsilon^2 \dot{V}_\varepsilon)$. Es ist darum

$$|z^{(p)}(s)| \leqq 2\,\varepsilon, \quad \text{sobald} \quad p > \frac{V}{\varepsilon^2 V_\varepsilon}.$$

Damit ist nicht nur unsere Behauptung der gleichmässigen Konvergenz bewiesen, sondern auch eine *explizite Restabschätzung* gewonnen. Insbesondere ergibt sich für $s = \circ$:

$$n \operatorname{Sp}\big(\boldsymbol{A}(x)\,\boldsymbol{A}(\tilde{x})\big) + \cdots = S(x\tilde{x}). \tag{24}$$

Die Summe links bezieht sich auf die «in $x(s)$ vorkommenden» irreduziblen inäquivalenten Darstellungen, welche unser von der Funktion $x(s)$ ausgehendes Konstruktionsverfahren liefert. Wegen der BESSELschen Ungleichung gilt (24) aber a fortiori, wenn die Summe über *alle* inäquivalenten irreduziblen Darstellungen erstreckt wird; und zugleich zeigt sich, dass die in $x(s)$ vorkommenden Darstellungen alle diejenigen sind, für welche der Fourier-Koeffizient $\boldsymbol{A}(x) \neq 0$ ist.

Fundamentalsatz. *Bildet man zu jeder irreduziblen Darstellung*

$$E(s) = \| e_{ik}(s) \| \qquad (i, k = 1, 2, \ldots, n)$$

und zu ihrer Charakteristik $\chi(s)$ die Fourier-Koeffizienten:

$$\alpha_{ik} = \int x(s)\,\bar{e}_{ik}(s)\,ds, \qquad \alpha = \int x(s)\,\bar{\chi}(s)\,ds,$$

so ist

$$n \sum_{i,k} |\alpha_{ik}|^2 + \cdots = V \cdot \int |x(s)|^2 ds$$

für jede stetige Funktion,

$$|\alpha|^2 + \cdots = V \cdot \int |x(s)|^2 ds$$

für jede stetige Klassenfunktion $x(s)$. Die Summen links erstrecken sich über alle inäquivalenten irreduziblen Darstellungen.

Der Hauptunterschied unserer Beweisführung gegenüber den bekannten, die im Gebiet der endlichen Gruppen zum Ziele führen[1]), ist darin gegründet, dass uns hier die Gruppenzahl «1» mit den Eigenschaften

$$1\,x = x\,1 = x$$

fehlt. Darum musste der Beweis so umgestaltet werden, dass er statt von «1» von einer willkürlichen Gruppenzahl $x(s)$ ausging. Aber die Theorie der Integralgleichungen liefert dann direkt die Vollständigkeitsrelation für $x(s)$. Will man konstruktiv auf diese Weise *alle* inäquivalenten irreduziblen Darstellungen erzeugen, so muss man eine Folge von Funktionen $1_\nu(s)$ benutzen, welche gegen jene nicht realisierbare «1» konvergieren. Man nehme also für $1_\nu(s)$ eine nichtnegative Funktion, welche nur in einer Umgebung $\mathfrak{U}_\nu$ des Einheitselementes $\neq 0$ ist, die mit wachsendem ν auf den Punkt $\circ$ zusammenschrumpft. Das Integral von $1_\nu(s)$ sei $= 1$. Dann muss in der Tat jede irreduzible Darstellung in Erscheinung treten; denn es konvergiert offenbar mit wachsendem ν für eine vorgegebene solche Darstellung $E(s)$ das zugehörige

$$A(1_\nu) = \int 1_\nu(s)\,\bar{E}(s)\,ds$$

gegen $\bar{E}(\circ)$, d.i. gegen die Einheitsmatrix. Von einem gewissen ν ab ist also sicherlich $A(1_\nu) \neq 0$, und dann kommt $E(s)$ in $1_\nu(s)$ vor.

§ 6. Entwicklungssatz. Approximationssatz. Anwendungen

Sind x, y zwei Gruppenzahlen, so betrachten wir das Produkt

$$u(s) = \int x(st^{-1})\,y(t)\,dt.$$

Da

$$|x^{(p)}\,y|^2 \leq \int |x^{(p)}(t)|^2\,dt \cdot \int |y(t)|^2\,dt$$

gleichmässig gegen 0 konvergiert, *gilt für die Funktion $u(s)$ die gleichmässig konvergente Fourier-Entwicklung*

$$V \cdot u(s) = n\,\mathrm{Sp}\left(\int E(st^{-1})\,y(t)\,dt \cdot A^*(x)\right) + \cdots$$

$$= n\,\mathrm{Sp}\left(E(s)\,A^*(y)\,A^*(x)\right) + \cdots$$

$$= n\sum_{i,\,k}\alpha_{ik}(u)\,e_{ik}(s) + \cdots.$$

---

[1]) Hier ist namentlich FROBENIUS zu nennen mit seinen grundlegenden Arbeiten in den Sitz.-Ber. Berl. Akad. von 1896 an. Ferner I. SCHUR, *Neue Begründung der Theorie der Gruppencharaktere*, Sitz.-Ber. Berl. Akad. *1905*, S. 406, und BURNSIDE, der seine Methoden und Ergebnisse zusammenfasste in dem Buch *Theory of groups of finite order*, 2nd ed. (Cambridge 1911).

Die Summe braucht sich nur über die in $x(s)$ vorkommenden irreduziblen Darstellungen zu erstrecken. Das ist der *Entwicklungssatz*. In ihm ist die Vollständigkeitsrelation in der erweiterten Fassung

$$S(xy) = n\,\mathrm{Sp}\left(\boldsymbol{A}(x)\,\boldsymbol{A}(y)\right) + \cdots$$

wieder enthalten.

Indem wir für y die Funktion setzen, welche oben mit $1_\nu(s)$ bezeichnet wurde, erhalten wir eine Folge von Funktionen $u_\nu(s)$, welche mit wachsendem ν gleichmässig gegen $x(s)$ konvergieren. So gewinnen wir aus dem Entwicklungssatz den *Approximationssatz*, der besagt, dass *jede stetige Funktion $x(s)$ auf $\mathfrak{G}$ gleichmässig approximiert werden kann durch eine endliche Summe von der Form*

$$\sum_{i,k} \beta_{ik}\, e_{ik}(s) + \cdots,$$

in der nur die Komponenten solcher irreduzibler Darstellungen auftreten, für welche der zugehörige Fourier-Koeffizient $\boldsymbol{A}(x)$ von x nicht verschwindet.

Sind x und y Klassenfunktionen, so ist auch $u = xy$ eine Klassenfunktion und erscheint hier *entwickelt in eine nach den Charakteristiken fortschreitende, gleichmässig konvergente Fourier-Reihe*:

$$V\cdot u(s) = \alpha(u)\cdot \chi(s) + \cdots.$$

Um aus diesem Entwicklungssatz den Approximationssatz herzuleiten, brauchen wir eine Folge von *Klassenfunktionen $1_\nu^*(s)$*, welche die analogen Eigenschaften besitzen wie die oben benutzten Funktionen $1_\nu(s)$. Man erhält sie am einfachsten, wenn man bildet

$$1_\nu^*(s) = \frac{1}{V}\int 1_\nu(t^{-1}st)\, dt.$$

Durchläuft s das Gebiet $\mathfrak{U}_\nu$, t aber die ganze Gruppe, so durchläuft $t^{-1}st$ ein $\mathfrak{U}_\nu$ umfassendes Gebiet $\mathfrak{U}_\nu^*$, das mit unbegrenzt wachsendem ν so gut wie $\mathfrak{U}_\nu$ auf den Einheitspunkt $\circ$ zusammenschrumpft. So erhält man den Satz: *Jede stetige Klassenfunktion $x(s)$ kann durch eine endliche lineare Kombination derjenigen primitiven Charakteristiken $\chi(s)$ bis zu jedem beliebigen Annäherungsgrad approximiert werden, für welche*

$$\int x(s)\,\bar{\chi}(s)\, ds \neq 0$$

ist.

Die wichtigste Anwendung der Vollständigkeitsrelation aber liegt in den beiden Sätzen ausgesprochen:

I. *Erfüllen zwei Elemente s_0, t_0 der Gruppe für alle irreduziblen Darstellungen die Gleichung $E(s_0) = E(t_0)$, so fallen sie zusammen.*

II. *Ist für alle primitiven Charakteristiken $\chi(s_0) = \chi(t_0)$, so gehören die beiden Elemente s_0 und t_0 derselben Klasse an.*

I. ergibt sich bereits aus dem Resultat von § 3. Setzen wir nämlich

$$s_0\, t_0^{-1} = a\,, \quad s_0 = a\, t_0\,,$$

so gilt $E(a) = 1$. Also ist allgemein $E(sa^{-1}) = E(s)$ und darum

$$\int \overline{E}(s\,a^{-1})\, x(s)\, ds = \int \overline{E}(s)\, x(s\,a)\, ds = \int \overline{E}(s)\, x(s)\, ds\,.$$

Wäre nicht $x(sa) - x(s)$ identisch $= 0$, so sollte eine irreduzible Darstellung existieren, für welche

$$\int \big(x(s\,a) - x(s) \big)\, \overline{E}(s)\, ds \neq 0$$

ist. Mithin ist $x(sa) = x(s)$ für jede stetige Funktion $x(s)$ auf der Gruppenmannigfaltigkeit, insbesondere $x(a) = x(\circ)$, also $a = \circ$.

Beim Beweise von II. muss man den Umweg über den Approximationssatz gehen. Ist $x(s)$ irgendeine stetige Klassenfunktion, die mit der Annäherung ε durch ein lineares Aggregat der Charakteristiken approximiert wurde, so folgt aus der Voraussetzung $\chi(s_0) = \chi(t_0)$:

$$\big|\, x(s_0) - x(t_0)\, \big| \leqq 2\,\varepsilon\,;$$

da ε beliebig klein angenommen werden kann, muss

$$x(s_0) = x(t_0) \tag{25}$$

sein. Grenzen wir um s_0 eine beliebig kleine Umgebung $\mathfrak{U}$ ab und bilden mit Hilfe einer stetigen Funktion $y(s)$, die in $\mathfrak{U}$ positiv, im Restgebiet $\mathfrak{G} - \mathfrak{U}$ null ist, die Klassenfunktion

$$x(s) = \int y(r^{-1}s\,r)\, dr\,,$$

so ist $x(s_0) \neq 0$. Wäre t_0 zu keinem der in $\mathfrak{U}$ gelegenen Elemente s konjugiert, so wäre im Widerspruch zu der Gleichung (25): $x(t_0) = 0$. Daraus, dass t_0 konjugiert ist zu Elementen, die in beliebiger Nähe von s_0 liegen, folgt aber wegen der Geschlossenheit der Gruppe, dass es zu s_0 selber konjugiert ist.

Unsere Untersuchungen sind insbesondere von Bedeutung für die *halb-einfachen Gruppen*. Diese sind zwar nicht notwendig geschlossen, aber durch die «unitäre Beschränkung» ist mit jeder solchen Gruppe $\mathfrak{G}$ eine geschlossene einfach zusammenhängende Gruppe $\mathfrak{G}_u$ verbunden, die alle Darstellungen und Charakteristiken von $\mathfrak{G}$ liefert[1]. Bohrs Theorie der fastperiodischen Funktionen ist das erste Beispiel der Charakteristikentheorie einer wahrhaft offenen Gruppe, nämlich der einparametrigen Abelschen Gruppe der Schiebungen einer Geraden in sich. Unsere Methode bewährt sich, wie die oben zitierte Arbeit in den Mathematischen Annalen lehrt, auch solchen weitergehenden Problemen gegenüber als die natürliche Begründungsweise. Wir hoffen, darauf in einer späteren Arbeit zurückkommen zu können.

---

[1] Vgl. darüber W. I–III (diese Ausgabe S. 262–366), woselbst die primitiven Charakteristiken der halb-einfachen Gruppen in explizit-algebraischer Form berechnet wurden.

74.

Sur la représentation des groupes continus

L'Enseignement mathématique 26, 226—239 (1927)

La *notion générale de groupe* est sortie par abstraction de
celle de groupe de transformations: on en vint à envisager
les transformations comme des éléments de nature absolument
quelconque, et l'on ne retint que la loi selon laquelle deux
transformations engendrent par leur succession, par leur composition, une nouvelle transformation. D'autre part on doit aussi,
à partir d'un schéma de structure abstrait, pouvoir retomber sur
les groupes concrets de transformations. La *réalisation* ou
représentation d'un groupe abstrait consiste en ceci qu'à chacun
de ses éléments s, on fait correspondre, dans l'espace des variables
$x = (x_1, x_2, \ldots x_n)$, une transformation $E = E(s)$

$$x' = x\,E$$

et cela de telle façon qu'à la composition de deux éléments du
groupe corresponde la succession des deux transformations
qu'on leur associe

$$E(s) \cdot E(t) = E(s, t) \tag{1}$$

et qu'à l'élément unité $\circ$ du groupe corresponde la transformation identique. (J'écris le symbole E de la transformation après
les variables, afin que la composition des transformations puisse
être lue de la façon la plus naturelle, c'est-à-dire de gauche à
droite. On ne supposera pas que la réalisation soit fidèle, c'est-
à-dire qu'à des éléments différents correspondent nécessai-

---

[1] Rédaction abrégée d'une conférence faite à la session du printemps de la Société
mathématique suisse, le 7 mai 1927, à Berne. Traduite de l'allemand par F. GONSETH
(Berne).

rement des transformations différentes aussi.) Le cas le plus simple est celui où les transformations en question sont linéaires et homogènes. E peut alors être aussi envisagée comme la matrice des coefficients de la transformation. C'est ordinairement dans ce cas seulement que s'emploie l'expression de représentation. On peut dire que les recherches sur la représentation des groupes finis telles qu'on les doit à CARTAN et à FROBENIUS forment le noyau de la théorie des groupes finis: consistant dans ses parties préparatoires en une série de résultats isolés et disparates, cette discipline ne prend la forme d'une théorie cohérente et profonde que grâce à la doctrine des représentations par les transformations linéaires. Dans cet exposé, je ne m'occuperai pas des groupes finis, mais des *représentations des groupes continus*. Il se présentera que, pour les groupes continus dont les éléments forment une variété close, on peut formuler une théorie analogue à celle des groupes finis. Les groupes les plus familiers et aussi, du moins pour la géométrie, les plus importants sont continus. Pensez, par exemple, au groupe des rotations de l'espace à 3 ou n dimensions ! Ce groupe est en même temps l'un des plus importants exemples de groupe clos. Un autre exemple est celui des transformations unitaires, des transformations linéaires et homogènes qui laissent invariante la forme-unité d'Hermite définie positive

$$x_1 \bar{x}_1 + x_2 \bar{x}_2 + \dots + x_n \bar{x}_n$$

(où la barre signifie le passage à la quantité imaginaire conjuguée).

Veuillez dès maintenant je vous prie, porter un intérêt spécial aux groupes clos; à la fin de mon exposé j'ajouterai quelques remarques concernant les groupes ouverts.

Si, dans l'espace $\Re_n$ de la représentation, on passe (par une transformation linéaire A) à un autre système de coordonnées, E(s) se transforme en A^{-1} E(s) A; nous ne regarderons pas comme véritablement différente de la primitive une représentation qui lui est ainsi *équivalente*. Si toutes les transformations E (s) du groupe transforment en lui-même un sous-espace $\Re_m$ de $\Re_n$ $(0 < m < n)$ la représentation est dite *réductible*. Elle *dégénère* (zerfällt !) ou est *complètement réductible* en une représentation à m, et une à $n - m$ dimensions si l'on peut engendrer $\mathfrak{R}_n$ additivement à l'aide de deux espaces complémentaires $\mathfrak{R}_m$ et $\mathfrak{R}_{n-m}$ dont chacun soit transformé en lui-même par toutes les transformations du groupe. (Cette addition consiste en ceci que tout vecteur de $\mathfrak{R}_n$ soit d'une seule façon la somme d'un vecteur de $\mathfrak{R}_m$ et d'un vecteur de $\mathfrak{R}_{n-m}$.)

Tout groupe fini *est complètement réductible, s'il est simplement réductible.* Ceci veut donc dire qu'à tout sous-espace $\mathfrak{R}_m$ invariant on peut adjoindre un second espace invariant $\mathfrak{R}_{n-m}$ qui, avec le premier, engendre l'espace entier de la représentation $\mathfrak{R}_n$.

Je m'en vais vous rappeler quelques traits de la démonstration de ce théorème, qui fait voir que *toute représentation peut être d'une seule façon décomposée en représentations irréductibles.*

Dans le cas d'un groupe fini de transformations réelles orthogonales, en d'autres termes d'un groupe fini de rotations dans l'espace à n dimensions, la construction de l'espace complémentaire $\mathfrak{R}_{n-m}$ est évidente: il est défini par la variété linéaire de tous les vecteurs perpendiculaires à $\mathfrak{R}_m$.

Les transformations orthogonales sont celles qui laissent invariante la forme quadratique unité. Mais toute forme quadratique définie positive peut être ramenée à cette forme unité, par un choix convenable du système de coordonnées. La propriété en discussion est donc vraie s'il existe une forme quadratique définie qui reste invariante pour toutes les transformations du groupe.

Si les coefficients de la transformation sont complexes, la forme quadratique est à remplacer par une forme d'Hermite définie. Mais comment obtient-on une forme pareille ? Choisissons dans ce but une forme d'Hermite définie quelconque et soumettons-la à toutes les transformations E (s) qui correspondent aux éléments s de notre groupe fini. Additionnons enfin toutes les formes obtenues de cette façon: la somme est évidemment définie et invariante pour toutes les transformations E (s).

Si l'on veut appliquer cette façon de raisonner aux groupes continus on aura naturellement, au lieu de la sommation finie, une *intégration* à effectuer. A cet effet, nous avons besoin d'un *élément de volume* sur la variété du groupe qui jouisse de certaines propriétés d'invariance. Car aussi pour les groupes finis, la méthode ne conduit à un résultat que si l'on accorde lors de la sommation un certain poids à chacune des formes transformées: le poids 1.

A chaque élément a du groupe correspond une transformation bien déterminée de la variété du groupe en elle-même, $s \rightarrow s'$, et ceci par la formule $s' = s \cdot a$. Je les nommes les *translations* (à droite); dans son exposé M. Cartan vous a d'ailleurs déjà entretenu de ces translations [1]. On peut considérer en outre les translations à gauche $s \rightarrow s' = a \cdot s$ et l'*inversion* $s \rightarrow s' = s^{-1}$.

Nous admettrons que la notion des éléments infinitésimaux, infiniment peu différents de l'élément unité $\circ$ est applicable à notre groupe (différentiation du premier ordre, dans la théorie de LIE); si le groupe est à r paramètres, ces éléments infinitésimaux forment une variété linéaire à r dimensions; si l'on se sert de r d'entre eux comme base, nous entendrons, conformément à l'usage, par volume d'un parallélipipède déterminé par r éléments infinitésimaux la valeur absolue du déterminant de leurs composantes. Nous obtenons alors une mesure du volume invariante pour les translations à droite si nous exigeons qu'un tel parallélipipède en $\circ$ conserve son volume si on le transporte en a par translation à droite. D'autre part, pour convenir à sa destination, cet élément de volume doit être invariant aussi pour les translations à gauche et pour l'inversion. Par bonheur ces deux dernières propriétés d'invariance sont, sur les variétés de groupes closes, une conséquence de la première dont nous nous sommes assurés par définition. Par suite du choix arbitraire de la base du groupe infinitésimal, notre mesure du volume n'est déterminée qu'à l'unité de mesure près. Supposons qu'on l'ait normée de telle façon que le volume total du groupe soit égal à 1.

Pour les représentations des groupes finis clos, le théorème de la réductibilité complète est valable. La supposition que le groupe est clos, permet avant tout d'intégrer sur la variété du groupe entière. Pour obtenir une forme hermitienne invariante pour la représentation donnée E (s), on part d'une forme définie quelconque, on la soumet à toutes les transformations E (s) et l'on

---

[1] Ces translations à droite forment d'ailleurs une représentation fidèle du groupe.

intègre la forme obtenue et dépendante de s, à l'aide de notre mesure invariante du volume ds, sur le groupe entier. Si l'on prend soin d'introduire dans l'espace de la représentation un système de coordonnées convenable, la forme définie hermitienne invariante peut être ramenée à la forme unité, et toutes les $E(s)$ sont *unitaires*. Le système de coordonnées est par là déterminé à une transformation unitaire près.

La *trace* de la matrice $E(s)$, c'est-à-dire la somme de ses composantes situées dans la diagonale principale se nomme le *caractère de la représentation*. L'importance du caractère provient du fait qu'il est indépendant du choix du système de coordonnées dans l'espace de la représentation; il ne change pas si l'on passe à une représentation équivalente. *Le caractère est une fonction de classe* (Klassenfunktion); on obtient la classe des éléments « conjugués » à s par l'expression $t^{-1}st$ lorsqu'on fait parcourir à t tous les éléments du groupe; et par fonction de classe on entend une fonction qui prend la même valeur pour des éléments conjugués.

Prenons comme exemple de ce que nous venons d'exposer le groupe continu fermé le plus simple, celui des rotations d'un cercle sur lui-même

$$z' = e^{\pi i s} \cdot z$$

(s est le paramètre réel du groupe, qui n'est d'ailleurs déterminé que mod. 1).

Ce groupe des transformations unitaires de l'espace à 1 dimension étant commutatif, il ne possède que des représentations à 1 dimension. Elles ont la forme:

$$x' = e^{2\pi i n s} \cdot x$$

où n est un entier quelconque. Le caractère correspondant est $\chi(s) = e^{2\pi i n s}$. On sait que ces fonctions forment un système orthogonal (et normal) dont s'occupe la théorie des *séries de Fourier*. Le théorème le plus important de cette théorie est celui qui dit que ce système est *complet*, lorsque n prend toutes les valeurs entières. Les fonctions $\varphi_1(s)$, $\varphi_2(s)$, ... sont (normées et) orthogonales entre elles si l'on a:

$$\int \varphi_i(s)\,\overline{\varphi}_k(s)\,ds = \begin{cases} 1 & (i = k) \\ 0 & (i \neq k) \end{cases}.$$

Dans l'espace de la fonction arbitraire $x(s)$, dans lequel chaque endroit du domaine de variabilité de s représente en quelque sorte une dimension, et où $\int x(s)\,\overline{x}(s)\,ds$ peut être envisagée comme le carré de la « longueur » du « vecteur » $x(s)$, un tel système de fonctions est l'analogue d'un système de vecteurs orthogonaux dans un espace à une infinité de dimensions. Les composantes de $x(s)$ par rapport à ce système orthogonal sont les coefficients de Fourier

$$\alpha_i = \alpha_i[x] = \int x(s)\,\overline{\varphi}_i(s)\,ds \ .$$

Comme, dans un triangle rectangle une cathète n'est jamais plus longue que l'hypoténuse, on a l'inégalité de Bessel :

$$\sum \alpha_i\,\overline{\alpha}_i \leqq \int x(s)\,\overline{x}(s)\,ds \ .$$

Un système orthogonal (infini) est complet (c'est l'analogue d'un système de coordonnées cartésiennes) si dans cette expression le signe de l'égalité est à prendre pour toutes les fonctions continues.

Et maintenant je prétends que les propriétés d'être orthogonal et d'être complet que nous venons de rencontrer pour le système des représentations du groupe des rotations du cercle sont encore valables — une fois convenablement élargies — pour un groupe clos quelconque. Mais pour les groupes non commutatifs il nous faudra faire la différence entre les composantes des représentations et leurs caractères.

Théorème général d'orthogonalité. Les composantes d'une ou de plusieurs représentations irréductibles forment un système orthogonal. Plus précisément : Pour une représentation irréductible à n dimensions $E(s) = \|\,e_{ik}(s)\,\|$ on a les relations

$$\int e_{ik}(s)\,\overline{e}_{\iota\varkappa}(s)\,ds = \begin{cases} \dfrac{1}{n} & (i = \iota, \quad k = \varkappa) \\[2mm] 0 & \text{(dans tout autre cas)} \end{cases} \tag{2}$$

Pour deux représentations irréductibles et inéquivalentes $E(s)$ et $E'(s)$ on a sans exception :

$$\int e_{ik}(s)\,\overline{e}'_{\iota\varkappa}(s)\,ds = 0 \ . \tag{3}$$

Théorème général de fermeture : Les composantes de toutes les représentations irréductibles inéquivalentes forment un système orthogonal complet.

En introduisant le « coefficient de Fourier » appartenant aux représentations E (s)

$$\mathrm{A} = \mathrm{A}[x] = \int x\,(s)\,\overline{\mathrm{E}}\,(s)\,ds = \|\,\alpha_{ik}\,\| \tag{4}$$

on a donc :

$$n \sum_{i,\,k=1}^{n} |\,\alpha_{ik}\,|^2 + \cdots = \int |\,x\,(s)\,|^2\,ds\ . \tag{5}$$

Théorème spécial d'orthogonalité et de fermeture : Les caractères primitifs forment un système orthogonal qui est complet dans le domaine des fonctions de classes. Les caractères $\chi(s)$, $\chi'(s)$ d'une, resp. de deux représentations inéquivalentes vérifient les relations :

$$\int \chi\,(s)\,\overline{\chi}\,(s)\,ds = 1 \qquad \int \chi\,(s)\,\overline{\chi}'\,(s)\,ds = 0$$

et, si $x\,(s)$ est une *fonction de classe* continue, avec

$$\alpha = \alpha[x] = \mathrm{Trace}\ \mathrm{A}[x] = \int x\,(s)\,\overline{\chi}\,(s)\,ds$$

comme coefficient de Fourier, alors on a la somme suivante, étendue à toutes les représentations inéquivalentes

$$|\,\alpha\,|^2 + \cdots = \int |\,x\,(s)\,|^2\,ds\ .$$

Quelle est la signification de la condition de fermeture pour un groupe fini ? Si ce groupe comprend k classes, il n'y a que k fonctions de classes linéairement indépendantes et par conséquent k caractères primitifs au plus ; le théorème spécial certifie que dans ce cas il y a *exactement* k caractères primitifs, ou bien encore qu'il y a autant de représentations irréductibles que de classes dans le groupe. Le théorème général de fermeture fait voir par contre que la somme $\Sigma\,n^2$ des carrés des dimensions des représentations irréductibles inéquivalentes, est égale à l'ordre du groupe. Pour démontrer ces théorèmes de fermeture, il faut avoir recours à une méthode de *construction* des représentations irréductibles ;

car il n'est aucunement évident *a priori* qu'il existe même une seule représentation. Contrairement à ce qui se fait pour les groupes finis, cette construction doit partir, dans le continu, d'une fonction arbitraire $x(s)$, sans laquelle la condition de fermeture ne pourrait être formulée. Le chemin que nous avons suivi, un de mes élèves, M. F. PETER et moi, met le problème de la représentation en relation avec la théorie des équations intégrales.

Par suite de la condition (1) on a:

$$\int x(t)\, \mathrm{E}\,(t^{-1}s)\, dt \;=\; \int x(t)\, \mathrm{E}\,(t^{-1})\, dt \,.\, \mathrm{E}\,(s)\;.$$

$\mathrm{E}\,(t^{-1})$ est égale à $\mathrm{E}^{-1}(t)$ et cette dernière expression, parce que $\mathrm{E}\,(t)$ est unitaire, est à son tour égale à $\overline{\mathrm{E}}^{*}(t)$ (l'astérisque doit indiquer le passage à la matrice transposée). L'intégrale indépendante de s au membre de droite de l'équation précédente est donc la matrice transposée A^{*} du coefficient de Fourier de la formule (4). Quant au membre de gauche, remplaçons-y t par st^{-1}: si s reste fixe, st^{-1} décrit le groupe entier, en même temps que t, tandis que le volume dt reste inchangé. Nous obtenons:

$$\int x(st^{-1})\, \mathrm{E}\,(t)\, dt \;=\; \mathrm{A}^{\star}\,\mathrm{E}\,(s)\;. \tag{6}$$

Un nombre $\alpha \neq 0$ est dit *valeur fondamentale* et une fonction $\varphi(s)$ *fonction fondamentale* correspondante du *noyau* $k(s,t)$, si l'on a:

$$\int k(s,t)\, \varphi(t)\, dt \;=\; \alpha\, \varphi(s)$$

(je nomme ici valeur fondamentale ce qui serait, selon la terminologie de Hilbert, l'inverse d'une valeur fondamentale). La signification de l'équation (6) peut donc être énoncée comme suit: $\mathrm{E}\,(s)$ est une fonction fondamentale du noyau

$$k(s,t) \;=\; x(st^{-1})\;, \tag{7}$$

correspondant à la valeur fondamentale A^{*}. La valeur fondamentale aussi bien que la fonction fondamentale ne sont, il est vrai, pas des grandeurs scalaires, mais des matrices. On montre de façon semblable que

$$\int x(t^{-1}s)\, \mathrm{E}\,(t)\, dt \;=\; \mathrm{E}\,(s)\,\mathrm{A}^{\star}\;. \tag{6'}$$

Nous avons par conséquent à appliquer la théorie des équations intégrales pour des noyaux (7), qui sont fonction de la seule variable st^{-1}. Nos formules montrent que les fonctions fondamentales de noyaux de ce genre sont (contrairement à ce qui se passe pour les valeurs fondamentales) au fond indépendantes de la loi fonctionnelle $x(s)$. A vrai dire, nous n'aurons véritablement le droit de le prétendre que lorsque nous aurons pu faire voir que ces noyaux ne possèdent pas d'autres fonctions fondamentales que celles que nous venons d'indiquer, et qui nous ont été fournies par les représentations irréductibles du groupe.

Remarquons tout d'abord que par composition nous ne quittons pas le domaine des noyaux de la forme spéciale (7). On définit la composition de deux noyaux comme celle de deux matrices:

$$k_1\, k_2\,(s\,,\,t) = \int k_1\,(s\,,\,r)\, k_2\,(r\,,\,t)\, dr$$

et l'on a en effet

$$\int x\,(sr^{-1})\, y\,(rt^{-1})\, dr = xy\,(st^{-1})$$

en posant

$$\int x\,(sr^{-1})\, y\,(r)\, dr = xy\,(s) \cdot \tag{8}$$

La théorie des valeurs fondamentales des équations intégrales n'est de facile abord que dans le cas où le noyau k satisfait à la condition de symétrie d'Hermite:

$$k\,(t\,,\,s) = \bar{k}\,(s\,,\,t) \ .$$

Il est alors identique à son conjugué hermitien:

$$\tilde{k}\,(s\,,\,t) = \bar{k}\,(t\,,\,s) \ .$$

Le conjugué hermitien de (7) est $\tilde{x}\,(st^{-1})$, avec $\tilde{x}\,(s) = \bar{x}\,(s^{-1})$. Par la composition $k\tilde{k}$ on obtient toujours un noyau hermitien K. Les valeurs fondamentales sont positives. La *trace* de K

$$\int \mathrm{K}\,(s\,,\,s)\, ds = \int \int |\,k\,(s\,,\,t)\,|^2\, ds\, dt$$

est égale à la somme des valeurs fondamentales de K. Ce théorème fondamental de la théorie des équations intégrales s'obtient par construction des valeurs et des fonctions fondamentales, de la façon la meilleure par la méthode de E. Schmidt (Dissertation. Göttingue, 1905).

Pour toute fonction x, y, on a pour le coefficient de Fourier A correspondant à une représentation:

$$A\,[xy] = A\,[x]\,A\,[y] \qquad A\,[\tilde{x}] = \overline{A}^{\star}\,[x]\ .$$

Par conséquent la matrice $A\,(x)$ est hermitienne, si $\tilde{x}\,(s) = x\,(s)$; elle peut alors, par un choix convenable du système de coordonnées orthogonal et normal dans l'espace de la représentation, être mise sous la forme d'une matrice diagonale (de composantes α_1, $\alpha_2 \ldots \alpha_n$). L'équation (6) dit alors que les fonctions

$$e_{i1}\,(s)\ , \quad e_{i2}\,(s) \ldots e_{in}\,(s) \tag{9}$$

appartiennent comme fonctions fondamentales à la valeur fondamentale α_1, au sens scalaire et habituel. Ceci doit être appliqué non au noyau (7), mais à $K = k\tilde{k}$. Le fait que ses fonctions orthogonales forment un système orthogonal, comme celles de tout noyau hermitien, est le fondement des théorèmes d'orthogonalité de la théorie des représentations. A la vérité, pour justifier complètement les équations (2) et (3) il faut encore avoir recours à l'irréductibilité. *Et le théorème fondamental de la théorie des équations intégrales, qui en général n'a rien de commun avec les conditions de fermeture fournit maintenant l'équation* (5), où la somme indiquée par les points ... ne doit être étendue tout d'abord qu'aux représentations fournies par les fonctions fondamentales du noyau K [1]. Mais à cause de l'inégalité de Bessel le résultat ne change pas, si l'on tient compte par la suite des représentations irréductibles inéquivalentes restantes. Ce sont, comme on peut le voir en même temps, toutes celles pour lesquelles le coefficient de Fourier $A\,[x]$ s'annule, et celles-là seulement.

Mais tout cela n'est juste qu'à la condition que *toutes* les fonctions fondamentales apparaissent comme composantes de l'une

---

[1] Car les n composantes de la matrice diagonale $\Gamma = A\,|x\tilde{x}| = A\,.\overline{A}^{\star}$ sont des valeurs fondamentales n-tuples, avec les fonctions fondamentales (9); ce qu'elles fournissent à la somme des valeurs fondamentales est donc n. Trace $\Gamma = n$. Trace $(A\overline{A}^{\star})$.

ou l'autre des représentations irréductibles. C'est ici qu'intervient *la seconde idée* de la démonstration, après que les relations avec une équation intégrale aient été établies par (6). Si $\varphi\,(s)$ est une fonction fondamentale appartenant à la valeur fondamentale γ, il en est de même, à cause de la forme spéciale de notre noyau

$$K\,(s\,,\,t)\;=\;z\big(st^{-1}\big)$$

pour la fonction $\varphi\,(sa)$ — a étant un élément quelconque du groupe. Si

$$\varphi_1\,(s)\;,\quad \varphi_2\,(s)\;\ldots\;\varphi_n\,(s)$$

sont toutes les fonctions fondamentales linéairement indépendantes appartenant à γ, les fonctions $\varphi_i\,(st)$ doivent donc, pour un t constant être des combinaisons linéaires des $\varphi_i^r\,(s)$, avec des coefficients constants, c'est-à-dire fonctions de t seulement.

$$\varphi_i\,(st)\;=\;\sum_{k=1}^{n}\varphi_k\,(s)\,e_{ki}\,(t)\;;\qquad\qquad (10)$$

ou bien, avec la façon d'écrire du calcul des matrices

$$\varphi\;=\;\|\,\varphi_1\,,\,\varphi_2\,\ldots,\,\varphi_n\,\|\qquad\quad E\;=\;\|\,e_{ik}\,\|$$

$$\varphi\,(st)\;=\;\varphi\,(s)\,E\,(t)\;.$$

En termes explicites: Si l'on compose par multiplication à droite l'argument s et l'élément du groupe fixe t, le système des fonctions $\varphi\,(s)$ subit la transformation linéaire $E\,(t)$. Il en résulte immédiatement

$$E\,(t)\,E\,(t')\;=\;E\,(tt')\qquad\quad E\,(\mathrm{O})\;=\;1$$

et nous avons ainsi obtenu une représentation. D'ailleurs les fonctions $\varphi\,(s)$ peuvent être normées de façon à former un système orthogonal et normal. Comme cette propriété ne se perd pas, si l'on multiplie à droite l'argument s par l'élément du groupe fixe t, $E\,(t)$ est alors pour tout t une matrice normale (unitaire). Enfin, il se vérifie aussi que les fonctions $\varphi\,(s)$ sont elles-mêmes comprises dans les composantes de la matrice $E\,(s)$ ou du moins

— ce qui seul importe — en sont une combinaison linéaire. Car si nous faisons $s = o$ dans (10), nous trouvons:

$$\varphi_i(t) = \sum_k \varphi_k(\bigcirc)\, e_{ki}(t)\; .$$

Qu'il me soit encore permis de comparer la méthode que je viens d'esquisser brièvement avec celle qu'ont employée FROBENIUS et d'autres auteurs dans le cas des groupes finis. Pour un groupe fini, on peut disposer de la fonction $1\,(s)$, qui s'annule partout sur la variété du groupe excepté au point-unité $s = o$, où elle prend comme valeur l'ordre du groupe. Cette fonction, si on la compose d'après (8), avec une fonction quelconque $x\,(s)$, a les propriétés de l'unité: $1\,.\,x = x\,.\,1 = x$. Par spécialisation, c'est-à-dire si l'on applique la méthode exposée ici à la fonction $1\,(s)$ et non à toutes les fonctions $x\,(s)$ possibles, on retrouve l'ancienne méthode. Cela suffit en effet pour engendrer toutes les représentations irréductibles. Souvenons-nous qu'une fonction particulière $x\,(s)$ fournit toutes les représentations, pour lesquelles le coefficient de Fourier correspondant A $[x]$ ne s'annule pas ! Mais le coefficient de Fourier A $[1]$ de la fonction $1\,(s)$ est la matrice-unité, et par conséquent $\neq 0$. Sur une variété de groupe continue, la fonction unité $1\,(s)$ si commode manque malheureusement; nous ne pouvons que nous en rapprocher par un processus infini. Qu'on établisse en effet une suite infinie de fonctions $1_\nu\,(s)$, ($\nu = 1, 2, \ldots$) qui aient 1 comme valeur moyenne sur la variété du groupe, mais qui ne soit différentes de zéro que dans un petit entourage du centre o, entourage qui se réduise progressivement à o lui-même lorsque ν augmente indéfiniment. Le coefficient de Fourier A $[1_\nu]$ correspondant à une représentation quelconque converge vers la matrice unité, et est par conséquent, pour ν suffisamment grand, différent de zéro. C'est pourquoi notre méthode, appliquée aux fonctions $x\,(s)$ de la suite $1_\nu\,(s)$ doit finir par fournir toutes les représentations irréductibles.

La méthode de construction que nous avons suivie est une méthode transcendante basée sur une intégration étendue au groupe entier. Des intégrations de ce genre furent employées tout d'abord par A. HURWITZ pour engendrer des invariants de groupes; en s'en servant, I. SCHUR démontra les conditions d'orthogonalité pour les représentations du groupe des rotations. Le problème de la constitution des groupes aussi bien que celui de leur représentation par des matrices se transforme en un problème purement algébrique, si l'on se base sur les seuls *éléments infinitésimaux* du groupe, qui d'après S. Lie engendrent celui-ci (il est vrai que la *topologie du groupe* dans son ensemble y doit jouer alors un rôle décisif). C'est par des procédés algébriques de ce genre que *Cartan*, dans des travaux d'une pénétration extraordinaire et dignes d'admiration, mais aussi fort laborieux, a obtenu tous les groupes semi-simples de structures différentes, et a calculé spécialement pour chacun des types obtenus les représentations irréductibles. S'il est vrai que cette façon de faire fournit quelques traits de détail qu'on ne peut déduire sans autre de la méthode transcendante, cette dernière n'en a pas moins de grands avantages: elle fournit les résultats essentiels avec une grande généralité sans qu'il soit besoin de connaître les types de structure, et sans les calculs pénibles qu'il faut recommencer pour chaque cas particulier. Et sur certains points essentiels, elle va plus loin que la méthode algébrique ; par les moyens algébriques on n'est en effet pas encore parvenu à démontrer le théorème central de la réductibilité complète. En outre, à l'aide des conditions d'orthogonalité et de fermeture, on pourrait explicitement calculer les caractères primitifs de tous les groupes semi-simples, comme nous l'avons montré, I. Schur et moi, dans plusieurs travaux. Nos théorèmes généraux ont donc une valeur véritable; ils vont si bien au fond des choses qu'ils permettent, dans les cas particuliers les plus importants, de déterminer explicitement les grandeurs dont ils traitent. Il n'y a guère d'espoir de jamais obtenir par les méthodes algébriques les formules qui précèdent pour les caractères, formules tout à fait remarquables, élégantes et pleines de conséquences.

Aux groupes semi-simples appartient d'abord le groupe des rotations, mais aussi le groupe de toutes les transformations linéaires homogènes à n dimensions de déterminant 1. Le premier est fermé; le second ne l'est pas. Pour les buts de la théorie de la représentation, un groupe semi-simple peut être toujours remplacé par un groupe fermé, à l'aide de la *restriction unitaire* (*unitäre Beschränkung*). Ce fait important qui se déduit de la structure des groupes a permis de se rendre maître des groupes semi-simples par la méthode d'intégration.

Si on les applique au groupe commutatif fermé à un paramètre des rotations d'un cercle, nos idées contiennent une démonstration de la *formule de Parseval*, c'est-à-dire de la condition de fermeture pour le système orthogonal de Fourier

$$e^{2\pi i n s} \qquad (n = 0, \ \pm 1, \ \pm 2, \ \ldots)$$

Et même dans ce cas particulier, notre méthode est supérieure aux méthodes anciennes et classiques de la théorie des séries de Fourier, car elle permet, comme je le crois, de se rendre compte pour la première fois des véritables raisons de la validité de la formule de Parseval. J'en vois une confirmation dans le fait qu'elle put être appliquée aussi sans modification au cas traité dernièrement par H. BOHR des *fonctions presque périodiques*. Dans le langage de la physique, il s'agit de décomposer un phénomène, caractérisé par une fonction de la variable réelle s, en oscillations simples, de fonctions $e^{i\lambda s}$ (où l'on n'exige plus comme dans l'analyse harmonique, que les λ soient des multiples entiers d'une fréquence fondamentale). Du point de vue de la théorie des groupes, il s'agit ici du *groupe des translations d'une droite sur soi-même*: les éléments du groupe sont les nombres réels s, la loi de composition est l'addition. Toutes les oscillations simples sont des caractères, même si la fréquence λ est non seulement réelle, mais complexe. Mais c'est seulement dans le cas où l'on limite la notion de fonction à celle de fonction presque périodique que la loi de fermeture reste en valeur; et justement c'est par cette restriction que les fréquences non réelles sont écartées. *La théorie de Bohr des fonctions presque périodiques est par conséquent le premier exemple relatif à la théorie des caractères d'un groupe véritablement ouvert.* Nous obtenons ici tout un ensemble continu de caractères. Cet exemple nous montre évidemment que, pour les groupes ouverts, le problème fondamental ne consiste pas à établir les circonstances compliquées qui, faisant échec au théorème de la réductibilité complète, viennent remplacer les lois simples et claires valables pour les groupes clos, mais bien *de chercher à sauver ces lois par des restrictions appropriées apportées à la notion de fonction.*

75.

Quantenmechanik und Gruppentheorie

Zeitschrift für Physik 46, 1—46 (1927)

Einleitung und Zusammenfassung.

In der Quantenmechanik kann man zwei Fragen deutlich voneinander trennen: 1. Wie komme ich zu der Matrix, der Hermiteschen Form, welche eine gegebene Größe in einem seiner Konstitution nach bekannten physikalischen System repräsentiert? 2. Wenn einmal die Hermitesche Form gewonnen ist, was ist ihre physikalische Bedeutung, was für physikalische Aussagen kann ich ihr entnehmen? Auf die zweite Frage hat v. Neumann in einer kürzlich erschienenen Arbeit* eine klare und weitreichende Antwort gegeben. Aber sie spricht noch nicht alles aus, was sich darüber sagen läßt, umfaßt auch nicht alle Ansätze, die bereits in der physikalischen Literatur mit Erfolg geltend gemacht worden sind. Ich glaube, daß ich in dieser Hinsicht zu einem gewissen Abschluß gelangt bin durch die Aufstellung des Begriffs des reinen Falles**. Ein reiner Fall von Atomen z. B. liegt dann vor, wenn der betrachtete Atomschwarm den höchsten Grad von Homogenität besitzt, der sich realisieren läßt. Der monochromatische polarisierte Lichtstrahl ist ein Beispiel aus anderem Gebiet. Der reine Fall wird repräsentiert durch die Variablen der Hermiteschen Form; die Form selber gibt Aufschluß darüber, welcher Werte die durch sie repräsentierte Größe fähig ist, und mit welcher Wahrscheinlichkeit oder Häufigkeit diese Werte in irgend

---

* Mathematische Begründung der Quantenmechanik, Nachr. Gesellsch. d. Wissensch. Göttingen 1927, S. 1.

** Wie mir Herr v. Neumann mitteilt, ist auch er inzwischen zur Aufstellung dieses Begriffs gelangt [Zusatz bei der Korrektur].

einem vorliegenden reinen Fall angenommen werden. Auf diese Theorie des reinen Falles gründet sich erst die Statistik der Gemenge; v. Neumanns Ansatz bezog sich lediglich auf eine bestimmte Frage in diesem Gebiet.

Der II. Teil handelt von der tiefer greifenden Frage 1. Sie hängt aufs engste zusammen mit der Frage nach dem Wesen und der richtigen Definition der kanonischen Variablen. Ein Versuch in dieser Richtung, der das Problem erst in seiner wahren Allgemeinheit hervortreten ließ, ist von Herrn Jordan unternommen worden*. Doch enthalten seine Entwicklungen eine ernstliche Lücke — indem aus seinen Definitionen und Axiomen nicht hervorgeht, daß einer Funktion $f(q)$ der Lagekoordinaten q diejenige Matrix $f(Q)$ zugeordnet ist, die nach dem gleichen Funktionsgesetz aus den q repräsentierenden Matrizen Q gebildet ist; geschweige denn, daß etwas Derartiges für Funktionen der Lage- und Impulskoordinaten geleistet würde. Ohne einen solchen Zusatz ist aber sein Schema inhaltsleer. Außerdem ist seine Fassung des Begriffs der kanonischen Variablen mathematisch unbefriedigend und physikalisch nicht haltbar. Hier glaube ich mit Hilfe der Gruppentheorie zu einer tieferen Einsicht in den wahren Sachverhalt gelangt zu sein**. Der innere prinzipielle Grund für die kanonische Paarung tritt dadurch deutlich hervor, die sich einstellt, wenn die zugrunde liegende Gruppe eine kontinuierliche ist; aber der Ansatz umspannt zugleich die diskreten Fälle wie das magnetische Elektron (Vierergruppe), wo von einer kanonischen Paarung vernünftigerweise nicht mehr die Rede sein kann. Im kontinuierlichen Gebiet mache ich gegenüber dem differentiellen den integralen Standpunkt geltend, indem ich überall die infinitesimale Gruppe, an welche die Formulierung bisher sich klammerte, durch die volle kontinuierliche Gruppe ersetze. Der Übergang zu Schrödingers Wellengleichungen läßt sich dann in aller Strenge vollziehen. Als weiteren Erfolg meines Ansatzes möchte ich anführen, daß er gestattet, den Funktionalausdruck einer Größe wie etwa der Energie durch die

---

* Über eine neue Begründung der Quantenmechanik, ZS. f. Phys. **40**, 809, 1927; **44**, 1, 1927. Vgl. ferner P. A. M. Dirac, Proc. Royal Soc. (A) **113**, 621, 1927, und D. Hilbert, J. v. Neumann, L. Nordheim, Über die Grundlagen der Quantenmechanik, Math. Ann. **98**, 1, 1927.

** Diese Verknüpfung mit der Gruppentheorie liegt in ganz anderer Richtung als die Untersuchungen von Herrn Wigner, die erkennen lassen, daß die Struktur der Spektren nach ihrer qualitativen Seite hin durch die bestehende Symmetriegruppe bestimmt ist (mehrere Arbeiten in der ZS. f. Phys. **40**, 492 und 883; **43**, 624, 1926/1927).

kanonischen Variablen nach einer eindeutigen Vorschrift auf die Matrizen zu übertragen, um was für Funktionen es sich auch handeln mag; während die bisherige Fassung sich ernstlich nur auf Polynome bezog und auch dann noch dahingestellt bleiben mußte, ob man ein Monom wie $p^2 q$ im Matrizenkalkül als $p^2 q$ oder $q p^2$ oder $p q p$ oder als eine Kombination von dem allen zu interpretieren hatte.

Die Durchführung konkreter Fälle verlangt die Lösung des dynamischen Problems. Das ist wohl im Grunde die Aufgabe, unter den Größen des Gruppengebiets diejenigen zu ermitteln, welche den gemessenen Ort und die gemessene Zeit bedeuten. Hier liegt ein Schema bisher nur für den Fall vor, daß die Zeit als einzige unabhängige Veränderliche auftritt (Ausschluß der Feldtheorie) und daß die Zeit auch nur als unabhängige Variable, nicht als reale Zustandsgröße vorkommt (Ausschluß der eigentlichen Relativitätsmechanik). Dennoch läßt sich wenigstens der relativistische Ansatz der kinetischen Energie ohne weiteres in die Quantenmechanik übertragen. Ich behandle diese Dinge im letzten Kapitel mehr zur Illustration der allgemeinen Theorie. Die Analoga der Schrödingerschen Schwingungsgleichungen sind dabei keine eigentlichen Differentialgleichungen, sondern an Stelle der gewöhnlichen Differentiation treten differentiationsartige Prozesse.

Über die benötigten mathematischen Begriffe und Tatsachen habe ich in eingeschobenen Absätzen kurz referiert. In einem Anhang sind die wichtigsten mathematischen Fundamente der Theorie durch Beweise gestützt worden. Dem physikalischen Leser hoffe ich damit mehr zu dienen als mit Hinweisen auf die mathematische Literatur, die ihm das hier Erforderliche meist nur in Verschlingung mit anderen, ihn nicht interessierenden Dingen bietet.

I. Teil. Bedeutung der Repräsentation von physikalischen Größen durch Hermitesche Formen.

§ 1. Mathematische Grundbegriffe, die Hermiteschen Formen betreffend. Die in der Überschrift angekündigten Grundbegriffe und -tatsachen stelle ich hier in der Nomenklatur der mehrdimensionalen analytischen Geometrie kurz zusammen. Das Abweichende von der gewöhnlichen n-dimensionalen Geometrie liegt darin, daß die Komponenten der Vektoren

$$\mathfrak{x} = (x_1,\ x_2,\ \ldots,\ x_n) \tag{1}$$

nicht nur reelle, sondern beliebige komplexe Zahlen sein können, und daß als Quadrat des Betrages eines Vektors dementsprechend die „Hermitesche Einheitsform"

$$|\mathfrak{x}|^2 = x_1 \bar{x}_1 + x_2 \bar{x}_2 + \cdots + x_n \bar{x}_n \tag{2}$$

der Metrik zugrunde liegt (der Querstrich bedeutet den Übergang zur konjugiert komplexen Zahl). Vektoren (1) werden in der üblichen Weise mit Zahlen multipliziert und addiert. Sie bilden eine n-dimensionale lineare Mannigfaltigkeit, den Vektorraum oder Vektorkörper $\mathfrak{R}_n$; d. h. es lassen sich auf mancherlei Art n Vektoren $\mathfrak{e}_1^*, \mathfrak{e}_2^*, \ldots, \mathfrak{e}_n^*$ so auswählen, daß jeder Vektor $\mathfrak{x}$ auf eine und nur eine Weise in der Form

$$\mathfrak{x} = x_1^* \mathfrak{e}_1^* + x_2^* \mathfrak{e}_2^* + \cdots + x_n^* \mathfrak{e}_n^*$$

sich darstellen läßt. Wird z. B. $\mathfrak{e}_i^*$ als der Vektor $\mathfrak{e}_i = (0, 0, \ldots, 1, 0, \ldots, 0)$ gewählt (1 steht an i-ter Stelle), so fallen die „Komponenten x_i^* von $\mathfrak{x}$ in bezug auf das Koordinatensystem $(\mathfrak{e}_1^*, \mathfrak{e}_2^*, \ldots, \mathfrak{e}_n^*)$" mit den „absoluten Komponenten" x_i zusammen. Ein Koordinatensystem, in welchem das Quadrat des Betrages von $\mathfrak{x}$ sich durch die Komponenten x_i des willkürlichen Vektors $\mathfrak{x}$ mittels der Formel (2) ausdrückt, heiße normal. Alle normalen Koordinatensysteme sollen als gleichberechtigt gelten, das durch unseren arithmetischen Ausgangspunkt bedingte spezielle Koordinatensystem $(\mathfrak{e}_i)$ soll unter ihnen seine ausgezeichnete Stellung verlieren. In Zukunft bedeutet daher auch $\mathfrak{e}_i$ ein beliebiges normales Koordinatensystem, x_i die darauf bezüglichen Komponenten des Vektors $\mathfrak{x}$. Die Formeln für den Übergang vom Koordinatensystem $\mathfrak{e}_i$ zu einem anderen $\mathfrak{e}_i'$ lauten allgemein:

$$\mathfrak{e}_i' = \sum_k e_{ik} \mathfrak{e}_k, \quad x_k = \sum_i e_{ik} x_i'. \tag{3}$$

Die Bedingungen, welche die Koeffizienten e_{ik} erfüllen müssen, damit eine „unitäre Transformation" vorliegt, welche zwischen zwei normalen Koordinatensystemen vermittelt, sind leicht aus der Definition zu ermitteln und entsprechen genau den aus der elementaren analytischen Geometrie geläufigen. Wenn wir mit E die Matrix $\|e_{ik}\|$ bezeichnen und der * das Transponieren einer Matrix, die Vertauschung von Zeilen und Spalten bedeutet, $\mathbf{1}$ aber die die Identität darstellende Einheitsmatrix, so lauten sie:

$$E\bar{E}^* = \bar{E}^* E = \mathbf{1}.$$

Die Formeln (3) oder, wie ich jetzt lieber schreiben will:

$$x_k' = \sum_i e_{ik} x_i \tag{4}$$

haben bekanntlich noch eine zweite Bedeutung; sie stellen, unter Zugrundelegung des festen normalen Koordinatensystems der e_i, eine unitäre Abbildung des Vektorraumes auf sich selber dar, vermöge deren dem Vektor $\mathfrak{x} = \sum x_i e_i$ der Vektor $\mathfrak{x}' = \sum x_i' e_i$ zugeordnet wird. Ich bezeichne diese Abbildung kurz mit $\mathfrak{x}' = \mathfrak{x} E$. Dann drückt sich die Zusammensetzung zweier Abbildungen

$$\mathfrak{x}' = \mathfrak{x} E, \quad \mathfrak{x}'' = \mathfrak{x}' E'$$

naturgemäß durch $\mathfrak{x}'' = \mathfrak{x} (E E')$ aus — E, E' folgen sich von links nach rechts, wie wir zu lesen gewohnt sind —, und man befindet sich in Einklang mit der üblichen Festsetzung des Matrizenkalküls, nach welcher aus

$$E = \| e_{ik} \|, \quad E' = \| e_{ik}' \|$$

durch Komposition die Matrix $E E'$ mit den Koeffizienten

$$\sum_r e_{ir} e_{rk}'$$

entsteht. Der geometrische Standpunkt kommt darauf hinaus, daß wir im Vektorraum nur solche Verhältnisse studieren, welche invariant sind gegenüber beliebigen unitären Abbildungen. Es ist noch bequem, neben (2) das skalare Produkt $(\mathfrak{x}\mathfrak{y})$ zweier Vektoren $\mathfrak{x}$ und $\mathfrak{y}$ durch

$$(\mathfrak{x}\mathfrak{y}) = x_1 \bar{y}_1 + x_2 \bar{y}_2 + \cdots + x_n \bar{y}_n$$

einzuführen. $(\mathfrak{y}\mathfrak{x})$ ist das Konjugierte zu $(\mathfrak{x}\mathfrak{y})$. Man wird zwei Vektoren senkrecht aufeinander nennen, wenn ihr skalares Produkt verschwindet.

Zwei von 0 verschiedene Vektoren gehören demselben Strahl an, wenn der eine aus dem anderen durch Multiplikation mit einer (komplexen, von 0 verschiedenen) Zahl hervorgeht. Ein Strahl kann eindeutig bezeichnet werden durch einen ihm angehörenden Vektor $\mathfrak{x}$ vom Betrage 1 (Einheitsvektor). Aber dieser ist seinerseits durch den Strahl nicht eindeutig bestimmt, sondern an Stelle von $\mathfrak{x}$ kann mit gleichem Recht jeder Vektor $\varepsilon\,\mathfrak{x}$ treten, der aus ihm durch Multiplikation mit einer beliebigen Zahl ε vom absoluten Betrage 1 hervorgeht. Das ist wesentlich anders als im gewöhnlichen Raum, wo nur die Doppeldeutigkeit eines Vorzeichens ± 1 übrigbleibt. Fasse ich eine unitäre Abbildung (4) auf nicht als Abbildung des Vektor-, sondern des Strahlenkörpers (homogener Standpunkt), so soll sie kurz eine Drehung heißen. E und E' stellen dieselbe Drehung dar: $E \simeq E'$, wenn $E' = \varepsilon E$ ist; ε bedeutet dabei, wie im folgenden stets, einen Zahlfaktor vom Betrage 1.

Eine Hermitesche Form ist eine Funktion des willkürlichen Vektors $\mathfrak{x} = (x_i)$ von der Gestalt*

$$A(\mathfrak{x}) = \sum_{i,\,k=1}^{n} a_{ik}\, x_i\, \bar{x}_k, \tag{5}$$

deren Koeffizienten a_{ik} die Symmetriebedingung

$$a_{ki} = \bar{a}_{ik} \quad \text{oder} \quad \overline{A}^* = A \tag{6}$$

erfüllen. Mit A bezeichne ich zugleich die Koeffizientenmatrix $\|a_{ik}\|$ in dem gerade benutzten Koordinatensystem. Wieder ist es zweckmäßig, damit die zugehörige bilineare Bildung zu verknüpfen:

$$A(\mathfrak{x}, \mathfrak{y}) = \sum_{i,\,k} a_{ik}\, x_i\, \bar{y}_k.$$

Es ist zufolge der Symmetriebedingung

$$A(\mathfrak{y}, \mathfrak{x}) = \overline{A(\mathfrak{x}, \mathfrak{y})},$$

und das ist ihre von der Wahl des Koordinatensystems unabhängige Schreibweise. Insbesondere gilt $\overline{A(\mathfrak{x})} = A(\mathfrak{x})$, d. h. die Werte der Hermiteschen Form sind reell; ihr Wert ändert sich nicht, wenn der Argumentvektor $\mathfrak{x}$ ersetzt wird durch $\varepsilon\,\mathfrak{x}$. Mit jeder Hermiteschen Form A ist in unitär-invarianter Weise die Abbildung $\mathfrak{x}' = \mathfrak{x}\,A$ verknüpft, welche dieselbe Koeffizientenmatrix besitzt. Die invariante Natur der Verknüpfung geht daraus hervor, daß die Abbildung einem Vektor $\mathfrak{x}$ denjenigen $\mathfrak{x}'$ zuordnet, der identisch in $\mathfrak{y}$ die Gleichung erfüllt:

$$(\mathfrak{x}'\,\mathfrak{y}) = A(\mathfrak{x}\,\mathfrak{y}).$$

Die Grundtatsache für Hermitesche Formen ist der Satz von der Hauptachsentransformation: Ein normales Koordinatensystem e_i kann zu A so gewählt werden, daß in ihm

$$A(\mathfrak{x}) = a_1 x_1 \bar{x}_1 + a_2 x_2 \bar{x}_2 + \cdots + a_n x_n \bar{x}_n \tag{7}$$

wird. Die Eigenwerte a_1, a_2, ..., a_n sind eindeutig durch die Hermitesche Form bestimmt (natürlich nur bis auf die Reihenfolge). Was die zugehörigen Hauptachsen oder Eigenvektoren e_i betrifft, so steht es mit ihnen in Hinsicht der eindeutigen Bestimmtheit folgendermaßen. Seien etwa die Eigenwerte a_1, a_2, a_3 einander gleich, $= a$, und von den übrigen verschieden. Dann gehört zum Eigenwert a der von den Grundvektoren e_1, e_2, e_3 aufgespannte dreidimensionale Eigenraum $\mathfrak{R}(a)$, der aus allen Vektoren $\mathfrak{x}$ von der Gestalt $x_1 e_1 + x_2 e_2 + x_3 e_3$ besteht; in ihm ist (e_1, e_2, e_3) ein normales Koordinatensystem. Die zu den

---

* Formen und Matrizen werden stets mit großen lateinischen Buchstaben bezeichnet.

numerisch verschiedenen Eigenwerten a', a'', ... gehörigen Teilräume $\Re(a')$, $\Re(a'')$, ..., die gegenseitig aufeinander senkrecht stehen,
sind durch A eindeutig determiniert; in jedem von ihnen kann aber das
normale Koordinatensystem willkürlich gewählt werden. Das letzte
bedeutet in dem angenommenen Beispiel, daß x_1, x_2, x_3 untereinander noch
einer beliebigen unitären Transformation unterworfen werden können,
ohne daß die Normalform (7) zerstört wird.

Zwei Hermitesche Formen A, B lassen sich dann und nur dann
simultan auf Hauptachsen transformieren, wenn die Koeffizientenmatrizes vertauschbar sind: $AB = BA$. Ein entsprechender Satz gilt
für mehr als zwei Hermitesche Formen, ja für irgend eine endliche oder
unendliche Gesamtheit solcher Formen.

§ 2. **Der physikalische Begriff des reinen Falles.** Ich
exemplifiziere am Beispiel des magnetischen Elektrons, weil hier sehr
einfache, aber vom klassischen Standpunkt paradoxe Verhältnisse vorliegen. Nach der Annahme von Goudsmit und Uhlenbeck, die sich
seither bestens bewährt hat, muß man dem Elektron ein eigenes Impulsmoment zuschreiben, dessen Komponente σ_x in einer beliebigen Richtung,
etwa der x-Richtung, nur der beiden Werte $+1$ und -1 fähig ist, wenn
$h/4\pi$ als Einheit zugrunde gelegt wird. Man kann sich vorstellen, daß aus
einem gegebenen Elektronenstrom, durch ein Verfahren analog dem bekannten Stern-Gerlachschen Experiment zum Nachweis der Richtungs-
quantelung bei Atomen, der Schwarm derjenigen Elektronen ausgesondert
wird, für welche σ_x den Wert $+1$ hat. Die Elektronen dieses Schwarms $\mathfrak{S}_x$
mögen keine Störung erfahren, so daß für sie alle dauernd mit Sicher-
heit σ_x den Wert $+1$ besitzt. In einem solchen Elektronenschwarm
haben wir (wenn wir noch von Ort und Geschwindigkeit der Elektronen abstrahieren) einen „reinen Fall" vor uns: er ist von einer
inneren Homogenität, die prinzipiell nicht mehr gesteigert werden kann.
Denn alle physikalischen Fragen, welche sich sinnvoll mit Bezug auf ihn
stellen lassen, finden eine von vornherein angebbare numerisch
bestimmte Antwort. Solche Fragen sind allein die folgenden: Ist r
irgend eine Richtung, mit welcher Wahrscheinlichkeit hat für ein Elektron des $\mathfrak{S}_x$-Schwarms die Größe σ_r den Wert $+1$ oder -1? Die
numerisch bestimmte Antwort lautet: Wenn ϑ der Winkel ist, den die
r- mit der x-Richtung bildet, so sind die beiden Wahrscheinlichkeiten bzw.

$$= \cos^2 \frac{\vartheta}{2} \quad \text{und} \quad = \sin^2 \frac{\vartheta}{2}.$$

Die Wahrscheinlichkeit ist als Häufigkeit im Elektronenschwarm zu verstehen; sie würde sich, wenn mit dem Schwarm das Aussonderungsexperiment in der r-Richtung vorgenommen würde, in dem Stärkeverhältnis der beiden Teilstrahlen bekunden*. Hätten wir am Anfang statt der x- eine andere, die x'-Richtung zugrunde gelegt, so hätten wir einen anderen reinen Fall, den Elektronenschwarm $\mathfrak{S}_{x'}$ bekommen. In ihm hat σ_r mit der Wahrscheinlichkeit $\cos^2\dfrac{\vartheta'}{2}$ den Wert $+1$, mit der Wahrscheinlichkeit $\sin^2\dfrac{\vartheta'}{2}$ den Wert -1, wenn $\vartheta' = \measuredangle\,(r,x')$ ist; insbesondere hat $\sigma_{x'}$ mit Sicherheit den Wert $+1$. Dieser reine Fall ist von dem ersten verschieden, weil die gleichen physikalischen Fragen hier andere numerische Antworten finden. Es gibt so viele verschiedene reine Fälle, wie es verschiedene Richtungen x gibt. Wir können aus solchen reinen Strömen $\mathfrak{S}_x$, $\mathfrak{S}_{x'}$, … Mischungen in irgend einem Verhältnis herstellen. Die Häufigkeit, mit welcher in einem solchen Mischstrom ein $\sigma_r = +1$ oder -1 ist, hängt von dem Mischungsverhältnis ab. Wir sind hier umgekehrt darauf angewiesen, aus den experimentell beobachteten Häufigkeiten Schlüsse auf die Konstitution des Mischstromes zu ziehen. Der Unterschied zwischen reinem Fall und Mischung, den ich hier aufstelle, ist analog zu den biologischen Begriffen der „reinen Linie" (innerhalb der reinen Linie gelten die Mendelschen Vererbungsgesetze) und der „Population" (auf welche sich die Gesetze von Galton bezogen). Hier wie dort ist es eine wichtige Aufgabe der Experimentierkunst, reine Linien zu isolieren. Die Unterscheidung: Theorie der reinen Fälle einerseits, Statistik der Gemenge andererseits, scheint mir fundamental für die richtige Erfassung des Sinnes der Quantenmechanik.

An dem Tatbestand, die Elektronenschwärme betreffend, wie er bisher beschrieben wurde, ist nichts Paradoxes. Statt vom Schwarm spreche ich in Zukunft vom einzelnen Elektron und demgemäß von Wahrscheinlichkeit statt von Häufigkeit. Etwas Paradoxes liegt erst in der Aussage, daß σ_x die Komponente eines gewissen Vektors, des Impulsmomentes, in bezug auf die x-Richtung ist. Denn dies involviert doch, wenn wir ein rechtwinkliges Koordinatensystem $x\,y\,z$ im Raume ein-

---

* Obwohl also $\mathfrak{S}_x$ noch wieder zerlegt werden kann, sind doch die so entstehenden Teilstrahlen nicht homogener als $\mathfrak{S}_x$ selbst. Das ist genau wie bei einem Lichtstrahl, der durch zwei gegeneinander verdrehte Nicols hindurchgegangen ist: er ist von derselben Beschaffenheit wie Licht, das nur durch den zweiten Nicol hindurchging.

führen und die willkürliche Richtung r die Richtungskosinus a, b, c hat, die Gleichung

$$\sigma_r = a\,\sigma_x + b\,\sigma_y + c\,\sigma_z. \tag{8}$$

Wie verträgt sich das mit dem Umstand, daß σ_r so gut wie σ_x, σ_y, σ_z nur der Werte ± 1 fähig ist? Aber in einem vorliegenden reinen Fall haben die hier auftretenden Größen überhaupt keine mit Sicherheit angebbaren Werte, so daß zunächst der Sinn der Gleichung (8), wenn er in der üblichen Weise auf die Werte der physikalischen Größen bezogen werden soll, ganz im Leeren hängt. Sie wird einen Inhalt erst gewinnen, wenn wir die physikalischen Größen durch solche mathematische Entitäten darstellen, welche Multiplikation mit reellen Zahlen und Addition untereinander zulassen. — Und was soll es zweitens heißen, daß dieser Vektor mit den Komponenten σ_x, σ_y, σ_z „Impulsmoment" ist? Damit wird offenbar ein bestimmtes Verhalten dieser Größen gegenüber einem das Elektron einbettenden Magnetfeld (H_x, H_y, H_z) ausgesagt. Wenn wir uns das Elektron ganz naiv als ein rotierendes Kügelchen vorstellen, in welchem das Verhältnis von Ladungs- und Massendichte überall konstant ist, so ergibt sich in der Hamiltonschen Energiefunktion die Hälfte des Terms

$$\mu\,(H_x\,\sigma_x + H_y\,\sigma_y + H_z\,\sigma_z), \tag{9}$$

dessen Faktor $\mu = \dfrac{e\,h}{4\,\pi\,m\,c}$ das Bohrsche Magneton ist (e Ladung m Masse des Elektrons, c Lichtgeschwindigkeit). Der spektroskopische Erfolg der Annahme von Goudsmit und Uhlenbeck beruht bekanntlich darauf, daß für das Elektron der Ausdruck (9) ohne den Faktor $^1/_2$ als gültig betrachtet wird. Wieder ist es nötig, den Sinn eines Rechenausdrucks wie (9) zu verstehen, der die Addierbarkeit der Größen σ voraussetzt; darüber hinaus muß aber erkannt werden, in welcher Weise die Hamiltonsche Energiefunktion das dynamische Geschehen bestimmt.

§ 3. Die physikalische Bedeutung der repräsentierenden Hermiteschen Form. Der Kalkül der Hermiteschen Formen entspricht in rechnerischer Hinsicht allen Anforderungen, welche sich aus dem eben entwickelten Programm ergeben. Jede physikalische Größe wird repräsentiert durch eine Hermitesche Form, alle physikalischen Größen an demselben System durch Hermitesche Formen der gleichen Variablen x_i. Es ist der schwierigere Teil der Physik, die Regeln ausfindig zu machen, nach denen man zu einer physikalischen Größe die repräsentierende Form und ihre Matrix findet. Hier soll zunächst nur davon die Rede sein, was diese Matrix physikalisch bedeutet. Ich nehme dabei die Dimensionszahl n des Vektorraums, die Zahl der Variablen x_i endlich, obschon sie in den meisten Fällen unendlich groß ist. Alles Gesagte läßt sich aber analogisch auf den unendlich dimensionalen Vektorraum übertragen. Im oben besprochenen Beispiel des Elektrons ist, wie sich zeigen wird, $n = 2$.

Der einzelne reine Fall wird durch einen Vektor $\mathfrak{x}$ vom Betrage 1 in unserem n-dimensionalen Vektorraum gegeben, die einzelne physikalische Größe α wird repräsentiert durch eine Hermitesche Form A in diesem Raume. Mittels Einführung eines geeigneten normalen Koordinatensystems $\mathfrak{e}_1$, $\mathfrak{e}_2$, ..., $\mathfrak{e}_n$ bringe man $A(\mathfrak{x})$ auf Hauptachsen:

$$A(\mathfrak{x}) = a_1 x_1 \bar{x}_1 + a_2 x_2 \bar{x}_2 + \cdots + a_n x_n \bar{x}_n$$
$$(\mathfrak{x} = x_1 \mathfrak{e}_1 + x_2 \mathfrak{e}_2 + \cdots + x_n \mathfrak{e}_n). \tag{10}$$

Die Eigenwerte a_1, a_2, ..., a_n bedeuten die Werte, deren die physikalische Größe α überhaupt fähig ist; die Zahlen $|x_1|^2$, $|x_2|^2$, ..., $|x_n|^2$ bedeuten die Wahrscheinlichkeiten $W(\mathfrak{x})$, mit denen in dem reinen Fall $\mathfrak{x}$ diese Werte angenommen werden. Ihre Summe ist $= 1$, weil $\mathfrak{x}$ ein Vektor vom Betrage 1 ist. Der zweite Teil der Aussage erfordert noch eine gewisse Präzisierung für den Fall, daß mehrere Eigenwerte gleich sind. Sei etwa wieder $a_1 = a_2 = a_3 = a$ von den übrigen Eigenwerten verschieden; dann gehört zu dem Eigenwert a der dreidimensionale Eigenraum $\mathfrak{R}(a)$, der durch die Vektoren $\mathfrak{e}_1$, $\mathfrak{e}_2$, $\mathfrak{e}_3$ aufgespannt wird. Die Wahrscheinlichkeit, mit welcher die physikalische Größe α in dem reinen Fall $\mathfrak{x}$ den Wert a annimmt, ist dann $= |x_1|^2 + |x_2|^2 + |x_3|^2$, d. i. gleich dem Quadrat des Betrages der senkrechten Projektion des Vektors $\mathfrak{x}$ auf den Eigenraum $\mathfrak{R}(a)$. Es ist wesentlich zu bemerken, daß mit den Eigenräumen auch die in ihnen liegenden Projektionen des gegebenen Vektors $\mathfrak{x}$ durch die Form A eindeutig bestimmt sind. Gemäß den Wahrscheinlichkeiten, mit denen die Werte a_i angenommen werden, ist der Wert $A(\mathfrak{x})$ der Hermiteschen Form selber der Mittelwert der Größe α im reinen Fall $\mathfrak{x}$.

Da alle Aussagen über den reinen Fall $\mathfrak{x}$ numerisch ungeändert bleiben, wenn $\mathfrak{x}$ durch $\varepsilon \mathfrak{x}$ ersetzt wird, darf zwischen ihnen nicht unterschieden werden. Dem reinen Fall entspricht also nicht eigentlich der Vektor, sondern der Strahl; wir haben nicht im Vektor-, sondern im Strahlkörper zu operieren. Dieser Umstand wird erst im zweiten Teil seine fundamentale Bedeutung enthüllen.

Es ist klar, daß man Hermitesche Formen addieren und daß man sie mit reellen Zahlen multiplizieren kann, ohne dadurch aus ihrem Bereich herauszutreten. Die kalkulatorischen Anforderungen, die wir am Schluß von § 2 erhoben, sind erfüllt.

Wenn die Werte, deren die physikalische Größe α fähig ist, sehr dicht liegen oder gar eine kontinuierliche Skale bilden, wird man nicht fragen nach der Wahrscheinlichkeit, mit welcher sie einen bestimmten Wert annimmt, sondern mit der sie in ein bestimmtes Wertintervall $a \leq \alpha \leq a'$ hineinfällt. Nach unserer Anweisung haben wir dann im Hauptachsensystem diejenigen Eigenvektoren e_i aufzusuchen, deren zugehörige Eigenwerte a_i in jenes Intervall hineinfallen; sie spannen den Teilraum $\mathfrak{R}_a^{a'}$ auf. Die gesuchte Wahrscheinlichkeit ist die auf diesen Teil der Indizes i sich erstreckende Summe

$$\sum_i x_i \bar{x}_i \quad (a \leq a_i \leq a'), \tag{11}$$

der quadrierte Betrag der senkrechten Projektion des den reinen Fall darstellenden Vektors $\mathfrak{x}$ auf den Teilraum $\mathfrak{R}_a^{a'}$. Die Formen (11) sind es, welche v. Neumann a. a. O. als „Einzelformen" $E_a^{a'}$ einführte.

Liegen mehrere Größen α, β, ... vor, deren zugehörige Hermitesche Formen vertauschbare Koeffizientenmatrizes besitzen, so lassen sie sich alle simultan durch Einführung eines geeigneten normalen Koordinatensystems e_i auf Hauptachsen transformieren. Die korrespondierenden Eigenwerte zu e_i mögen a_i, b_i, ... heißen. $\mathfrak{x} = e_i$ stellt einen reinen Fall vor, in welchem jede der betrachteten Größen mit Sicherheit einen bestimmten Wert hat, nämlich α den Wert a_i, β den Wert b_i usw. Die klassische Physik nimmt an, daß es sich für alle Größen so verhält, und sie läßt nur die reinen Fälle e_1, e_2, ..., e_n, die besonders ausgezeichnet sind und in denen alle Größen einen bestimmten Wert haben, als reine Fälle zu und faßt die anderen bereits als Gemenge von ihnen auf. Sobald aber zwei physikalische Größen auftreten, deren Matrizes nicht vertauschbar sind, entfällt diese Möglichkeit: In einem reinen Falle, in welchem die erste Größe einen mit Sicherheit angebbaren Wert hat, bestehen für die Werte der zweiten Größe nur Wahrscheinlichkeiten. Das ist in Einklang mit Heisenbergs Anschauungen, wie er sie kürzlich in dieser Zeitschrift (**43**, 172, 1927) entwickelte.

Im Beispiel des Elektrons ist $n = 2$, weil jede Größe nur zweier Werte fähig ist. Unter Verwendung eines bestimmten normalen

Koordinatensystems $\mathfrak{e}_1$, $\mathfrak{e}_2$ lauten die den Größen σ_x, σ_y, σ_z entsprechenden Matrizen *

$$S_x = \left\| \begin{array}{cc} 1 & 0 \\ 0 & -1 \end{array} \right\|, \quad S_y = \left\| \begin{array}{cc} 0 & 1 \\ 1 & 0 \end{array} \right\|, \quad S_z = \left\| \begin{array}{cc} 0 & i \\ -i & 0 \end{array} \right\|, \quad (12)$$

oder als Hermitesche Formen geschrieben:

$$x_1 \bar{x}_1 - x_2 \bar{x}_2, \quad x_1 \bar{x}_2 + x_2 \bar{x}_1, \quad i(x_1 \bar{x}_2 - x_2 \bar{x}_1).$$

Jede von ihnen, ja auch das zu einer beliebigen anderen Richtung r mit den Richtungskosinus a, b, c $(a^2 + b^2 + c^2 = 1)$ gehörige

$$S_r = a S_x + b S_y + c S_z = \left\| \begin{array}{cc} a, & b + ic \\ b - ic, & -a \end{array} \right\| \qquad (13)$$

hat die Eigenwerte ± 1. Der reine Fall, bei welchem σ_x mit Sicherheit den Wert $+1$ hat, ist durch den Vektor $\mathfrak{e}_1$ gegeben. Im reinen Fall $\mathfrak{x} = (x_1, x_2)$ sind die Wahrscheinlichkeiten für $\sigma_x = \pm 1$ bzw. gleich $|x_1|^2$, $|x_2|^2$. Wir suchen eine Richtung r auf, deren zugehöriges σ_r in diesem Falle mit Sicherheit den Wert $+1$ hat, d. h. für welche der Vektor (x_1, x_2) in die zum Eigenwert $+1$ gehörige Hauptachse von S_r fällt:

$$a x_1 + (b + ic) x_2 = x_1,$$
$$(b - ic) x_1 - a x_2 = x_2.$$

Daraus ergibt sich

$$x_1 : x_2 = b + ic : 1 - a = 1 + a : b - ic.$$

a ist der Kosinus des Winkels ϑ zwischen der r- und der x-Richtung. Wir finden

$$|x_1|^2 : |x_2|^2 = b^2 + c^2 : (1 - a)^2 = 1 - a^2 : (1 - a)^2,$$
$$= 1 + a : 1 - a = \cos^2 \frac{\vartheta}{2} : \sin^2 \frac{\vartheta}{2}.$$

§ 4. **Statistik der Gemenge.** Liegt ein Gemenge vor, in welchem der reine Fall $\mathfrak{x}$ mit der relativen Stärke $v_\mathfrak{x}$ vertreten ist, $\sum v_\mathfrak{x} = 1$, so ermitteln sich die in ihm stattfindenden Wahrscheinlichkeiten W offenbar durch Summation über die den einzelnen reinen Fällen $\mathfrak{x}$ zugehörigen Wahrscheinlichkeiten $W(\mathfrak{x})$ in der Form

$$W = \sum_{\mathfrak{x}} v_\mathfrak{x} W(\mathfrak{x}).$$

Darin liegt keinerlei neuer Ansatz. Wenn das Gemenge ein ganzes Kontinuum reiner Fälle enthält, verwandeln sich die Summen in Integrale.

---

* W. Pauli jr., Zur Quantenmechanik des magnetischen Elektrons, ZS. f. Phys. **43**, 601, 1927; P. Jordan, ebenda **44**, 21 ff., 1927.

Wenn wir nur wissen, welche reinen Fälle $\mathfrak{x}$ in einem Gemenge vertreten sind — sie werden ein gewisses Gebiet $\mathfrak{G}$ des Strahlenkörpers ausfüllen —, werden wir der Statistik die Annahme zugrunde legen, daß innerhalb $\mathfrak{G}$ alle $\mathfrak{x}$ gleichberechtigt sind. Diese Annahme ist möglich und hat einen klaren Sinn, weil der $\mathfrak{x}$-Raum als metrischer Raum ein natürliches Volumenmaß trägt. Solche Gemenge entstehen namentlich durch Störungen, z. B. durch die Wärmebewegung und die Zusammenstöße der Partikeln, auf welche sich die Wahrscheinlichkeitsfeststellungen beziehen. Zunächst ist bei Mittelung über den ganzen Strahlenkörper

$$\langle x_i \bar{x}_i \rangle = \frac{1}{n}, \quad \langle x_i \bar{x}_k \rangle = 0 \quad (i \neq k).$$

Die Klammer $\langle\rangle$ bezeichnet den Mittelwert. Danach ist der Mittelwert der durch die Form (5) dargestellten Größe α, wenn über die auftretenden reinen Fälle gar nichts bekannt ist,

$$= \frac{1}{n}(a_{11} + a_{22} + \cdots + a_{nn}).$$

Die Summe der Glieder in der Hauptdiagonale, die Spur der Hermiteschen Form, stellt sich übrigens dadurch als eine Invariante gegenüber unitären Transformationen heraus.

Ein weiteres Problem dieser Art ist das folgende: α und β seien zwei bzw. durch A und B repräsentierte Größen. Ich führe die beiden aus den Eigenvektoren $\mathfrak{e}_i$ und $\mathfrak{e}_i^*$ von A bzw. B bestehenden normalen Koordinatensysteme ein:

$$A(\mathfrak{x}) = \sum_i a_i x_i \bar{x}_i, \quad B(\mathfrak{x}) = \sum_i b_i x_i^* \bar{x}_i^* \quad (\mathfrak{x} = \sum x_i \mathfrak{e}_i = \sum x_i^* \mathfrak{e}_i^*),$$

und die unitäre Transformation, welche zwischen ihnen vermittelt:

$$x_k^* = \sum_i t_{ik} x_i.$$

Es sei bekannt, daß die Größe α sicher in den Grenzen $a \leq \alpha \leq a'$ liegt; gefragt ist nach der Wahrscheinlichkeit W, mit welcher die Größe β in den Grenzen $b \leq \beta \leq b'$ liegt. Von den Eigenwerten der Form A mögen etwa $a_1, a_2, \ldots, a_\varrho$ dem Intervall a, a' angehören, während $b_1, b_2, \ldots, b_\sigma$ die Eigenwerte der Form B sind, welche sich zwischen b und b' finden. Dadurch, daß wir wissen, α liegt mit Sicherheit zwischen a und a', ist es ausgeschlossen, daß α einen von $a_1, a_2, \ldots, a_\varrho$ verschiedenen Eigenwert annimmt; die damit verträglichen reinen Fälle sind diejenigen, für welche $x_{\varrho+1} = \cdots = x_n = 0$ ist, sie gehören dem von e_1, e_2, ..., e_ϱ aufgespannten Teilraum $\mathfrak{R}_a^{a'}$ an. Der ins Quadrat erhobene Betrag der senkrechten Projektion eines beliebigen Vektors $\mathfrak{x}$ auf diesen Teilraum ist gegeben durch die Einzelform

$$E_a^{a'} = \sum_{i=1}^{\varrho} x_i \bar{x}_i = \sum_{i,\,k=1}^{n} e_{i\,k}\, x_i \bar{x}_k. \tag{14}$$

Die Wahrscheinlichkeit, mit der in einem reinen Fall $\mathfrak{x}$ die Größe β einen der Werte b_1, b_2, ..., b_σ annimmt, ist andererseits gegeben durch die Einzelform

$$F_b^{b'} = \sum_{i=1}^{\sigma} x_i^* \bar{x}_i^* = \sum_{i,\,k=1}^{n} f_{ik}\, x_i \bar{x}_k; \quad f_{ik} = \sum_{s=1}^{\sigma} t_{i\,s}\, \bar{t}_{k\,s}.$$

Nach unserer Anweisung hat man in $F_b^{b'}$ alle Variablen x_i außer den ersten ϱ gleich Null zu setzen und dann über den Teilraum $\mathfrak{R}_a^{a'}$ zu mitteln. Dabei ist

$$\langle x_i \bar{x}_k \rangle = \begin{cases} 1/\varrho & \text{(für } i = k \leqq \varrho) \\ 0 & \text{(für alle anderen Paare } i,\,k) \end{cases}$$

oder

$$\langle x_i \bar{x}_k \rangle = \frac{1}{\varrho}\, e_{ki} \quad (i,\,k = 1,\,2,\,...,\,n).$$

So kommt

$$W = \frac{1}{\varrho} \sum_{r=1}^{\varrho} f_{rr} = \frac{1}{\varrho} \sum_{i,\,k=1}^{n} f_{ik}\, e_{ki} = \frac{1}{\varrho} \sum_{r=1}^{\varrho} \sum_{s=1}^{\sigma} |t_{rs}|^2.$$

Hält man das Intervall $a\,a'$ fest und will nur die relativen Wahrscheinlichkeiten miteinander vergleichen, die verschiedenen Intervallen $b\,b'$ entsprechen, so kann man den konstanten Faktor $\dfrac{1}{\varrho}$ weglassen. Die Summe rechts ist die Spur von $E_a^{a'} F_b^{b'}$. Weil einer Hermiteschen Form die Abbildung mit derselben Koeffizientenmatrix unitär-invariant assoziiert ist, hat neben der Spurbildung auch die Zusammensetzung der Matrizen von Hermiteschen Formen einen invarianten Sinn. Infolgedessen genügt es, die Einzelformen $E_a^{a'}$, $F_b^{b'}$ in irgend einem normalen Koordinatensystem zu kennen, um daraus die gesuchten relativen Wahrscheinlichkeiten vermittelst der Formel

$$W = \operatorname{Spur}\, (E_a^{a'} . F_b^{b'})$$

zu finden. Diese Art von Fragen über Gemenge zieht v. Neumann a. a. O. allein in Betracht. Sein Schlußresultat ist mit unserem natürlich inhaltlich identisch, aber seine Formel ist komplizierter. In der ganzen

Betrachtung kann α durch mehrere Größen ersetzt werden, die simultan beobachtbar sind, deren Hermitesche Formen sich also simultan auf Hauptachsen bringen lassen, desgleichen β.

Erst bei solchen Fragen über Gemenge spielt die Statistik eine Rolle, welche „relativ ist auf unsere Kenntnis und Unkenntnis", wie Laplace sagt, oder auf Störungen, die man nicht im einzelnen verfolgen will, obwohl sie sich, wenigstens prinzipiell, verfolgen ließen. Die Wahrscheinlichkeit, von der in den reinen Fällen die Rede ist, hat hingegen eine völlig objektive Bedeutung, die nichts mit Störungen zu tun hat, und wird durch strenge Naturgesetze regiert.

II. Teil. Kinematik als Gruppe.

§ 5. **Über Gruppen und ihre unitären Darstellungen.** Für die unitären Abbildungen gilt ein analoges Theorem, wie das von der Hauptachsentransformation der Hermiteschen Formen: Zu einer gegebenen unitären Abbildung läßt sich ein solches normales Koordinatensystem e_i finden, in welchem die Abbildung durch die Gleichungen

$$x_k' = e_k x_k \tag{15}$$

wiedergegeben wird. Die Eigenwerte e_k sind Zahlen vom absoluten Betrag 1, ihre Phasen φ_k, $e_k = e^{i\varphi_k}$, heißen die Drehwinkel der unitären Abbildung. Analoge Bemerkungen, wie für die Hauptachsentransformation der Hermiteschen Formen, greifen Platz betreffs der Eindeutigkeit, mit welcher Eigenwerte und Eigenvektoren bestimmt sind, sowie betreffs der simultanen Überführung mehrerer unitärer Abbildungen in die Normalform (15).

Aus einer Gruppe unitärer Abbildungen abstrahiert man das Gruppenschema, indem man die Abbildungen zu Elementen gleichgültiger Beschaffenheit degradiert und nur auf die Art ihrer Zusammensetzung achtet. Die abstrakte Gruppe ist also ein System von Elementen, innerhalb dessen durch „Komposition" aus zwei Elementen a, b in bestimmter Reihenfolge ein Element ab des Systems entspringt; in solcher Weise, daß

1. das assoziative Gesetz gilt: $(ab)c = a(bc)$;
2. ein „Einheitselement" 1 existiert, das die Gleichung $1s = s1 = s$ für jedes Element s der Gruppe erfüllt; und daß
3. zu jedem Element a ein inverses a^{-1} vorhanden ist mit der Eigenschaft $aa^{-1} = a^{-1}a = 1$.

Die Gruppe der unitären Abbildungen erscheint dann als eine Verwirklichung oder Darstellung der abstrakten Gruppe, welche dadurch zustande kommt, daß jedem Gruppenelement s eine unitäre Abbildung $U(s)$ in solcher Weise zugeordnet ist, daß allgemein

$$U(s)\,U(t) \;=\; U(st) \tag{16}$$

gilt [es folgt daraus sofort $U(1) = 1$]. Da das Gruppenschema aus der Darstellung abstrahiert wurde, ist die Darstellung getreu, d. h. verschiedenen Elementen entsprechen verschiedene Abbildungen U, oder, was dasselbe besagt, $U(s)$ ist $= 1$ nur für $s = 1$. Die Gruppe der unitären Abbildungen ist reduzibel, wenn in dem Vektorraum $\mathfrak{R}_n$, in welchem sich die unitären Abbildungen abspielen, ein linearer Unterraum $\mathfrak{R}_m$ existiert mit einer Dimensionszahl $m > 0$, aber $< n$, der gegenüber allen $U(s)$ invariant ist. Die Vektoren, welche zu allen in $\mathfrak{R}_m$ gelegenen senkrecht sind, bilden einen linearen Unterraum $\mathfrak{R}_{n-m}$: und es ist $\mathfrak{R}_n = \mathfrak{R}_m + \mathfrak{R}_{n-m}$ in dem Sinne, daß sich jeder Vektor auf eine und nur eine Weise in zwei Komponenten spalten läßt, von denen die erste $\mathfrak{R}_m$, die zweite $\mathfrak{R}_{n-m}$ angehört. Weil die $U(s)$ unitäre Transformationen sind, lassen sie außer $\mathfrak{R}_m$ auch $\mathfrak{R}_{n-m}$ invariant: Die Darstellung zerfällt in eine m-dimensionale und eine $(n-m)$-dimensionale. Wählt man das normale Koordinatensystem e_i so, daß die ersten m Grundvektoren den Raum $\mathfrak{R}_m$ aufspannen, die letzten $n-m$ aber den Raum $\mathfrak{R}_{n-m}$, so kommt dieser Zerfall an den Koeffizientenmatrizen $U(s)$ unmittelbar zum Ausdruck. Man kann sich danach auf die Aufsuchung der irreduziblen Darstellungen beschränken. Für irreduzible Darstellungen gilt der wichtige Satz: Ist die unitäre Matrix A mit allen $U(s)$ vertauschbar: $A\,U(s) = U(s)A$, so ist $A = \varepsilon\,1$ Multiplum der Einheitsmatrix 1. [Es ist dabei sogar unwesentlich, daß die $U(s)$ eine Gruppe bilden.]

Wir denken in erster Linie an endliche Gruppen. Zu jeder Gruppe gehört eine bestimmte „Größenalgebra". Eine Größe im Gruppengebiet wird dadurch gegeben, daß jedem Gruppenelement s eine Zahl $\xi(s)$ zugeordnet wird. Die Größen haben demnach so viele Zahlkomponenten, wie es Gruppenelemente gibt, sie sind sozusagen die Vektoren im Gruppenraum, in dem jedes Element eine Dimension, einen Grundvektor bedeutet*. Die Größe ξ mit den Komponenten $\xi(s)$, die danach symbolisch mit $\sum \xi(s)\,.\,s$ bezeichnet werden mag, erscheint in

---

* Den in der mathematischen Literatur gebräuchlichen Namen Gruppenzahl vermeide ich, weil ich das Wort „Zahl" für die gewöhnlichen Zahlen reservieren möchte.

der Verwirklichung der Elemente s durch die unitären Abbildungen $U(s)$ als die Matrix

$$X = \sum_s \xi(s)\, U(s). \tag{17}$$

Bildet man das Produkt zweier solcher Matrizen X, Y, welche zu den Größen ξ und η gehören, so entsteht wiederum eine Matrix Z, die zu einer bestimmten, durch ξ und η determinierten Größe ζ gehört. Denn es ist

$$Z = XY = \sum_{t,\,t'} U(t)\, U(t')\, \xi(t)\, \eta(t') = \sum_{t,\,t'} U(tt')\, \xi(t)\, \eta(t')$$

$$= \sum_s U(s)\zeta(s), \quad \zeta(s) = \sum_{tt'=s} \xi(t)\, \eta(t'). \tag{18}$$

Die Summe in (18) erstreckt sich über alle Paare von Elementen t, t', deren Kompositum $tt' = s$ ist. Man kann sie als einfache Summe über alle Gruppenelemente t, aber weniger symmetrisch auch so schreiben:

$$\zeta(s) = \sum_t \xi(st^{-1})\, \eta(t) = \sum_t \xi(t)\, \eta(t^{-1}s).$$

(18) ist also das Multiplikationsgesetz der Größen im Gruppengebiet. Die Größen können danach, in genauer Anschmiegung an die zugehörigen Matrizen, addiert werden, mit Zahlen multipliziert und untereinander multipliziert werden; in solcher Weise, daß die wichtigsten algebraischen Axiome erfüllt bleiben. (Nur das kommutative Gesetz der Multiplikation und das Axiom, welches Nullteiler ausschließt, gelten nicht.)

Die Größe ξ heißt reell, wenn ihre Komponenten der Gleichung

$$\xi(s^{-1}) = \bar\xi(s) \tag{19}$$

genügen. Die zugehörige Matrix X ist dann Hermitesch. Denn aus

$$U(s)U(s^{-1}) = \mathbf{1} \quad \text{zusammen mit} \quad \bar U^*(s)\, U(s) = \mathbf{1}$$

folgt $\bar U^*(s) = U(s^{-1})$. Darum gilt, unter der Voraussetzung (19),

$$\bar X^* = \sum_s \bar\xi(s)\, \bar U^*(s) = \sum_s \xi(s^{-1})\, U(s^{-1}) = \sum_s \xi(s)\, U(s) = X.$$

Den Bereich der reellen Größen verläßt man nicht durch Addition, Multiplikation der Größen untereinander und durch ihre Multiplikation mit reellen Zahlen*.

Für uns kommen vorzugsweise die Abelschen Gruppen in Betracht, bei welchen die Komposition der Elemente kommutativ ist:

---

* Von der natürlichen und wichtigen Rolle, welche diese Begriffe in der Darstellungstheorie spielen, die sich nachher auch als die grundlegenden in der Quantenmechanik herausstellen werden, kann man nur einen Eindruck gewinnen durch das Studium dieser Theorie. Es sei insbesondere verwiesen auf: F. Peter und H. Weyl, Math. Ann. **97**, 737, 1927.

$st = ts$. Eine endliche Abelsche Gruppe besitzt eine Basis a_1, a_2, ... a_f. Das sind f Elemente der Gruppe mit folgenden Eigenschaften: Bedeuten h_1, h_2, ..., h_f ihre Ordnungen, so erhält man alle Gruppenelemente in der Form

$$s = a_1^{z_1} a_2^{z_2} \ldots a_f^{z_f}, \tag{20}$$

wenn z_i ein volles Restsystem mod. h_i, z. B. die Zahlen 1, 2, ..., h_i durchläuft. (Ordnung h eines Elementes a ist der niederste Exponent, für welchen a^h gleich dem Einheitselement 1 ist.) Die Auswahl der Basiselemente kann so normiert werden, daß h_2 ein Teiler von h_1, h_3 ein Teiler von h_2, ..., h_f ein Teiler von h_{f-1} ist. Unter diesen Umständen ist die Zahl der Basiselemente und die Teilerreihe (h_1, h_2, ..., h_f) ihrer Ordnungen eindeutig durch die Gruppe bestimmt. Jene Teilerreihe charakterisiert umgekehrt vollständig die Struktur der Gruppe.

Die Aufsuchung der irreduziblen Darstellungen einer Abelschen Gruppe ist sehr einfach. Da nämlich die unitären Matrizen $U(s)$ in diesem Falle vertauschbar sind, kann man sie nach einem oben erwähnten Satz alle gleichzeitig „auf Hauptachsen bringen“; die Darstellung zerfällt also in lauter eindimensionale, es gibt nur eindimensionale irreduzible Darstellungen:

$$x' = \varepsilon(s) . x.$$

Dabei ist die Abhängigkeit der Zahl $\varepsilon(s)$ vom Gruppenelement s so zu beschreiben: Dem Basiselement a_i korrespondiert eine h_i-te Einheitswurzel ε_i, und es ist für (20):

$$\varepsilon(s) = \varepsilon_1^{z_1} \varepsilon_2^{z_2} \ldots \varepsilon_f^{z_f}$$

(Charaktere einer Abelschen Gruppe).

Aber das Darstellungsproblem stellt sich für uns in etwas anderer Gestalt, als es bislang besprochen wurde. Denn in der Quantenmechanik haben nicht die Vektoren eine Bedeutung, sondern lediglich die Strahlen; sie kennzeichnen die verschiedenen reinen Fälle. Wir gehen also zu dem homogenen Standpunkt über, für welchen die unitäre Matrix U nicht eine Abbildung des Vektor-, sondern des Strahlenkörpers bedeutet und demgemäß mit der Abbildung εU zusammenfällt. So soll das Wort Darstellung in Zukunft verstanden werden: als getreue Darstellung durch Drehungen des Strahlenkörpers*. Die charakteristische Forderung lautet nunmehr:

$$U(s) U(t) \simeq U(st). \tag{21}$$

---

* Tiefgehende Untersuchungen über das Darstellungsproblem in diesem Sinne hat I. Schur angestellt: Crelles Journ. **127**, 20, 1904 und **182**, 85, 1907.

Wir können den willkürlichen Faktor ε in jedem $U(s)$ nach Gutdünken fixieren („Eichung"). Als Gleichung wird dann (21) so zu lesen sein:

$$U(s)\, U(t) = \delta(s,t)\, U(st),$$

wo δ eine von s und t abhängige Zahl vom absoluten Betrag 1 ist. Die Angabe einer Größe ξ im Gruppengebiet ist relativ auf die benutzte Eichung; wird die Eichung gemäß der Formel $U(s) \to \varepsilon(s)\, U(s)$ verändert, so müssen die Komponenten $\xi(s)$ jeder Größe ξ ersetzt werden durch $\varepsilon^{-1}(s)\,\xi(s)$. Das Multiplikationsgesetz lautet

$$\zeta(s) = \sum_{tt'=s} \delta(t,t')\, \xi(t)\, \eta(t').$$

Die Beschreibung (19) der reellen Größen ξ ist nur dann zutreffend, wenn die Eichung so eingerichtet wurde, daß $U(s^{-1}) = U^{-1}(s)$ ist. Für eine irreduzible Darstellung gilt nach wie vor der Satz: Ist die feste Drehung A mit allen $U(s)$ vertauschbar, $A^{-1} U(s) A = U(s)$, so ist $A \sim 1$.

Die eindimensionalen Darstellungen verlieren jetzt jedes Interesse; denn die einzige eindimensionale Drehung ist die Identität. Aber im gegenwärtigen Sinne gibt es auch für Abelsche Gruppen mehrdimensionale irreduzible Darstellungen. Nicht freilich, wenn die Abelsche Gruppe zyklisch ist, aus den Wiederholungen eines einzigen Elementes a besteht:

$$1, a, a^2, \ldots, a^{h-1} \qquad (a^h = 1).$$

Denn ist A die a korrespondierende Matrix in der Darstellung, so ist $A^h = \varepsilon\, 1$. Indem man A durch den Zahlfaktor $\sqrt[h]{\varepsilon}$ dividiert, erreicht man eine solche Eichung des A, daß $A^h = 1$ wird. Dann bilden aber die Potenzen von A eine Darstellung der zyklischen Gruppe im alten inhomogenen Sinne. Wir illustrieren daher das Gesagte durch die einfachste nicht-zyklische Abelsche Gruppe. Das ist die Vierergruppe. Sie besteht aus vier Elementen $1, a, b, c$, und ist beschrieben durch die Kompositionsregel

$$a^2 = b^2 = c^2 = 1,$$
$$bc = cb = a, \qquad ca = ac = b, \qquad ab = ba = c.$$

Eine irreduzible mit ihr isomorphe Drehungsgruppe ist die folgende $\mathfrak{B}$:

$$U(1) = \left\|\begin{matrix} 1 & 0 \\ 0 & 1 \end{matrix}\right\|, \quad U(a) = \left\|\begin{matrix} 1 & 0 \\ 0 & -1 \end{matrix}\right\|, \quad U(b) = \left\|\begin{matrix} 0 & 1 \\ 1 & 0 \end{matrix}\right\|,$$

$$U(c) = \left\|\begin{matrix} 0 & i \\ -i & 0 \end{matrix}\right\|. \tag{22}$$

Die Eichung ist so gewählt, daß $U^2(a)$ oder $U(a)\,U(a^{-1}) = 1$ ist und Entsprechendes für die übrigen Elemente gilt. Die „reellen Größen"

$$\varrho\,1 + \xi\,a + \eta\,b + \zeta\,c \tag{23}$$

sind also jene, deren Komponenten $\varrho, \xi, \eta, \zeta$ reelle Zahlen sind. Ihre Algebra ist die einfachste nicht-kommutative, welche existiert: die der Quaternionen (genauer derjenigen Quaternionen, von denen die skalare Komponente reell ist, die drei vektoriellen rein imaginär). In der Darstellung $\mathfrak{B}$ erscheint die Größe (23) als die Matrix

$$X = \left\|\begin{array}{cc} \varrho + \xi, & \eta + i\zeta \\ \eta - i\zeta, & \varrho - \xi \end{array}\right\|.$$

Die Irreduzibilität geht ohne weiteres daraus hervor, daß zwischen den vier Koeffizienten dieser Matrix, wenn $\varrho, \xi, \eta, \zeta$ als Variable betrachtet werden, keine homogene lineare Relation mit konstanten Zahlkoeffizienten besteht. Wir kennen dieses Beispiel schon vom magnetischen Elektron her. Allgemein werden wir erkennen, daß eine irreduzible Abelsche Drehungsgruppe im Strahlenkörper der reinen Fälle der Kinematik eines physikalischen Systems zugrunde liegt; die reellen Größen in diesem Gruppengebiet sind die physikalischen Größen des Systems.

Innerhalb einer Abelschen Drehungsgruppe gilt für die (irgendwie geeichten) Matrizen zweier Drehungen A und B eine Gleichung

$$AB = \varepsilon\,BA. \tag{24}$$

Wir haben uns zu überlegen, in welcher Weise sie erfüllt sein kann. Bildet man auf beiden Seiten die Determinante, so ergibt sich $\varepsilon^n = 1$, ε ist also eine n-te Einheitswurzel. Ferner erhält man durch Induktion für $k = 1, 2, 3, \ldots$:

ebenso
$$\left.\begin{array}{l} A^k B = \varepsilon^k B A^k, \\ A B^l = \varepsilon^l B^l A. \end{array}\right\} \tag{25}$$

Kombiniert man beide Gleichungen, indem man die zweite auf A^k und B statt auf A und B anwendet, so erhält man die allgemeinere Regel

$$A^k B^l = \varepsilon^{kl} B^l A^k. \tag{26}$$

Weiter notieren wir die Gleichung

$$(AB)^k = \varepsilon^{\frac{k(k+1)}{2}} \cdot B^k A^k. \tag{27}$$

Sie folgt sogleich durch Schluß von k auf $k + 1$, indem man die erste Formel (25) heranzieht. Setzen wir in (25) insbesondere $k = n$, so kommt $A^n B = B A^n$. Wenn die Abelsche Drehungsgruppe irreduzibel ist, erschließt man aus dieser Vertauschbarkeit von A^n mit allen Gruppenelementen $B : A^n \backsim 1$. Die Ordnungen aller Elemente einer irreduziblen Abelschen Drehungsgruppe in n Dimensionen sind demnach Teiler von n.

Liegt eine endliche Abelsche Gruppe in abstracto vor, (20), so wird man zur Aufsuchung ihrer getreuen irreduziblen n-dimensionalen Darstellungen folgendermaßen verfahren. Für jedes Basiselement, z. B. $a_1 = a$ von der Ordnung $h_1 = h$, eicht man $U(a) = A$ in solcher Weise, daß $A^h = 1$ ist. Nachdem dies geschehen, eiche man $U(s)$ für das Element (20) durch die Festsetzung

$$U(s) = A_1^{z_1} A_2^{z_2} \ldots A_f^{z_f}.$$

Es kommt nun wesentlich auf die Bestimmung der Kommutatorzahlen ε_{ik} in den Gleichungen

$$A_i A_k = \varepsilon_{ik} A_k A_i \qquad (i > k; \quad i, k = 1, 2, \ldots, f) \tag{28}$$

an. Da aus (28)

$$A_i^{h_i} A_k = \varepsilon_{ik}^{h_i} A_k A_i^{h_i},$$

das ist

$$A_k = \varepsilon_{ik}^{h_i} A_k$$

folgt, muß ε_{ik} eine h_i-te Einheitswurzel sein.

§ 6. **Übertragung auf kontinuierliche Gruppen.** Eine infinitesimale unitäre Abbildung ist eine solche, welche unendlich wenig von der Identität abweicht, durch die also alle Vektoren $\mathfrak{x} = (x_i)$ nur unendlich kleine Änderungen $d\mathfrak{x} = (dx_i)$ erfahren. Der analoge Begriff für reelle orthogonale Abbildungen des dreidimensionalen Raumes ist aus der Kinematik des starren Körpers geläufig: bei der kontinuierlichen Drehung eines Kreisels wird von Schritt zu Schritt eine infinitesimale Drehung vollzogen. Ein anderes einfaches Beispiel ist der Prozeß der kontinuierlichen Verzinsung zu festem Zinssatz, der eine Größe x in jedem Zeitelement dt mit dem Faktor $1 + c\,dt$ multipliziert, ihr also den Zuwachs $dx = cx\,dt$ erteilt. Der Erfolg wird sein, daß sie im Zeitraum t von x auf $e^{ct} \cdot x$ angewachsen ist. Um die unendlich kleinen Größen zu vermeiden, ist es auch hier zweckmäßig, eine (rein fiktive) Zeit τ einzuführen und daher die infinitesimale unitäre Abbildung in der Form zu schreiben

$$\frac{d\mathfrak{x}}{d\tau} = \mathfrak{x}\,C, \qquad \frac{dx_k}{d\tau} = \sum_i c_{ik} x_i. \tag{29}$$

Die Forderung, daß $\sum x_i \bar{x}_i$ invariant bleiben soll, drückt sich in der Gleichung aus

$$\sum_k \left(x_k \frac{d\bar{x}_k}{d\tau} + \bar{x}_k \frac{dx_k}{d\tau} \right) = 0 \quad \text{oder} \quad \sum_{i,k} (c_{ik} + \bar{c}_{ki}) x_i \bar{x}_k = 0.$$

Die Hermitesche Form auf der linken Seite kann aber nur dann identisch in den x_i verschwinden, wenn alle ihre Koeffizienten Null sind. So ergeben sich die Bedingungen der schiefen Symmetrie

$$\overline{c}_{ki} = -c_{ik}, \qquad \overline{C}^* = -C.$$

Setzt man $C = iA$, so ist A eine Hermitesche Matrix. Resultat: Mit jeder Hermiteschen Form A ist in unitär-invarianter Weise (vgl. § 1) die infinitesimale unitäre Abbildung

$$\frac{d\mathfrak{x}}{d\tau} = i\mathfrak{x}A$$

verbunden. Der Satz von der Hauptachsentransformation der Hermiteschen Formen stellt sich dadurch als der infinitesimale Grenzfall des entsprechenden Theorems für unitäre Abbildungen heraus. Diejenigen infinitesimalen Abbildungen, welche alle Strahlen ungeändert lassen, haben die Form

$$\frac{d\mathfrak{x}}{d\tau} = ic\mathfrak{x},$$

mit einem reellen Zahlfaktor c. Der homogene Standpunkt verlangt also hier, daß A nicht von $A + c\,\mathbf{1}$ unterschieden wird.

Indem man in jedem Zeitelement $d\tau$ die gleiche infinitesimale unitäre Abbildung (29) wiederholt, erhält man durch Integration von (29)

$$\mathfrak{x}(\tau) = \mathfrak{x}\,U(\tau).$$

$U(\tau)$ ist die endliche Drehung, welche im Zeitraum τ vor sich geht. Es ist natürlich

$$U(\tau + \tau') = U(\tau)\,U(\tau').$$

Die $U(\tau)$ bilden also eine einparametrige kontinuierliche Gruppe; gegenüber der Zusammensetzung verhält sich der Zeitparameter τ additiv. Vgl. den oben geschilderten Prozeß der kontinuierlichen Verzinsung! Die Integration von (29) kann in der gleichen Weise vorgenommen werden wie in diesem einfachsten Fall. Unter Benutzung einer gegen ∞ strebenden ganzen Zahl m zerlegt man die Zeit τ in Elemente $\dfrac{\tau}{m}$. In jedem der m Zeitelemente erfährt $\mathfrak{x}$ die Transformation $\mathbf{1} + \dfrac{\tau}{m}C$; daher ist

$$U(\tau) = \lim_{m=\infty} \left(\mathbf{1} + \frac{\tau\,C}{m}\right)^m = e^{\tau C}.$$

Die Konvergenz kann ebenso leicht bewiesen werden wie im eindimensionalen Fall, wenn C eine Zahl ist. Auch ergibt sich die Potenzreihe

$$U(\tau) = \mathbf{1} + \frac{\tau}{1!}C + \frac{\tau^2}{2!}C^2 + \cdots \tag{30}$$

Eine andere Methode ist die sukzessive Approximation; sie setzt nicht voraus, daß C von τ unabhängig ist. Als nullte Approximation wird das für $\tau = 0$ vorgegebene $\mathfrak{x}$ genommen, allgemein wird die l-te aus der $(l-1)$-ten Annäherung mittels der Gleichung

$$\frac{d\mathfrak{x}_l}{d\tau} = \mathfrak{x}_{l-1}\,C \quad \text{zu} \quad \mathfrak{x}_l(\tau) = \mathfrak{x} + \int\limits_0^\tau \mathfrak{x}_{l-1}(\tau)\,C\,d\tau$$

bestimmt. Die Annäherungen $\mathfrak{x}_l(\tau)$ konvergieren mit $l \to \infty$ gegen die gesuchte Grenze $\mathfrak{x}(\tau)$. Es ergibt sich für $\mathfrak{x}(\tau)$ eine unendliche Reihe:

$$\sum_{l=0}^{\infty} \underset{(0 \leqq \tau_1 \leqq \tau_2 \leqq \cdots \leqq \tau_l \leqq \tau)}{\int\int \cdots \int} C(\tau_1)\,C(\tau_2)\ldots C(\tau_l)\,d\tau_1\,d\tau_2\ldots d\tau_l. \quad (31)$$

Bei zeitunabhängigem C kommt wieder die Gleichung (30) heraus.

Eine Zwischenbemerkung: Es wurde erwähnt, daß in der Physik meist Formen mit unendlich vielen Variablen eine Rolle spielen. Die Theorie der Hermiteschen Formen von unendlich vielen Veränderlichen unter dem Einfluß unitärer Transformationen wurde von Hilbert und Hellinger entwickelt, unter der Voraussetzung, daß die Form beschränkt ist, d. h. daß eine Konstante M existiert, unter der die Werte der Form ihrem absoluten Betrage nach für alle Vektoren vom Betrage 1 bleiben *. Die in der Physik vorkommenden Formen genügen dieser Bedingung nicht. Eine Erweiterung der Theorie, welche den physikalischen Anforderungen genügt, hat v. Neumann a. a. O. in Aussicht gestellt. Es ergibt sich hier die Aufgabe, das Analoge für die unitären Abbildungen zu leisten. Für sie wird die Theorie wesentlich befriedigender ausfallen, weil keinerlei spezielle, die Konvergenz garantierende Voraussetzungen zu machen sind, wie es die Hilbertsche Annahme der Beschränktheit war. Denn der Begriff der unitären Abbildung bringt' es mit sich, daß in der Matrix die Quadratsumme der absoluten Beträge jeder Zeile und jeder Spalte konvergiert, nämlich $= 1$ ist. (Die mathematische Durchführung soll an anderer Stelle gegeben werden.) Der integrale Standpunkt ist in begrifflicher Hinsicht dem infinitesimalen immer überlegen, er läßt zugleich die natürlichen Grenzen der differentiellen Begriffsbildungen erkennen. In diesem Sinne ist es zweckmäßig, da mit einer Größe α ja immer auch ihre reellen konstanten Multipla $k\alpha$ als physikalische Größen auftreten, diese zu ersetzen durch $e^{ik\alpha}$, die Hermiteschen Matrizen kA

---

* D. Hilbert, Grundzüge einer allgemeinen Theorie der Integralgleichungen, Leipzig 1912, insbesondere IV. Abschnitt. E. Hellinger, Crelles Journal **136**, 1, 1910.

durch die unitären e^{ikA}. Mit A erscheinen sie zugleich auf Hauptachsen transformiert, wobei an Stelle der a_μ die Zahlen e^{ika_μ} als Eigenwerte sich ergeben.

Doch nun zu den **unendlichen Gruppen**! Eine unendliche Gruppe kann diskontinuierlichen Charakter haben, wie die in der Lehre von der Kristallstruktur auftretende Gruppe der Gittertranslationen des Raumes, deren Komponenten in bezug auf die drei Achsen x, y, z ganze Zahlen sind. Es können auch gemischte kontinuierlich-diskrete Gruppen vorkommen, wie die Gruppe aller Raumtranslationen, deren x-Komponente ganzzahlig ist. Doch haben wir jetzt insbesondere die kontinuierlichen Gruppen im Auge. Eine solche denkt man sich nach S. Lie erzeugt durch ihre **infinitesimalen Elemente**. Ist die Gruppe eine f-parametrige kontinuierliche Mannigfaltigkeit $\mathfrak{G}$, so sind die infinitesimalen Elemente die Stellen auf der Gruppenmannigfaltigkeit, welche der Einheitsstelle 1 unendlich benachbart sind, oder die von 1 ausgehenden Linienelemente. Sie bilden also eine f-dimensionale **lineare Mannigfaltigkeit**. Halten wir uns sogleich an die Darstellung, an die konkreten unitären Abbildungen statt an die abstrakten Elemente, so haben wir mithin eine f-dimensionale lineare Schar schiefer Matrizen vor uns:

$$\mathfrak{g}: \quad C_1 d\sigma_1 + C_2 d\sigma_2 + \cdots + C_f d\sigma_f, \tag{32}$$

innerhalb deren C_1, C_2, ..., C_f eine willkürlich gewählte Basis ist und die Zahlparameter $d\sigma_1$, $d\sigma_2$, ..., $d\sigma_f$ aller reellen Werte fähig sind. Setzt man in (32) $d\sigma_i = \alpha_i d\tau$ und iteriert diese infinitesimale Abbildung, die man sich im Zeitelement $d\tau$ vollzogen denkt, so gelangt man nach Ablauf der Zeit τ, wenn an Stelle von $\alpha_i \tau$ jetzt wieder σ_i geschrieben wird, zu

$$U(\sigma_1, \sigma_2, \ldots, \sigma_f) = e^{\sigma_1 C_1 + \sigma_2 C_2 + \cdots + \sigma_f C_f}. \tag{33}$$

Innerhalb der infinitesimalen Gruppe $\mathfrak{g}$ gibt sich die Komposition an den Parametern $d\sigma$ als Addition kund. Es könnte darum so scheinen, daß jede lineare Schar (32) eine f-parametrige kontinuierliche Gruppe nach der Formel (33) erzeugt. Das ist aber nicht der Fall, wie die folgende Betrachtung lehrt, die nach dem Muster bekannter Integrabilitätsüberlegungen verläuft. Sie nutzt für die infinitesimalen Elemente die Tatsache aus, daß mit zwei Abbildungen U, V auch der **Kommutator** $UVU^{-1}V^{-1}$ in der Gruppe enthalten sein muß. Sind also C, C' zwei in der Schar $\mathfrak{g}$ vorkommende Matrizen, so gehören die infinitesimalen Abbildungen

$$d\mathfrak{x} = \mathfrak{x} C d\tau \quad \text{und} \quad d'\mathfrak{x} = \mathfrak{x} C' d\tau'$$

zur Gruppe. Führt man sie beide hintereinander aus, das eine Mal in der Reihenfolge d, d', das andere Mal in der Reihenfolge d', d, so ist die Differenz der dadurch aus $\mathfrak{x}$ entstehenden Vektoren

$$\varDelta\mathfrak{x} = dd'\mathfrak{x} - d'd\mathfrak{x} = \mathfrak{x}(C\,C' - C'C)\,d\tau\,d\tau'.$$

Diese infinitesimale Abbildung ist der gesuchte Kommutator. Infolgedessen muß mit C und C' auch immer $C\,C' - C'C$ der Schar $\mathfrak{g}$ angehören. An der Basis formuliert, heißt das, daß die Matrizen $C_i C_k - C_k C_i$ sich linear mittels reeller Zahlkoeffizienten aus $C_1, C_2, \ldots, C_f$ kombinieren müssen. Diese von Lie aufgestellte Bedingung, deren Herleitung leicht streng zu machen ist, ist nicht nur notwendig, sondern auch hinreichend[*].

Die Gruppe ist Abelsch, wenn der Kommutator irgend zweier Elemente gleich **1** ist. In diesem Falle müssen die Matrizen C_i den Gleichungen

$$C_i C_k - C_k C_i = 0 \qquad (34)$$

genügen, d. h. sie müssen vertauschbar sein. Für zwei vertauschbare Matrizen A und B gilt

$$e^{A+B} = e^A \cdot e^B;$$

das ergibt sich genau wie für Zahlen. Die Gleichung (34), d. i. die Vertauschbarkeit der infinitesimalen Elemente, genügt also, wie das eigentlich selbstverständlich ist, um den Abelschen Charakter der ganzen Gruppe sicherzustellen, es gilt auf Grund von (34)

$$U(\sigma_1, \sigma_2, \ldots, \sigma_f)\, U(\tau_1, \tau_2, \ldots, \tau_f) = U(\sigma_1 + \tau_1, \sigma_2 + \tau_2, \ldots, \sigma_f + \tau_f).$$

Jede f-parametrige Abelsche Gruppe ist danach isomorph mit der Gruppe der Translationen in einem f-dimensionalen Raume. Die C_i spielen eine analoge Rolle wie die Basis bei den endlichen Abelschen Gruppen.

Wir werden es zwar mit einer Abelschen Gruppe zu tun haben, aber die Abbildungen sind als solche des Strahlenkörpers zu verstehen. Überall ist das Zeichen $=$ zwischen unitären Abbildungen durch $\sim$ zu ersetzen. An Stelle der Bedingungen (34) treten danach solche von der Form

$$C_\mu C_\nu - C_\nu C_\mu = i c_{\mu\nu} \mathbf{1}.$$

$c_{\mu\nu}$ ist ein schiefsymmetrisches System reeller Zahlen. Der Kommutator der infinitesimalen Abbildungen mit den Matrizen

$$A = \sigma_1 C_1 + \cdots + \sigma_f C_f \quad \text{und} \quad B = \tau_1 C_1 + \cdots + \tau_f C_f$$

ist

$$AB - BA = i \sum_{\mu,\nu} c_{\mu\nu} \sigma_\mu \tau_\nu \cdot \mathbf{1}.$$

---

[*] Genaueres ist etwa nachzulesen bei: H. Weyl, Mathematische Analyse des Raumproblems, Berlin 1923, S. 33—36, und die dazu gehörigen Anhänge.

Die schiefsymmetrische Form

$$\sum_{\mu,\,\nu} c_{\mu\nu}\,\sigma_\mu\,\tau_\nu = h(\sigma,\tau),$$

welche eine von der Basis unabhängige Bedeutung hat, nenne ich die Kommutatorform. Wendet man (26) an für eine gegen ∞ konvergierende Zahl $k = l = m$ und $1 + \dfrac{A}{m}$, $1 + \dfrac{B}{m}$ an Stelle von A und B, so erhält man im Limes als den Kommutator irgend zweier Elemente der Gruppe $U(\sigma_1, \sigma_2, \ldots, \sigma_f) = U(\sigma)$ und $U(\tau)$:

$$U(\sigma)\,U(\tau)\,U^{-1}(\sigma)\,U^{-1}(\tau) = e\big(h(\sigma,\tau)\big).\,1. \tag{35}$$

[Um der Leserlichkeit willen schreibe ich oft $e(x)$ statt e^{ix}.] Dieselbe Einsetzung in (27) mit nachfolgendem Grenzübergang liefert noch

$$U(\sigma + \tau) = e\big(\tfrac{1}{2} h(\sigma,\tau)\big)\,U(\tau)\,U(\sigma) = e\big(-\tfrac{1}{2} h(\sigma,\tau)\big)\,U(\sigma)\,U(\tau).$$

Wenn die Drehungsgruppe irreduzibel ist, kann ein festes $U(\sigma)$ nur dann mit allen $U(\tau)$ vertauschbar sein, wenn es ~ 1 ist, d. h. wenn die Parameter σ_i verschwinden. Das besagt, daß die Kommutatorform nicht-ausgeartet ist, nämlich für ein festes Wertsystem σ_i nicht identisch in τ_i verschwinden kann, ohne daß alle $\sigma_i = 0$ sind. (Es kommt das darauf hinaus, daß die Determinante $|c_{ik}| \neq 0$ ist.) Eine solche Form existiert nur, wenn die Variablenzahl f gerade ist, und ihr kann durch geeignete Wahl der Basis (dadurch, daß die Variablen σ_i und τ_i kogredient einer geeigneten linearen Transformation unterworfen werden) eine numerisch eindeutig bestimmte Gestalt verliehen werden: Die Koeffizientenmatrix $\|c_{ik}\|$ zerfällt in lauter zweireihige Quadrate $\left\|\begin{smallmatrix} 0 & 1 \\ -1 & 0 \end{smallmatrix}\right\|$, die sich längs der Hauptdiagonale aneinanderreihen. Es ist dann zweckmäßiger, $2f$ an Stelle von f zu schreiben, die so eingeführte „kanonische Basis" mit

$$i P_\nu,\ i Q_\nu \qquad (\nu = 1, 2, \ldots, f)$$

zu bezeichnen und die zugehörigen kanonisch gepaarten Parameter mit $\sigma_\nu,\ \tau_\nu$. Der Faktor i ist beigefügt, um auf Hermitesche Formen P_ν, Q_ν zu kommen. Es gelten die Vertauschungsrelationen

$$\left.\begin{aligned} & i(P_\nu Q_\nu - Q_\nu P_\nu) = 1, \quad i(P_\mu Q_\nu - Q_\nu P_\mu) = 0 \text{ für } \mu \neq \nu, \\ \text{und}\quad & P_\mu P_\nu - P_\nu P_\mu = 0, \qquad Q_\mu Q_\nu - Q_\nu Q_\mu = 0 \text{ für alle } \mu, \nu. \end{aligned}\right\} \tag{36}$$

Die

$$U(\sigma) = e(\sigma_1 P_1 + \sigma_2 P_2 + \cdots + \sigma_f P_f)$$

bilden für sich eine f-parametrige Abelsche Gruppe unitärer (Vektor-) Abbildungen, ebenso die

$$V(\tau) = e(\tau_1 Q_1 + \tau_2 Q_2 + \cdots + \tau_f Q_f).$$

Hingegen ist

$$U(\sigma)\,V(\tau)\,U^{-1}(\sigma)\,V^{-1}(\tau) = e(\sigma_1\tau_1 + \cdots + \sigma_f\tau_f)\cdot 1$$

und

$$e(\sigma_1 P_1 + \cdots + \sigma_f P_f + \tau_1 Q_1 + \cdots + \tau_f Q_f)$$
$$= e\!\left(\frac{1}{2}\sum_{i=1}^{f}\sigma_i\tau_i\right) V(\tau)\,U(\sigma) = e\!\left(-\frac{1}{2}\sum_{i=1}^{f}\sigma_i\tau_i\right) U(\sigma)\,V(\tau). \qquad (37)$$

§ 7. **Ersatz der kanonischen Variablen durch die Gruppe. Das Elektron.** Unsere Entwicklungen sind bis zu dem Punkte gediehen, wo die Verbindung mit der Quantenmechanik in die Augen springt. Liegt ein mechanisches System von f Freiheitsgraden vor, so genügen ja die Hermiteschen Matrizen, welche die kanonischen Variablen repräsentieren, gerade den Relationen (36), bis auf den Faktor $h/2\pi$, von dem noch die Rede sein wird und den wir einstweilen in die Maßeinheiten hineinstecken. Nehmen wir die Zahl der Freiheitsgrade f zunächst $= 1$ und bezeichnen in der üblichen Weise die kanonischen Variablen mit p, q, ihre repräsentierenden Formen mit P, Q, so sagt die Relation

$$i(PQ - QP) = 1 \qquad (38)$$

aus, daß die beiden durch die Matrizen iP, iQ gekennzeichneten infinitesimalen Drehungen des Strahlenkörpers vertauschbar sind. Die durch sie erzeugte Abelsche Drehungsgruppe besteht aus den Drehungen

$$U(\sigma,\tau) = e(P\sigma + Q\tau) \qquad (39)$$

(σ, τ reelle Parameter, die sich bei Zusammensetzung additiv verhalten). Die reelle Größe im Gruppengebiet, deren Komponenten $\xi(\sigma,\tau)$ der Gleichung (19) oder

$$\bar{\xi}(\sigma,\tau) = \xi(-\sigma, -\tau) \qquad (40)$$

genügen, erscheint als die Hermitesche Form

$$F = \int\limits_{-\infty}^{+\infty}\!\!\int e(P\sigma + Q\tau)\,\xi(\sigma,\tau)\,d\sigma\,d\tau. \qquad (41)$$

Eine physikalische Größe ist durch ihren Funktionsausdruck $f(p,q)$ in den kanonischen Variablen p, q mathematisch definiert. Es blieb ein Problem, wie ein derartiger Ausdruck auf die Matrizen zu übertragen war. Ohne weiteres klar war das nur für die Potenzen p^k, q^l und damit für Polynome. Freilich trat schon hier die Schwierigkeit auf, daß man nicht wußte, ob man einen Term wie $p^2 q$ als $P^2 Q$ oder $Q P^2$ oder $P Q P$ usw.

zu interpretieren hatte. Der Ansatz ist offenbar viel zu formal. Unsere gruppentheoretische Auffassung zeigt sogleich den rechten Weg: die Hermitesche Form (41) repräsentiert die Größe

$$f(p, q) = \int\limits_{-\infty}^{+\infty}\int e(p\sigma + q\tau)\,\xi(\sigma, \tau)\,d\sigma\,d\tau. \tag{42}$$

Nach dem Fourierschen Integraltheorem läßt sich ja jede Funktion $f(p, q)$ in dieser Form eindeutig entwickeln, und wenn f eine reellwertige Funktion der reellen Veränderlichen p, q ist, genügt $\xi(\sigma, \tau)$ gerade der Bedingung (40). Die Integralentwicklung (42) ist nicht immer ganz wörtlich zu verstehen; das wesentliche ist nur, daß rechts eine lineare Kombination der $e(p\sigma + q\tau)$ steht, in denen σ und τ beliebige reelle Werte annehmen können. Wenn z. B. q eine zyklische Koordinate ist, die nur mod. 2π zu verstehen ist, so daß alle in Betracht kommenden Funktionen periodisch in q mit der Periode 2π sind, wird die Integration nach τ ersetzt werden müssen durch eine Summation über alle ganzen Zahlen τ; wir haben dann den Fall einer gemischten kontinuierlich-diskreten Gruppe. Die Einschränkungen, denen $f(p, q)$ unterworfen sein muß, damit sie eine Entwicklung des Typus (42) gestattet, könnten noch Bedenken erregen. Nun wissen wir aber, daß es eigentlich gilt, $e\big(k\,f(p, q)\big)$ so zu entwickeln (k irgend eine reelle Konstante), und in dieser Fassung läßt sich die Aufgabe nach neueren Untersuchungen von N. Wiener, Bochner und Hardy in zwingender Weise eindeutig erledigen *.

Die Übertragung auf f Freiheitsgrade liegt auf der Hand. Insbesondere sahen wir, wie aus der Forderung der Irreduzibilität im Falle der kontinuierlichen Gruppen die charakteristische kanonische Paarung entspringt. Für endliche Gruppen freilich existiert nicht ein so einheitliches Schema. Das ist im Einklang mit den physikalischen Tatsachen. Denn aus den Entwicklungen von P. Jordan** ging bereits hervor, daß beim magnetischen Elektron σ_y so gut wie σ_z als

---

* N. Wiener, On representations of functions by trigonometrical integrals, Math. ZS. **24**, 575, 1926; S. Bochner und G. H. Hardy, Note on two theorems of N. Wiener, Journ. Lond. Math. Soc. **1**, 240, 1926; S. Bochner, Darstellung reell variabler und analytischer Funktionen durch verallgemeinerte Fourier- und Laplaceintegrale, Math. Ann. **97**, 635, 1927; vgl. dazu ferner die von H. Bohr stammende Theorie der fastperiodischen Funktionen; am einfachsten bei H. Weyl, Math. Ann. **97**, 338, 1926.

** ZS. f. Phys. **44**, 21—25, 1927. Nach P. Jordan, Über die Polarisation der Lichtquanten, ebenda, S. 292, ist die Kinematik der Lichtquanten die gleiche.

die „kanonische Konjugierte" von σ_x angesehen werden kann. Höchstens von einem Tripel, nicht von einem Paar kanonisch konjugierter Größen könnte hier vernünftigerweise die Rede sein. Bestätigen wir, daß gerade auch in diesem diskreten, dem Kontinuierlichen am meisten entgegengesetzten Falle unsere Formulierung genau das Richtige trifft! Sie lautet, um das noch einmal zusammenzufassen, so: Der kinematische Charakter eines physikalischen Systems findet seinen Ausdruck in einer irreduziblen Abelschen Drehungsgruppe, deren Substrat der Strahlenkörper der „reinen Fälle" ist. Die reellen Größen dieses Gruppengebietes sind die physikalischen Größen; die Hermiteschen Matrizen, als welche sie vermöge der Darstellung der abstrakten Gruppe durch Drehungen erscheinen, sind die Repräsentanten der physikalischen Größen, deren Bedeutung im I. Teil auseinandergesetzt wurde.

Nun: die früher beschriebene zweidimensionale Drehungsgruppe $\mathfrak{B}$, welche der Viérergruppe isomorph ist, kennzeichnet, wie der Vergleich mit § 2, (12) lehrt, die Kinematik des magnetischen Elektrons. Da $n = 2$ ist, sind alle Größen nur zweier Werte fähig. Die einzigen physikalischen Größen, welche existieren, sind die mit Hilfe reeller Zahlkoeffizienten gebildeten linearen Kombinationen von 1, σ_x, σ_y, σ_z. Aber das magnetische Elektron ergibt sich nicht nur als Sonderfall der Theorie, sondern die ihm eigentümliche Kinematik ist überhaupt die einzig mögliche, wenn alle Größen nur zweier Werte fähig sein sollen, wenn $n = 2$ ist. Beweis: Wir wissen schon, daß unter dieser Voraussetzung jedes Gruppenelement a außer dem Einheitselement von der Ordnung 2 ist. Die beiden Eigenwerte der korrespondierenden zweidimensionalen Matrix A sind daher entgegengesetzt gleich. Wählen wir ein bestimmtes $a \neq 1$, so können wir das zugehörige A samt einem normalen Koordinatensystem so festlegen, daß

$$A = \left\| \begin{matrix} 1 & 0 \\ 0 & -1 \end{matrix} \right\| \tag{43}$$

wird. Die mit A vertauschbaren Matrizen U unserer Gruppe haben notwendig die Gestalt $\left\| \begin{matrix} c & 0 \\ 0 & c' \end{matrix} \right\|$; wenn sie nicht $\simeq 1$ sind, ist $c' = -c$, U also $\simeq A$. Es gibt Gruppenelemente, deren Matrix B nicht mit A vertauschbar ist. Wir wissen, daß in der Gleichung

$$A B = \varepsilon B A$$

ε eine zweite Einheitswurzel, darum $\varepsilon = -1$ sein muß. Daraus folgt, daß B die Gestalt

$$B = \begin{Vmatrix} 0 & b \\ b' & 0 \end{Vmatrix} \tag{44}$$

hat. Die Zahlen b, b' sind vom absoluten Betrag 1. Wir wählen ein bestimmtes solches B, das gemäß $B^2 = 1$ geeicht sei: $b b' = 1$. Außerdem kann man b zu 1 machen, indem man das bisherige normale Koordinatensystem $\mathfrak{e}_1, \mathfrak{e}_2$ durch $\mathfrak{e}_1, b \mathfrak{e}_2$ ersetzt; (43) wird dadurch nicht angegriffen:

$$B = \begin{Vmatrix} 0 & 1 \\ 1 & 0 \end{Vmatrix}. \tag{45}$$

Jede Matrix U unserer Gruppe, welche mit A vertauschbar ist, ist $\simeq 1$ oder $\simeq A$. Wenn sie nicht mit A vertauschbar ist, hat sie die Form (44), und demnach ist ihre Zusammensetzung UB mit dem durch (45) gegebenen bestimmten B eine Diagonalmatrix. Als solche ist sie mit A vertauschbar, also $\simeq 1$ oder $\simeq A$. Das Resultat ist, daß jedes $U \simeq$ einer von den vier Matrizen $1, A, B, AB$ ist. Es liegt in der Tat die Vierergruppe vor und die Darstellung $\mathfrak{B}$ derselben.

§ 8. **Übergang zu Schrödingers Wellentheorie.** In ähnlicher Weise, wie soeben der Fall $n = 2$ behandelt wurde, wollen wir jetzt zeigen, daß die zweiparametrigen kontinuierlichen Gruppen nur einer irreduziblen Darstellung in unserem Sinne (außer der identischen) fähig sind. Wir erhalten jene Gruppen durch Grenzübergang aus den zweibasigen endlichen. Die irreduzible Abelsche Drehungsgruppe mit der Basis A, B habe die Dimensionszahl n. In der Kommutatorgleichung

$$AB = \varepsilon BA \tag{46}$$

ist ε eine n-te Einheitswurzel. Diese Gleichung gilt es jetzt näher zu untersuchen. Die Kommutatorzahl ε sei eine **primitive** m-te Einheitswurzel, d. h. ε^m sei die niederste Potenz, welche $= 1$ ist; m ist Teiler von n. Die Drehungen A, B sind von einer in n aufgehenden Ordnung: $A^n \simeq 1, B^n \simeq 1$, und die Matrizen können daher so geeicht werden, daß $A^n = B^n = 1$ ist. Durch geeignete Wahl des normalen Koordinatensystems sei B auf Hauptachsen gebracht; die Glieder in der Hauptdiagonale, b_i, sind lauter n-te Einheitswurzeln. Die Gleichung (46) liefert für die Koeffizienten von $A = \|a_{ik}\|$:

$$\frac{b_k}{b_i} a_{ik} = \varepsilon\, a_{ik}. \tag{47}$$

Man teile die Indizes i und zugehörigen Variablen x_i in Klassen nach dem Prinzip, daß i und k in dieselbe Klasse fallen, wenn der Quotient b_i/b_k eine m-te Einheitswurzel, eine Potenz von ε ist. Dies ist wirklich eine Klasseneinteilung, da mit b_i/b_k und b_k/b_l auch b_i/b_l Potenz von ε ist. Gemäß der Gleichung (47) ist $a_{ik} = 0$, wenn i und k zu verschiedenen Klassen gehören; die Matrix A zerfällt demnach in der gleichen Weise, wie die Indizes in Klassen zerfallen. Wegen der vorausgesetzten Irreduzibilität ist also nur eine Klasse vorhanden.

Nachdem dies erkannt ist, gehen wir zu einer feineren Klasseneinteilung über: jetzt sollen i und k nur dann zur selben Klasse gehören, wenn $b_i = b_k$ ist. Wir wählen willkürlich eine dieser Klassen, für welche $b_i = b$ ist, als die erste, lassen dann als zweite diejenige folgen, für die $b_i = \varepsilon b$ ist, darauf die dritte mit $b_i = \varepsilon^2 b$, ..., die m-te mit $b_i = \varepsilon^{m-1} b$; die $(m + 1)$-te Klasse: $b_i = \varepsilon^m b$, ist wieder die erste. In dieser Reihenfolge denken wie auch die Variablen angeschrieben und numeriert. Nach der Gleichung (47) sind in der Matrix A alle Felder $(i,\, k)$ leer, $a_{ik} = 0$, deren Zeilen- und Spaltenindex i und k nicht zu zwei aufeinanderfolgenden Klassen gehören.

Die Matrix A hat daher das angedeutete Schema (Fig. 1), in welchem die nicht schraffierten Gebiete leer stehen und übrigens $m = 4$ angenommen wurde. In den schraffierten Gebieten stehen die „Teilmatrizen" $A^{(1)}$, $A^{(2)}$, ..., $A^{(m)}$. Da A unitär ist, summieren sich die absoluten Quadrate der Glieder in jeder Zeile und in jeder Spalte zu 1. Infolgedessen gilt das gleiche für die Zeilen

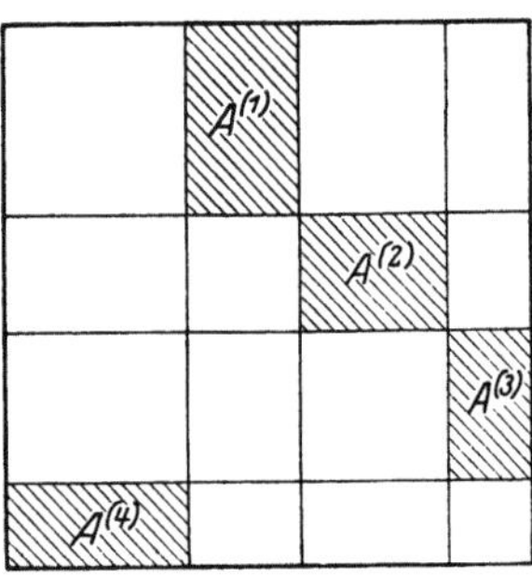

Fig. 1.

und Spalten der einzelnen Teilmatrix. Die Summe der absoluten Quadrate aller in $A^{(1)}$ stehenden Glieder ist darum einerseits gleich ihrer Zeilen-, andererseits gleich ihrer Spaltenzahl. Das Rechteck $A^{(1)}$ ist in Wahrheit ein Quadrat, die zweite Klasse besteht aus ebenso vielen Individuen d wie die erste. Alle Klassen sind gleich stark, $n = md$. Danach ist die Figur zu korrigieren. Genauer ist jede der schraffierten Teilmatrizen für sich unitär. Indem wir auf die erste Klasse von Variablen die unitäre Transformation mit der Matrix $A^{(1)}$ ausüben, bewirken wir, daß sich $A^{(1)}$ in die d-dimensionale Einheitsmatrix verwandelt. Diese Normalform wird nicht zerstört, wenn man nachträglich die Variablen der ersten Klasse und ebenso die Variablen der zweiten Klasse, jede für sich, der gleichen beliebigen unitären Transformation unterwirft. Dies können wir dazu benutzen, um auch die zweite Teilmatrix in die Einheitsmatrix umzuwandeln; und so fort bis zur $(m-1)$-ten. Die damit erzielte Normalform wird nicht zerstört, wenn die Variablen jeder Klasse untereinander der gleichen unitären Transformation unterliegen. Diese Transformation kann man schließlich, wie man weiß, noch so bestimmen, daß die letzte Teilmatrix $A^{(m)}$ eine Diagonalmatrix wird. Nunmehr nehmen wir eine Umnumerierung vor, indem wir zunächst aus jeder Klasse das erste Glied auslesen, darauf aus jeder Klasse das zweite usf. Dann zerfällt A in d Teilmatrizen, die sich längs der Hauptdiagonale aneinanderreihen. Wegen der vorausgesetzten Irreduzibilität ist nur eine davon vorhanden: $d = 1$, $n = m$. Wir haben die Normalform (die nicht ausgefüllten Felder „stehen leer"):

$$
A = \left\|\begin{array}{ccccc} 0 & 1 & & & \\ & 0 & 1 & & \\ & & 0 & 1 & \\ \multicolumn{5}{c}{\dotfill} \\ a & 0 & 0 & 0 \ldots & 0 \end{array}\right\|, \qquad
B = \left\|\begin{array}{ccccc} \varepsilon^r & & & & \\ & \varepsilon^{r+1} & & & \\ & & \varepsilon^{r+2} & & \\ \multicolumn{5}{c}{\dotfill} \\ & & & & \varepsilon^{n+r-1} \end{array}\right\| .
$$

Die Exponenten in B sind n aufeinanderfolgende ganze Zahlen, ε ist eine primitive n-te Einheitswurzel. Die Gleichung $A^n = 1$ liefert endlich noch $a = 1$. Lassen wir die Variablennummern von r ab laufen und verstehen alle Indizes mod. n, so lauten die beiden Abbildungen:

$$ A: \quad x'_k = x_{k-1}, \qquad B: \quad x'_k = \varepsilon^k x_k. $$

Daraus sofort die Wiederholungen:

$$ A^s: \quad x'_k = x_{k-s}, \qquad B^t: \quad x'_k = \varepsilon^{kt} x_k. \tag{48} $$

Jetzt läßt sich in aller Strenge der Grenzübergang zu kontinuierlichen Gruppen vollziehen. Es sei (39) die kontinuierliche zweiparametrige irreduzible Abelsche Drehungsgruppe. Die Basis iP, iQ sei nach (38) normiert. Wir identifizieren in unserer Betrachtung A mit dem infinitesimalen $e(\xi P)$, B mit $e(\eta Q)$, ξ und η reelle infinitesimale Konstanten. Es ist $e(\sigma P) = A^s$, $e(\tau Q) = B^t$, wenn im Limes $s\xi = \sigma$, $t\eta = \tau$ wird. ε fällt mit $e(\xi\eta)$ zusammen, ε^{kt} ist $= e(\xi k\tau)$. $e(\tau Q)$ ist die Repräsentation der physikalischen Größe $e^{i\tau q}$; diese ist also (bei beliebigem reellen τ) der Werte fähig $e^{i\tau\xi k}$, wo k die ganzen Zahlen durchläuft. Mit anderen Worten: die Größe q ist der Werte $k\xi$ fähig, ihr Wertbereich das zusammenhängende Kontinuum der reellen Zahlen von $-\infty$ bis $+\infty$. (Dabei ist k freilich mod. n, $k\xi$ mod. $n\xi$ zu verstehen; aber $n\xi$ ist ein Multiplum von $2\pi/\eta$, folglich im Limes unendlich groß.) Darum schreiben wir jetzt q an Stelle von $k\xi$, unter

q zugleich eine Variable verstehend, welche den Wertbereich der physikalischen Größe q durchläuft, und $\sqrt{\bar{\xi}} \cdot \psi(q)$ an Stelle von x_k. $\psi(q)$ ist eine willkürliche komplexwertige Funktion, welche der Normierungsgleichung

$$\int |\psi(q)|^2 \, dq = 1 \tag{49}$$

unterworfen ist. Ihre Werte sind aufzufassen als die den verschiedenen Werten von q entsprechenden Komponenten eines „reinen Falles" in demjenigen normalen Koordinatensystem, das aus den Eigenvektoren der Größe q besteht. — An Stelle der zweiten Gleichung (48) erhalten wir im Limes

$$\psi' = \psi V_\tau: \quad \psi'(q) = e^{i\tau q} \cdot \psi(q): \tag{50}$$

das ist die unitäre Abbildung V_τ, welche die Größe $e^{i\tau q}$ darstellt. Der gleiche Grenzübergang an der ersten Gleichung liefert die unitäre Abbildung

$$\psi' = \psi U_\sigma: \quad \psi'(q) = \psi(q - \sigma), \tag{51}$$

welche $e^{i\sigma p}$ repräsentiert. Beide Abbildungen sind in der Tat unitär, weil sie die Gleichung (49) invariant lassen; sie bilden, den verschiedenen Werten von σ bzw. τ entsprechend, zwei einparametrige Abelsche Gruppen linearer Funktionaltransformationen:

$$U_{\sigma + \sigma'} = U_\sigma U_{\sigma'}, \quad V_{\tau + \tau'} = V_\tau V_{\tau'}.$$

$\psi U_\sigma V_\tau$ ist die Funktion $e^{i\tau q} \cdot \psi(q - \sigma)$, $\psi V_\tau U_\sigma$ aber $= e^{i\tau(q - \sigma)} \cdot \psi(q - \sigma)$, so daß, wie es sein muß, die Kommutatorgleichung gilt:

$$\psi U_\sigma V_\tau = e^{i\sigma\tau} \cdot \psi V_\tau U_\sigma.$$

Der Größe $e(\sigma p + \tau q)$ entspricht nach (37) die Abbildung

$$\psi(q) \to \psi'(q) = e^{-1/2 i \sigma \tau} \cdot e^{i\tau q} \psi(q - \sigma).$$

Geht man endlich auf die infinitesimalen Operationen zurück — was freilich im allgemeinen nicht zweckmäßig ist —, so bekommt man als Repräsentation von

$$p: \quad \delta\psi = i \frac{d\psi(q)}{dq}, \quad \text{von} \quad q: \quad \delta\psi = q \cdot \psi(q). \tag{52}$$

Damit sind wir bei der Schrödingerschen Fassung angelangt. Die Eigenfunktionen $\psi_n(q)$ seiner Wellengleichung haben danach die Bedeutung, daß sie die unitäre Transformation angeben, welche zwischen den beiden Hauptachsensystemen der Größe q und der Energie E vermittelt. Im Hinblick auf den ersten Teil ergeben sich daraus die bekannten Paulischen Ansätze für ihre Wahrscheinlichkeitsbedeutung.

Die Übertragung auf mehrere Freiheitsgrade ist mühelos durchführbar. Die Kinematik eines Systems, die durch eine kontinuierliche Gruppe ausgedrückt wird, ist darum durch die Zahl der Freiheitsgrade f eindeutig determiniert. Unsere Behandlung ist gültig auch für den Fall, daß die Größe q eine zyklische Koordinate ist, die nur mod. 2π in Betracht kommt. Dann durchläuft τ nur die ganzen Zahlen, die Gruppe ist halb diskontinuierlich. Die Repräsentationen (50) und (51) von $e^{i\tau q}$ und $e^{i\sigma p}$ bleiben bestehen; aber da τ nur ganzzahlige Werte annimmt, hat es keinen Sinn mehr, den Grenzübergang $\tau \to 0$ zu vollziehen. Eine „physikalische Größe q", welche durch eine Hermitesche Form zu repräsentieren wäre, gibt es überhaupt gar nicht, wohl aber z. B. $\cos q$.

Oft ist es zweckmäßig, Koordinaten und Impulse zu vertauschen, an Stelle der Komponenten $\psi(q)$ der Vektoren die Komponenten $\varphi(p)$ im System der Eigenvektoren von p zu verwenden. Ihr Zusammenhang ist der durch die „Fouriersche Transformation"

$$\psi(q) = \int\limits_{-\infty}^{+\infty} e^{iqp}\,\varphi(p)\,dp$$

gegebene *. Denn die Abbildung V_τ verwandelt $\psi(q)$ in

$$\int\limits_{-\infty}^{+\infty} e^{iq(p+\tau)}\,\varphi(p)\,dp = \int\limits_{-\infty}^{+\infty} e^{iqp}\,\varphi(p-\tau)\,dp,$$

U_σ aber in

$$\int\limits_{-\infty}^{+\infty} e^{iqp}\cdot e^{-i\sigma p}\,\varphi(p)\,dp.$$

Es ist also

$$\varphi(p)\,V_\tau = \varphi(p-\tau), \quad \varphi(p)\,U_\sigma = e^{-i\sigma p}\,\varphi(p). \tag{53}$$

III. Teil. Das dynamische Problem.

§ 9. Das Gesetz der zeitlichen Veränderung. Die Zeitgesamtheit. Die bisherigen Ansätze beanspruchen allgemeine Geltung. Nicht so günstig steht es mit dem dynamischen Problem, das eng mit der Frage nach der Rolle zusammenhängt, welche Raum und Zeit in der Quantenphysik spielen. In der Feldtheorie werden Zustandsgrößen behandelt, die in Raum und Zeit ausgebreitet sind, die Mechanik im engeren Sinne hat es nur mit der Zeit als der einzigen unabhängigen Veränderlichen zu tun. Die unabhängigen Veränderlichen sind keine

---

* Nach einem wichtigen Satz von Plancherel (Rend. Circ. Mat. Palermo **30**, 330, 1910) und Titchmarsh [Lond. Math. Soc. Proc. (2) **23**, 279, 1924] hat diese Transformation für alle absolut quadratisch integrierbaren Funktionen einen klaren Sinn und erhält (bis auf den Faktor 2π) das Quadratintegral.

gemessenen Größen, sie sind ein willkürlich in die Welt hineingetragenes gedachtes Koordinatenspinngewebe. Die Abhängigkeit einer physikalischen Größe von diesen Variablen ist also auch nicht etwas durch Messung zu Kontrollierendes; erst wenn mehrere physikalische Größen vorliegen, kommt man durch Elimination der unabhängigen Veränderlichen zu Beziehungen zwischen beobachtbaren Größen. Es mag sein, daß unter diesen Zustandsgrößen die Raumkoordinaten eines Elektrons auftreten; gemessener, real markierter Ort und natürlich auch real markierte Zeit sind Zustandsgrößen und werden also durch Hermiteschen Formen zu repräsentieren sein. Diesem Sachverhalt gegenüber ist die nicht-relativistische Mechanik in der glücklichen Lage, die Zeit als Zustandsgröße ignorieren zu können, während die Relativitätsmechanik parallel mit den meßbaren Raumkoordinaten auch die meßbaren Zeitkoordinaten der Teilchen benötigt. Eine vollständige Durchführung der Quantentheorie liegt bisher nur in dem Umfang vor, in welchem die Zeit als einzige unabhängige Variable und die Zeit nur als unabhängige Variable auftritt.

Da die Hermitesche Form, welche zu einer physikalischen Größe gehört, nichts zu tun hat mit besonderen Werten, welche die Größe unter Umständen, insbesondere im Laufe der Zeit annimmt, bleibt sie von der Zeit unberührt. Was sich im Laufe der Zeit t ändert, ist allein der reine Fall $\chi\,(t)$. Das dynamische Gesetz gibt die infinitesimale Verschiebung an, die $\chi\,(t)$ während des Zeitelements dt erfährt:

$$\frac{d\chi}{dt} = \frac{2\,\pi\,i}{h} \cdot \chi\,E. \tag{54}$$

Hier ist $i\,E$ die infinitesimale unitäre Abbildung, welche mit der die Energie repräsentierenden Hermiteschen Form E gekoppelt ist, h das Wirkungsquantum. Die mit dem Vorrücken der Zeit um dt verbundene Änderung $A\,(\chi + d\chi) - A\,(\chi)$ irgend einer Hermiteschen Form $A\,(\chi)$ ist, wie man leicht ausrechnet,

$$dA = \frac{2\,\pi\,i\,dt}{h}\,(E\,A - A\,E). \tag{55}$$

dE ist $= 0$. Bringt man die Hermitesche Form E der Energie auf Hauptachsen:

$$E\,(\chi) = E_1\,x_1\,\bar{x}_1 + E_2\,x_2\,\bar{x}_2 + \cdots + E_n\,x_n\,\bar{x}_n,$$

so bezeichnen die Nummern 1 bis n die möglichen Quantenzustände, E_i die zugehörigen Energiestufen, und in den Gleichungen (54) separieren sich die Variablen:

$$\frac{d\,x_\nu}{dt} = \frac{2\,\pi\,i\,E_\nu}{h}\,x_\nu.$$

Die Integration läßt sich sofort ausführen:

$$x_\nu(t) = x_\nu \cdot e\left(\frac{2\pi t E_\nu}{h}\right). \qquad (56)$$

Die Hermitesche Form

$$A(\mathfrak{x}) = \sum a_{\mu\nu} x_\mu \bar{x}_\nu$$

ist nach Ablauf der Zeit t übergegangen in

$$\sum a_{\mu\nu} x_\mu(t)\, \bar{x}_\nu(t) = \sum a_{\mu\nu}(t)\, x_\mu \bar{x}_\nu$$

mit

$$a_{\mu\nu}(t) = a_{\mu\nu} \cdot e\left(\frac{2\pi t (E_\mu - E_\nu)}{h}\right).$$

Die Komponenten $a_{\mu\nu}$ im Hauptachsensystem der Energie führen also einfache Schwingungen aus mit den Bohrschen Frequenzen. Nach (56) bleiben nicht nur die Energiestufen E_ν während der Bewegung erhalten, sondern auch die Häufigkeiten $|x_\nu(t)|^2 = |x_\nu|^2$, mit denen sie vertreten sind.

Das bisher Gesagte gilt für ein abgeschlossenes System. Wenn man innerhalb eines abgeschlossenen Systems ein Teilsystem ins Auge faßt, das unter dem Einfluß des Restes steht, dessen Rückwirkung auf den Rest aber vernachlässigt wird, so hat man den Fall der von außen eingeprägten Kräfte: die Hamiltonsche Funktion hängt explizite von der Zeit ab. Die Hermiteschen Formen, welche die Energie und andere Größen α am System darstellen, sind Funktionen der Zeit: $A = A(t; \mathfrak{x})$. Das Gesetz der zeitlichen Verschiebung des reinen Falles $\mathfrak{x}(t)$ bleibt das gleiche. Die Formel (31) in § 6 gestattet die integrale Aneinanderreihung der von Schritt zu Schritt in der Zeit sich vollziehenden infinitesimalen Drehungen (54). So berechne man die Drehung $U(t_1, t_2)$, welche von $\mathfrak{x}(t_1)$ zu $\mathfrak{x}(t_2)$ führt. Findet die Einwirkung von außen nur in dem Zeitintervall $t_1 t_2$ statt, während vor t_1 und nach t_2 das System abgeschlossen ist, so entnimmt man der Matrix $U(t_1, t_2)$ insbesondere, wie sich die Wahrscheinlichkeiten für die verschiedenen Energiestufen E_μ durch die Einwirkung verschoben haben. Darauf bezieht sich die Untersuchung von M. Born über das Adiabatenprinzip in der Quantenmechanik*.

Wenn die Zeit nicht meßbare Größe, sondern nur unabhängige Variable ist, haben nur solche Beziehungen konkrete Bedeutung, aus denen die Zeit eliminiert ist. Tatbestände von diesem Charakter sind in der Quantenmechanik eines abgeschlossenen Systems: der Wertevorrat, welchen eine gegebene Größe durchlaufen kann, und die zeitlichen Mittelwerte der Wahrscheinlichkeiten $W(\mathfrak{x})$, mit denen eine gegebene

---

* ZS. f. Phys. **40**, 167, 1927.

Größe Werte in gegebenen Grenzen annimmt. Handelt es sich um den reinen Fall

$$\mathfrak{x}: \qquad x_\nu = c_\nu \, e(\gamma_\nu) \qquad (c_\nu \gtreqless 0,\ \gamma_\nu \text{ reell}),$$

so durchläuft $\mathfrak{x}(t)$ nach (56), wenn die Energiestufen nicht speziellen linearen Rationalitätsbeziehungen genügen, gleichmäßig dicht das ganze durch

$$|x_1| = c_1, \quad |x_2| = c_2, \quad \ldots, \quad |x_n| = c_n$$

definierte Gebilde $\mathfrak{H}$ von n reellen Dimensionen. In den Ausnahmefällen reduziert sich die Dimensionszahl*. Zur Berechnung der zeitlichen Mittelwerte ist über dieses gleichmäßig dicht von der Zeitkurve erfüllte Gebiet $\mathfrak{H}$, die „Zeitgesamtheit", zu integrieren.

Ich erinnere noch kurz an die Beziehung der Energie und der Hamiltonschen Gleichungen zu den kanonischen Variablen. Hat das mechanische System einen Freiheitsgrad und ist eine Funktion (42) der kanonischen Variablen p, q repräsentiert durch die Matrix (41), so sind gemäß unserer Festsetzung die beiden Ableitungen $\dfrac{\partial f}{\partial p} = f_p$, $\dfrac{\partial f}{\partial q} = f_q$ repräsentiert durch

$$F_p = i \int\limits_{-\infty}^{+\infty}\!\!\int e(\sigma P + \tau Q) \cdot \sigma \, \xi(\sigma, \tau) \, d\sigma \, d\tau,$$

$$F_q = i \int\limits_{-\infty}^{+\infty}\!\!\int e(\sigma P + \tau Q) \cdot \tau \, \xi(\sigma, \tau) \, d\sigma \, d\tau,$$

da entsprechende Fourierentwicklungen für f_p und f_q gelten. Wegen (38) ergibt die Kommutatorregel (35), wenn man $U(\tau)$ wieder infinitesimal werden läßt, die beiden Gleichungen

$$P \cdot e(\sigma P + \tau Q) - e(\sigma P + \tau Q) \cdot P = \tau \cdot e(\sigma P + \tau Q),$$

$$Q \cdot e(\sigma P + \tau Q) - e(\sigma P + \tau Q) \cdot Q = -\sigma \cdot e(\sigma P + \tau Q),$$

also

$$-F_p = i(QF - FQ), \qquad F_q = i(PF - FP).$$

Das dynamische Gesetz (54) läßt sich daher, wenn $f(p, q)$ die Energiefunktion ist, nach (55) so fassen:

$$\frac{dP}{dt} = -\frac{2\pi}{h} \cdot F_q, \qquad \frac{dQ}{dt} = \frac{2\pi}{h} \cdot F_p.$$

Daraus sieht man: wenn a und b zwei reelle Zahlen vom Produkt $h/2\pi$ sind, repräsentieren aP und bQ Größen, welche kanonisch sind in

---

* Vgl. H. Weyl, Über die Gleichverteilung von Zahlen mod. Eins, Math. Ann. **77**, 313, 1916.

dem Sinne, daß für sie die klassischen Bewegungsgleichungen gelten. Auf diese Weise wird in konkreten Beispielen die Bestimmung der Energie als Größe im Gruppengebiet durchgeführt. Bei solcher Beschreibung kommt das Wirkungsquantum nur einmal vor: in dem dynamischen Gesetz und nicht in den Vertauschungsrelationen. Sie basiert auf der Überzeugung, daß die formalen Beziehungen der klassischen Physik als solche zwischen den repräsentierenden Matrizen, nicht zwischen den angenommenen Werten, bestehen bleiben.

Will man den gerügten Mangel des Zeitbegriffs der alten vorrelativistischen Mechanik aufheben, so werden die meßbaren Größen: Zeit t und Energie E, als ein weiteres kanonisch konjugiertes Paar auftreten, wie ja bereits das Wirkungsprinzip der analytischen Mechanik erkennen läßt; das dynamische Gesetz kommt ganz in Fortfall. Die Behandlung eines Elektrons im elektromagnetischen Felde nach der Relativitätstheorie durch Schrödinger u. a. entspricht bereits diesem Standpunkt*. Eine allgemeine Formulierung liegt noch nicht vor.

§ 10. **Kinetische Energie und Coulombsche Kraft in der relativistischen Quantenmechanik.** Innerhalb des Schemas, das die Zeit nur als unabhängige Variable kennt, ist wenigstens eine halbrelativistische Mechanik möglich, welche den richtigen Ausdruck für die kinetische Energie verwendet, aber die potentielle Energie nach wie vor als eine Funktion der Lagekoordinaten, und das heißt doch genauer: ihrer simultanen Werte, annimmt. Zur Illustration der Theorie behandle ich den Fall eines oder mehrerer Teilchen, deren Lage durch ihre rechtwinkligen Koordinaten x, y, z gekennzeichnet wird. Der Ausdruck der kinetischen Energie in den zugehörigen Impulsen u, v, w lautet, wenn m die Masse des Teilchens bedeutet und c die Lichtgeschwindigkeit:

$$c \sqrt{m^2 c^2 + u^2 + v^2 + w^2}.$$

Für die Durchrechnung ist es zweckmäßig, die Koordinaten und Impulse des Teilchens auf die Maßeinheiten $\dfrac{h}{2\pi m c}$ bzw. mc zu beziehen; dann sind sie dimensionslose Größen und zugleich mit der von uns befürworteten Normierung der kanonischen Koordinaten in Einklang. Es handelt sich darum, die Abbildung oder Hermitesche Form zu konstruieren, welche dieser Größe entspricht im Raume der Funktionen $\psi(x, y, z)$. Als Musterbeispiel diene der eindimensionale Fall. Es ist

---

* Siehe etwa E. Schrödinger, Abhandlungen zur Wellenmechanik, Leipzig 1927, S. 163, = Ann. d. Phys. (4) **81**, 133, 1926.

die Fourierzerlegung von $\sqrt{1+u^2}$ vorzunehmen. Im Sinne früherer Bemerkungen hat man diese Funktion zunächst etwa durch

$$e^{-\alpha|u|}\sqrt{1+u^2} \qquad (57)$$

zu ersetzen mit einem kleinen positiven α und dann α gegen 0 konvergieren zu lassen. Setzen wir

$$\frac{1}{\pi}\Re\int\limits_0^\infty e^{-\alpha u}\sqrt{1+u^2}\,e^{-i\sigma u}\,du = G_\alpha(\sigma), \qquad (58)$$

so ist die der Größe (57) korrespondierende Abbildung

$$\psi(x) \to \psi_\alpha'(x) = \int\limits_{-\infty}^{+\infty}\psi(x-\sigma)\,G_\alpha(\sigma)\,d\sigma = \int\limits_{-\infty}^{+\infty}G_\alpha(x-\xi)\,\psi(\xi)\,d\xi, \qquad (59)$$

die Hermitesche Form der willkürlichen Funktion $\psi(x)$ lautet:

$$\int\limits_{-\infty}^{+\infty}\!\!\int G_\alpha(x-\xi)\,\psi(x)\,\overline{\psi}(\xi)\,dx\,d\xi.$$

Um an der geraden Funktion $G_\alpha(\sigma)$ für $\sigma>0$ den Grenzübergang zu $\alpha=0$ zu vollziehen, schlagen wir in dem Integral, von dem $\pi\,G_\alpha(\sigma)$ nach (58) der Realteil ist, den Integrationsweg in die negative imaginäre Halbachse hinüber: $u=-it$, indem wir die Singularität $u=-i$ nach rechts hin umgehen:

$$-i\int\limits_0^1 e^{-(\sigma-i\alpha)t}\sqrt{1-t^2}\,dt - \int\limits_1^\infty e^{-(\sigma-i\alpha)t}\sqrt{t^2-1}\,dt. \qquad (60)$$

Im Limes für $\alpha=0$ ist der Realteil also

$$G(\sigma) = -\frac{1}{\pi}\int\limits_1^\infty e^{-\sigma t}\sqrt{t^2-1}\,dt \qquad (\sigma>0).$$

Daraus liest man sofort ab, daß

$$-G(\sigma) = \frac{1}{\pi\sigma^2} - \Gamma(\sigma)$$

ist, wo Γ für $\sigma=0$ nur noch logarithmisch unendlich wird. In (59) macht der Grenzübergang zu $\alpha=0$ an dem Γ-Teil keine Schwierigkeit. In (60) ist der erste Summand bei $\alpha+i\sigma=0$ regulär, der zweite hängt eng mit derjenigen Hankelschen Zylinderfunktion erster Ordnung H zusammen, die mit positiv wachsendem σ exponentiell zu 0 geht; er ist nämlich $= \dfrac{H(\alpha + i\sigma)}{\alpha + i\sigma}$. Darum ist bis auf einen additiv hinzutretenden Teil, der an der kritischen Stelle $\alpha + i\sigma = 0$ nur logarithmisch unendlich wird,

$$G_\alpha(\sigma) \sim -\frac{1}{\pi}\,\Re\,\frac{1}{(\sigma - i\alpha)^2}\,.$$

So kommt als Repräsentation der kinetischen Energie die Operation

$$\psi(x) \to \psi'(x) = \psi^*(x) + \int\limits_{-\infty}^{+\infty} \Gamma(x - \xi)\,\psi(\xi)\,d\xi, \qquad (61)$$

$$-\psi^*(x) = \lim_{z \to x}\Re\,\frac{1}{\pi}\int\limits_{-\infty}^{+\infty}\frac{\psi(\xi)\,d\xi}{(z - \xi)^2}$$

(der Einfachheit halber ist ψ reell angenommen). Der Grenzübergang ist so zu verstehen, daß z komplex $= x + iy$ ist mit positivem Imaginärteil y und y zu 0 strebt. Das in der letzten Gleichung hinter dem Zeichen $\Re$ stehende Integral ist das i-fache der Ableitung derjenigen analytischen Funktion in der oberen Halbebene $y > 0$, deren Realteil ψ auf der reellen Achse mit unserem $\psi(x)$ zusammenfällt. — $\psi^*(x)$ ist demnach die nach der inneren Normale n genommene Ableitung $\dfrac{d\psi}{dn}$ dieser Potentialfunktion am Rande. Da das über den Rand erstreckte Integral von $-\psi\dfrac{d\psi}{dn}$ nichts anderes ist als das Dirichletsche Integral $D(\psi)$ über die obere Halbebene, haben wir schließlich als die der Größe $\sqrt{1 + u^2}$ zugehörige Hermitesche Form:

$$D(\psi) + \int\limits_{-\infty}^{+\infty}\!\!\int \Gamma(x - \xi)\,\psi(x)\,\psi(\xi)\,dx\,d\xi.$$

Wenn es sich um ein einzelnes Teilchen handelt und eine (in der Einheit mc^2 gemessene) potentielle Energie $V(x)$ da ist, besteht das Eigenwertproblem darin,

$$D(\psi) + \int\limits_{-\infty}^{+\infty}\!\!\int \Gamma(x - \xi)\,\psi(x)\,\psi(\xi)\,dx\,d\xi + \int\limits_{-\infty}^{+\infty} V(x)\,\psi^2(x)\,dx$$

zum Extremum zu machen unter der Nebenbedingung $\int\limits_{-\infty}^{+\infty} \psi^2\,dx = 1$. Die Extremalwerte λ sind die Energiestufen.

Es ist klar, daß die Operation (61), wenn sie zweimal ausgeführt wird, zu derjenigen führen muß, die $1 + u^2$ korrespondiert, d. i. zu $\psi(x) + \dfrac{d^2\psi}{dx^2}$. Deshalb kann die Schwingungsgleichung für das einzelne Teilchen auch in der Form einer gewöhnlichen Differentialgleichung angeschrieben werden:

$$\frac{d^2\psi}{dx^2} + \psi(x) = (\lambda - V(x))^2\,\psi(x).$$

Aber hier tritt der Eigenwertparameter λ nicht mehr in linearer Weise auf, und die Hälfte der Eigenwerte sind falsche. Auf solchem Wege gelang es Schrödinger und P. Epstein, die Energiestufen und Eigenfunktionen des Wasserstoffatoms relativistisch zu berechnen *. Wenn aber mehrere Teilchen im Spiel sind, ist es unmöglich, durch Iteration zu Differentialgleichungen zu gelangen.

Wenn die wirkenden Kräfte Coulombsche Kräfte sind, die von einem festen Kern ausgehen, ist es zweckmäßig, die Komponenten φ der reinen Fälle im Hauptachsensystem der Impulskomponenten zu benutzen. Die kinetische Energie ist dann einfach repräsentiert durch die Multiplikation

$$\varphi \to \varphi' : \varphi'(u, v, w) = \sqrt{1 + s^2} \cdot \varphi(u, v, w)$$
$$(s^2 = u^2 + v^2 + w^2).$$

Es gilt, die repräsentierende Hermitesche Form für das Potential $1/r$ ($r^2 = x^2 + y^2 + z^2$) zu finden. Aus Konvergenzgründen werde $1/r$ zunächst ersetzt durch $\dfrac{e^{-lr}}{r}$, wo l eine kleine positive Konstante ist. Für das Integral in der Fourierzerlegung dieser Funktion

$$\frac{1}{(2\pi)^3} \int\!\!\int\!\!\int\limits_{-\infty}^{+\infty} \frac{e^{-lr}}{r}\, e^{-i(\alpha x + \beta y + \gamma z)}\, dx\, dy\, dz$$

findet man leicht durch Einführung von Polarkoordinaten

$$\frac{4\pi}{l^2 + \sigma^2} \qquad (\sigma^2 = \alpha^2 + \beta^2 + \gamma^2).$$

---

* E. Schrödinger, Abhandlungen zur Wellenmechanik, 1927, S. 164, = Ann. d. Phys. (4) **81**, 134, 1926. P. S. Epstein, Two Remarks on Schrödinger's Quantum Theory, Proc. Amer. Nat. Acad. **13**, 94, 1927.

Die gesuchte Abbildung ist also diejenige, welche $\varphi(u, v, w)$ verwandelt in

$$
\begin{aligned}
\boldsymbol{P}\varphi(u, v, w) &= \frac{1}{2\,\pi^2} \iiint\limits_{-\infty}^{+\infty} \varphi(u+\alpha, v+\beta, w+\gamma) \frac{d\alpha\,d\beta\,d\gamma}{\sigma^2} \\
&= \frac{1}{2\,\pi^2} \iiint\limits_{-\infty}^{+\infty} \frac{\varphi(\alpha, \beta, \gamma)\,d\alpha\,d\beta\,d\gamma}{(u-\alpha)^2 + (v-\beta)^2 + (w-\gamma)^2} \\
&= \frac{2}{\pi} \int\limits_{0}^{\infty} M_\sigma(\varphi)\,d\sigma.
\end{aligned}
\qquad (62)
$$

In der letzten Gestalt bedeutet $M_\sigma(\varphi)$ den Mittelwert der Funktion φ auf der Kugel vom Radius σ um den Punkt (u, v, w) im Impulsraum. Behält man l zunächst noch bei, so tritt im Ausdruck (62) der Summand l^2 im Nenner hinzu. Die Funktion, die sich so ergibt, ist im vierdimensionalen Raum mit den Koordinaten u, v, w, l diejenige Potentialfunktion F, welche aus der Massenbelegung der „Ebene" $l = 0$ mit der Dichte φ entsteht. $\boldsymbol{P}\varphi$ sind ihre Werte auf der belegten Ebene. Da offenbar

$$
\iiint\limits_{-\infty}^{+\infty} \frac{d\alpha\,d\beta\,d\gamma}{r_{10}^2\,r_{20}^2} = \frac{\text{const}}{r_{12}}
$$

ist, wo $1, 2, 0 = (\alpha\,\beta\,\gamma)$ drei Punkte im Impulsraum bedeuten und r_{10}, r_{20}, r_{12} ihre gegenseitigen Abstände, liefert die Wiederholung $\boldsymbol{P}^2$ von $\boldsymbol{P}$ den Prozeß, der im dreidimensionalen Impulsraum φ überführt in die durch die Raumbelegung φ erzeugte Potentialfunktion $\boldsymbol{\Phi}$. Es gilt bekanntlich

$$
\frac{\partial^2 \boldsymbol{\Phi}}{\partial u^2} + \frac{\partial^2 \boldsymbol{\Phi}}{\partial v^2} + \frac{\partial^2 \boldsymbol{\Phi}}{\partial w^2} = \varphi.
$$

Man wird nach Kugelfunktionen zerspalten. Benutzt man die oben erwähnte vierdimensionale harmonische Funktion F und macht den Ansatz

$$
F = Y_n \cdot F(s, l),
$$

in welchem Y_n eine nur von der Richtung $u:v:w$ abhängige Kugelfunktion n-ter Ordnung sein soll, so genügt im oberen Halbraum $l > 0$ der nur von s und l abhängige Faktor F der Gleichung

$$
\frac{\partial}{\partial s}\left(s^2 \frac{\partial F}{\partial s}\right) + s^2 \frac{\partial^2 F}{\partial l^2} = n(n+1)F,
$$

und die Operation $\boldsymbol{P}$ bedeutet den Übergang von den Randwerten ihrer normalen Ableitung zu ihren eigenen Randwerten. Vielleicht ist es

132

bequemer, statt $F(s, l)$ die Funktion $s\,F(s, l) = F^*(s, l)$ zu benutzen. Für sie lautet die Differentialgleichung

$$\frac{\partial^2 F^*}{\partial s^2} + \frac{\partial^2 F^*}{\partial l^2} = \frac{n(n+1)}{s^2}\,F^*.$$

F^* ist eine Funktion in der oberen Hälfte $l > 0$ einer (s, l)-Ebene, welche bei Spiegelung an der l-Achse ungerade ist. — Indem man in (62) den Faktor $1/R^2$,

$$R^2 = (u - \alpha)^2 + (v - \beta)^2 + (w - \gamma)^2 = s^2 + \sigma^2 - 2\,s\,\sigma\cos\vartheta,$$

nach Kugelfunktionen $P_n(\cos\vartheta)$ entwickelt:

$$\frac{1}{R^2} = \frac{1}{4\,s\,\sigma}\sum_{n=0}^{\infty}(2\,n + 1)\,L_n\,.\,P_n(\cos\vartheta),$$

erhält man, wenn analog

$$\varphi = Y_n\,.\,s\,\varphi^*(s)$$

angesetzt wird, als Ausdruck der Operation $\boldsymbol{P}$ an solchen Funktionen die Formel

$$\varphi^*(s) \rightarrow \frac{1}{2\,\pi}\int_0^{\infty} L_n\!\left(\frac{s^2 + \sigma^2}{2\,s\,\sigma}\right)\cdot\varphi^*(\sigma)\,d\sigma,$$

$$L_n(t) = \int_{-1}^{+1}\frac{P_n(x)\,dx}{t - x}.$$

Wenn das Einkörperproblem vorliegt, wird man, auf die Gefahr hin, eine Serie falscher Eigenwerte einzuschmuggeln, $\boldsymbol{P}$ iterieren und dadurch zu einer reinen Differentialgleichung kommen. Für das nichtrelativistische Wasserstoffatom sind die Eigenfunktionen $\varphi_n(u, v, w)$, die durch die Fouriersche Transformation aus den Schrödingerschen Eigenfunktionen $\psi_n(x, y, z)$, den Laguerreschen Polynomen, hervorgehen, in meiner Dissertation angegeben*. Sie können auch sehr schön direkt auf dem hier skizzierten Wege gewonnen werden. Im Mehrkörperproblem versagt die Iterationsmethode.

Coulombsche Kräfte zwischen mehreren beweglichen Teilchen. Dem reziproken Abstand $1/r_{12}$ zweier Teilchen 1 und 2 entspricht im Gebiet der Impulsfunktionen $\varphi(u_1, v_1, w_1; u_2, v_2, w_2)$, wie man auf die gleiche Weise erkennt, die Abbildung

$$\varphi \rightarrow \varphi' = \frac{1}{2\,\pi^2}\iiint_{-\infty}^{+\infty}\varphi(u_1 + \alpha,\, v_1 + \beta,\, w_1 + \gamma;$$

$$u_2 + \alpha,\, v_2 + \beta,\, w_2 + \gamma)\,\frac{d\alpha\,d\beta\,d\gamma}{\alpha^2 + \beta^2 + \gamma^2}.$$

---

* Math. Ann. **66**, 307—309, 317—324, 1908.

Die Bezeichnung soll natürlich nicht ausschließen, daß φ auch von den Impulsen der übrigen Teilchen abhängt, diese werden aber von der Transformation nicht mit betroffen.

Mathematischer Anhang.

Beweis des Satzes von der Hauptachsentransformation einer unitären Abbildung. Ist die unitäre Abbildung $A = \| a_{ik} \|$ gegeben, so bestimmen wir einen Vektor $\mathfrak{x} \neq 0$, der durch A in ein Multiplum von sich selber übergeht:

$$\mathfrak{x} A = \varepsilon \mathfrak{x} \quad \text{oder} \quad \sum_{i=1}^{n} a_{ik} x_i = \varepsilon x_k. \tag{63}$$

Wählen wir ε als eine Wurzel der Säkulargleichung

$$\det(\varepsilon \mathbf{1} - A) = 0,$$

so existiert tatsächlich ein derartiger Vektor $\mathfrak{x} = \mathfrak{e}_1$. Indem wir seinen Betrag zu 1 normieren, ergänzen wir ihn durch weitere $n - 1$ Vektoren $\mathfrak{e}_2, \ldots, \mathfrak{e}_n$ zu einem normalen Koordinatensystem. Da in ihm die Gleichungen (63) für $\mathfrak{e}_1$, d. i. für $x_1 = 1$, $x_2 = 0$, $\ldots$, $x_n = 0$ erfüllt sind, ist jetzt

$$a_{11} = \varepsilon, \ a_{12} = \cdots = a_{1n} = 0.$$

Die Quadratsumme der absoluten Beträge der ersten Koeffizientenzeile in A muß 1 sein, darum ist $|\varepsilon| = 1$. Aber auch die absolute Quadratsumme der Glieder, welche in der ersten Spalte stehen, ist $= 1$, und das liefert

$$1 + |a_{21}|^2 + \cdots + |a_{n1}|^2 = 1, \ a_{21} = \cdots = a_{n1} = 0.$$

Das ist der entscheidende Schluß. Die Matrix A zerfällt nunmehr in der aus dem Schema ersichtlichen Weise:

$$\left\|
\begin{array}{ccccc}
\varepsilon & 0 & 0 & \ldots & 0 \\
0 & a_{22} & a_{23} & \ldots & a_{2n} \\
0 & a_{32} & a_{33} & \ldots & a_{3n} \\
\cdot & \cdot & \cdot & \cdot & \cdot \\
\cdot & \cdot & \cdot & \cdot & \cdot \\
0 & a_{n2} & a_{n3} & \ldots & a_{nn}
\end{array}
\right\|$$

Durch Induktion in bezug auf die Dimensionszahl n ist damit der Beweis vollendet.

Liegt die unitäre Abbildung A in der Normalform vor, mit den Termen a_i in der Hauptdiagonale, so genügen der Gleichung (63) offenbar alle und nur diejenigen Vektoren, welche sich aus Grundvektoren $\mathfrak{e}_i$ zusammensetzen, für die $a_i = \varepsilon$ ist. Daraus geht hervor, daß die verschiedenen Eigenwerte a', a'', $\ldots$ mit ihrer Vielfachheit und die zugehörigen Teilräume $\Re(a')$, $\Re(a'')$, ..., von denen in § 1 die Rede war, eindeutig durch A bestimmt sind.

Wenn $A = \|a_{ik}\|$, $B = \|b_{ik}\|$ vertauschbare unitäre Matrizen sind, lassen sie sich simultan auf Hauptachsen transformieren. Beweis: A kann sogleich in der Normalform angenommen werden, in welcher nur Glieder a_i in der Hauptdiagonale auftreten. Die Vertauschbarkeitsforderung besagt

$$(a_i - a_k)\, b_{ik} = 0. \tag{64}$$

Wir teilen die Indizes in Klassen, indem i und k in dieselbe Klasse kommen, wenn $a_i = a_k$ ist. Die Gleichung (64) zeigt, daß $b_{ik} = 0$ ist, wenn die Indizes i und k verschiedenen Klassen angehören; d. h. B zerfällt in der gleichen Weise in Teilmatrizen: B', B'', ..., die sich längs der Hauptdiagonale aneinanderreihen, wie sich die a_i in Klassen untereinander gleicher aufteilen: a', a'', ... Die Abbildung B läßt die zu den Eigenwerten a', a'', ... gehörigen Teilräume $\Re(a')$, $\Re(a'')$, ... einzeln invariant. Die Normalform von A wird nicht zerstört, wenn die Variablen, welche der gleichen Klasse angehören, untereinander unitär transformiert werden. Durch geeignete Wahl dieser einzelnen unitären Transformationen in den Räumen $\Re(a')$, $\Re(a'')$, ... können aber B', B'', ... auf die Normalform gebracht werden. — Das Verfahren ist ohne weiteres auf irgend eine kommutative Gesamtheit von unitären Matrizen zu übertragen.

Der Satz von der Hauptachsentransformation der Hermiteschen Formen ist ein Grenzfall des soeben bewiesenen, kann aber auch nach der gleichen Methode direkt abgeleitet werden. Der Schluß von

$$a_{12} = \cdots = a_{1n} = 0 \quad \text{auf} \quad a_{21} = \cdots = a_{n1} = 0$$

geschieht hier vermöge der Symmetriebedingung $a_{ki} = \bar{a}_{ik}$.

Beweis des Satzes, daß eine unitäre Abbildung A notwendig $= \varepsilon\,1$ ist, wenn sie mit allen unitären Abbildungen eines gegebenen irreduziblen Systems $\mathfrak{U}$ vertauschbar ist. Man führe dasjenige normale Koordinatensystem ein, in welchem A mit den Eigenwerten a_i zur Diagonalmatrix wird. Sind nicht alle a einander gleich, so zerfallen die sämtlichen Matrizen U der vorgegebenen Gesamtheit in der gleichen Weise, wie die a_i in Klassen untereinander gleicher zerfallen; A bewirkt dann einen simultanen Zerfall aller Matrizen des Systems $\mathfrak{U}$.

Den Satz über die lineare Transformation einer nicht-ausgearteten schiefsymmetrischen reellen Bilinearform

$$\sum_{i,\,k\,=\,1}^{f} c_{ik}\,x_i\,y_k \qquad (c_{ki} = -\,c_{ik}) \qquad (65)$$

beweist man so. Man fasse das einzelne Zahlsystem $(x_1,\,x_2,\,\ldots,\,x_f)$ als einen Vektor $\mathfrak{x}$ auf und bezeichne (65) als das schiefe Produkt $[\mathfrak{x}\,\mathfrak{y}]$ der beiden Vektoren $\mathfrak{x}$ und $\mathfrak{y} = (y_i)$. Man wähle einen Vektor $\mathfrak{e}_1 \neq 0$. Nach Voraussetzung ist $[\mathfrak{e}_1\,\mathfrak{x}]$ nicht identisch in $\mathfrak{x}$ gleich 0; ich kann also einen zweiten Vektor $\mathfrak{e}_2$ so finden, daß $[\mathfrak{e}_1\,\mathfrak{e}_2] = 1$ ist. Die simultan zu erfüllenden Gleichungen

$$[\mathfrak{e}_1\,\mathfrak{x}] = 0, \quad [\mathfrak{e}_2\,\mathfrak{x}] = 0$$

haben mindestens $f - 2$ linear unabhängige Lösungen $\mathfrak{e}_3,\,\ldots,\,\mathfrak{e}_f$. Auch zwischen ihnen und $\mathfrak{e}_1,\,\mathfrak{e}_2$ findet keine lineare Relation statt. Denn ist

$$\mathfrak{x} = \xi_1\,\mathfrak{e}_1 + \xi_2\,\mathfrak{e}_2 + \xi_3\,\mathfrak{e}_3 + \cdots + \xi_f\,\mathfrak{e}_f = 0,$$

so folgt durch Bildung der beiden schiefen Produkte $[\mathfrak{e}_1\,\mathfrak{x}] = \xi_2$, $\mathfrak{e}_2\,\mathfrak{x}] = -\,\xi_1$, daß $\xi_1 = \xi_2 = 0$ wird. Man kann also $\mathfrak{e}_1,\,\mathfrak{e}_2,\,\ldots,\,\mathfrak{e}_f$ als Koordinatensystem, als Vektorenbasis verwenden. In den darauf bezüglichen Komponenten $\xi_i,\,\eta_i$ der beiden Vektoren $\mathfrak{x}$ und $\mathfrak{y}$ laute das schiefe Produkt

$$[\mathfrak{x}\,\mathfrak{y}] = \sum_{i,\,k\,=\,1}^{f} \gamma_{ik}\,\xi_i\,\eta_k.$$

Gemäß der Bestimmung der Grundvektoren gilt für die Koeffizienten $\gamma_{ik} = [\mathfrak{e}_i\,\mathfrak{e}_k]$:

$$\gamma_{11} = 0, \quad \gamma_{12} = 1; \; \gamma_{13} = 0,\,\ldots,\,\gamma_{1f} = 0,$$
$$\gamma_{21} = -\,1, \; \gamma_{22} = 0; \; \gamma_{23} = 0,\,\ldots,\,\gamma_{2f} = 0.$$

Wegen der schiefen Symmetrie sind infolgedessen auch alle $\gamma_{i1},\,\gamma_{i2}$ mit $i = 3,\,\ldots,\,f$ gleich 0; und die Matrix der γ_{ik} zerfällt in das zweireihige Quadrat $\left\|\begin{array}{cc} 0 & 1 \\ -1 & 0 \end{array}\right\|$ und eine $(f-2)$-dimensionale schiefsymmetrische Matrix. Durch Induktion in bezug auf die Dimensionszahl f ergibt sich der behauptete Satz.

76.

Strahlbildung nach der Kontinuitätsmethode behandelt

Nachrichten der Gesellschaft der Wissenschaften zu Göttingen. Mathematisch-physikalische Klasse, 227—237 (1927)

In der zweidimensionalen Hydrodynamik ist *das Problem des aus einer polygonal begrenzten Düse austretenden Strahls* bis zum gewissen Grade durch die *Formel von Cisotti* gelöst. In der komplexen $z = (x + iy)$-Ebene, in welcher sich der Vorgang abspielt, durchlaufen wir den konvexen Linienzug der *Düsenwandung* vom *Austrittspunkt b'* über das Unendliche $-\infty$ bis zum *Austrittspunkt b* in solchem Sinne, daß das Stromgebiet zur Linken liegt:

$$b', \; z_1, \; \ldots, \; z_k, \; -\infty, \; z_{k+1}, \; \ldots, \; z_n, \; b.$$

Die von $x = -\infty$ herkommenden *Kanalwände* $-\infty$, z_{k+1} und $-\infty$, z_k mögen zur x-Achse parallel sein und den Abstand π besitzen; wir fixieren die Geraden, in denen sie liegen, $\mathfrak{g}$ und $\mathfrak{g}'$, durch die Gleichungen $y = 0$, bezw. $y = \pi$. Der positiv gerechnete Außenwinkel an der Ecke z_h, der $h$te *Knickwinkel*, heiße $\alpha_h (0 < \alpha_h < \pi)$. Die Summe α der n Knickwinkel gibt den Winkel an, unter dem sich die Richtungen des bei b und b' austretenden Stromes kreuzen *(Konvergenzwinkel)*. Die zur x-Achse parallele Geschwindigkeit, mit welcher das Wasser von $-\infty$ herkommt, sei $= 1$. $+\infty$ bezeichne das Unendlichferne des freien Strahls.

Das komplexe Potential heiße $F = \Phi + i\Psi$, sodaß $\dfrac{dF}{dz} = w$ $= u - iv$ das Konjugierte der komplexen Geschwindigkeit ist; $w = e^{i\omega}$. Durch die Funktion $F(z)$ wird das Stromgebiet auf den Parallelstreifen $0 \leq \Psi \leq \pi$ abgebildet. Statt F führen wir eine Funktion ζ ein, indem wir den Parallelstreifen auf die obere Hälfte des Einheitskreises der ζ-Ebene konform abbilden:

$$(1) \qquad F = \lg \frac{\zeta}{(\zeta - \gamma)(\zeta - \bar{\gamma})}, \qquad dF = \frac{1 - \zeta^2}{(\zeta - \gamma)(\zeta - \bar{\gamma})} \cdot \frac{d\zeta}{\zeta}$$

(γ und $\bar{\gamma}$ sind konjugierte Punkte auf dem Kreisrand). Dabei soll das folgende Entsprechen stattfinden:

$$z:\ b',\quad -\infty,\quad b,\quad +\infty,$$
$$\zeta:\ -1,\quad 0,\quad +1,\quad \gamma,$$

sodaß der Basisdurchmesser des Halbkreises der festen Wand, die Peripherie der freien Grenze korrespondiert. Den Ecken z_h mögen auf dem Durchmesser die Punkte $\zeta = a_h$ entsprechen. Nach Cisotti ist zu setzen

$$(2) \qquad \omega(\zeta) = \sum_{h=1}^{n} \frac{\alpha_h}{i\pi} \lg \frac{\zeta - a_h}{1 - a_h \zeta} + \omega_0,$$

wo die Konstante ω_0 durch $\omega(0) = 0$ bestimmt wird.

$$e^{U+iV}\ [U - iV = i\omega(\gamma)]$$

sei die *asymptotische Geschwindigkeit des freien Strahls*, V gibt seine Richtung an, e^{-U} ist der *totale Kontraktionskoeffizient*. Machen wir F oder ζ zur unabhängigen Variablen, so wird z geliefert durch das Integral $\int \frac{dF}{w}$; um unserer Normierung der Lage der Kanalwände Rechnung zu tragen, verlegen wir die untere Grenze des Integrals nach $-\infty$ und schreiben daher

$$(3) \qquad z - F = c + \int_{F=-\infty}^{F} (e^{-i\omega} - 1)\, dF.$$

Bei gegebenen Knickwinkeln α_h sind die reelle Konstante c, der Punkt $\gamma = e^{i\varkappa}\,(0 < \varkappa < \pi)$ und die Werte a_h zwischen -1 und $+1$ die $n+2$ zur Verfügung stehenden *Parameter*, die es den Data des Problems anzupassen gilt.

In dieser Bestimmung der Parameter liegt die eigentliche Schwierigkeit. Als *natürliche Data* bieten sich zunächst *die Geraden dar, in welche die Wände hineinfallen:* $\mathfrak{g}$, $\mathfrak{g}'$; $\mathfrak{g}_h$ (in $\mathfrak{g}_h$ liege die von der Ecke z_h in der Stromrichtung ausgehende Wand). Da $\mathfrak{g}$, $\mathfrak{g}'$ und von den Geraden $\mathfrak{g}_h$ wenigstens die Richtungen durch die Knickwinkel α_h ein für allemal fixiert sind, genügt die Angabe der senkrechten Abstände der n Geraden $\mathfrak{g}_h$ vom Nullpunkt der z-Ebene. Die einzige Willkür, welche dann noch in der geometrischen Konfiguration verbleibt, ist die Lage der beiden Austrittspunkte b, b' auf ihren Geraden $\mathfrak{g}_n$ und $\mathfrak{g}_1$; eine Willkür, welche etwa durch Angabe der *beiden Mundstückslängen* $l = |\,b - z_n|$, $l' = |\,b' - z_1'|$ behoben werden kann. Eine leichter zu behandelnde Aufgabe ergibt sich aber, wenn man statt ihrer *die asymptotische Strahl-*

geschwindigkeit e^{U+iV}, die beiden Zahlen U, V, als weiteres Datum hinzufügt. Die *Kontinuitätsmethode* führt das Problem zurück auf das lineare: *bei gegebener Strömung die Parameter unendlich wenig so zu variieren, daß die Data vorgegebene unendlich kleine Änderungen erfahren.* Da die Zahl der linearen Gleichungen mit der Zahl der Unbekannten übereinstimmt, $n + 2$, hat man lediglich zu beweisen, daß das zugehörige homogene Problem keine andere als die Null-lösung besitzt. Wir betrachten also eine „*Störung*", die durch in-finitesimale Abänderung δc, $\delta \gamma$, δa_h der $n + 2$ Parameter hervorge-rufen wird, auferlegen ihr aber sogleich die n homogenen linearen Gleichungen, welche ausdrücken, daß die Geraden g_h und damit die Ecken z_h fest bleiben: „*zulässige Störung*". Die Behauptung ist: *Es gibt keine zulässige Störung außer 0, bei welcher*

(I) *das Mundstück sich weder verkürzt noch verlängert:* $\delta l = \delta l' = 0$; *oder*

(II) *Richtung und Betrag der Grenzgeschwindigkeit des freien Strahls ungeändert bleiben:* $\delta U = \delta V = 0$.

Besonders interessant und wichtig werden natürlich solche Strömungen sein, für welche dieses Theorem *nicht* gilt; sie fun-gieren für die Parameterbestimmung als die *Verzweigungsstellen* innerhalb unserer $(n + 2)$-dimensionalen Mannigfaltigkeit Cisottischer Strömungen.

Mit dieser Fragestellung hat sich, ursprünglich auf meine An-regung hin, Herr A. W e i n s t e i n beschäftigt und in den unten angegebenen Arbeiten[1]), von denen die erste auf (II), die Lincei-Noten auf (I) sich beziehen, wertvolle Ergebnisse erzielt. Im An-schluß daran erwies Herr H a m e l die Behauptung (II) als gültig unter der Voraussetzung, daß der Konvergenzwinkel α eine gewisse Grenze nicht überschreitet, die er zu etwa 110^0 be-rechnet[2]). Übrigens beschränken sich beide Autoren auf den sym-metrischen Fall (*Strömungsbild und Störung* symmetrisch zur Achse $y = \dfrac{\pi}{2}$). Indem ich die H a m e l sche Integralgleichung durch das entsprechende Minimalprinzip und seine Abschätzungen — die sich übrigens leicht verschärfen und erheblich vereinfachen ließen — durch eine gedankliche Überlegung ersetze, *zeige ich hier, daß* (II) *bestehen bleibt, solange der Konvergenzwinkel* $\alpha \leqq \pi$ *ist.* Das war wohl von vornherein zu vermuten. Es ergibt sich dabei zugleich,

---

1) **Mathematische Zeitschrift 19** (1924), S. 265. Rendiconti Accad. dei Lincei, 1926, 2^0 sem., S. 119, und 1927, 1^0 sem., S. 157.

2) **Ein hydrodynamischer Unitätssatz**, Verhandlungen des 2. internationalen Kongresses für technische Mechanik, Zürich 1926, S. 489.

daß und in welchem Sinne *diese obere Grenze keiner weiteren Verbesserung mehr fähig ist.* Hinsichtlich (I) komme ich nicht zu so abschließenden Ergebnissen. Nach (II) kann man zu irgendwie vorgegebenen δU, δV die zulässige Störung eindeutig bestimmen und die damit verbundene Variation des Mundstücks:

$$(4) \qquad \begin{aligned} \delta l &= A_{11}\,\delta U + A_{12}\,\delta V, \\ \delta l' &= A_{21}\,\delta U + A_{22}\,\delta V. \end{aligned}$$

Im symmetrischen Fall, wo $\delta V = 0$, $\delta l = \delta l'$ ist, gelang es Herrn Weinstein durch eine scharfsinnige Vorzeichendiskussion festzustellen, daß [innerhalb der Gültigkeitsgrenzen von (II)] die Konstante A der Gleichung

$$\delta l = A \cdot \delta U$$

positiv ist, d. h. daß bei Verlängerung des Mundstücks notwendig eine Kontraktion des Strahls eintritt. Es liegt im Wesen dieser Methode, daß sie (I) nicht in weiterem Umfang erledigen kann als (II). Ich finde, daß (I) *zu Recht besteht, falls die gegebene Strömung symmetrisch ist (während die Störung unsymmetrisch sein darf) und der Konvergenzwinkel π nicht übersteigt.*

Wir greifen (vergl. dazu die erste der zitierten Weinsteinschen Arbeiten) das Störungsproblem, unbekümmert um die Cisottische Formel, direkt an, indem wir darauf ausgehen, die *Störungsfunktion f*, die Differenz zwischen dem gestörten und ungestörten Potential, $\widetilde{F}(z)$ und $F(z)$, zu bestimmen:

$$(5) \qquad \widetilde{F}(z) - F(z) = \delta_z F = f = \varphi + i\psi.$$

Der Index z an dem Variationszeichen δ soll bedeuten, daß z als unabhängige Variable zugrunde gelegt ist, d. h. daß wir die Werte der Größe F für die ursprüngliche und die gestörte Bewegung an zwei Stellen miteinander vergleichen, *wo z den gleichen Wert hat.* Allgemein gilt

$$(6) \qquad \delta F \equiv \widetilde{F}(z+\delta z) - F(z) = f + \frac{dF}{dz}\cdot\delta z,$$

$$(7) \qquad \delta w \equiv \left(\frac{d\widetilde{F}}{dz}\right)_{z+\delta z} - \frac{dF}{dz} = \frac{df}{dz} + \frac{dw}{dz}\cdot\delta z.$$

Die letzte Gleichung werde mit $\dfrac{dz}{d\zeta} = \dfrac{1}{w}\dfrac{dF}{d\zeta}$ multipliziert:

$$(8) \qquad i\delta\omega\cdot\frac{dF}{d\zeta} = \frac{df}{d\zeta} + \frac{dw}{d\zeta}\cdot\delta z$$

Von jetzt ab verstehen wir unter δ insbesondere δ_F, also diejenige Variation, welche durch $\delta F = 0$ erklärt ist. In (8) haben wir dann δz nach (6) durch $-f/w$ zu ersetzen. Auf der freien Grenze ist $\Re(i\omega)$ konstant $= U$, also $\Re(i\delta\omega) = \delta U$. Wir verwenden die Gleichung (8) auf dem der freien Grenze entsprechenden Einheitskreis $\zeta = e^{i\vartheta}$ in der Form

$$i\,\delta\omega \cdot \frac{dF}{d\vartheta} = \frac{df}{d\vartheta} - i\frac{d\omega}{d\vartheta}f,$$

um diese Grenzbedingung als eine solche für die Störungsfunktion f auszudrücken. Daselbst ist

$$(9) \qquad \frac{d\omega}{d\vartheta} = \dot\omega = \sum_{h=1}^{n} \frac{\alpha_h}{\pi}\,\frac{1-a_h^2}{|\zeta-a_h|^2},$$

sowie $\dfrac{dF}{d\vartheta} = \dfrac{d\Phi}{d\vartheta} = \dfrac{d\Psi}{dn}$ (n innere Normale) reell. So kommt

$$(10) \qquad \frac{d(\psi - \delta U \cdot \Psi)}{dn} + \dot\omega\,\psi = 0.$$

Auf der reellen Achse der ζ-Ebene zwischen -1 und $+1$ ist $\psi = 0$, weil die Wandungen durch die Variation nicht verschoben werden sollen.

Über *das analytische Verhalten von f* auf dem Rande des Halbkreises gibt die aus (3) durch Variation entstehende Formel

$$\delta z = \delta c - i\int_{F=-\infty}^{F} e^{-i\omega}\,\delta\omega\,dF, \qquad f = -e^{i\omega}\delta c + i e^{i\omega}\int_0^{\zeta} e^{-i\omega}\,\delta\omega\,\frac{dF}{d\zeta}\,d\zeta$$

Auskunft. Es ist

$$\delta\omega = \delta\omega_0 + \sum_{h=1}^{n} \frac{\alpha_h}{i\pi}\left\{ \frac{\delta(\zeta-a_h)}{\zeta-a_h} + \frac{\delta(\zeta a_h)}{1-\zeta a_h} \right\} = \delta_\zeta\omega + \frac{d\omega}{d\zeta}\,\delta\zeta,$$

$$-\delta\zeta = \frac{\zeta^2(\delta\gamma + \delta\bar\gamma)}{1-\zeta^2}.$$

An den Ecken $\zeta = a_h$ findet man daraus

$$f = C_h \cdot e^{i\omega} + \mathfrak{P}_h(\zeta - a_h),$$

wo $\mathfrak{P}_h$ eine reguläre Potenzreihe in $\zeta - a_h$ bedeutet. Die Randbedingung $\Im f = 0$ lehrt dann aber — mit Rücksicht auf den analytischen Charakter von $e^{i\omega}$ in der Ecke $\zeta = a_h$ — sogleich, daß die Konstante $C_h = 0$ sein muß. Infolgedessen ist f auf dem reellen Kreisdurchmesser und überhaupt *im ganzen Innern des Einheitskreises der ζ-Ebene regulär;* und zwar symmetrisch inbezug auf die reelle Achse (sie nimmt an konjugierten Stellen konjugierte Werte an). f ist ferner an den Mündungsstellen $\zeta = \pm 1$ und sogar auf dem ganzen Kreisrand regulär mit Ausnahme der beiden Punkte $\zeta = \gamma$ und $\bar{\gamma}$. In der Umgebung von $\zeta = \gamma$ gilt

$$(11) \qquad f = (\delta U - i\delta V)\,\mathfrak{P}(\zeta - \gamma)\,\lg\frac{1}{\zeta - \gamma} + \mathfrak{P}^*(\zeta - \gamma),$$

wo $\mathfrak{P}$, $\mathfrak{P}^*$ reguläre Potenzreihen in $\zeta - \gamma$ sind, deren erste mit dem konstanten Glied 1 beginnt.

Für das Problem (I) müssen wir noch die Verschiebungen der Mündungsstellen b, b' durch ψ ausdrücken. Dazu wenden wir die Formel (8) auf die Variation $\delta' = \delta_\zeta$ und die Stelle $\zeta = 1$ an (δ_ζ muß von δ_F unterschieden werden, weil in den elementaren Zusammenhang (1) zwischen F und ζ der Parameter γ eingeht). Da dem Punkte $z = b$ die *feste* Stelle $\zeta = 1$ entspricht, ist für $\zeta = 1$: $\delta'z = \delta b$. $\delta'\omega = \delta_\zeta\omega$ ist dort (im Gegensatz zu $\delta\omega$) endlich, und darum verschwindet $\delta'\omega \cdot \dfrac{dF}{d\zeta}$. Infolgedessen gilt für $\zeta = e^{i\vartheta}$, $\vartheta = 0$:

$$(12) \qquad \frac{df}{d\vartheta} = -ie^{i\omega}\frac{d\omega}{d\vartheta}\cdot\delta b.$$

Bei einer zulässigen Variation kann sich b nur in Richtung der Mündungswand verschieben: $\delta b = \dfrac{|w|}{w}\delta l$. Das ist im Einklang mit (12), indem beide Seiten dann den Realteil 0 besitzen. Bezeichnen wir die Konstanten

$$e^U.\dot{\omega}\,(\zeta = 1), \qquad e^{U'}.\dot{\omega}\,(\zeta = -1)$$

mit C, C', so liefert der Imaginärteil

$$(13) \quad C.\delta l = -\left(\frac{d\psi}{d\vartheta}\right)_{\vartheta=0}, \qquad C'\,\delta l' = -\left(\frac{d\psi}{d\vartheta}\right)_{\vartheta=\pi} \qquad (\zeta = e^{i\vartheta}).$$

Im Falle des Problems (II) ist ψ innerhalb und auf dem Einheitskreis der ζ-Ebene eine reguläre, bei Spiegelung an der reellen Achse ungerade Potentialfunktion. Am Rande gilt die Gleichung

$$\frac{d\psi}{dn} + \dot{\omega}\psi = 0.$$

Mit Hülfe der zur Randbedingung $\dfrac{dG}{dn} = 0$ gehörigen Greenschen Funktion

$$G = \lg\left|\frac{1}{(\zeta-\zeta_0)(1-\zeta\bar{\zeta}_0)}\right|$$

ergibt sich daher

$$\psi(\xi_0) = \frac{1}{2\pi} \int_{-\pi}^{+\pi} G(\xi_0, \xi)\, \psi(\xi)\, d\omega \qquad (\xi = e^{i\vartheta};\ |\xi_0| \leqq 1).$$

Verlegen wir hier auch $\xi_0 = e^{i\vartheta_0}$ auf den Kreisrand, so haben wir *die Hamelsche Integralgleichung*

$$\psi(\xi_0) - \frac{1}{\pi} \int_{-\pi}^{+\pi} \lg\left|\frac{1}{\xi - \xi_0}\right| \cdot \psi(\xi)\, d\omega = 0.$$

Die Lösung soll eine **ungerade** Funktion von ϑ sein. Wenn das in der Gleichung mit ausgedrückt werden soll, so vereinige man das Integral von $\vartheta = -\pi$ bis 0 mit dem von 0 bis π durch die Substitution $\vartheta \to -\vartheta$:

$$(14) \qquad \psi(\xi_0) - \frac{1}{\pi} \int_0^{\pi} \lg\left|\frac{\xi_0 - \bar\xi}{\xi_0 - \xi}\right| \cdot \psi(\xi)\, d\omega = 0$$

(der Kern ist dann, wenn auch ϑ_0 zwischen 0 und π läuft, überall positiv).

Ich benutze statt der Integralgleichung das zugehörige *Minimalprinzip*:

$$D(\psi) = \text{Min. unter der Nebenbedingung } \int \psi^2\, d\omega = 1.$$

$D(\psi)$ ist das Dirichletsche Integral über die Fläche des Einheitskreises, das Integral der Nebenbedingung erstreckt sich über den Kreisrand. (Des Dirichletschen Integrals hatte sich auch Herr **Weinstein** in seiner ersten Arbeit bedient.) *Hier ist es entscheidend, daß $\dot\omega$ nach (9) durchweg positiv ist!* Es geht aus diesem Zusammenhang sofort hervor, daß die Eigenwerte der Integralgleichung sämtlich positiv sind. Es gilt einzusehen, daß sie unter der Voraussetzung $\alpha \leqq \pi$ sogar > 1 ausfallen. Ich schließe so: Für unsere Potentialfunktion ψ ist

$$(15) \qquad D(\psi) = -\int \psi\, \frac{d\psi}{dn}\, d\vartheta = \int \psi^2\, d\omega.$$

$d\omega$ ist eine Summe elementarer Bestandteile:

$$(16) \qquad d\omega = \sum_{h=1}^{n} \frac{\alpha_h}{\pi}\, d\omega_h, \qquad \omega_h = \frac{1}{i} \lg \frac{\xi - a_h}{1 - a_h \xi}.$$

Aus den gleich zu beweisenden Ungleichungen

$$(17) \qquad D(\psi) \geqq \int \psi^2\, d\omega_h$$

folgt darum durch Multiplikation mit α_h und Addition

$$(18) \qquad \frac{\alpha}{\pi} D(\psi) \geqq \int \psi^2 \, d\omega.$$

Das ist ein Widerspruch zu (15), wenn $\alpha < \pi$ ist, — es sei denn $\psi = \text{const.} = 0$. Zum Beweise von (17) darf man wegen der Invarianz von $D(\psi)$ durch die bekannte reelle lineare Transformation von ζ, welche den Einheitskreis festläßt, den Punkt a_h in den Nullpunkt werfen; bezieht man die ζ-Ebene auf Polarkoordinaten r, ϑ, so ist dann ω_h direkt der Polarwinkel ϑ. Als ungerade Potentialfunktion läßt sich ψ in der Gestalt entwickeln

$$\psi = \sum_{n=1}^{\infty} c_n r^n \sin n\vartheta,$$

und es ist

$$D(\psi) = \pi \sum_{n=1}^{\infty} n c_n^2, \qquad \int \psi^2 \, d\vartheta = \pi \sum_{n=1}^{\infty} c_n^2.$$

Man sieht dabei noch, daß in (17) das Gleichheitszeichen nur eintritt, wenn ψ ein konstantes Multiplum von $\sin \omega_h$ ist; wenn der Ausdruck (16) mindestens 2-gliedrig ist, gilt darum in (18) stets das Zeichen $>$, außer für $\psi = 0$. Darum kann die Voraussetzung $\alpha < \pi$ zu $\alpha \leqq \pi$ verschärft werden. Ferner gelingt es mühelos, *Beispiele zu konstruieren, in denen das Störungsproblem* (II) *tatsächlich von* 0 *verschiedene Lösungen hat.* Man nehme z. B. $n = 2$, $\gamma = i$, $\alpha_1 = \alpha_2 = \dfrac{\pi}{2}$. Liegen $a_1, a_2 = -a_1$ nahe bei 0, so ist das Minimum λ von $D(\psi)$ für den Konkurrenzbereich aller ungeraden Potentialfunktionen ψ, welche $\int \psi^2 \, d\omega$ zu 1 machen, d. i. der kleinste Eigenwert der Integralgleichung (14), wenig größer als 1 (λ ist $= 1$, wenn a_1, a_2 in 0 hineinfallen); es sei dafür Sorge getragen, daß $\lambda < 2$ ist[1]. Dann hat unser Minimalproblem, wenn wir das bisherige ω durch sein λ-faches ersetzen, also für

$$d\omega = \sum_{h=1}^{2} \frac{\lambda}{2i} \, d \lg \frac{\zeta - a_h}{1 - a_h \zeta}$$

den Eigenwert 1. Die ungestörte Strömung ist symmetrisch, der obere und untere feste Rand hat je eine gegen die Strömung ein-

---

1) Da für $\psi = r \sin \vartheta$: $D(\psi) = \pi$, $\int \psi^2 \, d\omega_h = \pi (1 - a_h^2)$, $\int \psi^2 \, d\omega = \sum \alpha_h (1 - a_h^2) = \alpha^*$ ist, gilt allgemein $\lambda \leqq \dfrac{\pi}{\alpha^*} \left(\text{neben } \lambda \geqq \dfrac{\pi}{\alpha} \right)$. Es genügt also, in unserm Fall $|a_1| = |a_2| < \dfrac{1}{\sqrt{2}}$ zu nehmen.

springende Ecke; die Störung ist unsymmetrisch. Das Beispiel dürfte genügen, um die allgemeine Methode klarzumachen, nach welcher die Stellen innerhalb der $(n+2)$-dimensionalen Mannigfaltigkeit von Strömungen aufgesucht werden können, welche für das Problem der Bestimmung der Strömung aus den Geraden $\mathfrak{g}_h$ und der Strahlgeschwindigkeit e^{U+iV} als Verzweigungsstellen fungieren.

Um die *Aufgabe (I)* nach dem Ansatz von Herrn Weinstein anzugreifen, stellen wir, $\alpha \leqq \pi$ *vorausgesetzt*, die Funktion f derjenigen zulässigen Störung auf, welche beliebig vorgegebenen $\delta U, \delta V$ entspricht:

$$(19) \qquad f = -f_u\,\delta U - f_v\,\delta V.$$

Die Gleichungen (4) lauten dann nach (13)

$$(20) \qquad \begin{aligned}
C\,\delta l &= \left(\frac{d\psi_u}{d\vartheta}\right)_0 \delta U + \left(\frac{d\psi_v}{d\vartheta}\right)_0 \delta V, \\
C'\delta l' &= \left(\frac{d\psi_u}{d\vartheta}\right)_\pi \delta U + \left(\frac{d\psi_v}{d\vartheta}\right)_\pi \delta V.
\end{aligned}$$

Um die Singularität (11) an der Stelle $\zeta = \gamma$ und die mit ihr durch Symmetrie in $\zeta = \bar\gamma$ verbundene zu beseitigen, subtrahieren wir

$$r(\zeta) = (\delta U - i\,\delta V)\lg\frac{1}{\zeta-\gamma} + (\delta U + i\,\delta V)\lg\frac{1}{\zeta-\bar\gamma}: \quad f^* = f - r.$$

r und f^* sind wie f symmetrische Funktionen gegenüber der Spiegelung an der reellen Achse; f^* ist auch an den Stellen $\zeta = \gamma$, $\bar\gamma$ noch stetig, $D(\psi^*)$ endlich. Die Indizes u, v werden durchweg im Sinne der Gleichung (19) gebraucht und die Imaginärteile von r, f^* konsequenterweise mit σ, ψ^* bezeichnet. Indem man berücksichtigt, daß $\Re\lg\bar a = \Re\lg a$, $\Im\lg\bar a = -\Im\lg a$ ist, findet man

$$\begin{aligned}
\sigma_u &= \Im\{\lg(\zeta-\gamma)(\zeta-\bar\gamma)\} = \Im\lg\frac{\zeta-\gamma}{\zeta-\gamma}, \\
\sigma_v &= \Re\lg\frac{\zeta-\bar\gamma}{\zeta-\gamma} = \Re\lg\frac{\overline{\zeta-\gamma}}{\zeta-\gamma}.
\end{aligned}$$

Es ist also σ_u der Winkelabstand der beiden Punkte $\bar\zeta, \zeta$ für einen Beobachter in γ, σ_v der Logarithmus des Verhältnisses ihrer Entfernungen von γ. An den Enden des Halbkreises $\zeta = e^{i\vartheta}$, $0 \leqq \vartheta \leqq \pi$ verschwinden σ_u und σ_v. Dazwischen ist σ_v positiv, σ_u positiv von $\vartheta = 0$ bis $\varkappa$ ($\gamma = e^{i\varkappa}$), negativ von $\varkappa$ bis π, beim Durchgang des Arguments ϑ durch $\varkappa$ springt σ_u von $\varkappa$ auf $\varkappa - \pi$. — Ferner gilt nach (1)

$$r(\zeta) = \delta U \cdot F(\zeta) + \left\{\delta U\cdot\lg\frac{1}{\zeta} - i\,\delta V\lg\frac{\zeta-\bar\gamma}{\zeta-\gamma}\right\}.$$

Auf den beiden Stücken des durch die Punkte γ, $\bar{\gamma}$ geteilten Kreisrandes hat der in $\}$ $\{$ gesetzte Summand je einen konstanten Realteil, sein Imaginärteil demnach die normale Ableitung 0. Infolgedessen lautet die Randbedingung (10):

$$\frac{d\psi^*}{dn} + \dot{\omega}\,\psi = 0; \qquad (\psi = \sigma + \psi^*).$$

Als Hamelsche Integralgleichung zur Bestimmung von ψ ergäbe sich danach

$$\psi(\zeta_0) - \frac{1}{\pi}\int_0^\pi \lg\left|\frac{\zeta_0 - \zeta}{\zeta_0 - \zeta}\right| \cdot \psi(\zeta)\,d\omega = \sigma(\zeta_0)$$

$$(\zeta_0 = e^{i\vartheta_0},\ \zeta = e^{i\vartheta};\ 0 \leqq \vartheta_0,\ \vartheta \leqq \pi).$$

Doch will ich mich auch hier wieder nicht auf die Integralgleichung, sondern das Minimalprinzip stützen. Wir gehen darauf aus zu zeigen, daß die in (20) auftretenden Ableitungen von ψ_u, ψ_v an den Stellen $\vartheta = 0$ und π die gleichen Vorzeichen haben wie die Ableitungen der „Näherungen" σ_u, σ_v, nämlich $\genfrac{}{}{0pt}{}{+\ +}{+\ -}$. Das garantiert das Nicht-Verschwinden ihrer Determinante. Ich behaupte zunächst, daß auf dem Rand des oberen Halbkreises $\psi_v - \sigma_v \geqq 0$ gilt. Daraus folgt dann in der Tat, weil ψ_v wie σ_v an den Stellen $\vartheta = 0$ und π verschwindet:

$$(21) \qquad \left(\frac{d\psi_v}{d\vartheta}\right)_0 \geqq \left(\frac{d\sigma_v}{d\vartheta}\right)_0 > 0, \qquad \left(\frac{d\psi_v}{d\vartheta}\right)_\pi \leqq \left(\frac{d\sigma_v}{d\vartheta}\right)_\pi < 0.$$

Wenn die Behauptung falsch wäre, würde das Teilgebiet $\mathfrak{G}$ des oberen Halbkreises, in welchem $\psi_v^* < 0$ ist, an den Kreisrand anstoßen. Wir vereinigen $\mathfrak{G}$ mit seinem Spiegelbild $\bar{\mathfrak{G}}$ inbezug auf die reelle Achse und betrachten diejenige stetige Funktion χ, welche in $\mathfrak{G} + \bar{\mathfrak{G}}$ mit ψ_v^* übereinstimmt, sonst $= 0$ ist. Sie ist ungerade bei Spiegelung an der reellen Achse, und darum gilt für sie die Ungleichung (18):

$$(22) \qquad D(\chi) \geqq \int \chi^2\,d\omega,$$

obwohl χ keine Potentialfunktion ist. Denn bedeutet $\tilde{\chi}$ die Potentialfunktion im Einheitskreis, welche dieselben Randwerte hat wie χ, so ist bekanntlich $D(\chi) \geqq D(\tilde{\chi})$.

$$D(\chi) \text{ ist } = -\int_{\mathfrak{b}} \chi\,\frac{d\chi}{dn}\,d\vartheta,$$

wo sich das Integral über die Bögen $\mathfrak{b}$ erstreckt, in denen das

Gebiet $\mathfrak{G} + \overline{\mathfrak{G}}$ an den Kreisrand stößt. Hier ist aber

$$-\frac{d\chi}{dn} = \dot{\omega}\,\psi_v = \dot{\omega}\,(\sigma_v + \chi).$$

Mithin kommt

$$\int_{\mathfrak{b}} \sigma_v \chi \, d\omega \gtreqqless 0.$$

Dies ist ein Widerspruch, da auf $\mathfrak{b}$ zufolge Definition $\sigma_v \chi$ überall negativ ist.

Derselbe Schluß verfängt für ψ_u wegen des Vorzeichenwechsels von σ_u nur, *wenn die gegebene Strömung symmetrisch ist*. Denn dann ist $\gamma = i$, und ψ_u wie σ_u ist ungerade auch bei Spiegelung an der imaginären Achse, ψ_u^* verschwindet auf beiden Achsen. Wäre ψ_u^* irgendwo auf der Peripherie des ersten Kreisquadranten negativ, so würde das durch $\psi_u^* < 0$ im ersten Quadranten definierte Gebiet $\mathfrak{G}$ an den Kreisrand stoßen. Wir fügen zu $\mathfrak{G}$ die symmetrisch gelegenen Gebiete in den übrigen drei Quadranten hinzu und nehmen diejenige Funktion χ, welche in dem vereinigten Gebiet mit ψ_u^* übereinstimmt und sonst $= 0$ ist. Sie führt zu einem Widerspruch mit der Ungleichung (22). Darum ist

$$\psi_u - \sigma_u \gtreqqless 0 \quad \text{für} \quad \zeta = e^{i\vartheta}, \quad 0 \leqq \vartheta \leqq \frac{\pi}{2},$$

und folglich besteht die Ungleichung

$$\left(\frac{d\psi_u}{d\vartheta}\right)_0 = \left(\frac{d\psi_u}{d\vartheta}\right)_\pi \geqq 1 \quad \text{neben (21):} \quad \left(\frac{d\psi_v}{d\vartheta}\right)_0 = -\left(\frac{d\psi_v}{d\vartheta}\right)_\pi \geqq 1.$$

Die Vorzeichen besagen: Wird das Mundstück symmetrisch vergrößert ($\delta l = \delta l' > 0$), so erfährt der Strahl eine Kontraktion, aber keine Drehung; wird der untere Rand um ebenso viel vorgeschoben, wie der obere verkürzt wird ($\delta l = -\delta l' > 0$), so erfährt der Strahl keine Kontraktion, aber eine Ablenkung nach oben.

77.

Diskussionsbemerkungen zu dem zweiten Hilbertschen Vortrag über die Grundlagen der Mathematik

Abhandlungen aus dem mathematischen Seminar der Hamburgischen Universität
6, 86—88 (1928)

Zur Verteidigung des Intuitionismus mögen mir zunächst ein paar Worte gestattet sein.

Bevor HILBERT seine Beweistheorie aufstellte, wurde von Allen die Mathematik als ein System inhaltlicher, sinnerfüllter, einsichtiger Wahrheiten aufgefaßt; dieser Standpunkt war die gemeinsame Plattform aller Diskussionen. Wenn POINCARÉ die *vollständige Induktion* als ein letztes Fundament des mathematischen Denkens in Anspruch nahm, das sich auf nichts Ursprünglicheres zurückführen lasse, so hatte er gerade jenes in voller Anschaulichkeit sich vollziehende Aufbauen und Abbauen der Zahlzeichen im Auge, von dem auch HILBERT in seinen inhaltlichen Überlegungen Gebrauch macht. Denn auch bei ihm handelt es sich ja nicht etwa bloß um $0'$ oder $0'''$, sondern um *irgendein* $0''^{\cdots\prime}$, um ein *beliebiges in concreto vorliegendes* Zahlzeichen. Man mag hier das „in concreto vorliegend" betonen; es ist auf der andern Seite aber ebenso wesentlich, daß die inhaltlichen Gedankengänge der Beweistheorie *in hypothetischer Allgemeinheit*, an *irgendeinem* Beweis, an *irgendeinem* Zahlzeichen durchgeführt werden. Dies soll natürlich kein Einwand sein, denn dies Verfahren des „eins nach dem andern" kann sich auf unerschütterliche anschauliche Evidenz berufen; aber man darf es doch namhaft machen, nicht als „Axiom", sondern in seinem konkreten Gebrauch, trotz und in all seiner Evidenz und Ursprünglichkeit, und erblickt wohl in ihm mit Recht das eigentümliche Merkmal des inhaltlichen *mathematischen* Denkens. Mir scheint, daß in diesem Punkte die HILBERTsche Beweistheorie POINCARÉ vollständig recht gibt. Daß in HILBERTS formalisierter Mathematik das Prinzip der vollständigen Induktion in der PEANO-DEDEKINDschen Fassung als ein Axiom auftritt, dessen widerspruchsfreie Verträglichkeit mit den übrigen Axiomen durch inhaltliche Überlegungen sicherzustellen ist, ist natürlich eine ganz andere Sache, mit der es aber POINCARÉ gar nicht zu tun hatte.

BROUWER forderte wie alle Welt von der Mathematik, daß ihre Sätze (in Hilberts Ausdrucksweise) „reale Aussagen" seien, sinnerfüllte Wahrheiten. Aber er sah zum erstenmal genau und in vollem Umfang, wie sie tatsächlich diese Grenzen des inhaltlichen Denkens überall weit überschritten hatte. Ich glaube, für diese Erkenntnis der Grenzen des inhaltlichen Denkens sind wir ihm alle zu Dank verpflichtet. In den inhaltlichen Überlegungen, welche die Widerspruchsfreiheit der formali-

Grenzen, und zwar selbstverständlicherweise, durchaus respektiert; es handelt sich hier wirklich in keiner Weise um künstliche Verbote. Danach erscheint mir auch die Gefolgschaft, welche BROUWERS Ideen fanden, nicht sonderbar; sein Standpunkt ergab sich mit Notwendigkeit aus einer These, die von allen Mathematikern vor der Aufstellung von HILBERTS formalen Ansätzen geteilt wurde, und einer grundlegenden neuen unbezweifelbaren, auch von HILBERT anerkannten logischen Einsicht. Daß von diesem Standpunkt aus nur ein Teil, vielleicht nur ein kümmerlicher Teil der klassischen Mathematik zu halten ist, ist eine bittere, aber unumgängliche Tatsache. HILBERT ertrug diese Verstümmelung nicht. Und es ist wiederum eine Sache für sich, daß es ihm gelang, die klassische Mathematik *durch eine radikale Umdeutung ihres Sinnes* ohne Minderung ihres Bestandes zu retten, nämlich durch ihre Formalisierung, durch welche sie, prinzipiell gesprochen, sich aus einem System einsichtiger Erkenntnisse verwandelt in ein nach festen Regeln sich vollziehendes Spiel mit Formeln.

Der ungeheuren Bedeutung und Tragweite dieses HILBERTschen Schrittes, der offenbar unter dem Druck der Umstände notwendig geworden ist, möchte ich mich nun keineswegs verschließen. Uns alle, die wir dieser Entwicklung beiwohnten, erfüllt mit Bewunderung die geniale Folgerichtigkeit, mit welcher HILBERT durch seine Beweistheorie der formalisierten Mathematik sein axiomatisches Lebenswerk krönte. Auch in der erkenntnistheoretischen Einschätzung der dadurch geschaffenen neuen Situation, trennt, wie ich mit großer Freude konstatiere, nichts mich von HILBERT. Er machte zunächst geltend, daß der Durchgang durch die idealen Aussagen ein legitimes formales Hilfsmittel ist zum Beweise von realen Aussagen; das muß sogar der strengste Intuitionist anerkennen. Ob diese ihre Rolle den Aufwand der ganzen Beweistheorie lohnen würde, darf man vielleicht noch bezweifeln (es ist das lediglich eine Frage der Ökonomie). Denn in den meisten Fällen liegt die Schwierigkeit nicht so sehr in der Auffindung des finiten Beweises als darin, die Sätze der klassischen Mathematik überhaupt durch reale, für den Intuitionisten akzeptable Urteile auszufüllen. Um dies z. B. für den Fundamentalsatz der Algebra von der Wurzelexistenz zu leisten, muß man die *finite Konstruktion* angeben, vermöge deren die von Schritt zu Schritt sich genauer bestimmenden Koeffizienten einen analogen Entwicklungsprozeß der Wurzelwerte auslösen; ist diese Konstruktion einmal gefunden, so ist es leicht, einzusehen, daß die von ihr mit immer höherer Approximation gelieferten Werte tatsächlich die Wurzeln der vorgelegten Gleichung sind.

Aber HILBERT wies weiter mit Nachdruck auf die benachbarte Wissenschaft der *theoretischen Physik* hin. Ihren einzelnen Setzungen und

Gesetzen ist kein in der Anschauung unmittelbar zu erfüllender Sinn eigen, eine Konfrontation mit der Erfahrung vertragen, prinzipiell gesprochen, nicht die isoliert genommenen Aussagen der Physik, sondern nur das theoretische System als Ganzes. Was hier geleistet wird, ist nicht anschauende Einsicht in singuläre oder allgemeine Sachverhalte und eine das Gegebene treu nachzeichnende *Deskription*, sondern theoretische, letzen Endes rein symbolische *Konstruktion* der Welt. Man hat gesagt, die Physik habe es nur mit der Feststellung von Koïnzidenzen zu tun; insbesondere hat MACH auf dem Felde der Physik einem reinen Phänomenalismus das Wort geredet. Aber wenn man ehrlich ist, so muß man doch zugestehen, daß unser theoretisches Interesse nicht ausschließlich und nicht einmal in erster Linie an den „realen Aussagen" hängt, an den Konstatierungen, daß dieser Zeiger mit diesem Skalenteil sich deckt, sondern vielmehr an den idealen Setzungen, die *laut Theorie* in solchen Koïnzidenzen sich ausweisen, deren Sinn selbst aber in keiner gebenden Anschauung sich unmittelbar erfüllt, — wie z. B. der Setzung des Elektrons als eines universellen elektrischen Elementarquantums. Nach HILBERT sprengt schon die reine Mathematik den Rahmen der einsichtig feststellbaren Sachverhalte durch solche ideale Setzungen.

Es ist eine tiefe philosophische Frage, welches die „Wahrheit" oder Objektivität ist, die dieser über das Gegebene weit hinausdrängenden theoretischen Weltgestaltung zukommt. Sie hängt eng mit der andern Frage zusammen, was uns dazu treibt, gerade dies bestimmte von HILBERT entwickelte Axiomensystem zugrunde zu legen; die Widerspruchsfreiheit ist dafür wohl ein notwendiges, aber kein hinreichendes Argument. Vorläufig kann man darauf kaum anders antworten als mit dem Glauben an die Vernünftigkeit der Geschichte, die diese Bildungen in einem lebendigen geistigen Entwicklungsprozeß hervortrieb — ohne daß freilich die Träger der Entwicklung, durch vermeintliche Evidenz geblendet, der Willkür und Kühnheit ihrer Konstruktion sich bewußt waren. Auch HILBERTS Berufung auf den praktischen Erfolg der Methode scheint mir von einem solchen Glauben getragen. Oder ist seine Meinung die, daß, je mehr der Axiomenbau seiner Vollendung sich nähert, in um so höherem Maße die Willkür wieder ausgeschieden wird und das eindeutig Zwingende hervortritt? Setzt sich die HILBERTSche Auffassung, wie das allem Anschein nach der Fall ist, gegenüber dem Intuitionismus durch, *so erblicke ich darin eine entscheidende Niederlage der philosophischen Einstellung reiner Phänomenologie*, die damit schon auf dem primitivsten und der Evidenz noch am ehesten geöffneten Erkenntnisgebiet, in der Mathematik, sich als unzureichend für das Verständnis schöpferischer Wissenschaft erweist.

78.

Consistency in mathematics

The Rice Institute Pamphlet 16, 245—265 (1929)

I

CONSISTENCY IN MATHEMATICS

THERE are two circumstances which formally evoke the danger of contradiction within the system of mathematical propositions, because they prevent these propositions from being significant statements, in the sense that we know what we mean by asking whether they are true or false. The one circumstance, as Brouwer first made clear, is the unlimited application of the terms "all" and "any" to a field of mere possibilities which is open to infinity; the other is the leveling process which mathematics blindly performed on the Russell types. Especially with regard to the second point, mathematics manifests its full participation in the servile revolt of the positive sciences against philosophy, the revolt of the anti-spiritual mind, with its democratic leveling process, against the spiritual mind and its hierarchic structure, which changed the question: "What is your intrinsic nature and what does this nature bring forth?" into the other: "What can you be used for? What profit do you yield when you are made to play your part in the process of production standardized by such and such axioms?" Brouwer's intuitionistic mathematics represents the restoration of mind to its old and sacred rights. Hilbert's formalized mathematics, however, undertakes to show that

[1] Lectures delivered at the Rice Institute, May 20, 22, and 23, 1929, by Hermann Weyl, Professor of Mathematics at the Technische Hochschule in Zürich.

the opposite party, which indeed sinks far below the mind when it demands that its overflowing wealth of "results" be accepted as literally true, is ultimately right in spite of all—ultimately, however, meaning: before a transcendental forum which we realize symbolically. In mathematics the inquiry into the genuineness or non-genuineness of the inner working of our entire western culture urges towards a more rigorous decision than can be attained in the other hazier fields of knowledge.

With regard to the first point, the usage of the terms "all" and "any," I think one does not hit quite the right spot by referring to the validity or invalidity of the principle of the excluded middle. As you know, the point in question is the confrontation of the two assertions: "Being given a set M of objects, there exists an element in M with the property $\mathfrak{A}$" and "All elements of the set M have the property non-$\mathfrak{A}$." But the stress is not on the fact that two assertions are confronted one of which occurs as the negation of the other, but on the fact that these assertions involve the terms "there exists" and "all." Moreover, it is incorrect to describe the intuitionistic point of view by saying that the *tertium non datur* applies or does not apply in the case referred to, according as M is a finite or an infinite set. The issue does not lie in the distinction between finite and infinite, but it depends on whether M is given as an aggregate of objects which are individually exhibited, one by one (and is therefore indeed finite), or not. If several pieces of chalk lie in front of me, the assertion: "All these pieces are white" is merely an abbreviation for the assertion: "This piece is white, and this piece is white, and $\cdot\ \cdot\ $" (while I exhibit them one by one); likewise "There exists among them one red one" is an abbreviated expression for: "This one is red, or this one is red, or $\cdot \cdot \cdot$." But such an interpretation is possible only for sets the elements of which are exhibited. If, in opposition to the given example, we take the sequence of natural numbers 1, 2, 3, $\cdot \cdot \cdot$ and consider an assertion such as "All numbers are even," the analogous interpretation leads to an infinite logical product (I put the logical "and" and "or" into analogy with the arithmetical $\times$ and $+$): 1 is even, and 2 is even, and 3 is even, $\cdot \cdot \cdot$. But this obviously has no meaning. Wherever a general proposition of this kind occurs, it has a hypothetical meaning, it assures that if you are given any definite number, for example 18, you are certain of the correctness of the judgment that 18 is an even number. It is evidently impossible and without meaning to negate such a hypothetical proposition. This fact that the negation cannot be carried out, and not the invalidity of the *tertium non datur*, is the point on which the matter hinges. The formal negation of our general judgment: "there is an odd number" would be equivalent to an infinite logical sum: 1 is odd, or 2 is odd, or $\cdot \cdot \cdot$; it gains significance only with a view to the explicit construction of an individual definite number, for example 17, which is established to be odd. I have therefore called the existential proposition an abstract of judgment. If knowledge is a valuable treasure, I compare this abstract to a paper which informs us of the existence of a treasure but without disclosing where it lies. With regard to the transition from finite logical sums and products to infinite ones, matters stand much the same as in the domain of arithmetical operations, where the definition of a finite sum does not *a priori* determine the meaning of an infinite sum.

I do not want to go into too much discussion to convert you to this opinion of Brouwer's. It is entirely a matter of reflection (*Besinnung*),[1] which has nothing to do with any epistemological, or perhaps even metaphysical theories, nor indeed with any arbitrarily declared mathematical axioms and their technical manipulation. Everybody will admit its truth provided he understands it.

In the development of arithmetic, we can perhaps distinguish four stages with regard to the part played by the infinite. To the first stage belongs a concrete individual judgment like $2+3=5$. To the second, for example, the following judgment of hypothetical generality: "If m and n are any two concretely given number signs, then $m+n = n+m$." I can comprehend the meaning of this proposition and convince myself intuitively of its correctness, without "generating" any other number beside the two concretely given ones m and n; it is not even necessary to form the number $m+n$. In the third stage, the actually occurring number signs are imbedded into the sequence of all *possible* numbers, which originates by means of a generating process according to the principle that from a given number a new one, the following one, can always be formed by addition of the number 1. Here the existent is projected into the background of the *possible*, the background of a manifold of possibilities which is produced and ordered according to a fixed process but is open into infinity. To this point of view corresponds the method of definition and conclusion by means of complete induction. I cannot conceive of a grosser misunderstanding than that of making the legitimacy of this procedure which refers to the *possible* depend, as Russell does, on the actual existence of infinitely many objects in the real world. I believe that here we strike the root of the

---

[1] L. E. J. Brouwer, "*Intuitionistische Betrachtungen über den Formalismus*," Sitzungsberichte der Preussischen Akademie der Wissenschaften, 1928, pp. 48-52. A bibliography is included.

mathematical method in general: the *a priori* construction of the *possible* in opposition to the *a posteriori* description of what is actually given. In the fourth place, however, and this is where according to Brouwer the fault of mathematics begins, the theory of sets declared the sequence of natural numbers, a sequence open into infinity, to be a closed complete aggregate of elements existing in themselves. Take the definition: "*n* is even or odd according as there does or does not exist a number *x* such that $n = 2x$." Whoever accepts this definition which appeals to the infinite totality of numbers as having a meaning, has passed into another sphere; for him the number system has become a realm of absolute existences which is "not of this world" and of which our consciousness catches a glimpse only here and there.

The second weak spot in the body of mathematics is due to the objectivation of properties, as Russell emphatically pointed out. As long as we deal with the natural numbers as objects of investigation, single definite properties such as being even, being a prime, etc., occur. The new step is made, when a judgment like "18 is even" is no longer subsumed under the propositional form, "*x* is even" by the substitution $x = 18$, but under the form "*x* has the property *y*" with two empty places, *x* and *y*. Properties have hereby become objects of a different order, to which the primary objects, the numbers, can entertain the relation ϵ of "participation," μέθεξις, as Plato says. This step becomes dangerous only when the terms "all" and "any" are applied without restriction to this new realm whose objects are "the possible properties." In this sense the second step is already included in the first. It is known that the constructive generation of properties establishes a hierarchy of types, the Russell types, the neglect of which leads to striking contradictions. An objectivated property is usually called a *set* in mathematics; and the real number of analysis is essentially equivalent to the notion "set of natural numbers." Therefore this second step is of decisive importance for the foundation of the theory of the continuum as the field of all possible real numbers. Usually the word "set" when used in opposition to "property" includes this further convention: the sets corresponding to the properties $\mathfrak{A}$ and $\mathfrak{A}'$ shall be considered equal if every object with the property $\mathfrak{A}$ also has the property $\mathfrak{A}'$, and vice versa. I shall here, however, leave aside the difficulties connected with carrying this identity principle into effect in a rigorous manner.

The intention of the Hilbert proof theory is to atone by an act performed once for all for the continual titanic offences which mathematics and all mathematicians have committed and will still commit against mind, against the principle of evidence; and this act consists of gaining the insight that mathematics, if it is not true, is at least consistent. Mathematics, as we saw, abounds in propositions that are not really significant judgments. But we must abstract from the content of *all* its propositions and consider only their formal structure when we intend to show that they involve no contradictions. Thus mathematics becomes, in Hilbert's theory, a game with signs and formulas; the formulas, which consist of signs, have no meaning which they wish to convey, but they are the material of the game of demonstration: according to the rules of the game new formulas are constructed from those already at hand. The formulas that one starts with are the axioms. Among the signs the negation $\backsim$ occurs. We would have a contradiction if of two proof games which both start from the axioms and are played according to the rules of the game, one ended up with the formula $\mathfrak{b}$ and the other with the contrary one $\backsim\mathfrak{b}$. The point is to gain the insight that this can never occur, and this is an act

of cognition and not play. Exactly as we can convince ourselves that in a correctly played game of chess a position
with nine white pawns can never occur. The insight into
the consistency of the game of mathematics has to be attained in the same direct way as that referring to the chess
game. Here the consideration proceeds as follows: in the
initial position there are eight white pawns. According to
the rules a move may decrease, but cannot increase, the number of pawns. Ergo · · · This ergo stands for the conclusion by complete induction which follows the concrete
given chess game, move by move. It is self-evident for
Hilbert that the considerations by means of which the consistency proof is given in "metamathematics" are throughout
endowed with the finite character postulated by Brouwer.
This intuitive thinking in terms of content matter is based
on evidence and not on axioms; it is conveyed by means of
language which is necessarily always an uncertain tool of
communication. On the other hand, mathematics itself has
no need of any language, since its formulas mean nothing
and convey nothing.

But why go beyond the bounds of significant judgments,
since what lies beyond is totally empty and cognition can
gain nothing from it? A possible answer to this question
appears to be that which assigns to the ideal judgments a
part similar to that played by paper money in economy:
it does not add new values to the real ones but it makes
their handling easier. Whenever, in Hilbert's formalized
mathematics a proof yields a final formula which admits
interpretation as a significant judgment, this judgment is
true. But I hardly think that this purely technical employ-
ment of the formulas for the deduction of significant propositions would sufficiently justify the method. Still this is
not a controversy of principle but only a question of econ-

omy. Hilbert himself gives the somewhat obscure answer that the infinite plays the part of an idea in the Kantian sense, namely that it supplements the concrete in the sense of totality. I hope I am in agreement with Hilbert when I interpret this as analogous to the construction by which I imbed the objects which are actually given to me in my consciousness into the totality of an objective world which comprises many things that are not immediately present to my mind. From the point of view of pure consciousness, it is also here not at all easy to understand what this supplementation really means. Certain epistemological schools would like to interpret it as being only a technical artifice which enables one to find one's way about more easily in one's own consciousness. But there are enough people, and I belong to them, who have the firm belief that somehow the reality of the "you" and of the exterior world embodies a higher truth than this solipsistic point of view. Theoretical physics justifies and completes the construction of that inter-subjective world we build up in our natural life. The conditions which prevail here by no means correspond to Brouwer's ideal of a science. An individual assertion, an individual physical law has no meaning that can be realized by intuition and verified by experience. Only the theoretical system as a whole is capable of confrontation with experience. And it holds good if *concordance* prevails, that is, if on the basis of our theories, all indirect determinations of the same physical quantity lead to the same result.

An example will make clear what I mean. Let us consider a definite oscillation of a pendulum; and let us assume that its period can be observed directly with an error less than 0.1 second, so that periods of oscillation which are described by the theoretical physicist as differing by less than 0.1 second are actually equal, i. e., equal for our direct perception. Still there is a simple way of increasing the exactness of observation a hundredfold: one waits until 100 oscillations have taken place and then divides the observed period by 100. But this indirect determination is dependent on a certain hypothesis, namely on the hypothesis that all oscillations last the same length of time. This can of course be tested by the direct observation with an exactness of 0.1 second. However, if the theory is used in the indicated manner, not this is meant, but instead that the periods are absolutely equal, or equal with a hundredfold precision. This assumption, just as well as the assertion with regard to the period of an individual oscillation to which it leads, is without meaning for the intuitionist who respects the limits of intuitive exactness. Still it is possible to test the hypothesis in a certain sense: one finds that the period of duration of m successive oscillations is to that of n oscillations as m is to n, where m and n are large numbers (for the test we arbitrarily choose several series of oscillations). If I interpret Hilbert correctly, an analogous situation is already prevailing in pure mathematics.

The formalist who abides by his principles must leave the question unanswered why he chooses just *these* axioms for the starting-point of his proof game. Also his interest in the fact that no contradiction occurs can hardly be justified or can at most be justified by the following remark. If two games lead to the formulas $\mathfrak{b}$ and $\smallsmile\mathfrak{b}$, then, if $\mathfrak{a}$ is an arbitrary given formula, it is possible to obtain the formula $\mathfrak{a}$ by two additional moves, as final result. It is consequently *a priori* certain that one can prove any arbitrary formula $\mathfrak{a}$ and one has a simple fixed rule according to which to do it. In this case the game would be tedious; still it would only be tedious if I knew the contradiction. If, however, we consider this game of formulas as a symbolic expression of a theory about the world, consistency is involved in the above described concordance. Thus we get a more satisfactory answer: only a consistent theory can lead to concordant results when it is applied to experience; the consistency is that part of the concordance which refers only to the theory itself, the part in which the sphere of what is sensually given is not yet touched. It is the task of the mathematician to see that the theories of the concrete sciences satisfy this condition *sine qua non* of being formally definite and consistent.

The development of science has shown clearly that different theoretical constructions of the world satisfy the postulate of concordance. The decision between the theories which compete in this manner is practically cogent for every open-minded scientist, yet it is hard to say precisely what brings it about. On the other hand it is scarcely up to us, the mathematicians and physicists, to account for this question; for in this respect we are at the mercy of the decisions cast in the history of mind, destitute of that ultimate insight that Brouwer postulates. What truth means in physical theories is a philosophical or epistemological problem rather than a physical one.

After these general remarks, I should like to go into a more detailed discussion of the structure of Hilbert's formalized mathematics.[1] As long as the transfinite is excluded, only two kinds of signs occur in the formulas; the *constants* like 1, 2; and the *operations*. Logical operations are $\smile$ (negation), & (and), $\vee$ (or), $\rightarrow$ (implies); the first one is one-membered, the others are two-membered. The two-membered operations = (is equal to) and ϵ (is element of) may be considered as logico-arithmetical ones. The operations σ (generates out of $\mathfrak{a}$ the natural number following $\mathfrak{a}$)

---

[1] This description follows, however, more closely a paper of J. v. Neumann, (*Math. Zeitschrift*, vol. 26, 1927, page 1) than Hilbert's own formal system.

and Z ($Z\mathfrak{a}$ read: $\mathfrak{a}$ is a natural number) are purely arithmetical one-membered operations. But I should explain the sense in which I speak throughout of operations and not of relations and properties besides. $\rightarrow$, for example, stands for the operation which generates the judgment: "$\mathfrak{a}$ implies $\mathfrak{b}$" from the two judgments $\mathfrak{a}$ and $\mathfrak{b}$; Z is the operation which generates the assertion $Z\mathfrak{a}$: "$\mathfrak{a}$ is a natural number" from $\mathfrak{a}$. These remarks are of course merely explanatory and are intended to recall the correspondence between the formulas of our formalized mathematics and certain propositions of ordinary mathematics which are meant as actual assertions of something.

If we include the infinite, two new kinds of signs become necessary: *variables* like x, y, and *integrations*. By means of the integration Σ_x the assertion $\Sigma_x\mathfrak{A}(x)$: "There is an x for which $\mathfrak{A}(x)$ holds," is obtained from the proposition $\mathfrak{A}(x)$ with one variable x. It is distinguished from the operations by the fact that it contains an arbitrary variable x as an index and "ties up" this variable in the formula standing behind it, i.e., deprives it of its capability of being substituted, exactly as though a definite thing, a constant, had been substituted for this variable. We are now in a position to describe in general what a *formula* is. Let it be written in the form of a genealogical tree such that an operation appears as the father of the terms on which it works. Thus a 1, 2, $\cdots$ membered operation is always followed by 1, 2, $\cdots$ signs respectively; the immediate progeny of an integration consists of a single sign, while a constant or a variable is always a last member without descendants. At the head of the genealogical tree we find a sign of integration or operation, and all its branches end with constants or variables. We can describe the same thing inductively as follows: An individual constant or variable in itself constitutes a basic formula. Out of these basic formulas, we construct derived formulas according to the two following principles: (1) If, for example, three formulas α_1, α_2, α_3, are given, and O is a definite three-membered operation, a new formula is obtained by appending α_1, α_2, α_3, separately under the sign O. (2) If a formula α is given, and if J_x is an integration which carries a certain variable x as an index, a new formula is obtained by hanging α under the sign J_x. To make a homogeneous description possible, we thus, for example, write $\alpha \qquad \mathfrak{b}$ instead of $\alpha = \mathfrak{b}$. But afterwards we may return to the habitual way of writing so as to prevent the formulas from having too strange an aspect. Let us do this, and also replace the operational symbol σ by the symbol $+1$ which shall be put after the formula to which it refers ($\alpha + 1$ instead of $\overset{\sigma}{\alpha}$). Furthermore I have to describe the process of substitution. $\mathfrak{A}$ or $\mathfrak{A}(x)$ may be, as we always assume in the following, an arbitrary formula in which at most *one* variable x occurs free (not tied up), and $\mathfrak{b}$ (or $\mathfrak{c}$) a formula without a free variable, a so-called normal formula, then x shall be replaced by the entire formula $\mathfrak{b}$ everywhere in α where it occurs *free*. The process of substitution which is thus intuitively described, again produces a formula; this is the formula we have in mind when we use the abbreviation $\mathfrak{A}(\mathfrak{b})$. The substitution rule would turn out to be more complicated if $\mathfrak{A}$ contained several variables free and if free variables also occurred in $\mathfrak{b}$. For example, let $\int_x$ stand for integration with respect to x from 0 to 1; then it is permissible to replace y in the correct formula

$$\int_x xy = \tfrac{1}{2}y$$

by a constant or a function which does not contain the

variable x. On the other hand, nonsense results when y is replaced by a quantity containing x, for example by x itself: $\int_x xx = \frac{1}{2}x$ instead of the correct result $\int_x xx = \frac{1}{3}$. However, we avoid these complications by the restriction mentioned above.

German letters are used in general descriptions for means of communication; they belong to the language and are not signs in the same sense as 1 or x: men at our game of mathematics. In the course of the development of mathematics, new signs can continually be introduced; but of course we must always make the accompanying remark that the sign is a constant, a variable, a 1, or 2, or 3, $\cdots$ membered operation, or an integration.

Now for the axioms! First the finite logical axioms such as

$$(\overset{*}{\underset{*}{})} \qquad\qquad\qquad \mathfrak{b} \to (\mathfrak{c} \to \mathfrak{b}).$$

It states: if you have any two definite formulas $\mathfrak{b}$ and $\mathfrak{c}$ without free variables, put them together to the formula $\mathfrak{b} \to (\mathfrak{c} \to \mathfrak{b})$; you may then use this formula as an axiom. Thus $(\overset{*}{\underset{*}{})$ is not an axiom itself, but a general rule for formation of axioms, an inexhaustible source of axioms. It is not necessary here to enumerate the few finite logical axiom rules. Logic appears in the mathematics game as playing still another entirely different part: it furnishes the *rules of the game*. The only rule of moves is the following: If you have produced a formula $\mathfrak{b}$ and a formula $\mathfrak{b} \to \mathfrak{c}$ in which the same formula $\mathfrak{b}$ stands to the left of the sign $\to$, you can put down the formula $\mathfrak{c}$. A mathematical proof consists in forming axioms according to the axiom rules and proceeding from them to new formulas by the repeated application of the syllogism rule just described. What is obtained in this manner are *provable* or rather *proved* formulas. One can judge from the looks of a complete genealogical tree of signs whether it is a formula or not. But one cannot judge from the looks of a complete formula whether it is provable. This is mainly caused by the fact that during its inductive construction a formula increases at every step, while in the syllogism two formulas $\mathfrak{b}$ and $\mathfrak{b}{\to}\mathfrak{c}$ combine to a new one $\mathfrak{c}$ which is shorter than the second premise, so that extension and contraction continually alternate in the proof game.

The axiom rules of equality, in which variables and the process of substitution already play a part, are the following:

$$\mathfrak{b}=\mathfrak{b}$$

$$(\mathfrak{b}=\mathfrak{c}){\to}(\mathfrak{A}(\mathfrak{b})=\mathfrak{A}(\mathfrak{c})).$$

They have an intermediate position between pure logic and mathematics. In the third place we have the purely arithmetical axioms with which we are well familiar and which relate to the notion of natural numbers, as for instance

 Z1   (This is an individual definite axiom, not
        a rule for the formation of axioms.)

$Z\mathfrak{b}{\to}Z(\mathfrak{b}+1).$

Now comes the transfinite part of logic. With regard to "there exists," Σ_x, and "all," Π_x, we can for the time being only establish the following rules:

$$(*)\qquad \mathfrak{A}(\mathfrak{b}){\to}\Sigma_x\mathfrak{A}(x) \quad \text{and} \quad \Pi_x\mathfrak{A}(x){\to}\mathfrak{A}(\mathfrak{b}).$$

It is possible to infer existence from other assumptions, and it is possible to derive a particular application from a general assertion. But one cannot foresee at the moment how we can conclude in the opposite direction, how anything else can be inferred from the existence, or how a general assertion can follow from any other premise. I must describe how Hilbert extricates himself from this difficulty. (By the way, in our second axiom one can see very well how the German letters as tools of communication, so to speak, represent the hypothetically general, whereas the formal sign Π_x denotes the infinite logical product. This may help to clarify the distinction between the two ideas.) Let us take the property:

"x is honest" to be $\mathfrak{A}(x)$. If, in opposition to Brouwer, one appeals to the alternative that there must either be an honest man or that all men are dishonest, then an Aristides, who is the representative of honesty, can be found who is established to be honest if any man is honest. In the first case we choose for Aristides one of the honest men that exist, and in the second case an arbitrary one. But in order to be able to construct this Aristides, this representative, for every property, not only honesty, that is for every formula containing one single free variable x, we imagine that we have a divine automaton which accomplishes this task; when we insert the property $\mathfrak{A}$ into it, it produces the desired representative $\rho_x\mathfrak{A}$ which is sure to have the property $\mathfrak{A}$ if there is any individual of this kind. ρ_x is an integration sign. If we had an automaton like this at our disposal we would be free from the troubles caused by "all" and "any"; but of course the belief in its existence is pure nonsense. Mathematics, however, behaves as though it did exist. That can be expressed in an axiom rule, and the establishment of this rule is legitimate in formalized mathematics, provided its application does not lead to contradictions.

Thus we now add the following rules to (*):
$$\Sigma_x\mathfrak{A}(x)\rightarrow\mathfrak{A}(\rho_x\mathfrak{A}),\ \mathfrak{A}(\rho_x(\backsim\mathfrak{A}))\rightarrow\Pi_x\mathfrak{A}(x).^{[1]}$$
Naturally they do not accomplish the same as the fictitious automaton, for it does not divulge what $\rho_x\mathfrak{A}$ is for a given formula $\mathfrak{A}$. Only in special cases a formula like $\rho_x\mathfrak{A}=1$ can result as final formula of a proof which starts from the axioms.

Now a few words concerning the second difficulty of transfinite character, the objectivation of properties. $\mathfrak{A}(x)$ being an arbitrarily given property, a formula involving the free variable x, the creation and existence of a new thing, the

[1] If $\mathfrak{A}(x)$ is "x is honest," then, $\mathfrak{A}(\rho_x(\backsim\mathfrak{A}))\rightarrow\Pi_x\mathfrak{A}(x)$ means "If the representative, $\rho_x(\backsim\mathfrak{A})$, of dishonesty is honest, then all men are honest."

"set" y, such that the proposition $\mathfrak{A}(x)$ is equivalent to $x \,\epsilon\, y$, must be expressed by a formal axiomatic rule:

$$\Sigma_y \ \Pi_x \ \{(x \,\epsilon\, y) = \mathfrak{A}(x)\}.$$

But it soon becomes evident that its application irrevocably leads to a contradiction. For classical analysis the limitation of the argument x to the domain of natural numbers is, however, sufficient; so that we establish the *transfinite rule for sets in the restricted form:*

$$\Sigma_y \ \Pi_x \ \{Zx \rightarrow ((x \,\epsilon\, y) = \mathfrak{A}(x))\}.$$

This rule is qualified to overcome the Russell types, just as the transfinite logical axioms guarantee the free manipulation of "all" and "any" prohibited by Brouwer for actual thinking.

I should now like to go into a short discussion of the consistency proof. The attempts to secure it have revealed the vicious circle character of mathematics to its full extent. Only after we have brought it to light completely can we succeed in finding the path that cuts through the circles and enables us to gain the insight that, despite the circles, no actual contradiction arises. This can be accomplished without trouble as long as the transfinite axioms are left aside. Under this restriction we are able to decide whether a normal formula is true or false by following its inductive construction. This on the one hand makes the indirect process of proof superfluous and on the other hand shows that it cannot lead to a contradiction. I indicate the rule by means of which we determine the truth-value T or F, true or false, of normal formulas. (A formula which does not involve the transfinite symbols Σ_x, Π_x, ρ_x, may be called a finite one). a) We always assign the value F to a basic formula, that is, to an individual constant or a variable. (It is of course immaterial whether we here decide in favor of T or F). β) A derived formula begins with a sign of integration or operation. In the first case—let us be magnanimous—we shall always assign to it the value T, likewise in the second case if the operation sign is not one of the following six: $\smile$ $\vee$ & $\rightarrow$ = Z. The evaluation of derived formulas beginning with one of these signs shall take place according to the following instructions:

(1)   (2)

$\mathfrak{b}$	$\smile\mathfrak{b}$
T	F
F	T

$\mathfrak{b}$	$\mathfrak{c}$	$\mathfrak{b} \vee \mathfrak{c}$	$\mathfrak{b}$ & $\mathfrak{c}$	$\mathfrak{b} \rightarrow \mathfrak{c}$
T	T	T	T	T
T	F	T	F	F
F	T	T	F	T
F	F	F	F	T

(3) $\mathfrak{b} = \mathfrak{c}$ shall have the value T only when the two formulas $\mathfrak{b}$ and $\mathfrak{c}$ agree completely, and that again must be verified on their structure step by step. (4) A formula $Z\mathfrak{b}$ shall have the value T if no other signs except σ and 1 occur in the formula $\mathfrak{b}$. This rule constitutes our *rational evaluation*. It satisfies the following conditions:

(1)   Every *finite* axiom has the value T;

(2)   If $\mathfrak{b}$ and $\mathfrak{b} \rightarrow \mathfrak{c}$ have the value T, $\mathfrak{c}$ also has the value T.

(3)   If $\mathfrak{b}$ has the value T, $\smile\mathfrak{b}$ has the value F.

It follows that a proof which avails itself of finite axioms only consists entirely of formulas having the value T. If therefore a certain proof of such a kind ends with $\mathfrak{b}$, $\mathfrak{b}$ has the value T and $\smile\mathfrak{b}$ the value F; it is thus impossible for any other proof of the same kind to end with $\smile\mathfrak{b}$.

This argument may give you the impression that you are being mocked by a farce. But that is due to the fact that mathematics and mathematical proof are a farce as long as the transfinite axioms do not enter into the game. The formula $\mathfrak{b} \rightarrow \mathfrak{c}$ is always evaluated *after* $\mathfrak{b}$ and $\mathfrak{c}$ have been assigned truth-values. In the figure of the syllogism, this relation is inverted. We see from this that the syllogism is powerless without the transfinite axioms; the results it produces are much more easily reached by direct insight, that is, by the calculation of the value of the final formula as determined by its construction according to our evaluation rule. The syllogism would not save mathematics from being an immense tautology, but the transfinite is the vehicle which carries us beyond the domain of what is immediately conceivable.

Let us now add the transfinite logical axioms. It is convenient to use our four axioms separately in building up mathematics, but for the consistency proof it is more suitable to replace them by a single one in which their entire force is concentrated:

$$(\infty) \qquad \mathfrak{A}(\mathfrak{b}) \to \mathfrak{A}(\rho_x\mathfrak{A})$$

and to use only the transfinite symbol ρ_x instead of our three, ρ_x, Σ_x, Π_x. It is surely out of the question to arrange the descriptive valuation rule in such a manner that we can be assured that all possible axioms formed according to the rule (∞) receive the value T; this signifies that the insight into true and false has here come to an end. However, less than this is sufficient for the consistency proof. We assume that two proofs are concretely given which lead to a formula $\mathfrak{b}$ and its negation $\smallsmile\mathfrak{b}$. Let the axioms, given explicitly and containing nothing undetermined, which are used in these two proofs, be briefly designated by

$$(\dagger) \qquad \mathfrak{F}: \ \mathfrak{F}_1, \mathfrak{F}_2, \cdots, \mathfrak{F}_n.$$

In order to convince oneself that the situation assumed above cannot possibly come to pass it suffices to find an evaluation which is "correct within $\mathfrak{F}$." I mean by this that the rule of evaluation shall satisfy the conditions (2) and (3) as before, but instead of (1) we shall only require that *the* *few axioms of our set $\mathfrak{s}$ shall have the truth value T.* This "artificial evaluation" will naturally depend on that system $\mathfrak{s}$. Stated more precisely, our problem is *to construct by means of a definite universal method an evaluation for any set $\mathfrak{s}$ of arbitrary, but explicitly given, axioms* (†), *which is correct within $\mathfrak{s}$.*

I here consider the simplest case of all: wherever the transfinite symbol ρ occurs in those particular cases of the rule (∞) which are contained in our given set $\mathfrak{s}$ it shall contain the same index x and it shall always govern the *same* definite *finite* formula $\mathfrak{C}$ ($\mathfrak{C}$ of course contains only x as a free variable). If you like you may call this property $\mathfrak{C}$ "honesty." Let $\mathfrak{b}$ be a given finite normal formula; we try whether $\mathfrak{b}$ can be used as representative of $\mathfrak{C}$ — as "Aristides;" i.e., we replace $\rho_x\mathfrak{C}$, wherever it occurs, by $\mathfrak{b}$. By this process there arises from an arbitrary formula $\mathfrak{c}$ the "reduced formula" $\hat{\mathfrak{c}}$. We call this "the reduction $\mathfrak{b}$" and give to $\mathfrak{c}$ the value T or F according as the reduced formula $\hat{\mathfrak{c}}$ is given the value T or F by the rational evaluation. The only point which is to be tested is whether the special cases of the transfinite axiom rule (∞) which occur in the system $\mathfrak{s}$ are given the value T. They contain, by assumption, ρ only in the same combination $\rho_x\mathfrak{C}$; let them be the following

(A) $\qquad \mathfrak{C}(\mathfrak{b}_i) \rightarrow \mathfrak{C}(\rho_x\mathfrak{C}) \qquad (i = 1, 2, \cdots, h)$

$\mathfrak{b}_1, \mathfrak{b}_2, \cdots, \mathfrak{b}_h$ need not be finite, but can themselves contain the transfinite symbol ρ in the combination $\rho_x\mathfrak{C}$.

We try for luck the reduction 1 and the corresponding evaluation; the reduction symbol $\wedge$ may now refer to this case. The original mathematical object 1, Adam, shall be our Aristides. The formulas (A) are changed into ($\hat{\text{A}}$) by this reduction: $\mathfrak{C}(\hat{\mathfrak{b}}_i) \rightarrow \mathfrak{C}(1)$. We distinguish between several cases. The most favorable is that in which Adam stands the test, in which the finite formula $\mathfrak{C}(1)$ is true, i.e., is

given the truth-value T in the rational evaluation. If, however, $\mathfrak{C}(1)$ is false, if Adam is a scoundrel, our first unhappy choice does no harm provided none of the finite formulas
(B) $$\mathfrak{C}(\hat{\mathfrak{b}}_1), \quad \mathfrak{C}(\hat{\mathfrak{b}}_2), \cdots, \quad \mathfrak{C}(\hat{\mathfrak{b}}_h)$$
have the value T: both sides of these relations have then the value F, and then themselves have therefore the value T. It may have been absurd to choose 1 as the representative of $\mathfrak{C}$ from the standpoint of absolute truth; Adam is dishonest and in spite of that there may be honest men. But it need not disturb us if none of the few definite people $\hat{\mathfrak{b}}_1, \hat{\mathfrak{b}}_2, \cdots, \hat{\mathfrak{b}}_h$ with whom we are now dealing in these axioms, are not scoundrels. The only case in which our evaluation 1 does not lead to our goal is that in which $\mathfrak{C}(1)$ is false but one of the finite formulas (B), e.g. $\mathfrak{C}(\hat{\mathfrak{b}}_1)$ is true. In this case, however, we possess a legitimate representative of the property $\mathfrak{C}$ in $\hat{\mathfrak{b}}_1$. Thereupon we reject the first process of reduction and instead of it perform a second one $\hat{\mathfrak{b}}_1$, i.e., we replace $\rho_x\mathfrak{C}$ wherever it occurs by $\hat{\mathfrak{b}}_1$. So if the first reduction chosen at random fails, its very failure gives us automatically another reduction which leads us to our goal.

But we only stand at the very beginning of the complications that can arise. ρ can combine with different $\mathfrak{A}$'s to $\rho_x\mathfrak{A}$, the $\mathfrak{A}$'s can again contain this transfinite symbol, so that the ρ's are heaped onto one another. When a certain reduction fails, the failure does automatically furnish a new reduction which is successful *there* where the original one failed. But in return for that it will in general go wrong with regard to those axioms of the set $\mathfrak{F}$, for which the first one worked; so that on the whole we are not at all sure that this auto-correction really produces an improvement. The point to be proved is that one does not turn about in a circle, but that after a number of steps of successive corrections which can be indicated at the outset, a reduction is arrived at which does not fail anywhere within the given finite set of axioms ȣ. The successive corrections can be considered as steps in a certain combinatorial game; and we assert that the game comes necessarily to an end after a finite number of steps, however we play, our freedom being restricted only by the rules of the game. J. v. Neumann has proved this theorem of finiteness. We are here dealing with a concrete mathematical problem which is not trivial, but at the same time is solvable, and I cannot imagine that any mathematician can find the courage to elude its honest solution by means of a metaphysical dogma.

Thus Mr. v. Neumann succeeded in proving that one does not encounter any contradictions in a "restricted analysis," where one handles the sequence of natural numbers as though it were a closed set of objects existing in themselves. The justification of the same procedure for the continuum of real numbers would require the proof that the restricted transfinite axiom concerning sets does not introduce a contradiction into the system of axioms. This problem is surely of a much deeper nature. As I hear, Mr. Ackermann, a pupil of Hilbert's, has reduced it to a form similar to that which Neumann obtained for the restricted analysis. But he has not yet obtained, and it is perhaps even permitted to doubt whether his combinatorial game, which is of course of a rather complicated character, really possesses, the requisite property of finiteness. Thus the situation remains serious but not entirely hopeless for classical analysis.

79.

Der Zusammenhang zwischen der symmetrischen und der linearen Gruppe

Annals of Mathematics 30, 499—516 (1929)

Einleitung.

Die Komponenten eines willkürlichen Tensors F von f^{ter} Stufe in einem n-dimensionalen Vektorraum bezeichne ich mit $F(i_1\, i_2 \cdots i_f)$, die lineare Mannigfaltigkeit aller dieser Tensoren mit $\mathfrak{R}$. Unter dem Einfluß einer willkürlichen linearen Abbildung oder Transformation des Vektorraums

$$(1) \qquad\qquad B\colon\quad x_i' = \sum_{k=1}^{n} b\,(i\,k)\,x_k$$

erfahren sie die zugehörige Transformation

$$(2) \qquad B_f\colon\quad F'(i_1 \cdots i_f) = \sum_{(k)} b\,(i_1\,k_1) \cdots b\,(i_f\,k_f) \cdot F(k_1 \cdots k_f).$$

Durch die Korrespondenz $B \to B_f$ wird eine bestimmte *Darstellung* $(\lambda)^f$ *der Gruppe* λ *aller linearen Transformationen* B definiert. Ihre Zerlegung in irreduzible Bestandteile hängt aufs engste zusammen mit den Darstellungen der endlichen symmetrischen Gruppe $\pi = \pi_f$ der Permutationen von f Dingen, wie auf verschiedene Weise von I. Schur und dem Verfasser gezeigt wurde.† Da diese Beziehung in der Quantenmechanik eine große Rolle spielt, habe ich ihr insbesondere das letzte Kapitel meines Buches „Gruppentheorie und Quantenmechanik" (Leipzig 1928) gewidmet. Die Quantentheorie ist aber nicht eigentlich an der Gruppe der B_f interessiert, sondern an einer umfassenderen, der Gruppe σ der *symmetrischen Transformationen*. Ich nenne die lineare Transformation $F \to F'$ in $\mathfrak{R}$:

$$(C) \qquad F'(i_1 \cdots i_f) = \sum_{(k)} c\,(i_1 \cdots i_f;\; k_1 \cdots k_f)\, F(k_1 \cdots k_f)$$

symmetrisch, wenn der Koeffizient $c\,(i_1 \cdots i_f;\; k_1 \cdots k_f)$ seinen Wert nicht ändert, falls man die Subindizes $1, 2, \cdots, f$ einer beliebigen Permutation s unterwirft — oder, was auf dasselbe hinauskommt, falls beide Reihen von Indizes $i_1 \cdots i_f;\; k_1 \cdots k_f$ simultan dieselbe Permutation s erleiden. Die Quantentheorie stellt durch einen Tensor F den Zustand eines physikalischen Gebildes dar, das aus f gleichartigen Korpuskeln, etwa f Elektronen besteht.

---

* Received February 6, 1929.

† I. Schur, Inauguraldissertation, Berlin 1901. H. Weyl, Mathem. Zeitschr. **23** (1925), p. 271. I. Schur, Sitzungsber. Berl. Akad. 1927, p. 58; 1928, p. 100.

Ein linearer Teilraum $\mathfrak{P}$ von $\mathfrak{R}$, der invariant ist gegenüber allen symmetrischen Transformationen, hat nach dem dynamischen Grundgesetz die Eigenschaft, daß der Zustand des physikalischen Gebildes, wenn einmal in $\mathfrak{P}$ befindlich, durch keinerlei Einwirkung daraus vertrieben werden kann. Die Transformation B_f ist offenbar symmetrisch, ich nenne sie eine *spezielle* symmetrische Transformation. Wenn B ganz λ durchläuft, so durchläuft B_f eine mit λ isomorphe Untergruppe σ_0 von σ. Ich habe nachträglich bemerkt, daß die Gruppe σ der symmetrischen Transformationen das natürliche Bindeglied zwischen den Gruppen π und λ abgibt; in der Tat weist sie schon durch ihren Begriff auf die Permutationsgruppe π hin und führt auf der andern Seite durch die „Spezialisierung" sogleich auf die Gruppe λ. Dies Mittelglied gestattet, die Theorie wesentlich direkter, elementarer und vollständiger als bisher aufzubauen, so daß an Durchsichtigkeit nichts mehr zu wünschen übrig bleibt. Ich möchte dies hier ab ovo und in rein mathematischer Formulierung entwickeln.

§ 1 enthält einige vorbereitende, übrigens längst geläufige Definitionen und Betrachtungen. § 2 gibt die benötigten Hauptsätze über π, §§ 3 und 4 sind dem Zusammenhang zwischen π und σ gewidmet, § 5 demjenigen zwischen σ und λ. § 6 betrifft Verallgemeinerungen, in denen die symmetrische durch eine beliebige Permutationsgruppe ersetzt wird. Nur in ein paar Fußnoten nehme ich in diesem Hauptteil Bezug auf das oben zitierte Buch. Der Anhang § 7 jedoch enthält einen kurzen Hinweis auf daran anschließende Entwicklungen, die in jenem Buch gegeben und keiner Abänderung bedürftig sind, nebst einer ergänzenden Bemerkung über dasjenige gruppentheoretische Problem, das in der Quantentheorie durch das Pauli-Verbot zusammen mit der Existenz des Elektronenspins hervorgerufen wird.

§ 1. Symmetrieoperatoren.

1. Ich erinnere rasch an die Bedeutung der Worte *invariant, irreduzibel, äquivalent.* Gegeben sei eine Gruppe γ von linearen homogenen Transformationen im linearen Vektorraum $\mathfrak{G}$. Ein linearer Teilraum $\mathfrak{G}'$ von $\mathfrak{G}$ heißt invariant gegenüber γ, wenn die Vektoren von $\mathfrak{G}'$ durch die Transformationen von γ in Vektoren von $\mathfrak{G}'$ übergehen. Ein solcher invarianter Teilraum $\mathfrak{G}'$ ist irreduzibel, wenn er keine andern invarianten Teilräume enthält als $\mathfrak{G}'$ selbst und den nur aus dem Vektor 0 bestehenden. Zwei invariante Teilräume $\mathfrak{G}_1$, $\mathfrak{G}_2$ sind äquivalent, wenn nach geeigneter Wahl des affinen Koordinatensystems in dem einen und andern, die beiden Transformationen S_1 und S_2, welche die willkürliche Transformation S der Gruppe γ in $\mathfrak{G}_1$ und $\mathfrak{G}_2$ hervorruft, dieselbe Koeffizientenmatrix besitzen (identisch in S). Ohne von Koordinatensystemen zu reden, kann man diese Forderung so fassen: es soll sich eine eineindeutige lineare Zuordnung $x_1 \to x_2$ zwischen den Vektoren x_1 von $\mathfrak{G}_1$ und x_2 von $\mathfrak{G}_2$ so stiften lassen, daß, wenn $x_1' = S x_1$ in $\mathfrak{G}_1$ ist, für die zugeordneten Vektoren x_2 und x_2' in $\mathfrak{G}_2$ die gleiche Beziehung $x_2' = S x_2$ gilt, unter S eine beliebige Transformation der Gruppe γ verstanden. Die Zuordnung $x_1 \to x_2$ heißt eine *ähnliche Abbildung* von $\mathfrak{G}_1$ auf $\mathfrak{G}_2$. — Die Begriffe invariant, irreduzibel, äquivalent sind relativ auf eine Gruppe γ. In unserm Raum $\mathfrak{R}$ der Tensoren f^{ter} Stufe sind sie stets so zu verstehen, daß als Gruppe γ *die Gruppe σ der symmetrischen Transformationen zugrunde gelegt wird.*

2. Ein Tensor F kann einer Permutation

$$s: \quad 1 \to 1', \quad 2 \to 2', \quad \cdots, \quad f \to f'$$

unterworfen werden; dadurch entsteht der Tensor $\mathbf{s} F$, dessen Komponenten durch die Gleichung gegeben sind,

$$\mathbf{s} F(i_1 \cdots i_f) = F(i_{1'} \cdots i_{f'}).$$

Bei solcher Festsetzung geht der Tensor $\mathbf{s}(\mathbf{t} F)$ aus F durch die zusammengesetzte Permutation st hervor, die zustande kommt, wenn erst t, dann s ausgeführt wird.* Sind $a\,(s)$ irgendwelche den $f!$ Permutationen s zugeordnete Zahlen, so können wir allgemeiner den Symmetrieoperator

$$\mathbf{a} = \sum_s a\,(s) \cdot \mathbf{s}$$

betrachten, der aus F den Tensor

$$\mathbf{a} F = \sum_s a\,(s) \cdot \mathbf{s} F$$

erzeugt. Solche Symmetrieoperatoren lassen sich addieren und mit Zahlen multiplizieren: sie bilden einen linearen Raum $\mathfrak{r}$ von $f!$ Dimensionen. Aber sie lassen sich auch multiplizieren: übt man erst den Operator $\mathbf{a}$, dann $\mathbf{b}$ aus, so geht das Resultat $\mathbf{b}(\mathbf{a} F)$ aus F durch einen einzigen Operator $\mathbf{c}$ hervor, den wir das Produkt $\mathbf{b}\mathbf{a}$ nennen. Es wird geliefert durch die Gleichung

$$(3) \qquad\qquad c\,(s) = \sum b\,(t')\, a\,(t),$$

in welcher sich die Summe rechts über alle Paare von Permutationen t', t erstreckt, deren Produkt $t' t = s$ ist. Die Symmetrieoperatoren bilden daher, was man hierzulande eine *Algebra* nennt; in dieser Rolle — als Elemente, die sich addieren und multiplizieren lassen, aber unter Abstraktion davon, daß sie Operatoren sind, welche auf Tensoren wirken — bezeichnen wir sie als *Symmetriegrößen* oder kurz als *Größen*. In der gleichen Weise

---

* Unglücklicherweise enthält mein Buch hinsichtlich dieser Definition einen Lapsus (trotz richtiger Fassung in meinen älteren Arbeiten, namentlich **Mathem. Zeitschr. 23** (1925), p. 271).

gehört übrigens zu jeder endlichen abstrakten Gruppe der Ordnung h eine h-dimensionale Algebra, die *Gruppenalgebra* oder der *Gruppenring*.

3. Dem Tensor F eine Symmetriebedingung auferlegen, heißt ihn einer Gleichung

$$(4) \qquad G \equiv \mathbf{a} F \equiv \sum_t a(t) \cdot \mathbf{t} F = 0$$

unterwerfen. Da mit G selbstverständlich auch $\mathbf{s} G$ verschwindet, erfüllt dann F die weitere Gleichung

$$\sum_t a(t) \cdot \mathbf{st} F = 0.$$

Führen wir die Symmetriegröße $\mathbf{F}$ mit den tensoriellen Komponenten $F(s) = \mathbf{s} F$ ein und definieren außerdem $\hat{\mathbf{a}}$ durch

$$\hat{\mathbf{a}}(s) = a(s^{-1}),$$

so nimmt diese Beziehung die knappe Form an: $\mathbf{F}\hat{\mathbf{a}} = 0$. Sie ist mit der Symmetriebedingung (4) gleichbedeutend. Die Lösungen $\mathbf{x}$ der Gleichung

$$(5) \qquad\qquad \mathbf{x}\hat{\mathbf{a}} = 0$$

bilden eine links-invariante Subalgebra; d. h. eine lineare Mannigfaltigkeit, welche mit $\mathbf{x}$ zugleich $\mathbf{cx}$ enthält, welches auch der von links her herantretende Faktor $\mathbf{c}$ ist. Dies bleibt in Geltung, wenn statt (5) mehrere derartige Gleichungen simultan postuliert werden. Das Resultat unserer vorläufigen Betrachtung fixieren wir in der Definition:

Eine linksinvariante Subalgebra $\mathfrak{p}$ der zur Permutationsgruppe π gehörigen Gruppenalgebra $\mathfrak{r}$ bestimmt eine Symmetrieklasse $\mathfrak{P}$ von Tensoren: der Tensor F gehört dieser Symmetrieklasse an, wenn $\mathbf{F}$ in $\mathfrak{p}$ liegt.

Es ist evident, daß $\mathfrak{P}$, die Mannigfaltigkeit der Tensoren von der Symmetrie $\mathfrak{p}$, ein gegenüber allen symmetrischen Transformationen invarianter Teilraum von $\mathfrak{R}$ ist. Die Hauptfrage hinsichtlich des Zusammenhangs von π und σ, welche in §§ 3 und 4 bejahend beantwortet wird, ist die, ob umgekehrt jeder invariante Teilraum $\mathfrak{P}$ aus $\mathfrak{R}$ durch Symmetriebedingungen ausgeschieden werden kann.

Eine linksinvariante Subalgebra ist ein Teilraum $\mathfrak{p}$, der durch alle Transformationen

$$(c): \qquad \mathbf{x} \to \mathbf{x}' = \mathbf{cx}$$

in sich übergeführt wird. Für deren Zusammensetzung gilt offenbar $(c'c) = (c')(c)$. Ordnen wir jeder Permutation s die Transformation (s): $\mathbf{x}' = \mathbf{sx}$ des Gruppenraumes $\mathfrak{r}$ zu, so entsteht die sog. *reguläre Darstellung* der Permutationsgruppe π vom Grade $f!$. Die Transformationen (s) bilden eine mit π isomorphe Gruppe (π) von linearen Abbildungen im Gruppenraum $\mathfrak{r}$.

Und der Begriff linksinvariante Subalgebra kann jetzt so gefaßt werden: linearer Teilraum von $\mathfrak{r}$, welcher gegenüber der Gruppe (π) invariant ist. Im folgenden sind *die Termini invariant, irreduzibel, äquivalent im Gruppenraum* $\mathfrak{r}$ *stets auf die Gruppe* (π) *zu beziehen.* — Wir fassen ergänzend zusammen:

Satz 1. *Ein invarianter Teilraum* $\mathfrak{p}$ *von* $\mathfrak{r}$ *bestimmt einen invarianten Teilraum* $\mathfrak{P}$ *von* $\mathfrak{R}$: *der Tensor F gehört zu* $\mathfrak{P}$, *wenn die Größe* **F** *in* $\mathfrak{p}$ *liegt. Ist* $\mathfrak{p}' < \mathfrak{p}$, *so auch* $\mathfrak{P}' < \mathfrak{P}$. *Ist* $\mathfrak{p}$ *zerlegt in zwei linear unabhängige invariante Teilräume* $\mathfrak{p}_1 + \mathfrak{p}_2$, *so gilt für die zugehörigen Teilräume von* $\mathfrak{R}$ *im gleichen Sinne* $\mathfrak{P} = \mathfrak{P}_1 + \mathfrak{P}_2$.

Der letzte Zusatz wird erst zu Beginn von § 3 vollständig bewiesen.

§ 2. Invariante Teilräume im Gruppenraum $\mathfrak{r}$.

1. Satz 2. *Der invariante Teilraum* $\mathfrak{p}$ *von* $\mathfrak{r}$ *besitzt eine erzeugende Einheit* **e**; *das heißt:* **e** *ist eine* $\mathfrak{p}$ *angehörige idempotente Größe,* **e e** = **e**, *von der Art, daß alle Größen von* $\mathfrak{p}$ *in der Form* **x e** *darstellbar sind. Jede Größe* **x** *von* $\mathfrak{p}$ *genügt insbesondere der Gleichung* **x e** = **x**.

Beweis. Der h-dimensionale Teilraum $\mathfrak{p}$ werde durch die Vektoren $\mathbf{e}_1, \cdots, \mathbf{e}_h$ aufgespannt. Eine Transformation $\mathbf{x} \to \mathbf{x}'$:

$$x'(s) = \sum_t d(s, t) x(t)$$

verwandelt 1. jede Größe **x** in eine in $\mathfrak{p}$ liegende $\mathbf{x}'$ und führt 2. jede in $\mathfrak{p}$ liegende Größe **x** in sich über, wenn sie von der folgenden Form ist:

$$(6) \qquad d(s, t) = \sum_{i=1}^{h} e_i(s)\, \breve{e}_i(t)$$

und die $\breve{e}_i(s)$ den Gleichungen genügen

$$\sum_s e_i(s)\, \breve{e}_k(s) = \delta_{ik}.$$

Ihnen gemäß mögen die Zahlen $\breve{e}_i(s)$ bestimmt sein. Wenn r eine gegebene Permutation ist, muß mit **x** auch die durch $x_r(s) = x(rs)$ erklärte Größe $\mathbf{x}_r$ zu $\mathfrak{p}$ gehören, weil $\mathfrak{p}$ invariant ist. Infolgedessen hat die Transformation $d_r(s, t) = d(rs, rt)$ dieselben beiden Eigenschaften 1. und 2. wie $d(s, t)$ und darum auch die Summe

$$(7) \qquad e(s, t) = \frac{1}{f!} \sum_r d(rs, rt).$$

Diese Funktion von s und t ändert sich aber offenbar nicht, wenn s und t durch rs und rt ersetzt werden; d. h. sie ist eine Funktion $e(t^{-1}s)$ von $t^{-1}s$ allein. Daß die Transformation $\mathbf{x}' = \mathbf{x}\mathbf{e}$ besagte beide Eigenschaften besitzt, ist aber alles, was wir zu beweisen wünschen. — Die Konstruktion (7) führt eine Normierung der nicht eindeutig bestimmten $\breve{e}_i(s)$ in solcher Weise herbei, daß (6) eine Funktion von $t^{-1}s$ allein wird.

Derselbe Gedankengang liefert den allgemeineren

Satz 3. *Sind $\mathfrak{p}$, $\mathfrak{p}'$ äquivalente invariante Teilräume, so wird die ähnliche Abbildung von $\mathfrak{p}$ auf $\mathfrak{p}'$ durch eine Formel von der Gestalt $\mathbf{x} \to \mathbf{x}' = \mathbf{x}\mathbf{b}$ vermittelt; $\mathbf{b}$ ist eine feste in $\mathfrak{p}'$ gelegene Größe.*

Beweis. Die ähnliche Abbildung $\mathfrak{B}$ möge die $\mathfrak{p}$ aufspannenden Vektoren $\mathbf{e}_1, \cdots, \mathbf{e}_h$ überführen in $\mathbf{e}_1', \cdots, \mathbf{e}_h'$. Die Transformation $\mathbf{x} \to \mathbf{x}'$:

$$x'(s) = \sum_t a(s,t)\, x(t) \quad \text{mit} \quad a(s,t) = \sum_{i=1}^{h} e_i'(s)\, \breve{e}_i(t)$$

hat dann die beiden Eigenschaften: 1. sie führt jede Größe $\mathbf{x}$ in eine in $\mathfrak{p}'$ gelegene $\mathbf{x}'$ über; 2. für die in $\mathfrak{p}$ liegenden Größen $\mathbf{x}$ fällt sie mit $\mathfrak{B}$ zusammen. Geht $\mathbf{x}$ durch $\mathfrak{B}$ in $\mathbf{x}'$ über, so verwandelt sie auch $\mathbf{x}_r$ mit den Komponenten $x_r(s) = x(rs)$ in $\mathbf{x}_r'$ mit den Komponenten $x_r'(s) = x'(rs)$: das ist die Voraussetzung, daß $\mathfrak{B}$ eine *ähnliche* Abbildung der *invarianten* Teilräume $\mathfrak{p}$ und $\mathfrak{p}'$ aufeinander ist; und dies hat zur Folge, daß $a(rs, rt)$ die beiden Eigenschaften 1. und 2. mit $a(s,t)$ teilt und daher auch

$$\frac{1}{f!} \sum_r a(rs, rt) = b(t^{-1}s).$$

Die zu $\mathfrak{B}$ inverse Abbildung von $\mathfrak{p}'$ auf $\mathfrak{p}$ wird durch eine analoge Formel $\mathbf{x} = \mathbf{x}'\mathbf{b}'$ vermittelt.

2. *Hilfsbetrachtung.* Der invariante Teilraum $\mathfrak{p}$ mit der erzeugenden Einheit $\mathbf{e}$ sei in zwei unabhängige invariante Teilräume $\mathfrak{p}_1$, $\mathfrak{p}_2$ zerlegt. Dies besagt, daß jede Größe $\mathbf{x}$ in $\mathfrak{p}$ sich auf eine und nur eine Weise als eine Summe $\mathbf{x}_1 + \mathbf{x}_2$ darstellen läßt, deren Glieder in $\mathfrak{p}_1$ und $\mathfrak{p}_2$ liegen. *Insbesondere nehmen wir diese Zerlegung mit $\mathbf{e}$ vor:* $\mathbf{e} = \mathbf{e}_1 + \mathbf{e}_2$. Für jede Größe $\mathbf{x}$ aus $\mathfrak{p}$ gilt

$$\mathbf{x} = \mathbf{x}\mathbf{e} = \mathbf{x}\mathbf{e}_1 + \mathbf{x}\mathbf{e}_2.$$

Weil $\mathfrak{p}_1$ und $\mathfrak{p}_2$ linksinvariante Subalgebren sind, liegt mit $\mathbf{e}_1$ auch $\mathbf{x}\mathbf{e}_1$ in $\mathfrak{p}_1$; der erste Summand $\mathbf{x}\mathbf{e}_1$ ist also die in $\mathfrak{p}_1$ liegende Komponente $\mathbf{x}_1$ von $\mathfrak{p}_1$, der zweite $\mathbf{x}\mathbf{e}_2$ die in $\mathfrak{p}_2$ liegende Komponente $\mathbf{x}_2$. Wenden wir dies insbesondere auf $\mathbf{x} = \mathbf{e}_1$ an, so sehen wir, daß $\mathbf{e}_1\mathbf{e}_1$ und $\mathbf{e}_1\mathbf{e}_2$ die bzw. in $\mathfrak{p}_1$ und $\mathfrak{p}_2$ liegenden Komponenten von $\mathbf{e}_1$ sind, oder mit andern Worten: es ist $\mathbf{e}_1\mathbf{e}_1 = \mathbf{e}_1$, $\mathbf{e}_1\mathbf{e}_2 = 0$. In derselben Weise erhält man $\mathbf{e}_2\mathbf{e}_1 = 0$, $\mathbf{e}_2\mathbf{e}_2 = \mathbf{e}_2$. *$\mathbf{e}_1$ und $\mathbf{e}_2$ sind also erzeugende Einheiten von $\mathfrak{p}_1$ und $\mathfrak{p}_2$, deren Produkt in beiden Reihenfolgen verschwindet.*

Mit dieser Überlegung steht in engem Zusammenhang

Satz 4. *Ist $\mathfrak{p}_1$ ein invarianter Teilraum, der in dem invarianten Teilraum $\mathfrak{p}$ enthalten ist, so kann $\mathfrak{p}$ in $\mathfrak{p}_1$ und einen zweiten davon linear unabhängigen invarianten Teilraum $\mathfrak{p}_2$ zerlegt werden:* $\mathfrak{p} = \mathfrak{p}_1 + \mathfrak{p}_2$.

Beweis. e_1 sei eine erzeugende Einheit von $\mathfrak{p}_1$. Wenn x ganz $\mathfrak{p}$ durchläuft, durchläuft $x_1 = x e_1$ den Teilraum $\mathfrak{p}_1$ und $x_2 = x - x e_1$ einen linearen Teilraum $\mathfrak{p}_2$ von $\mathfrak{p}$. Er ist eine links-invariante Subalgebra; denn es gilt

$$c \cdot x_2 = cx - (cx)\, e_1 = (cx)_2 \qquad [c \text{ beliebig}],$$

und cx liegt wie x selber in $\mathfrak{p}$. $x = x_1 + x_2$ ist eine Zerlegung von x in zwei zu $\mathfrak{p}_1$ bzw. $\mathfrak{p}_2$ gehörige Komponenten. Um einzusehen, daß $\mathfrak{p}_1$ und $\mathfrak{p}_2$ voneinander unabhängig sind, hat man zu zeigen, daß die Summe von $x_1 = x e_1$ und $y_2 = y - y e_1$ nur verschwinden kann, wenn x_1 und y_2 einzeln Null sind; x und y bedeuten hier irgend zwei Größen aus $\mathfrak{p}$. In der Tat folgt aus einer solchen Gleichung $x_1 + y_2 = 0$ durch hintere Multiplikation mit e_1 wegen $x_1 e_1 = x_1$, $y_2 e_1 = 0$ die Gleichung $x_1 = 0$.

Aus Satz 4 geht hervor, daß sich der invariante Teilraum $\mathfrak{p}$ und daher insbesondere $\mathfrak{r}$ selber in unabhängige irreduzible invariante Teilräume zerlegen läßt.

§ 3. Invariante Teilräume im Tensorraum $\mathfrak{R}$.

1. Parallel zu Satz 2 gilt

S a t z 5. *Eine Symmetrieklasse $\mathfrak{P}$ von Tensoren besitzt einen erzeugenden idempotenten Symmetrieoperator e; in dem Sinne, daß $\mathfrak{P}$ zusammenfällt mit der Gesamtheit aller Tensoren von der Form $e F$. Für jeden zu $\mathfrak{P}$ gehörigen Tensor F gilt insbesondere $e F = F$.*

B e w e i s. $\mathfrak{P}$ ist bestimmt durch einen invarianten Teilraum $\mathfrak{p}$ des Gruppenraums $\mathfrak{r}$. Die erzeugende Einheit von $\mathfrak{p}$ werde jetzt mit $\hat{e}$ bezeichnet. Wenn F ein beliebiger Tensor ist, gehört $F\hat{e}$ zu $\mathfrak{p}$; wenn F ein Tensor in $\mathfrak{P}$ ist, liegt die Größe F in $\mathfrak{p}$ und darum ist $F\hat{e} = F$. Das ist identisch mit den Aussagen, daß im ersten Fall $e F$ zu $\mathfrak{P}$ gehört und im zweiten $e F = F$ ist. Die letzte Gleichung zeigt, daß jeder $\mathfrak{P}$ angehörige Tensor in der Form $e F$ dargestellt werden kann.

Die Hilfsbetrachtung, welche Satz 4 vorausgeschickt wurde, beweist nun auch den letzten Teil von Satz 1 (oder das an ihm, was nicht selbstverständlich ist). Sie liefert nämlich eine Zerlegung $e = e_1 + e_2$ und damit eine Zerlegung jedes zu $\mathfrak{P}$ gehörigen Tensors $F = e F$ in zwei Summanden $e_1 F$, $e_2 F$, die bzw. zu $\mathfrak{P}_1$ uud $\mathfrak{P}_2$ gehören.

S a t z 6. *Äquivalente $\mathfrak{p}$ bestimmen äquivalente $\mathfrak{P}$.*

Der *Beweis* beruht auf Satz 3. Sind die beiden invarianten Teilräume $\mathfrak{p}, \mathfrak{p}'$ von $\mathfrak{r}$ äquivalent, so lassen sie sich ähnlich aufeinander abbilden mit Hilfe einer Transformation $x' = x\hat{b}$. Dann aber ist $F' = b F$ eine ähnliche Abbildung $F \to F'$ von $\mathfrak{P}$ auf $\mathfrak{P}'$. (Es ist zweckmäßig, zugleich die inverse Abbildung $F = b' F'$ zu verwenden.)

2. Bis hierhin waren wir ausschließlich mit Symmetrieklassen von Tensoren beschäftigt. Jetzt kommen wir zu der entscheidenden Umkehrung:

Satz 7. *Jeder invariante Teilraum $\mathfrak{P}$ von $\mathfrak{R}$ ist eine Symmetrieklasse, wird also bestimmt durch einen invarianten Teilraum $\mathfrak{p}$ von $\mathfrak{r}$.*

Um $\mathfrak{p}$ zu finden, hat man den kleinsten linearen Teilraum zu konstruieren, der alle Größen **F** umfaßt, die aus Tensoren F in $\mathfrak{P}$ entspringen, oder genauer alle Größen **x**, welche durch den Ausdruck

$$x(s) = \mathbf{s}\, F(i_1\, i_2 \cdots i_f)$$

geliefert werden, wenn für F ein Tensor in $\mathfrak{P}$ und für $i_1\, i_2 \cdots i_f$ eine beliebige Indexfolge genommen wird. So kommen wir zu der folgenden Erklärung (K) von $\mathfrak{p}$: **x** *gehört zu* $\mathfrak{p}$, *wenn es in der Form*

$$(8) \qquad x(s) = \sum_{(i)} c(i_1 \cdots i_f) \cdot \mathbf{s}\, F(i_1 \cdots i_f)$$

sich darstellen läßt, wo die c beliebige Zahlen sein dürfen und F irgendein Tensor aus $\mathfrak{P}$ ist. Es ist klar, daß dies $\mathfrak{p}$ eine lineare Mannigfaltigkeit ist. Wir haben zu zeigen: a) $\mathfrak{p}$ ist ein invarianter Teilraum von $\mathfrak{r}$. Infolgedessen bestimmt $\mathfrak{p}$ eine Symmetrieklasse $\mathfrak{P}(\mathfrak{p})$ von Tensoren. Es ist weiter zu beweisen: b) $\mathfrak{P} < \mathfrak{P}(\mathfrak{p})$; c) $\mathfrak{P}(\mathfrak{p}) < \mathfrak{P}$.

a) Behauptung: Wenn s eine feste Permutation ist, gehört mit **x** auch die durch $x'(t) = x(st)$ erklärte Größe **x'** zu $\mathfrak{p}$. — Es ist allgemein

$$\sum_{(i)} c(i_1 \cdots i_f) \cdot \mathbf{s}\, F(i_1 \cdots i_f) = \sum_{(i)} \mathbf{s}^{-1} c(i_1 \cdots i_f) \cdot F(i_1 \cdots i_f);$$

darum

$$x'(t) = x(st) = \sum_{(i)} \mathbf{s}^{-1} c(i_1 \cdots i_f) \cdot \mathbf{t}\, F(i_1 \cdots i_f)$$
$$= \sum_{(i)} c'(i_1 \cdots i_f) \cdot \mathbf{t}\, F(i_1 \cdots i_f),$$

wo das System c' durch

$$c'(i_{1'} \cdots i_{f'}) = c(i_1 \cdots i_f)$$

erklärt ist.

b) ist trivial: wenn F in $\mathfrak{P}$ liegt, gehört die durch (8) erklärte Größe **x** zu $\mathfrak{p}$, welches auch die Zahlen c sein mögen; d. h. die Größe **F** mit den Komponenten $\mathbf{s}F$ liegt in $\mathfrak{p}$ oder der Tensor F gehört zu $\mathfrak{P}(\mathfrak{p})$.

c) Wir zeigen: Ist $\hat{\mathbf{e}}$ die erzeugende Einheit von $\mathfrak{p}$ und F ein beliebiger Tensor, so liegt $\mathbf{e}F$ in $\mathfrak{P}$. — Da $\hat{\mathbf{e}}$ zu $\mathfrak{p}$ gehört, muß es aus einem gewissen Tensor E von $\mathfrak{P}$ gemäß einer Gleichung (8):

$$e(s^{-1}) = \sum_{(k)} c_0(k_1 \cdots k_f) \cdot \mathbf{s}\, E(k_1 \cdots k_f)$$

entstehen; oder es ist

$$e(s) = \sum_{(k)} c_0(k_{1'} \cdots k_{f'}) \cdot E(k_1 \cdots k_f).$$

Die Komponente $F'(i_1 \cdots i_f)$ von $F' = \mathbf{e}F$ ist darum

$$= \sum_{s} e(s)\, F(i_{1'} \cdots i_{f'}) = \sum_{(k)} c(i_1 \cdots i_f;\, k_1 \cdots k_f)\, E(k_1 \cdots k_f)$$

mit

$$c(i_1 \cdots i_f;\, k_1 \cdots k_f) = \sum_s F(i_{1'} \cdots i_{f'})\, c_0(k_{1'} \cdots k_{f'}).$$

Es entsteht F' also aus E durch eine symmetrische Transformation und gehört folglich zu $\mathfrak{P}$. — Liegt F insbesondere in $\mathfrak{P}(\mathfrak{p})$, so ist der nach dem eben Bewiesenen zu $\mathfrak{P}$ gehörige Tensor $\mathbf{e}F$ gleich F.

Zugleich ist damit erkannt:

Satz 8. *In dem invarianten Teilraum $\mathfrak{P}$ von $\mathfrak{R}$ existiert ein primitiver Tensor E, d. h. ein solcher, aus dem alle Tensoren von $\mathfrak{P}$ durch geeignete symmetrische Transformationen entstehen.*

Daraufhin kann die Erklärung von $\mathfrak{p}$ durch die einfachere ersetzt werden: Eine Größe $\mathbf{c}$ gehört dann und nur dann zu $\mathfrak{p}$, wenn sie vermöge der Gleichungen

$$c(s) = \sum_{(i)} c(i_1 \cdots i_f) \cdot \mathbf{s}\, E(i_1 \cdots i_f)$$

aus einem Zahlsystem $c(i_1 \cdots i_f)$ hervorgeht.

Aus Satz 7 folgt

Satz 9. *Wenn der invariante Teilraum $\mathfrak{p}$ von $\mathfrak{r}$ irreduzibel ist, gilt das Gleiche für den durch $\mathfrak{p}$ bestimmten invarianten Teilraum $\mathfrak{P}$ von $\mathfrak{R}$.*

Der *Beweis* hält sich an die umgekehrte Formulierung: Wenn $\mathfrak{P}$ reduzibel ist, muß $\mathfrak{p}$ reduzibel sein. Es sei also $\mathfrak{P}'$ ein invarianter Teilraum von $\mathfrak{P}$, der weder mit ganz $\mathfrak{P}$ zusammenfällt, noch allein aus dem Tensor 0 besteht. Zu ihm konstruieren wir das zugehörige $\mathfrak{p}'$ nach dem Beweis von Satz 7. Ist $\mathbf{x}$ eine Größe in $\mathfrak{p}'$, so hat es die Form (8), wo F ein Tensor in $\mathfrak{P}'$ ist. Aber F liegt dann in $\mathfrak{P}$, oder die Größe $\mathbf{F}$ und damit $\mathbf{x}$ liegen in $\mathfrak{p}$: $\mathfrak{p}' < \mathfrak{p}$. $\mathfrak{p}'$ bestimmt $\mathfrak{P}'$. Bestünde es nur aus der Größe 0 oder wäre $\mathfrak{p}' = \mathfrak{p}$, so wäre $\mathfrak{P}' = 0$ bzw. $= \mathfrak{P}$.

In Verbindung mit Satz 4 ergibt sich aus Satz 9 die Tatsache:

Satz 10. *$\mathfrak{R}$ läßt sich in irreduzible invariante Teilräume zerlegen.*

§ 4. Äquivalenz in $\mathfrak{r}$ und $\mathfrak{R}$.

1. Die Fälle $n \geq f$ einerseits, $n < f$ andererseits zeigen einen bemerkenswerten Unterschied, den wir nicht ignorieren können. Wenn die Dimensionszahl $n \geq f$ ist, sind die $f!$ Größen $\mathbf{s}F$ voneinander linear unabhängig, d. h. es besteht keine Gleichung $\mathbf{a}F = 0$, welche identisch für alle Tensoren F erfüllt ist, außer der trivialen mit dem Koeffizienten $\mathbf{a} = 0$. Denn es sind ja bereits die Komponenten

$$\mathbf{s}F(1, 2, \cdots, f) = F(1', 2', \cdots, f')$$

$f!$ voneinander linear unabhängige Größen. Wenn aber $n < f$ ist, besteht z. B. identisch in F die Gleichung

$$\sum_s \delta_s \cdot \mathbf{s}F = 0,$$

in der $\delta_s = \pm 1$ zu setzen ist, je nachdem s eine gerade oder ungerade Permutation ist. Die im Beweise von Satz 7 durchgeführte Konstruktion von $\mathfrak{p}$ hätten wir also zunächst einmal, statt auf $\mathfrak{P}$, auf die Gesamtheit $\mathfrak{R}$ *aller* Tensoren F der f^{ten} Stufe anwenden sollen. Sie liefert eine links-invariante Subalgebra $\dot{\mathfrak{r}}$, in welcher die zu *jedem* Tensor F gehörige Größe **F** enthalten ist. Nur wenn $n \geq f$ ist, fällt $\dot{\mathfrak{r}}$ mit ganz $\mathfrak{r}$ zusammen. Ein invarianter Teilraum $\mathfrak{p}$ von $\mathfrak{r}$ bestimmt dasselbe $\mathfrak{P}$ wie der Durchschnitt von $\mathfrak{p}$ mit $\dot{\mathfrak{r}}$. Auf Grund dieses Sachverhalts wird man sich (für $n < f$) auf solche $\mathfrak{p}$ beschränken, die in $\dot{\mathfrak{r}}$ enthalten sind. In der Tat führt die Konstruktion im Beweise von Satz 7 stets auf einen $\mathfrak{P}$ bestimmenden Teilraum $\mathfrak{p}$ von $\dot{\mathfrak{r}}$.

Dies mußte vorausgeschickt werden, um die Umkehrung von Satz 6 zu formulieren, die offenbar nur richtig sein kann, wenn wir $\dot{\mathfrak{r}}$ an Stelle von $\mathfrak{r}$ zugrunde legen.

Satz 11. *Der invariante Teilraum $\mathfrak{p}$ bestimmt dasselbe $\mathfrak{P}$ wie der Durchschnitt von $\mathfrak{p}$ mit $\dot{\mathfrak{r}}$. Zwei in $\dot{\mathfrak{r}}$ enthaltene verschiedene oder in-äquivalente Teilräume $\mathfrak{p}$ bestimmen zwei verschiedene bzw. inäquivalente $\mathfrak{P}$.*

Im Falle $n \geq f$ hätte man den Fundamentalsatz 7 auf Grund des folgenden Gedankens beweisen können, der an sich sehr nahe liegt und Einem in der Quantenmechanik durch die Störungstheorie direkt unter die Nase gehalten wird. Man faßt im gegebenen invarianten Teilraum $\mathfrak{P}$ die speziellen Tensoren G ins Auge, von denen alle Komponenten verschwinden, deren Indizes nicht eine Permutation der Ziffern $1, 2, \cdots, f$ sind, und kenn-zeichnet einen solchen Tensor G durch die Größe **g** mit den Komponenten

$$g\,(s) = G\,(1', 2', \cdots, f').$$

Die so erhaltenen **g** bilden den gesuchten Teilraum $\mathfrak{p}$. Mit dieser Definition wäre Satz 11 (in dem nun die Beschränkung auf $\dot{\mathfrak{r}}$ fortfällt) sehr einfach zu beweisen. Läßt man aber die Einschränkung $n \geq f$ fallen, so ist erstens nötig, diesen „störungstheoretischen" Gedanken durch den von uns im Beweise von Satz 7 verwendeten zu ersetzen, und zweitens müssen wir über $\dot{\mathfrak{r}}$ soviel wissen, wie im folgenden Satz 12 niedergelegt ist. In ihm gebrauchen wir die Abkürzung

$$S\,(\mathbf{a}\,\mathbf{b}) = S\,(\mathbf{b}\,\mathbf{a}) = \sum_s a\,(s)\,b\,(s^{-1}).$$

Unter der „Spur" S einer Größe **a** verstehen wir nämlich die Komponente $a\,(\mathsf{I})$, welche der identischen Permutation $s = \mathsf{I}$ entspricht. **a** und **b** liegen „in Involution", wenn die Spur des Produkts **a b** verschwindet.

Satz 12. *$\dot{\mathfrak{r}}$ ist eine invariante, d. i. sowohl links- wie rechts-invariante Subalgebra. Eine Größe **c** von $\dot{\mathfrak{r}}$, welche mit allen Größen von $\dot{\mathfrak{r}}$ in Involution liegt, ist notwendig $= 0$.*

Beweis. x gehört zu $\dot{\mathsf{r}}$, wenn seine Komponenten durch Gleichungen gegeben werden

$$x(s) = \sum_{(i)} c(i_1 \cdots i_f) \cdot \mathsf{s}\, F(i_1 \cdots i_f),$$

in denen die Zahlen c und F keiner Einschränkung unterworfen sind (während die Indizes i nur die Werte von 1 bis n durchlaufen). Die Tatsache, daß $\dot{\mathsf{r}}$ linksinvariant ist, kann dem Teil a des Beweises von Satz 7 entnommen werden: die durch $x'(t) = x(st)$ erklärte Größe x' wird geliefert durch die Gleichungen

$$x'(t) = \sum_{(i)} c'(i_1 \cdots i_f) \cdot \mathsf{t}\, F(i_1 \cdots i_f)$$

mit den Koeffizienten $c' = \mathsf{s}^{-1} c$. Andererseits gilt für $x''(t) = x(ts)$ offenbar

$$x''(t) = \sum_{(i)} c(i_1 \cdots i_f) \cdot \mathsf{t}\, F'(i_1 \cdots i_f)$$

mit $F' = \mathsf{s}\, F$.

i sei erzeugende Einheit von $\dot{\mathsf{r}}$. Eine beliebige Größe x werde zerlegt gemäß der Gleichung

$$\mathsf{x} = \mathsf{xi} + (\mathsf{x} - \mathsf{xi}).$$

Erfüllt c die im Satze genannten Voraussetzungen, so ist mit c auch cx eine Größe in $\dot{\mathsf{r}}$ und darum gilt

$$\mathsf{cx} = \mathsf{cx} \cdot \mathsf{i} = \mathsf{c} \cdot \mathsf{xi}.$$

Die Spur der rechten Seite, des Produkts von c mit einer in $\dot{\mathsf{r}}$ gelegenen Größe xi, ist nach Voraussetzung $= 0$, darum ist auch $S(\mathsf{cx}) = 0$. $\mathsf{c} = 0$ ist nunmehr eine unmittelbare Folge der für *alle* x gültigen Identität $S(\mathsf{cx}) = 0$.

2. Nach dieser Vorbereitung können wir zum Beweise von Satz 11 schreiten. Der durch die Konstruktion (K), Gleichung (8), aus dem invarianten Teilraum $\mathfrak{P}$ von $\mathfrak{R}$ gewonnene invariante Teilraum $\mathfrak{p}$ von $\dot{\mathsf{r}}$ werde mit $\mathfrak{p}(\mathfrak{P})$ bezeichnet. Es gilt zweierlei zu zeigen: I. Bestimmt der in $\dot{\mathsf{r}}$ enthaltene invariante Teilraum $\mathfrak{p}$ den invarianten Teilraum $\mathfrak{P}$ von $\mathfrak{R}$, so ist umgekehrt $\mathfrak{p} = \mathfrak{p}(\mathfrak{P})$. II. Sind $\mathfrak{P}_1$, $\mathfrak{P}_2$ zwei äquivalente invariante Teilräume von $\mathfrak{R}$, so sind die zugeordneten $\mathfrak{p}_1 = \mathfrak{p}(\mathfrak{P}_1)$ und $\mathfrak{p}_2 = \mathfrak{p}(\mathfrak{P}_2)$ gleichfalls äquivalent.

I. Die Aussage $\mathfrak{p}(\mathfrak{P}) \prec \mathfrak{p}$ ist trivial. Denn eine willkürliche Größe x von $\mathfrak{p}(\mathfrak{P})$ entsteht durch Gleichung (8) aus einem Tensor F in $\mathfrak{P}$. Mit F liegt dann offenbar auch x in $\mathfrak{p}$.

e sei erzeugende Einheit in $\mathfrak{p}$, F ein willkürlicher Tensor,

$$F' = \hat{\mathsf{e}}\, F = \sum_s e(s^{-1}) \cdot \mathsf{s}\, F;$$

mit Hilfe desselben willkürlichen Koeffizientensystems c mögen nach Formel (8) aus F und F' die Größen $\mathbf{x}$, $\mathbf{x}'$ entspringen. F' ist ein Tensor in $\mathfrak{P}$, folglich gehört nach Definition $\mathbf{x}'$ zu $\mathfrak{p}(\mathfrak{P})$. $\mathbf{x}'$ ist $= \mathbf{x}\mathbf{e}$. Das Ergebnis ist dies: liegt $\mathbf{x}$ in $\dot{\mathfrak{r}}$, so $\mathbf{x}\mathbf{e}$ in $\mathfrak{p}(\mathfrak{P})$. Da $\mathfrak{p}$ in $\dot{\mathfrak{r}}$ enthalten sein sollte, gilt insbesondere: wenn $\mathbf{x}$ in $\mathfrak{p}$ liegt, so $\mathbf{x}\mathbf{e} = \mathbf{x}$ in $\mathfrak{p}(\mathfrak{P})$; oder es gilt $\mathfrak{p} \prec \mathfrak{p}(\mathfrak{P})$.

II. In $\mathfrak{P}_1$ wähle man den primitiven Tensor E_1; sein Abbild in $\mathfrak{P}_2$ ist ein primitiver Tensor E_2 von $\mathfrak{P}_2$. Die Größen $\mathbf{c}_1$ und $\mathbf{c}_2$ in den zugehörigen Teilräumen $\mathfrak{p}_1$, $\mathfrak{p}_2$ von $\dot{\mathfrak{r}}$ werden durch die Gleichungen geliefert

$$(10) \qquad c_\alpha(s) = \sum_{(i)} c(i_1 \cdots i_f) \cdot \mathbf{s}\, E_\alpha(i_1 \cdots i_f) \qquad [\alpha = 1,\, 2],$$

in der die Koeffizienten $c(i_1 \cdots i_f)$ unabhängig voneinander alle Werte durchlaufen. Die gesuchte ähnliche Abbildung von $\mathfrak{p}_1$ auf $\mathfrak{p}_2$ muß dadurch bewerkstelligt werden, daß man die beiden Größen $\mathbf{c}_1$ und $\mathbf{c}_2$ einander zuordnet, die in dieser Weise demselben Koeffizientensystem $c(i_1 \cdots i_f)$ entspringen. Die Möglichkeit dieser Zuordnung ist aber an die Bedingung gebunden: daß allemal, wenn $\mathbf{c}_1 = 0$ ist, auch $\mathbf{c}_2$ verschwindet. Die Voraussetzung, daß eine E_1 in E_2 überführende ähnliche Abbildung von $\mathfrak{P}_1$ auf $\mathfrak{P}_2$ vorliegt, besagt: Wenn eine symmetrische Transformation den Tensor E_1 in Null überführt, transformiert sie auch E_2 in 0. Das Bindeglied zwischen Voraussetzung und Behauptung ist die Aussage: Wenn für irgend einen Tensor F

$$(11) \qquad \sum_{s} c_1(s^{-1}) \cdot \mathbf{s} F = 0$$

ist, gilt die entsprechende Gleichung für $\mathbf{c}_2$:

$$(12) \qquad \sum_{s} c_2(s^{-1}) \cdot \mathbf{s} F = 0.$$

In der Tat ist auf Grund der Gleichung

$$c_\alpha(s^{-1}) = \sum_{(k)} \mathbf{s}\, c(k_1 \cdots k_f) \cdot E_\alpha(k_1 \cdots k_f):$$

$$\sum_{s} c_\alpha(s^{-1}) \cdot \mathbf{s} F(i_1 \cdots i_f) = \sum_{(k)} c(i_1 \cdots i_f;\ k_1 \cdots k_f) \cdot E_\alpha(k_1 \cdots k_f)$$

mit

$$c(i_1 \cdots i_f;\ k_1 \cdots k_f) = \sum_{s} F(i_{1'} \cdots i_{f'}) \cdot c(k_{1'} \cdots k_{f'}).$$

Die linken Seiten von (11), (12) gehen daher durch *dieselbe* symmetrische Transformation aus E_1 bzw. E_2 hervor.

Insbesondere gilt, wenn $\mathbf{c}_1 = 0$ ist, die Gleichung (12) für einen *beliebigen* Tensor F. Das heißt aber: unter der Voraussetzung $\mathbf{c}_1 = 0$ ist $S(\mathbf{c}_2\,\mathbf{x}) = 0$ für alle Größen $\mathbf{x}$ in $\dot{\mathfrak{r}}$. Außerdem liegt $\mathbf{c}_2$ selber in $\dot{\mathfrak{r}}$. Die Anwendung des letzten Teiles von Satz 12 vollendet daher den Beweis.

§ 5. In $(\lambda)^f$ enthaltene Darstellungen der linearen Gruppe.

Die Quantentheorie ist allein an der in §§ 3 und 4 aufgedeckten Beziehung zwischen den beiden Gruppen π und σ interessiert. In σ ist die Untergruppe σ_0 der speziellen symmetrischen Transformationen enthalten, welche mit der Gruppe λ aller linearen Transformationen B in n Variablen isomorph ist und darum eine bestimmte Darstellung $(\lambda)^f$ von λ liefert. Ein linearer Teilraum $\mathfrak{P}$ von $\mathfrak{R}$, der gegenüber σ invariant ist, ist auch gegenüber σ_0 invariant; und die Beziehung der Äquivalenz zwischen zwei solchen invarianten Teilräumen bleibt a fortiori bestehen, wenn die Gruppe σ auf die engere σ_0 beschränkt wird. Gilt aber von diesen beiden selbstverständlichen Sätzen auch die Umkehrung? Ja; denn:

Satz 13. *Jede symmetrische Transformation läßt sich durch lineare Kombination geeigneter spezieller symmetrischer Transformationen gewinnen.*

Dies kommt auf den Satz hinaus: ist die lineare Gleichung

$$\sum_{(i,\,k)} c(i_1\,k_1,\,\cdots,\,i_f\,k_f)\cdot x(i_1\cdots i_f;\ k_1\cdots k_f)=0$$

erfüllt für alle x von der Gestalt

$$x(i_1\cdots i_f;\ k_1\cdots k_f)\;=\;x(i_1\,k_1)\cdots x(i_f\,k_f),$$

so ist sie erfüllt für alle symmetrischen x. Das Paar ik kann als ein einziger Index j geschrieben werden. Dann ist diese Behauptung nichts anderes als die simple, häufig benutzte Tatsache der formalen Algebra: verschwindet eine Form

$$\sum_{(j)} c(j_1\cdots j_f)\ x(j_1)\cdots x(j_f)$$

für alle Werte der n Variablen $x(j)$, so verschwindet sie mit allen ihren Koeffizienten c — vorausgesetzt, daß c symmetrisch von den f Indizes j abhängt.

Dieses Resultat mit den in §§ 3 und 4 gewonnenen verbindend, erkennen wir:

Satz 14. *Ist $\mathfrak{p}$ ein invarianter Teilraum von $\mathfrak{r}$, so bilden die Tensoren von der durch $\mathfrak{p}$ bestimmten Symmetrie das Substrat einer in $(\lambda)^f$ enthaltenen Darstellung A der linearen Gruppe λ. Ist $\mathfrak{p}$ irreduzibel, so ist auch die Darstellung A irreduzibel. Äquivalenten invarianten Teilräumen $\mathfrak{p}$ entsprechen äquivalente Darstellungen A, inäquivalenten immer dann inäquivalente, wenn wir uns, wie das natürlich ist, auf die in $\dot{\mathfrak{r}}$ enthaltenen Teilräume $\mathfrak{p}$ beschränken.*

Die reguläre Darstellung (π) von π bestand darin, daß s die Abbildung $\mathsf{x}' = \mathsf{s}\mathsf{x}$ im totalen $f!$-dimensionalen Gruppenraum $\mathfrak{r}$ zugeordnet wurde. Im Falle $n < f$ möge hier $\mathfrak{r}$ durch $\dot{\mathfrak{r}}$ ersetzt werden, wodurch eine Darstellung $(\dot{\pi})$ von weniger als $f!$ Dimensionen entsteht. Durch Satz 14 steht zugleich folgendes fest:

Satz 15. *Jeder in* (π) *enthaltenen Darstellung* Π *von* π *entspricht eine eindeutig bestimmte, in* $(\lambda)^f$ *enthaltene Darstellung* Λ *von* λ; *zwischen äquivalenten Darstellungen soll dabei auf beiden Seiten nicht unterschieden werden. Irreduziblem* Π *entspricht ein irreduzibles* Λ. *Die Beziehung wird eineindeutig, wenn wir (im Falle* $n < f$) *die reguläre Darstellung* (π) *durch* $(\dot{\pi})$ *ersetzen.*

Satz 4 führt über Satz 10 zu

Satz 16. *Die Darstellung* $(\lambda)^f$ *von* λ *zerfällt in irreduzible Bestandteile. Erscheint bei der Zerlegung von* $(\dot{\pi})$ *die irreduzible Darstellung* Π *der Permutationsgruppe* g-*mal, so tritt das zugehörige* Λ *in* $(\lambda)^f$ *gleichfalls* g-*mal auf.*

§ 6. Verallgemeinerung.

Den Betrachtungen von §§ 3 und 4 kann, *statt der vollen symmetrischen Gruppe* π, *irgendeine Untergruppe, eine Permutationsgruppe* π *zugrunde gelegt werden.* Natürlich ist der Begriff der symmetrischen Transformation ihr anzupassen: von dem Koeffizienten $c\,(i_1 \cdots i_f;\ k_1 \cdots k_f)$ wird nur verlangt, daß er ungeändert bleibt, wenn eine *zur Gruppe* π *gehörige* Permutation auf die Subindizes $1, 2, \cdots, f$ ausgeübt wird.

Auch ist zu bemerken, daß *der zugrunde liegende Zahlbereich irgend ein Körper* sein kann im Sinne der abstrakten Algebra; nur darf die „Charakteristik" (in der Steinitzschen Terminologie) nicht eine in der Ordnung der Gruppe π aufgehende Primzahl sein. Um der Beweisführung diesen Grad von Allgemeinheit zu sichern, habe ich hier (im Gegensatz zu der Darstellung in meinem Buch) den Gebrauch konjugiert-komplexer Zahlen vermieden und nur rationale Operationen benutzt. Die Einschränkung hinsichtlich der Charakteristik ist nötig, weil im Beweise von Satz 2 und 3 durch die Ordnung von π dividiert werden muß.

Die Untersuchung von § 5 gestattet ersichtlich keine so weitgehende Verallgemeinerung. Aber man kann eine Permutationsgruppe π von folgender Art ins Auge fassen: die Reihe der Ziffern von 1 bis f sei in mehrere Teilreihen zerlegt, und zu π gehören alle und nur diejenigen Permutationen, welche keine Ziffern zwischen den Reihen austauschen. Es seien z. B. zwei Teilreihen vorhanden; die erste Reihe möge aus den „roten" Ziffern von 1 bis f, die zweite aus den „grünen" Ziffern von 1 bis g bestehen. Es liege ein „roter" m-dimensionaler und ein „grüner" n-dimensionaler Vektorraum vor; wir beschäftigen uns mit Tensoren, die sozusagen mit einem Fuß in dem einen und mit dem andern Fuß in dem andern Raum stehen. Ist der Tensor von f^{ter} Stufe im roten, von g^{ter} Stufe im grünen Raum, so hängt seine allgemeine Komponente $F(i_1 \cdots i_f, j_1 \cdots j_g)$ von f roten, im Bereiche von 1 bis m variierenden und g grünen, den Spielraum von 1 bis n durchlaufenden Indizes ab. Erleiden die Koordinaten x_i im roten Raum die lineare Transformation

$$A: \quad x'_{i'} = \sum_{i=1}^{m} a\,(i'\,i)\,x_i,$$

die Koordinaten y_j im grünen die lineare Transformation

$$B: \quad y'_{j'} = \sum_{j=1}^{n} b\,(j'\,j)\,y_j,$$

so erleiden die Tensorkomponenten die Transformation

$$F'(i'_1 \cdots i'_f, j'_1 \cdots j'_g) =$$

$$(13) \qquad \sum_{(i,j)} a\,(i'_1\,i_1) \cdots a\,(i'_f\,i_f)\, b\,(j'_1 j_1) \cdots b\,(j'_g j_g) \cdot F(i_1 \cdots i_f, j_1 \cdots j_g).$$

Die Mannigfaltigkeit unserer Doppeltensoren ist daher das Substrat einer gewissen Darstellung des vom Paare A, B durchlaufenen direkten Produkts der linearen Transformationsgruppe im roten und grünen Raum. Die Transformationen von der Gestalt (13), welche jetzt die Rolle der „speziellen" symmetrischen Transformationen übernehmen sollen, sind in der Tat symmetrisch mit Bezug auf die Gruppe π derjenigen Permutationen, welche die roten und grünen Ziffern je untereinander beliebig vertauschen.

§ 7. Schlußbemerkungen, insbesondere über das Spin-Problem.

1. Unserer Hauptuntersuchung, §§ 2 bis 5, fügen wir einige Bemerkungen von weniger elementarem und mehr referierendem Charakter hinzu. Der allgemeinen Theorie der endlichen Gruppen ist zu entnehmen, daß bei der Reduktion der regulären Darstellung (π) *jede* irreduzible Darstellung erscheint, und zwar so oft, wie ihr Grad g angibt. Ist $\mathfrak{p}$ ein invarianter Teilraum von $\mathfrak{r}$ und $\mathfrak{p}'$ äquivalent zu $\mathfrak{p}$, so kann nach Satz 4 die ähnliche Abbildung von $\mathfrak{p}$ auf $\mathfrak{p}'$ durch eine Gleichung $\mathbf{x}' = \mathbf{x}\,\mathbf{b}$ vollzogen werden. Darum gehört, weil $\mathfrak{r}$ rechtsinvariante Subalgebra ist, auch ganz $\mathfrak{p}'$ zu $\mathfrak{r}$. Demnach tritt jede irreduzible Darstellung, die überhaupt in $(\dot{\pi})$ vorkommt, darin ebenso oft auf wie in (π): so oft, wie ihr Grad angibt. Wir kennzeichnen die einzelnen irreduziblen Darstellungen $\varPi$ von π durch ihre Charaktere χ; den Grad g und das zugehörige $\varLambda$ bezeichnen wir daher deutlicher mit $g\,(\chi)$ und $\varLambda\,(\chi)$. Die Zerlegung von $(\lambda)^f$ erfolgt gemäß der Gleichung:

$$(\lambda)^f = \sum g\,(\chi) \cdot \varLambda\,(\chi),$$

wobei sich die Summe nur über diejenigen irreduziblen Darstellungen χ erstreckt, die in $(\dot{\pi})$ vorkommen.

Es sollte beachtet werden, daß σ nicht eigentlich eine *Gruppe*, sondern eine *Algebra* ist. Nachdem wir $\mathfrak{R}$ in irreduzible invariante Teilräume zerlegt haben, bestimmen wir unter ihnen einen vollen Satz inäquivalenter irreduzibler Teilräume $\mathfrak{R}_1, \mathfrak{R}_2, \cdots$, indem wir von je g äquivalenten, welche bei

der Zerlegung auftreten, immer einen willkürlich aussuchen. Beziehen wir
diese Teilräume je auf ein bestimmtes Koordinatensystem, so wird die
symmetrische Transformation C in ihnen durch je eine Matrix C_1, C_2, $\cdots$ dargestellt. Die Korrespondenzen

$$C \to C_1, \quad C \to C_2, \quad \cdots,$$

geben mehrere inäquivalente irreduzible „Darstellungen" der Algebra σ
[wobei für eine Algebra der Begriff der Darstellung außer der Erhaltung
der Komposition auch die Erhaltung der linearen Beziehungen einschließt:
mit $C \to C_1$ ist

$$\alpha C \to \alpha C_1, \quad C + C' \to C_1 + C_1', \quad CC' \to C_1 C_1' \qquad (\alpha \text{ eine Zahl})].$$

Nach einem allgemeinen Theorem von Burnside, Frobenius und Schur folgt
daraus, daß für ein variables C die sämtlichen Komponenten der Matrizen
C_1, C_2, $\cdots$ voneinander linear unabhängig sind. Aus dem gleichzeitigen
Verschwinden der Matrizen C_1, C_2, $\cdots$ folgt rückwärts gemäß unserer Konstruktion, daß das Element C der Algebra σ gleich 0 ist. Das Resultat ist
also dies, daß die Algebra σ in mehrere vollständige Matrixalgebren zerfällt. Nach bekannten Sätzen schließt man daraus, daß *jede irreduzible
Darstellung der Algebra σ mit einer der hier aufgetretenen äquivalent sein
muß*, und ferner, daß *jede Darstellung der Algebra σ in irreduzible zerlegt
werden kann.*

Eine Darstellung der Gruppe λ heiße von der Ordnung f, wenn die Kom-
ponenten der dem variablen Element $B = \| b(ik) \|$ von λ zugeordneten Matrix
ganze rationale Funktionen der $b(ik)$ vom f^{ten} Grade sind. Die Spezialisierung von σ zu σ_0 führt darum auf rein algebraischem Wege zu den Tatsachen: *Jede irreduzible Darstellung f^{ter} Ordnung der Gruppe λ aller linearen
Transformationen ist in $(\lambda)^f$ enthalten. Jede Darstellung f^{ter} Ordnung von λ
zerfällt in irreduzible.* Dieser Gedankengang ist im wesentlichen von I. Schur
angegeben [*]; man mag in diesen seinen Überlegungen bereits implizite die
Idee finden, die *Gruppe σ_0* der B_f durch die *Algebra σ* aller symmetrischen
Transformationen zu ersetzen.

2. Da das Folgende nur für den Leser des V. Kapitels meines Buches
über Gruppen und Quanten verständlich ist, verwende ich ohne Erklärung
gewisse dort eingeführte Bezeichnungen.

Der Zusammenhang zwischen den Darstellungen Π und A von π und λ
muß sich in einer einfachen Beziehung zwischen ihren *Charakteren* kund-
geben. Die elementare Rechnung liefert die Formel (49) l. c., p. 230,
welche zusammen mit der Vollständigkeitsrelation für die primitiven
Charaktere χ zu (50) führt. Aus dieser Gleichung ergeben sich, als der
Ausdruck der einfachen Eigenschaften der Exponentialfunktion

---

[*] In der oben zitierten Arbeit Sitzungsber. Berl. Akad. 1927.

$$a^{m+n} = a^m \cdot a^n \quad \text{und} \quad (ab)^n = a^n \cdot b^n,$$

zwei in § 55 daselbst entwickelte *Reziprozitätstheoreme*.

Zu der Darstellung $\mathit{\Pi}$: $s \to U(s)$ von π erhält man eine andere, die *adjungierte* $\widetilde{\mathit{\Pi}}$ durch die Zuordnung $s \to \widetilde{U}(s)$, wenn $\widetilde{U}$ die kontragrediente Transformation zu U ist. Das Schursche Fundamentallemma besagt: Wenn $\mathit{\Pi}$, $\mathit{\Pi}'$ irreduzible Darstellungen sind, so tritt in $\mathit{\Pi} \times \mathit{\Pi}'$ die identische Darstellung einmal oder keinmal auf, je nachdem $\mathit{\Pi}'$ äquivalent $\widetilde{\mathit{\Pi}}$ ist oder nicht.

Die eindimensionale Darstellung der Permutationsgruppe π, welche dem Element s die Zahl $\delta_s = \pm 1$ zuordnet, werde mit $\{1\}$, die zugehörige Darstellung von λ, deren Substrat die schiefsymmetrischen Tensoren f^{ter} Stufe sind, mit $\{\lambda\}^f$ bezeichnet. Mit einer beliebigen Darstellung $\mathit{\Pi}$: $s \to U(s)$ von π ist die *duale* $\mathit{\Pi}^*$: $s \to \delta_s \widetilde{U}(s)$ verknüpft. Aus dem angeführten Lemma folgt der

Hilfssatz: Sind $\mathit{\Pi}$ und $\mathit{\Pi}'$ irreduzible Darstellungen von π, so enthält $\mathit{\Pi} \times \mathit{\Pi}'$ die Darstellung $\{1\}$ einmal oder keinmal, je nachdem $\mathit{\Pi}'$ zu $\mathit{\Pi}$ dual ist oder nicht.

3. Zufolge der Existenz des spins stellt sich, wenn man die dynamische Wirkung des spins vernachlässigt, das gruppentheoretische Problem folgendermaßen. Der zugrunde gelegte Vektorraum hat nicht n, sondern $N = \nu \cdot n$ Dimensionen, und die Variablen sind durch zwei Indizes ι, i unterschieden, deren einer von 1 bis ν, deren anderer von 1 bis n läuft. Im Raum der Tensoren f^{ter} Stufe interessieren jedoch nur diejenigen symmetrischen Transformationen, welche die griechischen Indizes nicht angreifen:

$$(14) \quad F'(\iota_1 i_1, \cdots, \iota_f i_f) = \sum_{(k)} c(i_1 \cdots i_f;\ k_1 \cdots k_f) \cdot F(\iota_1 k_1, \cdots, \iota_f k_f).$$

Im Vektorraum, heißt das, wird die Gruppe λ_N aller linearen Transformationen beschränkt auf die Gruppe der Transformationen von der Art

$$(15) \quad x'(\iota\, i) = \sum_{k=1}^{n} b(i\,k)\ x(\iota\,k).$$

Eine irreduzible Darstellung von λ_N liefert durch diese Beschränkung eine Darstellung der Gruppe λ_n aller linearen Transformationen $B = \|b(ik)\|$ in n Dimensionen. Sie ist in ihre irreduziblen Bestandteile zu zerlegen.

Das Pauli-Verbot besagt, daß in der Physik diese Aufgabe nur für die spezielle Darstellung $\{\lambda_N\}^f$ zu lösen ist, deren Substrat die schiefsymmetrischen Tensoren f^{ter} Stufe sind.

Es stellt sich als zweckmäßig heraus, in zwei Schritten vorzugehen. Zunächst wird die Gruppe λ_N aller linearen Transformationen im N-dimensionalen Raum eingeschränkt zu der Gruppe $\lambda_\nu \times \lambda_n$, welche aus den Transformationen besteht

$$x'(\iota\, i) = \sum_{\varkappa,\, k} \beta(\iota\,\varkappa)\, b(i\,k)\, x(\varkappa\,k)$$

und darauf wird für $B = \|\,\beta(\iota\,\varkappa)\,\|$ die Einheitsmatrix gesetzt. Der erste Schritt wird erledigt durch die Formel

$$(16) \qquad \{\lambda_N\}^f = \sum_{\chi} \varLambda_\nu(\chi^*) \bowtie \varLambda_n(\chi).$$

Die beiden Faktoren sind Darstellungen f^{ter} Ordnung von λ_ν bzw. λ_n, welche den in Evidenz gesetzten zueinander dualen irreduziblen Darstellungen χ^*, χ von π entsprechen. Die Formel ergibt sich, wenn man das zweite der erwähnten Reziprozitätsgesetze mit dem Hilfssatz verbindet. Bezeichnet $h_n(\chi)$ den Grad von $\varLambda_n(\chi)$, so liefert nun der zweite Schritt das Resultat: die Darstellung $\{\lambda_N\}^f$ zerfällt im Bereiche der Transformationen (15) gemäß der Gleichung

$$(17) \qquad \{\lambda_N\}^f = \sum_{\chi} h_\nu(\chi^*) \cdot \varLambda(\chi)$$

in irreduzible Darstellungen f^{ter} Ordnung von $\lambda = \lambda_n$. Die Modifikation, welche die Existenz des spins unter Vernachlässigung seiner dynamischen Einwirkung und das Pauli-Verbot zur Folge haben, besteht also einfach darin, daß *die Multiplizität, mit der das zu χ gehörige Termsystem auftritt, von $g(\chi)$ in $h_\nu(\chi^*)$ sich verwandelt.* Insbesondere kommen jene Termklassen ganz zum Fortfall, für welche $h_\nu(\chi^*) = 0$ ist.† Die dynamische Einwirkung des spins löst diese *Multipletts* in so viele Komponenten auf, als ihre Vielfachheit $h_\nu(\chi^*)$ angibt; und ruft außerdem schwache Interkombinationen zwischen den verschiedenen Termklassen hervor. — Die Dimensionszahl ν des Spinraums ist übrigens $= 2$.

Ich wünschte auf diese Dinge zurückzukommen, weil in meinem Buch der zweite Schritt, die Ersetzung der Matrix B durch 1 nicht explizite erwähnt wurde und infolgedessen die Beschreibung auf p. 259 nicht einwandfrei ist. Für diese Entwicklungen ist übrigens die Ersetzung von σ durch die beschränktere Gruppe σ_0 unwesentlich. Dem physikalischen Problem angemessener wäre es, bei σ zu bleiben und darum statt von der Zerlegung der Darstellung (17) zu sprechen von der Zerlegung der Mannigfaltigkeit $\{\mathfrak{R}_N\}$ der schiefsymmetrischen Tensoren f^{ter} Stufe im N-dimensionalen Raum in Teilräume, welche invariant sind gegenüber der Gruppe der symmetrischen Transformationen von der Art (14).

---

† Bezeichnen wir unser obiges $\mathfrak{r}$, das ja von der Dimensionszahl n abhängt (und für $n \geqq f$ mit ganz $\mathfrak{r}$ zusammenfällt) der Deutlichkeit halber mit $\mathfrak{r}^n$ und daher $(\dot{\pi})$ mit $(\pi)^n$, so sind das diejenigen Darstellungen χ^*, welche in $(\pi)^\nu$ nicht vorkommen.

80.

Kontinuierliche Gruppen und ihre Darstellungen durch lineare Transformationen

Atti del Congresso internazionale dei Matematici Bologna 1, 233—246 (1929)

In den letzten Jahren hat die Theorie der kontinuierlichen Gruppen und ihrer Darstellungen durch lineare Transformationen von mathematischer Seite her einen neuen Aufschwung genommen und zugleich hat sich für die Darstellungstheorie in der Quantenphysik ein ganz neues umfassendes Anwendungs gebiet aufgetan. Darüber soll dieser Vortrag einen kurzen Bericht erstatten.

Der Begriff der *Gruppe*, einer der ältesten und tiefsten mathematischen Begriffe überhaupt, ist durch Abstraktion hervorgegangen aus dem der *Transformationsgruppe*, indem man die Transformationen zu Elementen völlig gleichgültiger Natur degradierte und nur auf das Gesetz achtete, nach dem aus zwei Transformationen durch Zusammensetzung, durch Hintereinanderausführung eine neue entsteht. Stellt man das Gruppenschema oder die abstrakte Gruppe an den Anfang, so findet man von ihr den Weg zurück zu den konkreten Transformationsgruppen durch den Prozess der *Verwirklichung*: Eine Verwirklichung liegt vor, wenn jedem Element s der Gruppe eine Transformation $U(s)$ zugeordnet ist, derart dass der Zusammensetzung der Gruppenelemente die Zusammensetzung der zugehörigen Transformationen parallel geht

$$(1) \qquad U(st) = U(s)\,U(t).$$

Die Transformationen sind eineindeutige Abbildungen eines gewissen kontinuierlichen oder diskontinuierlichen Punktfeldes. Das Problem der Transformationsgruppen zerlegt sich dadurch in zwei getrennte wesensverschiedene Aufgaben: 1) Auffindung und Untersuchung der nach ihrer Struktur verschiedenen abstrakten Gruppen; 2) Untersuchung der verschiedenen möglichen Verwirklichungen einer gegebenen abstrakten Gruppe durch Transformationen eines gegebenen Punktfeldes. — Die Elemente einer Gruppe können in endlicher oder unendlicher Zahl vorhanden sein, ja sie können zu einer kontinuierlichen Mannigfaltigkeit zusammengeschmolzen sein. So wenig wie in der allgemeinen Mengenlehre, ist freilich eine saubere Aufteilung in diskontinuierliche und kontinuierliche Gruppen möglich. Aber eine tiefer eindringende Theorie existiert nur für die *endlichen* auf der einen, die *kontinuierlichen* Gruppen auf der andern Seite.

Zu einer mathematisch höchst fruchtbaren Fragestellung gelangt man, wenn man von den Transformationen, welche zur Verwirklichung einer gegebenen Gruppe dienen sollen, verlangt, dass sie homogene lineare Transformationen seien. Wir sprechen dann von *Darstellung* statt von Verwirklichung einer Gruppe. Eine n-dimensionale Darstellung $\mathfrak{D}$ von $\mathfrak{g}$ (Darstellung vom Grade n) liegt also vor, wenn jedem Element s der Gruppe eine lineare Abbildung $U(s)$ des n-dimensionalen Vektorraumes $\mathfrak{R}$ so zugeordnet ist, dass allgemein (1) besteht. Wir sagen kurz, s *induziert* im Darstellungsraum $\mathfrak{R}$ die Abbildung $U(s)$. Legen wir ein bestimmtes Koordinatensystem x_i zugrunde, so erscheint die Abbildung in der Gestalt

$$x_i' = \sum_{k=1}^{n} u_{ik}(s)x_k \qquad\qquad (i=1,...., n).$$

mit den Darstellungskomponenten $u_{ik}(s)$. Wird das Koordinatensystem durch ein anderes ersetzt, das aus ihm durch die Transformation mit der Matrix A hervorgeht, so erscheint dieselbe Abbildung, die vorher durch die Matrix

$$U(s) = \| u_{ik}(s) \|$$

repräsentiert wurde, jetzt als die Matrix $AU(s)A^{-1}$. Die Darstellungen

$$s \to U(s), \qquad s \to AU(s)A^{-1}$$

heissen *äquivalent* zueinander. Sie sind im Grunde nicht verschieden, sondern weichen nur durch die Wahl des Koordinatensystems, durch die Orientierung voneinander ab. Mit der Darstellung der Gruppe $\mathfrak{g}$ ist zugleich eine Darstellung für jede *Untergruppe* von $\mathfrak{g}$ gegeben.

Das einfachste *Beispiel* ist die einparametrige *Gruppe* $\mathfrak{d}_2$ der Drehungen einer Ebene oder eines Kreises in sich. In der komplexen x-Ebene lautet die Drehung um den Winkel φ

$$x' = e^{i\varphi} x.$$

Bei Zusammensetzung verhält sich der Drehwinkel φ additiv. Ordnen wir ihr, unter m eine feste ganze Zahl verstehend, die Drehung um den Winkel $m\varphi$ zu:

$$x' = e^{im\varphi} x,$$

so erhalten wir offenbar eine eindimensionale Darstellung $\mathfrak{D}^{(m)}$ der Gruppe.

Für die *Gruppe* $\mathfrak{d}_3$ der *Drehungen im dreidimensionalen Raum* liefern die Kugelfunktionen l^{ter} Ordnung eine Darstellung $\mathfrak{D}_l$ vom Grade $2l+1$. Denn diese Funktionen bilden eine lineare Schar oder einen Vektorraum von $2l+1$ Dimensionen, und eine Kugelfunktion l^{ter} Ordnung geht in eine ebensolche über, wenn ihre Argumente, die drei Raumkoordinaten xyz, beliebigen orthogonalen Transformationen s, einem Element von $\mathfrak{d}_3$, unterworfen werden. Unter Auszeichnung der z-Achse können wir bekanntlich die Basis der Kugelfunktionen $Y_l^{(m)}$ $(m=l, l-1,...., -l)$ so wählen, dass die Drehung des Raumes um die z-Achse durch den Winkel φ die Funktion $Y_l^{(m)}$ mit $e^{im\varphi}$ multipliziert. Das Koordinatensystem im Darstellungsraum von $\mathfrak{D}_l$ ist damit so gewählt, dass $\mathfrak{D}_l$, wenn man die $\mathfrak{d}_3$ auf die Untergruppe $\mathfrak{d}_2$ der Drehungen um die z-Achse einschränkt, in $2l+1$ eindimensionale Darstellungen $\mathfrak{D}^{(m)}$ von $\mathfrak{d}_2$ zerfällt mit den Werten $m = l,\ l-1,\dots, -l$.

Der Begriff der Darstellung ist die natürliche Grundlage für einen vernünftigen, nicht durch formale Spezialisierungen eingeengten *Tensor- und Invariantenbegriff*. $\mathfrak{g}$ sei die Gruppe, welche im Sinne von Kleins Erlanger Programm gleichberechtigte Koordinaten-Systeme in dem zu studierenden Raum-Medium miteinander verknüpft, $\mathfrak{h}: s \to U(s)$ sei eine n-dimensionale Darstellung von $\mathfrak{g}$. *Eine kovariante Grösse von der Art $\mathfrak{h}$ ist eine solche, die relativ zum räumlichen Koordinatensystem durch* n *Zahlen festgelegt wird, so zwar, dass die Komponenten* a_i *derselben in irgend zwei Koordinatensystemen, die durch* s *ineinander übergehen, durch die Transformation* U(s) *miteinander zusammenhängen.* Handelt es sich um den vierdimensionalen, mit einem Zentrum versehenen affinen Raum, ist $\mathfrak{g}$ also die Gruppe der homogenen linearen Transformationen in 4 Dimensionen, so bilden z. B. die schiefsymmetrischen Tensoren 2. Stufe in diesem Raum das Substrat einer 6 dimensionalen Darstellung von $\mathfrak{g}$. Denn ein willkürlicher solcher Tensor hat 6 voneinander linear unabhängige Komponenten, und der Begriff ist invariant gegenüber der Wahl des Koordinatensystems. Die 6 Tensorkomponenten erfahren unter dem Einflusse einer beliebigen Koordinatentransformation s des Raumes eine davon abhängige lineare Transformation U unter sich, die nach dem Darstellungsgesetz (1) mit s verknüpft ist. Allgemein sind so die *Tensoren von bestimmter Stufe, welche bestimmten Symmetrie-Bedingungen genügen,* das Substrat einer gewissen Darstellung $\mathfrak{h}$ von $\mathfrak{g}$; jene Tensoren selbst sind kovariante Grössen von der Art $\mathfrak{h}$. Es sieht nach den Erfahrungen der Physik so aus, als gäbe es im affinen zentrierten Raum *keine andern kovarianten Grössen, als durch Symmetrie-Forderungen eingeschränkte Tensoren.* Mit einer gewissen gleich zu erwähnenden Nebenbedingung ist dieser Satz in der Tat richtig; in ihm erblicke ich die Rechtfertigung dafür, dass man in der Physik neben den skalaren nur tensorielle Grössen betrachtet hat. Der mathematisch natürliche Begriff, welcher dem Tensorkalkül zugrunde liegt, ist aber der der kovarianten Grösse, welcher nicht nur auf die affine Gruppe, sondern auf irgend eine Gruppe $\mathfrak{g}$ anwendbar bleibt, selbst wenn diese bloss in abstracto gegeben ist.

Um den Zusammenhang mit der Invariantentheorie aufzuzeigen, betrachte man etwa die Gruppe $\mathfrak{c} = \mathfrak{c}_2$ aller unimodularen linearen Transformationen von zwei Variablen ξ, η. Sind z. B. f, g zwei willkürliche Formen von ξ und η der Ordnung m, bezw n, so ist eine *Invariante I* eine ganze rationale Funktion der Koeffizienten a_i von f und b_k von g, homogen der Ordnung μ in a, ν in den b. Uebt man auf die Variablen ξ, η eine Transformation s von $\mathfrak{c}$ aus, so verwandeln sich f, g in Formen f', g' derselben Ordnung mit andern Koeffizienten. Setzt man in I die neuen Koeffizienten ein, so soll sich dadurch der Wert von I nicht ändern, welches auch die ausgeführte Transformation s der Gruppe $\mathfrak{c}$ war. Die Koeffizienten a_0, a_1,....., a_m der willkürlichen Form m^{ter} Ordnung f erfahren unter dem Einfluss der Variablentransformation s ihrerseits eine von s abhängige Transformation, die in ihrer Abhängigkeit von s eine bestimmte Darstellung der Gruppe $\mathfrak{c}$ liefert. Dasselbe gilt für die sämtlichen Monome μ^{ter} Ordnung dieser Koeffizienten, desgleichen für die sämtlichen Monome, welche μ^{ter} Ordnung in den a, ν^{ter} Ordnung in den Koeffizienten b einer zweiten willkürlichen Form g von der n^{ten} Ordnung sind. Diese Monome sind das Substrat einer Darstellung $\mathfrak{h}$ von $\mathfrak{g}$, welche durch die Ordnungszahlen m, n; μ, ν vollständig bestimmt ist. Unser Polynom I ist eine lineare Kombination der erwähnten Monome. Aus diesem Beispiel abstrahieren wir den allgemeinen natürlichen Invariantenbegriff. *Von einer abstrakten Gruppe $\mathfrak{g}$ sei die Darstellung $\mathfrak{h}: s \to U(s)$ im n-dimensionalen Raum $\mathfrak{R}$ mit den Variablen x_i gegeben; eine Linearform der x_i heisst eine Invariante im Darstellungsraum $\mathfrak{R}$ von $\mathfrak{h}$, wenn sie ungeändert bleibt bei Ausübung aller Transformationen* $U(s)$. Die Hauptfrage, welche man hier stellen kann, ist die nach der Anzahl der linear unabhängigen Invarianten im Raume der gegebenen Darstellung $\mathfrak{h}$.

Nachdem ich Ihnen so die Darstellungstheorie als das Fundament wichtiger, sonst schon geläufiger mathematischer Gedankenbildungen gezeigt habe, zähle ich zunächst ihre wichtigsten Grundbegriffe auf.

1. *Zerfall.* Eine lineare Transformation A der m Variablen x_i zusammen mit einer Transformation B der n Variablen y_k ist eine Transformation A, B der $m+n$ Variablen

$$x_1,....,\ x_m,\ y_1,....,\ y_n.$$

Durch diese additive Komposition entsteht aus einer m-dimensionalen Darstellung $\mathfrak{G}: s \to U(s)$ und einer n-dimensionalen $\mathfrak{h}: s \to V(s)$ die $m+n$-dimensionale $\mathfrak{G}+\mathfrak{h}: s \to U(s), V(s)$, die ihrerseits in die beiden Darstellungen $\mathfrak{G}$ und $\mathfrak{h}$ zerfällt. In ihr sind die beiden Darstellungen $\mathfrak{G}$ und $\mathfrak{h}$, die nichts miteinander zu tun haben, rein zufällig vereinigt. Umgekehrt *zerfällt* eine gegebene Darstellung vom Grade n, wenn der n-dimensionale Darstellungsraum $\mathfrak{R}$ in zwei invariante lineare Teilräume $\mathfrak{R}' + \mathfrak{R}''$ zerlegt werden kann, deren keiner nur aus dem Vektor 0 besteht. Der Zerfall von $\mathfrak{R}$ in die beiden linearen Teilräume $\mathfrak{R}'$, $\mathfrak{R}''$ bedeutet, dass jeder Vektor von $\mathfrak{R}$ sich auf eine und nur eine Weise als Summe eines in $\mathfrak{R}'$ und eines in $\mathfrak{R}''$ gelegenen Vektors gewinnen lässt. Die Forderung der Invarianz des Teilraumes $\mathfrak{R}'$ meint, dass kein Vektor von $\mathfrak{R}'$ durch die Abbildungen $U(s)$ der gegebenen Darstellung aus $\mathfrak{R}'$ herausgeworfen wird. Unzerfällbare Darstellungen mögen auch primitiv heissen; die kovariante Grössenart, welche durch eine primitive Darstellung definiert wird, nennen wir *einfach.* Es bestätigt sich durchweg, dass die physikalischen Grössen einfach sind. So ist der

Spielraum, innerhalb dessen die *elektromagnetische Feldstärke* in der vierdimensionalen Welt variieren kann, nicht durch den Begriff « Tensor 2. Stufe », sondern durch den Begriff « schiefsymmetrischer Tensor 2. Stufe » umschrieben; und er bezeichnet, wie man beweisen kann, eine *einfache* Grössenart. Die oben ausgesprochene Vermutung, dass die einzigen zur unimodularen affinen Gruppe c gehörigen kovarianten Grossen Tensoren von bestimmter Symmetrie sind, trifft nur zu für die einfachen Grössen. Denn natürlich kann ich einen willkürlichen symmetrischen Tensor zweiter Stufe zusammen mit einem unabhängig davon variierenden willkürlichen schiefsymmetrischen Tensor 3. Stufe als eine einzige Grösse betrachten, welche in die beiden angegebenen einfachen Grössen zerfällt.

2. *Charakter.* Die Spur einer Matrix U, welche in einem bestimmten Koordinatensystem eine Abbildung des n-dimensionalen Vektorraumes auf sich repräsentiert, die Summe der Glieder in der Hauptdiagonale, ist unabhängig von der Wahl des Koordinatensystems allein durch die Abbildung determiniert. In einer n-dimensionalen Darstellung $s \to U(s)$ wird die Spur $\chi(s)$ von $U(s)$ in ihrer Abhängigkeit von dem Gruppenelement s der *Charakter* oder die Charakteristik der Darstellung genannt. *Aequivalente Darstellungen haben den gleichen Charakter. Zerfällt eine Darstellung in mehrere andere, so ist ihr Charakter gleich der Summe der Charaktere der einzelnen Bestandteile.* Die grosse Bedeutung der Charaktere beruht vor allem darauf, dass von dem ersten Satz, wie wir bald sehen werden, in weitem Umfang die Umkehrung gilt. Primitiv heisst der Charakter einer primitiven Darstellung. *Charaktere sind Klassenfunktionen.* Zwei konjugierte Gruppenelemente s und $r^{-1}sr$ rechnet man bekanntlich zur selben *Klasse*; eine Funktion des Gruppenelementes s ist Klassenfunktion, wenn sie für alle Elemente derselben Klasse denselben Wert hát. Nun gilt für eine Darstellung

$$U(r^{-1}sr) = U^{-1}(r)\,U(s)\,U(r).$$

Die Matrix links ist also zu $U(s)$ äquivalent und hat folglich dieselbe Spur:

$$\chi(r^{-1}sr) = \chi(s).$$

3. *Unitär.* Sie wissen, wie der affine Raum zum metrisch-euklidischen spezialisiert wird vermöge einer positiv-definiten quadratischen Form, der metrischen Fundamentalform, die im Cartesischen oder normalen Koordinatensystem die Gestalt annimmt

(2) $$x_2^1 + x_2^2 + \dots + x_n^2.$$

Rechnet man, wie wir hier vor allem um der Gültigkeit des Fundamentalsatzes der Algebra willen tun wollen, mit komplexen Koordinaten, so tritt anstelle von (2) im normalen Koordinatensystem die *Hermitesche* Einheitsform

$$\bar{x}_1 x_1 + \bar{x}_2 x_2 + \dots + \bar{x}_n x_n.$$

Homogene lineare Transformationen, welche sie ungeändert lassen, heissen *unitär*. Wir sprechen von einer unitären Darstellung $\mathfrak{h} : s \to U(s)$ und bezeichnen den Darstellungsraum selbst als unitär, wenn alle $U(s)$ unitäre Transformationen sind. Das Ausgezeichnete dieses Falles tritt besonders in folgendem Satz hervor: *Lässt die unitäre Darstellung $\mathfrak{h}$ einen linearen Teilraum $\mathfrak{R}'$ des Darstellungsraumes $\mathfrak{R}$ invariant, so kann $\mathfrak{R}$ derart in $\mathfrak{R}' + \mathfrak{R}''$ zerlegt werden, dass auch $\mathfrak{R}''$ invariant ist*: die Darstellung $\mathfrak{h}$ zerfällt. Für $\mathfrak{R}''$ hat man den im Sinne unserer Metrik zu $\mathfrak{R}'$ senkrechten Teilraum zu nehmen, zu welchem ein Vektor dann und nur dann gehört, wenn er zu allen Vektoren von $\mathfrak{R}'$ senkrecht ist.

Die bisherigen Begriffe sind an keine besondere Voraussetzung über die Natur der Gruppe gebunden. Ich fasse jetzt für die *endlichen Gruppen* den Hauptinhalt der Darstellungstheorie, wie sie vor allem von G. FROBENIUS entwickelt wurde, in zwei Theoreme zusammen, den Orthogonalitätssatz und den Vollständigkeitssatz. Jede Darstellung der endlichen Gruppe $\mathfrak{g}$ ist einer unitären äquivalent, sodass wir uns ganz auf die unitären Darstellungen beschränken können und wollen.

I. **Orthogonalitätssatz.** *Die Komponenten einer oder mehrerer inäquivalenter unzerfällbarer unitärer Darstellungen bilden auf der Gruppenmannigfaltigkeit ein unitär-orthogonales Funktionensystem.* Genauer: Ist $U(s) = \| u_{ik}(s) \|$ eine unzerfällbare Darstellung vom Grade n, so ist der Mittelwert

$$\mathfrak{M}\left\{ \bar{u}_{ik}(s)\, u_{pq}(s) \right\} = \begin{cases} {}^{1}/_{n} & \text{für } i=p,\, k=q \\ 0 & \text{in allen andern Fällen.} \end{cases}$$

Sind $U(s) = \| u_{ik}(s) \|$, $U'(s) = \| u_{pq}'(s) \|$ zwei inäquivalente unzerfällbare Darstellungen, so ist

$$\mathfrak{M}\left\{ \bar{u}_{ik}(s)\, u_{pq}'(s) \right\} = 0.$$

[$\mathfrak{M}$ ist das Zeichen für Mittelwert].

Daraus folgt insbesondere, dass die Komponenten $u_{ik}(s)$, $u_{pq}'(s)$,.... alle untereinander linear unabhängig sind. Ist N die Ordnung der Gruppe, so durchläuft das Argument s im ganzen N Werte; in einem solchen Variabilitätsgebiet existieren höchstens N voneinander linear unabhängige Funktionen. Infolgedessen ist notwendig

$$(3) \qquad\qquad n^2 + n'^2 + \ldots \leqq N.$$

Auf der linken Seite stehen die Quadrate der Grade irgendwelcher inäquivalenter unzerfällbarer Darstellungen.

II. **Vollständigkeitssatz.** *Die Komponenten sämtlicher inäquivalenter unzerfällbarer Darstellungen bilden ein* **vollständiges** *Orthogonalsystem.* Genauer: Führt man zur unzerfällbaren Darstellung $U(s) = \| u_{ik}(s) \|$ den Fourier-Koeffizienten einer willkürlichen Funktion $x(s)$ ein:

$$\mathfrak{M}\left\{ x(s)\, \bar{U}(s) \right\} = X$$

mit den Komponenten
$$x_{ik} = \mathfrak{M}\left\{ x(s)\,\bar{u}_{ik}(s) \right\},$$

so gilt auf Grund der Orthogonalitätsbeziehungen die Besselsche Ungleichung

$$(4) \qquad n \cdot \sum_{i,\,k=1}^{n} x_{ik}\,\bar{x}_{ik} + \dots = n \cdot \mathrm{Spur}\,(X\bar{X}^{*}) + \dots \leqq \mathfrak{M}\left\{ x(s)\,\bar{x}(s) \right\};$$

X^{*} ist die transponierte Matrix zu X; die Summe links erstreckt sich über irgendwelche inäquivalente unzerfällbare Darstellungen. Es wird behauptet, dass hierin das Gleichheitszeichen gilt, wenn sie über ein *volles* System derartiger Darstellungen ausgedehnt wird. Für endliche Gruppen ist dies der Aussage äquivalent, dass bei entsprechender Summation in der Beziehung (3) das Gleichheitszeichen gilt.

Aus diesem allgemeinen Orthogonalitäts- und Vollständigkeitssatz erhält man den speziellen, welcher nicht auf die Darstellung und ihre Komponenten, sondern nur auf deren Spur, den Charakter, sich bezieht:

I. *Die Charaktere $\chi(s)$, $\chi'(s)$,.... inäquivalenter unzerfällbarer Darstellungen bilden ein unitärorthogonales Funktionensystem:*

$$\mathfrak{M}\left\{ \chi(s)\,\bar{\chi}(s) \right\} = 1, \qquad \mathfrak{M}\left\{ \bar{\chi}(s)\,\chi'(s) \right\} = 0.$$

Infolgedessen sind sie untereinander linear unabhängig.

II. *Die sämtlichen primitiven Charaktere bilden ein vollständiges Orthogonalsystem im Gebiet der Klassenfunktionen.* Zur willkürlichen Klassenfunktion $x(s)$ bildé man den Fourier-Koeffizienten

$$\mathfrak{M}\left\{ x(s)\,\bar{\chi}(s) \right\} = \xi.$$

In der Besselschen Ungleichung

$$\xi\,\bar{\xi} + \dots \leqq \mathfrak{M}\left\{ x(s)\,\bar{x}(s) \right\}$$

gilt dann das Gleichheitszeichen, wenn sich die Summation links wiederum über ein *volles* System inäquivalenter unzerfällbarer Darstellungen erstreckt. Ist k die Anzahl der Klassen, so kann es höchstens k linear unabhängige Klassenfunktionen geben, und der spezielle Vollständigkeitssatz sagt aus, dass die Anzahl der verschiedenen primitiven Charaktere und damit die Anzahl der inäquivalenten unzerfällbaren Darstellungen diesen Maximalwert erreicht.

Folgerungen: 1) Bei der Zerlegung der Darstellung $\mathfrak{H}$ in ihre primitiven Bestandteile mögen die inäquivalenten Darstellungen $\mathfrak{b}$, $\mathfrak{b}'$,..... je g, g',..... mal auftreten:

$$\mathfrak{H} = g\mathfrak{b} + g'\mathfrak{b}' + \dots$$

Für die zugehörigen Charaktere gilt dann in leicht verständlicher Bezeichnung

$$X(s) = g\chi(s) + g'\chi'(s) + \dots$$

Da nach dem speziellen Orthogonalitätssatz die Charaktere $\chi(s)$, $\chi'(s)$,.... von einander linear unabhängig sind, sind die Vielfachheiten g, g',.... in dieser Formel, also die primitiven Darstellungen, in welche $\mathfrak{H}$ zerlegt werden kann, im Sinne der Aequivalenz, einschliesslich der Vielfachheit ihres Vorkommens, eindeutig bestimmt. Die Zerlegung von $\mathfrak{H}$ kann abgelesen werden aus der « Fourier-Entwicklung » des Charakters $X(s)$ im Orthogonalsystem der primitiven Charaktere. Die Vielfachheit g berechnet sich aus der Formel

$$(5) \qquad\qquad g = \mathfrak{M}\left\{ X(s)\,\bar{\chi}(s) \right\}.$$

2) Auf Grund derselben Formel und desselben Satzes besitzen zwei Darstellungen nur dann denselben Charakter $X(s)$, wenn sie im Sinne der Aequivalenz in dieselben primitiven Bestandteile zerfallen. Dies bedeutet aber, dass zwei Darstellungen nur dann denselben Charakter haben, wenn sie äquivalent sind. *An dem Charakter kann man eine Darstellung unzweideutig erkennen.*

3) Die Frage nach der Anzahl der Invarianten im Darstellungsraum $\mathfrak{H}$ ist keine andere als die, wie oft in der Darstellung $\mathfrak{H}$ vom Charakter χ die identische enthalten ist; die identische Darstellung ist die eindimensionale, welche jedem Gruppenelement die Abbildung $x' = x$ zuordnet, ihr Charakter ist gleich 1. Darum ist die gesuchte Zahl der linear unabhängigen Invarianten nach (5) gleich $\mathfrak{M}\left\{ \chi(s) \right\}$.

In welchem Umfange lassen sich die beiden Hauptsätze (mit ihren Folgerungen) auf *unendliche Gruppen* übertragen? Offenbar wird dazu erfordert, dass auf der Gruppenmannigfaltigkeit Mittelwertbildung möglich ist. Im Gebiete der kontinuierlichen Gruppen wird sie nicht durch Summation, sondern durch Integration zu geschehen haben. Man muss die *natürliche Volummessung* auf der kontinuierlichen Gruppenmannigfaltigkeit ausfindig machen, welche unserer Mittelwertbildung bei endlichen Gruppen entspricht, die jedes Element s mit dem gleichen Gewicht zählt. Dies gelingt. Die Integrale existieren dann sicher, wenn die Gruppenmannigfaltigkeit ein *geschlossenes* Gebilde ist; im andern Fall entstünden Konvergenzschwierigkeiten. Darum ist zu erwarten, dass die beiden Fundamentalsätze für geschlossene kontinuierliche Gruppen gelten. Der Beweis der Orthogonalitätsrelationen lässt sich in der Tat ohne weiteres von den endlichen Gruppen her übertragen. Nicht ganz so einfach liegen die Dinge beim Vollständigkeitstheorem, weil dieses im kontinuierlichen Gebiet nur als die Gleichung (4) sich aussprechen lässt, in welche eine willkürliche Ortsfunktion $x(s)$ auf der Gruppe eingeht, während die Beweise für endliche Gruppen direkt auf die Anzahlrelation (3) losgehen. Man kommt aber zum Ziel durch Betrachtung der Integralgleichung mit dem Kern $x(st^{-1})$. Ich erblicke darin eine der schönsten und überraschendsten Anwendungen der Theorie der Integralgleichungen. Es gibt keine Vollständigkeitsbeweise für Orthogonalsysteme, welche mit diesem gruppentheoretischen an Durchsichtigkeit wetteifern können.

Ich möchte weiter an den einfachsten Beispielen schildern, wie die Orthogonalitäts- und Vollständigkeitsrelationen dazu benutzt werden können, die primitiven Charaktere einer geschlossenen kontinuierlichen Gruppe zu bestimmen. Für die Gruppe $\mathfrak{d}_2$ der Drehungen eines Kreises in sich stellten wir die unendlichvielen primitiven eindimensionalen Darstellungen $\mathfrak{D}^{(m)}$ auf:

$$x' = e^{im\varphi}\, x \qquad\qquad [m = 0,\ \pm 1,\dots].$$

Der Charakter von $\mathfrak{D}^{(m)}$ ist $e^{im\varphi}$. Dass diese primitiven Charaktere ein Orthogonalsystem bilden, ist die Grundtatsache, von welcher die Theorie der Fourierschen Reihen ausgeht. Gäbe es eine weitere, zu keinem $\mathfrak{D}^{(m)}$ äquivalente unzerfällbare Darstellung, so müsste deren Charakter $\chi(\varphi)$ eine periodische Funktion von φ mit der Periode 2π sein, welche zu allen $e^{im\varphi}$ orthogonal ist; aus der bekannten Vollständigkeit des Fourierschen Orthogonalsystemes, der Parsevalschen Gleichung folgt, dass es das nicht gibt. Bei diesem Gedankengang stützen wir uns 1) auf eine direkte explizite Konstruktion der primitiven Darstellungen und 2) auf die Parsevalsche Gleichung. Wir können ihn aber durch einen andern ersetzen, der beides nicht benutzt, sondern umgekehrt die Parsevalsche Gleichung aus dem allgemeinen gruppentheoretischen Vollständigkeitstheorem herleitet. *Alle unitären Matrizen eines kommutativen Systems können durch Einführung eines geeigneten normalen Koordinatensystems simultan in eindimensionale zerfällt werden.* Darum besitzt die kommutative geschlossene Gruppe $\mathfrak{d}_2$ nur eindimensionale unitäre primitive Darstellungen $x' = \chi(\varphi)\, x$. Aus der Darstellungsbedingung folgt, das $\chi(\varphi)$ eine periodische Funktion des Drehwinkels φ vom absoluten Betrag 1 sein muss, welche der Funktionalgleichung

$$\chi(\varphi + \varphi') = \chi(\varphi) \cdot \chi(\varphi')$$

genügt. Daraus folgt leicht, Stetigkeit vorausgesetzt, dass $\chi(\varphi)$ die Gestalt hat: $e^{im\varphi}$, in der die Konstante m eine ganze Zahl ist. Infolgedessen zeigt der allgemeine gruppentheoretische Vollständigkeitssatz zweierlei: 1. Die Funktionen $e^{im\varphi}$ $[m = 0,\ \pm 1,\dots]$ bilden ein vollständiges Orthogonalsystem; 2. Alle diese Funktionen müssen wirklich als primitive Charaktere auftreten; denn wenn auch nur eine von ihnen ausfiele, wäre die Vollständigkeit zerstört. (Beiläufig bemerkt: der Charakter einer imprimitiven Darstellung ist demnach eine endliche Fourierreihe mit ganzzahligen nicht-negativen Koeffizienten: $\sum_m g_m\, e^{im\varphi}$).

Wie fruchtbar dieser gruppentheoretische Standpunkt gegenüber der Theorie der Fourierschen Reihen ist, hat sich darin gezeigt, dass unser Beweis ebenso für Bohrs *fastperiodische Funktionen* verfängt und weitaus am einfachsten zum Bohrschen Fundamentalsatz führt. Anstelle der geschlossenen Gruppe der Drehungen eines Kreises in sich tritt die offene der Schiebungen einer Geraden in sich.

Die Darstellungen $\mathfrak{D}_l$ der dreidimensionalen Drehungsgruppe $\mathfrak{d}_3$, welche durch die Kugelfunktionen geliefert werden, bilden ein volles System inäquivalenter primitiver Darstellungen. Die Drehungen in 2 Dimensionen sind nichts anderes als die unitären Transformationen einer komplexen Variablen. Durch stereographische Projektion wird die dreidimensionale Drehungsgruppe $\mathfrak{d}_3$, wie man weiss, in die Gruppe der zweidimensionalen unimodularen unitären Transformationen verwandelt. Ich bespreche darum als ein etwas allgemeineres Beispiel die unitäre Gruppe in ν Dimensionen. Jede der zu ihr gehörigen Transformationen s ist innerhalb dieser Gruppe konjugiert zu einer « Haupttransformation » mit der Diagonalmatrix

$$\left\| \begin{array}{cccc} \varepsilon_1 & & & \\ & \varepsilon_2 & & \\ & & \cdots & \\ & & & \varepsilon_\nu \end{array} \right\| \; ; \qquad \left(\begin{array}{l} |\varepsilon_\lambda| = 1, \\ \varepsilon_\lambda = e^{i\varphi_\lambda} \end{array} \right)$$

denn diese Gestalt nimmt eine beliebig vorgegebene unitäre Transformation in einem geeigneten ihr angepassten normalen Koordinatensystem an. Die nur bis auf die Reihenfolge und mod. 2π bestimmten Grössen φ_λ heissen die Drehwinkel von s. Der Charakter irgend einer Darstellung ist eine periodische symmetrische Funktion der φ_λ. In einem festgewählten Koordinatensystem bilden die Haupttransformationen eine *abelsche Untergruppe*. Auf ähnliche Weise wie oben folgt aus der Betrachtung dieser Untergruppe, dass der Charakter eine endliche Fourier-Reihe der Drehwinkel $\varphi_1, \ldots, \varphi_\nu$ sein muss mit ganzzahligen nicht-negativen Koeffizienten. Um aus ihnen die primitiven Charaktere auszusondern, muss man jetzt, anders als im abelschen Fall, die Orthogonalitätsrelationen heranziehen und zu diesem Zweck die *Klassendichtigkeit* Δ berechnen, d. h. das Volumen $\Delta\, d\varphi_1\, d\varphi_2 \ldots d\varphi_\nu$ desjenigen Stückes der Gruppenmannigfaltigkeit, für dessen Elemente allgemein der λ^{te} Drehwinkel einen Wert zwischen φ_λ und $\varphi_\lambda + d\varphi_\lambda$ besitzt. Δ ist $= D \cdot \overline{D}$, wo D das Differenzenprodukt der ε_λ ist. Es zeigt sich, dass die Orthogonalitäts- zusammen mit der Vollständigkeitsbeziehung auf Grund der bekannten arithmetischen und Symmetrieeigenschaften der primitiven Charaktere gerade zu einer expliziten Bestimmung ausreicht; das Resultat ist die Formel

$$\chi = \frac{\left| \varepsilon^{h_1},\; \varepsilon^{h_2}, \ldots,\; \varepsilon^{h_\nu} \right|}{\left| \varepsilon^{\nu-1}, \ldots,\; \varepsilon,\; 1 \right|},$$

in der $h_1 > h_2 > \ldots > h_\nu$ beliebige in der hingeschriebenen Reihenfolge geordnete ganze Zahlen sind. Unsere allgemeinen Sätze sind also wirklich etwas wert; sie sind so eindringend, dass sie in den wichtigsten Fällen diejenigen Grössen vollständig determinieren, von denen sie handeln. Wenn es erstaunlich sein mag, dass wir so sozusagen « durch die Luft » die primitiven Charaktere finden, ohne die zugehörigen Darstellungen zu kennen, so ist zu bedenken, dass der Beweis des allgemeinen Vollständigkeitssatzes natürlich eine Methode zur Konstruktion aller primitiven Darstellungen angibt. Immerhin ist im Felde der endlichen Gruppen eine explizite Berechnung der Charaktere in so weitem Umfange wie bei den kontinuierlichen Gruppen nicht gelungen ([1]).

Die Integrationsmethode steht in deutlichem Gegensatz zu der von S. Lie begründeten *Differentialmethode*, welche eine kontinuierliche Transformationsgruppe erzeugt aus ihren infinitesimalen, unendlichwenig von der Identität abweichenden Elementen. Die Lie'sche Theorie gehört mit in jenen grossen Gedankenzug, der die Welt aus ihrem Verhalten im Unendlichkleinen verstehen will, und der sich als so fruchtbar erwies, weil nur der Rückgang aufs Unendlichkleine zu den einfachen Elementargesetzen führt. Sein Standpunkt ist anschaulich durchaus natürlich; denn statt z. B. die Beweglichkeit eines im euklidischen Raum um einen festen Punkt drehbaren starren Körper durch die Forderung zu beschreiben, dass die Lage der Stellen des Körpers in jedem Moment aus ihrer Anfangslage durch eine Operation der euklidischen Drehunsgruppe hervorgeht, ist es natürlich, die kontinuierliche Drehung des Körpers als eine integrale Aneinanderreihung infinitesimaler Operationen dieser Gruppe aufzufassen, die in den einzelnen Zeitelementen aufeinander folgen. Auch in der abstrakten Gruppentheorie lässt sich die Lie'sche Idee durchführen, obwohl Lie selber, soviel ich weiss, ausschliesslich an Transformationsgruppen denkt. Ein besonderer Erfolg des Lie'schen Ansatzes liegt darin, dass er sowohl das Problem der möglichen Strukturen von Gruppen als auch das Problem ihrer Darstellung in ein *rein algebraisches* verwandelt. In dieser Richtung bewegen sich die tiefsinnigen Arbeiten von CARTAN ([2]).

Gemäss der Erzeugung einer Gruppe $\mathfrak{g}$ aus ihrer infinitesimalen γ führt jede Darstellung von γ zu einer Darstellung von $\mathfrak{g}$; die letzere braucht aber auf $\mathfrak{g}$ nur im Kleinen eindeutig zu sein. Und auf diesem Wege erhält man

---

([1]) *Literatur.* Unsere Methode der Integration über die Gruppenmannigfaltigkeit, durch den Wortlaut der beiden Hauptsätze selber gefordert, wurde zuerst von A. HURWITZ, Gött. Nachrichten 1897, für invariantentheoretische Zwecke ausgebildet. Mit ihrer Hilfe lässt sich auf Grund des allgemeinen Hilbertschen Satzes von der endlichen Idealbasis zeigen, dass der sog. erste Fundamentalsatz der Invariantentheorie für jede geschlossene kontinuierliche Gruppe nicht minder wie für jede endliche Gruppe gilt. I. SCHUR leitete durch diese Methode zuerst die Orthogonalitätsbeziehungen für die Darstellungen der Drehungsgruppe ab. Seine Arbeiten in den Berliner Sitzungsberichten 1924, welche neben den gruppen- auch invariantentheoretische Ziele verfolgen, sind der Ausgangspunkt der neuen Entwicklung. In einigen Abhandlungen in der Math. Zeitschrift 23, 24, (1925-26) gelang es mir, durch Vereinfachung und Weiterbildung der Methode die primitiven Charaktere für alle halb-einfachen Gruppen zu berechnen. Der allgemeine Beweis des Vollständigkeitssatzes ist 1927 von einem meiner Schüler, Herrn F. PETER, und mir in den Math. Ann. 97 durchgeführt worden. Im gleichen Band habe ich meinen gruppentheoretischen Beweis für den Bohrschen Fundamentalsatz über die fastperiodischen Funktionen publiziert. Eine Arbeit in den Acta Mathematica 48 enthält Folgerungen betreffs der Abzählung von Invarianten.

([2]) Die für uns wichtigsten sind seine Thèse aus dem Jahre 1894 und eine Arbeit im Bulletin Soc. Math. de France 41 (1913).

jede (gewissen Differenzierbarkeitsforderungen genügende) im Kleinen eindeutige Darstellung von $\mathfrak{g}$. Umgekehrt kann man aus der Kenntnis der primitiven im Grossen eindeutigen Darstellungen von $\mathfrak{g}$ nur dann auf die sämtlichen Darstellungen von γ schliessen, wenn $\mathfrak{g}$ *einfach zusammenhängend* ist; denn unter dieser Voraussetzung hat die Eindeutigkeit im Kleinen die Eindeutigkeit im Grossen zur Folge. Sei c z. B. die Gruppe aller unimodularen linearen Transformationen in ν Variablen, c_u und c_r die Untergruppen, welche durch den Zusatz « unitär » bezw. « reell » aus ihr ausgeschieden werden; γ, γ_u, γ_r die zugehörigen infinitesimalen Gruppen. Da im algebraischen Gebiet, zumal im Gebiete der linearen Algebra, den Parametern auferlegte Reellitätsbedingungen, wie sie γ zu γ_u und γ_r einschränken, nicht fühlbar werden, liefern die Darstellungen von γ_u ohne weiteres diejenigen von γ und γ_r.

Die Charaktere von c_u aber beherrschen wir, weil c_u geschlossen ist, durch die Integrationsmethode. Auf dem Wege

$$\mathsf{c}_u \to \gamma_u \to \gamma_r \to \mathsf{c}_r$$

kommen wir so zu einer Theorie der Darstellungen von c_r. Der erste Schritt $\mathsf{c}_u \to \gamma_u$ verlangt nach dem Gesagten noch den topologischen Nachweis, dass c_u einfach zusammenhängend ist. Diese Kombination von Integral- und Differentialmethode mit topologischem Einschlag bahnte mir den Weg von den geschlossenen zu den sämtlichen halb-einfachen Gruppen.

Für die Gewinnung der allgemeinen Sätze ist die transzendente Integrationsmethode überlegen. Der Vorteil der infinitesimalen ist die durch sie herbeigeführte Algebraisierung. Die geschilderte Kombination vereinigt beides, kann aber dadurch dem Nachteil des Lie'schen Ansatzes nicht entgehen, gewisse nicht im Wesen der Sache begründete Differenzierbarkeitsannahmen einführen zu müssen. Für das eben erwähnte Beispiel der Gruppe c_r haben sich neuerdings J. v. NEUMANN und I. SCHUR von diesen Einschränkungen zu befreien gewusst. Die Arbeiten sind in den Berl. Sitzungsber. 1927-28 erschienen. SCHUR verfährt so, dass er die in der vollen Gruppe enthaltenen einparametrigen Gruppen und ihre Darstellungen direkt studiert, ohne für sie auf die infinitesimalen Erzeugenden zurückzugreifen.

Neben die oben erwähnte additive tritt die *multiplikative Komposition von Darstellungen.* Unterwirft man m Variable x_i einer linearen Transformation A, n Variable y_k einer Transformation B, so erfahren die $m \cdot n$ linear unabhängigen Grössen $x_i y_k$ eine gewisse lineare Transformation, welche nach Hurwitz mit $A \times B$ bezeichnet wird. Aus einer m-dimensionalen Darstellung $\mathfrak{G} : s \to U(s)$ und einer n-dimensionalen $\mathfrak{H} : s \to V(s)$ entsteht die Darstellung

$$\mathfrak{G} \times \mathfrak{H} : s \to U(s) \times V(s).$$

Sind $\chi(s)$, $\xi(s)$ die Charaktere von $\mathfrak{G}$ und $\mathfrak{H}$, so ist der Charakter von $\mathfrak{G} \times \mathfrak{H}$ das Produkt $\chi(s) \cdot \xi(s)$.

Hauptfragen der Theorie, welche allein auf Grund der Charaktere gelöst werden können, sind die folgenden:

1) Wenn $\mathfrak{H}$ eine primitive Darstellung von $\mathfrak{g}$ ist und $\mathfrak{g}'$ eine Untergruppe von $\mathfrak{g}$, so wird $\mathfrak{H}$ als Darstellung von $\mathfrak{g}'$ im allgemeinen nicht mehr primitiv sein; in welche primitiven Bestandteile zerfällt es?

2) Wenn $\mathfrak{G}$, $\mathfrak{H}$ zwei primitive Darstellungen von $\mathfrak{g}$ sind, in welche primitiven Darstellungen zerfällt das Produkt $\mathfrak{G} \times \mathfrak{H}$?

Als Beispiel zu 1) wurde schon früher erwähnt: die $(2l+1)$-dimensionale Darstellung $\mathfrak{D}_l$ der Drehungsgruppe $\mathfrak{d}_3$ zerfällt, wenn man $\mathfrak{d}_3$ zur Gruppe $\mathfrak{d}_2$ der Drehungen um die z-Achse einschränkt, in die $2l+1$ eindimensionalen Darstellungen $\mathfrak{D}^{(m)}$ von $\mathfrak{d}_2$ mit den Werten $m = l$, $l-1, \ldots -l$. Als Beispiel zu 2) führe ich die für dieselbe Gruppe $\mathfrak{d}_3$ gültige Formel an:

$$(6) \qquad \mathfrak{D}_l \times \mathfrak{D}_{l'} = \sum \mathfrak{D}_\lambda \qquad [\lambda = l + l', \, l + l' - 1, \ldots, \, |\, l - l' \,|\,].$$

Ueber die *Anwendung der Gruppentheorie auf die Quantenmechanik* muss ich mich sehr kurz fassen. Zwei Gruppen sind es vor allem, welche die Hauptrolle spielen, die *Gruppe der Drehungen im dreidimensionalen Raum* und die *symmetrische Permutationsgruppe*. Denn das um den ruhenden Kern sich bewegende Elektronengebäude eines Atoms oder Ions besitzt seiner Konstitution nach Kugelsymmetrie um den Kern O; und da die Elektronen lauter gleichartige Wesen sind, besteht im gleichen Sinne Invarianz gegenüber den Permutationen der Elektronen. Die Zustände eines physikalischen Gebildes werden in der Quantenphysik repräsentiert durch Vektoren χ in einem unendlichdimensionalen unitären Systemraum. Betrachten wir das Atom in zwei Lagen, welche durch die Drehung s um O auseinander hervorgehen, so entspricht jedem Zustand χ des Atoms in der einen ein Zustand χ' in der andern Lage; der Uebergang $\chi \to \chi'$ ist eine mit der Drehung s nach dem Darstellungsgesetz verbundene unitäre Abbildung des Systemraums auf sich selbst. Diese unendlichdimensionale Darstellung von $\mathfrak{d}_3$ kann zerlegt werden in ihre endlichdimensionalen primitiven Bestandteile $\mathfrak{D}_l$; der unendlichdimensionale Systemraum zerfällt entsprechend in Teilräume $\mathfrak{R}_l$. l heisst « azimutale Quantenzahl ». Befindet sich das Atom in einem Zustand, dessen repräsentierender Vektor in $\mathfrak{R}_l$ liegt, so besitzt das Impulsmoment einen wohlbestimmten Wert, für welchen die ältere Quantentheorie $\frac{h}{2\pi} \cdot l$, die neuere aber $\frac{h}{2\pi} \cdot \sqrt{l(l+1)}$ ergibt; h ist das Plancksche Wirkungsquantum.

Dem Zusammentreten zweier Elektronen entspricht die multiplikative Komposition der Darstellungen. So bedeutet die Formel (6), dass beim Zusammentreten zweier Elektronen mit den azimutalen Quantenzahlen l und l' ein Gebilde entsteht, dessen azimutale Quantenzahl λ der Werte $l + l'$, $l + l' - 1, \ldots |\, l - l' \,|$ fähig ist; die ältere Quantentheorie beschreibt dieses Verhalten als Resultantenbildung mit Einquantelung. Die Ordnung der Linienspektren der Atome ist durch und durch gruppentheoretischer Natur. Alle Quantenzahlen, die dabei auftreten, mit Ausnahme der die verschiedenen Terme derselben Serie voneinander unterscheidenden « Hauptquantenzahl », sind Kennzeichen von Gruppendarstellungen. Mehrere Elektronen können zu einem Atom oder Molekül von verschiedenem Symmetriecharakter zusammentreten. Diese Unterschiede der Symmetrie lassen sich durch raumzeitliche Bilder nicht adäquat wiedergeben, sie entsprechen aber genau den verschiedenen möglichen unzerfällbaren Darstellungen der Gruppe aller Permutationen unter den Elektronen. Die Energie ihrer gegenseitigen Bindung berechnet sich in einfacher Weise mit Hilfe des Charakters der Darstellung. Infolgedessen können auch zwei Atome von gegebenem Symmetriezustand noch in verschiedener, durch Symmetriecharaktere zu unterscheidender Weise zu einem Molekül zusammentreten. Die neue Quantenmechanik unterbaut und begründet die aus der chemischen Erfahrung abstrahierte Kombinatorik der Valenzstriche durch die Darstellungen der Permutationsgruppe.

81.

On a problem in the theory of groups arising in the foundations of infinitesimal geometry (H. P. Robertson and H. Weyl)[*]

Bulletin of the American Mathematical Society 35, 686—690 (1929)

In another paper in this issue,[†] the fundamental problem of infinitesimal geometry is formulated as the problem of uniquely associating with an arbitrary coordinate system on the manifold M a normal coordinate system on the tangent plane T_P by means of the fundamental coefficients of displacement on M.

The importance of the other aspect of this problem raised by O. Veblen and H. P. Robertson, yet remains: to associate a transformation of the given group $\mathfrak{G}$ with an arbitrary transformation of the coordinates x in such a way that it gives rise to a representation by $\mathfrak{G}$, that is, that to composition of arbitrary transformations of x corresponds composition of the associated transformations of $\mathfrak{G}$. From this standpoint the problem is a pure group-theoretic one which is not at all concerned with a "connection" on M. We consider in the following the projective group as an example.

More precisely, the problem is the following. Take the point P under consideration as the origin of coordinates, that is, consider the relative coordinates $x_k - x_0{}^i$, where $P = P(x_0)$. An arbitrary transformation of these relative coordinates x^i has the form

$$
(1) \qquad s: \qquad \bar{x}^i = a_k^i x^k + \frac{1}{2} a_{kl}^i x^k x^l + \cdots .
$$

The associated n-dimensional projective transformation σ, which shall also leave the origin fixed, is expressed in homogeneous coordinates η in accordance with the normalization (4) of the paper mentioned above. We take as coefficients a_k^i of σ the coefficients a_k^i of (1); the coefficients a_k are then to be determined. The condition imposed is that the association $s \to \sigma$ shall yield a representation. We may add the additional condition that σ depend only on the coefficients a_k^i and a_{kl}^i of s of first and second orders.

We are then naturally led to the problem of representing the group $\mathfrak{G}$ of all transformations by linear transformations, whereby the accessory condition that the transformation corresponding to s shall depend on the terms of the first two or first three orders etc. may be imposed. This problem is to be attacked as

---

[*] Presented to the Society, June 21, 1929.

[†] This issue, pp. 716—725.

follows. We first restrict ourselves to the subgroup $\mathfrak{G}_0$ of $\mathfrak{G}$ consisting of linear transformations

$$\bar{x}^i = a_k^i\, x^k\ .$$

We know the representations of $\mathfrak{G}_0$ and we shall assume that the given representation $s \to \sigma$ of $\mathfrak{G}$ by N-dimensional matrices σ decomposes into known irreducible representations when considered as a representation of $\mathfrak{G}_0$ (that is certainly the case when we restrict ourselves to the unimodular transformations of $\mathfrak{G}_0$; we take it to be the case for the full linear group for the sake of simplicity). Let these irreducible constituents be of orders $o, o', \cdots$, respectively; i. e. to the infinitesimal dilatation $dx^i = x^i$ correspond the dilatations $d\xi^\iota = o\,\xi^\iota$, $d\xi^\iota = o'\xi^\iota, \ldots$, respectively in these representations. (It follows from the general theory that in an irreducible representation a dilatation must correspond to a dilatation in the original group.)

Furthermore, we employ Lie's infinitesimal method. To an infinitesimal transformation s

$$(2) \qquad\qquad dx^i = a_k^i\, x^k + \frac{1}{2!}\, a_{kl}^i x^k x^l$$

corresponds an infinitesimal transformation

$$(3) \qquad\qquad d\xi^\iota = \alpha_\varkappa^\iota \xi^\varkappa$$

of the given representation. But the $\alpha_\varkappa^\iota$ are now *linear* homogeneous functions of the $a_k^i, a_{kl}^i, \cdots$. The condition that σ be a representation requires in addition that to the commutator of two transformations s corresponds the commutator of the corresponding transformations ξ. We consider in particular the two transformations

$$(4) \qquad s: \quad dx^i = \frac{1}{2!}\, a_{kl}^i x^k x^l + \cdots \quad \text{and} \quad C: \quad d'x^i = c_k^i x^k\ .$$

If the matrices of the corresponding σ (3) be A and Γ, the infinitesimal σ with matrix $A\Gamma - \Gamma A$ shall correspond to the commutator of (4). We proceed in three steps, by first taking as C the dilatation

$$d'x^i = x^i, \quad \text{that is,} \quad c_k^i = \delta_k^i\ ,$$

then the more general linear "principal transformation" $d'x^i = \lambda_i x^i$ (not summed!) with arbitrary λ_i, and finally the unrestricted C.

The commutator of (2) and the dilatation is obtained by multiplying the term of nth degree in (2) by $(n - 1)$. The set of variables ξ^ι is divided into subsets the members of which are transformed among themselves under Γ, and in particular are only multiplied by o, o' etc. by the transformation $\Gamma = \Gamma_d$ which corresponds to the dilatation. The rectangle $[\Lambda]$ of the matrix A, in which the set o intersects the set o', is multiplied by $o' - o$ on going over to $A\Gamma_d - \Gamma_d A$ from A. The $\alpha_\varkappa^\iota$ in this rectangle must consequently be multiplied by $o' - o$ when the a_k^i, a_{kl}^i, etc. are replaced by $0 \cdot a_k^i$, $1 \cdot a_{kl}^i$ etc. Consequently if $o' - o$ is not a whole number, $0, 1, 2, \cdots$, $[A]$ must vanish identically, and if $o' - o = n - 1$, $[A]$ can depend only on the terms of order n in (2). In particular the square [A] of A in which the set o intersects itself can only depend on the a_k^i.

We can choose the coordinates in representation space in such a way that to the principal transformations $dx^i = \lambda_i x^i$ correspond principal transformations $\xi^i \to \Lambda_i \xi^i$; the "weights" Λ_i are linear forms in the λ_i. In the commutator of (2) with this principal transformation a_{kl}^i is replaced by

$$a_{kl}^i \ldots (\lambda_k + \lambda_l + \cdots - \lambda_i)$$

while the corresponding process for the σ changes $\alpha_\varkappa^\iota$ into $\alpha_\varkappa^\iota (\Lambda_\varkappa - \Lambda_\iota)$. Consequently the $\alpha_\varkappa^\iota$ can depend only on those $a_{kl}^i \cdots$ for which $\lambda_k + \lambda_l + \cdots - \lambda_i$ is identical with $\Lambda_\varkappa - \Lambda_\iota$.

Equivalent representations, which differ only in the choice of the coordinate system in which they are expressed, shall naturally be considered as the same. But as soon as the irreducible representations into which the given representation of $\mathfrak{S}_0$ is decomposed is fixed the coordinate system is fixed except for multiplication of the variables of each subset by a non-vanishing arbitrary constant.

Let us return to the case considered above, in which $N = n + 1$ and the $(n + 1)$-dimensional representation of $\mathfrak{S}_0$ is decomposed into the n-dimensional $s \to s$ and the one-dimensional which associates the identity $\xi^0 = \xi^0$ with every s. Here $o = 1, o' = 0$; we must consequently have in (3)

$$\alpha_k^i = a_k^i, \qquad \alpha_0^0 = 1, \qquad \alpha_0^i = 0,$$

and α_k^0 depends only on the terms a_{rs}^i of second order. Furthermore, α_k^0 must be a linear form in those a_{rs}^i only for which $\lambda_r + \lambda_s - \lambda_i = \lambda_k$. We must therefore have

$$\alpha_k^0 = \sum_i H_{ik}\, a_{ik}^i$$

where the H_{ik} are constants independent of s. In order to determine the H_{ik} we now consider the commutator of

$$dx^i = \frac{1}{2}\, a_{kl}^i x^k x^l \quad \text{and} \quad d'x^i = c_k^i x^k$$

and obtain

$$\sum_{i,r} H_{ik}(a_{rk}^i c_i^r + a_{ir}^i c_k^r - a_{ik}^r c_r^i) = \sum_{i,r} c_k^r H_{ir} a_{ir}^i$$

or

$$\sum_{i,r} a_{rk}^i (H_{ik} - H_{rk})\, c_i^r = \sum_{i,r} b_k^r (H_{ir} - H_{ik}) a_{ir}^i.$$

Equating the coefficients of c_i^k on both sides for $i \neq k$ we see that $H_{ik} = H_{kk}$; H_{ik} does not depend on i and can be written H_k. The equation then reduces to

$$\sum (H_r - H_k) c_k^r = 0$$

which tells us that H_k is dependent of k, $H_k = H$. Hence

$$\alpha_k^0 = H \sum_i a_{ik}^i .$$

When $H \neq 0$ can we multiply the variable ξ^0 by an appropriate constant in such a way that in this new coordinate system

$$H = -\frac{1}{n+1} .$$

We thus find that there are two distinct possibilities: (1) $\alpha_k^0 = 0$ or the affine tangent plane, (2) the one obtained by Robertson and, from another standpoint, in the paper by H. Weyl on pages 716—725 of this issue, that is, the semiosculating projective plane.

82.

On the foundations of infinitesimal geometry

Bulletin of the American Mathematical Society 35, 716—725 (1929)

In connection with a seminar on infinitesimal geometry in Princeton, in which I took part, it seemed desirable to clarify the relations between the work of the Princeton school and that of Cartan.

With a group $\mathfrak{G}$ of transformations in m variables ξ is associated, in accordance with Klein's Erlanger Program, a homogeneous or plane space $\mathfrak{R}$ of the kind $\mathfrak{G}$; a point of $\mathfrak{R}$ is represented by a set of values of the "coordinates" ξ^α and figures which go into each other on subjecting the coordinates to a transformation of $\mathfrak{G}$ are to be considered as fully equivalent. The transformations of $\mathfrak{G}$ give at the same time the transition between two allowable "normal" coordinate systems in $\mathfrak{R}$. If we have two spaces $\mathfrak{R}$, $\mathfrak{R}'$ of the kind $\mathfrak{G}$ and set up a definite normal coordinate system in each of them, then such a transformation can be interpreted as an isomorphic representation of $\mathfrak{R}$ on $\mathfrak{R}'$. $\mathfrak{G}$ is assumed to be transitive.

Cartan† developed a general scheme of infinitesimal geometry in which Klein's notions were applied to the tangent plane and not to the n-dimensional manifold M itself. The

---

* Presented to the Society, June 21, 1929

† E. Cartan, *Sur les variétés à connexion affine et la théorie de la relativité généralisée*, Annales de l'École Normal Surpérieure, vol. 40 (1923), pp. 325-412; in particular, p. 383, etc.

object of his work can be briefly described as follows. There is associated with each point P of M an m-dimensional plane space of the kind $\mathfrak{G}$. To the transition from P to a neighboring point P', that is, to the line element $\overline{PP'}$, corresponds an isomorphic representation of T_P on $T_{P'}$, the "displacement" $T_P \to T_{P'}$ or briefly $\overrightarrow{PP'}$. On this basis the introduction of a general concept of curvature is possible: if we displace the tangent plane T_P in P along a curve L on M which leads back to P the tangent plane returns in a new position or orientation. The final position is obtained from the original by a certain isomorphic representation of T_P onto itself, and this we call the "curvature along L."

For the purpose of analytic formulation we refer M to coordinates x^i and introduce a normal coordinate system ξ^α in each tangent plane T_P. Let the components of $\overline{PP'}$ be dx^i. We assume that the ξ^α of all the T_P can be so chosen that the displacement PP' is an infinitesimal isomorphic representation of the same order of magnitude as the dx^i. A radical specialization is introduced by the further assumption that this displacement depends linearly on $\overline{PP'}$, i.e. that the consecutive application of the displacements PP' and $P'P''$ shall yield the displacement PP''. The displacement from P to all neighboring points P' is then expressed by the formula

$$
(1) \qquad d\xi^\alpha = - \sum_i u_i{}^\alpha(\xi)dx^i.
$$

The curvature along the infinitesimal parallelogram formed by line elements dx and δx, which consequently has as components

$$
(\Delta x)^{ik} = dx^i \delta x^k - \delta x^i dx^k,
$$

is given by

$$
\Delta \xi^\alpha = R_{ik}^{\alpha}(\xi)dx^i\delta x^k = \tfrac{1}{2}R_{ik}^{\alpha}(\xi)(\Delta x)^{ik},
$$

$$
R_{ik}^{\alpha} = \left(\frac{\partial u_k{}^\alpha}{\partial x^i} - \frac{\partial u_i{}^\alpha}{\partial x^k}\right) + \left(\frac{\partial u_k{}^\alpha}{\partial \xi^\rho}u_i{}^\rho - \frac{\partial u_i{}^\alpha}{\partial \xi^\rho}u_k{}^\rho\right).
$$

In the foregoing the tangent plane is not tied up with the manifold; in order to justify this designation and hold to the idea of a tangent plane we must now imbed it into the manifold. The first step in this process consists in taking a definite point O of T_P as center which shall, by definition, cover the point P on M (imbedment of 0th order). This leads to a restriction in the choice of a normal coordinate system ξ on T_P; because of the transitivity of $\mathfrak{G}$ it can and shall be so chosen that the coordinates ξ vanish in the center. The group $\mathfrak{G}$ is restricted to the subgroup $\mathfrak{G}_0$ of all representations of $\mathfrak{G}$ which leave the center O invariant. On displacing the tangent plane along a closed curve L, O goes over into a point O^* whose deviation from O characterizes the "torsion along L". $R^\alpha_{ik}(0) = 0$ is the necessary and sufficient condition that M de without torsion.

The idea of tangent plane further requires that the line elements of T_P issuing from O shall "coincide" with the line elements of M issuing from P; this correspondence must be a one-to-one affine representation. But having already required imbedment of 0th order the method of accomplishing this imbedment of 1st order is fixed. The center O' of $T_{P'}$ arises by the displacement PP' from a definite point O_1 of T_P, and we let the line element $\overline{OO}_1$ on T_P correspond to the line element $\overline{PP'}$ on M. For purposes of calculation it is, however, more convenient to consider the line element $\overline{O_1'O'}$ on $T_{P'}$ which arises from $\overline{OO}_1$ by the displacement PP'. The ξ-coordinates of O_1' on $T_{P'}$ are $d\xi^\alpha = -u_i{}^\alpha(0)dx^i$, and consequently

$$(2) \qquad\qquad d\xi^\alpha = u_i{}^\alpha(0)dx^i$$

are the components of the line element $\overline{O_1'O}{}'$ on $T_{P'}$ or $\overline{OO}_1$ on T_P. The condition that this linear relation between (dx) and $(d\xi)$ be one-to-one reciprocal involves two requirements: (1) the dimensionality m of the tangent plane (which was until now arbitrary) must be the same as the dimensionality n of the manifold M, and (2) the determinant $|u_i^\alpha(0)| \neq 0$. If $\mathfrak{G}$ contains the affine group, and we shall henceforth assume that it does, the coordinate system ξ^α on T_P can be further

way that corresponding line elements shall have the same components: $u_i^{\alpha}(0) = \delta_i^{\alpha}$.

If $\mathfrak{G}$ were the affine group the previous requirements would fully specify the normal coordinate system ξ^{α} on T_P in its dependence on the coordinates x^i chosen on M; but this is not the case if $\mathfrak{G}$ is a more extensive group. That is, the "tangent plane" T_P is not as yet uniquely determined by the nature of M, and so long as this is not accomplished we can not say that Cartan's theory deals only with the manifold M. Conversely, the tangent plane in P in the ordinary sense, that is, the linear manifold of line elements in P, is a centered affine space; its group $\mathfrak{G}$ is not a matter of convention. This has always appeared to me to be a deficiency of the theory; I consider that above all, the infinitesimal-geometric researches of Eisenhart, Veblen, T. Y. Thomas, and others in Princeton[†] have remedied this blemish for projective and conformal geometry.

The connection between ξ and x, although not yet uniquely determined by the previous postulates, allows us to conclude the following: in the development

$$R_{ik}^{\alpha}(\xi) = R_{ik}^{\alpha}(0) + R_{\beta ik}^{\alpha}\xi^{\beta} + \cdots ,$$

the quantities $R_{ik}^{\alpha}(0)$ and $R_{\beta ik}^{\alpha}$ in the point P are determined by the coordinates x^i alone and transform on transformation of coordinates as tensors of order 3 and 4, of the kind indicated by the position of the indices. It is therefore an invariantive restriction to require that our manifold be such that (1) it is without torsion and (2) $\sum_{\alpha} R_{\alpha ik}^{\alpha}$ vanish; we call such a manifold "special."

Let $\mathfrak{G}$ be the projective group. We must then proceed to imbedment of second order in order that T_P be completely

† L. P. Eisenhart, *Non-Riemannian Geometry*, 1927. O. Veblen, *Projective tensors and connections*, Proceedings of the National Academy, vol. 14 (1928), p. 154; *Conformal tensors and connections*, ibid., vol. 14 (1928) p. 735. T. Y. Thomas, *A projective theory of affinely connected manifolds*, Mathematische Zeitschrift, vol. 25 (1926), p. 723.

determined by M. We consider, as an analog, the contact of two surfaces

$$y = f(x^1, \cdots, x^n), \quad y = f'(x^1, \cdots, x^n)$$

in $(n+1)$-dimensional space. Let

$$f' - f = a + a_i x^i + \tfrac{1}{2} a_{ik} x^i x^k + \cdots$$

in the neighborhood of the origin. There is contact of 0th order (intersection) if $a = 0$, of 1st order (tangency) if in addition the linear terms are not present, $a_i = 0$, and finally contact of second order (osculation) if further all a_{ik} vanish. I refer to the two surfaces as semi-osculating if in addition to a and a_i the sum $\sum_{(i)} a_{ii}$, the spur of the quadratic terms, vanishes. Analogously we demand that T_P not only be tangent to the manifold but further that it be semi-osculating. The name tangent plane is then misleading, but we shall use it instead of the more correct "projective semi-osculating plane" for the sake of brevity. The exact definition is as follows. Given an infinitesimal volume element V in P, say a parallelepipedon obtained from line elements in P which shall be infinitely small in comparison with $\overline{PP'} = (dx^i)$. Let V' be the "same" volume element in P', that is, it shall be generated from the line elements with the same components in P'; naturally this construction is dependent on the particular coordinate system employed. Because of the imbedment of order V coincides with a volume element V in O on T_P and V' with one such in O' on $T_{P'}$; this latter is obtained from an element V_1 in O_1 on T_P by the displacement PP'. We now require that V and V_1 have the same volume, measured in the coordinates ξ on T_P.

It is again more convenient for the calculation to take V and V_1 over into V_1', V' on $T_{P'}$ by means of the displacement PP'. The isomorphic representation which carries V' into V_1' is by definition simply (1)—taken for ξ's which are infinitely small compared to the dx^i. Consequently we write

$$u_i^\alpha(\xi) = \delta_i^\alpha + \Gamma_{\beta i}^\alpha \xi^\beta,$$

and on introducing

$$\Gamma^{\alpha}_{\beta i}dx^i = d\gamma^{\alpha}_{\beta},$$

we find

$$\log (V'/V_1') = \log (V_1/V) = \sum_{\rho} d\gamma^{\rho}_{\rho}.$$

Our condition is that this trace shall vanish, and we assert that it can be fulfilled by appropriate choice of the projective coordinates ξ^{α} on T_P. The previous requirements determine the ξ except for a projective transformation of the type

$$\bar{\xi}^i = \frac{\xi^i}{1 + \sum \alpha_k \xi^k},$$

which leaves the center unaltered and is the identity to terms of first order in the neighborhood of the center. The ratio of the measures of volume elements V and $\overline{V}$ in ξ and $\bar{\xi}$, situated at (ξ^{α}), is given by the functional determinant

$$\left| \frac{\partial \bar{\xi}^i}{\partial \xi^j} \right| = (\bar{\xi}\xi).$$

For infinitely small ξ this determinant is

$$(\bar{\xi}\xi) = 1 - (n + 1) \sum \alpha_k \xi^k.$$

Our volume V is at the point $\xi = 0$, V_1 at $\xi^{\alpha} = dx^{\alpha}$, and consequently

$$\log (\overline{V}_1/\overline{V}) = \log (V_1/V) - (n + 1) \sum \alpha_i dx^i$$

from which we see that in order that $\overline{V}_1 = \overline{V}$ the α_i can be chosen in one and only one way; $\alpha_i = \Gamma^{\rho}_{\rho i}$.

The projective coordinate system ξ on T_P is now completely specified by the coordinates x^i on M. If we refer M to a new coordinate system $\bar{x}^i$ we shall have a new projective coordinate system ξ on T_P. The projective transformation $\xi \rightarrow \bar{\xi}$ can be described by the facts (1) that it agrees in the neighborhood of the origin with the transformation $x \rightarrow \bar{x}$ in terms of first order about P and (2) that the functional determinant $(\bar{\xi}\xi)$ in 0 agrees with $(\bar{x}x)$ in terms of 1st as well as

0th, order. H. P. Robertson* pointed out in a short note that this relation is the decisive point in Veblen's transformation theory of projective space. What we do here, however, is not simply connect the *transformations* of the ξ with those of x but rather we associate a projective ξ *coordinate system* on T_P with an individual x system on M. This possibility arises from the fact that we begin with the projective connection and with its aid tie up the ξ with the x, i.e. accomplish the complete imbedment of the tangent plane. But on the other hand the transformation of the ξ is determined by the transformation of the x, as described above, without taking the given projective connection into account. Veblen's procedure corresponds to this method: this relation between the two transformations is first obtained and the corresponding invariant theory of possible projective connections then developed.

The introduction of $n+1$ homogeneous projective coordinates η by means of the equation $\xi^i = \eta^i/\eta^0$ is for the present purely a matter of convenience. The formulas for the displacement expressed in terms of them have the form

$$(3) \qquad d\eta^\alpha = -\, d\gamma_\beta^{\ \alpha}\eta^\beta, \quad d\gamma_\beta^{\ \alpha} = \Gamma_{\beta i}^{\ \ \alpha} dx^i.$$

(From now on Greek indices shall run from 0 to n and Latin from 1 to n.) Since only the ratios of the η are to be considered we can and shall introduce the normalizing condition $d\gamma_0^{\ 0} = 0$. We then have $\Gamma_{0i}^{\ \ \alpha} = \delta_i^{\ \alpha}$ and $\Gamma_{\rho i}^{\ 0} = 0$. In the case of a special manifold (see above) we have furthermore the symmetry condition $\Gamma_{ki}^{\ \ \alpha} = \Gamma_{ik}^{\ \ \alpha}$ and the Γ with only Latin indices determine the remaining components. This leads to the theorem: *If we allow only special manifolds the projective connection is determined uniquely by the geodesics.*†

---

* H. P. Robertson, *Note on projective coordinates*, Proceedings of the National Academy, vol. 14 (1928), p. 153.

† See J. A. Schouten, Rendiconti di Palermo, vol. 50 (1926), pp. 142–169, in particular p. 158. I do not find that this work, which is closely related to our process, gives a clear account of the fact that the coordinates ξ must be

For the complete development of projective infinitesimal geometry we must, in my estimation, add three independent ideas to Cartan's scheme; the first and most important of these consists in connecting the coordinates ξ with the x by the requirement of "semi-osculation," the second answers the question to what extent the geodesics determine the projective connection by the invariantive "specialization." The third idea, which I now consider, is due to T. Y. Thomas: it is possible to give the variables η themselves, and not only their ratios, a geometrical interpretation. The analytic expression in coordinates η for any projective mapping which leaves O invariant,

$$(4) \qquad \bar{\eta}^i = \sum_k a_k{}^i \eta^k, \qquad \bar{\eta}^0 = \eta^0 + \sum_k \alpha_k \eta^k,$$

can be so normalized that the coefficient $a_0^0 = 1$. This normalization is useful because it is not destroyed by composition: the group $\mathfrak{G}_0$ is replaced by the isomorphic group of affine transformations in $n+1$ dimensions of the form (4). If the transition $\eta \to \bar{\eta}$ on T_P corresponds to the transition $x \to \bar{x}$ on M the transformation (4) can further be described as agreeing with the transformation of the differentials $dx^0, dx^1, \cdots, dx^n$ in P when the additional coordinate x^0 transforms in accordance with the law

$$(5) \qquad \bar{x}^0 = x^0 - \frac{1}{n+1} \log (\bar{x}x).$$

We now have an $(n+1)$-dimensional manifold M^* instead of M; each point of M is replaced by a filament of M^* along which $x^1, \cdots, x^n$ are constant and only x^0 varies. By (5) the distance between points on the same filament, i.e. the difference of their x^0 coordinates, as well as the filaments themselves, have an invariantive significance. An $(n+1)$-dimensional affine tangent plane, the domain of the variables η, is associated with each point of M^*. The transformation of the η, which is related to a transformation of the x on M, is the same for all points on the same filament. Extending the Γ by adding $\Gamma^\alpha_{\beta 0} = \delta^\alpha_\beta$, this means that the ratios $\eta^0 : \eta^1 : \cdots : \eta^n$

of a point on the tangent plane are unaltered by displacement along the filament. The n-dimensional projective displacement on M^* defined by

$$(6) \qquad d\eta^\alpha = -d\gamma_\beta^\alpha \eta^\beta, \quad d\gamma_\beta^\alpha = \Gamma_{\beta\rho}^\alpha dx^\rho,$$

is consequently invariantively determined by the projective displacement on M.

We must next ask if this is also true for the $(n+1)$-dimensional affine displacement expressed by the same formulas; the answer is affirmative, because our normalization is so chosen that $\Gamma_{\beta\rho}^\alpha$ is symmetric in β and ρ. To show this, let $\bar{\Gamma}_{\beta\rho}^\alpha$ be the projective connection of M evaluated in a new coordinate system $\bar{x}^i$ in the manner described above, and let $\tilde{\Gamma}_{\beta\rho}^\alpha$ be the components of the same affine connection on M^* expressed in terms of the coordinates $\bar{x}^i$ in the manner indicated by (6) in terms of the x^i. Then the corresponding equations (6) characterize the same projective connection, that is, $\bar{\Gamma}_{\beta\rho}^\alpha$ and $\tilde{\Gamma}_{\beta\rho}^\alpha$ can differ only by a term of the form $\delta_\rho^\alpha \lambda_\rho$. Now $\bar{\Gamma}$ as well as $\tilde{\Gamma}$ must be symmetric in the two lower indices and consequently

$$\delta_\beta^\alpha \lambda_\rho = \delta_\rho^\alpha \lambda_\beta,$$

from which we obtain by the contraction $\alpha = \rho$

$$\lambda_\beta = (n+1)\lambda_\beta, \quad \lambda_\beta = 0.$$

All that we have said here can be taken over mutatis mutandis to the conformal geometry. Here the equation

$$(7) \qquad g_{ik}dx^i dx^k = 0$$

on M is fundamental. If g_{ik} be the values of the coefficients in P then the conformal geometry on the homogeneous "tangent" plane T_P is described by the equation $g_{ik}d\xi^i d\xi^k = 0$ with constant coefficients g_{ik}; the group $\mathfrak{G}$ consists of all transformations of the ξ which leave this equation invariant and consequently depends on the point P in question. The conformal displacement PP' must be a transformation which takes the equation $g_{ik}d\xi^i d\xi^k = 0$ over into $g'_{ik}d\xi'^i d\xi'^k = 0$. Con-

veloped above—furthermore $\mathfrak{G}$ does not contain the affine group (only the orthogonal one). We must expressly require that the coincidence of the line elements $\overline{PP'}$ on M and $\overline{OO'_1}$ on T_P is a conformal, and not merely an affine, relation. (1) The requirement of semi-osculation is also here sufficient to tie up the conformal coordinate system ξ uniquely with the x. (2) If the manifold is special the conformal connection is uniquely determined by equation (7). (3) The transition to homogeneous coordinates η, in which the conformal representation appears as a homogeneous linear transformation, is here accomplished, following Möbius, by

$$\eta^0:\eta^1: \cdots :\eta^n:\eta = 1:\xi^1: \cdots :\xi^n: - \tfrac{1}{2}g_{ik}\xi^i\xi^k.$$

These coordinates are subject to the relation

$$g_{ik}\eta^i\eta^k + 2\eta^0\eta = 0.$$

It is convenient for the purpose of calculation to normalize the coefficients g_{ik}, only the ratios of which are given, by the condition $|g_{ik}| = 1$. This third and last step, which was carried through by Veblen in a recent paper, proceeds as before, but the result is more complicated since we have $n+2$ variables η, whereas Thomas' extension gives but $n+1$ coordinates x. Consequently we do not arrive at an affine connection on an $(n+1)$- or $(n+2)$-dimensional manifold M^*, invariantly related to the conformal connection on M.

83.

Gravitation and the electron

Proceedings of the National Academy of Sciences of the United States of America
15, 323—334 (1929)

The Problem.—The translation of Dirac's theory of the electron into general relativity is not only of formal significance, for, as we know, the Dirac equations applied to an electron in a spherically symmetric electrostatic field yield in addition to the correct energy levels those— or rather the negative of those—of an "electron" with opposite charge but the same mass. In order to do away with these superfluous terms the wave function ψ must be robbed of one of its pairs ψ_1^+, ψ_2^+; ψ_1^-, ψ_2^- of components.[2] These two pairs occur unmixed in the action principle except for the term

$$m(\psi_1^+ \bar{\psi}_1^- + \psi_2^+ \bar{\psi}_2^- + \psi_1^- \bar{\psi}_2^+ + \psi_2^- \bar{\psi}_2^+) \tag{1}$$

which contains the mass m of the electron as a factor. But mass is a gravitational effect: it is the flux of the gravitational field through a surface enclosing the particle in the same sense that charge is the flux of the electric field.[3] In a satisfactory theory it must therefore be as impossible to introduce a non-vanishing mass without the gravitational field as it is to introduce charge without electromagnetic field. It is therefore certain that the term (1) can at most be right in the large scale, but must really be replaced by one which includes gravitation; this may at the same time remove the defects of the present theory.

The direction in which such a modification is to be sought is clear: the field equations arising from an action principle[4]—which shall give the true laws of interaction between electrons, protons and photons only after quantization—contain at present only the Schrödinger-Dirac quantity ψ, which describes the wave field of the *electron*, in addition to the four potentials φ_p of the electromagnetic field. It is unconditionally necessary to introduce the wave field of the *proton* before quantizing. But since the ψ of the electron can only involve two components, ψ_1^+, ψ_2^+ should be ascribed to the electron and ψ_1^-, ψ_2^- to the proton. Obviously the present expression, $- e \cdot \widetilde{\psi} \psi$ for charge-density,[5] being necessarily negative, runs counter to this, and something must consequently be changed in this respect. Instead of one law for the conservation of charge we must have two, expressing the conservation of the number of electrons and protons separately.

If one introduces the quantities $\dfrac{e\varphi_p}{ch}$ instead of φ_p (and calls them φ_p), the field equations contain only the following combinations of atomistic constants: the pure number $\alpha = e^2/ch$ and h/mc, the "wave-length" of the electron. Hence the equations certainly do not alone suffice to explain the atomistic behavior of matter with the definite values of e, m and h. But the subsequent quantization introduces the quantum of action h, and this together with the wave-length h/mc will be sufficient, since the velocity of light c is determined as an absolute measure of velocity by the theory of relativity.

The introduction of the atomic constants by the quantum theory—or at least that of the wave-length—into the field equations has removed the support from under my principle of gauge-invariance, by means of which I had hoped to unify electricity and gravitation. But as I have remarked,[6] it possesses an equivalent in the field equations of quantum theory which is its perfect counterpart in formal respects: the laws are invariant under the simultaneous substitution of $e^{i\lambda} \cdot \psi$ for ψ and $\varphi_p - \dfrac{\partial \lambda}{\partial x_p}$ for φ_p, where λ is an arbitrary function of position in space and time. The connection of this invariance with the conservation law of electricity remains exactly as before: the fact that the action integral is unaltered by the infinitesimal variation

$$\delta\psi = i\,\lambda\cdot\psi, \qquad \delta\varphi_p = -\frac{\partial\lambda}{\partial x_p}$$

(λ an arbitrary infinitesimal function) signifies the identical fulfilment of a dependence between the material and the electromagnetic laws which arise from the action integral by variations of the ψ and φ, respectively; it means that the conservation of electricity is a double consequence of them, that it follows from the laws of matter as well as electricity. This new principle of gauge invariance, which may go by the same name, has the character of general relativity since it contains an arbitrary function λ, and can certainly only be understood with reference to it.

It was such considerations as these, and not the desire for formal generalizations, which led me to attempt the incorporation of the Dirac theory into the scheme of general relativity. We establish the metric in a world point P by a "Cartesian" system of axes (instead of the g_{pq}) consisting of four vectors $\mathbf{e}(\alpha)$ $\{\alpha = 0, 1, 2, 3\}$ of which $\mathbf{e}(1)$, $\mathbf{e}(2)$, $\mathbf{e}(3)$ are real space-like vectors while $\mathbf{e}(0)/i$ is a real time-like vector of which we expressly demand that it be directed toward the future. A rotation of these axes is an orthogonal or Lorentz transformation which leaves these conditions of reality and sign unaltered. The laws shall remain invariant when the axes in the various points P are subjected to arbitrary and independent rotations. In addition to these we need four (real) coördinates x_p ($p = 0, 1, 2, 3$) for the purpose of analytic expression. The components of $\mathbf{e}(\alpha)$ in this coördinate system are designated by $e^p(\alpha)$. We need such local cartesian axes $\mathbf{e}(\alpha)$ in each point P in order to be able to describe the quantity ψ by means of its components ψ_1^+, ψ_2^+; ψ_1^-, ψ_2^-, for the law of transformation of the components ψ can only be given for orthogonal transformations as it corresponds to a representation of the orthogonal group which cannot be extended to the group of all linear transformations. The tensor calculus is consequently an unusable instrument for considerations involving the ψ.[7] In formal aspects our theory resembles the more recent attempts of Einstein to unify electricity and gravitation.[8] But here there is no talk of "distant parallelism"; there is no indication that Nature has availed herself of such an artificial geometry. I am convinced that if there is a physical content in Einstein's latest formal developments it must come to light in the present connection. It seems to me that it is now hopeless to seek a unification of gravitation and electricity without taking material waves into account.

Use of the Indices.—If $t(\alpha)$ be the components of an arbitrary vector at point P with respect to the axes $\mathbf{e}(\alpha)$, then

$$t^p = \sum_\alpha e^p(\alpha)\, t(\alpha) \tag{2}$$

are its contravariant components in the coördinate system x_p. Conversely, from the covariant components t_p referred to the coördinates one obtains the components $t(\alpha)$ along the axes by the equations

$$t(\alpha) = \sum_p e^p(\alpha) t_p. \tag{3}$$

Equations (2), (3) regulate the transition from one kind of indices to the other (Greek indices referring to the axes, Latin sub- or superscripts to coördinates.) In the inverse transitions the quantities $e_p(\alpha)$, which are defined by

$$e_p(\alpha)\, e^q(\alpha) = \delta_p^q$$

and which also satisfy

$$e_p(\alpha)\, e^p(\beta) = \delta(\alpha, \beta)$$

occur as coefficients. The Kronecker δ is 1 or 0 according to whether its indices agree or not.

Symmetry and Conservation of the Energy Density.—The invariant action

$$\int \mathbf{H}\, dx \qquad (dx = dx_0\, dx_1\, dx_2\, dx_3)$$

contains *matter* (in the extended sense) and *gravitation*, the first being represented by the ψ and possibly such additional quantities as the electromagnetic potentials φ_p, the latter by the components $e^p(\alpha)$ of the $\mathbf{e}(\alpha)$. Variation of the first kind of quantities gives rise to the equations of matter, variation of the $e^p(\alpha)$ to the gravitational equations. We disregard for the present that part of the action which depends only on the $e^p(\alpha)$, as introduced by Einstein in his classical theory of gravitation (1916), and consider only that part $\mathbf{H}$ which occurs even in the special theory of relativity. By an arbitrary infinitesimal variation of the $e^p(\alpha)$ which shall vanish outside of a finite portion of the world, an equation

$$\delta \int \mathbf{H} dx = \int \mathbf{t}_p(\alpha)\, \delta e^p(\alpha) \cdot dx \qquad (4)$$

is obtained which defines the components $\mathbf{t}_p(\alpha)$ of the "energy density." In consequence of the equations of matter, which are assumed to hold, it is immaterial if or how the quantities describing matter are varied. Because of the invariance of the action (4) must vanish for variations $\delta e^p(\alpha)$ obtained by 1) subjecting the axes $\mathbf{e}(\alpha)$ to an infinitesimal rotation which may depend arbitrarily on position and 2) subjecting the coordinates x_p to an arbitrary infinitesimal transformation, the axes $\mathbf{e}(\alpha)$ being unaltered. The first process is described by

$$\delta e^p(\alpha) = o(\alpha\beta)e^p(\beta)$$

where $o(\alpha\beta)$ constitute an anti-symmetric matrix whose elements are arbitrary (infinitesimal) functions of position. This requirement yields the symmetry law:

$$\mathbf{t}_p(\beta)e^p(\alpha) = \mathbf{t}(\alpha, \beta)$$

depends symmetrically on the two indices, α and β. But it must be observed that this law is not identically fulfilled, as in the old field theory, but only in consequence of the equations of matter, for if the wave field ψ be held unchanged the components ψ_p must undergo a transformation which is induced by the rotation of the axes. If $\delta x_p = \xi^p$ be the change which the coördinates of point P undergo in the second process, then the components of the unaltered vector $\mathbf{e}(\alpha)$ in P will undergo the change

$$\delta' e^p(\alpha) = \frac{\partial \xi^p}{\partial x_q} \cdot e^q(\alpha) \cdot$$

This must, on the other hand, be given by

$$\delta e^{p}(\alpha) + \frac{\partial e^{p}(\alpha)}{\partial x_{q}} \, \xi^{q}$$

where δ means the difference at two points P which have the same values x_{p} of coördinates before and after the deformation. From this there arises in the usual way[9]—again assuming the validity of the equations of matter—the differential quasi-conservation law for energy (and linear momentum) whose four components are

$$\frac{\partial \mathbf{t}_{p}^{q}}{\partial x_{q}} + \mathbf{t}_{q}(\alpha) \, \frac{\partial e^{q}(\alpha)}{\partial x_{p}} = 0. \tag{5}$$

(Only in the special theory of relativity, where the second member is lacking, is it a true conservation law.)

It is not necessary that the integral of $\mathbf{H}$ be invariant, but only that its variation be. This is the case when $\mathbf{H}$ differs from a scalar density by a divergence; we then say that the integral is "practically invariant." Similarly it is only necessary that it be "practically real," i.e., that the difference between $\mathbf{H}$ and its complex conjugate be a divergence.

Gradient of ψ.—Let the wave field ψ be given. The invariant change $\delta\psi$ of ψ on going from the point P to a neighboring point P' is to be determined as follows. The axes $\mathbf{e}(\alpha)$ in P are taken to P' by parallel displacement: $\mathbf{e}'(\alpha)$. $\psi_{\rho} = \psi_{\rho}(P)$ being the components of ψ with respect to the axes $\mathbf{e}(\alpha)$ at P, let ψ'_{ρ} be the components of ψ in P' relative to this displaced system: $\delta\psi_{\rho} = \psi'_{\rho} - \psi_{\rho}$. These $\delta\psi_{\rho}$ depend only on the choice of axes in P and transform in the same way as the ψ_{ρ} on rotation of these axes. The axes $\mathbf{e}'(\alpha)$ are obtained from the $\mathbf{e}(\alpha)$ in P' by an infinitesimal orthogonal transformation $do(\alpha\beta)$; consequently the ψ'_{ρ} are obtained from the components $\psi_{\rho}(P')$ by the corresponding linear transformation[10] dE and we have, $d\psi_{\rho}$ being the differential $\psi_{\rho}(P') - \psi_{\rho}(P)$:

$$\delta\psi = d\psi + dE.\psi.$$

If $\mathbf{e}(\alpha)$ be taken as the vector $\overrightarrow{PP'}$ (multiplied by an infinitesimal factor) we write (on ignoring this factor) $o(\alpha,\beta\gamma)$, $E(\alpha)$, $\psi(\alpha)$ in place of $do(\beta\gamma)$, dE, $\delta\psi$:

$$\psi(\alpha) = \left(e^{p}(\alpha) \frac{\partial}{\partial x_{p}} + E(\alpha) \right) \psi \ \text{ or } \ \psi_{p} = \left(\frac{\partial}{\partial x_{p}} + E_{p} \right)\psi.$$

The calculation of o is accomplished by means of the formula

$$e^{p}(\gamma)\left\{ o(\alpha,\beta\gamma) + o(\beta,\gamma\alpha) \right\} = \frac{\partial e^{p}(\alpha)}{\partial x_{q}} \, e_{q}(\beta) - \frac{\partial e^{p}(\beta)}{\partial x_{q}} \, e_{q}(\alpha).$$

The right-hand side of this expression is the "commutator product" of the two vector fields $\mathbf{e}(\alpha)$ and $\mathbf{e}(\beta)$, an invariant (under transformations of the coördinates x_{p}), known from the Lie theory.

Introduction of Dirac's Action.—Let $S(\alpha)$ denote linear transformations which transform ψ_1^+, ψ_2^+ and ψ_1^-, ψ_2^- among themselves. They are described by the matrices[11]

$$S(0) = \left\Vert \begin{matrix} i & 0 \\ 0 & i \end{matrix} \right\Vert, \quad S(1) = \left\Vert \begin{matrix} 0 & 1 \\ 1 & 0 \end{matrix} \right\Vert, \quad S(2) = \left\Vert \begin{matrix} 0 & -i \\ i & 0 \end{matrix} \right\Vert, \quad S(3) = \left\Vert \begin{matrix} 1 & 0 \\ 0 & -1 \end{matrix} \right\Vert$$

for ψ_1^+, ψ_2^+; for ψ_1^-, ψ_2^- the expression for $S(0)$ is unchanged, $S(1)$, $S(2)$ and $S(3)$ assume the opposite sign. The essential fact is that the quantities

$$\widetilde{\psi}' S(\alpha) \psi$$

transform like the four components $t(\alpha)$ of a vector on rotation of the axes $\mathbf{e}(\alpha)$, ψ' being a quantity of the same kind as ψ. (In particular, $\widetilde{\psi} S(\alpha) \psi$ is the four-vector flux of probability.) Therefore

$$\widetilde{\psi} S(\alpha) \psi(\alpha) = \widetilde{\psi} e^p(\alpha) S(\alpha) \frac{\partial \psi}{\partial x_p} + \widetilde{\psi} S(\alpha) E(\alpha) \psi$$

is a scalar, and after dividing by the absolute value ϵ of the determinant

$$\left| e^p(\alpha) \right|$$

we obtain a scalar density $i\mathbf{H}$ whose integral can be employed as action. Division by ϵ will be indicated by changing the ordinary letter into the corresponding gothic. The calculation yields

$$\frac{1}{\epsilon} S(\alpha) E(\alpha) = \frac{1}{2} \frac{\partial \mathbf{e}^p(\alpha)}{\partial x_p} S(\alpha) + \frac{1}{2} \mathbf{l}(\alpha) S'(\alpha),$$

where $S'(\alpha)$ is a transformation analogous to $S(\alpha)$: it agrees with $S(\alpha)$ for ψ_1^+, ψ_2^+, but is $-S(\alpha)$ for ψ_1^-, ψ_2^-.

$$\epsilon \mathbf{l}(\alpha) = o(\beta, \gamma\delta) + o(\gamma, \delta\beta) + o(\delta, \beta\gamma)$$

$$= \Sigma \pm \frac{\partial e^p(\beta)}{\partial x_q} e_q(\gamma) \, e^p(\delta)$$

where the summation (in addition to that over p and q) is alternating and extends over the six permutations of $\beta\gamma\delta$ while $\alpha\beta\gamma\delta$ is an even permutation of the indices 0, 1, 2, 3.

We have yet to investigate whether $\mathbf{H}$ is practically real. Since

$$S^p = e^p(\alpha) S(\alpha) \quad \text{and} \quad S(\alpha) E(\alpha)$$

are Hermitean matrices

$$- i\overline{\mathbf{H}} = \frac{1}{\epsilon} \left\{ \frac{\partial \widetilde{\psi}}{\partial x_p} e^p(\alpha) S(\alpha) \psi + \widetilde{\psi} S(\alpha) E(\alpha) \psi \right\}.$$

The first part is, on neglecting a complete divergence,

$$- \widetilde{\psi}\, \frac{\partial (\mathbf{e}^p(\alpha) S(\alpha)\psi)}{\partial x_p} = - \widetilde{\psi}\, \mathbf{e}^p(\alpha) S(\alpha)\, \frac{\partial \psi}{\partial x_p} - \frac{\partial \mathbf{e}^p(\alpha)}{\partial x_p} \cdot \widetilde{\psi} S(\alpha)\psi.$$

On adding and subtracting $\mathbf{H}$ and $\overline{\mathbf{H}}$ we obtain the two action quantities $\mathbf{m}$, $\mathbf{m}'$ ($\mathbf{m}$ = matter):

$$i\mathbf{m} = \widetilde{\psi}\, \mathbf{S}^p\, \frac{\partial \psi}{\partial x_p} + \frac{1}{2}\, \frac{\partial \mathbf{e}^p(\alpha)}{\partial x_p} \cdot \widetilde{\psi} S(\alpha)\psi \tag{6}$$

and

$$\mathbf{m}' = \mathbf{l}(\alpha) \cdot \widetilde{\psi} S'(\alpha)\psi. \tag{7}$$

Both are practically, not actually, invariant, the first is practically and the second actually real.

The first is the essential content of the Dirac theory, written in general invariantive form. The corresponding tensor density of energy

$$\mathbf{t}_p(\alpha) = \mathbf{s}_p(\alpha) - e_p(\alpha)\mathbf{s}$$

where

$$\epsilon \mathbf{s}_p(\alpha) = \frac{1}{2i} \left\{ \widetilde{\psi} S(\alpha)\, \frac{\partial \psi}{\partial x_p} - \frac{\partial \widetilde{\psi}}{\partial x_p}\, S(\alpha)\psi \right\}$$

and $\mathbf{s}$ the contracted

$$\mathbf{s}_p(\alpha)\ e^p(\alpha).$$

It has already been given in the literature for the Dirac theory (special relativity). For the electron of hydrogen in the normal state we find that the integral

$$\int \mathbf{t}_0^0\, dx_1\, dx_2\, dx_3$$

extended over a section $x_0 = t = \text{const.}$, which should yield the mass, has the value $m/\sqrt{1 - \alpha^2}$ (α the fine structure constant); this is a reasonable result, since m is to be taken as proper mass and in the Bohr theory αc is the velocity of the electron in the normal state.

It is worthy of note that there occurs in addition the action $\mathbf{m}'$, which is unknown to special relativity since it vanishes for constant $e^p(\alpha)$.

The Electromagnetic Field.—In the Dirac theory the influence of an electromagnetic field is taken into account by replacing the operator $\dfrac{\partial}{\partial x_p}$, affecting the ψ by $\dfrac{\partial}{\partial x_p} + i\varphi_p$. This yields an additional term of the form $i\varphi(\alpha) \cdot \widetilde{\psi} S(\alpha)\psi$ in the action. On comparing this with (6) and (7) one might think that $\epsilon \cdot \varphi(\alpha)$ is to be identified with $\partial \mathbf{e}^p(\alpha)/\partial x_p$ or $\mathbf{l}(\alpha)$. Disregarding the material waves ψ one would then have a theory of electricity of the same kind as the latest development of Einstein; the φ are expressed in terms of the $e^p(\alpha)$ in a way which is invariant under transformations of the coördinates, but only permit the cogredient rotations of the axes in all points P (distant parallelism). However, I believe one must proceed otherwise in order to bring in the electromagnetic field. We have previously not mentioned the fact that the linear transformation of the ψ corresponding to a rotation of axes is not uniquely determined. It is indeed possible to normalize this transformation, and we have tacitly based our calculations on such a normalization; but the normalizing is itself a double-valued process and this reveals its artificial character. The mathematical connection is this: we are to find a linear transformation of the four components of ψ such that the quantities

$$\widetilde{\psi} S(\alpha) \psi \tag{8}$$

suffer the given rotation.[12] Obviously it remains unaltered when ψ_1^+, ψ_2^+ are multiplied by $e^{i\lambda^+}$, ψ_1^-, ψ_2^- by $e^{i\lambda^-}$ (transformation L) where λ^+ and λ^- are arbitrary real numbers. It is readily seen that the transformations L are the only ones which induce the identical transformation of the quantities (8); i.e., which satisfy the four equations

$$\widetilde{L} S(\alpha) L = S(\alpha).$$

A transformation of the four components of ψ which multiplies ψ_1^+, ψ_2^+ by a number a^+ and ψ_1^-, ψ_2^- by a number a^- will be called *spinless quantity* $A = [a^+, a^-]$.

In consequence of this the dE employed above is only determined to within the addition of an arbitrary spinless imaginary quantity idF. Hence we obtain an additive term

$$iF(\alpha) . \widetilde{\psi} \boldsymbol{S}(\alpha) \psi$$

in the action **m,** in which the $F(\alpha)$ are real spinless quantities $[\varphi^+(\alpha), \varphi^-(\alpha)]$ constituting the components of a vector with respect to the axes. $\partial/\partial x_p$ is to be replaced by $\partial/\partial x_p + iF_p$. We now employ the letter **m** to denote this completed action. The introduction of F obviously brings with it invariance under the simultaneous replacement of

$$\psi \ \text{by} \ e^{iL} \cdot \psi \ \text{and} \ F_p \ \text{by} \ F_p - \frac{\partial L}{\partial x_p}$$

where L is a real spinless quantity which depends arbitrarily on position. This "gauge invariance" shows why it is impossible to employ the scalar (1) as an action function.

We must naturally interpret F_p as the components of electromagnetic potential. The two fields φ_p^+, φ_p^- are independent of the choice of the axes $\mathbf{e}(\alpha)$ except that they are interchanged on transition from right- to a left-handed system of axes.

$$\frac{\partial \varphi_q^+}{\partial x_p} - \frac{\partial \varphi_p^+}{\partial x_q} = \varphi_{pq}^+ \ \text{and the corresponding} \ \varphi_{pq}^-$$

are gauge-invariant anti-symmetric tensors.

In analogy to the Maxwellian action quantity, and in accordance with the above properties, the two functions $\mathbf{f}$, $\mathbf{f}'$ ($\mathbf{f}$ = electromagnetic field) defined by

$$\epsilon\mathbf{f} = \varphi_{pq}^{+}\,\varphi_{-}^{pq} \quad\text{and}\quad \epsilon\mathbf{f}' = \varphi_{pq}^{+}\,\varphi_{+}^{pq} + \varphi_{pq}^{-}\,\varphi_{-}^{pq} \tag{9}$$

are to be considered in choosing the scalar density of electromagnetic action. The identification of F with the electromagnetic potential is then justified by the fact that the entity which is represented by F influences and is influenced by matter in exactly the same way as the electromagnetic potentials. *If our view is correct, then the electromagnetic field is a necessary accompaniment of the matter-wave field and not of gravitation.*

If the action, insofar as its dependence on the ψ and φ is concerned, is an additive combination of $\mathbf{m}$, $\mathbf{m}'$, $\mathbf{f}$, $\mathbf{f}'$ we obtain the two conservation theorems

$$\frac{\partial \rho_{+}^{p}}{\partial x_{p}} = 0 \quad\text{and}\quad \frac{\partial \rho_{-}^{p}}{\partial x_{p}} = 0 \tag{10}$$

where

$$\rho_{+}^{p} = \widetilde{\psi}^{+}\boldsymbol{S}^{p}\psi^{+}$$

contains only ψ_{1}^{+} and ψ_{2}^{+} and similarly for ρ_{-}^{p}. They are a double consequence of the field laws, that is, of the equations of matter in the narrow sense as well as of the electromagnetic equations. These two identities obtaining thus between the field equations are an immediate consequence of the gauge invariance. In consequence of (10) the two integrals n^{+} and n^{-} of $\rho = \rho^{0}$:

$$n = \int \rho \, dx_1 dx_2 dx_3$$

which are to be extended over a section $x_0 = $ const. are invariants which are independent of the "time" x_0.[13] Since they are interchanged on transition from right- to left-handed axes their values, which are absolute constants of nature, must be equal if both kinds of axes are to be equally permissible. We normalize them, in accordance with the interpretation of ψ as probability, by

$$n^{+} = 1, \quad n^{-} = 1. \tag{11}$$

We have already mentioned how the quasi-conservation laws for energy, momentum and moment of momentum are related to invariance under transformation of coördinates and rotation of axes $\mathbf{e}(\alpha)$.

A stationary solution is characterized by the fact that $e^{p}(\alpha)$ and $F(\alpha)$ are independent of time $x_0 = t$, while the ψ^{+} contain the time in an exponential factor $e^{i\nu t}$, the ψ^{-} in a factor $e^{i\nu't}$; ν and ν' need not be equal.

Gravitation.—We consider as the gravitational part of the action the practically (not actually) invariant density $\boldsymbol{g}$ ($\boldsymbol{g}$ = gravitation) which underlies Einstein's "classical" theory of gravitation and which depends only on the $e^{p}(\alpha)$ and their first derivatives. It is most appropriate to carry through anew the entire calculation, which leads through the Riemann curvature tensor, in terms of the $e^p(\alpha)$; we find

$$\epsilon \boldsymbol{g} = o(\alpha,\ \alpha\gamma)\ o(\beta,\ \beta\gamma) + o(\alpha,\ \beta\gamma)\ o(\beta,\ \alpha\gamma).$$

The "cosmological term" $\boldsymbol{g}'$ is given by $\epsilon \boldsymbol{g}' = 1$.

If gravitation be represented by $\boldsymbol{g}$, one can, as is well known, add to the material + electromagnetic energy $\boldsymbol{t}_p^q$ a gravitational energy $\boldsymbol{v}_p^q$ in such a way that the sum satisfies a true conservation law.[14]   Designating the total differential of $\boldsymbol{g}$ considered as a function of $e^p(\alpha)$ and $e_q^p(\alpha) = \dfrac{\partial e^p(\alpha)}{\partial x_q}$ by

$$\delta \boldsymbol{g} = \boldsymbol{g}_p(\alpha)\delta e^p(\alpha) + \boldsymbol{g}_p^q(\alpha)\delta e_q^p(\alpha),$$

then

$$-\boldsymbol{v}_p^q = \boldsymbol{g}_r^q(\alpha)\ \frac{\partial e^{r}(\alpha)}{\partial x_p} - \delta_p^q \boldsymbol{g}.$$

We obtain thus an invariant constant mass m which must be one of the characteristic universal constants of Nature.

Doubts, Prospects.—(11) is to be interpreted as the law of conservation of the number (or charge) of electrons and protons.   Therefore we ascribe ψ^+ and ψ^- to the electron and to the proton, respectively. Taking $\mathbf{f}$ as the electromagnetic part of the action, which seems plausible to me, we then obtain Maxwell's equations in the sense that the proton generates the field φ^+ and the electron φ^-; whereas in accordance with the equations of matter φ^+ will effect only the electron and φ^- the proton. This is not as obstruse as it may sound; on the contrary, the previous theory leads to entirely false results if the potential due to the electron, which at large distances neutralizes that due to the nucleus, reacts on the electron itself, as Schrödinger has pointed out with emphasis.[15] It may indeed seem queer that ψ^+ and ψ^- are here equally permissible, since we know that positive and negative electricity are fundamentally different—that protons and electrons have different mass.   But if we neglect the gravitational and electrical energy in comparison with the material the mass m falls into two parts m^+ and m^- which are, however, not strictly constant.   It is possible that m^+ and m^- are different if our equations admit two classes of solutions which are interchanged on transition from right- to left-handed axes—as in the Dirac theory, the spherically symmetric hydrogen problem admits several solutions for the normal state which are not themselves spherically symmetric but which are transformed among themselves by rotation.

As far as we know $\mathbf{m}$, $\boldsymbol{g}$ and one of the two quantities $\mathbf{f}$ or $\mathbf{f}'$ are indispensable for the explanation of the phenomena.   I am inclined to believe that the action is composed additively of $\mathbf{m}$, $\mathbf{f}$ and $\boldsymbol{g}$.

It should be noted that our field equations contain neither the theory of a single electron nor that of a single proton. One might rather consider them as the laws governing a hydrogen atom consisting of an electron and a proton; but here again, the problem of interaction between the two may first require quantization. What we have obtained is solely a field scheme which can only be applied to and compared with experience after the quantization has been accomplished. We know from the Pauli exclusion principle[16] what commutation rules are to be applied in the quantization of ψ^+; those for ψ^- must be the same in our theory. The commutation relations between ψ^+ and ψ^- are as yet entirely unknown. Those of the electromagnetic field (photons) are almost completely known. In this respect we know nothing concerning the gravitational field. The commutation rules for F are here almost completely fixed by those for ψ by the condition that these latter be unaltered when ψ is given the increment $\delta\psi = iF(\alpha)\psi$. That the rules thus obtained are in agreement with experience is indeed a support for our theory; i.e., it tells us why the "anti-symmetric," Pauli-Fermi statistics for electrons leads to the "symmetric" Bose-Einstein statistics for photons. A definite decision can, however, first be reached when the barrier which hems the progress of quantum theory is overcome: the quantization of the field equations.

[1] I am indebted to Prof. H. P. Robertson for the translation of my German manuscript.

[2] I employ the same notation as in my book *Gruppentheorie und Quantenmechanik*, Leipzig, **1928** (cited as $G\ Q$) except that I here write $\psi_1^+\ \psi_2^+,\ \psi_1^-\ \psi_2^-$ in place of $\psi_1\psi_2,\ \psi_3\psi_4$. Cf. in particular § 25, 39, 44. $\dfrac{h}{2\pi}$ is Planck's constant.

[3] Cf. H. Weyl, *Space—Time—Matter*, London, **1922** (cited as $S\ T\ M$), § 33.

[4] $G\ Q$, pp. 199, 200.

[5] The circumflex indicates transition to the conjugate of the transposed matrix (Hermitean conjugate). The four components of ψ are considered as the elements of a matrix with four rows and one column.

[6] $G\ Q$, p. 88.

[7] Attempts to employ only the tensor calculus have been made by Tetrode (*Z. Physik*, **50**, 336 (1928)); J. M. Whittaker (*Proc. Camb. Phil. Soc.*, **25,** 501 (1928)), and others; I consider them misleading.

[8] *Sitzungsber. Berl. Akad.*, **1928,** pp. 217, 224; **1929.**

[9] Cf. the analogous considerations in $S\ T\ M$, pp. 233–237.

[10] Capital Latin letters (except P for point) denote linear transformations of the four components of ψ.

[11] In $G\ Q$, loc. cit., they are denoted by s'_α.
thel It is to be borne in mind that under the influence of a proper Lorentz transformation

[12] ψ^+ components — as well as the ψ^- — are transformed among themselves. Only when the improper operations of the Lorentz group, the reflection
$$\mathbf{e}(0) \to \mathbf{e}(0), \qquad \mathbf{e}(\alpha) \to -\ \mathbf{e}(\alpha) \quad [\alpha = 1, 2, 3],$$
is taken into account is it necessary to use both pairs of components together.

[13] $S\ T\ M$, p. 289.

[14] The derivation in $S\ T\ M$, pp. 269, 270, can be adapted to the new analytic formulation of the gravitational field.

[15] E. Schrödinger, *Ann. Physik,* **82,** 265–272 (1927); in particular p. 270.

[16] P. Jordan and E. Wigner, *Z. Physik,* **47,** 1928, 631; G Q, § 44.

Correction made on the proofs (March 4, (1929)).—The calculation of the action density **m** contains an error which should be corrected as follows. The spacial components $\alpha = 1,2,3$ of $l(\alpha)$ are pure imaginary and the temporal component $l(0)$ real, not the opposite as I had assumed. In the definition of **m'** we must therefore divide the right-hand side by $2i$. But this has as consequence that the $\mathbf{H} = \mathbf{m} + \mathbf{m'}$ obtained from the calculation is practically real and not composed of a real and an imaginary part. We therefore obtain but *one* invariant action density for matter: **m** + **m'**. To the tensor density of energy arising from **m** must naturally be added the term arising from **m'**.

84.

Gravitation and the electron

The Rice Institute Pamphlet 16, 280—295 (1929)

In order to describe physical quantities by numerical data we must refer them to a Cartesian system of axes in space which consists of three mutually perpendicular vectors e of length 1. Transition to another allowable set of axes is accomplished by an orthogonal transformation or rotation

$$(1) \qquad e'_\alpha = \Sigma_\beta \, O_{\alpha\beta} \, e_\beta.$$

Vectors and tensors are quantities which are determined relative to an axis system by a set of numbers, their components, in such a way that these components are transformed in a definite way on transition to another axis system. More precisely, the linear transformation of the components is related to the arbitrary rotation (1) by a certain law in such a way that to composition of two rotations corresponds the composition of the two associated transformations. Such a correspondence between the elements of a group—here the group of rotations—and linear transformations is called a representation of the group. *Each kind of quantity is characterized by a definite representation of the rotation group.* However the familiar vectors and tensors are not the only quantities of this kind; a possibility which had not cropped up previously in physics is necessary for the description of the electron spin in wave mechanics.

A rotation is a transformation of the unit sphere into

---

[1] For similar treatments see H. Weyl, *Gravitation and the Electron*, Proc. Nat. Acad. Sciences, V, 15, No. 4, pp. 323-34, 1929, and *Elektron und Gravitation I*, Zeit. für Phy., 56 Bd., 5 & 6 Hft., p. 330, 1929. Full references are included in these papers.

itself. The sphere can be projected stereographically onto its equatorial plane, which is to be considered as described by the complex variable $\zeta = x + iy$. We then replace the one complex coordinate ζ on the sphere by two homogeneous coordinates ψ_1, ψ_2 by writing $\zeta = \psi_2/\psi_1$ (in order to include in the representation the center of projection on the sphere). The formulas for the stereographic projection are then (x_α being the Cartesian coordinates in space)

$$x_1 \quad : \quad x_2 \quad : \quad x_3 \quad : \quad 1 \quad =$$

$$(2) \qquad \psi_2\bar{\psi}_1 + \psi_1\bar{\psi}_2 : \frac{1}{i}(\psi_2\bar{\psi}_1 - \psi_1\bar{\psi}_2) \; : \; \psi_1\bar{\psi}_1 - \psi_2\bar{\psi}_2 : \psi_1\bar{\psi}_1 + \psi_2\bar{\psi}_2$$

Each rotation s of the sphere can now be represented by a unitary transformation of the coordinates ψ_1, ψ_2, i.e., by a linear transformation (s) which leaves $\psi_1\bar{\psi}_1 + \psi_2\bar{\psi}_2$ invariant (Cayley and Helmholtz). Of course this transformation (s) is only definite in the homogeneous sense, so that transformations which are obtained from each other by multiplying all coefficients by a number $e^{i\lambda}$ of absolute value 1 are to be considered as the same. We can avoid this arbitrariness by a normalization, requiring that the determinant of the transformation shall be $+1$; it is still double-valued, however, since multiplication of all coefficients by -1 does not disturb the normalization. (2) are Hermitean forms in ψ_1, ψ_2 with the coefficient matrices

$$(3) \qquad S_1 = \begin{Vmatrix} 0 & 1 \\ 1 & 0 \end{Vmatrix}, \; S_2 = \begin{Vmatrix} 0 & -i \\ i & 0 \end{Vmatrix}, \; S_3 = \begin{Vmatrix} 1 & 0 \\ 0 & -1 \end{Vmatrix}.$$

Denoting by ψ the matrix with the one *column* ψ_1, ψ_2 and by $\bar{\psi}$ the matrix with one *row* consisting of the conjugate complex quantities $\bar{\psi}_1$, $\bar{\psi}_2$, the expressions (2) for the rectangular components become

$$x_\alpha = \bar{\psi} S_\alpha \psi.$$

The law of transformation of the ψ is consequently determined by the requirement that the three quantities $\bar{\psi} S_\alpha \psi$

transform like the components of a vector. A quantity having two components with this law of transformation describes the wave field of an electron in Pauli's theory of the electron spin; both components of ψ are here of course functions of position (and time).

It follows immediately from the above law that

$$\Sigma_\alpha S_\alpha \frac{\partial}{\partial x_\alpha} = \nabla$$

is a differential operator independent of coordinate system which transforms ψ into quantity $\nabla\psi$ of the same kind. Dirac remarked that the reiterated operator $\nabla\nabla$ is the Poisson operator

$$\Delta = \frac{\partial^2}{\partial x_1{}^2} + \frac{\partial^2}{\partial x_2{}^2} + \frac{\partial^2}{\partial x_3{}^2}.$$

He therefore replaced the de Broglie-Schrödinger wave equation of second order for the scalar quantity ψ, which cannot take account of the spin, by two first order equations in the two components ψ_1, ψ_2 in which this differential operator ∇ plays the same rôle as the Poisson operator in the scalar theory, and was in this way able to give a most satisfactory explanation of the anomolous Zeeman effect in all its details.

But he did still more. We must really operate in the four-dimensional world—instead of in three-dimensional space—which has, in accordance with the special theory of relativity a geometry (Minkowski's geometry) analogous to that of three-dimensional Euclidean space. A Cartesian system of axes there consists of three real space-like vectors $e(1)$, $e(2)$, $e(3)$ and a pure imaginary vector $e(0)$; we expressly demand that the real time-like vector $e(0)/i$ point toward the future. Unfortunately the quantity ψ has then four components $\psi_1{}^+$, $\psi_2{}^+$; $\psi_1{}^-$, $\psi_2{}^-$ instead of two. $S(a)$ are now linear transformations of the four components under which the two $+$-components and the two $-$-components transform among themselves; for the $+$-components it equals the S_α given above and differs only in sign for the $-$-components. To them must be added

$$S(0) = \begin{Vmatrix} i & 0 \\ 0 & i \end{Vmatrix}$$

The law of transformation of the components of ψ is again to be described as one under which the four quantities $\bar\psi S(\alpha)\psi$ transform like the components of a four-vector under transition from one Cartesian coordinate system to another.

The Dirac wave equations arise from an *action principle* which is additively composed of the two integral invariants:

$$(4) \qquad \frac{h}{i} \int \bar\psi S(\alpha) \frac{\partial \psi}{\partial x_\alpha}\, dx \qquad\qquad (dx = dx_0 dx_1 dx_2 dx_3)$$

(α summed over 0, 1, 2, 3), and

$$(5) \quad cm \int (\psi_1{}^+\bar\psi_1{}^- + \psi_2{}^+\bar\psi_2{}^- + \psi_1{}^-\bar\psi_1{}^+ + \psi_2{}^-\bar\psi_2{}^+)\, dx$$
$$= cm \int (\bar\psi^-\psi^+ + \bar\psi^+\psi^-)\, dx$$

m being the mass of the electron. The components of ψ are the quantities which are to be varied. This holds as long as there is no electromagnetic field present; if there be such, the operator $\dfrac{\partial}{\partial x_\alpha}$ acting on ψ must be replaced by $\dfrac{\partial}{\partial x_\alpha} + \dfrac{ie}{h}\varphi_\alpha$

($-e$ the charge of the electron, $\dfrac{h}{2\pi}$ the quantum of action and φ the components of the electromagnetic potential). In addition to Dirac's equation we have Maxwell's equations, in which the four-vector of charge-current density is given by

$$(6) \qquad\qquad \rho_\alpha = -e\bar\psi S(\alpha)\psi$$

in particular the charge density is

$$(7) \qquad\qquad -e(\psi_1{}^+\bar\psi_1{}^+ + \psi_2{}^+\bar\psi_2{}^+ + \psi_1{}^-\bar\psi_1{}^- + \psi_2{}^-\bar\psi_2{}^-)$$

This corresponds to the circumstances that the Maxwellian action of the electromagnetic field is to be added to (4) and (5) as a third constituent and the φ_α also varied.

These field equations differ strikingly from those of classical physics in that *they contain the fundamental atomic constants e, h, m.* Denoting $\frac{e}{h}\,\varphi_\alpha$ by φ_α they only occur in the two combinations: e^2/hc, a pure number (the so-called fine structure constant) and h/mc, an atomic length (the "wave length of the electron"). The meaning of the field equations differs radically from those of classical physics. It is not meant that the charge of the electron is really smeared over all space in accordance with (7), as Schrödinger held for a time, but rather that (7) is the probability of localization multiplied by the total charge $-e$. Before the equations can yield correct statistical predictions they must be subjected to the *process of quantization,* which is not entirely cleared up as yet. This process introduces the action constant h again. But that is obviously necessary if the theory is to be in a position to give an account of the atomistic constitution of matter, for in order to determine the three atomistic units of length, time, and mass we need in addition to the velocity of light c two further independent dimensional constants; and the field equations as they appear above contain but one, the length h/mc.

By this new situation, which introduces an atomic radius into the field equations themselves—but not until this step— my principle of *gauge-invariance,* with which I had hoped to relate gravitation and electricity, is robbed of its support. But it is now very agreeable to see that this principle has an equivalent in the quantum-theoretical field equations which is exactly like it in formal respects; the laws are invariant under the simultaneous replacement of ψ by $e^{i\lambda}\psi$, φ_α by $\varphi_\alpha - \dfrac{\partial\lambda}{\partial x_\alpha}$ where λ is an arbitrary real function of position and time. Also the relation of this property of invariance to the law of conservation of electricity remains exactly as before. The fact that the action integral remains unchanged by the infinitesimal variation

$$\delta\psi = i\lambda\psi, \qquad \delta\varphi_\alpha = -\frac{\partial\lambda}{\partial x_\alpha}$$

(λ an arbitrary function) signifies a dependence between the laws of matter and electromagnetism—which arise from the action integral by variation of the ψ and φ respectively. This identical relation consists in the fact that the law of conservation of electricity

$$\frac{\partial\rho_\alpha}{\partial x_\alpha} = 0$$

follows from the material as well as from the electromagnetic equations. The principle of gauge-invariance has the character of general relativity since it contains an arbitrary function λ, and can certainly only be understood in terms of it.

The tensor calculus is not the proper mathematical instrument to use in translating the quantum-theoretic equations of the electron over into the *general theory of relativity*. Vectors and terms are so constituted that the law which defines the transformation of their components from one Cartesian set of axes to another can be extended to the most general linear transformation, to an affine set of axes. That is not the case for quantity ψ, however; this kind of quantity belongs to a representation of the rotation group which cannot be extended to the affine group. Consequently we cannot introduce components of ψ relative to an arbitrary coordinate system in general relativity as we can for the electromagnetic potential and field strengths. We must rather describe the metric at a point P by local Cartesian axes $e(a)$ instead of by the g_{pq}. The wave field has definite components $\psi_1{}^+, \psi_2{}^+; \psi_1{}^-, \psi_2{}^-$ relative to such axes, and we know how they transform on transition to any other Cartesian axes in P. The laws shall naturally be invariant under arbitrary rotation of the axes in P, and the axes at different points can be rotated independently of each other; they are in no way bound together. The formal aspects of our theory are similar to Einstein's recent attempts to unify electricity and gravitation; he too employs local Cartesian axes—n-legs, as he calls them—in place of the g_{pq}. But he assumes "*distant parallelism*," i.e., the axes in different points shall be so bound to one another that when rotated at one of them the axes in all other points automatically undergo the same rotation. I do not believe in this distant parallelism at all; there is no indication that Nature has availed herself of such an artificial geometry. I am convinced that if there is a physical content in Einstein's latest formal development it must come to light in the present connection. It now seems to me hopeless to seek a unification of gravitation and electricity without taking the material waves—the ψ field—into account.

For the purpose of analytic expression we need four *co-ordinates* x_p in addition to these local Cartesian axes. Let $e^p(\alpha)$ be the components of the vector $e(\alpha)$ in this coordinate system; the 4·4 quantities $e^p(\alpha)$ characterize *the gravitational field*. If $t(\alpha)$ be the components of a vector relative to the Cartesian axes, its contravariant components t^p relative to the coordinate system are given by

$$t^p = \sum_\alpha e^p(\alpha)t(\alpha).$$

Conversely the $t(\alpha)$ are obtained from the covariant components t_p, relative to the coordinate system by

$$t(\alpha) = \sum_p e^p(\alpha)t_p.$$

We consequently have upper and lower Latin indices, which refer to the coordinate system, and Greek indices, which belong to the axes. I have described how we are to juggle them.

Let $\int \mathfrak{H} dx$ be the action quantity of matter and the electromagnetic field ("matter in the extended sense"). We subject the $e^p(a)$ to an arbitrary infinitesimal variation which vanishes outside a finite portion of the world and obtain an equation

$$\delta \int \mathfrak{H} dx = \int \mathfrak{t}_p(a)\,\delta e^p(a)\,dx.$$

It is here immaterial if or how the ψ and φ are varied, as the material and electromagnetic equations are assumed to hold; these latter state that the change in the action integral brought about by unrestricted variations of the ψ and φ vanishes. As we know, the general theory of relativity first enables us to give a general definition of the tensor density $\mathfrak{t}_p(a)$ of energy by varying the metric field as above. The action integral is invariant under infinitesimal transformations of the coordinates; its variation consequently vanishes if the changes $\delta e^p(a)$ are brought about by deformation of the coordinate system whereas the axes $e(a)$ are held fast. This leads, as is well known, to the four components of the law of conservation of energy and linear momentum

$$(8) \qquad \frac{\partial \mathfrak{t}_p{}^q}{\partial x^q} + \mathfrak{t}_q(a)\frac{\partial e^q(a)}{\partial x^p} = 0$$

(This is admittedly not a true law of conservation in the general theory of relativity on account of the second term occurring in addition to the divergence.) Further, the action is invariant under an infinitesimal rotation, depending arbitrarily on position, of the local axes. This yields, as can be seen immediately, the law of symmetry of the energy tensor; it is here not identically fulfilled, but only in consequence of the material and electromagnetic equations. As we know, this symmetry is essentially identical with the law of conservation of angular momentum. Conservation theorems always result—and this is a general rule—from properties of invariance. We have also found an invariance property—gauge invariance—corresponding to the law of conservation of energy.

I must be more concrete. We wish to take over the principal term (4) of Dirac's action into general relativity. For this purpose we must know how a quantity of kind ψ is to be differentiated covariantly. Consider the fixed point $P = (x_p)$ and a neighboring point $P' = (x_p + dx_p)$; in both P and P' there is a set of axes $e(\alpha)$ and we denote the components of ψ referred to these by $\psi_p = \psi_p(P)$ and $\psi_p(P')$ respectively. The metric determines an infinitesimal parallel displacement which enables us to carry the axes $e(\alpha)$ in P over to P'; we thus obtain a set of Cartesian axes $e'(\alpha)$ in P', and we call the components of ψ in P' relative to these axes ψ'_p. The four differences $\delta\psi_p = \psi'_p - \psi_p$ depend only on the axes in P and transform with them in the same way as the ψ_p themselves. But $e'(\alpha)$ can be obtained from the axes $e(\alpha)$ in P' by an infinitesimal rotation do:

$$\delta e(\alpha) = e'(\alpha) - e(\alpha) = do(\alpha\beta)e(\beta)$$

and the ψ'_p arise from the $\psi_p(P')$ by the corresponding infinitesimal linear transformation dE. $\psi_p(P') - \psi_p(P)$ is the differential in the ordinary sense. Hence we finally have

$$\delta\psi = d\psi + dE \cdot \psi$$

dE depends linearly on the displacement $\overrightarrow{PP'}$ with the components $dx_p = (dx)^p$

$$dE = E_p(dx)^p.$$

Hence our formula yields

$$\psi_{(p)} = \frac{\partial\psi}{\partial x_p} + E_p\psi$$

as the components of the covariant derivative.

$$\bar{\psi}e^p(\alpha)S(\alpha)\psi_{(p)}$$

is an invariant which becomes a scalar density on division

by the absolute value ϵ of the determinant $|e^p(a)|$. Its integral must replace Dirac's quantity (4). After some difficulty we obtain as the action density of matter

$$(9) \qquad \frac{1}{i}\left\{ \bar{\psi}\, e^p(a)S(a)\, \frac{\partial \psi}{\partial x_p^a} + \tfrac{1}{2}\frac{\partial e^p(a)}{\partial x^p}\bar{\psi}S(a)\psi \right\}$$

$$+ \frac{1}{\epsilon} f(a)\bar{\psi}S(a)\psi.$$

$e^p(a)$ is the quotient $e^p(a)/\epsilon$; $f(a)$ is expressed in terms of the $e^p(a)$ and their first derivatives in such a way that it vanishes with the derivatives.

On calculating the energy tensor belonging to this action quantity by the rules given above and then from it the total energy, the momentum and the moment of momentum by integration over the spacial cross-section $x_0 =$ const., we arrive back at the familiar assumptions of quantum theory. In particular the components of momentum are given by the spacial integral of

$$\frac{1}{i}\,\bar{\psi}\,\frac{\partial \psi}{\partial x_p}(p = 1,\ 2,\ 3)$$

and this is in accord with the basic association of the operators $\frac{1}{i}\,\bar{\psi}\,\frac{\partial}{\partial x_1}$, with momentum p_1, as employed by Schrödinger. Also, the portion of the angular momentum due to the electron spin is not lacking, although one might at first be inclined to fear that by defining the components of angular momentum as the spacial integral of

$$x_2 t_3(0) - x_3 t_2(0),\ \cdots$$

only the orbital momentum would appear. This is naturally a powerful support for the assumption that (9) is actually the contribution to the action in so far as its dependence on the ψ is concerned.

Gravitation may be represented by the same action quantity as in Einstein's classical theory of gravitation. There then exists, as is well known a gravitational energy such that the total energy satisfies a true conservation law. If κ be the Einsteinian constant of gravitation the additive composition of the two terms in the action is accompanied by multiplying the gravitational contribution by $\dfrac{\kappa h}{c}$. This constant is the square of a length d. But d is much smaller than atomic dimensions—it is of the order 10^{-32} cm.

Now for the critical part, the electromagnetic field! Is it an appendage of gravitation or of the material field? A promising suggestion for the development of the first of these two viewpoints here offers itself. In the Dirac theory the influence of the electromagnetic potentials φ_p on matter is represented by the term

$$(10) \qquad \varphi(a)\tilde{\psi}S(a)\psi.$$

Now we find that there is an additional term of exactly the same structure already in (9), without it being necessary to introduce a new entity into the theory in addition to gravitation and matter: we need only consider the $f(a)$ which there appears, but which I did not write down explicitly, as the electromagnetic potential. This term arose from the gravitational potentials in such a way that, although it is invariant with respect to coordinate transformations, it is only invariant under rotation of the local axes in the restricted case in which the axis-systems in all points undergo the same rotation. Therefore, if we disregard the material field, there appears to be "distant parallelism" and we have a theory of exactly the same kind as Einstein's latest. But the calculations which I have made on this assumption seem to me to prove that it cannot be correct: we find no connection with Maxwell's equations, which are so well founded on observation; contrary to all experience we find that the potentials themselves, and not merely the field intensities, are of physical significance and our gauge invariance remains totally ununderstandable.

It is my firm conviction that we must seek the origin of the electromagnetic field in another direction. We have already mentioned that it is impossible to connect the transformations of the ψ in a unique manner with the rotations of the axis system; however we may attempt to accomplish this by means of invariants which can be used as constituents of an action quantity we always find that there remains an arbitrary "gauge factor" $e^{i\lambda}$. Hence the local axis-system does not determine the components of ψ uniquely, but only within such a factor of absolute magnitude 1. In the special theory of relativity, in which the axis system is not tied up to any particular point, this factor is a constant. But it is otherwise in the general theory of relativity when we remove the restriction binding the local axis-systems to each other; we cannot avoid allowing the gauge factor to depend arbitrarily on position. There then remains in the infinitesimal linear transformation dE of ψ, which corresponds to the given infinitesimal rotation do of the axis-systems, an arbitrary additive term $+id\varphi \cdot 1$. The complete determination of the covariant differential $\delta\psi$ of ψ requires that such a $d\varphi$ be given. But it must depend linearly on the displacement PP': $d\varphi = \varphi_p (dx)^p$, if $\delta\psi$ shall depend linearly on the displacement. On altering ψ by multiplying it by the gauge factor $e^{i\lambda}$ we must at the same time replace $d\varphi$ by $d\varphi - d\lambda$ as is immediately seen from this formula of the covariant differential. The principle of gauge invariance becomes self-evident. Our φ are the components of the electromagnetic potential, for they influence matter in the same way as these latter are known to do. Also conversely, they are influenced by matter in accordance with the law which experience has shown to hold for electricity.

$$f_{pq} = \frac{\partial \varphi_q}{\partial x_k} - \frac{\partial \varphi_p}{\partial x_q}$$

is indeed a gauge-invariant tensor. We build from it the familiar Maxwellian action, the analogue of the Dirichlet integral, the integrand of which we shall call $\mathfrak{D}(\varphi)$, and add it to the material term (9). The Maxwellian equations then result from varying the φ. Both terms in the action quantity have the same dimensions; the combining constant, a pure number, is the fine structure constant a. Our theory does not at present indicate any mathematical reason why this number has the numerical value which it actually has.

Until now we have stood, I believe, on solid ground; matter, electricity and gravitation are represented by the Dirac, the Maxwell and the classical Einstein action quantities, all of which have well withstood the test of observation (there could at most be a doubt concerning gravitation). The term (5) of the Dirac theory is, however, more doubtful. It must be admitted that if we retain it we can obtain all details of the line spectrum of the hydrogen atom—of one electron moving in the electrostatic field of a nucleus—in accord with what is known from experiment. But we obtain twice too much; if we replace the electron by a particle of the same mass and positive charge $+e$ (which admittedly does not exist in nature) the Dirac theory gives, contrary to all reason and experience, the same energy terms as for a negative electron, except for a change in sign. Obviously an essential change is here necessary. Furthermore, the theory in its present form contains only the *electron;* there can be no doubt that the *proton* must be introduced into the field equations before they are quantized. In place of one law of conservation of electricity we should have two, expressing the conservation of the number of electrons and protons separately. Our earthly physics sets before us the puzzle why an electron and a proton do not neutralize each other and release their total energy in the form of radiation —although astronomers, in the search for a more copious source of energy, play with the thought that this may actually occur in the stars.

The transformation of ψ under the influence of a rotation of the axis-system was described by the fact that the four quantities

$$\bar{\psi}S(\alpha)\psi$$

then transform among themselves as the four components of a vector fixed relative to the axes. But this description leaves open an even greater indeterminateness than was expressed by the gauge-factor $e^{i\lambda}$ above; the two pairs ψ^+ and ψ^- can indeed each be multiplied by an arbitrary number $e^{i\lambda+}$, $e^{i\lambda-}$; only then have we completely exhausted the arbitrariness inherent in the ψ. If we make use of it we find a double gauge invariance, correspondingly two laws of conservation of electricity and two electromagnetic potentials φ^+ and φ^- instead of one. The two components ψ_1^+, ψ_2^+ are to be ascribed to the proton, the remaining two ψ_1^-, ψ_2^- to the electron. It is not at all unpleasant that the wave quantity ψ of a single particle is again, as in the Pauli theory, reduced to the smaller ration of 2 components. But the term (5) involving the mass is now untenable, as it does not have the required gauge-invariance. The mass must be brought into the theory in some other way.

A possibility, which at first sight seems plausible, is to consider the gravitational term as the substitute for the mass. For mass is a gravitational effect; it is the flux of the gravitational field through a surface enclosing the particle in the same sense that charge is the flux of electric field. In a satisfactory theory it should be as impossible to introduce a non-vanishing mass without gravitational field as

it already is to introduce charge without electromagnetic
field. And the gravitational term actually introduces a
constant d of the dimensions of length; but unfortunately
it lies far under the order of magnitude of the wave length
of the electron $\dfrac{h}{mc} \backsim 10^{-10}$ cm. This is the old dilemma—that
the constant of gravitation falls so far out of the range of the
other constants of nature. For this reason it seems impossible
that gravitation could help us out. I suggest the following
way: Be bold enough to leave the term involving mass entirely out of the field equations. But the integral of the
total energy density over space yields an invariant, and
at the same time constant, mass; *require of it that its value
be an absolute constant of nature m* which cannot vary in
value from case to case. This introduction of mass is born
of the idea that the inertia of matter is due to its energy
content.

The two electromagnetic fields may excite some doubt,
but as far as I can see one can only thus obtain two conservation theorems, and from the group-theoretic standpoint
their appearance seems almost unavoidable. In place of the
Maxwellian $\mathfrak{D}(\varphi)$ we should introduce the electromagnetic
action density

$$a\mathfrak{D}(\varphi^{+}) + 2b\mathfrak{D}(\varphi^{+}, \varphi^{-}) + a\mathfrak{D}(\varphi^{-}).$$

The middle term is the symmetric bilinear form corresponding to the quadratic $\mathfrak{D}(\varphi)$. This quadratic form with coefficients a, b, a must be definite, $a^{2} - b^{2} > o$, if the energy
of radiation is to be always positive; one wishes indeed to
retain this property, for according to the testimony of experience a field of light has a lowest energy level—darkness.
The middle term is responsible for the interaction between
protons and electrons. To the same approximation in which
the electromagnetic energy arising from this middle term

and the gravitational energy can be neglected in comparison with the remaining energy, the mass m introduced above is broken up into two parts m^+ and m^-, the masses of the proton and the electron, which contain only ψ^+, φ^+; ψ^-, φ^- respectively. The masses of the proton and the electron will consequently not be exactly constant but will vary somewhat from quantum state to quantum state. Mass already behaves in this way in the Dirac theory; Dirac's constant m is not the inertial mass of the electron, but rather a "mass factor," a number which occurs as a common factor in the inertial masses of the electron in various quantum states.

I believe that these ideas point in the direction of the future development of quantum theory; on the other hand, I am not certain that the above sketch is correct in every point. I have not as yet found a satisfactory approach to that approximation which reduces the problem of a hydrogen atom to a linear one by neglecting the field of radiation and its reaction on the atom in comparison with that portion of the electromagnetic field, known *a priori*, which binds the proton and the electron to one another in accordance with the Coulomb law.

Another difficulty which stands in the way of a comparison with experience is that the field equations must first be quantized before they can be applied as a basis for the statistics of quantum transitions. But our theory is also hopeful in this respect inasmuch as the anti-symmetric Fermi statistics of the electrons, corresponding to the Pauli exclusion principle, here necessarily leads to the symmetric Bose-Einstein statistics of photons.

85.

Elektron und Gravitation

Zeitschrift für Physik 56, 330—352 (1929)

Einleitung.

In dieser Arbeit entwickle ich in ausgeführter Form eine Gravitation, Elektrizität und Materie umfassende Theorie, von der eine kurze Skizze in den Proc. Nat. Acad., April 1929, erschienen ist. Es ist von verschiedenen Autoren der Zusammenhang der Einstein schen Theorie des Fernparallelismus mit der Spintheorie des Elektrons bemerkt worden[*]. Trotz gewisser formaler Übereinstimmungen unterscheidet sich mein Ansatz in radikaler Weise dadurch, daß ich den Fernparallelismus ablehne und an Einsteins klassischer Relativitätstheorie der Gravitation festhalte.

Um zweier Gründe willen verspricht die Adaption der Pauli-Diracschen Theorie des spinnenden Elektrons an die allgemeine Relativität zu physikalisch fruchtbaren Ergebnissen zu führen. 1. Die Diracsche Theorie, in welcher das Wellenfeld des Elektrons durch ein Potential ψ mit vier Komponenten beschrieben wird, gibt doppelt zu viel Energieniveaus; man sollte darum, ohne die relativistische Invarianz preiszugeben, zu den zwei Komponenten der Paulischen Theorie zurückkehren können. Daran hindert das die Masse m des Elektrons als Faktor enthaltende Glied der Diracschen Wirkungsgröße. Masse ist aber ein Gravitationseffekt; es besteht so die Hoffnung, für dieses Glied in der Gravitationstheorie einen Ersatz zu finden, der die gewünschte Korrektur herbeiführt. 2. Die Diracschen Feldgleichungen für ψ zusammen mit den Maxwellschen Gleichungen für die vier Potentiale f_p des elektromagnetischen Feldes haben eine Invarianzeigenschaft, die in formaler Hinsicht derjenigen gleicht, die ich in meiner Theorie von Gravitation und Elektrizität vom Jahre 1918 als Eichinvarianz bezeichnet hatte; die Gleichungen bleiben ungeändert, wenn man gleichzeitig

$$\psi \text{ durch } e^{i\lambda} \cdot \psi \quad \text{und} \quad f_p \text{ durch } f_p - \frac{\partial \lambda}{\partial x_p}$$

---

[*] E. Wigner, ZS. f. Phys. **53**, 592, 1929; u. a.

ersetzt, unter λ eine willkürliche Ortsfunktion in der vierdimensionalen Welt verstanden. Dabei ist in f_p der Faktor $\dfrac{e}{c\,h}$ aufgenommen ($-\,e$ Ladung des Elektrons, c Lichtgeschwindigkeit, $\dfrac{h}{2\,\pi}$ Wirkungsquantum). Auch die Beziehung dieser „Eichinvarianz" zum Erhaltungssatz der Elektrizität bleibt unangetastet. Es ist aber ein wesentlicher und für den Anschluß an die Erfahrung bedeutungsvoller Unterschied, daß der Exponent des Faktors, den ψ annimmt, nicht reell, sondern rein imaginär ist. ψ übernimmt jetzt die Rolle, welche in jener alten Theorie das Einsteinsche ds spielte. Es scheint mir darum dieses nicht aus der Spekulation, sondern aus der Erfahrung stammende neue Prinzip der Eichinvarianz zwingend darauf hinzuweisen, daß das elektrische Feld ein notwendiges Begleitphänomen nicht des Gravitationsfeldes, sondern des materiellen, durch ψ dargestellten Wellenfeldes ist. Da die Eichinvarianz eine willkürliche Funktion λ einschließt, hat sie den Charakter „allgemeiner" Relativität und kann natürlich nur in ihrem Rahmen verstanden werden.

An den Fernparallelismus vermag ich aus mehreren Gründen nicht zu glauben. Erstens sträubt sich mein mathematisches Gefühl a priori dagegen, eine so künstliche Geometrie zu akzeptieren; es fällt mir schwer, die Macht zu begreifen, welche die lokalen Achsenkreuze in den verschiedenen Weltpunkten in ihrer verdrehten Lage zu starrer Gebundenheit aneinander hat einfrieren lassen. Es kommen, wie ich glaube, zwei gewichtige physikalische Gründe hinzu. Gerade dadurch, daß man den Zusammenhang zwischen den lokalen Achsenkreuzen löst, verwandelt sich der Eichfaktor $e^{i\lambda}$, der in der Größe ψ willkürlich bleibt, notwendig aus einer Konstante in eine willkürliche Ortsfunktion; d. h. nur durch diese Lockerung wird die tatsächlich bestehende Eichinvarianz verständlich. Und zweitens ist die Möglichkeit, die Achsenkreuze an verchiedenen Stellen unabhängig voneinander zu drehen, wie wir im folgenden sehen werden, gleichbedeutend mit der Symmetrie des Energieimpulstensors oder mit der Gültigkeit des Erhaltungssatzes für das Impulsmoment.

Bei jedem Versuch zur Aufstellung der quantentheoretischen Feldgleichungen muß man im Auge haben, daß diese nicht direkt mit der Erfahrung verglichen werden können, sondern erst nach ihrer Quantisierung die Unterlage liefern für die statistischen Aussagen über das Verhalten der materiellen Teilchen und Lichtquanten. Die Dirac-Maxwellsche Theorie in ihrer bisherigen Form enthält nur die elektromagnetischen Potentiale f_p und das Wellenfeld ψ des Elektrons. Zweifellos muß das Wellenfeld ψ' des Protons hinzugefügt werden. Und zwar werden in den Feldgleichungen ψ, ψ' und f_p Funktionen derselben vier Raum-Zeitkoordinaten sein, man wird vor der Quantisierung nicht etwa verlangen dürfen, daß ψ Funktion eines Weltpunktes $(t, x\,y\,z)$ und ψ' Funktion eines davon unabhängigen Weltpunktes $(t', x'y'z')$ ist. Es ist naheliegend, zu erwarten, daß von den beiden Komponentenpaaren der Diracschen Größe das eine dem Elektron, das andere dem Proton zugehört. Ferner werden zwei Erhaltungssätze der Elektrizität auftreten müssen, die (nach der Quantisierung) besagen, daß die Anzahl der Elektronen wie der Protonen konstant bleibt. Ihnen wird eine zweifache, zwei willkürliche Funktionen involvierende Eichinvarianz entsprechen müssen.

Wir prüfen zunächst die Sachlage in der speziellen Relativitätstheorie daraufhin, ob und inwieweit bereits die formalen Erfordernisse der Gruppentheorie, noch ganz abgesehen von den mit der Erfahrung in Einklang zu bringenden dynamischen Differentialgleichungen, die Erhöhung der Komponentenzahl ψ von zwei auf vier notwendig machen. Wir werden sehen, daß man mit zwei Komponenten auskommt, wenn die Symmetrie von links und rechts aufgehoben wird.

Zweikomponententheorie.

§ 1. **Transformationsgesetz von** ψ. Führt man im Raume mit den kartesischen Koordinaten x, y, z homogene projektive Koordinaten x_α ein:

$$x = \frac{x_1}{x_0}, \quad y = \frac{x_2}{x_0}, \quad z = \frac{x_3}{x_0},$$

so lautet die Gleichung der Einheitskugel

$$-x_0^2 + x_1^2 + x_2^3 + x_3^2 = 0. \tag{1}$$

Projiziert man sie vom Südpol auf die Äquatorebene $z = 0$, die als Träger der komplexen Variablen

$$x + iy = \zeta = \frac{\psi_2}{\psi_1}$$

betrachtet wird, so gelten die Gleichungen

$$\begin{aligned}
x_0 &= \overline{\psi}_1 \psi_1 + \overline{\psi}_2 \psi_2, & x_1 &= \overline{\psi}_1 \psi_2 + \overline{\psi}_2 \psi_1, \\
x_2 &= i\,(-\overline{\psi}_1 \psi_2 + \overline{\psi}_2 \psi_1), & x_3 &= \overline{\psi}_1 \psi_1 - \overline{\psi}_2 \psi_2.
\end{aligned} \right\} \tag{2}$$

x_α sind **Hermite**sche Formen von ψ_1, ψ_2. Die Variablen ψ_1, ψ_2 sowie die Koordinaten x_α kommen hier nur ihrem Verhältnis nach in Frage.

Eine homogene lineare Transformation von ψ_1, ψ_2 (mit komplexen Koeffizienten) bewirkt eine lineare, reelle Transformation unter den Koordinaten x_α: sie stellt eine Kollineation dar, welche die Einheitskugel in sich überführt und auf der Einheitskugel den Drehsinn ungeändert läßt. Es ist leicht zu zeigen und wohl bekannt, daß man auf diese Weise jede derartige Kollineation einmal und nur einmal erhält.

Vom homogenen Standpunkt zum inhomogenen übergehend, fasse man jetzt x_α als Koordinaten in der vierdimensionalen Welt und (1) als die Gleichung des „Lichtkegels" auf; und man beschränke sich auf solche lineare Transformationen U von ψ_1, ψ_2, deren Determinante den absoluten Betrag 1 hat. U bewirkt an den x_α eine Lorentztransformation, d. i. eine reelle homogene lineare Transformation, welche die Form

$$- x_0^2 + x_1^2 + x_2^2 + x_3^2$$

in sich überführt. Doch lehren die Formel für x_0 und unsere Bemerkung über die Erhaltung des Drehungssinnes auf der Kugel ohne weiteres, daß wir unter den Lorentztransformationen nur die ein einziges in sich abgeschlossenes Kontinuum bildenden $\varLambda$ bekommen, welche 1. Vergangenheit und Zukunft nicht vertauschen und 2. die Determinante $+ 1$, nicht $- 1$, besitzen; diese freilich ohne Ausnahme. Durch $\varLambda$ ist die lineare Transformation U der ψ nicht eindeutig festgelegt, sondern es bleibt ein willkürlicher konstanter Faktor $e^{i\lambda}$ vom absoluten Betrage 1 zur Disposition. Man kann ihn normalisieren durch die Forderung, daß die Determinante von U gleich 1 sei, aber selbst dann bleibt eine Doppeldeutigkeit zurück. An der Einschränkung 1. möchte man festhalten; es ist eine der hoffnungsvollsten Seiten der ψ-Theorie, daß sie der Wesensverschiedenheit von Vergangenheit und Zukunft Rechnung tragen kann. Die Einschränkung 2. hebt die Gleichberechtigung von links und rechts auf. Nur diese tatsächlich in der Natur bestehende Symmetrie von rechts und links wird uns zwingen (Teil II), ein zweites Paar von ψ-Komponenten einzuführen.

Die Hermite sche Konjugierte einer Matrix $A = \|a_{ik}\|$ werde mit A^* bezeichnet:

$$a_{ik}^* = \bar{a}_{ki}.$$

S_α sei die Koeffizientenmatrix der Hermite schen Form der Variablen ψ_1, ψ_2, durch welche in (2) die Koordinate x_α dargestellt wird:

$$x_\alpha = \psi^* S_\alpha \psi; \tag{3}$$

hier bedeutet ψ die Spalte ψ_1, ψ_2. S_0 ist die Einheitsmatrix; es gelten die Gleichungen

$$S_1^2 = 1, \quad S_2 S_3 = i S_1 \tag{4}$$

und die daraus durch zyklische Vertauschung der Indizes 1, 2, 3 hervorgehenden.

Es ist formal etwas bequemer, die reelle Zeitkoordinate x_0 durch
die imaginäre $i x_0$ zu ersetzen. Die Lorentztransformationen erscheinen
dann als orthogonale Transformationen der vier Größen

$$x(0) = i x_0, \quad x(\alpha) = x_\alpha \quad [\alpha = 1, 2, 3].$$

Statt (3) schreibe man

$$x(\alpha) = \psi^* S(\alpha) \psi. \tag{5}$$

Das Transformationsgesetz der ψ-Komponenten besteht darin, daß sie
unter dem Einfluß einer Transformation $\varLambda$ der Weltkoordinaten $x(\alpha)$ sich
so umsetzen, daß die Größen (5) die Transformation $\varLambda$ erleiden. Eine
Größe von dieser Art stellt, wie sich aus dem Spinphänomen
ergeben hat, das Wellenfeld eines materiellen Teilchens dar.
$x(\alpha)$ sind die Koordinaten in einem „normalen Achsenkreuz" $\boldsymbol{e}(\alpha)$; $\boldsymbol{e}(1)$,
$\boldsymbol{e}(2)$, $\boldsymbol{e}(3)$ sind reelle raumartige Vektoren, welche ein kartesisches
Linkskoordinatensystem bilden, $\dfrac{\boldsymbol{e}(0)}{i}$ ist ein reeller zeitartiger, in die
Zukunft gerichteter Weltvektor. Die Transformation $\varLambda$ beschreibt den
Übergang von einem solchen normalen Achsenkreuz zu einem anderen
gleichberechtigten, der weiterhin kurz als Drehung des Achsenkreuzes
bezeichnet werden möge. Wir bekommen dieselben Koeffizienten $c(\alpha\beta)$,
ob wir die Transformation $\varLambda$ an den Grundvektoren des Achsenkreuzes
oder den Koordinaten ausdrücken:

$$\boldsymbol{x} = \sum_\alpha x(\alpha)\, \boldsymbol{e}(\alpha) = \sum_\alpha x'(\alpha)\, \boldsymbol{e}'(\alpha),$$

$$\boldsymbol{e}'(\alpha) = \sum_\beta c(\alpha\beta)\, \boldsymbol{e}(\beta), \quad x'(\alpha) = \sum_\beta c(\alpha\beta)\, x(\beta);$$

das folgt aus dem orthogonalen Charakter von $\varLambda$.

Für das Folgende ist es nötig, die infinitesimale Transformation

$$d\psi = dE \cdot \psi \tag{6}$$

zu berechnen, welche einer beliebigen infinitesimalen Drehung $d\varOmega$:

$$dx(\alpha) = \sum_\beta do(\alpha\beta) \cdot x(\beta),$$

entspricht. Die $do(\alpha\beta)$ bilden eine schiefsymmetrische Matrix. Die
Transformation (6) ist so normiert gedacht, daß die Spur von dE gleich 0
wird. Die Matrix dE hängt linear homogen von den $do(\alpha\beta)$ ab; wir
schreiben daher

$$dE = \tfrac{1}{2} \sum_{\alpha\beta} do(\alpha\beta) \cdot A(\alpha\beta) = \sum do(\alpha\beta) \cdot A(\alpha\beta).$$

Die letzte Summe soll nur über die Paare

$$(\alpha\,\beta) = (0\,1),\ (0\,2),\ (0\,3);\quad (2\,3),\ (3\,1),\ (1\,2)$$

erstreckt werden. $A\,(\alpha\,\beta)$ hängt natürlich schiefsymmetrisch von α und β ab. Es darf nicht vergessen werden, daß die Koeffizienten $d\,o\,(\alpha\,\beta)$ für die ersten drei Paare $(\alpha\,\beta)$ rein imaginär, für die letzten drei Paare reell, im übrigen aber willkürlich sind. Man findet

$$A\,(2\,3) = -\frac{1}{2\,i}\,S\,(1),\quad A\,(0\,1) = \frac{1}{2\,i}\,S\,(1) \tag{7}$$

und zwei analoge Paare von Gleichungen, die daraus durch zyklische Vertauschung der Indizes 1, 2, 3 entstehen. Zur Bestätigung hat man lediglich auszurechnen, daß die infinitesimalen Transformationen $d\,E$

$$d\psi = \frac{1}{2\,i}\,S\,(1)\,\psi \quad\text{und}\quad d\psi = \frac{1}{2}\,S\,(1)\,\psi$$

die infinitesimalen Drehungen

$$d\,x\,(0) = 0,\quad d\,x\,(1) = 0,\quad d\,x\,(2) = -\,x\,(3),\quad d\,x\,(3) = x\,(2)$$

bzw.

$$d\,x\,(0) = i\,x\,(1),\quad d\,x\,(1) = -\,i\,x\,(0),\quad d\,x\,(2) = 0,\quad d\,x\,(3) = 0$$

hervorbringen.

§ 2. **Metrik und Parallelverschiebung.** Wir gehen über zur allgemeinen Relativitätstheorie. Die Metrik in einem Weltpunkte P beschreiben wir durch Angabe eines lokalen normalen Achsenkreuzes $e\,(\alpha)$. Nur die Klasse der normalen Achsenkreuze — welche durch die Gruppe der Drehungen $\mathit{\Lambda}$ miteinander verbunden sind — ist durch die Metrik bestimmt; durch einen Akt der Willkür wird ein einzelnes Individuum aus dieser Klasse ausgesucht. Die Gesetze sind demnach invariant gegenüber beliebigen Drehungen der lokalen Achsenkreuze; dabei ist die Drehung des Achsenkreuzes in dem von P verschiedenen Punkt P' unabhängig von der Drehung in P. $\psi_1\,(P)$, $\psi_2\,(P)$ seien die Komponenten des Materiepotentials im Punkte P relativ zum daselbst gewählten lokalen Achsenkreuz $e\,(\alpha)$. Ein Vektor t in P kann in der Form geschrieben werden

$$t = \sum_\alpha t\,(\alpha)\,e\,(\alpha);$$

die Zahlen $t\,(\alpha)$ sind seine Komponenten im Achsenkreuz.

Zur analytischen Darstellung bedürfen wir ferner eines Koordinatensystems x_p; x_p sind irgend vier stetige Ortsfunktionen in der Welt, deren Werte die verschiedenen Weltpunkte voneinander zu unterscheiden gestatten. Die Gesetze sind demnach **invariant gegenüber beliebigen Koordinatentransformationen.** $e^p(\alpha)$ mögen die Komponenten von $\boldsymbol{e}(\alpha)$ im Koordinatensystem sein. Diese 4.4 Größen $e^p(\alpha)$ beschreiben das Gravitationsfeld. Die kontravarianten Komponenten t^p eines Vektors $\boldsymbol{t}$ im Koordinatensystem hängen mit seinen Komponenten $t(\alpha)$ im Achsenkreuz durch die Gleichungen zusammen:

$$t^p = \sum_\alpha t(\alpha) \cdot e^p(\alpha).$$

Andererseits berechnen sich die $t(\alpha)$ aus seinen kovarianten Komponenten t_p im Koordinatensystem vermöge

$$t(\alpha) = \sum_p t_p \cdot e^p(\alpha).$$

Diese Gleichungen regeln die Verwandlung der Indizes. Die auf das Achsenkreuz bezüglichen griechischen Indizes habe ich als Argumente geschrieben, weil hier zwischen Hoch- und Tiefstellung nicht zu unterscheiden ist. Die Verwandlung im umgekehrten Sinne geschieht mittels der zu $\| e^p(\alpha) \|$ inversen Matrix $\| e_p(\alpha) \|$:

$$\sum_\alpha e_p(\alpha)\, e^q(\alpha) = \delta_p^q \quad \text{und} \quad \sum_p e_p(\alpha)\, e^p(\beta) = \delta(\alpha, \beta).$$

δ ist 0 oder 1, je nachdem die Indizes übereinstimmen oder nicht. Die Regel über das Fortlassen der Summenzeichen wird fortan sowohl für die lateinischen wie die griechischen Indizes befolgt. ε sei der absolute Betrag der Determinante $| e^p(\alpha) |$. Die Division einer lateinisch benannten Größe durch ε wird, wie üblich, durch die Verwandlung des lateinischen in den entsprechenden deutschen Buchstaben bezeichnet; z. B.

$$\mathfrak{e}^p(\alpha) = \frac{e^p(\alpha)}{\varepsilon}.$$

Einen Vektor und einen Tensor kann man durch die auf das Koordinatensystem oder durch die auf das Achsenkreuz bezüglichen Komponenten beschreiben. In bezug auf die Größe ψ kann aber nur von Komponenten im Achsenkreuz die Rede sein. Denn das Transformationsgesetz ihrer Komponenten ist durch eine Darstellung der Drehungsgruppe geregelt, welche sich nicht auf die Gruppe aller linearen Transformationen ausdehnen läßt. Daher die Notwendigkeit, in der Theorie der Materie das Gravitationsfeld auf die hier geschilderte Art, statt durch die metrische Grundform

$$\sum_{p,\,q} g_{p\,q}\, dx_p\, dx_q,$$

analytisch darzustellen *. Übrigens ist

$$g_{pq} = e_p(\alpha)\, e_q(\alpha).$$

Die Gravitationstheorie muß nun in diese neue analytische Form umgegossen werden. Ich beginne mit den Formeln für die durch die Metrik bestimmte infinitesimale Parallelverschiebung. Der Vektor $\boldsymbol{e}(\alpha)$ im Punkte P gehe durch sie in den Vektor $\boldsymbol{e}'(\alpha)$ im unendlich benachbarten Punkte P' über. Die $\boldsymbol{e}'(\alpha)$ bilden in P' ein normales Achsenkreuz, das aus dem lokalen Achsenkreuz $\boldsymbol{e}(\alpha) = \boldsymbol{e}(\alpha; P')$ daselbst durch eine infinitesimale Drehung $d\Omega$ hervorgeht:

$$\delta\,\boldsymbol{e}(\beta) = \sum_{\gamma} d\,o\,(\beta\gamma)\cdot\boldsymbol{e}(\gamma), \quad \delta\,\boldsymbol{e}(\beta) = \boldsymbol{e}'(\beta) - \boldsymbol{e}(\beta; P'). \tag{8}$$

$d\Omega$ hängt linear von der Verschiebung PP' oder ihren Komponenten

$$dx_p = (dx)^p = v^p = e^p(\alpha)\, v(\alpha)$$

ab. Wir schreiben darum

$$d\Omega = \Omega_p (dx)^p, \quad d\,o\,(\beta\gamma) = o_p(\beta\gamma)(dx)^p = o(\alpha; \beta\gamma)\, v(\alpha). \tag{9}$$

Die Parallelverschiebung des Vektors $\boldsymbol{t}$ mit den Komponenten t^p wird, wie man weiß, durch eine Gleichung beschrieben:

$$d\boldsymbol{t} = -d\Gamma\cdot\boldsymbol{t}, \quad \text{d. i.} \quad dt^p = -d\Gamma_r^p\cdot t^r, \quad d\Gamma_r^p = \Gamma_{rq}^p (dx)^q,$$

in welcher die sowohl von $\boldsymbol{t}$ wie von der Verschiebung dx unabhängigen Größen Γ_{rq}^p symmetrisch in r und q sind. Wir haben also

$$\boldsymbol{e}'(\beta) - \boldsymbol{e}(\beta) = -d\Gamma\cdot\boldsymbol{e}(\beta).$$

Daneben gilt die Gleichung (8). Subtraktion der beiden Differenzen auf der linken Seite ergibt das Differential $d\boldsymbol{e}(\beta) = \boldsymbol{e}(\beta; P') - \boldsymbol{e}(\beta; P)$:

$$d\,\boldsymbol{e}^p(\beta) + d\Gamma_r^p e^r(\beta) = -d\,o\,(\beta\gamma)\cdot e^p(\gamma),$$

$$\frac{\partial e^p(\beta)}{\partial x_q}\cdot e^q(\alpha) + \Gamma_{rq}^p e^r(\beta)\, e^q(\alpha) = -o(\alpha; \beta\gamma)\, e^p(\gamma).$$

Man kann hier die o eliminieren und erhält die bekannten Gleichungen zur Bestimmung von Γ, wenn man ausdrückt, daß $o(\alpha; \beta\gamma)$ schiefsymmetrisch ist in bezug auf β und γ. Man eliminiert die Γ und berechnet o, indem man Gebrauch davon macht, daß Γ_{rq}^p symmetrisch in bezug auf r und q oder

$$\Gamma^p(\beta, \alpha) = \Gamma_{rq}^p e^r(\beta)\, e^q(\alpha)$$

symmetrisch in α und β ist:

$$\frac{\partial e^p(\alpha)}{\partial x_q}\cdot e^q(\beta) - \frac{\partial e^p(\beta)}{\partial x_q}\cdot e^q(\alpha) = \{o(\alpha; \beta\gamma) - o(\beta; \alpha\gamma)\}\, e^p(\gamma). \tag{10}$$

---

* In formaler Übereinstimmung mit Einsteins neueren Arbeiten über Gravitation und Elektrizität, Sitzungsber. Preuß. Ak. Wissensch. 1928, S. 217, 224; 1929, S. 2. Einstein gebraucht den Buchstaben h statt e.

Die linke Seite besteht aus den Komponenten jenes gegenüber Koordinatentransformation invarianten „Kommutatorprodukts" der beiden Vektorfelder $\mathbf{e}(\alpha)$, $\mathbf{e}(\beta)$, welches die entscheidende Rolle in der Lieschen Theorie der infinitesimalen Transformationen spielt; es soll mit $[\mathbf{e}(\alpha), \mathbf{e}(\beta)]$ bezeichnet werden. Weil $o(\beta; \alpha\gamma)$ schiefsymmetrisch ist in α und γ, hat man daher

$$[\mathbf{e}(\alpha), \mathbf{e}(\beta)]^p = \{o(\alpha; \beta\gamma) + o(\beta; \gamma\alpha)\}\, e^p(\gamma)$$

oder

$$o(\alpha; \beta\gamma) + o(\beta; \gamma\alpha) = [\mathbf{e}(\alpha), \mathbf{e}(\beta)](\gamma). \tag{11}$$

Nimmt man in dieser Gleichung die drei zyklischen Vertauschungen von $\alpha\beta\gamma$ vor und addiert die entstehenden Gleichungen mit den Vorzeichen $+ - +$, so erhält man

$$2\,o(\alpha; \beta\gamma) = [\mathbf{e}(\alpha), \mathbf{e}(\beta)](\gamma) - [\mathbf{e}(\beta), \mathbf{e}(\gamma)](\alpha) + [\mathbf{e}(\gamma), \mathbf{e}(\alpha)](\beta).$$

$o(\alpha; \beta\gamma)$ ist also in der Tat eindeutig bestimmt. Der gefundene Ausdruck genügt allen Bedingungen, weil er, wie ohne weiteres ersichtlich, schiefsymmetrisch in β und γ ist.

Für das Folgende benötigen wir insbesondere die Verkürzung

$$o(\varrho, \varrho\alpha) = [\mathbf{e}(\alpha), \mathbf{e}(\varrho)](\varrho) = \frac{\partial e^p(\alpha)}{\partial x_p} - \frac{\partial e^p(\varrho)}{\partial x_q} \cdot e^q(\alpha)\, e_p(\varrho).$$

Da

$$-\varepsilon \cdot \delta\left(\frac{1}{\varepsilon}\right) = \frac{\delta\varepsilon}{\varepsilon} = e_q(\varrho) \cdot \delta e^q(\varrho)$$

ist, kommt

$$o(\varrho, \varrho\alpha) = \varepsilon \cdot \frac{\partial e^p(\alpha)}{\partial x^p}. \tag{12}$$

§ 3. **Wirkung der Materie.** Mit Hilfe der Parallelverschiebung kann nicht nur die kovariante Ableitung eines Vektor- oder Tensorfeldes, sondern auch diejenige des ψ-Feldes berechnet werden. $\psi_a(P)$, $\psi_a(P')$ $[a = 1, 2]$ seien die Komponenten relativ zu dem lokalen Achsenkreuz $\mathbf{e}(\alpha)$ in P bzw. P'. Die Differenz $\psi_a(P') - \psi_a(P) = d\psi_a$ ist das gewöhnliche Differential. Andererseits übertragen wir das Achsenkreuz $\mathbf{e}(\alpha)$ von P nach P' durch Parallelverschiebung: $\mathbf{e}'(\alpha)$; ψ'_a seien die Komponenten von ψ in P' in bezug auf das Achsenkreuz $\mathbf{e}'(\alpha)$ daselbst. ψ_a wie ψ'_a hängen nur von der Wahl des Achsenkreuzes $\mathbf{e}(\alpha)$ in P ab; sie haben nichts mit dem lokalen Achsenkreuz in P' zu tun. Mit der Drehung des Achsenkreuzes in P transformieren sich die ψ'_a ebenso wie die ψ_a, desgleichen die Differenzen $\delta\psi_a = \psi'_a - \psi_a$. Sie sind die Komponenten des kovarianten Differentials $\delta\psi$ von ψ. $\mathbf{e}'(\alpha)$ geht aus dem lokalen Achsenkreuz $\mathbf{e}(\alpha) = \mathbf{e}(\alpha; P')$ in P' durch die in § 2 bestimmte infinitesimale Drehung $d\Omega$ hervor. Die entsprechende infinitesimale Transformation

$$dE = \tfrac{1}{2}\, d\, o\, (\beta\,\gamma)\,.\, A\, (\beta\,\gamma)$$

führt $\psi_a\,(P')$ in ψ'_a über, d. h. $\psi' - \psi\,(P')$ ist $= dE\,.\,\psi$. Addiert man $d\,\psi = \psi\,(P') - \psi\,(P)$, so erhält man

$$\delta\,\psi = d\,\psi + dE\,.\,\psi. \tag{13}$$

Alles hängt linear von der Verschiebung PP' ab. Es werde

$$\delta\,\psi = \psi_p\,(d\,x)^p = \psi\,(\alpha)\,v\,(\alpha), \quad dE = E_p\,(d\,x)^p = E\,(\alpha)\,v\,(\alpha)$$

geschrieben. Wir finden

$$\psi_p = \Big(\frac{\partial}{\partial\,x_p} + E_p\Big)\psi \quad \text{oder} \quad \psi\,(\alpha) = \Big(e^p\,(\alpha)\,\frac{\partial}{\partial\,x_p} + E\,(\alpha)\Big)\psi.$$

Darin ist

$$E\,(\alpha) = \tfrac{1}{2}\, o\,(\alpha;\ \beta\,\gamma)\, A\,(\beta\,\gamma).$$

Ist ψ' eine Größe von demselben Transformationsgesetz wie ψ, so sind

$$\psi^*\, S\,(\alpha)\,\psi'$$

die Komponenten eines Vektors mit Bezug auf das lokale Achsenkreuz. Darum ist

$$v'\,(\alpha) = \psi^*\, S\,(\alpha)\,\delta\,\psi = \psi^*\, S\,(\alpha)\,\psi\,(\beta)\,.\,v\,(\beta)$$

eine vom Achsenkreuz unabhängige lineare Abbildung $v \to v'$ des Vektorkörpers in P. Ihre Spur

$$\psi^*\, S\,(\alpha)\,\psi\,(\alpha)$$

ist folglich ein Skalar, und die Gleichung

$$i\,\varepsilon\,\mathfrak{m} = \psi^*\, S\,(\alpha)\,\psi\,(\alpha) \tag{14}$$

definiert eine skalare Dichte $\mathfrak{m}$, deren Integral

$$\int \mathfrak{m}\, dx \quad (d\,x = d\,x_0\, d\,x_1\, d\,x_2\, d\,x_3)$$

als Wirkungsgröße Verwendung finden kann.

Um zu einem expliziten Ausdruck von $\mathfrak{m}$ zu kommen, müssen wir

$$S\,(\alpha)\, E\,(\alpha) = \tfrac{1}{2}\, S\,(\alpha)\, A\,(\beta\,\gamma)\,.\, o\,(\alpha;\ \beta\,\gamma) \tag{15}$$

ausrechnen. Aus (7) und (4) ergibt sich, daß

$$S\,(\beta)\, A\,(\beta\,\alpha) = \tfrac{1}{2}\, S\,(\alpha) \quad [\alpha \neq \beta,\ \text{nicht über } \beta \text{ summieren}\,!]$$

ist und

$$S\,(\beta)\, A\,(\gamma\,\delta) = \tfrac{1}{2}\, S\,(\alpha),$$

wenn $\alpha\,\beta\,\gamma\,\delta$ eine gerade Permutation der Indizes 0 1 2 3 ist. Die Glieder der ersten und zweiten Art liefern darum als Beitrag zu (15) die folgenden Multipla von $S\,(\alpha)$:

$$\frac{1}{2}\, o\,(\varrho;\, \varrho\,\alpha) = \frac{1}{2\,\varepsilon}\, \frac{\partial\, \mathfrak{e}^p(\alpha)}{\partial\, x_p}$$

bzw.

$$o\,(\beta;\, \gamma\,\delta) + o\,(\gamma;\, \delta\,\beta) + o\,(\delta;\, \beta\,\gamma) = \frac{i}{2}\, \varphi\,(\alpha).$$

Nach (11) ist, wenn $\alpha\,\beta\,\gamma\,\delta$ eine gerade Permutation von $0\ 1\ 2\ 3$ ist,

$$i\,\varphi\,(\alpha) = [\mathbf{e}\,(\beta),\, \mathbf{e}\,(\gamma)]\,(\delta) + + \text{ (zykl. Permutationen von } \beta\,\gamma\,\delta)$$

$$= \sum + \frac{\partial\, e^p\,(\beta)}{\partial\, x_q}\, e^q\,(\gamma)\, e_p\,(\delta). \tag{16}$$

Die Summe erstreckt sich alternierend über die sechs Permutationen von $\beta\,\gamma\,\delta$ (außerdem natürlich über p und q). Mit diesen Bezeichnungen gilt

$$\mathfrak{m} = \frac{1}{i}\left(\psi^*\, \mathfrak{e}^p(\alpha)\, S\,(\alpha)\, \frac{\partial\,\psi}{\partial\, x_p} + \frac{1}{2}\, \frac{\partial\, \mathfrak{e}^p\,(\alpha)}{\partial\, x_p} \cdot \psi^*\, S\,(\alpha)\,\psi\right) + \frac{1}{4\,\varepsilon} \cdot \varphi\,(\alpha)\, s\,(\alpha).$$

Der zweite Teil ist $$\tag{17}$$

$$= \frac{1}{4\,i\,\varepsilon}\left| e_p\,(\alpha),\ e^q\,(\alpha),\ \frac{\partial\, e^p\,(\alpha)}{\partial\, x_q},\ s\,(\alpha) \right|$$

(summiert über p und q); jedes Glied ist eine Determinante von vier Zeilen, die man aus der hingeschriebenen Zeile erhält, wenn man der Reihe nach $\alpha = 0,\ 1,\ 2,\ 3$ setzt.

$$s\,(\alpha) \text{ ist } = \psi^*\, S\,(\alpha)\,\psi. \tag{18}$$

Nicht das Wirkungsintegral

$$\int \mathfrak{h}\, d\,x \tag{19}$$

selbst, sondern nur seine Variation ist von Bedeutung für die Naturgesetze. Darum ist es nicht nötig, daß $\mathfrak{h}$ reell ist, sondern es genügt, wenn die Differenz $\overline{\mathfrak{h}} - \mathfrak{h}$ eine Divergenz ist. In diesem Falle sagen wir, $\mathfrak{h}$ sei praktisch reell. Wir müssen prüfen, wie es in dieser Hinsicht mit $\mathfrak{m}$ bestellt ist. $\mathfrak{e}^p\,(\alpha)$ ist reell für $\alpha = 1,\ 2,\ 3$, rein imaginär für $\alpha = 0$. Darum ist $\mathfrak{e}^p\,(\alpha)\, S\,(\alpha)$ eine Hermitesche Matrix. Desgleichen ist $\varphi\,(\alpha)$ reell für $\alpha = 1,\ 2,\ 3$, rein imaginär für $\alpha = 0$; also ist auch $\varphi\,(\alpha)\, S\,(\alpha)$ hermitesch. Folglich ist

$$\overline{\mathfrak{m}} = -\frac{1}{i}\left(\frac{\partial\,\psi^*}{\partial\, x_p}\, \mathfrak{S}^p\,\psi + \frac{1}{2}\, \frac{\partial\, \mathfrak{e}^p\,(\alpha)}{\partial\, x_p} \cdot \psi^*\, S\,(\alpha)\,\psi\right) + \frac{1}{4\,\varepsilon} \cdot \varphi\,(\alpha)\, s\,(\alpha),$$

$$i\,(\mathfrak{m} - \overline{\mathfrak{m}}) = \psi^*\, \mathfrak{S}^p\, \frac{\partial\,\psi}{\partial\, x_p} + \frac{\partial\,\psi^*}{\partial\, x_p}\, \mathfrak{S}^p\,\psi + \frac{\partial\, \mathfrak{e}^p\,(\alpha)}{\partial\, x_p} \cdot \psi^*\, S\,(\alpha)\,\psi$$

$$= \frac{\partial}{\partial\, x_p}\,(\psi^*\, \mathfrak{S}^p\,\psi) = \frac{\partial\, \mathfrak{s}^p}{\partial\, x_p}.$$

$\mathfrak{m}$ ist also in der Tat praktisch reell.

Zur speziellen Relativitätstheorie kehren wir zurück, wenn wir

$$e^0 (0) = - i, \quad e^1 (1) = e^2 (2) = e^3 (3) = 1,$$

alle übrigen $e^p (\alpha) = 0$ setzen.

§ 4. **Energie.** (19) sei das Wirkungsintegral für die Materie im weiteren Sinne (Materie $+$ elektrisches Feld), welche durch die ψ und die elektromagnetischen Potentiale f_p beschrieben ist. Die Naturgesetze drücken aus, daß die Variation

$$\delta \int \mathfrak{h}\, d\, x = 0$$

ist, wenn die ψ und f_p willkürlichen infinitesimalen Variationen unterworfen werden, die außerhalb eines endlichen Weltgebietes verschwinden. Die Variation der ψ gibt die materiellen Gleichungen im engeren Sinne, die Variation der f_p die elektromagnetischen Gleichungen. Auf Grund dieser Naturgesetze wird, wenn man auch die $e^p (\alpha)$, die bisher festgehalten wurden, einer analogen infinitesimalen Variation unterwirft, eine Gleichung bestehen

$$\delta \int \mathfrak{h}\, d\, x = \int t_p (\alpha) . \delta e^p (\alpha) . d\, x, \tag{20}$$

durch welche die Tensordichte $t_p (\alpha)$ der Energie zu definieren ist.

Zufolge der Invarianz der Wirkungsgröße muß (20) verschwinden, wenn die Variation $\delta e^p (\alpha)$ dadurch hervorgebracht wird,

1. daß bei festgehaltenem Koordinatensystem x_p das lokale Achsenkreuz $\mathbf{e} (\alpha)$ eine infinitesimale Drehung erleidet; oder
2. daß bei festgehaltenem Achsenkreuz die Koordinaten x_p einer infinitesimalen Transformation unterworfen werden.

Der erste Vorgang ist beschrieben durch die Gleichungen

$$\delta e^p (\alpha) = o (\alpha\, \beta) . e_p (\beta).$$

Hierin bilden die $o (\alpha\, \beta)$ eine schiefsymmetrische (infinitesimale) Matrix, die willkürlich vom Orte abhängt. Und das Verschwinden von (20) sagt aus, daß

$$t (\beta, \alpha) = t_p (\alpha)\, e^p (\beta)$$

symmetrisch ist in α und β. Die Symmetrie des Energietensors ist so mit der ersten Invarianzeigenschaft äquivalent. Das Symmetriegesetz ist aber nicht identisch erfüllt, sondern eine Folge der materiellen und elektromagnetischen Gesetze. Denn bei festgehaltenem ψ-Feld werden sich ja durch die Drehung des Achsenkreuzes die Komponenten von ψ ändern!

Etwas mühsamer ist die Berechnung der durch den zweiten Prozeß hervorgebrachten Variation $\delta e^p(\alpha)$. Aber die Überlegungen sind aus der Relativitätstheorie in ihrer früheren analytischen Fassung geläufig[*]. Der Punkt P mit den Koordinaten x_p habe im transformierten Koordinatensystem die Koordinaten

$$x'_p = x_p + \delta x_p, \quad \delta x_p = \xi^p(x).$$

Der Punkt, der im neuen Koordinatensystem dieselben Koordinaten x_p hat wie P im alten, werde mit P' bezeichnet; er hat im alten System die Koordinaten $x_p - \delta x_p$. Der Vektor t in P wird im neuen Koordinatensystem die Komponenten

$$\frac{\partial x'_p}{\partial x_q} \cdot t^q = t_p + \frac{\partial \xi^p}{\partial x_q} \cdot t^q$$

besitzen. Insbesondere ist die Änderung, welche die Komponenten $e^p(\alpha)$ des festen Vektors $e(\alpha)$ im festgehaltenen Punkt P durch die Koordinatentransformation erleiden,

$$\delta' e^p(\alpha) = \frac{\partial \xi^p}{\partial x_q} \cdot e^q(\alpha).$$

Andererseits ist der Unterschied zwischen dem Vektor $e(\alpha)$ in P' und P gegeben durch

$$d\,e^p(\alpha) = - \frac{\partial e^p(\alpha)}{\partial x_q} \cdot \xi^q.$$

Darum ist die Variation, welche durch die Koordinatentransformation bei festgehaltenen Koordinatenwerten x_p erzeugt wird:

$$\delta e^p(\alpha) = \frac{\partial \xi^p}{\partial x_q} \cdot e^q(\alpha) - \frac{\partial e^p(\alpha)}{\partial x_q} \cdot \xi^q.$$

Hier sind ξ^p willkürliche, außerhalb eines endlichen Weltgebietes verschwindende Funktionen. Setzen wir in (20) ein, so erhalten wir durch eine partielle Integration

$$0 = \int \left\{ \frac{\partial t^q_p}{\partial x_q} + t_q(\alpha) \frac{\partial e^q(\alpha)}{\partial x_p} \right\} \xi^p \, dx.$$

Der Quasi-Erhaltungssatz von Energie und Impuls ergibt sich demnach hier in der Gestalt

$$\frac{\partial t^q_p}{\partial x_q} + \frac{\partial e^q(\alpha)}{\partial x_p} t_q(\alpha) = 0. \tag{21}$$

---

[*] Vgl. etwa H. Weyl, Raum, Zeit, Materie, 5. Aufl., S. 233 ff. (zitiert als RZM). Berlin 1923.

Wegen des zweiten Gliedes ist er nur in der speziellen Relativitätstheorie ein wirklicher Erhaltungssatz. In der allgemeinen wird er erst dazu wenn die Energie des Gravitationsfeldes hinzugefügt wird.

In der speziellen Relativitätstheorie aber liefert Integration nach $d\boldsymbol{\xi} = dx_1\,dx_2\,dx_3$ über den räumlichen Querschnitt

$$x_0 = t = \text{const} \tag{22}$$

die zeitlich konstanten Komponenten von Impuls $(J_1,\ J_2,\ J_3)$ und Energie $(-J_0)$:

$$J_p = \int \mathfrak{t}_p^0\, d\boldsymbol{\xi}.$$

Mit Hilfe der Symmetrie findet man ferner die Divergenzgleichungen

$$\frac{\partial}{\partial x_q}\,(x_2\,\mathfrak{t}_3^q - x_3\,\mathfrak{t}_2^q) = 0, \ \ldots,$$

$$\frac{\partial}{\partial x_q}\,(x_0\,\mathfrak{t}_1^q + x_1\,\mathfrak{t}_0^q) = 0, \ \ldots$$

Die drei Gleichungen der ersten Art zeigen, daß das **Impulsmoment** $(M_1,\ M_2,\ M_3)$ zeitlich konstant ist:

$$M_1 = \int (x_2\,\mathfrak{t}_3^0 - x_3\,\mathfrak{t}_2^0)\, d\boldsymbol{\xi}, \ \ldots,$$

die Gleichungen der zweiten Art enthalten den Satz von der **Trägheit der Energie.**

Wir rechnen die Energiedichte aus für die oben aufgestellte Wirkungsgröße $\mathfrak{m}$ der Materie; wir behandeln die beiden Teile, in die $\mathfrak{m}$ nach (17) zerlegt erscheint, gesondert. Für den ersten Teil kommt nach einer partiellen Integration

$$\int \delta\,\mathfrak{m}\,.\,dx = \int u_p\,(\alpha)\,\delta\,e^p\,(\alpha)\,.\,dx$$

mit

$$i\,u_p\,(\alpha) = \psi^*\,S\,(\alpha)\,\frac{\partial\psi}{\partial x_p} - \frac{1}{2}\frac{\partial\,(\psi^*\,S\,(\alpha)\,\psi)}{\partial x_p}\,,$$

$$= \frac{1}{2}\Big(\psi^*\,S\,(\alpha)\,\frac{\partial\psi}{\partial x_p} - \frac{\partial\psi^*}{\partial x_p}\,S\,(\alpha)\,\psi\Big)\cdot$$

Der hieraus entspringende Teil der Energie ist darum

$$\mathfrak{t}_p\,(\alpha) = \mathfrak{u}_p\,(\alpha) - e_p\,(\alpha)\,.\,\mathfrak{u}, \quad \mathfrak{t}_p^q = \mathfrak{u}_p^q - \delta_p^q\,\mathfrak{u},$$

wo $\mathfrak{u}$ die Verkürzung $e^p\,(\alpha)\,\mathfrak{u}_p\,(\alpha)$ bedeutet. Diese Formeln sind allgemein auch für nichtkonstante $e^p\,(\alpha)$ richtig. Im zweiten Teil beschränken wir uns aber der Einfachheit halber auf die spezielle Relativität.

Für ihn ist dann

$$\int \delta\,\mathfrak{m}\,.\,dx = \frac{1}{4\,i} \int \left| e_p(\alpha),\ e^q(\alpha),\ \frac{\partial\,(\delta\,e^p(\alpha))}{\partial\,x_q},\ s(\alpha) \right|\,dx,$$

$$= -\frac{1}{4\,i} \int \left| \delta\,e^p(\alpha),\ e_p(\alpha),\ e^q(\alpha),\ \frac{\partial\,s(\alpha)}{\partial\,x_q} \right|\,dx,$$

$$t_p(0) = -\frac{1}{4\,i} \left| e_p(\alpha),\ e^q(\alpha),\ \frac{\partial\,s(\alpha)}{\partial\,x_q} \right|_{\alpha\,=\,1,\,2,\,3}.$$

t_p^0 entsteht daraus durch Multiplikation mit $-i$; somit $t_0^0 = 0$ und

$$t_1^0 = \frac{1}{4}\left(\frac{\partial\,s(3)}{\partial\,x_2} - \frac{\partial\,s(2)}{\partial\,x_3} \right). \tag{23}$$

Wir vereinigen beide Bestandteile, um totale Energie, Impuls und Impulsmoment zu bestimmen. Aus

$$t_0^0 = -\frac{1}{2\,i} \sum_{p\,=\,1}^{3} \left(\psi^{*}\,S^p\,\frac{\partial\,\psi}{\partial\,x_p} - \frac{\partial\,\psi^{*}}{\partial\,x_p}\,S^p\,\psi \right)$$

ergibt sich nach einer auf den Subtrahenden ausgeübten partiellen Integration

$$-J_0 = -\int t_0^0\,d\xi = \frac{1}{i} \int \psi^{*}\cdot \sum_{p\,=\,1}^{3} S^p\,\frac{\partial\,\psi}{\partial\,x_p}\cdot d\xi.$$

Dies führt dazu zurück, den Operator

$$\frac{1}{i} \sum_{p\,=\,1}^{3} S^p\,\frac{\partial}{\partial\,x_p}$$

als Repräsentanten der Energie einer freien Partikel anzusetzen. Ferner wird

$$J_1 = \int t_1^0\,d\xi = \frac{1}{2\,i} \int \left(\psi^{*}\,\frac{\partial\,\psi}{\partial\,x_1} - \frac{\partial\,\psi^{*}}{\partial\,x_1}\,\psi \right) d\xi$$

$$= \frac{1}{i} \int \psi^{*}\,\frac{\partial\,\psi}{\partial\,x_1}\,d\xi.$$

Das Glied (23) liefert zum Integral keinen Beitrag. Der Impuls wird, wie es nach Schrödinger sein muß, durch den Operator

$$\frac{1}{i}\left(\frac{\partial}{\partial\,x_1},\ \frac{\partial}{\partial\,x_2},\ \frac{\partial}{\partial\,x_3} \right)$$

dargestellt. Aus dem vollständigen Ausdruck von

$$x_2\,t_3^0 - x_3\,t_2^0$$

erhält man schließlich durch geeignete partielle Integrationen

$$M_1 = \int \left\{ \frac{1}{i}\,\psi^{*}\left(x_2\,\frac{\partial\,\psi}{\partial\,x_3} - x_3\,\frac{\partial\,\psi}{\partial\,x_2} \right) + \frac{1}{2}\,s(1) \right\} d\xi.$$

Im Einklang mit bekannten Formeln ist also M_1 repräsentiert durch den Operator

$$\frac{1}{i}\left(x_2\frac{\partial}{\partial x_3}-x_3\frac{\partial}{\partial x_2}\right)+\frac{1}{2}\,S\,(1).$$

Nachdem man den Spin von Anbeginn in die Theorie hineingesteckt hat, muß er natürlich hier wieder zum Vorschein kommen; es ist aber doch recht überraschend und instruktiv, wie das zustande kommt. Die grundlegenden Ansätze der Quantentheorie haben hiernach einen weniger prinzipiellen Charakter, als man wohl ursprünglich angenommen hatte. Sie sind an die spezielle Wirkungsgröße $\mathfrak{m}$ gebunden. Andererseits bestätigt dieser Zusammenhang die Unersetzbarkeit von $\mathfrak{m}$ in seiner Rolle als Wirkung der Materie. Nur die allgemeine Relativitätstheorie, die durch ihre freie Veränderlichkeit der $e^p(\alpha)$ zu einer willkürfreien Definition der Energie führt, erlaubt uns, in der geschilderten Weise den Zirkel der Quantentheorie zu schließen.

§ 5. **Gravitation.** Wir nehmen die Transkription von **Einsteins** klassischer Gravitationstheorie wieder auf und bestimmen zunächst den **Riemannschen Krümmungstensor**[*]. Von dem Punkte P führen die Linienelemente d und δ nach P_d und P_δ. Das Linienelement δ wird irgendwie nach P_d, d nach P_δ so überführt, daß sie sich in einer gemeinsamen, P gegenüberliegenden Ecke P^* eines infinitesimalen „Parallelogramms" treffen. Das Achsenkreuz $\mathbf{e}(\alpha)$ in P wird einmal auf dem Wege PP_dP^*, ein andermal auf dem Wege $PP_\delta P^*$ nach P^* parallel übertragen. Die beiden normalen Achsenkreuze, die man so in P^* erhält, gehen durch eine infinitesimale Drehung

$$P_{pq}(dx)^p(\delta x)^q=\tfrac{1}{2}P_{pq}(\varDelta x)^{pq}$$

auseinander hervor, wo

$$(\varDelta x)^{pq}=(dx)^p(\delta x)^q-(\delta x)^p(dx)^q$$

die Komponenten des von dx und δx aufgespannten Flächenelements sind und P_{pq} schiefsymmetrisch ist in bezug auf p und q. P_{pq} ist eine schiefsymmetrische Matrix $\|r_{pq}(\alpha\beta)\|$; das ist der **Riemannsche Krümmungstensor**.

Die Drehung, welche das auf dem ersten Wege nach P^* parallel verschobene Achsenkreuz $\mathbf{e}^*(\alpha)$ aus dem lokalen Achsenkreuz $\mathbf{e}(\alpha)$ in P^* erzeugt, ist in einer leicht verständlichen Bezeichnung

$$(1+d\,\varOmega)\,(1+\delta\,\varOmega\,(P_d)).$$

---

[*] Vgl. RZM, S. 119 f.

Die Differenz dieses Ausdrucks und desjenigen, der daraus durch Vertauschung von d und δ hervorgeht, ist

$$= \{\, d\,(\delta\,\Omega) - \delta\,(d\,\Omega)\} + (d\,\Omega\,.\,\delta\,\Omega - \delta\,\Omega\,.\,d\,\Omega).$$

$$d\,\Omega \text{ ist } = \Omega_p\,(d\,x)^p,$$

$$\delta\,(d\,\Omega) = \frac{\partial\,\Omega_p}{\partial\,x_q}\,\delta\,x_q\,d\,x_p + \Omega_p\,\delta\,d\,x_p.$$

Weil das Parallelogramm sich schließt, ist $\delta\,d\,x_p = d\,\delta\,x_p$; darum schließlich

$$P_{pq} = \left(\frac{\partial\,\Omega_q}{\partial\,x_p} - \frac{\partial\,\Omega_p}{\partial\,x_q}\right) + (\Omega_p\,\Omega_q - \Omega_q\,\Omega_p).$$

Zur skalaren Krümmung

$$r = e^p\,(\alpha)\,e^q\,(\beta)\,r_{pq}\,(\alpha\,\beta)$$

liefert der erste, differentiierte Bestandteil den Beitrag

$$\big(e^q\,(\alpha)\,e^p\,(\beta) - e^q\,(\beta)\,e^p\,(\alpha)\big)\,\frac{\partial\,o_p\,(\alpha\,\beta)}{\partial\,x_q}.$$

In $\mathfrak{r} = \dfrac{r}{\varepsilon}$ liefert er, unter Vernachlässigung einer vollständigen Divergenz, die beiden Glieder

$$-\,2\,o\,(\beta,\,\alpha\,\beta)\,\frac{\partial\,e^q\,(\alpha)}{\partial\,x_q}$$

und

$$\frac{1}{\varepsilon}\,o_p\,(\alpha\,\beta)\left\{\frac{\partial\,e^p\,(\alpha)}{\partial\,x_q}\,e^q\,(\beta) - \frac{\partial\,e^p\,(\beta)}{\partial\,x_q}\,e^q\,(\alpha)\right\}.$$

Das erste ist nach (12)

$$= -\,2\,o\,(\beta;\,\varrho\,\beta)\,o\,(\alpha;\,\alpha\,\varrho),$$

das zweite nach (10)

$$= 2\,o\,(\alpha;\,\beta\,\gamma)\,.\,o\,(\gamma;\,\alpha\,\beta).$$

Das Resultat ist der folgende Ausdruck für die Wirkungsdichte $\mathfrak{g}$ der Gravitation

$$\varepsilon\,\mathfrak{g} = o\,(\alpha;\,\beta\,\gamma)\,.\,o\,(\gamma;\,\alpha\,\beta) + o\,(\alpha;\,\alpha\,\gamma)\,.\,o\,(\beta;\,\beta\,\gamma). \tag{24}$$

Das Integral $\int \mathfrak{g}\,dx$ ist nicht wirklich, aber praktisch invariant, $\mathfrak{g}$ unterscheidet sich von der skalaren Dichte $\mathfrak{r}$ um eine Divergenz.

Variation der $e^p\,(\alpha)$ in dem totalen Wirkungsintegral

$$\int (\mathfrak{g} + \varkappa\,\mathfrak{h})\,dx$$

liefert die **Gravitationsgleichungen** ($\varkappa$ ist eine numerische Konstante).

Die **Gravitationsenergie** $\mathfrak{v}_p^q$ erhält man aus $\mathfrak{g}$, wenn man im **Koordinatenraum** eine **infinitesimale Verschiebung** vornimmt[*]:

$$x_p' = x_p + \xi^p, \quad \xi^p = \text{const.}$$

____

[*] Vgl. RZM, S. 272 f.

Die dadurch hervorgebrachte Variation

$$\delta \, \boldsymbol{e} \, (\alpha) \ \text{ist} \ = - \frac{\partial \, \boldsymbol{e} \, (\alpha)}{\partial \, x_p} \cdot \xi^p.$$

$\mathfrak{g}$ ist eine Funktion von $e^p (\alpha)$ und den Ableitungen $e_q^p (\alpha) = \dfrac{\partial \, e^p (\alpha)}{\partial \, x_q}$; das totale Differential sei mit

$$\delta \, \mathfrak{g} = \mathfrak{g}_p (\alpha) \, \delta \, e^p (\alpha) + \mathfrak{g}_p^q (\alpha) \, \delta \, e_q^p (\alpha)$$

bezeichnet. Für die durch die infinitesimale Translation im Koordinatenraum hervorgerufene Änderung muß

$$\int \delta \, \mathfrak{g} \cdot d \, x + \int \frac{\partial \, \mathfrak{g}}{\partial \, x_p} \, \xi^p \cdot d \, x = 0 \tag{25}$$

gelten; das Integral erstreckt sich über ein beliebiges Stück der Welt.

$$\int \delta \, \mathfrak{g} \cdot d \, x = \int \left(\mathfrak{g}_p (\alpha) - \frac{\partial \, \mathfrak{g}_p^q (\alpha)}{\partial \, x_q} \right) \delta \, e^p (\alpha) \cdot d \, x + \int \frac{\partial \, \big(\mathfrak{g}_p^q (\alpha) \, \delta \, e^p (\alpha) \big)}{\partial \, x_q} \, d \, x.$$

Nach den Gravitationsgleichungen ist die Klammer im ersten Integral $= - \varkappa \, t_p (\alpha)$, das Integral selbst

$$= - \varkappa \int t_q (\alpha) \, \frac{\partial \, e^q (\alpha)}{\partial \, x_p} \cdot \xi^p \, d \, x.$$

Man führe

$$\mathfrak{v}_p^q = \delta_p^q \, \mathfrak{g} - \frac{\partial \, e^r (\alpha)}{\partial \, x_p} \cdot \mathfrak{g}_r^q (\alpha)$$

ein. Gleichung (25) besagt, daß das über ein beliebiges Weltstück erstreckte Integral von

$$\left(\mathfrak{v}_p^q - \varkappa \, t_q (\alpha) \, \frac{\partial \, e^q (\alpha)}{\partial \, x_p} \right) \xi^p$$

Null ist. Der Integrand muß darum überall verschwinden. Da die ξ^p beliebige Konstanten sind, sind die Faktoren von ξ^p einzeln Null. So verwandelt sich (21) in die reine Divergenzgleichung

$$\frac{\partial \, \big(\mathfrak{v}_p^q + \varkappa \, t_p^q \big)}{\partial \, x_q} = 0,$$

und $\mathfrak{v}_p^q / \varkappa$ erweist sich als Gravitationsenergie.

Um daneben einen wirklichen differentiellen Erhaltungssatz des Impulsmoments in der allgemeinen Relativitätstheorie formulieren zu können, muß man die Koordinaten so spezialisieren, daß die kongrediente Drehung aller Achsenkreuze als eine orthogonale Transformation der Koordinaten erscheint. Dies ist sicher möglich, doch gehe ich hier darauf nicht näher ein.

§ 6. **Elektrisches Feld.** Wir kommen jetzt zu dem kritischen Teil der Theorie. Meiner Meinung nach liegt der Ursprung und die Notwendigkeit des elektromagnetischen Feldes in folgendem begründet. Die Komponenten ψ_1, ψ_2 sind in Wahrheit nicht eindeutig durch das Achsenkreuz bestimmt, sondern nur insoweit, daß sie noch mit einem beliebigen „Eichfaktor" $e^{i\lambda}$ vom absoluten Betrag 1 multipliziert werden können. Nur bis auf einen solchen Faktor ist die Transformation bestimmt, welche die ψ unter dem Einfluß einer Drehung des Achsenkreuzes erleiden. In der speziellen Relativitätstheorie muß man diesen Eichfaktor als eine Konstante ansehen, weil wir hier ein einziges, nicht an einen Punkt gebundes Achsenkreuz haben. Anders in der allgemeinen Relativitätstheorie: jeder Punkt hat sein eigenes Achsenkreuz und darum auch seinen eigenen willkürlichen Eichfaktor; dadurch, daß man die starre Bindung der Achsenkreuze in verschiedenen Punkten aufhebt, wird der Eichfaktor notwendig zu einer willkürlichen Ortsfunktion. Dann ist aber auch die infinitesimale lineare Transformation dE der ψ, welche der infinitesimalen Drehung $d\Omega$ entspricht, nicht vollständig festgelegt, sondern dE kann um ein beliebiges rein imaginäres Multiplum $i.df$ der Einheitsmatrix vermehrt werden. Zur eindeutigen Festlegung des kovarianten Differentials $\delta\psi$ von ψ hat man also außer der Metrik in der Umgebung des Punktes P ein solches df für jedes von P ausgehende Linienelement $\overrightarrow{PP'} = (dx)$ nötig. Damit $\delta\psi$ nach wie vor linear von dx abhängt, muß

$$df = f_p\,(dx)^p$$

eine Linearform in den Komponenten des Linienelements sein. Ersetzt man ψ durch $e^{i\lambda}.\psi$, so muß man zugleich, wie aus der Formel für das kovariante Differential hervorgeht, df ersetzen durch $df - d\lambda$.

Dies hat zur Folge, daß zur Wirkungsdichte $\mathfrak{m}$ das Glied

$$\frac{1}{\varepsilon}f(\alpha)\,s(\alpha) = \frac{1}{\varepsilon}f(\alpha).\psi^* S(\alpha)\psi = f_p.\psi^*\mathfrak{S}^p\psi \qquad (26)$$

zu addieren ist. $\mathfrak{m}$ bedeutet fortan die so ergänzte Wirkungsgröße. Es herrscht notwendig Eichinvarianz in dem Sinne, daß die Wirkungsgröße ungeändert bleibt, wenn

$$\psi \text{ durch } e^{i\lambda}.\psi, \quad f_p \text{ durch } f_p - \frac{\partial\lambda}{\partial x_p}$$

ersetzt wird, unter λ eine willkürliche Ortsfunktion verstanden. Genau in der durch (26) beschriebenen Weise wirkt nach der Erfahrung das elektromagnetische Potential auf die Materie. Wir sind daher berechtigt, die hier eingeführten Größen f_p mit den Komponenten jenes Potentials zu identifizieren. Der Beweis ist vollkommen, wenn wir zeigen, daß auch umgekehrt das f_p-Feld nach denselben Gesetzen von der Materie beeinflußt wird, welche nach der Erfahrung für das elektromagnetische Potentialfeld gelten.

$$f_{pq} = \frac{\partial f_q}{\partial x_p} - \frac{\partial f_p}{\partial x_q}$$

ist ein eichinvarianter schiefsymmetrischer Tensor und

$$\mathfrak{l} = \frac{1}{4} f_{pq} \mathfrak{f}^{pq} \tag{27}$$

die für die **Maxwell**sche Theorie charakteristische skalare Dichte. Der Ansatz

$$\mathfrak{h} = \mathfrak{m} + a\,\mathfrak{l} \tag{28}$$

(a eine numerische Konstante) liefert durch Variation der f_p die **Maxwell**schen Gleichungen mit

$$-\,\mathfrak{s}^p = -\,\psi^* \mathfrak{S}^p\,\psi \tag{29}$$

als der Dichte des elektrischen Viererstroms.

Die Eichinvarianz steht in engem Zusammenhang mit dem Erhaltungssatz für die Elektrizität. Weil $\mathfrak{h}$ eichinvariant ist, muß $\delta \int \mathfrak{h}\,dx$ identisch verschwinden, wenn bei festgehaltenen $e^p\,(\alpha)$ die ψ und f_p gemäß

$$\delta\,\psi = i\,\lambda\,.\,\psi, \quad \delta f_p = -\,\frac{\partial \lambda}{\partial x_p}$$

variiert werden; λ ist eine willkürliche Ortsfunktion. Dies liefert eine identisch erfüllte Relation zwischen den materiellen und den elektromagnetischen Gleichungen. Wissen wir, daß die materiellen Gleichungen (im engeren Sinne) gelten, so folgt also daraus

$$\delta \int \mathfrak{h}\,dx = 0,$$

wenn nur die f_p gemäß der Gleichung $\delta f_p = -\,\partial \lambda / \partial x_p$ variiert werden. Andererseits folgt aus den elektromagnetischen Gleichungen dasselbe für die infinitesimale Variation $\delta\,\psi = i\,\lambda\,.\,\psi$ der ψ allein. Wenn $\mathfrak{h} = \mathfrak{m} + a\,\mathfrak{l}$, erhält man beide Male

$$\int \delta\,\mathfrak{h}\,.\,dx = \pm \int \psi^* \mathfrak{S}^p\,\psi\,.\,\frac{\partial \lambda}{\partial x_p}\,dx = \mp \int \lambda\,\frac{\partial\,\mathfrak{s}^p}{\partial x_p}\,dx.$$

Eine analoge Sachlage fanden wir vor beim Erhaltungssatz von Energieimpuls und Impulsmoment. Sie verknüpften die materiellen Gleichungen im weiteren Sinne mit den Gravitationsgleichungen und korrespondierten der Invarianz gegenüber Koordinatentransformationen bzw. gegenüber willkürlichen unabhängigen Drehungen der lokalen Achsenkreuze in den verschiedenen Weltpunkten.

Aus

$$\frac{\partial \, \mathfrak{s}^p}{\partial \, x_p} = 0 \tag{30}$$

ergibt sich, daß der Fluß der Vektordichte $\mathfrak{s}^p$ durch einen dreidimensionalen Querschnitt der Welt, insbesondere durch einen Querschnitt (22)

$$l = \int \mathfrak{s}^0 \, d\xi \tag{31}$$

von der Lage des Querschnitts bzw. von t unabhängig ist. Nicht nur dieses Integral, sondern auch das einzelne Integralelement hat eine invariante Bedeutung; immerhin hängt das Vorzeichen davon ab, welcher Richtungssinn als eine positive Überquerung des dreidimensionalen Schnitts gerechnet wird. Um $\mathfrak{s}^0 \, d\xi$ als räumliche Wahrscheinlichkeitsdichte ansprechen zu können, muß die Hermitesche Form

$$e^0 \, (\alpha) \, . \, \psi^* \, S \, (\alpha) \, \psi \tag{32}$$

von ψ_1, ψ_2 definit sein. Man findet leicht, daß dies dann der Fall ist, wenn (22) wirklich ein räumlicher Querschnitt in P ist, wenn die in ihm liegenden, von P ausgehenden Linienelemente raumartig sind. Damit (32) das positive Vorzeichen bekommt, müssen die Querschnitte $x_0 = $ const, nach wachsendem x_0 geordnet, in der durch den Vektor $e \, (0)/i$ angezeigten Richtung der Zukunft aufeinanderfolgen. Unter diesen sich hier naturgemäß ergebenden Einschränkungen des Koordinatensystems ist auch das Vorzeichen des Flusses festgelegt, und die Invariante (31) werde in der üblichen Weise durch die Bedingung

$$l \equiv \int \mathfrak{s}^0 \, d\xi = 1 \tag{33}$$

normiert. Die $\mathfrak{m}$ und $\mathfrak{l}$ miteinander kombinierende Konstante a ist dann eine reine Zahl $= c h/e^2$ (reziproke Feinstrukturkonstante).

Wir behandeln ψ_1, ψ_2; f_p; $e^p \, (\alpha)$ als die unabhängig voneinander zu variierenden Größen. Die aus $\mathfrak{m}$ entspringende Energiedichte t_p^q muß wegen des Ergänzungsgliedes (26) um

$$f_p \, \mathfrak{s}^q - \delta_p^q \, (f_r \, \mathfrak{s}^r)$$

vermehrt werden. Das führt dazu, in der speziellen Relativitätstheorie der Energie den Operator

$$H = \sum_{p=1}^{3} S^p \left(\frac{1}{i} \, \frac{\partial}{\partial \, x_p} + f_p \right)$$

zuzuordnen, da

$$\int \psi^* \, . \, H \, \psi \, . \, d\xi$$

ihr Wert ist. Die materiellen Gleichungen lauten dann freilich

$$\left(\frac{1}{i} \, \frac{\partial}{\partial \, x_0} + f_0 \right) \psi + H \psi = 0 \quad \text{und nicht} \quad \frac{1}{i} \, \frac{\partial \, \psi}{\partial \, x_0} + H \psi = 0.$$

wie es bisher in der Quantenmechanik angenommen wurde. Natürlich tritt zu der materiellen Energie die elektromagnetische hinzu, für welche die klassischen Ausdrücke Maxwells ihre Gültigkeit behalten.

Was die physikalischen Dimensionen betrifft, so ist es bei allgemeiner Relativität natürlich, die Koordinaten x_p als reine Zahlen anzusetzen. Die auftretenden Größen sind nicht nur invariant gegenüber Maßstabsänderung, sondern gegenüber beliebigen Transformationen der x_p. Werden alle $\mathbf{e}\,(\alpha)$ durch Multiplikation mit einer Konstante b in $b\,.\,\mathbf{e}\,(\alpha)$ verwandelt, so muß, wenn die Normierung (33) aufrechterhalten wird, gleichzeitig ψ durch $b^{3/2}\,.\,\psi$ ersetzt werden. $\mathfrak{m}$ und $\mathfrak{l}$ werden dadurch nicht verändert, sind also reine Zahlen. Dagegen nimmt $\mathfrak{g}$ den Faktor $1/b^2$ an, so daß $\varkappa$ das Quadrat einer Länge d ist. $\varkappa$ ist nicht identisch mit der Einsteinschen Gravitationskonstante, sondern entsteht aus ihr durch Multiplikation mit $2\,h/c$. d liegt weit unter der atomaren Größenordnung, es ist $\sim 10^{-32}$ cm. So wird auch hier die Gravitation nur für die astronomischen Probleme von Bedeutung sein.

Sehen wir vom Gravitationsglied ab, so enthalten die Feldgleichungen keine dimensionierte Atomkonstante. Für eine Wirkungsgröße wie das Glied in der Diracschen Theorie, das die Masse als Faktor trägt[*], ist in der Zweikomponententheorie kein Platz. Aber man weiß, wie auf Grund der Erhaltungssätze die Masse eingeführt werden kann. Man nehme an, daß in der „leeren Umwelt" des Teilchens, außerhalb eines gewissen Weltkanals, dessen Querschnitte $x_0 = $ const von endlicher Ausdehnung sind, die t_p^q verschwinden und die $e^p\,(\alpha)$ die konstanten Werte der speziellen Relativität annehmen. Dann sind

$$J_p = \int \left(t_p^0 + \frac{1}{\varkappa}\,v_p^0 \right) d\xi$$

die Komponenten eines von der Willkür des Koordinatensystems und der lokalen Achsenkreuze nicht beeinflußten, zeitlich konstanten Vierervektors in der Umwelt. Das normale Koordinatensystem daselbst kann genauer festgelegt werden durch die Bedingung, daß der Impuls $(J_1,\ J_2,\ J_3)$ verschwindet; dann ist $-\,J_0$ die invariante und zugleich konstante Masse des Teilchens. Es werde nun verlangt, daß diese Masse einen ein für allemal vorgegebenen Wert m hat.

Neben der hier besprochenen Theorie des elektromagnetischen Feldes, die ich für die richtige halte, weil sie so natürlich aus der Willkürlichkeit des Eichfaktors in ψ entspringt und darum die erfahrungsgemäß be-

---

[*] Proc. Roy. Soc. (A) **117**, 610.

stehende Eichinvarianz in Zusammenhang mit dem Erhaltungssatz für die Elektrizität verstehen läßt, bietet sich noch eine andere dar, welche die Elektrizität mit der Gravitation verknüpft. Das Glied (26) hat die gleiche Form wie der zweite Teil von $\mathfrak{m}$, Formel (17); $\varphi\,(\alpha)$ spielt in diesem die gleiche Rolle wie $f\,(\alpha)$ in jenem. Man mag daher erwarten, daß Materie und Gravitation, ψ und $e^p\,(\alpha)$, für sich schon ausreichen, die elektromagnetischen Erscheinungen zu erklären, indem man die Größen $\varphi\,(\alpha)$ als die elektromagnetischen Potentiale anspricht. Jene Größen hängen so von den $e^p\,(\alpha)$ und ihren ersten Ableitungen ab, daß Invarianz stattfindet gegenüber beliebigen Koordinatentransformationen. Was aber die Drehungen der Achsenkreuze anlangt, so transformieren sich die $\varphi\,(\alpha)$ nur dann wie die Komponenten eines festen Vektors im Achsenkreuz, wenn die Achsenkreuze in allen Punkten derselben Drehung unterworfen werden, Ignoriert man das Materiefeld und achtet nur auf den Zusammenhang von Elektrizität und Gravitation, so kommt man also auf eine Theorie der Elektrizität genau von der gleichen Art, wie sie Einstein neuerdings versucht hat. Immerhin wäre hier der Fernparallelismus nur vorgetäuscht.

Ich habe mich überzeugt, daß man durch diesen vielleicht zunächst verlockenden Ansatz nicht zu den Maxwellschen Gleichungen gelangt. Ferner bliebe die Eichinvarianz ganz rätselhaft; das elektromagnetische Potential selbst und nicht bloß die Feldstärke hätte physikalische Bedeutung. Darum glaube ich, daß diese Idee auf einen Holzweg führt, daß wir vielmehr dem Fingerzeig zu trauen haben, den uns die Eichinvarianz gab: die Elektrizität ein Begleitphänomen des materiellen Wellenfeldes und nicht der Gravitation.

86.

The spherical symmetry of atoms

The Rice Institute Pamphlet 16, 266—279 (1929)

An atom or an ion, whose nucleus is considered as a fixed center of force O, possesses two kinds of symmetry properties: (1) the laws governing it are spherically symmetric, i.e., invariant under an arbitrary rotation about O; (2) it is invariant under permutation of its f electrons. The first type of symmetry is described by the continuous group[1] γ of orthogonal transformations of the spacial coordinates x, y, z, and the second by the finite symmetric group of order $f!$ which consists of all permutations of f things. This accounts for the importance of these two groups in physics. It is my intention to give a general idea of what the first kind of symmetry means for quantum physics. But before taking up these applications of group theory I find it desirable to describe the general foundations of quantum mechanics as briefly as possible.

Let the physical system P under consideration be, as I said before, an atom or an ion consisting of a fixed nucleus in O and f electrons revolving about it. I employ Cartesian coordinates x, y, z with origin in O as the coordinates of the three-dimensional physical space. For the mathematical representation of the state of P we need (in addition to the actual space) an abstract system space which has in general an infinity of dimensions: it is to be a *unitary vector space*. What does that mean? In an n-dimensional Euclidean

---

[1] For a more extensive treatment of groups see H. Weyl, *Gruppentheorie und Quantenmechanik*, Leipzig, 1928. This book is hereafter referred to as GQ.

vector space each vector $\mathfrak{x}$ is described with respect to a Cartesian or normal coordinate system by its n components $x_1, x_2, \cdots, x_n$. The square of the length of $\mathfrak{x}$ is

$$(1) \qquad \mathfrak{x}^2 = x_1{}^2 + x_2{}^2 + \cdots + x_n{}^2.$$

All Cartesian coordinate systems are equally admissible; they are transformed into each other by *orthogonal transformations*, i.e., linear homogeneous transformations which leave the quadratic form (1) invariant. But when the components x_i are allowed to take arbitrary complex values instead of real ones, as is the case in quantum physics, the form (1) loses its positive definite character and must be replaced by

$$(2) \qquad \mathfrak{x}^2 = \bar{x}_1 x_1 + \bar{x}_2 x_2 + \cdots + \bar{x}_n x_n$$

where $\bar{x}_i$ is the conjugate complex of x_i. We then speak of unitary instead of Euclidean geometry; linear transformations which leave $\bar{x}_1 x_1 + \cdots + \bar{x}_n x_n$ invariant are called unitary transformations. The scalar product $(\mathfrak{x}\,\mathfrak{y})$ of two vectors $\mathfrak{x}$ and $\mathfrak{y}$ in unitary geometry is defined by

$$(\mathfrak{x}\,\mathfrak{y}) = \bar{x}_1 y_1 + \cdots + \bar{x}_n y_n.$$

The first general principle in the construction of the mathematical skeleton[1] of quantum theory is this:

I. *There is associated with the physical system P a unitary system space $\mathfrak{R}$; every state of the system is represented by a vector in $\mathfrak{R}$.* In Schrödinger's wave theory of a single particle this space $\mathfrak{R}$ consists of all functions $\psi\,(x\,y\,z)$ of the coordinates $x\,y\,z$ of the particle for which the integral of $\bar{\psi}\psi$ has a finite value. They form a vector space (of an infinity of dimensions) because these functions allow addition and multiplication with arbitrary complex numbers. The integral just mentioned replaces the sum (2). The undulatory character of physical phenomena, the fact that they show *interference*, i.e., linear superposition with arbitrary shifts

<hr>

[1] See GQ, §14.

of phase, means that we are dealing with vectors in a complex vector space which are capable of addition and multiplication by complex numbers. It is unitary because there exists something like *intensity*.

A linear transformation

$$x_i' = \Sigma_k \, l_{ik} x_k$$

can be interpreted as an *operator* L which carries the arbitrary vector $\mathfrak{x} = (x_i)$ over into $\mathfrak{x}' = (x_i')$; the linear character of such an operator is described by the functional equations

$$(\mathfrak{x}+\mathfrak{y})' = \mathfrak{x}'+\mathfrak{y}'; \quad (a\cdot\mathfrak{x})' = a\cdot\mathfrak{x}'$$

$L = \|l_{ik}\|$ is the coefficient matrix of L in the chosen normal coordinate system. If we go over to a new normal coordinate system by means of the unitary transformation U the same operator L is expressed by another matrix $L' = \|l'_{ik}\|$ instead of L, namely

$$L' = ULU^{-1}.$$

L is itself unitary if it leaves the square of the length of an arbitrary vector invariant: $\mathfrak{x}'^2 = \mathfrak{x}^2$. L is an Hermitian operator if the scalar product $(\mathfrak{x} \cdot L\mathfrak{y})$ is conjugate complex to the scalar procuct $(\mathfrak{y} \cdot L\mathfrak{x})$; the matrix L then fulfills the condition of symmetry $l_{ki} = \bar{l}_{ik}$. The scalar product

$$(\mathfrak{x} \cdot L\mathfrak{x}) = \Sigma l_{ik} \bar{x}_i x_k$$

is called an Hermitian form.[1]

The main theorem on Hermitian forms is the theorem concerning the existence of principal axes, which is so familiar to you in the two- and three-dimensional Euclidean geometry, where ellipses and ellipsoids appear in place of Hermitian forms. One can always find a normal coordinate system $\mathfrak{e}_i$ in which the given Hermitian form L reduces to

$$\Sigma_i \, l_i \, \bar{x}_i \, x_i$$

or in terms of which the Hermitian operator is expressed by the simple equation $x_i' = l_i x_i$. $\mathfrak{e}_i$ are the characteristic vectors

---

[1] GQ, p. 17.

("Eigenvektoren" in German) and l_i the corresponding characteristic numbers ("Eigenwerte").

I can express the second and third general principles of quantum theory in terms of these notions. The general question of quantum theory is this: What are the possible values of a given physical quantity L, and what is the probability that it will assume these values when the system is in a given state $\mathfrak{x}$? Before we can answer this question we must know how the state of our physical system and how any quantity L of P can be described mathematically. Principle I takes care of the description of the state $\mathfrak{x}$, and Principle II asserts that:

II. *Each physical quantity L of P is represented by a certain Hermitian operator L in system space $\mathfrak{R}$.*[1]
And on the basis of this mathematical scheme the answer to the general physical question is:

III. *The possible values of a physical quantity L are the characteristic values l_i of the Hermitian form L which represents it; the relative probability that it will assume the value l_i in the state $\mathfrak{x}$ is given by the number $\bar{x}_i x_i$, i.e., the square of the absolute value of the projection of $\mathfrak{x}$ along the i-th principal axis.*[2]

The situation is the following—*cum grano salis!* (The diagram has been drawn in two instead of an infinite number of dimensions.)

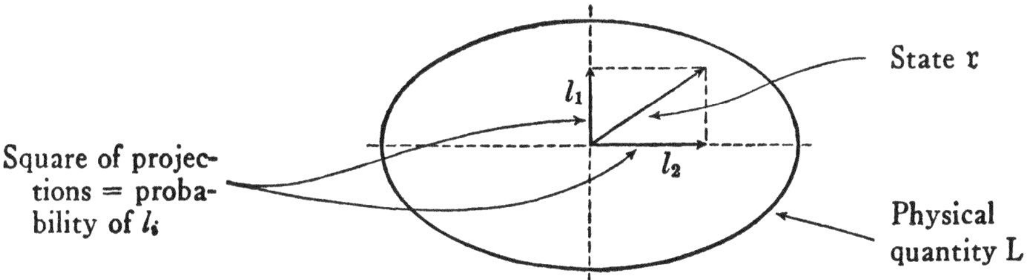

The quantity under consideration will only assume a

value with certainty if $\mathfrak{x}$ falls along one of the principal axes.

In Schrödinger's theory[1] of a single particle the coordinate x is represented by the linear Hermitian operator which carries ψ into $x\psi$ (multiplication by x). This operator $\psi \rightarrow x\psi$ is already referred to principal axes; Schrödinger employs that coordinate system in system space in which the operators which represent the coordinates of the electron are referred to principal axes. The probability that the coordinates $x\,y\,z$ of the electron are within a volume V is given by the integral of $\bar{\psi}\psi$ over V, in agreement with our general probability principle III.

The components p_x, p_y, p_z of momentum are represented by the Hermitian operators

$$p_x : \psi \rightarrow \frac{h}{2\pi i}\,\frac{d}{dx}\psi; \; \cdots$$

in Schrödinger's theory. h is Planck's constant; I shall henceforth employ units which are so chosen that $h/2\pi$ becomes equal to 1.

The fourth principle is the *dynamical law*[2] which asserts that:

IV. *The state $\mathfrak{x}$ of the system goes over into a new state $\mathfrak{x}+d\mathfrak{x}$ after lapse of time dt which arises from $\mathfrak{x}$ by an infinitesimal unitary operator*

$$d\mathfrak{x} = \frac{dt}{i}\,H\mathfrak{x} \quad \text{or} \quad \frac{d\mathfrak{x}}{dt} = \frac{1}{i}\,H\mathfrak{x}.$$

If I write an arbitrary infinitesimal unitary operator in this form it can be readily shown that H is an Hermitian operator. The quantity represented by H is called *energy*.

I now come back to my proper subject. In addition to the *real* process which carries the state $\mathfrak{x}$ of our physical system

---

[1] GQ, §10.

[2] GQ, §15.

P at time t over into the new state $\mathfrak{x}'$ at a later time t', I consider a *virtual* process: I rotate P about the origin O by the rotation s; by this process the arbitrary state $\mathfrak{x}$ of P goes over into a new state $\mathfrak{x}'$. Since everything which is physically significant must remain unchanged and since the system space of the vector $\mathfrak{x}$ is unitary, the transition $\mathfrak{x}\to\mathfrak{x}'$ must be a linear unitary operator $U(s)$, dependent on s, in the system space. I say briefly that $U(s)$ is *induced* in the system space by s. All such rotations s form the group of rotations of orthogonal transformations in our 3-dimensional Euclidean space. The correspondence $U : s\to U(s)$ must obey the following law

$$U(t)U(s) = U(ts):$$

To the composition of rotations s, t corresponds the composition of the induced operations U in system space. The mathematician calls such a correspondence a *representation*[1] of the rotation group.

The transition $t\to t'$ occurring in real physical time can be generated by the infinitesimal transition $t\to t+dt$, the dynamical law giving the induced infinitesimal unitary operator in system space: $d\mathfrak{x} = \dfrac{dt}{\imath} H\mathfrak{x}$. In the same way we may generate the group of rotations by the infinitesimal rotations about the x-, y-, and z-axes. The infinitesimal rotation about the z-axis is given by

$$(3) \qquad\qquad \delta x = -y, \quad \delta y = x, \quad \delta z = 0.$$

I have purposely written no infinitesimal constant factor ϵ on the right hand side of these equations; you may interpret the differential symbol δ as differentiation $\dfrac{d}{d\tau}$ with respect to a fictitious or virtual time τ. Let the infinitesimal unitary

GQ, §24.

operator induced in system space by this infinitesimal rotation be

$$\delta\mathfrak{x} = -iM_z\mathfrak{x}.$$

M_x, M_y, M_z are then Hermitian operators; I call them, or rather the physical quantities represented by them the components of angular momentum M. Angular momentum has therefore the same significance for the virtual alteration of $\mathfrak{x}$ by rotation as the energy has for the real alteration of the system P in time.

It can be easily deduced from the dynamical law that a physical quantity A is constant in time when its representing Hermitian operator commutes with $H : HA = AH$. That it is constant here means that the probabilities with which the quantity assumes its different values do not change in time. Of course H commutes with H itself, and therefore satisfies the law of conservation. But in the same way we see that A is a scalar quantity, i.e., is unchanged by rotation in space, if and only if it commutes with M, i.e., with the unitary operator induced in system space by the rotations in physical space. Now the energy H is certainly a scalar quantity, and consequently M commutes with H. But in accordance with what I have said above this means that M is constant in time; angular momentum satisfies the law of conservation.

I shall illustrate these very general and abstract considerations by the simplest case which fits into the general scheme: Schrödinger's scalar wave theory for a single particle. Let the rotation s carry the point $x\,y\,z$ over into $x'\,y'\,z'$; into what state ψ' does it carry the state ψ of our particle described by the Schrödinger function $\psi\,(x\,y\,z)$? Obviously this new state is defined by the equation

$$(4) \qquad\qquad \psi'(x'y'z') = \psi(xyz).$$

If s is an infinitesimal rotation, the increments
$$\psi'(xyz) - \psi(xyz) = \delta\psi \text{ and } \delta x = x' - x$$
are all infinitesimals; our equation (4) then yields
$$\delta\psi + \left(\frac{\partial\psi}{\partial x} \, \delta x + \cdots\right) = 0.$$
For the infinitesimal rotation (3) about the z-axis we get
$$\delta\psi = -\left(x\frac{\partial\psi}{\partial y} - y\frac{\partial\psi}{\partial x}\right)$$
and consequently M_z is the operator
$$(5) \qquad\qquad L_z = \frac{1}{i}\left(x\frac{\partial}{\partial y} - y\frac{\partial}{\partial x}\right)$$
and this is in complete agreement with the expression for angular momentum in classical dynamics:
$$(5^*) \qquad\qquad L_z = xp_y - yp_x$$
I believe that the validity of the conservation law and this agreement with classical mechanics affords sufficient justification for our definition of angular momentum.

A unitary vector space $\Re$ can be decomposed[1] into mutually perpendicular linear subspaces $\Re = \Re_1 + \Re_2 + \cdots$. That is to say, any vector $\mathfrak{x}$ in $\Re$ can be written in one and only one way as a sum $\mathfrak{x}_1 + \mathfrak{x}_2 + \cdots$ the individual summands of which lie in $\Re_1, \Re_2, \cdots$ respectively. For example, three-dimensional space can be decomposed into a plane and the line perpendicular to it. If we are given a linear unitary transformation of space, or a group of such transformations, we wish to carry out the decomposition in such a way that each of the subspaces $\Re_1, \Re_2, \cdots$ remains invariant under the given transformations; we further wish to carry it as far as possible under this condition. We then say: $\Re$ is decomposed into irreducible invariant sub-spaces with respect to the group under consideration. If, for example, we

<hr>

[1] GQ, pp. 10-11.

have but a single infinitesimal unitary transformation the theorem on principal axes tells us that we can decompose into one-dimensional invariant sub-spaces—along the principal axes. The decomposition into irreducible invariant sub-spaces consequently corresponds to the separation of the various values which are possible for a physical quantity.

In particular, we consider the decomposition into invariant sub-spaces $\Re$ relative to the group of transformations which are induced in system space $\Re$ by the group of rotations in actual space. The rotation group then induces a definite representation Γ_j in each sub-space $\Re_j$. The operator representing moment of momentum is correspondingly separated into partial operators, each of which operates on one of the spaces $\Re_j$. At this point we use to advantage that discipline which the mathematicians call Topology or Analysis Situs. The rotations build a closed manifold, like the points on the surface of a sphere, and this has as consequence that there exists but a discrete set of different irreducible representations Γ_j of the group of rotations, which can be distinguished from one another by an index j which runs through the values $j = 0, \frac{1}{2}, 1, \frac{3}{2}, \cdots$. The space $\Re_j$ in which the representation Γ_j with index j is induced has $2j + 1$ dimensions. Consequently we know the moment of momentum M in $\Re_j$ independently of the dynamical structure of the physical system under consideration; its components are the operators which correspond to the infinitesimal rotations in the representation Γ_j. Computing the square of the absolute value M^2 we find that in $\Re_j$ this operator is simply multiplication by the constant $j(j+1)$. We thus come to the conclusion that the total system space $\Re$ can be decomposed into subspaces $\Re_j$ in such a way that

(1) $\Re_j$ has $2j + 1$ dimensions;

(2) the energy in $\Re_j$ has a definite value E_j; and

(3) the square of the moment of momentum M^2 has the definite value $j(j+1)$.

j is called the inner quantum number of an atomic state represented by a vector lying in $\mathfrak{R}_j$. The infinitesimal displacement in time induces in system space the operator representing energy. Decomposition into invariant subspaces with respect to the group of actual displacements in time leads, therefore, to the principal axes of the energy operator. But since these displacements constitute an open group the various possible one-dimensional representations are not restricted *a priori* to a definite discrete set. This is the reason that we can give *a priori* definite discrete values of which the moment of momentum is capable, but not so in the case of the energy.

I must now mention as the last, the V-th quantum theoretic principle, that one which tells us how to effect the *composition of two physical systems*[1] into a single one. If (x_i) be an arbitrary vector in an m-dimensional space $\mathfrak{R}$, and (y_k) one such in an n-dimensional space $\mathfrak{R}'$, we can consider the $m \cdot n$ numbers $x_i y_k$ as the components of a vector $\mathfrak{z} = \mathfrak{x} \times \mathfrak{y}$ in an $(m \cdot n)$-dimensional space which I designate as the cross-product $\mathfrak{R} \times \mathfrak{R}'$. If the x_i be subjected to a linear transformation A and the y_k to B, then the $m \cdot n$ linearly independent quantities $x_i y_k$ undergo a certain linear transformation $A \times B$ induced in the product space $\mathfrak{R} \times \mathfrak{R}'$ by A in $\mathfrak{R}$ and B in $\mathfrak{R}'$. The rule of composition is: if $\mathfrak{R}$, $\mathfrak{R}'$ be the system spaces of the physical systems P, P' respectively, then $\mathfrak{R} \times \mathfrak{R}'$ is the system space of the total system composed of both P and P'. An operator A which represents a physical quantity of P in $\mathfrak{R}$ must be replaced by $A \times 1$ in order to represent the same quantity in the total system space $\mathfrak{R} \times \mathfrak{R}'$; $\times 1$ is here the identity in $\mathfrak{R}'$. This factor $\times 1$

[1] GQ, §17.

leaves all relations between the operators A undisturbed. Similarly, an operator B which represents a quantity of P' in $\mathfrak{R}'$, must be replaced by $1 \times B$. It is thus possible to represent the quantities of P and P' by operators in the *same* system space $\mathfrak{R} \times \mathfrak{R}'$ without affecting the relations which exist between the quantities of either system. This is the situation intended when we say that the total physical system consists of two *kinematically independent parts*.

What influence has multiplicative composition on the infinitesimal operators? The equation
$$d(x_i y_k) = dx_i \cdot y_k + x_i \cdot dy_k$$
shows that the infinitesimal transformations
$$dx = Ax, \quad dy = By$$
in $\mathfrak{R}$ and $\mathfrak{R}'$ induce the infinitesimal transformation
$$(A \times 1) + (1 \times B)$$
in the product space. In this sense infinitesimal operators behave additively on multiplicative composition.

Let the group γ of rotations induce representations
$$\mathfrak{U} : s \to U(s) \text{ in } \mathfrak{R}, \quad \mathfrak{U}' : s \to U'(s) \text{ in } \mathfrak{R}';$$
it therefore induces the representation
$$\mathfrak{U}' \times \mathfrak{U}' : s \to U(s) \times U'(s)$$
in product space $\mathfrak{R} \times \mathfrak{R}'$. Applying this to infinitesimal rotations and using the formula just derived for such we obtain the theorem: The moment of momentum of a physical system which consists of two kinematically independent parts is equal to the sum of the moments of momentum of the two partial systems. One might think that the same argument would hold for the operators in system space which give the infinitesimal displacement of the state vector in time, i.e., that the energy of the whole is equal to the sum of the energies of the parts. But there is an essential distinction between these two cases; the rotation in space is a virtual process, whereas the displacement in time describes what

actually happens. And this has as consequence that the law of the addition of energy only holds when the partial systems are dynamically, as well as kinematically, independent, i.e., when there is no interaction between them. The same theorem for angular momentum is not bound to this condition.

If the one part has an angular momentum whose magnitude is j and the other part j', then the angular momentum of the whole is, on classical mechanics, capable of all values between the limits $j+j'$ and $|j-j'|$. The various possibilities are conditioned by the various angles which the two moments, vectors of lengths j and j', can make with each other. What is the analogous problem in quantum mechanics? We must build the cross-product of the two irreducible representations Γ_j, Γ_j' and decompose it into its irreducible constituents. The problem is solved by the formula[1]

$$\Gamma_j \times \Gamma_j' = \Sigma_\iota \, \Gamma_\iota$$

where ι takes on each of the values $j+j'$, $j+j'-1$, $\cdots$, $|j-j'|$ exactly once.

In order to follow the construction of an atom from electrons we will find it convenient to make use of a *vector model*, into which the angular momenta of the single electrons are introduced and added together in order to obtain the total. The mathematical interpretation given this model by quantum mechanics is characterized by the two circumstances:

(1) The determination of the various numerical possibilities is to be interpreted as decomposition into invariant irreducible sub-spaces;

(2) The addition of vectors has its mathematical counterpart in the multiplicative composition of the representations induced in these sub-spaces.

[1] GQ, §30.

This interpretation accounts for the following deviations from classical mechanics:

1) The inner quantum number j is restricted to the discrete values $0, \frac{1}{2}, 1, \frac{3}{2}, \cdots$;

2) The square of the absolute value of the angular momentum is $j(j+1)$ instead of j^2;

3) The inner quantum number obtained on composition is not capable of all values between $j+j'$ and $|j-j'|$, but only of those among them which differ from $j+j'$ by an integer.

In Schrödinger's wave theory the inner quantum number is only capable of integral values. This is, however, in disagreement with the observations on alkali spectra, which show a doublet with inner quantum numbers $j=l\pm\frac{1}{2}$ instead of a simple term with inner quantum number l. But if the wave function ψ has two components ψ_1, ψ_2 which depend on the coordinate system in such a way that under the influence of a rotation s they undergo that transformation which corresponds to s in the representation $\Gamma_{\frac{1}{2}}$, these facts are readily explained. The situation can be described by considering the single electron to consist in abstract of two kinematically independent parts, the electron translation and the electron spin.[1] The arguments (x, y, z) in ψ characterize the components in the system space associated with the translation and the indices 1, 2 the components in the two-dimensional system space associated with the spin. The angular momentum of translation is given by the classical formula (5); its inner quantum number is always integral and is called the azimuthal quantum number of the electron. The inner quantum number of the spin is $\frac{1}{2}$. If we distinguish in this way between the translatory angular momentum and the spin of each electron we arrive naturally

[1] GQ, §37.

at the Hund vector model of the atom which solved the problem of atomic line spectra with such a definite success. But this model is not to be taken literally; we obtain it in a new interpretation, in which the deviations 1)—3) from classical mechanics are explained from a unified viewpoint and not by hypotheses added *ad hoc*. This is the service rendered by the new quantum theory.

I have taken pains to show clearly the simple correspondence between the language of classical mechanics and that of quantum theory. There can be no doubt that to the same extent as the use of vectors, capable of all magnitudes and directions, and their additive composition were appropriate mathematical instruments for classical mechanics, so are decomposition into invariant sub-spaces relative to a given group and multiplicative composition of its representations the basic mathematical operations for the description of the same physical phenomena in the new mechanics. But far be it from me to exaggerate the importance of such a mathematical language. It is the same as with ordinary language; it is true that it can be of considerable assistance to thought, which should strictly be alone directed on the subject, in that it assists in fixing partial knowledge already won for further use. But it is also true that it entails the danger of carrying the spirit away from the subject proper into the void; poets and philosophers have occasionally made a virtue of such a predicament. But, after all, the clothing of physical relationships in a mathematical symbolism adapted for other purposes is not to be tolerated for long; hence it would be ungrateful of physics to refuse the valet service performed by mathematics in divesting it of an outworn and shabby garment. The foregoing is what I wish to present here for your consideration as an illustration of the applications of group theory to the new quantum mechanics.

87.

The problem of symmetry in quantum mechanics

Journal of the Franklin Institute 207, 509—518 (1929)

An atom or an ion, whose nucleus is considered as a fixed center of force O, possesses two kinds of symmetry properties: (1) the laws governing it are spherically symmetric, i.e., invariant under an arbitrary rotation about O, (2) it is invariant under permutation of its ν electrons. The first type of symmetry is described by the continuous group γ of orthogonal transformations of the spacial coördinates xyz and the second by the finite symmetric group of order $\nu!$ which consists of all permutations of ν things. Quantum mechanics represents the state of a given physical system by means of the vectors—or rather the rays—of an associated unitary system space $\mathfrak{R}_n$. The dimensionality n of $\mathfrak{R}_n$ is in general infinite, unless we restrict ourselves to states in which the energy, for example, possesses a definite value. The transformations which allow us to pass from one normal coördinate system to another such in unitary vector space are the unitary transformations, under which the fundamental form

$$\bar{x}_1 x_1 + \bar{x}_2 x_2 + \cdots + \bar{x}_n x_n$$

is invariant. I can now indicate how the representations of the symmetry group are introduced into quantum theory; I take the first type of symmetry as an instance. On subjecting the atom to the virtual rotation s an arbitrary state $\mathfrak{x}$ of the atom goes over into a new state $\mathfrak{x}'$; all relations and properties which have an objective significance must remain unaltered under s, and the transition $\mathfrak{x} \to \mathfrak{x}'$ must therefore constitute a unitary transformation $U(s)$ of system space into itself. It is furthermore clear that on compounding two rotations s the corresponding transformations $U(s)$ are likewise compounded

$$U(st) = U(s)\,U(t).$$

And this is exactly what we mean when we say that the correspondence $s \to U(s)$ is a unitary representation of the group γ in system space.

From the physical standpoint there exists an essential difference between the two kinds of symmetry which we have mentioned; the spherical symmetry can be destroyed by external influences, but the intrinsic identity of the electrons can not. If, for example, the atom is in a homogeneous magnetic field the rotational symmetry of the laws to which it is subject is reduced to the symmetry described by the group of rotations about the direction of the magnetic field. We shall in the following be exclusively concerned with that indestructible symmetry which is due to the intrinsic identity of all electrons.

I shall first develop the fundamental concepts of the theory of groups which we need for our present purpose. The vector spaces in which we operate are always unitary; only normal coördinate systems are allowed and all linear transformations are unitary, even though we do not mention it explicitly. The two fundamental operations on vector spaces are *additive* and *multiplicative composition*. If

$$\mathfrak{x} = (x_1, \cdots, x_m) \qquad \mathfrak{y} = (y_1, \cdots, y_n)$$

be vectors in the m- and n-dimensional vector spaces $\mathfrak{R}$, $\mathfrak{S}$ respectively, we consider the pair $(\mathfrak{x}, \mathfrak{y})$ with $m + n$ components $(x_1, \cdots, x_m, y_1, \cdots, y_n)$ as a vector in a new $(m + n)$-dimensional space $\mathfrak{R} + \mathfrak{S}$. A linear transformation $\mathfrak{x} \to \mathfrak{x}' = A\mathfrak{x}$ in $\mathfrak{R}$ and a linear transformation $\mathfrak{y}' = B\mathfrak{y}$ in $\mathfrak{S}$ together constitute a linear transformation A,B in the total space, which is conversely decomposed into the transformations A and B of the linear sub-spaces $\mathfrak{R}$, $\mathfrak{S}$ of $\mathfrak{R} + \mathfrak{S}$. It is in fact, this process of addition which allows us to generate an n-dimensional vector space from the one-dimensional, which is nothing other than the continuum of complex numbers.

On the other hand, we consider the totality of products $x_i y_k = z_l$ as the components of a vector $\mathfrak{x} \times \mathfrak{y}$ in an (mn)-dimensional space $\mathfrak{R} \times \mathfrak{S}$. l is an abbreviation for the pair (i, k) which serves to indicate the various vector components in the product space. Under the influence of linear transformations A and B of x_i and y_k the products z_l undergo a linear transformation which we denote by $A \times B$. This process is the foundation of tensor analysis; a tensor of third order in the vector space $\Re$ for example, is the same as a vector in $\Re \times \Re \times \Re = \Re^3$ and under the influence of a linear transformation A in $\Re$ the tensor components undergo the corresponding transformation $A \times A \times A$ of $\Re^3$. Multiplicative composition is of utmost importance in quantum theory for the following reason: If $\Re$ be the system space of a physical system P and $\mathfrak{S}$ that of the system Σ, then $\Re \times \mathfrak{S}$ is the system space of the total system composed of the two parts P, Σ. The special case considered above—that of repeated $\times$-multiplication of $\Re$ with itself—is of particular interest for our present discussion: if $\Re$ be the system space of a single electron moving in the field of the nucleus the state of each of the ν electrons of the atom can be represented as a vector in the same system space $\Re$ because of the likeness of the electrons, and the state of the atom is therefore represented by a vector in $\Re \times \Re \times \cdots \times \Re$ (ν factors) or by a tensor of order ν in $\Re$.

But to return to the theory of groups, let γ be a given group and let s run through the elements of γ. If $\mathfrak{a} : s \to A(s)$ be a unitary representation of γ of degree m (i.e. a unitary representation in the m-dimensional vector space $\Re$) and $\mathfrak{b} : s \to B(s)$ a representation in the n-dimensional vector space $\mathfrak{S}$ then $s \to A(s), B(s)$ is a representation in the $(m + n)$-dimensional space $\Re + \mathfrak{S}$. We designate this representation by $\mathfrak{a} + \mathfrak{b}$. Conversely $\mathfrak{a} + \mathfrak{b}$ is decomposed into the two independent constituents $\mathfrak{a}$ and $\mathfrak{b}$. A representation is said to be *primitive* if it cannot be so decomposed by any choice whatever of the normal coördinate system in system space. Two representations which differ only in the coördinates in terms of which they are expressed are said to be *equivalent*. The *first fundamental problem* for the theory of representations is *to construct a complete system of inequivalent primitive representations of the given group* γ. The solution of this problem for the symmetric group is due for the most part to G. Frobenius. Again, the product $\mathfrak{a} \times \mathfrak{b}$ of two representations $\mathfrak{a}$ and $\mathfrak{b}$ is defined by the correspondence $s \to A(s) \times B(s)$. The *second fundamental problem* is: *Given the primitive representations* $\mathfrak{a}$ *and* $\mathfrak{b}$ *of* γ, *to decompose* $\mathfrak{a} \times \mathfrak{b}$ *into its primitive constituents.*

The trace of $A(s)$—the sum of the elements in the principal diagonal of the matrix $A(s)$—is the group-characteristic, or simply the character $\chi(s)$ of the representation $\mathfrak{a}$; equivalent representations have the same characters. The converse of this theorem is valid for unitary representations, and we can consequently employ the character to designate the representation. The character of $\mathfrak{a} + \mathfrak{b}$ is the sum of the characters of $\mathfrak{a}$ and $\mathfrak{b}$, and that of $\mathfrak{a} \times \mathfrak{b}$ is their product. We always have

$$\chi(s^{-1}) = \bar{\chi}(s).$$

The characters of inequivalent primitive representations constitute an orthogonal system

$$\mathfrak{M}\{\bar{\chi}(s)\chi(s)\} = 1, \qquad \mathfrak{M}\{\bar{\chi}(s)\chi'(s)\} = 0$$

where χ, χ' are inequivalent and $\mathfrak{M}$ denotes the mean value. In this formulation I have in mind primarily finite groups— such as the symmetric group—but the theory is also valid for closed continuous groups; the mean value is then obtained by integrating over the group manifold instead of by summation. If the representation X contains the primitive representation χ exactly g times, the primitive representation χ' g' times, etc., then

$$X(s) = g\chi(s) + g'\chi'(s) + \cdots.$$

The coefficients g are uniquely determined by this equation; e.g. we have

$$(*) \qquad g = \mathfrak{M}\{X(s)\bar{\chi}(s)\}.$$

The decomposition of a representation X into its primitive constituents is consequently unique (in the sense of equivalence) and equation (*) shows how many times the primitive representation χ occurs in X. In particular this equation gives the solution of our second fundamental problem: The number of times that the primitive representation χ occurs in the cross product of the two primitive representations χ_1, χ_2 is given by the mean value

$$g = \mathfrak{M}\{\chi_1(s)\chi_2(s)\bar{\chi}(s)\}.$$

We take as an example the group Γ_n of all unitary transformations in n dimensions, a case of great importance for physics. Since Γ_n itself consists of linear unitary transformations, the correspondence $s \to s$ constitutes a representation — in fact, a primitive representation— i, the field of operation or *substratum* of which is the aggregate of *vectors* of the n-dimensional vector space. All tensors of order ν constitute the substratum of the representation $i \times i \times \cdots \times i = i^\nu$ (ν factors) but it is not primitive. Take, for example, the case $\nu = 2$. There are symmetric and anti-symmetric tensors of order 2. Since such symmetry is not destroyed by linear transformation of the vector space, the $\frac{1}{2}n(n-1)$-dimensional linear family of all anti-symmetric tensors of second order constitute the substratum of a representation of Γ_n contained in the representation $i \times i$. This representation, as well as that obtained from symmetric tensors, is primitive, and $i \times i$ is decomposed into these two primitive constituents. This simplest case suggests that the substrate of the primitive representations contained in i^ν are *tensors of order ν with certain definite symmetry properties.* We must therefore examine the various types of symmetry possible in tensors of order ν. But this problem is closely related to that of the representations of the group σ_ν of permutations of ν things. This can be shown quite readily, but I shall content myself with giving the result. With each representation $\mathfrak{d}$ of σ_ν there is associated a definite representation $\mathfrak{G}$ of Γ_n of order ν. This correspondence is to be understood in the sense that on both sides equivalent representations are to be taken as indistinguishable. $\mathfrak{G}$ is primitive if $\mathfrak{d}$ is; if $\mathfrak{d}$ be of degree f then $\mathfrak{G}$ occurs exactly f times in i^ν. If χ be the group-characteristic of $\mathfrak{d}$, I designate $\mathfrak{G}$ more precisely by $\mathfrak{G}_\chi$. $\mathfrak{R} \times \mathfrak{R} \times \cdots \times \mathfrak{R}$ is decomposed into a number of primitive sub-spaces $\mathfrak{R}_\chi^\nu$ which are independent of the coördinate system employed, and the group of all unitary transformations in $\mathfrak{R}$ induces in each of these a primitive representation $\mathfrak{G}_\chi$. This correspondence between the representations $\mathfrak{d}$ and $\mathfrak{G}$ of σ and Γ must be expressible by a simple relation between their characters χ and $\mathbf{X}$. I shall not write down this formula, but I shall have occasion to refer to it later and shall call it the "bridge"; that is, the bridge which connects the representations of σ and Γ.

Since continuous groups are much easier to handle than discrete, the "bridge" leads over X to an explicit determination of the primitive character χ of the permutation group σ_ν.

Diagram $\mathfrak{S}$

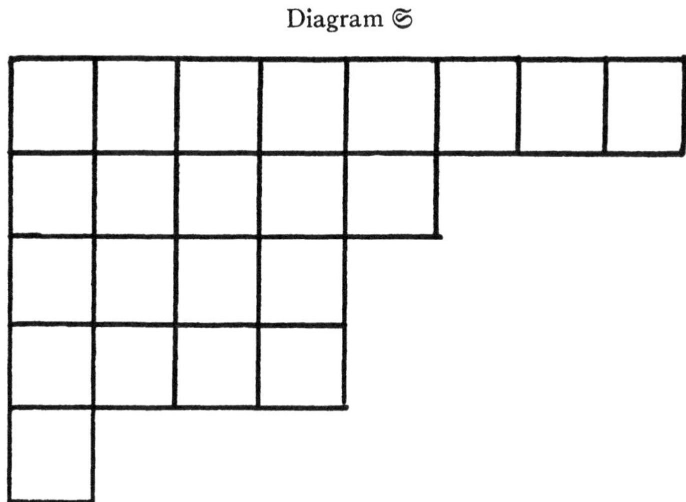

I have yet to indicate the simple construction which enables us to obtain the tensors of order ν of highest possible symmetry. By a permutation s a tensor F of order ν is changed into sF. On subjecting an arbitrary tensor F to all possible permutations s we can generate the most general symmetric tensor by the formula $\sum_s sF$ and the most general antisymmetric one by $\sum_s \pm sF$. The sign $\delta_s = \pm$ is $+$ if s be an even permutation and $-$ if it be odd. We call the first process symmetrization and the second alternation. We now write the numbers from 1 to ν in a diagram $\mathfrak{S}$ which consists of non-interrupted rows and columns as in the accompanying figure. An arbitrary tensor is subjected to symmetrization with respect to the figures of each of the rows and then to alternation with respect to the figures of each of the columns. The tensors so found constitute a linear family which is the substratum of a primitive representation $\mathfrak{G}_\chi$ of Γ of order ν, which is determined by the diagram $\mathfrak{S}$, and to this there corresponds a definite primitive representation $\mathfrak{d}$ of σ_ν. Different diagrams give rise to inequivalent representations. If the diagram consists of but one row, we obtain the family of all symmetric tensors; the corresponding representation of σ_ν is one-dimensional and associates the identity $x' = x$ with each permutation s. If the diagram consists of but one column we obtain antisymmetric tensors; the corresponding representation of σ_ν is again one-dimensional and associates the transformation $x' = \delta_s x$ with the permutation $s : \chi(s) = \delta_s$. On interchanging rows and columns in $\mathfrak{S}$ we obtain the dual diagram $\mathfrak{S}^*$; the corresponding characteristics are related by

$$\chi^*(s^{-1}) = \delta_s \chi(s) \quad \text{or} \quad \bar{\chi}^*(s) = \delta_s \chi(s).$$

The primitive sub-spaces $\mathfrak{R}_\chi^\nu$ of $\mathfrak{R} \times \mathfrak{R} \times \cdots \times \mathfrak{R}$ have the following significance for quantum physics: If the state of an atom is represented by a vector in $\mathfrak{R}_\chi^\nu$ no influence can drive it out of $\mathfrak{R}_\chi^\nu$. To each sub-space there belongs a certain symmetry-class of spectral terms; equivalent sub-spaces— in which Γ_n induces equivalent primitive representations— yield the same terms. Corresponding to the primitive representation χ (of degree f) of the permutation group there is a single class of terms whose members are f-fold, and it is impossible to resolve this hidden multiplicity. The various primitive sub-spaces are, so to speak, worlds which are fully isolated from one another. But such a situation is repugnant to Nature, who wishes to relate everything with everything. She has accordingly avoided this distressing situation by annihilating all these possible worlds except one—or better, she has never allowed them to come into existence! The one which she has spared is that one which is represented by anti-symmetric tensors, and this is the content of Pauli's exclusion principle. The system space of an atom is accordingly not the space $\mathfrak{R}^\nu$ of all tensors of order ν in $\mathfrak{R}$ but only the sub-space of anti-symmetric tensors. Our entire theory thus appears to be quite superfluous for physics— were it not for the spinning electron!

Briefly and vaguely stated, this amounts to the following: the electron is in the abstract composed of two partial systems, the electron translation and the electron spin. Denoting the corresponding system spaces by $\mathfrak{R} = \mathfrak{R}_n$ and $\mathfrak{R}' = \mathfrak{R}_a$ the system space of the electron is $\underline{\mathfrak{R}} = \mathfrak{R}' \times \mathfrak{R}$. The dimensionality n is infinite, but the dimensionality a appears to be 2. But the dynamical laws governing the state vector in $\underline{\mathfrak{R}}$

involve to first approximation (on neglecting the small perturbation due to the spin) only the translational part $\mathfrak{R}$ of $\underline{\mathfrak{R}} = \mathfrak{R}' \times \mathfrak{R}$. Let $\Gamma_a = \Gamma'$, $\Gamma_n = \Gamma$ and $\underline{\Gamma}$ denote the groups of unitary transformations in $\mathfrak{R}_a$, $\mathfrak{R}_n$ and the product space $\mathfrak{R}_a \times \mathfrak{R}_n$ and u', u the elements of the first two. Let $\mathfrak{G}'_{\chi'}$ be a primitive representation of $\Gamma' : u' \to U'$; $\mathfrak{G}_\chi$ of $\Gamma : u \to U$. Then the correspondence

$$(u' \times u) \to (U' \times U)$$

yields a primitive representation of $\Gamma' \times \Gamma$ which we designate by $\mathfrak{G}'_{\chi'} \otimes \mathfrak{G}_\chi$; its character belonging to the element

$$u' \times u \quad \text{is} \quad \chi'(u')\chi(u).$$

The quantum-theoretic symmetry problem is now: $\mathfrak{G}_\zeta$ being a primitive representation of $\underline{\Gamma}$, to determine how $\mathfrak{G}_\zeta$ is decomposed into primitive constituents of the form $\mathfrak{G}'_{\chi'} \otimes \mathfrak{G}_\chi$ on restricting $\underline{\Gamma}$ to the sub-group $\Gamma' \times \Gamma$. We can add this third problem, formulated generally, to the above mental-funda problems. The "bridge" reduces it to the second fundamental problem for the symmetric group, by means of the following reciprocity: $\mathfrak{G}_\zeta$ contains the representation $\mathfrak{G}' {}_{\chi'} \cdot \mathfrak{G}_\chi$ on restricting $\underline{\Gamma}$ to $\Gamma' \times \Gamma$ as many times as the representation of $\mathfrak{d}_{\chi'} \times \mathfrak{d}_\chi$ contains the representation $\mathfrak{d}_\zeta$. But in accordance with (*) this multiplicity is given by

$$g = \mathfrak{M}\{\chi'(s)\chi(s)\overline{\zeta}(s)\}.$$

The quantum theory is only interested in the case where $\mathfrak{G}_\zeta = \{\mathfrak{G}\}$ is the Pauli representation which is associated with the character $\zeta(s) = \delta_s$. But $\chi(s)\delta_s$ is by the above $\bar{\chi}^*(s)$ and in consequence of the orthogonal properties of $\chi(s)$ mentioned above $g = 1$ or 0 according as χ' is the dual of χ or not. The representation induced by the group $\Gamma' \times \Gamma$ in the Pauli system-space of the atom contains only primitive constituents of the form $\mathfrak{G}'_{\chi^*} \otimes \mathfrak{G}_\chi$ and these but once. Finally, we must replace the element u' (which has so far been arbitrary) of Γ' by the identity. On thus restricting ourselves to the transformations $1 \times u$ of $\underline{\Gamma}$, $\{\mathfrak{G}\}$ becomes a representation of Γ whose decomposition into irreducible constituents is given, in accordance with our development, by

$$\sum_\chi F_a(\chi^*)\mathfrak{G}_\chi,$$

where $F_a(\chi^*)$ means the degree of $\mathfrak{G}'_{\chi*}$, i.e. the degree of the representation of the a-dimensional linear group which corresponds to the dual character χ^*. Again restricting ourselves to the electron translation, as is natural when the spin perturbation is neglected, the Pauli exclusion principle together with the existence of spin produces the following modifications of our original theory: The multiplicity of the term class χ is no longer $f(\chi)$, the degree of the irreducible representation χ of the permutation group, but is now $F_a(\chi^*)$. In particular, all term classes whose symmetry diagrams possess more than a columns do not occur. The various classes of terms exist side by side, for their isolation is destroyed by the spin-perturbation which gives rise to weak intercombinations; furthermore, the spin-perturbation resolves the "multiplets" of a class into a number of simple components which is given by the degree $F_a(\chi^*)$.

The reciprocity indicated above is concerned with the case in which Γ_{an} is restricted to $\Gamma_a \times \Gamma_n$, but we can set up the analogue for the permutation group. Divide the numbers from I to ν into two classes containing ν' and ν'' integers: $\nu' + \nu'' = \nu$. An arbitrary permutation p' of the numbers in the first class and an arbitrary permutation p'' of those in the other class together constitute a permutation of all the numbers which is designated by $p' \times p''$ in accordance with our convention; these special permutations constitute a sub-group $\sigma' \times \sigma''$ of $\sigma = \sigma_\nu$. If $\mathfrak{d}_\zeta$ be a primitive representation of σ, then on restricting σ to the sub-group $\sigma' \times \sigma''$, $\mathfrak{d}_\zeta$ is decomposed into certain primitive constituents of the form $\mathfrak{d}'_{\chi'} \otimes \mathfrak{d}''_{\chi''}$. The factors $\mathfrak{d}'$, $\mathfrak{d}''$ are representations of σ' and σ'' respectively. And the second reciprocity theorem to which we are immediately led by the "bridge," is: $\mathfrak{d}'_{\chi'} \otimes \mathfrak{d}''_{\chi''}$ appears in $\mathfrak{d}_\zeta$, if considered as a representation of the subgroup $\sigma' \times \sigma''$, exactly as many times as the representation $\mathfrak{G}_{\chi'} \times \mathfrak{G}_{\chi''}$ of the unitary group Γ contains the primitive representation $\mathfrak{G}_\zeta$ of the same.

This reciprocity law governs the fundamental chemical problem of combining two atoms to obtain a molecule. Let the number of electrons contained in the two atoms and the molecule be ν', ν'' and $\nu = \nu' + \nu''$, and let the atoms be in the symmetry states characterized by the permissible representations χ', χ'' of σ', σ''. The molecule which is obtained by combining the two atoms will be in one of the symmetry states ζ whose corresponding $\mathfrak{G}_\zeta$ appears in $\mathfrak{G}_{\chi'} \times \mathfrak{G}_{\chi''}$ and the calculation of the associated energy is accomplished with the aid of the characteristics. These circumstances, which cannot be represented by a spacial picture, constitute the basis for the understanding of the homeopolar bond, the attraction (or repulsion) existing between neutral atoms. The second fundamental problem as applied to the unitary group Γ is the quantum-theoretic formulation of that combinatorial problem which the chemists describe by the aid of valence bonds.

Unfortunately it has not been possible to show here how completely the mathematical methods of the theory of representations lend themselves to these physical applications. The connection between mathematical theory and physical application which are revealed in the work of Wigner, v. Neumann, Heitler, London and the speaker is here closer and more complete than in almost any other field. The theory of groups is the appropriate language for the expression of the general qualitative laws which obtain in the atomic world. In particular the reciprocity laws between the representations of the symmetry group σ_ν and the unitary group Γ are the most characteristic feature of the development which I have here indicated; they have not previously come into their own in the physical literature, in spite of the fact that quantum physics leads very naturally to this relation.

88.

Felix Kleins Stellung in der mathematischen Gegenwart

Die Naturwissenschaften 18, 4—11 (1930)

Hochgeehrte Anwesende!

Uns allen, denen es vergönnt war, eine Strecke des Weges, den FELIX KLEIN hier in Göttingen durchmessen hat, mit ihm zusammenzugehen, wird in diesen Tagen immer wieder die Erinnerung an ihn lebendig. Es ist uns, als stünde er hinter der Schwelle und würde jetzt hereintreten, mit jenem etwas steifen, aber guten Lächeln auf den Lippen, mit dem er, dem Partner schrankenlos menschliche Gleichberechtigung einräumend, für selbständige Mitarbeit an seinen Zielen dankte, die Rede aber mit jener charakteristischen Bewegung der Hände begleitend, als hielten sie die lenkenden Zügel gespannt umschlossen. Es ist ja *sein* Werk, das von ihm ersonnene und begonnene, immer wieder durchdachte und auf vielen Wegen geförderte, dessen Krönung Göttingen und die Mathematik heute feiern. Nicht *von* ihm sollte heute die Rede sein, sondern *er* hätte zu uns sprechen sollen, rückblickend und vorblickend uns die Ideen und Kräfte weisend, aus denen das Werk gewachsen ist, in einer jener Ansprachen, in denen sein großer Charakter hervorleuchtete, voll Genie, Tatkraft und Willenszucht. Er hat es nicht erlebt, weil auch über sein Ackerland der eiserne, zerrüttende Krieg stampfte. So müssen wir uns denn bescheiden, seiner heute in Dankbarkeit und Ehrfurcht zu gedenken.

Aber nicht den mächtigen und ideenreichen Organisator, der er war, möchte ich Ihnen zeichnen, der für die Herausführung der Mathematik aus ihrer kulturellen Isolierung, für ihre Verknüpfung mit den Anwendungen in Physik und Technik, für die Belebung und Modernisierung des mathematischen und naturwissenschaftlichen Unterrichts an Mittel- und Hochschulen so fruchtbringend gewirkt hat, nicht seine Wirksamkeit als Hochschullehrer will ich schildern, die im Felde der Mathematik kaum je vor oder nach ihm ihresgleichen hatte, sondern diese Stunde möge der Besinnung darüber

gewidmet sein, *welche Stelle Klein durch die Methoden und Erträge seiner wissenschaftlichen Forschung im Gefüge der gegenwärtigen Mathematik inne hat.* Und auch da sei es mir erlaubt, mich auf *die reine Mathematik* zu beschränken. Ich bin mir bewußt, wie sehr ich dadurch zum mindesten gegen das KLEINsche Ideal verstoße, das die Mathematik stets in Wechselwirkung mit ihren Anwendungen gesetzt und betrachtet wissen wollte. Er hat GAUSS in seinen historischen Vorlesungen die Krone unter den Mathematikern zugesprochen, weil „er die größte Einzelleistung in jedem ergriffenen Gebiet mit größter Vielseitigkeit verband und weil *mathematische Erfindungskraft, Strenge der Durchführung und praktischer Sinn für die Anwendungen bis zur sorgfältig ausgeführten Beobachtung und Messung einschließlich*" bei ihm sich die Waage hielten. KLEINs Verhältnis zu den Anwendungen war, das darf wohl unumwunden ausgesprochen werden und rechtfertigt in etwas die von mir geübte Beschränkung, wesentlich loser als die GAUSSens. Er ist hier doch nur gelegentlich und dann mehr ordnend als eigentlich schöpferisch hervorgetreten. Das *Kreiselbuch* etwa wurde zur exemplarischen Durchführung eines selbstauferlegten Programms entworfen und kann meinem Empfinden nach schon darum nicht wetteifern mit seinen großen rein mathematischen Schöpfungen, die in viel höherem Maße den Stempel der Freiheit und Notwendigkeit tragen. Wenn er von seinem Büchlein *über Riemanns Theorie der algebraischen Funktionen* aus dem Jahre 1882 sagt, daß er es „geradezu als Physiker" geschrieben habe, so kennzeichnet er damit vortrefflich die Methode und den Geist jener epochemachenden Schrift: Aber der Verfasser war kein Physiker — auch nicht, wenn er damals die fundamentalen Existenzsätze auf der RIEMANNschen Fläche ableitete, indem er sich die Fläche als einen homogenen Leiter dachte, in welchem die Verteilung des elektrischen Stromes durch die Quellen eindeutig festgelegt wird. Zwar hatte ihm am Anfang seiner wissenschaftlichen Laufbahn, unter dem Einfluß seines Lehrers PLÜCKER, des

---

[1] Rede, gehalten in der Festsitzung der Göttinger Mathematischen Gesellschaft, aus Anlaß der Einweihung des Mathematischen Instituts, 3. Dez. 1929.

Geometers und Experimentalphysikers, die *Physik* als eigentliches Forschungsziel vorgeschwebt. Aber schon in seiner Studienzeit in Bonn faßte er den Plan, zur Vorbereitung darauf zunächst die verschiedenen Zweige der Mathematik einen nach dem anderen gründlich kennenzulernen. Ein Physiker, der dieses vernimmt, wird sich kaum eines Lächelns erwehren. Aber jenen Streifzug durch alle Gebiete der Mathematik, der dann zu einem großen Beutezug wurde, das muß man ihm zugestehen, den hat er meisterhaft durchgeführt; nur blieb er dabei natürlich in der Mathematik stecken. *Im Zentrum seiner wissenschaftlichen Persönlichkeit war Klein reiner Mathematiker und ist es stets geblieben.*

Alles Gestalten lebt in einer unüberwindlichen Spannung: daß es nämlich auf der einen Seite etwas rein Ideales, Objektives, sachlich Gefordertes und darum einmal Notwendiges ausdrückt, als ob ein Jenseitiges, das Gestalt werden will, den Menschen nur dränge und als Mundstück der Verkündigung benutze; daß sein Erzeugnis aber auf der anderen Seite doch der Geschichte des Geistes, dem Augenblick der Entstehung verhaftet bleibt und sich von dem geschichtlichen Prozeß nicht als totes Resultat abheben und konservieren läßt. Die Wissenschaft als Lehre vom Gültigen, das hohe objektive Gut, dem der Mensch demütig dient, und zugleich als ein Zweig menschlichen Schaffens, an dessen Produkte die Souveränität des Lebens selber nicht preisgegeben werden darf. Gott als ewig Vollendeter und ewig Werdender. In der Mathematik ist die Gefahr besonders groß, nur die erste, die objektive Seite gelten zu lassen; der Mathematiker neigt zur Verabsolutierung. Von dieser Blindheit war KLEIN frei. Die Vorlesungen, welche er über die Geschichte der Mathematik im 19. Jahrhundert während der Kriegszeit gehalten hat, offenbaren seinen großen *historischen Sinn*. Er sieht die Dinge im Relief ihrer Geschichte. Seine zurückhaltende Stellung den Grundlagen gegenüber hängt damit zusammen. Er betonte gerne, daß die Erkenntnis sozusagen in der Mitte beginnt und nicht nur nach oben, sondern auch nach unten zu sich ins Ungewisse verliert. Unsere Aufgabe ist es, in beiden Richtungen allmählich das Dunkel zurückzudrängen; das absolute Fundament aber, der große Elephant, der den Turm der Wahrheit auf seinem sicheren Rücken trägt, sei wohl nur ein Märchen.

In einer anderen Hinsicht erscheint mir KLEIN befangener. Er sah wohl mit freiem Blick und förderte in vielseitiger Weise die Verbindung mit den Anwendungen nach der empirisch-naturwissenschaftlichen und technischen Sphäre hin. Doch ist zu sagen, daß die Mathematik daneben eine zentrale Rolle spielt *im Aufbau der geistigen Welt*. Das Mathematisieren ist wie Mythos, Sprache, Musik eine der ursprünglichen schöpferischen Verhaltungsweisen des Menschen, in denen sein tiefstes Menschentum, der geistige Gestaltungswille hervorbricht und zum Ausdruck der Weltenharmonie drängt. KLEIN hat es beklagt, daß „es der deut-

schen Gesellschaft versagt zu sein scheine, eine einheitliche Kulturstimmung herauszubilden, die das exakt-wissenschaftliche Element als einen eigenartigen und selbstverständlichen Bestandteil mitumfaßt". Wenn in dieser Hinsicht vielleicht heute doch ein leichter Wandel sich anbahnt, so liegt das gewiß einmal an dem außerordentlich gesteigerten technischen Interesse, durch das die Form des exakten Denkens von breiten Massen Besitz ergreift — obwohl mir auf Grund von Erfahrungen an der heranwachsenden Jugend da manchmal einige Zweifel aufsteigen: ich habe ein paarmal beobachtet, daß gerade die Jungen, deren Interesse leidenschaftlich den Motorsports zugewendet ist, sich gegenüber der theoretischen Durchdringung, dem Unterricht in der Mechanik z. B., besonders feindselig zeigen. Entscheidender jedenfalls scheint mir, daß jene geistigen oder, wenn ich das lang verpönte Wort gebrauchen darf, metaphysischen Bezüge wieder lebendiger unter uns geworden sind. Eine gewandelte Haltung den Kulturgebilden gegenüber, wofür etwa das anfechtbare, aber glühende SPENGLERsche Buch oder CASSIRERs viel gründlicher fundierte *Philosophie der symbolischen Formen* charakteristisch sind, ist vor allem dafür verantwortlich. Die Relativitätstheorie leistete mächtigen Sukkurs. Die ungleich höhere Bedeutung, die heute bei den Bemühungen um das Verständnis der Antike der Mathematik wieder zugewendet wird, solche Bücher wie das von ERICH FRANK über *Plato und die Pythagoreer* oder SPEISERs *Klassische Stücke der Mathematik*, auch eine Gestalt wie der jung dahingegangene GRAESER, dem wir die Rekonstruktion von BACHs „Kunst der Fuge" verdanken, sind dafür symptomatisch. Nach dieser Seite hin war KLEIN von Natur aus weniger offen als nach der Seite der Anwendungen hin. Der Sinn des grundsätzlichen philosophischen Fragens ist ihm wohl niemals voll aufgegangen — von so hoher Bedeutung natürlich seine philosophischen Äußerungen sind als Ausdruck der gesammelten geistigen Erfahrung eines Mannes von seltener Vielseitigkeit und Produktivität. Aber hier blieb er den Dogmen seiner Zeit, dem Empirismus und einer Psychologie eng verhaftet, für welche MACH der extreme Repräsentant ist und die uns heute, gerade auch von einem vorurteilslosen empirischen Standpunkt aus, immer fragwürdiger zu werden beginnt.

Der hervorstechendste Zug in KLEINS wissenschaftlicher Persönlichkeit ist *die Leidenschaft zum Mischen, zum Zusammenbiegen*, die verschiedensten Disziplinen einander durchdringen zu lassen. Er hat sie nicht nur im Verhältnis der Mathematik zu den Anwendungen, sondern fruchtbarer noch intern, im Verknüpfen der verschiedenen mathematischen Forschungszweige und Denkweisen betätigt. Hierin, in der Erfassung innerer Zusammenhänge und Beziehungen, deren Fundamente ganz getrennt liegen, ist er schlechthin genial. Charakteristisch in diesem Betracht war bereits die

Schrift, mit der er 24jährig seine erste Professur in Erlangen antrat. Im Laufe des 19. Jahrhunderts hatte sich die Geometrie nach mehreren, scheinbar einander fremden Richtungen entwickelt. Das „*Erlanger Programm*" deckte im Begriff der Transformationsgruppe das gemeinsame Band auf, das alle Gattungen von Geometrie umspannt und sie zugleich in ihrer Eigenart spezifiziert; es stellte und beantwortete in prinzipieller Weise die Frage: *Was ist eine Geometrie?* Nicht minder kennzeichnend ist die Art, wie KLEIN zu dieser wichtigen Entdeckung gelangte, unter deren Zeichen die geometrische Forschung dann fünfzig Jahre lang gestanden hat. Er spann sich niemals in seine eigene Gedankenwelt ein, sondern hatte ein starkes Bedürfnis nach vielseitiger Kommunikation. Nicht nur in Deutschland, auch in Frankreich, England, Italien, Amerika knüpfte er mannigfache persönliche Beziehungen an, die in der Regel zu einem lebhaften Briefwechsel und Ideenaustausch führten. Er arbeitete in ständigem Verkehr mit Freunden und Schülern, immer aufnahmebereit für fremde Gedanken, aber vor allem den anderen vorbehaltlos aus seinem Reichtum spendend. In den Erlangen vorhergehenden akademischen Wanderjahren hatte er kurz nacheinander in Bonn und Göttingen bei PLÜCKER und CLEBSCH die deutsche, in Paris namentlich durch den Verkehr mit GASTON DARBOUX die französische Geometrie kennen gelernt. Er suchte gemeinsam mit seinem neugewonnenen norwegischen Freunde SOPHUS LIE nach einem Standpunkt über diesen auseinanderstrebenden Richtungen. Nun hatte schon 1832 zu Paris der junge wilde GALOIS in einem unsterblichen Brief, den er dem Freunde CHEVALIER am Abend vor seinem Tode schrieb — den nächsten Morgen fiel er, 20jährig, im Duell —, GALOIS hatte in der endlichen Gruppe „die wahre Metaphysik" der algebraischen Gleichungen aufgewiesen. Seine knappen Andeutungen blieben ein Geheimnis mit sieben Siegeln. Aber gerade damals, als KLEIN und LIE 1870 in Paris weilten, hatte CAMILLE JORDAN in seinem großen *Traité des Substitutions* die Siegel gehoben und die Theorie der endlichen Transformationsgruppen systematisch begründet. So lag die Lunte bei dem Zunder. *Die Gruppe blieb seit jener Zeit der beherrschende Gesichtspunkt von Kleins mathematischem Schaffen*; wie ein roter Faden zieht sich der Gruppenbegriff durch alle seine Arbeiten hindurch. Sein *Ikosaëder-Buch* ist eine wunderbare Symphonie, in welcher Geometrie, Algebra, Funktionen- und Gruppentheorie zu einer vieltönenden, aber von tiefsten Zusammenhängen durchwalteten Melodie zusammenklingen. Rückschauend bezeichnete er die Epoche, in welcher diese Untersuchungen und die eng verwandten über die Transformationen 5., 7. und 11. Grades der elliptischen Modulfunktion entstanden, als die glücklichste seiner mathematischen Produktion, die Epoche der *Mathesis quercupolitana*, wie sie GORDAN scherzend nannte, der damals mit KLEIN aufs lebhafteste zusammenarbeitete und mit dem er sich oft in dem halbwegs zwischen Erlangen und München gelegenen Eichstädt traf. „*Verbindung von Galois und Riemann*" hieß die Parole. — Durch diese Tendenz, die Schleusen zu öffnen, welche die Kanäle des mathematischen Denkens fast hermetisch gegeneinander abschlossen, hat KLEIN sicherlich auf die nachfolgende Mathematikergeneration nachhaltig gewirkt. Es wird zwar immer wieder über die weitgehende Spezialisierung in den Wissenschaften geklagt. Ich glaube aber, daß es damit im ganzen in den letzten Jahrzehnten eher besser als schlimmer geworden ist. Zum guten Teil ist der Wissenschaftler ja hier Opfer eines unumgänglichen tragischen Geschickes: des beständig anwachsenden Wissensstoffes im Gegensatz zu der sich gleichbleibenden intellektuellen Kraft des Einzelnen. Aber mich will doch dünken, daß man unter den Gelehrten unserer Generation nicht wenige vielseitig durchgebildete Persönlichkeiten antrifft. Dies ist einerseits der Wirksamkeit solcher Vorbilder zu danken wie KLEIN. Aber wenn sich heute der Gelehrte nicht selten, im Vergleich zum Künstler etwa, als der substantiellere und umfassendere Mensch erweist, so ist das sicherlich auch dadurch bedingt, daß der Typus des Gelehrten und die Wissenschaft in ihrer Geltung und ihrem Wert während der letzten Jahrzehnte in Frage gestellt waren, im Zeichen der Krisis standen, während dem Künstler menschlich durch eine zuweilen geradezu groteske Verhimmelung und Mystifikation der Kunst als der Bewahrerin der letzten Weltgeheimnisse Schaden angetan wurde. Das Hauptorgan von KLEINS mathematischer Methodik war das *intuitive, die Zusammenhänge erschauende Verstehen*. „Die reine Mathematik wächst", so äußerte er sich in seinem glänzenden Vortrag über RIEMANN, „indem man alte Probleme mit neuen Methoden durchdenkt; in dem Maße, wie wir frühere Aufgaben besser verstehen, bieten sich neue von selbst dar." Nur ein kongenialer Forscher konnte das Bild zeichnen, das er von RIEMANN entwirft; seine Ausführungen dürfen wir als Aufschlüsse verwerten auch für KLEINS eigene Art. „Gewiß ist es der Schlußstein am Gebäude einer jeden mathematischen Theorie", so spricht KLEIN, „den zwingenden Beweis für alle Behauptungen zu erbringen. Gewiß spricht sich die Mathematik selbst das Urteil, wenn sie auf zwingende Beweise verzichtet. Das Geheimnis genialer Produktivität wird es jedoch ewig bleiben, neue Fragestellungen zu finden, neue Theoreme zu ahnen, die wertvolle Resultate und Zusammenhänge erschließen. Ohne die Schaffung neuer Gesichtspunkte, ohne die Aufstellung neuer Ziele, würde die Mathematik in der Strenge ihrer logischen Beweisführung sich bald erschöpfen und zu stagnieren beginnen, indem ihr der Stoff ausgehen möchte. — So ist die Mathematik in gewissem Sinne von denen am meisten gefördert worden, die mehr durch Intuition als durch strenge Beweisführung sich auszeichneten. Es ist kein Zweifel, daß RIEMANN derjenige Mathematiker der letzten

Dezennien ist, der heute noch am lebendigsten nachwirkt." Wenn das intuitive Verstehen aus den sich erschließenden Zusammenhängen heraus so weit reicht, daß es alles bis in die letzten Einzelheiten erhellt, so gelang KLEIN das Vollkommene. In jenen Arbeiten, die sich um das Ikosaëder gruppieren, trägt es ihn bis in die sprödeste numerische Ausführung hinein. Wo ein Rest bleibt, der nur durch gesammelte logische Anstrengung, die sich auf das einzelne richtet, bezwungen werden kann, da hält er nicht durch. Die Devise von GAUSS: *Nil actum reputans, si quid superesset agendum* (Nichts für getan erachtend, wenn etwas zu tun übrig bleibt), ist nicht auf ihn gemünzt. So hat er die Uniformisierungstheoreme mit einer divinatorischen Kraft ohnegleichen erschaut und hingestellt, in der Durchführung aber schwang sich POINCARÉ über ihn hinaus. Die strenge und restlose Begründung ließ freilich noch 25 Jahre auf sich warten. Die Theorie der analytischen Funktionen ist, nebenbei bemerkt, in besonderem Maße der Schauplatz aufregender Wettkämpfe gewesen, bei deren Entscheidung es, wie bei der Entdeckung des Südpols, um die Nasenlänge weniger Tage ging: ABEL und JACOBI waren die rivalisierenden Begründer der *elliptischen*, KLEIN und POINCARÉ der *automorphen Funktionen*. In KLEIN hielt der Kraft des Erfindens und Schauens die *executive power*, wie es HARDY so treffend bezeichnet, nicht die Waage. Vielleicht kann man KLEINS Eigenart nicht in ein helleres Licht stellen als durch den Kontrast mit diesem großen Mathematiker unserer Tage. HARDY selbst weist in einer kürzlich gehaltenen Ansprache an die London Mathematical Society auf den Gegensatz hin, indem er die *hard, sharp, narrow* Funktionentheorie von BOHR, LANDAU, LITTLEWOOD mit der eines BIRKHOFF und KOEBE konfrontiert, die er durch die Epitheta *soft, large, vague* kennzeichnet. Der zugespitzte mathematische Scharfsinn vollends, die Beweistricks, mit denen man Resultate erzwingt, die offenbar noch nicht reif dafür sind, aus ihren letzten Gründen erhellt zu werden, diese Werkzeuge der Pioniere, welche in die mathematische Wüste vorstoßen, lagen Klein ganz fern.

Was ist das Geheimnis jenes Verstehens, welches KLEIN so meisterhaft handhabte? Ein entscheidendes, wenn auch für sich noch nicht ausreichendes Charakteristikum ist, wenn ich recht sehe, dies: daß man die verschiedenen Seiten, die ein Gegenstand darbietet, auf natürliche Weise trennt, jede für sich von einer eigenen, relativ engen und leicht überblickbaren Gruppe von Voraussetzungen zugänglich macht und darauf durch Synthese zum komplexen Ganzen zurückkehrt. Der analytische Teil führt also, wenn er theoretisch völlig zu Ende gedacht wird, geradenwegs zur *Axiomatik*. Einen Sonderfall davon hat KLEIN im Erlanger Programm klar herausgearbeitet: das Verstehen der geometrischen Beziehungen dadurch, daß man von der weitesten Gruppe von Transformationen ausgehend in

Stufen bis zur engsten herabsteigt; und wenigstens *einmal* wurde er, als er seine Leistung in der nichteuklidischen Geometrie durch klärende Explikation verteidigen mußte, zum bitteren Ende der Axiomatisierung gezwungen. Im ganzen war aber sein Wesen einer solchen logischen Zuschärfung abgeneigt. Wir stoßen hier auf eine andere Spannung, die dem menschlichen Gestalten innewohnt: der Spannung zwischen dem zeugenden, fließenden, verknüpfenden und alles in seiner Umschlingung haltenden Leben und dem Herausarbeiten der *einen reinen Gestalt*, die ihm als ein Isoliertes abgerungen werden muß. KLEIN sträubte sich instinktiv gegen das Isolieren, ordnend und analysierend noch wünschte er im Webend-Schwebenden zu verharren. Er wollte sich nicht einseitig festlegen. Diese Veranlagung, die „konziliante Natur", wie sie GOETHE an sich nannte, ist für praktische Wirksamkeit die einzig günstige. Menschen der entgegengesetzten Artung, die vom Krampf der Sachlichkeit ergriffen in jeder eingeschlagenen Richtung bis zum Äußersten zu gehen lieben, können eine analoge Freiheit höchstens dadurch gewinnen, daß sie in aufeinanderfolgenden Epochen von den vergangenen Produkten ihres Schaffens Abstand nehmen und durch den Wechsel ihres Arbeitsgebietes und ihres Standpunktes im Laufe der Entwicklung sich selbst korrigieren. Aber auf der anderen Seite hat KLEINS Denkweise ihn daran gehindert, der Axiomatik als einem Instrument konkreter mathematischer Forschung voll gerecht zu werden. Aus seiner späten Zeit ist uns die folgende Äußerung überliefert: „Die Mathematik unserer Tage scheint mir wie ein großes Waffengeschäft in Friedenszeiten. Das Schaufenster ist erfüllt von Prunkstücken, deren sinnreiche, kunstvolle, auch dem Auge gefällige Ausführung den Kenner entzückt. Der eigentliche Ursprung und Zweck dieser Dinge, das Dreinschlagen zur Besiegung des Feindes, ist bis zur Vergessenheit in den Hintergrund getreten." Darin ist wohl mehr als ein Körnchen Wahrheit, dennoch empfinden wir diese Beurteilung im ganzen als ungerecht. — Die Spannung, von welcher hier die Rede war, ist in den Fundamenten der Mathematik selbst sozusagen inkarniert als das *Widerspiel des Kontinuums und der ganzen Zahl*. Anschaulich ist das Kontinuum das Frühere. Aber das Setzen der 1, die Abscheidung eines fest umrissenen Stückes aus dem kontinuierlichen Fluß — der Rest bleibt ungeschieden zurück, der Wiederholung des gleichen Vorgangs harrend — ist der Uranfang aller bewußten Gestaltung, ist der Uranfang der Mathematik. Die anschauliche Ursprünglichkeit des Kontinuums, das „Weben im Kontinuum" aber ist eine besondere Quelle des intuitiven Verstehens, die gerade KLEINS Hauptleistungen ihre besondere Färbung gegeben hat. Am Kontinuum entzündet sich auch der von KLEIN gern betonte *Gegensatz von Approximations- und Präzisions-Mathematik*. Verfolgt man ihn in seine letzten Gründe, so kommt man auf einen Standpunkt der intuitiven

Konstruktion, wie BROUWER ihn einnimmt, und auf die von ihm so klar an den Tag gehobenen Schwierigkeiten in den Grundlagen der Analysis. Doch ist zu sagen, daß diese Aporien schon seit der Antike das Denken über das Unendliche in Atem halten; sie waren es z. B., die LEIBNIZ zu der Einsicht führten, daß den Körpern nur Erscheinung, nicht substantielles Sein eignen könne, da sich das Kontinuum nur unter der Kategorie des Möglichen, als Substrat möglicher, in einem Prozeß des Werdens näher und näher bestimmbarer Teile erfassen läßt. Aber KLEIN liebte die Dinge auch hier nicht in dieser Zuspitzung zu sehen; er begnügte sich mit dem Kontrast von Theorie und Praxis, der durch die angewandte Mathematik überbrückt werden sollte.

Ich habe bisher KLEINS Eigenart so zu schildern gesucht, wie man einen Körper beschreibt: seine Grenzen, nicht seine Substanz bezeichnend. Das müssen Sie nun ergänzen, indem Sie sich vorstellen, daß er den Raum innerhalb dieser Grenzen aufs dichteste erfüllte. *Seine wissenschaftliche Laufbahn* möchte ich der Bahn einer Rakete vergleichen. Sie steigt glänzend, steil zusammengefaßt empor: die Jahre 1869—1882, die ihn in einem geradlinig fortschreitenden, außerordentlich intensiven und ergebnisreichen Forschen zeigen. Dann beginnt sie sich plötzlich breit zu entfalten und ihren leuchtenden Segen, rückwärts gekrümmt, über das Land auszuschütten: es entstehen die großen zusammenfassenden Darstellungen des von ihm Errungenen, seine praktisch-organisatorische Tätigkeit setzt in großem Stil ein. Der Wendepunkt ist eine Katastrophe, die den 33jährigen trifft, der Zusammenbruch seiner Gesundheit Ostern 1882. Er hat es uns lebhaft geschildert, wie er auf Norderney, schon zur Heimkehr gerüstet, die letzte Nacht von Asthma gequält sitzend auf dem Sofa zubringend, von der Vision des *Grenzkreistheorems* überfallen wird. „Die Auffindung jenes Theorems", sagt er, „war offenbar mit einer inneren Anstrengung verbunden, welche bis an die Grenzen der Leistungsfähigkeit reichte; zurückblieb eine tiefgehende Erschöpfung", und er scheut sich nicht hinzuzufügen: „Das innerste Zentrum meines produktiven Denkens war seitdem zerstört." Nur mit Bewunderung und Ehrfurcht können wir auf das gewaltige Werk schauen, mit dem dieser im Innersten getroffene Mann dann in den folgenden Jahrzehnten doch noch die Welt beschenkt hat.

Das Verständnis von KLEINS mathematischem Lebenswerk erschließt sich am einheitlichsten und umfassendsten, wie ich schon erwähnte, von dem Begriff der *Gruppe* aus. Mit dem Phänomen der *Symmetrie* tritt die Gruppe zum erstenmal, noch verhüllt, in der Geschichte auf; die Kunst, vor allem die schon von den Ägyptern zu hoher Vollendung ausgebildete Flächenkunst der Ornamentik, geht hier der Wissenschaft voran. Das Problem der *regulären Körper* ist der eigentlich befeuernde

Antrieb in der Entwicklung der griechischen Geometrie. KEPLER bediente sich dieses uralten Symbols der Vollkommenheit, um den verborgenen Harmonien der Planetensphäre nachzuspüren. Von tiefen Gesetzen der Symmetrie ist das Reich der *Krystalle* durchwaltet. Die Symmetrie drückt sich aus in der Gruppe der Transformationen, welche das vorliegende Gebilde als Ganzes in sich überführen. Dabei dürfen freilich für das in den Raum eingebettete Gebilde — das Flächenornament, den regulären Körper, den Krystall — nicht beliebige Transformationen zugelassen werden, sondern nur *ähnliche Abbildungen*, solche, welche alle objektiven räumlichen Beziehungen ungeändert erhalten. So liegt hinter diesen diskreten *die kontinuierliche Gruppe der isomorphen Abbildungen des Raumes auf sich selbst*, durch die festgelegt wird, in welchem genauen Sinne der Raum *homogen* ist. Durch ihre Homogenität stellen sich ja Raum und Zeit dem materiellen Weltinhalt als Formen der Erscheinungen gegenüber; in ihrer Homogenität erweisen sie sich als Prinzipe der Individuation, indem sie die Existenz verschiedener Individuen ermöglichen, die doch in allen ihren Beschaffenheiten einander gleichen. Die Frage nach dem genauen Charakter der Homogenität der Raum-Zeit-Welt bezeichnen wir heute als *Relativitätstheorie*. Im Erlanger Programm hat KLEIN diese Gruppe der isomorphen Abbildungen, die im Felde der formalisierenden Mathematik nach Gutdünken festgesetzt werden kann, als das wahre Einteilungsprinzip der verschiedenen Geometrien entdeckt.

Aber auch die *Algebra* zeigt sich der Herrschaft der Gruppe untertan. Das Problem der Auflösung einer Gleichung $n$ten Grades kann man dahin formulieren: wenn n Zahlen oder Punkte in der komplexen Zahlenebene *zusammen*, ohne Auszeichnung einer bestimmten Reihenfolge gegeben sind, aus diesem Aggregat einen einzelnen Punkt herauszulösen. Das Objekt des Relativitätsproblems ist hier nicht der aus unendlich vielen Punkten bestehende kontinuierliche Raum, sondern dies Aggregat von n Zahlen: wie weit ist es möglich, in ihm die einzelne Zahl durch objektive algebraische Merkmale von den übrigen zu unterscheiden? Nun ist freilich dies das Charakteristikum des Zahlenreiches im Gegensatz zum homogenen Raum, daß in ihm jedes Glied ein durch seine objektiven Eigenschaften schlechthin vor allen anderen ausgezeichnetes *Individuum* ist; darauf beruht ja der Gebrauch der Zahlen als Koordinaten, d. h. als Unterscheidungssymbole im Kontinuum. Aber in der Algebra lassen wir nur solche Eigenschaften und Beziehungen gelten, welche auf den algebraischen Operationen $+$ und $\times$ beruhen, die Größenbeziehungen des größer und kleiner werden ausgeschaltet. Wird die Algebra axiomatisch fundiert, so gibt es nicht *ein* Zahlenreich, sondern unendlich viele mögliche Zahlkörper, deren jeder eine selbständige Welt für sich ist; bei solchem Vorgehen brauchen wir von den Größenbeziehungen nicht erst künstlich zu abstrahieren, weil die Zahlen des abstrakten Zahlkörpers derartigen Beziehungen gar nicht gehorchen. In der reinen Algebra aber haben die Zahlen, wie sich zeigt, den Charakter der Individualität größtenteils verloren, und die *Galoissche Theorie* ist nichts anderes als die *Relativitätstheorie des Zahlkörpers* oder insbesondere unseres aus n Zahlen bestehenden Aggregats. Sehr schön zeigt sich die Algebra und Geometrie einheitlich ergreifende Relativität in den Grundlagen der projektiven Geometrie. Die einfachsten Inzidenzaxiome liefern, auch ohne jede Stetigkeitsforderungen, einen zum projektiven Raum gehörigen Zahlkörper im Sinne der abstrakten Algebra. Die Relativität des Raumes äußert sich in doppelter Weise: zunächst in der willkürlichen Annahme des projektiven Koordinatensystems, das aus irgend 5 Punkten besteht, von denen keine vier in einer Ebene liegen; dann in der Gruppe der isomorphen Abbildungen des Zahlkörpers auf sich selbst, die zu eigentümlichen, das Koordinatensystem festlassenden isomorphen Abbildungen des Raumes führen. Wenn der Zahlkörper das Kontinuum der gemeinen reellen oder komplexen Zahlen ist, fallen sie dahin, und es gilt der sog. Fundamentalsatz der projektiven Geometrie.

Die *Funktionentheorie* wurde erst von KLEIN selbst dem Regiment der Gruppe unterstellt durch seinen Begriff der *automorphen Funktion*. Ist das Existenzgebiet einer analytischen Funktion einfach zusammenhängend, so kann es nach RIEMANN als das Innere eines Kreises angenommen werden. Die einzigen konformen, d. i. die Analytizität erhaltenden Abbildungen, welche die Kreisscheibe in sich überführen, sind gebrochene lineare Transformationen. Daher der Begriff der automorphen Funktion als einer solchen, welche gegenüber einer Gruppe linearer Substitutionen der unabhängigen Veränderlichen invariant ist. Die wichtigsten in der Geschichte aufgetretenen Funktionen, die Exponentialfunktion, die elliptischen, die Modulfunktion fallen unter diesen Begriff, der eine ganz entscheidende Seite an ihnen betont. Jede Figur mit speziellen Symmetrieeigenschaften führt, wenn sie nach RIEMANN zum Mutterboden gemacht wird, auf dem die analytischen Funktionen sprießen, zu einer bestimmten Klasse automorpher Funktionen. Aber der Begriff hat noch eine weit darüber hinausgehende Tragweite, wie sie sich KLEIN in den *Uniformisierungstheoremen* erschloß. Die Wurzel dieser Bedeutung liegt freilich in der Rolle, welche die Gruppe in der *Topologie* spielt — in jener Disziplin, welche die Kontinua auf solche Eigenschaften hin untersucht, die unter allen möglichen stetigen Deformationen erhalten bleiben.

Wenn ein Prozeß sich über ein Kontinuum so verbreitet, daß seine Fortsetzung von einem Punkte aus in dessen Umgebung durch die Situation in dem Punkte eindeutig bestimmt wird — eine Integration etwa oder die Ausbreitung einer inhomogenen Färbung oder die Ausbildung eines Wasserspiegels —, so ist es trotz Eindeutigkeit im kleinen nicht nötig, daß der Prozeß zu einem end-

gültigen Zustand für das ganze Gebilde führt. Ist das Gebilde z. B. eine geschlossene Kurve C, so kann der Prozeß, nachdem der Umfang der Kurve einmal durchmessen ist, in einem anderen Zustand, auf einem anderen Niveau an den Ausgangspunkt zurückkehren. Eindeutigkeit wird in diesem Falle im großen erst eintreten, wenn man C in Gedanken durch eine Spirale ersetzt, die sich in unendlich vielen Windungen über der Kurve hinzieht. Indem man auf der Spirale jeden Punkt etwa um 1 oder um 2 volle Windungen vorrücken läßt, erhält man Abbildungen der Spirale auf sich, die auf C in die Identität zusammenfallen, auf C keinen Punkt von der Stelle rücken. In diesem Sinne kann man sagen, daß die Kurve, als Träger von Prozessen der geschilderten Art betrachtet, eine *verborgene topologische Symmetrie* besitzt; die sie ausdrückende Gruppe besteht aus den „*Decktransformationen*" der Spirale, welche sich hinter der Identität der Kurve C verbergen. Die Anwendung dieser Idee auf eine Fläche, deren Natur sie zum Träger analytischer Funktionen befähigt, führt zu dem Gedankenkreis der Uniformisierung.

Ein letztes Gebiet, in welchem die Gruppentheorie ein machtvolles Wort zu sprechen hat, hat sich in den letzten Jahren in der *Quantentheorie* aufgetan. Alle Elektronen sind untereinander wesensgleich: diesen rätselvollen Sachverhalt, vielleicht die tiefste Aussage, die wir gegenwärtig über die Natur machen können, haben wir noch nicht als einen notwendigen Zug unserem theoretischen Weltbild einverleiben können. Aber er hat zur Folge, daß die in einem Atom oder Molekül geltenden Gesetze invariant sind gegenüber den Permutationen der Elektronen. Die Gruppe dieser Vertauschungen spielt daher neben der Isotropie des Raumes in der Atomphysik eine entscheidende Rolle.

In alle den hier aufgezählten Bedeutungen, die letzte quantentheoretische natürlich ausgenommen, tritt die Gruppe in den KLEINschen Arbeiten auf und schürzt die Knoten des Gewebes. Ich füge ein paar Bemerkungen hinzu über die einzelnen in das Gewebe verflochtenen Stränge.

In der *Theorie der Gruppen linearer Transformationen und ihrer Invarianten* gelangt meinem Gefühl nach erst jetzt das Erlanger Programm zu seiner vollen Auswirkung. Früher ist man gerne dem Beispiel von CAYLEY gefolgt und hat jede Gruppe linearer Transformationen auf die volle lineare Gruppe zurückzuführen gesucht durch die Adjunktion eines „*absoluten Gebildes*". KLEIN selbst hat diesen Kunstgriff häufig benutzt. So gelangt man vom projektiven zum affinen Raum durch Adjunktion der unendlichfernen Ebene. Die Invariantentheorie der orthogonalen Gruppe wird gefaßt als Invariantentheorie der vollen linearen Gruppe; nur wird allen zu betrachtenden Gebilden eine feste quadratische Form als das Absolute adjungiert (die orthogonale Gruppe besteht nämlich aus denjenigen linearen Transformationen, welche diese Form ungeändert lassen). Dies war auch das analytische Gewand, in dem EINSTEIN seine allgemeine Relativitätstheorie präsentierte. Aber das Verfahren ist weder allgemein anwendbar, noch eigentlich sachgemäß — so wenig etwa, wie STEINERS Prinzip der projektiven Erzeugung, nach welchem ein Polynom stets als eine Determinante aus Polynomen niederen Grades dargestellt werden soll. Erst wir beginnen jetzt die souveräne Stellung jeder Gruppe für sich anzuerkennen. Dies hat auch für die *allgemeine Relativitätstheorie und die Infinitesimalgeometrie* seine Konsequenzen. Nehmen wir die vierdimensionale Welt mit ihrem „metrischen Felde", das nach EINSTEIN die Erscheinungen der Gravitation verursacht, als Beispiel! Willkürlich sind die vier Koordinaten, stetige Ortsfunktionen in der Welt, die durch ihre Werte die einzelnen Weltpunkte voneinander zu unterscheiden gestatten. Die Gesetze müssen daher invariant sein gegenüber der *Gruppe aller stetigen Transformationen der Koordinaten*. Die Metrik in einem Punkte P drückt sich dadurch aus, daß unter den aus vier Vektoren in P bestehenden Achsenkreuzen die Klasse der cartesischen an sich ausgezeichnet ist. Der Übergang zwischen den cartesischen Achsenkreuzen wird vermittelt durch die *Gruppe der orthogonalen Transformationen*. Erst diese Gruppe kennzeichnet die Natur unserer Mannigfaltigkeit, an ihre Stelle kann innerhalb der formalisierten Mathematik irgendeine feste Gruppe treten. Wir müssen in jedem Punkte eines der gleichberechtigten cartesischen Achsenkreuze als *lokales Achsenkreuz* durch einen Akt der Willkür auswählen — so wie wir unter den möglichen gleichberechtigten Koordinatensystemen eines der analytischen Darstellung zugrunde legen mußten. Invarianz der objektiven Gesetze besteht daher auch gegenüber beliebigen „Drehungen" der lokalen Achsenkreuze, die in den verschiedenen Punkten ganz unabhängig voneinander vorgenommen werden können. Diese analytische Fassung der allgemeinen Relativitätstheorie, in welcher die Metrik durch die lokalen Achsenkreuze gekennzeichnet wird, stellt sich als notwendig heraus, wenn man außer dem Elektromagnetismus die SCHRÖDINGER-DIRAC*schen Materiewellen* in den Rahmen miteinbeziehen will. Zugleich zeigen sich hier die *Grenzen des Erlanger Programms in der Infinitesimalgeometrie*. Außer der orthogonalen Gruppe, welche die feste *Natur* der Mannigfaltigkeit beschreibt, haben wir die „*Orientierung*", in unserem Beispiel die Orientierung des lokalen Achsenkreuzes in jedem Punkte gegen das Koordinatensystem, — oder das, was daran im oben dargelegten Sinne invariant ist. Dies Problem der Orientierung braucht sich nicht notwendig in der Form der vor allem von CARTAN und SCHOUTEN ausgebildeten „*Übertragungslehre*" darzubieten. Ich glaube, daß KLEIN der letzte wäre, diese Grenze seines gruppentheoretischen Programms zu leugnen. Hat er doch im Gebiete der algebraischen Gleichungen selber einen energischen Vorstoß unternommen in Probleme hinein, welche über die GALOISsche Gruppe hinausliegen.

Um die „*Verschmelzung von Galois und Riemann*" vorzunehmen, die in den *Uniformisierungstheoremen* gipfelte, mußte KLEIN nicht nur die damals noch so schwer zugängliche RIEMANNsche Gedankenwelt durchdringen, sondern auch zu einer *freieren Auffassung ihres Fundamentalbegriffes, der Riemannschen Fläche*, gelangen, und es war nötig, sie nicht nur als ein Mittel zur Veranschaulichung der Vieldeutigkeit der Funktionen zu handhaben, sondern sie geradezu als den sachlichen Ausgangspunkt der Theorie festzulegen. Die RIEMANNsche Theorie der algebraischen Funktionen und ihrer Integrale wurzelt tief im Kontinuum; aus der kontinuierlichen Punktmannigfaltigkeit der RIEMANNschen Fläche, den topologischen Eigenschaften, die sie als *Fläche*, und den „konformen" Eigenschaften, die sie als *Riemannsche Fläche* besitzt, läßt RIEMANN die Funktionen und ihre Gesetze entspringen. KLEIN dringt dann auf diesem Wege zu dem höchsten Gipfel vor, der erst die volle ungehemmte Überschau gestattet: zur Uniformisierung.

Für die RIEMANNsche Methode ist es unwesentlich, daß der Ausgangspunkt eine algebraische Gleichung und die durch sie definierte algebraische Funktion ist; die Theorie gilt ebensogut für eine *beliebige analytische Funktion*. Auch ist es nicht nötig, die RIEMANNsche Fläche in derjenigen Form zugrunde zu legen, wie sie der algebraischen Gleichung entspricht: als eine mehrblättrig sich über der Ebene der unabhängigen Veränderlichen hinziehende Überlagerungsfläche. Vielleicht ist es sogar wichtiger, den Aufbau formelmäßig durchzuführen, wenn sie in der durch die Uniformisierung gelieferten Normalform eines nichteuklidischen zweidimensionalen Krystalls vorliegt — eine Aufgabe übrigens, die noch immer nicht zureichend gelöst ist. Die Vertauschungsgruppe der Wurzeln der algebraischen Gleichung mag durch eine beliebige aus linearen Transformationen bestehende *Monodromiegruppe* ersetzt werden; RIEMANN selbst hat in seinen Arbeiten über die hypergeometrische Reihe diesen Weg der Verallgemeinerung beschritten. Einen Sachverhalt verstehen, heißt ihn in den Zusammenhang allgemeinerer, leichter überblickbarer Tatbestände rücken. *So erweist sich das Kontinuum, insbesondere die Topologie als ein mächtiges Instrument des mathematischen Verstehens*. Wegen der anschaulichen Ursprünglichkeit des Kontinuums ist diese Methode so geeignet zur Entdeckung wie zur Übersicht.

Um so schwieriger ist die strenge Begründung. Denn so nahe das Kontinuum der Anschauung steht, so widerspenstig erweist es sich gegenüber dem Zugriff der Logik. Es ist darum von WEIERSTRASS u. a. der mühsamere, aber von ihnen als solider empfundene Weg der *direkten algebraischen Konstruktion* beschritten worden. In einem Briefe an SCHWARZ schrieb WEIERSTRASS: „Je mehr ich über die Prinzipien der Funktionentheorie nachdenke — und ich tue dies unablässig —, um so fester wird meine Überzeugung, daß diese auf dem

Fundamente algebraischer Wahrheiten aufgebaut werden muß, und daß es deshalb nicht der richtige Weg ist, wenn umgekehrt zur Begründung einfacher und fundamentaler algebraischer Sätze das ‚Transzendente‘, um mich kurz auszudrücken, in Anspruch genommen wird — so bestechend auch auf den ersten Anblick z. B. die Betrachtungen sein mögen, durch welche RIEMANN so viele der wichtigsten Eigenschaften algebraischer Funktionen entdeckt hat.“ Wir müssen heute sagen, daß WEIERSTRASS auf halbem Wege stehen geblieben ist. Denn wenn er auch die Funktionen als algebraische konstruiert, so legt er doch für die Koeffizienten das algebraisch nicht analysierte Kontinuum der gemeinen komplexen Zahlen zugrunde. Aber an Stelle dieses Kontinuums werden wir in einer konsequenten algebraischen Betrachtung einen beliebigen Zahlkörper setzen im Sinne der abstrakten Algebra. Das Gebäude rückt dann mit der Theorie der algebraischen Zahlen auf eine gemeinsame axiomatische Basis. In der Tat ist HILBERT zu seinen neuen Ansätzen in der Zahlkörpertheorie durch die Analogie zu Sachverhalten im Reiche der algebraischen Funktionen geführt worden, die RIEMANN durch seine Methode entdeckt hatte. (Für die Beweise half freilich die Analogie gar nichts.) In der von WEIERSTRASS eingeschlagenen Richtung erscheint als die beherrschende allgemeine Theorie, von welcher sein Sonderfall der algebraischen Funktionen mit beliebigen komplexen Koeffizienten verstanden werden muß, die *Theorie eines abstrakten Zahlkörpers und seiner algebraischen Erweiterungen*. Durch die Allgemeinheit der Voraussetzungen und die Axiomatisierung wird man auch hier gezwungen, den Weg der blinden Rechnung zu verlassen und die komplexen Tatbestände in einfache Teile zu zerlegen, die durch einfache gedankliche Schlüsse zugänglich sind. In tiefsinnigen Arbeiten von DEDEKIND und KRONECKER begann das Programm der abstrakten axiomatisierten Algebra sich zu entrollen, aber die ganze Tragweite dieser Methode als eines Mittels zum Verständnis mathematischer Zusammenhänge ist wohl erst in unseren Tagen offenbar geworden, durch die amerikanische Schule von DICKSON und WEDDERBURN, in Deutschland durch STEINITZ, durch die Untersuchungen von EMMY NOETHER und ihres Kreises sowie von ARTIN. Freilich den durch KLEIN nach der „topologischen Methode“ (wie ich sie kurz nennen will) bezwungenen Gipfel der Uniformisierung, der hoch über das Gebiet der ABELschen, der kommutativen Gruppen hinausragt, hat man bislang auf dem Wege der abstrakten Algebra noch nicht erklommen. Hier liegen noch große Fragen für die Zukunft vor.

Diese *beiden Wege des Verstehens, die Tolopogie und die abstrakte Algebra*, sind beide tief in der Natur der mathematischen Welt gegründet; man sollte keinem, wie WEIERSTRASS es tut, den unbedingten Vorzug einräumen. Aber sie vertragen sich schlecht miteinander. Was dem einen am leichtesten zugänglich ist, ist für den anderen das Versteckteste. Von beiden Gesichtspunkten gewähren solche klassische Theorien wie die der algebraischen Funktionen, die beiden eingeordnet werden können, einen völlig verschiedenen Anblick. Wie unmöglich es ist, diesen zween Herren zugleich zu dienen, spüre ich gerade jetzt, wo ich die Gruppentheorie für die Anwendungen in der Quantenphysik bearbeite. Ein schönes Beispiel geben auch die v. d. WAERDENschen Untersuchungen über die Grundsätze der abzählenden Geometrie, die er erst ins Licht der abstrakten Algebra rückte, kürzlich aber als Ausfluß rein topologischer Schnittpunktssätze gedeutet hat. Wo die topologische Methode befolgt werden kann, scheint sie heute noch die mächtigere zu sein.

Soll ich zum Schluß aufzählen, was mir als *Kleins wichtigste und am stärksten fortwirkende Leistung in der reinen Mathematik* erscheint, so würde ich nennen:

Er hat einen engen *Begriff der Geometrie*, wie ihn die projektive Schule aufgestellt hatte, durch eine viel freiere und umfassendere Ansicht vom Wesen der Geometrie ersetzt. Hier war nur MÖBIUS in schüchternen Ansätzen sein Vorläufer. Nun fallen *Theorie der konformen Abbildung* und *Topologie*, wie es sich gebührt, in den Umkreis der Geometrie hinein, und auf diesen Gebieten ist es, wo heute das geometrische Leben am stärksten pulsiert. KLEINs Idee der Geometrie ist nichts anderes als die *Relativitätstheorie* in ihrer allgemeinen, mathematisch formalisierten Fassung.

Er hat die *Gruppe* als ein großes ordnendes und erleuchtendes Prinzip allseitig in Algebra, Geometrie und Analysis erfaßt und zur Anwendung gebracht.

An einem *konkreten Beispiel* von hohem Interesse hat er das Zusammenspiel aller dieser Zweige mit der Gruppentheorie bis ins letzte durchgeführt.

Er hat die Grundideen der *Riemannschen Funktionentheorie*, geleitet von suggestiven physikalischen Anschauungen, in befreiter und schöpferischer Weise zur Geltung gebracht.

Er hat mit der *Theorie der automorphen Funktionen* und ihrer Verwendung zur *Uniformisierung* den eigentlichen Gipfel der RIEMANNschen Funktionslehre erstiegen und dadurch auf dem Verständnis- und Entdeckungswege der Topologie einen Problemkreis erschlossen, der heute funktionentheoretisch bei weitem nicht erschöpft, dessen Aufhellung vom Standpunkte der abstrakten Algebra aber kaum erst in Angriff genommen ist.

So wirkt KLEIN, der einer ganzen Epoche das Siegel seines Genius aufdrückte, mächtig und lebendig in die gegenwärtige, im Zeichen der Gruppentheorie, der Topologie und der abstrakten Algebra sich entwickelnde Mathematik hinüber. Die von ihm entfachte Flamme braucht nicht in ängstlicher Tradition priesterlich gehütet zu werden; sie brennt unter allen Töpfen und auf der Esse der mathematischen Köche und Schmiede und tut die kleine, die große Arbeit des Tages. Sein Werk wirkt fort, sein Name wird nicht vergessen sein.

89.

Redshift and relativistic cosmology

The London, Edinburgh and Dublin philosophical Magazine and Journal of Science
9, 936—943 (1930)

ABSTRACT.

1. The de Sitter hyperboloid as homogeneous state of the world. Besides, on this solution of the gravitational equations, the cosmology depends on additional assumptions concerning the question which part of the hyperboloid corresponds to the real world, and, in connexion with this, concerning the undisturbed state of motion of the stars. The static coordinates used by most authors represent only a cuneiform sector.

2. Hypothesis of common origin in the infinitely distant past. The range of influence of a star covers only half the hyperboloid. ∞^3 stars have their range of influence in common with it. Assumption that this half is the entire universe.

3. The universe then has the same topological character as in the special theory of relativity. Introduction of Robertson's coordinates. Computation of the redshift by means of these coordinates.

4. A homogeneous distribution of mass of infinitely small density is possible by which no point in space and time is distinguished. Computation of the density in static coordinates. Space is open, the total mass infinite.

RECENT observations made on spiral nebulæ have ascertained their extra-gallactic nature and confirmed the redshift of their spectral lines as systematic and increasing with the distance †. By these facts the cosmological questions about the structure of the world as a whole, to which the general theory of relativity gave rise in purely speculative form, have acquired an augmented and empirical interest. It is not my opinion that we can vouch for the correctness of the " geometrical " explanation which relativistic cosmology offers for this strange phenomenon with any amount of certainty at this time. Perhaps it will have to be interpreted in a more physical manner, in correspondence

† E. Hubble, Proc. Nat. Ac. xv. p. 168 (1929).

with the ideas of F. Zwicky *. But the cosmologic-geometrical conception must on any account be examined seriously as a possibility. And this is my motive for saying a few words about the more recent discussion of the question by H. P. Robertson † and R. C. Tolman ‡ : firstly, to show that the cosmology proposed by Robertson is identical with the one proposed by me—this is the result of a conference with Professor Robertson at Princeton ; and, secondly, to clarify and defend my or our point of view as opposed to the assertions of Professor Tolman §.

Like Mr. Tolman, I start from de Sitter's solution : the world, according to its metric constitution, has the character of a four-dimensional "sphere" (hyperboloid)

$$x_1{}^2 + x_2{}^2 + x_3{}^2 + x_4{}^2 - x_5{}^2 = a^2 \quad . \quad . \quad . \quad . \quad (1)$$

in a five-dimensional quasi-euclidean space, with the line element

$$ds^2 = dx_1{}^2 + dx_2{}^2 + dx_3{}^2 + dx_4{}^2 - dx_5{}^2. \quad . \quad . \quad (2)$$

The sphere has the same degree of metric homogeneity as the world of the special theory of relativity, which can be conceived as a four-dimensional "plane" in the same space. The plane, however, has only one connected infinitely distant "seam," while it is the most prominent topological property of the sphere to be endowed with two—the infinitely distant past and the infinitely distant future. In this sense one may say that space is closed in de Sitter's solution. On the other hand, however, it is distinguished from the well-known Einstein solution, which is based on a homogeneous distribution of mass, by the fact that the null cone of future belonging to a world-point does not overlap with itself ; in this causal sense, the de Sitter space is open.

Tolman's careful investigation shows anew that nothing like a systematic redshift can be derived solely on the basis of the constitution of the metric field in its undisturbed state, i. e., from the de Sitter solution of the gravitational equations. I believe, however, that in a complete cosmology supplementary assumptions must be added :—(1) assumptions of topological character, which determine whether the entire

---

* Phys. Rev. xxxiii. p. 1077 (1929). A detailed communication will appear in the Proc. Nat. Ac.

† Phil. Mag. v. Suppl. p. 835 (1928).

‡ Astroph. Journ. lxix. p. 245 (1929).

§ Besides, in the fifth edition of 'Raum Zeit Materie' (Berlin, 1923), I have exposed my opinion in ' Was ist Materie ?,' p. 71 (Berlin, 1924), and defended it against L. Silberstein in Phil. Mag. [6] xlviii. p. 348 (1924).

de Sitter sphere or which part of it corresponds to the real world, and (2) closely connected with these an assumption about the "undisturbed" motion of the stars by which ∞^3 geodesic world-lines are set off from the manifold of all these lines. As regards the first point, the static coordinates, e. g., which belong to a star (the "observer"), and with which Mr. Tolman works by preference, represent only a cuneiform sector of the entire sphere.

The world-line of the observer A shall be given by

$$x_1 = x_2 = x_3 = 0, \qquad x_4 > 0. \quad . \quad . \quad . \quad . \quad (3)$$

Let us put

$$x_4 = z \cdot \mathrm{ch}\, t/a, \qquad x_5 = z \cdot \mathrm{sh}\, t/a. \quad . \quad . \quad . \quad (4)$$

Then we obtain

$$ds^2 = (dx_1{}^2 + dx_2{}^2 + dx_3{}^2 + dz^2) - \frac{z^2}{a^2}\, dt^2 \quad . \quad . \quad (5)$$

with the relation

$$x_1{}^2 + x_2{}^2 + x_3{}^2 + z^2 = a^2. \quad . \quad . \quad . \quad . \quad . \quad (6)$$

Space and time fall apart ; space, with regard to its metric constitution, is the three-dimensional sphere (6) of radius a in a four-dimensional euclidean space with coordinates $x_1\, x_2\, x_3\, z$, or rather the hemisphere $z > 0$. Our representation only exhibits the sector of the hyperboloid

$$x_4 + x_5 > 0, \qquad x_4 - x_5 > 0. \quad . \quad . \quad . \quad (7)$$

The geodesics are cut out of the sphere by the two-dimensional planes passing through the origin in the five-dimensional space with the coordinates x_a. The null cones opening into the future, which issue from all the points of such a geodesic with time-like direction, from the world-line of a star, fill a region of the world which I shall call the *range of influence of the star.* It is a highly remarkable feature of the de Sitter cosmology that this range of influence covers only half the hyperboloid (while it coincides with the entire " plane " in the special theory of relativity). In the case of the observer star A, for example, the range of influence is characterized by $x_4 + x_5 > 0$. (The sector represented by the corresponding static coordinates is again only part of the range of influence, and more precisely that part which is accessible to observation from A.) There are ∞^3 stars or geodesics to which the same range of influence belongs as to the arbitrarily chosen star A ; they form a *system that has been causally interconnected since eternity.*

Stars that do not belong to it lie beyond the range of influence of A during their early history. On the other hand, it is true that if A' is a star of the system, A ceases to act upon A' from a certain moment of its history on, even though conversely A' remains in the range of influence of A during its entire history. Therefore the stars of the system may be described as stars "of common origin," but the common origin lies in an infinitely distant past. *Our assumption is that in the undisturbed state the stars form such a system of common origin.* Clearly this means neither continuous formation nor continuous entry in the sense of the two hypotheses mainly discussed by Mr. Tolman. By the assumption of the common range of influence the future acquires a different significance from the past. Moreover, it can be shown that this assumption (and the contrary one that results from it by the interchange of past and future) is the only one which sets off a system of ∞^3 geodesics from the entire manifold of these lines in such a manner that all time moments remain equivalent.

If this hypothesis of common origin, according to which the stars have stood in a connexion of mutual interaction since eternity, is the correct one, it will be natural to consider only that part of the sphere which they cover, *i. e.*, that half of the hyperboloid which represents their common sphere of influence as the real world. This is surely the smallest part of the hyperboloid that can be taken into consideration as the real world: a star existing from eternity to eternity and the propagation of the light emitted by it must have room in the universe. By the perfectly natural topological assumption that the world does not project over this minimum, the ∞^3 geodesics referred to are immediately distinguished as those lines which have taken their course in the real world since eternity, which, therefore, demand neither formation of stars nor "entry from the border of the world" at a finite moment of time. Only when referring to the entire hyperboloid is it appropriate to describe the pencil of ∞^3 world-lines of our system of stars as one that concentrates on an infinitely small part of the total extent of the sphere towards the infinitely distant past, while it spreads over it more and more towards the future.

But if only that half which is covered by the world-lines has real significance, it is convenient to follow Professor Robertson in introducing coordinates τ, ξ_1, ξ_2, ξ_3, such that the world-lines expressed in terms of them appear as "parallel vertical straight lines" on which the three "spacial coordinates" ξ_1, ξ_2, ξ_3 are constant and only the "time" τ

varies *. All four coordinates are capable of the values from $-\infty$ to $+\infty$ independently of one another ; the world has again exactly the same topological constitution as in the special theory of relativity, so that one can no longer reasonably speak of a "closed space." The introduction of these coordinates can be performed in such a manner that the line element assumes the form

$$ds^2 = e^{-2\tau/a}(d\xi_1^2 + d\xi_2^2 + d\xi_3^2) - d\tau^2. \quad . \quad . \quad (8)$$

If one asks for all the transformations which not only leave this expression of the metric field invariant but carry the system of the world-lines of our stars into itself, the answer reads : all euclidean motions of the space $(\xi_1 \, \xi_2 \, \xi_3)$ combined with the transformation $\tau \longrightarrow \tau + \tau_0$, $\xi_i \longrightarrow e^{\tau_0/a} \cdot \xi_i$ (τ_0 an arbitrary constant). Thus full homogeneity prevails also with regard to the stellar motions. a cannot very well be regarded as the radius of space any longer ; according to (8) its simplest interpretation is that of being the standard of measurement for the scattering of the stars or the redshift which corresponds to it as Doppler effect.

To arrive at the Robertson coordinates, we bear in mind that the world-line of a star in our system is defined by a set of equations

$$x_i = \xi_i(x_4 + x_5)/a \qquad [i = 1, 2, 3]$$

with constant ξ_i (two-dimensional plane that goes through the line

$$x_1 = x_2 = x_3 = 0, \qquad x_4 + x_5 = 0).$$

Let us add the definition

$$x_4 + x_5 = a \cdot e^{\tau/a},$$

which takes account of the restriction $x_4 + x_5 > 0$. The transformation can then be summed up in the form

$$x_i = \xi_i \cdot e^{\tau/a} \quad [i = 1, 2, 3], \qquad x_4 + x_5 = a \cdot e^{\tau/a}. \quad . \quad (9)$$

On account of equation (1),

$$x_1^2 + x_2^2 + x_3^2 + (x_4 + x_5)(x_4 - x_5) = a^2,$$

$x_4 - x_5$ can then be expressed in the Greek coordinates. For ds^2 one easily obtains the desired result (8). If one puts

$$x_1^2 + x_2^2 + x_3^2 = r^2, \qquad \xi_1^2 + \xi_2^2 + \xi_3^2 = \rho^2,$$

then

$$z = \sqrt{a^2 - r^2}$$

* The same coordinates have already been discovered by G. Lemaitre, Journ. Math. Massach. iv. p. 188 (1925).

in that region which can be referred to the static coordinates of the observer, and according to (4) the equations (9) furnish

$$r = \rho \cdot e^{\tau/a}, \qquad \sqrt{1 - \left(\frac{r}{a}\right)^2} \cdot e^{t/a} = e^{\tau/a} \qquad \cdot \quad \cdot \quad (10)$$

for the connexion which Robertson himself indicated as prevailing between his own and the static coordinates. But it is essential to take into consideration not only this part but the entire range of influence of the observer star. For the cosmology which regards it as the real world the coordinates introduced by Mr. Robertson are by far the most appropriate.

Since Mr. Tolman finds the derivation of my formula for the redshift unclear, it shall quickly be repeated here in the Greek coordinates. The final result, of course, depends on what one means by the distance of the observed star from the observer. If the equation of the infinitely small null cone issuing from an arbitrary point is written in the form

$$d\xi_1^2 + d\xi_2^2 + d\xi_3^2 - a^2(de^{-\tau/a})^2 = 0,$$

it is immediately seen that the equation of the finite null cone issuing from the point

$$\xi_1 = \xi_2 = \xi_3 = 0, \qquad \tau = \tau_0,$$

is the following :

$$\xi_1^2 + \xi_2^2 + \xi_3^2 - a^2(e^{-\tau/a} - e^{-\tau_0/a})^2 = 0,$$

or the time τ at which a light-signal must be dispatched from a star at the distance ρ in order to reach the observer at the moment τ_0 is given by

$$\rho = a(e^{-\tau/a} - e^{-\tau_0/a}).$$

To the radiation period $d\tau$ therefore corresponds the observation period $d\tau_0$, which is furnished by

$$d(e^{-\tau/a} - e^{-\tau_0/a}) = 0 \qquad \text{or} \qquad e^{-\tau/a} d\tau = e^{-\tau_0/a} d\tau_0.$$

A radiation frequency ν is observed as the distinct frequency ν_0 :

$$\frac{\nu_0}{\nu} = \frac{d\tau}{d\tau_0} = e^{(\tau - \tau_0)/a}.$$

This may be written

$$\frac{\nu_0}{\nu} = e^{\tau/a} \cdot e^{-\tau_0/a} = e^{\tau/a}\left(e^{-\tau/a} - \frac{\rho}{a}\right) = 1 - \frac{\rho}{a}e^{\tau/a}.$$

If the r of the star has the value r at the moment of light emission, then, according to (10),

$$\frac{\nu_0}{\nu} = 1 - \frac{r}{a}, \qquad \frac{\Delta\nu}{\nu} = -\frac{r}{a}.$$

r is the projection of the natural distance d on the sphere (6) onto the equatorial plane $z=0$; therefore

$$\frac{r}{a} = \sin\frac{d}{a},$$

and we have the formula

$$\frac{\Delta\nu}{\nu} = -\sin d/a.$$

Mr. Tolman asks why I got the tan instead of the sin. The reason for this is as follows. In my earlier paper d meant the naturally measured distance of the star in the static space *at the same moment t at which the observation takes place; t is the static time of the observer.* We have

$$\frac{\nu}{\nu_0} = e^{\tau_0/a} \cdot e^{-\tau/a} = e^{\tau_0/a}\left(e^{-\tau_0/a} + \frac{\rho}{a}\right)$$

$$= 1 + \frac{\rho}{a}e^{\tau_0/a}. \quad \cdot \quad \cdot \quad \cdot \quad \cdot \quad (11)$$

The time t of observation is $=\tau_0$. According to (10)

$$\frac{r}{\sqrt{a^2 - r^2}} = \frac{\rho}{a} \cdot e^{t/a}$$

holds. At the moment of observation $t=\tau_0$, the star ρ therefore has the distance r which is given by this equation with $t=\tau_0$, and one obtains from (11)

$$\frac{\nu}{\nu_0} = 1 + \frac{r}{\sqrt{a^2 - r^2}} = 1 + \tan d/a.$$

So long as one is only dealing with distances that are small compared with a the precise definition is of no consequence, and one obtains the law for the linear increase of

the redshift with the distance; but as soon as the order
of magnitude of a is approached, an exact discussion is
required as to which distance is determined by the indirect
astronomical methods.

The de Sitter solution corresponds to an empty world or
to an infinitely small density of the stars. Can this density
be chosen so that the distribution of the stars distinguishes
neither a definite centre in space nor a definite moment
in time? This is actually possible; the density need only
be assumed constant, say $=\beta$, in the Robertson coordinates.
The total mass of the universe then becomes infinite. This
shows clearly how impossible it has become to speak of
a closed space. It is, of course, easy to reduce this density
to static coordinates. We determine the mass which is
contained at the static time t in the region $r \leq r_0$ of static
space. The world-lines of this mass cover that part of the
world which is described by $\rho \leq \rho_0$ in Robertson's coordinates,

$$\rho_0 = \frac{ar_0}{\sqrt{a^2 - r_0^2}} \cdot e^{-t/a}.$$

The desired mass is therefore

$$= \beta \cdot \frac{4\pi}{3} \rho_0^3 = \frac{4\pi\beta}{3} \left(\frac{r_0}{\sqrt{1 - r_0^2/a^2}} \right)^3 \cdot e^{-3t/a}.$$

In the region in which r lies between r and $r + dr$ we
consequently at the time t find the mass

$$4\pi\beta r^2 dr \cdot \frac{e^{-3t/a}}{(1 - r^2/a^2)^{5/2}}.$$

The naturally measured volume of this zone is

$$4\pi r^2 dr : (1 - r^2/a^2)^{1/2},$$

so that the quantity

$$\beta \cdot \frac{e^{-3t/a}}{(1 - r^2/a^2)^2}$$

is to be regarded as the density at the distance r and at the
time t.

90.

Zur quantentheoretischen Berechnung molekularer Bindungsenergien

Nachrichten der Gesellschaft der Wissenschaften zu Göttingen. Mathematisch-physikalische Klasse, 285—294 (1930)

1. Mathematische Vorbemerkungen über Symmetrieoperatoren und symmetrische lineare Transformationen von Tensoren.

Auf eine Funktion $\psi(x_1 \ldots x_f)$ von f, denselben Wertebereich durchlaufenden Argumenten x kann man eine Permutation s derselben ausüben; die hervorgehende Funktion werde mit $s\psi$ bezeichnet. Allgemeiner kann man auf ψ einen *Symmetrieoperator*

$$a = \sum_s a(s) \cdot s$$

anwenden, wodurch aus ψ die Funktion

$$\dot\psi = a\psi, \quad \dot\psi = \sum_s a(s) \cdot s\psi$$

entsteht. Solche Symmetrieoperatoren lassen sich addieren und multiplizieren, d. h. hintereinander ausführen. In der Tat ist

$$b(a\psi) = c\psi,$$

wo die Komponenten des Produkts $c = ba$ aus

$$c(s) = \sum_{(tt' = s)} b(t) a(t')$$

zu bestimmen sind; die Summe erstreckt sich über alle Paare von Permutationen t, t', welche das Produkt $tt' = s$ ergeben.

Alle Funktionen ψ' von der Form

$$(1) \qquad \psi' = e\psi$$

bilden eine *Symmetrieklasse*; der feste Operator e soll hierin *idempotent* sein, nämlich der Gleichung $ee = e$ genügen. Das besagt, daß, wenn die Funktion ψ' bereits die gewünschte Symmetrie besitzt, (1), sie durch Ausübung des Operators e reproduziert wird: $e\psi' = \psi'$. So erzeugen z. B. die Idempotente

$$e = \frac{1}{f!}\sum s \quad \text{bezw.} \quad e = \frac{1}{f!}\sum \delta_s \cdot s$$

die Klasse der symmetrischen bezw. der schiefsymmetrischen Funktionen. δ_s ist $= \pm 1$, je nachdem s eine gerade oder ungerade Permutation ist. Die „Funktionen von der Symmetrie e" sind durch die Gleichung $e\psi = \psi$ gekennzeichnet. Die „primitiven" idempotenten Operatoren, welche die Funktionsklassen von *nicht mehr zu steigernder* Symmetrie erzeugen, sind in solcher Vollständigkeit, daß jede Funktion aus Funktionen jener Symmetrieklassen additiv zusammengesetzt werden kann, explizite zuerst von A. Young aufgestellt worden. F. Hund hat sie in einer bekannten Arbeit für die Zwecke der Quantenphysik wieder entdeckt.

Die Konjugierte $\tilde{a}$ eines Symmetrieoperators a wird eingeführt durch die Gleichung $\tilde{a}(s) = \bar{a}(s^{-1})$; der Querstrich bezeichnet den Übergang zum Konjugiert-komplexen. a ist *reell*, wenn es mit seiner Konjugierten übereinstimmt. Die die Symmetrieklassen erzeugenden primitiven Idempotente e können reell angenommen werden.

Eine Funktion $\psi(i_1 \ldots i_f)$, in der jedes Argument i denselben Wertebereich durchläuft, bestehend aus nur *endlichvielen*, nämlich den n Werten $i = 1, 2, \ldots, n$, wird ein *Tensor f ter Stufe* im n-dimensionalen Raum $\mathfrak{R}_n$ genannt. Eine beliebige lineare Transformation in $\mathfrak{R}_n$,

$$(2) \qquad A: x_i' = \sum_{k=1}^{n} a(ik) x_k$$

ruft an den Tensoren f ter Stufe in $\mathfrak{R}_n$ die Transformation $A^{(f)}$ hervor:

$$(3) \qquad \psi'(i_1 \ldots i_f) = \sum_{(k_1, \ldots, k_f)} a(i_1 k_1) \ldots a(i_f k_f) \cdot \psi(k_1 \ldots k_f).$$

Sie ist eine spezielle *symmetrische* Transformation in der n'-dimensionalen linearen Mannigfaltigkeit $\mathfrak{R}_n'$ jener Tensoren. Symmetrisch nenne ich nämlich die lineare Transformation

$$(4) \qquad \psi'(i_1 \ldots i_f) = \sum_{(k)} a(i_1 \ldots i_f; k_1 \ldots k_f) \cdot \psi(k_1 \ldots k_f)$$

im Tensorraum, wenn der Koeffizient a sich nicht ändert, falls beide Indexreihen $i_1 \ldots i_f$ und $k_1 \ldots k_f$ simultan der gleichen Permutation unterworfen werden. Alsdann folgt aus (4):

$$s\,\psi'(i_1 \ldots i_f) = \sum_{(k)} a(i_1 \ldots i_f;\; k_1 \ldots k_f) \cdot s\,\psi(k_1 \ldots k_f).$$

Daraus geht hervor, daß der Zusammenhang (4) invariant ist gegenüber jedem auf die Tensoren ψ auszuübenden Symmetrieoperator

$$c = \sum_s c(s)\,s;$$

d. h. wenn $\varphi = c\,\psi$ und gleichzeitig $\varphi' = c\,\psi'$ gesetzt wird, besteht zwischen φ und φ' derselbe Zusammenhang (4) wie zwischen ψ und ψ'. Umgekehrt ist eine Beziehung von der Form

$$(5) \qquad\qquad \varphi = c\,\psi, \qquad \varphi = \sum_s c(s) \cdot s\,\psi$$

invariant gegenüber jeder linearen symmetrischen Substitution (4). Den vorliegenden Sachverhalt kann man auch dahin formulieren, daß die symmetrischen linearen Transformationen (4) und die Operatoren von der Gestalt (5) untereinander vertauschbar sind. Dies findet im Folgenden insbesondere Anwendung auf die speziellen symmetrischen Transformationen (3), die durch die linearen Transformationen des Raumes $\Re_n$ an den Tensoren induziert werden[1]).

2. Das Eigenwertproblem im Raum der Spintensoren.

In der Quantenphysik wird, solange der Spin ignoriert wird, der Zustand eines aus f Elektronen bestehenden Gebildes durch einen „Tensor $f$ter Stufe" $\psi(P_1 \ldots P_f)$ beschrieben, in welchem jedes der Argumente P im Bereiche aller Raumpunkte frei variiert. Die Eigenfunktionen und zugehörigen Terme zerfallen in Symmetrieklassen; es sei ψ eine Eigenfunktion zum Termwert ν und von der Symmetrie $e : e\psi = \psi$, e ein primitives Idempotent. Liegen mehrere Atome $a, b, c, \ldots$ vor, so entsteht, *wenn die Wechselwirkung zwischen den Atomen zunächst vernachlässigt wird* (reduziertes Problem), aus bestimmten Eigenfunktionen $\psi_a, \psi_b, \psi_c, \ldots$ der einzelnen Atome, die den Termen (Eigenwerten) $\nu_a, \nu_b, \nu_c, \ldots$ zugehören und von der Symmetrie $e_a, e_b, e_c, \ldots$ sind, durch Multiplikation eine

---

1) Die genaue Korrespondenz, welche zwischen der Permutationsgruppe und der „Algebra" der symmetrischen Transformationen besteht, wird von mir im Anschluß an eine in den Annals of Mathematics **30**, 1929, 499, erschienene Arbeit auf elementare Weise analysiert in der im Erscheinen begriffenen 2. Auflage meines Buches „Gruppentheorie und Quantenmechanik". Hr. v. D. WAERDEN hat bemerkt, daß diese Theorie sich gleichfalls auf die im Text erwähnte Vertauschbarkeit gründen läßt: Mathem. Annalen **104**, 1930, 92.

Eigenfunktion des aus den Atomen zusammentretenden Moleküls:

$$\psi(P_1 \ldots P_f) = \psi_a(P_1 \ldots P_a) \cdot \psi_b(P_{a+1} \ldots P_{a+b}) \ldots$$

Sie gehört zum Termwert $\nu = \nu_a + \nu_b + \nu_c + \cdots$ des reduzierten Problems und ist von der Symmetrie[2]

$$e = e_a \times e_b \times e_c \times \cdots.$$

($a, b, c, \ldots$ sind die Anzahlen der Elektronen in den einzelnen Atomen, f ihre Gesamtzahl. Man wird sich auf die Leuchtelektronen beschränken können!) Bedeutet s irgendeine Permutation der sämtlichen Indizes von 1 bis f, so ist $s\psi$ eine Eigenfunktion des reduzierten Problems zum gleichen Eigenwert ν — zwar nicht genau, weil durch die Vernachlässigung der Wechselwirkung die Elektronen in den verschiedenen Atomen dynamisch ungleichartig geworden sind, aber doch mit derjenigen Genauigkeit, die dieser Vernachlässigung korrespondiert.

Wird auf die *Existenz des Spins* Rücksicht genommen, so ist das Argument P, das die Raumpunkte durchläuft, zu ersetzen durch das Paar $x = (P\iota)$, in welchem der Zeiger ι nur zweier Werte, $\iota = \pm 1$, fähig ist. *Die dynamische Einwirkung des Spins werde gänzlich vernachlässigt.* Dann multipliziert sich die Vielfachheit jedes Eigenwertes einfach mit 2^f, indem $\psi(P_1 \ldots P_f)$ mit einer willkürlichen Funktion $\varphi(\iota_1 \ldots \iota_f)$ der im Wertebereich ± 1 variierenden Größen ι, mit einem willkürlichen Tensor f ter Stufe des zweidimensionalen Spinraums zu multiplizieren ist. Nach dem *Pauli-Verbot* müssen aber die Eigenfunktionen schiefsymmetrisch sein in den f Argumenten $x = (P\iota)$, und darum liefert der Ausdruck

$$(6) \qquad \chi(x_1 \ldots x_f) = \sum_s \delta_s \cdot s\,\psi(P_1 \ldots P_f) \cdot s\,\varphi(\iota_1 \ldots \iota_f)$$

die allgemeinste Funktion, welche in der besprochenen Näherung Eigenfunktion des reduzierten Problems zum Eigenwert ν ist und der ausgewählten Symmetrieklasse angehört — vorausgesetzt, daß keine zufälligen Ausartungen vorliegen. ψ ist hier die oben eingeführte bestimmte Funktion der f Elektronenorte, φ aber ganz willkürlich. Jedes φ liefert ein χ, das linear von φ abhängt; die lineare Mannigfaltigkeit dieser Funktionen χ werde $\mathfrak{E}$ genannt.

---

2) Das Kreuz bedeutet die gleichzeitige Ausübung von Operatoren, die sich je auf getrennte Abschnitte der Argumentreihe erstrecken. Erleiden z. B. die m Variablen x_i eine lineare Transformation A, die n Variablen y_k eine Transformation B, so erfahren die mn Variablen $x_i y_k$ die Transformation $A \times B$ (i und k sind hier die beiden Indizes oder Argumente).

Um festzustellen, wie die Wechselwirkung zwischen den Atomen den Term ν aufspaltet, müssen wir die aus den Coulombschen Potentialen additiv zusammengesetzte vollständige *Wechselwirkungsenergie H* zwischen allen Elektronen einführen, die eine symmetrische Funktion der f Orte P ist. In erster Näherung können wir nach der Störungstheorie die von ν verschiedenen Eigenwerte des reduzierten Problems ganz beiseite lassen und erhalten die verschobenen Eigenwerte λ und die zugehörigen Eigenfunktionen χ, (6), durch den Ansatz: *χ ist durch geeignete Wahl der Spinfunktion φ so zu bestimmen, daß die orthogonale Projektion von $H\chi$ auf den linearen Raum $\mathfrak{E}$ aller χ zu χ selber proportional ist*; der Proportionalitätsfaktor ist der Termwert λ. Dies liefert, wenn $\varphi'(\iota_1 \ldots \iota_f)$ eine willkürliche Spinfunktion ist, die Gleichung

$$\frac{1}{f!} \int \bar{\chi}'(\lambda - H)\chi = 0$$

oder

$$\int \bar{\psi}(P_1 \ldots P_f)\,\bar{\varphi}'(\iota_1 \ldots \iota_f) \cdot \sum_s \delta_s (\lambda - H)\,s\,\psi(P_1 \ldots P_f) \cdot s\,\varphi(\iota_1 \ldots \iota_f) = 0.$$

$\int$ bedeutet hier die Integration-Summation nach allen f Argumenten $x = (P\iota)$ über das volle Variabilitätsgebiet. Führen wir die Integrale ein

$$(7) \qquad G(s) = \delta_s \int \bar{\psi} \cdot s\psi, \quad H(s) = \delta_s \int \bar{\psi} \cdot Hs\psi$$

(nach P über den ganzen Raum erstreckt), so schreibt sich diese Gleichung

$$\sum_s \big(\lambda\,G(s) - H(s)\big) \cdot s\,\varphi(\iota_1 \ldots \iota_f) = 0$$

oder noch kürzer, wenn $\boldsymbol{G}, \boldsymbol{H}$ die Symmetrieoperatoren mit den Komponenten $G(s)$, bezw. $H(s)$ sind,

$$(8) \qquad \boxed{(\lambda\boldsymbol{G} - \boldsymbol{H})\varphi = 0.}$$

Man hat die besonderen Symmetrieverhältnisse zu erwägen, deren diese Gleichung teilhaftig ist auf Grund des Umstandes, daß die Funktion ψ der Symmetrieklasse e angehört. Aber das diese Symmetrieklasse erzeugende Idempotent werde jetzt

$$\sum_s \delta_s\,\bar{e}(s) \cdot \boldsymbol{s} \qquad [\text{statt } \sum_s e(s) \cdot \boldsymbol{s}]$$

gesetzt. Aus (7) folgt

$$(9) \qquad G(s\,t^{-1}) = \delta_s\,\delta_t \int t\bar{\psi} \cdot s\psi.$$

Denn wird einen Augenblick $t\psi = \psi'$ geschrieben, so ist das Integral rechts $= \int \overline{\psi}' \cdot s\,t^{-1}\psi'$, und dies ist, da ψ' sich von ψ nur durch die Reihenfolge der Argumente unterscheidet, natürlich $= \int \overline{\psi} \cdot s\,t^{-1}\psi$. Insbesondere gilt neben (7):

$$G(s^{-1}) = \delta_s \int s\,\overline{\psi} \cdot \psi,$$

darum ist G reell. Entsprechendes gilt für H. Multipliziert man (9) mit $e(t)$ und summiert über t, so ergibt sich wegen

$$\sum_t \delta_t \bar{e}(t) \cdot t\overline{\psi} = \overline{\psi}$$

die Beziehung

$$\sum_t G(s\,t^{-1})\,e(t) = G(s) \quad \text{oder} \quad \boldsymbol{G}\,\boldsymbol{e} = \boldsymbol{G}.$$

Durch Multiplikation mit $\check{e}(s) = \bar{e}(s^{-1})$ aber erhält man ebenso $\check{e}\boldsymbol{G} = \boldsymbol{G}$. Ist e, wie wir der Bequemlichkeit halber annehmen wollen, reell, so ist

(10)
$$\boldsymbol{e}\,\boldsymbol{G} = \boldsymbol{G}\,\boldsymbol{e} = \boldsymbol{G},$$

und dasselbe trifft für $\boldsymbol{H}$ zu.

Die Gleichung

$$\frac{1}{f!} \int \overline{\chi}\chi = \sum_{(\iota)} \overline{\varphi}(\iota_1 \ldots \iota_f) \cdot G\,\varphi(\iota_1 \ldots \iota_f)$$

lehrt, daß χ sicher dann $= 0$ ist, wenn φ der Gleichung $e\varphi = 0$ genügt; denn dann ist $G\varphi = Ge\varphi = 0$. Da $\varphi' = \varphi - e\varphi$ stets die Gleichung $e\varphi' = 0$ erfüllt, erzeugt die Spinfunktion φ dasselbe χ wie $e\varphi$. Wir können uns deshalb innerhalb des 2^f-dimensionalen Raums der Spinfunktionen φ auf den N-dimensionalen Teilraum $\mathfrak{S}$ der φ von der Symmetrie e beschränken. Weil außerdem $\boldsymbol{e}\boldsymbol{G} = \boldsymbol{G}$, $\boldsymbol{e}\boldsymbol{H} = \boldsymbol{H}$ ist, stellt

$$\dot{\varphi} = \boldsymbol{G}\varphi \quad \text{sowie} \quad \dot{\varphi} = \boldsymbol{H}\varphi$$

je eine lineare Abbildung dieses Raumes $\mathfrak{S}$ auf sich selbst vor; *auf diese beiden simultan zu betrachtenden Abbildungen bezieht sich das zu lösende Eigenwertproblem* (8). — Wenn z. B. ψ schiefsymmetrisch ist in den Orten P der Elektronen jedes Atoms, so ist φ *symmetrisch* in den Spins dieser Elektronen zu nehmen.

3. Zerlegung in irreduzible Bestandteile.

Es erscheint mir als der wichtigste Fortschritt der SLATERschen Methode die durch Hrn. BORN auf die Moleküle übertragen wurde[3]), daß durch Berücksichtigung der Existenz des Spins und des Pauli-Verbots das Eigenwertproblem vom $f!$-dimensionalen Raum der Symmetrieoperatoren verschoben wurde auf den $2'$-dimensionalen der Spinfunktionen φ. — Die weitere Behandlung der Gleichung (8) wird natürlicherweise an die Tatsache anknüpfen, daß e nicht eine primitive Symmetrieklasse erzeugt, und darum zunächst die dadurch bedingte weitere Zerlegung vornehmen. Hr. SLATER beginnt mit einer anderen Zerlegung. Er bemerkt, daß in der Gleichung (8) nur solche $\varphi(\iota_1 \ldots \iota_f)$ miteinander verknüpft sind, deren Argumentwerte dieselbe Summe

$$\iota_1 + \cdots + \iota_f = m \quad \text{(doppelte magnetische Quantenzahl des Spins)}$$

ergeben; denn eine Permutation s vertauscht ja lediglich die ι. Das Gleiche trifft für die in $\mathfrak{S}$ giltige einschränkende Bedingung $e\varphi = \varphi$ zu. Die N-dimensionale Determinante $F(\lambda)$ des im Raume $\mathfrak{S}$ wirkenden Operators $\lambda G - H$ zerfällt darum von selber in die den verschiedenen Werten von $m = f, f-2, \ldots, -f$ entsprechenden Faktoren $F_m(\lambda)$. Es wird behauptet, ohne daß weder durch SLATER noch durch BORN dafür ein stringenter Beweis gegeben wird, daß

$$F_{-m}(\lambda) = F_m(\lambda) \text{ ist und } F_m(\lambda) \text{ teilbar ist durch } F_{m+2}(\lambda) \, [m \geq 0].$$

Die Wurzeln des Quotienten $F_v(\lambda) : F_{v+2}(\lambda) = f_v(\lambda)$ sind die Bindungsenergien bei derjenigen Bindungsweise der Atome, welche dem Molekül v freie Valenzen beläßt ($v \geq 0$, $v = f, f-2, \ldots$). Wir kehren zu dem alten Verfahren der *Zerlegung in primitive Symmetrieklassen* zurück, durch das theoretisch eine weit bessere Übersicht gewonnen wird, die eben erwähnten Sätze sich mitergeben und die Polynome $f_v(\lambda)$, die von niedrigerem Grad sind als die $F_m(\lambda)$, direkt geliefert werden. Die rechnerische Durchführung wird ermöglicht durch den Umstand, daß die Zerlegung des auf die willkürliche Spinfunktion φ wirkenden Idempotents e in seine primitiven Bestandteile in der sog. CLEBSCH-GORDANschen Reihe der Invariantentheorie binärer Formen explizite vorliegt.

Die unimodularen linearen Transformationen A:

$$\varphi'_+ = a(++) \cdot \varphi_+ + a(+-) \cdot \varphi_-,$$
$$\varphi'_- = a(-+) \cdot \varphi_+ + a(--) \cdot \varphi_-$$

der beiden Variablen φ_+, φ_- des Spinraums bilden eine Gruppe $\mathfrak{g}$. A induziert an den Tensoren f ter Stufe $\varphi(\iota_1 \ldots \iota_f)$ die nach (3)

---

3) DIRAC, Roy. Soc. Proc. (A) **123**, 1929, 714. SLATER, Phys. Rev. **34**, 1929, 1293. BORN, Zeitschr. f. Physik **64**, 1930, 729.

zu bildende spezielle symmetrische Transformation $A^{(f)}$. Die Mannigfaltigkeit $\mathfrak{S}_e$ der Tensoren φ von der primitiven Symmetrie e ist gegenüber diesen Substitutionen $A^{(f)}$ invariant und wird dadurch zum Träger einer bestimmten *Darstellung* von $\mathfrak{g}$. Weil die Argumente von φ nur *zwei* Werte annehmen, wird nach YOUNG-HUND die einzelne primitive Symmetrieklasse (im Sinne der Äquivalenz) vollständig gekennzeichnet durch die *Valenz v*, welche eine ganze Zahl ≥ 0 ist und die Werte $v = f,\ f-2,\ \ldots$ besitzen kann. Die Spinfunktionen φ der durch die Valenz v gekennzeichneten primitiven Symmetrieklasse bilden eine $(v+1)$-dimensionale lineare Mannigfaltigkeit, und die zugehörige $(v+1)$-dimensionale Darstellung Γ_v von $\mathfrak{g}$ ordnet A diejenige Transformation zu, welche A an den Monomen v ter Ordnung

$$(11) \qquad z(m) = \varphi_+^{v-r}\,\varphi_-^r \quad [r = 0, 1, \ldots, v;\ m = v - 2r]$$

der beiden Variablen $\varphi_+,\ \varphi_-$ induziert.

Haben wir es mit einem Molekül zu tun, so zerfällt die Reihe der f Argumente von φ, entsprechend den Atomen, in Teilreihen von der Länge $a, b, c, \ldots$. e war dann nicht primitiv, sondern das „Produkt" $e_a \times e_b \times e_c \times \cdots$ von primitiven, auf die einzelnen Teilreihen wirkenden Idempotenten. $v_a, v_b, v_c, \ldots$ seien die Valenzen der einzelnen Atome in dem durch $e_a, e_b, e_c, \ldots$ gekennzeichneten Symmetrie- oder Valenz-Zustand. Die φ von der Symmetrie e bilden die lineare Mannigfaltigkeit $\mathfrak{S}$ von

$$N = (v_a + 1)(v_b + 1)(v_c + 1) \cdots$$

Dimensionen, in der $\mathfrak{g}$ die Darstellung $\Gamma_{v_a} \times \Gamma_{v_b} \times \Gamma_{v_c} \times \cdots$ induziert. Die Aufgabe ist, sie in ihre irreduziblen Bestandteile zu zerlegen. Bei nur zwei Faktoren lautet diese (durch das Zeichen $+$ angedeutete) Zerlegung

$$(12) \qquad \Gamma_v \times \Gamma_{v'} = \Gamma_{v+v'} + \Gamma_{v+v'-2} + \cdots + \Gamma_{|v-v'|}.$$

Die CLEBSCH GORDANsche Reihe gibt explizite an, wie man das Koordinatensystem im $(v+1)(v'+1)$-dimensionalen Darstellungsraum von $\Gamma_v \times \Gamma_{v'}$ zu transformieren hat, um den aus der rechten Seite unserer Gleichung ersichtlichen Zerfall herbeizuführen [4]. Durch ihre wiederholte Anwendung bekommt man die analoge Zerlegung

---

4) Über diese Interpretation der CLEBSCH-GORDANschen Reihe vgl. mein oben zitiertes Gruppenbuch. Die Reihe selbst findet man in jedem Lehrbuch der Invariantentheorie z. B. WEITZENBÖCK Invariantentheorie Groningen 1923. S. 139.

für 3, 4 und mehr Faktoren (Atome). Es sei

$$(13) \qquad \Gamma_{v_a} \times \Gamma_{v_b} \times \Gamma_{v_c} \times \cdots = \sum_v n_v \Gamma_v$$

$$[v = v_0, \; v_0 - 2, \ldots; \quad v_0 = v_a + v_b + v_c + \cdots].$$

Dann zerfällt der Raum $\mathfrak{S}$ in irreduzible gegenüber den Transformationen $A^{(f)}$ invariante Teilräume, wobei n_v Teilräume $\mathfrak{S}_v^{(k)}$ von der Dimension $v + 1$ auftreten. k ist ein Zeiger, der diese n_v Räume voneinander unterscheidet. Die einzelne Variable im Raume $\mathfrak{S}$ trägt darum, nachdem das den Zerfall (13) bewirkende „neue" Koordinatensystem eingeführt ist, den Stellenzeiger $v\,k\,m$; m durchläuft die Werte $v, v - 2, \ldots, -v$.

Durch die Darstellung Γ_v wird der infinitesimalen unimodularen Transformation

$$(14) \qquad \delta\,\varphi_+ = \varphi_+, \qquad \delta\,\varphi_- = -\varphi_-$$

die Transformation

$$\delta\,z(m) = m \cdot z(m) \quad [m = v, \; v - 2, \ldots, -v]$$

zugeordnet, während sie im Raume aller Spintensoren $\varphi(\iota_1 \ldots \iota_f)$ die Transformation

$$\delta\,\varphi(\iota_1 \ldots \iota_f) = m \cdot \varphi(\iota_1 \ldots \iota_f) \quad \text{mit} \quad m = \iota_1 + \cdots + \iota_f$$

bewirkt.

Da ein Operator von der Form $G\varphi$ mit allen (speziellen) symmetrischen Transformationen vertauschbar ist, tritt nun das SCHURsche *Fundamentallemma der Darstellungstheorie* in Wirksamkeit, welches besagt, daß eine feste Matrix, die mit allen Matrizen einer irreduziblen Darstellung vertauschbar ist, Multiplum der Einheitsmatrix ist; daß aber eine (rechteckige) Matrix C, welche gegenüber den sämtlichen Paaren korrespondierender Matrizen U, V zweier inäquivalenter irreduzibler Darstellungen die Gleichung $CU = VC$ befriedigt, ganz verschwindet. Daraus geht hervor, daß in den Matrizen der Operatoren G und H, wenn sie als Transformationen der neuen Koordinaten in $\mathfrak{S}$ geschrieben werden, nur die Übergänge $v, m \to v, m$ vorkommen. Die diesem Übergang entsprechende n_v-dimensionale Matrix $\|\,g_{kk'}\,\|$ hängt überdies nur von v ab, ist unabhängig von m. Ist $f_v(\lambda)$ das Polynom vom n_v ten Grade, das diesem Ausschnitt der Matrix $\lambda G - H$ korrespondiert,

$$f_v(\lambda) = |\lambda g_{kk'} - h_{kk'}|,$$

so ist offenbar

$$F_m(\lambda) = f_m(\lambda) f_{m+2}(\lambda) \ldots$$

mit $m \geq 0$; für negatives m ist rechts m durch $|m|$ zu ersetzen.

Daraus geht die bei SLATER und BORN unbewiesen gebliebene Behauptung hervor.

Es kann geschehen, daß $G\varphi$ identisch 0 wird, falls φ in einem der irreduziblen Räume $\mathfrak{S}_v^{(k)}$ variiert, daß somit die solchen φ zugehörigen χ verschwinden. Es gilt dann also auch das Gleiche von $H\varphi$, und die betreffenden n_v Eigenwerte fallen fort. Auf jeden Fall bilden diejenigen φ in $\mathfrak{S}_v^{(k)}$, welche die Bedingung $G\varphi = 0$ erfüllen, einen gegenüber den $A^{(f)}$ invarianten Teilraum von $\mathfrak{S}_v^{(k)}$, und da $\mathfrak{S}_v^{(k)}$ in dieser Eigenschaft irreduzibel war, kann die Gleichung $G\varphi = 0$ in $\mathfrak{S}_v^{(k)}$ nur durch $\varphi = 0$ erfüllt werden, wenn sie nicht identisch in $\mathfrak{S}_v^{(k)}$ besteht. Es treten demnach *alle* n_v Eigenwerte zusammen auf oder *keiner* (das Letzte wird nur ausnahmsweise der Fall sein).

Ich glaube, daß diese Methode für numerische Berechnung geeignet ist. Man hat dabei zu beachten, daß die Symmetrie erzeugenden idempotenten Operatoren e in der YOUNG-HUNDschen Gestalt nicht reell sind; dies ändert aber natürlich an der Sache nichts Wesentliches. Man kann dabei im voraus die SLATERsche Zerlegung vornehmen; denn auch die CLEBSCH-GORDANsche Transformation auf das neue Koordinatensystem in $\mathfrak{S}$ verläuft für die verschiedenen Werte von m gesondert.

91.

**Zur quantentheoretischen Berechnung molekularer
Bindungsenergien II**

Nachrichten der Gesellschaft der Wissenschaften zu Göttingen. Mathematisch-
physikalische Klasse, 33—39 (1931)

1. Dem Resultat der unter dem gleichen Titel kürzlich erschienenen ersten Note (diese Nachrichten 1930, S. 285) kann —
zum Teil im Anschluß an die darauf folgende Arbeit der Herren
Heitler und Rumer, in welcher die Methode modifiziert und bis
zur numerischen Durchführung weitergebildet wurde — eine etwas
andere Wendung gegeben werden. Weil dadurch erst die Beziehung der quantentheoretischen Analyse der Valenzbindung zur
Kombinatorik der Valenzstriche voll aufgeklärt wird, kann ich es
mir nicht versagen, den Gegenstand nochmals aufzunehmen. Ich
stütze mich dabei nur auf die Abschnitte 1. und 2. meiner vorauf-
gehenden Note. Alles Wesentliche kommt bereits zur Geltung,
wenn ich mich auf den für die Praxis wichtigsten Fall beschränke,
wo die vorgeschriebene Symmetrie $e = e_a \times e_b \times \cdots$ des Tensors φ
im Spinraum darin besteht, daß er *symmetrisch* ist in den ersten
a Argumenten, welche den Elektronen des ersten Atoms zugehören,
desgleichen in den folgenden b, zum zweiten Atom gehörigen, u.s.f.
Wir operieren also in der $(a+1)(b+1)\cdots$-dimensionalen Mannigfaltigkeit $\mathfrak{S}$ der Tensoren

$$(1) \qquad \varphi(\iota_1 \ldots \iota_a,\, \varkappa_1 \ldots \varkappa_b,\, \ldots),$$

die symmetrisch sind je in den Argumenten, die durch denselben
Buchstaben $\iota, \varkappa, \ldots$ gekennzeichnet werden; jedes Argument ist
nur der Werte ± 1 fähig. Es durchlaufe r die $a!\, b!\ldots$ Permutationen, welche nur Elektronen innerhalb der Atome vertauschen,
und zwei Permutationen s und t mögen äquivalent heißen, wenn
sie mit Hilfe zweier derartiger Permutationen r, r' vermöge der
Gleichung $s = r t r'$ auseinander hervorgehen. Daß eine Symmetrie-

größe G der Gleichung $eGe = G$ genügt, kommt hier darauf hinaus, daß $G(s) = G(t)$ ist für je zwei äquivalente Permutationen s und t. Wir haben uns mit der durch eine solche Symmetriegröße G bewerkstelligten Abbildung

$$(2) \qquad \varphi \to \dot{\varphi} = G\,\varphi$$

der Mannigfaltigkeit $\mathfrak{S}$ auf sich selber zu beschäftigen.

Statt des Tensors φ benutzen wir zweckmäßig die *Form*

$$(3) \quad \varphi(x, y, \ldots) = \sum_{\iota,\, \varkappa,\, \ldots} \varphi(\iota_1 \ldots \iota_a, \varkappa_1 \ldots \varkappa_b, \ldots)\, x_{\iota_1} \ldots x_{\iota_a} \cdot y_{\varkappa_1} \ldots y_{\varkappa_b} \ldots,$$

welche von den zweidimensionalen Vektoren $x, y, \ldots$ je in der Ordnung $a, b, \ldots$ abhängt. Jeder Argumentvektor korrespondiert einem Atom, das mit dem gleichen Buchstaben bezeichnet werden möge. Die Form liefert die Transformation der Tensorkomponenten φ unter dem Einfluß einer beliebigen *unimodularen linearen Substitution* σ der Koordinaten φ_+, φ_- im Spinraum, wenn die Vektoren $x, y, \ldots$ die zu σ kontragrediente Substitution erleiden. Die σ bilden eine Gruppe $\mathfrak{g}$. Unsere Form ist eine *Invariante*, wenn sie durch die angegebenen Transformationen in sich übergeht. $v + 1$ derartige Formen $\varphi_i(x, y, \ldots)\ [i = 0, 1, \ldots, v]$ bilden aber eine *kovariante Größe von der Valenz v*, wenn sie unter dem Einfluß der Transformationen σ sich untereinander gemäß der Darstellung Γ_v von $\mathfrak{g}$ umsetzen, d.h. so wie die Monome

$$\varphi_+^{v-i}\, \varphi_-^{i} \qquad [i = 0, 1, \ldots, v].$$

Wir führen einen weiteren willkürlichen Vektor $l = (l_+, l_-)$ ein, der sich ebenso transformiert wie die Vektoren $x, y, \ldots$, und bilden die Form

$$(4) \qquad \varphi(l; x, y, \ldots) = \sum_{i=0}^{v} \binom{v}{i} l_+^{v-i}\, l_-^{i}\, \varphi_i(x, y, \ldots).$$

Sie ist eine Invariante, welche die $v + 1$ Tensoren φ_i zu ersetzen vermag, weil

$$\sum_{i=0}^{v} \binom{v}{i} l_+^{v-i}\, l_-^{i}\, \varphi_+^{v-i}\, \varphi_-^{i} = (l_+ \varphi_+ + l_- \varphi_-)^v$$

eine Invariante ist. Wenn eine „invariante" lineare Mannigfaltigkeit $\mathfrak{S}'$ von Tensoren φ — d.h. eine solche, welche abgeschlossen ist gegenüber den Substitutionen σ, — *eine* lineare Kombination

$$c_0\, \varphi_0 + c_1\, \varphi_1 + \cdots + c_v\, \varphi_v \qquad (c_i \text{ nicht alle } = 0)$$

der φ_i enthält, so muß sie *jede* solche Kombination enthalten, weil die Darstellung Γ irreduzibel ist. Insbesondere können sie nur alle *zugleich* als *Quantenzustände* auftreten, die zu einem bestimmten Energieniveau gehören. Ein solcher Term ist notwendig $(v+1)$-fach ausgeartet und mag in demselben Sinne als *ein* Zustand gezählt werden, wie wir in der klassischen Mechanik Zustände als identisch betrachten, die auseinander dadurch hervorgehen, daß das Molekül als Ganzes im Raume irgendwie gedreht wird.

Die Zerlegung der Darstellung $\Gamma_a \times \Gamma_b \times \cdots$ in irreduzible Bestandteile Γ_v nach der CLEBSCH-GORDANschen Formel liefert eine Basis $\varphi_{v/i}^{(k)}$ für die Mannigfaltigkeit $\mathfrak{S}$ von solcher Art, daß die zu einem festen v und k gehörigen Tensoren

$$(5) \qquad \varphi_{v/i}^{(k)} \qquad [i = 0, 1, \ldots, v]$$

eine kovariante Größe von der Valenz v bilden. Für jedes der vorkommenden v durchläuft k eine gewisse Reihe von Werten $1, 2, \ldots, n_v$. Nach dem Muster von (4) ersetze ich die kovariante Größe mit den Komponenten (5) durch die eine Invariante $\varphi_v^{(k)}(l; x, y, \ldots)$ und behaupte Folgendes:

(P) *Für ein festes v bilden die n_v Formen $\varphi_v^{(k)}$ eine Basis der linearen Mannigfaltigkeit $\mathfrak{S}_v$ aller Invarianten, die von den Vektoren $l; x, y, \ldots$ homogen bzw. in der Ordnung $v; a, b, \ldots$ abhängen.*

Da es selbstverständlich ist, daß ein Symmetrieoperator G eine *Invariante* φ in eine *Invariante* φ überführt, ist danach die *Abbildung (2) zerfallen in die gleich zu bezeichnenden, durch die Valenz v unterschiedenen Abbildungen, welche sich je innerhalb der linearen Mannigfaltigkeit $\mathfrak{S}_v$ aller Invarianten $\varphi(l; x, y, \ldots)$ der vorgeschriebenen Ordnungen $v; a, b, \ldots$ abspielen.* Die in $\mathfrak{S}_v$ sich abspielende Teilabbildung ist dabei $(v+1)$-mal zu setzen. Wird sie in der Form geschrieben

$$\dot{\varphi}_v^{(k)} = \sum_{k'} g_v^{(k,\,k')} \varphi_v^{(k')},$$

so hat sich damit das Hauptresultat des Abschnittes 3. der ersten Note wie von selber ergeben, die SLATERsche Trennung nach den Werten der magnetischen Quantenzahl $m = v - 2i$ aber ist ganz überwunden.

Zur Bestimmung der gestörten Energieniveaus λ und der Quantenzustände φ hat man das Eigenwertproblem

$$(6) \qquad (\lambda \boldsymbol{G} - \boldsymbol{H})\,\varphi = 0$$

in $\mathfrak{S}$ zu lösen, wo die Symmetriegrößen $\boldsymbol{G}$ und $\boldsymbol{H}$ durch die Gleichungen (7) der ersten Note erklärt sind. Es zerfällt nach der Anzahl v der freien Valenzen in die entsprechenden Eigenwertprobleme für $\mathfrak{S}_v$. — Nach dem *ersten Fundamentalsatz der In-*

variantentheorie ist die einzige fundamentale Invariante, aus welcher sich alle andern ganz rational aufbauen, die von zwei Vektoren x, y abhängige Determinante

$$[xy] = x_+ y_- - x_- y_+.$$

Jede von den Vektoren $l; x, y, \ldots$ ganz rational abhängende Invariante ist daher eine lineare Kombination von Monomen, d. i. von Potenzprodukten der fundamentalen Invarianten $[lx]$, $[ly]$, $[xy]$, $\cdots$. Ein solches Monom stellt, wenn die Gesamtordnung in Bezug auf $x, y, \cdots$ die vorgeschriebenen Werte $a, b, \cdots$ hat, einen möglichen Zustand unseres Moleküls dar, den ich als *reinen Valenzzustand* bezeichne. Indem man jeden Faktor $[xy]$ durch einen Valenzstrich zwischen den Atomen x und y veranschaulicht, einen Faktor vom Typus $[lx]$ aber durch einen „freien" Valenzstrich, der das Atom x mit dem „Leeren" verbindet, *wird der reine Valenzzustand in genuiner Weise wiedergegeben durch die Verteilung der Valenzstriche*. Aber die Quantenzustände, in welchen die Energie einen scharf bestimmten Wert hat, fallen nicht mit diesen Valenzzuständen zusammen, sie liegen „zwischen" ihnen; denn die Eigenfunktionen, die der Beziehung (6) genügenden Invarianten, entstehen durch lineare Kombination aus den Monomen. Im allgemeinen wird die Zahl n_v der Quantenzustände sogar geringer sein als die Zahl der Valenzzustände oder der möglichen Verteilungen von Valenzstrichen, da zwischen den Monomen lineare Abhängigkeiten bestehen können. Von ihnen handelt der *zweite Fundamentalsatz der Invariantentheorie*, nach dem alle diese Abhängigkeiten aus der einen, zwischen vier Vektoren x, y, z, t bestehenden Identität

$$(7) \qquad [tx][yz] + [ty][zx] + [tz][xy] = 0$$

hervorgehen. Die Tatsache der linearen Abhängigkeit von Valenzzuständen findet in der Kombinatorik der Valenzstriche keine Veranschaulichung [1]).

2. Beim Beweise des Prinzips (*P*) müssen wir uns auf dasselbe Schursche Fundamentallemma der Darstellungstheorie stützen, mit Hilfe dessen wir in der ersten Note die Zerfällung vorgenommen hatten. Es gilt Folgendes einzusehen:

---

1) Die formale Analogie der Valenzchemie zur binären Invariantentheorie ist schon viel früher bemerkt worden: J. J. Sylvester, Americ. Journ. of Math. 1, 1878, S. 64; Clifford, ebenda S. 126. P. Gordan und W. Alexejeff, Ztschr. phys. Chemie **35**, 1900, S. 610; **36**, 1901, S. 740. Diese von E. Study in der Mathematischen Encyclopädie (Anhang des Artikels über Chemische Atomistik, Bd. V, 1, S. 389) noch als „phantastisch" zurückgewiesenen Versuche haben jetzt in der Quantenphysik eine überraschende konkrete Erfüllung gefunden

Gegeben eine Gruppe $\mathfrak{g}$ linearer Transformationen σ; gewisse durch den Index v unterschiedene irreduzible Darstellungen Γ_v von $\mathfrak{g}$ vom Grade g_v, und zu Γ_v gehörig n_v Sätze von Formen φ_i $[i = 1, \ldots, g_v]$, die unter dem Einfluß der σ sich selber untereinander gemäß der Darstellung Γ_v umsetzen. Diese Formen müssen genauer als $\varphi_{v/i}^{(k)}$ bezeichnet werden, indem der Index $k = 1, 2, \ldots, n_v$ die n_v Sätze unterscheidet. Sind diese sämtlichen Formen nicht linear unabhängig von einander, so bestehen insbesondere zwischen den zu einem gewissen festen v gehörigen Formen $\varphi_{v/i}^{(k)}$ lineare Gleichungen von der Gestalt

$$\sum_{k=1}^{n_v} c_k \varphi_{v/i}^{(k)} = 0 \qquad [i = 1, 2, \ldots, g_v]$$

mit nicht sämtlich verschwindenden konstanten Koeffizienten c_k.

Beweis. Die sämtlichen $\varphi_{v/i}^{(k)}$ setzen sich durch die σ linear um gemäß derjenigen Darstellung $\varDelta$, die aus den Darstellungen Γ_v nach der Gleichung $\varDelta = \sum_v n_v \Gamma_v$ zusammengefügt ist. Ich benutze Variable $z_{v/i}^{(k)}$, die auch einheitlich numeriert mit $z_1, \ldots, z_N$ bezeichnet werden mögen. Mit

$$\sum_{(v,\,k,\,i)} c_{v/i}^{(k)} \varphi_{v/i}^{(k)} = 0$$

besteht auch diejenige lineare Gleichung, die daraus durch die Transformation σ hervorgeht. Die Mannigfaltigkeit der Linearformen

$$c_1 z_1 + c_2 z_2 + \cdots + c_N z_N,$$

welche durch die Substitution $z_{v/i}^{(k)} \to \varphi_{v/i}^{(k)}$ in Null übergehen, ist daher invariant gegenüber $\varDelta$, und somit selber Substrat einer gewissen Darstellung von $\mathfrak{g}$. Spaltet man aus ihr einen irreduziblen Bestandteil Γ vom Grade g ab, so erhält man g unabhängige Linearformen unserer Mannigfaltigkeit

$$(8) \qquad \begin{cases} \xi_1 = c_{11} z_1 + \cdots + c_{1N} z_N, \\ \cdots \cdots \cdots \cdots \cdots \\ \xi_g = c_{g1} z_1 + \cdots + c_{gN} z_N, \end{cases}$$

die sich gemäß der Darstellung Γ umsetzen, während die z sich nach $\varDelta$ transformieren. Das Schursche Lemma läßt alsdann erkennen — wie ich in meinem Gruppenbuch (Gruppentheorie und Quantenmechanik, 2. Aufl., 1931) auf S. 156 ausführe —, daß Γ mit einem der in $\varDelta$ enthaltenen irreduziblen Bestandteile Γ_v zusammenfallen muß und die Formen (8) die Gestalt haben

$$\xi_i = \sum_{k=1}^{n_v} c_k z_{v/i}^{(k)} \qquad [i = 1, 2, \ldots, g_v].$$

3. Die *Berechnung der Symmetriegrößen* G und H soll auf eine algebraisch handliche Form gebracht werden. Die der identischen Permutation entsprechende Komponente von G werde $= G_0$ gesetzt; wenn ψ normiert ist, gilt übrigens $G_0 = 1$. $t_{\alpha\beta}$ sei die Transposition des α^{ten} Elektrons im Atom x und des β^{ten} Elektrons im Atom y oder die Vertauschung der beiden Indizes ι_α und $\varkappa_\beta$ im Tensor (1). Alle ab Komponenten $G(t_{\alpha\beta})$ haben den gleichen Wert G_{xy}, da die $t_{\alpha\beta}$ nach einer oben benutzten Ausdrucksweise zueinander äquivalent sind. In $G\varphi$ erscheint (nach Division durch $a!\,b!\ldots$) der Koeffizient G_0 multipliziert mit φ selbst, G_{xy} multipliziert mit

$$t_{xy}\,\varphi = \sum_{\substack{\alpha\,=\,1,\,\ldots,\,a \\ \beta\,=\,1,\,\ldots,\,b}} t_{\alpha\beta}\,\varphi.$$

Die Operation t_{xy} kann als die Vertauschung der beiden *Atome* x und y bezeichnet werden. An der Form (3) ausgeführt, liefert sie offenbar

$$(9) \qquad \left\{ \sum_{\iota,\,\varkappa} \xi_\iota\, \eta_\varkappa\, \frac{\partial^2\,\varphi}{\partial\,x_\iota\,\partial\,y_\varkappa} \right\}_{\substack{\xi\,=\,y \\ \eta\,=\,x}}.$$

Die bisher berücksichtigten Glieder in G sind

$$G_0 + (G_{xy}\,t_{xy} + \cdots);$$

die Summe bezieht sich hier auf die verschiedenen Atompaare. Solange der Abstand der Atome groß ist gegenüber der Lineardimension der einzelnen Atome, sind die Integrale $G_{xy},\ldots$ sehr klein („von 1. Ordnung") im Vergleich zu G_0. Die noch nicht berücksichtigten Glieder, in denen mehr als nur zwei Elektronen zwischen verschiedenen Atomen ausgetauscht werden, sind aber sogar klein von mindestens 2. Ordnung und können darum in der störungstheoretischen Rechnung beiseite gelassen werden. Da Entsprechendes für H gilt, haben wir somit

$$G = 1 + (G_{xy}\,t_{xy} + \cdots),$$
$$H = H_0 + (H_{xy}\,t_{xy} + \cdots).$$

Zieht man die Energie H_0 ab: $\lambda = H_0 + \mu$, so geht unser Eigenwertproblem mit hinreichender Annäherung über in

$$(10) \qquad\qquad (\mu - W)\,\varphi = 0,$$

wo

$$(11) \qquad\qquad W = W_{xy}\,t_{xy} + \cdots$$

zu setzen ist und $W_{xy} = H_{xy} - H_0\,G_{xy},\ldots$ diejenigen Integralwerte sind, welche den Vertauschungen s zweier Elektronen in verschiedenen Atomen zugehören. Die Zahlen $W_{xy}, \ldots$ heißen die *Austauschenergien*.

Der Operator t_{xy} drückt sich einfach durch den Polarenprozeß $D_{\xi x}$ aus, der φ überführt in

$$D_{\xi x}\, \varphi = \sum_\iota \xi_\iota \frac{\partial \varphi}{\partial x_\iota}.$$

Es ist nämlich nach (9)

$$t_{xy}\, \varphi = \left\{ D_{\eta y}\, D_{\xi x}\, \varphi \right\}_{\substack{\xi = y \\ \eta = x}}.$$

Dafür kann auch geschrieben werden

(13) $$t_{xy} = D_{xy}\, D_{yx} - a = D_{yx}\, D_{xy} - b.$$

Denn es ist

$$D_{xy}\, D_{yx}\, \varphi = \sum_\varkappa \left(x_\varkappa \frac{\partial}{\partial y_\varkappa} \sum_\iota y_\iota \frac{\partial \varphi}{\partial x_\iota} \right) = \sum_{\varkappa,\, \iota} x_\varkappa y_\iota \frac{\partial^2 \varphi}{\partial y_\varkappa\, \partial x_\iota} + \sum_\iota x_\iota \frac{\partial \varphi}{\partial x_\iota}$$

$$= t_{xy}\, \varphi + a\, \varphi.$$

So kommen wir schließlich zu folgender *Anweisung*.

1) *Kombinatorischer Teil.* Liegen n Atome vor von je $a, b, \ldots$ Valenzelektronen, die so gebunden werden sollen, daß v freie Valenzen übrig bleiben, so ordne man den Atomen und dem „Leeren" je einen binären Vektor $x, y, \ldots; l$ zu und bestimme eine Basis für die lineare Mannigfaltigkeit $\mathfrak{S}_v$ der Invarianten $\varphi\,(l;\, x, y, \ldots)$, welche homogen von der Ordnung $a, b, \ldots$ bzw. v sind in jenen Vektoren. Die Forderung der Invarianz bezieht sich hier darauf, daß die Vektoren kogredient eine beliebige unimodulare Substitution erleiden. Eine solche Basis kann unter den *Monomen*, den Potenzprodukten der Fundamentalinvarianten vom Typus $[x\,y]$ ausgesucht werden, unter Berücksichtigung der zwischen ihnen bestehenden, aus (7) folgenden Identitäten.

2) *Dynamischer Teil.* Man berechne die Austauschenergien $W_{xy}, \ldots$ mittels (12), bilde aus den auf die Invarianten φ wirkenden Austauschoperatoren t_{xy}, (13), die lineare Kombination (11) und löse nun innerhalb der linearen Mannigfaltigkeit $\mathfrak{S}_v$ unserer Invarianten φ das Eigenwertproblem (10).

Für die praktische Handhabung bemerke ich noch, daß mit dem Polarenprozeß $D = D_{yx}$, wenn er auf Monome ausgeübt wird, so wie mit einem Differentiationssymbol zu rechnen ist, für den einzelnen x enthaltenden „Klammerfaktor" aber die Gleichungen

$$D[x\,y] = 0, \quad D[x\,z] = [y\,z]$$

gelten.

92.

**Über das Hurwitzsche Problem der Bestimmung der Anzahl
Riemannscher Flächen von gegebener Verzweigungsart**

Commentarii mathematici Helvetici 3, 103—113 (1931)

Für die von der mathematisch-physikalischen Abteilung der Eidgenössischen Technischen Hochschule Zürich vorbereitete Ausgabe der mathematischen Abhandlungen von *A. Hurwitz* hatten Sie mir die Arbeit Math. Ann. 39: Ueber Riemannsche Flächen mit gegebenen Verzweigungspunkten, zur Durchsicht überwiesen. Ich bemerkte sogleich, daß mit den heute zur Verfügung stehenden Hilfsmitteln der Gruppencharaktere die Aufgabe der Anzahlbestimmung durchsichtiger, allgemeiner und vollständiger gelöst werden könne, als es *Hurwitz* damals, 1891, gelungen war. Erst nachträglich wurde ich darauf aufmerksam, daß *Hurwitz* selbst die Gruppencharaktere, nachdem ihre Theorie von *Frobenius* entwickelt worden war, auf sein Problem angewandt hat: Math. Ann. 55, 1902, S. 53. Jedoch kommt man zu den durchsichtigsten Formeln erst, wenn man alle Klassen simultan behandelt und nicht, wie das *Hurwitz* tut, sich auf den Fall einfacher Verzweigungen, d. i. die Klasse der Transpositionen beschränkt. Gestatten Sie mir, Ihnen diese Formeln hier samt ihrer Begründung kurz zusammenzustellen.

1. g sei die symmetrische Gruppe der Permutationen von n Ziffern, h ihre Ordnung $= n!$. Es seien Klassen $\mathfrak{k}_1, \mathfrak{k}_2, \ldots, \mathfrak{k}_w$ konjugierter Elemente von g in der Anzahl w und in bestimmter Reihenfolge vorgegeben. Solange man von der Forderung absieht, daß die n-blättrige Riemannsche Fläche zusammenhängend sein soll, und ferner absieht von der Willkürlichkeit der Numerierung der n Blätter, ist die von *Hurwitz* gesuchte Anzahl keine andere als *die Anzahl N der Lösungen der
Gleichung*

$$(1) \qquad\qquad s_1\, s_2\, \ldots\, s_w = 1,$$

wenn für das Element s_i von g vorgeschrieben ist, daß es der Klasse $\mathfrak{k}_i$ entnommen werden soll. Diese Fragestellung enthält nichts, was sie an die spezielle symmetrische Permutationsgruppe g bindet; sie sei darum hier behandelt für eine beliebige endliche abstrakte Gruppe $\mathfrak{g}$. Die Anzahl der Lösungen von

$$s_1 s_2 \ldots s_w = s, \quad s_i \text{ in } \mathfrak{k}_i,$$

heiße N_s. Sie ist offenbar nur abhängig von der Klasse $\mathfrak{k}$, welcher s angehört, und werde darum in ihrer Abhängigkeit von $\mathfrak{k}$ mit $N(\mathfrak{k})$ bezeichnet. Denn aus einer Lösung für s erhält man eine solche für das konjugierte Element $r^{-1} s r$, indem man jedes s_i durch das entsprechende $r^{-1} s_i r$ ersetzt.

Ist $s \to U(s)$ eine irreduzible Darstellung des Grades g und vom Charakter $\chi(s) = \chi(\mathfrak{k})$, so ist die über alle Elemente t einer Klasse $\mathfrak{k}$ erstreckte Summe der $U(t)$ ein Multiplum $\zeta(\mathfrak{k}) \cdot E$ der Einheitsmatrix E, weil sie mit allen $U(s)$ vertauschbar ist:

$$(2) \qquad \sum_{t \text{ in } \mathfrak{k}} U(t) = \zeta(\mathfrak{k}) \cdot E.$$

Bedeutet $n(\mathfrak{k})$ die Anzahl der Elemente t in $\mathfrak{k}$, so liefert die Spur der Gleichung (2) sofort als den Wert des Proportionalitätsfaktors

$$\zeta(\mathfrak{k}) = \frac{n(\mathfrak{k}) \chi(\mathfrak{k})}{g}.$$

Bildet man die Summe

$$\sum U(s_1 s_2 \ldots s_w) = \sum U(s_1) \, U(s_2) \ldots U(s_w),$$

in welcher die s_i unabhängig voneinander je ihre Klasse $\mathfrak{k}_i$ durchlaufen, so erhält man rechts die Einheitsmatrix, multipliziert mit dem Faktor $\zeta(\mathfrak{k}_1) \, \zeta(\mathfrak{k}_2) \ldots \zeta(\mathfrak{k}_w)$, links aber

$$\sum_s N_s \cdot U(s) = \sum_{\mathfrak{k}} N(\mathfrak{k}) \cdot \zeta(\mathfrak{k}) \, E.$$

Folglich ist

$$\frac{1}{g} \sum_{\mathfrak{k}} n(\mathfrak{k}) \, \chi(\mathfrak{k}) \, N(\mathfrak{k}) = \zeta(\mathfrak{k}_1) \ldots \zeta(\mathfrak{k}_w).$$

Multipliziert man diese Gleichung mit $g \cdot \chi(\mathfrak{k}^{-1})$ und summiert alsdann über alle primitiven Charaktere χ, so ergibt sich wegen der Vollständigkeitsrelation für die Charaktere:

$$N(\mathfrak{f}) = \frac{1}{h} \sum_{\chi} \left\{ g\, \chi\,(\mathfrak{f}^{-1}) \cdot \prod_i \zeta\,(\mathfrak{f}_i) \right\},$$

insbesondere

(3)
$$\boxed{\frac{N}{h} = \sum_{\chi} \left(\frac{g}{h}\right)^2 \zeta\,(\mathfrak{f}_1) \ldots \zeta\,(\mathfrak{f}_w)}\ .$$

Die Zahlen $\zeta\,(\mathfrak{f})$ sind stets *ganz* algebraisch.

2. Dies Ergebnis werde spezialisiert für die symmetrische Permutationsgruppe $\mathfrak{g}$ der Ordnung $h = n!$. Hier gehört jede irreduzible Darstellung zu einem *Symmetrieschema*, dessen Zeilenlängen ν_i den Bedingungen genügen

(4)
$$\nu_1 \geqq \nu_2 \geqq \ldots, \quad \nu_1 + \nu_2 + \ldots = n.$$

Ist c mit den Komponenten $c\,(s)$ der zugehörige *Young*sche Symmetrieoperator [1]), so ist

$$\chi\,(s) = \frac{g}{n!} \sum_r c\,(r^{-1} s\, r) \qquad \text{oder} \qquad \chi\,(\mathfrak{f}) = \frac{g}{n\,(\mathfrak{f})} \cdot \sum_{t\,\text{in}\,\mathfrak{f}} c\,(t),$$

$$\boxed{\zeta\,(\mathfrak{f}) = \sum_{t\,\text{in}\,\mathfrak{f}} c\,(t)}\ .$$

Der Grad g des Charakters berechnet sich aus der über alle $n!$ Permutationen s zu erstreckenden Summe

$$\frac{n!}{g} = \sum_s c\,(s)\,c\,(s^{-1})\ .$$

Hurwitz interessiert sich für den Fall, daß $\mathfrak{f}_1 = \ldots = \mathfrak{f}_w = \mathfrak{f}$ die Klasse der Transpositionen ist. Für eine Transposition s ist $c\,(s) = +1$ oder -1, je nachdem sie zwei Ziffern in derselben *Zeile* oder in derselben *Spalte* vertauscht, sonst aber $= 0$. Werden die Spaltenlängen des Schemas mit $\nu_1^*,\ \nu_2^*,\ \ldots$ bezeichnet, so ist darum $\zeta\,(\mathfrak{f})$ für die Klasse $\mathfrak{f}$ der Transpositionen gleich

$$\zeta = \left\{ \frac{\nu_1\,(\nu_1 - 1)}{2} + \frac{\nu_2\,(\nu_2 - 1)}{2} + \ldots \right\} - \left\{ \frac{\nu_1^*\,(\nu_1^* - 1)}{2} + \frac{\nu_2^*\,(\nu_2^* - 1)}{2} + \ldots \right\}.$$

---

[1]) *H. Weyl*, Gruppentheorie und Quantenmechanik, 2. Aufl., 1931, S. 315.

Zu jedem Schema gehört ein *duales*, das aus ihm durch die Vertauschung der Zeilen mit den Spalten entsteht, demnach zu jedem primitiven Charakter χ ein dualer χ^*, derart daß

$$\chi^*(\mathfrak{f}) = \mathrm{sgn}\,(\mathfrak{f}) \cdot \chi(\mathfrak{f}), \quad g^* = g$$

gilt; $\mathrm{sgn}\,(\mathfrak{f})$ ist $= \pm 1$, je nachdem die Klasse aus geraden oder ungeraden Permutationen besteht. Die Formel (3) ergibt daher $N = 0$, außer wenn

$$\prod_{i=1}^{w} \mathrm{sgn}\,(\mathfrak{f}_i) = +1$$

ist. Diese Tatsache wird gewöhnlich in der Form ausgesprochen, daß die gesamte Verzweigungszahl gerade sein muß.

Die eleganteste Berechnung der Charaktere der Permutationsgruppe resultiert nach *Frobenius* aus ihrer Verbindung mit der kontinuierlichen Gruppe aller linearen Transformationen.[2]) Von einer festen Anzahl ϱ von Variablen $x_1, x_2, \ldots, x_\varrho$ stellt man sich die Potenzsummen her

$$\sigma_m = x_1^m + x_2^m + \ldots + x_\varrho^m .$$

Besteht die Klasse $\mathfrak{f}$ aus denjenigen Permutationen, die k_1 ziffernfremde Zykeln der Ordnung 1, k_2 der Ordnung 2, … enthalten $(1\,k_1 + 2\,k_2 + \ldots = n)$, so setze man

$$\sigma(\mathfrak{f}) = \sigma_1^{k_1} \sigma_2^{k_2} \ldots .$$

Gehört der primitive Charakter χ zu dem Symmetrieschema mit den Zeilenlängen $\nu_1 \geqq \nu_2 \geqq \ldots \geqq \nu_\varrho$, so kennzeichne man das Schema durch die fallende Reihe ganzer nicht-negativer Zahlen:

$$h_1 = \nu_1 + (\varrho - 1), \ldots, \quad h_{\varrho-1} = \nu_{\varrho-1} + 1, \quad h_\varrho = \nu_\varrho + 0.$$

Dann gilt

$$\sum_{\mathfrak{f}} \frac{n(\mathfrak{f})}{n!} \chi(\mathfrak{f})\, \sigma_1^{k_1} \sigma_2^{k_2} \ldots = \frac{|\,x^{h_1}, \ldots, x^{h_\varrho}\,|}{|\,x^{\varrho-1}, \ldots, 1\,|}$$

(die Zeilen der Determinante entstehen aus der hingeschriebenen, indem für x sukzessive die Variablen $x_1, x_2, \ldots, x_\varrho$ genommen werden). Der

---

[2]) l. c., S. 292 u. 335.

Grad g des Charakters drückt sich mit Hilfe des Differenzenproduktes D der Ziffern $h_1, \ldots, h_\rho$ in der Gestalt aus

$$(5) \qquad \frac{g}{n!} = \frac{D(h_1, \ldots, h_\rho)}{h_1! \ldots h_\rho!}.$$

Darum haben wir schließlich

$$(6) \qquad \sum_{\mathfrak{f}} \zeta(\mathfrak{f})\, \sigma(\mathfrak{f}) = L_{(h)}(x) = \frac{h_1! \ldots h_\rho!}{D(h_1, \ldots, h_\rho)} \cdot \frac{|x^{h_1}, \ldots, x^{h_\rho}|}{|x^{\rho-1}, \ldots, 1|}.$$

Wenn aber das Symmetrieschema *mehr* als ρ Zeilen enthält, ist die Summe (6) gleich Null.

Die oben N genannte Zahl der Lösungen der Gleichung

$$s_1 s_2 \ldots s_w = 1,$$

in der s_i eine Permutation von n Ziffern sein soll, die der vorgeschriebenen Klasse $\mathfrak{f}_i$ entstammt, werde jetzt genauer mit

$$(7) \qquad N = f_n(\mathfrak{f}_1, \mathfrak{f}_2, \ldots, \mathfrak{f}_w)$$

bezeichnet. Wir brauchen w Sätze von je ρ Variablen, welche durch einen darübergesetzten Index $1, 2, \ldots, w$ unterschieden werden. An Stelle der Anzahlen (7) benutzen wir jetzt die Zusammenfassung

$$(8) \qquad \sum_{\mathfrak{f}_1, \mathfrak{f}_2, \ldots} \frac{f_n(\mathfrak{f}_1, \mathfrak{f}_2, \ldots)}{n!} \overset{1}{\sigma}(\mathfrak{f}_1)\, \overset{2}{\sigma}(\mathfrak{f}_2) \ldots$$

und erhalten dafür nach (3) und (6) die über alle möglichen Symmetrieschemen von höchstens ρ Zeilen zu erstreckende Summe

$$\sum \left(\frac{D(h_1, \ldots, h_\rho)}{h_1! \ldots h_\rho!}\right)^2 \overset{1}{L_{(h)}}(x)\, \overset{2}{L_{(h)}}(x) \ldots .$$

Das Polynom (8) bestimmt die darin als Koëffizienten auftretenden Anzahlen $f_n(\mathfrak{f}_1, \mathfrak{f}_2, \ldots)$ eindeutig, wenn $\rho \geqq n$ gewählt ist; denn dann sind die ersten n Potenzsummen der Variablen x algebraisch unabhängig. Es ist aber zweckmäßig, formal die verschiedenen Anzahlen $n = 0, 1, 2, \ldots$ additiv zusammenzufassen und aus den Bestandteilen (8) die „erzeugende Funktion"

$$(9) \qquad F(\overset{1}{x}, \overset{2}{x}, \ldots) = \sum_{n=0}^{\infty} \sum_{\mathfrak{k}_1, \mathfrak{k}_2, \ldots} \frac{1}{n!} f_n(\mathfrak{k}_1, \mathfrak{k}_2, \ldots)\, \overset{1}{\sigma}(\mathfrak{k}_1)\, \overset{2}{\sigma}(\mathfrak{k}_2) \ldots,$$

zu bilden, in welcher das Glied $n = 0$ per definitionem gleich 1 sein soll. Man hat dann zur Bestimmung der Anzahlen f_n die Gleichung

$$(10) \qquad F = \sum \left(\frac{D(h_1, \ldots, h_\rho)}{h_1! \ldots h_\rho!}\right)^2 L_{(h)}(\overset{1}{x})\, L_{(h)}(\overset{2}{x}) \ldots;$$

rechts ist über alle ganzen Zahlen h_ι zu summieren, welche die Ungleichungen

$$h_1 > h_2 > \ldots > h_\rho \geqq 0$$

erfüllen.

3. Diese Zusammenfassung zu einer erzeugenden Funktion ist nun auch geeignet, um aus den Riemannschen Flächen der vorgegebenen Verzweigungsart die *zusammenhängenden* auszuscheiden, d. h. die Anzahl

$$\varphi_n(\mathfrak{k}_1, \mathfrak{k}_2, \ldots, \mathfrak{k}_w)$$

derjenigen Lösungen $\{s_i\}$ von (1) zu bestimmen, für welche die aus $s_1, s_2, \ldots, s_w$ erzeugte Permutationsgruppe *transitiv* ist. Entsprechend (9) bilden wir die erzeugende Funktion

$$(11) \qquad \Phi(\overset{1}{x}, \overset{2}{x}, \ldots) = \sum_{n=1}^{\infty} \sum_{\mathfrak{k}_1, \mathfrak{k}_2, \ldots} \frac{\varphi_n(\mathfrak{k}_1, \mathfrak{k}_2, \ldots)}{n!}\, \overset{1}{\sigma}(\mathfrak{k}_1)\, \overset{2}{\sigma}(\mathfrak{k}_2) \ldots$$

und behaupten, daß die Gleichung

$$(12) \qquad F = e^{\Phi} \quad \text{oder} \quad \Phi = \lg F$$

besteht. Dazu führt eine ganz elementare kombinatorische Betrachtung[3]). Die Ziffern von 1 bis n seien auf r getrennte Reihen von bzw. n', n'', $\ldots$, $n^{(r)}$ Ziffern verteilt:

$$(13) \qquad n^{(i)} \geqq 1, \qquad n' + n'' + \ldots + n^{(r)} = n.$$

Eine Permutation s, welche nur Ziffern innerhalb der einzelnen Reihen vertauscht, hat die Form

---

[3]) Analog verfährt *Hurwitz*, Math. Ann. 55 (1902), 61—65.

$$(14) \qquad s = s'\, s'' \,\ldots\, s^{(r)},$$

wo s' eine Vertauschung der n' Ziffern der ersten Reihe ist, s'' eine Vertauschung der n'' Ziffern der zweiten Reihe und so fort. Wir suchen jetzt diejenigen Lösungen von (1), bei welchen alle s_i nur die Ziffern unserer Reihen untereinander vertauschen, aber die aus s_1, s_2, $\ldots$, s_w erzeugte Gruppe innerhalb jeder dieser Ziffernreihen transitiv ist. Nennen wir ihre Anzahl $\varphi\,(n',\, n'',\, \ldots,\, n^{(r)})$, so ist offenbar

$$(15) \qquad \varphi\,(n',\, \ldots,\, n^{(r)}) = \sideset{}{'}\sum \varphi_{n'}\,(\mathfrak{k}_1',\, \mathfrak{k}_2',\, \ldots)\, \ldots\, \varphi_{n^{(r)}}\,(\mathfrak{k}_1^{(r)},\, \mathfrak{k}_2^{(r)},\, \ldots),$$

wo die Summe sich über die möglichen Zerlegungen von $\mathfrak{k}_1$, $\mathfrak{k}_2$, $\ldots$ gemäß den Gleichungen

$$(16) \qquad \begin{cases} \mathfrak{k}_1 = \mathfrak{k}_1'\, \mathfrak{k}_1'' \,\ldots\, \mathfrak{k}_1^{(r)}, \\ \mathfrak{k}_2 = \mathfrak{k}_2'\, \mathfrak{k}_2'' \,\ldots\, \mathfrak{k}_2^{(r)}, \\ \ldots\ldots\ldots\ldots\ldots\ldots\ldots \end{cases}$$

erstreckt. $\mathfrak{k}_i'$ ist hier natürlich eine Klasse von Permutationen der in der ersten Reihe liegenden n' Ziffern, entsprechend $\mathfrak{k}_i''$ und so fort, und die Gleichungen sind in demselben Sinne zu verstehen wie die Zerlegung (14). Nun liefert eine einfache Abzählung für $n \geqq 1$:

$$f_n = \sum_{r=1,\,\ldots} \frac{1}{r!} \sum \frac{n!}{n'!\, n''! \,\ldots\, n^{(r)}!}\, \varphi\,(n',\, n'',\, \ldots,\, n^{(r)}).$$

In der inneren Summe gelten die Beschränkungen (13). Mit der Abkürzung

$$\frac{1}{n!}\, \varphi_n = \varphi_n^*, \qquad \frac{1}{n!}\, f_n = f_n^*$$

ist daher nach (15):

$$(17) \qquad f_n^* = \sum_{r=1,\,\ldots} \frac{1}{r!} \sum \varphi_{n'}^*\,(\mathfrak{k}_1',\, \mathfrak{k}_2',\, \ldots)\, \ldots\, \varphi_{n^{(r)}}^*\,(\mathfrak{k}_1^{(r)},\, \mathfrak{k}_2^{(r)},\, \ldots)\,.$$

Die innere Summe erstreckt sich über die durch (13) gebundenen n', n'', $\ldots$, $n^{(r)}$, sowie über die Zerlegungen (16). Mit

$$\mathfrak{k} = \mathfrak{k}'\, \mathfrak{k}'' \,\ldots\, \mathfrak{k}^{(r)} \quad \text{ist} \quad \sigma\,(\mathfrak{k}) = \sigma\,(\mathfrak{k}')\, \sigma\,(\mathfrak{k}'') \,\ldots\, \sigma\,(\mathfrak{k}^{(r)}).$$

Darum läßt sich die Rekursionsformel (17) zusammenfassen zu der behaupteten Gleichung

$$F = 1 + \sum_{r=1,\dots} \frac{1}{r!}\, \Phi^r.$$

Umgekehrt kann die Gleichung

$$\Phi = \lg F = \lg(1 + F') = \sum_{r=1,\dots} \frac{(-1)^{r-1}}{r}\, F'^r$$

sofort wieder in eine solche umgesetzt werden, die φ_n aus f_n zu berechnen gestattet:

$$(18) \quad \varphi_n^*(\mathfrak{k}_1, \mathfrak{k}_2, \dots) = \sum_{r=1,\dots} \frac{(-1)^{r-1}}{r} \sum f_{n'}^*(\mathfrak{k}_1', \mathfrak{k}_2', \dots) \dots f_{n^{(r)}}^*(\mathfrak{k}_1^{(r)}, \mathfrak{k}_2^{(r)}, \dots)$$

mit den gleichen Summationsbedingungen wie in (17).

4. Um linke und rechte Seite der Gleichung (10) möglichst direkt vergleichen zu können, muß man die rechts auftretende symmetrische Funktion

$$\frac{\left| x^{h_1}, \dots, x^{h_\rho} \right|}{\left| x^{\rho-1}, \dots, 1 \right|} = X(x)$$

der Variablen x_1, x_2, $\dots$, x_ρ durch die Potenzsummen σ_m ausdrücken. Das geschieht folgendermaßen. Das Reziproke des „charakteristischen Polynoms"

$$\omega(z) = (1 - x_1 z)(1 - x_2 z) \dots (1 - x_\rho z)$$

werde in der Umgebung von $z = 0$ in eine Potenzreihe entwickelt

$$\frac{1}{\omega(z)} = \pi_0 + \pi_1 z + \pi_2 z^2 + \dots = \sum_{i=-\infty}^{+\infty} \pi_i z^i.$$

Aus der Cauchyschen Gleichung

$$(19) \quad \left| \frac{1}{1 - x_\iota y_\varkappa} \right| = \frac{D(x_1, \dots, x_\rho)\, D(y_1, \dots, y_\rho)}{\underset{\iota,\varkappa=1,\dots,\rho}{\Pi}(1 - x_\iota y_\varkappa)}$$

ergibt sich dann [4])

$$(20) \qquad X(x) = |\,\pi_{h-\rho+1},\ \ldots,\ \pi_{h-1},\ \pi_h\,|$$

(die ρ Zeilen der Determinante rechts entstehen dadurch, daß man h der Reihe nach gleich $h_1,\ \ldots,\ h_\rho$ nimmt). Es ist andererseits

$$\lg\frac{1}{\omega(z)} = \sum_\iota \lg\frac{1}{1 - x_\iota z} = \sum_{n=1}^{\infty}\sum_\iota \frac{x_\iota^n z^n}{n} = \sum_{n=1}^{\infty}\frac{\sigma_n}{n}\,z^n\,.$$

Die π lassen sich also in (20) durch die σ ganzrational ausdrücken mit Hilfe der Gleichung

$$\pi_0 + \pi_1\,z + \pi_2\,z^2 + \ldots = \exp\left(\frac{\sigma_1}{1}\,z + \frac{\sigma_2}{2}\,z^2 + \ldots\right).$$

Für die niedrigsten Fälle $w = 1$ und 2 ist die Bestimmung der Zahlen φ_n^* trivial. Es ist aber ganz instruktiv, unsere Formeln hier durch die Berechnung von Φ zu bestätigen.

($w = 1$). Die Formel (5) für den Grad g entsteht aus der Gleichung [5])

$$\sigma_1^n = \sum g \cdot X(x),$$

indem man fragt, mit welchem Koëffizienten g das Glied $x_1^{h_1} \ldots x_\rho^{h_\rho}$ in dem Polynom

$$\sigma_1^n \cdot D(x_1,\ \ldots,\ x_\rho)$$

vorkommt. Wird auch noch über $n = 0,\ 1,\ 2,\ \ldots$ summiert, so erhält man daher

$$F = \sum \frac{D(h_1,\ \ldots,\ h_\rho)}{h_1!\ \ldots\ h_\rho!}\frac{|\,x^{h_1},\ \ldots,\ x^{h_\rho}\,|}{|\,x^{\rho-1},\ \ldots,\ 1\,|} = \sum_{n=0}^{\infty}\frac{\sigma_1^n}{n!} = e^{\sigma_1}$$

und darum

$$\Phi = \lg\,F = \sigma_1\,.$$

---

[4]) *H. Weyl.* Math. Zeitschr. 23 (1925), 300.
[5]) *H. Weyl,* Gruppentheorie und Quantenmechanik, 2. Aufl., S. 337.

Das heißt: die einzige zusammenhängende Riemannsche Fläche, welche nur über *einem* Punkte der komplexen Ebene verzweigt ist ($w = 1$), ist die einblättrige Ebene selber ($n = 1$).

($w = 2$). Nach der Cauchyschen Gleichung (19) gilt

$$\sum \left| x^{h_1}, \ldots, x^{h_\rho} \right| \cdot \left| y^{h_1}, \ldots, y^{h_\rho} \right| = \frac{\left| x^{\rho-1}, \ldots, 1 \right| \cdot \left| y^{\rho-1}, \ldots, 1 \right|}{\underset{\iota,\varkappa}{\Pi} (1 - x_\iota y_\varkappa)}$$

Bezeichnen wir daher im Falle $w = 2$ die beiden Variablensätze von je ρ Variablen mit x und y statt mit $\overset{1}{x}$, $\overset{2}{x}$, so läßt sich die Summe (10) auswerten und liefert:

$$F = \underset{\iota,\varkappa}{\Pi} \frac{1}{1 - x_\iota y_\varkappa},$$

mithin

$$\varPhi = \sum_{\iota,\varkappa} \lg \frac{1}{1 - x_\iota y_\varkappa} = \sum_{\iota,\varkappa} \sum_{n=1}^{\infty} \frac{x_\iota^n y_\varkappa^n}{n} = \sum_{n=1}^{\infty} \frac{\sigma_n(x)\,\sigma_n(y)}{n}.$$

$\sigma_n(x)$, $\sigma_n(y)$ ist die n^{te} Potenzsumme der x bzw. y. Die Formel für $\varPhi$ enthält das triviale Resultat: Für eine zusammenhängende n-blättrige Riemannsche Fläche, die nur über zwei Punkten der komplexen Ebene verzweigt ist, muß die Vertauschung s der Blätter beim Umlauf um den ersten Verzweigungspunkt aus einem einzigen n-gliedrigen Zykel bestehen, während die entsprechende Vertauschung für den zweiten Verzweigungspunkt s^{-1} der gleichen Klasse angehört; die Zahl verschiedener solcher Zykeln ist $\dfrac{n!}{n}$.

Die Klasse $\mathfrak{f}$ der Permutationen von n Ziffern, welche aus k_1, k_2, k_3, ... Zykeln der Ordnung 1, 2, 3, ... besteht, liefert zur Verzweigungszahl den Beitrag (Multiplizität)

$$m(\mathfrak{f}) = 0 \cdot k_1 + 1 \cdot k_2 + 2\,k_3 + \ldots = n - (k_1 + k_2 + k_3 + \ldots).$$

Das Geschlecht p des einzelnen Gliedes $\overset{1}{\sigma}(\mathfrak{f}_1)\,\overset{2}{\sigma}(\mathfrak{f}_2) \ldots$ in F führt man danach ein durch die Gleichung

$$2p = m(\mathfrak{f}_1) + m(\mathfrak{f}_2) + \ldots + m(\mathfrak{f}_w) - 2(n-1).$$

Wir haben oben aus der Formel (3) für N geschlossen, daß nur solche Glieder in F und darum in $\varPhi$ vorkommen, für welche $2p$ gerade ist;

denn sgn $(\mathfrak{f})$ ist $= (-1)^{m\,(\mathfrak{f})}$. Eine brauchbare Formel sollte darüber hinaus das sonst auf topologischem, nicht auf gruppentheoretischem Wege abgeleitete Resultat ergeben, daß das Geschlecht p einer zusammenhängenden Riemannschen Fläche notwendig $\geqq 0$ ist oder daß in Φ nur Glieder mit $p \geqq 0$ vorkommen. Liefert sie dies in durchsichtiger Weise, so kann man auch hoffen, daß aus ihr die für $p = 0$ gültigen Verallgemeinerungen derjenigen einfachen Anzahlformeln hervorgehen, die *Hurwitz* Math. Ann. 39 (1891), 22, angibt. Ich stehe aber im Augenblick der Aufgabe noch ratlos gegenüber, meine Gleichungen (10), (12) für Φ so umzuformen, daß diese Dinge in Evidenz gesetzt werden. Wahrscheinlich müßte man dazu die (divergente) Summe F in ein Produkt verwandeln.

93.

Geometrie und Physik

Die Naturwissenschaften 19, 49—58 (1931)

Die Vorgänge der Außenwelt spielen sich ab in *Raum und Zeit*. In der mathematischen Darstellung erscheinen alle Zustandsgrößen als Funktionen der Raum-Zeit-Koordinaten; diese treten auf als die unabhängigen Veränderlichen. Die möglichen Raumzeitstellen bilden ein vierdimensionales Kontinuum. Nur das raumzeitliche Zusammenfallen und die unmittelbare raumzeitliche Nachbarschaft haben einen in der Anschauung ohne weiteres klar aufweisbaren Sinn. Darum bezeichnete bereits ARISTOTELES den Raum als das Medium der Berührung. Dennoch können wir uns nicht damit begnügen, die tatsächlich auftretenden Berührungen einfach zu konstatieren, sondern sind gezwungen, sie zu projizieren auf ein qualitativ nicht differenziertes Feld freier *Möglichkeiten*, das Kontinuum aller möglichen Koinzidenzen; zum mindesten dann, wenn unsere theoretische Konstruktion der einen vollen objektiven Welt gerecht werden soll, die ja weit über das hinausragt, was ich als einzelner Mensch jeweils davon erfahre. Ich glaube, daß diese Notwendigkeit letzten Endes darin begründet ist, daß die Wirklichkeit nicht ein Sein an sich ist, sondern sich *für ein Bewußtsein* konstituiert. Wenn sich die räumliche Körpergestalt als ein Identisches in den verschiedenen perspektivischen Ansichten konstituiert, so ist dafür Vorbedingung, daß der Standpunkt, von dem aus das einzelne perspektivische Bild erscheint, variiert wird und die verschiedenen wirklich eingenommenen Standpunkte selber sich geben als Ausschnitt aus einem in uns angelegten, wennschon unendlichen Kontinuum von Möglichkeiten. Raum und Zeit sind, wie KANT sagt, Formen unserer Anschauung. Die *Koordinaten* sind dazu da, die Stellen im Kontinuum von Raum und Zeit voneinander zu unterscheiden. Sie spielen die gleiche Rolle wie die Namen, durch welche Personen voneinander unterschieden und nennbar gemacht werden, oder wie eine willkürliche Numerierung der Objekte in einem aus diskreten Elementen bestehenden Objektbereich. Die Koordinaten sind stetige Ortsfunktionen in der kontinuierlichen Mannigfaltigkeit; jede stetig vom Ort abhängige Größe kann nach Einführung der Koordinaten ausgedrückt werden als eine Funktion der Koordinaten. Der Übergang von einem Koordinatensystem zu einem anderen besteht darum in einer durch stetige Funktionen vermittelten Transformation. Die Feststellung, daß jedes Koordinatensystem geeignet ist, als Grundlage der Beschreibung der Natur-

---

¹ ROUSE BALL Lecture an der Universität Cambridge, Mai 1930.

vorgänge benutzt zu werden, involviert keinerlei sachhaltige Aussage über die Beschaffenheit und Gesetzmäßigkeit der Natur. Wir lehnen dadurch nur den primitiven Glauben an den Namenzauber ab, der da meint, daß der Name einem Dinge innewohnt, daß der Weg der Erkenntnis verschüttet wird, wenn wir den „richtigen" Namen verfehlen, daß wir aber durch seine Nennung magische Gewalt über das Ding bekommen.

Die Beschreibung der Vorgänge mit Hilfe eines zugrunde gelegten Koordinatensystems geschieht offenbar in *arithmetischen* Termini, da die verwendeten Namen Zahlen sind. Ihnen allen ist das geläufig aus der analytischen Geometrie. Doch um eingewurzelten Denk- und Anschauungsformen entgegenzukommen, wollen wir sie durch geometrische Termini ersetzen mittels Deutung der Koordinaten in einem euklidischen „Bildraum". Die Koordinaten vermitteln die Abbildung der wirklichen Welt auf diesen Bildraum; eine Abbildung von analoger Art, wie wir sie in den ebenen geographischen Karten von der krummen Erdoberfläche entwerfen. Auf der Merkatorkarte liegen San Franzisko, die Südspitze von Grönland und das Nordkap in gerader Linie; man wird sich nicht wundern, daß auf einer orthographischen Projektion, welche die nördliche Halbkugel der Erde darstellt, dies nicht der Fall ist.

Das vierdimensionale raumzeitliche Kontinuum ist nicht amorph, sondern trägt eine *Struktur*. Glaubt man mit NEWTON an einen absoluten Raum und eine absolute Zeit, so schreibt man der Welt eine *Schichtung* und eine quer dazu verlaufende *Faserung* zu: alle gleichzeitigen Weltpunkte bilden eine dreidimensionale Schicht, alle gleichortigen Weltpunkte eine eindimensionale Faser. Ferner besitzen Raum und Zeit eine Maßstruktur, die sich in den Begriffen der Gleichheit von Zeitstrecken und der Kongruenz räumlicher Figuren kundtut. Wie immer die Struktur genau und vollständig zu beschreiben sein mag und welches auch ihr innerer Grund ist — alle Naturgesetze zeigen, daß sie von einschneidendster Wirkung auf den Gang der physischen Geschehnisse ist: das Verhalten von starren Körpern und Uhren ist fast ausschließlich durch die Maßstruktur bestimmt, ebenso der Verlauf der Bewegung eines keiner Einwirkung unterliegenden Massenpunktes und die Ausbreitung einer Lichtwelle. Und nur an diesen Wirkungen auf die konkreten Naturvorgänge können wir die Struktur erkennen. NEWTON spricht dieses Programm in der Einleitung der *Principia* mit vollendeter Klarheit aus. Wenn er auch a priori an den absoluten

Raum und damit an die absolute Bewegung glaubt, so bezeichnet er es doch geradezu als Ziel seiner Untersuchung, die wahren Bewegungen aus den relativen Bewegungen, welche ihre Differenzen sind, *und aus ihren Ursachen und Wirkungen* zu ermitteln. Zur Erläuterung fügt er das bekannte Beispiel hinzu: „Werden zwei Kugeln in gegebener gegenseitiger Lage mittels eines Fadens verbunden und so um den gemeinsamen Schwerpunkt gedreht, so erkennt man aus der Spannung des Fadens das Streben der Kugeln, sich von der Achse der Bewegung zu entfernen, und kann daraus die Größe der kreisförmigen Bewegung berechnen." Soll ein spezielles Koordinatensystem oder eine spezielle Klasse von Koordinatensystemen gekennzeichnet werden, so kann dies nur auf Grund der physischen Vorgänge geschehen, indem man festsetzt: diese und diese Vorgänge sollen sich in den betreffenden Koordinaten analytisch so und so ausdrücken. Ich erläutere dieses im Grunde selbstverständliche und, wie wir sahen, von NEW-TON implizite anerkannte „*allgemeine Relativitäts-postulat*" durch das Beispiel der sog. speziellen Relativitätstheorie, deren Gültigkeit durch dasselbe keineswegs ausgeschlossen wird. Es ist eine Erfahrungstatsache, daß die Weltlinie eines Massenpunktes, der keiner Einwirkung unterliegt, die eindimensionale Mannigfaltigkeit der Weltstellen, welche er sukzessive passiert, durch Ausgangspunkt und Ausgangsrichtung der Weltlinie festgelegt ist. Ebenso ist der Lichtkegel, der geometrische Ort aller Weltpunkte, in welchen ein an bestimmter Weltstelle O, hier - jetzt, gegebenes Lichtsignal eintrifft, durch O festgelegt, unabhängig vom Zustand, insbesondere vom Bewegungszustand der Lichtquelle und der Farbe des Lichts. Nach der speziellen Relativitätstheorie läßt sich insbesondere eine solche „Karte" der Welt entwerfen, in welcher 1. die Weltlinie jedes kräftefrei sich bewegenden Massenpunktes als Gerade erscheint (GALILEIsches Trägheitsgesetz) und 2. der von einem beliebigen Weltpunkt ausstrahlende Lichtkegel durch einen vertikalen geraden Kreiskegel vom Öffnungswinkel 90° dargestellt wird (konzentrische Ausbreitung des Lichtes mit konstanter Geschwindigkeit). Unter den „normalen" Koordinatensystemen, welche diesen Bedingungen genügen, läßt sich objektiv, ohne individuelle Aufweisung, keine engere Auswahl treffen; sie sind miteinander verbunden durch die linearen Lorentz-Transformationen. Freilich erfordert die Ermittlung der Struktur, wie hieraus hervorgeht, die Verfolgung der kräftefreien Massenpunkte, die von *allen möglichen* Stellen in *allen möglichen* Richtungen ausgehen; immer wird hier Bezug genommen auf das in der Anschauung gegründete Kontinuum der freien Möglichkeiten. Die Vermeidung direkter Aufweisung verlangt geradezu, daß die Auszeichnung der normalen Koordinatensysteme nicht mit Hilfe eines individuellen Falles, sondern einer unter allen Umständen obwaltenden Gesetzmäßigkeit erfolgen soll. Das allgemeine

Relativitätspostulat steht in engster Beziehung zu dem erkenntnistheoretischen Grundsatz: daß das objektive Weltbild nichts enthalten darf, was sich nicht prinzipiell in der Erfahrung nachweisen läßt. Zwar rufen viele physikalisch verschiedene Farben die gleiche Rotempfindung hervor; aber durch das Prisma läßt sich diese verborgene Verschiedenheit für die Wahrnehmung aufbrechen. Eine Verschiedenheit jedoch, die sich auf keine Weise für die Erfahrung aufbrechen läßt, ist abzulehnen. Wenn die Tatsache zugegeben wird, daß unter den durch die Lorentz-Transformationen miteinander verbundenen normalen Koordinatensystemen auf Grund der Naturerscheinungen ohne individuelle Aufweisung keine engere Auswahl getroffen werden kann, so ist es unerlaubt (und übrigens unfruchtbar) zu behaupten: es gäbe trotzdem eine objektive Gleichzeitigkeit, wenn es auch prinzipiell unmöglich sei, zwischen den konkurrierenden Zeitmessungen die Entscheidung zu treffen. An die *Möglichkeit* müssen wir uns freilich auch hier wieder wenden. LEIBNIZ sagt einmal aus Anlaß einer Diskussion über den Begriff der absoluten Bewegung, als ihm entgegengehalten wird, daß es doch gewiß auch dort Bewegung geben könne, wo sie nicht beobachtet wird: „Ich erwidere, daß die Bewegung zwar von der aktuellen Beobachtung, aber keineswegs von der Möglichkeit der Beobachtung überhaupt unabhängig ist. Bewegung gibt es nur dort, wo eine der Beobachtung zugängliche Änderung stattfindet. Ist diese Veränderung durch keine Beobachtung feststellbar, so ist sie auch nicht vorhanden" (1).

Entschuldigen Sie, daß ich diese Dinge, die wohl heute allgemach zu Trivialitäten geworden sind, noch einmal wiederholte. Ich komme jetzt zu dem entscheidenden Gedanken der allgemeinen Relativitätstheorie. *Was so mächtige reale Wirkungen tut wie die metrische Struktur der Welt, kann nicht eine starre, ein für allemal feste geometrische Beschaffenheit der Welt sein, sondern ist selbst etwas Reales, das Wirkungen auf die Materie nicht nur übt, sondern auch von ihr erleidet.* Den Gedanken, daß das Strukturfeld, nicht anders wie etwa das elektromagnetische Feld, mit der Materie in Wechselwirkung steht, hat bereits RIEMANN für den Raum ausgesprochen. EINSTEIN fand ihn, unabhängig von RIEMANN, wieder, übertrug ihn auf Grund der in der speziellen Relativitätstheorie neu gewonnenen Erkenntnisse auf die vierdimensionale Welt und ergänzte ihn durch eine wichtige Einsicht, welche ihn erst physikalisch fruchtbar machte. Seit GALILEI fassen wir die Bewegung der materiellen Körper auf als einen *Kampf zwischen Trägheit und Kraft*. Die Trägheit ist zu beschreiben als eine Beharrungstendenz, welche die Weltrichtung der sich bewegenden Partikel von ihrem Weltort P in dieser Richtung selbst nach dem unendlich benachbarten Punkte P' durch „*infinitesimale Parallelverschiebung*" überträgt. Indem der Körper der Beharrungstendenz seiner Richtung von Augenblick zu Augenblick folgt, entsteht seine „geodätische" Weltlinie. Aus der Gleichheit von schwerer und träger Masse schloß EINSTEIN, daß *die Gravitation in dem Dualismus von Trägheit und Kraft auf die Seite der Trägheit gehört*, und daß sich somit in den Erscheinungen der Gravitation die gesuchte Veränderlichkeit des Trägheitsfeldes und dessen Abhängigkeit von der Materie kundgibt. Sie wissen, daß die aus dieser Einsicht erwachsene EINSTEINsche Theorie der Gravitation, eine der größten Taten menschlicher Spekulation, sich in der Erfahrung ausgezeichnet bewährt hat.

Man fragt sich, wie NEWTON dazu kam, mit ehernen Worten das a priori des absoluten Raumes und der absoluten Zeit zu verkünden, obschon er sich das empiristische Programm zu eigen macht, den tatsächlichen Verlauf der Schichtung und Faserung aus ihrer Wirkung auf die beobachtbaren Erscheinungen herzuleiten. Die Antwort liegt, glaube ich, zu einem entscheidenden Teil in seiner Theologie, der Theologie HENRY MORES: der Raum ist ihm die *göttliche* Allgegenwart in den Dingen. Darum verhält sich die Raumstruktur zu ihnen so, wie man sich notwendig das Verhalten eines absoluten Gottes zur Welt vorstellt: die Welt seinem Wirken untertan, er selber aber über jede Einwirkung von ihr erhaben. So gesehen, ist die Relativitätstheorie die Entgöttlichung des Raums. Wir scheiden jetzt zwischen dem amorphen Kontinuum und seiner metrischen Struktur. Das erste hat seinen apriorischen Charakter beibehalten, ist aber zum Gegenbild des frei dem Sein gegenüberstehenden reinen Bewußtseins geworden, während das Strukturfeld ganz und gar der realen Welt und ihrem Kräftespiel überantwortet ist; als diese reale Entität wird es von EINSTEIN gerne *Äther* genannt. Daß die Abhängigkeit des Äthers von der Materie so schwer zu erkennen war, liegt an der auch von der EINSTEINschen Theorie nicht geleugneten *gewaltigen Übermacht des Äthers* in seiner Wechselwirkung mit der Materie. Ist er nicht ein Gott, so ist er doch ein übermenschlicher Riese. Das Stärkeverhältnis kann auf $10^{20} : 1$ geschätzt werden. Wenn wir nämlich die gesamte Wirkungsgröße additiv zusammensetzen aus der Wirkungsgröße der Gravitation und der Materie, so muß die letztere mit einer reinen Zahl von der Größenordnung 10^{-20} multipliziert werden. Unser Gefühl sträubt sich gegen diese grobe Verletzung der primitivsten Regeln eines fair play durch die Natur. Ich glaube, wir werden in der Erkenntnis der Natur einen gewaltigen Schritt weiter sein, wenn wir davon einmal den Grund verstanden haben werden; gegenwärtig besteht geringe Aussicht dazu.

Durch die EINSTEINsche Theorie waren die Kräfte der Gravitation als ein Ausfluß der metrischen Struktur erkannt worden; eine physikalische Entität war „geometrisiert" worden. Es ist verständlich, daß nun um der Einheitlichkeit des Weltbildes willen versucht wurde, die gesamte *Physik zu geometrisieren*. Die in dieser Richtung gemachten Ansätze sind der eigentliche Gegenstand meiner Vorlesung. In erster Linie mußte das *elektromagnetische Feld* in Angriff genommen werden. Bis zum Auftreten der neuen Quantenphysik war die Ansicht berechtigt, daß Gravitation und Elektromagnetismus die einzigen ursprünglichen Naturentitäten sind. Man konnte hoffen, nach dem Vorbilde von G. MIE, die materiellen Elementarteilchen als Energieknoten im gravi-elektromagnetischen Feld zu konstruieren, als räumlich eng begrenzte Gebiete, in denen die Feldgrößen zu enorm hohen Werten ansteigen. Darum stellte sich das Problem damals als die Aufgabe einer *Vereinheitlichung von Gravitation und Elektrizität*. Seither hat sich die Sachlage aber gründlich verschoben, in zwei Punkten. Erstens hat die Quantentheorie den elektromagnetischen Wellen die *Materiewellen* hinzugefügt, dargestellt durch die SCHRÖDINGERsche Wellenfunktion ψ, von der PAULI und DIRAC erkannten, daß sie nicht als ein Skalar, sondern als eine Größe mit mehreren Komponenten angesetzt werden muß. Durch die Experimente über die Beugung der Elektronenwellen ist die Existenz dieser Wellen zur handgreiflichen Gewißheit geworden. Diese neue Erkenntnis hat noch nichts zu tun mit dem quantenhaften Verhalten der Naturvorgänge; in den Rahmen der klassischen Feldphysik muß die Zustandsgröße ψ, das Materiefeld, neben Gravitation und Elektromagnetismus eingefügt werden. Nicht *zwei*, sondern *drei* Dinge sind unter einen Hut zu bringen. Dabei ist es auf Grund der in den Spektren sich dokumentierenden mathematischen Transformationseigenschaften der Größe ψ unumstößlich gewiß, daß sich das Materiefeld *nicht* auf Gravitation und Elektromagnetismus zurückführen läßt; höchstens das Umgekehrte könnte in Frage kommen. — Der zweite Punkt besteht in einer radikal neuen Interpretation der Feldgleichungen, welche den Begriff der Intensität durch den der *Wahrscheinlichkeit* ersetzt. Erst durch diese statistische Interpretation kommt der korpuskulare und atomistische Aspekt der Natur zu seinem Recht. Der an den Feldgleichungen vorzunehmende Prozeß der Quantisierung ist danach insbesondere die Grundlage für das Verständnis der Existenz und Gleichartigkeit der vorhandenen Elementarteilchen, der Elektronen und Protonen. Für das uns hier interessierende Problem einer einheitlichen Theorie des Feldes können wir aber die Frage, ob die Feldgleichungen klassisch-kausal oder quantenhaft-statistisch zu interpretieren sind, ganz beiseite lassen.

Da die Ansätze, über welche ich zu berichten habe, zum Teil einen formal-mathematischen Charakter tragen, kann ich es jetzt nicht vermeiden, ein wenig mehr auf die technisch-mathematische Darstellung einzugehen. An dem Beispiel der Trägheit haben wir bereits erörtert, daß das Strukturfeld als Nahewirkung, infinitesimal zu erfassen sein wird. Wie dies mit der metrischen

Struktur des Raumes geschehen kann, hatte RIEMANN aus der GAUSSischen Theorie der krummen Flächen abstrahiert. Wir knüpfen zweckmäßig an seinen Gedankengang an; hingegen wollen wir die Form der analytischen Darstellung gegenüber dem Vorgehen von GAUSS-RIEMANN-EINSTEIN von vornherein so modifizieren, wie es sich für die Eingliederung des Materiefeldes neuerdings als notwendig herausgestellt hat. Die Punkte der Fläche sind durch die Werte zweier Koordinaten x^1, x^2 voneinander unterschieden; da die Wahl der Koordinaten willkürlich ist, müssen die objektiven Gesetze invariant sein gegenüber .der Gruppe aller stetigen Transformationen der Koordinaten x^p. Von einem Punkte $P = (x^p)$ gehen die Linienelemente PP' aus, die nach den unendlich benachbarten Punkten $P' = (x^p + dx^p)$ führen. Ein solches Linienelement ist der Prototyp eines Vektors in P, die dx^p sind seine Komponenten relativ zum gewählten Koordinatensystem. Die von P ausstrahlenden unendlich kleinen Vektoren bilden, nach dem Grundprinzip der Differentialrechnung, eine *lineare Mannigfaltigkeit*. Um von dem mißlichen Begriff des Unendlichkleinen loszukommen, werde sie ersetzt .durch die *Tangentenebene* in P. Sie ist zufolge dieser Einführung ein zweidimensionaler zentrierter Vektorraum; mit Hilfe zweier linear unabhängiger Vektoren e_1, e_2 kann jeder Vektor u in P auf eine und nur eine Weise in der Form geschrieben werden:

$$\mathfrak{u} = \sum_{\alpha=1}^{2} u_\alpha e_\alpha .$$

u_α sind seine Komponenten relativ zu dem Achsenkreuz e_α. Die metrische Struktur gibt sich darin kund, daß unter allen möglichen Achsenkreuzen die *Cartesischen* an sich ausgezeichnet sind. Die zwischen den gleichberechtigten CARTESIschen Achsenkreuzen vermittelnden Transformationen bilden die bekannte orthogonale Gruppe, welche die Maßzahl des Vektors (Quadrat seiner Länge)

$$\sum_\alpha u_\alpha^2$$

invariant läßt. In der Welt ist die Dimensionszahl 2 auf 4 zu erhöhen, und an die Stelle der orthogonalen tritt die LORENTZsche Gruppe, die invariante Maßzahl im normalen Achsenkreuz ist

$$= -u_0^2 + u_1^2 + u_2^2 + u_3^2$$

(mit *einem* Minuszeichen, MINKOWSKIsche Geometrie). Die Vektoren von der Maßzahl 0 bilden den vom Zentrum ausstrahlenden Nullkegel, der uns schon oben unter dem Namen des Lichtkegels begegnet war.

Man kann die Tangentenebene zunächst ganz getrennt von der krummen Fläche betrachten, sie sozusagen von ihr abheben und neben sie legen. Die krumme Fläche ist auf Koordinaten x^p bezogen, und es herrscht Invarianz gegenüber der Gruppe aller stetigen Transformationen dieser Koordinaten. Die Tangentenebene ist ein zentrierter Vektorraum und ist auf ein normales Achsenkreuz bezogen; es herrscht Invarianz gegenüber beliebigen Drehungen des normalen Achsenkreuzes, gegenüber der Gruppe der Lorentz-Transformationen; die Drehungen der lokalen Achsenkreuze in verschiedenen Punkten der krummen Fläche sind dabei voneinander unabhängig. Zur analytischen Darstellung der Naturvorgänge bedürfen wir sowohl eines Koordinatensystems in der Welt wie auch solcher lokaler Achsenkreuze, die an jeder Stelle unter den unendlich vielen gleichberechtigten normalen Achsenkreuzen willkürlich ausgewählt werden. Die Tangentenebene in P ist nun aber in Wahrheit nicht abgeschieden von der krummen Mannigfaltigkeit, sondern in sie *eingebettet*. Nach Wahl des Koordinatensystems und des lokalen Achsenkreuzes e_α wird die Einbettung durch die numerischen Werte beschrieben, welche die Komponenten h_α^p der vier Grundvektoren e_α relativ zum Koordinatensystem besitzen. Die 4×4 Größen h_α^p sind, wenn P über die Mannigfaltigkeit hin variiert, stetige Funktionen von P oder seiner Koordinaten x^p. Sie beschreiben den quantitativen Verlauf des *metrischen Feldes*. An der Struktur können wir daher scheiden: 1. ihre *Natur*, die allerorten die gleiche ist, repräsentiert durch eine keiner Variation fähige mathematische Entität, die Lorentzgruppe; 2. die „*Orientierung*" oder Einbettung; sie ist kontinuierlicher Veränderungen fähig und darum teilhabend an der unaufhebbaren Vagheit dessen, was eine veränderliche Stelle in einer kontinuierlichen Skala inne hat, in der Natur abhängig und in Wechselwirkung mit der Materie. Ich bin geneigt, das erste, das apriorische Element wiederum unserer Anschauung in die Schuhe zu schieben. Die Philosophen mögen recht haben, daß unser Anschauungsraum, gleichgültig, was die physikalische Erfahrung sagt, euklidische Struktur trägt. Nur bestehe ich allerdings dann darauf, daß zu diesem Anschauungsraum das Ich-Zentrum gehört und daß die Koinzidenz, die Beziehung des Anschauungsraumes auf den physischen um so vager wird, je weiter man sich vom Ich-Zentrum entfernt. In der theoretischen Konstruktion spiegelt sich das wider in dem Verhältnis zwischen der krummen Fläche und ihrer Tangentenebene im Punkte P: beide decken sich in der unmittelbaren Umgebung des Zentrums P, aber je weiter man sich von P entfernt, um so willkürlicher wird die Fortsetzung dieser Deckbeziehung zu einer eindeutigen Korrespondenz zwischen Fläche und Ebene.

Es ist eine allgemeine Erfahrung der Relativitätstheoretiker, daß jede eine willkürliche Funktion involvierende Invarianzeigenschaft zu einem *Erhaltungssatz* führt. So liefert die 4 willkürliche Funktionen involvierende Invarianz gegenüber beliebigen Koordinatentransformationen die 4 Komponenten des Erhaltungssatzes von *Energie und Impuls*. Die Invarianz gegenüber beliebigen

Drehungen der lokalen Achsenkreuze, welche 6 willkürliche Funktionen mit sich bringt, ist äquivalent mit der Symmetrie des Energie-Impulstensors odeɪ dem Erhaltungssatz des *Impulsmoments*, welcher im dreidimensionalen Raum 3 Komponenten hat, in der vierdimensionalen Welt aber das Gesetz von der Trägheit der Energie mit einbegreift und dadurch seine Komponentenzahl auf 6 erhöht.

Für das Verständnis der mathematischen Situation ist die Entdeckung von LEVI-CIVITA von fundamentaler Bedeutung, daß das metrische Feld der RIEMANNschen Geometrie in eindeutiger Weise die *infinitesimale Parallelverschiebung* determiniert, welche die Vektoren im Pu kte P nach den zu P unendlich benachbarten Punkten P' überführt (2). Der durch diesen Prozeß beschriebene „*affine Zusammenhang*" ist der Grundbegriff der affinen Infinitesimalgeometrie. In der Parallelverschiebung der Vektoren ist insbesondere der *projektive* Prozeß der Verschiebung einer Richtung in ihrer eigenen Richtung enthalten, welcher in der wirklichen Welt als die Beharrungstendenz des Trägheitsfeldes erscheint. Daraus wird die von EINSTEIN vollzogene Synthese EUKLID-NEWTON verständlich, es wird verständlich, wie das metrische Feld die Trägheit und daher nach dem Gesetz der Gleichheit von schwerer und träger Masse die Gravitation bestimmt. Durch die Metrik ist unmittelbar der Nullkegel, d. i. in der wirklichen Welt die *Kausalstruktur* gesetzt, die durch den Lichtkegel bewirkte Scheidung der Welt in Vergangenheit und Zukunft (dem in die Zukunft geöffneten Teil des von P ausgehenden Kegels gehören alle und nur diejenigen Weltpunkte an, die von P ausgehenden Wirkungen zugänglich sind, dem in die Vergangenheit geöffneten Teile gehören solche Weltpunkte an, von denen aus eine Wirkung nach P gelangen kann). Da umgekehrt durch den Nullkegel die Winkelmessung in P und die Verhältnisse der Maßzahlen aller Vektoren in P determiniert sind, spricht der Mathematikeɪ hier von *konformer* Beschaffenheit. Wir haben demnach das folgende Schema:

Metrik ⎯⎯⎯⎯⎯→ affiner Zusammenhang
↓   ↓
konforme Beschaffenheit   projektive Beschaffenheit
(Kausalstruktur)   (Trägheitsfeld)

Der erste Versuch, Gravitation und Elektrizität zu vereinigen durch Geometrisierung des elektromagnetischen Feldes, wurde von mir im Jahre 1918 unternommen (3). Er beruhte auf folgender Überlegung. Führt man einen Vektor längs einer geschlossenen Kurve in der Welt vermittels des Prozesses der infinitesimalen Parallelverschiebung herum, so kehrt er nach vollendetem Umlauf im allgemeinen nicht in seine ursprüngliche Lage zurück. Man nennt das die Nichtintegrabilität der Vektorverschiebung. Da jedoch die Maßzahl des Vektors bei der Parallelverschiebung nicht geändert wird, so stimmen Anfangs- und Endvektor vielleicht nicht in ihrer Richtung

aber notwendig in ihrer Länge überein. Darin erblickte ich eine Inkonsequenz. Es handelt sich um die Frage der *Eichung*. Die Wahl eines lokalen Achsenkreuzes involviert die Wahl einer bestimmten Längeneinheit. Es fragt sich, ob auch solche Achsenkreuze als gleichberechtigt gelten müssen, die auseinander durch Dilatation hervorgehen, ob in der Transformationsgruppe neben den Drehungen auch die Dilatationen enthalten sein müssen oder ob es eine an sich ausgezeichnete Längeneinheit gibt. Die klassische Geometrie und Physik bejaht die erste Alternative. Damit reduziert sich die metrische Geometrie zunächst auf die konforme. Die Grundbeziehung, welche zwischen Vektoren im selben Punkte P besteht, ist ihre Kongruenz oder die Längengleichheit. Durch Abstraktion von der Richtung geht der Begriff des Vektors über in den der *Strecke*: zwei Vektoren bestimmen dann und nur dann dieselbe Strecke, wenn sie kongruent sind. Die Vektoren in P bilden eine vierparametrige, die Strecken nur noch eine einparametrige Mannigfaltigkeit. Nachdem wir durch das lokale Achsenkreuz die Längeneinheit festgelegt haben, kann die Strecke durch ihre Maßzahl unzweideutig gekennzeichnet werden. Mit der konformen Beschaffenheit allein reicht man aber sicher nicht aus. EINSTEIN hat gelegentlich auch diesen Weg beschritten, ist aber rasch davon zurückgekommen. Es ist ein Prinzip nötig, das die Strecken in P kongruent nach den unendlich benachbarten Punkten überträgt. Nicht von der Parallelverschiebung der Vektoren, sondern von der kongruenten Übertragung von Strecken ist hier die Rede. Die ursprüngliche Struktur der Welt wurde von mir durchaus als eine metrische, nicht als eine affine angesetzt. Darin folgte ich RIEMANN-EINSTEIN. Aber die geschilderte Verallgemeinerung läßt Raum für *Nichtintegrabilität der Streckenübertragung*. Nachdem mittels der lokalen Achsenkreuze überall eine bestimmte Eichung vorgenommen ist, kann die kongruente Übertragung geschildert werden durch Angabe der Änderung dl, welche die Maßzahl l einer willkürlichen Strecke in P durch diesen Prozeß erfährt. dl ist zu l proportional, und der Proportionalitätsfaktor hängt linear ab von der vorgenommenen Verschiebung PP' mit den Komponenten dx^p, er hat die Gestalt

$$\sum_p f_p \, dx^p \, .$$

Zur vollständigen Festlegung des metrischen Feldes bedarf man also außer den Größen h_α^p noch der vier von Ort zu Ort veränderlichen Zustandsgrößen f_p, welche die Koeffizienten einer linearen Differentialform sind von invarianter Bedeutung. Der Prozeß des Umeichens, die Dilatation des Achsenkreuzes im Verhältnis $e^\lambda : 1$ verwandelt h_α^p in $e^\lambda \cdot h_\alpha^p$; gleichzeitig müssen, wie aus der Definition hervorgeht, die Größen f_p ersetzt werden durch $f_p - \dfrac{\partial \lambda}{\partial x_p}$. Es besteht also Invarianz der objektiven Gesetze gegenüber der Substitution

$$h_\alpha^p \to e^\lambda \cdot h_\alpha^p\,, \qquad f_p \to f_p - \frac{\partial \lambda}{\partial x_p}\,,$$

welche die willkürliche Ortsfunktion λ einschließt (*Eichinvarianz*). Nun hängt das *elektromagnetische Feld* gerade von vier *Potentialen* φ_p ab, welche die Koeffizienten einer invarianten linearen Differentialform sind, und man weiß auch, daß nicht diese Potentiale selbst, sondern nur die Feldstärken eine physikalische Bedeutung haben, d. h. daß das durch die Potentiale φ_p repräsentierte Feld sich nicht ändert, wenn man φ_p durch $\varphi_p - \frac{\partial \lambda}{\partial x_p}$ ersetzt. Es war darum ein naheliegender Gedanke, die geometrischen Größen f_p mit den elektromagnetischen Potentialen, gemessen in einer vorerst noch unbekannten Einheit, zu identifizieren. Dies kann dadurch geprüft werden, daß man untersucht, ob die f_p auf Grund der Naturgesetze in solcher Wechselwirkung mit der Materie stehen, wie durch die Erfahrung für die elektromagnetischen Potentiale bekannt ist. Was von der Materie so beeinflußt wird und auf die Materie so wirkt wie das elektromagnetische Feld, das *ist* das elektromagnetische Feld. Die Erfahrungen darüber sind gesammelt in den MAXWELLschen Feldgleichungen. Die Entscheidung hängt aber ab von dem zugrunde gelegten Wirkungsgesetz. Tatsächlich konnte ich im Rahmen meiner Theorie eine solche Wirkungsgröße aufstellen, welche zu der gewünschten Übereinstimmung führt. Zugleich lieferte sie den von EINSTEIN kurz vorher seinen Gravitationsgleichungen hinzugefügten „kosmologischen Term" (neben anderen Termen von derselben winzigen Größenordnung), und es stellte sich heraus, daß die Einheit, in welcher unsere Theorie die elektromagnetischen Potentiale mißt, von der kosmologischen Größenordnung ist. Sie wäre darum der experimentellen Bestimmung erst zugänglich, wenn wir einen wesentlichen Teil des Universums überblicken können. Ich mußte von vornherein zugeben, daß meine Geometrisierung des elektromagnetischen Feldes sich in keiner Weise anschaulich aus dem Wesen dieses Feldes verständlich machen läßt; insbesondere konnte ich nichts a priori Einleuchtendes vorbringen zugunsten der Koppelung des willkürlichen additiven Gliedes $\frac{\partial \lambda}{\partial x_p}$, das nach der Erfahrung in den Komponenten des elektromagnetischen Potentials steckt, mit dem von der klassischen Geometrie geforderten Eichfaktor e^λ. Der Zusammenhang zwischen den f_p und den Potentialen ergab sich erst hinterher auf Grund einer besonderen Wirkungsgröße. Als mögliche Wirkungsgrößen stand freilich von vornherein nur eine sehr geringe Zahl von Integralinvarianten zur Verfügung. Durch das Prinzip der Eichinvarianz war die große Fülle von Möglichkeiten, die hier vorher bestanden hatte, außerordentlich eingeschränkt worden. Das war vielleicht der Haupterfolg der Theorie, von der ich

im ersten Augenblick erhofft hatte, sie würde auf spekulativem Wege die Wirkungsgröße völlig eindeutig festlegen. Der Eichinvarianz korrespondiert der *Erhaltungssatz der Elektrizität* in der gleichen Weise, wie die Koordinateninvarianz zum Erhaltungssatz von Energie und Impuls führt. Auch hierin lag ein starkes formales Argument zugunsten der Theorie: als Ursprung des Erhaltungssatzes der elektrischen Ladung mußte a priori eine neue, *eine* willkürliche Funktion involvierende Invarianzeigenschaft der Feldgesetze erwartet werden.

Die Theorie stieß auf Widerspruch. Prof. EDDINGTON legte den Finger auf die Englische Bibel und zitierte aus dem Buch Deutoronomium: „Du sollst nicht zweierlei Gewicht in deinem Sack, groß und klein, haben. Und in deinem Hause soll nicht zweierlei Maß, groß und klein, sein. Sondern du sollst haben ein völlig und recht Gewicht, ein völlig und recht Maß sollst du haben." EINSTEIN erhob sofort den Einwand, daß gemäß der spektroskopischen Erfahrung die Wellenlängen der Spektrallinien eines Wasserstoffatoms z. B. von dessen Vorgeschichte unabhängig sind, sich unter den gleichen Umständen immer als die gleichen herausstellen. Ich erwiderte darauf, daß das Verhalten der realen Atome nur auf Grund der geltenden Wirkungsgesetze vorausgesagt werden könne; das von mir zugrunde gelegte Wirkungsgesetz ergab, wie vielleicht nicht streng bewiesen, aber doch plausibel gemacht werden konnte, daß die Wellenlängen nicht der kongruenten Übertragung folgen, sondern sich immer von neuem auf ein durch die Konstitution des Atoms bestimmtes Verhältnis zu dem am Ort des Atoms herrschenden Krümmungsradius der Welt einstellen. Der Krümmungsradius ist eine gewisse aus den Grundgrößen der Theorie zu berechnende Strecke. Der quantitative Verlauf des metrischen Feldes ermöglicht daher nachträglich doch eine ausgezeichnete Eichung, dadurch, daß der Krümmungsradius überall als Längeneinheit verwendet wird. Die Atomistik wird so auf dem Umweg über die Kosmologie gewonnen. Das sieht einigermaßen verzweifelt aus. Es wird jedoch ermöglicht durch die in den Gravitationsgesetzen auftretende reine Zahl von der Größenordnung 10^{20}. Man müßte danach erwarten, daß der Weltradius zum Elektronenradius sich verhalte wie $10^{20} : 1$ oder eine niedrige Potenz davon. Das Quadrat, 10^{40}, ist das Verhältnis des Elektronenradius zu seinem „Gravitationsradius", der angibt, wie stark die Elektronenmasse auf das umgebende metrische Feld störend einwirkt. Wenn die systematische Rotverschiebung der Spektrallinien der Spiralnebel kosmologisch zu deuten ist, führt die Annahme des Verhältnisses 10^{40} zwischen Welt- und Elektronenradius zu einer gar nicht so üblen Übereinstimmung mit der Erfahrung (4). Auch bin ich überzeugt, daß die Masse von Hause aus weder träge noch schwere, sondern gravitationsfelderzeugende Masse ist und darum als der Fluß definiert werden muß, den das

Gravitationsfeld durch eine das Teilchen umschlie-ßende Hülle hindurchschickt, so wie nach FARADAY die Ladung der elektrische Kraftfluß durch eine solche Hülle ist. Eine gute Theorie sollte es unmöglich machen, von der Tatsache der Masse ohne die Gravitation Rechenschaft zu geben. Aus solchen Gründen war die Verknüpfung der Atomistik mit der Kosmologie doch nicht so phantastisch, wie sie auf den ersten Blick erscheinen mag.

Hinsichtlich physikalischer Konsequenzen in Richtung der Atomistik blieb freilich meine geometrische Theorie des elektromagnetischen Feldes ganz unfruchtbar. So regt sich der Zweifel: war die mit der klassischen Geometrie und Physik vorgenommene Negation einer absoluten Längeneinheit vielleicht verfehlt? Die Atomistik gibt uns ja absolute Einheiten für alle Maßgrößen an die Hand. In der klassischen Epoche befand sich die theoretische Physik dieser Frage gegenüber in einem gewissen Dilemma. Denn einerseits sollen z. B. die mechanischen Gesetze für alle möglichen Werte der Masse und Ladung des sich bewegenden Körpers zutreffen, andererseits sollte sich aus den exakten Gesetzen ergeben, daß als letzte Elementarteile nur die Elektronen und Protonen mit ihren bestimmten Werten von Ladung und Masse existenzfähig sind. Die Quantenphysik faßt die Feldgleichungen als Regeln auf, aus denen die *ein einzelnes Elementarteilchen* betreffenden Wahrscheinlichkeiten zu berechnen sind. Erst *nach ihrer Quantisierung* lassen sie sich auf eine beliebige Anzahl von Teilchen anwenden. Darum scheint es mir heute unzweifelhaft, daß die Feldgesetze die atomistischen Konstanten enthalten müssen. So geht in die DIRACschen Feldgesetze des Elektrons die „Wellenlänge des Elektrons", die Zahl $\frac{h}{mc}$, als eine absolute Konstante ein (5). Damit fällt das Grundprinzip meiner Theorie, das Prinzip von der Relativität der Längenmessung, dem Atomismus zum Opfer und verliert seine Überzeugungskraft.

Ein weiteres grundsätzliches Bedenken ist dies. In dem theoretischen Weltbild bedeutet die Verwandlung von f_p in $-f_p$ eine objektive Änderung des metrischen Feldes; denn es ist etwas anderes, ob sich eine Strecke bei kongruenter Verpflanzung längs einer geschlossenen Bahn vergrößert oder verkleinert. Nach dem angenommenen Wirkungsgesetz aber ist die Entscheidung über das Vorzeichen der f_p auf Grund der beobachteten Erscheinungen unmöglich. Hier enthält darum, in Widerstreit mit einem oben ausgesprochenen erkenntnistheoretischen Grundsatz, das theoretische Weltbild eine Verschiedenheit, welche sich auf keine Weise für die Wahrnehmung aufbrechen läßt.

Auf einem andern Wege hat EDDINGTON das Problem der Einheit von Elektrizität und Gravitation in Angriff genommen (6). Er nimmt an, daß der Welt ursprünglich nicht eine metrische Struktur, sondern nur ein *affiner Zusammenhang*

zukommt; alle physikalischen Größen sollen aus dem Prozeß der infinitesimalen Parallelverschiebung von Vektoren abgeleitet werden. Aus der Trägheit kann man unmittelbar nur die projektive Beschaffenheit, nicht den affinen Zusammenhang ablesen. Ein Versuch, allein mit dieser projektiven Beschaffenheit auszukommen — in Analogie zu der ephemeren EINSTEINschen Idee, von der Metrik nur den konformen Bestandteil, die aus der Fortpflanzung des Lichtes abzulesende Kausalstruktur beizubehalten —, ist mir nicht bekannt geworden. Zugunsten des EDDINGTONschen Ansatzes läßt sich a priori dies sagen, daß der affine Zusammenhang die eigentlich entscheidende Rolle bei der Formulierung der Naturgesetze spielt. Weil diese die Zustände in benachbarten Raumzeitpunkten miteinander verknüpfen, gehen in sie die Differentiale der Zustandsgrößen ein. Jede Zustandsgröße, wie etwa das elektromagnetische Potential, hat bestimmte Komponenten relativ zum lokalen Achsenkreuz. Ihr gewöhnliches Differential ist der Unterschied der Komponenten in zwei unendlich benachbarten Punkten P. P' unter Zugrundelegung der beiden lokalen Achsenkreuze daselbst; die Differentiale der Komponenten hängen daher von der Orientierung *beider* Achsenkreuze ab. Zur Formulierung invarianter Gesetze hat man aber das *kovariante Differential* nötig; es ist der Unterschied der Werte der Komponenten in P, P', bezogen auf das lokale Achsenkreuz in P bzw. *auf das daraus durch Parallelverschiebung hervorgehende in P'*; die kovarianten Differentiale hängen daher nur von dem lokalen Achsenkreuz in P ab und transformieren sich bei Drehung des Achsenkreuzes genau wie die Komponenten der Zustandsgröße selbst. Die RIEMANNsche Geometrie erfaßt das Strukturfeld als Einbettung oder *Orientierung* (Orientierung der lokalen normalen Achsenkreuze), die infinitesimale Affingeometrie als Gesetz der *Verschiebung* (Parallelverschiebung von Vektoren). Demgegenüber zeigt meine Theorie einen gemischten Charakter, da in ihr die Metrik zum Teil als Orientierung gefaßt wird (der konforme Bestandteil), zum Teil als Verschiebung (kongruente Verpflanzung von Strecken).

Auf welche Weise kann nun aber EDDINGTON von seinem affinen Ansatz aus die metrischen Tatsachen der Natur, insbesondere das Verhalten der Uhren und Maßstäbe verständlich machen? Antwort: Er verwendet EINSTEINS kosmologische Gravitationsgesetze (I), nach denen die aus dem affinen Zusammenhang zu berechnenden Komponenten der Krümmung proportional sind zu den das metrische Feld beschreibenden Größen, als *Definition:* der Krümmungstensor ist für ihn *per definitionem* der Maßtensor. Dies besagt, daß ein Maßstab *in jeder Richtung* sich auf den für diese Richtung charakteristischen Krümmungsradius der Welt einstellt; während in meiner Theorie die Unveränderlichkeit eines um den Punkt P drehbaren Maßstabs durch die zugrunde gelegte metrische Struktur garantiert ist und nur über eine noch verbleibende, allen Richtungen gemeinsame Dilatation oder Kontraktion durch die Einstellung auf die Krümmung verfügt wird. Ein zweites System von Gleichungen (II), durch das EINSTEIN nach LEVI-CIVITA den affinen Zusammenhang aus den metrischen Grundgrößen herleitet, muß EDDINGTON umgekehrt von Definitionsgleichungen in Naturgesetze verwandeln. Ich wenigstens kann nicht einsehen, wie man diesen Schritt vermeiden kann, wenn man den Anschluß an die Erfahrung gewinnen will. Es genügt ja nicht, zu versichern, daß die Krümmungskomponenten den Maßtensor bilden, sondern man muß zeigen, daß diese Größen auf das Verhalten der Uhren, Maßstäbe usw. genau jenen Einfluß haben, den wir dem metrischen Felde zuschreiben. Dies kann natürlich nur geschehen unter der Annahme bestimmter, den Verlauf des affinen Zusammenhangs bindender Naturgesetze. EINSTEIN griff EDDINGTONS affine Feldtheorie auf und suchte sie durch ein geeignetes Wirkungsprinzip so auszufüllen, daß den Tatsachen der Erfahrung Genüge geschieht. Es zeigte sich dabei zunächst, daß eine viel größere Fülle von Integralinvarianten zur Verfügung steht als in meiner Theorie. Dies mag einerseits als ein Vorzug gelten, weil man dadurch größeren Spielraum hat, sich der Erfahrung anzuschmiegen. Andererseits ist es ein Nachteil und jedenfalls der Absicht, die ich verfolgte, genau entgegengesetzt, weil man sich definitiv wohl nur mit einer Theorie zufrieden geben wird, welche *keinen* Spielraum läßt, sondern in welcher die die Naturvorgänge beherrschende Wirkungsgröße auch *aus rein mathematischen Gründen* als die einzig mögliche erscheint. EINSTEIN ist in seiner letzten Ausgestaltung der affinen Feldtheorie zu einer Wirkungsgröße gelangt, aus welcher genau die gleichen Naturgesetze hervorgehen wie aus meiner metrischen Theorie, inkl. der kleinen kosmologischen Glieder und aller numerischen Koeffizienten. Ich muß gestehen, daß ich den Grund für diese Übereinstimmung nicht durchschaue. Sie lehrt aber jedenfalls, daß die beiden konkurrierenden Auffassungen nur verschiedene geometrische Einkleidungen für den gleichen Sachverhalt sind; und daß sie überhaupt eher als geometrische Einkleidungen denn als eigentliche geometrische Theorien der Elektrizität zu gelten haben. Der Kampf zwischen der affinen und metrischen Theorie der Elektrizität ist dadurch einigermaßen gegenstandslos geworden — um so mehr, als es sich wohl kaum noch darum handelt, wer von den beiden im Leben den Sieg davontragen wird, sondern ob sie als Zwillingsbrüder im selben Grab oder ob sie in verschiedenen Gräbern zu bestatten sind.

Ich lasse die — kaum bessere Aussicht auf Erfolg versprechenden — Versuche von TH. KALUZA und O. KLEIN beiseite, das elektromagnetische Potential dem Maßtensor einzugliedern durch den Übergang von der vier- zu einer fünfdimensionalen Welt (7). Diskutierbar wird für mich dieser Ansatz nur durch den mir gegenüber von O. VEBLEN geäußerten Gedanken, die fünf Koordinaten von KALUZA-KLEIN als homogene Koordinaten in einer vierdimensionalen Welt, nach Art der homogenen projektiven Koordinaten, aufzufassen[1].

Seit etwa zwei Jahren verfolgt EINSTEIN hartnäckig eine neue Spur (8). Neben der RIEMANNschen Metrik legt er als Grundstruktur einen *Fernparallelismus* von Vektoren zugrunde. Er nimmt also an, daß die lokalen Achsenkreuze so aneinander gebunden sind, daß sie nur gleichzeitig alle derselben Drehung unterworfen werden dürfen. In der gebundenen Lage, die sie zueinander haben, gehen sie nicht durch die an die RIEMANNsche Metrik geknüpfte LEVI-CIVITAsche Parallelverschiebung auseinander hervor. EINSTEIN bricht mit dem infinitesimalen Standpunkt. Dies hat zur Folge, daß so gut wie alles, was durch den Übergang von der speziellen zur allgemeinen Relativitätstheorie bereits endgültig gewonnen schien, wieder preisgegeben wird. Dem Verluste steht vorläufig kein greifbarer Gewinn gegenüber. Es ist z. B. noch gar nicht abzusehen, wie man zu einem Erhaltungssatz für Energie und Impuls gelangen kann. Vom spekulativen Standpunkt empfinde ich die zugrunde gelegte Geometrie a priori als unnatürlich; ich kann mir nicht vorstellen, was für eine Macht die lokalen Achsenkreuze in ihrer gegeneinander verdrehten Lage hat einfrieren lassen. Ein starkes physikalisches Argument, das dagegen spricht, ist der Erhaltungssatz für den Drehimpuls. Er ist, wie ich früher erwähnte, gerade der Invarianzforderung äquivalent, welche die lokalen Achsenkreuze in verschiedenen Weltpunkten unabhängig voneinander als frei drehbar annimmt. Ferner gibt es in der EINSTEINschen Geometrie zwei Sorten von geraden oder geodätischen Linien: je nachdem die Richtung der infinitesimalen LEVI-CIVITAschen Parallelverschiebung oder dem Fernparallelismus folgt. Es ist kein Anzeichen in der Natur vorhanden für eine derartige Verdoppelung der Trägheitsführung.

Meiner Meinung nach hat sich die ganze Situation in den letzten 4 oder 5 Jahren vollständig verschoben durch die Entdeckung des Materiefeldes. Alle diese geometrischen Luftsprünge waren verfrüht, wir kehren zurück auf den festen Boden der physikalischen Tatsachen. Die das Materiefeld beschreibende Größe ψ hat zwei Komponenten ψ_1, ψ_2, die vom lokalen Achsenkreuz abhängen und deren Transformation unter dem Einfluß seiner Drehungen ich Ihnen kurz erläutern muß. Ich beschränke mich dabei auf die dreidimensionalen Raumdrehungen, die als Drehungen der Einheitskugel um den Nullpunkt des räumlichen CARTESIschen Koordinatensystems aufgefaßt werden können. Durch stereographische Projektion gehe man

---

[1] Mehrere Monate nach meinem Vortrag ist darüber ein Artikel „Projective Relativity" von O. VEBLEN und B. HOFFMANN, Physic. Rev. **36**, 810 (1930), erschienen, der in dieser Richtung günstige Perspektiven eröffnet.

von der Kugel zur Äquatorebene über, die in GAUSSischer Weise zum Träger einer komplexen Variablen ζ gemacht wird; in homogener Schreibweise setze man $\zeta = \psi_2/\psi_1$. Dann lauten die Formeln der stereographischen Projektion[1]

$$x = \overline{\psi}_1\psi_2 + \overline{\psi}_2\psi_1, \quad y = i(\overline{\psi}_1\psi_2 - \overline{\psi}_2\psi_1),$$
$$z = \overline{\psi}_1\psi_1 - \overline{\psi}_2\psi_2,$$

unter Fortlassung des Nenners

$$t = \overline{\psi}_1\psi_1 + \overline{\psi}_2\psi_2.$$

Zu jeder räumlichen Drehung D, einer orthogonalen Transformation der Raumkoordinaten x, y, z, welche die Zeit t nicht angreift, gehört danach eine lineare Transformation von ψ_1, ψ_2, welche bewirkt, daß die angegebenen Ausdrücke die vorgeschriebene Transformation D erleiden. Freilich ist die Transformation der beiden ψ durch die Drehung D *nur bestimmt bis auf einen willkürlichen konstanten Faktor $e^{i\lambda}$* vom absoluten Betrage 1, den Sie mir jetzt erlauben mögen, den *Eichfaktor* zu nennen. Dieses Transformationsgesetz der ψ ist zuerst von PAULI aufgestellt worden und folgt mit unfehlbarer Sicherheit aus den spektroskopischen Tatsachen, genauer aus den Termdubletts der Alkalispektren und der Tatsache, daß die Dublettkomponenten nach Ausweis ihres Zeemaneffekts *halbganze* innere Quantenzahlen besitzen. Aus den nach SCHRÖDINGER in die Quantenmechanik übersetzten klassischen Bewegungsgleichungen, die noch mit einem skalaren ψ operierten, ergab sich das Prinzip, daß beim Übergang vom freien Elektron zu dem in einem gegebenen elektromagnetischen Feld sich bewegenden Elektron der auf ψ wirkende Differentialoperator $\dfrac{\partial}{\partial x_p}$ zu ersetzen ist durch

$$\frac{\partial}{\partial x_p} + \frac{ie}{2\pi h} \cdot \varphi_p,$$

wo φ_p die elektromagnetischen Potentiale sind ($-e$ Ladung des Elektrons, h Wirkungsquantum). In den Händen von DIRAC bewährte sich dieses Prinzip glänzend als Leitfaden zur Aufstellung der Bewegungsgleichungen des spinnenden Elektrons mit seinen beiden ψ-Komponenten. Es ergab die richtigen Energieausdrücke zur Erklärung der anomalen Zeemaneffekte, der Feinstruktur des Wasserstoffspektrums usw. Setzt man $\dfrac{e}{2\pi h} \cdot \varphi_p = f_p$, so ist diese Regel aber gleichbedeutend mit dem folgenden Prinzip, das in formaler Hinsicht genau so aussieht wie unser altes Prinzip der Eichinvarianz: *die Bewegungsgleichung des Elektrons ist invariant gegenüber der Substitution*

$$(*) \qquad \psi \to e^{i\lambda} \cdot \psi, \qquad f_p \to f_p - \frac{\partial \lambda}{\partial x_p}$$

(λ eine willkürliche Ortsfunktion in der Welt). Es hat sich zwingend aus der Entwicklung der Quantentheorie ergeben, durch die ein neuer gewaltiger Erfahrungsschatz unserer Feldtheorie einverleibt wird.

<hr>

[1] $\overline{\psi}$ bedeutet die zu ψ konjugiert-komplexe Zahl.

Das Prinzip kann nachträglich im Rahmen der allgemeinen Relativitätstheorie verständlich gemacht werden (9). Wir halten an der RIEMANNschen Metrik fest, indem wir annehmen, daß die absolute Längeneinheit atomistisch durch die Wellenlänge $\dfrac{h}{mc}$ des Elektrons geliefert wird. Die Komponenten der Größe ψ sind, dem Wesen dieser Größe entsprechend, relativ zum normalen Achsenkreuz nur bis auf den Eichfaktor $e^{i\lambda}$ bestimmt. Der Eichfaktor ist in der speziellen Relativitätstheorie, wo das Achsenkreuz sozusagen eine freischwebende Existenz führt, eine Konstante; in der allgemeinen Relativitätstheorie aber, wo die Achsenkreuze lokal je an einen Weltpunkt gebunden und unabhängig voneinander drehbar sind, ist der Eichfaktor notwendig als eine willkürliche Ortsfunktion anzusetzen. Wie in meiner alten Theorie nach Vorgabe der konformen Beschaffenheit an jeder Stelle die eindeutige Bestimmung der kovarianten Differentiale aller Zustandsgrößen eine lineare Differentialform $\sum f_p dx_p$ erforderte, so ist auch hier eine derartige Linearform erforderlich zur eindeutigen Bestimmung des kovarianten Differentials der materiellen Größe ψ. Sie ist mit dem Eichfaktor so gekoppelt, daß Invarianz besteht gegenüber der Substitution (*). Bei Ansatz einer geeigneten Wirkungsgröße erhalten wir die MAXWELLschen Gleichungen der Elektrizität, die EINSTEINschen der Gravitation und die DIRACschen der Materie. Dadurch werden die f_p identifiziert mit den elektromagnetischen Potentialen. Das neue Prinzip der Eichinvarianz führt in genau der gleichen Weise zum Erhaltungssatz der Elektrizität wie das alte. In formaler Hinsicht ist also die größte Ähnlichkeit vorhanden, in sachlicher Hinsicht aber bestehen wichtige Unterschiede.

1. Das neue Prinzip ist aus der *Erfahrung* erwachsen und resümiert einen gewaltigen, aus der Spektroskopie entsprungenen Erfahrungsschatz.

2. *Der Eichfaktor $e^{i\lambda}$ tritt nicht an die metrischen Größen h_α^p heran, sondern an die materiellen Größen ψ.*

3. Der Exponent ist nicht reell, sondern rein imaginär. Die an der alten Theorie gerügte Unsicherheit des Vorzeichens $\pm f_p$ löst sich dadurch in das unbestimmte Vorzeichen der $\sqrt{-1}$ auf. Schon damals, als ich die alte Theorie aufstellte, hatte ich das Gefühl, daß der Eichfaktor die Form $e^{i\lambda}$ haben sollte; nur konnte ich dafür natürlich keine geometrische Deutung finden. Arbeiten von SCHRÖDINGER und F. LONDON (10) stützten die Forderung durch die allmählich sich immer deutlicher abzeichnende Beziehung zur Quantentheorie.

4. Hier ist die natürliche Einheit, in welcher die elektromagnetischen Potentiale f_p zu messen sind, nicht eine unbekannte kosmologische, sondern die bekannte atomistische Größe $\dfrac{e}{2\pi h}$.

Ich zweifle keinen Augenblick, daß meine alte Theorie der Eichinvarianz zugunsten dieser neuen preizugeben ist. Für die Weiterentwicklung der Quantentheorie scheint die neue Eichinvarianz — für die ich den alten Namen beibehalte wegen der weitgehenden formalen Übereinstimmung — von erheblicher Wichtigkeit zu sein, wie sich namentlich bei Gelegenheit der jüngst von Heisenberg und Pauli durchgeführten Quantisierung der Feldgleichungen zeigt. Durch die neue Eichinvarianz wird nun aber *das elektromagnetische Feld im selben Sinne zu einem notwendigen Appendix des Materiefeldes, wie es in der alten Theorie der Gravitation angehängt wurde.* Der Eichfaktor tritt ja nach der Bemerkung 2. nicht an die Gravitationsgrößen h_α^p, sondern an die ψ heran. Dem gesunden, von Spekulation nicht verdorbenen physikalischen Sinn ist wohl das auch viel sympathischer, daß das elektrische 'Feld dem Schiff der Materie und nicht der Gravitation als Kielwasser folgt. Herr Fock bezeichnete die Herleitung der neuen Eichinvarianz aus der allgemeinen Relativität, zu der er etwa gleichzeitig mit mir gelangte, als eine Geometrisierung der Diracschen Theorie des Elektrons. Ich kann ihm darin nicht zustimmen. Mir scheint, daß wir auf eine Geometrisierung dadurch verzichtet haben, daß wir die Elektrizität mit der Materie, statt mit der Gravitation verbanden. Ich fürchte, daß die Tendenz der Geometrisierung, von der die Gravitation mit vollem, durch die anschaulichsten Argumente zu stützenden Recht ergriffen wurde, in ihrer Ausdehnung auf andere physikalische Entitäten verfehlt war. Wenn man sie doch noch durchsetzen will, so müßte man eine natürlich anmutende Geometrie erfinden, die zur Beschreibung ihres Strukturfeldes außer den h_α^p einer Zustandsgröße ψ von den angedeuteten Transformationseigenschaften des Materiefeldes bedarf. Auf die Geometrisierung des Materiefeldes also müßte man ausgehen; wenn man mit ihm reüssiert, geht das elektromagnetische Feld von selber als Zugabe in den Handel ein. Ich habe keine Ahnung, was das für eine Geometrie sein sollte[1].

---

[1] Veblens „projective relativity" vermag von einem skalaren ψ zur Not Rechenschaft zu geben; es ist aber noch nicht abzusehen, woher das nicht-skalare ψ kommen soll mit seinem der bisherigen Geometrie ganz fremden Paulischen Transformationsgesetz.

Mit der *Quantisierung der Feldgleichungen* werden von diesem Prozeß nicht nur die Größe ψ und die elektromagnetischen Potentiale f_p ergriffen, sondern auch die metrischen Größen h_α^p. Die Winkelsumme in einem starren Dreieck ist deshalb nicht nur *variabel*, wenn das Dreieck in einem Gravitationsfeld bewegt wird, sondern sie nimmt teil an der Heisenbergschen *Unbestimmtheit.* Als Riemann seine Infinitesimalgeometrie aufbaute dadurch, daß er die Euklidischen Axiome nicht im Großen, sondern nur im Unendlichkleinen als gültig voraussetzte, versäumte er doch nicht hinzuzufügen, daß „die empirischen Begriffe, in welchen die räumlichen Maßbestimmungen gegründet sind, der Begriff des festen Körpers und des Lichtstrahls, im Unendlichkleinen ihre Gültigkeit verlieren". In der Quantentheorie glauben wir erkannt zu haben, auf welche Weise jene Begriffe bei der Annäherung ans Unendlichkleine wacklig werden: in solchen Dimensionen, in welchen der endliche Wert des Wirkungsquantums fühlbar wird, tritt die statistische Unsicherheit der Werte aller physikalischen Größen stärker und stärker hervor.

Literatur:

1. In Leibniz' fünftem Schreiben der Streitschriften zwischen Leibniz und Clarke, § 52. — 2. Rendic. de Circ. Matem. di Palermo **42** (1917). — 3. Statt auf die Originalabhandlung verweise ich jetzt lieber auf die Darstellung in meinem Buche Raum, Zeit, Materie. 5. Aufl. 1923, insbesondere §§ 40, 41. — 4. Weyl, Raum, Zeit, Materie. 5. Aufl., S. 323 — Naturwiss. **12**, 202 (1924) — Philosophic. Mag. (7) **9**, 936 (1930). — 5. P. A. M. Dirac, Proc. roy. Soc. Lond. (A) **117**, 610 (1928). — 6. Proc. roy. Soc. Lond. (A) **99**, 104 (1921). Hierüber sowie über Einsteins Fortführung der Eddingtonschen affinen Feldtheorie orientiert sich der deutsche Leser am besten aus der deutschen Übersetzung von Eddingtons Buch: Relativitätstheorie in mathematischer Behandlung, von S. 317 ab. Berlin 1925. — 7. Th. Kaluza, Sitzgsber. preuß. Akad. Wiss., Physik.-math. Kl. **1921**, 966 — O. Klein, Z. Physik **37**, 895 (1926); **46**, 188 (1927). — 8. Sitzgsber. preuß. Akad. Wiss., Physik.-math. Kl. **1928**, 217, 224; **1929**, 2. — 9. H. Weyl, Elektron und Gravitation. Z. Physik **56**, 330 (1929) — V. Fock, Z. Physik **57**, 261 (1929). — 10. E. Schrödinger, Z. Physik **12**, 13 (1922) — F. London, Z. Physik **42**, 375 (1927).

94.

Zu David Hilberts siebzigstem Geburtstag

Die Naturwissenschaften 20, 57—58 (1932)

Am 23. Januar begeht DAVID HILBERT seinen siebzigsten Geburtstag. Dies ist ein hoher Festtag für die deutschen Mathematiker, bei denen es längst Brauch geworden ist, HILBERTS Geburtstag Jahr um Jahr zu feiern, in warmer persönlicher Verehrung für den Meister, aber zugleich als ein Symbol, in dem die mathematische Gilde ihres Glaubens und ihrer Einigkeit sich versichert. Auf dem ganzen Erdkreis repräsentiert ohne Zweifel HILBERTS Name heute am sichtbarsten, was die Mathematik im Gefüge des objektiven Geistes bedeutet und wie das Mathematisieren als eine Grundhaltung schöpferischen Menschentums unter uns lebendig ist. Der Zauber, den seine wissenschaftliche Persönlichkeit auf die ihm nachfolgende Generation bis herab zu den Jüngsten unvermindert ausübt, ist außer in seiner gewaltigen Leistung darin begründet, daß wir alle fühlen: die mathematische Gesinnung, die unser Arbeiten trägt, die besondere Spielart unseres mathematischen Denkens geht mehr als auf irgendeinen anderen Lebenden auf ihn zurück; und keiner ist unter uns, der ihm das Wasser reichen könnte! Hinzu kommt, daß sein Temperament der Jugend verwandt geblieben ist: immer noch leidenschaftlich vorstoßend in einer bestimmten Richtung, darum auch leidenschaftlich Partei nehmend, ist nichts „Olympisches" in ihm; mit milder aussöhnender Gerechtigkeit einen weiten vielverzweigten Bezirk verwalten und ordnen, das ist nicht seine Haltung. Dem Gewaltigen, dessen Gedächtnis dieses Jahr vor allem gewidmet ist, GOETHE, ist er wenig verwandt.

HILBERT vollbrachte seine ersten großen Taten auf dem Gebiete der *Invariantentheorie*, die um 1890 viele mathematische Hirne und Hände beschäftigte. Er löste die zentralen Probleme — mit so schlagender Gewalt, daß der ganzen Theorie darüber der Atem ausging. (Erst in unseren Tagen fängt sie an, durch das Blut, das ihr von der Gruppentheorie zugeführt wird, wieder zum Leben zu erwachen.) Aber die HILBERTsche Lösung sah ganz anders aus, als es die gleichen Zielen nachstrebenden Algebraiker erwartet hatten. Er machte sich frei von der ganzen Technik, die namentlich GORDAN bis zur Virtuosität ausgebildet hatte, den komplizierten algebraischen Algorithmen, durch die man in mühsamer Konstruktion die Invarianten aufbaute; *er sah die Aufgabe in ihrer ursprünglichen gedanklichen Einfachheit und löste sie mit gedanklich einfachen, rein „existentiellen" Mitteln.* Diese Art des Vorgehens ist immer typisch geblieben für HILBERT; in späterer Zeit zeugt dafür z. B. der Beweis des DIRICHLETschen Prinzips, die Ausbildung der „*direkten Methoden der Variationsrechnung*". Der wunde Punkt liegt darin, daß ein so erbrachter Beweis meistens nicht die wirkliche Herstellung des Geforderten ohne weiteres ermöglicht; darum ist die „transzendente" Methode — in der es um die Rolle des Unendlichen in der Mathematik geht —, namentlich von seiten des Algebraikers KRONECKER und des Intuitionisten BROUWER, heftigem Angriff ausgesetzt gewesen. HILBERT hat in seiner Grundlagenforschung diese Methodik, in der er den eigentlichen Quell für die Macht und Durchsichtigkeit des mathematischen Denkens erblickt, leidenschaftlich verteidigt; er verteidigt hier den Kern seines wissenschaftlichen Glaubens und seines eigenen mathematischen Lebenswerkes. Aber selbst wenn die algorithmenfreie existentielle Art der Lösung zunächst keine explizite Konstruktion liefert, so ist ihr Ausbau nach dieser Richtung doch häufig möglich; nur ist das vom HILBERTschen Standpunkt eine *cura posterior*. v. KÁRMÁN schilderte in einer gedankenreichen Rede über „*Mathematik und technische Wissenschaften*", die er in Göttingen bei Gelegenheit der Eröffnung des neuen Mathematischen Instituts hielt, wie gerade solche direkten Methoden im Gegensatz zu bestimmten fertigen Algorithmen in der *angewandten Mathematik* außerordentlich fördernd gewirkt haben.

HILBERT hat nicht einen einzigen Stollen im Bergwerk der Mathematik sich zum Arbeitsfeld ausersehen, ihn in die Tiefe und Breite ausschachtend; sondern es erscheint mir bezeichnend für ihn, daß *er mehrere Male, fast abrupt, das Gebiet seiner Forschung gewechselt hat. Invarianten, Zahlkörper, Axiome der Geometrie, Variationsrechnung, Integralgleichungen, Relativitätstheorie, logische Grundlagen der Mathematik* sind ein paar Stichworte, die seine zeitlich aufeinanderfolgenden Interessensphären bezeichnen. Freilich strebt er, solange er ein bestimmtes Ziel ergriffen hat, mit ausschließlicher und gespannter Intensität nur in dieser einen Richtung vorwärts; trieb er Integralgleichungen, so konnte es fast scheinen, als diene die ganze Mathematik nur zur Vorbereitung oder Anwendung der Integralgleichungen. Aber trotz der Mannigfaltigkeit der ergriffenen Gegenstände wirkt HILBERTs mathematisches Werk doch einheitlich. Der gemeinsame Denkstil ist unverkennbar. Er liegt vor allem in der schon erwähnten *naiven und direkten Stellung und Inangriffnahme der Probleme.* Als weiteres Kennzeichen würde ich angeben: *Kraft*, die sich nie zu herkulischer Anstrengung verkrampft, gepaart mit einer ganz eigenen kompromißlosen *Reinheit.* Der Stil im literarischen Sinne ist das getreue Abbild der Denkweise. HILBERTs Vorwort zu seinem Bericht über die *Theorie der algebraischen Zahlkörper* und sein Vortrag „*Über das Unendliche*" gehören für mich zu den schönsten Stücken der deutschen Prosa.

Unzertrennlich davon ist der *Hilbertsche Optimismus*, sein festes *Vertrauen in die Macht des vernünftigen Denkens, das auf einfache klare Fragen einfache und klare Antworten zu erzwingen vermag.* Sein Vortrag „*Naturerkennen und Logik*", den er in seiner Geburtsstadt Königsberg auf der Naturforscherversammlung von 1930 hielt, legt Zeugnis davon ab. Er beginnt: ,,Die Erkenntnis von Natur und Leben ist unsere vornehmste Aufgabe. Alles menschliche Streben und Wollen mündet dahin, und immer steigender Erfolg ist uns dabei zuteil geworden", und zum Schluß heißt es: ,,Statt des törichten *Ignorabimus* heiße im Gegenteil unsere Losung: Wir müssen wissen, Wir werden wissen." Die Menschen von heute hören so etwas nicht gerne; sie sehen darin flachsinnigen Rationalismus oder menschliche Vermessenheit und berufen sich für ihre Absage an die *Ratio* mit einem Schwall wirrer Worte auf das ,,Leben" oder die tiefere ,,existentielle Wahrheit" oder des Menschen ,,Kreatürlichkeit". Und zugegeben: der eine und andere Satz in HILBERTS Rede klingt bedenklich an die Worte an, mit denen GOTTFRIED KELLER, das ,,Sinngedicht" beginnend, seinen Naturforscher Reinhart verspottet: ,,Vor etwa fünfundzwanzig Jahren, *als die Naturwissenschaften eben wieder auf einem höchsten Gipfel standen . . .*" Dennoch tut man HILBERT Unrecht, wenn man seinen Rationalismus etwa mit dem eines HAECKEL in den gleichen Topf wirft. Bei HILBERT liegt ein viel feinerer Begriff des Erkennens zugrunde. Vermessenheit wäre seine Haltung, wenn das gesuchte Wissen jene *magische Erkenntnis* wäre, nach der sich Faust sehnt (,,Schau' alle Wirkenskraft und Samen"), die in einer Art intellektueller Anschauung uns das ,,Innere der Dinge" aufschließen will und die auch heute noch von den Meisten der Wissenschaft als Ziel untergeschoben wird. Sie mag ihre ,,existentielle" Bedeutung haben für das menschliche Dasein und das Gefühl beschwingen, aber *das in Voraussagen sich bewährende Wissen um die Wirklichkeit* wird nur gefördert durch die *mathematische Methode*, die zwar nicht ,,in Worten", wohl aber in Symbolen ,,kramt", die theoretische Konstruktion, wie sie am entschiedensten von der Physik geübt wird.

HILBERT ist Mathematiker. Er wäre trotzdem für die Naturwissenschaft von großer Bedeutung, auch wenn er selber nicht aktiv in die Entwicklung der theoretischen Physik eingegriffen hätte. Vielleicht hatte er eine Zeitlang einmal den ,,Ehrgeiz", Physiker zu werden, und vielleicht hat er damals die Rolle überschätzt, welche gegenwärtig die axiomatische Methode in der noch so weit von einem stationären Zustand entfernten Physik spielen kann. Aus jener Zeit stammt sein Wort — das nur dem anmaßend klingt, der nicht an HILBERTS lachend vorgebrachte Paradoxien gewöhnt ist —: ,,Die Physik ist ja für die Physiker viel zu schwer." Worauf die Angegriffenen mit Fug und Recht erwidern konnten: ,,Immer besser noch, man macht sich die Theorie etwas zu leicht, als daß man die *Tatsachen* zu leicht nimmt, wie ihr Herren Mathematiker!" Aber wir wollen doch nicht vergessen, daß HILBERT in seinen *gaskinetischen Arbeiten* und durch die Aufstellung der ,,Weltgleichungen" im Rahmen der *allgemeinen Relativitätstheorie* (gleichzeitig mit EINSTEIN) der Physik ganz bedeutende Dienste geleistet hat. Auf mathematischem Gebiet ist wohl sein *zahlentheoretisches* Werk das Tiefste und Zukunftreichste, was er geschaffen hat, für die Wissenschaft überhaupt die Wendung und Durchbildung, die er der *Axiomatik* gab, zuerst in seinen ,,Grundlagen der Geometrie", im letzten Jahrzehnt aber hauptsächlich durch seine *Beweistheorie der formalisierten Mathematik*, welche die Axiomatisierung der Wissenschaften abschließen soll. —

Die öffentliche Meinung hat in den letzten Jahrzehnten heftige Kritik an den Universitäten geübt. Sie füllten, so hieß es, den ihnen zugewiesenen Platz im geistigen Leben der Nation nicht mehr aus. Wir Universitätsmänner sollten in Spezialistentum versackt, in Alexandrinertum erstarrt sein; den einen führten wir die Jugend nicht genug, den anderen taten wir nicht genug in allseitig harmonischer Ausbildung der Persönlichkeit, den dritten waren wir nicht aktivistisch genug eingestellt. Ich glaube, daß die Angehörigen der naturwissenschaftlichen Fakultäten dazu immer ein bißchen die Köpfe geschüttelt haben; wir fühlten uns davon wenig betroffen. Man nehme nur als Beispiel die Physik. Innerhalb der letzten dreißig Jahre sind da wahrhaftig große Dinge geschehen, es ging lebendig und umstürzlerisch genug zu, und die Träger der Entwicklung waren durchaus die Universitäten und ihre Forschungsanstalten. Wir hatten es wirklich nicht nötig, uns vor einem geheimnissüchtigen Publikum mit dem Flitter von Eintagsmetaphysiken auszuputzen. Aber auch ganz im allgemeinen scheint mir, daß jene Kritik die heutigen Universitäten nicht an einem Vorbild mißt (und des Abfalls beschuldigt), das jemals existiert hat, sondern an der in einer bestimmten deutschen Bildungsepoche (HERDER, HUMBOLDT, romantische Philosophie) geforderten *Idee* der *universitas litterarum*; einer Idee außerdem, deren Verwirklichung meiner Meinung nach keineswegs erwünscht ist, weil sie die Macht der bloßen *Besinnung* und *Sinndeutung* im Vergleich zur *einzelnen konstruktiven wissenschaftlichen Tat* weit überschätzt. HILBERT war weder Jugendführer, noch umfassender Organisator, noch allseitig harmonische Persönlichkeit, noch braute er Weltanschauungen zusammen. Aber wir sehen an ihm, und er erscheint mir ein ganz starkes Beispiel dafür, *wie ungeheuer positiv das nackte wissenschaftliche Genie wirkt*, das seinem Talent Treue hält durch Fleiß und Beharrlichkeit in der Schöpfung seiner Werke. Ich erinnere mich, mit welchem Zauber das erste mathematische Kolleg mich ergriff, das ich hörte; ich preise mich noch jetzt glücklich, daß es ein HILBERTsches Kolleg war, seine berühmte Vorlesung über die Transzendenz von e und π.

Wehe der Jugend, welche durch eine Gestalt wie die HILBERTs, durchsichtiges Gefäß des sich selbst verwirklichenden Geistes, nicht mehr im Innersten angerührt wird und angefeuert zum Mitbesitz und Weiterdenken der errungenen Erkenntnisse!

Aber wohl uns, daß unsere Entwicklung unter dem Eindrucke seines Forschens, Wirkens und Lehrens verlief! Die Verehrung und Liebe seiner Fachgenossen in Mathematik und Naturwissenschaft, die ihm so vieles verdanken, begleiten ihn ins neue Jahrzehnt seines Lebens.

95.

Topologie und abstrakte Algebra als zwei Wege mathematischen Verständnisses

Unterrichtsblätter für Mathematik und Naturwissenschaften 38, 177—188 (1932)

Wir geben uns nicht gerne damit zufrieden, einer mathematischen Wahrheit überführt zu werden durch eine komplizierte Verkettung formeller Schlüsse und Rechnungen, an der wir uns sozusagen blind von Glied zu Glied entlang tasten müssen. Wir möchten vorher Ziel und Weg überblicken können, wir möchten den inneren Grund der Gedankenführung, die Idee des Beweises, den tieferen Zusammenhang verstehen. Es ist ja mit einem modernen mathematischen Beweis kaum anders als mit einer modernen Maschine oder einer modernen physikalischen Versuchsanordnung: die einfachen Grundprinzipien sind eingebettet und dem Blicke fast entzogen durch eine Fülle technischer Details. Bei der Besprechung RIEMANNS in seinen Vorlesungen über die Geschichte der Mathematik im 19. Jahrhundert sagt FELIX KLEIN: „Gewiß ist es der Schlußstein am Gebäude einer jeden mathematischen Theorie, den zwingenden Beweis für alle Behauptungen zu erbringen. Gewiß spricht sich die Mathematik selbst das Urteil, wenn sie auf zwingende Beweise verzichtet. Das Geheimnis genialer Produktivität wird es jedoch ewig bleiben, neue Fragestellungen zu finden, neue Theoreme zu ahnen, die wertvolle Resultate und Zusammenhänge erschließen. Ohne die Schaffung neuer Gesichtspunkte, ohne die Aufstellung neuer Ziele würde die Mathematik in der Strenge ihrer logischen Beweisführung sich bald erschöpfen und zu stagnieren beginnen, indem ihr der Stoff ausgehen möchte. So ist die Mathematik in gewissem Sinne von denen am meisten gefördert worden, die mehr durch Intuition als durch strenge Beweisführung sich auszeichneten." Das Hauptorgan von KLEINS eigener Methodik war dieses intuitive Erfassen innerer Zusammenhänge und Beziehungen, deren Fundamente getrennt liegen, während er dort, wo es auf eine gesammelte zugespitzte logische Anstrengung ankam, bis zu einem gewissen Grade versagte. In seiner Gedächtnisrede auf LEJEUNE DIRICHLET stellte MINKOWSKI dem im deutschen Sprachgebiet häufig nach DIRICHLET benannten Minimalprinzip, das in Wahrheit zuerst WILLIAM THOMSON aufs vielseitigste gehandhabt hat, das andere eigentliche Dirichletsche Prinzip gegenüber: mit einem Minimum an blinder Rechnung, einem Maximum an sehenden Gedanken die Probleme zu zwingen; von ihm, sagt er, datiere die Neuzeit in der Geschichte der Mathematik.

Was aber ist das Geheimnis eines solchen Verstehens mathematischer Sachverhalte, worin besteht es? In der Philosophie der Wissenschaften hat man neuerdings versucht, das Verstehen, die Hermeneutik als die Grundlage der Geisteswissenschaften dem naturwissenschaftlichen Erklären gegenüberzustellen, und die Worte Intuition, Verstehen erscheinen da mit einem gewissen mystischen Nimbus, eine eigene Tiefe und Unmittelbarkeit anzeigend. In der Mathematik werden wir vorziehen, die Dinge etwas nüchterner anzusehen. Ich kann mich hier nicht darauf einlassen und es erscheint mir auch recht schwierig, eine genaue Analyse der in Frage kommenden geistigen Akte zu geben. Aber wenigstens ein entscheidendes, für sich allein gewiß noch nicht ausreichendes Charakteristikum der Prozedur des Verstehens möchte ich hervorheben: Man trennt die verschiedenen Seiten, die ein Gegenstand mathematischer Untersuchung darbietet, auf natürliche Weise, macht jede für sich von einer eigenen, relativ engen und leicht überblickbaren Gruppe von Voraussetzungen aus zugänglich und kehrt dann in der Vereinigung der passend spezialisierten Teilresultate zum komplexen Ganzen zurück. Der letzte synthetische Teil ist rein mechanischer Art. Die Kunst liegt in dem ersten analytischen Teil der geeigneten Trennung und Generalisierung. Die Mathematik der letzten Dezennien hat geradezu geschwelgt in Verallgemeinerungen und Formalisierungen. Aber man mißversteht ihre gesunde Tendenz, wenn man meint, daß sie das

---

[1]) Vortrag, gehalten im Rahmen des Ferienkurses des Vereins schweizerischer Gymnasiallehrer in Bern, Oktober 1931.

Allgemeine gesucht hat um des Allgemeinen willen, sondern: jede natürliche Verallgemeinerung **vereinfacht**, indem sie die Voraussetzungen reduziert, und läßt uns damit gewisse Seiten eines unübersichtlichen Ganzen verstehen. Es kann natürlich sehr wohl geschehen, daß verschiedene Richtungen der Verallgemeinerung uns die besondere konkrete Sachlage von verschiedenen Seiten her verständlich machen. Dann ist es subjektive und dogmatische Willkür, von dem wahren Grund, der wahren Quelle des Sachverhalts zu sprechen. Dafür, daß eine Abtrennung mit zugehöriger Verallgemeinerung **natürlich** ist, hat man wohl kein anderes Kriterium als ihre **Fruchtbarkeit**. Wird dieses von dem einzelnen Forscher unter Zuhilfenahme aller aus seinen Erfahrungen stammenden Analogien mit mehr oder minder Erfindungsgabe und Fingerspitzengefühl gehandhabte Verfahren rein sachlich systematisiert, so kommt man auf nichts anderes als die **Axiomatik**. Sie ist also heute keineswegs mehr nur eine Methode für die Aufhellung und Tieferlegung der **Grundlagen**, sondern ist ein Instrument der konkreten mathematischen Forschung selbst geworden. — Da sich die Blicke des Mathematikers in jüngster Zeit so sehr auf das Allgemeine und das Formalisieren richten mußten, ist es nur menschlich, daß auch vielfach ein billiges und bequemes Verallgemeinern um des bloßen Verallgemeinerns willen vorgekommen ist; ein Verallgemeinern durch Verdünnung, wie es Herr POLYA nannte, das die eigentliche mathematische Substanz nicht vermehrt, sondern die gute Suppe nur durch zugeschüttetes Wasser streckt. Aber das ist Entartung und nicht der Kern der Sache. Von KLEIN ist uns aus seiner späten Zeit die folgende Äußerung überliefert: „Die Mathematik scheint mir wie ein großes Waffengeschäft in Friedenszeiten. Das Schaufenster ist erfüllt von Prunkstücken, deren sinnreiche, kunstvolle, auch dem Auge gefällige Ausführung den Kenner entzückt. Der eigentliche Ursprung und Zweck dieser Dinge, das Dreinschlagen zur Besiegung des Feindes, ist bis zur Vergessenheit in den Hintergrund getreten." Darin ist wohl mehr als ein Körnchen Wahrheit, aber im ganzen empfindet unsere Generation doch diese Beurteilung ihrer Bestrebungen als ungerecht.

Zwei verschiedene Wege des Verstehens haben sich in unseren Tagen als besonders eindringend und ertragreich erwiesen, die **Topologie** und die **abstrakte Algebra**. Diese beiden Denkweisen geben heute einem großen Teil der Mathematik das Gepräge. An dem zentralen Begriff der **reellen Zahl** läßt sich von vornherein plausibel machen, worauf das beruht. Denn das System der reellen Zahlen gleicht einem Januskopf mit zwei nach verschiedenen Richtungen gekehrten Gesichtern: in einer Hinsicht ist es das Feld der algebraischen Operationen $+$ und $\times$ und ihrer Umkehrungen, in anderer Hinsicht ist es eine kontinuierliche Mannigfaltigkeit, deren Teile stetig miteinander verbunden sind. Das eine ist das algebraische, das andere das topologische Antlitz der Zahlen. Die moderne Axiomatik, einfachen Gemüts wie sie ist, liebt (anders als die neuere Politik) solche zweideutigen Mischungen von Krieg und Frieden nicht; sie trennte säuberlich die beiden Teile voneinander. Der Größencharakter der Zahlen endlich, der in den Beziehungen $<$ und $>$ sich ausdrückt, nimmt eine Art Zwischenstellung ein zwischen Algebra und Topologie.

Kontinua unterwerfen wir einer rein topologischen Untersuchung dann, wenn wir nur auf solche Eigenschaften und Unterschiede achten, die bei beliebiger stetiger Deformation, bei beliebiger stetiger Abbildung erhalten bleiben. Die Abbildung muß nur soweit getreu sein, daß sie nichts, was getrennt ist, zum Zusammenfallen bringt. So ist es eine topologische Eigenschaft einer Fläche, **geschlossen** zu sein wie die Kugeloberfläche, oder **offen** zu sein wie die gewöhnliche Ebene. Ein Ebenenstück wie das Innere eines Kreises ist **einfach zusammenhängend**, wenn es durch jeden Querschnitt zerlegt wird, während ein Kreisring **zweifach zusammenhängend** ist, weil sich ein nicht-zerlegender Querschnitt führen läßt, nach dessen Ausführung aber jeder neue Querschnitt zerlegt. Auf der Kugeloberfläche kann jede geschlossene Kurve durch stetige Deformation in einen Punkt zusammengezogen werden, auf dem Torus ist das nicht der Fall. Zwei im Raume gegebene geschlossene Kurven können miteinander **verschlungen** sein oder nicht. Dies sind Beispiele topologischer Eigenschaften und Lagebeziehungen. In ihnen fixieren sich die primitivsten Unterschiede, die allen anderen feineren Differenzierungen unter den geometrischen Gebilden vorausliegen; sie stützen sich allein auf die Idee des stetigen **Zusammenhangs**, jede Bezugnahme auf eine besondere Struktur der stetigen Mannigfaltigkeit wie etwa eine auf ihr herrschende Maßbestimmung ist ihnen fremd. Begriffe wie Limes, Konvergenz einer Punktfolge gegen einen Punkt, Umgebung, stetige Linie gehören in dieses Gebiet.

Nach dieser vorläufigen Skizzierung der Topologie oder Analysis situs möchte ich Ihnen zweitens kurz die Motive deutlich machen, die zur **Entwicklung der abstrakten Algebra** geführt haben, und Ihnen dann an einem ganz einfachen Beispiel zeigen, wie ein und derselbe Sachverhalt vom topologischen und vom abstrakt-algebraischen Gesichtspunkt aufgefaßt werden kann.

Der reine Algebraist kann mit den Zahlen nichts anderes machen als auf sie die vier Spezies, Addition, Subtraktion, Multiplikation und Division, ausüben. Für ihn ist daher ein Bereich von Zahlen geschlossen, er hat kein Mittel, aus demselben herauszugelangen, wenn diese Operationen, auf irgend zwei Zahlen des Bereiches angewendet, immer wieder zu einer Zahl des Bereiches führen. Einen solchen Bereich nennt man Körper oder Rationalitätsbereich. Der einfachste Körper ist die Gesamtheit der rationalen Zahlen. Ein anderes Beispiel ist die Gesamtheit der Zahlen von der Form $a + b\sqrt{2}$, wo a und b rational sind. Der bekannte Begriff der Irreduzibilität von Polynomen ist relativ auf einen Rationalitätsbereich: ein Polynom f (x) in K, d. h. mit Koeffizienten aus dem Körper K, ist irreduzibel in K, wenn es sich nicht als Produkt $f_1 (x) \cdot f_2 (x)$ zweier Polynome in K schreiben läßt, deren keines sich auf eine bloße Konstante reduziert. Die Auflösung linearer Gleichungen, die Bestimmung des größten gemeinsamen Teilers zweier Polynome durch das Euklidische Teilerverfahren spielen sich in dem Rationalitätsbereich ab, dem die Koeffizienten der Gleichungen bzw. der Polynome angehören. Das klassische Problem der Algebra ist die Lösung einer algebraischen Gleichung f (x) = 0, deren Koeffizienten in einem Körper K, etwa dem der rationalen Zahlen liegen mögen. Kennen wir eine Wurzel ϑ derselben, so kennen wir damit auch alle Zahlen, die sich mittels der vier Spezies aus ϑ (und den als bekannt angenommenen Zahlen von K) gewinnen lassen: diese machen einen K umfassenden Körper $K (\vartheta)$ aus. Innerhalb dieses Zahlkörpers $K (\vartheta)$ spielt ϑ die Rolle einer bestimmenden Zahl, aus der sich alle andern rational herleiten lassen. Aber viele, nahezu alle Zahlen aus $K (\vartheta)$ vermögen ϑ in dieser Rolle zu vertreten. Es ist deshalb ein großer Fortschritt, das Studium der Gleichung f (x) = o durch das Studium des Körpers $K (\vartheta)$ zu ersetzen. Wir löschen dadurch Unwichtiges aus, berücksichtigen gleichmäßig alle Gleichungen, welche aus der einen f (x) = o durch Tschirnhausen-Transformation hervorgehen. Die algebraische und vor allem die arithmetische Theorie der Zahlkörper ist eine der großartigsten, ja man darf wohl sagen die an Reichhaltigkeit und Tiefe der Ergebnisse vollkommenste Schöpfung der Mathematik.

Aber wir treffen in der Algebra auch Rationalitätsbereiche an, deren Elemente nicht Zahlen sind. Die Polynome einer Variablen oder Unbestimmten x sind ein Bereich von Größen, innerhalb dessen sich Addition, Subtraktion und Multiplikation ausführen lassen, nicht freilich die Division. Sie stehen in dieser Hinsicht in Analogie zu den ganzen unter den rationalen Zahlen. Eine solche Gesamtheit von Größen heißt Integritätsbereich oder Ring. Der Algebra liegt die Auffassung fern, daß das Argument x eine ihre Werte stetig durchlaufende Variable ist; es ist ihr nur eine Unbestimmte, ein leeres Zeichen, das dazu dient, die Koeffizienten des Polynoms zu einem einheitlichen Ausdruck zusammenzufassen, an dem man sich die Regeln für das Addieren und Multiplizieren von Polynomen leicht merken kann. Null ist ein Polynom (nicht, wenn es für alle Werte der Variablen x den Wert 0 annimmt, sondern) wenn alle seine Koeffizienten 0 sind. Es gilt der Satz, daß das Produkt zweier von 0 verschiedener Polynome stets wieder $\neq 0$ ist. Die algebraische Auffassung schließt nicht aus, daß für x eine Zahl a des Körpers, in dem wir operieren, substituiert wird; aber es kann auch dafür ein Polynom einer andern oder mehrerer anderer Unbestimmten y, z ... substituiert werden. Solche Substitution ist ein formaler Prozeß, durch welchen der Ring K [x] der Polynome von x in K getreu projiziert wird auf den Ring K selbst bzw. auf den Ring der Polynome K [y, z, . . .]; getreu, das meint: unter Aufrechterhaltung der durch Addition und Multiplikation gestifteten Beziehungen. Es ist ja gerade dieses formale Operieren mit Polynomen, das wir im algebraischen Schulunterricht den Schülern beizubringen haben. Gehen wir von den Polynomen durch Quotientenbildung zu den rationalen Funktionen über, die in ähnlich formaler Weise betrachtet werden müssen, so bekommen wir einen Körper, dessen Elemente nicht Zahlen, sondern eben Funktionen sind. Ebenso bilden die Polynome und rationalen Funktionen in zwei oder drei Variablen x, y oder x, y, z mit Koeffizienten aus K einen Ring bzw. Körper.

Man vergleiche einmal die folgenden drei Ringe: die gewöhnlichen ganzen Zahlen, die Polynome einer Variablen x und die Polynome zweier Variablen x, y mit rationalen Zahlkoeffizienten. In den ersten beiden besteht der euklidische Algorithmus, und infolgedessen gilt der Satz: Sind a, b zwei teilerfremde Elemente, so läßt sich aus ihnen mittels geeigneter Elemente p, q des Ringes die 1 kombinieren:

$$(*) \qquad\qquad 1 = p \cdot a + q \cdot b.$$

Daraus folgt der Fundamentalsatz von der eindeutigen Zerlegung in Primelemente. Für Polynome von zwei Variablen gilt der Satz (*) nicht mehr. Z. B. sind x — y und x + y zwei teilerfremde Polynome, aus denen sich 1 gewiß nicht zusammensetzen läßt, weil das konstante Glied in jedem Polynom von der Form p (xy) · (x — y) + q (xy) · (x + y) offenbar 0 ist. Trotzdem gilt aber auch für Polynome von zwei Variablen noch das Fundamentaltheorem von der eindeutigen multiplikativen Zerlegung in Primpolynome. Hier zeigen sich also interessante Unterschiede und Übereinstimmungen.

Aber außer aus gewöhnlichen Zahlen und Funktionen werden in der Algebra noch auf eine andere Weise Körper gebildet. p sei eine Primzahl, z. B. 5. Wir nehmen die gewöhnlichen ganzen Zahlen, kommen aber überein, solche Zahlen, welche kongruent sind mod. p, welche bei der Teilung durch p denselben Rest lassen, als gleich zu betrachten. Man kann sich das veranschaulichen durch Aufwickeln der Zahlgeraden auf einen Kreis vom Umfange p. Dann entsteht ein eigenartiger Körper, der nur aus p verschiedenen Elementen besteht. Diese Vorstellungsweise ist in der ganzen Zahlentheorie höchst zweckmäßig. Nehmen Sie etwa den folgenden viel angewandten Satz von GAUSS: Sind f (x) und g (x) zwei Polynome mit ganzzahligen Koeffizienten und sind alle Koeffizienten des Produkts f (x) · g (x) durch die Primzahl p teilbar, so sind entweder alle Koeffizienten von f (x) oder von g (x) durch p teilbar. Er ist nichts anderes als das triviale Theorem, daß das Produkt zweier Polynome nur dann 0 sein kann, wenn einer der Faktoren 0 ist, angewendet auf den eben geschilderten Körper als Koeffizientenbereich. In diesem Bereich gibt es auch Polynome, welche nicht 0 sind, die aber doch für alle Werte des Argumentes verschwinden, z. B. $x^p - x$. Denn nach dem kleinen Fermatschen Satz gilt für jede ganze Zahl die Kongruenz

$$a^p - a \equiv 0 \pmod{p}.$$

Eine analoge Begriffsbildung hatte schon CAUCHY benutzt bei der Einführung des Imaginären. Er betrachtet die imaginäre Einheit i als eine Unbestimmte und studiert die Polynome dieser Unbestimmten im Körper der reellen Zahlen, aber mod. $i^2 + 1$; d. h. zwei Polynome gelten ihm als gleich, wenn ihre Differenz durch $i^2 + 1$ teilbar ist. Dadurch wird die in Wahrheit unlösbare Gleichung $i^2 + 1 = 0$ gewissermaßen lösbar gemacht. $i^2 + 1$ aber ist ein Primpolynom im Körper der reellen Zahlen. KRONECKER hat dann CAUCHYS Konstruktion so verallgemeinert: K sei ein beliebiger Rationalitätsbereich, p (x) ein Primpolynom in K. Die Polynome f (x) mit Koeffizienten aus K bilden einen Körper (und nicht bloß einen Ring), wenn sie mod. p (x) betrachtet werden. Dieser Prozeß ist dem vorher angeführten algebraisch völlig äquivalent: zu K eine Wurzel ϑ der Gleichung p $(\vartheta) = 0$ zu adjungieren und dadurch zum Körper K (ϑ) aufzusteigen. Er hat aber den Vorzug, daß er innerhalb der reinen Algebra sich abspielt, ohne die Lösung einer Gleichung zu verlangen, die in K tatsächlich unlösbar ist.

Durch diese Entwicklungen wurde man naturgemäß dazu geführt, die Algebra rein axiomatisch aufzubauen. Ein Körper ist ein Bereich von Elementen, Zahlen genannt, innerhalb dessen zwei Operationen, + und × erklärt sind, welche den gewöhnlichen Axiomen genügen: assoziatives und kommutatives Gesetz der Addition und der Multiplikation, das Addition und Multiplikation verkettende distributive Gesetz, ferner die Forderung der eindeutigen Umkehrung der Addition, die zur Subtraktion führt, und die Forderung der eindeutigen Umkehrung der Multiplikation, die zur Division führt. Wird das letzte Postulat weggelassen, so spricht man von einem Ring statt von einem Körper. Die Körper sind jetzt nicht Ausschnitte aus einem universellen Zahlenreich, dem Kontinuum der reellen oder komplexen Zahlen, wie nach alter Auffassung, sondern jeder Körper ist sozusagen eine Welt für sich. Man kann die Elemente eines Körpers miteinander durch Operationen verknüpfen, aber nicht die Elemente verschiedener Körper. Bei solchem Vorgehen brauchen wir von den Größenbeziehungen des < und >, die für die Algebra irrelevant sind, nicht erst künstlich zu abstrahieren, weil die Zahlen des abstrakten Zahlkörpers derartigen Beziehungen gar nicht unterstehen. Eine unendliche Mannigfaltigkeit strukturell verschiedener Körper tritt an die Stelle des einheitlichen Zahlkontinuums der Analysis. Die oben angeführten Prozesse: 1. Adjunktion von Unbestimmten und 2. Identifikation von Elementen, welche einander nach einem festen Primelement kongruent sind, erscheinen jetzt als allgemeine Konstruktionsweisen, um aus Ringen oder Körpern andere Ringe oder Körper zu erzeugen.

Auch die elementare axiomatische Begründung der Geometrie führt auf diesen abstrakten Zahlenbegriff. Handelt es sich etwa um die projektive Ebene, so führen die Inzidenzaxiome allein zu einem ihr zugehörigen „Zahlkörper"; die Elemente desselben, die „Zahlen", sind rein geometrisch erklärte Entitäten, Punktwürfe oder Dilatationen. Jeder Punkt und jede Gerade drückt sich dann als ein Verhältnis von drei „Zahlen" dieses Körpers aus, $x_1 : x_2 : x_3$, bzw. $u_1 : u_2 : u_3$, derart daß die Inzidenz durch die Gleichung

$$x_1 u_1 + x_2 u_2 + x_3 u_3 = 0$$

repräsentiert wird. Umgekehrt führt, indem man diese algebraischen Ausdrücke zur Definition der geometrischen Termini verwendet, jeder abstrakte Körper zu einer den Inzidenzaxiomen genügenden zugehörigen projektiven Ebene. Irgendeine Einschränkung hinsichtlich des zur projektiven Ebene gehörigen Zahlkörpers kann daher aus den Inzidenzaxiomen nicht abgelesen werden. Hier tritt die prästabilierte Harmonie zwischen Geometrie und Algebra in der grandiosesten Weise zutage. Erst ganz andersartige Axiome der Anordnung und Stetigkeit führen dazu, das zur projektiven Ebene gehörige geometrische Zahlsystem spezialisierend dem Kontinuum der gewöhnlichen reellen Zahlen gleichzusetzen. Wir kommen damit zu einer Umkehrung der Entwicklung, die seit Jahrhunderten unsere mathematische Wissenschaft beherrscht und, wie es scheint, ursprünglich von Indien ausgegangen und durch die Araber dem Abendlande zugeleitet ist: Während nämlich bisher der Zahlbegriff als das logische prius der Geometrie vorangestellt wurde und wir darum mit einem unabhängig von den Anwendungen systematisch ausgebildeten universellen Zahlbegriff an alle Größengebiete herantraten, kehren wir jetzt zu dem griechischen Standpunkt zurück, daß jedes Sachgebiet sein eigenes, aus ihm heraus zu erklärendes Zahlenreich mit sich führt. Wir erleben das nicht nur in der Geometrie, sondern auch in der neuen Quantenphysik: Die physikalischen Größen an einem vorgelegten physikalischen Gebilde selber (nicht ihre Zahlwerte, die sie in den verschiedenen Zuständen des Gebildes annehmen mögen) erlauben gemäß der Quantenphysik eine Addition und eine nicht-kommutative Multiplikation, machen somit ein eigenes dem Gebilde zugehöriges algebraisches Größenreich aus, das sich nicht als Ausschnitt aus dem reellen Zahlsystem fassen läßt.

Und nun lassen Sie mich, wie schon angekündigt, Ihnen an einem einfachen Beispiel das gegenseitige Verhältnis der topologischen und der abstrakt-algebraischen Betrachtungsweise vorführen! Ich nehme die Theorie der algebraischen Funktionen einer Veränderlichen x. K (x) soll der Körper der rationalen Funktionen von x mit beliebigen komplexen Zahlkoeffizienten sein. f (z), genauer f (z; x), sei ein Polynom n ten Grades der Variablen z in K (x). Es ist schon früher erklärt worden, wann ein solches Polynom irreduzibel heißt im Körper K (x). Dies ist ein rein algebraischer Begriff. Aber nun konstruiere man zu der durch die Gleichung f (z; x) = 0 definierten n-deutigen algebraischen Funktion z (x) die RIEMANNsche Fläche, die sich n-blättrig über der x-Ebene ausbreitet. Zu der x-Ebene muß der unendlichferne Punkt hinzugefügt werden, so daß sie besser durch stereographische Projektion in die x-Kugel verwandelt wird; unsere Riemannsche Fläche ist darum wie die Kugel selbst geschlossen. Die Irreduzibilität des Polynoms aber spiegelt sich wider in einer sehr einfachen topologischen Eigenschaft dieser Fläche: sie ist zusammenhängend; wenn Sie ein Papiermodell der Fläche herstellen und es schütteln, fällt es nicht in getrennte Teile auseinander. Hier sehen Sie das Zusammenfallen eines rein algebraischen mit einem topologischen Begriff; beide jedoch weisen auf Verallgemeinerung in ganz verschiedenen Richtungen hin. Der algebraische Begriff der Irreduzibilität ist nur daran gebunden, daß für die Koeffizienten des Polynoms ein Körper K angewiesen ist; insbesondere kann K (x) ersetzt werden durch den Körper der rationalen Funktionen von x mit Zahlkoeffizienten aus einem vorgegebenen Zahlkörper k, wobei also k an die Stelle des Kontinuums aller komplexen Zahlen tritt. Auf der andern Seite ist es für die Topologie gleichgültig, daß die betrachtete Fläche eine Riemannsche, mit einer konformen Struktur ausgestattete Fläche ist und sich mit einer endlichen Zahl von Blättern über der x-Ebene ausbreitet. Jeder der beiden Antagonisten mag dem andern vorwerfen, daß er Nebensächliches nicht ausscheide und wesentliche Züge vernachlässige. Wer hat recht, wer hat unrecht? Fragen von dieser Art, in denen es sich nicht um Tatsachen handelt, sondern wie wir Tatsachen ansehen, führen, wenn sie die Sphäre der menschlichen Leidenschaften berühren, zu Haß und Blutvergießen. In der Mathematik sind die Folgen nicht so ernst. Immerhin hat der Gegensatz von RIEMANNs topologischer Theorie der algebraischen Funktionen und WEIERSTRASS' mehr algebraisch gerichteter Schule beinahe eine ganze Generation lang eine Spaltung unter den Mathematikern veranlaßt.

WEIERSTRASS selbst schrieb an seinen getreuen Schüler H. A. SCHWARZ: „Je mehr ich über die Prinzipien der Funktionentheorie nachdenke — und ich tue das unablässig —, um so fester wird meine Überzeugung, daß diese auf dem Fundamente algebraischer Wahrheiten aufgebaut werden muß, und daß es deshalb nicht der richtige Weg ist, wenn umgekehrt zur Begründung einfacher und fundamentaler algebraischer Sätze das ‚Transzendente‘, um mich kurz auszudrücken, in Anspruch genommen wird — so bestechend auch auf den ersten Blick z. B. die Betrachtungen sein mögen, durch welche RIEMANN so viele der wichtigsten Eigenschaften algebraischer Funktionen entdeckt hat." Dies empfinden wir heute als einseitig; keinem der beiden Wege des Verstehens, dem topologischen oder dem algebraischen, kann der unbedingte Vorzug eingeräumt werden. Und wir können WEIERSTRASS den Vorwurf nicht ersparen, daß er auf halbem Wege stehen blieb. Denn wenn er auch die Funktionen als algebraische explizit konstruierte, so legt er doch für die Koeffizienten das algebraisch nicht analysierte und in gewissem Sinne für den Algebraiker unergründliche Kontinuum der komplexen Zahlen zugrunde. In der von WEIERSTRASS eingeschlagenen Richtung erscheint als die beherrschende allgemeine Lehre die Theorie eines abstrakten Zahlkörpers und seiner durch algebraische Gleichungen vorzunehmenden Erweiterungen. Die Theorie der algebraischen Funktionen rückt dann mit der von den algebraischen Zahlen auf eine gemeinsame axiomatische Basis. In der Tat ist HILBERT zu seinen Ansätzen in der Zahlkörpertheorie durch die Analogie zu Sachverhalten im Reiche der algebraischen Funktionen geführt worden, die RIEMANN durch seine topologische Methode entdeckt hatte (für die Beweise half freilich die Analogie gar nichts).

Unser Beispiel „irreduzibel — zusammenhängend" ist typisch auch in folgender Hinsicht. Wie anschaulich-einfach und leichtverständlich ist das topologische Kriterium (schüttle das Papiermodell und sieh, ob es auseinanderfällt) im Vergleich zu dem algebraischen! Wegen der anschaulichen Ursprünglichkeit des Kontinuums (es steht meiner Überzeugung nach darin sogar der Eins und den ganzen Zahlen voran) ist die topologische Methode so geeignet zur Entdeckung wie zur Übersicht in einem mathematischen Gebiet. Um so schwieriger ist die strenge Begründung. Denn so nahe das Kontinuum der Anschauung steht, so widerspenstig erweist es sich gegenüber dem Zugriff der Logik. Dies war der Grund, warum WEIERSTRASS, M. NOETHER u. a. das mühseligere, aber von ihnen als solider empfundene Verfahren der direkten algebraischen Konstruktion RIEMANNS transzendent-topologischer Begründung vorzogen. Hier räumt aber jetzt allmählich die abstrakte Algebra gleichfalls mit dem schwerfälligen Rechenapparat auf. Durch die Allgemeinheit der Voraussetzungen und die Axiomatisierung wird man gezwungen, den Weg der blinden Rechnung zu verlassen und die komplexen Tatbestände in einfache Teile zu zerlegen, die durch einfache gedankliche Schlüsse zugänglich sind. Die Algebra erweist sich als das Dorado der Axiomatik.

Damit das Bild nicht gar zu unbestimmt bleibt, möchte ich ein paar Worte über die Methode der Topologie hinzufügen. Soll ein Kontinuum, etwa eine zweidimensionale geschlossene Mannigfaltigkeit, eine Fläche, der mathematischen Untersuchung unterzogen werden, so muß man sie sich in endlich viele „Elementarstücke" von der topologischen Beschaffenheit einer Kreisscheibe geteilt denken. Diese Stücke werden durch immer wiederholte Unterteilung nach einem festen Schema weiter zerstückelt, die einzelne Stelle im Kontinuum aber wird genauer und genauer abgefangen durch eine unendliche Folge von solchen bei den sukzessiven Teilungen entstehenden Stücken, die ineinander eingeschachtelt sind. Im eindimensionalen Fall ist die immer wiederholte „Normalteilung" der Elementarstrecke die Zweiteilung, im zweidimensionalen Fall wird zunächst jede Kante zweigeteilt, darauf jedes Flächenstück durch Linien in Dreiecke zerlegt, die von einem willkürlich gewählten Zentrum aus innerhalb des Flächenstücks nach den (alten und neuen) Ecken hinführen. Ein Stück erweist sich eben dadurch als Elementarstück, daß es durch Wiederholung dieses Teilungsprozesses in beliebig klein werdende Stücke zerkleinert werden kann. Das Schema der anfänglichen Teilung in Elementarstücke, im folgenden kurz das Gerüst genannt, beschreibt man am besten dadurch, daß man die auftretenden Flächenstücke, Kanten und Ecken mit Symbolen versieht und mit ihrer Hilfe angibt, wie diese Elemente einander gegenseitig begrenzen. Durch die folgenden Unterteilungen wird die Mannigfaltigkeit sozusagen mit einem immer dichter werdenden Koordinatennetz übersponnen, das erlaubt, den einzelnen Punkt durch eine unendliche Folge von Symbolen nach Art der Ziffern begrifflich zu bezeichnen. Die gewöhnlichen reellen Zahlen erscheinen hier in der Form der Dualbrüche als ein Sonderfall: zur Beschreibung der Teilung des offenen eindimensionalen Kontinuums. Aber danach führt sozusagen jedes Kontinuum sein eigenes arithmetisches Schema mit sich; die Einführung von Zahlkoordinaten durch Beziehung auf das besondere Teilungsschema des offenen eindimensionalen Kontinuums ist eine nicht in der Natur der Sache gelegene Vergewaltigung, die nur durch die besonders bequeme kalkulatorische Handhabung des gewöhnlichen Zahlkontinuums mit seinen vier Spezies praktisch gerechtfertigt ist. An einem wirklichen Kontinuum können die Teilungen je nur mit einer gewissen Unschärfe ausgeführt werden; man muß sich vorstellen, daß die durch die ersten Teilungen gesetzten Grenzen schärfer und schärfer fixiert werden, während die Teilung von Stufe zu Stufe fortschreitet. Auch kann der virtuell ins Unendliche laufende Teilungsprozeß an dem wirklichen Kontinuum immer nur bis zu einer gewissen Stufe gediehen sein. Aber im Gegensatz zu der konkreten Ausführung, der Lokalisation im wirklichen Kontinuum, ist das kombinatorische Schema, die arithmetische Leerform a priori ins Unendliche bestimmt; und mit ihr hat es die Mathematik allein zu tun. Da die fortgesetzte Teilung des anfänglichen topologischen Gerüstes nach einem festen Schema vonstatten geht, müssen alle topologischen Eigenschaften der so entstehenden Mannigfaltigkeit bereits aus dem Gerüst abgelesen werden können; es muß daher prinzipiell möglich sein, die Topologie als endliche Kombinatorik zu betreiben. Für sie sind gewissermaßen schon die Elementarstücke des Gerüstes, nicht erst die Punkte der kontinuierlichen Mannigfaltigkeit die letzten Elemente, die Atome. Insbesondere muß man es zwei solchen Gerüsten ansehen können, ob sie zu übereinstimmenden Mannigfaltigkeiten führen, ob sie mit andern Worten als Teilungen einer und derselben Mannigfaltigkeit aufgefaßt werden können.

Der Übergang von der algebraischen Gleichung $f(z; x) = 0$ zur RIEMANNschen Fläche hat sein algebraisches Gegenstück in dem Übergang von jener Gleichung zu dem durch die algebraische Funktion $z(x)$ bestimmten Körper; denn auf der RIEMANNschen Fläche ist nicht nur die Funktion $z(x)$, sondern sind alle algebraischen Funktionen dieses Körpers eindeutig ausgebreitet. Für die RIEMANNsche Funktionentheorie ist die umgekehrte Fragestellung charakteristisch, zu einer gegebenen RIEMANNschen Fläche den algebraischen Funktionenkörper zu konstruieren. Die Aufgabe hat stets eine und nur eine Lösung. Die RIEMANNsche Fläche in ihrer bisherigen Gestalt ist in die x-Ebene eingebettet, da jeder Punkt p derselben über einem bestimmten Punkte der x-Ebene liegt. Der nächste Schritt besteht in der Abstraktion von dieser Einbettungsbeziehung p → x, die RIEMANNsche Fläche verwandelt sich dadurch in eine sozusagen freischwebende, mit einer konformen Struktur, einer Winkelmessung ausgestattete Fläche. Auch in der gewöhnlichen Flächentheorie müssen wir uns daran gewöhnen, die Fläche zunächst als ein kontinuierliches Gebilde aus Elementen eigener Art, den Flächenpunkten, zu betrachten und davon zu scheiden die Einbettung in den dreidimensionalen Raum, vermöge deren jedem Flächenpunkt p in stetiger Weise ein Raumpunkt P zugeordnet ist als die Raumstelle, an welcher sich p befindet. Der Fall bei der RIEMANNschen Fläche liegt nur insofern etwas anders, als hier die Fläche nicht in einen ebenen Raum von höherer, sondern von derselben Dimensionszahl eingebettet wird. Der Abstraktion von der Einbettung korrespondiert auf der algebraischen Seite der Gesichtspunkt der Invarianz gegenüber beliebigen birationalen Transformationen. Zur Topologie aber erheben wir uns erst, indem wir an der freischwebenden RIEMANNschen Fläche nun auch noch von der konformen Struktur absehen. Ihre konforme Struktur steht, um den Vergleich fortzusetzen, auf gleicher Linie mit der metrischen Struktur, deren die gewöhnlichen Flächen teilhaftig sind, und welche durch die sog. erste Fundamentalform in der Flächentheorie zum Ausdruck gebracht wird, oder mit der affinen und projektiven Struktur, die den Flächen in der affinen bzw. projektiven Infinitesimalgeometrie beigelegt werden. Innerhalb des Kontinuums der reellen Zahlen geben die algebraischen Operationen + und × das strukturelle Moment ab, in einer kontinuierlichen Gruppe spielt das Gesetz, nach welchem irgend zwei Elemente durch Zusammensetzung ein Element der Gruppe erzeugen, die entsprechende Rolle. Vielleicht verstehen wir jetzt etwas besser das Verhältnis unserer beiden Methoden. Es ist lediglich eine Frage der Rangordnung, was als das Primäre genommen wird. Nach der Topologie beginnt man mit dem stetigen Zusammenhang als dem Ursprünglichsten und fügt erst allmählich im Laufe der Spezialisierung diese oder jene strukturellen Momente hinzu, während umgekehrt die Algebra die Operationen als den Beginn alles mathematischen Denkens betrachtet und die Stetigkeit (oder etwas wie ein algebraisches Surrogat der Stetigkeit) erst beim letzten Schritt der Spezialisierung einführt. Die beiden Methoden verlaufen in entgegengesetzter Richtung, und darum ist es kein Wunder, daß sie sich schlecht miteinander vertragen. Was der einen am leichtesten zugänglich ist, ist für die andere häufig das Versteckteste. Ich habe das in den letzten Jahren besonders eindringlich in der Theorie der Darstellung von kontinuierlichen Gruppen durch lineare Substitutionen zu spüren bekommen, wie schwer es ist, diesen zween Herren zugleich zu dienen. Von beiden Gesichtspunkten gewähren solche klassische Theorien wie die der algebraischen Funktionen, die beiden eingeordnet werden können, einen völlig verschiedenen Anblick.

Nach all diesen allgemeinen Bemerkungen sei jetzt noch der Versuch gemacht, an je einem einfachen Beispiel Ihnen die Art der Begriffsbildung in Topologie und abstrakter Algebra aufzuzeigen. Das klassische Beispiel für die Fruchtbarkeit der topologischen Methode ist RIEMANNs Theorie der algebraischen Funktionen und ihrer Integrale. Wird die RIEMANNsche Fläche rein als topologische Fläche genommen, so hat sie nur ein Charakteristikum, die Zusammenhangszahl oder das Geschlecht p. p ist z. B. für die Kugel = 0, für den Torus = 1. Wie vernünftig es ist, die Topologie der Funktionentheorie voranzustellen, geht aus der entscheidenden Rolle hervor, welche diese topologische Zahl p in der Funktionentheorie auf der Riemannschen Fläche spielt. Ich nenne nur ein paar eklatante Sätze: Die Anzahl der linear unabhängigen, überall regulären Differentiale auf der Fläche ist gleich p. Die Gesamtordnung (d. i. die Anzahl der Nullstellen, vermindert um die der Pole) für ein Differential auf der Fläche ist gleich 2 p — 2. Gibt man mehr als p Punkte auf der Fläche willkürlich vor, so existiert stets eine nicht konstante eindeutige Funktion auf ihr, die höchstens in diesen Stellen Pole erster Ordnung hat, aber sonst regulär ist; wenn die Zahl der vorgegebenen Pole p ist, trifft das bei allgemeiner Lage nicht mehr zu. Die präzise Antwort auf diese Frage gibt der RIEMANN-ROCHsche Satz, in welchem von der RIEMANNschen Fläche nichts anderes als die Zahl p vorkommt. Betrachtet man alle Funktionen auf der Fläche, die überall regulär sind bis auf eine Stelle p, woselbst sie einen Pol besitzen, so kommen unter den möglichen Ordnungen dieses Poles alle Zahlen 1, 2, 3 . . . vor mit Ausnahme von gewissen p Exponenten (WEIERSTRASSscher Lückensatz). — Solche Beispiele ließen sich leicht mehren. Wie ein Sauerteig durchdringt die Geschlechtszahl p die ganze Theorie der Funktionen auf einer RIEMANNschen Fläche. Auf Schritt und Tritt begegnet man ihr, und ihre Rolle ist unmittelbar, ohne komplizierte Rechnungen, verständlich von ihrer topologischen Bedeutung her (wenn man noch als grundlegendes funktionentheoretisches Prinzip ein für allemal das THOMSON-DIRICHLETsche Prinzip hinzunimmt).

Den ersten Anlaß zum Auftreten der Topologie innerhalb der Funktionentheorie gibt der CAUCHYsche Integralsatz. Daß das längs eines beliebigen geschlossenen Weges erstreckte Integral einer analytischen Funktion = 0 ist, gilt nur, wenn das Gebiet, in dem die Funktion definiert ist und der Weg verläuft, einfach zusammenhängend ist. An diesem Beispiel möchte ich illustrieren, wie man einen funktionentheoretischen Sachverhalt „topologisiert". Bei gegebener analytischer Funktion f (z) wird durch das Integral $\int_\gamma$ f (z) dz jeder Kurve γ ein Zahlwert F (γ) zugeordnet, und zwar in solcher Weise, daß

(†) $$F (\gamma_1 + \gamma_2) = F (\gamma_1) + F (\gamma_2)$$

ist. $\gamma_1 + \gamma_2$ bezeichnet die Kurve, welche durch Anhängen von γ_2 an γ_1 entsteht; dazu ist es erforderlich, daß der Endpunkt von γ_1 mit dem Anfangspunkt von γ_2 zusammenfällt. Die Funktionalgleichung (†) kennzeichnet das Integral F (γ) als additive Wegfunktion. Außerdem aber gehört zu jedem Punkt eine Umgebung derart, daß für geschlossene Kurven γ, die in dieser Umgebung verlaufen, stets F (γ) = 0 ist. Eine Wegfunktion mit diesen Eigenschaften will ich topologisches Integral oder kurz Integral nennen. In der Tat setzt dieser Begriff nur voraus, daß eine kontinuierliche Mannigfaltigkeit gegeben vorliegt, auf der man Kurven ziehen kann; er ist die topologische Essenz des analytischen Integralbegriffs. Integrale kann man addieren und mit Zahlen multiplizieren. Der topologische Teil des CAUCHYschen Integralsatzes sagt aus, daß auf einer einfach zusammenhängenden Mannigfaltigkeit jedes Integral (nicht nur im kleinen, sondern auch im großen) homolog 0 ist, d. h. daß F (γ) = 0 gilt für jede auf ihr verlaufende geschlossene Kurve γ. Man kann darin geradezu die Definition von „einfach zusammenhängend" erblicken. Der funktionentheoretische Teil besagt, daß das Integral einer analytischen Funktion ein „topologisches Integral" in unserm Sinne ist. Zwanglos schließt sich hier die Definition des Zusammenhangsgrades an. Mehrere Integrale F_1, F_2, . . ., F_n auf einer geschlossenen Fläche heißen linear unabhängig, wenn zwischen ihnen keine Homologie

$$c_1 F_1 + c_2 F_2 + \ldots + c_n F_n \sim 0$$

mit konstanten Koeffizienten c_i besteht, außer der trivialen mit den Koeffizienten c_i = 0. Die Maximalzahl linear unabhängiger Integrale heißt der Zusammenhangsgrad der Fläche. Für eine geschlossene zweiseitige Fläche ist der Zusammenhangsgrad h stets eine gerade Zahl 2 p, und p ist das Geschlecht. Von der Homologie zwischen den Integralen kann man übergehen zu den Homologien zwischen den geschlossenen Wegen. Die Wegehomologie

$$n_1\gamma_1 + n_2\gamma_2 + \ldots + n_r \gamma_r \sim 0$$

besagt, daß für jedes Integral F die Gleichung

$$n_1 F (\gamma_1) + n_2 F (\gamma_2) + \ldots + n_r F (\gamma_r) = 0$$

besteht. Geht man auf das topologische Gerüst zurück, das die Fläche in Elementarstücke zerlegt, und ersetzt die kontinuierlichen Punktketten der Wege durch die diskreten, aus Elementarstücken gebildeten Ketten, so erhält man den Zusammenhangsgrad h ausgedrückt durch die Anzahl der Stücke, Kanten und Ecken des Gerüstes, s, k und e, und zwar mittels der bekannten EULERschen Polyederformel h = k — (e + s) + 2. Fängt man umgekehrt mit dem topologischen Gerüst an, so ergibt unser Gedankengang, daß diese Kombination h der Anzahl der Stücke, Kanten und Ecken eine topologische Invariante ist, nämlich denselben Wert bekommt für „äquivalente" Gerüste, welche dieselbe Mannigfaltigkeit in verschiedenen Teilungen repräsentieren.

Bei der Anwendung auf die Funktionentheorie gelingt es mit Hilfe des THOMSON-DIRICHLETschen Prinzips, die topologischen Integrale zu „realisieren" als wirkliche Integrale überall regulär-analytischer Differentiale auf der RIEMANNschen Fläche. Man kann die Sache geradezu so hinstellen: daß die ganze konstruktive Arbeit auf Seite der Topologie geleistet wird und dann mit Hilfe eines universellen Übertragungsprozesses, eben des DIRICHLETschen Prinzips, die topologischen Resultate funktionentheoretisch verwirklicht werden — fast ähnlich, wie in der analytischen Geometrie die ganze konstruktive Arbeit sich im Zahlenreich vollzieht und die Resultate dann mit Hilfe des im Koordinatenbegriff liegenden Übertragungsprinzips geometrisch „realisiert" werden.

Noch vollkommener zeigt sich das in der Theorie der Uniformisierung, welche eine zentrale Rolle in der ganzen Funktionentheorie spielt. Ich möchte hier auf eine andere Anwendung hinweisen, die vermutlich vielen von Ihnen naheliegen wird. Ich meine die abzählende Geometrie, die es mit der Bestimmung der Anzahl von Schnittpunkten, Singularitäten usw. algebraischer Gebilde zu tun hat, und die von SCHUBERT und ZEUTHEN in ein allgemeines, aber recht mangelhaft begründetes System gebracht wurde. Hier hat die Topologie in den Händen von LEFSCHETZ und v. d. WAERDEN einen durchschlagenden Erfolg gehabt, indem sie zu ausnahmslos gültigen Definitionen der Multiplizität und ausnahmslos gültigen Gesetzen geführt hat. Von zwei Kurven auf einer zweiseitigen Fläche kann die eine die andere in einem Schnittpunkt entweder von links nach rechts oder von rechts nach links überkreuzen. Man muß solche Schnittpunkte mit entgegengesetzten Gewichten $+1$ und -1 in Ansatz bringen; dann ist die Gesamtzahl der Überschneidungen (die positiv oder negativ sein kann) invariant gegenüber beliebigen stetigen Deformationen der Kurven, ja sie ändert sich nicht, wenn die Kurven durch homologe ersetzt werden. Diese Anzahl läßt sich daher mit den endlichen kombinatorischen Mitteln der Topologie beherrschen, und man erhält durchsichtige allgemeine Formeln. Zwei algebraische Kurven in der komplexen Ebene, das sind in Wahrheit zwei geschlossene RIEMANNsche Flächen, die durch eine analytische Abbildung in einen Raum von vier reellen Dimensionen eingebettet sind. Nun wird aber in der algebraischen Geometrie jeder Schnittpunkt mit einer positiven Multiplizität gezählt, während in der Topologie der Unter-schied des Überkreuzungssinnes berücksichtigt wird. Man wundert sich danach, daß man die algebraische Fragestellung mit jenen Mitteln der Topologie beherrscht. Die Aufklärung liegt darin, daß bei analytischen Mannigfaltigkeiten Überkreuzung immer nur in einem Sinne stattfinden kann. Sind die beiden Kurven in der x_1, x_2-Ebene in der Nähe ihres Schnittpunktes dargestellt durch $x_1 = x_1(s)$, $x_2 = x_2(s)$ bzw. $x_1 = x_1^*(t)$, $x_2 = x_2^*(t)$, so ist der Sinn ± 1, in welchem die erste Kurve die zweite überschneidet, gegeben durch das Vorzeichen der Funktionaldeterminante

$$\begin{vmatrix} \dfrac{dx_1}{ds} & \dfrac{dx_2}{ds} \\[2ex] \dfrac{dx_1^*}{dt} & \dfrac{dx_2^*}{dt} \end{vmatrix} = \dfrac{\partial(x_1, x_2)}{\partial(s, t)}$$

an der Schnittstelle. Für komplex-algebraische „Kurven" führt dies Kriterium aber stets zu dem Werte $+1$. Seien nämlich z_1, z_2 die komplexen Koordinaten in der Ebene, s und t die komplexen Parameter auf den beiden „Kurven". Als reelle Koordinaten in der „Ebene" fungieren Real- und Imaginärteil von z_1 und z_2, oder statt dessen z_1, $\bar{z}_1$, z_2, $\bar{z}_2$. Daher wird die Determinante, deren Vorzeichen den Überschneidungssinn ent-scheidet,

$$\frac{\partial(z_1\,\bar{z}_1\,z_2\,\bar{z}_2)}{\partial(s\,\bar{s}\,t\,\bar{t})} = \frac{\partial(z_1, z_2)}{\partial(s, t)} \cdot \frac{\partial(\bar{z}_1, \bar{z}_2)}{\partial(\bar{s}, \bar{t})} = \left| \frac{\partial(z_1, z_2)}{\partial(s, t)} \right|^2$$

stets positiv. — Die HURWITZsche Theorie der Korrespondenzen zwischen alge-braischen Kurven läßt sich gleichfalls ohne große Mühe auf einen rein topologischen Kern zurückführen.

Auf seiten der abstrakten Algebra will ich mich mit der Hervorhebung eines Fundamentalbegriffes begnügen, des Ideals. Bedient man sich der algebraischen Methode, so wird im dreidimensionalen Raum mit den komplexen Cartesischen Koordi-naten x, y, z eine algebraische Mannigfaltigkeit durch ein System mehrerer simultaner Gleichungen

$$f_1(x\,y\,z) = 0, \ldots, f_h(x\,y\,z) = 0.$$

gegeben. Die f sind Polynome. Handelt es sich hier um eine Kurve, so ist es durchaus nicht gesagt, daß zwei Gleichungen genügen. In den Punkten der Mannigfaltigkeit verschwinden dann aber nicht bloß die Polynome f_i, sondern auch jedes Polynom f von der Form

$$(**) \qquad\qquad f = A_1 f_1 + \ldots + A_h f_h \qquad\qquad (A_i \text{ Polynome})$$

Die sämtlichen Polynome f von dieser Gestalt bilden im Polynomring ein „Ideal". All-gemein versteht man nach DEDEKIND unter einem Ideal in einem vorgegebenen Ringe ein System von Elementen des Ringes, aus dem man nicht herauskommt 1. dadurch, daß man zwei Elemente des Ideals addiert oder subtrahiert und 2. durch Multiplikation eines Elementes des Ideals mit einem beliebigen Element des Ringes. Dieser Be-griff ist nicht zu weit für unsere Zwecke. Denn nach dem Hilbertschen Basissatz hat jedes Ideal im Polynomring eine endliche Basis; es lassen sich unter den Polynomen des Ideals endlich viele $f_1, \ldots, f_h$ so auswählen, daß jedes Polynom des Ideals in der Gestalt $(**)$ erscheint. Aus diesem Grunde kann man das Studium der algebraischen Mannigfaltigkeiten durch das der Ideale ersetzen. Wenn es sich um eine algebraische Fläche handelt, gibt es auf ihr Punkte und algebraische Kurven. Diese sind repräsentiert durch Ideale, die Teiler des vorliegenden Ideals sind. Der M. NOETHERsche Funda-mentalsatz handelt von solchen Idealen, deren Nullstellenmannigfaltigkeit nur aus endlich vielen Punkten besteht, und macht die Zugehörigkeit eines beliebigen Polynoms zu dem Ideal abhängig von dem Verhalten in diesen Punkten. Er ergibt sich einfach aus der Zerlegung des Ideals in Primideale. Der von DEDEKIND zuerst in der Theorie der algebraischen Zahlkörper aufgestellte Idealbegriff zieht sich, wie namentlich aus den Untersuchungen von E. NOETHER hervorgeht, gleich einem roten Faden durch die ganze Algebra und Arithmetik hindurch. v. d. WAERDEN hat den Abzählungskalkül auch mit den algebraischen Hilfsmitteln der Idealtheorie begründen können.

Operiert man in einem beliebigen abstrakten Zahlkörper statt im Kontinuum der komplexen Zahlen, so gilt im allgemeinen der sog. Fundamentalsatz der Algebra nicht, nach welchem sich jedes Polynom einer Variablen in Linearfaktoren zerlegen läßt. Trifft er zu, so heißt der Körper algebraisch abgeschlossen. Eine allgemeine Vorschrift bei der algebraischen Arbeit besagt darum: Man achte immer darauf, ob in einem Beweise von dem Fundamentalsatz Gebrauch gemacht wird oder nicht. In jeder algebraischen Theorie gibt es einen mehr elementaren Teil, der von dieser Voraussetzung unabhängig ist und der darum innerhalb jedes Körpers gültig ist, und einen höheren Teil, für welchen der Fundamentalsatz unentbehrlich ist und der daher die algebraische Abgeschlossenheit des Körpers erfordert. Der Fundamentalsatz markiert meistens den wichtigsten Schnitt; man vermeide seinen Gebrauch so lange als möglich! Um Sätze über einen beliebigen Körper zu gewinnen, ist es ein häufig angewendetes Verfahren, daß man ihn in umfassendere Körper einbettet. Insbesondere ist es möglich, zu jedem Körper einen ihn umfassenden algebraisch abgeschlossenen zu konstruieren. Ein wohlbekanntes Beispiel ist der Beweis der Tatsache, daß sich ein Polynom im Körper der reellen Zahlen stets in lineare und quadratische Faktoren zerlegen läßt. Man kommt dazu, indem man den Körper der reellen Zahlen durch Adjunktion der imaginären Einheit i in den algebraisch abgeschlossenen der komplexen Zahlen einbettet. Dieses Vorgehen hat sein Analogon in der Topologie, wo man zur Untersuchung und Kennzeichnung einer Mannigfaltigkeit, einer Fläche z. B., ihre Überlagerungsflächen heranzieht.

Im Mittelpunkt des gegenwärtigen Interesses steht die nicht-kommutative Algebra, in der das kommutative Gesetz der Multiplikation aufgegeben wird. Es drängen dazu ganz konkrete Bedürfnisse der Mathematik. Die Zusammensetzung von Operationen ist nämlich eine Art Multiplikation, für sie gilt aber das kommutative Gesetz nicht. Um wenigstens ein Beispiel anzuführen: Betrachten Sie Funktionen mehrerer Argumente $f(x_1 x_2 \ldots x_n)$ auf ihre Symmetrieeigenschaften hin. Man kann die Argumente einer beliebigen Vertauschung s unterwerfen. Eine Symmetrieeigenschaft wird sich in einer oder mehreren Gleichungen von der Form

$$\sum_s a(s) \cdot sf = 0$$

ausdrücken. a (s) sind den Permutationen zugeordnete Zahlkoeffizienten, entnommen einem vorgegebenen Zahlkörper K. Σ a (s) · s ist ein „Symmetrieoperator". Diese Operatoren kann man addieren, mit Zahlen multiplizieren, und man kann sie miteinander multiplizieren, d. h. hintereinander ausführen. Doch hängt das Resultat der multiplikativen Zusammensetzung von der Reihenfolge der beiden „Faktoren" ab. Weil für Addition und Multiplikation alle formalen Rechengesetze gelten mit Ausnahme des kommutativen Gesetzes der Multiplikation, bilden die Symmetrieoperatoren einen „nicht-kommutativen Ring" (hyperkomplexes Zahlsystem). Auch im nichtkommutativen Gebiet zeigt sich der Idealbegriff in seiner beherrschenden Stellung. Die Lehre von den Gruppen und ihren Darstellungen durch lineare Substitutionen ist in jüngster Zeit fast völlig absorbiert worden durch diese Theorie der nicht-kommutativen Ringe. Unser Beispiel zeigt, in welcher Weise die Gruppe der n! Permutationen s, in welcher nur Multiplikation der Elemente möglich ist, ausgebaut wird zu dem zugehörigen Ring der Größen Σ a (s) · s, die neben der Multiplikation untereinander auch Addition untereinander und Multiplikation mit Zahlen gestatten. Die Quantenphysik hat der nicht-kommutativen Algebra mächtigen Vorschub geleistet.

Es ist leider nicht möglich, Ihnen hier die Kunst des Aufbaus einer abstraktalgebraischen Theorie beispielhaft vor Augen zu führen. Sie besteht 1. in der Aufstellung der richtigen allgemeinen Begriffe, wie Körper, Ideal usw., 2. in der Zerlegung einer zu beweisenden Behauptung „aus A folgt B", A $\rightarrow$ B, in Schritte, A $\rightarrow$ C, C $\rightarrow$ D, D $\rightarrow$ B z. B., und der richtigen durch die allgemeinen Begriffe zu formulierenden Generalisierung dieser Teilbehauptungen. Ist diese Aufteilung des Ganzen und Abschirmung des Unwesentlichen einmal geleistet, so macht der Beweis der einzelnen Schritte meist keine ernsthaften Schwierigkeiten mehr.

Wo die topologische Methode angewendet werden kann, erscheint sie heute noch als die durchschlagendere. Solche Erfolge wie die topologische Methode in den Händen RIEMANNS hat die abstrakte Algebra bisher nicht aufzuweisen. Und zu dem durch KLEIN, POINCARÉ und KOEBE topologisch erklommenen Gipfel der Uniformisierung ist man bisher auf algebraischem Wege noch nicht vorgedrungen. Hier liegen also noch Fragen für die Zukunft vor. Dennoch will ich Ihnen nicht verschweigen, daß sich heute unter den Mathematikern das Gefühl auszubreiten beginnt, daß die Fruchtbarkeit dieser abstrahierenden Methoden sich der Erschöpfung nähert. Es ist nämlich so, daß alle die schönen allgemeinen Begriffe nicht von selber den Menschen in die Hände fallen. Sondern zuerst sind bestimmte konkrete Probleme, in ihrer unzerlegten Komplexität, sozusagen durch brutale Gewalt von Einzelnen bezwungen worden. Erst nachher kommen die Axiomatiker und stellen fest: Statt die Tür mit aller Anspannung der Kräfte einzudrücken und sich die Hände blutig zu reißen, hätte man sich einen so und so beschaffenen kunstvollen Schlüssel konstruieren sollen, und mit ihm wäre die Türe ganz leise wie von selber zu öffnen gewesen. Aber den Schlüssel können sie doch erst konstruieren, weil sie nach gelungenem Durchbruch das Schloß von hinten und vorn, von außen und innen studieren können. Bevor man generalisieren, formalisieren und axiomatisieren kann, muß eine mathematische Substanz da sein. Ich meine also, daß die mathematische Substanz, an deren Formalisierung wir uns in den letzten Dezennien geübt haben, allmählich sich erschöpft. So sehe ich voraus, daß die jetzt heraufkommende Generation in der Mathematik es schwer haben wird.

[Zweck des Vortrages war lediglich, die gedankliche Atmosphäre fühlbar zu machen, in welcher sich heute ein gut Teil der mathematischen Forschungsarbeit vollzieht. Für denjenigen, der tiefer eindringen will, werden ein paar literarische Hinweise am Platze sein. Die eigentlichen Urheber der abstrakten axiomatisierenden Algebra sind DEDEKIND und KRONECKER. In unsern Tagen ist diese Richtung entscheidend gefördert worden durch STEINITZ, durch E. NOETHER und ihren Kreis sowie von E. ARTIN. In der Topologie knüpft, nachdem die RIEMANNsche Funktionentheorie um die Mitte des 19. Jahrhunderts den großen Anstoß gegeben hatte, die neuere Entwicklung vor allem an an einige Arbeiten über Analysis situs von H. POINCARÉ (1895—1904). Als Bücher nenne ich:

1. Über Algebra: STEINITZ, Algebraische Theorie der Körper, zuerst in Crelles Journal 1910 erschienen, jetzt als Broschüre herausgegeben von R. BAER und H. HASSE, Verlag W. de Gruyter, 1930. — H. HASSE, Höhere Algebra I, II. Sammlung Göschen 1926/27. — B. V. D. WAERDEN, Moderne Algebra I, II. Springer 1930/31.

2. Zur Topologie: H. WEYL, Die Idee der RIEMANNschen Fläche. 2. Aufl. Teubner 1923. — O. VEBLEN, Analysis situs. 2. Aufl., und S. LEFSCHETZ, Topology, beide Colloquium Publications der American Mathematical Society, New York 1931 u. 1930. — Ein Buch in deutscher Sprache über Topologie von HOPF und ALEXANDROFF steht in Aussicht.

3. Von KLEINS oben zitierter „Geschichte der Mathematik im 19. Jahrhundert" kommt allein Band I, Springer 1926, in Betracht.]

96.

Über Algebren, die mit der Komplexgruppe in Zusammenhang stehen, und ihre Darstellungen

Mathematische Zeitschrift 35, 300—320 (1932)

§ 1.

Das Problem. Gang der Untersuchung.

Eine beliebige Koordinatentransformation im n-dimensionalen Vektorraum $\mathfrak{R}$ mit den Koordinaten x_i:

$$(1) \qquad x_i' = \sum_{k=1}^{n} a(i\,k)\,x_k \qquad\qquad [\,\text{det. } a(i\,k) \neq 0\,]$$

induziert in der linearen Mannigfaltigkeit $\mathfrak{R}_f$ aller Tensoren f-ter Stufe $F(i_1 i_2 \cdots i_f)$ die Substitution

$$(2) \qquad F'(i_1 i_2 \cdots i_f) = \sum_{(k)} a(i_1\,k_1)\,a(i_2\,k_2) \cdots a(i_f\,k_f)\cdot F(k_1 k_2 \cdots k_f).$$

Jedes der f Argumente i nimmt die Werte $1, 2, \cdots, n$ an. Durchläuft (1) eine Gruppe Γ, so (2) eine dazu isomorphe Gruppe Γ_f. Bei der Frage nach der Zerlegung des Tensorraumes $\mathfrak{R}_f$ in irreduzible invariante Bestandteile gegenüber Γ_f ersetzt man Γ_f zweckmäßig durch die „*einhüllende Algebra*" Σ, zu der eine lineare Abbildung von $\mathfrak{R}_f$ auf sich selbst gerechnet wird, wenn sie sich linear mit beliebigen Zahlkoeffizienten aus Substitutionen kombinieren läßt, die zu Γ_f gehören.

Wenn Γ die Gruppe *aller* linearen Transformationen (1) mit einer von 0 verschiedenen Determinante ist, besteht Σ — das ist eine nahezu triviale Bemerkung — aus allen *symmetrischen* linearen Substitutionen des Tensorraums

$$(3) \qquad A: \ F'(i_1 i_2 \cdots i_f) = \sum_{(k)} a(i_1 i_2 \cdots i_f;\ k_1 k_2 \cdots k_f)\cdot F(k_1 k_2 \cdots k_f).$$

„Symmetrisch" heißt:

(I) $a(i_1 i_2 \cdots i_f;\ k_1 k_2 \cdots k_f)$ *ändert sich nicht, wenn die Indizes* $1, 2, \cdots, f$ *irgendeiner Permutation s unterworfen werden*, oder, was auf dasselbe hinauskommt: dieselbe Substitution A, die F in F' überführt, verwandelt sF in sF'. Die Darstellungstheorie der Algebra Σ aller symmetrischen Transformationen in $\mathfrak{R}_f$ läßt sich aber ganz elementar behandeln, wie ich in den Annals of Mathematics **30** (1929), S. 499, ausführlicher und vollständiger in der 2. Auflage des Buches „Gruppentheorie und Quantenmechanik" (Hirzel, 1931; zitiert als GQ) gezeigt habe. Der Gedanke, die Gruppe Γ_f durch die Algebra Σ zu ersetzen, war mir durch die Quantenmechanik nahegelegt worden. Denn sie interessiert sich eigentlich für Σ und nicht für Γ_f, da der Energieoperator in einem aus f Elektronen bestehenden Gebilde eine symmetrische Transformation in unserem Sinne ist.

Man wird versuchen, diese elementare Methode auf die orthogonale und die Komplexgruppe zu übertragen. Die *Komplexgruppe* soll hier ausführlich behandelt werden, auf die schwierigere Sachlage bei der orthogonalen Gruppe werde ich nur in einer Schlußbemerkung eingehen. Die gerade Dimensionszahl des zugrunde liegenden Vektorraumes $\mathfrak{R}$ mit den Koordinaten $x_1, x_{1'}, \cdots, x_n, x_{n'}$ werde jetzt $2n$ genannt, und Γ bestehe aus allen Transformationen (1), welche das schiefe Produkt $[xy]$ zweier Vektoren x, y in $\mathfrak{R}$:

$$[xy] = (x_1 y_{1'} - x_{1'} y_1) + (x_2 y_{2'} - x_{2'} y_2) + \cdots + (x_n y_{n'} - x_{n'} y_n)$$
$$= \sum_{i,k} \varepsilon(ik)\, x_i y_k$$

ungeändert lassen. Jedes Tensorargument i durchläuft die Werte $1, 1', 2, 2', \cdots, n, n'$. Eine gegenüber Γ invariante Operation ist die Bildung der „*Spur*" *eines Tensors* $F(i_1 i_2 \cdots i_f)$ in bezug auf die ersten beiden Argumente, wodurch ein Tensor $\varphi_{12}(i_3 \cdots i_f)$ der Stufe $f-2$ entsteht:

$$\varphi_{12}(i_3 \cdots i_f) = \sum_{i_1, i_2} \varepsilon(i_1 i_2)\, F(i_1 i_2 i_3 \cdots i_f) = \sum_r \pm F(r\, r'\, i_3 \cdots i_f) = F(\times \times i_3 \cdots i_f).$$

Die Spurbildung kann mit Bezug auf irgendein Argumentpaar ausgeführt werden. Mit $\mathfrak{R}_f^*$ wird die lineare Mannigfaltigkeit derjenigen Tensoren f-ter Stufe bezeichnet, deren sämtliche $\dfrac{f(f-1)}{2}$ Spuren verschwinden; sie ist invariant gegenüber allen Permutationen s der Argumente wie auch gegenüber der Gruppe Γ_f. Wird in (2) für einen Augenblick

$$a(i_1 k_1)\, a(i_2 k_2) \cdots a(i_f k_f) = a(i_1 i_2 \cdots i_f;\, k_1 k_2 \cdots k_f),$$
$$a(i_3 k_3) \cdots a(i_f k_f) = a(i_3 \cdots i_f;\, k_3 \cdots k_f),$$
$$\cdots \cdots \cdots \cdots \cdots \cdots \cdots$$

gesetzt, so gelten, als Folge der für eine Komplextransformation (1) gültigen Beziehungen

$$\sum_r \pm a(r\,i)\, a(r'\,k) = \varepsilon(ik), \qquad \sum_r \pm a(i\,r)\, a(k\,r') = \varepsilon(ik),$$

außer der Symmetriebedingung (I) *die Gleichungen* (II):

$$(f) \begin{cases} \sum_r \pm a(r\,r'\,i_3 \cdots i_f;\, k_1\,k_2\,k_3 \cdots k_f) = \varepsilon(k_1\,k_2)\cdot a(i_3 \cdots i_f;\, k_3 \cdots k_f), \\[2mm] \sum_r \pm a(i_1\,i_2\,i_3 \cdots i_f;\, r\,r'\,k_3 \cdots k_f) = \varepsilon(i_1\,i_2)\cdot a(i_3 \cdots i_f;\, k_3 \cdots k_f); \end{cases}$$

$$(f-2) \begin{cases} \sum_r \pm a(r\,r'\,i_5 \cdots i_f;\, k_3\,k_4 \cdots k_f) = \varepsilon(k_3\,k_4)\cdot a(i_5 \cdots i_f;\, k_5 \cdots k_f), \\[2mm] \sum_r \pm a(i_3\,i_4 \cdots i_f;\, r\,r'\,k_5 \cdots k_f) = \varepsilon(i_3\,i_4)\cdot a(i_5 \cdots i_f;\, k_5 \cdots k_f); \end{cases}$$

$$\cdot\;\cdot\;\cdot\;\cdot\;\cdot\;\cdot\;\cdot\;\cdot\;\cdot\;\cdot\;\cdot\;\cdot\;\cdot\;\cdot$$

Es liegen nun die folgenden Vermutungen nahe:

Satz 1.1. *Die einhüllende Algebra der im Raume $\mathfrak{R}_f^*$ wirkenden Gruppe Γ_f ist die Totalität Σ^* aller symmetrischen linearen Substitutionen in $\mathfrak{R}_f^*$.* — Eine lineare Abbildung von $\mathfrak{R}_f^*$ auf sich selbst: $F \to F'$ heißt symmetrisch, wenn sie zugleich den Tensor $s\,F$ in $s\,F'$ überführt (unter s jede mögliche Permutation der f Argumente verstanden).

Satz 1.2. *Die einhüllende Algebra der im Raume $\mathfrak{R}_f$ wirkenden Gruppe Γ_f ist die Totalität Σ derjenigen linearen Substitutionen* (3), *deren Koeffizienten den oben aufgezählten Bedingungen* (I) *und* (II) *genügen.* — Durch (II) wird mit der f-dimensionalen symmetrischen Abbildung $A = A_f$ eine symmetrische Abbildung A_{f-2} in $f-2$ Dimensionen verbunden, mit dieser wiederum eine symmetrische A_{f-4} usf. bis hinunter zu A_0 oder A_1.

In § 2 und § 3 wird mit den einfachsten Hilfsmitteln die Darstellungstheorie der Algebra Σ^* bzw. Σ entwickelt werden. Dabei kann $\mathfrak{R}_f^*$ in § 2 sogar eine beliebige lineare Tensormannigfaltigkeit sein, welche gegenüber den sämtlichen Permutationen s invariant ist. In § 4 werden die Youngschen Symmetrieoperatoren eingeführt. Nur Symmetrieschemata von höchstens n Zeilen kommen in Frage, weil ein schiefsymmetrischer Tensor $F(i_1\,i_2 \cdots i_f)$, dessen Stufe f die halbe Dimensionszahl n übersteigt, verschwindet, wenn alle seine Spuren $= 0$ sind. Die beiden Sätze 1.1 und 1.2 kann ich vorläufig nicht so direkt ableiten wie den entsprechenden „trivialen" Sachverhalt im Gebiete der vollen linearen Gruppe. Vielmehr geschieht das in § 5 durch Vergleich der Ergebnisse von §§ 2 bis 4 mit den von anders her bekannten irreduziblen Darstellungen der Komplexgruppe. § 6 enthält einige Schlußbemerkungen, insbesondere über die orthogonale Gruppe.

Als Zahlbereich liegt zugrunde das Kontinuum der gemeinen komplexen Zahlen. Ich werde aber, um der abstrakten Algebra die schuldige Reverenz zu erweisen, jedesmal bemerken, in welchem weiteren Umfange die Resultate und Beweise Gültigkeit haben.

§ 2.

Zerlegung von $\Re_f^*$ in bezug auf seine symmetrischen Transformationen.

In diesem Paragraphen bedeute $\Re_f^*$ eine lineare Mannigfaltigkeit von Tensoren f-ter Stufe (einen „Teilraum" von $\Re_f$), die invariant ist gegenüber allen Permutationen s; und Σ^* die Algebra aller symmetrischen linearen Abbildungen von $\Re_f^*$ auf sich selbst. *Dann gilt wörtlich die ganze Theorie, wie ich sie in* GQ, Kap. V, §§ 2 und 4 *für den vollen Tensorraum* $\Re_f$ *entwickelt habe*[1]). $\mathfrak{r}$ bedeute wie dort den $f!$-dimensionalen Vektorraum aller Symmetriegrößen

$$x = \sum_s x(s) \cdot s.$$

In $\Re_f^*$ beziehen sich die Ausdrücke *invariant, irreduzibel, äquivalent* immer auf die Algebra Σ^*, in $\mathfrak{r}$ auf die Gesamtheit der allen möglichen Symmetriegrößen a korrespondierenden Abbildungen

$$(4) \qquad\qquad (a): \quad x \to x' = a\,x.$$

Jeder lineare Teilraum $\mathfrak{p}$ von $\mathfrak{r}$ definiert einen invarianten Teilraum $\mathfrak{P} = \sharp\,\mathfrak{p}$ von $\Re_f^*$, eine „Symmetrieklasse": der Tensor F aus $\Re_f^*$ gehört zu $\mathfrak{P}$, wenn die durch

$$x(s) = s\,F(i_1, i_2, \cdots, i_f)$$

erklärte Symmetriegröße $x = F(i_1\,i_2\cdots i_f)$ für alle Werte von $i_1, i_2, \cdots, i_f$ in $\mathfrak{p}$ liegt. Ist umgekehrt $\mathfrak{P}$ irgendein Teilraum von $\Re_f^*$, so sei $\mathfrak{p} = \natural\,\mathfrak{P}$ der kleinste Teilraum von $\mathfrak{r}$, welcher alle Symmetriegrößen $F(i_1\cdots i_f)$ enthält, die man bekommt, wenn F die sämtlichen Tensoren von $\mathfrak{P}$, $(i_1\cdots i_f)$ aber alle möglichen $(2n)^f$ Wertekombinationen durchläuft. Bilden die Tensoren $E_\alpha(i_1\cdots i_f)$ eine Basis von $\mathfrak{P}$, so besteht $\natural\,\mathfrak{P}$ aus allen Symmetriegrößen von der Form

$$x = \sum_\alpha \sum_{(i)} c_\alpha(i_1\cdots i_f)\cdot E_\alpha(i_1\cdots i_f).$$

---

[1]) An diesem Vorgehen halte ich gegenüber der von Herrn v.d. Waerden, Math. Annalen **104** (1931), S. 92 vorgeschlagenen Methode doch fest, wegen seines mehr elementaren und direkten Charakters; auch führt es insofern zu vollständigeren Resultaten, als es nicht nur die Darstellungen der linearen und der Permutationsgruppe, sondern die invarianten Teilräume $\mathfrak{P}$ und $\mathfrak{p}$ selbst (reduzibel und irreduzibel, äquivalente und inäquivalente) in Korrespondenz zueinander bringt. Wenn das v. d. Waerdensche Verfahren — wie er selbst in einem Zusatz a. a. O., S. 800, bemerkt — nichts anderes ist als der durch Einführung der einhüllenden Algebra an Stelle der Gruppe etwas vereinfachte Beweisgang, den Herr I. Schur in den Sitzungsber. d. Preuß. Akad. 1927, S. 58, darlegte, so steht meine „direkte" Methode in enger Beziehung zu Herrn Schurs Dissertation aus dem Jahre 1901, in welcher zum ersten Male die Korrespondenz zwischen der vollen linearen Gruppe und der symmetrischen Permutationsgruppe aufgedeckt wurde.

Insbesondere werde $\natural\,\mathfrak{R}_f^* = \mathfrak{r}^*$ gesetzt ($\mathfrak{r}_0$ a. a. O.). (Dieses $\mathfrak{r}^*$ ist invariant nicht nur gegenüber den Abbildungen (4), sondern auch gegenüber $x \to x' = x\,\boldsymbol{a}$.) *Zwischen den invarianten Teilräumen $\mathfrak{p}$ von $\mathfrak{r}^*$ und $\mathfrak{P}$ von $\mathfrak{R}_f^*$ besteht* — vermöge der Prozesse $\sharp$, $\natural$, die Umkehrungen voneinander sind — *eine eineindeutige Korrespondenz, die so konservativ ist wie nur möglich*: *Irreduzibilität, Dekomposition, Äquivalenz und Inäquivalenz auf der einen Seite implizieren dasselbe auf der andern.*

Wenn $\mathfrak{p}$ (ohne oder mit Index) ein invarianter Teilraum von $\mathfrak{r}$ ist und $\mathfrak{P}$ jedesmal den zugehörigen invarianten Teilraum $\sharp\,\mathfrak{p}$ von $\mathfrak{R}_f^*$ bedeutet, so gilt nämlich:

Satz 2.1. *Wenn $\mathfrak{p}' < \mathfrak{p}$ oder $\mathfrak{p} = \mathfrak{p}_1 + \mathfrak{p}_2$ ist, so ist auch $\mathfrak{P}' < \mathfrak{P}$ bzw. $\mathfrak{P} = \mathfrak{P}_1 + \mathfrak{P}_2$.*

Satz 2.2. *Die Äquivalenz $\mathfrak{p}_1 \sim \mathfrak{p}_2$ hat $\mathfrak{P}_1 \sim \mathfrak{P}_2$ zur Folge.*

Satz 2.3. *Unter der Voraussetzung $\mathfrak{p} < \mathfrak{r}^*$ ist $\mathfrak{p} = \natural\,\mathfrak{P}$.*

In den Umkehrungen bedeute $\mathfrak{P}$ (ohne oder mit Index) irgendeinen invarianten Teilraum von $\mathfrak{R}_f^*$ und $\mathfrak{p}$ das zugehörige $\natural\,\mathfrak{P}$.

Satz 2.4. *Wenn $\mathfrak{P}' < \mathfrak{P}$ oder $\mathfrak{P} = \mathfrak{P}_1 + \mathfrak{P}_2$, so ist $\mathfrak{p}' < \mathfrak{p}$, bzw. $\mathfrak{p} = \mathfrak{p}_1 + \mathfrak{p}_2$.*

Satz 2.5. *Aus $\mathfrak{P}' \sim \mathfrak{P}$ folgt $\mathfrak{p}' \sim \mathfrak{p}$.*

Satz 2.6. $\mathfrak{P} = \sharp\,\mathfrak{p}$.

Die volle Reduzibilität von $\mathfrak{r}$ zieht daher die gleiche Eigenschaft von $\mathfrak{R}_f^*$ nach sich:

Satz 2.7. *Jeder invariante Teilraum $\mathfrak{P}$ von $\mathfrak{R}_f^*$, insbesondere $\mathfrak{R}_f^*$ selbst, läßt sich in irreduzible invariante Teilräume zerlegen.*

Hat man innerhalb der Algebra der Symmetriegrößen die **1** in eine Summe unabhängiger primitiver idempotenter Größen zerlegt:

$$1 = e_1 + e_2 + \cdots + e_l = \sum_{\lambda} e_{\lambda},$$

so liefert die auf einen willkürlichen Tensor F von $\mathfrak{R}_f^*$ angewendete Gleichung

$$F = \sum_{\lambda} (e_{\lambda} F)$$

eine Zerlegung des Tensorraumes $\mathfrak{R}_f^*$ in unabhängige *irreduzible* invariante Teilräume $\mathfrak{P}_{\lambda}$.

Analog zu Satz (6.3) in GQ, S. 273, kann man hinzufügen:

Satz 2.8. *Jede Darstellung von Σ^* zerfällt in irreduzible. Jede irreduzible Darstellung von Σ^* ist äquivalent mit der von Σ^* selbst in einem der invarianten Teilräume $\mathfrak{P}_{\lambda}$ induzierten Darstellung $A \to A_{\lambda}$.*

In dem Beweise der Sätze 2.5 und 2.6 erscheinen die benötigten symmetrischen Abbildungen in der Gestalt

$$a(i_1 \cdots i_f; k_1 \cdots k_f) = \sum_s s\, F(i_1 \cdots i_f) \cdot s\, \Phi(k_1 \cdots k_f),$$

wobei F Tensoren aus $\mathfrak{R}_f^*$ sind. Daraus geht hervor, daß man die symmetrischen Abbildungen von $\mathfrak{R}_f^*$ auf sich selbst in der Form (3) schreiben kann, so daß die Koeffizienten a außer der Bedingung (I) noch der Forderung verschwindender Spur in bezug auf i genügen:

$$\sum_r \pm a(r\,r'\,i_3 \cdots i_f; k_1 k_2 k_3 \cdots k_f) = 0.$$

Dies ist aber nicht weiter verwunderlich. Denn $\mathfrak{R}_f$ läßt sich in $\mathfrak{R}_f^* + \mathfrak{R}_f^0$ so zerlegen, daß auch $\mathfrak{R}_f^0$ der Permutationsgruppe gegenüber invariant ist. Erweitert man die vorliegende symmetrische lineare Abbildung A von $\mathfrak{R}_f^*$ durch die Festsetzung auf ganz $\mathfrak{R}_f$, daß jeder in $\mathfrak{R}_f^0$ gelegene Tensor in 0 übergehen soll, so erhält man eine symmetrische Abbildung A von $\mathfrak{R}_f$ auf $\mathfrak{R}_f^*$. Diese stellt sich in der Form (3) mit symmetrischen Koeffizienten a dar, die in bezug auf i verschwindende Spur besitzen. Der Zerlegung $\mathfrak{R}_f = \mathfrak{R}_f^* + \mathfrak{R}_f^0$ entspricht im dualen Tensorraum eine Zerlegung $\mathsf{P}_f = \mathsf{P}_f^* + \mathsf{P}_f^0$, wobei $\Phi(k_1 \cdots k_f)$ zu P_f^* gehört, wenn es in bezug auf alle in $\mathfrak{R}_f^0$ gelegenen Tensoren $F^0(k_1 \cdots k_f)$ der Gleichung

$$\sum_{(k)} \Phi(k_1 \cdots k_f) \cdot F^0(k_1 \cdots k_f) = 0$$

genügt. Bei unserer Festsetzung wird $a(i_1 \cdots i_f; k_1 \cdots k_f)$ als Tensor der Argumente i dem Teilraum $\mathfrak{R}_f^*$ angehören (identisch in den k), als Tensor der Argumente k aber dem Teilraum P_f^* (identisch in den i), und vermöge dieser zusätzlichen Forderung bestimmt die gegebene symmetrische Abbildung von $\mathfrak{R}_f^*$ auf sich selbst *eindeutig* die Koeffizienten a.

Die Überlegungen dieses Paragraphen erfordern nur, daß der zugrunde liegende Zahlbereich ein (kommutativer) *Körper ist, in welchem $f!$ nicht annulliert* (der keine Primzahl $\leq f$ zur Charakteristik hat).

§ 3.

Zerlegung von $\mathfrak{R}_f$ in bezug auf die Algebra Σ.

Im Tensorraum $\mathfrak{R}_f$ führen wir eine *unitäre Maßbestimmung* ein, indem wir

$$\sum_{(i)} \overline{F}(i_1 \cdots i_f) \cdot G(i_1 \cdots i_f) = (F, G)$$

als das skalare Produkt der Tensoren F und G benutzen. Insbesondere heißen F und G senkrecht aufeinander, wenn $(F, G) = 0$ ist.

$\mathfrak{R}_f$ zerfällt in einer gegenüber der Permutationsgruppe invarianten Weise in $\mathfrak{R}_f^*$ und den zu $\mathfrak{R}_f^*$ senkrechten Teilraum $\mathfrak{R}_f^0$. Benutzen wir diese Zerlegung gemäß der Schlußbemerkung von § 2 für die Normierung der Koeffizienten a, welche eine symmetrische Abbildung von $\mathfrak{R}_f^*$ auf sich selbst darstellen, so finden wir:

Satz 3.1. *Jede symmetrische lineare Abbildung von $\mathfrak{R}_f^*$ auf sich läßt sich auf eine und nur eine Weise in der Gestalt (3) schreiben, so daß die symmetrischen Koeffizienten $a(i_1 \cdots i_f; k_1 \cdots k_f)$ sowohl in bezug auf i wie in bezug auf k die Spur 0 ergeben:*

$$a(\times \times i_3 \cdots i_f; k_1 k_2 \cdots k_f) = 0, \quad a(i_1 i_2 \cdots i_f; \times \times k_3 \cdots k_f) = 0.$$

Man wird vermuten, daß $\mathfrak{R}_f^0$ besteht aus allen Tensoren $\hat{F}(i_1 i_2 \cdots i_f)$ von der Form

$$(5) \qquad \varepsilon(i_1 i_2) \cdot F_{12}(i_3 \cdots i_f) + \cdots;$$

die Summe erstreckt sich hier über $\dfrac{f(f-1)}{2}$ Glieder, die dadurch aus dem hingeschriebenen entstehen, daß ein beliebiges Indexpaar $(\alpha\beta)$ an Stelle von (12) tritt. Um dies zu beweisen, bezeichne $\hat{\mathfrak{R}}_f$ die lineare Mannigfaltigkeit aller Tensoren von dieser besonderen Gestalt. Ein Tensor $G(i_1 \cdots i_f)$, der zu ihnen allen senkrecht ist, genügt der Bedingung

$$\sum_{(i)} G(i_1 i_2 i_3 \cdots i_f) \cdot \varepsilon(i_1 i_2) \overline{F}_{12}(i_3 \cdots i_f) = 0$$

und den analogen mit $(\alpha\beta)$ an Stelle von (12). Darin durchläuft $F_{12}(i_3 \cdots i_f)$ alle Tensoren vom Range $f-2$. Mit andern Worten: G hat seine sämtlichen $\dfrac{f(f-1)}{2}$ Spuren $= 0$ oder liegt in $\mathfrak{R}_f^*$. $\mathfrak{R}_f^*$ ist also der zu $\hat{\mathfrak{R}}_f$ senkrechte Tensorraum. Wir haben daher den

Satz 3.2. *Jeder Tensor F läßt sich eindeutig zerlegen in einen Summanden F^*, dessen Spuren $= 0$ sind, und einen Tensor $\hat{F}$ von der Form* (5).

Dies heißt natürlich nicht, daß die in (5) auftretenden Tensoren $F_{12}(i_3 \cdots i_f), \cdots$ vom Range $f-2$ eindeutig durch F bestimmt sind. Es besteht aber die Tatsache, daß ein Tensor $\hat{F}$, (5), sicher dann $= 0$ ist, wenn alle seine Spuren verschwinden.

Wiederholen wir den gleichen Zerlegungsprozeß an den Tensoren $F_{12}, \cdots$ vom Range $f-2$ usf., so kommen wir zu dem Ergebnis, daß sich jeder Tensor F aus Summanden zusammensetzen läßt von der Gestalt

$$(6) \qquad \varepsilon(i_{\alpha_1} i_{\alpha_{1'}}) \cdots \varepsilon(i_{\alpha_r} i_{\alpha_{r'}}) \cdot \varphi(i_{\beta_1} \cdots i_{\beta_v}) \qquad [2r + v = f],$$

worin der Tensor $\varphi(i_1 \cdots i_v)$ vom Range v dem Raume $\mathfrak{R}_v^*$ angehört, d. h. alle seine Spuren $= 0$ hat. $(\alpha_1, \alpha_{1'}; \cdots; \alpha_r, \alpha_{r'}; \beta_1, \cdots, \beta_v$ sind die Indizes $1, 2, \cdots, f$ in irgendeiner Reihenfolge.)

Die Zerlegung $\Re_f = \Re_f^* + \hat{\Re}_f$ ist für uns darum von großer Wichtigkeit, weil $\Re_f^*$ sowohl wie $\hat{\Re}_f$ invariant ist gegenüber der Algebra Σ. Denn wegen der ersten Gleichung (f) im System (II) geht die Spur des Tensors F', (3)

$$\varphi'(i_3 \cdots i_f) = F'(\times \times i_3 \cdots i_f)$$

aus der entsprechenden Spur $\varphi(i_3 \cdots i_f)$ von F durch die Substitution A_{f-2} mit den Koeffizienten

$$(7) \qquad \| a(i_3 \cdots i_f;\, k_3 \cdots k_f) \|$$

hervor. Wegen der zweiten Gleichung (f) aber verwandelt unsere zu Σ gehörige Substitution $A = A_f$, (3), den Tensor

$$\varepsilon(i_1 i_2) \cdot F_{12}(i_3 \cdots i_f) \quad \text{in} \quad \varepsilon(i_1 i_2) \cdot F'_{12}(i_3 \cdots i_f),$$

wo F'_{12} aus F_{12} durch die gleiche Substitution A_{f-2}, (7), entsteht. Innerhalb $\Re_f^*$ ist A natürlich eine symmetrische Abbildung. Umgekehrt lehrt der Satz 3.1, daß sich jede symmetrische lineare Abbildung A^* von $\Re_f^*$ auf sich selbst zu einer der Algebra Σ angehörigen Abbildung A von $\Re_f$ erweitern läßt; so daß innerhalb $\Re_f^*$ die Algebren Σ und Σ^* zusammenfallen. Aber die abschließende Auskunft hierüber liefert erst der den Satz 3.1 mitenthaltende

Satz 3.3. *Ist A^* eine gegebene symmetrische lineare Abbildung von $\Re_f^*$ auf sich selbst und*

$$A_{f-2} = \| a(i_3 \cdots i_f;\, k_3 \cdots k_f) \|$$

eine der Algebra Σ_{f-2} zugehörige Abbildung des Tensorraumes $\Re_{f-2}$, so gibt es eine und nur eine zu $\Sigma = \Sigma_f$ gehörige Abbildung

$$A = A_f = \| a(i_1 i_2 \cdots i_f;\, k_1 k_2 \cdots k_f) \|$$

von $\Re_f$, die 1. innerhalb $\Re_f^*$ mit A^* zusammenfällt und 2. den Gleichungen (f) des Systems (II) mit dem vorgegebenen A_{f-2} genügt.

Beweis. Es ist klar, wie man das gesuchte A zu konstruieren hat: man zerlegt jeden Tensor F in die beiden Bestandteile $F^* + \hat{F}$, transformiert F^* gemäß dem gegebenen A^* und läßt den Tensor $\hat{F}$, (5), in einen von der gleichen Gestalt

$$(5') \qquad \hat{F}' = \varepsilon(i_1 i_2) \cdot F'_{12}(i_3 \cdots i_f) + \cdots$$

dadurch übergehen, daß man jeden der $\dfrac{f(f-1)}{2}$ Tensoren $F_{12}, \cdots$ vom Range $f-2$, die in dieser Summe auftreten, mittels des gegebenen A_{f-2} in $F'_{12}, \cdots$ transformiert. Das geht freilich nur, *wenn das Verschwinden von* (5) *das Verschwinden von* (5') *zur Folge hat.* Hier liegt der springende Punkt des Beweises.

$\hat{F}'$ ist $= 0$, wenn alle seine Spuren verschwinden. Wir berechnen also die Spur

$$\hat{F}'(\times \times i_3 \cdots i_f) = \varphi'(i_3 \cdots i_f)$$

und werden zeigen, daß *diese aus der entsprechenden Spur φ von $\hat{F}$ durch die Substitution A_{f-2} hervorgeht*. Das schließt die Tatsache ein, daß mit φ auch φ' verschwindet. Bei der Spurbildung in bezug auf $i_1 i_2$ müssen wir in der Summe $\hat{F}'$ dreierlei wesentlich verschiedene Glieder unterscheiden:

$$\text{a}') \quad \varepsilon(i_1 i_2) \cdot F'_{12}(i_3 \cdots i_f),$$

$$\text{b}') \quad \varepsilon(i_1 i_\lambda) \cdot F'_{1\lambda}(i_2 \cdots i_{\lambda-1} i_{\lambda+1} \cdots i_f) \qquad [\lambda \neq 1, 2],$$

$$\text{c}') \quad \varepsilon(i_\lambda i_\mu) \cdot F'_{\lambda\mu}(i_1 \cdot \underset{\lambda}{|} \cdot \underset{\mu}{|} \cdot i_f) \qquad [\lambda \text{ und } \mu \neq 1, 2]$$

(in $F'_{\lambda\mu}$ fehlen die Argumente i_λ, i_μ; das soll durch die Striche $|$ angedeutet werden). Die Spurbildung verwandelt a') in $2n \cdot F'_{12}(i_3 \cdots i\,)$; und dies entsteht in der Tat durch die Substitution A_{f-2} aus der Spur $2n \cdot F_{12}(i_3 \cdots i_f)$ des entsprechenden Gliedes a) in $\hat{F}$. Die Spur von b')

$$F'_{1\lambda}(i_\lambda i_3 \cdots i_{\lambda-1} i_{\lambda+1} \cdots i_f)$$

geht aus dem Tensor

$$F_{1\lambda}(i_\lambda i_3 \cdots i_{\lambda-1} i_{\lambda+1} \cdots i_f)$$

durch die Substitution

$$\| a(i_\lambda i_3 \cdots i_{\lambda-1} i_{\lambda+1} \cdots; k_\lambda k_3 \cdots k_{\lambda-1} k_{\lambda+1} \cdots) \|$$

hervor. Diese fällt aber wegen der Symmetrieforderung (I) mit

$$A_{f-2} = \| a(i_3 \cdots i_{\lambda-1} i_\lambda i_{\lambda+1} \cdots; k_3 \cdots k_{\lambda-1} k_\lambda k_{\lambda+1} \cdots) \|$$

zusammen. Endlich ist die Spur von c') gleich

$$\varepsilon(i_\lambda i_\mu) \cdot \varphi'_{\lambda\mu}, \qquad \varphi'_{\lambda\mu} = F'_{\lambda\mu}(\times \times i_3 \cdot \underset{\lambda}{|} \cdot \underset{\mu}{|} \cdot i_f).$$

Zufolge der ersten Gleichung $(f-2)$, die nach Voraussetzung für A_{f-2} gültig ist, geht $\varphi'_{\lambda\mu}$ aus der entsprechenden Spur $\varphi_{\lambda\mu}$ von $F_{\lambda\mu}$ durch die mit A_{f-2} nach den Gleichungen $(f-2)$ verknüpfte Substitution A_{f-4} hervor:

$$\varphi'_{\lambda\mu}(i_3 \underset{\lambda}{|} \cdot \underset{\mu}{|} \cdot i_f) = \sum_{(k)} a(i_3 \cdot \underset{\lambda}{|} \cdot \underset{\mu}{|} \cdot i_f; k_3 \cdot \underset{\lambda}{|} \cdot \underset{\mu}{|} \cdot k_f) \cdot \varphi_{\lambda\mu}(k_3 \cdot \underset{\lambda}{|} \cdot \underset{\mu}{|} \cdot k_f).$$

Daraus folgt aber

$$\varepsilon(i_\lambda i_\mu) \cdot \varphi'_{\lambda\mu}((i)) = \sum_{(k)} a(i_3 \cdots i_f; k_3 \cdots k_f) \cdot \varepsilon(k_\lambda k_\mu) \varphi_{\lambda\mu}((k))$$

zufolge der zweiten Gleichung $(f-2)$.

Damit ist A konstruiert. Wir haben zugleich erkannt, daß die Spur von $\hat{F}$ durch die Abbildung A_{f-2} in die Spur von $\hat{F}'$ übergeht. Zerlegt man einen beliebigen Tensor F gemäß der Gleichung $F = F^* + \hat{F}$ und bedenkt, daß F^* sich durch die Abbildung A in einen Tensor verwandelt, dessen sämtliche Spuren $= 0$ sind, so kann man allgemein sagen, daß die Spur von F durch die Abbildung A_{f-2} in die Spur von F' übergeht. Die von uns konstruierte Abbildung A hat also folgende Eigenschaften:

1. sie ist symmetrisch;

2. sie fällt innerhalb $\mathfrak{R}_f^*$ mit dem vorgegebenen A^* zusammen;

3. sie transformiert die Spuren der Tensoren gemäß der vorgegebenen Substitution A_{f-2};

4. sie verwandelt den Tensor $\varepsilon(i_1 i_2) \cdot F_{12}(i_3 \cdots i_f)$ so in $\varepsilon(i_1 i_2) \cdot F'_{12}(i_3 \cdots i_f)$, daß F'_{12} aus F_{12} durch A_{f-2} hervorgeht.

Damit ist Satz 3. 3 bewiesen.

Nunmehr sind wir imstande, $\mathfrak{R}_f$ *in invariante irreduzible Bestandteile gegenüber der Algebra Σ zu zerlegen.* In (6) durchläuft φ den ganzen Raum $\mathfrak{R}_v^*$. Man zerlegt ihn in seine invarianten irreduziblen Bestandteile gegenüber der Algebra Σ_v^*. Der einzelne Bestandteil wird, wie wir nach § 2 wissen, gebildet von allen Tensoren $e\,\varphi$, deren Symmetrie durch einen primitiven idempotenten Symmetrieoperator e festgelegt wird. Für

$$\alpha_1,\ \alpha_{1'};\ \cdots;\ \alpha_r,\ \alpha_{r'};\ \beta_1,\ \cdots,\ \beta_v$$

setzen wir der Reihe nach alle „wesentlich verschiedenen" Kombinationen ein [die Kombination bleibt wesentlich ungeändert, wenn man die v Indizes β_j, die Paare $(\alpha_h,\ \alpha_{h'})$ untereinander und endlich innerhalb einzelner Paare die beiden Glieder vertauscht]. So erhält man eine Reihe von invarianten irreduziblen Teilräumen „der Valenz v", die in irgendeiner Numerierung mit $\mathfrak{P}_\lambda\ \{\lambda = 1, 2, \cdots\}$ bezeichnet werden mögen. Sie sind aber nicht linear unabhängig voneinander. Indem man sie der Reihe nach durchgeht, kann man ein $\mathfrak{P}_\lambda$ weglassen, wenn es in dem von den vorangegangenen $\mathfrak{P}_1, \cdots, \mathfrak{P}_{\lambda-1}$ aufgespannten Teilraum enthalten ist. Im entgegengesetzten Fall ist $\mathfrak{P}_\lambda$ wegen seiner Irreduzibilität von jenem Teilraum linear unabhängig und wird beibehalten. Wählt man nun noch die Valenz v der Reihe nach $= f, f - 2, \ldots$, so liefern die beibehaltenen Teilräume eine echte Zerlegung von $\mathfrak{R}_f$ in unabhängige invariante irreduzible Bestandteile.

Satz 3. 4. *$\mathfrak{R}_f$ kann gegenüber der Algebra Σ in invariante irreduzible Bestandteile je von einer bestimmten Valenz $v = f, f - 2, \cdots$ zerlegt werden. Der einzelne Bestandteil enthält alle Tensoren von der Form (6), $\varphi = e\,\psi$; e ist ein primitiver idempotenter Symmetrieoperator in v Ziffern, und ψ durchläuft alle Tensoren von $\mathfrak{R}_v^*$.*

Daraus folgt mit Hilfe des von mir schon einmal herangezogenen allgemeinen Satzes (6. 2) in GQ, S. 272, daß die Algebra Σ selber voll reduzibel ist, *jede* ihrer Darstellungen in irreduzible zerfällt, und es keine andern irreduziblen Darstellungen gibt als diejenigen, welche durch die Zerlegung von $\Re_f$ in inäquivalente invariante irreduzible Bestandteile geliefert werden.

Die Beweisführung in diesem Paragraphen, deren Ausgangspunkt die Zerlegung $\Re_f = \Re_f^* + \hat{\Re}_f$ ist, benutzt den Begriff des Konjugiert-komplexen. Sie gilt darum nur, wenn der zugrunde liegende Zahlbereich ein Körper ist, der aus einem reellen Körper im Sinne von Artin-Schreier[2]) durch Adjunktion von $\sqrt{-1}$ entsteht. Die Sätze selber aber nehmen nirgendwo auf den Begriff des Konjugiert-komplexen Bezug. Es wäre darum erwünscht, daß er auch in den Beweisen vermieden würde. Es ist klar, wie man die Aufgabe anzusetzen hat. Die Zerlegung $F = F^* + \hat{F}$ fordert, daß alle $\dfrac{f(f-1)}{2}$ Spuren $\varphi_{\alpha\beta}$ von F mit denen von $\hat{F}$ übereinstimmen. Das ergibt für die unbekannten Komponenten der Tensoren $F_{\alpha\beta}$ in (5) lineare Gleichungen, deren rechte Seiten die bekannten Komponenten der Tensoren $\varphi_{\alpha\beta}$ sind; man hat ebensoviele lineare Gleichungen wie Unbekannte. Es scheint aber recht mühsam zu sein, aus diesem verwickelten Gleichungssystem unser Resultat der eindeutigen Existenz eines $\hat{F}$ abzulesen[3]).

Neben den einfachen kann man die *vielfachen Spuren* einführen. Eine dreifache Spur von $F(i_1 i_2 \cdots i_f)$ ist z. B.

$$\sum_{(i_1, \cdots, i_6)} \varepsilon(i_1 i_2)\, \varepsilon(i_3 i_4)\, \varepsilon(i_5 i_6) \cdot F(i_1 i_2 i_3 i_4 i_5 i_6 i_7 \cdots i_f)$$
$$= F(\times \times \bullet \bullet \circ \circ\, i_7 \cdots i_f).$$

---

[2]) Abhandlungen aus d. Math. Sem. d. Hamburgischen Univ. 5 (1926), S. 85.

[3]) Bei J. A. Schouten, Der Ricci-Kalkül, Berlin 1924, findet sich auf S. 262—266 — für die orthogonale statt für die Komplexgruppe, wo aber die Verhältnisse ganz analog liegen — ein derartiger direkter Versuch, der die geforderte Zerlegung $F = F^* + \hat{F}$ mit der Youngschen Zerlegung nach Symmetrieeigenschaften verbindet, aber auf S. 265, Z. 12f., ein wesentliches Versehen enthält. Auch spricht das gesperrt gedruckte Theorem auf S. 266 daselbst nicht die entscheidende Tatsache aus, daß in den unzerlegbaren Bestandteilen (siehe Satz 3.4 hier) die Tensoren φ oder ψ alle ihre Spuren gleich Null haben. Das Wort „unzerlegbare Größe" hat bei Herrn Schouten eine mehr formale Bedeutung als der strenge gruppentheoretische Begriff des „Trägers einer irreduziblen Darstellung von $\varGamma$". Darum fehlen bei ihm auch die eigentlichen Irreduzibilitätsbeweise. Ein Hauptbestreben meiner in § 5 zitierten Note G in den Göttinger Nachrichten und dieser Arbeit ist die sachgemäße Fassung der Begriffe und Probleme, die hier vorliegen. In einer Richtung scheint freilich das (unbewiesene) Schoutensche Theorem weiterzugehen: die unzerlegbaren Bestandteile φ des willkürlichen Tensors F sollen sich aus F konstruieren lassen allein mittels Permutation, Spurbildung und linearer Kombination. Diese Frage nach dem Algorithmus halte ich für sekundär; sie wird nicht schwer zu beantworten sein, nachdem durch Satz 3.2, 3.4 und 4.2 der Sachverhalt einmal festgestellt ist.

Bedeutet $^3\mathfrak{R}_f^{\,*}$ den Raum aller Tensoren, deren dreifache Spuren verschwinden, und $^3\mathfrak{R}_f$ die Gesamtheit der Tensoren, welche sich aus Summanden von der Art

$$\varepsilon(i_1\, i_2)\, \varepsilon(i_3\, i_4)\, \varepsilon(i_5\, i_6) \cdot F_{12,\,34,\,56}(i_7, \cdots, i_f)$$

zusammensetzen (die verschiedenen Summanden entstehen, indem irgend drei Paare an Stelle der Paare 12, 34, 56 treten), so gilt wiederum die Zerlegung $\mathfrak{R}_f = {}^3\mathfrak{R}_f^{\,*} + {}^3\hat{\mathfrak{R}}_f$.

§ 4.

Die Youngsche Zerlegung nach Symmetrie-Eigenschaften in $\mathfrak{R}_f^{\,*}$.

Für die explizite Durchführung wird man als die primitiven idempotenten Symmetrieoperatoren, welche auf die Tensoren $F(i_1 \cdots i_f)$ in $\mathfrak{R}_f^{\,*}$ wirken, die *Youngschen Operatoren c* verwenden, deren jeder zu einem *Symmetrieschema* gehört, in dessen Felder die Argumente $i_1\, i_2 \cdots i_f$ oder die Indizes $1, 2, \cdots, f$ eingetragen werden[4]). Der Prozeß besteht in einer Symmetrisierung in bezug auf die Argumente jeder Zeile, gefolgt von einer Alternation in den Spalten. Die zu verschiedenen Schemata gehörigen Operatoren c sind inäquivalent. cF ist für alle Tensoren F gleich 0, wenn das Symmetrieschema mehr als $2n$ Zeilen enthält. Das ist selbstverständlich. Ich behaupte aber, daß bei Beschränkung von F auf den Raum $\mathfrak{R}_f^{\,*}$ dies bereits stattfindet, wenn das Schema aus mehr als n Zeilen besteht. Demnach kommen für uns nur Schemata mit höchstens n Zeilen in Betracht. Um das einzusehen, genügt es, die in der ersten Spalte stehenden Argumente ins Auge zu fassen, in bezug auf welche cF schiefsymmetrisch ist. Ich behaupte also:

Satz 4. 1. *Es gibt keinen schiefsymmetrischen Tensor in $\mathfrak{R}_f^{\,*}$ außer 0 von einem Rang f, der größer ist als die halbe Dimensionszahl n.*

Beweis. Von einem schiefsymmetrischen Tensor $F(i_1 \cdots i_f)$ interessieren uns nur die Komponenten, deren Argumente $i_1 \cdots i_f$ untereinander verschiedene Werte haben, da die andern Komponenten von selber 0 sind. In einer solchen Komponente, z. B.

$$F(1\ 6'\ 4\ 2'\ 1'\ 2\ 5) \qquad\qquad [n = 6,\ f = 7]$$

treten einige Ziffern, hier 1, 1′ und 2, 2′, gepaart auf, während andere, hier 4, 5 und 6′, als „Einspänner" erscheinen (ohne ihren Partner 4′, 5′, bzw. 6). Diese Komponente ist wegen der schiefen Symmetrie $= \pm F(1\ 1'\ 2\ 2'\ 4\ 5\ 6')$. Ich betrachte nun alle diejenigen Komponenten, in denen gerade 4, 5, 6′

---

[4]) Vgl. GQ, S. 315.

und nur diese Ziffern als Einspänner auftreten. Die übrigen Argumente sollen also gepaart vorkommen, $i\,i'$, und es genügt, i alle Werte durchlaufen zu lassen $\neq 4, 5$ und 6. Allgemeiner: wir nehmen bestimmte h Einspänner an, etwa die Ziffern $n - h + 1, \cdots, n$, und betrachten alle Komponenten

$$(8) \qquad F(i\,i' \cdots k\,k'\,l\,l', n - h + 1, \cdots, n) = G(i, \cdots, k, l),$$

die genau diese h Ziffern als Einspänner aufweisen. Dabei können wir die Anordnung der Argumente so treffen, wie es in (8) geschehen ist. Die Bedingung verschwindender Spur lautet

$$(9) \qquad \sum_{l=1}^{n-h} G(i, \cdots, k, l) = 0.$$

$G(i, \cdots, k, l)$ hängt symmetrisch von seinen μ Argumenten ab, welche die Ziffern von 1 bis $n - h$ durchlaufen ($2\mu = f - h > n - h$). Wenn zwei der Argumente gleich werden, ist $G = 0$. Von jetzt ab werde n statt $n - h$ geschrieben; alle Argumente variieren nur in dem Spielraum $1, 2, \cdots, n$.

Ich setze

$$(10) \qquad \mathfrak{g}(a, b, \cdots) = G(i, \cdots, k, l),$$

wenn $a, b, \cdots$; $i, \cdots, k, l$ irgendeine Permutation der n Ziffern ist. $\mathfrak{g}$ hängt gleichfalls nur von der „Kombination" der m Ziffern $a, b, \cdots$ ab; $m = n - \mu$. In der Summe (9) können diejenigen l ausgelassen werden, die mit einem der $\mu - 1$ verschiedenen Argumentwerte $i, \cdots, k$ zusammenfallen. Sind $a, b, \cdots, c$ die $m + 1$ Ziffern, welche $i, \cdots, k$ zur vollen Reihe $1, 2, \cdots, n$ auffüllen, so lautet die Gleichung (9) nach der Übersetzung (10) so:

$$\sum_{(a,\,b,\,\cdots,\,c)} \mathfrak{g}(a', b', \cdots) = 0.$$

Hier durchläuft $(a', b', \cdots)$ alle Kombinationen zu m, welche aus den $m + 1$ Ziffern $a, b, \cdots, c$ gebildet werden können. Da $\mu > \frac{n}{2}$ vorausgesetzt war, ist $m < \frac{n}{2}$. Der Satz 4. 1 geht in die Behauptung über: $2m$ sei $< n$. $\mathfrak{g}(a, b, \cdots)$ hänge von den Kombinationen $(a, b, \cdots)$ zu m ab, die sich aus den Ziffern $1, 2, \cdots, n$ bilden lassen. Ergibt die Summe $\sum \mathfrak{g}(a, b, \cdots)$ immer 0, wenn sie erstreckt wird über die Kombinationen zu m, die sich aus irgend $m + 1$ dieser Ziffern bilden lassen, so sind alle Zahlen $\mathfrak{g}(a, b, \cdots)$ einzeln $= 0$.

Wenn man das homogene Polynom

$$P_m(z_1, \cdots, z_n) = \sum \mathfrak{g}(a, b, \cdots) z_a z_b \cdots$$

der n Variablen $z_1, \cdots, z_n$ einführt, das vom Grade m ist, so kann man die Behauptung auch so formulieren:

P_m sei ein homogenes Polynom der n Variablen z_i von einem Grade $m < \dfrac{n}{2}$. Aus

$$(z_1 + \cdots + z_n) \cdot P_m \equiv 0 \qquad (\text{modd. } z_1^2, z_2^2, \cdots, z_n^2)$$

folgt, daß P_m selbst $\equiv 0$ ist nach dem gleichen Modul.

Für den Beweis ist eine etwas allgemeinere Fassung zweckmäßig.

Hilfssatz $\mathfrak{H}(m, M, n)$. *Es sei $m \leq M \leq n - m$; wenn die Summe $\sum \mathfrak{g}(a, b, \cdots)$ immer 0 ist, falls sie über alle Kombinationen zu m erstreckt wird, die sich aus irgend M Ziffern der Reihe $1, 2, \cdots, n$ bilden lassen, so sind die $\mathfrak{g}(a, b, \cdots)$ einzeln $= 0$.*

Wir setzen zunächst nur voraus:

$$(11) \qquad m \geq 1, \qquad M \leq n - 1.$$

$a, b, \cdots, c$ seien M verschiedene der Ziffern $1, 2, \ldots, n$ und die Summe

$$(12) \qquad \sum_{(a, b, \cdots, c)} \mathfrak{g}(a', b' \cdots),$$

erstreckt über alle Kombinationen $(a'\,b'\cdots)$ zu m der M Ziffern $a, b, \cdots, c$ heiße einen Augenblick $g(a, b, \cdots, c)$. (Ihr Verschwinden ist die Voraussetzung unseres Satzes.) Wir nehmen eine weitere Ziffer d hinzu und summieren die sämtlichen Ausdrücke, die aus $g(a, b, \cdots, c)$ dadurch hervorgehen, daß man an Stelle von $a\,b\cdots c$ eine der $M + 1$ Kombinationen setzt, die durch Streichen einer Ziffer aus $a\,b\cdots c\,d$ entstehen. Dadurch bekommt man offenbar die Summe

$$(13) \qquad (M - m + 1) \cdot \sum_{(a\,b\,\cdots\,c\,d)} \mathfrak{g}(a'\,b'\cdots),$$

erstreckt über alle Kombinationen $(a'\,b'\cdots)$ zu m der $M + 1$ Ziffern $a\,b\cdots c\,d$. Subtrahiere (12) von der des Faktors $M - m + 1$ beraubten Gleichung (13)! Es folgt

$$\sum_{(a\,b\,\cdots\,c\,d)} \mathfrak{g}(a'\,b'\cdots d) = 0;$$

die Summe erstreckt sich über alle Kombinationen $a'\,b'\cdots d$ zu m aus der Reihe $a\,b\cdots c\,d$, *in denen d vorkommt*. Das ist durch das letzte Argument d zum Ausdruck gebracht. Von jetzt ab sei d eine fest gewählte Ziffer. Setzt man

$$\mathfrak{g}(a'\,b'\cdots d) = \mathfrak{g}_1(a'\,b'\cdots),$$

so hat man demnach

$$\sum_{(a\,b\,\cdots\,c)} \mathfrak{g}_1(a'\,b'\cdots) = 0,$$

wenn $a'\,b'\cdots$ alle Kombinationen zu $m - 1$ der M Ziffern $(a\,b\cdots c)$ durchläuft. Aus der Ziffernreihe von 1 bis n ist d zu streichen; für $(a\,b\cdots c)$

kann irgendeine Kombination der $n-1$ übrig bleibenden Ziffern eintreten. Satz $\mathfrak{H}(m, M, n)$ ist damit zurückgeführt auf $\mathfrak{H}(m-1, M, n-1)$. Dies gelang allein auf Grund der Voraussetzung (11). Unter der Annahme $M \leq n-m$ kann daher die Induktionskette zurückgeleitet werden bis auf den Fall $\mathfrak{H}(0, M, n-m)$, wo nichts zu beweisen bleibt.

Der volle Inhalt des Hilfssatzes $\mathfrak{H}(m, M, n)$ ist bereits in $\mathfrak{H}(m, n-m, n)$ enthalten. Er liefert, über Satz 4. 1 hinausgehend, das Resultat: *Damit ein schiefsymmetrischer Tensor $F(i_1 \cdots i_f)$ verschwindet, genügt es, daß alle seine $(f-n)$-fachen Spuren verschwinden $(n < f \leq 2n)$.* — Über den zugrunde gelegten Zahlbereich braucht nichts anderes vorausgesetzt zu werden, als daß er keine Primzahl $\leq n$ zur Charakteristik hat. Denn beim Beweise des Hilfssatzes $\mathfrak{H}(m, M, n)$ werden lediglich Faktoren

$$M - m + 1, \cdots, \quad M - 1, \quad M,$$

also Teiler von $M!$ „gekürzt".

Auf Grund der Zerlegung $\mathfrak{R}_f = {}^r\mathfrak{R}_f^* + {}^r\hat{\mathfrak{R}}_f$ $(r = f - n)$, wie sie am Schlusse von § 3 angegeben wurde, schließt man, daß der schiefsymmetrische Tensor $F(i_1 \cdots i_f)$ vom Range $f > n$ sich in der Form schreiben lassen muß

$$(14) \qquad F(i_1 i_2 \cdots i_f) = \sum \pm \varepsilon(i_{\alpha_1} i_{\alpha_{1'}}) \cdots \varepsilon(i_{\alpha_r} i_{\alpha_{r'}}) F'(i_{\beta_1} \cdots i_{\beta_v});$$

die Summe erstreckt sich alternierend über alle Permutationen

$$\alpha_1, \alpha_{1'}, \cdots, \alpha_r, \alpha_{r'}; \ \beta_1, \cdots, \beta_v$$

der Ziffern $1, 2, \cdots, f$. $F'(i_1 \cdots i_v)$ kann von vornherein als ein schiefsymmetrischer Tensor angenommen werden. v ist $= f - 2r$, also $r + v = n$. Das läßt sich aber vermittels der simplen kombinatorischen Überlegungen dieses Paragraphen auch direkt einsehen, ganz unabhängig von dem Begriff des Konjugiert-komplexen und den damit verbundenen Einschränkungen. Wenn $i_1 i_2 \cdots i_f$ lauter verschiedene Werte haben, ist die Zahl der gepaart auftretenden Argumente mindestens $2r$, die Zahl der Einspänner also höchstens v. Fassen wir wiederum diejenigen Komponenten allein ins Auge, die bestimmte h Einspänner besitzen $(h = v, v-2, \cdots)$, etwa die Ziffern $n - h + 1, \cdots, n$, und führen eine zu (8) analoge Bezeichnung ein, so lautet die zu beweisende Gleichung (14):

$$(15) \qquad G(i, k, \cdots, l) = \sum G'(i', \cdots, k').$$

Die Zahl der Argumente in G' ist $m = \dfrac{v-h}{2}$, die Zahl der Argumente in G gleich $M = r + m$; $M + m = r + v - h = n - h$. Die Argumente durchlaufen nur die Ziffern von 1 bis $n - h$. Schreiben wir jetzt wieder n an Stelle von $n - h$, so erstreckt sich die Summe über alle *Kombinationen* $(i' \cdots k')$ zu m, die sich aus den $n - m$ verschiedenen Ziffern $i, k, \cdots, l$

bilden lassen. Die Zahl aller Kombinationen $(i' \cdots k')$ zu m aus der Reihe $1, 2, \cdots, n$ ist die gleiche wie die aller Kombinationen $(i, k, \cdots, l)$ zu $n - m$, nämlich $\binom{n}{m} = \binom{n}{n-m}$. (15) ist darum ein System linearer Gleichungen von ebenso vielen Gleichungen wie Unbekannten. Es ist eindeutig lösbar, da die zugehörigen homogenen Gleichungen nach dem Hilfssatz $\mathfrak{H}(m, n - m, n)$ keine Lösung außer 0 besitzen.

Man· kann die Möglichkeit der Darstellung (14) auch folgendermaßen erkennen. Wird

$$(16) \qquad \Phi(\iota_1 \cdots \iota_g) = F(i_1 \cdots i_f)$$

gesetzt, falls $i_1 \cdots i_f$, $\iota_1 \cdots \iota_g$ irgendeine gerade Permutation der Ziffern $1, 1', \cdots, n, n'$ ist, so wird dadurch ein mit dem kovarianten schiefsymmetrischen Tensor F verbundener kontravarianter Φ vom Range $g = n - r$ eingeführt. „Symbolisch" kann man ihn durch g willkürliche kontravariante Vektoren $\eta^{(1)}, \cdots, \eta^{(g)}$ in der Gestalt

$$\Phi(\iota_1 \cdots \iota_g) \sim \begin{vmatrix} \eta_{\iota_1}^{(1)} & \cdots & \eta_{\iota_g}^{(1)} \\ \cdot & \cdot \cdot \cdot & \cdot \\ \eta_{\iota_1}^{(g)} & \cdots & \eta_{\iota_g}^{(g)} \end{vmatrix}$$

ausdrücken. Dann wird

$$\sum_{(i)} F(i_1 \cdots i_f)\, \xi_{i_1}^{(1)} \cdots \xi_{i_f}^{(f)} = \det. \left(\xi^{(1)} \cdots \xi^{(f)}\, \eta^{(1)} \cdots \eta^{(g)}\right).$$

Bezeichnen wir einen Augenblick die $2n$ Vektoren ξ und η ohne Unterschied mit $\zeta^{(1)}, \cdots, \zeta^{(2n)}$, so ist nach einer bekannten Formel die Determinante $\left(\zeta^{(1)} \zeta^{(2)} \cdots \zeta^{(2n)}\right)$ gleich der alternierend über die Permutationen der $2n$ Vektoren zu erstreckenden Summe („Pfaffsches Aggregat")

$$\frac{1}{2 \cdot 4 \cdots 2n} \cdot \sum \pm [\zeta^{(1)} \zeta^{(2)}] \cdots [\zeta^{(2n-1)} \zeta^{(2n)}].$$

In jedem Glied der Summe können höchstens g der [ ]-Faktoren einen Vektor η enthalten, es bleiben also mindestens $n - g = r$ reine ξ-Faktoren übrig. Das ergibt von neuem die Gleichung (14), zugleich mit einem bequemen symbolischen Ausdruck für den Tensor F'. —

Als das eigentlich weiterführende Ergebnis dieses Paragraphen notieren wir den

Satz 4. 2. *In Satz 3. 4 können als Symmetrieoperatoren e die Youngschen Operatoren verwendet werden, deren Schema nicht mehr als n Zeilen enthält.*

§ 5.

Die einhüllende Algebra der von der Komplexgruppe im Tensorraum induzierte Gruppe.

Gelingt es, auf direktem Wege einzusehen, daß Σ die einhüllende Algebra der im Tensorraum von der Komplexgruppe Γ induzierten Gruppe Γ_f ist, so ist mit dem Vorstehenden zugleich eine elementare Ableitung der rationalen Darstellungen von Γ gewonnen. Ich verfahre hier umgekehrt, indem ich aus den bekannten Tatsachen über die Darstellungen von Γ die grundlegenden Sätze 1.1 und 1.2 beweise.

Ein Symmetrieschema $(m_1, m_2, \cdots, m_n)$ aus höchstens n Zeilen liege vor; die ganzen Zahlen m_i geben die Zeilenlängen an:

$$(17) \qquad m_1 \geqq m_2 \geqq \cdots \geqq m_n \geqq 0.$$

Die Summe $m_1 + m_2 + \cdots + m_n$ sei $= f$, $\varphi(i_1 i_2 \cdots i_f)$ ein beliebiger Tensor des Raumes $\Re_f^*$ und c der auf solche Tensoren wirkende, unserm Symmetrieschema zugehörige Youngsche Operator. Die Mannigfaltigkeit $\mathfrak{F}_c$ aller Tensoren von der Gestalt $c\varphi$ (φ durchläuft ganz $\Re_f^*$) ist das Substrat einer bestimmten Darstellung $(\mathfrak{F}_c) = \mathfrak{H}(m_1, m_2, \cdots, m_n)$ von Γ. Man weiß: 1. $(\mathfrak{F}_c)$ *ist irreduzibel, und* 2. *verschiedenen Symmetrieschemen entspringen auf diese Weise inäquivalente Darstellungen* $(\mathfrak{F}_c)$. Auf den Beweis komme ich sogleich mit ein paar Worten zurück.

Wir hatten aber $\Re_f$ in §§ 3 und 4 gemäß den Sätzen 3.4 und 4.2 in invariante irreduzible Teilräume $\mathfrak{P}_\lambda$ zerlegt gegenüber der Algebra Σ und entnehmen dem eben Gesagten: Die $\mathfrak{P}_\lambda$ bleiben irreduzibel, und zwei inäquivalente $\mathfrak{P}_\lambda$ bleiben inäquivalent, wenn wir uns innerhalb der Algebra Σ auf die Gruppe Γ_f beschränken. Die vorkommenden inäquivalenten irreduziblen $\mathfrak{P}_\lambda$ mögen einen Augenblick $\mathfrak{P}_1', \mathfrak{P}_2', \cdots$ heißen, die Dimensionalität dieser Tensorräume $N_1, N_2, \cdots$. Nach dem bekannten Satz von Burnside-Frobenius-Schur ist dann die Γ_f einhüllende Algebra $\{\Gamma_f\}$ eine lineare Mannigfaltigkeit von

$$N_1^2 + N_2^2 + \cdots$$

Dimensionen. Das gleiche gilt für Σ. *Infolgedessen erschöpft die in Σ enthaltene lineare Mannigfaltigkeit $\{\Gamma_f\}$ ganz Σ.*

Wer sich auf das Theorem von Burnside-Frobenius-Schur beruft, muß freilich den zugrunde liegenden *Zahlbereich als algebraisch abgeschlossen* voraussetzen. Unsere Überlegung führt demnach zum Ziel, wenn der zugrunde liegende Bereich aus einem reellen, reell abgeschlossenen Körper durch Adjunktion von $\sqrt{-1}$ entsteht.

Übrigens bekommen wir hier eine Art explizite Formel für die Dimensionszahl der linearen Mannigfaltigkeiten Σ^* und Σ. Der Grad

$N(m_1, m_2, \cdots, m_n)$ der Darstellung $\mathfrak{H}(m_1, m_2, \cdots, m_n)$ ist von mir in Math. Zeitschr. 24 (1926), S. 342 (freilich auf transzendentem Wege) bestimmt worden. Wird

$$l_1 = m_1 + n,\ l_2 = m_2 + (n-1),\ \cdots,\ l_n = m_n + 1$$

und

$$\prod_{i=1}^{n} l_i \cdot \prod_{i<k} (l_i - l_k)(l_i + l_k) = \varDelta(l_1, l_2, \cdots, l_n)$$

gesetzt, so ist

$$N(m_1, m_2, \cdots, m_n) = \frac{\varDelta(l_1, l_2, \cdots, l_n)}{\varDelta(n, n-1, \cdots, 1)}.$$

Die Dimensionszahl von $\varSigma^*$ ist gleich der Summe

$$\sum N^2(m_1, m_2, \cdots, m_n),$$

erstreckt über alle ganze Zahlen m_i, die den Ungleichungen (17) genügen und die Summe f ergeben; die Dimensionszahl von $\varSigma$ erhält man, wenn man m_i alle denselben Ungleichungen genügenden ganzen Zahlen durchlaufen läßt, deren Summe $= f$ oder $f-2$ oder $f-4, \cdots$ ist.

Den Beweis für die oben benutzten Tatsachen, die Irreduzibilität und Inäquivalenz der Darstellungen von $\varGamma$ betreffend, muß man sich aus meinen Arbeiten Z: Über die Darstellung kontinuierlicher halb-einfacher Gruppen I, II (Math. Zeitschr. 23 (1925), S. 271 und 24 (1926), S. 328) und einer Note G in den Göttinger Nachrichten 1926, S. 235, zusammensuchen. Ein transzendentes Element, das dabei zum Beweise der vollen Reduzibilität in Z benutzt wird, kann ebenso wie in G, S. 237 f., vermieden werden. Mit dieser Abänderung rekapituliere ich hier den Gedankengang. Wenn $x, y, \cdots$ Vektoren des zugrunde liegenden Vektorraumes $\mathfrak{R}$ sind, so bezeichne z. B. $x\,y\,z$ den Tensor 3. Stufe mit den Komponenten

$$F(i, k, l) = x_i y_k z_l,$$

$(x \times y \times z)$ aber den Tensor $\sum \pm x\,y\,z$ (alternierende Summe über die Vertauschungen der drei Vektoren x, y, z). Die im Vektorraum verwendeten Koordinaten x_i stützen sich auf ein Koordinatensystem, das aus den Grundvektoren $e_1, e_{1'}, \cdots, e_n, e_{n'}$ besteht. Mehrere Vektoren heißen konjugiert, wenn die aus irgend zwei von ihnen gebildeten schiefen Produkte verschwinden. $p_1, p_2, \cdots, p_n$ seien nicht-negative ganze Zahlen und E der Tensor

$$e_1^{p_1}(e_1 \times e_2)^{p_2}(e_1 \times e_2 \times e_3)^{p_3} \cdots.$$

Es wird zunächst behauptet, daß alle Tensoren, welche aus E durch die Operationen der Gruppe $\varGamma_f$ hervorgehen, gerade den linearen Tensorraum $\mathfrak{F}_c$ aufspannen, welcher das Substrat der Darstellung $\mathfrak{H}(m_1, m_2, \cdots, m_n)$ ist; dabei ist

$$m_1 = p_1 + p_2 + \cdots + p_n,\ m_2 = p_2 + \cdots + p_n,\ \cdots,\ m_n = p_n$$

zu setzen. Aus E entsteht durch die Operationen von Γ_f jeder Tensor der Form

$$(18) \qquad x^{p_1} (x \times y)^{p_2} (x \times y \times z)^{p_3} \cdots,$$

wo $x, y, z, \cdots$ beliebige zueinander konjugierte Vektoren sind. Das aus Zeilen von der Länge $m_1, m_2, \cdots$ bestehende Schema der Tensorargumente werde abgekürzt durch einen Buchstaben

$$J = \left\{ \begin{array}{l} i_1\ i_2\ i_3 \cdots \\ k_1\ k_2 \cdots \\ \cdot\ \cdot\ \cdot\ \cdot\ \cdot \end{array} \right.$$

benannt. Es gilt dann einzusehen: (H) Der allgemeinste zu $\mathfrak{R}_f^*$ gehörige Tensor φ_J, der symmetrisch ist in den Argumenten jeder Zeile, setzt sich linear aus den speziellen Tensoren

$$\varphi_J = x_{i_1} x_{i_2} x_{i_3} \cdots y_{k_1} y_{k_2} \cdots \cdots$$

zusammen ($x, y, \cdots$ beliebige konjugierte Vektoren). Denn (18) entsteht durch Alternation in bezug auf die Spalten aus diesem Tensor φ_J. Der in G erbrachte Beweis von (H) — der zugleich ein Stück des Satzes 3. 2 mitliefert — ist wohl der am wenigsten triviale Schritt zur Gewinnung des Hauptsatzes 1. 2. Der Charakter der Darstellung $\mathfrak{H}(m_1, m_2, \cdots, m_n)$ für die in Γ enthaltenen Hauptelemente von der Gestalt

$$(19) \qquad x_i \longrightarrow \alpha_i x_i \left(\alpha_{1'} = \frac{1}{\alpha_1},\ \alpha_{2'} = \frac{1}{\alpha_2}, \cdots \right)$$

ist ein „Polynom" in $\alpha_1, \alpha_2, \cdots, \alpha_n$ mit ganzzahligen nicht-negativen Koeffizienten, dessen höchstes Glied

$$(20) \qquad \alpha_1^{m_1} \alpha_2^{m_2} \cdots \alpha_n^{m_n}$$

ist und mit dem Koeffizienten 1 auftritt. („Polynom" wird hier in dem modifizierten Sinne gebraucht, daß die Exponenten auch negative ganze Zahlen sein können!) Zum Beweise sondert man in (18) die Teile verschiedenen „Gewichts" voneinander, die sich je mit einem bestimmten Potenzprodukt von $\alpha_1, \alpha_2, \cdots, \alpha_n$ multiplizieren bei der allgemeinen Haupttransformation (19). Daraus geht sogleich hervor, daß zwei zu verschiedenen Symmetrieschemen gehörige Darstellungen $\mathfrak{H}(m_1, m_2, \cdots, m_n)$ inäquivalent sind.

Es bleibt zu zeigen, daß die von den Transformierten von E aufgespannte Tensormannigfaltigkeit $\mathfrak{F}$ irreduzibel ist gegenüber Γ_f. Beweis indirekt: Angenommen, $\mathfrak{F}'$ sei eine gegenüber Γ invariante Teilmannigfaltigkeit von $\mathfrak{F}$. $\mathfrak{F}''$ sei innerhalb $\mathfrak{F}$ diejenige Tensormannigfaltigkeit, welche im Sinne der zu Beginn von § 3 eingeführten unitären Maßbestimmung senkrecht zu $\mathfrak{F}'$ ist, so daß die Zerlegung besteht: $\mathfrak{F} = \mathfrak{F}' + \mathfrak{F}''$.

$\mathfrak{F}''$ ist alsdann invariant gegenüber allen *unitären* Operationen der Gruppe Γ, und daraus schließt man in bekannter Weise (mit Hilfe der infinitesimalen Gruppenoperationen), daß $\mathfrak{F}''$ invariant ist gegenüber *ganz* Γ.[5]) In $\mathfrak{F}'$ oder $\mathfrak{F}''$ muß ein Tensor vorkommen, der bei additiver Zerlegung in Bestandteile verschiedenen Gewichtes den Tensor E vom Gewichte (20) enthält. Daher kommt E selbst in $\mathfrak{F}'$ oder $\mathfrak{F}''$ vor und damit auch alle aus E durch die Operationen von Γ_f entstehenden Tensoren, d. h. $\mathfrak{F}'$ oder $\mathfrak{F}''$ fällt mit ganz $\mathfrak{F}$ zusammen.

§ 6.

Schlußbemerkungen, insbesondere über die Drehungsgruppe.

Der eigentliche Zweck unserer Untersuchung liegt weniger in den in Form von Sätzen festgenagelten Einzelresultaten als darin, den Darstellungsmechanismus, dessen Wirkung wir mit mehr oder weniger transzendenten Mitteln zum Teil bis zu einem erstaunlichen Grade vorauswissen, von innen heraus elementar zu verstehen. Nachdem die obwaltenden Verhältnisse, wenigstens wenn das Kontinuum der komplexen Zahlen als Zahlbereich zugrunde gelegt wird, vollständig geklärt sind, ist es vor allem erwünscht, die Frage zu entscheiden, und zwar, wenn möglich, durch eine direkte Konstruktion positiv zu entscheiden, ob die Gültigkeit von Satz 1.2 von der algebraischen Abgeschlossenheit des Zahlbereichs wie auch vom Begriff des Konjugiert-komplexen unabhängig ist. In zweiter Linie wäre der Beweis der Zerlegung, Satz 3.2, ohne Heranziehung des Konjugiert-komplexen zu führen. Erst dann wäre ein elementar ganz durchsichtiger Zugang zu den Darstellungen der Komplexgruppe gewonnen.

Die *Drehungsgruppe* Γ in $2n$ oder $2n+1$ Dimensionen läßt sich analog behandeln. An Stelle von $\|\varepsilon(ik)\|$ tritt die Einheitsmatrix $\|\delta(ik)\|$. Die Sätze von §§ 3 und 4 sind unverändert gültig. Die zugehörigen Algebren Σ^* und Σ mögen auch hier ein der Untersuchung würdiges Objekt sein — aber sie sind *nicht* die einhüllenden Algebren der im Tensorraum $\mathfrak{R}_f^*$, bzw. $\mathfrak{R}_f$ von Γ induzierten Gruppen. Dies liegt daran, daß Satz 4.1 im orthogonalen Gebiet versagt. Denn selbstverständlich ist für jeden schiefsymmetrischen Tensor $F(i_1 i_2 \cdots i_f)$ die Spur

$$\sum_r F(r r i_3 \cdots i_f) = 0;$$

aus dem Verschwinden der Spur kann unmöglich auf $f \leq n$ geschlossen werden. Um den Tensorraum $\mathfrak{R}_f$ in die Teilräume von der Art $\mathfrak{F}_c$ zu zer-

---

[5]) Vielleicht aber ist es zweckmäßiger, der Untersuchung von vornherein statt der Gruppe Γ den unitären Ausschnitt von Γ zugrunde zu legen; die Sätze 1.1 und 1.2 werden dadurch nur inhaltsreicher.

legen, welche den Symmetrieschemen *mit höchstens n Zeilen* zugehörig sind und in denen Γ *irreduzible* Darstellungen induziert, benötigten wir im Falle der Komplexgruppe nur zwei Operationen: A) die Vertauschungen s der Tensorargumente und B) die Zerspaltung $F = F^* + \hat{F}$, von welcher Satz 3.2 handelt. Damit reichen wir hier nicht aus. Das hängt nach dem Schluß von § 4 eng damit zusammen, daß sich nicht die Determinante von $2n$ bzw. $2n+1$ Vektoren ganz rational durch ihre skalaren Produkte ausdrücken läßt, sondern erst das Quadrat der Determinante. Ist $F(i_1 \cdots i_f)$ ein schiefsymmetrischer Tensor von $f > n$ Argumenten, $f = n + r$, so wird durch die Gleichung (16) damit ein kontravarianter Tensor Φ vom Range $g = n - r$ bzw. $n + 1 - r$ verbunden. Gegenüber orthogonalen Substitutionen ist aber ein kontravarianter Vektor oder Tensor das gleiche wie ein kovarianter. Und dieser Übergang von F zu Φ ist der dritte Prozeß C), der zu A) und B) hinzutreten muß, um die volle Reduktion des Tensorraumes $\Re_f$ für die orthogonale Gruppe durchführen zu können. Welche Wirkung das auf die Definition der einhüllenden Algebra von Γ_f hat, soll hier nicht mehr untersucht werden.

97.

Eine für die Valenztheorie geeignete Basis der binären Vektorinvarianten (G. Rumer, E. Teller und H. Weyl)

Nachrichten der Gesellschaft der Wissenschaften zu Göttingen. Mathematisch-physikalische Klasse, 499—504 (1932)

Für die quantenmechanische Berechnung der homöopolaren Valenzbindung in einem Molekül hat es sich als wichtig herausgestellt, eine Basis für die sämtlichen Invarianten zu bestimmen, die in gegebener Ordnung $a, b, \ldots, c$ von einer Anzahl (n) binärer Vektoren $x, y, \ldots, z$ abhängen. Von dieser Aufgabe hat der Erste von uns kürzlich eine einfache Lösung angegeben [1]), welche durch die quantenmechanischen Anwendungen suggeriert war, aber in der invariantentheoretischen Literatur nicht bekannt zu sein scheint. Hier folgt die nähere mathematische Begründung — in solcher Form, wie wir hoffen, daß sowohl der theoretische Physiker wie der Mathematiker das für ihn Unwesentliche leicht abstreifen kann.

Dem Invariantenbegriff liegt zugrunde die Gruppe γ aller unimodularen linearen Transformationen zweier Variablen, der Komponenten x_1, x_2 des willkürlichen binären Vektors x ($x, y, \ldots, z$ werden diesen Transformationen kogredient unterworfen!). Die klassische Invariantentheorie lehrt über unsere Frage das Folgende:

1. Fundamentalsatz: Jede Invariante ist eine lineare Kombination von „Monomen", d. i. von Potenzprodukten der Klammerfaktoren von der Gestalt

$$(1) \qquad [xy] = x_1 y_2 - x_2 y_1.$$

Die endlich vielen Monome, welche in den Vektoren $x, y, \ldots, z$ bezw. die vorgeschriebene Ordnung haben, sind aber nicht linear unabhängig von einander, sondern es gilt die auf vier Vektoren x, y, z, l bezügliche Identität

$$(2) \qquad [xl]\,[yz] + [yl]\,[zx] + [zl]\,[xy] = 0.$$

---

1) Gött. Nachr., Math.-physik. Klasse, Sitzung vom 22. Juli 1932.

2. Fundamentalsatz: Alle linearen Abhängigkeiten zwischen den Monomen ergeben sich (in einem algebraisch genauer präzisierten Sinne) aus der einen Identität (2).

Wir werden uns hier auf den ersten, nicht aber auf den zweiten Fundamentalsatz stützen; vielmehr wird durch unsere Überlegungen ein neuer Beweis des 2. Fundamentalsatzes erbracht.

In der Quantenmechanik bedeuten die Zeichen $x, y, \ldots, z$ Atome, die sich zu einem Molekül zusammensetzen, $a, b, \ldots, c$ deren Valenzen. Jede Invariante der geforderten Ordnung stellt einen **Spinzustand** des Moleküls dar. Die durch die Monome repräsentierten „reinen Valenzzustände" veranschaulicht sich der Chemiker durch ein **Valenzschema**, in dem die Atome als Punkte erscheinen und jeder Klammerfaktor $[xy]$ durch einen die beiden Atome x und y verbindenden gerichteten Strich zum Ausdruck gebracht wird. $a, b, \ldots, c$ sind dann die Anzahlen der Valenzstriche, die von den einzelnen Atomen $x, y, \ldots, z$ im Valenzschema des Monoms ausgehen. Man zeichne die Punkte $x, y, \ldots, z$ auf einem Kreise auf. Die zu beweisende Regel lautet dann:

Jede Invariante J ist eine lineare Kombination solcher Monome, deren Valenzschema keine sich kreuzenden Valenzstriche enthält. Die Monome mit kreuzungslosem Valenzschema sind aber linear unabhängig von einander.

Beim Beweise des ersten Teils kann man nach dem 1. Fundamentalsatz annehmen, daß die Invariante J ein Monom ist, welches wir durch sein Valenzschema S abbilden. Es bestehe aus N Strichen zwischen den n Punkten $x, y, \ldots, z$. Wir stützen uns darauf, daß man mit Hilfe der Relation (2):

$$(3) \qquad \text{(Valenzschema-Gleichung)}$$

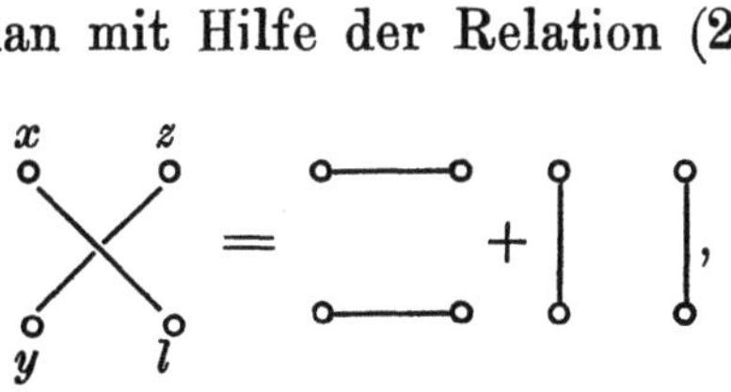

Kreuzungen auflösen kann[1]). Natürlich ist mit dieser Bemerkung nicht alles getan; denn wenn man in einem komplizierten Schema die Kreuzung zweier Valenzstriche auflöst, werden dadurch im allgemeinen andere Kreuzungen teils mit aufgelöst, teils neu entstehen. Dennoch kommt man durch ein geeignetes rekursives Arrangement zum Ziel, wie folgt.

Sind zwei Punkte xy des Schemas S durch einen Valenzstrich verbunden, so nennen wir jeden der beiden Kreisbögen xy einen Valenzbogen. Als Länge eines Valenzbogens xy gilt die Zahl der auf ihm liegenden Punkte, wobei die Endpunkte x und y je für einen halben zählen. Enthält der Bogen xy außer x, y keinen weiteren Punkt, so hat er also die Länge 1. Behauptet wird, daß man mit Hilfe von (2), bezw. (3) das vorgelegte Monom als lineare Kombination solcher Monome schreiben kann, deren Valenzschema keine Kreuzungen aufweist.

a) Kommt in S ein Valenzbogen xy von der Länge 1 vor, so lasse man den Strich xy fort. Dadurch entsteht ein Schema S', das nur aus $N-1$ Strichen besteht. Nehmen wir an, daß für solche Schemata unser Satz bereits feststeht, so können wir S' als lineare Kombination kreuzungsloser Schemata $S_1', S_2', \ldots$ schreiben. In ihnen fügen wir nachträglich überall den Valenzstrich xy wieder ein; dadurch wird keine Kreuzung erzeugt. Mittels des Schlusses von $N-1$ auf N ist so der Fall bereits erledigt, wo im Schema ein Valenzbogen von der Länge 1 auftritt.

b) Ist dies nicht der Fall, so suchen wir S zu reduzieren auf Schemata, in denen Valenzbögen von der Länge 1 vorkommen. Es sei xy der (oder ein) Valenzbogen von kürzester Länge im Schema S. Nach Voraussetzung liegt auf ihm noch mindestens ein weiterer Punkt z. Ein von z ausgehender Valenzstrich kann nach keinem Punkt l des Bogens xy führen, da sonst ein kürzerer Valenzbogen als xy vorhanden wäre. Wir haben also eine Kreuzung $[xy]\,[zl]$. Lösen wir diese durch (2) auf, so erscheint unser Monom als Summe zweier Monome, in deren Schema ein kürzerer Valenzbogen vorkommt als xy, nämlich der Teilbogen xz, bezw. yz von xy. Damit ist die Rekursion eingeleitet, die schließlich auf Valenzbögen von der Länge 1 führen muß.

Der Beweis liefert von selber die arithmetische Verfeinerung: Jedes Monom ist lineare ganzzahlige Kombination von Monomen mit kreuzungslosem Valenzschema.

Die zweite Tatsache, daß zwischen den Monomen mit kreuzungslosem Schema keine lineare Beziehung besteht, stellen wir durch doppelte Abzählung fest: die Zahl der kreuzungslosen Schemata stimmt mit der Zahl der linear unabhängigen Invarianten überein. Für die Berechnung der Anzahl der linear unabhängigen Invarianten bietet sich im Zusammenhang der Quantentheorie ganz von selber der folgende Weg dar.

Die Potenzprodukte der Variablen x_1, x_2 von der Ordnung a:
$$x_1^a,\ x_1^{a-1} x_2,\ \ldots,\ x_1 x_2^{a-1},\ x_2^a$$

sind das Substrat einer Darstellung Γ_a der Gruppe γ vom Grade $a + 1$. Es besteht nach CLEBSCH-GORDAN die fundamentale Gleichung

$$(4) \qquad \Gamma_a \times \Gamma_b = \sum_v \Gamma_v \qquad (v = a+b,\ a+b-2,\ \ldots,\ |a-b|).$$

Daraus folgt durch Induktion eine entsprechende Zerlegung des Produktes von n Faktoren $\Gamma_a,\ \Gamma_b,\ \ldots,\ \Gamma_c$:

$$(5) \qquad \Gamma_a \times \Gamma_b \times \cdots \times \Gamma_c = \sum_u N_u \Gamma_u.$$

Wo eine genauere Bezeichnung erwünscht ist, schreiben wir die nichtnegative Zahl N_u als $N_u(a, b, \ldots, c)$. N_0 gibt an, wie oft in dem Produkt (5) die identische Darstellung Γ_0 enthalten ist, d. h. $N_0 = N(a, b, \ldots, c)$ ist die Anzahl der linear unabhängigen Invarianten, die in den n Argumentvektoren $x, y, \ldots, z$ von der vorgeschriebenen Ordnung $a, b, \ldots, c$ sind. Aber auch N_u läßt sich ähnlich deuten. Multiplizieren wir nämlich die Gleichung (5) noch mit Γ_v und bedenken, daß in $\Gamma_u \times \Gamma_v$ nach (4) nur dann der Summand Γ_0 und zwar mit dem Faktor 1 auftritt, wenn $u = v$ ist, so kommt

$$\Gamma_a \times \Gamma_b \times \cdots \times \Gamma_c \times \Gamma_v = N_v(a, b, \ldots, c)\, \Gamma_0 + \cdots.$$

Es ist also

$$(6) \qquad N_v(a, b, \ldots, c) = N(a, b, \ldots, c, v)$$

die Zahl der linear unabhängigen Invarianten, die von $n + 1$ Argumentvektoren $x, y, \ldots, z, l$ in den Ordnungen $a, b, \ldots, c, v$ abhängen. In $N_v(a, b, \ldots, c)$ spielt der Index v nur scheinbar eine von den Zahlen $a, b, \ldots, c$ verschiedene Rolle.

Die Gleichung (4) lautet in der Sprache der Quantentheorie: Tritt ein Gebilde von der Valenz a $\left(\text{Spinmoment } \dfrac{a}{2}\right)$ mit einem Gebilde von der Valenz b zusammen, so nimmt der resultierende Spin je in einem Zustand diejenigen Größen $\dfrac{v}{2}$ an, zu denen sich die beiden Spinvektoren von der Länge $\dfrac{a}{2}$ und $\dfrac{b}{2}$ zusammenfügen lassen:

$$\left| \frac{a-b}{2} \right| \leqq \frac{v}{2} \leqq \left| \frac{a+b}{2} \right|.$$

Doch verlangt die Quantenmechanik über das aus der klassischen Mechanik stammende Prinzip der Vektoraddition hinaus, daß der resultierende Spin $\dfrac{v}{2}$ nicht nur, wie die Einzelspins $\dfrac{a}{2}$ und $\dfrac{b}{2}$, eine

von $\dfrac{a+b}{2}$ unterscheidet. Demnach gibt $N_v(ab \ldots c)$ die Zahl der verschiedenen Konfigurationen an, in denen sich Spins von der Größe $\dfrac{a}{2}, \dfrac{b}{2}, \ldots, \dfrac{c}{2}$ zu einem resultierenden Spin $\dfrac{v}{2}$ zusammenfügen lassen. (Den Umstand, daß v keine andere Rolle spielt als $a, b, \ldots, c$, kann man dadurch zum Ausdruck bringen, daß man die Striche der v freien Valenzen, die ins „Leere" laufen, in ein fiktives „Leer"-Atom l münden läßt.) Die Veranschaulichung durch das Vektormodell führt dazu, die Summationsbedingung in (4) in einer mehr symmetrischen Form auszusprechen: die ganzen Zahlen a, b, v müssen die Seitenlängen eines Dreiecks sein:

$$a \geqq 0, \ b \geqq 0, \ v \geqq 0; \quad a \leqq b+v, \ b \leqq v+a, \ v \leqq a+b,$$

dessen Umfang $a+b+v$ gerade ist. Wir sagen in diesem Fall: a, b, v bilden ein geradzahliges Dreieck.

Die Anzahlen $N_v(ab \ldots c)$ bestimmen sich, der Herleitung der Formel (5) aus (4) gemäß, durch Rekursion: Multipliziert man (5) mit Γ_d, so kommt

$$\Gamma_a \times \Gamma_b \times \cdots \times \Gamma_c \times \Gamma_d = \sum_v N_v(ab \ldots c)(\Gamma_v \times \Gamma_d),$$

und daraus durch Anwendung von (4):

$$N_u(ab \ldots cd) = \sum_v N_v(ab \ldots c).$$

Die Summe erstreckt sich über alle Zahlen v, die mit u und d zusammen ein geradzahliges Dreieck bilden. Schreiben wir nach (6) auch den Index u bezw. v als Argument, so haben wir schließlich, in etwas anderer Bezeichnungsweise, die folgende **Rekursionsformel für die Zahl der linear unabhängigen Invarianten** $N(a \ldots bc)$ von vorgegebener Ordnung $a, \ldots, b, c$:

$$(7) \qquad N(a \ldots bcc') = \sum_v N(a \ldots bv),$$

summiert über diejenigen v:

$$v = c+c', \ c+c'-2, \ \ldots, \ |c-c'|,$$

welche mit c, c' ein geradzahliges Dreieck bilden. — Bei einem Argument ist $N(a) = 1$ oder 0, je nachdem $a = 0$ oder > 0 ist.

Wir zeigen jetzt, daß dieselbe Rekursionsformel besteht für die Anzahl $N(a \ldots bc)$ **der kreuzungslosen Schemata,** welche n Kreispunkte $x \ldots yz$ so verbinden, daß von ihnen die vorgeschriebenen Anzahlen $a, \ldots, b, c$ von Verbindungsstrichen ausgehen. Die Punkte z, z', auf welche sich die Zahlen c, c' beziehen, mögen bei einer bestimmten, der „positiven" Umlaufung des Kreises auf einander folgen. Der Beweis von (7) geschieht dadurch, daß wir die beiden Punkte z, z' in einen einzigen z zusammenziehen. Ist z mit z' in dem vorgelegten kreuzungslosen Schema S_{n+1} durch r Striche verbunden, $r \leqq c$, $r \leqq c'$, so löschen wir diese und lassen die übrigen $c - r$ und $c' - r$ in z, bezw. z' mündenden Verbindungsstriche in den anstelle von z und z' tretenden einen Punkt z münden. Dadurch entsteht aus S_{n+1} ein Schema S_n für die n Punkte $x \ldots y z$, bei welchem

$$v = (c - r) + (c' - r) = c + c' - 2r$$

Striche in z münden; während die Anzahlen $a, \ldots, b$ der in den andern Punkten $x, \ldots, y$ endenden Striche nicht geändert sind. Jedes $S_n(a \ldots b v)$ geht aber in dieser Weise aus einem und nur einem $S_{n+1}(a \ldots b c c')$ hervor, vorausgesetzt daß v mit c, c' ein geradzahliges Dreieck bildet. Die Zahl r der Verbindungsstriche von $z z'$ in dem erzeugenden S_{n+1} bestimmt sich nämlich aus

$$2r = c + c' - v,$$

und durch die Forderung des Sich-nicht-kreuzens ist eindeutig festgelegt, wie man die v in S_n von z ausgehenden Striche beim Übergang zu S_{n+1} auf z und z' verteilen muß. Wir ordnen jene v Striche in derjenigen Reihenfolge, in welcher ihre Endpunkte angetroffen werden bei negativer Durchlaufung des Kreises von z nach z': die ersten $c - r$ Striche muß man von z, die letzten $c' - r$ von z' ausgehen lassen.

Man kann sagen, daß durch unsere Überlegung die Mannigfaltigkeit der kreuzungslosen Valenzschemata auf die Mannigfaltigkeit der aus den Atomspins aufgebauten Vektormodelle des Moleküls eineindeutig abgebildet wird.

Indem wir erkannten, daß allein mit Hilfe von (2) sich jedes Monom in eine lineare Kombination kreuzungsloser Monome verwandeln läßt, diese aber unabhängig sind, haben wir den zweiten Fundamentalsatz von neuem bewiesen. — Könnte man irgendwie direkt einsehen, daß die Monome mit kreuzungslosem Valenzschema linear unabhängig sind, so ginge aus unserer doppelten Abzählung ein Beweis des ersten Fundamentalsatzes hervor: denn dann wüßte man, daß man bereits in den Monomen mit kreuzungslosem Valenzschema eine volle Basis für die Invarianten in Händen hat.

98.

Harmonics on homogenous manifolds

Annals of Mathematics 35, 486—499 (1934)

Introduction

Our investigation starts with the following data: a compact Lie group σ, a point field Π and a realization of σ by means of transformations (one-to-one correspondences) in Π, so that the element s of σ carries over the point P of Π into a point sP. P, Q, $\cdots$ denote arbitrary points of the point field, s, t, $\cdots$ arbitrary elements of the group. We assume that the group of transformations σ is transitive on Π so that all points P are equivalent with respect to σ. A function $f(P)$ is carried over by a transformation s of our group into the function sf defined by

$$sf(sP) = f(P) \qquad \text{or} \qquad sf(P) = f(s^{-1}P).$$

An h-dimensional *linear set* $\Re_h$ *of functions* $x_1\,\varphi_1\,(P) + \cdots + x_h\,\varphi_h\,(P)$ on Π with the basis consisting of the linearly independent functions $\varphi_1, \cdots, \varphi_h$ is *invariant* with respect to σ, if the transformed functions $s\varphi_\mu$ are linear combinations of the φ_μ:

$$(1) \qquad\qquad s\varphi_\mu(P) = \sum_{\nu=1}^{h} u_{\nu\mu}(s)\cdot\varphi_\nu(P).$$

$U(s) = \|\,u_{\mu\nu}(s)\,\|$ then is a representation U of the group σ; we say that the invariant set *belongs to,* or *is associated with, the representation* U. The set is *primitive* if the corresponding representation is irreducible.

The classical example of the situation at hand is the sphere Π under the influence of the group σ of all rotations. Here the *spherical harmonics* of a given order form a primitive invariant set. In accordance with this example one will expect that *the primitive invariant sets form together a complete orthogonal system on* Π. We may stress the analogy by using the term *harmonic set of order* U instead of invariant set associated with the representation U.

Every abstract group σ allows a realization ("regular realization") the point field of which is the group manifold σ itself, and which represents the group element a by the transformation $s \rightarrow as$. In this case the columns of the irreducible representations are the primitive harmonic sets: thus an irreducible representation of degree h yields h linearly independent harmonic sets associated with it. For this case orthogonality was proved by Schur, completeness by Peter and the author.[1] The method can be carried over, practically

---

[1] I. Schur, Sitzungsber. Berl. Akad. 1905, p. 406; 1924, p. 199. Peter and Weyl, Math. Ann. **97** (1927), p. 737 (cited as PW).

without any change, to our more general problem which was first propounded and treated by E. Cartan.[2] It becomes in this case even more lucid since the coincidence of the point field with the group manifold in the special case is embarrassing rather than simplifying. Two observations caused me to come back to this problem after Cartan's paper:

1) It is not necessary to assume Π to bear a metric, for by means of the invariant volume measure on the group manifold one is able to form the mean value of a continuous function $f(P)$ on Π in the following way:

$$m(P) = \int_s f(s^{-1} P).$$

$\int_s$ denote the average with respect to s. We have

$$m(a^{-1} P) = \int_s f(s^{-1} a^{-1} P) = \int_t f(t^{-1} P) = m(P) \qquad [t = as].$$

Since every point Q can be derived from P by means of a transformation a^{-1} of the group, $m(Q)$ is equal to $m(P)$ for any two points P and Q; hence $m(P)$ is a constant m, and this constant may be called the *mean value* of $f(P)$:

$$m = \int_P f(P).$$

2) Cartan proves completeness in an indirect way, making use of kernels $F(P, Q)$ which are invariant for the transformations of the group:

$$(2) \qquad F(sP, sQ) = F(P, Q).$$

But one gets the relation of completeness holding for the function $f(P)$ quite directly if one, in even closer accordance with the procedure of Peter and myself, chooses

$$(3) \qquad F(P, Q) = \int_s \bar{f}(s^{-1} P)\, f(s^{-1} Q)$$

or, what amounts to the same thing, one considers, following E. Schmidt's theory of the eigen-values of asymmetric kernels, the two Hermitian conjugate operations

$$(4) \qquad \left. \begin{array}{c} f\ \varphi(P) \rightarrow \psi(s) = \int_P f(s, P)\, \varphi(P) \\[2em] f^*\ \psi(s) \rightarrow \varphi(P) = \int_s \bar{f}(s, P)\, \psi(s) \end{array} \right\} \quad \text{with } f(s, P) = f(s^{-1} P).$$

---

[2] Rend. Circ. Mat. di Palermo **53** (1929), p. 217.

(The notation of course is not intended to suggest that the two operators are reciprocal.)

Indeed, if $\gamma \neq 0$ is an h-fold eigen-value of $F(P, Q)$ with the h independent eigen-functions $\bar{\varphi}_\mu(P)$, chosen as a normalized, unitary-orthogonal system:

$$\int_P \bar{\varphi}_\mu(P)\, \varphi_\nu(P) = \delta_{\mu\nu},$$

then, on account of the invariance of F, $\bar{\varphi}_\mu(sP)$ is an eigen-function too, and $\{\varphi_1(P),\, \cdots,\, \varphi_h(P)\}$ is an invariant set of functions, eq. (1), associated with a definite representation U. The φ being normalized, this U is unitary.

$$(5) \qquad\qquad \alpha_\mu = \int_P f(P)\, \bar{\varphi}_\mu(P)$$

may denote the corresponding Fourier coefficients of f. A simple computation which is carried through in §2 yields

$$(6) \qquad\qquad h\gamma = \alpha_1 \bar{\alpha}_1 + \cdots + \alpha_h \bar{\alpha}_h.$$

Consequently, the theorem that the sum of the eigen-values of the kernel $F(P, Q)$ equals its trace, $\text{tr}\,(F) = \int_P F(P, P)$, leads immediately to the relation of completeness, for we have

$$F(P, P) = \int_s |f(sP)|^2 = \int_P |f(P)|^2, \qquad \text{tr}\,(F) = \int_P |f(P)|^2.$$

These preliminary remarks were intended for the expert who is familiar with Cartan's paper. I now embark upon the systematic exposition by which I should like to replace the two papers Peter-Weyl and Cartan. Concerning the group, we make those assumptions which grant the existence of a differential invariant volume measure on the group manifold (cf. PW). $P' = sP$ is to depend uniformly continuously on s and P. In the first part we discuss *orthogonality* in the same manner as Cartan discussed it; it is shown that at most h independent harmonic sets can be associated with an irreducible representation of degree h. The second part contains the proof of *completeness* and the *expansion* and *approximation theorems*.

I may point out, by the way, that the whole investigation could be carried through within the more general frame of *von Neumann's theory of almost periodic functions on arbitrary groups*.[3] Here group and point field need not be compact, nor even topological. On the contrary, we topologize the group manifold and the point field relatively to the given function f by agreeing to say that two group elements s and t, or two points P and Q, have a distance $\leq \epsilon$ if in the first case $|f(sP) - f(tP)| \leq \epsilon$ identically with respect to P, and if in the second case $|f(sP) - f(sQ)| \leq \epsilon$ identically with respect to s. Following

---

[3] Which will soon appear in the Trans. of the Amer. Math. Soc.

Bochner and von Neumann, f is called *almost periodic* if, in consequence of this topologizing, the two manifolds σ and Π become *"finite"* in the sense that, to every positive ϵ, one can choose a finite number of points such that every point has a distance $\leq \epsilon$ from one of these chosen points. (A "finite" country can be watched by a finite number of policemen, however small the radius of action of the single policeman may be!) Following von Neumann, $sf(P) = f(s^{-1}P)$, considered as a function of s, then has a mean value; this is independent of P and may. be taken as the mean value of the almost periodic function $f(P)$ on Π. When looked upon from this more general viewpoint, the present note should absorb my paper on integral equations and almost periodic functions, Math. Ann. **97** (1926), p. 338, as well as von Neumann's forthcoming paper on almost periodic functions on groups.

§1. Orthogonality

Let $\varphi(P)$ run through a harmonic set $\Re_h$ of continuous functions

$$(7) \qquad x_1 \varphi_1(P) + \cdots + x_h \varphi_h(P)$$

with the unitary basis $\varphi_\mu(P)$:

$$\int \bar\varphi_\mu(P)\, \varphi_\nu(P) = \delta_{\mu\nu}.$$

According to (1) it belongs to a definite unitary representation U: the function (7) with the parameters x_μ is carried over into the function with the parameters

$$x'_\mu = \sum_\nu u_{\mu\nu}(s)\, x_\nu$$

by means of the transformation s. If one makes a unitary change of basis, the representation is changed into a unitary-equivalent one. The harmonic set is called *primitive* provided the corresponding representation is irreducible. For well-known reasons of elementary unitary geometry it follows that a unitary representation can be completely decomposed into irreducible constituents; by means of the corresponding choice of basis $\Re_h$ breaks up into a number of mutually orthogonal *primitive* harmonic sets.

THEOREM 1. *The functions of two primitive sets belonging to inequivalent representations are mutually orthogonal.*

Let the two sets belonging to the inequivalent irreducible representations U and V consist of the functions

$$\varphi(P) = x_1 \varphi_1(P) + \cdots + x_h \varphi_h(P) \qquad \text{and}$$

$$\varphi'(P) = y_1 \varphi'_1(P) + \cdots + y_k \varphi'_k(P) \quad \text{respectively.}$$

$$(8) \qquad \int_P \bar\varphi(P)\, \varphi'(P) = \sum_{\mu,\,\nu} a_{\mu\nu}\, \bar x_\mu\, y_\nu$$

is invariant with respect to the substitutions $U(s)$ and $V(s)$ simultaneously performed on x and y:

$$U^*(s)AV(s) = A \qquad \text{or} \qquad AV(s) = U(s)A$$

A is the matrix of the $a_{\mu\nu}$, A^* in general the transposed-conjugate of A. In accordance with I. Schur's well-known lemma, this yields:

$$A = 0, \qquad a_{\mu\nu} = 0 \qquad \text{or} \qquad \int \bar\varphi_\mu\,\varphi'_\nu = 0.$$

THEOREM 2. *Two primitive harmonic sets $\varphi_\mu(P)$ and $\varphi'_\mu(P)$ associated with the same representation U satisfy the relations*

$$\int_P \bar\varphi_\mu(P)\,\varphi'_\nu(P) = c\delta_{\mu\nu}.$$

The constant c is determined by

$$(9) \qquad (\varphi, \varphi') \equiv \frac{1}{h}\int_P \sum_{\mu=1}^{h} \bar\varphi_\mu(P)\,\varphi'_\mu(P) = c.$$

Again one forms (8). Its coefficient matrix A commutes with all $U(s)$ and is therefore, according to Schur's lemma, a multiple c of the unit matrix.[4]

Consequences of Theorem 2: Being given several primitive harmonic sets $\varphi^{(1)}$, $\varphi^{(2)}$, $\cdots$ associated with the same representation U, every linear combination $a^{(1)}\varphi^{(1)} + a^{(2)}\varphi^{(2)} + \cdots$ is such a set ᵣgain. Within this linear manifold one may define a Hermitian metric by means of the scalar product (9), and hence one may choose the linearly independent among the sets such that $(\varphi^{(i)}, \varphi^{(k)}) = \delta_{ik}$. Theorem 2 then shows that *all* the functions of *all* the sets are orthogonal to each other:

$$\int_P \bar\varphi_\mu^{(i)}(P)\,\varphi_\nu^{(k)}(P) = \delta_{ik}\,\delta_{\mu\nu} = \begin{cases} 1 \text{ for } i = k,\ \mu = \nu \\ 0 \text{ in all other cases.} \end{cases}$$

This implies the statement: being given several linearly independent harmonic sets associated with the same irreducible representation U — so that no non-trivial linear relation

$$\sum_i{}' a^{(i)}\,\varphi_\mu^{(i)}(P) = 0$$

with constant coefficients $a^{(i)}$ exists — all the functions of the sets are linearly independent; that is, there does not exist any non-trivial relation of the form

---

[4] Theorem 2 implies the fact: An invariant set $\{\varphi_\mu(P)\}$ belonging to the *unitary irreducible* representation U satisfies equations

$$\int\bar\varphi_\mu(P)\,\varphi_\nu(P) = c\delta_{\mu\nu}.$$

Therefore only two cases are possible: either all the $\varphi_\mu(P)$ vanish ($c = 0$) or the $\varphi_\mu(P)$ are linearly independent and orthogonal (with a "normalizing" constant $c \neq 0$ however, instead of $c = 1$).

$$\sum_{i,\,\mu} a_\mu^{(i)}\, \varphi_\mu^{(i)}(P) = 0.$$

THEOREM 3. *There exist at most h linearly independent primitive harmonic sets associated with a given representation of degree h.*

Consider the transformed functions of the given sets:

$$s\varphi_\mu^{(i)}(P) = \varphi_\mu^{(i)}(s^{-1}P)$$

as functions of s. These functions of s are linearly independent as well as the functions $\varphi_\mu^{(i)}(P)$ of P, since P can be carried over into every point by means of a transformation s^{-1}. But these functions of s are, according to the equations

$$s\varphi_\mu^{(i)}(P) = \sum_{\nu} u_{\nu\mu}(s)\, \varphi_\nu^{(i)}(P),$$

linear combinations of the h^2 functions $u_{\nu\mu}(s)$. Hence their number cannot be greater than h^2 and the number of the sets cannot be greater than h.

The harmonic sets associated with a given irreducible representation of degree h form the elements of a linear family of $l \leq h$ dimensions. The basis $\varphi^{(i)}$ ($i = 1, \cdots, l$) within this family may always be chosen unitary according to the metric (9):

$$(\varphi^{(i)}, \varphi^{(k)}) = \delta_{ik}.$$

By this requirement the basis is determined but for an l-dimensional unitary transformation: a definite choice of the basis is called a *"normalization."*

Application to the regular realization: Let U be an irreducible representation of σ of degree h. The equation

$$U(a^{-1}s) = U(a^{-1})\, U(s) = U^{-1}(a)\, U(s) = U^*(a)\, U(s)$$

states that the columns $\varphi^{(1)}(s), \cdots, \varphi^{(h)}(s)$ of $U(s) : \varphi_\mu^{(i)}(s) = u_{\mu i}(s)$ are invariant sets on the group manifold associated with the representation $\overline{U}$; so in this case the maximum possible number h of existing linear invariant sets is reached. Since we have

$$\sum_{\nu} \bar{\varphi}_\nu^{(i)}(s)\, \varphi_\nu^{(k)}(s) = \delta_{ik}$$

($U(s)$ being unitary) there follows, in using the notation (9):

$$(\varphi^{(i)}, \varphi^{(k)}) = \frac{1}{h}\, \delta_{ik},$$

and hence the relations of orthogonality

$$\int_s \bar{u}_{\mu i}(s)\, u_{\nu k}(s) = \frac{1}{h}\, \delta_{\mu\nu}\, \delta_{ik},$$

first derived by I. Schur, obtain. In accordance with Theorem 1, the elements $u_{\mu i}(s)$, $v_{\nu k}(s)$ of the matrices $U(s)$, $V(s)$ of two inequivalent irreducible representations are unitary-orthogonal to each other.

§2. Completeness

Let $f(P)$ be a continuous function on Π. We call the mean value $\int_P \bar{f}(P)\, f(P)$ the *magnitude* $\|f\|^2$ of f. We form its *Fourier coefficients*

$$\int_P f(P)\, \bar{\varphi}_\mu(P) = \alpha_\mu$$

with respect to a given primitive harmonic set

$$\mathfrak{R}_h: \qquad \varphi_1(P), \cdots, \varphi_h(P)$$

of orthogonal functions.

$$(10) \qquad e(P) = \alpha_1 \varphi_1(P) + \cdots + \alpha_h \varphi_h(P)$$

is the orthogonal projection of f upon $\mathfrak{R}_h$; for we have

$$(11) \qquad \int_P (f(P) - e(P))\, \bar{\varphi}_\mu(P) = 0.$$

$$(12) \qquad \alpha_1 \bar{\alpha}_1 + \cdots + \alpha_h \bar{\alpha}_h,$$

the magnitude of e, is the "*contribution*" of $\mathfrak{R}_h$ to the magnitude of f. If one considers several independent primitive harmonic sets (1), (2), (3), $\cdots$ —which may be chosen in orthogonal normalization as far as they belong to the same representation—the sum of the individual contributions (1), (2), (3), $\cdots$ will certainly not surpass the total magnitude of f, according to Bessel's inequality. The theorem of completeness maintains that here the sign of equality holds, provided the sum be extended over a complete system of normalized primitive sets. This implies the fact that there exist sets occurring in f, if f is not identically zero. A set $\mathfrak{R}_h$ "occurs" in f, if its contribution (12) is different from zero; we shall say that $\mathfrak{R}_h$ occurs in f with a "*weight*"

$$= \frac{1}{h} (\alpha_1 \bar{\alpha}_1 + \cdots + \alpha_h \bar{\alpha}_h).$$

One proves the theorem of completeness by constructing the eigen-values and eigen-functions of the couple of Hermitian conjugate operators f, f^*, formula (4), following E. Schmidt. We are dealing with an eigen-function $\varphi(P)$ corresponding to the eigen-value γ, if $\varphi(P) \to \psi(s) \to \gamma \cdot \varphi(P)$, by performing first f and then f^*. At the same time $\psi(s)$ is carried over into $\gamma \cdot \psi(s)$ by the successive operations f^*, f (in reversed order). It is not quite, but nearly, true that every primitive harmonic set consists of eigen-functions of the couple (f, f^*)—so that the eigen-functions of such a couple are "essentially" independent of the nature of the function $f(P)$. The statement becomes correct if one normalizes the basis of harmonic sets associated with the same irreducible representation in an appropriate manner *dependent on f*. The proof rests upon the following fact.

The harmonic set $\varphi_\mu(P)$ of order U gives rise to a harmonic set $\hat{\varphi}_\mu(P)$ of the same order U by applying the operators f, f^*:

$$\varphi_\mu(P) \rightarrow \psi_\mu(s) \rightarrow \hat{\varphi}_\mu(P).$$

Indeed, we have

$$\hat{\varphi}_\mu(P) = \int_Q F(P, Q)\, \varphi_\mu(Q)$$

where $F = f^*f$ arises from f and f^* by means of "convolution":

$$F(P, Q) = \int_s f^*(P, s)\, f(s, Q) = \int_s \bar{f}(s^{-1}\,P)\, f(s^{-1}\,Q) \qquad \text{[compare (3)]}.$$

Hence

$$\hat{\varphi}_\mu(aP) = \int_Q F(aP, Q)\, \varphi_\mu(Q) = \int_Q F(aP, aQ)\, \varphi_\mu(aQ) = \int_Q F(P, Q)\, \varphi_\mu(aQ).$$

Consequently the $\hat{\varphi}_\mu(aP)$ are connected with the functions $\hat{\varphi}_\mu(P)$ by means of the same linear transformation $U(a^{-1})$ by which $\varphi_\mu(P)$ is carried over into $\varphi_\mu(aP)$.

Hence, $\varphi^{(i)}(P)$ $[i = 1, \cdots, l]$ being the l harmonic sets of the primitive order U in normalized form, equations like

$$\hat{\varphi}^{(i)}(P) = \sum_{k=1}^{l} c_{ik}\, \varphi^{(k)}(P)$$

will hold with constant coefficients c_{ik}:

$$c_{ik} = (\varphi^{(k)}, \hat{\varphi}^{(i)}) = \frac{1}{h} \sum_\mu \int_Q \int_P \bar{\varphi}_\mu^{(k)}(P)\, F(P, Q)\, \varphi_\mu^{(i)}(Q).$$

$\| c_{ik} \|$ is a Hermitian matrix: $\bar{c}_{ki} = c_{ik}$, since $F(P, Q)$ is a Hermitian kernel: $\bar{F}(Q, P) = F(P, Q)$. By appropriate choice of the unitary basis $\| c_{ik} \|$ may be reduced to the form

$$\left\|
\begin{array}{cccc}
\gamma_1 & & & \\
& \gamma_2 & & \\
& & \ddots & \\
& & & \gamma_l
\end{array}
\right\| ;$$

under such circumstances the set $\varphi^{(i)}(P)$ consists of eigen-functions of the couple (f, f^*) corresponding to the eigen-value γ_i.

For this reason we look for the primitive harmonic sets occurring in f by constructing, according to E. Schmidt, the eigen-values of this kernel arranged in decreasing order, and the corresponding eigen-functions. The essential steps may be briefly repeated as follows. We suppose that f is not identically zero. One forms the trace Γ^n of F^n, that is of the n-fold iterated kernel F. In particular

394

$$\Gamma^1 = \int_P |f(P)|^2 = \|f\|^2, \qquad\qquad \Gamma^2 = \int_P \int_Q |F(P, Q)|^2.$$

Γ^2 is > 0 since $F(P, P) = \Gamma^1 > 0$. We have the inequalities[5]

$$(13) \qquad\qquad \Gamma^{m+n} \leqq \Gamma^m \cdot \Gamma^n, \qquad (\Gamma^n)^2 \leqq \Gamma^{n-1} \cdot \Gamma^{n+1}.$$

Hence Γ^{n+1}/Γ^n increases monotonely towards a positive limit γ which is less or equal to $\sqrt[m]{\Gamma^m}$, in particular $\leqq \Gamma^1 = \|f\|^2$. For later use we note the inequality

$$(14) \qquad\qquad \Gamma^2 \leqq \gamma \cdot \Gamma^1.$$

$\Gamma^n/\gamma^n \geqq 1$ decreases monotonely towards a limit $h \geqq 1$, and $F^n(P, Q)/\gamma^n$ tends uniformly towards a limit $E(P, Q)$. Indeed, in writing $F^{n+1} = f*G^n f$ one gets from Schwarz's inequality

$$\left| \frac{F^{n+1}}{\gamma^{n+1}} - \frac{F^{m+1}}{\gamma^{m+1}} \right|^2 \leqq \frac{1}{\gamma^2} \cdot \int_s \int_t \left| \frac{G^n(s, t)}{\gamma^n} - \frac{G^m(s, t)}{\gamma^m} \right|^2 = \frac{1}{\gamma^2} \left(\frac{\Gamma^{2n}}{\gamma^{2n}} - 2 \frac{\Gamma^{n+m}}{\gamma^{n+m}} + \frac{\Gamma^{2m}}{\gamma^{2m}} \right).$$

(Here, for convenience' sake, we supposed $\|f\|^2$ to be $\leqq 1$.) $E(P, Q)$ is an invariant Hermitian kernel for which the following relations hold:

$$(15) \qquad FE = \gamma E, \qquad EE^* = EE = E, \qquad \text{tr}(E) = h \geqq 1.$$

On account of the second and third equations, one gets an expression

$$(16) \qquad E(P, Q) = \bar\varphi_1(P)\,\varphi_1(Q) + \cdots + \bar\varphi_h(P)\,\varphi_h(Q)$$

where the $\bar\varphi$ form the unitary-orthogonal system of the h eigen-functions of F corresponding to the eigen-value γ (consequently $h \geqq 1$ ultimately proves to be an integer!). $\varphi_\mu(s^{-1} P)$ is necessarily a linear combination of the $\varphi_\mu(P)$ themselves: the $\varphi_\mu(P)$ therefore form a harmonic set corresponding to a definite representation U of degree h. For, one has

$$\varphi_\mu(Q) = \int_P \varphi_\mu(P)\, E(P, Q),$$

hence

$$\varphi_\mu(s^{-1} Q) = \int_P \varphi_\mu(P)\, E(P, s^{-1} Q) = \int_P \varphi_\mu(s^{-1} P)\, E(s^{-1} P, s^{-1} Q)$$

$$= \int_P \varphi_\mu(s^{-1} P)\, E(P, Q) = \sum_\nu \varphi_\nu(Q) \int_P \varphi_\mu(s^{-1} P)\, \bar\varphi_\nu(P).$$

---

[5] For the proof of the following inequalities cf. Weyl, Math. Ann. **97** (1926), pp. 342–343. It is immaterial that the arguments of some of the kernels here considered vary within different fields (σ and Π). Of course, a trace like $\text{tr }(F) = \int_P F(P, P)$ can be formed only from a kernal $F(P, Q)$ the arguments of which vary in the *same* field. In proving the inequalities (13) one has to make use of the fact that the trace $\text{tr}(f^*f \cdots f^*f)$ of the $2n$-term convolution is not changed when one shifts the factors cyclically by one place.

The set $\{\varphi_\mu(P)\}$—if it is not primitive itself—can be split into primitive mutually orthogonal harmonic sets.

In performing first the operation f, then f^* [compare eq. (4)], we have

$$(17) \qquad \bar{\varphi}_\mu(P) \to \psi_\mu(s) \to \gamma\bar{\varphi}_\mu(P).$$

The $\psi_\mu(s)$ are orthogonal on σ; for,

$$(18) \qquad \int_s \bar{\psi}_\mu(s)\,\psi_\nu(s) = \int_P \int_Q \varphi_\mu(P)\,F(P, Q)\,\bar{\varphi}_\nu(Q) = \gamma \int_P \varphi_\mu(P)\,\bar{\varphi}_\nu(P) = \gamma\delta_{\mu\nu}.$$

And just as the $\bar{\varphi}_\mu$ are eigen-functions of $F = f^*f$ corresponding to the eigen-value γ, so are the $\psi_\mu(s)$ eigen-functions of $G = ff^*$ corresponding to the same eigen-value. From (18) there follows

$$(19) \qquad \int_s \sum_\mu \bar{\psi}_\mu(s)\,\psi_\mu(s) = h\gamma.$$

One finds

$$\psi_\mu(s) = \int_P f(s^{-1}P)\,\bar{\varphi}_\mu(P) = \int_P f(P)\,\bar{\varphi}_\mu(sP)$$

$$= \sum_\nu \bar{u}_{\nu\mu}(s^{-1}) \int_P f(P)\,\bar{\varphi}_\nu(P) = \sum_\nu u_{\mu\nu}(s)\,\alpha_\nu.$$

Since $U(s)$ is unitary, one obtains from this expression:

$$(20) \qquad \sum_\mu \bar{\psi}_\mu(s)\,\psi_\mu(s) = \alpha_1 \bar{\alpha}_1 + \cdots + \alpha_h \bar{\alpha}_h.$$

Comparison of (19) and (20) yields the relation (6) which is decisive for our whole investigation. γ being > 0, *the invariant set $\{\varphi_\mu(s)\}$ actually occurs in f*, namely with the weight γ. The same holds for any of the partial primitive harmonic sets into which the whole set may be decomposed.

The next step in constructing all primitive harmonic sets occurring in f consists in deducting from f the contribution just found out:

$$(21) \qquad f_1(P) = f(P) - e(P) = f(P) - \{\alpha_1\varphi_1(P) + \cdots + \alpha_h\varphi_h(P)\}$$

and in applying the same construction on f_1 which we carried through for f (provided f_1 does not vanish identically). In this way we get an invariant set $\varphi^{(1)}(P)$ consisting of $h_1 \geq 1$ terms and occurring in f_1 with a weight $\gamma_1 > 0$; the h_1 conjugate functions $\bar{\varphi}^{(1)}$ are eigen-functions of the kernel $F_1 = f_1^*f_1$ corresponding to the eigen-value γ_1. It is important to realize: 1) that the new functions $\varphi^{(1)}$ are orthogonal to the previous φ. Hence they occur in f with the same weight γ_1 as in f_1 and the $\bar{\varphi}^{(1)}$ are eigen-functions of the kernel F corresponding to the eigen-value γ_1. 2) $\gamma_1 < \gamma$.

We have

$$\int_s \int_Q f_1(s^{-1}P)\,f_1(s^{-1}Q)\,\bar{\varphi}_\nu^{(1)}(Q) = \gamma_1 \cdot \bar{\varphi}_\nu^{(1)}(P).$$

In multiplying the left side by $\varphi_\mu(P)$ and averaging over P, we get zero; for

$$\int_P \dot{f}_1(s^{-1} P)\, \varphi_\mu(P) = \int_P \dot{f}_1(P)\, \varphi_\mu(sP) \text{ is } = 0,$$

since $\varphi_\mu(sP)$ is a linear combination of the $\varphi(P)$ and since the equation

$$\int_P \dot{f}_1(P)\, \varphi_\mu(P) = 0$$

holds for every $\varphi_\mu(P)$. Consequently, as we maintained before:

$$\gamma_1 \cdot \int_P \varphi_\mu(P)\, \bar{\varphi}_\nu^{(1)}(P) = 0.$$

The subtracted function $e(P)$ gives rise to a corresponding kernel

$$e(s^{-1} P) = e(s, P)$$

which we compute to be

$$(22) \qquad e(s, P) = \sum_\nu \alpha_\nu\, \varphi_\nu(s^{-1} P) = \sum_{\nu,\,\mu} \alpha_\nu\, u_{\mu\nu}(s)\, \varphi_\mu(P) = \sum_\mu \psi_\mu(s)\, \varphi_\mu(P).$$

From this we derive following (17): $f*e = \gamma E$, and since we have, in addition to that, $e*e = \gamma E$ following (18), we get $f_1^* e = 0$, $e*f_1 = 0$, and hence $f*f = f_1^* f_1 + \gamma E$ or $F = \gamma E + F_1$. The last equation shows in the simplest manner that the $\varphi^{(1)}$, being orthogonal to the φ's, are eigen-functions of F as well as of F_1. Furthermore, iteration will give

$$F^n = \gamma^n E + F_1^n, \qquad \Gamma^n = h \cdot \gamma^n + \Gamma_1^n.$$

Hence Γ_1^n/γ^n tends towards zero with increasing n, and consequently the number γ_1 for which Γ_1^n/γ_1^n tends towards the limit $h_1 \geq 1$ is necessarily $< \gamma$.

After applying the construction p times, one is left with a certain remainder f_p. We have to prove—provided the construction does not come to an end by f_p becoming identically zero for a certain finite p—that

$$\Gamma_p^1 = \int_P |f_p(P)|^2 = \operatorname{tr}(f_p^* f_p)$$

tends towards zero with increasing p. From the relation (Bessel's inequality)

$$(23) \qquad (h + h_1 + \cdots + h_p)\, \gamma_p \leq h\gamma + h_1 \gamma_1 + \cdots + h_p \gamma_p$$

$$= \| e \|^2 + \| e_1 \|^2 + \cdots + \| e_p \|^2 \leq \| f \|^2 \leq 1$$

we first conclude only that γ_p tends to zero with increasing p. The connection with the result wanted is established by means of the inequality (14):

$$(24) \qquad \Gamma_p^2 \leq \gamma_p \cdot \Gamma_p^1.$$

Let us $\mathfrak{B}_\epsilon$ denote the domain on the group manifold to which s belongs if

$$(25) \qquad \int_P |f(s^{-1}P) - f(P)|^2 \leqq \epsilon^2.$$

One cannot be sure that $\mathfrak{B}_\epsilon$ has a volume in the Jordan sense, but we certainly can assign a positive lower bound V_ϵ for its volume. After division by the volume V of the whole group manifold, the fraction $w_\epsilon = V_\epsilon/V$ is a lower bound of the "probability" of s satisfying the inequality (25). I maintain: As soon as $\gamma_p \leqq \epsilon^2 \cdot w_\epsilon$,

$$\|f_p\|^2 = \|f\|^2 - \|e\|^2 - \|e_1\|^2 - \cdots - \|e_{p-1}\|^2 \leqq 4\epsilon^2.$$

PROOF:

$$G_p = f_p f_p^* = f f_p^*,$$

hence

$$G_p(s) \equiv G_p(s, \iota) = \int_P f(s^{-1}P) \tilde{f}_p(P).$$

(ι denotes the unit element on σ.)
$\Gamma_p^1 = \int_P |f_p(P)|^2 = G_p(\iota)$ may be put $= \delta_p^2$. Suppose it to be $> 4\epsilon^2$. Then

$$(26) \qquad G_p(\iota) > 2\epsilon\delta_p.$$

On the other hand,

$$G_p(s) - G_p(\iota) = \int_P \{f(s^{-1}P) - f(P)\} \tilde{f}_p(P),$$

and consequently, by means of Schwarz's inequality:

$$(27) \qquad |G_p(s) - G_p(\iota)|^2 \leqq \int_P |f(s^{-1}P) - f(P)|^2 \cdot \int_P |f_p(P)|^2 \leqq \epsilon^2 \cdot \delta_p^2 \text{ in } \mathfrak{B}_\epsilon.$$

We then have in $\mathfrak{B}_\epsilon$, according to (26) and (27):

$$|G_p(s)| > \epsilon\delta_p,$$

and therefore

$$\Gamma_p^2 = \int_s |G_p(s)|^2 > \epsilon^2 \delta_p^2 \cdot w_\epsilon.$$

This is in contradiction with the inequality (24) or $\Gamma_p^2 \leqq \gamma_p \delta_p^2$ as soon as $\gamma_p \leqq \epsilon^2 w_\epsilon$.

Let us number the orthogonal functions in the order in which we got them, without marking the individual sets:

$$\varphi_1(P), \varphi_2(P), \cdots$$

and let us now cancel the supplementary condition $\|f\|^2 \leqq 1$ again. Then, in taking account of the inequality (23), our final result reads as follows:

$$(28) \qquad \|f\|^2 - (\alpha_1 \bar\alpha_1 + \alpha_2 \bar\alpha_2 + \cdots + \alpha_n \bar\alpha_n) \leqq 4\epsilon^2 \|f\|^2 \qquad \text{for} \qquad n \geqq 1/\epsilon^2 w_\epsilon.$$

It was our intention to make the estimation as exact as possible.

Our construction will furnish *all* the primitive invariant sets occurring in f. This is readily seen in the following manner. It will furnish certain, let us say l' of the l mutually orthogonal primitive harmonic sets of order U. The remaining $l - l'$ cannot occur in f or they contribute nothing to the total magnitude of f, as is obvious from Bessel's inequality according to which the sum of all contributions cannot exceed $\|f\|^2$ whereas the contributions *which are furnished by our construction* alone give the whole amount $\|f\|^2$. Hence we may formulate our final result thus:

THEOREM 4. *We gave a construction yielding all the primitive invariant sets occurring in f, in a definite normalization and order depending on f.* (The order is such that the weights with which the successive sets occur in f form a monotonely decreasing sequence.) *The relation of completeness is valid; it can be supplemented by the explicit estimation of the remainder (28) if one keeps to the normalization and order originating from the construction.*

The *expansion theorem* now is an immediate consequence. We consider a function $g(P)$ of the form

$$g(P) = \int_s f(s^{-1} P)\, x(s).$$

Writing again

$$f(P) = \{e(P) + e_1(P) + \cdots + e_{p-1}(P)\} + f_p(P)$$

one has, according to Schwarz's inequality,

$$\left| \int_s f_p(s^{-1} P)\, x(s) \right|^2 \leqq \int_P |f_p(P)|^2 \cdot \int_s |x(s)|^2$$

and the remainder as $\int_s f_p(s^{-1} P)\, x(s)$ tends therefore to zero with increasing p in a manner that can be estimated explicitly. For the individual contribution we get from (22):

$$\int_s e(s^{-1} P)\, x(s) = \sum_{\mu=1}^{h} \beta_\mu \varphi_\mu(P) \qquad \text{with} \qquad \beta_\mu = \int_s \psi_\mu(s)\, x(s).$$

β_μ coincides with the Fourier coefficient of $g(P)$ with respect to $\varphi_\mu(P)$:

$$\int_P g(P)\, \bar\varphi_\mu(P) = \int_s \int_P f(s^{-1} P)\, \bar\varphi_\mu(P)\, x(s) = \int_s \psi_\mu(s)\, x(s).$$

THEOREM 5. *The Fourier series*

$$\beta_1 \varphi_1(P) + \beta_2 \varphi_2(P) + \cdots, \qquad\qquad \beta_i = \int g(P)\, \bar\varphi_i(P)$$

of a function g(P) of the form

$$g(P) = \int_s f(s^{-1} P) \, x(s)$$

converges uniformly to g(P).

Only the primitive sets of functions actually occurring *in f* appear in this expansion. They are ordered by decreasing weight in *f*, and the summation should be performed "by sections," without separating the terms of the individual primitive sets of functions.

One obtains the *theorem of approximation* in choosing $x(s)$ as a function which is $\neq 0$ only in the immediate neighborhood of the unit element:

THEOREM 6. *f(P) can be approximated uniformly by a finite sum of harmonics occurring in f.*

99.

On generalized Riemann matrices

Annals of Mathematics 35, 714—729 (1934)

In the following I intend to give a simpler and generalized formulation of the problem of complex multiplication of Riemann matrices, recently treated with such conclusive success by A. A. Albert.[1] All known propositions remain untouched by this generalization, which in my opinion is required by the nature of the subject.

§1. Foundations: Transfer of the function theoretical problem into the algebraic one

On a Riemann surface of connectivity $n = 2p$ (genus p), we take a basis α of the closed curves. Every closed curve ξ is homologous to a linear combination of the n basic curves, $\xi \sim \sum_\alpha x_\alpha \cdot \alpha$, by means of integers x_α. The "characteristic" $[\xi\eta]$ of any two closed curves ξ and $\eta \sim \sum_\alpha y_\alpha \cdot \alpha$ which gives the number of times ξ crosses η in summa in the positive sense is a non-degenerate skew-symmetric bilinear form

$$[\xi\eta] = \sum_{\alpha,\beta} c_{\alpha\beta}\, x_\alpha y_\beta \,; \qquad c_{\alpha\beta} = [\alpha\beta]$$

with integer coefficients. Transition to a new basis α of curves is performed by a unimodular integral transformation U. The construction of the integrals of the first kind through Dirichlet's principle naturally leads to associating a differential of the first kind dw_α with every closed curve α such that, for every closed curve β the real part $\Re \int_\beta dw_\alpha = c_{\alpha\beta} = [\alpha\beta]$ equals the characteristic of the two curves α and β.[2] Homologous curves α are associated with the same dw_α, addition of curves α leads to addition of the corresponding differentials dw_α. In this manner the basis of curves α gives rise to a "real basis" dw_α for the differentials of the first kind, consisting of n terms; every differential of the first kind dw can be uniquely expressed as a linear combination

$$(1) \qquad\qquad dw = \sum_\alpha x_\alpha \cdot dw_\alpha$$

---

[1] Rend. Circ. Mat. di Palermo **55** (1931), p. 57; Trans. Amer. Math. Soc. **33** (1931), p. 219; Annals of Math. **35** (1934), p. 1, to be continued. All work prior to 1928, in particular by Scorza, Rosati and Lefschetz, is reported in the latter's Report of the Committee on Rational Transformations, Bulletin of the National Research Council, **63** (1928), pp. 310–392.

[2] Weyl, Idee der Riemannschen Fläche, 2te Auflage, Leipzig, 1923, p. 98 and pp. 172–174. A general topological proof of the fact that the characteristic form is non-degenerate and even unimodular, which remains valid for higher dimensions and does not pass through the explicit construction of a canonical basis: Weyl, Revista Mat. Hispano-Americana, 1923, Theorem 10.

with constant real coefficients x_α. The basis dw_α transforms cogrediently with the basis α of the curves themselves. Whereas the real parts of the periods

$$\Re \int_\beta dw_\alpha = c_{\alpha\beta}$$

form an integral, non-singular, skew-symmetric matrix C, the imaginary parts

$$\Im \int_\beta dw_\alpha = s_{\alpha\beta}$$

are symmetric and the coefficients of a positive definite quadratic form. The definite character of the quadratic form $S = \Sigma\, s_{\alpha\beta}\, x_\alpha\, x_\beta$ may be described as the property of being non-singular in every real partial space of the total n-dimensional vector space. This is meant if we say that S is *totally regular in the field of real numbers*.[3]

When one operates with a real basis it is natural to ask how the differentials multiplied by i are expressed by the differentials themselves in a real manner:

$$(2) \qquad\qquad idw_\alpha = \sum_\gamma r_{\gamma\alpha}\, dw_\gamma \qquad\qquad (r_{\gamma\alpha} \text{ real constants}).$$

By integrating over β and taking the real part, one obtains the equations

$$-s_{\alpha\beta} = \sum_\gamma r_{\gamma\alpha}\, c_{\gamma\beta} \qquad \text{or} \qquad s_{\beta\alpha} = \sum_\gamma c_{\beta\gamma}\, r_{\gamma\alpha}.$$

Consequently the relation

$$(3) \qquad\qquad S = C\cdot R, \qquad R = C^{-1}S$$

holds for the matrices

$$C = \|\, c_{\alpha\beta}\, \|, \qquad S = \|\, s_{\alpha\beta}\, \| \qquad \text{and} \qquad R = \|\, r_{\alpha\beta}\, \|.$$

The transformation R has, according to its significance (2), the property

$$(4) \qquad\qquad R^2 = -1.$$

C and S occur in the problem of complex multiplication only in this combination R; and the only assumption concerning R that really matters is that R arises according to (3) from an arbitrary rational non-singular skew-symmetric matrix C and an arbitrary real symmetric totally-regular matrix S. The equation (4) does not play any part and will be discarded. Our generalization in comparison with the formulation used before consists exactly in wiping out this restriction $R^2 = -1$ (compare Appendix, §6).

The question of complex multiplication arises, for instance, when we consider an arbitrary (μ, ν)-valued correspondence $P \to Q$ on our Riemann surface. P determines the point Q ν-valued: $Q_1, \cdots, Q_\nu$.

$$dw_\alpha(Q_1) + \cdots + dw_\alpha(Q_\nu)$$

is a differential of the first kind with respect to P, let us say

$$= \sum_\gamma h_{\alpha\gamma}\cdot dw_\gamma(P).$$

---

[3] See Weyl loc. cit., p. 116. The form S is the Dirichlet integral of the general differential of the first kind (1) and hence positive.

If P runs over the cycle β, then $Q_1, \cdots , Q_\nu$ together travel over a certain cycle $\sum_\gamma a_{\gamma\beta} \cdot \beta$ (a integers). Hence as $\int_\beta dw_\alpha = c_{\alpha\beta} + is_{\alpha\beta}$, we have in an obvious notation:

$$(C + iS)A = H(C + iS).$$

This splits into the two real equations.

$$CA = HC \qquad \text{or} \qquad H = CAC^{-1} \text{ and}$$
$$SA = HS.$$

By substituting H from the first equation, the latter furnishes

$$C^{-1}SA = AC^{-1}S \qquad \text{or} \qquad RA = AR.$$

Let us replace the field of real numbers by any field P and the field of rational numbers by a subfield ρ of P; ρ is considered as the basic domain of rationality. Then we are concerned with the following problem:

Given a matrix R in P arising by equation (3) from a symmetric totally-regular matrix S in P and a skew-symmetric, non-singular matrix C in ρ, the algebra $\mathfrak{A}$ of all matrices A in ρ commuting with R is to be investigated. (In particular we should like to know how a *"Riemann matrix"* R looks, whose *"commutator algebra"* $\mathfrak{A}$ does not consist merely of the multiples of the unit matrix. Hence the problem is to investigate the structure of $\mathfrak{A}$ independently of R and then to find Riemann matrices R corresponding to a given $\mathfrak{A}$ of the ascertained structure.) One may now forget all except this problem.

Only transformations U whose coefficients lie in ρ ("rational transformations") of the coordinate systems are admissible. U carries C, S, R over into

$$U'CU, \qquad U'SU, \qquad U^{-1}RU.$$

§2. Poincaré's and Schur's theorems

POINCARÉ'S THEOREM: *A Riemann matrix R of the reduced form (5) can be completely decomposed into its parts R_1 and R_2 by means of an appropriate rational transformation U:*

$$(5) \qquad R = \begin{vmatrix} R_1 & 0 \\ \hline Q & R_2 \end{vmatrix} \rightarrow \begin{vmatrix} R_1 & 0 \\ \hline 0 & R_2 \end{vmatrix} \text{ by } U = \begin{vmatrix} 1 & 0 \\ \hline B & 1 \end{vmatrix}.$$

("Rational" always means: lying in ρ.)

One has to prove that Q can be brought into the form

$$(6) \qquad Q = BR_1 - R_2B$$

with a rational B. As a hypothesis to start with, we have the equation (3) or

$$\begin{vmatrix} C_{11} & C_{12} \\ \hline C_{21} & C_{22} \end{vmatrix} \cdot \begin{vmatrix} R_1 & 0 \\ \hline Q & R_2 \end{vmatrix} = \begin{vmatrix} S_{11} & S_{12} \\ \hline S_{21} & S_{22} \end{vmatrix}$$

at our disposal. This contains in particular:

$$(7) \qquad\qquad C_{22}\, R_2 \;=\; S_{22}.$$

S_{22} is non-singular as S is totally regular:

$$\det\,(S_{22}) \neq 0, \qquad \det\,(C_{22}) \neq 0.$$

Since C_{22} is skew-symmetric and S_{22} is symmetric, (7) yields by going over to the transposed matrices: $-R_2' C_{22} = S_{22}$,

$$(8) \qquad\qquad R_2' \;=\; -S_{22}\, C_{22}^{-1} \;=\; -C_{22}\, R_2\, C_{22}^{-1}.$$

Furthermore, we have

$$(9) \qquad\qquad S_{12} \;=\; C_{12}\, R_2, \qquad S_{21} \;=\; C_{21}\, R_1 + C_{22}\, Q.$$

The symmetry of S and the skew symmetry of C imply

$$S_{12}' \;=\; S_{21} \qquad \text{and} \qquad C_{12}' \;=\; -C_{21}.$$

Hence, according to (9):

$$-R_2'\, C_{21} \;=\; C_{21}\, R_1 + C_{22}\, Q.$$

In replacing R_2' here by the expression (8) we get, after cancellation of the factor C_{22} in front:

$$R_2\, C_{22}^{-1}\, C_{21} \;=\; C_{22}^{-1}\, C_{21}\, R_1 + Q.$$

Hence $B = -C_{22}^{-1}\, C_{21}$ satisfies the desired equation (6).

The proof has not even made use of the fact that S is totally regular in P but only in ρ; that is to say, the quadratic form S is supposed to be non-singular in any partial space spanned by vectors the components of which are numbers in ρ.

R is reducible if it can be rationally transformed into a reduced matrix like (5). $R \sim$ (equivalent) R' means that the matrix R' can be brought into coincidence with R through rational transformation. Following Poincaré's theorem, R may be decomposed into irreducible constituents $R_1, R_2, \cdots$, and it is allowed to assume that the equivalent ones among them are equal; in this manner R breaks up into "blocks" of equal irreducible parts. Some information about the rational commutators A of the splitting Riemann matrix R is provided by

SCHUR'S LEMMA: 1) *R_1 and R_2 being irreducible and inequivalent, zero is the only matrix A in ρ (of the right number of rows and columns) which satisfies the equation*

$$(10) \qquad\qquad R_1 A \;=\; A R_2.$$

2) *Matrices A in ρ which commute with an irreducible R, are either zero or non-singular.*

While A. A. Albert has to use an analogue of Schur's lemma in his treatment, which he proves in a manner similar to Schur's, we are led directly to a particular case of Schur's lemma as it is known in the theory of representations where the single matrix R is replaced by a whole system, in particular a group of matrices.

The commutators A of R, lying in ρ, split up, in consequence of part 1) of Schur's lemma, into *blocks* corresponding to the blocks of equal irreducible parts of R. For an individual block, however, like

$$(11) \qquad \begin{Vmatrix} R_1 & & \\ & R_2 & \\ & & R_3 \end{Vmatrix} \qquad (R_1 = R_2 = R_3 = \text{an irreducible } R^\cdot)$$

the commutators are of the shape

$$(12) \qquad A = \begin{Vmatrix} A_{11} & A_{12} & A_{13} \\ A_{21} & A_{22} & A_{23} \\ A_{31} & A_{32} & A_{33} \end{Vmatrix}$$

where the A_{ik} are arbitrary commutators of the irreducible $R^\cdot$ (Scorza's theorem).

The fact that $S = CR$ is symmetric finds its expression in the equation

$$(13) \qquad CR = R'C' = -R'C.$$

Corresponding to the decomposition of R into irreducible parts like (11), we write every matrix A in the form (12). Since S is totally regular, the parts S_{11}, S_{22}, S_{33} cannot be singular. According to $S = CR$ or $S_{11} = C_{11} R_1, \cdots$, the same holds for C_{11}, C_{22}, C_{33}. The equations

$$C_{11} R_1 = - R_1' C_{11}, \cdots$$

which are contained in (13) then show that $-R_i'$ is rationally equivalent to R_i. Hence, according to part 1) of Schur's lemma and to equation (13), the matrix C splits up into blocks in the manner described before for the commutators A. For an individual block C has the form

$$\begin{Vmatrix} C_{11} & C_{12} & C_{13} \\ C_{21} & C_{22} & C_{23} \\ C_{31} & C_{32} & C_{33} \end{Vmatrix}.$$

C stays skew-symmetric and non-singular, and the corresponding $S = CR$ stays symmetric and totally regular if one cancels the lateral terms C_{ik} ($i \neq k$), i.e. if one now chooses C equal to

$$\begin{Vmatrix} C_{11} & 0 & 0 \\ 0 & C_{22} & 0 \\ 0 & 0 & C_{33} \end{Vmatrix}.$$

Following these results we may restrict ourselves for further investigation to an *irreducible R*. The rational commutators A of an irreducible R form according to part 2) of Schur's lemma, a *division algebra* $\mathfrak{A}$.

§3. The involution of the commutator algebra $\mathfrak{A}$.

Any rational commutator A of the irreducible R gives rise by dint of the equation $CA = B$, to a matrix B satisfying the equation

$$(14) \qquad\qquad BR = -R'B.$$

Conversely, any rational B satisfying this equation is of the form CA, A being a commutator. Transposition of (14) yields this same relation for B'. Hence B' must equal CA^* where the second factor A^* again is a commutator:

$$CA^* = (CA)' = A'C' = -A'C.$$

Thus, after canceling the minus sign, we find that every commutator A is associated with a "dual" one

$$(15) \qquad\qquad A^* = C^{-1}A'C.$$

The transition $A \to A^*$ is first an *anti-automorphism*:

$$(A_1 A_2)^* = A_2^* A_1^*,$$

second, an *involution*. For the equation $CA^* = A'C$ changes by transposition into

$$-A^{*\prime}C = -CA \qquad \text{or} \qquad A^{**} = A.$$

We have thus proved the theorem of *Rosati*:[4]

The division algebra $\mathfrak{A}$ permits an anti-automorphic involution $A \to A^*$.

It may be observed that all previous results remain valid if C is a *symmetric* rather than an anti-symmetric, non-singular matrix in ρ; in this case the number of dimensions n need not be even.

The matrix algebra $\mathfrak{A}$ can be considered as the representation of an abstract division algebra $\mathfrak{a}$ in ρ the fundamental operations of which are: addition and multiplication of quantities of $\mathfrak{a}$, multiplication of a quantity a of $\mathfrak{a}$ by a number of ρ, and involution $a \to a^*$. The latter has the properties

$$(a + b)^* = a^* + b^*, \qquad (\lambda a)^* = \lambda a^*, \qquad (ab)^* = b^*a^* \quad (\lambda = \text{number in } \rho).$$

We call this an *involutorial division algebra*. $\mathfrak{a}$ has only one irreducible representation $\mathfrak{A}$: $a \to A = A(a)$ in ρ. The most general representation of $\mathfrak{a}$, and hence in particular the matrix algebra with which we dealt and which may be denoted by $\underline{\mathfrak{A}}$ for the rest of this section, is a multiple of $\mathfrak{A}$; the matrix $\underline{A}$ associated with the quantity a in $\underline{\mathfrak{A}}$ splits into t times the matrix A.

---

[4] Rend. Circ. Mat. di Palermo **53** (1929), p. 79–134.

Hence we proceed as follows: we start with an involutorial division algebra $\mathfrak{a}$ in ρ and its irreducible representation $\mathfrak{A}$. In $\mathfrak{A}$ the dual element a^* may be associated with the matrix A^*. $a^* \to A'$ as well as $\mathfrak{A}$: $a^* \to A^*$ defines a representation of $\mathfrak{a}$; so the former must be equivalent to $\mathfrak{A}$, i.e. there exists a non-singular matrix C_0 in ρ satisfying the equation

$$A(a^*) \;=\; C_0^{-1}\, A'(a) C_0$$

identically with respect to a. The most general matrix C which fulfills the same equation

$$(16) \qquad\qquad CA^* \;=\; A'C$$

identically in a is of the form $C = C_0 L$ where L commutes with all matrices A of $\mathfrak{A}$. The algebra of these L may be denoted by $\mathfrak{L}$, more exactly by $\mathfrak{L}_\rho$ or $\mathfrak{L}_P$ according to whether we suppose that L lies in ρ or P. $\mathfrak{L}_\rho$ is a division algebra on account of the irreducibility of $\mathfrak{A}$, and consequently any C satisfying the equation (16) is either 0 or non-singular.

If one changes the equation (16) for $C = C_0$ to the transposed one, and exchanges A with A^*—which one is justified in doing because of the involutorial character of the mapping $a \to a^*$—one sees that C_0' satisfies the same equation. For this reason one can choose C_0 *either symmetric or skew-symmetric*. For if C_0 is not symmetric, one forms $C_0 - C_0' = C^0$; this is a solution of (16), $\neq 0$ and hence, according to our above remark, non-singular, so we can use C^0 instead of C_0.

Let C_0 be symmetric or skew-symmetric from now on. The fact that the equation (16) is satisfied by C' if by C, shows that the matrix $L^* = C_0^{-1} L' C_0$ always lies in $\mathfrak{L}$ if L does. L may be called *even* or *odd* according as $L^* = \pm L$. Any L is the sum of an even and an odd L. If we start with the irreducible matrix algebra $\mathfrak{A}$, the corresponding matrices C and S have to be of the form

$$\cdot C \;=\; C_0 L, \qquad S \;=\; C_0 M,$$

where L and M are even or odd matrices in $\mathfrak{L}_\rho$ and $\mathfrak{L}_P$ respectively,—even or odd according to whether or not C and S are to be of the same parity as C_0.

$$R \;=\; C^{-1} S \;=\; L^{-1} M$$

is a matrix in $\mathfrak{L}_P$ which can be obtained in this manner from an even or odd matrix L in $\mathfrak{L}_\rho$ and an even or odd matrix M in $\mathfrak{L}_P$.

If $\mathfrak{A}$ equals t times the irreducible representation $\mathfrak{A}$, we choose as our $\mathbf{C_0}$ the matrix that decomposes into t times C_0. The most general matrix $\mathbf{L}$ of $\underline{\mathfrak{L}}$ is of shape

$$\left\|\begin{array}{ccc} L_{11} & \cdots & L_{1t} \\ \cdot\cdot & \cdots & \cdot\cdot \\ L_{t1} & \cdots & L_{tt} \end{array}\right\|$$

where the L_{ik} are arbitrary matrices in $\mathfrak{L}$. $\mathbf{L}^* = \mathbf{C}_0^{-1}\,\mathbf{L}'\,\mathbf{C}_0$. $\mathbf{L}'$ will be even: $\mathbf{L} = \mathbf{L}^*$, if the L_{ii} along the main diagonal are even, and if equations like $L_{21} = L_{12}^*$ hold for the lateral terms. $\mathbf{R} = \mathbf{L}^{-1}\,\mathbf{M}$; $\mathbf{L}$ in $\mathfrak{L}_\rho$, $\mathbf{M}$ in $\mathfrak{L}_P$, $\mathbf{L}$ and $\mathbf{M}$ even or odd.

The commutator algebra of the $\mathbf{R}$, to which we are led in this way, comprises the given $\mathfrak{A}$ without being necessarily identical with it.   The general solution $\mathbf{R}$, however, will depend on certain parameters, and one might expect that the commutator algebra will not embrace more than $\mathfrak{A}$ if these parameters avoid certain special conditions.

The question as to whether the rational non-singular C_0, which by means of (15) effects the transition $A \to A^*$ is to be chosen symmetrically or skew-symmetrically, can be decided by more refined tools only,—at least in the case of even dimensionality (compare section 5).   For odd dimensionality, of course, only the case of a symmetric C_0 can occur.   For a two-term *reducible* representation $\mathfrak{A}$ ($t = 2$) both possibilities may be arrived at: for one may put

$$\mathbf{C}_0 = \left\|\begin{matrix} 0 & C_{12} \\ C_{21} & 0 \end{matrix}\right\|$$

and take as C_{12} a rational non-singular solution of (16) and $C_{21} = \pm\, C_{12}'$ according as one wishes a symmetric or a skew-symmetric $\mathbf{C}_0$.   The same remark holds in general for even t.

The result of these considerations is: that *our problem can be reduced essentially to the construction of all involutorial division algebras in ρ.*

For more detailed analysis one will have recourse to the *splitting fields* of the division algebra $\mathfrak{a}$ and the corresponding factor systems according to I. Schur and R. Brauer.[5]   This method even before it yields the algebra $\mathfrak{a}$ and its representation $\mathfrak{A}$, leads to the algebra $\mathfrak{L}$ of the matrices commutable with $\mathfrak{A}$ in which the Riemann matrix R lies.

§4. Adjunction of the centrum

From now on we discard the use of the bold-face symbols: unless otherwise stated, $\mathfrak{A}$ denotes either the irreducible representation of $\mathfrak{a}$ or a multiple of it. Following Schur (loc. cit.) one may proceed as follows.   Let A be a matrix of the rational commutator algebra $\mathfrak{A}$.   The characteristic polynomial $|\,\lambda 1 - A\,|$ of A ($1 =$ unit matrix, λ the variable) shall be decomposed into its irreducible factors in ρ: $\prod\varphi(\lambda)$.   For an individual factor $\varphi(\lambda)$ of degree h, one has $|\,\varphi(A)\,| = 0$ and hence $\varphi(A) = 0$.   Let us start in the vector space of the transformations A with a vector $e \neq 0$ and then form the series $e,\ Ae,\ A^2e,\ \cdots$.   They span an h-dimensional partial space invariant with respect to A, in which the transformation A has the characteristic polynomial $\varphi(\lambda)$ with its roots

---

[5] Schur, Trans. Amer. Math. Soc. (2) **15** (1909), p. 159.   Brauer, Math. Zschr. **28** (1928), p. 67.

$\alpha_1, \cdots, \alpha_h$ all different from each other. By repeating the construction a second time for a vector e' not contained in the partial space thus found, a third time, $\cdots$, finally a νth time, one breaks up the whole vector space in a number of partial spaces of the described kind. Hence the characteristic polynomial in the total vector space equals $\{\varphi(\lambda)\}^\nu$, and in an appropriate co-ordinate system A becomes a diagonal matrix along the main diagonal of which appears t times the number α_1, then t times the number α_2, and so on. As one readily sees from the equation $RA = AR$, the matrix R splits up in this (non-rational!) co-ordinate system into h matrices of order ν:

$$(17) \qquad R = \left\| \begin{array}{ccc} R_1 & & \\ & \ddots & \\ & & R_h \end{array} \right\|.$$

Let **P** be again, and from now on, the field of all real numbers. By performing the transformation into the co-ordinate system just introduced, possibly not real, the matrices C and S shall be treated as the coefficient matrices of bilinear forms of the variables $\bar{x}_\alpha$ and y_α:

$$\sum_{\alpha\beta} c_{\alpha\beta}\, \bar{x}_\alpha\, y_\beta\,, \qquad\qquad \sum_{\alpha\beta} s_{\alpha\beta}\, \bar{x}_\alpha\, y_\beta\,,$$
$$C \to \bar{U}'CU\,, \qquad\qquad S \to \bar{U}'SU\,.$$

$\sum s_{\alpha\beta}\, \bar{x}_\alpha\, x_\beta$ then remains a definite Hermitian form; the conditions of symmetry read $\bar{C}' = -\,C,\ \bar{S}' = S$. In agreement with (17) we write, with reference to the new co-ordinate system,

$$(18) \qquad C = \left\| \begin{array}{ccc} C_{11} & \cdots & C_{1h} \\ \cdots\cdots\cdots \\ C_{h1} & \cdots & C_{hh} \end{array} \right\|, \qquad S = \left\| \begin{array}{ccc} S_{11} & \cdots & S_{1h} \\ \cdots\cdots\cdots \\ S_{h1} & \cdots & S_{hh} \end{array} \right\|.$$

We have $C_{ii} R_i = S_{ii}$. Here S_{ii} is non-singular and hence C_{ii} has to be non-singular too. The relation (15) defining the anti-automorphic involution now reads as follows:

$$A^* = C^{-1}\bar{A}'\,C\,, \qquad\qquad CA^* = \bar{A}'C\,,$$

since in this shape it is invariant with respect to arbitrary, even complex co-ordinate transformations.

We want to prove (*Rosati's theorem*):

If A is even or odd, the matrix C splits up like R corresponding to the numerically different roots α_i of A: $C_{ik} = 0$ for $i \neq k$ in (18). The roots α are real for an even A; they are pure imaginary for an odd A.

Indeed by using the even A in its diagonal normal form, the equation

$$A = C^{-1}\bar{A}'C \qquad\qquad \text{or} \qquad\qquad CA = \bar{A}'C$$

takes on the form

$$C_{ik}(\bar{\alpha}_i - \alpha_k) = 0\,.$$

Putting $i = k$ yields $\bar{\alpha}_i = \alpha_i$ as C_{ii} is non-singular and hence $\neq 0$. For $i \neq k$ we then get $C_{ik} = 0$ on account of $\alpha_i = \bar{\alpha}_i \neq \alpha_k$. The proof runs along similar lines for an odd A.

The centrum $\mathfrak{z}$ of the algebra $\mathfrak{a}$ is isomorphic to a number field k over ρ of degree h. We are going to replace ρ by k and hence to consider $\mathfrak{a}$ as an algebra over k (the fundamental operations in $\mathfrak{a}$ are then: addition and multiplication of the quantities in $\mathfrak{a}$, multiplication of a quantity in $\mathfrak{a}$ by a number λ in k). Let us apply Rosati's theorem to the matrices A of the centrum only. It proves to be natural, following Lefschetz and Albert, to distinguish two cases.

1) All quantites a of $\mathfrak{z}$ are even: $a^* = a$. By using the determining quantity a_0 of the field $\mathfrak{z}$ and its corresponding matrix A_0, one realizes that k is a totally real field; that is to say, k and all its conjugate fields with respect to ρ are real. In the co-ordinate system in which A_0 is a diagonal matrix, not only R, C, and S, but all matrices A of the algebra $\mathfrak{A}$, break up into parts corresponding to the h numerically different roots α_i of A_0; for every A commutes with A_0. Incidentally, $\rho(\alpha_i) = k_i$ are the h conjugate fields of k. Our problem in ρ reduces to the analogous problem in the "central field" k, the dimensionality n being lowered to $\nu = n/h$.

2) The set $\mathfrak{z}_0$ of the even quantities of $\mathfrak{z}$ does not exhaust the whole $\mathfrak{z}$. Under such circumstances $\mathfrak{z}$ arises from the field $\mathfrak{z}_0$ by adjoining an odd quantity b_0, the square of which b_0^2 lies in $\mathfrak{z}_0$. As $\mathfrak{z}_0$ is isomorphic to a totally real number-field k_0, the centrum $\mathfrak{z}$ is isomorphic to a quadratic extension k of k_0 arising from k_0 by adjoining the square root of a totally negative number γ_0 in k_0. Let us first apply Rosati's theorem to a determining quantity a_0 of $\mathfrak{z}_0$ resulting in the decomposition effected by the transition from ρ to k_0 and then apply it to b_0 for the transition from k_0 to k. The result is the same as in case 1), with the difference, however, that the involution $a \to a^*$ is not reflected as the identity $\lambda \to \lambda$ in the central field k, but as the change $\lambda \to \bar{\lambda}$ to the conjugate complex. The field K into which P extends, by adjoining the numbers of k, coincides with the field of all real numbers in case 1), and with the field of all complex numbers in case 2). The partial matrices R_i of R, (17), lying in K are irreducible in the conjugate fields k_i, for any reduction of them would result in a corresponding reduction of R in ρ. Our problem now has been reduced to the following:

1) Let k be a totally-real number-field, or a number field originating from such a field by adjoining the square root of a totally negative number γ_0 in it. Construct the most general involutorial division algebra over k, with k as its centrum; the involutorial correspondence is supposed to have the properties

$$(a + b)^* = a^* + b^*, \qquad (ab)^* = b^*a^*, \qquad (\lambda a)^* = \bar{\lambda}a^*,$$

where λ is any number of the central field k.

2) Let $\mathfrak{A}: a \to A$ be one of the representations of $\mathfrak{a}$ in k (the irreducible one, or one of its multiples), and let C_0 be a symmetric or skew-symmetric non-

singular matrix in k, by means of which the given involution $A \to A*$ is expressed by the relation

$$A* = C_0^{-1} \bar{A}' C_0 .$$

Construct first the algebra $\mathfrak{L}$ ($\mathfrak{L}_k$ or $\mathfrak{L}_K$) of all matrices in k or K commutable with $\mathfrak{A}$ and then in the most general way a Riemann matrix R (lying in $\mathfrak{L}_K$ and) possessing $\mathfrak{A}$ as its commutator algebra.

§5. Splitting field

The order of the division algebra $\mathfrak{a}$ is a square m^2. With respect to an appropriate splitting field $k(\vartheta)$ over k of degree m, and a corresponding co-ordinate system, the general matrix A of the irreducible representation $a \to A$ of $\mathfrak{a}$ splits up into conjugate m-rowed matrices A_α lying in the m conjugate fields $k(\vartheta_\alpha)$. The individual set $\mathfrak{A}_\alpha = \{A_\alpha\}$ is absolutely irreducible and not only irreducible in $k(\vartheta_\alpha)$. The different A_α are equivalent to each other, since k is the centrum, and accordingly there exist definite non-singular "conjugate" matrices $P_{\alpha\beta}$ in the fields $k(\vartheta_\alpha, \vartheta_\beta)$ satisfying the relations

$$(19) \qquad\qquad P_{\alpha\beta} A_\beta = A_\alpha P_{\alpha\beta} \qquad\qquad (P_{\alpha\alpha} = \text{unit matrix})$$

for every a. The $P_{\alpha\beta}$ in their turn satisfy equations of the form

$$(20) \qquad\qquad P_{\alpha\beta} P_{\beta\gamma} = c_{\alpha\beta\gamma} \cdot P_{\alpha\gamma} .$$

The numbers $c_{\alpha\beta\gamma}$ form the *factor set*. With respect to the same co-ordinate system (which is irrational in k), the most general matrix L commutable with all A is of the form

$$|| z_{\alpha\beta} P_{\alpha\beta} || \qquad\qquad (z_{\alpha\beta} \text{ conjugate numbers}).$$

In case 1) $a* \to A_\alpha'(a)$ as well as $a* \to A_\alpha(a*) = A_\alpha^*$, is a representation of $\mathfrak{a}$ in $k(\vartheta_\alpha)$. Hence an equation like

$$(21) \qquad A_\alpha^* = C_\alpha^{-1} A_\alpha' C_\alpha \qquad \text{or} \qquad C_\alpha A_\alpha^* = A_\alpha' C_\alpha$$

necessarily holds with fixed non-singular conjugate matrices C_α in $k(\vartheta_\alpha)$. C_α is uniquely determined by this equation but for a numerical factor, as the set of the A_α is absolutely irreducible. Consequently

$$C_\alpha' = \mu_\alpha C_\alpha .$$

This equation leads at once to the condition $\mu_\alpha^2 = 1$ and hence the numerical factor μ_α equals $+1$ or -1. Thus the distinction, C_α symmetric or skew-symmetric, is urged upon us. The matrix C splitting up into the C_α is rational in the original co-ordinate system, and it brings about the transition $A \to A*$ by means of (15).

The matrices $\check{P}_{\alpha\beta} = P_{\alpha\beta}'^{-1}$, contragredient to the $P_{\alpha\beta}$, satisfy the same relations (19) for A_α' which the $P_{\alpha\beta}$ satisfy for A_α. Hence we must have $\check{P}_{\alpha\beta} = y_{\alpha\beta} P_{\alpha\beta}$

on account of (21). Since the factor set of the $\check{P}_{\alpha\beta}$ equals $1/c_{\alpha\beta\gamma}$ by (20), there follows

$$c_{\alpha\beta\gamma}^2 = \frac{y_{\alpha\gamma}}{y_{\alpha\beta}\,y_{\beta\gamma}} \qquad \text{or} \qquad c_{\alpha\beta\gamma}^2 \sim 1:$$

the "exponent" of the factor set, and consequently—due to a rather profound proposition concerning division algebras over an algebraic number-field,[6] — the Schur index m must equal 1 or 2.

$m = 1$ is the trivial case where the division algebra $\mathfrak{a}$ over k coincides with k, and where the t-dimensional reducible representation $\mathfrak{A}$ consists of the multiples of the unit matrix lying in k.

In the case $m = 2$, $\mathfrak{a}$ is a quaternion algebra over k; its quantities have the form

$$a = c_0 + c_1\,\epsilon_1 + c_2\,\epsilon_2 + c_3\,\epsilon_3; \qquad (c_i \text{ numbers in } k)$$

$\epsilon_1^2 = e$ and $\epsilon_2^2 = b$ lie in k,[7] $\epsilon_3 = \epsilon_1\epsilon_2 = -\epsilon_2\epsilon_1$. Let us write the quantities a of $\mathfrak{a}$ as

$$a = \rho + \bar{\sigma}\epsilon_2 = (\rho,\,\sigma)$$

where ρ and σ are numbers in $k(\sqrt{e})$.

$$\rho = c_0 + c_1\,\epsilon_1 \sim \rho = c_0 + c_1\sqrt{e}, \qquad \bar{\rho} = c_0 - c_1\sqrt{e}; \qquad \sigma = c_2 + c_3\sqrt{e}.$$

The multiplication $(\xi',\,\eta') = (\rho,\,\sigma)(\xi,\,\eta)$ is then expressed as the linear substitution

$$\xi' = \rho\xi + b\bar{\sigma}\eta,$$

$$\eta' = \sigma\xi + \bar{\rho}\eta.$$

Thus the quantities of k can be looked upon as the matrices of the form

$$A_1 = \left\|\begin{matrix} \rho, & b\bar{\sigma} \\ \sigma, & \bar{\rho} \end{matrix}\right\| \qquad \text{in} \qquad k(\sqrt{e}).$$

The irreducible representation of $\mathfrak{a}$ in k if properly normalized, splits up by the substitution

(22)

$$\left\|\begin{matrix} 1 & 0 & 1 & 0 \\ 0 & 1 & 0 & 1 \\ \sqrt{e} & 0 & -\sqrt{e} & 0 \\ 0 & \sqrt{e} & 0 & -\sqrt{e} \end{matrix}\right\|$$

---

[6] R. Brauer, H. Hasse, E. Noether, Journ. f. reine u. angew. Mathem. **167**, 1931, p. 401. Cf. A. A. Albert, Annals of Math. **33**, 1932, pp. 311–318.

[7] e and b are such that the equation $ex^2 + by^2 = 1$ cannot be solved by numbers x, y in k.

into the two conjugate parts A_α $(\alpha = 1, 2)$ in the splitting field $k(\sqrt{e})$:

$$A = \left\|\begin{array}{cc|cc} \rho, & b\bar{\sigma} & & \\ \sigma, & \bar{\rho} & & \\ \hline & & \bar{\rho}, & b\sigma \\ & & \bar{\sigma}, & \rho \end{array}\right\| .$$

From

$$P_{12} = \left\|\begin{array}{cc} 0 & b \\ 1 & 0 \end{array}\right\|$$

one finds as the most general matrix commuting with all A:

$$L = \left\|\begin{array}{cc|cc} \alpha & 0 & 0 & b\beta \\ 0 & \alpha & \beta & 0 \\ \hline 0 & b\bar{\beta} & \bar{\alpha} & 0 \\ \bar{\beta} & 0 & 0 & \bar{\alpha} \end{array}\right\|$$

$\alpha, \bar{\alpha}; \beta, \bar{\beta}$ must be two pairs of conjugate numbers in $k(\sqrt{e})$ (or conjugate complex numbers), if this matrix is to lie in k (or the field K of real numbers respectively) after undoing the co-ordinate transformation (22).

Two typical anti-automorphic involutions $a \to a^*$ are the following ones:

$$\epsilon_1 \to -\epsilon_1, \quad \epsilon_2 \to \epsilon_2, \quad \epsilon_3 \to \epsilon_3 \quad \text{or} \quad (\rho, \sigma) \to (\bar{\rho}, \sigma);$$

$$\epsilon_1 \to -\epsilon_1, \quad \epsilon_2 \to -\epsilon_2, \quad \epsilon_3 \to -\epsilon_3 \quad \text{or} \quad (\rho, \sigma) \to (\bar{\rho}, -\sigma).$$

We are going to treat both involutions simultaneously, the upper sign always referring to the first, the lower to the second. A C_α satisfying the equation (21) is given by

$$C_1 = C_2 = \left\|\begin{array}{cc} 0 & 1 \\ \pm 1 & 0 \end{array}\right\| :$$

$$\left\|\begin{array}{cc} 0, & 1 \\ \pm 1, & 0 \end{array}\right\| \cdot \left\|\begin{array}{cc} \bar{\rho}, & \pm b\bar{\sigma} \\ \pm\sigma, & \rho \end{array}\right\| = \left\|\begin{array}{cc} \rho, & \sigma \\ b\bar{\sigma}, & \bar{\rho} \end{array}\right\| \cdot \left\|\begin{array}{cc} 0, & 1 \\ \pm 1, & 0 \end{array}\right\| .$$

C_1 is symmetric for the first, and skew-symmetric for the second involution! The matrix C^0 splitting up into C_1 and $C_2 = C_1$ fulfills the equation (15). The most general such matrix has the form $C^0 L$, that is

$$C = \begin{array}{|cc|cc|}
\hline
0 & \alpha & \beta & 0 \\
\pm\alpha & 0 & 0 & \pm b\beta \\
\hline
\bar{\beta} & 0 & 0 & \bar{\alpha} \\
0 & \pm b\bar{\beta} & \pm\bar{\alpha} & 0 \\
\hline
\end{array} \, .$$

C is symmetric for the first involution if α is arbitrary, and $\bar{\beta} = \beta$ (three free parameters in k or K respectively!); it is skew-symmetric if $\alpha = 0, \bar{\beta} = -\beta$ (one parameter). As to the second involution, C is skew-symmetric if α is arbitrary and $\bar{\beta} = -\beta$; it is symmetric if $\alpha = 0, \bar{\beta} = \beta$. This important example shows how the possibilities provided by the general theory may occur together.

The situation is much more complicated in the second case when k is obtained by quadratic imaginary extension of a totally real field. The method of factor sets, however, seems to be appropriate here also for studying the conditions prevailing in a given splitting field of minimum degree m (which need not be either cyclic or even Galois). We note only that the distinction between a symmetric or skew-symmetric C generating the involution $A \to A^* = C^{-1}\bar{A}'C$ now becomes irrelevant. For any symmetric C: $\bar{C}' = C$ gives rise to a skew-symmetric one through multiplication by the purely imaginary number $\sqrt{\gamma_0}$ which extended k_0 to yield k, and vice versa. For all further developments we refer the reader to Albert's paper in the Annals, 1931.

§6. Appendix: Relationship of the new formulation to the usual one

Again we consider the basis α of closed curves on the Riemann surface, and its characteristic form C with coefficients $c_{\alpha\beta}$ ($\alpha, \beta = 1, 2, \cdots, n$). The matrix C is rational, non-singular and skew-symmetric. Let us choose this time the real basis $dw_\alpha = du_\alpha + idv_\alpha$ of the differentials of the first kind in an arbitrary manner independent of the basis α. The matrices $\| u_{\alpha\beta} \|, \| v_{\alpha\beta} \|$ of the real and imaginary parts of the periods

$$u_{\alpha\beta} = \int_\alpha du_\beta, \qquad v_{\alpha\beta} = \int_\alpha dv_\beta$$

may be designated by F and G. From the Dirichlet integral we readily obtain the fact that the bilinear form with the coefficient matrix

$$(23) \qquad\qquad F'C^{-1}G = S$$

is symmetric and the corresponding quadratic form positive definite. Under the influence of an arbitrary *rational* transformation U of the basis of curves, and an arbitrary *real* transformation V of the basis dw_α of the differentials of the first kind,

$$(24) \qquad\qquad C; F, G \qquad \text{change into} \qquad U'CU; U'FV, U'GV,$$

and thus the matrix defined by (23)

$$S \qquad \text{into} \qquad V'SV.$$

414

The real matrix $R = \| r_{\alpha\beta} \|$ effecting the transition from dw_α to $-idw_\alpha$:

$$(25) \qquad -idw_\alpha = \sum_\beta r_{\beta\alpha}\, dw_\beta$$

is obtained from the equation

$$(26) \qquad G = FR,$$

and the law by which R changes under the influence of the transformation (24) is given by

$$(27) \qquad R \to V^{-1}RV.$$

We are therefore led to consider the following general situation: C a non-singular skew-symmetric rational matrix, F and G real matrices such that the matrix S defined by (23) is symmetric and "definite." The point is to investigate relations that are invariant with respect to the transformations (24) where U is rational, V real, and both non-singular. In particular, we are concerned with the question of "complex multiplication": how do pairs of non-singular matrices A and B look, A being rational, B real, such that the two equations

$$A'F = FB, \qquad A'G = GB$$

obtain simultaneously? After introducing R by (26), the second equation yields, with respect to the first,

$$(28) \qquad BR = RB.$$

Our way of treatment amounts to the following: by an appropriate transformation V [formula (24), $U = 1$] one takes care that

$$(29) \qquad F \qquad \text{becomes} \qquad = C' = -C.$$

This equation is preserved under the influence of transformations (24) only if $V = U$. Now S becomes equal to G, and in the problem of complex multiplication (28), $B = C^{-1}A'C$ as well as A is a rational matrix.

The *usual* treatment introduces the assumption $R^2 = -1$. Such an R may be brought into the form

$$(30) \qquad R = \left\| \begin{array}{c|c} 0 & 1 \\ \hline -1 & 0 \end{array} \right\|$$

by an appropriate transformation (27) (the partial squares are p-rowed, $n = 2p$). The substitution (25) is of this form, if the real basis dw_α arises from a complex basis $dw_1, \cdots, dw_p$ in the following manner:

$$dw_1, \cdots, dw_p; \qquad -idw_1, \cdots, -idw_p.$$

The normalization (30) bound to the hypothesis $R^2 = -1$ thus leads to the usual and the normalization (29) requiring no restriction leads to *our* formulation. The greater freedom afforded by the latter for the choice of R should facilitate considerably the existence proofs,—in particular the proof of the proposition that the problem does not impose any more restrictions on the structure of the commutator algebra than its involutorial character.

The only new idea in this paper is the elimination of the assumption $R^2 = -1$, but I could not avoid retelling the whole story in order to show that this hypothesis is superfluous.

100.

Observations on Hilbert's independence theorem and Born's quantization of field equations

The Physical Review 46, 505—508 (1934)

Born recently proposed a quantization of the field equations which is based upon Hilbert's independence theorem of the calculus of variations.[1] My intention here is to give, in the first purely mathematical Part A, a formulation as simple and explicit as possible of the independence theorem. The agreement between the principle of variation and the independence theorem, complete in the case of one independent variable and one unknown function, fails in two respects in the case of several variables and functions; the independence theorem specializes the extremal vector field on the one hand and it discards the assumption of integrability on the other hand.[2] In Part B, I first suggest a modification of Born's scheme without which it would be in disagreement with ordinary quantum mechanics even in the one-dimensional case. After the modification, a comparison with Heisenberg-Pauli's quantization becomes possible under the simplest circumstances. Born's scheme proves to be too narrow. Finally I raise the principal objection that the quantum-mechanical equation should not be of the form: four-dimensional divergence of ψ equals $H\psi$ with a scalar operator of action H but that it should rather consist of four components stating that differentiation of ψ with respect to the four space-time coordinates is performed by means of the operators: energy and momentum.[*]

A. Hilbert's Independence Theorem for Several Arguments

§1. The problem of variation

The problem of the calculus of variation in r independent variables $t^1 \cdots t^r$ consists in determining ν functions or a "surface"

$$z^\alpha = z^\alpha(t^1 \cdots t^r), \qquad (\alpha = 1, 2 \cdots \nu) \tag{1}$$

such that the variation

$$\delta \int L(t^i, z^\alpha, z_i{}^\alpha) dt^1 \cdots dt^r = 0 \tag{2}$$

for arbitrary variations $\delta z^\alpha(t)$ which vanish at the border of the domain of integration. L is here a given function of the arguments t^i, z^α, $z_i{}^\alpha$; one has to substitute the functions (1) for z^α and the derivatives dz^α/dt^i for $z_i{}^\alpha$.

§2. Surface field and vector field

A family of ∞^r surfaces $z^\alpha = z^\alpha(t^1 \cdots t^r)$ simply covering a piece Ω of the $(r+\nu)$, dimensional space of coordinates (t^i, z^α) may be called a *surface field* in Ω. At every point (t, z) of Ω we have the "gradient vector"

$$dz^\alpha/dt^i = z_i{}^\alpha(t, z) \tag{3}$$

of the surface passing through (t, z). Conversely, if one is given the *vector field* $z_i{}^\alpha(t, z)$ arbitrarily, one can find a corresponding field of surfaces provided Eqs. (3) are completely integrable. As one readily sees, the necessary and sufficient conditions of integrability are the relations

$$\left(\frac{\partial z_k{}^\alpha}{\partial t^i} - \frac{\partial z_i{}^\alpha}{\partial t^k}\right) + \left(\frac{\partial z_k{}^\alpha}{\partial z^\beta} z_i{}^\beta - \frac{\partial z_i{}^\alpha}{\partial z^\beta} z_k{}^\beta\right) = 0. \tag{4}$$

(Always sum over two-fold occurring indices!) A vector field satisfying these equations may be called *integrable*.

§3. Three stages of independent variables

We distinguish three standpoints: (1) t^i, z^α, $z_i{}^\alpha$ are taken as independent variables, as for instance in the function L. The derivatives with respect to these variables are distinguished by an attached index. (2) By using a given vector field, the $z_i{}^\alpha$ are replaced by functions of the t^i and z^α. The partial derivatives with respect to the arguments t^i and z^α are then denoted by $\partial/\partial t^i$, $\partial/\partial z^\alpha$. (3) The substitution

$$z^\alpha = z^\alpha(t^1 \cdots t^r) \quad \{z_i{}^\alpha = dz^\alpha/dt^i\}$$

changes functions which appeared in the second (or the first) standpoint, into functions of the t alone. The derivatives with respect to the t's are denoted by d/dt^i.

We have already complied with these conventions in paragraphs 1 and 2.

[1] Proc. Roy. Soc. A143, 410 (1934).

[2] These are known facts. Born himself refers to: Prange, Thesis, Göttingen, 1915. But the theory was developed before Prange and in a more general and suitable form by Volterra (1890), Fréchet (1905) and de Donder. Cf. de Donder, Mém. Acad. Roy. de Belgique, ser. 2, III (1911); *Théorie invariantive du calcul des variations*, Paris, 1930, Chaps. VII and VIII.

[*] The abstract will also serve as a summary and introduction to the paper.—Editor.

§4. Extremal vector field

The Lagrangian equations of the problem of variation (2) are (standpoint 3)

$$dL_{z_i{}^\alpha}/dt^i = L_{z^i}. \tag{5}$$

A solution of these equations may be designated as an *extremal surface*. We start with a *field of extremal surfaces*. Such a field is, according to (5), characterized by the equations (standpoint 2):

$$\frac{\partial L_{z_i{}^\alpha}}{\partial t^i} + \frac{\partial L_{z_i{}^\alpha}}{\partial z^\beta} z_i{}^\beta = L_{z^\alpha}. \tag{6}$$

A vector field $z_i{}^\alpha(t, z)$ satisfying (6) is called an *extremal vector field* whether it is integrable or not.

§5. Legendre transformation

We introduce (standpoint 1) the momenta

$$p_\alpha{}^i = L_{z_i{}^\alpha} \tag{7}$$

and

$$p = L - p_\alpha{}^i z_i{}^\alpha. \tag{8}$$

From the total differential

$$\delta L = L_{t^i}\delta t^i + L_{z^\alpha}\delta z^\alpha + L_{z_i{}^\alpha}\delta z_i{}^\alpha,$$

there follows

$$\delta p = L_{t^i}\delta t^i + L_{z^\alpha}\delta z^\alpha - z_i{}^\alpha \delta p_\alpha{}^i.$$

It is therefore natural to assume that p is given as function of $t^i, z^\alpha, p_\alpha{}^i$,

$$p = H(t^i, z^\alpha, p_\alpha{}^i).$$

We then have $z_i{}^\alpha = -H_{p_\alpha i}$ as the converse of the relation (7).

We now should write (standpoint 2) $p_\alpha{}^i$ instead of $L_{z_i{}^\alpha}$ on the left side of (6). In order to determine the right side, one has to differentiate the Eq. (8) or

$$p = L - p_\beta{}^i z_i{}^\beta$$

with respect to z^α:

$$\frac{\partial p}{\partial z^\alpha} = L_{z^\alpha} + L_{z_i{}^\beta}\frac{\partial z_i{}^\beta}{\partial z^\alpha} - p_\beta{}^i\frac{\partial z_i{}^\beta}{\partial z^\alpha} - \frac{\partial p_\beta{}^i}{\partial z^\alpha}z_i{}^\beta.$$

Here the second and third terms cancel each other, and consequently the equations characteristic of an extremal vector field read as follows:

$$\frac{\partial p_\alpha{}^i}{\partial t^i} + \left(\frac{\partial p_\alpha{}^i}{\partial z^\beta} - \frac{\partial p_\beta{}^i}{\partial z^\alpha}\right)z_i{}^\beta = \frac{\partial p}{\partial z^\alpha}; \tag{9}$$

$$p = H(t^i, z^\alpha, p_\alpha{}^i), \quad z_i{}^\alpha = -H_{p_\alpha i}. \tag{10}$$

§6. Special extremal vector field and Jacobi-Hamilton equation

Eq. (9) is satisfied in particular if

$$\frac{\partial p_\alpha{}^i}{\partial z^\beta} - \frac{\partial p_\beta{}^i}{\partial z^\alpha} = 0, \quad \frac{\partial p_\alpha{}^i}{\partial t^i} = \frac{\partial p}{\partial z^\alpha}. \tag{11}$$

We then speak of a *special extremal vector field*. One makes good these equations by putting

$$p_\alpha{}^i = \partial s^i/\partial z^\alpha$$

and by assuming that the new unknown quantities s^i fulfil the equation

$$\partial s^i/\partial t^i = p.$$

In this way determination of a special extremal vector field is reduced to the integration of the *Jacobi-Hamilton equation*

$$(\text{div } s =)\,\partial s^i/\partial t^i = H(t^i, z^\alpha, \partial s^i/\partial z^\alpha). \tag{12}$$

If one wants the vector field $z_i{}^\alpha = -H_p\,i$ to be integrable one has to satisfy further Eqs. (4).

§7. Invariance. Flux

The t^i as well as the z^α may be subjected to an arbitrary transformation among themselves. Let us treat $z_i{}^\alpha$ as a vector contravariant in the Greek, covariant in the Latin, indices; L as a scalar density with respect to the t^i and as a scalar in z_α; $p_\alpha{}^i$ as a contravariant vector density in i, as a covariant vector in α; s^i as a contravariant vector density with respect to the t^i (as a scalar with respect to z^α). Under such circumstances all our equations remain unaltered by the transformation. Hence the *flux* of s^i through an arbitrary $(r-1)$-dimensional "cross section" Λ of the r-dimensional t-space:

$$S = \int_\Lambda \begin{vmatrix} s^1 & \cdots & s^r \\ dt^1 & \cdots & dt^r \\ \cdot & \cdots & \cdot \\ \delta t^1 & \cdots & \delta t^r \end{vmatrix} \tag{13}$$

has an invariant significance. In forming (13) we operate on a surface Σ: $z^\alpha = z^\alpha(t^1\cdots t^r)$ (standpoint 3), and Λ is to be considered as an $(r-1)$-dimensional "line" on the surface Σ.

§8. The independent integral

Following Gauss' theorem, one can change the flux (13) through a *closed* Λ into an integral extending over the piece of Σ bounded by Λ; its integrand

$$\frac{ds^i}{dt^i} = \frac{\partial s^i}{\partial t^i} + \frac{\partial s^i}{\partial z^\alpha}\frac{dz^\alpha}{dt^i} = p + p_\alpha{}^i\frac{dz^\alpha}{dt^i}$$

contains only the original quantities $p_\alpha{}^i$ and p instead of the s. This is Hilbert's "*independent integral*," for it does not change its value if one changes in an arbitrary manner the piece of surface Σ bounded by Λ in the $(r+\nu)$-dimensional (t^i, z^α)-space, provided the boundary line Λ is preserved.

§9. Case of no forces

If L depends only on the third group of variables $z_i{}^\alpha$ and if H consequently depends only on the $p_\alpha{}^i$ then

$$p_\alpha{}^i = \text{const.}, \qquad p = H(p_\alpha{}^i) = \text{const.}$$

yields a special integrable extremal vector field. The corresponding s^i is:

$$s^i = p_\alpha{}^i z^\alpha + (1/r) p t^i. \tag{14}$$

This particular solution is of course not endowed any longer with the general invariance as described in section 7.

B. Critical Remarks Concerning Born's Proposal of a Quantization of Electromagnetic Field Equations

§10. Born's procedure

Professor Born propounds the following procedure for the transition to quantum physics. One first forms the flux S, (13) of the vector density (14) through an arbitrary closed line Λ and takes $\psi = e^{iS}$ ("plane wave"); one then builds up wave packets or a general ψ by forming linear superpositions of plane waves that correspond to several values of the constants $p_\alpha{}^i$. Each such ψ is a function of the following arguments:

$$V = \int_\Sigma dt^1 \cdots dt^r; \quad \int_\Sigma \frac{dz^\alpha}{dt^i} dt^1 \cdots dt^r. \tag{15}$$

Here Σ denotes the domain in our r-dimensional t-space surrounded by the line Λ. $|\psi|^2$ should be interpreted as the probability that the integrals (15) assume given values in a domain Σ of given volume V. All domains of the t-space here, be it noticed, if they only have the same volume, are thrown into the same pot without regard to their shape and situation! This sounds queer enough and, as a matter of fact, Born's interpretation does not coincide with the usual well-proved interpretation of quantum mechanics even in the one-dimensional case where t=time is the only variable. For there $|\psi|^2$ is the probability that the quantities z^α assume given values at the instant t, whereas Born is urged to look upon it as a probability of transition, namely, the probability that the quantities z^α experience given changes $\Delta z^\alpha = \int (dz^\alpha/dt) dt$ in a time interval of given length Δt—irrespective of the temporal localization of the interval Δt. One obviously has to tear asunder the closed "null-dimensional line," which bounds the one-dimensional time interval and consists of two time points, into its initial and end point. We are able to imitate this procedure in r dimensions by determining the flux

S through a *cross section* Λ of the t-space instead of a *closed* Λ. Let us think of the whole t-space as dissolved into a simply infinite sequence of such cross sections. In the physical applications r is equal to 4, and t^1, t^2, t^3; $t^0 = t$ are the 4 space and time coordinates. *After choosing the planes of simultaneity t=const. as our cross sections Λ,* Born's procedure becomes somewhat comparable to the Heisenberg-Pauli quantization.

§11. Comparison of the Born and the Heisenberg-Pauli process in the simplest case

The comparison can actually be carried out for the particular case of an L depending only on the temporal derivatives $z_0{}^\alpha = dz^\alpha/dt$. In this case the fundamental ψ, the plane wave, becomes, according to Born,

$$\exp\left[i \int\int\int \{ \tfrac{1}{4} t H(p_\alpha{}^0) + p_\alpha{}^0 z^\alpha \} dt^1 dt^2 dt^3 \right].$$

Here the $p_\alpha{}^0$ are constants; the z^α are arbitrary functions of t^1, t^2, t^3. The Heisenberg-Pauli procedure yields the same result, with the difference however that this time the $p_\alpha{}^0$ are arbitrary functions of the space coordinates t^1, t^2, t^3: the probability refers to the question as to which values the physical quantities z^α assume *at all possible space points*. This more general formulation, obviously required by the nature of the problem, is not entirely beyond the scope of Born's quantization. For in the present circumstances the following p's:

$$p_\alpha{}^0 = \text{arbitrary functions of } t^1, t^2, t^3,$$

$$[p_\alpha{}^i = 0 \ (i = 1, 2, 3)]$$

furnish a special extremal vector field. But it is not integrable! Thus one is led to *renounce the assumption of integrability.*

§12. Objections and hopes

Nevertheless I am unable to see how, by means of an analogous extension of Born's scheme, the general case could be brought into agreement with fundamental physical experience. For the characteristic commutation rules of coordinates and corresponding momenta, q and p, are missing in Born's theory, owing to the fact that he subsumes the field equations under the mechanical "problem without forces"; but these commutation rules seem to be essential for the possibility of considering the electromagnetic ether as a superposition of oscillators (photons). On the other hand, I am fairly sure that the scheme of quantum physics should not be obtained from the one equation (12) in the form $\text{div} = H$ by means of Schrödinger's quantum-mechanical transmutation, but that it should consist rather of four equations

$$d/dt^i = T_i$$

in which the four operators T_i represent the energy and the three components of momentum. The recipe for forming the T_i is rather complicated in the Heisenberg-Pauli theory and the fact that they form a covariant 4-vector in the sense of relativity theory needs a special proof. One may perhaps expect that a way similar to that followed by Born will lead to an essentially simpler formulation and perhaps a modification of this prescription so as to put the relativistic invariance in evidence from the beginning.

101.

Universum und Atom

Die Naturwissenschaften 22, 145—149 (1934)

Im alten China wurden zur Zeit der Äquinoktien, wenn Jang und Jin sich die Waage halten, alle Maße nachgeprüft. So möchte ich heute mit Ihnen die Maße nachprüfen, nach denen das Weltall ausgerichtet ist. Darüber haben in den letzten Jahren die Beobachtungen an Spiralnebeln — den einzigen Himmelsobjekten, die nicht zu dem Sternsystem unserer Milchstraße gehören — zusammen mit der Relativitätstheorie neue Aufschlüsse gegeben. Die allgemeine Relativitätstheorie vereinigt das in der Welt herrschende Maßfeld mit der Gravitation zu einer Einheit. Die Inhomogenitäten innerhalb des Maßfeldes, die, von den Sternmassen erzeugt, sich um die einzelnen Sterne herumlegen, äußern sich als Gravitation. Das allgemeine Gravitationsgesetz muß darum nicht nur über diese verhältnismäßig winzigen Inhomogenitäten Rechenschaft geben, sondern auch über die Maßbeschaffenheit der Welt im großen; sie führt zu einer „Kosmologie". Um eine graphische Darstellung zu ermöglichen, nehme ich dem Raum zwei Dimensionen, so daß Raum wie Zeit nur eine Dimension besitzen, das Kontinuum der Raumzeitstellen aber, die Welt, zweidimensional wird. Die einfachste Kosmologie, ich will sie die elementare nennen, wäre folgendermaßen zu beschreiben: Die Welt ist eine MINKOWSKISCHE Ebene, d. h. eine $(x\,t)$-Ebene, in welcher die Maßverhältnisse der speziellen Relativitätstheorie herrschen: das Quadrat der „Länge" ds eines Linienelementes, das vom Punkte x, t zum Punkte $x + dx,\, t + dt$ führt, ist

$$ds^2 = dt^2 - dx^2 \,.$$

Diese Form $dt^2 - dx^2$ hat eine vom Koordinatensystem unabhängige objektive Bedeutung. Von jedem Weltpunkt O strahlt der Kegel der Lichtausbreitung aus (Fig. 1); er begrenzt die aktive Zukunft von O, dasjenige Weltgebiet, auf das die Geschehnisse in O von Einfluß sein können. Dieser Kegel erscheint in unserem zweidimensionalen Bilde als ein vertikal gestellter, nach oben geöffneter rechter Winkel (hierbei wurde die Lichtgeschwindigkeit auf 1 normiert; die t-Achse steht vertikal; die Gleichung eines solchen rechten Winkels ist $(t - t_0)^2 - (x - x_0)^2 = 0$). Die Materie ist unendlich dünn verteilt; die Sterne ruhen,

ihre Weltlinien sind vertikale Geraden. Das ist der homogene Normalzustand, welchem die Wirklichkeit sich bis auf verhältnismäßig geringe lokale Abweichungen so anschmiegt, wie die Erdoberfläche mit all ihren Bergen, Tälern und Meeren sich der Idealfläche des Geoids anschmiegt.

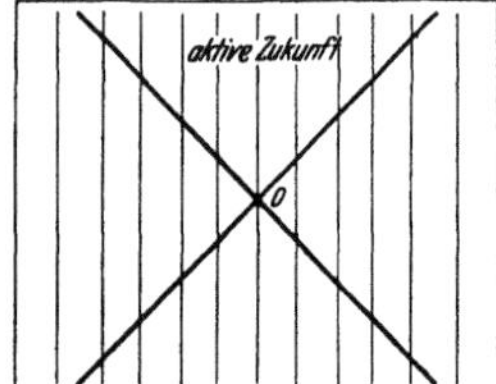

Fig. 1.
Elementare Kosmologie.
„Lichtkegel" und Weltlinien der ruhenden Sterne. Sterndichte = O.

Um den Schwierigkeiten, welche die unendliche Ausdehnung des Raumes mit sich bringt, aus dem Wege zu gehen, und um die Trägheitsführung, welche z. B. die Ebene des FOUCAULTschen Pendels auf der Erde der Umdrehung des Sterngewölbes folgen läßt, den in der Welt vorhandenen Massen in die Schuhe schieben zu können — so hatte MACH das Problem von der Relativität der Bewegung lösen wollen —, fügte EINSTEIN seinen ursprünglichen Gravitationsgleichungen ein zweites Glied hinzu, in welchem eine absolute Naturkonstante von der Dimension des reziproken Quadrates einer Länge auftritt, die kosmologische Konstante λ oder die Weltkrümmung. Dieses Glied hatte zur Folge, daß der Raum sich schließt wie die Oberfläche einer Kugel. Die Grundlagen der Relativitätstheorie erlauben kein anderes Gesetz als dieses EINSTEINsche. Sein ursprünglicher Ansatz war darin als der Spezialfall $\lambda = 0$ enthalten. Die neuen Gleichungen haben eine homogene Lösung, die sich (mit Reduktion der Dimensionszahl um 2) in einem dreidimensionalen MINKOWSKISCHEN Raum beschreiben läßt als ein vertikaler Kreiszylinder, dessen Grundkreis den Weltradius $A = \sqrt{1/\lambda}$ besitzt (Fig. 2). (Der MINKOWSKISCHE Raum mit den Koordinanten x, y, t hat als

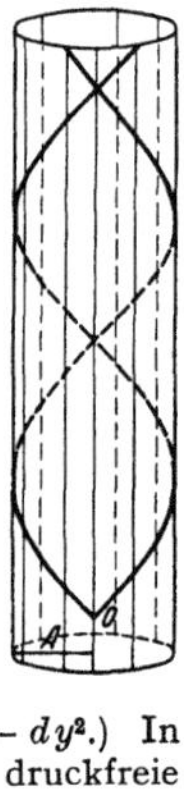

Fig. 2. *Zylinderwelt.*
Der sich überschlagende Lichtkegel und die Weltlinien der ruhenden Sterne. Sterndichte abgestimmt auf den Radius A.

metrische Grundform $ds^2 = dt^2 - dx^2 - dy^2$.) In dieser „Zylinder-Welt" herrscht eine druckfreie

---

[1] Vortrag in der Eröffnungssitzung eines in Göttingen Juli 1933 abgehaltenen mathematisch-naturwissenschaftlichen Ferienkursus. Dem Vortrag ging eine Einleitung voran, die im Anschluß an PLATONS πολιτεία die Bedeutung der Ausbildung in der mathematisch-naturwissenschaftlichen Denkweise für das Staatsleben betonte.

homogene Massenverteilung von bestimmter Dichte, das ist die Staubwolke der Sterne. Die Sterne ruhen, d. h. ihre Weltlinien sind die vertikalen Mantellinien des Zylinders. Als Begrenzungen der Lichtkegel treten die Schraubenlinien auf, welche die Mantellinien aufsteigend unter 45° schneiden. Das Gebiet der aktiven Zukunft überschlägt sich daher auf dem Zylinder unendlich oft. Infolgedessen gehen in dieser Welt die Gespenster des längst Vergangenen um: wir sehen in einem Augenblick viele verschiedene Bilder desselben Sternes; sie zeigen ihn in aufeinanderfolgenden Epochen, zwischen denen je ein „Äon" verflossen ist, die Zeit, welche das Licht braucht, um einmal rund um die Welt zu laufen. — Auch die elementare Kosmologie läßt sich in unserem Hilfsraum, der eine Dimension zuviel hat, durch eine Fläche veranschaulichen: eine vertikal gestellte Ebene.

Das wichtigste Kennzeichen der Zylinderwelt aber ist dies, daß *die in der Welt vorhandene Masse zum Weltradius in einem genau abgestimmten Verhältnis stehen muß*, wenn Gleichgewicht herrscht. Um dies verständlich zu machen, muß ich ein paar Worte über den Begriff der Masse und der elektrischen Ladung sagen. Die Ladung ist in erster Linie *aktive Ladung*, als solche erzeugt sie das elektrische Feld. Die Ladung eines Teilchens ist der elektrische Feldfluß, welcher durch eine das Teilchen umgebende Hülle hindurchtritt. Vermöge der im elektrischen Felde herrschenden MAXWELLschen Spannung wird sie aber sekundär zum Angriffspunkt der elektrischen Kraft (passive Ladung): das Feld wirkt um so stärker auf einen in ihm befindlichen Körper, je höher dessen Ladung ist. Um des Prinzips der Gleichheit von actio und reactio willen muß die passive zu der aktiven Ladung proportional sein. Ganz analog steht es mit der Masse. Sie ist primär *aktive Masse*, erzeugende des Schwerefeldes; erst sekundär *schwere Masse*, Angriffspunkt des Schwerefeldes. Wir können die Sonne oder Erde nicht *wiegen*, sondern wir können nur aus der Bewegung des Mondes bzw. der Planeten ihre aktive Masse bestimmen, durch welche sie das umgebende Schwerefeld determinieren. Aber um der Gleichheit von actio und reactio willen muß die aktive Masse M der passiven Masse m proportional sein mit einem universellen Proportionalitätsfaktor k, der NEWTONschen Gravitationskonstanten: $M = k\,m$. In der Relativitätstheorie ist es natürlich, die störende Wirkung einer Masse auf das Maßfeld, die sich als Gravitation kundgibt, durch $M/c^2 = (k/c^2) \cdot m = \varkappa \cdot m$ zu messen (c = Lichtgeschwindigkeit). M/c^2 ist eine Größe von der Dimension einer Länge, der *Gravitationsradius* des Körpers. Die „Masse" der Erde in diesem Längenmaß beträgt nur 5 mm, die der Sonne 1,47 km. Die Abstimmung, welche ich Ihnen erläutern wollte, besteht nun darin, daß der Gravitationsradius der gesamten in der Welt vorhandenen Masse im Gleichgewicht übereinstimmt mit dem *geometrischen Weltradius A*.

Der EINSTEINschen Zylinderwelt stellte DE SITTER eine Lösung der mit dem kosmologischen Glied behafteten Gravitationsgleichungen gegenüber, die zu einer masseleeren Welt führt. Wie im gewöhnlichen euklidischen Raume

$$ds^2 = dx^2 + dy^2 + dz^2$$

die Kugel

$$x^2 + y^2 + z^2 = A^2$$

eine metrisch homogene Fläche von der Krümmung $1/A^2$ ist, so im MINKOWSKIschen Raum

$$ds^2 = dt^2 - dx^2 - dy^2$$

das einschalige Hyperboloid

$$-t^2 + x^2 + y^2 = A^2.$$

Dies ist die DE SITTERsche Hyperbelwelt (Fig. 3). Die Weltlinien von Sternen, die keiner Krafteinwirkung unterliegen, werden geliefert durch die geodätischen Linien des Hyperboloids, welche die Ebenen durch den Nullpunkt aus ihm aus-

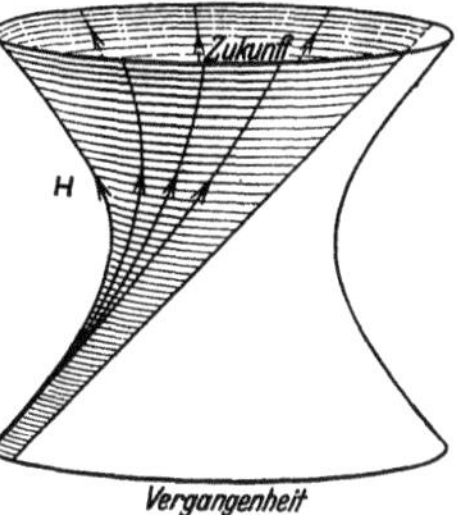

Fig. 3.
De Sittersche Hyperbelwelt. Weltlinien eines zusammenhängenden Sternsystems, welche die schraffierte Hälfte H des Hyperboloids bedecken.

schneiden. Der von O ausstrahlende Lichtkegel wird begrenzt von den durch O gehenden geradlinigen Erzeugenden des Hyperboloids. Er überschlägt sich nicht. Keine Gespenster des längst Vergangenen gehen daher in der DE SITTER-Welt um. Im Gegenteil: die von den sämtlichen Weltpunkten der Lebenslinie eines Sternes ausgehenden Wirkungskegel bedecken nur die eine Hälfte H des Hyperboloids. Alle Sterne, deren Weltlinien ausgeschnitten werden durch das Ebenenbüschel, das durch eine Mantellinie des Asymptotenkegels hindurchgeht, haben diesen Wirkungsbereich gemeinsam. Sie stehen von Uranfang an miteinander in Wirkungszusammenhang. Ihre Weltlinien bilden eine Garbe, die dichtgedrängt aus der unendlichen Vergangenheit heraufkommt und sich gegen die Zukunft hin mehr und mehr über die ganze Rundung des Hyperboloids zerstreut. In der Welt muß mindestens für einen Stern und sein Licht, die von ihm ausgehende Wirkung, Platz sein. Es ist aber plausibel, daß nicht mehr als dieses Minimum existiert. Dann ist nur die Hälfte H des Hyperboloids real, und die Weltlinien der Sterne im ungestörten Normalzustand bilden die eben geschilderte Garbe. Die Sterne bilden *ein* gemeinsames System, dessen Glieder sich von Anfang an in Wechselwirkung befinden. Im Laufe der Zeit löst sich freilich diese Schicksalsgemeinschaft mehr und mehr. Die Sterne fliehen auseinander, die

Sternenwolke ist in einer fortgesetzten Auflösung begriffen. Das kosmologische Glied gibt sich hier kund in einer *kosmischen Abstoßung*, die in der leeren DE SITTER-Welt allein herrschend ist, während ihr in der EINSTEINschen Zylinderwelt durch die gravitierende Anziehung der Massen die Waage gehalten wird. Gemäß dem Dopplereffekt verrät sich dies Auseinanderstieben der Sterne in einer Rotverschiebung ihrer Spektrallinien, die proportional der Distanz ist. In dieser Form, bei welcher die DE SITTERsche Lösung der Gravitationsgleichungen durch eine Annahme über den ungestörten Verlauf der Sternbewegung ergänzt wird, hatte ich die Rotverschiebung im Jahre 1923 vorausgesagt.

Seit 1929 haben die Beobachtungen von HUBBLE und seinen Mitarbeitern am 100-inch-Teleskop auf dem Mount Wilson mit immer größerer Evidenz ergeben, daß alle Spiralnebel in ihren Spektren Rotverschiebung zeigen, zum Teil von enormem Betrag. Die Distanzen der näheren Spiralnebel können mit Hilfe des Lichtwechsels der in ihnen vorhandenen veränderlichen Cepheiden, die der entfernteren nur auf einem noch indirekteren Wege geschätzt werden. Soweit diese rohe Schätzung der Entfernung eine Kontrolle erlaubt, stellte sich heraus, daß die Rotverschiebung und damit die Rezessionsgeschwindigkeit der Nebel mit ihrer Entfernung linear zunimmt. Ist die oben angegebene Interpretation dieser Erscheinung im Rahmen der DE SITTERschen Kosmologie richtig, so liefern die Beobachtungen als Wert des Weltradius die Größenordnung 10^{27} cm oder etwa 10^9 Lichtjahre. Der kosmische Zeitstandard von 10^9 Jahren ist erstaunlich niedrig, denn Epochen von solcher Länge fordern bereits die Geologen für die Erdentwicklung. Der Teil des Universums, welchen man auf dem Mount Wilson jetzt überblicken kann, ist gar nicht so winzig; er beträgt (den Linearabmessungen nach) fast so viel wie das Deutsche Reich im Verhältnis zum Erdglobus.

Freilich ist unsere Welt keine DE SITTER-Welt, da sie nicht massenleer ist. Die wahre Lösung wird irgendwie zwischen der Hyperbelwelt und der Zylinderwelt liegen. Solche Lösungen sind schon 1922 von FRIEDMANN, später von LEMAÎTRE angegeben worden und lassen sich am besten dahin beschreiben, daß der Raum kugelförmig geschlossen ist, aber sich im Laufe der Zeit mit wachsender Geschwindigkeit ausdehnt. Daraus folgt, daß die aus der Zylinder- und der Hyperbellösung abgeleiteten numerischen Resultate *der Größenordnung nach*, also bis auf Faktoren von der Größenordnung 1 richtig sind. Jede detailliertere Aussage scheint mir über das hinauszugehen, was wir heute einigermaßen verantworten können. Der Weltradius ist danach ungefähr 10^{27} cm und der Gravitationsradius der in der Welt vorhandenen Masse hat etwa den gleichen Wert, die Gesamtmasse der Welt ist etwa das 10^{27} fache der Erdmasse (= 5 mm). Da der Gravitationsradius des Elektrons nur 10^{-52} cm

beträgt, sind in der Welt etwa $N = 10^{80}$ Teilchen vorhanden. Das entspricht einer Dichte von ungefähr 1 Teilchen pro Kubikzentimeter.

Vom Universum wende ich mich damit zum Atom, oder gleich zu seinem letzten Baustein, dem Elektron. (Ich erleichtere mir das Problem etwas insofern, als ich nur eine Sorte von Teilchen annehme, die Protonen, Neutronen und Positronen neben den gewöhnlichen Elektronen ignorierend.) Dem Elektron von der Ladung $-e$ und Masse m schreibt man den Radius $a = e^2/mc^2$ zu; Größenordnung 10^{-13} cm. Seine physikalische Bedeutung ist, daß ein Elektron, das man zentral gegen ein anderes festes Elektron mit einer der Lichtgeschwindigkeit vergleichbaren Geschwindigkeit abschießt, in einer Distanz von der Größenordnung a zufolge der gegenseitigen Abstoßung umkehrt. Wird die Gravitation mit in Betracht gezogen, so kommt dem Elektron noch eine andere Länge zu, nämlich der schon eben erwähnte Gravitationsradius seiner Masse $\varkappa\, m \sim 10^{-52}$ cm. *Das Verhältnis beider Radien ist eine reine Zahl und hat den Wert 10^{40}.* Anders ausgedrückt: die Gravitationsanziehung zweier Elektronen ist 10^{40} mal so schwach wie ihre elektrische Abstoßung. Man sieht, wie ungeheuer viel stärker die am Aufbau der Materie beteiligten elektrischen Kräfte sind als die Gravitation. Wie kommt es, daß diese dennoch in den großen planetarischen Entfernungen über sie triumphiert? Wegen des doppelten Vorzeichens der elektrischen Ladung wirken die elektrischen Kräfte einander entgegen und bringen sich durch den wilden Nahkampf um ihre Fernwirkung. Aber alle Massen sind positiv und darum fügen sich die von ihnen herrührenden Gravitationsbeiträge, so winzig der einzelne auch sein mag, zusammen zu einem in gewaltiger Macht und Ruhe in den Raum ausströmenden Gesamtfeld.

Diese reine Zahl 10^{40}, die am Elektron auftritt, ist für unsere Naturerkenntnis eine harte Nuß. Denn die Naturgesetze müssen Rechenschaft darüber geben, daß gerade nur ein Teilchen von dieser Ladung $-e$ und dieser Masse m existiert. Wenn aber die Konstitution des Elektrons durch einfache Naturgesetze bedingt ist, so muß jene Zahl eine einfache mathematische Erklärung zulassen. Aber reine Zahlen, die einfachen mathematischen Problemen entstammen, wie $\sqrt{2}$ oder π, sind immer von der Größenordnung 1. Daher entsteht notgedrungen der Verdacht, daß unser 10^{40} irgendwie zusammenhängt mit der Diskrepanz zwischen der Größe des Elektrons und der Welt, oder daß die Gravitationskonstante $\varkappa$ in Wahrheit keine absolute Naturkonstante ist, sondern durch die zufällige Anzahl N der in der Welt vorhandenen Teilchen mitbedingt ist. Und wirklich zeigt sich, wenn unsere Ausdeutung der HUBBLEschen Beobachtungen das Richtige trifft, daß das Radienverhältnis 10^{40} am Elektron wiederkehrt als das Verhältnis zwischen dem Weltradius (10^{27} cm) und dem Elektronenradius

($\mathrm{10}^{-13}$ cm); demnach ist die reine Zahl $\mathrm{10}^{40}$ im wesentlichen $= \sqrt{N}$, nämlich gleich der Quadratwurzel aus der Zahl N der vorhandenen Teilchen. Das ist ein Hinweis darauf, daß unsere gegenwärtige Formulierung des Gravitationsgesetzes, die $\varkappa$ als eine absolute Naturkonstante hinnimmt, durchaus vorläufiger Natur ist.

Man kann sagen, daß wir durch die Relativitätstheorie ein volles Verständnis für die Naturkonstante c, die Lichtgeschwindigkeit, gewonnen haben, durch die Quantentheorie für das Wirkungsquantum h. In einer konsequenten relativistisch-quantentheoretischen Formulierung der Feldgesetze treten infolgedessen diese Konstanten überhaupt nicht mehr in Erscheinung. In der Wellengleichung des einzelnen freien Elektrons, wie sie von Dirac aufgestellt wurde, bleibt dann nur noch eine Konstante stehen: die Wellenlänge des Elektrons

$$l = \frac{h}{mc} \sim \mathrm{10}^{-11} \text{ cm}.$$

Bei Berücksichtigung der Wechselwirkung mit dem elektrischen Feld tritt eine reine Zahl hinzu, die sog. Feinstrukturkonstante $\alpha = \dfrac{e^2}{ch} = \dfrac{1}{137}$. Der Elektronenradius e^2/mc^2 ist im Verhältnis α kleiner als die Wellenlänge l, der Radius der Bohrschen Elektronenbahn im ungestörten Wasserstoffatom h^2/me^2 im Verhältnis $1/\alpha$ mal größer.

Atom	$l\,\alpha$ Elektronenradius	l Wellenlänge des Elektrons	l/α Atomradius
Universum	$l/\sqrt{N}$ Gravitationsradius des Elektrons	l Wellenlänge des Elektrons	$l\sqrt{N}$ Weltradius

Die Einführung der Gravitation bringt zwei neue Glieder der Wirkungsgröße und damit zwei neue Konstanten mit sich, die Gravitations- und die kosmologische Konstante, oder den Gravitationsradius des Elektrons und den Radius der Welt. Sie scheinen nach unseren Ergebnissen aus der atomaren Normallänge l hervorzugehen durch Verkleinerung bzw. Vergrößerung im Verhältnis $1 : \sqrt{N}$, wo N die Zahl der Teilchen in der Welt bezeichnet. In diesem Schema hat l, sowohl was das Atom wie die Welt angeht, eine mittlere Stellung, auf die hin alles Andere ausgerichtet ist.

Länge ist von Hause aus ein relativer Begriff. Um der Behauptung einen Sinn zu verleihen, daß z. B. die Elektronenbahn im Wasserstoffatom allerorten den gleichen Radius besitzt, müssen wir uns auf ein überall verfügbares Normalmeter berufen können; mit einem Prozeß, der es von einer Stelle zur anderen fortzutragen gestattet, ist uns nicht gedient. Nach dem durch das kosmologische Glied ergänzten Gravitationsgesetz übernimmt die an jeder Stelle herrschende Weltkrümmung diese Funktion der Längennormierung: bewegt man einen starren Maßstab oder eine Uhr durch den Raum, so stellt sich seine Länge und

ihre Periode immer wieder in einem festen Zahlenverhältnis zu dem an Ort und Stelle herrschenden Krümmungsradius der Welt ein. Im Verfolg einer von mir 1918 aufgestellten erweiterten Relativitätstheorie, die den Elektromagnetismus mit der Gravitation zusammen in einen einheitlichen geometrischen Rahmen faßte, ergab sich diese Auffassung als die natürliche, und sie wird neuerdings namentlich von Sir A. Eddington mit großem Nachdruck vertreten. Inzwischen habe ich aber erkannt, daß meine einheitliche Feldtheorie zwar in gewisser formaler Hinsicht das Richtige traf, der Elektromagnetismus aber nicht, wie es dort geschah, dem Gravitationsfeld, sondern dem Schrödinger-Diracschen Materiefeld angehängt werden muß. Dies konnte natürlich erst klar werden nach der Entdeckung der Wellenmechanik 1925. Das materielle Elektron übernimmt dadurch an Stelle des Kosmos die normierende Funktion für alle Maße. Dies entspricht offenbar auch weit besser dem ganzen Stande unseres heutigen physikalischen Wissens. Danach glaube ich, daß sich die Länge nicht nach dem Krümmungsradius der Welt, sondern nach der Wellenlänge l des Elektrons ausrichtet. Dies ist von entscheidender Bedeutung für die Richtung, in we' ner man versuchen muß, zu einer einheitlic en Theorie des Weltgeschehens zu kommen.

Die Feldgesetze der Materie, die von ähnlichem Bau sind wie die Maxwellschen Gesetze des elektromagnetischen Feldes, werden von der modernen quantentheoretischen Interpretation bezogen auf die Bewegung eines *einzelnen* Teilchens. In dem Grundgesetz dieser Bewegung muß die Normallänge l ihren Platz finden. Um den Elektromagnetismus in richtiger Weise einzugliedern, müssen wir die mathematisch-physikalische Herkunft der reinen Zahl α, der Feinstrukturkonstanten, zu verstehen suchen. Wegen ihrer von 1 nicht stark abweichenden Größenordnung scheint das nicht so hoffnungslos. Von Eddington ist bereits ein Versuch dazu unternommen worden. Die Eingliederung der Gravitation inklusive des kosmologischen Gliedes kann nach unseren Ergebnissen nur geschehen im Zusammenhang mit der Gesamtzahl N der Teilchen in der Welt. Sie wird also grundsätzlich anders zu erfolgen haben als jetzt geschieht, nämlich mittels eines Quantisierungsprozesses, der den Übergang von *einem* Teilchen zu einer großen Zahl N von Teilchen vollzieht. Das Auftreten der Wurzel $\sqrt{N}$ ist nicht unverständlich, da es sich dabei um eine *statistische* Quantisierung handelt. In den statistischen Gesetzen tritt ja häufig die Quadratwurzel aus der großen Zahl der Einzelfälle auf. Es scheint, als würde erst in einer solchen Theorie der Machsche Gedanke, daß die träge Masse nicht einem Körper an sich zukommt, sondern eine Induktionswirkung der gesamten Massen des Universums ist, zu seinem vollen Recht kommen. Der schwierigste Schritt wird wohl der erste sein, die Normallänge l in grundsätzlicherer Weise zu verstehen, denn als Faktor eines additiv die totale Wirkungsgröße aufbauenden Gliedes. Die Entwicklung der Quantentheorie scheint bereits deutlich darauf hinzuweisen, daß ein volles Verständnis der Normallänge l nur möglich sein wird durch eine ähnliche radikale Revolution wie diejenige, die uns in der Relativitätstheorie das Verständnis von c, in der HEISENBERG-SCHRÖDINGERschen Quantentheorie das Verständnis von h erschloß.

EDDINGTON hat neuerdings versucht, diese qualitativen Spekulationen in genaue quantitative Relationen umzuwandeln. Dies scheint mir verfrüht. Ich wollte in diesem kurzen Referat versuchen, die Grundlagen, die man heute einigermaßen verbürgen kann, zu scheiden von voreiligen und im einzelnen notwendig phantastischen Ausmalungen.

Literatur:

1. EDDINGTON, Dehnt sich das Weltall aus? (The Expanding Universe; übersetzt von HELENE WEYL). Stuttgart 1933. Eine ausführliche, für ein breiteres Publikum geschriebene Darlegung des ganzen Fragenkomplexes. — 2. H. P. ROBERTSON, Relativistic Cosmology. Rev. mod. Physics 5 (1933). Ein besonders klarer und zuverlässiger Bericht, der auch eine vollständige Bibliographie der „kosmologischen" Seite des Problems enthält. — 3. Für den Leser der „NATURWISSENSCHAFTEN" sei ferner auf die früheren Aufsätze des Verf. verwiesen: Massenträgheit und Kosmos, Naturwiss. 12, 197 (1924). Geometrie und Physik, Naturwiss. 19, 49 (1931).

102.

Emmy Noether

Scripta mathematica 3, 201—220 (1935)

WITH deep dismay Emmy Noether's friends living in America learned about her sudden passing away on Sunday, April 14. She seemed to have got well over an operation for tumor; we thought her to be on the way to convalescence when an unexpected complication led her suddenly on the downward path to her death within a few hours. She was such a paragon of vitality, she stood on the earth so firm and healthy with a certain sturdy humor and courage for life, that nobody was prepared for this eventuality. She was at the summit of her mathematical creative power; her far-reaching imagination and her technical abilities accumulated by continued experience, had come to a perfect balance; she had eagerly set to work on new problems. And now suddenly—the end, her voice silenced, her work abruptly broken off.

> "Down, down, down into the darkness of the grave
> Gently they go, the beautiful, the tender, the kind;
> Quietly they go, the intelligent, the witty, the brave.
> I know. But I do not approve. And I am not resigned."

A mood of defiance similar to that expressed in this "Dirge without music" by Edna St. Vincent Millay, mingles with our mourning in the present hour when we are gathered to commemorate our friend, her life and work and personality.

I am not able to tell much about the outward story of her life; far from her home and those places where she lived and worked in the continuity of decades, the necessary information could not be secured. She was born the 23d of March, 1882, in the small South German university town of Erlangen. Her father was Max Noether, himself a great mathematician who played an important rôle in the development of the theory of algebraic functions as the chief representative of the algebraic-geometric school. He had come to the University of Erlangen as a professor of mathematics in 1875, and stayed there until his death in 1921. Besides Emmy there grew up in the house her brother Fritz, younger by two and a half years. He turned to applied mathematics

---

* Memorial Address delivered in Goodhart Hall, Bryn Mawr College, on April 26, 1935.

in later years, was until recently professor at the Technische Hochschule in Breslau, and by the same fate that ended Emmy's career in Göttingen is now driven off to the Research Institute for Mathematics and Mechanics in Tomsk, Siberia. The Noether family is a striking example of the hereditary nature of the mathematical talent, the most shining illustration of which is the Basle Huguenot dynasty of the Bernoullis.

Side by side with Noether acted in Erlangen as a mathematician the closely befriended Gordan, an offspring of Clebsch's school like Noether himself. Gordan had come to Erlangen shortly before, in 1874, and he, too, remained associated with that university until his death in 1912. Emmy wrote her doctor's thesis under him in 1907: "On complete systems of invariants for ternary biquadratic forms"; it is entirely in line with the Gordan spirit and his problems. The Mathematische Annalen contains a detailed obituary of Gordan and an analysis of his work, written by Max Noether with Emmy's collaboration. Besides her father, Gordan must have been well-nigh one of the most familiar figures in Emmy's early life, first as a friend of the house, later as a mathematician also; she kept a profound reverence for him though her own mathematical taste soon developed in quite a different direction. I remember that his picture decorated the wall of her study in Göttingen. These two men, the father and Gordan, determined the atmosphere in which she grew up. Therefore I shall venture to describe them with a few strokes.

Riemann had developed the theory of algebraic functions of one variable and their integrals, the so-called Abelian integrals, by a function-theoretic transcendental method resting on the minimum principle of potential theory which he named after Dirichlet, and had uncovered the purely topological foundations of the manifold function-theoretic relations governing this domain. (Stringent proof of Dirichlet's principle which seemed so evident from the physicist's standpoint was only given about fifty years later by Hilbert.) There remained the task of replacing and securing his transcendental existential proofs by the explicit algebraic construction starting with the equation of the algebraic curve. Weierstrass solved this problem (in his lectures published in detail only later) in his own half function-theoretic, half algebraic way, but Clebsch had introduced Riemann's ideas into the geometric theory of algebraic curves and Noether became, after Clebsch had passed away young, his executor in this matter: he succeeded in erecting the whole structure of the algebraic geometry of curves on the basis of the so-called Noether residual theorem. ·This line of research was taken up later on, mainly in Italy; the vein Noether struck is still a profusely gushing spring of investigations; among us, men like Lefschetz and Zariski bear witness thereto. Later on there arose, beside Riemann's transcendental and Noether's algebraic-geometric method, an arithmetical theory of algebraic functions due to Dedekind and Weber on the one side, to Hensel and Landsberg on the other. Emmy Noether stood closer to this trend of thought. A brief report on the arithmetical theory of algebraic functions that parallels the corresponding notions in the competing theories was published by her in 1920 in the Jahresberichte der Deutschen Mathematikervereinigung. She thus supplemented the well-known report by Brill and her father on the algebraic-geometric theory that had appeared in 1894 in one of the first volumes of the Jahresberichte. Noether's residual theorem was later fitted by Emmy into her general theory of ideals in arbitrary rings. This scientific kinship of father and daughter—who became in a certain sense his successor in algebra, but stands beside him independent in her fundamental attitude and in her problems—is something extremely beautiful and gratifying. The father was—such is the impression I gather from his papers and even more from the many obituary biographies he wrote for the Mathematische Annalen—a very intelligent, warm-hearted harmonious man of many-sided interests and sterling education.

Gordan was of a different stamp. A queer fellow, impulsive and one-sided. A great walker and talker—he liked that kind of walk to which frequent stops at a beer-garden or a café belong. Either with friends, and then accompanying his discussions with violent gesticulations, completely irrespective of his surroundings; or alone, and then murmuring to himself and pondering over mathematical problems; or if in an idler mood, carrying out long numerical calculations by heart. There always remained something of the eternal "Bursche" of the 1848 type about him—an air of dressing gown, beer and tobacco, relieved however by a keen sense of humor and a strong dash of wit. When he had to listen to others, in classrooms or at meetings, he was always half asleep. As a mathematician not of Noether's rank, and of an essentially different kind. Noether himself concludes his characterization of him with the short sentence: "Er war ein Algorithmiker." His strength rested on the invention and calculative execution of formal processes. There exist papers of his where twenty pages of formulas are not interrupted by a single text word; it is told that in all his papers he himself wrote the formulas only, the text being added by his friends. Noether says of him: "The formula always and everywhere was the indispensable support for the formation of his thoughts, his conclusions and his mode of expression. . . . In his lectures he carefully avoided any fundamental definition of conceptual kind, even that of the limit."

He, too, had belonged to Clebsch's most intimate collaborators, had written with Clebsch their book on Abelian integrals; he later shifted over to the theory of invariants following his formal talent; here he added considerably to the development of the so-called symbolic method, and he finally succeeded in proving by means of this computative method of explicit construction the finiteness of a rational integral basis for binary invariants. Years later Hilbert demonstrated the theorem much more generally for an arbitrary number of variables—by an entirely new approach, the characteristic Hilbertian species of methods, putting aside the whole apparatus of symbolic treatment and attacking the thing itself as directly as possible. *Ex ungue leonem*—the young lion Hilbert showed his claws. It was, however, at first only an existential proof providing for no actual finite algebraic construction. Hence Gordan's characteristic exclamation: "This is not mathematics, but theology!" What then would he have said about his former pupil Emmy Noether's later "theology", that abhorred all calculation and operated in a much thinner air of abstraction than Hilbert ever dared!

Gordan once struck upon a formal analogy between binary invariants and the scheme of valence bonds in chemistry—the same analogy by which Sylvester had been surprised many years before when thinking about an illustration of invariant theory appropriate for an audience of laymen; it is the subject of Sylvester's paper in the first volume of the American Journal of Mathematics founded by him at Johns Hopkins. Gordan seems to have been unaware of his predecessor. Anyway, he was led by his little discovery to propose the establishment of chairs for a new science, "mathematical chemistry", all over the German universities; I mention this as an incident showing his impetuosity and lack of survey. By the way, modern quantum mechanics recently has changed this analogy into a true theory disclosing the binary invariants as the mathematical tool for describing the several valence states of a molecule in spin space.

The meteor Felix Klein, whose mathematical genius caught fire through the collision of Riemann's and Galois' worlds of ideas, skimmed Erlangen before Emmy was born; he promulgated there his "Erlanger Programm", but soon moved on to Munich. By him Gordan was inspired to those invariant theoretical investigations that center around Klein's book on the icosahedron and the adjoint questions in the theory of algebraic equations. Even after their local separation both continued in their intense cooperation—a queer contrasting team if one comes to think of Gordan's formal type and Klein's, entirely oriented by intuition. The general problem at the bottom of their endeavors, Klein's form problem has likewise stayed alive to our days and quite recently has undergone a new deep-reaching treatment by Dr. Brauer's applying to it the methods of hypercomplex number systems and their representations which formed the main field of Emmy Noether's activities during the last six or seven years.

It is queer enough that a formalist like Gordan was the mathematician from whom her mathematical orbit set out; a greater contrast is hardly imaginable than between her first paper, the dissertation, and her works of maturity; for the former is an extreme example of formal computations and the latter constitute an extreme and grandiose example of conceptual axiomatic thinking in mathematics. Her thesis ends with a table of the complete system of covariant forms for a given ternary quartic consisting of not less than 331 forms in symbolic representation. It is an awe-inspiring piece of work; but today I am afraid we should be inclined to rank it among those achievements with regard to which Gordan himself once said when asked about the use of the theory of invariants: "Oh, it is very useful indeed; one can write many theses about it."

It is not quite easy to evoke before an American audience a true picture of that state of German life in which Emmy Noether grew up in Erlangen; maybe the present generation in Germany is still more remote from it. The great stability of burgher life was in her case accentuated by the fact that Noether (and Gordan too) were settled at one university for so long an uninterrupted period. One may dare to add that the time of the primary proper impulses of their production was gone, though they undoubtedly continued to be productive mathematicians; in this regard, too, the atmosphere around her was certainly tinged by a quiet uniformity. Moreover, there belongs to the picture the high standing, and the great solidity in the recognition of, spiritual values; based on a solid education, a deep and genuine active interest in the higher achievements of intellectual culture, and on a well-developed faculty of enjoying them. There must have prevailed in the Noether home a particularly warm and companionable family life. Emmy Noether herself was, if I may say so, warm like a loaf of bread. There irradiated from her a broad, comforting, vital warmth. Our generation accuses that time of lacking all moral sincerity, of hiding behind its comfort and bourgeois peacefulness, and of ignoring the profound creative and terrible forces that really shape man's destiny; moreover of shutting its eyes to the contrast between the spirit of true Christianity which was confessed, and the private and public life as it was actually lived. Nietzsche arose in Germany as a great awakener. It is hardly possible to exaggerate the significance which Nietzsche (whom by the way Noether once met in the Engadin) had in Germany for the thorough change in the moral and mental atmosphere. I think he was fundamentally right—and yet one should not deny that in wide circles in Germany, as with the Noethers, the esteem in which the spiritual goods were held, the intellectual culture, good-heartedness, and human warmth were thoroughly genuine—notwithstanding their sentimentality, their Wagnerianism, and their plush sofas.

Emmy Noether took part in the housework as a young girl, dusted and cooked, and went to dances, and it seems her life would have been that of an ordinary woman had it not happened that just about that time it became possible in Germany for a girl to enter on a scientific career without meeting any too marked resistance. There was nothing rebellious in her nature; she was willing to accept conditions as they were. But now she became a mathematician. Her dependence on Gordan did not last long; he was important as a starting point, but was not of lasting scientific influence upon her. Nevertheless the Erlangen mathematical air may have been responsible for making her into an algebraist. Gordan retired in 1910; he was followed first by Erhard Schmidt, and the next year by Ernst Fischer. Fischer's field was algebra again, in particular the theory of elimination and of invariants. He exerted upon Emmy Noether, I believe, a more penetrating influence than Gordan did. Under his direction the transition from Gordan's formal standpoint to the Hilbert method of approach was accomplished. She refers in her papers at this time again and again to conversations with Fischer. This epoch extends until about 1919. The main interest is concentrated on finite rational and integral bases; the proof of finiteness is given by her for the invariants of a finite group (without using Hilbert's general basis theorem for ideals), for invariants with restriction to integral coefficients, and finally she attacks the same question along with the question of a minimum basis consisting of independent elements for fields of rational functions.

Already in Erlangen about 1913 Emmy lectured occasionally, substituting for her father when he was taken ill. She must have been to Göttingen about that time, too, but I suppose only on a visit with her brother Fritz. At least I remember him much better than her from my time as a Göttinger Privatdozent, 1910–1913. During the war, in 1916, Emmy came to Göttingen for good; it was due to Hilbert's and Klein's direct influence that she stayed. Hilbert at that time was over head and ears in the general theory of relativity, and for Klein, too, the theory of relativity and its connection with his old ideas of the Erlangen program brought the last flareup of his mathematical interests and mathematical production. The second volume of his history of mathematics in the nineteenth century bears witness thereof. To both Hilbert and Klein Emmy was welcome as she was able to help them with her invariant theoretic knowledge. For two of the most significant sides of the general relativity theory she gave at that time the genuine and universal mathematical formulation: First, the reduction of the problem of differential invariants to a purely algebraic one by use of "normal coordinates"; second, the identities between the left sides of Euler's equations of a problem of variation which occur when the (multiple) integral is invariant with respect to a group of transformations involving arbitrary functions (identities that contain the conservation theorem of energy and momentum in the case of invariance with respect to arbitrary transformations of the four world coordinates).

Still during the war, Hilbert tried to push through Emmy Noether's "Habilitation" in the Philosophical Faculty in Göttingen. He failed due to the resistance of the philologists and historians. It is a well-known anecdote that Hilbert supported her application by declaring at the faculty meeting, "I do not see that the sex of the candidate is an argument against her admission as Privatdozent. After all, we are a university and not a bathing establishment." Probably he provoked the adversaries even more by that remark. Nevertheless, she was able to give lectures in Göttingen, that were announced under Hilbert's name. But in 1919, after the end of the War and the proclamation of the German Republic had changed the conditions, her Habilitation became possible. In 1922 there followed her nomination as a "nichtbeamteter ausserordentlicher Professor"; this was a mere title carrying no obligations and no salary. She was, however, entrusted with a "Lehrauftrag" for algebra, which carried a modest remuneration.

During the wild times after the Revolution of 1918, she did not keep aloof from the political excitement, she sided more or less with the Social Democrats; without being actually in party life she participated intensely in the discussion of the political and social problems of the day. One of her first pupils, Grete Hermann, belonged to Nelson's philosophic-political circle in Göttingen. It is hardly imaginable nowadays how willing the young generation in Germany was at that time for a fresh start, to try to build up Germany, Europe, society in general, on the foundations of reason, humaneness, and justice. But alas! the mood among the academic youth soon enough veered around; in the struggles that shook Germany during the following years and which took on the form of civil war here and there, we find them mostly on the side of the reactionary and nationalistic forces. Responsible for this above all was the breaking by the Allies of the promise of Wilson's Fourteen Points, and the fact that Republican Germany came to feel the victors' fist not less hard than the Imperial Reich could have; in particular, the youth were embittered by the national defamation added to the enforcement of a grim peace treaty. It was then that the great opportunity for the pacification of Europe was lost, and the seed sown for the disastrous development we are the witnesses of. In later years Emmy Noether took no part in matters political. She always remained, however, a convinced pacifist, a stand which she held very important and serious.

In the modest position of a "nicht-beamteter ausserordentlicher Professor" she worked in Göttingen until 1933, during the last years in the beautiful new Mathematical Institute that had risen in Göttingen chiefly by Courant's energy and the generous financial help of the Rockefeller Foundation. I have a vivid recollection of her when I was in Göttingen as visiting professor in the winter semester of 1926–1927, and lectured on representations of continuous groups. She was in the audience; for just at that time the hypercomplex number systems and their representations had caught her interest and I remember many discussions when I walked home after the lectures, with her and von Neumann, who was in Göttingen as a Rockefeller Fellow, through the cold, dirty, rain-wet streets of Göttingen. When I was called permanently to Göttingen in 1930, I earnestly tried to obtain from the Ministerium a better position for her, because I was ashamed to occupy such a preferred position beside her whom I knew to be my superior as a mathematician in many respects. I did not succeed, nor did an attempt to push through her election as a member of the Göttinger Gesellschaft der Wissenschaften. Tradition, prejudice, external considerations, weighted the balance against her scientific merits and scientific greatness, by that time denied by no one. In my Göttingen years, 1930–1933, she was without doubt the strongest center of mathematical activity there, considering both the fertility of her scientific research program and her influence upon a large circle of pupils.

Her development into that great independent master whom we admire today was relatively slow. Such a late maturing is a rare phenomenon in mathematics; in most cases the great creative impulses lie in early youth. Sophus Lie, like Emmy Noether, is one of the few great exceptions. Not until 1920, thirteen years after her promotion, appeared in the Mathematische Zeitschrift that paper of hers written with Schmeidler, "Über Moduln in nicht-kommutativen Bereichen, insbesondere aus Differential- und Differenzen-Ausdrücken", which seems to mark the decisive turning point. It is here for the first time that the Emmy Noether appears whom we all know, and who changed the face of algebra by her work. Above all, her conceptual axiomatic way of thinking in algebra becomes first noticeable in this paper dealing with differential operators as they are quite common nowadays in quantum mechanics. In performing them, one after the other, their composition, which may be interpreted as a kind of multiplication, is not commutative. But instead of operating with the formal expressions, the simple properties of the operations of addition and multiplication to which they lend themselves are formulated as axioms at the beginning of the investigation, and these axioms then form the basis of all further reasoning. A similar procedure has remained typical for Emmy Noether from then on. Later I shall try to characterize this world of algebra as a whole in which the scene of her mathematical activities was laid.

Not less characteristic for Emmy was her collaboration with another, in this case with Schmeidler. I suppose that Schmeidler gave as much as he received in this cooperation. In later years, however, Emmy Noether frequently acted as the true originator; she was most generous in sharing her ideas with others. She had many pupils, and one of the chief methods of her research was to expound her ideas in a still unfinished state in lectures, and then discuss them with her pupils. Sometimes she lectured on the same subject one semester after another, the whole subject taking on a better ordered and more unified shape every time, and gaining of course in the substance of results. It is obvious that this method sometimes put enormous demands upon her audience. In general, her lecturing was certainly not good in technical respects. For that she was too erratic and she cared too little for a nice and well arranged form. And yet she was an inspired teacher; he who was capable of adjusting himself entirely to her, could learn very much from her. Her significance for algebra cannot be read entirely from her own papers; she had great stimulating power and many of her suggestions took final shape only in the works of her pupils or co-workers. A large part of what is contained in the second volume of van der Waerden's "Modern Algebra" must be considered her property. The same is true of parts of Deuring's recently published book on algebras in which she collaborated intensively. Hasse acknowledges that he owed the suggestion for his beautiful papers on the connection between hypercomplex quantities and the theory of class fields to casual remarks by Emmy Noether. She could just utter a far-seeing remark like this, "Norm rest symbol is nothing else than cyclic algebra" in her prophetic lapidary manner, out of her mighty imagination that hit the mark most of the time and gained in strength in the course of years; and such a remark could then become a signpost to point the way for difficult future work. And one cannot read the scope of her accomplishments from the individual results of her papers alone: she originated above all a new and epoch-making style of thinking in algebra.

She lived in close communion with her pupils; she loved them, and took interest in their personal affairs. They formed a somewhat noisy and stormy family, "the Noether boys" as we called them in Göttingen. Among her pupils proper I may name Grete Hermann, Krull, Hölzer, Grell, Koethe, Deuring, Fitting, Witt, Tsen, Shoda, Levitzki. F. K. Schmidt is strongly influenced by her, chiefly through Krull's mediation. V. d. Waerden came to her from Holland as a or more less finished mathematician and with ideas of his own; but he learned from Emmy Noether the apparatus of notions and the kind of thinking that permitted him to formulate his ideas and to solve his problems. Artin and Hasse stand beside her as two independent minds whose field of production touches on hers closely, though both have a stronger arithmetical texture. With Hasse above all she collaborated very closely during her last years. From different sides, Richard Brauer and she dealt with the profounder structural problems of algebras, she in a more abstract spirit, Brauer, educated in the school of the great algebraist I. Schur, more concretely operating with matrices and representations of groups; this, too, led to an extremely fertile cooperation. She held a rather close friendship with Alexandroff in Moscow, who came frequently as a guest to Göttingen. I believe that her mode of thinking has not been without influence upon Alexandroff's topological investigations. About 1930 she spent a semester in Moscow and there got into close touch with Pontrjagin also. Before that, in 1928–1929, she had lectured for one semester in Frankfurt while Siegel delivered a course of lectures as a visitor in Göttingen.

In the spring of 1933 the storm of the National Revolution broke over Germany. The Göttinger Mathematisch-Naturwissenschaftliche Fakultät, for the building up and consolidation of which Klein and Hilbert had worked for decades, was struck at its roots. After an interregnum of one day by Neugebauer, I had to take over the direction of the Mathematical Institute. But Emmy Noether, as well as many others, was prohibited from participation in all academic activities, and finally her venia legendi, as well as her "Lehrauftrag" and the salary going with it, were withdrawn. A stormy time of struggle like this one we spent in Göttingen in the summer of 1933 draws people closer together; thus I have a particularly vivid recollection of these months. Emmy Noether, her courage, her frankness, her unconcern about her own fate, her conciliatory spirit, were, in the midst of all the hatred and meanness, despair and sorrow surrounding us, a moral solace. It was attempted, of course, to influence the Ministerium and other responsible and irresponsible but powerful bodies so that her position might be saved. I suppose there could hardly have been in any other case such a pile of enthusiastic testimonials filed with the Ministerium as was sent in on her behalf. At that time we really fought; there was still hope left that the worst could be warded off. It was in vain. Franck, Born, Courant, Landau, Emmy Noether, Neugebauer, Bernays and others—scholars the university had before been proud of— had to go because the possibility of working was taken away from them. Göttingen scattered into the four winds! This fate brought Emmy Noether to Bryn Mawr, and the short time she taught here and as guest at our Institute for Advanced Study in Princeton is still too fresh in our memory to need to be spoken of. She harbored no grudge against Göttingen and her fatherland for what they had done to her. She broke no friendship on account of political dissension. Even last summer she returned to Göttingen, and lived and worked there as though all things were as before. She was sincerely glad that Hasse was endeavoring with success to rebuild the old, honorable and proud mathematical tradition of Göttingen even in the changed political circumstances. But she had adjusted herself with perfect ease to her new American surroundings, and her girl students here were as near to her heart as the Noether boys had been in Göttingen. She was happy at Bryn Mawr; and indeed perhaps never before in her life had she received so many signs of respect, sympathy, friendship, as were bestowed upon her during her last one and a half years at Bryn Mawr. Now we stand at her grave.

It shall not be forgotten what America did during these last two stressful years for Emmy Noether and for German science in general.

If this sketch of her life is to be followed by a short synopsis of her work and her human and scientific personality, I must attempt to draw in a few strokes the scene of her work: the world of algebra. The system of real numbers, of so paramount import for the whole of mathematics and physics, resembles a Janus head with two faces: In one aspect it is the field of the algebraic operations $+$ and $\times$, and their inversions. In the other aspect it is a continuous manifold, the parts of which are continuously connected with each other. The one is the algebraic, the other the topological face of numbers. Modern axiomatics, single-minded as it is and hence disliking this strange mixture of war and peace (in this respect differing from modern politics), carefully disjointed both parts.

Hence the pure algebraist can do nothing with his numbers except perform upon them the four species, addition, subtraction, multiplication, and division. For him, therefore, a set of numbers is closed, he has no means to get beyond it when these operations applied to any two numbers of the set always lead to a number of the same set again. Such a set is called a domain of rationality or a field. The simplest field is the set of all rational numbers. Another example is the set of the numbers of the form $a + b\sqrt{2}$ where a and b are rational, the so-called algebraic number field $(\sqrt{2})$. The classical problem of algebra is the solution of an algebraic equation $f(x) = 0$ whose coefficients may lie in a field K, for instance the field of rational numbers. Knowing a root δ of the equation, one knows at the same time all numbers arising from δ (and the numbers of K) by means of the four species: they form the algebraic field $K(\delta)$ comprising K. Within this number field $K(\delta)$, δ itself plays the rôle of a determining number from which all other numbers can be rationally derived. But many, almost all, numbers of $K(\delta)$ can take the place of δ in this respect. It is, therefore, a great advance to replace the study of the equation $f(x) = 0$ by the study of the field $K(\delta)$. We thereby extinguish unessential features, we take uniformly into account all equations arising from the one $f(x) = 0$ by rational transformations of the unknown x, and we replace a formula, the equation $f(x) = 0$, which might seduce us to blind computations, by a notion, the notion of the field which one can get at only in a conceptual way.

Within the system of *integral* numbers the operations of addition, subtraction, and multiplication only allow unlimited performance; division has to be canceled. Such a domain is called a domain of integrity or a *ring*. As the notion of integer is characteristic of number theory, one may say: number theory deals with rings instead of fields. The polynomials of one variable or indeterminate x are likewise such a domain of quantities as we described to form a ring; the coefficients of the polynomials might here be restricted to a given number field or ring. Algebra does not interpret the argument x to be a variable varying over a continuous range of values; it looks upon it as an indeterminate, an empty symbol serving only to weld the coefficients of the polynomial into a unified expression which suggests in a natural way the rules of addition and multiplication. The statement that a polynomial vanishes means that all its coefficients are zero rather than that the function takes on the value zero for all values of the independent variable. One is not forbidden to substitute an indeterminate x by a number or by a polynomial of one or several other indeterminates y, z, . . .; however, this is a formal process projecting the ring of polynomials of x faithfully upon the ring of numbers or of polynomials in $y, z, \ldots$. Faithfully, that means preserving all rational relations expressible in terms of the fundamental operations, addition, subtraction, multiplication.

Besides adjunction of indeterminates, algebra knows another procedure for forming new fields or rings. Let p be a prime number, for instance 5. We take the ordinary integers, agreeing, however, to consider numbers to be equal when they are congruent mod. p, i. e., when they give the same remainder under division by p. One may illustrate this by winding the line of numbers on a circle of circumference p. A peculiar field then arises consisting of p different elements only. To the *prime number* there corresponds within the ring of polynomials of a single variable x (with numerical coefficients taken from a given number field K) the *prime polynomial* $p(x)$. By considering two polynomials equal which are congruent modulo a given prime polynomial $p(x)$, the ring of all polynomials is changed into a *field* which possesses exactly the same algebraic properties as the number field $K(\delta)$ arising from the underlying number field K by adjoining a root δ of the equation $p(x) = 0$. But the present process goes on within pure algebra without requiring solution of an equation $p(x) = 0$ that is actually unsolvable in K. This interpretation of the algebraic number fields $K(\delta)$ was given by Kronecker after Cauchy had already founded the calculation with the imaginary number i on this idea.

In such a way one was led by degrees to erect algebra in a purely axiomatic manner. A whole array of great mathematical names could be mentioned who initiated and developed this axiomatic trend: after Kronecker and Dedekind, E. H. Moore in America, Peano in Italy, Steinitz, and, above all, Hilbert in Germany. A field now is a realm of elements, called numbers, within which two operations $+$ and $\times$ are defined, satisfying the usual axioms. If one leaves out the axiom of division which states the unique invertibility of multiplication, one gets a ring instead of a field. The fields no longer appear as parts cut out of that universal realm of numbers, the continuum of the real or complex numbers that the Calculus is concerned with, but every field is now, so to speak, a world in itself. One may join the elements of any field by operations, but not the elements of different fields. This standpoint that each object which is offered to mathematical analysis carries its own kind of numbers to be defined in terms of that object and its intrinsic constituents, instead of approaching every object by the same universal number system developed à priori and independently of the applications—this standpoint, I say, has gained ground more and more also in the axiomatic foundations of geometry and recently in a rather surprising manner in quantum physics. We are here confronted by one of those mysterious parallelisms in the development of mathematics and physics that might induce one to believe in a preestablished harmony between nature and mind.

When speaking of axiomatics, I was referring to the following methodical procedure: One separates in a natural way the different sides of a concretely given object of mathematical investigation, makes each of them accessible from its own relatively narrow and easily surveyable group of assumptions, and then by joining the partial results after appropriate specialization, returns to the complex whole. The last synthetic part is purely mechanical. The art lies in the first analytical part of breaking up the whole and generalizing the parts. One does not seek the general for the sake of generality, but the point is that each generalization simplifies by reducing the hypotheses and thus makes us understand certain sides of an unsurveyable whole. Whether a partition with corresponding generalization is natural, can hardly be judged by any other criterion than its fertility. If one systematizes this procedure which the individual investigator manages supported by all the analogies available to him by the mass of his mathematical experiences and with more or less inventive ability and sensitivity, one comes upon axiomatics. Hence axiomatics is today by no means merely a method for logical clarification and deepening of the foundations, but it has become a powerful weapon of concrete mathematical research itself. This method was applied by Emmy Noether with masterly skill, it suited her nature, and she made algebra the Eldorado of axiomatics. An important point is the ascertainment of the "right" general notions like field, ring, ideal, etc., the splitting-up of a proposition into partial propositions and their right generalizations by means of those general notions. This partition of the whole and screening off of the unessential features once accomplished, the proof of the individual steps does not cause any serious trouble in many cases. In a conference on topology and abstract algebra as two ways of mathematical understanding, in 1931, I said this:

"Nevertheless I should not pass over in silence the fact that today the feeling among mathematicians is beginning to spread that the fertility of these abstracting methods is approaching exhaustion. The case is this: that all these nice general notions do not fall into our laps by themselves. But definite concrete problems were first conquered in their undivided complexity, single-handed by brute force, so to speak. Only afterwards the axiomaticians came along and stated: Instead of breaking in the door with all your might and bruising your hands, you should have constructed such and such a key of skill, and by it you would have been able to open the door quite smoothly. But they can construct the key only because they are able, after the breaking in was successful, to study the lock from within and without. Before you can generalize, formalize and axiomatize, there must be a mathematical substance. I think that the mathematical substance in the formalizing of which we have trained ourselves during the last decades, becomes gradually exhausted. And so I foresee that the generation now rising will have a hard time in mathematics."

Emmy Noether protested against that: and indeed she could point to the fact that just during the last years the axiomatic method had disclosed in her hands new, concrete, profound problems by the application of non-commutative algebra upon commutative fields and their number theory, and had shown the way to their solution.

Emmy Noether's scientific production seems to me to fall into three clearly distinct epochs: (1) the period of relative dependence, 1907–1919; (2) the investigations grouped around the general theory of ideals, 1920–26; (3) the study of the non-commutative algebras, their representations by linear transformations, and their application to the study of commutative number fields and their arithmetics, from 1927 on. The first epoch was described in the sketch of her life. I should now like to say a few words about the second epoch, the epoch of the general theory of ideals.

The ideals had been devised by Dedekind in order to reestablish, by introducing appropriate ideal elements, the main law of unique decomposition of a number into prime factors that broke down in algebraic number fields. The thought consisted in replacing a number, like 6 for instance, in its property as a divisor by the set of all numbers divisible by 6; this set is called the ideal (6). In the same manner one may interpret the greatest common divisor of two numbers, a, b, as the set of all numbers of form $ax + by$ where x, y range independently over all integers. In the ring of ordinary integers this system is identical with a system of the multiples of a single number d, the greatest common divisor. This, however, is not the case in algebraic number fields, and hence it becomes necessary to admit as divisors not only numbers but also ideals. An ideal in a ring R then has to be defined as a subset of R such that sum and difference of two numbers of the ideal belong to the ideal as well as the product of a number of the ideal by an arbitrary number of the ring. Still, from another side, this notion appeared in algebraic geometry. An algebraic surface in space is defined by one algebraic equation $f = 0$; here f is a polynomial with respect to the coordinates. If one is to consider algebraic manifolds of fewer dimensions, one has to put down instead a finite system of algebraic equations $f_1 = 0, f_2 = 0, \ldots, f_h = 0$. But then all polynomials vanish upon the algebraic manifold which arise by linear combination of the basic polynomials $f_1, f_2, \ldots, f_h$ in the form $A_1 f_1 + A_2 f_2 + \ldots + A_h f_h$ where the

A's are quite arbitrary polynomials. All the polynomials of this kind form an ideal in the ring of polynomials; the algebraic manifold consists of the points in which all polynomials of the ideal vanish. With such ideals Hilbert's basis theorem was concerned, one of the chief tools in Hilbert's study of invariants; it asserts that every ideal of polynomials has a finite basis. Noether's residual theorem contains a criterion that allows us to decide whether a polynomial belongs to an ideal the members of which have in common only a finite number of zeros. For ideals of polynomials Lasker—better known to non-mathematicians as world chess champion for many years—obtained results which showed that their laws depart considerably from those met by Dedekind in the algebraic number fields.

Consider, for instance, the following three rings: the ring of ordinary integers, the rings of polynomials of one and of two independent variables with rational coefficients. The theorem of unique decomposition into prime factors holds in each of them; but Euclid's algorithm or the fact that the greatest common divisor of two elements, a, b, is contained in the ideal (a, b), i. e., can be expressed in the form $af + bg$ by means of two appropriate elements, f, g, of the ring, is true only in the first two cases. Indeed, in the domain of polynomials of two indeterminates x and y, the polynomials x and y themselves have no common divisor; nevertheless an equation like $1 = xf + yg$ where f and g are two polynomials, is impossible as the right side vanishes at the origin $x = 0, y = 0$.

Emmy Noether developed a general theory of ideals on an axiomatic basis that comprised all cases. Her chief axiom is the Teilerkettensatz: the hypothesis that a chain of ideals a_1, a_2, a_3, ... necessarily comes to an end after a finite number of steps if each term a_i comprises the preceding a_{i-1} as a proper part. By her abstract theory many important developments of mathematics are welded together. Moreover, she showed how one can descend in the same axiomatic manner to the polynomial ideals on the one hand, and to the classical case of ideals in algebraic number fields on the other hand. In some instances her general theory passes even beyond what was known before through Lasker for polynomial ideals.

Until now we have stuck to all axioms satisfied by the ordinary numbers. There exist, however, strong motives for abandoning the commutative law of multiplication. Indeed, operations like the rotations of a rigid body in space, are entities which behave with respect to their composition in a non-commutative fashion: for the composition of two rotations it really matters whether one first performs the first and then the second, or does it in inverse order. Composition is here considered as a kind of multiplication. Rotations when expressed in terms of coordinates are linear transformations. The linear transformations, as they are capable of addition and composition or multiplication, form the most important example of non-commutative quantities. One therefore attempts to realize any given abstract non-commutative ring or "algebra" of quantities by linear transformations without destroying the relations established among them by the fundamental operations $+$ and $\times$; this is the aim of the theory of representations. The theory of non-commutative algebras and their representations was built up by Emmy Noether in a new unified, purely conceptual manner by making use of all results that had been accumulated by the ingenious labors of decades through Molien, Frobenius, Dickson, Wedderburn, and others. The notion of the ideal in several new versions again plays the decisive part. Besides it, the idea of *automorphism* proves to be rather useful, i. e., of those mappings one can perform within an algebra without destroying the internal relations. Calculative tools are discarded like, for instance, a certain determinant the non-vanishing of which Dedekind had used as a criterion for semi-simplicity; this was the more desirable as this criterion fails in some domains of rationality. In intense cooperation with Hasse and with Brauer she investigated the structure of non-commutative algebras and applied the theory by means of her *verschränktes Produkt* (cross product) to the ordinary commutative number fields and their arithmetics. The most important papers of this epoch are "Hyperkomplexe Grössen und Darstellungstheorie", 1929; "Nicht-kommutative Algebra", 1933; and three smaller papers about norm rests and the principal genus theorem. Her theory of cross products was published by Hasse in connection with his investigations about the theory of cyclic algebras. A common paper by Brauer, Hasse, and Emmy Noether proving the fact that every simple algebra over an ordinary algebraic number field is cyclic in Dickson's sense, will remain a high mark in the history of algebra.

I must forego giving a picture of the content of these profound investigations. Instead, I had better try to close with a short general estimate of Emmy Noether as a mathematician and as a personality.

Her strength lay in her ability to operate abstractly with concepts. It was not necessary for her to allow herself to be led to new results on the leading strings of known concrete examples. This had the disadvantage, however, that she was sometimes but incompletely cognizant of the specific details of the more interesting applications of her general theories. She possessed a most vivid imagination, with the aid of which she could visualize remote connections; she constantly strove toward unification. In this she sought out the essentials in the known facts, brought them into order by means of appropriate general concepts, espied the vantage point from which the whole could best be surveyed, cleansed the object under consideration of superfluous dross, and thereby won through to so simple and distinct a form that the venture into new territory could be undertaken with the greatest prospect of success. This clarifying power she proved, for example, in her theory of the cross product, in which almost all the facts had already been found by Dickson and by Brauer. She possessed a strong drive toward axiomatic purity. All should be accomplished within the frame and with the aid of the intrinsic properties of the structure under investigation; nothing should be brought from without, and only invariant processes should be applied. Thus it seemed to her that the use of matrices which commute with all the elements of a given matric algebra, so often to be found in the work of Schur, was inappropriate; accordingly she used the automorphisms instead. This can be carried too far, however, as when she disdained to employ a primitive element in the development of the Galois theory. She once said:

"If one proves the equality of two numbers a and b by showing first that $a \leqq b$ and then $a \geqq b$, it is unfair; one should instead show that they are really equal by disclosing the inner ground for their equality."

Of her predecessors in algebra and number theory, Dedekind was most closely related to her. For him she felt a deep veneration. She expected her students to read Dedekind's appendices to Dirichlet's "Zahlentheorie" not only in one, but in all editions. She took a most active part in the editing of Dedekind's works; here the attempt was made to indicate, after each of Dedekind's papers, the modern development built upon his investigations. Her affinity with Dedekind, who was perhaps the most typical Lower Saxon among German mathematicians, proves by a glaring example how illusory it is to associate in a schematic way race with the style of mathematical thought. In addition to Dedekind's work, that of Steinitz on the theory of abstract fields was naturally of great importance for her own work. She lived through a great flowering of algebra in Germany, toward which she contributed much. Her methods need not, however, be considered the only means of salvation. In addition to Artin and Hasse, who in some respects are akin to her, there are algebraists of a still more different stamp, such as I. Schur in Germany, Dickson and Wedderburn in America, whose achievements are certainly not behind hers in depth and significance. Perhaps her followers, in pardonable enthusiasm, have not always fully recognized this fact.

Emmy Noether was a zealous collaborator in the editing of the

Mathematische Annalen. That this work was never explicitly recognized may have caused her some pain.

It was only too easy for those who met her for the first time, or had no feeling for her creative power, to consider her queer and to make fun at her expense. She was heavy of build and loud of voice, and it was often not easy for one to get the floor in competition with her. She preached mightily, and not as the scribes. She was a rough and simple soul, but her heart was in the right place. Her frankness was never offensive in the least degree. In everyday life she was most unassuming and utterly unselfish; she had a kind and friendly nature. Nevertheless she enjoyed the recognition paid her; she could answer with a bashful smile like a young girl to whom one had whispered a compliment. No one could contend that the Graces had stood by her cradle; but if we in Göttingen often chaffingly referred to her as "der Noether" (with the masculine article), it was also done with a respectful recognition of her power as a creative thinker who seemed to have broken through the barrier of sex. She possessed a rare humor and a sense of sociability; a tea in her apartments could be most pleasurable. But she was a one-sided being who was thrown out of balance by the overweight of her mathematical talent. Essential aspects of human life remained undeveloped in her, among them, I suppose, the erotic, which, if we are to believe the poets, is for many of us the strongest source of emotions, raptures, desires, and sorrows, and conflicts. Thus she sometimes gave the impression of an unwieldly child, but she was a kind-hearted and courageous being, ready to help, and capable of the deepest loyalty and affection. And of all I have known, she was certainly one of the happiest.

Comparison with the other woman mathematician of world renown, Sonya Kovalevskaya, suggests itself. Sonya had certainly the more complete personality, but was also of a much less happy nature. In order to pursue her studies Sonya had to defy the opposition of her parents, and entered into a marriage in name only, although it did not quite remain so. Emmy Noether had, as I have already indicated, neither a rebellious nature nor Bohemian leanings. Sonya possessed feminine charm, instincts, and vanity; social successes were by no means immaterial to her. She was a creature of tension and whims; mathematics made her unhappy, whereas Emmy found the greatest pleasure in her work. Sonya followed literary pursuits outside of mathematics. In her later years in Paris, as she worked feverishly on a paper to be submitted for a mathematical prize, Sonya, alluding in a letter to a certain M. with whom she was in love, wrote "The fat M. occupies all the room on my couch and in my thoughts." Such was Sonya: you see the tension between her creative mind and life with its passion and the self-mocking spirit ironically viewing her own desperate conflict. How far from Emmy's possibilities! But Emmy Noether without doubt possessed by far the greater power, the greater scientific talent.

Indeed, two traits determined above all her nature: First, the native productive power of her mathematical genius. She was not clay, pressed by the artistic hands of God into a harmonious form, but rather a chunk of human primary rock into which he had blown his creative breath of life. Second, her heart knew no malice; she did not believe in evil—indeed it never entered her mind that it could play a rôle among men. This was never more forcefully apparent to me than in the last stormy summer, that of 1933, which we spent together in Göttingen. The memory of her work in science and of her personality among her fellows will not soon pass away. She was a great mathematician, the greatest, I firmly believe, that her sex has ever produced, and a great woman.

103.

Über das Pick-Nevanlinnasche Interpolationsproblem und sein infinitesimales Analogon

Annals of Mathematics 36, 230—254 (1935)

Literatur und Fragestellung

Das in der Ueberschrift genannte Interpolationsproblem verlangt die Konstruktion der in der oberen z-Halbebene $\Im z > 0$ regulären Funktionen $w(z)$, die in diesem Gebiet der Bedingung $\Im w \geqq 0$ genügen und an vorgegebenen Stellen im Bereich: $z = \alpha_1,\ \alpha_2,\ \cdots$ vorgegebene Werte $\beta',\ \beta'',\ \cdots$ annehmen. Für eine *unendliche* Anzahl von Wertzuordnungen wurde die Frage zuerst behandelt von R. Nevanlinna, Ann. Ac. Sc. Fenn. **13**, 1919. Als der Grenzfall, in welchem alle Punkte $\alpha_1,\ \alpha_2,\ \cdots$ in den unendlichfernen Randpunkt der Halbebene zusammenrücken, ergibt sich das Stieltjes'sche Momentenproblem, das in dieser Auffassung von R. Nevanlinna in einer nachfolgenden Abhandlung, ebendort vol. **18**, 1922, bearbeitet wurde.[1] Die Rolle, welche im Interpolationsproblem das Schwarz'sche Lemma spielt, wird hier vom Julia'schen Lemma übernommen. Nevanlinna kommt, durch eine wichtige Bemerkung von Denjoy veranlasst,[2] auf beide Fragestellungen nochmals zurück in seinem Beitrag zu den Commentationes i. h. E. L. Lindelöf, 1929. Das Stieltjes'sche Momentenproblem wurde in gleicher Allgemeinheit von E. Hellinger dadurch gelöst,[3] dass er die dem Kettenbruch entsprechende Differenzengleichung in Analogie stellt mit einer, den Spektralparameter linear enthaltenden sich selbst adjungierten Differentialgleichung 2. Ordnung und darauf die Methode anwendet, die vom Verf. für solche Differentialgleichungen in seiner Habilitationsschrift, Math. Annalen **68**, 1910, pp. 221–238, entwickelt wurde. Zweck der vorliegenden Arbeit ist es, das Problem im Gebiete der Differentialgleichungen anzugeben, das in ähnlicher Weise dem Pick-Nevanlinna'schen Interpolationsproblem korrespondiert, und es—nach Abstreifung aller für das Resultat irrelevanten Spezialisierungen—auf dem zuletzt angedeuteten Wege zu bewältigen. Ich setze den Gegenstand ab ovo und eingehend auseinander, weil er uns zu neuen Spektralproblemen für Differentialgleichungen führt und weil ich an dem von Herrn Hellinger und mir eingeschlagenen Vorgehen eine wesentliche Vereinfachung anzubringen habe.

---

[1] Nachdem die wesentlichen Resultate zuerst von H. Hamburger in drei Abhandlungen in den Math. Annalen **81, 82**, 1920–1921, gewonnen waren; die Hamburger'schen Arbeiten kommen jedoch für uns hier methodisch nicht in Betracht.

[2] Comptes rendus, **188**, 1929, p. 140 u. 1084.

[3] Math. Annalen **86**, 1922, p. 18.

§1. Das Interpolationsproblem auf eine Differenzengleichung reduziert. Uebergang zur korrespondierenden Differentialgleichung

Wir betrachten analytische Funktionen $w(z)$, welche in der oberen z-Halbebene, $\Im z > 0$, erklärt sind und deren Werte selber der Bedingung $\Im w \geqq 0$ genügen; sie mögen *positive Funktionen* heissen. Es sei die Aufgabe gestellt, alle solche Funktionen zu finden, welche an der Stelle $z = \alpha$ im Definitionsbereich den vorgegebenen Wert $w = \beta$ annehmen. *Die Aufgabe hat nur dann eine Lösung, wenn $\Im\beta \geqq 0$ gilt.* Ist $\Im\beta = 0$, so ist $w(z) = \text{const.} = \beta$ die einzige Lösung. Wenn aber $\Im\beta > 0$ ist, erhalten wir nach dem Schwarz'schen Lemma für die durch

$$\frac{w - \beta}{w - \bar{\beta}} = \frac{z - \alpha}{z - \bar{\alpha}} \cdot W(z)$$

eingeführte Funktion $W(z)$ die Ungleichung $|W| \leqq 1$. Man nehme willkürlich eine positiv imaginäre Zahl γ, $\Im\gamma > 0$, zu Hilfe und setze

$$W = \frac{w' - \gamma}{w' - \bar{\gamma}} :$$

die Bedingung $|W| \leqq 1$ wird dadurch in $\Im w' \geqq 0$ zurückverwandelt. So werden wir zu dem Ansatz geführt:

$$(1) \qquad \frac{w - \beta}{w - \bar{\beta}} = \frac{z - \alpha}{z - \bar{\alpha}} \cdot \frac{w' - \gamma}{w' - \bar{\gamma}}$$

w genügt unserer Aufgabe dann und nur dann, wenn w' eine beliebige positive Funktion ist. Die Gleichung (1) lautet in aufgelöster Form

$$(2) \qquad w = \frac{-\,(z \cdot \Im\bar{\beta} - \Im\bar{\beta}\alpha)\,w' + (z \cdot \Im\bar{\beta}\gamma - \Im\bar{\beta}\alpha\gamma)}{\Im\alpha \cdot w' + (z \cdot \Im\gamma - \Im\alpha\gamma)}.$$

Die rekursive Anwendung dieses Verfahrens liefert die Lösung des Interpolationsproblems: diejenigen positiven Funktionen $w(z)$ zu bestimmen, welche an den verschiedenen Stellen $z = \alpha_1, \alpha_2, \cdots$ des Definitionsbereiches $\Im z > 0$ vorgegebene Werte $\beta', \beta'', \cdots$ annehmen. Man beginnt mit $w_1 = w$. Der einzelne Schritt der Rekursion sieht so aus. Man habe $n - 1$ Zahlen $\beta_1, \cdots, \beta_{n-1}$ gewonnen, welche den Ungleichungen genügen

$$\Im\beta_1 > 0, \cdots, \Im\beta_{n-1} > 0,$$

und eine Formel

$$(3) \qquad w(z) = \frac{-\,A_{n-1}(z) + B_{n-1}(z) \cdot w_n(z)}{C_{n-1}(z) - D_{n-1}(z) \cdot w_n(z)}.$$

Sie soll alle positiven Funktionen $w(z)$, welche den ersten $n - 1$ Bedingungen genügen,

$$w(\alpha_1) = \beta', \cdots, w(\alpha_{n-1}) = \beta^{(n-1)},$$

dadurch liefern, dass man für $w_n(z)$ eine *willkürliche* positive Funktion einsetzt. Die weitere Forderung $w(\alpha_n) = \beta^{(n)}$ setzt sich vermöge (3) in eine Gleichung $w_n(\alpha_n) = \beta_n$ um; *damit sie sich erfüllen lässt, muss* $\Im\beta_n \geqq 0$ *sein.* Ist $\Im\beta_n = 0$, so bricht das Verfahren dadurch ab, dass $w_n(z) =$ const. $= \beta_n$ die einzige Lösung $w(z)$ liefert, welche den ersten n Werte-Zuordnungen genügt; mit $w(z)$ sind auch die weiteren Werte $\beta^{(n+1)}, \cdots$ zwangsläufig festgelegt. Ist aber $\Im\beta_n > 0$, so wählt man ein positiv imaginäres γ_n und erhält durch die Substitution

$$(4) \qquad w_n = \frac{- w_{n+1}(z\Im\bar{\beta}_n - \Im\beta_n\alpha_n) + (z\cdot\Im\bar{\beta}_n\gamma_n - \Im\beta_n\alpha_n\gamma_n)}{w_{n+1}\cdot\Im\alpha_n + (z\Im\gamma_n - \Im\alpha_n\gamma_n)}$$

nach dem Vorbild von (2) das nächstfolgende w_{n+1}:

$$(5) \qquad w = \frac{- A_n(z) + B_n(z)\cdot w_{n+1}}{C_n(z) - D_n(z)\cdot w_{n+1}}.$$

Daher für A_n, B_n die Rekursionsformeln:

$$(6) \qquad \begin{cases} A_n = A_{n-1}(z\Im\gamma_n - \Im\alpha_n\gamma_n) - B_{n-1}(z\Im\bar{\beta}_n\gamma_n - \Im\beta_n\alpha_n\gamma_n)\,, \\ B_n = - A_{n-1}\cdot\Im\alpha_n - B_{n-1}(z\Im\bar{\beta}_n - \Im\beta_n\alpha_n)\,, \end{cases}$$

denen auch das Paar C_n, D_n genügt. Ihr Unterschied kommt von den Anfangswerten her:

$$(7) \qquad A_0 = 0\,, B_0 = 1\,; \qquad C_0 = 1\,, D_0 = 0\,.$$

z sei ein fester Wert in der oberen Halbebene. Lassen wir in der Formel (5) die Grösse w_{n+1} (unabhängig von z) über den Bereich $\Im w_{n+1} \geqq 0$ frei variieren, so durchläuft w eine gewisse Kreisscheibe $\mathfrak{k}_n = \mathfrak{k}_n(z)$. Nach der Herleitung sind diese Kreise ineinander eingeschachtelt und liegen alle in der oberen Halbebene $\mathfrak{k}_0$: $\mathfrak{k}_0 \supset \mathfrak{k}_1 \supset \mathfrak{k}_2 \supset \cdots$. Unter der Voraussetzung $\Im\beta_\nu > 0$ ($\nu = 1, 2, \cdots, n$) sind die Gleichungen $w(\alpha_\nu) = \beta^{(\nu)}$ ($\nu = 1, \cdots, n$) für die positive Funktion $w(z)$ der Forderung äquivalent, dass *der Wert $w(z)$ für alle positiv imaginären z in der Kreisscheibe $\mathfrak{k}_n(z)$ gelegen ist.* Denn genügt $w(z)$ dieser Forderung und führt man durch (5) eine analytische Funktion $w_{n+1}(z)$ ein, so erfüllt diese die Bedingung $\Im w_{n+1} \geqq 0$.

Es entsteht nunmehr die *transzendente Frage,* wie weit die positive Funktion $w(z)$ bestimmt ist, wenn die Stellen $z = \alpha_1, \alpha_2, \cdots$, an denen $w(z)$ vorgegebene Werte $\beta', \beta'', \cdots$ annehmen soll, *in unendlicher Anzahl* vorhanden sind. Es ist vorausgesetzt, dass alle Ungleichungen $\Im\beta_\nu > 0$ ($\nu = 1, 2, \cdots$, in inf.) erfüllt sind. Das Hauptresultat der Nevanlinna'schen Theorie ist dies: *Analog dem, was wir bei endlichem n gesehen haben, gibt es zwei Fälle, den "Grenzpunkt"- und den "Grenzkreis"-Fall. Im ersten gibt es eine und nur eine Lösung unseres Problems; im zweiten erhält man die allgemeinste Lösung in der Form*

$$(8) \qquad w(z) = \frac{- A(z) + B(z)\cdot w_\infty(z)}{C(z) - D(z)\cdot w_\infty(z)}\,,$$

wo A, B, C, D wohlbestimmte analytische Funktionen von z in der oberen Halb-ebene sind, während für $w_\infty(z)$ eine willkürliche positive Funktion eintreten kann.

Die Fallunterscheidung resultiert sofort aus der Betrachtung der Kreise $\mathfrak{k}_n$: infolge der Einschachtelung ziehen sie sich entweder auf einen Punkt (Grenzpunkt) oder auf einen Kreis (Grenzkreis) $\mathfrak{k}_\infty$ zusammen. Im ersten Fall muss der Wert von $w(z)$ für den betrachteten Argumentwert z notwendig dieser Grenzpunkt sein. Es entsteht die Aufgabe, einzusehen, *dass die Unter-scheidung von Grenzpunkt und Grenzkreis unabhängig ist von dem betrachteten Werte von z.*

Wiederum sei die positiv imaginäre Zahl z fest gewählt. Um die Differen-zengleichungen (6) in Parallele stellen zu können zu Differentialgleichungen, ist es bequem, dafür zu sorgen, dass in diesen Rekursionsformeln die Koeffizienten in der Hauptdiagonale auf der rechten Seite übereinstimmen. Das geschieht durch den Ansatz $\gamma_n = -\bar{\beta}_n$, der mit der Forderung $\mathfrak{J}\gamma_n > 0$ in Einklang steht. Der in A_n, B_n, C_n, D_n verbleibende willkürliche gemeinsame Faktor war in jenen Formeln so normiert, dass sich diese Grössen als Polynome in z vom Grade n ergaben. Für die Differentialgleichung ist das ohne Belang; hier ist es vielmehr zweckmässig, dafür zu sorgen, dass die Koeffizienten in der Hauptdiagonale $= 1$ werden. Man setze darum

$$(9) \qquad A_n = \prod_{\nu=1}^{n} (z\mathfrak{J}\gamma_\nu - \mathfrak{J}\alpha_\nu\gamma_\nu)\cdot f(n), \qquad B_n = \prod_{\nu=1}^{n} (z\mathfrak{J}\gamma_\nu - \mathfrak{J}\alpha_\nu\gamma_\nu)\cdot g(n).$$

Dann erhalten wir statt (6):

$$(10) \qquad \begin{cases} f(n) = f(n-1) + g(n-1)\cdot\dfrac{za_n'' - b_n''}{za_n' - b_n'}, \\[2ex] g(n) = g(n-1) + f(n-1)\cdot\dfrac{za_n - b_n}{za_n' - b_n'}. \end{cases}$$

Hier ist

$$(11) \qquad \begin{cases} a = \mathfrak{J}1, & a' = \mathfrak{J}\gamma, & a'' = \mathfrak{J}\gamma^2; \\[1ex] b = \mathfrak{J}\alpha, & b' = \mathfrak{J}\alpha\gamma, & b'' = \mathfrak{J}\alpha\gamma^2 \end{cases}$$

gesetzt; überall ist der Index n hinzuzufügen.

Wie aus dem Folgenden hervorgehen wird, kommt es auf die besonderen Ausdrücke (11) nicht an, es ist—für die korrespondierende Differentialgleichung —allein wesentlich, dass *die beiden Determinanten*

$$p = a'b - b'a, \qquad\qquad q = a''b' - b''a'$$

positiv sind. Mit den Ausdrücken (11) ist in der Tat $p = \mathfrak{J}\alpha\cdot\mathfrak{J}\gamma$. q ist der imaginäre Teil von

$$\alpha\gamma\cdot\mathfrak{J}\gamma^2 - \alpha\gamma^2\cdot\mathfrak{J}\gamma = \frac{1}{2i}\left[\alpha\gamma(\gamma^2 - \bar{\gamma}^2) - \alpha\gamma^2(\gamma - \bar{\gamma})\right]$$

$$= \frac{1}{2i}(\alpha\gamma^2\bar{\gamma} - \alpha\gamma\bar{\gamma}^2) = \alpha\gamma\bar{\gamma}\cdot\frac{\gamma - \bar{\gamma}}{2i} = \alpha|\gamma|^2\cdot\mathfrak{J}\gamma,$$

also

$$q = \Im\alpha \cdot \Im\gamma \cdot |\gamma|^2 > 0.$$

In der Gestalt (10) ist der Uebergang zur Differentialgleichung trivial. Man ersetze die diskrete Variable n durch eine kontinuierliche s, die das Intervall von 0 bis $+\infty$ durchläuft. z ist der gewöhnlich mit λ bezeichnete Spektralparameter, für den nur positiv imaginäre Werte zugelassen sind.

$$a(s),\ a'(s),\ a''(s); \qquad\qquad b(s),\ b'(s),\ b''(s)$$

sind stetige reelle Funktionen von s, welche den beiden Ungleichungen genügen

$$(12) \qquad p(s) = a'b - b'a > 0, \qquad\qquad q(s) = a''b' - b''a' > 0.$$

Wir behandeln *das System der zwei Differentialgleichungen 1. Ordnung für die unbekannten Funktionen $f(s)$, $g(s)$*:

$$(13) \qquad \begin{cases} \dfrac{df}{ds} = g(s) \cdot \dfrac{za''(s) - b''(s)}{za'(s) - b'(s)}, \\[3mm] \dfrac{dg}{ds} = f(s) \cdot \dfrac{za(s) - b(s)}{za'(s) - b'(s)}. \end{cases}$$

Der Spektralparameter z tritt hier *linear gebrochen* auf, während er in die vielbehandelten klassischen Eigenwertprobleme ganz-linear eingeht. Diejenige Lösung, welche die Anfangswerte $f = 0$, $g = 1$ für $s = 0$ besitzt, werde wie in meiner oben zitierten Habilitationsschrift durch den Buchstaben ϑ gekennzeichnet, genauer $(f_\vartheta, g_\vartheta)$; diejenige mit den Anfangswerten $f = 1$, $g = 0$ heisse $\eta = (f_\eta, g_\eta)$.

In den entsprechenden Differenzengleichungen (10) führt $(f_\vartheta, g_\vartheta)$ mittels (9) zu (A, B) und (f_η, g_η) zu (C, D). Die Gleichung (5) lautet darum

$$(14) \qquad w = \frac{-f_\vartheta(n) + g_\vartheta(n) \cdot h}{f_\eta(n) - g_\eta(n) \cdot h}.$$

Hier ist h anstelle von w_{n+1} geschrieben. w durchläuft die Peripherie des Kreises $\mathfrak{k}_n$, wenn h die reelle Achse (incl. ∞) beschreibt. (14) lässt sich in die Form setzen:

$$(15) \qquad f(n) - h \cdot g(n) = 0,$$

wo $\omega = (f, g)$ die aus den beiden Partikularlösungen ϑ und η durch lineare Kombination entstehende Lösung

$$f(n) = f_\vartheta(n) + w \cdot f_\eta(n), \qquad\qquad g(n) = g_\vartheta(n) + w \cdot g_\eta(n)$$

ist. w liegt also dann und nur dann auf der Peripherie von $\mathfrak{k}_n$, wenn die zugehörige Lösung ω an der Stelle n einer reellen Randbedingung (15) genügt. In dieser Gestalt übertrage ich die Definition auf die Differentialgleichung: w sei eine willkürliche Konstante, und man betrachte die Lösung $\omega = (f, g)$:

$$(16) \qquad f(s) = f_\vartheta(s) + w \cdot f_\eta(s), \qquad\qquad g(s) = g_\vartheta(s) + w \cdot g_\eta(s)$$

der Differentialgleichungen (13) im endlichen Intervall $0 \leqq s \leqq l$. Sie genügt an dem Ende $s = l$ dann und nur dann einer reellen Randbedingung, wenn w auf einem gewissen Kreise $(\mathfrak{k}_l)$ liegt. In solcher Weise hatte ich in meiner Habilitationsschrift die Kreise $(\mathfrak{k}_l)$ eingeführt. Der Parameter w ist dort mit l bezeichnet.[4]

§2. Green'sche Formel. Die Kreise $\mathfrak{k}_l$

Wir benötigen die *"Green'sche Formel"* für eine Lösung $\omega = (f, g)$ der Gleichungen (13) und eine Lösung $\omega^* = (f^*, g^*)$ der entsprechenden Gleichungen mit dem Parameterwert z^* statt z. Für die Ableitung der Determinante

$$(\omega\omega^*) = fg^* - gf^*$$

nach s finden wir mittels einer leichten Rechnung, indem wir für die Derivierten $\dfrac{df}{ds}, \cdots$ ihre Werte aus den Differentialgleichungen einsetzen, den Ausdruck:

$$-(z - z^*) \cdot \frac{D(s; \omega\omega^*)}{(za' - b')(z^*a' - b')},$$

wo

$$(17) \qquad D(s; \omega\omega^*) = p(s)f(s)f^*(s) + q(s)g(s)g^*(s)$$

ist. Darum lautet die gewünschte Formel:

$$(18) \qquad (z - z^*) \cdot \int_0^l \frac{D(s; \omega\omega^*)\,ds}{(za'(s) - b'(s))(z^*a'(s) - b'(s))} = -(\omega\omega^*)_0^l.$$

In dreierlei Weise findet sie Anwendung: 1) für $z^* = z$, 2) wenn z und z^* zwei positiv imaginäre Werte sind, 3) für $z^* = \bar{z}$. Im Falle 1) kommt

$$(\omega\omega^*)_0^l = 0,$$

d.h. zwei Lösungen ω und ω^* der Differentialgleichungen (13) haben eine konstante Determinante $(\omega\omega^*)$. Insbesondere ist $(\eta\vartheta)_s = (\eta\vartheta)_0 = 1$, und wenn ω die Lösung $\vartheta(s) + w \cdot \eta(s)$ bezeichnet, gilt auch $(\eta\omega) = 1$. Anwendung 3) liefert die für jede Lösung ω unserer Gleichungen giltige Beziehung

$$(19) \qquad \Im z \cdot \int_0^l \frac{D(s; \omega\bar{\omega})}{|za'(s) - b'(s)|^2}\,ds = (\omega_1\omega_2)_0^l.$$

Hier sind wie im Folgenden stets Real- und Imaginärteil einer Grösse durch den angehängten Index 1 und 2 gekennzeichnet. Nunmehr erkennt man die Bedeutung der Voraussetzungen (12): *sie garantieren, dass der "Dirichlet-*

---

[4] Die unsymmetrische Behandlung der beiden Partikularlösungen ϑ, η ist hier nur scheinbar. Statt (16) könnte man die allgemeinste Lösung $\omega(s) = w_\vartheta \cdot \vartheta(s) + w_\eta \cdot \eta(s)$ betrachten. Da die Kreisscheibe $\mathfrak{k}_l$ aber sowohl den Punkt 0 wie den Punkt ∞ ausschliesst, kann man statt der beiden homogenen Parameter w_ϑ und w_η entweder den inhomogenen $w = w_\eta/w_\vartheta$ oder w_ϑ/w_η benutzen. Wir entschieden uns für das Erste.

Ausdruck'' $D(s;\omega\bar{\omega})$ positiv-definit ist.—Der Fall 2) der Formel (18) wird erst in §3 benutzt werden.

Dass diejenigen Werte w, für welche die Lösung ω, Gl.(16), am Ende l des Intervalls $0 \leq s \leq l$ einer reellen Randbedingung genügt:

$$(20) \qquad\qquad f(l) - h \cdot g(l) = 0, \qquad\qquad h \text{ reell,}$$

auf einem Kreise $(\mathfrak{k}_l)$ liegen, geht natürlich aus der Gleichung (20) oder

$$w = \frac{-f_\vartheta(l) + hg_\vartheta(l)}{f_\eta(l) - hg_\eta(l)}$$

unmittelbar hervor. Doch kann man dasselbe Resultat auch auf dem folgenden Wege gewinnen, der zugleich zu einer einfachen Berechnung des Durchmessers führt. Bei festem reellen h ist $f(l) - h \cdot g(l)$ eine ganze lineare Funktion von w. Die Forderung, dass erstens der Real- und zweitens der Imaginär-Teil davon verschwindet, gibt daher zwei zueinander senkrechte Geraden $(h)_1$ und $(h)_2$ in der w-Ebene, die sich in dem gesuchten Punkte w schneiden. Die Linie $(h)_1$ geht *für alle h* durch denjenigen Punkt $w = w^0$ hindurch, der durch die beiden Gleichungen $f_1(l) = 0$, $g_1(l) = 0$ gegeben ist; die Linie $(h)_2$ durch denjenigen Punkt $w = w_0$, der sich aus $f_2(l) = g_2(l) = 0$ ergibt. Wenn h variiert, bewegt sich also w auf einem Kreise über dem Durchmesser $w^0 w_0$ (geometrischer Ort des Scheitels eines rechten Winkels, dessen Schenkel durch zwei feste Punkte w^0 und w_0 gehen). w^0 kann aus den beiden Gleichungen bestimmt werden

$$(\eta_1 \omega_1)_l = 0, \qquad\qquad (\eta_2 \omega_1)_l = 0.$$

Wegen $(\eta\omega) = 1$ oder

$$(\eta_1 \omega_1) - (\eta_2 \omega_2) = 1, \qquad\qquad (\eta_1 \omega_2) + (\eta_2 \omega_1) = 0$$

kann hier die zweite Gleichung durch $(\eta_1 \omega_2) = 0$ ersetzt werden, sodass sich

$$(\eta_1 \omega) = 0, \qquad\qquad (\eta_1 \vartheta) + w(\eta_1 \eta) = 0$$

ergibt oder

$$(\eta_1 \vartheta)_l + iw^0(\eta_1 \eta_2)_l = 0.$$

Ebenso folgt für w_0 die Gleichung $(\eta_2 \omega) = 0$ oder

$$(\eta_2 \vartheta)_l - w_0(\eta_1 \eta_2)_l = 0.$$

Daraus kommt für die Differenz $w^0 - w_0$:

$$(\eta\vartheta)_l + i(w^0 - w_0)(\eta_1 \eta_2)_l = 0, \qquad\qquad w^0 - w_0 = \frac{i}{(\eta_1 \eta_2)_l}.$$

Weil $(\eta_1 \eta_2)_0 = 0$ ist, erhält man für den Nenner aus (19) den Ausdruck

$$(\eta_1 \eta_2)_l = z_2 \cdot \int_0^l \frac{D(s; \eta\bar{\eta})}{|za'(s) - b'(s)|^2} \, ds.$$

$w_0 w^0$ ist folglich der vertikale Durchmesser des Kreises $(\mathfrak{k}_l)$, w^0 der höchste, w_0 der tiefste Punkt und sein reziproker Durchmesser

$$(21) \qquad 1/d_l = z_2 \cdot \int_0^l \frac{D(s; \eta \bar{\eta})}{|\, za'(s) - b'(s)\,|^2}\, ds$$

Die Formel lässt unmittelbar erkennen, dass d_l mit wachsendem l abnimmt.

Die Tatsache, dass $\omega(s) = \vartheta(s) + w \cdot \eta(s)$ an der Stelle $s = l$ einer reellen Randbedingung genügen soll, lässt sich auch in der Gleichung $(\omega_1 \omega_2)_l = 0$ aussprechen, die auf Grund von (19) der Relation

$$z_2 \cdot \int_0^l \frac{D(s; \omega \bar{\omega})}{|\, za'(s) - b'(s)\,|^2}\, ds = -\, (\omega_1\, \omega_2)_0$$

äquivalent ist. Man sieht sofort, dass die rechte Seite $= w_2 = \Im w$ ist. Wir erhalten somit als Gleichung des Kreises $(\mathfrak{k}_l)$:

$$z_2 \cdot \int_0^l \frac{D(s; \omega \bar{\omega})}{|\, za'(s) - b'(s)\,|^2}\, ds = w_2 \qquad (\text{für } \omega = \vartheta + w \cdot \eta)\,.$$

Da der Koeffizient von $w\bar{w}$ hierin positiv ist, wird die vom Kreise $(\mathfrak{k}_l)$ begrenzte Kreisscheibe $\mathfrak{k}_l$ durch die Ungleichung beschrieben:

$$(22) \qquad \Im z \cdot \int_0^l \frac{D(s; \omega \bar{\omega})\, ds}{|\, za'(s) - b'(s)\,|^2} \leqq \Im w$$

(mit dem Zeichen $\leqq$ und nicht etwa mit dem umgekehrten Zeichen $\geqq$). Daraus ergibt sich nun sogleich die *Tatsache der Einschachtelung: Ist $l' > l$, so liegt der Kreis $\mathfrak{k}_{l'}$ in $\mathfrak{k}_l$.* Denn ist $z_2 \cdot \int_0^{l'} \leqq w_2$, so ist a fortiori $z_2 \cdot \int_0^l \leqq w_2$, weil der Integrand in (22) positiv ist.

Die Kreisscheibe $\mathfrak{k}_l$ zieht sich mit unbegrenzt wachsendem l entweder auf *einen Grenzpunkt oder einen Grenzkreis $\mathfrak{k}_\infty$* zusammen, der in allen Kreisen $\mathfrak{k}_l$ enthalten ist. Für einen Wert w, der zu $\mathfrak{k}_\infty$ gehört, gilt darum

$$z_2 \cdot \int_0^l \frac{D(s; \omega \bar{\omega})\, ds}{|\, za'(s) - b'(s)\,|^2} \leqq w_2$$

identisch in l, und darum konvergiert

$$(23) \qquad \int_0^\infty \frac{D(s; \omega \bar{\omega})\, ds}{|\, za'(s) - b'(s)\,|^2} \quad \text{und ist} \leqq w_2/z_2\,.$$

Die Gleichungen (13) haben demnach stets mindestens eine im Sinne des Ausdrucks (23) von 0 bis ∞ „quadratisch integrierbare" nicht-verschwindende Lösung ω. Die Formel (21) lehrt: der Grenzpunkt- oder der Grenzkreis-Fall liegt vor, je nachdem

$$(24) \qquad \int_0^\infty \frac{D(s; \eta \bar{\eta})\, ds}{|\, za'(s) - b'(s)\,|^2} \quad \textit{konvergiert oder divergiert.}$$

Dass in diesem Kriterium gerade die Lösung η bevorzugt wird, ist zufällig. Im Grenzkreisfall ist ausser $\eta(s)$ auch $\vartheta(s) + w \cdot \eta(s)$ quadratisch integrierbar, wenn w irgend ein Punkt im Grenzkreis ist; folglich auch $\vartheta(s)$ und damit jede Lösung überhaupt. Die Fallunterscheidung lässt sich darum auch so aussprechen: im Grenzkreisfall sind alle Lösungen quadratisch integrierbar, im Grenzpunktfall nur die Multipla einer bestimmten Lösung.

Den Anschluss an die Fragestellung, von welcher wir in §1 ausgingen, vollziehen wir durch die folgende Bemerkung. Drückt sich die in der oberen Halbebene $\Im z > 0$ definierte analytische und "positive" Funktion $w(z)$ mittels einer ebensolchen Funktion $w_s(z)$ in der Gestalt aus

$$ w(z) = \frac{-f_\vartheta(z;s) + g_\vartheta(z;s)w_s(z)}{f_\eta(z;s) - g_\eta(z;s)\,w_s(z)}, $$

so wollen wir sagen: $w(z)$ habe die *Eigenschaft* E_s. Sie ist der Forderung äquivalent, dass der Wert $w(z)$ für jeden positiv imaginären Wert von z in dem Kreise $\mathfrak{k}_s(z)$ liegt. Der Einschachtelungssatz besagt, dass durch E_t die Funktion $w(z)$ stärker eingeschränkt wird als durch E_s, wenn $t > s$ ist. (Man erinnere sich, dass im Differenzenproblem E_n aus E_{n-1} entstand durch Hinzufügung der neuen Bedingung $w(\alpha_n) = \beta^{(n)}$.) Die Eigenschaft $E_\infty = \lim\limits_{s \to \infty} E_s$ besteht somit darin, dass *alle* E_s erfüllt sind. *Sie ist der Forderung gleichwertig, dass $w(z)$ für alle Werte von z in $\mathfrak{k}_\infty(z)$ liegt.*

§3. Vergleich verschiedener Werte des Spektralparameters

z, z^* seien zwei positiv imaginäre Werte des Spektrumsparameters; wir wollen zeigen: *Tritt für z der Grenzkreisfall ein, so auch für z^*.*—Unter Vertauschung von z und z^* folgt daraus: *Tritt für z der Grenzpunktfall ein, so auch für z^*.* Die Fallunterscheidung Grenzpunkt—Grenzkreis ist demnach unabhängig von dem Wert des Spektralparameters.

Das Kriterium für Grenzkreis ist die Konvergenz des Integrals (24). Beim Uebergang von z zu z^* muss man beachten, dass in dem Integral der Nenner

$$ |\,za'(s) - b'(s)\,|^2 \quad \text{in} \quad |\,z^*a'(s) - b'(s)\,|^2 $$

abgeändert wird. Für die Frage der Konvergenz des Integrals ist dies jedoch irrelevant auf Grund des folgenden elementaren

HILFSSATZES: Sind z, z^* zwei gegebene positiv imaginäre Zahlen, so liegt

$$ \left| \frac{za - b}{z^*a - b} \right| $$

für alle reellen Zahlenpaare $(a, b) \neq (0, 0)$ zwischen festen positiven Grenzen.

Wir brauchen lediglich die obere Grenze. Sie ist

$$ (25) \qquad \frac{|\,z - \bar{z}^*\,| + |\,z - z^*\,|}{|\,z^* - \bar{z}^*\,|} = \frac{|\,z - \bar{z}\,|}{|\,z^* - \bar{z}\,| - |\,z^* - z\,|}. $$

Man mache sich die einfache geometrische Bedeutung dieser Ausdrücke an dem Trapez mit den Ecken $z,\ \bar z;\ z^*,\ \bar z^*$ klar !

Zum Beweise setze man

$$\frac{c-\bar z}{c-z}=\zeta\,.$$

In dem abzuschätzenden Quotienten

$$Q=\left|\frac{c-z^*}{c-z}\right|$$

führe man statt der Variablen c, welche die reelle Achse durchläuft, die Variable ζ auf dem Einheitskreis ein: $|\zeta|=1$. Man erhält dann

$$Q=\left|\frac{(z^*-\bar z)-(z^*-z)\zeta}{z-\bar z}\right|$$

und

$$\frac{|z^*-\bar z|-|z^*-z|}{|z-\bar z|}\quad\text{bezw.}\quad\frac{|z^*-\bar z|+|z^*-z|}{|z-\bar z|}$$

als untere und obere Grenze. Von den beiden Ausdrücken (25) ist der zweite das Reziproke der unteren Grenze, der erste entsteht aus der oberen Grenze durch Vertauschung von z und z^*.

Das zum Parameterwert z^* gehörige $\eta^*=(f_\eta^*,\ g_\eta^*)$ können wir aus dem zu z gehörigen η und ϑ mittels einer *Integralgleichung* bestimmen. Wir haben nämlich nach (18)

$$26)\quad\begin{cases}(f_\eta^*g_\eta-g_\eta^*f_\eta)_s=(z-z^*)\cdot\displaystyle\int_0^s\frac{D(t;\eta\eta^*)\,dt}{(za'(t)-b'(t))\,(z^*a'(t)-b'(t))}\,,\\[4mm](f_\eta^*g_\vartheta-g_\eta^*f_\vartheta)_s=1+(z-z^*)\cdot\displaystyle\int_0^s\frac{D(t;\vartheta\eta^*)\,dt}{(za'(t)-b'(t))\,(z^*a'(t)-b'(t))}\,.\end{cases}$$

Daraus durch Auflösung nach $f_\eta^*(s)$ und $g_\eta^*(s)$:

$$27)\quad\begin{cases}f_\eta^*(s)=f_\eta(s)+(z-z^*)\cdot\displaystyle\int_0^s\frac{f_\eta(s)D(t;\vartheta\eta^*)-f_\vartheta(s)D(t;\eta\eta^*)}{(za'(t)-b'(t))(z^*a'(t)-b'(t))}\,dt\,,\\[4mm]g_\eta^*(s)=g_\eta(s)+(z-z^*)\cdot\displaystyle\int_0^s\frac{g_\eta(s)D(t;\vartheta\eta^*)-g_\vartheta(s)D(t;\eta\eta^*)}{(za'(t)-b'(t))(z^*a'(t)-b'(t))}\,dt\,.\end{cases}$$

Diese Gleichungen für $(f_\eta^*,\ g_\eta^*)$ subsumieren sich offenbar unter das Schema einer Volterra'schen Integralgleichung

$$\varphi(s)=f(s)+\int_0^s K(s,\,t)\cdot\varphi(t)\,\rho(t)\,dt\,.$$

$\rho > 0$ und f sind darin gegebene Funktionen. Wir setzen voraus, dass f und der Kern K quadratisch integrierbar sind, in dem Sinne, dass die Integrale

$$\int_0^\infty |\, f(s)\,|^2\, \rho(s)\, ds\,, \qquad\qquad \int_0^\infty \int_0^\infty |\, K(s,\,t)\,|^2\, \rho(s)\, \rho(t)\, dt\, ds$$

endliche Werte haben. Die Quadratwurzel aus dem ersten Integral werde zur Abkürzung mit $\|\, f\,\|$ beziechnet, und wenn als Grenzen a und b statt 0 und ∞ genommen werden, mit $\|\, f\,\|_a^b$. Unsere Behauptung ist, dass *alsdann auch φ im gleichen Sinne quadratisch integrierbar ist.* Beweis: Man multipliziere die Integralgleichung mit $\rho(s)\bar\varphi(s)$, integriere im Intervall $a \leqq s \leqq b$ und wende dann auf die beiden Summanden rechts die Schwarz'sche Ungleichung an. So kommt, wenn

$$\int_a^\infty \int_0^\infty |\, K(s,\,t)\,|^2\, \rho(s)\rho(t)\, dt\, ds = k_a^2$$

gesetzt wird, nach Kürzung durch den Faktor $\|\, \varphi\,\|_a^b$:

$$\|\, \varphi\,\|_a^b \leqq \|\, f\,\|_a^\infty + k_a \, \|\, \varphi\,\|_0^b\,,$$

und wegen $\|\, \varphi\,\|_0^b \leqq \|\, \varphi\,\|_0^a + \|\, \varphi\,\|_a^b$:

$$(1 - k_a)\, \|\, \varphi\,\|_a^b \leqq \|\, f\,\|_a^\infty + k_a\, \|\, \varphi\,\|_0^a\,.$$

k_a strebt mit $a \to \infty$ gegen 0; a werde so angenommen, dass bereits $k_a < 1$ ist. Dann enthält die letzte Ungleichung eine von b unabhängige obere Schranke für $\|\, \varphi\,\|_a^b$. Daraus folgt die Konvergenz von $\|\, \varphi\,\|_a^\infty$ samt der expliziten Abschätzung

$$(28) \qquad\qquad (1 - k_a)\, \|\, \varphi\,\|_a^\infty \leqq \|\, f\,\|_a^\infty + k_a\, \|\, \varphi\,\|_0^a\,.$$

Es ist klar, wie dieses Schema auf (27) zur Anwendung kommt. Statt $\rho(s)\varphi(s)\bar\varphi(s)$ hat man hier zu bilden

$$\frac{p(s)f_\eta^*(s)\bar f_\eta^*(s) + q(s)g_\eta^*(s)\bar g_\eta^*(s)}{|\, z^*a'(s) - b'(s)\,|^2} = \frac{D(s;\,\eta^*\bar\eta^*)}{|\, z^*a'(s) - b'(s)\,|^2}$$

und bekommt so

$$(29) \qquad \begin{aligned} D(s;\,\eta^*\bar\eta^*) &= D(s;\,\eta\bar\eta^*) \\ &+ (z - z^*)\cdot \int_0^s \frac{D(s;\,\eta\bar\eta^*)D(t;\,\vartheta\bar\eta^*) - D(s;\,\vartheta\bar\eta^*)D(t;\,\eta\bar\eta^*)}{(za'(t) - b'(t))(z^*a'(t) - b'(t))}\, dt\,. \end{aligned}$$

Der immer wieder auftretende Nenner $za'(s) - b'(s)$ werde zur Abkürzung mit $(z;\,s)$, sein absoluter Betrag mit $|\, z;\,s\,|$ bezeichnet. Auf der rechten Seite wird man für beide $D(t)$ davon Gebrauch machen, dass zufolge der Schwarz'schen Ungleichung

$$|\, D(t;\,\vartheta\bar\eta^*)\,|^2 \leqq D(t;\,\vartheta\bar\vartheta)\cdot D(t;\,\eta^*\bar\eta^*)\,,$$

$$\int_0^s \frac{|\, D(t;\,\vartheta\bar\eta^*)\,|\, dt}{|\, z;\,t\,|\cdot|\, z^*;\,t\,|} \leqq \|\, \vartheta\,\|_0^L\cdot\|\, \eta^*\,\|_0^L$$

ist, falls $s \leqq L$. Hier wurde gesetzt

$$\int_l^L \frac{D(t; \vartheta\bar{\vartheta})\, dt}{|z;t|^2} = (\|\,\vartheta\,\|_l^L)^2\,, \qquad \int_l^L \frac{D(t; \eta^*\bar{\eta}^*)}{|z^*;t|^2}\, dt = (\|\,\eta^*\,\|_l^L)^2\,.$$

Für z liegt nach Voraussetzung der Grenzkreisfall vor; darum konvergieren die Integrale

$$\|\,\eta\,\|_0^\infty\,, \qquad\qquad \|\,\vartheta\,\|_0^\infty\,.$$

Dividiert man (29) durch $|\,z^*; s\,|^2$ und integriert nach s zwischen l und L, so treten nicht sie nach Anwendung der Schwarz'schen Ungleichung auf der rechten Seite auf, sondern der Integrand erscheint multipliziert mit einem "störenden Faktor"

$$(30) \qquad \left|\frac{za'(s) - b'(s)}{z^*a'(s) - b'(s)}\right|^2.$$

Er ist aber nach dem Hilfssatz ohne Einfluss auf die Konvergenz, da er unterhalb einer von s unabhängigen Schranke m liegt. Man erhält nach dem Schema (28):

$$(31) \qquad (1 - k_l)\,\|\,\eta^*\,\|_l^\infty \leqq m\cdot\|\,\eta\,\|_l^\infty + k_l\cdot\|\,\eta^*\,\|_0^l\,,$$

wo

$$(32) \qquad k_l = m\,|\,z - z^*\,|\,(\|\,\eta\,\|_0^\infty\,\|\,\vartheta\,\|_l^\infty + \|\,\vartheta\,\|_0^\infty\,\|\,\eta\,\|_l^\infty)$$

ist und l so gewählt werden muss, dass $k_l < 1$ ausfällt.

Uebrigens kann in dieser ganzen Ueberlegung ϑ ersetzt werden durch ein $\omega = \vartheta + w\cdot\eta$, das einem Punkt w im Grenzkreis entspricht. Dann ist

$$\|\,\omega\,\|_0^\infty \leqq \sqrt{w_2/z_2}\,.$$

In unnatürlicher Weise hatte ich in meiner Habilitationsschrift zur Bestimmung von η^* die Randwert- statt der Anfangswert-Aufgabe benutzt und sie überdies mit Hilfe der Eigenfunktionen gelöst. Dieser Weg ist offenbar hier ungangbar; denn zu den Differentialgleichungen (13) gehört kein vernünftiges Eigenwertproblem, weil für reelle z der Nenner $(z; s)$ null werden kann. Herr Hellinger hatte die Darstellung durch Eigenfunktionen ersetzt durch die quellenmässige Darstellung mittels der Green'schen Funktion, blieb aber auch noch an der Randwertaufgabe hängen. In einer peinlichen Fallunterscheidung verrät sich das Künstliche des Vorgehens. Der hier gegebene elementare Beweis ermöglicht die explizite Abschätzung.

Dies ist nicht ohne Belang. *Im Grenzkreisfall* werden die Punkte w_z auf der Peripherie des Kreises $\mathfrak{k}_l(z)$ durch die Gleichung geliefert:

$$w_z = \frac{-f_\vartheta + hg_\vartheta}{f_\eta - hg_\eta} \qquad\qquad (s = l;\, h \text{ reell})\,,$$

die Punkte auf der Peripherie des Kreises $\mathfrak{k}_l(z^*)$ durch die entsprechende Gleichung

$$w_{z^*} = \frac{-f_\vartheta^* + hg_\vartheta^*}{f_\eta^* - hg_\eta^*}\,.$$

Ordnet man die Punkte der beiden Kreise projektiv einander zu durch gleiche Werte von h, so erhält man

$$w_{z^*} = -\frac{(\vartheta^*\vartheta)_l + (\vartheta^*\eta)_l \cdot w_z}{(\eta^*\vartheta)_l + (\eta^*\eta)_l \cdot w_z}\,.$$

Die hier auftretenden Determinanten $(\eta^*\eta)_l$ und $(\eta^*\vartheta)_l$ sind in (26) angegeben; für $(\vartheta^*\eta)_l$, $(\vartheta^*\vartheta)_l$ gelten entsprechende Ausdrücke. Es geht daraus hervor, dass sie mit $l \to \infty$ gegen bestimmte Grenzwerte streben. Nehmen wir für z einen festen Wert z_0, z.B. $z_0 = i$, und bezeichnen das im Gebiet $\Im z^* > 0$ variable z^* dann mit z, so ist, wie die explizite Abschätzung (31), (32) lehrt, die Konvergenz sogar *gleichmässig in z*. Darum ergeben sich im Limes *analytische Funktionen von z*. Sie sind die Koeffizienten derjenigen linearen Substitution, welche die Kreisscheibe $\mathfrak{k}_\infty(z_0)$ in die Kreisscheibe $\mathfrak{k}_\infty(z)$ überführt. Bildet man die obere Halbebene durch eine lineare Substitution auf den Kreis $\mathfrak{k}_\infty(z_0)$ ab, so bekommt man eine in z analytische Substitution:

$$w = \frac{-A(z) + B(z)\,w_\infty}{C(z) - D(z)\,w_\infty}\,,$$

welche für jedes z die obere Halbebene $\Im w_\infty \geqq 0$ auf den Kreis $\mathfrak{k}_\infty(z)$ abbildet. *Eine analytische Funktion $w(z)$ von der Eigenschaft E_∞ muss darum die Gestalt (8) besitzen, wo $w_\infty(z)$ eine analytische und "positive" Funktion ist.* Umgekehrt hat jede analytische Funktion $w(z)$ von dieser Gestalt die Eigenschaft E_∞.

Im Grenzpunktfall muss der Wert der gesuchten Funktion von der Eigenschaft E_∞ notwendig *der Grenzpunkt selbst $w^* = w(z)$* sein. Dass er *analytisch* von z abhängt, würde man am einfachsten erkennen, wenn aus unserm Beweise hervorginge, dass der Durchmesser $d_l(z)$ gleichmässig in z mit $l \to \infty$ gegen 0 strebt. Aber dazu reichen unsere Ueberlegungen nicht aus, weil sie nur auf indirektem Wege zeigen, dass Grenzpunkt für z Grenzpunkt für z^* nach sich zieht und weil im Beweise von dem folgenden rein existentiellen, durch eine explizite Konstruktion nicht sicherzustellenden (und darum intuitionistisch anfechtbaren) Theorem Gebrauch gemacht wird: Wenn bei positivem Integranden das Integral $\int_0^L$ für alle L unterhalb einer festen Schranke bleibt, existiert zu beliebig vorgegebenem positiven ϵ ein l derart, dass $\int_l^L$ für alle $L > l$ kleiner als ϵ ist. Will man sich nicht auf indirekte funktionentheoretische Hilfsmittel, wie den Satz von Vitali stützen—und es ist ja mit der Zweck dieser Arbeit, solche von Nevanlinna konsequent benutzten funktionentheoretischen Ueberlegungen durch die explizite Lösung von Integralgleichungen zu ersetzen—, so muss man einen Weg beschreiten, der die *Randwertaufgabe* heranzieht und darauf beruht, dass ihre *Green'sche Funktion ein beschränkter Kern im Sinne der Integralgleichungen ist.*

Wiederum sei $\omega = (f_\omega, g_\omega)$ die Lösung $\vartheta + w\cdot\eta$. Wenn sie an dem Ende $s = l$ des endlichen Intervalls $0 \leq s \leq l$ der reellen Randbedingung (20) genügt und ω^* die gleiche Bedeutung hat für den Parameterwert z^*, so bilde man $(\omega^*\omega)_s^l$ und $(\omega^*\eta)_0^s$ mittels (18); durch Auflösung nach ω^* erhält man, analog zu (27):

$$(33) \quad \begin{cases} f_\omega^*(s) = f_\omega(s) - (z - z^*)\left[f_\omega(s) \int_0^s \frac{D(t; \eta\omega^*)\,dt}{(z;t)\,(z^*;t)} + f_\eta(s) \int_s^l \frac{D(t; \omega\omega^*)\,dt}{(z;t)\,(z^*;t)} \right], \\ g_\omega^*(s) \text{ entsprechend.} \end{cases}$$

Hier tritt als *symmetrischer Kern* die Green'sche Funktion

$$\left\| \begin{matrix} G_{pp}(s, t), & G_{pq}(s, t) \\ G_{qp}(s, t), & G_{qq}(s, t) \end{matrix} \right\|$$

auf, die durch die Gleichungen

$$G_{pp}(s, t) = \begin{cases} f_\omega(s)\,f_\eta(t) & (t \leq s) \\ f_\eta(s)\,f_\omega(t) & (s \leq t) \end{cases}, \qquad G_{pq}(s, t) = \begin{cases} f_\omega(s)\,g_\eta(t) & (t \leq s) \\ f_\eta(s)\,g_\omega(t) & (s \leq t) \end{cases},$$

$$G_{qp}(s, t) = \begin{cases} g_\omega(s)\,f_\eta(t) & (t \leq s) \\ g_\eta(s)\,f_\omega(t) & (s \leq t) \end{cases}, \qquad G_{qq}(s, t) = \begin{cases} g_\omega(s)\,g_\eta(t) & (t \leq s) \\ g_\eta(s)\,g_\omega(t) & (s \leq t) \end{cases}$$

erklärt ist. Soll die Abhängigkeit von dem Parameter w der gewählten Lösung ω in Evidenz gesetzt werden, so schreiben wir $G^{(w)}$ anstelle von G. Die Gleichungen (33) lauten

$$(34) \quad \begin{cases} f_\omega^*(s) = f_\omega(s) - (z - z^*)\cdot \int_0^l \frac{G_{pp}(s, t)\,p(t)\,f_\omega^*(t) + G_{pq}(s, t)\,q(t)\,g_\omega^*(t)}{(z;t)\,(z^*;t)}\,dt, \\ g_\omega^*(s) = \cdots. \end{cases}$$

Mit zwei willkürlichen Funktionenpaaren $\xi = (x_p(s), x_q(s))$, $\eta = (y_p(s), y_q(s))$ bildet man die zu $G = G^{(w)}$ gehörige symmetrische Bilinearform $K = K^{(w)}$, bezw. ihren l-Abschnitt:

$$(35) \qquad K_l[\xi, \eta] = \int_0^l \int_0^l \frac{\sum_{\mu\,\nu} G_{\mu\nu}(s, t)\,\mu(s)\,\nu(t)\,x_\mu(s)\,y_\nu(t)}{(z;s)^2\,(z;t)^2}\,dt\,ds \qquad \begin{pmatrix} \mu = p, q \\ \nu = p, q \end{pmatrix}$$

(werden die Integrale bis ∞ ausgedehnt, so lassen wir den unteren Index l weg). Es gilt der folgende

Satz K: Die Form $K^{(w)}$ hat, wenn w ein Punkt im Grenzkreis ist, die Schranke $1/\Im z$; *d. h. es ist*

$$| K_l^{(w)}[\xi, \eta] | \leq 1/\Im z$$

für alle l und für alle Funktionenpaare ξ und η, die den Bedingungen

$$|| \xi ||^2 = \int_0^\infty \frac{p(s)\,|\,x_p(s)\,|^2 + q(s)\,|\,x_q(s)\,|^2}{|\,z;s\,|^2}\,ds \leqq 1\,, \qquad || \eta ||^2 \leqq 1$$

genügen.

Im Grenzpunktfall findet das Anwendung auf den Grenzpunkt w und das zugehörige $\omega = \vartheta + w \cdot \eta$. Wir bestimmen eine quadratisch integrierbare Lösung $\omega^* = \vartheta^* + w^* \cdot \eta^*$ der Differentialgleichungen (13) mit dem Parameterwert z^* dadurch, dass wir die Integralgleichungen (34) lösen, in denen G die zum Grenzpunkt w gehörige Green'sche Funktion $G^{(w)}$ und die obere Integralgrenze l durch ∞ zu ersetzen ist. *Eine solche Lösung erhält man einfach mittels der Neumann'schen Reihe.* Sie konvergiert, wenn die Schranke des Kernes < 1 ist. Dies ist der Fall, wenn

$$(36) \qquad |\,z - z^*\,| \cdot m < \Im z$$

ist. Denn der Kern $\tilde{K}$ der Integralgleichungen (34) unterscheidet sich von der Form K, (35), darin, dass im Nenner je ein Faktor $(z;s)$, $(z;t)$ durch $(z^*;s)$, bezw. $(z^*;t)$ ersetzt ist. Diese Faktoren können aber in die willkürlichen Funktionen ξ und η aufgenommen werden: mit

$$\bar{\xi} = \sqrt{\frac{(z;s)}{(z^*;s)}} \cdot \xi\,, \qquad\qquad \bar{\eta} = \sqrt{\frac{(z;s)}{(z^*;s)}} \cdot \eta$$

ist

$$\tilde{K}_l[\xi,\eta] = K_l[\bar{\xi},\bar{\eta}]\,,$$

und darum folgt aus

$$|\,K_l[\xi,\eta]\,| \leqq \frac{1}{\Im z} \cdot ||\,\xi\,|| \cdot ||\,\eta\,||$$

die Ungleichung

$$|\,\tilde{K}_l[\xi,\eta]\,| \leqq \frac{1}{\Im z} \cdot ||\,\bar{\xi}\,||\,||\,\bar{\eta}\,|| \leqq \frac{m}{\Im z} \cdot ||\,\xi\,||\,||\,\eta\,||\,.$$

Die Forderung (36) lautet, wenn man den expliziten Ausdruck (25) von m benutzt:

$$\frac{2\,|\,z^* - z\,|}{|\,z^* - \bar{z}\,| - |\,z^* - z\,|} < 1\,.$$

Wählt man z fest $= z_0$ und bezeichnet dann das variable z^* wiederum mit z, so bedeutet diese Ungleichung oder

$$\left|\frac{z - z_0}{z - \bar{z}_0}\right| < r = \frac{1}{3}$$

einen nichteuklidischen Kreis um den Punkt z_0 vom Radius

$$\frac{1}{2} \lg \frac{1 + r}{1 - r} = \frac{1}{2} \lg 2\,.$$

Die obere Halbebene ist dabei in Poincaré'scher Weise als nichteuklidische Ebene gedeutet. *In einem nichteuklidischen Kreis um z_0, dessen Radius kleiner*

*ist als die feste Grenze $\frac{1}{2}$ lg 2, konvergiert darum die Neumann'sche Reihe gleich-
mässig in z,* und so ergibt sich denn ω und damit $w = f_\omega(0)$ in seiner Abhängigkeit
von z als eine *analytische Funktion.* Da die obere Grenze $\frac{1}{2}$ lg 2 unabhängig ist
von dem Zentrum z_0, kann man mittels derartiger Kreise von einem festen
Radius $< \frac{1}{2}$ lg 2 die analytische Fortsetzung über die ganze obere Halbebene
vollziehen. Man kann darum auch auf dem hier angegebenen Wege, d.i. *mittels
der Randwertaufgabe* zeigen, dass der Grenzkreisfall für *ein* z_0 den Grenzkreisfall
für *alle* andern z nach sich zieht.

Um Satz K zu beweisen, zeigt man zunächst, dass *bei gegebenem l die Ungleichung*

$$(37) \qquad |K_l^{(w)}[\xi, \eta]| \leqq 1/\Im z \text{ für } \|\xi\|_0^l \leqq 1, \qquad \|\eta\|_0^l \leqq 1$$

gilt, wenn w auf der Peripherie von $\mathfrak{k}_l$ liegt (Hilfssatz K_l). Legt man durch einen
Punkt w der Kreisscheibe $\mathfrak{k}_l$ eine Sehne, so erscheint w als der Schwerpunkt
zweier Punkte w', w'' auf der Peripherie:

$$w = \tau' w' + \tau'' w''; \qquad \tau' \geqq 0, \quad \tau'' \geqq 0, \quad \tau' + \tau'' = 1.$$

Es ist dann

$$K_l^{(w)} = \tau' K_l^{(w')} + \tau'' K_l^{(w'')},$$

und so überträgt sich die Ungleichung (37) von den Punkten w der Peripherie auf
die Punkte im Innern von $\mathfrak{k}_l$. Ein Punkt w des Grenzkreises liegt in *allen*
Kreisen $\mathfrak{k}_l$; darum gilt für ein solches w die Ungleichung (37) identisch in l.

Um das in meiner Habilitationsschrift aufgestellte Muster zum Beweise des
Hilfssatzes K_l von der dort betrachteten selbstadjungierten Differentialgleichung
2. Ordnung auf das System (13) zu übertragen, muss man es zuvor ein wenig
umwandeln und vereinfachen. Ich schildere es in der modifizierten Form
sogleich an dem uns hier interessierenden System (13).

Man stützt sich auf das allgemeine Kriterium: Für die aus einem stetigen
komplexwertigen Kern K entspringende Bilinearform zweier willkürlicher
Funktionen $x(s)$, $y(s)$:

$$K[x, y] = \int_0^1 \int_0^1 K(s, t)\, x(s)\, y(t)\, dt\, ds \qquad \left(\|x\|^2 = \int_0^1 |x(s)|^2\, ds\right)$$

gilt die Schranke

$$|K[x, y]| \leqq 1/\lambda_0 \text{ im Bereich } \|x\| \leqq 1, \qquad \|y\| \leqq 1,$$

wenn das Intervall $|\lambda| < \lambda_0$ frei von Eigenwerten ist. Die Eigenwerte λ und
zugehörigen Eigenfunktionen $(x(s), y(s)) \neq (0, 0)$ sind dabei erklärt durch das
Gleichungspaar:

$$(38) \qquad \begin{cases} x(s) - \lambda \displaystyle\int_0^1 K(s, t)\, y(t)\, dt = 0, \\[2mm] y(s) - \bar\lambda \displaystyle\int_0^1 K^\dagger(s, t)\, x(t)\, dt = 0, \end{cases}$$

in welchem $K^\dagger(s, t)$ der Hermitisch konjugierte Kern $\bar{K}(t, s)$ ist.[5] *Ist K symmetrisch—nicht im Hermiteschen, sondern im Sinne der Gleichung $K(t, s) = K(s, t)$,—so genügt es zu zeigen, dass aus*

$$(39) \qquad x(s) - \lambda \int_0^1 K(s, t)\, \bar{x}(t)\, dt = 0$$

das Verschwinden von $x(s)$ folgt, solange $|\lambda| < \lambda_0$ ist. Denn in diesem Fall lautet die zweite der Gleichungen (38):

$$y(s) - \bar{\lambda} \int_0^1 \bar{K}(s, t)\, x(t)\, dt = 0\,,$$

während sich aus der ersten ergibt

$$\bar{x}(s) - \bar{\lambda} \int_0^1 \bar{K}(s, t)\, \bar{y}(t)\, dt = 0\,.$$

Mit $\xi = (x(s), y(x))$ ist darum auch $\xi^\dagger = (\bar{y}(s), \bar{x}(s))$ eine Eigenlösung zum gleichen Eigenwert λ. Jede Eigenlösung ist die Summe einer geraden und einer ungeraden: $\xi^\dagger = +\xi$, bezw. $\xi^\dagger = -\xi$. Die geraden Eigenlösungen genügen der Gleichung (39), die ungeraden derselben Gleichung mit dem Parameter $-\lambda$ statt $+\lambda$.

Beweis des Hilfssatzes K_i: w liege auf der Peripherie von $\mathfrak{k}_i$ und (20) sei die zugehörige reelle Randbedingung, G das zugehörige $G^{(w)}$. Die erste der Integralgleichungen (38) lautet hier, wenn (x_p, x_q) für x und (y_p, y_q) für y geschrieben wird:

$$(40) \qquad x_\mu(s) - \lambda \int_0^1 \frac{\sum\limits_\nu G_{\mu\nu}(s, t)\, \nu(t)\, y_\nu(t)}{(z; t)^2}\, dt = 0 \qquad (\mu, \nu = p, q)\,.$$

Der Uebergang von dem Funktionenpaar

$$(41) \qquad \frac{\sqrt{\mu(s)} \cdot y_\mu(s)}{(z; s)} \quad \text{zu} \quad \frac{\sqrt{\mu(s)} \cdot x_\mu(s)}{(z; s)}$$

wird also durch den symmetrischen Kern

$$\left\| \frac{G_{\mu\nu}(s, t)\, \sqrt{\mu(s)\, \nu(t)}}{(z; s)\,(z; t)} \right\|_{\mu,\nu=p,q}$$

vollzogen. Darum darf man bei Ermittlung der Eigenwerte λ annehmen, dass in (40) die Paare (41) konjugiert-komplex sind. Dies liefert

$$(42) \qquad x_\mu(s) - \lambda \int_0^1 \frac{\sum\limits_\nu G_{\mu\nu}(s, t)\, \nu(t)\, \bar{x}_\nu(t)}{|z; t|^2}\, dt = 0\,.$$

---

[5] Dies ergibt sich bekanntlich durch Anwendung der Theorie der Eigenwerte und Eigenfunktionen auf den Hermiteschen Kern $KK^\dagger$:

$$KK^\dagger(s, t) = \int_0^1 K(s, r)\, K^\dagger(r, t)\, dr\,.$$

462

Diese beiden Integralgleichungen sind äquivalent den beiden Differential-gleichungen im Intervall $0 \leqq s \leqq l$:

$$\frac{dx_p}{ds} - \frac{za''(s) - b''(s)}{za'(s) - b'(s)}\, x_q(s) = \frac{-\lambda\, q(s)\, \bar{x}_q(s)}{|\, za'(s) - b'(s)\,|^2}\,,$$

$$\frac{dx_q}{ds} - \frac{za(s) - b(s)}{za'(s) - b'(s)}\, x_p(s) = \frac{+\lambda\, p(s)\, \bar{x}_p(s)}{|\, za'(s) - b'(s)\,|^2}\,,$$

zusammen mit den *reellen* Randbedingungen

$$x_q(0) = 0\,, \qquad x_p(l) - h \cdot x_q(l) = 0\,.$$

Fügt man die konjugiert-komplexen Gleichungen hinzu, multipliziert die vier Gleichungen der Reihe nach mit

$$\bar{x}_q(s),\, -\, \bar{x}_p(s),\, -\, x_q(s),\, x_p(s)$$

und addiert, so ergibt sich

$$\frac{d}{ds}\left(\frac{x_p\bar{x}_q - x_q\bar{x}_p}{2i}\right) + \frac{p(s)\, D(x_p) + q(s)\, D(x_q)}{|\, za'(s) - b'(s)\,|^2} = 0\,,$$

wo

$$D(x) = \frac{1}{2i}\,\{\lambda\bar{x}^2 - \bar{\lambda}x^2 + (z - \bar{z})\, x\bar{x}\} = \Im(\lambda\bar{x}^2) + |\, x\,|^2 \cdot \Im z\,.$$

Integration nach s von 0 bis l liefert, da $(\bar{x}_p,\, \bar{x}_q)$ *denselben* Randbedingungen genügt wie $(x_p,\, x_q)$:

$$(43) \qquad \int_0^l \frac{p(s)\, D(x_p) + q(s)\, D(x_q)}{|\, z;\, s\,|^2}\, ds = 0\,.$$

$D(x)$ ist aber positiv-definit, wenn $|\,\lambda\,| < \Im z$. Denn führt man durch $\bar{x}^2 = |\, x\,|^2 \cdot u$ die Richtungszahl u von $\bar{x}^2$ ein, so gilt

$$D(x) = |\, x\,|^2 \cdot \Im(z + \lambda u) \geqq |\, x\,|^2 \cdot (\Im z - |\,\lambda\,|)\,,$$

weil $z + \lambda u$ den Kreis vom Radius $|\,\lambda\,|$ um den Punkt z beschreibt, während u den Einheitskreis durchläuft. Unter dieser Voraussetzung $|\,\lambda\,| < \Im z$ folgt demnach aus (43): $x_p(s) = x_q(s) = 0$, *das Intervall* $|\,\lambda\,| < \Im z$ *ist von Eigenwerten frei.*[6]

§4. Analoge Behandlung des Differenzenproblems

Die Uebertragung der in §§2–3 geschilderten Methode auf das Interpolations-problem, von welchem wir in §1 unsern Ausgang nahmen, führt einige Komplika-

---

[6] Man kann auf gleiche Weise auch direkt für die Punkte w *im Innern von* $\mathfrak{f}_l$ argumentieren. Dann tritt zu (43) der positive Beitrag hinzu:

$$\left(\frac{x_p\bar{x}_q - x_q\bar{x}_p}{2i}\right)_{s=l} = |\, x_q(l)\,|^2 \cdot \Im h\,.$$

tionen mit sich, um derentwillen es nötig ist, die einzelnen Schritte zu rekapitulieren. Wir haben es zu tun mit den Differenzengleichungen (10), in denen die sechs reellen Funktionen a_n und b_n von n zunächst beliebig sind.

1. *Green'sche Formel.* Mit einem noch zu bestimmenden Faktor $H(n)$ bilden wir aus zwei Funktionenpaaren $\omega = (f, g)$, $\omega^* = (f^*, g^*)$ die Differenz

$$(44) \qquad [H(\nu)(f(\nu)g^*(\nu) - g(\nu)f^*(\nu))]_{\nu=n-1}^{n},$$

d.i. $H(n)$ mal

$$(45) \qquad [fg^* - gf^*]_{n-1}^{n} + (1 - H(n-1)/H(n)) \cdot (fg^* - gf^*)_{n-1}.$$

Dabei soll (f, g) den Differenzengleichungen (10) genügen, (f^*, g^*) den entsprechenden Differenzengleichungen mit dem Parameterwert z^*. Drückt man mit Hilfe dieser Gleichungen $f(n)$, $g(n)$; $f^*(n)$, $g^*(n)$ durch die Werte derselben Funktionen an der Stelle $n - 1$ aus und bestimmt darauf $1 - H(n-1)/H(n)$ so, dass (45) symmetrisch in ω und ω^* wird, so kommt für (44):

$$- \frac{(z - z^*)H(n; zz^*)}{(za_n' - b_n')(z^*a_n' - b_n')} \cdot D(n; \omega\omega^*)$$

mit

$$(46) \qquad \begin{aligned} D(n; \omega\omega^*) &= (ba' - ab')_n \cdot (ff^*)_{n-1} \\ &\quad + \tfrac{1}{2}(ba'' - ab'')_n \cdot (fg^* + gf^*)_{n-1} + (a''b' - b''a')_n \cdot (gg^*)_{n-1} \end{aligned}$$

ferner

$$(47) \qquad \frac{H(n-1; zz^*)}{H(n; zz^*)} = \frac{L(n; zz^*)}{(za_n' - b_n')(z^*a_n' - b_n')},$$

$$L(n; zz^*) = zz^*(a'^2 - aa'')_n - \frac{z + z^*}{2}(2a'b' - ab'' - ba'')_n + (b'^2 - bb'')_n.$$

Daraus ergibt sich vermöge der Normierung $H(0) = 1$:

$$(48) \qquad \frac{1}{H(n; zz^*)} = \prod_{\nu=1}^{n} \frac{L(\nu; zz^*)}{(za_\nu' - b_\nu')(z^*a_\nu' - b_\nu')}.$$

Setzen wir wiederum

$$fg^* - gf^* = (\omega\omega^*),$$

so lautet die Green'sche Formel demnach

$$(49) \quad (z - z^*) \cdot \sum_{\nu=1}^{n} \frac{H(\nu; zz^*) \cdot D(\nu; \omega\omega^*)}{(za_\nu' - b_\nu')(z^*a_\nu' - b_\nu')} = H(0; zz^*)(\omega\omega^*)_0 - H(n; zz^*)(\omega\omega^*)_n.$$

Da $H(n; zz^*)$ unter Umständen unendlich wird, gibt man dieser Gleichung besser diejenige Gestalt, die aus ihr mittels Division durch $H(n; zz^*)$ hervorgeht: in

$$H(\nu; zz^*)/H(n; zz^*) \qquad\qquad (0 \leq \nu \leq n)$$

treten höchstens im Zähler, nicht im Nenner verschwindende Faktoren L auf.

Für zwei Lösungen ω, ω^* der Gleichungen (10), $z^* = z$, gilt insbesondere

$$(\omega\omega^*)_n = (\omega\omega^*)_0/H(n; zz).$$

Um ähnliche Schlüsse zu ziehen, wie im Falle der Differentialgleichungen unter der Voraussetzung (12), müssen für $\omega^* = \bar{\omega}$ ($z^* = \bar{z}$) die Grössen $D(n; \omega\bar{\omega})$, $H(n; z\bar{z})$ positiv werden; d.h. die quadratischen Formen der reellen Variablen x, y:

$$(50) \qquad (ba' - ab')\, x^2 + (ba'' - ab'')\, xy + (a''b' - b''a')\, y^2$$

und

$$
\begin{aligned}
(51) \quad & (a'^2 - aa'')\, x^2 - (2a'b' - ab'' - ba'')\, xy + (b'^2 - bb'')\, y^2 \\
& \qquad\qquad = (a'x - b'y)^2 - (ax - by)\,(a''x - b''y)
\end{aligned}
$$

müssen positiv definit sein. Diese beiden Voraussetzungen sind nicht unabhängig voneinander: die zweite ist eine Folge der ersten. Beweis: Man rechne aus, dass die zweite Form die gleiche Diskriminante hat wie die erste. Beide sind somit gleichzeitig definit. Ausserdem ist der Wert der zweiten Form für $x = b'$, $y = a'$ gleich dem Produkt der beiden Hauptkoeffizienten

$$ba' - ab', \qquad\qquad a''b' - b''a'$$

der ersten Form, mithin positiv, wenn diese definit ist. *Wir machen also fortan betreffs der sechs Funktionen a_n, b_n die Voraussetzung, dass die Form (50) positiv definit ist.*

Die Unumgänglichkeit der Voraussetzung des positiven Charakters der beiden Formen (50), (51) erhellt auch daraus, dass sie nötig ist, damit die Substitution

$$(52) \qquad w = \frac{-\,(za' - b')\, w' + (za'' - b'')}{(za - b)\, w' - (za' - b')}\,,$$

von der wir in §1 ausgingen, positiv imaginären Werten z und w' ein positiv imaginäres w zuordnet. Denn berechnet man $\Im w = (w - \bar{w})/2i$, so ergibt sich ein Bruch, in dessen Nenner das Quadrat des absoluten Betrages des Nenners in (52) steht, dessen Zähler aber lautet:

$$\Im z \cdot [w'\bar{w}'(ba' - ab') - \tfrac{1}{2}(w' + \bar{w}')(ba'' - ab'') + (a''b' - b''a')]$$

$$ + \Im w' \cdot [z\bar{z}(a'^2 - aa'') - \tfrac{1}{2}(z + \bar{z})\,(2a'b' - ab'' - ba'') + (b'^2 - bb'')]\,.$$

Ferner überzeugt man sich, dass für (11) die Form (50) in der Tat positiv definit ist. Denn ausser den schon berechneten

$$ba' - ab' = \Im\alpha \cdot \Im\gamma\,, \qquad\qquad a''b' - b''a' = \Im\alpha \cdot \Im\gamma \cdot |\,\gamma\,|^2$$

hat man

$$ba'' - ab'' = 2\Im\alpha \cdot \Im\gamma \cdot \Re\gamma\,,$$

also wird die Diskriminante von (50) gleich $4(\Im\alpha)^2\,(\Im\gamma)^4$.

Die quadratische Form $L(n; zz)$ hat wegen ihres definiten Charakters zwei konjugiert komplexe Wurzeln $\alpha_n, \bar{\alpha}_n$; α_n sei diejenige mit positivem Imaginärteil.[7] Darum gilt

$$L(n; zz) = (a'^2 - aa'')_n \cdot (z - \alpha_n)(z - \bar{\alpha}_n),$$

$$L(n; zz^*) = \tfrac{1}{2}(a'^2 - aa'')_n \cdot [(z - \alpha_n)(z^* - \bar{\alpha}_n) + (z - \bar{\alpha}_n)(z^* - \alpha_n)].$$

Es ist leicht, die Grenzfälle einzuschliessen, indem man das Positiv-Sein der Form (50) als $\geqq 0$, nicht als > 0 interpretiert.

Approximieren wir die Differentialgleichungen von §§2–3, indem wir die Variable s nur diskontinuierlich um den kleinen festen Betrag ϵ wachsen lassen, so erhalten wir unsere Differenzengleichungen—mit dem Unterschied jedoch, dass die Funktionen $a, a''; b, b''$ mit ϵ zu multiplizieren sind. Im Limes $\epsilon \to 0$ geht alsdann die Form (50) nach Division durch ϵ in die Form $p(s)x^2 + q(s)y^2$ über, die im Differentialgleichungs-Problem die entscheidende Rolle spielt, und alle Faktoren H werden zu 1.

2. *Kreis* $\mathfrak{k}_n$. w liegt auf $(\mathfrak{k}_n)$, wenn $\omega(n) = \vartheta(n) + w \cdot \eta(n)$ für n einer reellen Randbedingung genügt. Die Kreisscheibe $\mathfrak{k}_n$ ist, wie aus (49) für $\omega^* = \bar{\omega}$ folgt, gekennzeichnet durch die Ungleichung

$$(53) \qquad \Im z \cdot \sum_{\nu=1}^{n} \frac{H(\nu; z\bar{z})\, D(\nu; \omega\bar{\omega})}{|\, za'_\nu - b'_\nu\,|^2} \leqq \Im w :$$

Daraus folgt, wie in §2, dass $\mathfrak{k}_n$ mit wachsendem n zusammenschrumpft.

Die Berechnung des Durchmessers d_n geschieht nach dem gleichen Muster wie in § 2. Indem man die Gleichungen

$$(\eta_1\omega_1) = 0, \qquad\qquad (\eta_2\omega_1) = 0$$

für w^0 direkt ausschreibt, erhält man:

$$(\eta\vartheta_1) + iw^0\,(\eta_1\eta_2) = 0.$$

Zusammen mit der entsprechenden Gleichung für w_0 kommt so

$$\overline{(\eta\vartheta)} + i(w^0 - w_0)\,(\eta_1\eta_2) = 0.$$

Es gilt

$$(\eta\vartheta)_n = 1/H(n; zz); \qquad H(n; z\bar{z}) \cdot (\eta_1\eta_2)_n = z_2 \cdot \Sigma(n),$$

$$(54) \qquad \Sigma(n) = \sum_{\nu=1}^{n} \frac{H(\nu; z\bar{z})\, D(\nu; \eta\bar{\eta})}{|\, za'_\nu - b'_\nu\,|^2}.$$

---

[7] Auf Grund dieser Bemerkung wird man sich wohl davon überzeugen, dass die allgemeine Theorie mit den sechs willkürlichen Funktionen a und b im Grunde nicht allgemeiner ist als die spezielle, auf dem Ansatz (11) beruhende. Die grössere Willkür kommt nur dadurch hinein, dass man auf jeder Stufe des in §1 geschilderten rekursiven Algorithmus die positive Funktion w_n noch einer gebrochenen linearen Transformation mit reellen Koeffizienten von positiver Determinante unterwerfen kann.

Der Durchmesser $w_0 w^0$ steht jetzt nicht vertikal, für seine Grösse d_n ergibt sich

$$\Im z \cdot d_n = \frac{H(n; z\bar{z})}{|\,H(n; zz)\,|} \cdot \frac{1}{\Sigma(n)}.$$

Der erste Faktor rechts besteht aus Teilfaktoren der Gestalt

$$\frac{|\,L(\nu; zz)\,|}{L(\nu; z\bar{z})} = \frac{2\,|\,z - \alpha_\nu\,|\,|\,\bar{z} - \alpha_\nu\,|}{|\,z - \alpha_\nu\,|^2 + |\,\bar{z} - \alpha_\nu\,|^2} \leqq 1.$$

Setzt man

$$\left|\frac{z - \alpha_n}{\bar{z} - \alpha_n}\right| = r_n (< 1),$$

so haben wir

$$(55) \qquad \Im z \cdot d_n = \prod_{\nu = 1}^{n} \frac{2r_\nu}{1 + r_\nu^2} \bigg/ \Sigma(n) = \Pi(n) / \Sigma(n).$$

Der Durchmesser nimmt mit wachsendem n ab aus zwei Gründen: $\Pi(n)$ nimmt ab, weil immer neue Faktoren $\leqq 1$ hinzukommen; die Summe $\Sigma(n)$ nimmt zu, weil immer neue positive Summanden hinzutreten.

3. *Grenzpunkt und Grenzkreis.*

$$\frac{2r_n}{1 + r_n^2} \text{ ist } = 1 - \frac{(1 - r_n)^2}{1 + r_n^2}.$$

Der Subtrahend rechts liegt zwischen $(1 - r_n)^2$ und $\tfrac{1}{2}(1 - r_n)^2$. Das unendliche Produkt

$$(56) \qquad \prod_{\nu = 1}^{\infty} \frac{2r_\nu}{1 + r_\nu^2} = \Pi$$

konvergiert also oder divergiert (gegen 0), je nachdem $\Sigma(1 - r_\nu)^2$ konvergiert oder divergiert. Daher ergeben sich folgende beiden Kriterien:

a) *Divergiert* $\sum_{n=1}^{\infty}(1 - r_n)^2$, *so liegt der Grenzpunktfall vor.*

b) *Konvergiert hingegen* $\Sigma(1 - r_n)^2$, *so liegt der Grenzpunkt- oder Grenzkreis-Fall vor, je nachdem die Summe*

$$(57) \qquad \Sigma(\infty) = \sum_{n=1}^{\infty} \frac{H(n; z\bar{z})\,D(n; \eta\bar{\eta})}{|\,za_n' - b_n'\,|^2}$$

divergiert oder konvergiert.

Dass für alle Werte von z mit positivem Imaginärteil entweder simultan der Grenzkreis- oder der Grenzpunkt-Fall vorliegt, beruht darum auf den folgenden beiden Sätzen:

a) *Konvergenz und Divergenz der Reihe* $\Sigma(1 - r_n)^2$ *ist unabhängig von dem Werte von z.*

b) *Konvergiert $\Sigma(1 - r_n)^2$, so ist die Konvergenz oder Divergenz der Summe $\Sigma(\infty)$ unabhängig von dem Werte von z.*

Wesentlich ist, dass die Behauptung b) nur aufgestellt wird unter der "*präliminären Bedingung*" der Konvergenz von $\Sigma(1 - r_n)^2$; und dass die beiden Faktoren $\Pi(n)$ und $1/\Sigma(n)$ in d_n, welche auf die Entscheidung einwirken, in dieser Reihenfolge a), b) und nicht in umgekehrter Folge zur Geltung gebracht werden.—Ist die präliminäre Bedingung erfüllt, so ist $\lim\limits_{n \to \infty} r_n = 1$, d.h. die Punkte α_n verdichten sich nicht im Inneren der oberen Halbebene. Alsdann reduziert sich *auch im Grenzkreisfall für die speziellen Werte $z = \alpha_n$* der Kreis $\mathfrak{k}_\infty$ auf einen Punkt—aber allein aus dem Grunde, weil bereits $\mathfrak{k}_n$ für diesen Wert ein Punkt ist oder weil der Faktor $2r_n/(1 + r_n^2)$ in dem *konvergenten* Produkt Π verschwindet. Für die richtige Interpretation des Satzes, dass die Unterscheidung von Grenzpunkt und Grenzkreis unabhängig ist von dem Werte von z, muss dieser Umstand beachtet werden.

Der Beweis der Behauptung a) ist nahezu trivial. Wir schreiben einen Augenblick z_0, z_0^* statt z und z^* und führen die lineare Substitution aus

$$\frac{z - z_0}{z - \bar z_0} = \zeta,$$

die die obere z-Halbebene in das Innere des Einheitskreises der ζ-Ebene verwandelt. Dadurch gehe insbesondere $z = \alpha_n$ in $\zeta = \zeta_n$ über; r_n ist $= |\zeta_n|$. Es handelt sich darum einzusehen, dass die Konvergenz von $\Sigma(1 - |\zeta_n|)^2$ nicht zerstört wird, wenn man ζ einer linearen, den Einheitskreis in sich überführenden Transformation unterwirft:

$$\zeta^* = \frac{\zeta - A}{1 - A\zeta} \qquad\qquad (0 \leqq A < 1).$$

Zum Beweise genügt die elementare Ungleichung

$$1 - |\zeta^*| \leqq \frac{1 + A}{1 - A}(1 - |\zeta|).$$

Der Beweis der Behauptung b) wird durch das Analogon der in §3 benutzten Integralgleichung erbracht. Man findet analog wie dort:

$$(58)\begin{cases} f_\eta^*(n) = \\[6pt] \left[f_\eta(n) + (z - z^*) \cdot \sum_{\nu=1}^{n} \dfrac{f_\eta(n)D(\nu;\vartheta\eta^*) - f_\vartheta(n)D(\nu;\eta\eta^*)}{(za_\nu' - b_\nu')(z^*a_\nu' - b_\nu')} \cdot H(\nu;zz^*) \right] \cdot \dfrac{H(n;zz)}{H(n;zz^*)}, \\[6pt] g_\eta^*(n) \text{ analog.} \end{cases}$$

Das weitere Vorgehen ist durchaus entsprechend, nur muss man noch Folgendes beachten.

1) Um mit Sicherheit zu vermeiden, dass in $H(n;zz)$ verschwindende Nenner

auftreten, muss man (bei fest gegebenem z), statt mit $n = 0$, mit einem hinreichend hohen Wert $n = n_0$ beginnen. In (48) läuft das Produkt jetzt, entsprechend der Normierung $H(n_0) = 1$, erst von $\nu = n_0 + 1$ ab, ebenso die Summe in (58). η und ϑ sollen die Randbedingungen

$$f_\eta = 1, \quad g_\eta = 0; \qquad f_\vartheta = 0, \quad g_\vartheta = 1$$

an der Stelle $n = n_0$ erfüllen. Man vergesse aber nicht, dass wir auch jetzt damit rechnen müssen, dass in $H(n; zz^*)$ verschwindende Nenner vorkommen. Wir haben deshalb dafür gesorgt, dass diese Grösse nur in Quotienten

$$H(\nu; zz^*)/H(n; zz^*) \qquad\qquad (n_0 \leqq \nu \leqq n)$$

auftritt.

2) Aus den Ausdrücken (58) für $f_\eta^*(n)$ und $g_\eta^*(n)$ bildet man die definite Form $D(n + 1; \eta^*\bar\eta^*)$. Auf der rechten Seite macht man bei Anwendung der Schwarz'schen Ungleichung wiederum Gebrauch von:

$$|\, D(\nu; \vartheta\eta^*)\,|^2 \leqq D(\nu; \vartheta\bar\vartheta)\cdot D(\nu; \eta^*\bar\eta^*)\,.$$

Da ferner

$$|\, L(n; zz^*)\,|^2 \leqq L(n; z\bar z)\cdot L(n; z^*\bar z^*)$$

gilt, darf gleichzeitig

$$|\, H(\nu; zz^*)/H(n; zz^*)\,|^2 \qquad\qquad (n_0 \leqq \nu \leqq n)$$

durch das grössere

$$H(\nu; z\bar z)H(\nu; z^*\bar z^*)/H(n; z\bar z)H(n; z^*\bar z^*)$$

ersetzt werden (dies gilt selbstverständlich auch für den Faktor

$$H(n_0; zz^*)/H(n; zz^*),$$

den das vor dem Summenzeichen stehende Glied $f_\eta(n)$, bezw. $g_\eta(n)$ trägt).

3) Vor der Summation nach n ist $D(n + 1; \eta^*\bar\eta^*)$ zu multiplizieren mit

$$\frac{H(n + 1; z^*\bar z^*)}{|\, z^*a'_{n+1} - b'_{n+1}\,|^2} = \frac{H(n; z^*\bar z^*)}{L(n + 1; z^*\bar z^*)}\,.$$

Mit dem zusammen, was durch Quadrierung und die Ersetzung 2) aus dem Faktor hinter der eckigen Klammer in (58) geworden ist:

$$\frac{|\, H(n; zz)\,|^2}{H(n; z\bar z)\cdot H(n; z^*\bar z^*)}\,,$$

gibt das

$$(59)\qquad \frac{|\, H(n; zz)\,|}{H(n; z\bar z)}\cdot\frac{|\, H(n + 1; zz)\,|}{H(n + 1; z\bar z)}\cdot\frac{|\, L(n + 1; zz)\,|}{L(n + 1; z^*\bar z^*)}\times\frac{H(n + 1; z\bar z)}{|\, za'_{n+1} - b'_{n+1}\,|^2}\,.$$

Die ersten beiden Faktoren in (59) sind jeder

$$\leqq 1/\Pi\,, \qquad \Pi = \prod_{\nu=1+n_0}^{\infty} \frac{2r_\nu}{1+r_\nu^2}\,;$$

der dritte ist

$$\leqq \left|\frac{z-\alpha_{n+1}}{z^*-\alpha_{n+1}}\right| \cdot \left|\frac{z-\bar{\alpha}_{n+1}}{z^*-\bar{\alpha}_{n+1}}\right|.$$

Hinter dem $\times$ steht derjenige Faktor, mit welchem man $D(n+1;\,\eta\bar{\eta})$ und $D\,(n+1;\,\vartheta\bar{\vartheta})$ vor der Summation nach n multipliziert sehen möchte. Der "störende Faktor," der jetzt an die Stelle von (30) in §3 tritt, ist somit

$$\leqq \frac{1}{\Pi^2} \cdot \left|\frac{(z-\alpha_{n+1})\,(z-\bar{\alpha}_{n+1})}{(z^*-\alpha_{n+1})\,(z^*-\bar{\alpha}_{n+1})}\right|.$$

Von ihm muss noch festgestellt werden, dass er als Funktion von n beschränkt bleibt.

4) Zufolge der präliminären Bedingung und der unter 1) getroffenen Vorkehrung hat das konvergente Produkt Π einen positiven Wert, der sogar durch geeignete Wahl von n_0 so nahe wie man will an 1 herangebracht werden kann. Für

$$\left|\frac{(z-\alpha_n)\,(z-\bar{\alpha}_n)}{(z^*-\alpha_n)\,(z^*-\bar{\alpha}_n)}\right|$$

erhält man aus dem Beweise des entsprechenden Hilfssatzes in §3 die obere Schranke

$$c^2 \left/ \left(a^2+b^2-\frac{1+r_n^2}{2r_n}\cdot 2ab\right)\right.,$$

in der a, b, c die Entfernungen z^*z, $z^*\bar{z}$, $z\bar{z}$ bezeichnen.

So ergeben sich für das Differenzenproblem die gleichen Resultate wie für das Differentialproblem in §3.

104.

Geodesic fields in the calculus of variation for multiple integrals

Annals of Mathematics 36, 607—629 (1935)

Introduction

Carathéodory recently drew my attention to an "independent integral" in the calculus of variation for several variables exhibited by him in an important paper in 1929,[1] and he asked me about its relation to a different independent integral I made use of in a brief exposition of the same subject in the Physical Review, 1934.[2] The present note was drafted to meet Carathéodory's question (§11). To facilitate comparison I first serve my own dish again in Carathéodory style (trace theory, Part 1) and then expound the essentials of his theory (Part 2); the link between them thereby becomes fairly obvious. In Part 3 I consider the approximation known as the second variation. Thus the whole formal apparatus of the calculus of variation—Lagrange's equation, Legendre's, Jacobi's, Weierstrass' conditions and Hilbert's independent integral—will be found in these three Parts, packed together in a nutshell as it were. Chapter 4 solves the problem of embedding a given extremal in a geodesic slope field—this notion taken in the sense of the trace theory.[3] The reader who does not care for technical details but wants the lucid simplicity of the general foundations not to be marred by toilsome existential considerations is warned to ignore this last Part.

Part 1. The linear trace theory

§1. **The problem of variation.** ν functions of r real variables t^i,

$$(1) \qquad z^\alpha = z^\alpha(t^1 \cdots t^r), \qquad (t^1 \cdots t^r) \text{ in } G, \qquad (\alpha = 1, \cdots, \nu)$$

describe an r-dimensional "*surface*" Σ in the $(r + \nu)$-dimensional t-z-space covering a given region G of the t-space. We consider only surfaces Σ lying in a certain domain Ω of the t-z-space which have their boundary in common; i.e. the values of the functions (1) at the boundary of G are prescribed once for all.

---

[1] Acta litt. ac scient. univers. Hungaricae, Szeged, Sect. Math., **4**, 1929, p. 193.

[2] Physical Review **46**, 1934, p. 505.

[3] Prof. Carathéodory advises me that Mr. Boerner did the same for his more sophisticated theory.

The situation in the calculus of variations with r independent variables t^i ($i = 1, \cdots, r$) is this: A function L of the variables

$$t^i, z^\alpha, z^\alpha_i \qquad (\alpha = 1, \cdots, \nu; i = 1, \cdots, r)$$

is given. By appropriate choice of Σ one tries to *minimize the integral*

$$(2) \qquad J = J(\Sigma) = \int_G L(t^i, z^\alpha(t), dz^\alpha/dt^i)\, dt^1 \cdots dt^r.$$

§2. Three stages of independent variables. $\nu \cdot r$ functions $z^\alpha_i(t, z)$ in Ω define what we call a *slope field* $\mathfrak{F}$ in Ω. The surface Σ, (1), is *embedded* in the slope field $\mathfrak{F}$ if

$$dz^\alpha/dt^i = z^\alpha_i(t^k, z^\beta(t))$$

holds.

We distinguish three standpoints concerning the arguments in our functions: (1) t^i, z^α, z^α_i are taken as independent variables, as for instance in the function L. The derivatives with respect to these variables are marked by attaching the respective variable as an index. (2) By using a given slope field $\mathfrak{F}$, the z^α_i are replaced by functions of the t^i and z^α. The partial derivatives with respect to the arguments t^i and z^α are then denoted by $\partial/\partial t^i$, $\partial/\partial z^\alpha$. (3) The substitution

$$z^\alpha = z^\alpha(t^1 \cdots t^r) \qquad \{z^\alpha_i = dz^\alpha/dt^i\}$$

referring to a given surface Σ changes functions which appeared in the second (or the first) standpoint, into functions of the t alone. Their derivation with respect to t^i is denoted by d/dt^i.

In keeping with these conventions and the further one that one always has to sum over two-fold occurring indices, the vanishing of the first variation: $\delta J = 0$, is expressed by *Euler's equations*

$$(3) \qquad dL_{z^\alpha_i}/dt^i - L_{z^\alpha} = 0.$$

Σ is called an *extremal* when satisfying these relations. The arguments in L_{z^α} and $L_{z^\alpha_i}$ are t^i, z^α, dz^α/dt^i.

§3. Lagrangian of the divergence type. One may form functions L for which the integral (2) is independent of Σ by the following method. Let

$$(4) \qquad s^i(t, z) \qquad (i = 1, \cdots, r)$$

be given functions in Ω. After substituting the functions (1) for the arguments z we consider the divergence

$$\frac{ds^i}{dt^i} = \frac{\partial s^i}{\partial t^i} + \frac{\partial s^i}{\partial z^\alpha} \cdot \frac{dz^\alpha}{dt^i}.$$

Its integral is the flux of the vector field $s^i(t, z(t))$ through the boundary of G and therefore depends on the values of $z^\alpha(t)$ at the border of G only. Hence we choose as our L:

$$(5) \qquad D(t^i, z^\alpha, z_i^\alpha) \;=\; \frac{\partial s^i}{\partial t^i} + \frac{\partial s^i}{\partial z^\alpha} \cdot z_i^\alpha \,.$$

All surfaces Σ are extremals of this Lagrangian, which is linear in z_i^α.

§4. Geodesic field and independent integral. Let L be a given Lagrangian and let us now suppose we succeeded in determining our functions (4) and the slope field $z_i^\alpha(t, z)$ such that

$$(6) \qquad L = D, \qquad L_{z_i^\alpha} = D_{z_i^\alpha} \quad \text{for} \quad z_i^\alpha = z_i^\alpha(t, z).$$

A slope field of this kind may be called *geodesic*. We notice in passing that $D_{z_i^\alpha} = \partial s^i/\partial z^\alpha$ does not contain the variables z_i^α. For the "momenta" $L_{z_i^\alpha}$ we often use the abbreviations p_α^i. As

$$D(t^i, z^\alpha, dz^\alpha/dt^i) \;=\; D(t^i, z^\alpha, z_i^\alpha) + \frac{\partial s^i}{\partial z^\alpha}\left(\frac{dz^\alpha}{dt^i} - z_i^\alpha\right),$$

its integral (*the independent integral*) under these circumstances changes into

$$(7) \qquad W = W(\Sigma) = \int_\Sigma \{L + p_\alpha^i(\dot{z}_i^\alpha - z_i^\alpha)\}\,dt \,.$$

A surface integral like

$$\int_\Sigma F(t^i, z^\alpha, z_i^\alpha, \dot{z}_i^\alpha)\, dt$$

is always to be interpreted as meaning

$$\int_G F(t^i, z^\alpha(t), z_i^\alpha(t, z(t)), dz^\alpha/dt^i) \cdot dt^1 \cdots dt^r \,.$$

The arguments of the functions L and p_α^i in (7) are $t^i, z^\alpha, z_i^\alpha$.

A surface Σ embedded in our geodesic slope field is of necessity an extremal for the Lagrangian L. Indeed, on account of

$$\frac{\partial L}{\partial z^\alpha} = L_{z^\alpha} + L_{z_i^\beta}\frac{\partial z_i^\beta}{\partial z^\alpha} \quad \text{or} \quad L_{z^\alpha} = \frac{\partial L}{\partial z^\alpha} - L_{z_i^\beta}\frac{\partial z_i^\beta}{\partial z^\alpha}$$

one can supplement the equations (6) by:

$$L_{z^\alpha} = D_{z^\alpha} \quad \text{for} \quad z_i^\alpha = z_i^\alpha(t, z).$$

Hence the identity

$$dD_{z_i^\alpha}/dt^i - D_{z^\alpha} = 0,$$

which is satisfied for *every* surface, leads for a surface Σ embedded in our geodesic field to (3).

In the case $r = 1$, $\nu = 1$ the independent integral (7) was first propounded by Hilbert.

§5. **Legendre transformation.** The equations (6) with the definition (5) of D are equivalent to

$$(8) \qquad \frac{\partial s^i}{\partial z^\alpha} = p_\alpha^i, \qquad \frac{\partial s^i}{\partial t^i} = L - p_\alpha^i z_i^\alpha .$$

We therefore have to introduce into the function

$$H = L - p_\alpha^i z_i^\alpha$$

the momenta

$$(9) \qquad p_\alpha^i = L_{z_i^\alpha}$$

instead of the z_i^α as independent variables:

$$(10) \qquad H = H(t^i, z^\alpha, p_\alpha^i)$$

(*Legendre's transformation*). The total differential

$$\delta L = L_{t^i} \delta t^i + L_{z^\alpha} \delta z^\alpha + p_\alpha^i \delta z_i^\alpha$$

leads at once to

$$(11) \qquad \delta H = L_{t^i} \delta t^i + L_{z^\alpha} \delta z^\alpha - z_i^\alpha \delta p_\alpha^i ;$$

thus one gets

$$z_i^\alpha = -H_{p_\alpha^i}$$

as the converse of the equations (9). *In order to construct a geodesic field one has to solve the one Jacobi-Hamilton differential equation*

$$(12) \qquad \frac{\partial s^i}{\partial t^i} = H(t^i, z^\alpha, \partial s^i / \partial z^\alpha) ;$$

the formula

$$z_i^\alpha = -H_{p_\alpha^i}(t, z, \partial s / \partial z)$$

then furnishes the geodesic field.

By the way, the equation (12) can be formulated in such a manner that it does not involve any derivatives with respect to the t's: the integral of $H(t^i, z^\alpha, \partial s^i / \partial z^\alpha)$ over an arbitrary part V of the region G in t-space is equal to the flux of the vector-field s^i through the boundary of V.[4]

---

[4] With such limitations as to the spread of V, of course, as are necessary for this statement to make sense: $V = V_z$ has to be such for a given point (z) that all points (t, z) lie in Ω when (t) lies in V.

§6. Weierstrass' formula. A surface Σ embedded in our geodesic field $\mathfrak{F}$ is extremal, and the integral $W(\Sigma)$, (7), coincides with $J(\Sigma)$ for this surface.

Let us then suppose we have an extremal Σ_0:

$$(13) \qquad\qquad z^\alpha = \overset{\scriptscriptstyle 0}{z}{}^\alpha(t^1 \cdots t^r), \qquad\qquad (t^1 \cdots t^r) \text{ in } G,$$

lying in a region Ω of t-z-space and embedded in a geodesic field $\mathfrak{F}$ that covers Ω. We compare Σ_0 with other surfaces Σ, (1), in Ω of the same boundary. Using the notations

$$J(\Sigma) = J, \quad J(\Sigma_0) = J_0; \quad W(\Sigma) = W, \quad W(\Sigma_0) = W_0; \quad \Delta J = J - J_0$$

we have

$$\Delta J = \Delta(J - W) = (J - W) - (J_0 - W_0),$$

because of the independence of W, and furthermore $J_0 = W_0$, because of the embedding of Σ_0 in $\mathfrak{F}$. In this simple fashion we arrive at *Weierstrass' formula*

$$(14) \qquad\qquad \Delta J = J - W = \int_\Sigma E(t^i, z^\alpha; z_i^\alpha, \overset{\scriptscriptstyle 0}{z}{}_i^\alpha)\, dt,$$

$$(15) \qquad E(t^i, z^\alpha; z_i^\alpha, \overset{\scriptscriptstyle 0}{z}{}_i^\alpha) = [L(t^i, z^\alpha, \overset{\scriptscriptstyle 0}{z}{}_i^\alpha) - L(t^i, z^\alpha, z_i^\alpha)] - L_{z_i^\alpha}(\overset{\scriptscriptstyle 0}{z}{}_i^\alpha - z_i^\alpha),$$

the clue to which is the fact that the difference $J - J_0$ is expressed by a single integral *extending over* Σ; Σ_0 has mysteriously been juggled out. In (15) $L_{z_i^\alpha}$ depends on the arguments $t^i,\, z^\alpha,\, z_i^\alpha$.

One may say that the method consists in replacing L by $L - D$, subtracting a suitable D of the type (5) from L; this process does not change the extremals of L. The "suitable" choice of D is effected by solving the Jacobi-Hamilton equation (12).

Sufficient for a ("strong") minimum is the positive-definite character of Weierstrass' E-function:

$$(16) \qquad\qquad E(t^i, z^\alpha; z_i^\alpha, \overset{\scriptscriptstyle 0}{z}{}_i^\alpha) \geqq 0.$$

Here the $\overset{\scriptscriptstyle 0}{z}{}_i^\alpha$ range independently over all values from $-\infty$ to $+\infty$, $z_i^\alpha = z_i^\alpha(t, z)$ are the slope functions of the embedding geodesic field and the point (t, z) varies in a region Ω surrounding the extremal Σ_0 in the t-z-space. *The existence of such a field is an integral part of Weierstrass' criterion.*

§7. Invariance. The t^i may be subjected to an arbitrary transformation among themselves. We might even replace the region G of the t-space by an arbitrary r-dimensional manifold G only parts of which can be referred to coördinates $t^1, \cdots, t^r$. The r quantities z_i^α $(i = 1, \cdots, r)$ are to be treated as components of a covariant vector (with respect to the Latin indices, matched with the variables t^i). The Lagrangian L is to be transformed as a scalar density (of weight 1) i.e. it is to be multiplied with the absolute value of the functional determinant of the transformation of the t. The integral $J(\Sigma)$ then has an invariant significance—even when the whole G is not coverable by a single coördinate system t. Covariance and contravariance are designated by the position of the indices in the usual way. Some of the quantities, in particular L, s^i, p^i_α, H, E, are densities in the sense just described; I would have denoted them by German letters in accordance with the usage in my book "Raum, Zeit, Materie," had I not to reckon with the Anglo-Saxon aversion to these types.

It is conceptually simpler to take as the realm of integration G the whole manifold, not a finite portion (= compact subset) thereof. We then must replace the boundary condition for Σ by the requirement that Σ coincides with the standard extremal Σ_0 outside a sufficiently large *finite* portion of G (dependent on Σ). Under these circumstances, the difference ΔJ, as its integrand vanishes outside that finite region, has a meaning (though not the integral $J(\Sigma)$ itself).

At a higher standpoint of invariance the dependent variables z^α may be included in the transformations. But in contrast to the t^i they should not be looked upon as a separate set in the row of $r + \nu$ variables $t^1, \cdots , t^r, z^1, \cdots , z^\nu$; we have the case of "reduction," not of "decomposition." The situation prevailing can be described in this way. An $(r + \nu)$-dimensional manifold Ω is mapped upon the r-dimensional manifold G; this mapping, called the projection, is given once for all. Thus G may be considered as the manifold arising from Ω by identifying points ω in Ω with the same projection t. The coördinates $t^1, \cdots , t^r, z^1, \cdots , z^\nu$ covering a part of Ω are subject to the restriction that the coördinates $t^1, \cdots , t^r$ have the same values at points ω with the same projection, but all transformations in agreement with this requirement are admissible. Σ is a mapping of G in Ω: $t \to \omega$ such that the image ω of t has t as its projection. The behavior of all our quantities could be easily discussed under this wider aspect of invariance; but I do not wish to dwell upon it here.

Part 2. Carathéodory's determinant theory and its relation to the trace theory

§8. **Lagrangian of the determinant type.** Carathéodory uses a different independent integral. He too starts with r functions

$$(17) \qquad\qquad S^i(t, z)$$

from which he forms, with reference to a given surface Σ, (1), instead of the divergence (5), the functional determinant

$$(18) \qquad \left| \frac{dS^i(t, z(t))}{dt^k} \right| , \qquad\qquad \frac{dS^i}{dt^k} = \frac{\partial S^i}{\partial t^k} + \frac{\partial S^i}{\partial z^\alpha} \frac{dz^\alpha}{dt^k} .$$

Its integral over G is independent of Σ, as long as the boundary of Σ is preserved; for it gives the volume in the λ-space upon which the region G in the t-space is mapped by the transformation

$$S^i(t, z(t)) = \lambda^i .$$

In accordance with the new formation (18) we now take

$$(19) \qquad D(z_i^\alpha) = \left| \frac{\partial S^i}{\partial t^k} + \frac{\partial S^i}{\partial z^\alpha} \cdot z_k^\alpha \right|.$$

This Lagrangian too has the property of possessing all surfaces as its extremals. Since D is not linear in the arguments z_i^α—the only ones we put in evidence—one needs a little algebraic computation to compare $D(z_i^\alpha)$ for two sets of values z_i^α: $D(z_i^\alpha) = D$ and $D(\dot{z}_i^\alpha)$.

§9. An algebraic identity.

$D = D(z_i^\alpha)$ is the determinant of certain quantities of form

$$S_k^i = s_k^i + \sigma_\alpha^i z_k^\alpha.$$

The element $s_k^i + \sigma_\alpha^i \dot{z}_k^\alpha$ of the second determinant $D(\dot{z}_i^\alpha)$ can be written as

$$S_k^i + \sigma_\alpha^i u_k^\alpha,$$

the u_i^α being the differences $\dot{z}_i^\alpha - z_i^\alpha$. Application of the multiplication theorem of determinants readily leads to the formula

$$| S_k^i + \sigma_\alpha^i u_k^\alpha | = | S_k^i | \cdot | \delta_k^i + \pi_\alpha^i u_k^\alpha |$$

where the π_α^i are determined by the equations

$$(20) \qquad S_r^i \pi_\alpha^r = \sigma_\alpha^i.$$

I maintain that

$$(21) \qquad \pi_\alpha^i = D_{z_i^\alpha}/D.$$

Indeed, let $\| T_k^i \|$ be the inverse matrix of $\| S_k^i \|$. The general formula

$$dD/D = T_r^k dS_k^r,$$

when applied to derivation with respect to z_k^α, yields

$$D_{z_k^\alpha}/D = T_r^k \sigma_\alpha^r,$$

and this shows exactly that (21) are the solutions of the equations (20). Hence the following identity obtains

$$(22) \qquad D(\dot{z}_i^\alpha) = D(z_i^\alpha) \cdot | \delta_k^i + (D_{z_i^\alpha}/D)(\dot{z}_k^\alpha - z_k^\alpha) |.$$

§10. Geodesic field and independent integral once more.

When the functions

$$S^i(t, z), \quad z_i^\alpha(t, z)$$

are such that

$$L = D, \qquad L_{z_i^\alpha} = D_{z_i^\alpha} \quad \text{for} \quad z_i^\alpha = z_i^\alpha(t, z),$$

Carathéodory calls the slope field $z_i^\alpha(t, z)$ *geodesic*. In a geodesic field (22) changes into

$$D(\dot{z}_i^\alpha) = L \cdot \left| \delta_k^i + (L_{z_i^\alpha}/L)(\dot{z}_k^\alpha - z_k^\alpha) \right|.$$

The arguments of L and $L_{z_i^\alpha} = p_\alpha^i$ are here: t^i, z^α, $z_i^\alpha(t, z)$. The *independent integral* takes on the form

$$W(\Sigma) = \int_\Sigma L \cdot \left| \delta_k^i + (L_{z_i^\alpha}/L)(\dot{z}_k^\alpha - z_k^\alpha) \right| \cdot dt.$$

All further developments follow the same line as in Part 1. The differential equation, though, imposed on S^i by the requirement that the slope field $z_i^\alpha(t, z)$ be geodesic is essentially more complicated. The rôle of the Hamiltonian H in Part 1 is taken over by the determinant

$$L \cdot \left| \delta_k^i - \frac{1}{L} p_\alpha^i z_k^\alpha \right|.$$

The theory will work only if this function as well as L are of constant sign in the region to be considered.

§11. **Mutual relationship of the two independent integrals.** The relation between the two competing theories of Parts 1 and 2 which serve the same end is now fairly obvious. They do not differ in the case of only one variable t. In the general case, the extremals for the Lagrangian L are the same as for $L^* = 1 + \epsilon L$, ϵ being an arbitrary constant. Notwithstanding, Carathéodory's theory is not linear with respect to L. But applying it to $1 + \epsilon L$ instead of L and then letting ϵ tend to zero, we fall back on the linear theory of Part 1. One has to choose Carathéodory's functions

$$S^i(t, z) = t^i + \epsilon \cdot s^i(t, z).$$

Neglecting quantities that tend to zero with ϵ more strongly than ϵ itself, one then gets

$$\left| \frac{dS^i}{dt^k} \right| = 1 + \epsilon \cdot \frac{ds^i}{dt^i}.$$

or Carathéodory's D^*, (19), becomes $= 1 + \epsilon D$ where D has the significance (5) of Part 1. One may therefore describe Carathéodory's theory as a *finite determinant theory* and the simpler one of Part 1 as the corresponding *infinitesimal trace theory*.

The Carathéodory theory is invariant when the S^i are considered as scalars not affected by the transformations of t. It appears unsatisfactory that the transition here sketched, by introducing the density 1 relatively to the coördinates t^i, breaks the invariant character. This however is related to the existence of a distinguished system of coördinates t^i in the determinant theory, consisting of the functions $S^i(t, \dot{z}(t))$. This remark reveals at the same time that, in contrast to the trace theory, it is not capable of being carried through without singularities on a manifold G that cannot be covered by a single coördinate system t.

§12. Special extremal slope fields. Returning, for the rest of the paper, to the theory of Part 1, we keep to the definitions and notations explained there. In my article in the Physical Review I viewed the problem from a slightly different angle. One is accustomed, in the classical case of one variable t and one unknown z, to perform the embedding by means of a *field of extremals*. I therefore started with a field of extremal surfaces simply covering Ω, and I introduced the gradient

$$(23) \qquad dz^\alpha/dt^i = z_i^\alpha(t, z)$$

of the field surface passing through (t, z). Such a gradient field of extremals is, according to (3), characterized by the relations

$$(24) \qquad \left(\frac{\partial L_{z_i^\alpha}}{\partial t^i} + \frac{\partial L_{z_i^\alpha}}{\partial z^\beta} \cdot z_i^\beta\right) - L_{z^\alpha} = 0 \,.$$

Conversely, if one is given the slope field $z_i^\alpha(t, z)$ arbitrarily, one can find a corresponding field of súrfaces provided equations (23) are *completely integrable*, the conditions of integrability being

$$\left(\frac{\partial z_k^\alpha}{\partial t^i} - \frac{\partial z_i^\alpha}{\partial t^k}\right) + \left(\frac{\partial z_k^\alpha}{\partial z^\beta} \cdot z_i^\beta - \frac{\partial z_i^\alpha}{\partial z^\beta} \cdot z_k^\beta\right) = 0 \,.$$

I proposed to call a slope field $z_i^\alpha(t, z)$ satisfying the equations (24) an *extremal slope field* whether it be integrable or not.

With respect to a Lagrangian D of the special form (5) not only is every surface an extremal, but every slope field is an extremal field. This is an immediate consequence of the fact that D is linear in z_i^α as we shall see at once. Therefore our geodesic field must needs be an extremal field for L; on account of $p_\alpha^i = \partial s^i/\partial z^\alpha$ it satisfies the conditions

$$(25) \qquad \frac{\partial p_\alpha^i}{\partial z^\beta} - \frac{\partial p_\beta^i}{\partial z^\alpha} = 0 \,.$$

For this reason I conceived the geodesic fields in the Physical Review as *"special extremal slope fields"*; and thus the essential modifications imposed upon the classical concept of an extremal field appeared as dropping off integrability and replacing it by the new conditions (25). For Carathéodory's D, however, it is not true at all, that every slope field is extremal—notwithstanding the fact that all surfaces are extremals of D. This robs the notion of a special extremal field of its primary importance for our present purpose.

In order to justify our assertion that the left side of (24) vanishes identically for $L = D$, (5), one merely needs to observe that it does not contain the derivatives of $z_i^\alpha(t, z)$ since $D_{z_i^\alpha} = \partial s^i/\partial z^\alpha$ does not contain the variables z_i^α. A surface $z^\alpha(t)$ may be chosen such that $z^\alpha(t)$, dz^α/dt^i have arbitrarily given values at one specific point t. Hence our statement is evident from the fact that every surface is extremal for D. He who is not afraid of a simple calculation could verify the averred identical vanishing at once.

Part 3. Second variation

§13. **Legendre's quadratic form.** Let us consider the Weierstrass E-function for definite values of t^i, z^α, z_i^α and expand it into a power series in terms of the variables $u_i^\alpha = \dot z_i^\alpha - z_i^\alpha$. The expression (15) shows that the constant and linear terms are missing and the development starts with the quadratic term:

$$(26) \qquad \tfrac{1}{2} L_{z_i^\alpha, z_k^\beta}\, u_\alpha^i u_\beta^k = \tfrac{1}{2}\, F(t, z^\alpha, z_i^\alpha \mid u)\,.$$

It should not go unnoticed that the discriminant of this quadratic form in the u's is that determinant whose non-vanishing makes possible the solving of the equations (9) for z_i^α. Our form F when taken on Σ_0, i.e. for

$$z^\alpha = \overset{\circ}{z}{}^\alpha(t), \quad z_i^\alpha = d\overset{\circ}{z}{}^\alpha/dt^i,$$

may be designated by $F_0(t \mid u)$. The positive definite character of the quadratic form $F_0(t \mid u)$—for every (t) in G—is, as is seen from this whole development, a sufficient condition for a "*weak minimum*" (*Legendre's condition*).

Whereas Weierstrass' condition refers explicitly to an embedding geodesic field, Legendre's condition does not. Does it therefore guarantee a weak minimum without assuming the existence of an embedding geodesic field? No, that is exactly where Legendre was wrong. But only the *approximate* geodesic field (Jacobi's condition) enters into the proof of Legendre's criterion—approximate to the same degree as (26) approximates the E-function. Legendre's stunt of subtracting a divergence

$$\frac{d}{dt^i}\,(s_{\alpha\beta}^i \delta z^\alpha \delta z^\beta)$$

from the integrand of the second variation $\delta^2 J$ is exactly the same procedure for that infinitesimal variation as the Weierstrass-Hilbert-Carathéodory method of subtracting a D from L with respect to the finite "variation" ΔJ.

§14. **Trivial preparations for solving the problem of embedding.** This coincidence will become clearer when we now attack the problem of embedding a given extremal

$$\Sigma_0: z^\alpha = \overset{\circ}{z}{}^\alpha(t^1 \cdots t^r)$$

in a geodesic slope field. We have to construct a solution s^i of (12) such that $\partial s^i/\partial z^\alpha$ reduces to $\mathring{p}^i_\alpha(t)$ for $z^\alpha = \mathring{z}^\alpha(t)$. Here let $\mathring{p}^i_\alpha(t)$ be the value of $p^i_\alpha = L_{z^\alpha_i}$ for $z^\alpha = \mathring{z}^\alpha(t)$, $z^\alpha_i = d\mathring{z}^\alpha/dt^i$, so that we have conversely

$$d\mathring{z}^\alpha/dt^i = -H_{p^i_\alpha}(t, \mathring{z}(t), \mathring{p}(t)) .$$

Σ_0 being an extremal, the equation

$$d\mathring{p}^i_\alpha/dt^i = H_{z^\alpha}(t, \mathring{z}(t), \mathring{p}(t))$$

obtains [observe that $H_{z^\alpha} = L_{z^\alpha}$, because of (11)]. We rid ourselves of the constant and linear terms in s^i and H in the following simple way.

Writing $\mathring{z}^\alpha(t) + z^\alpha$, $\mathring{p}^i_\alpha(t) + p^i_\alpha$ instead of z^α and p^i_α, we put

$$s^i(t, \mathring{z}(t) + z) - s^i(t, \mathring{z}(t)) = \mathring{p}^i_\alpha(t)\, z^\alpha + \sigma^i(t, z) ;$$

$$H(t, \mathring{z}(t) + z, \mathring{p}(t) + p) - H(t, \mathring{z}(t), \mathring{p}(t)) = \frac{d\mathring{p}^i_\alpha}{dt^i}\, z^\alpha - \frac{d\mathring{z}^\alpha}{dt^i}\, p^i_\alpha + H^*(t, z, p).$$

The differential equation (12) now changes into

$$\frac{\partial \sigma^i}{\partial t^i} = H^*\!\left(t^i, z^\alpha, \frac{\partial \sigma^i}{\partial z^\alpha}\right),$$

and the initial conditions

$$\frac{\partial s^i}{\partial z^\alpha} = \mathring{p}^i_\alpha(t) \quad \text{for} \quad z = \mathring{z}(t)$$

into

$$\frac{\partial \sigma^i}{\partial z^\alpha} = 0 \quad \text{for} \quad z^1 = \cdots = z^\nu = 0 .$$

The Taylor expansions of $\sigma^i(t, z)$ and $H^*(t, z, p)$ in terms of z or z, p respectively, contain no constant and linear terms. Restoring our original notations s and H instead of σ and H^* we thus have shown that we may put, without any loss of generality: $\mathring{z}^\alpha(t) = 0$, $\mathring{p}^i_\alpha(t) = 0$.

§15. **First approximation: Legendre's differential equations.** When limiting H to its quadratic term

$$(27) \qquad H_2 = \tfrac{1}{2} A_{\alpha\beta} z^\alpha z^\beta + A^{\ \alpha}_{i\ \beta} p^i_\alpha z^\beta + \tfrac{1}{2} A^{\ \alpha\ \beta}_{i\ k} p^i_\alpha p^k_\beta$$

the quadratic part of s^i:

$$(28) \qquad \tfrac{1}{2} s^i_{\alpha\beta} z^\alpha z^\beta$$

provides an exact solution of the Jacobi-Hamilton differential equation. The coefficients A and $s^i_{\alpha\beta}$ are functions of t only and are, of course, written in symmetrical fashion:

$$A_{\alpha\beta} = A_{\beta\alpha}, \qquad A^{\ \alpha\beta}_{i\ k} = A^{\ \beta\alpha}_{k\ i}, \qquad s^i_{\alpha\beta} = s^i_{\beta\alpha} .$$

(12) yields the following system of differential equations for the unknown $s_{\alpha\beta}^i$:

$$(29) \qquad \frac{ds_{\alpha\beta}^i}{dt^i} = A_{\alpha\beta} + A_{i\beta}^{\rho} s_{\rho\alpha}^i + A_{ik}^{\rho\sigma} s_{\rho\alpha}^i s_{\sigma\beta}^i .$$

The transformation character is indicated again by the position of the indices; it should be added that the three A's on the right side are densities of weight $+1, 0, -1$ respectively. A solution of these Legendre equations furnishes what may properly be called an approximate geodesic field. (Legendre's method as he applied it to the second variation would lead exactly to the same result.)

Whereas Legendre's condition is only a part of the much stronger Weierstrass condition, it is to be guessed that the existence of a geodesic field in the approximate sense of the "second variation," implies its existence in the exact sense. Our conjecture will be proved in the last Chapter. The result is two-fold:

1) The embedding of Σ_0 by a geodesic slope field is always *locally* possible. This suffices for answering all questions about *local minima* (when only surfaces Σ are admitted to competition that differ from Σ_0 in a small enough neighborhood of a point t).

2) The embedding goes through, even in the large, for the whole extremal Σ_0, *provided the first approximation, the solution of Legendre's equations, can be effected.*

§16. **Appendix: Necessary Local Conditions.** Let us consider the extremal Σ_0: $z^\alpha = 0$ in the neighborhood of a given point $t^i = t_0^i$ and denote the E-function at that point of Σ_0, namely $E(t_0, 0; 0, u_i^\alpha)$ by $E_0(u_i^\alpha)$. One gets a necessary local condition for a strong minimum by putting a little cone-shaped hood on Σ_0. Its basis may be defined by $f(\tau^1 \cdots \tau^r) \leq 1$ in terms of the relative coördinates τ^i: $t^i = t_0^i + \epsilon\tau^i$; here ϵ is a positive constant doomed to approach zero and f is a ray function, i.e. a positive homogeneous function of degree 1:

$$f(\lambda\tau^1, \cdots, \lambda\tau^r) = \lambda \cdot f(\tau^1, \cdots, \tau^r) \qquad \text{(for } \lambda \geq 0\text{)};$$

$$f(\tau^1, \cdots, \tau^r) > 0 \text{ except for } (\tau^1 \cdots \tau^r) = (0 \cdots 0).$$

In terms of further arbitrary constants v^α the varied surface Σ itself, the "hood" is described by:

$$z^\alpha = \epsilon v^\alpha \{1 - f(\tau^1 \cdots \tau^r)\} \text{ for } f(\tau^1 \cdots \tau^r) \leq 1,$$

$$= 0 \text{ outside this region}.$$

The inequality $\Delta J \geq 0$ with the expression (14) for ΔJ and with $\epsilon \to 0$ leads to:

$$[1] \qquad \underset{f(\tau)\leqq 1}{\mathfrak{M}} \{E_0(u_i^\alpha = v^\alpha f_i(\tau))\} \geqq 0.$$

$f_i(\tau)$ are the derivatives $df/d\tau^i$, $\mathfrak{M}$ is the integral extending over the domain $f(\tau^1 \cdots \tau^r) \leq 1$ in τ-space that should now be looked upon as the affine "tangent space" of the r-dimensional manifold G in (t_0); the left side of [1] is invariant in this sense.   As the $f_i(\tau)$, the components of the normal vector, are homogeneous of order zero, the integral may equally well be interpreted as an average over the "sphere" of all directions in τ-space.

One can show by specializing the ray function f in an appropriate manner that not only the integral [1] but every element of it must be $\geqq 0$.   We choose a positive constant k and put

$$[2] \qquad f(\tau^1 \tau^2 \cdots \tau^r) = \text{max.} \left(|\tau^1|, k|\tau^2|, \cdots, k|\tau^r| \right) \text{ for } \tau^1 \geqq 0,$$
$$= \text{max.} \left(k|\tau^1|, k|\tau^2|, \cdots, k|\tau^r| \right) \text{ for } \tau^1 \leqq 0.$$

Afterwards we let k in [1] tend to zero.   The volume of the negative half $\tau^1 \leqq 0$ of the region $f(\tau) \leqq 1$ equals $2^{r-1}/k^r$ whereas the volume of the positive part $\tau^1 \geqq 0$ equals $2^{r-1}/k^{r-1}$.   Let us write for a moment

$$[3] \qquad (1, 0, \cdots, 0) = (u_1, u_2, \cdots, u_r).$$

f_i is of order k in the negative half, whereas it differs from u_i by quantities of the same order in the positive half of our region.   Considering the fact that $E(u_i^\alpha)$ for arguments u_i^α of the order of magnitude of k is $= O(k^2) = o(k)$ one finds for the left side of [1] after multiplication by $(k/2)^{r-1}$ an expression

$$E_0(v^\alpha u_i) + \frac{1}{k}\, o(k)$$

and consequently one arrives with $k \to 0$ at

$$[4] \qquad E_0(v^\alpha u_i) \geqq 0.$$

The particular covariant vector [3] may here be replaced by an arbitrary one. The result formerly obtained in a slightly different manner by McShane[5] is the following

Necessary local condition for a strong minimum: Unless [4] *holds for arbitrary values* v^α, u_i *at any point* (t_0) *of* G, *the surface* Σ_0 *cannot have the minimizing property.*

An immediate consequence is the similar

Necessary local condition for a weak minimum: The quadratic form $F_0(t \mid u_i^\alpha)$ *must be* ≥ 0 *for such values of the variables* u_i^α *that nullify all the quadratic forms* $u_i^\alpha u_k^\beta - u_k^\alpha u_i^\beta$.

In the general case $r > 1$, $\nu > 1$ there yawns a wide gap between the necessary and sufficient conditions; unfortunately it seems not likely that one will be able to set up a more complete set of local necessary conditions that are comparable in simplicity to McShane's inequalities [4].

Part 4.   Construction of Geodesic Fields

§17. Cylindrical domains and fields.   For the purpose of the local problem G can be assumed to be a cube.   We shall solve the problem in the large

---

for *cylindrical regions* G, i.e. for regions G which are the product of an $(r-1)$-dimensional manifold G^* and the open one-dimensional continuum—such that the points P of G appear as pairs (P^*, t) consisting of an arbitrary point P^* of G^* and an arbitrary number t. G^* may be referred (locally) to coördinates $t^2, \cdots, t^r$ and t be used as the coördinate t^1. Since the Hamilton-Jacobi equation (12)—preferably in its undifferentiated form as stated at the end of §5—is invariant under topological transformations, our method yields a solution for all manifolds topologically equivalent to a cylinder. The complete intrinsic topological characterization of the "cylinders" is not yet known; but we certainly get a fairly general picture of the situation in the large even though we have to make this restriction of a topological nature. Its necessity shows, however, that our mode of approach is not quite adequate. Every "cell," as for instance a convex region in ordinary $(t^1, \cdots, t^r)$-space, is of course a cylinder.

We start out to construct in our cylindrical manifold G a solution s^i for which all components $s^2, \cdots, s^r$ except s^1 vanish identically. Writing t, s instead of t^1 and s^1, and dropping the upper index 1 where it appears with a similar meaning, we reduce (12) to the partial differential equation with only one unknown s:

$$(30) \qquad \frac{\partial s}{\partial t} = H(t, z^\alpha, p_\alpha), \qquad p_\alpha = \frac{\partial s}{\partial z^\alpha} \qquad (-\infty < t < +\infty).$$

The coördinates $t^2, \cdots, t^r$ play now merely the rôle of accessory parameters. We have

$$(31) \qquad H = 0, \qquad H_{z^\alpha} = 0, \qquad H_{p_\alpha} = 0 \quad \text{for} \quad z = 0, \qquad p = 0$$

(i.e. for $z^1 = \cdots = z^\nu = 0, p_1 = \cdots = p_\nu = 0$), and our aim is to find a solution $s(t, z^\alpha)$ making

$$(32) \qquad s = 0, \qquad \frac{\partial s}{\partial z^\alpha} = 0 \quad \text{for} \quad z = 0.$$

One can get at the partial differential equation (30) with two different tools: either with the *theory of characteristics*, or following Cauchy, by *power series and their dominants*. Let us first go the former way.

§18. **The characteristic equations.** The differential equations for the characteristics of (30) read as follows:

$$(33) \qquad \begin{cases} \dfrac{dz^\alpha}{dt} = - H_{p_\alpha}(t, z^\beta, p_\beta)\,, \\[2mm] \dfrac{dp_\alpha}{dt} = H_{z^\alpha}(t, z^\beta, p_\beta)\,. \end{cases}$$

When one is called upon to determine that solution $s(t, z^\alpha)$ of (30) which satisfies the initial conditions (32) one has to proceed in the following manner. One integrates (33):

$$(34) \qquad z^\alpha = \zeta^\alpha(t; z_0^\beta), \qquad p_\alpha = \pi_\alpha(t; z_0^\beta),$$

with the initial values

$$\zeta^\alpha(0; z_0^\beta) = z_0^\alpha, \qquad \pi_\alpha(0; z_0^\beta) = 0$$

and the further equation

$$\frac{ds}{dt} = - \sum_\alpha p_\alpha \cdot H_{p_\alpha}$$

by quadrature:

$$(35) \qquad s = \sigma(t; z_0^\alpha) = \int_0^t \left(\pi_\alpha \frac{d\zeta^\alpha}{dt} \right) dt.$$

One then must express the initial values z_0^α by means of the z^α themselves in solving the equations

$$(36) \qquad z^\alpha = \zeta^\alpha(t; z_0^\beta),$$

and in doing so one changes the quantities π_α, (34), and σ, (35), into functions p_α and s of (t, z^α). They satisfy all the relations (30).

The solution of the ordinary differential equations (33) is possible in the neighborhood of $t = 0$ for sufficiently small initial values z_0^α. Furthermore the desired inversion of the functions (36) near $t = 0$, $z^\alpha = 0$ is possible since the functional determinant

$$(37) \qquad \left| \frac{\partial \zeta^\alpha}{dz_0^\beta} \right| \text{ equals } 1 \quad \text{for} \quad t = 0 .$$

This remark settles the *local* question.

§19. **The characteristics in the large.** *The first step goes through in the large too.* That is to say: to a finite interval $-a \leqq t \leqq a$ arbitrarily given, one may assign a positive constant ϵ such that (33) is solvable throughout that whole interval provided all the initial values z_0^α are of modulus less than ϵ. Let us briefly repeat the well-known proof.

Our differential equations (33) are of the type

$$\frac{dx_i}{dt} = f_i(t; x_1 \cdots x_n) \qquad\qquad (i = 1, \cdots, n)$$

where $f_i(t; 0 \cdots 0) = 0$. Combined with the initial conditions $x_i = x_i^0$ for $t = 0$ one replaces them by the integral equations

$$x_i(t) = x_i^0 + \int_0^t f_i(t; x(t)) \, dt$$

and determines successive approximations $x^{(0)}$, x', x'', $\cdots$ recursively according to

$$(38) \qquad x^{(h+1)}(t) = x^0 + \int_0^t f(t; x^{(h)}(t))\, dt \qquad [x^{(0)}(t) = x^0].$$

Using the abbreviation $|x|$ for the largest of the n moduli $|x_1|, \cdots, |x_n|$ and supposing the functions f_i to satisfy the Lipschitz inequality

$$|f(t; x) - f(t; y)| \leqq M |x - y| \qquad (-a \leqq t \leqq a)$$

as long as $|x| \leqq A$, $|y| \leqq A$, one sees from (38) that the sequence of the successive approximations is majorized by the partial sums of the series

$$\epsilon \sum_{h=0}^{\infty} \frac{1}{h!} (Mt)^h = \epsilon \cdot e^{Mt} \qquad (t \geqq 0)$$

and that one is allowed to go one step further in this development as long as the preceding approximations keep within the range $|x| \leqq A$. It is supposed that the initial values x^0 satisfy the inequality $|x^0| \leqq \epsilon$. The first step is all right because the integrand in

$$x' - x^0 = \int_0^t f(t; x^0)\, dt$$

can be replaced by the difference $f(t; x^0) - f(t; 0)$ of modulus less than ϵM. Hence the whole estimation is legitimate and the approximations converge to a solution x for which

$$|x(t)| \leqq \epsilon \cdot e^{M|t|} \qquad (-a \leqq t \leqq a)$$

when ϵ is taken as $A \cdot e^{-Ma}$.

Notwithstanding the solubility of the characteristic equations (33) thus proved, the construction in the large of the embedding geodesic field might fail in the second step, because the functional determinant

$$(39) \qquad \left| \frac{\partial \zeta^\alpha}{\partial z_0^\beta} \right| \quad \text{for} \quad z_0^1 = \cdots = z_0^\nu = 0$$

becomes zero for some value of t (Jacobi's "conjugate point"). Therefore the necessity of *requiring Legendre's equations (29) to have a solution $s_{\alpha\beta}^i$ throughout the whole domain G.*

§20. **Determination of the geodesic field by means of characteristics.** *But this admitted,* one is able to overcome the obstacle just mentioned. We split off the quadratic part

$$s_2^i(t^k, z^\alpha) = \frac{1}{2} \sum_{\alpha, \beta} s_{\alpha\beta}^i(t^k)\, z^\alpha z^\beta$$

486

as formed by the given solution $s^i_{\alpha\beta}(t^k)$ of Legendre's equations as our first approximation, and thus put

$$s^i(t^k, z^\alpha) = s^i_2(t^k, z^\alpha) + \bar{s}^i(t^k, z^\alpha),$$

$$H(t^i, z^\alpha, \partial s^i_2/\partial z^\alpha + \bar{p}^i_\alpha) - H_2(t^i, z^\alpha, \partial s^i_2/\partial z^\alpha) = \bar{H}(t^i, z^\alpha, \bar{p}^i_\alpha).$$

The equation (12) remains valid for the "corrections" $\bar{s}$ and $\bar{H}$:

$$\frac{\partial \bar{s}^i}{\partial t^i} = \bar{H}\left(t, z, \frac{\partial \bar{s}}{\partial z}\right),$$

but the situation is improved in so far as the quadratic part $\bar{H}_2$ of $\bar{H}(z, \bar{p})$ contains no terms $z^\alpha z^\beta$ (only products $\bar{p}^i_\alpha z^\beta$, $\bar{p}^i_\alpha \bar{p}^k_\beta$). It is material that we start with *any* given solution of Legendre's equations without introducing the "cylindrical" specialization $s^2 = \cdots = s^r = 0$ for the $s^i_{\alpha\beta}(t^k)$. *The corrections $\bar{s}^i$, though, shall be determined in the cylindrical manner again:* $\bar{s}^2 = \cdots = \bar{s}^r = 0$. Thus after returning to the old notations s, p, H instead of $\bar{s}$, $\bar{p}$, $\bar{H}$ all previous relations are preserved; but we have won the further condition:

$$(40) \qquad\qquad H_{z^\alpha, z^\beta} = 0 \quad \text{for} \quad z = 0, \quad p = 0.$$

We treat the equation (12) with the *new* Hamiltonian H by the method of characteristics again, *and now prove the non-vanishing of the determinant* (39).

For this purpose we must consider the derivatives

$$\zeta^\alpha_\beta = \frac{\partial \zeta^\alpha}{\partial z^\beta_0}, \qquad \pi_{\alpha\beta} = \frac{\partial \pi_\alpha}{\partial z^\beta_0} \quad \text{for} \quad z^1_0 = \cdots = z^r_0 = 0.$$

If $C^\alpha_\beta(t)$ denotes the second derivative

$$H_{p^\alpha, z^\beta} \quad \text{for} \quad z = 0, \qquad p = 0,$$

one deduces by differentiating the second line of equations (33) with respect to z^β_0 and taking into account the fact (40):

$$\frac{d\pi_{\alpha\beta}}{dt} = C^\gamma_\alpha(t)\, \pi_{\gamma\beta}(t).$$

Since $\pi_{\alpha\beta} = 0$ for $t = 0$ this leads at once to the result that $\pi_{\alpha\beta}(t) = 0$ for all values of t. In view of this situation the first line (33) gives rise to the relations

$$\frac{d\zeta^\alpha_\beta}{dt} = -\, C^\alpha_\gamma(t)\, \zeta^\gamma_\beta(t).$$

Hence the determinant Δ of the ζ^α_β fulfills the simple equation

$$(41) \qquad\qquad \frac{d\Delta}{dt} + c(t)\, \Delta = 0$$

where $c(t)$ is the trace of the matrix $\| C^\alpha_\beta(t) \|$. The initial value of $\Delta(t)$ for $t = 0$ is 1; hence from (41):

$$\Delta(t) = e^{-\int_0^t c(\tau)d\tau}.$$

This shows that $\Delta(t)$ is *positive throughout the whole interval* $-a \leq t \leq a$ and it even gives a fixed positive lower limit: $\Delta \geq e^{-ca}$, c being an upper bound to $c(t)$ in that interval. One easily infers now that a certain neighborhood $\mathfrak{N}_0$ of $z_0 = 0$ in a z_0-space is put into one-to-one correspondence with a neighborhood $\mathfrak{N}_t$ of $z = 0$ in z-space by means of the relations (36) for every fixed t in the interval $-a \leq t \leq a$.

Thus one succeeds in building up the correction s^i that is to be added to Legendre's approximation s^i_2 in order to get an *exact* geodesic field.

§21. **The method of power series.** One can hardly avoid a feeling of discomfort regarding this whole process of solving the Jacobi-Hamilton equation,— an equation that served as a tool for the theory of extremals—by means of its characteristics—which are something much akin to, but not quite identical with the extremals. Furthermore, one ought to understand better why everything goes smoothly, once the existence of the first approximation is granted. Anyhow, I thought it worth while to carry through also the second more direct method: application of *power series* whose convergence has to be secured through simple dominant series. Here the reason becomes perspicuous: *the subsequent approximations depend on linear equations only*, whereas Legendre's equations for the first approximation are of the quadratic Riccati type.

For our present purpose one must assume at the outset that H is *analytic* in z and p and is thus given as a power series in terms of all these variables z^α and p^i_α. The expansion begins with the quadratic terms H_2 only. Starting with a given solution $s^i_{\alpha\beta}(t^k)$ of Legendre's equations, we make use of the same trick as in §20, and thus are able to assume H_2 to contain no products $z^\alpha z^\beta$. Let us subtract from H the part bilinear in z and p:

$$(42) \qquad H = C^\alpha_{i\,\beta}(t)\, p^i_\alpha z^\beta + H^*,$$

and put the first term on the left side of our equation (12). Our solution s^i should be a power series in z the terms of which we arrange by increasing order:

$$s^i(t, z) = s^i_3 + s^i_4 + \cdots .$$

$$s^i_n(t, z) = \sum \frac{n!}{n_1! \cdots n_\nu!}\, s^i(n_1 \cdots n_\nu; t)(z^1)^{n_1} \cdots (z^\nu)^{n_\nu}$$

$$(n_1 + \cdots + n_\nu = n)$$

is the totality of all terms of order n. The lowest order occurring is 3. The coefficients of the nth approximation s_n^i have to satisfy equations of the type

$$(43) \qquad \frac{ds^i(n_1 \cdots n_\nu; t)}{dt^i} - \sum_\beta C^\alpha_{i\,\beta}(t)\, n_\beta \cdot s^i(\cdots n_\alpha{+}1 \cdots n_\beta{-}1 \cdots ; t)$$

$$= F(n_1 \cdots n_\nu; t).$$

The s^i in the second term on the left side contain the same indices $n_1 \cdots n_\nu$ as the first term if $\beta = \alpha$; the same holds for $\beta \neq \alpha$ except that n_α is increased and n_β diminished by 1. The right-hand side becomes a known function after *the preceding approximations of order lower than n have been computed*. This was the reason for our shoving over the first part of H in (42) to the left side of our equations.

§22. **Solving and majorizing the differential equations for the approximations.** At this stage we introduce again our assumption of the cylinder-like topological nature of G, enabling us to put $s^2 = \cdots = s^r = 0$ and to forget about the variables $t^2, \cdots, t^r$. (43) are changed into ordinary differential equations

$$(44) \qquad \frac{ds(n_1 \cdots n_\nu; t)}{dt} - \sum_\beta C^\alpha_\beta(t)\, n_\beta \cdot s(\cdots n_\alpha{+}1 \cdots n_\beta{-}1 \cdots ; t)$$

$$= F(n_1 \cdots n_\nu; t)$$

which we want to solve under the initial conditions

$$s(n_1 \cdots n_\nu; t) = 0 \quad \text{for} \quad t = 0.$$

The coefficients $C^\alpha_\beta(t)$ are the same as in §20.

One knows how the solution is effected explicitly by an infinite series. One first combines the differential equations with the initial conditions into an integral equation

$$s(t) = \int_0^t F(t)\, dt + \int_0^t C(t)\, s(t)\, dt.$$

s stands here for all those $s(n_1 \cdots n_\nu; t)$ for which $n_1 + \cdots + n_\nu$ has the prescribed value $n \geq 3$, arranged in a single column; F has the same significance while $C(t)$ is the matrix of the linear transformation occurring in (44):

$$s(n_1 \cdots n_\nu) \to \sum_\beta C^\alpha_\beta(t) n_\beta \cdot s(\cdots n_\alpha{+}1 \cdots n_\beta{-}1 \cdots).$$

The solving series

$$s(t) = s^{(0)}(t) + s^{(1)}(t) + s^{(2)}(t) + \cdots$$

is computed by successive integrations according to:

$$s^{(0)}(t) = \int_0^t F(\tau)\, d\tau, \qquad s^{(h+1)}(t) = \int_0^t C(\tau)\, s^{(h)}(\tau)\, d\tau.$$

This was mentioned merely for the purpose of deducing from it the *majorizing property*: if

$$(45) \qquad | C_\beta^\alpha(t) | \leq \Gamma_\beta^\alpha(t) , \qquad | F(n_1 \cdots n_\nu; t) | \leq \Phi(n_1 \cdots n_\nu; t)$$

then the corresponding solution σ of the equations with Γ and Φ instead of C and F dominates s:

$$| s(n_1 \cdots n_\nu; t) | \leq \sigma(n_1 \cdots n_\nu; t) .$$

Let us assume in particular that we are in possession of upper bounds

$$(46) \qquad | C_\beta^\alpha(t) | \leq \Gamma, \qquad | F(n_1 \cdots n_\nu; t) | \leq A_n \cdot e^{(n-2) A t}$$

involving certain constants Γ, A, A_n and valid throughout the interval $0 \leq t \leq a$. It is essential that neither Γ nor A depend on n. A bound like Γ can be assigned a priori whereas the proper choice of A and A_n is to be kept open for later decision. With these dominants (46) instead of (45), all the elements of our column $\sigma(n_1 \cdots n_\nu; t)$ become equal: $\sigma_n(t)$ and the majorizing system (44) reduces to the simple equation:

$$\frac{d\sigma_n}{dt} - n\Gamma \cdot \sigma_n = A_n \cdot e^{(n-2) A t}$$

with the solution:

$$\sigma_n = \frac{A_n}{(n - 2) A - n\Gamma} \{e^{(n-2) A t} - e^{n\Gamma t}\} .$$

If

$$\frac{1}{3} A - \Gamma = B$$

is positive, then the denominator $(n - 2)A - n\Gamma$ will be $\geq nB > 0$ for $n \geq 3$. Thus one is led to the estimation

$$(47) \qquad | s(n_1 \cdots n_\nu; t) | \leq \frac{1}{nB} \cdot A_n \, e^{(n-2) A t} ;$$

consequently

$$s(t, z^\alpha) \text{ is dominated by } \sum_{n=3}^{\infty} \frac{A_n}{nB} \cdot z^n \, e^{(n-2) A t} ,$$

$$p_\alpha = \frac{\partial s}{\partial z^\alpha} \text{ is dominated by } \sum_{n=3}^{\infty} \frac{A_n}{B} \cdot z^{n-1} \, e^{(n-2) A t} ,$$

$$(z = z^1 + \cdots + z^\nu) .$$

§23. **Recursive formula for the upper bounds.** In order to determine an upper bound of the desired form (46) for $F(n_1 \cdots n_\nu; t)$, we first have to majorize the given Hamiltonian $H(t, z^\alpha, p_\alpha)$. Such a dominant may obviously be chosen in the form

$$\frac{M(z + p)^2}{1 - R\,(z + p)} - Mz^2\,,$$

since the products $z^\alpha z^\beta$ in the quadratic term H_2 of H are missing. p stands for $p_1 + \cdots + p_\nu$ as z stands for $z^1 + \cdots + z^\nu$. The factors R and M are constants valid throughout the whole interval $-a \leqq t \leqq a$. $\Gamma = 2M$ is then a proper upper bound for the $C^\alpha_\beta(t)$, and H^* is dominated by

$$(48) \qquad \frac{M(z + p)^2}{1 - R(z + p)} - M(z^2 + 2zp)\,.$$

We now replace p by its dominant as given at the end of the last section; that is, by $z \cdot f(\zeta)$ where

$$(49) \qquad f(\zeta) = \frac{\nu}{B} \cdot \sum_{n=3}^{\infty} A_n\,\zeta^{n-2}$$

depends only on the combined argument $\zeta = z \cdot e^{At}$. The dominant (48) is still enlarged when one replaces R in the denominator by $R \cdot e^{At}$; it then takes on the form

$$(50) \qquad \frac{Mz^2(1 + f(\zeta))^2}{1 - R\zeta(1 + f(\zeta))} - Mz^2(1 + 2f(\zeta))\,.$$

The coefficient of z^n herein is an upper bound for $F(n_1 \cdots n_\nu; t)$ *provided that the inequalities* (47) *prevail for all orders less than* n. Because (50) equals z^2 times a function of $\zeta = z \cdot e^{At}$, that upper bound is precisely of the form (46). In this way we have arrived at a proof of (47). The factors A_n are determined by the following recurrent equation for the generating function (49):

$$\frac{Mz^2(1 + f(\zeta))^2}{1 - R\zeta(1 + f(\zeta))} - Mz^2(1 + 2f(\zeta)) = \sum_{n=3}^{\infty} A_n\,z^n\,e^{(n-2)At}$$

or

$$(51) \qquad \frac{(1 + f)^2}{1 - R\zeta(1 + f)} - (1 + 2f) = \frac{B}{\nu M} \cdot f\,.$$

§24. **The auxiliary quadratic equation. Final conclusions.** The recurrent computation of the coefficients A_n of $f(\zeta)$ guarantees that they are positive, whereas the solution of the quadratic equation (51) for f will show that the series (49) is convergent in a circle round the origin. *This settles the convergence for our successive approximations.*

But let us be a little more explicit!   On putting

$$R\zeta = u, \qquad 1 + f = \varphi$$

our equation becomes

$$\frac{\varphi^2}{1 - \varphi u} = \left(2 + \frac{B}{\nu M}\right)\varphi - \left(1 + \frac{B}{\nu M}\right).$$

Hence we choose a constant $\alpha > 2$, take $\beta = \alpha - 1$, and consider the equation for φ:

$$\varphi^2 = (\alpha\varphi - \beta)(1 - \varphi u).$$

If

(52)
$$\varphi = a_0 + a_1 u + a_2 u^2 + \cdots$$

is its solution with the initial coefficient $a_0 = 1$, then the inequalities (47) will hold with

$$B = \nu M(\beta - 1), \qquad \frac{1}{3} A = M[\nu(\beta - 1) + 2],$$

$$A_n/B = a_{n-2}R^{n-2}.$$

We find

(53)
$$\varphi = \frac{(\alpha + \beta u) - \sqrt{(\alpha + \beta u)^2 - 4\beta(1 + \alpha u)}}{2(1 + \alpha u)}.$$

The square root must be taken with the minus sign at $u = 0$ in order to have the expansion (52) of φ start with the term 1.   The quadric under the square root

$$(\beta u - \alpha)^2 - 4\beta = \beta^2(u - u_1)(u - u_2)$$

has two positive roots

$$u_1, u_2 = \frac{1}{\beta}(\alpha \mp 2\sqrt{\beta}).$$

Cauchy's integral formula gives the following expression for a_n:

$$a_n = \frac{1}{2\pi i}\int_k \frac{\varphi(u)\,du}{u^{n+1}}.$$

The integral extends over a small circle k about the origin.   The function $\varphi(u)$ is regular in the complex u-plane to be slit along the line $u_1 \leq u \leq u_2$.   It has no pole, since the numerator in (53) vanishes for $u = -1/\alpha$ where $1 + \alpha u = 0$, and it is finite at infinity.   For negative real values of u the square root in (53) is positive, so that the value of φ at infinity equals β/α.   Thus K may be replaced, for $n \geqq 1$, by a path closely surrounding the incision. One adds together in the usual manner the contributions from opposite points on the two borders of the slit, and thus arrives at the formula

$$(54) \qquad a_n = \frac{\beta}{2\pi} \cdot \int_{u_1}^{u_2} \frac{\sqrt{(u_2 - u)(u - u_1)}}{(1 + \alpha u)\, u^{n+1}}\, du \qquad (n \geqq 1)$$

which proves anew the positiveness of a_n. In the case $n = 0$ one has to add to the path around the slit an infinitely large circle K whose contribution will be

$$\frac{\beta}{\alpha} \cdot \frac{1}{2\pi i} \int_K \frac{du}{u} = \frac{\beta}{\alpha}\,.$$

Since $a_0 = 1$ and $1 - (\beta/\alpha) = 1/\alpha$ one finds here

$$(55) \qquad \frac{1}{\alpha} = \frac{\beta}{2\pi} \cdot \int_{u_1}^{u_2} \frac{\sqrt{(u_2 - u)(u - u_1)}}{(1 + \alpha u)u}\, du\,.$$

(55) yields the following bound for (54):

$$a_n \leqq \frac{1}{\alpha} \cdot \frac{1}{u_1^n} = \frac{1}{\alpha}\left(\frac{\beta}{\alpha - 2\sqrt{\beta}}\right)^n.$$

Let us put $\beta = \gamma^2$, $\alpha = \gamma^2 + 1$, and replace $\frac{1}{3}A$ by A in the final result. *We then find* $p_\alpha = \partial s/\partial z^\alpha$ *to be dominated by*

$$\frac{z}{1 + \gamma^2} \cdot \sum_{n=1}^{\infty} \left\{\left(\frac{\gamma}{\gamma - 1}\right)^2 Rze^{3\,A\,|\,t\,|}\right\}^n$$

where

$$z = z^1 + \cdots + z^\nu, \qquad A = M[\nu(\gamma^2 - 1) + 2]\,.$$

The number $\gamma > 1$ may be chosen at random, whereas M and R are fixed by the nature of the Hamiltonian $H(t^i, z^\alpha, p_\alpha^i)$ and the solution $s_{\alpha\beta}^i(t)$ of Legendre's equations. A reasonable choice for γ would be $\gamma = 2$.

105.

Spinors in n dimensions (R. Brauer and H. Weyl)

American Journal of Mathematics 57, 425—449 (1935)

Introduction and Summary

Let $\mathfrak{d}_n$ be the group of orthogonal transformations o:

$$x_i \to \sum_{k=1}^{n} o(ik)\, x_k \quad (i = 1, 2, \ldots, n) \tag{1}$$

of the n-dimensional space, and $\mathfrak{d}_n^+$ the subgroup of proper transformations having determinant $+1$ and not -1. We shall first operate within the continuum of all complex numbers, whereas the particular conditions prevailing under restriction to real variables will be studied only at the end of the paper (§§ 8 and 10). A given representation $\Gamma\colon o \to G(o)$ of degree N defines a certain kind of 'covariant quantities': a quantity characterized by N numbers $a_1, \ldots, a_N$ relative to an arbitrary Cartesian coördinate system in the underlying n-dimensional Euclidean space will be called *a quantity of kind Γ*, provided the components a_K experience the linear transformation $G(o)$ under the influence of the coördinate transformation o. The quantity is called *primitive* if the representation is irreducible. The proposition that every representation breaks up into irreducible parts, states that the most general kind of quantities is obtained by juxtaposition of several independent primitive quantities.

By a *tensor of rank f* we shall mean here what usually is called a skew-symmetric tensor: a skew-symmetric function $\alpha(i_1 \ldots i_f)$ of f indices ranging independently from 1 to n which transforms according to the law

$$\alpha(i_1 \ldots i_f) \to \sum_{k_1,\ldots,k_f = 1}^{n} o(i_1 k_1) \ldots o(i_f k_f) \cdot \alpha(k_1 \ldots k_f)$$

under the influence of the rotation o. The tensors of rank f form the substratum of a representation Γ_f of degree $\binom{n}{f}$.

We often have to distinguish between even and odd dimensionality, and we shall accordingly put $n = 2\nu$ or $n = 2\nu + 1$. Let us use the notation $\nu = \langle n \rangle$ and in passing notice the congruence

$$\frac{1}{2}\, n\,(n-1) \equiv \langle n \rangle \pmod 2 .$$

E. CARTAN developed a general method of constructing irreducible representations of $\mathfrak{d}_n$ (or any other semi-simple group) by considering the infinitesimal operations, and he found[1]) as the building stones of the whole edifice the tensor representations Γ_f together with *one further double-valued representation* $\varDelta : o \to S(o)$ *of degree* 2^ν. The quantities of kind $\varDelta$ are called *spinors*. In the four-dimensional world this kind of quantities has come to its due honors by DIRAC's theory of the spinning electron. E. CARTAN, according to his standpoint, states the transformation law $S(o)$ of spinors only for the infinitesimal rotations o. Here we shall give a simple finite description of the representation $\varDelta$ and shall derive from it by the simplest algebraic means the main properties of the spinors. One will be able to judge by this theory to what extent recent investigations about spinor calculus reveal those essential features that stay unchanged for higher dimensions. One of the chief results will be that DIRAC's equations of the motion of an electron and the expression for the electric current are uniquely determined even in the case of arbitrary dimensionality.

Our investigation will be arranged as follows: we start (§ 2) with a certain associative algebra $\varPi$ of order $2^{2\nu}$ which proves to be a complete matrix algebra in 2^ν dimensions, and leads to the desired definition of $\varDelta$ (§ 3). We shall first get $\varDelta$ as a collineation representation such that only the ratios of the spinor components have a meaning. In the case of even dimensionality $n = 2\nu$ we shall prove (§ 3) that the product $\varDelta \times \tilde{\varDelta}$ of $\varDelta$ by the contragredient representation $\tilde{\varDelta}$ splits up according to the equivalence:

$$\varDelta \times \tilde{\varDelta} \sim \Gamma_0 + \Gamma_1 + \Gamma_2 + \cdots + \Gamma_n,$$

whereas in the odd case

$$\varDelta \times \tilde{\varDelta} \sim \Gamma_0 + \Gamma_2 + \Gamma_4 + \cdots + \Gamma_{n-1}$$

(§ 5). The collineation representation $\varDelta$ can be normalized so as to give an ordinary, though double-valued representation $\varDelta$ satisfying the equivalence $\tilde{\varDelta} \sim \varDelta$ (§§ 4 and 5). If one restricts oneself to the proper orthogonal transformations in a space of even dimensionality, $\varDelta$ splits up into two representations $\varDelta^+$ and $\varDelta^-$ each of degree $2^{\nu-1}$ (§ 6). The four products of the type $\varDelta \times \tilde{\varDelta}$ will be determined individually for $\varDelta = \varDelta^+$ or $\varDelta^-$, and so will the equivalences of type $\tilde{\varDelta} \sim \varDelta$. The transition from our finite to E. CARTAN's infinitesimal description can be easily performed (§ 7). In considering real transformations only, the differences of the inertial index have to be taken into account (§ 8); it will be proved that $\tilde{\varDelta}$ is equivalent to $\varDelta$ again—but for a sign the determination of which is of peculiar interest and closely related to the inertial index. Irreducibility and equivalence of the occurring representations will be ascertained in § 9, and the relation to physics will be discussed in § 10. In parts of

---

[1]) Bull. Soc. math. France *41*, 53 (1913). Compare also H. WEYL, Math. Z. *24*, 342 (1926) [diese Ausgabe S. 314].

the investigation we must have recourse to the law of duality of tensors and tensor representations Γ_f as formulated in the preliminary § 1. The last section (§ 11) is devoted to the demonstration of a well-known fundamental proposition concerning the automorphisms of the complete matrix algebra, a proposition indispensable for the definition of Δ.

§ 1. Duality of Tensors

Γ_n is the representation of degree 1 of the full rotation group $\mathfrak{d}_n$ associating the signature $\sigma(o)$ with the rotation o: $\sigma(o) = +1$ for the proper, $\sigma(o) = -1$ for the improper rotations. Any representation Γ: $o \to G(o)$ gives rise to another representation $\sigma\Gamma$: $o \to \sigma(o)\,G(o)$, coinciding with Γ under restriction to $\mathfrak{d}_n^+$.

The equation

$$\alpha^*(i'_1 \ldots i'_{n-f}) = \alpha(i_1 \ldots i_f) \tag{2}$$

in which $i_1 \ldots i_f\, i'_1 \ldots i'_{n-f}$ denotes any even permutation of the figures from 1 to n, associates a tensor α^* of rank $n - f$ with every tensor α of rank f. This relation is invariant with respect to proper orthogonal transformations. Thus the *law of duality* $\Gamma_{n-f} \sim \Gamma_f$ prevails for the tensor representations Γ_f of $\mathfrak{d}_n^+$. When taking the improper orthogonal transformations into consideration it is to be replaced by

$$\Gamma_{n-f} \sim \sigma\Gamma_f.$$

In the case of an even number of dimensions $n = 2\nu$, the representation Γ_ν deserves particular attention. It satisfies the equivalence $\sigma\Gamma_\nu \sim \Gamma_\nu$. (2) or rather

$$\alpha^*(i'_1 \ldots i'_\nu) = i^\nu \cdot \alpha(i_1 \ldots i_\nu) \tag{3}$$

now establishes a transformation $\alpha \to \alpha^*$ of the space of the tensors of rank ν *upon itself*. We added the factor i^ν in order to make this transformation involutorial: $\alpha^{**} = \alpha$; for if $i_1 \ldots i_\nu\, i'_1 \ldots i'_\nu$ is an even permutation, $i'_1 \ldots i'_\nu\, i_1 \ldots i_\nu$ has the character $(-1)^\nu$. We may distinguish between positive and negative tensors of rank ν according as $\alpha^* = \alpha$ or $\alpha^* = -\alpha$. Any tensor of rank ν can be decomposed in a unique manner into a positive and a negative part:

$$\alpha = \frac{1}{2}\,(\alpha + \alpha^*) + \frac{1}{2}\,(\alpha - \alpha^*).$$

Hence, as a representation of the group $\mathfrak{d}_{2\nu}^+$, Γ_ν splits up into two representations $\Gamma_\nu^+ + \Gamma_\nu^-$ of half the degree.

§ 2. The Algebra Π

Our procedure is exactly the same as followed by DIRAC in his classical paper on the spinning electron[1]. We introduce n quantities p_i which turn the fundamental quadratic form into the square of a linear form:

$$x_1^2 + \cdots + x_n^2 = (p_1 x_1 + \cdots + p_n x_n)^2. \tag{4}$$

For this purpose we must have

$$p_i^2 = 1, \quad p_k p_i = - p_i p_k \quad (k \neq i). \tag{5}$$

The quantities p_i engender an algebra consisting of all linear combinations of the 2^n units

$$e_{\alpha_1 \ldots \alpha_n} = p_1^{\alpha_1} \ldots p_n^{\alpha_n} \quad (\alpha_1, \ldots, \alpha_n \text{ integers mod } 2). \tag{6}$$

The recipe for multiplication of the units reads, according to (5):

$$e_{\alpha_1 \ldots \alpha_n} \cdot e_{\beta_1 \ldots \beta_n} = (-1)^\delta \cdot e_{\gamma_1 \ldots \gamma_n}; \quad \gamma_i = \alpha_i + \beta_i, \quad \delta = \sum_{i > k} \alpha_i \beta_k.$$

One easily convinces oneself that this rule of multiplication is associative.

One may write the most general quantity a of our algebra in the form

$$a = \cdots + \left(\frac{1}{f!}\right) \sum_{(i_1, \ldots, i_f)} \alpha(i_1 \ldots i_f) \, p_{i_1} \ldots p_{i_f} + \cdots \quad (f = 0, 1, \ldots, n), \tag{7}$$

splitting a into parts according to the number f of the different factors p. Since the product of f different p's like $p_{i_1} \ldots p_{i_f}$ is skew-symmetric with respect to the indices $i_1 \ldots i_f$, one will choose the coefficients $\alpha(i_1 \ldots i_f)$ in (7) also skew-symmetric; one is then allowed to extend the sum Σ in (7) over the indices $i_1, \ldots, i_f$ independently from 1 to n. Consequently the quantity a is equivalent to a 'tensor set' consisting of $n+1$ tensors, one of each of the ranks $0, 1, \ldots, f, \ldots, n$. The addition of two tensor sets and the multiplication of a set by a number has the trivial significance within the algebra Π. But how are we to express the multiplication of two tensor sets a and b? It suffices to describe the case of an a containing merely one tensor α of rank f, and a b containing merely one tensor β of rank g (whereas the other parts vanish). The product splits into different parts according to the number r of coincidences among the indices of α and β. As

$$p_{i_1} \cdots p_{i_{f-r}} p_{l_1} \cdots p_{l_r} \cdot p_{l_1} \cdots p_{l_r} p_{k_1} \cdots p_{k_{g-r}}$$

$$= (-1)^{r(r-1)/2} \cdot p_{i_1} \cdots p_{i_{f-r}} p_{k_1} \cdots p_{k_{g-r}},$$

one gets as part r of the product essentially the 'contraction'

$$\gamma(i_1 \ldots i_{f-r} k_1 \ldots k_{g-r}) = \sum_{(l_1, \ldots, l_r)} \alpha(i_1 \ldots i_{f-r} l_1 \ldots l_r) \cdot \beta(l_1 \ldots l_r k_1 \ldots k_{g-r}). \tag{8}$$

---

[1] Proc. Roy. Soc. [A] *117*, 610 (1927); *118*, 351 (1928).

This process, however, has to be followed by 'alternation', i.e. alternating summation over all permutations of the $f + g - 2r$ indices in γ. Since γ is already skew-symmetric with respect to the $f - r$ indices i and the $g - r$ indices k, it is sufficient to extend an alternating sum over all 'mixtures' of the indices $i_1 \ldots i_{f-r}$ with the indices $k_1 \ldots k_{g-r}$. This will be indicated by the symbol M. By taking into consideration the factor $1/f!$ attached to the f-th term in (7) and the several distributions of the r equal indices $l_1 \ldots l_r$ among the indices of α and β, one gets finally the result: The 'product' of the two tensors α and β is a tensor set in which only tensors of rank $f + g - 2r$ appear; the integer r is limited by the bounds

$$r \geqq 0, \quad 2r \geqq f + g - n, \quad r \leqq f, \quad r \leqq g.$$

The part r is given by

$$(-1)^{\langle r \rangle} \left(\frac{1}{r!} \right) \cdot M \gamma \, (i_1 \ldots i_{f-r} \, k_1 \ldots k_{g-r})$$

where γ denotes the contraction (8).–We are not so much interested in the exact description of this process of multiplication as in the fact *that it is orthogonally invariant.*

§ 3. Spinors in a Space of Even Dimensionality

In this section we suppose $n = 2\nu$ to be even. The algebra Π is known to the quantum theorist from the process of 'superquantizing' that allows the passage from the theory of a single particle to the theory of an undetermined number of equal particles subjected to the FERMI statistics. This connection at once yields a definite representation $p_i \to P_i$ by matrices P_i of order 2^ν. Into its description enter the two-rowed matrices

$$1 = \begin{Vmatrix} 1 & 0 \\ 0 & 1 \end{Vmatrix}, \quad 1' = \begin{Vmatrix} 1 & 0 \\ 0 & -1 \end{Vmatrix}, \quad P = \begin{Vmatrix} 0 & 1 \\ 1 & 0 \end{Vmatrix}, \quad Q = \begin{Vmatrix} 0 & i \\ -i & 0 \end{Vmatrix}.$$

The two rows and columns will be distinguished from each other by the signs $+$ and $-$. $1'$, P, Q anticommute with each other; their squares are $= 1$. Besides $p_1, \ldots, p_{2\nu}$ we sometimes use the notation $p_1, \ldots, p_\nu, q_1, \ldots, q_\nu$. The representation then is given by

$$\begin{aligned}
p_\alpha \to P_\alpha &= 1' \times \cdots \times 1' \times P \times 1 \times \cdots \times 1, \\
q_\alpha \to Q_\alpha &= 1' \times \cdots \times 1' \times Q \times 1 \times \cdots \times 1,
\end{aligned} \qquad (\alpha = 1, \ldots, \nu). \qquad (9)$$

On the right side we have ν factors; the factors P, Q respectively, occur at the α-th place. The rows and columns of our matrices or the coördinates x_A in the 2^ν-dimensional representation space, according to the notation introduced, are distinguished from each other by a combination of signs $(\sigma_1, \sigma_2, \ldots, \sigma_\nu)$, $(\sigma_\alpha = \pm)$. One verifies at once that the desired rules prevail:

$$P_i^2 = 1, \quad P_k P_i = -P_i P_k \quad (i \neq k). \tag{10}$$

In this manner we have established a definite *representation* $x \to X$ of degree 2^ν for the algebra Π. We maintain that *all matrices X appear here a, images of elements x of the algebra.* As the algebra Π is of the same ordes $2^{2\nu} = (2^\nu)^2$ as the algebra consisting of all matrices in the 2^ν-dimensional spacer the relation $x \rightleftarrows X$ is a one-to-one isomorphic mapping of Π upon the complete matrix algebra of the 2^ν-dimensional 'spin space': the algebra Π is isomorphic to the complete matrix algebra in spin space. In order to prove our statement, let us compute the matrix U_α representing $u_\alpha = i\, p_\alpha\, q_\alpha$:

$$U_\alpha = i\, P_\alpha\, Q_\alpha = \mathbf{1} \times \cdots \times \mathbf{1} \times \mathbf{1'} \times \mathbf{1} \times \cdots \times \mathbf{1} \tag{11}$$

and then

$$U_1 \ldots U_{\alpha-1}\, P_\alpha = \mathbf{1} \times \cdots \times \mathbf{1} \times P \times \mathbf{1} \times \cdots \times \mathbf{1} \tag{11'}$$

together with $U_1 \ldots U_{\alpha-1}\, Q_\alpha$. (The factors different from $\mathbf{1}$ occur at the α-th place.) Thus the following elements

$$\frac{1}{2}(1 + u_\alpha) = z_\alpha^{++}, \qquad \frac{1}{2} u_1 \ldots u_{\alpha-1}(p_\alpha - i\,q_\alpha) = z_\alpha^{+-},$$

$$\frac{1}{2} u_1 \ldots u_{\alpha-1}(p_\alpha + i\,q_\alpha) = z_\alpha^{-+}, \qquad \frac{1}{2}(1 - u_\alpha) = z_\alpha^{--}$$

are represented by products similar to (11) but containing one of the matrices

$$\left\| \begin{matrix} 1 & 0 \\ 0 & 0 \end{matrix} \right\|, \qquad \left\| \begin{matrix} 0 & 1 \\ 0 & 0 \end{matrix} \right\|, \qquad \left\| \begin{matrix} 0 & 0 \\ 1 & 0 \end{matrix} \right\|, \qquad \left\| \begin{matrix} 0 & 0 \\ 0 & 1 \end{matrix} \right\|$$

at the α-th place. Consequently the image of the element

$$\prod_{\alpha=1}^{\nu} \left(z_\alpha^{\sigma_\alpha \tau_\alpha} \right)$$

is the matrix containing a term different from 0, namely 1, only at the crossing point of the row $\sigma_1 \ldots \sigma_\nu$ with the column $\tau_1 \ldots \tau_\nu$ $(\sigma_\alpha = \pm, \tau_\alpha = \pm)$.

We are now in a position to establish the connection with the rotations $o = \| o(ik) \|$ in the n-dimensional space (Method A). We change, by means of the orthogonal matrix $o(ik)$

$$P_i \to P_i^* = \sum_{k=1}^{n} o(ki)\, P_k, \quad P_i = \sum_{k=1}^{n} o(ik)\, P_k^* \tag{12}$$

and we observe at once that the new P_i^*, like the old ones, satisfy the relations (10). Consequently $p_i \to P_i^*$ defines a new representation of our algebra Π. *Since the full matrix algebra, however, allows only inner automorphisms[1]),* this

---

[1]) See the proof in § 11.

representation has to be equivalent to the original one; that is, there exists a non-singular matrix $S(o)$ such that

$$P_i^* = S(o)\, P_i\, S(o)^{-1} \quad (i = 1, 2, \ldots, n). \tag{13}$$

$S(o)$ is determined by this equation but for a numerical factor, the 'gauge factor': $S(o)$ is to be interpreted in the 'homogeneous' sense, not as an affine transformation of the 2^ν-dimensional vector space, but as a collineation of the projective space consisting of its rays. After fixing the gauge factors for two rotations o, o' and their product $o'o$ in an arbitrary manner, we necessarily have a relation like

$$S(o'o) = c \cdot S(o')\, S(o). \tag{14}$$

Consequently we are dealing with a *collineation representation* of degree 2^ν of the rotation group, the so-called *spin representation* $\varDelta : o \to S(o)$.

The same connection can be described as follows (Method B). Orthogonal transformation of the tensors of an arbitrary tensor set defines an automorphic mapping $x \to x^*$ of the algebra Π of the tensor sets upon itself. Such a mapping however, in the representation $x \to X$ of the tensor sets by matrices X of order 2^ν, is necessarily displayed in the form

$$X \to X^* = S X S^{-1} \quad (S \text{ independent of } x).$$

Let us write down this equation in components: $X = \|\, x_{JK}\, \|$; it then reads

$$x_{JK}^* = \sum_{R,\,T} s_{JR}\, \breve{s}_{KT}\, x_{RT}.$$

$\breve{S} = \|\, \breve{s}_{JK}\, \|$ is the matrix contragredient to S. Hence the components x_{JK} experience the transformation $S \times \breve{S}$ and this proves the reduction

$$\varDelta \times \breve{\varDelta} \sim \Gamma_0 + \Gamma_1 + \cdots + \Gamma_n \sim \left\{ \begin{matrix} \Gamma_0 + & \Gamma_1 + \cdots + & \Gamma_{\nu-1} + \\ \sigma\,\Gamma_0 + & \sigma\,\Gamma_1 + \cdots + & \sigma\,\Gamma_{\nu-1} \end{matrix} \right\} + (\Gamma_\nu \sim \sigma\,\Gamma_\nu). \tag{15}$$

The quantities $\{\psi^A\}$ and $\{\varphi_A\}$ of the kind $\varDelta, \breve{\varDelta}$ shall be called *covariant and contravariant spinors* respectively. Let us write the components ψ^A of a covariant spinor as a column and the components φ_A of a contravariant spinor as a row. Our last equation tells us that one is able to form by linear combination of the $(2^\nu)^2$ products $\varphi_A \psi^B$: *one* scalar, *one* vector, *one* tensor of rank 2, etc. The scalar is, of course,

$$\varphi\,\psi = \sum_A \varphi_A \psi^A.$$

The vector has the components $\varphi\, P_i\, \psi$. Indeed, in carrying out the transformation $\psi^* = S\,\psi$, $\varphi^* = \varphi\, S^{-1}$, one gets,

$$\varphi^*\, P_i\, \psi^* = \varphi\, S^{-1} P_i\, S\,\psi = \sum_{k=1}^{n} o(ik)\, \varphi\, S^{-1} P_k^*\, S\,\psi = \sum_{k=1}^{n} o(ik)\, \varphi\, P_k\, \psi.$$

The tensor of rank 2 has the components $\varphi(P_i P_k)\, \psi$ $[i \neq k]$, etc. In this manner we are able to carry out the reduction (15) explicitly.

§ 4. Connection between Covariant and Contravariant Spinors

Let n be *even* as before. We propose to show that *the representation $\breve{\Delta}$ is equivalent to the representation Δ.* For this purpose we observe that the relations (10) characteristic for the matrices P_i hold at the same time for the transposed matrices P_i'. According to the proposition on the automorphisms of our matrix algebra Π we already have had occasion to use, there must exist a definite non-singular matrix C such that

$$P_i' = C\, P_i\, C^{-1} \tag{16}$$

for all i. It is easy to write down C explicitly. For we have

$$P_\alpha' = P_\alpha, \quad Q_\alpha' = -Q_\alpha \quad (\alpha = 1, \ldots, \nu).$$

But the product $p_1 \ldots p_\nu$ commutes with the p_α and anticommutes with the q_α, if ν is odd; if ν is even the situation is reversed. Hence one can take

$$c = p_1 \ldots p_\nu \quad \text{or} \quad = q_1 \ldots q_\nu$$

according as ν is odd or even. In this way one finds in both cases:

$$C = \begin{Vmatrix} 0 & 1 \\ 1 & 0 \end{Vmatrix} \times \begin{Vmatrix} 0 & i \\ -i & 0 \end{Vmatrix} \times \begin{Vmatrix} 0 & 1 \\ 1 & 0 \end{Vmatrix} \times \cdots \quad (\nu \text{ factors}) \tag{17}$$

and one verifies at once the relations (16).

Along with (12) we have

$$P_i' \rightarrow P_i^{*\prime} = \sum_k o(ki)\, P_k'.$$

This transition is expressed on the one hand in the form

$$P_i' \rightarrow S'(o)^{-1}\, P_i'\, S'(o) = \breve{S}(o)\, P_i'\, \breve{S}(o)^{-1}.$$

On the other hand the transformation of $P_i' = C\, P_i\, C^{-1}$ is obviously performed by means of $C\, S(o)\, C^{-1}$. Hence an equation like

$$C\, S(o)\, C^{-1} = \varrho(o) \cdot \breve{S}(o)$$

must hold where $\varrho(o)$ is a numerical factor dependent on o. On multiplication of $S(o)$ by λ, $\breve{S}(o)$ is multiplied by $1/\lambda$ and ϱ is thus changed into $\varrho\, \lambda^2$. Hence we may dispose of the arbitrary gauge factor in S in such a way that ϱ becomes $= 1$:

$$\breve{S}(o) = C\, S(o)\, C^{-1}. \tag{18}$$

This has the effect that

$$(\det S)^2 = 1. \tag{19}$$

$S(o)$ is now uniquely determined *but for the sign.* After normalizing this sign for two rotations o, o' and the compound $o'o$ in an arbitrary manner, the composition factor c in (14) becomes $= \pm 1$; for the matrices $X = S(o'o)$ and $X = S(o') \, S(o)$ both satisfy the normalizing condition

$$\breve{X} = C\,X\,C^{-1}.$$

$\varDelta$ now is an ordinary, though double-valued representation instead of a collineation representation.

Equation (18) gives the explicit relation between the covariant and contravariant spinors: if C is the matrix $\|c_{AB}\|$ the substitution

$$\varphi_A = \sum_B c_{AB} \, \psi^B$$

changes the covariant spinor ψ into a contravariant spinor φ.

The 'square' of the double-valued representation $\varDelta$ is single-valued and is decomposed, according to formula

$$\varDelta \times \varDelta \sim \varGamma_0 + \varGamma_1 + \cdots + \varGamma_{n-1} + \varGamma_n$$

into the tensor representations $\varGamma_f$.

§ 5. Odd Number of Dimensions: n = 2ν + 1

To our quantities $p_1, \ldots, p_{2\nu}$ a further one $p_{2\nu+1}$ has to be added, $p_{2\nu+1}^2 = 1$, which anticommutes with the previous p_i. The representation $p_i \to P_i$ ($i = 1, \ldots, 2\nu$) can be extended by establishing the correspondence

$$p_n \to P_n = \mathbf{1}' \times \mathbf{1}' \times \cdots \times \mathbf{1}' \quad (n = 2\nu + 1).$$

Let ι be $= 1$ or i according as ν is even or odd. The product

$$u = \iota\, p_1 p_2 \cdots p_n \tag{20}$$

commutes with all quantities of the algebra and satisfies the equation $u^2 = 1$. In the representation just described u is represented by the matrix 1. There exists a second representation of the algebra:

$$p_i \to -P_i \quad (i = 1, 2, \ldots, n) \tag{21}$$

in which $u \to -1$ and which thus proves to be inequivalent to the first one.

The order $2 \cdot (2^\nu)^2$ of the algebra $\varPi$ this time is twice as large as the order of the algebra of all matrices X in the 2^ν-dimensional spin-space. Our isomorphic mapping $x \to X$ therefore becomes a one-to-one correspondence only after reducing $\varPi$ modulo $(1 - u)$; this is accomplished by adding the condition $u = 1$ to the defining equations (5). This new algebra may be realized as a subalgebra in $\varPi$ in different manners; for instance, as the algebra of the quantities x satisfying the condition $x = u\,x$. It is more convenient to consider the *even* quantities in Π. Their basis consists of the products of an even number of p; in (6) one has to add the restriction $\alpha_1 + \cdots + \alpha_n \equiv 0 \pmod 2$; the corresponding tensor sets contain tensors of even rank only. Any odd quantity may be written in the form $u\,x$ where x is even. The arbitrary quantity $x + u\,x'$ of the algebra Π (x and x' even) is represented by the same matrix as the even quantity $x + x'$. Hence the correspondence $x \to X$ is a one-to-one correspondence within the algebra Π_e of the even quantities. The second representation (21) coincides with the first for the even quantities.

The procedure is now as above (Method A). Let $\| o(ik) \|$ be a proper orthogonal transformation. Then (12) yields a new representation of Π. By multiplication we get

$$U^* = \iota\, P_1^* \ldots P_n^* = \det\left[o(ik)\right] \cdot U = U.$$

Hence this representation like the original one associates the matrix $+1$ (and not -1) with u; by means of $P_i \to P_i^*$ we thus map the algebra Π reduced modulo $(1 - u)$ isomorphically upon itself, and consequently an equation like

$$P_i^* = S\,P_i\,S^{-1}$$

holds. The representation $\Delta : o \to S(o)$ may be extended to the improper rotations by making the matrix $+1$ or -1 correspond to the reflection $x_i \to -x_i$ that commutes with all rotations. (Whether one chooses $+1$ or -1 does not make any difference here since the representation Δ is double-valued.)

(Method B). The orthogonal transformation o is an isomorphic mapping of the manifold of all even tensor sets upon itself. After representing this manifold by the algebra of all matrices X in 2^ν dimensions in the manner described above, o appears as an automorphism $X \to X^*$ of the complete matrix algebra: $X^* = S X S^{-1}$. One gets $S(o)$ here at the same time for all proper and improper rotations o. Furthermore, we obtain the decomposition

$$\Delta \times \tilde{\Delta} \sim \Gamma_0 + \Gamma_2 + \cdots + \Gamma_{2\nu} \sim \Gamma_0 + \sigma\Gamma_1 + \Gamma_2 + \sigma\Gamma_3 + \cdots, \qquad (22)$$

the last sum concluding with the term Γ_ν or $\sigma\Gamma_\nu$. Consequently there is contained in $\Delta \times \tilde{\Delta}$ a proper scalar, an improper vector, a proper tensor of rank 2, etc.

The $n = (2\nu+1)$-dimensional group of rotations $\mathfrak{d}_n$ comprises the $(n-1)$-dimensional one $\mathfrak{d}_{n-1}$ by subjecting the variables $x_1, \ldots, x_{2\nu}$ to an orthogonal transformation and leaving $x_{2\nu+1}$ unchanged. This restriction to a subgroup carries the representation Δ of $\mathfrak{d}_n$, as here defined, over into the representation Δ of the $(n-1)$-dimensional group of rotations which we defined in § 3. The same restriction splits a tensor of rank f in the n-dimensional space into two tensors of rank f and $f-1$ respectively in the $(n-1)$-dimensional space. And thus the decomposition (22) goes over into the decomposition (15).

The matrix C, (17), which satisfied the equations $P_i' = CP_iC^{-1}$ (for $i = 1, 2, \ldots, 2\nu$) fulfills the condition

$$C\,P_n\,C^{-1} = (-1)^\nu P_n'$$

for $P_n = P_{2\nu+1}$. Hence it can be used here for the same purpose as in § 4 only if ν even. In the opposite case one must replace C by CP_n:

$$C = \left\| \begin{matrix} 0 & i \\ -i & 0 \end{matrix} \right\| \times \left\| \begin{matrix} 0 & 1 \\ 1 & 0 \end{matrix} \right\| \times \left\| \begin{matrix} 0 & i \\ -i & 0 \end{matrix} \right\| \times \cdots,$$

and one then has $CP_iC^{-1} = -P_i'$ (for all i). Under both circumstances the equation (18) obtains for the C determined in this manner and after an appropriate normalization of the gauge factor in $S(o)$. Here again we have $\tilde{\Delta} \sim \Delta$ and we are able to express explicitly the transformation C which changes covariant spinors into contravariant ones.

§ 6. Splitting of Δ under Restriction to Proper Rotations

In the case of odd dimensionality it makes no difference whether one considers the group $\mathfrak{d}_n$ or $\mathfrak{d}_n^+$ since the reflection commuting with all rotations is an improper rotation. If, however, $n = 2\nu$ is even, restriction to $\mathfrak{d}_n^+$ effects a splitting of the spin representation Δ into two inequivalent representations Δ^+ and Δ^- of degree $2^{\nu-1}$, and one will have to distinguish between 'positive' and 'negative' spinors accordingly. This comes about as follows.

Again we form

$$u = \iota p_1 \ldots p_{2\nu} \to U = \mathbf{1}' \times \mathbf{1}' \times \cdots \times \mathbf{1}'. \tag{23}$$

We separate the even combinations of signs $(\sigma_1, \ldots, \sigma_\nu)$ as characterized by $\sigma_1 \ldots \sigma_\nu = +1$ from the odd ones. According to such an arrangement U appears in the form

$$U = \left\| \begin{matrix} 1 & 0 \\ 0 & -1 \end{matrix} \right\|. \tag{24}$$

As a consequence of equations (12) one has for the proper rotations o: $U \to U^* = U$. As $P_i^* = SP_iS^{-1}$ implies $U^* = SUS^{-1}$ the matrix S commutes with (24) and thus breaks up into an 'even' and an 'odd' part:

$$S = \left\| \begin{matrix} S^+ & 0 \\ 0 & S^- \end{matrix} \right\|.$$

The matrices $S^+(o)$ and $S^-(o)$ in the two representations Δ^+ and Λ^- of degree $2^{\nu-1}$ are uniquely determined but for a common sign. Hence the fact that the reflection is associated with the matrix $+1$ in Δ^+, with the matrix -1 in Δ^-, means an actual inequivalence.

What is the significance of the partition of X into four squares for the corresponding quantities x of the algebra Π or for the tensor sets? (1) We see from the equation $UP_i = -P_iU$ that the even quantities commute with U and that the odd ones anticommute. Even and odd quantities are consequently represented by matrices of the following shape respectively:

$$(25), \qquad (26)$$

(the squares not marked by a cross are occupied by zeros). (2) The involutorial operation

$$a \to a^* = au, \quad A \to A^* = AU$$

leaves the two front squares in

$$A =$$

unchanged while it reverses the signs in the two back squares. Let us agree to ascribe the signature $+$ or $-$ to a quantity a according as $a^* = a$ or $a^* = -a$. These quantities then are represented by matrices of the form (27), (28) respectively:

$$(27), \qquad (28).$$

Every quantity may be uniquely written as the sum of two quantities of signatures $+$ and $-$. (Besides the operation $a \to a^*$ one could of course also consider the following one: $a \to a^\dagger = ua$. But the crossing of both signatures is carried out in a more convenient way by crossing the signature here applied with the division into even and odd quantities. For we have $a^\dagger = a^*$ for even quantities and $a^\dagger = -a^*$ for odd ones.) Thus we finally get this scheme:

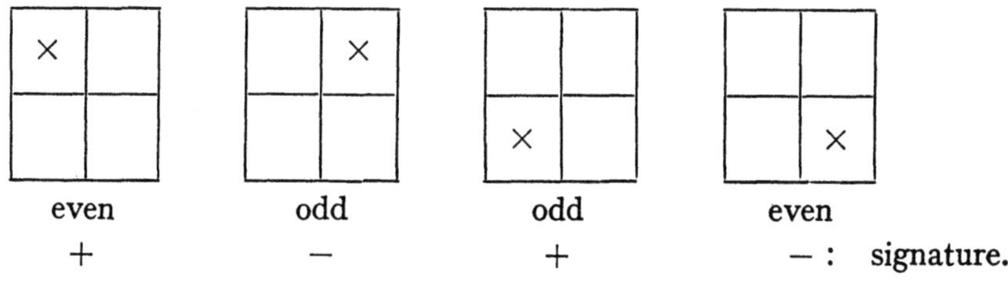

$$\begin{array}{cccc} \text{even} & \text{odd} & \text{odd} & \text{even} \\ + & - & + & - \end{array} \; : \; \text{signature.}$$

The question as to how our star operation is expressed in terms of tensor sets is answered by the equation:

$$p_1 \ldots p_f \cdot u = (-1)^{\langle f \rangle} \cdot \iota\, p_{f+1} \ldots p_n,$$

showing that the transition from $a = \{\alpha\}$ to $a^* = \{\alpha^*\}$ is defined by

$$\alpha^*(i'_1 \ldots i'_{n-f}) = (-1)^{\langle f \rangle} \cdot \iota \cdot \alpha(i_1 \ldots i_f)$$

(where $i_1 \ldots i_f\, i'_1 \ldots i'_{n-f}$ is any even permutation). The factor $(-1)^{\langle \nu \rangle} \cdot \iota$ equals i^ν.

Hence, taking into consideration the splitting of Γ_ν into $\Gamma_\nu^+ + \Gamma_\nu^-$ as explained in § 1, we get the following reductions:

$$
\begin{aligned}
\Delta^+ \times \bar\Delta^+ &\sim \Gamma_0 + \Gamma_2 + \cdots & \quad \Delta^+ \times \bar\Delta^- &\sim \Gamma_1 + \Gamma_3 + \cdots. \\
\Delta^- \times \bar\Delta^+ &\sim \Gamma_1 + \Gamma_3 + \cdots & \quad \Delta^- \times \bar\Delta^- &\sim \Gamma_0 + \Gamma_2 + \cdots.
\end{aligned}
\tag{29}
$$

Of the two sums in the first column, one breaks off with $\Gamma_{\nu-1}$, the other with Γ_ν^+, whereas the sums of the second column end with Γ_ν^- and $\Gamma_{\nu-1}$ respectively. From (16) we obtain by multiplication

$$(-1)^\nu\, U' = C\, U\, C^{-1} \quad \text{or} \quad C\, U = (-1)^\nu\, U\, C.$$

This shows that C is of form (25) or (26) according as ν is even or odd. With C_1, C_2 being the partial matrices of C, we thus have

$$
\left.
\begin{aligned}
\tilde S^+(o) = C_1\, S^+(o)\, C_1^{-1}, &\quad \tilde S^-(o) = C_2\, S^-(o)\, C_2^{-1} \\
\bar\Delta^+ \sim \Delta^+, &\quad \bar\Delta^- \sim \Delta^-
\end{aligned}
\right\}
\quad (\nu \text{ even}),
$$

$$
\left.
\begin{aligned}
\tilde S^+(o) = C_1\, S^-(o)\, C_1^{-1}, &\quad \tilde S^-(o) = C_2\, S^+(o)\, C_2^{-1} \\
\bar\Delta^+ \sim \Delta^-, &\quad \bar\Delta^- \sim \Delta^+
\end{aligned}
\right\}
\quad (\nu \text{ odd}).
$$

§ 7. Infinitesimal Description

Even number of dimensions. For the purpose of infinitesimal description it is more convenient to put the quadratic form which is to be left invariant by the orthogonal transformations into the shape

$$x^1 y^1 + x^2 y^2 + \cdots + x^\nu y^\nu. \tag{30}$$

(x^α, y^α being the $n = 2\nu$ variables). Correspondingly one will have to use the following quantities instead of p_α, q_α:

$$\frac{p_\alpha - i\, q_\alpha}{2} = s_\alpha, \qquad \frac{p_\alpha + i\, q_\alpha}{2} = t_\alpha$$

with the relations

$$s_\alpha t_\alpha + t_\alpha s_\alpha = 1, \quad s_\alpha t_\beta + t_\beta s_\alpha = 0 \quad (\text{for } \beta \neq \alpha),$$
$$s_\alpha s_\beta + s_\beta s_\alpha = 0, \quad t_\alpha t_\beta + t_\beta t_\alpha = 0 \quad (\text{for all } \alpha, \beta).$$

$$s_\alpha \rightarrow S_\alpha = \mathbf{1}' \times \cdots \times \mathbf{1}' \times \left\| \begin{matrix} 0 & 1 \\ 0 & 0 \end{matrix} \right\| \times \mathbf{1} \times \cdots \times \mathbf{1},$$

$$t_\alpha \rightarrow T_\alpha = \mathbf{1}' \times \cdots \times \mathbf{1}' \times \left\| \begin{matrix} 0 & 0 \\ 1 & 0 \end{matrix} \right\| \times \mathbf{1} \times \cdots \times \mathbf{1}.$$

(The factors written down as matrices stand at the α-th place.)

All infinitesimal rotations are linear combinations of rotations of the following types:

$$dx_\alpha = x_\alpha, \quad dy_\alpha = -y_\alpha; \tag{a}$$

$$dx_\alpha = x_\beta, \quad dy_\beta = -y_\alpha \quad (\alpha < \beta). \tag{b}$$

(The increments not written down are 0. In (b) one is allowed to exchange independently of each other x_α with y_α and x_β with y_β.) Δ represents (a) by the infinitesimal transformation

$$\tfrac{1}{2} U_\alpha = \tfrac{1}{2} (\mathbf{1} \times \cdots \times \mathbf{1} \times \mathbf{1}' \times \mathbf{1} \times \cdots \times \mathbf{1}) \tag{31}$$

whereas to the infinitesimal rotation (b) corresponds the matrix $S_\alpha T_\beta$. In order to prove this the only thing to be done is to verify the following equations:

$$dX = \tfrac{1}{2}[U_\alpha, X] = \tfrac{1}{2}(U_\alpha X - X U_\alpha) = 0 \tag{a}$$

for $X = S_\beta$ or T_β ($\beta \neq \alpha$), but $dS_\alpha = S_\alpha$, $dT_\alpha = -T_\alpha$.

$$\delta X = [S_\alpha T_\beta, X] = 0 \quad \text{for all } S \text{ and } T \tag{b}$$

except for $X = S_\beta$ and T_α for which we have:

$$\delta S_\beta = S_\alpha, \quad \delta T_\alpha = -T_\beta.$$

This is readily seen from the expression

$$[S_\alpha T_\beta, X] = S_\alpha (T_\beta X + X T_\beta) - (X S_\alpha + S_\alpha X) T_\beta.$$

In this way we have arrived at E. CARTAN's infinitesimal description of the spin representation.

Nothing essential has to be added in the case of *odd dimensionality*. It is then most convenient to assume the fundamental quadratic form in the shape

$$(x^0)^2 + 2 (x^1 y^1 + \cdots + x^\nu y^\nu).$$

(31) shows that Δ *is double-valued and not single-valued.* For in accordance with this equation the rotation o:

$$x^1 \to e^{i\varphi} x^1, \quad y^1 \to e^{-i\varphi} y^1 \quad \text{(all other variables unchanged)}$$

is associated with the operation $S(o)$ multiplying the variable $x_{\sigma_1 \ldots \sigma_\nu}$ in the spin space by $e^{\frac{1}{2} i \sigma_1 \varphi}$ $(\sigma_\alpha = \pm 1)$.

§ 8. Conditions of Reality

For the *real* orthogonal transformations the question arises whether the conjugate complex representation $\bar{\Delta} : o \to \bar{S}(o)$ is equivalent to Δ. The P_i being Hermitian matrices, $\bar{P}_i$ equals P_i'. Furthermore, the equations:

$$P_i^* = \sum_k o(ki)\, P_k \quad \text{imply} \quad \bar{P}_i^* = \sum_k o(ki)\, \bar{P}_k$$

provided the $o(ik)$ are real. This leads at once to the result

$$\bar{S}(o) = \varrho(o)\, \breve{S}(o).$$

Hence the Hermitian unit form $\sum x_A \bar{x}_A$ in spin space goes over, by means of the substitution S, into ϱ fold the unit form. So ϱ must be positive and

$$|\det S|^2 = \varrho^{2\nu}.$$

But on account of our normalization of S causing $(\det S)^2$ to be $= 1$ we find $\varrho = 1$,

$$\bar{S}(o) = \breve{S}(o), \quad \bar{\Delta} = \breve{\Delta};$$

i.e. *the representation Δ of the real orthogonal group is unitary.*

When restricting oneself to real variables one must be aware of the possibility that the fundamental quadratic form

$$\sum_{i,k=1}^{n} a_{ik} x^i x^k \tag{32}$$

may have an *inertial index t different from* 0. This is of particular import for physics as, according to relativity theory, $t = 1$ for the four-dimensional world. One now has to subject the determining p_i of the algebra Π to the equation

$$(p_1 x^1 + \cdots + p_n x^n)^2 = \sum a_{ik} x^i x^k \cdot \quad \text{or} \quad \tfrac{1}{2}(p_i p_k + p_k p_i) = a_{ik}.$$

One will get the new p_i from the old ones by means of the transformations H' if the fundamental form (32) arises from the normal form with $a_{ik} = \delta_{ik}$ by means of the transformation H.

But here again it is convenient to base a more detailed investigation upon the real normal form

$$- (x^1)^2 - \cdots - (x^t)^2 + (x^{t+1})^2 + \cdots + (x^n)^2 = \sum_i \varepsilon_i \, (x^i)^2. \tag{33}$$

(Without any loss of generality we may suppose $2t \leq n$.) In accordance with physics, let us call the first t variables x^i the temporal, the last $n - t$ the spatial coördinates. The subject of our consideration is the group $\mathfrak{d}_n$ of Lorentz transformations; that is, of all real linear transformations o carrying the fundamental form (33) into itself[1]).

$P_{t+1}, \ldots, P_n$ keep their previous significance, while $P_1, \ldots, P_t$ assume the factor $i = \sqrt{-1}$. We thus have

$$\bar{P}_i = - P'_i \quad \text{for} \quad (i = 1, \ldots, t); \quad \bar{P}_i = P'_i \quad \text{for} \quad (i = t + 1, \ldots, n).$$

The Hermitian conjugate $\bar{A}'$ of a matrix A may be denoted by $\tilde{A}$. The $\bar{P}_i$ as well as the P'_i satisfy the fundamental rules of commutation. Both sets of matrices must be changed one into the other by means of a certain transformation B. It is easy enough to write down B explicitly:

$$B = i^{t - \langle t \rangle} \cdot P_1 \ldots P_t. \tag{34}$$

To be exact, we have

$$P'_i = B \, \bar{P}_i \, B^{-1} \quad \text{or} \quad - P'_i = B \, \bar{P}_i \, B^{-1} \tag{35}$$

according as t is even or odd. The factor $i^{t - \langle t \rangle}$ has been added in order to make B Hermitian: $\tilde{B} = B$. The transposed matrix B' coincides with B but for the sign, namely $B' = (-1)^{\langle t \rangle} B$. In the case of an even n the matrix B is of form (25) or (26) according as t is even or odd. All these properties could be fairly easily derived from general considerations; it is not worth the trouble, however, as one may read them at once from the explicit expression (34).

One obtains from (35) the relation

$$B \, \bar{S}(o) \, B^{-1} = \varrho(o) \, \tilde{S}(o) \tag{36}$$

or after multiplication by $S'(o)$ on the left:

$$S' B \bar{S} = \varrho B:$$

---

[1]) To be quite definite: the variables x^i are subjected to the Lorentz transformation

$$o : x^i \rightarrow \sum_k o(ik) \, x^k.$$

The p_i (or P_i) then undergo the contragredient transformation; but in raising the index by means of $p^i = \varepsilon_i \, p_i$ one may introduce quantities p^i transforming cogrediently with the variables x^i.

the Hermitian form B goes over, by means of the transformation $\bar{S}$, into the multiple ϱ of itself. In consequence ϱ is real and one infers, in the same manner as in the definite case, the equation

$$\varrho(o) = \pm 1.$$

As to its dependence on o, $\varrho(o)$ satisfies the condition

$$\varrho(o'\, o) = \varrho(o')\, \varrho(o).$$

A new consideration, however, is required for determining this sign ϱ. In a Lorentz transformation $\|o(i\,k)\|$ the temporal minor of the whole determinant:

$$\varOmega = \begin{vmatrix} o(1\,1), & \dots, & o(1\,t) \\ \cdot & \cdot\ \cdot\ \cdot\ \cdot & \cdot \\ \cdot & \cdot\ \cdot\ \cdot\ \cdot & \cdot \\ o(t\,1), & \dots, & o(t\,t) \end{vmatrix} \quad \text{is either} \ \geqq 1 \ \ \text{or} \ \leqq -1. \tag{37}$$

We shall put $\sigma_-(o) = +1$ or -1 according as the first or the second case prevails, and call $\sigma_-(o)$ the *temporal signature*; it is a character, i.e.

$$\sigma_-(o'\, o) = \sigma_-(o') \cdot \sigma_-(o).$$

We need not trouble to prove this here directly because we shall see in the course of our further investigations that the $\varrho(o)$ in (36) coincides with $\sigma_-(o)$. In the same manner one may introduce a *spatial signature* $\sigma_+(o)$ by means of the spatial minor of the matrix $\|o(i\,k)\|$. The latter, though, is $= \sigma(o) \cdot \varOmega$; hence the character $\sigma(o)$ distinguishing the proper and improper transformations equal $\sigma_+\, \sigma_-$. Of the Lorentz transformations having $\sigma_- = -1$ one may say that they reverse the sense of time whereas those having $\sigma_+ = -1$ reverse the spatial sense. The group of Lorentz transformations falls apart into four pieces not connected with each other and distinguished from each other by the values of the two signatures σ_- and σ_+.

To prove (37) let us introduce the two vectors

$$\mathfrak{o}_i' = \{o(i\,1), \dots, o(i\,t)\}, \quad \mathfrak{o}_i'' = \{o(i,t+1), \dots, o(i\,n)\}$$

in the realms of the temporal and spatial coördinates respectively. The scalar product $(\mathfrak{a}' \cdot \mathfrak{b}')$ in these two partial spaces has its usual significance $a_1'\, b_1' + \cdots + a_t'\, b_t'$. The relations characteristic for the Lorentz transformation then read:

$$(\mathfrak{o}_i'\, \mathfrak{o}_k') = \delta_{ik} + (\mathfrak{o}_i''\, \mathfrak{o}_k'') \quad (i,k = 1, 2, \dots, t).$$

From these we derive

$$\begin{vmatrix} (\mathfrak{o}_1'\, \mathfrak{o}_1'), & \dots, & (\mathfrak{o}_1'\, \mathfrak{o}_t') \\ \cdot\ \cdot\ \cdot & \cdot\ \cdot\ \cdot & \cdot \\ (\mathfrak{o}_t'\, \mathfrak{o}_1'), & \dots, & (\mathfrak{o}_t'\, \mathfrak{o}_t') \end{vmatrix} = \begin{vmatrix} 1 + (\mathfrak{o}_1''\, \mathfrak{o}_1''), & (\mathfrak{o}_1''\, \mathfrak{o}_2''), & \dots, & (\mathfrak{o}_1''\, \mathfrak{o}_t'') \\ \cdot\ \cdot\ \cdot\ \cdot\ \cdot\ \cdot & \cdot\ \cdot\ \cdot\ \cdot\ \cdot & \cdot\ \cdot\ \cdot & \cdot \\ (\mathfrak{o}_t''\, \mathfrak{o}_1''), & (\mathfrak{o}_t''\, \mathfrak{o}_2''), & \dots, & (1 + \mathfrak{o}_t''\, \mathfrak{o}_t'') \end{vmatrix}$$

$$= 1 + \frac{1}{1!} \sum_{i=1}^{t} (\mathfrak{o}_i''\, \mathfrak{o}_i'') + \frac{1}{2!} \sum_{i,k=1}^{t} \begin{vmatrix} (\mathfrak{o}_i''\, \mathfrak{o}_i'') & (\mathfrak{o}_i''\, \mathfrak{o}_k'') \\ (\mathfrak{o}_k''\, \mathfrak{o}_i'') & (\mathfrak{o}_k''\, \mathfrak{o}_k'') \end{vmatrix} + \cdots.$$

All terms on the right side are ≥ 0; hence the whole determinant on the left is ≥ 1. This determinant however is the square of $\tilde{\Omega}$.

The fact that the sign ϱ in (36) equals σ_- is proved in the following manner. In accordance with

$$P_i^* = \sum_{k=1}^{n} o(ki)\, P_k$$

we find

$$P_1^* \dots P_t^* = \begin{vmatrix} o(11) & \dots & o(1t) \\ \cdot & \cdot \cdot \cdot \cdot & \cdot \\ o(t1) & \dots & o(tt) \end{vmatrix} \cdot P_1 \dots P_t + \cdots . \tag{38}$$

But a product like $P_{i_1} \dots P_{i_t} \cdot P_1 \dots P_t$ where $i_1 \dots i_t$ are different indices always has the trace 0 except if $i_1 \dots i_t$ is a permutation of $1 \dots t$; whereas

$$\operatorname{tr}\,(P_1 \dots P_t \cdot P_1 \dots P_t) = (-1)^{\langle t \rangle}\, \operatorname{tr}\,(P_1^2 \dots P_t^2) = (-1)^{t - \langle t \rangle} \cdot 2^{\nu}.$$

Hence on multiplying equation (38) by $P_1 \dots P_t$ to the right and forming the trace, one is led to this value of the determinant Ω;

$$2^{\nu}\, \Omega = (-1)^{t - \langle t \rangle}\, \operatorname{tr}\,(P_1^* \dots P_t^* \cdot P_1 \dots P_t).$$

Using the definitions of S: $P_i^* = S P_i S^{-1}$, and of B, one readily obtains:

$$2^{\nu}\, \Omega = \operatorname{tr}\,(S B S^{-1} \cdot B) = \operatorname{tr}\,(B \cdot S B S^{-1}).$$

According to (36)

$$S^{-1} = \varrho\, B'^{-1} \tilde{S} B' = \varrho\, B^{-1} \tilde{S} B.$$

Replacement of B' by B is allowed as B' coincides with B but for a numerical factor. So one finally gets, with $T = B S = \| t_{JK} \|$:

$$2^{\nu}\Omega = \varrho \cdot \operatorname{tr}\,(B S \tilde{S} B) = \varrho \cdot \operatorname{tr}\,(B S \cdot \tilde{S} \tilde{B}) = \varrho \cdot \operatorname{tr}\,(T \cdot \tilde{T}) = \varrho \cdot \sum_{J,\,K} |t_{JK}|^2,$$

and this equation shows ϱ to have the sign of Ω.

Any representation $\Gamma: o \to G(o)$ of the Lorentz group gives rise to another one $\sigma_- \Gamma: o \to \sigma_-(o)\, G(o)$. Equation (36) or

$$\bar{S}(o) = \sigma_-(o)\, B^{-1} \breve{S}(o)\, B$$

then proves the equivalence:

$$\bar{\varDelta} \sim \sigma_-\, \breve{\varDelta}. \tag{39}$$

The transformation B changes the conjugate of a covariant spinor ψ into a contravariant spinor $\varphi: \varphi' = B\,\bar{\psi}$ (in so far as we confine ourselves to Lorentz's transformations of temporal signature $\sigma_- = 1$). (39) yields, on account of (15), (22), the decompositions

$$\Delta \times \bar{\Delta} \sim \left\{ \begin{matrix} \sigma_- \Gamma_0 + \sigma_- \Gamma_1 + \cdots + \sigma_- \Gamma_{\nu-1} + \\ \sigma_+ \Gamma_0 + \sigma_+ \Gamma_1 + \cdots + \sigma_+ \Gamma_{\nu-1} \end{matrix} \right\} + (\sigma_- \Gamma_\nu \sim \sigma_+ \Gamma_\nu) \quad [n = 2\nu]; \quad (40)$$

$$\Delta \times \bar{\Delta} \sim \sigma_- \Gamma_0 + \sigma_+ \Gamma_1 + \sigma_- \Gamma_2 + \cdots \qquad\qquad [n = 2\nu + 1].$$

The latter series breaks off with $\sigma_- \Gamma_\nu$ or $\sigma_+ \Gamma_\nu$.

In the case $n = 2\nu$ we have the splitting of Δ into Δ^+ and Δ^-, when restricting ourselves to the group $\mathfrak{d}_n^+$ of proper Lorentz transformations $[\sigma(o) = 1]$. This restriction wipes out the difference between the two signatures σ_- and σ_+. As we mentioned before, B is of form (25) or (26) according as t is even or odd. Hence one has

$$\text{for even } t: \quad \bar{\Delta}^+ \sim \sigma_- \breve{\Delta}^+, \quad \bar{\Delta}^- \sim \sigma_- \breve{\Delta}^-;$$

$$\text{for odd } t: \quad \bar{\Delta}^+ \sim \sigma_- \breve{\Delta}^-, \quad \bar{\Delta}^- \sim \sigma_- \breve{\Delta}^+.$$

§ 9. Irreducibility

Irreducibility of Γ_f is granted a fortiori if one is able to prove that there does not exist any homogeneous linear relation with constant coefficients (independent of o) among the minors of order f of the matrix of an arbitrary rotation $\|o(ik)\|$. This can be shown without using any other rotations than permutations of the coördinate axes combined with changes of signs. For let us assume that we have such a non-trivial relation R in which a definite minor $A\left(\begin{smallmatrix} i_1 \cdots i_f \\ k_1 \cdots k_f \end{smallmatrix}\right)$ occurs with a coefficient different from 0. By suitable exchange we can place this minor in the left upper corner of the matrix. We will now take into account the changes of signs only:

$$\|o(ik)\| = \begin{Vmatrix} \pm 1 & & & & \\ & \pm 1 & & & \\ & & \ddots & & \\ & & & \ddots & \\ & & & & \pm 1 \end{Vmatrix}$$

the matrices of which have only their chief minors $A(i_1 \ldots i_f)$ different from 0. The linear relation R will contain, apart from $A(1\,2 \ldots f)$, at least one more term $A(1'\,2' \ldots f')$ with a coefficient different from zero. At least one of the indices $1'\,2' \ldots f'$, let us say l, is different from 1, 2, ..., f. By changing the sign of the one variable x_l, the relation R is carried over into a new one R' in which $A(1\,2 \ldots f)$ occurs with the same, $A(1'\,2' \ldots f')$ however with the opposite coefficient. Hence the sum $(R + R')/2$ certainly is shorter than R, that is, contains less terms than R; but $A(1\,2\,\ldots\,f)$ occurs in it with the same coefficient different from 0 as before. The procedure of shortening may be continued until the presupposed linear relation $R = 0$ leads to the impossible equation $A(1\,2\,\ldots\,f) = 0$.

These considerations were based upon the *complete* group $\mathfrak{d}_n$. If one allows proper rotations only, $\mathfrak{d}_n^+$, one may have to combine the permutation in the first step with a change of sign of one variable. The second step can be performed in the same manner provided $2f < n$, for then one may choose l as above: as one of the indices $1', 2', \ldots, f'$ different from $1, 2, \ldots, f$, furthermore choose m as an index that does not occur in the row $1, 2, \ldots, f, 1', 2', \ldots, f'$, and then change the signs of both variables x_l and x_m simultaneously. Even when $n = 2\nu$, $f = \nu$ the procedure of shortening will work as long as the relation R still contains a term $A(1'\,2'\ldots\nu')$ the indices of which are not just the complement $\nu+1, \ldots, n$ of $1, \ldots, \nu$. Thus one will be led in this case finally to a relation of the form:

$$c\,A(1, 2, \ldots, \nu) + c'\,A(\nu + 1, \ldots, n) = 0. \tag{41}$$

Such a relation obtains indeed:

$$A(\nu + 1, \ldots, n) = A(1, 2, \ldots, \nu)$$

but there exists of course no other one of the type (41). From this we learn not only that the two representations Γ_ν^+ and Γ_ν^- are irreducible, but at the same time that they are *inequivalent*; for it proves that there does not hold any linear relation with fixed coefficients between the components of the two matrices associated with the same arbitrary rotation o in these representations. For the components of these two matrices are

$$\frac{1}{2}\left[B\left(\begin{smallmatrix}i_1\ldots i_\nu\\k_1\ldots k_\nu\end{smallmatrix}\right) \pm i^\nu B\left(\begin{smallmatrix}i_1'\ldots i_\nu'\\k_1\ldots k_\nu\end{smallmatrix}\right)\right]$$

with

$$B\left(\begin{smallmatrix}i_1\ldots i_\nu\\k_1\ldots k_\nu\end{smallmatrix}\right) = \frac{1}{2}\left[A\left(\begin{smallmatrix}i_1\ldots i_\nu\\k_1\ldots k_\nu\end{smallmatrix}\right) + A\left(\begin{smallmatrix}i_1'\ldots i_\nu'\\k_1'\ldots k_\nu'\end{smallmatrix}\right)\right].$$

$i_1\ldots i_\nu$, $i_1'\ldots i_\nu'$ and $k_1\ldots k_\nu$, $k_1'\ldots k_\nu'$ are even permutations of the figures $1, 2, \ldots, n$. The reasoning above shows that there exists no universal linear relation between the quantities $B\left(\begin{smallmatrix}i_1\ldots i_\nu\\k_1\ldots k_\nu\end{smallmatrix}\right)$.

The *inequivalence* of two such Γ_f the ranks f of which do not give the sum n, is granted by their having different degrees.

This whole argument was based upon the *complex* orthogonal group. But nothing is to be modified when one confines oneself to the *real* orthogonal transformations. Furthermore one sees, by formulating the result in an infinitesimal manner, that it cannot be effected by the inertial index. The infinitesimal transformation

$$dx_i = x_k, \quad dx_k = -x_i \quad (i \neq k) \tag{42}$$

(all other increments being 0; this transformation engenders the permutation $x_i \rightarrow x_k$, $x_k \rightarrow -x_i$ as well as the change of sign $x_i \rightarrow -x_i$, $x_k \rightarrow -x_k$) has to be replaced, if the fundamental quadratic form contains terms with the minus sign, for couples (x_i, x_k) consisting of a temporal and a spatial variable by

$$dx_i = x_k, \quad dx_k = x_i$$

while it has to be kept unchanged for couples of variables (x_i, x_k) both temporal or both spatial. The statement of irreducibility under all transformations (42) in the definite case is identical with the statement of irreducibility under the transformations replacing them in the indefinite case; one only needs to replace the temporal variables x_k by $\sqrt{-1} \cdot x_k$.

The product $\Gamma \times \breve{\Gamma}$ of a representation Γ with its contragredient $\breve{\Gamma}$ contains the identity Γ_0 at least μ times when Γ reduces into μ parts. If we are allowed to make use of the general and elementary theorem that the irreducible parts of a representation are uniquely determined[1]) (in the sense of equivalence and except for their arrangement), then the formulae (15), (22), (29) show at once the irreducibility of $\varDelta$ or $\varDelta^+$ and $\varDelta^-$ respectively and the inequivalence of the latter. Another direct proof runs as follows:

Take the full group $\mathfrak{d}_n$ in the even case $n = 2\nu$. Using the fundamental quadratic form in the shape (30), let us consider the 'diagonal' infinitesimal rotations

$$dx_\alpha = i\,\varphi_\alpha\,x_\alpha, \quad dy_\alpha = -\,i\,\varphi_\alpha\,y_\alpha \quad (\alpha = 1, \ldots, \nu) \tag{43}$$

(φ_α independent parameters). It is associated in $\varDelta$ with the diagonal transformation

$$dx_{\sigma_1 \ldots \sigma_\nu} = \left(\frac{i}{2}\right)(\sigma_1\varphi_1 + \cdots + \sigma_\nu\varphi_\nu)\,x_{\sigma_1 \ldots \sigma_\nu} \quad (\sigma_\alpha = \pm).$$

Given a partial space P' of the total spin space P, different from 0 and invariant under $\varDelta$, one chooses a non-vanishing vector z:

$$z = \sum_A z_A\,e_A = \{z_A\} \quad [A = (\sigma_1, \ldots, \sigma_\nu)]$$

occurring in P'. By performing the substitution (43) repeatedly one is able to isolate each term $z_A\,e_A$, as these parts are of different 'weights' $(i/2)\,(\sigma_1\varphi_1 + \cdots + \sigma_\nu\varphi_\nu)$. Therefore at least one of the fundamental vectors e_A occurs in P'. But $e_A = e_{\sigma_1 \ldots \sigma_\nu}$ goes over into any other fundamental vector $e_{\tau_1 \ldots \tau_\nu}$ by exchanging $x_\alpha \rightarrow y_\alpha$, $y_\alpha \rightarrow x_\alpha$ those couples (x_α, y_α) for which the signs σ_α and τ_α do not coincide. P' is therefore identical with the total P. – Irreducibility of $\varDelta$ for odd $n = 2\nu + 1$ is an immediate consequence of the irreducibility for even n, we just proved; one has to restrict oneself merely to the subgroup $\mathfrak{d}_{n-1}$ within $\mathfrak{d}_n$, $n = 2\nu + 1$. One sees in the same manner that the two parts $\varDelta^+$, $\varDelta^-$ are irreducible and inequivalent for the group $\mathfrak{d}_n^+$, $n = 2\nu$.

---

[1]) Compare e.g. H. WEYL, *Theory of Groups and Quantum Mechanics* (London, 1931), p. 136.

§ 10. Dirac's Theory

Let us suppose we are dealing with a *spinor field* $\psi^A(x^1 \ldots x^n)$ in an n-dimensional 'world' with the fundamental metric form (33). The most essential feature of DIRAC's *theory* is that one should be able to form a *vector* by linear combination of the products $\bar{\psi}^A \psi^B$. If n is even, one sees from equation (40) that exactly *one* such vector s_i exists—that behaves like a vector at least for all Lorentz transformations not reversing the sense of time; and *one* such vector for all Lorentz transformations not reversing the spatial sense. In the case n odd, one vector of the second, and no vector of the first kind exists. Only the first type can be used when one believes in the equivalence of right and left, but is prepared to abandon the equivalence of past and future. n has then to be even and the vector is

$$s_i = \tilde{\psi} B P_i \psi.$$

From this vector one can derive the scalar field:

$$\sum_i \tilde{\psi} B P^i \frac{\partial \psi}{\partial x^i} \quad (P^i = \varepsilon_i P_i). \tag{44}$$

One needs a scalar that arises from linear combination of the products $\tilde{\psi}^A \cdot \partial \psi^B/\partial x^i$ in DIRAC's theory as the main part of the *action quantity* which accounts for the fundamental features of the whole quantum theory. There is no ambiguity: for $(\varDelta \times \bar{\varDelta}) \times \check{\varGamma}_1$ contains the identity $\varGamma_0$ or rather the representation $\sigma_- \varGamma_0$ just once if decomposed into its irreducible parts. That is shown by equation (40) when one takes into account the fundamental lemma of the theory of representations asserting that the product $\varGamma \times \check{\varGamma}_1$ contains the identity $\varGamma_0$ once, or not at all, according as the two irreducible representations $\varGamma, \varGamma_1$ of the same group are equivalent or not. DIRAC's quantity of action contains, apart from (44), a second term which is a linear combination of the undifferentiated products $\bar{\psi}^A \psi^B$; it is multiplied by the mass, and accounts for the inertia of matter. There exists just one such scalar, namely $\tilde{\psi} B \psi$, in the case of an even as well as an odd n.

Furthermore one may consider as essential the fact that the time component of the electric current is positive-definite in DIRAC's theory, namely proportional to the 'probability density' $\Sigma_A \bar{\psi}^A \psi^A$; this grants the atomistic structure of electric charge. If the fundamental form (33) is of inertial index t, this property however is not possessed by the vector contained in $\varDelta \times \bar{\varDelta}$ but by the tensor of rank t with the components

$$s_{i_1 \ldots i_t} = \tilde{\psi} B P_{i_1} \ldots P_{i_t} \psi \quad (i_1, \ldots, i_t \text{ different}),$$

the 'temporal' component, $s_{12 \ldots t}$, of which is $= \tilde{\psi} \psi$ (but for a numerical factor). It seems to be required by the scheme of MAXWELL's equations that electric current should be a vector; this requirement, together with the postulate of the atomic structure of electricity, compels us to assume the inertial index t to be $= 1$.

§ 11. Appendix

Automorphisms of the complete matrix algebra. A one-to-one correspondence $X \rightleftharpoons X^*$ of the ring of all n-rowed matrices upon itself is isomorphic when satisfying the conditions

$$(X + Y)^* = X^* + Y^*, \quad (\lambda X)^* = \lambda \cdot X^*, \quad (X Y)^* = X^* Y^*$$

(λ an arbitrary number). The only such automorphism is 'similarity':

$$X^* = A \, X \, A^{-1},$$

A being a fixed non-singular matrix.

Proof. The equation $G X = \gamma X$ has a solution $X \neq 0$ only if γ is an eigen-value of the matrix G; for the columns of the matrix X must be eigen-vectors belonging to the eigen-value γ. The eigen-values of G thus are characterized in a manner invariant with respect to the given automorphism. Consequently G^* has the same eigen-values as G. Thus we are led to proceed as follows. Let us choose n fixed different numbers $\gamma_1, \ldots, \gamma_n$ and with them form the diagonal matrix

$$G = \left\|\begin{array}{cccc} \gamma_1 & & & \\ & \cdot & & \\ & & \cdot & \\ & & & \gamma_n \end{array}\right\|.$$

As G^* has the same eigen-values as G, a non-singular matrix A can be determined such that $G^* = AGA^{-1}$. Let us replace every X^* by $X^{**} = A^{-1}X^*A$ and now consider the automorphism $X \to X^{**}$ that leaves G unchanged. The matrix E_{ik} containing an element different from 0, namely 1, only at the crossing point of the i-th row with the k-th column is determined by the properties

$$G E_{ik} = \gamma_i E_{ik}, \quad E_{ik} G = \gamma_k E_{ik}$$

except for a numerical factor. Hence we have

$$E_{ik} \to E_{ik}^{**} = \alpha_{ik} E_{ik}. \tag{45}$$

The equation $E_{ii}^2 = E_{ii}$ furnishes $\alpha_{ii}^2 = \alpha_{ii} \; \alpha_{ii} = 1$. After putting $\alpha_{i1} = \alpha_i$, $\alpha_{1k} = \beta_k$, the relation

$$E_{ik} = E_{i1} E_{1k}$$

leads to $\alpha_{ik} = \alpha_i \beta_k$. On account of $\alpha_{ii} = 1$ one therefore has $\beta_i = 1/\alpha_i$ and $\alpha_{ik} = \alpha_i/\alpha_k$. Hence in accordance with (45) an arbitrary matrix $X = \| x_{ik} \|$ and its image $X^{**} = \| x_{ik}^{**} \|$ are linked by the relation

$$x_{ik}^{**} = \frac{\alpha_i \, x_{ik}}{\alpha_k} \quad \text{or} \quad X^{**} = A_0 X A_0^{-1}$$

where A_0 is the diagonal matrix with the terms $\alpha_1, \ldots, \alpha_n$.

This demonstration furnishes a method for constructing a spinor from a given tensor set g. The method will be used preferably in the case where g consists of only one tensor of definite rank. Our representation of degree 2^ν of the algebra Π associates with g a matrix G. Let us assume that G has the (simple) eigen-value γ and let ψ be the corresponding eigen-vector in spin space: $G\psi = \gamma \cdot \psi$. The rotation o carries g into a set $g(o)$ represented by the matrix $G(o)$. γ is a (simple) eigen-value of $G(o)$ as well as of G, and the solution $\psi(o)$ of the equation

$$G(o)\,\psi(o) = \gamma \cdot \psi(o)$$

arises from ψ by the transformation $S(o)$ corresponding to o in the spin representation.

106.

Elementare Theorie der konvexen Polyeder

Commentarii mathematici Helvetici 7, 290—306 (1935)
Englische Übersetzung in: Contributions to the theory of games I, Annals of Mathematics Studies, Princeton University Press 24, 3—18 (1950)

§ 1. Hauptsatz über konvexe Pyramiden

Ist S eine beschränkte abgeschlossene Punktmenge im $(n-1)$-dimensionalen affinen Raum mit den Koordinaten $x_1, x_2, \cdots, x_{n-1}$, so können die Punkte der *konvexen Hülle* von S in doppelter Weise gekennzeichnet werden: 1. sie sind *Schwerpunkte* von Punkten aus S; 2. sie gehören allen „*Stützen*" von S an. Eine Stütze von S ist ein Halbraum

$$a_1 x_1 + \cdots + a_{n-1} x_{n-1} + a \geq 0,$$

in dem alle Punkte von S liegen. Der Hauptsatz über konvexe Hüllen sagt aus, daß beide Definitionen identisch sind. Dabei läßt sich 1. dahin verschärfen, daß nur Schwerpunkte aus höchstens n Punkten von S zugelassen werden, 2. dahin, daß lediglich die „extremen" Stützen herangezogen werden. Der Beweis dieses Satzes wird naturgemäß mit mengentheoretischen Hilfsmitteln erbracht; die einfachste Anordnung findet man wohl in der Einleitung der Arbeit von Carathéodory „Über den Variabilitätsbereich der Fourier'schen Konstanten von positiven harmonischen Funktionen", Rend. Circ. Mat. Palermo **32**, 1911, S. 198—201.

Besteht S nur aus *endlich vielen Punkten*, so ist die Hülle ein *konvexes Polyeder*. Für diesen Fall müssen sich die Hauptsätze auf *finite* Art herleiten lassen; die übliche Beweisanordnung leistet dies nicht, weil sie die Anwendung der mengentheoretischen Schlußweise auf die nach 1. definierte konvexe Hülle mit sich bringt. Es scheint hier eine Lücke in der Literatur vorzuliegen, die einmal ausgefüllt werden sollte; darum veröffentliche ich diese kleine Skizze, zu deren Niederschrift ich durch mein letztes Seminar in Göttingen im Sommer 1933 veranlaßt wurde, das die konvexen Körper zum Gegenstand hatte. Was wir im Auge haben, kann auch als eine *elementare Theorie endlicher Systeme linearer Ungleichungen* bezeichnet werden. Man geht zweckmäßig von der *homogenen* Formulierung aus.

Ein *Punkt* a in R_n ist eine Reihe von n reellen Zahlen $(a_1, a_2, \cdots, a_n)$. Zwei von 0 verschiedene Punkte a und b liegen auf demselben *Strahl*, wenn die b_i aus den a_i durch Multiplikation mit einem gemeinsamen *positiven* Proportionalitätsfaktor hervorgehen; solche Punkte brauchen im folgenden nicht unterschieden zu werden. Alle Punkte x, welche einer Ungleichung

$$(1) \qquad a_1 x_1 + \cdots + a_n x_n \geqq 0$$

genügen, bilden einen Halbraum, der gekennzeichnet ist durch den „Punkt" $a = (a_1, \cdots, a_n) \neq 0$ im dualen Raum P_n. Wiederum ändert sich nichts, wenn alle a_i mit einem gemeinsamen positiven Faktor multipliziert werden.

Gegeben sei ein endliches System S von Punkten a. Es soll nicht-ausgeartet sein; d. h. die Punkte a sollen nicht alle in einer und derselben Ebene liegen oder nicht alle einer linearen Gleichung

$$(2) \qquad a_1 x_1 + \cdots + a_n x_n = 0 \qquad [(a_1, \cdots, a_n) \neq (0, \cdots, 0)]$$

genügen. (1) ist *Stütze* an S, wenn alle Punkte x des Systems S jene Ungleichung erfüllen. Es ist eine *extreme Stütze*, wenn für $n-1$ linear unabhängige Punkte x von S darin das Gleichheitszeichen gilt. *Es existieren nur endlich viele extreme Stützen an S*; man findet sie, indem man unter den Punkten a von S auf alle Weisen $n-1$ unabhängige auswählt, durch sie die eindeutig bestimmte Ebene (2) legt und die beiden zugehörigen Halbräume

$$\pm (a_1 x_1 + \cdots + a_n x_n) \geqq 0$$

daraufhin prüft, ob sie Stützen sind.

Satz 1 (Hauptsatz). Gegeben ein endliches nicht-ausgeartetes Punktsystem S. Ein Punkt x, für welchen alle extremen Stützungsgleichungen zu S erfüllt sind, läßt sich linear-positiv aus den Punkten $a, b, \cdots$ des Systems S kombinieren:

$$(3) \qquad x_i = \lambda a_i + \mu b_i + \cdots \qquad [\lambda \geqq 0, \mu \geqq 0, \cdots].$$

Die sämtlichen Punkte x, welche den extremen Stützen gemeinsam angehören, bilden eine Figur, die *konvexe Pyramide* heißen möge. Ein Punkt x, der aus den Punkten $a, b, \cdots$ des Systems S durch positive Kombination (3) gewonnen werden kann, heiße kurz „darstellbar durch S". Im inhomogenen Raum existiert wenigstens *eine* extreme Stütze: dies ist ein nicht-triviales Teilresultat des Hauptsatzes. In dem jetzt in Frage stehenden homogenen Raum aber kann es selbstverständlich vorkommen, daß S überhaupt keine extreme Stütze besitzt; dann sagt der Hauptsatz aus, daß *jeder* Punkt durch S darstellbar ist. Im Beweise muß dieser Fall besonders behandelt werden.

§ 2. Beweis des Hauptsatzes

a) *Erster Fall: es sind extreme Stützen vorhanden.*

$a, \beta, \cdots$ seien die extremen Stützen. Für das „Zentrum"

$$e = a + b + \cdots$$

von S gelten dann die Ungleichungen

$$(ae) = a_1 e_1 + \cdots + a_n e_n > 0, \qquad (\beta e) > 0, \cdots.$$

$x = p$ sei der allen extremen Stützen angehörige Punkt, für welchen die Darstellbarkeit bewiesen werden soll:

$$(ap) \geqq 0, \qquad (\beta p) \geqq 0, \cdots.$$

Wir bilden $q = p - \lambda e$. Die extremen Stützungleichungen bleiben für q erfüllt, solange

$$(ap) - \lambda(ae) \geqq 0, \quad (\beta p) - \lambda(\beta e) \geqq 0, \cdots$$

ist. Wir wählen also für λ die *kleinste* unter den Zahlen

$$(4) \qquad\qquad (ap) \,/\, (ae), \qquad (\beta p) \,/\, (\beta e), \cdots$$

Es sei z. B. $\lambda = (ap) \,/\, (ae)$. Wenn q, *das auf einer extremen Stützebene liegt:* $(aq) = 0$, darstellbar ist, so auch p.

Für spätere Zwecke ist es gut, diesen ersten Beweisschritt ein wenig zu modifizieren. Man nehme nämlich für e nicht das Zentrum von S, sondern einen geeigneten der Punkte $a, b, \cdots$ selbst. β sei eine der extremen Stützen. Nicht alle Punkte $x = a, b, \cdots$ des Systems S erfüllen die Gleichung $(\beta x) = 0$, es sei etwa $(\beta a) > 0$. Ich wähle dann $e = a$. Die extremen Stützen zerfallen in zwei Klassen: für diejenigen der ersten Klasse a gilt $(ae) > 0$, für die der zweiten Klasse a_0 aber die Gleichung $(a_0 e) = 0$. Die erste Klasse ist nicht leer, weil das β, von dem wir ausgingen, dazu gehört. λ werde als das Minimum unter den Zahlen (4) bestimmt, in denen $a, \beta, \cdots$ die sämtlichen Stützen *der ersten Klasse* bedeuten. Wiederum bilden wir $q = p - \lambda e$. Das Wesentliche ist, daß q allen extremen Stützungsgleichungen genügt, aber wenigstens einer *Stützgleichung:* $(aq) = 0$.

Man kann annehmen, daß die Gleichung $(a\,x) = 0$ die Gestalt hat:

$$x_n = 0 \qquad (a_1 = \cdots = a_{n-1} = 0,\ a_n = 1).$$

q liegt in der durch diese Gleichung gekennzeichneten Stützebene R_{n-1} mit den Koordinaten $(x_1, \cdots, x_{n-1})$. Der Beweis des Hauptsatzes soll durch Schluß von $n-1$ auf n erbracht werden, indem man annimmt, daß er bereits für den eben eingeführten R_{n-1} gilt. Alle Punkte x von S genügen der Ungleichung $x_n \geqq 0$. In S_0 vereinigen wir diejenigen unter diesen Punkten, für welche $x_n = 0$ ist, in S' die übrigen. Wir wissen, daß S_0 $n-1$ linear unabhängige Punkte enthält, da ja $x_n \geqq 0$ eine *extreme* Stütze war. Wir argumentieren nunmehr im Raume R_{n-1} für das nichtausgeartete Punktsystem S_0. Es sei

$$(5) \qquad \beta_1 x_1 + \cdots + \beta_{n-1} x_{n-1} \geqq 0$$

irgend eine extreme Stütze an dasselbe. *Ich behaupte, daß q diese Ungleichung erfüllt.* Um das einzusehen, bilde ich die Ungleichung

$$(6) \qquad \beta_1 x_1 + \cdots + \beta_{n-1} x_{n-1} - \mu\, x_n \geqq 0.$$

Ist sie für alle Punkte von S' erfüllt, so gilt sie für alle Punkte von S. Ich nehme also für μ das Minimum von

$$(\beta_1 x_1 + \cdots + \beta_{n-1} x_{n-1}) \,/\, x_n,$$

wo x die endlich vielen Punkte von S' durchläuft; das Minimum werde angenommen für $x = a$. Die Ungleichung (6) ist dann eine Stütze an S; und zwar *eine extreme Stütze.* Denn es gilt das Gleichheitszeichen für $n-2$ unabhängige Punkte von S_0 und für den (nicht in R_{n-1} gelegenen) Punkt a von S'. Also genügt q in der Tat der Ungleichung (6) und damit (5). Folglich ist q nach dem Hauptsatz in R_{n-1} darstellbar durch S_0, mithin p darstellbar durch S. — Es ist bei diesem Gedankengang gleichgültig, ob das $(n-1)$-dimensionale Punktsystem S_0 extreme Stützen besitzt oder nicht.

b) *Zweiter Fall: es sind keine extremen Stützen vorhanden.*

Wir gehen aus von irgend einem Halbraum λ:

$$(7) \qquad (\lambda\,x) \geqq 0,$$

dessen Ebene $(\lambda\,x) = 0$ durch $n-1$ linear unabhängige Punkte von S hindurchgeht. Nach Voraussetzung gibt es wenigstens einen Punkt

$x = e$ von S auf der abgewandten Seite: $(\lambda e) < 0$. Wir geben eine Konstruktion an, welche den Halbraum λ durch einen andern ersetzt, der mindestens einen Punkt von S mehr enthält. Durch Fortsetzung dieses Verfahrens landen wir dann wiederum beim Fall a).

Man nehme das Koordinatensystem so an, daß $(\lambda x) = x_n$ ist und e die Koordinaten $(0, 0, \cdots, 0, -1)$ hat. Diejenigen Punkte von S, deren letzte Koordinate $x_n \geq 0$ ist, bilden ein Teilsystem S^+ von S. Wir projizieren die Punkte von S^+ von e aus auf die Trennungsebene $(\lambda x) = 0$; dadurch entsteht aus S^+ ein gewisses Punktsystem S_0 in dem $R_{n-1} : x_n = 0$. Und zwar geht durch die Projektion

über in

$$a = (a_1, \cdots, a_{n-1}, a_n) \text{ mit } a_n \geq 0$$

$$\bar{a} = (a_1, \cdots, a_{n-1}) \text{ in } R_{n-1}.$$

$\bar{a}$ ist darstellbar durch S, genauer durch (S^+, e): $\bar{a} = a + a_n \cdot e$. Ist

$$(8) \qquad (a x) \equiv a_1 x_1 + \cdots + a_{n-1} x_{n-1} \geq 0$$

eine extreme Stütze an S_0, so genügen dieser Ungleichung alle Punkte von S^+ und außerdem e. Die Ebene $(a x) = 0$ geht durch $n - 1$ unabhängige Punkte von S hindurch, nämlich durch $n - 2$ solche Punkte, deren Projektionen $\bar{a}$ unabhängig sind in R_{n-1} und den nicht in R_{n-1} liegenden Punkt e. Der Halbraum (8) enthält also wirklich wenigstens einen Punkt von S mehr als der Halbraum (7), von welchem wir ausgingen.

Das Verfahren versagt jedoch, wenn S_0 keine extreme Stütze besitzt. In diesem Fall ist aber nach dem für $n - 1$ Dimensionen als gültig vorausgesetzten Hauptsatz *jeder* Punkt in der Ebene R_{n-1} darstellbar durch S_0, folglich auch durch (S^+, e). Indem man ein nicht-negatives Multiplum von e addiert, erkennt man, daß in der gleichen Weise alle Punkte des abgewandten Halbraums $(\lambda x) \leq 0$ darstellbar sind. Wenn es überhaupt einen Punkt e' in S mit der Koordinate $x_n > 0$ gibt, so erhält man durch Addition positiver Multipla von e' alle Punkte des Halbraums $(\lambda x) \geq 0$ dargestellt durch (S^+, e, e'). Ein solches e' muß existieren; denn sonst würden alle Punkte von S der Ungleichung $x_n \leq 0$ genügen, und alsdann wäre $-x_n = -(\lambda x)$ eine extreme Stütze entgegen der Annahme b).

Zusatz. Der Fall b), in welchem keine extremen Stützen vorhanden sind, kann dadurch gekennzeichnet werden, daß die Null darstellbar ist:

$0 = \lambda a + \mu b + \cdots$ *mit Koeffizienten* $\lambda, \mu, \cdots$, *die alle wirklich positiv (nicht Null) sind.* Im Falle b) ist nämlich jeder Punkt darstellbar; indem man zum Zentrum $e = a + b + \cdots$ eine Darstellung von $-e$ addiert, erhält man eine Darstellung der 0 mit lauter Koeffizienten ≥ 1. Das Umgekehrte ist trivial.

Satz 2 (Verschärfung des Hauptsatzes). Ein allen extremen Stützen angehöriger Punkt läßt sich aus höchstens n Punkten von S positiv-linear kombinieren.

Beim *Beweise* dieser Verschärfung muß man *im Falle a)* so vorgehen, daß man für e nicht den Schwerpunkt, sondern einen geeigneten der Punkte von S selbst wählt. Setzt man die Gültigkeit von Satz 2 für $n-1$ Dimensionen voraus, so kann man alsdann q durch höchstens $n-1$ in R_{n-1} gelegene Punkte von S darstellen, p also durch höchstens n Punkte von S.

Im Falle b) erkennt man durch den gleichen Induktionsschluß, daß die Punkte in $(\lambda x) \leq 0$ durch höchstens n Punkte von S darstellbar sind, nämlich durch $n-1$ Punkte von S^+ und e. Für die Punkte von $(\lambda x) \geq 0$ benötigt man aber außerdem e', so daß sich hier zunächst nur die Darstellbarkeit durch höchstens $n+1$ Punkte ergibt, nämlich durch $n-1$ Punkte von S^+, e und e'.

Wir betrachten jetzt dieses aus $n+1$ Punkten bestehende Punktsystem S' und wenden die Überlegung von Fall b) auf S' statt auf S an. Alle Punkte von S' außer e haben die letzte Koordinate $x_n \geq 0$; durch ihre Projektion von e aus auf die Ebene $x_n = 0$ entsteht das n-gliedrige Punktsystem S_0'. Alle Punkte von S' außer e' haben die letzte Koordinate $x_n \leq 0$. Besitzt S_0' eine extreme Stütze, so erhält man nach dem ersten Teile des Falles b) sogleich eine extreme Stütze an ganz S', und dann weiß man nach Fall a), daß jeder Punkt, der durch die $n+1$ Punkte S' darstellbar ist, auch durch n unter ihnen darstellbar ist. Besitzt aber S_0' keine extreme Stütze, so kann man jeden Punkt mit $x_n \leq 0$ durch n Punkte von S' darstellen; ein Punkt p mit $x_n \geq 0$ aber läßt sich positiv-linear kombinieren aus $n-1$ Punkten b_i von S_0' und e'. Soweit die Wiederholung. Jetzt kommt das Neue: entweder gehören alle b_i zu S'; dann ist p dargestellt durch n Punkte von S'. Oder von den Punkten b_i gehören nur die ersten $n-2$ zu S', während der letzte die in $x_n = 0$ liegende positiv-lineare Kombination von e' und e ist; dann aber ist p dargestellt durch $(b_1, \cdots, b_{n-2}, e', e)$.

[Diesen krummen Umweg über S' im Falle b) habe ich nicht ausschalten können.]

§ 3. Folgerungen aus dem Hauptsatz ;
Systeme linearer homogener Ungleichungen

Den Punkten $a, b, \cdots$ des Systems S ordnen wir zu das System S linearer Ungleichungen:

$$(9) \qquad S : \begin{cases} (a\,\xi) = a_1\,\xi_1 + \cdots + a_n\,\xi_n \geqq 0 , \\ (b\,\xi) = b_1\,\xi_1 + \cdots + b_n\,\xi_n \geqq 0 , \\ \cdots \quad \cdots \quad \cdots \quad \cdots \quad \cdots \quad \cdots \quad \cdots \; . \end{cases}$$

ξ ist dann und nur dann eine Stütze an das Punktsystem S, wenn ξ den Ungleichungen S genügt, oder, wie wir sagen wollen: wenn ξ zu (S) gehört. Hier figuriert (S) als Bezeichnung für den durch die Ungleichungen definierten Teil des dualen Raumes P_n. Wir nannten S nicht-ausgeartet, falls es kein ξ außer $\xi = 0$ gibt, für welches in allen Ungleichungen S das Gleichheitszeichen eintritt. Wir teilen den Hauptsatz in zwei Teile: erstens behaupten wir, daß jeder Punkt p, der allen Stützen angehört, durch S darstellbar ist. Diese Bedingung ist trivialerweise nicht nur hinreichend, sondern auch notwendig; denn ein durch S darstellbarer Punkt gehört offenbar allen Stützen von S an. Im Hinblick hierauf kann dann zweitens hinzugefügt werden, daß ein Punkt notwendig *allen* Stützen angehört, wenn er den *extremen* Stützen angehört. Für das System S linearer Ungleichungen ergeben sich so die folgenden Aussagen:

Satz 3. Durch endlich viele Ungleichungen S, (9), sei das Gebiet (S) des dualen Raumes abgegrenzt. Ist $(p\,\xi) \geqq 0$ in ganz (S), so läßt sich die Form $(p\,\xi)$ der Variablen ξ positiv-linear kombinieren aus den Formen $(a\xi)$, $(b\,\xi), \cdots$ des Systems S.

Satz 4. ξ heißt eine extreme Lösung des Systems S, wenn in $n-1$ linear unabhängigen unter diesen Ungleichungen das Gleichheitszeichen eintritt. Ist S nicht-ausgeartet, so gilt $(p\,\xi) \geqq 0$ für alle ξ in (S), falls es für die extremen ξ gilt.

Der Hauptsatz war bewiesen unter der Voraussetzung, daß S nichtausgeartet ist. Aber die Teilaussage Satz 3 ist davon unabhängig; man operiere nämlich in dem linearen Unterraum R_m von niederster Dimensionszahl m, der alle Punkte $a, b, \cdots$ des Systems S enthält. In der Teilaussage Satz 4 aber kommt die Dimensionszahl n explizite vor; darum ist hier die Voraussetzung des Nicht-entartet-seins wesentlich.

Herstellung der Dualität.

I. Es gibt nur eine endliche Anzahl extremer Lösungen ξ der Ungleichungen S — wenn wir, was natürlich ist,

$$(\varrho\,\xi_1,\, \cdots,\, \varrho\,\xi_n) \qquad (\varrho > 0)$$

als die gleiche Lösung wie $(\xi_1,\, \cdots,\, \xi_n)$ betrachten. Wie früher mögen diese extremen Lösungen mit $a,\ \beta,\ \cdots$ bezeichnet werden. Daß der Punkt x den extremen Stützen angehört, drückt sich in dem zu S „dualen" System von Ungleichungen aus:

$$(10) \qquad \Sigma: \begin{cases} (a\,x) = a_1 x_1 + \cdots + a_n x_n \geqq 0\,, \\ (\beta\,x) = \beta_1 x_1 + \cdots + \beta_n x_n \geqq 0\,, \\ \cdots \quad \cdots \quad \cdots \quad \cdots \quad \cdots \quad \cdots \quad \cdots\,. \end{cases}$$

Man merke sich, daß die Ungleichungen bestehen

$$(a\,a) \geqq 0, \quad (a\,b) \geqq 0, \cdots,$$
$$(\beta\,a) \geqq 0, \quad (\beta\,b) \geqq 0, \cdots,$$
$$\cdots \cdots \cdots \cdots \cdots \cdots \,.$$

Darum können wir Satz 4 so aussprechen:

Satz 5. Liegt p in (Σ) und π in (S), so ist $(p\,\pi) \geqq 0$.

Und genauer:

Satz 6. p gehört zu (Σ) dann und nur dann, wenn $(p\,\xi) \geqq 0$ ist für alle ξ in (S).

Daraus folgt der „duale"

Satz 7. π gehört zu (S) dann und nur dann, wenn $(x\,\pi) \geqq 0$ für alle x in (Σ).

Denn die Ungleichung $(x\,\pi) \geqq 0$ für ein π in (S) und ein x in (Σ) ist durch Satz 5 gewährleistet. Erfüllt umgekehrt ein festes π die Ungleichung $(x\,\pi) \geqq 0$ für alle x in (Σ), so gilt insbesondere $(a\,\pi) \geqq 0$, $(b\,\pi) \geqq 0$, $\cdots$, d. h. π gehört zu (S).

Es war nicht ganz zutreffend, wenn wir die Sätze 6 und 7 als zueinander dual bezeichneten. Denn wohl sind $a,\ \beta,\ \cdots$ die extremen Lösungen des Ungleichungssystemes S, aber es sind nicht $a, b,\ \cdots$ die extremen Lösungen des Systems Σ. Um die volle Dualität herzustellen, müssen wir beweisen, daß die extremen Lösungen des Systems Σ unter den Punkten $a, b, \cdots$ enthalten sind. Dafür bedürfen wir

II. *der Kennzeichnung der extremen Punkte* $\alpha, \beta, \cdots$ *innerhalb* (S):

Satz 8. π *ist in* (S) *extrem dann und nur dann, wenn die einzige Zerlegung von* π *in zu* (S) *gehörige Summanden* $\xi' + \xi'' + \cdots$ *die triviale ist, bei welcher* $\xi', \xi'', \cdots$ *auf demselben Strahl wie* π *liegen:*

$$\xi_i' = \varrho'\pi_i,\ \xi_i'' = \varrho''\pi_i, \cdots \qquad (\varrho' \geqq 0,\ \varrho'' \geqq 0, \cdots;\ \varrho' + \varrho'' + \cdots = 1).$$

Beweis. a) π sei eine der extremen Lösungen $\alpha, \beta, \cdots$. Es gibt $n-1$ unabhängige Punkte $a, b, \cdots$ in S, für welche die Gleichungen gelten:

$$(a\pi) = 0, \quad (b\pi) = 0, \cdots$$

In

$$(a\pi) = (a\xi') + (a\xi'') + \cdots$$

sind aber die einzelnen Summanden $\geqq 0$; darum folgt aus $(a\pi) = 0$:

$$(a\xi') = 0, \quad (a\xi'') = 0, \cdots;$$

ebenso

$$(b\xi') = 0, \quad (b\xi'') = 0, \cdots;$$

usw. Die $n-1$ linearen unabhängigen Gleichungen

$$(a\xi') = 0, \quad (b\xi') = 0, \cdots$$

haben bis auf einen Proportionalitätsfaktor nur die eine Lösung π; mithin gilt

$$\xi_i' = \varrho'\pi_i, \quad \xi_i'' = \varrho''\pi_i, \cdots.$$

Für wenigstens einen Punkt c des Systems S besteht die Ungleichung $(\pi c) > 0$. Da $(\xi'c) \geqq 0, \cdots$, ergeben sich die Faktoren $\varrho', \varrho'', \cdots$ als nicht-negativ.

b) Erlaubt π in (S) nur die triviale Zerlegung, so ist π eine der extremen Lösungen $\alpha, \beta, \cdots$. Man wende nämlich Satz 3 nicht an auf das System der Ungleichungen S, sondern auf Σ; so erkennt man, daß eine Darstellung möglich ist:

$$\pi_i = la_i + m\beta_i + \cdots; \qquad l \geqq 0,\ m \geqq 0, \cdots.$$

In unserem Falle müssen nach Voraussetzung Gleichungen gelten

$$l a_i = \varrho \pi_i, \quad m \beta_i = \sigma \pi_i, \cdots \quad (\varrho \geqq 0, \sigma \geqq 0, \cdots; \quad \varrho + \sigma + \cdots = 1).$$

Einer der Faktoren $\varrho, \sigma, \cdots$ ist von 0 verschieden, z. B. ϱ, und dann haben wir, wie behauptet, $\pi_i = \dfrac{l}{\varrho} \cdot a_i$.

III. Um das System Σ von Ungleichungen dual zu dem System S behandeln zu können, müssen wir wissen, daß jenes wie dieses nicht-ausgeartet ist. Wir führen zu diesem Zweck die *zusätzliche Voraussetzung* ein, daß (S) einen *inneren* Punkt enthält, d. i. einen Punkt ξ^0, der den Ungleichungen

$$(a\,\xi^0) > 0, \quad (b\,\xi^0) > 0, \cdots$$

genügt.

Satz 9. Ist S nicht-ausgeartet und enthält (S) einen inneren Punkt, so ist auch Σ nicht-ausgeartet.

Es gelte nämlich für $x = p$ in den sämtlichen Ungleichungen Σ das Gleichheitszeichen:

$$(11) \qquad\qquad (a\,p) = 0, \quad (\beta\,p) = 0, \cdots.$$

Alsdann gehört p sowohl wie $- p$ zu (Σ), es bestehen die beiden Ungleichungen

$$(p\,\xi) \geqq 0 \quad \text{und} \quad - (p\,\xi) \geqq 0$$

und damit die Gleichung $(p\,\xi) = 0$ für alle ξ in (S). Insbesondere ist $(p\,\xi^0) = 0$. p ist darstellbar durch S:

$$p_i = \lambda a_i + \mu b_i + \cdots; \quad \lambda \geqq 0, \mu \geqq 0, \cdots.$$

Darum liefert die Gleichung $(p\,\xi^0) = 0$:

$$\lambda\,(a\,\xi^0) + \mu\,(b\,\xi^0) + \cdots = 0\,.$$

Da nach Voraussetzung die einzelnen Faktoren $(a\,\xi^0)$, $(b\,\xi^0)$, $\cdots$ positiv sind, müssen die nicht-negativen Koeffizienten $\lambda, \mu, \cdots$ sämtlich verschwinden. Das liefert $p = 0$: die Gleichungen (11) haben also keine Lösung außer $p = 0$.

Wir fügen hinzu, daß unter den Voraussetzungen von Satz 9, die für den Rest dieses Paragraphen beibehalten werden, auch (Σ) innere Punkte enthält: das Zentrum $a + b + \cdots$ von S ist z. B. ein solcher innerer Punkt.

IV. Die extremen Lösungen von Σ seien $a', b', \cdots$.

Satz 10. Der durch die zu Σ dualen Ungleichungen

$$S' : (a' \, \xi) \geqq 0, \quad (b' \, \xi) \geqq 0, \cdots$$

definierte Bereich (S') ist mit (S) identisch. Die Punkte $a', b', \cdots$ sind eine Auswahl unter den Punkten $a, b, \cdots$ von S.

Der erste Teil der Aussage: $(S) = (S')$ folgt, wenn man Satz 6 auf Σ statt auf S anwendet und mit Satz 7 vergleicht. Weil a' zu (Σ) gehört, besteht eine Darstellung

$$a_i' = \lambda a_i + \mu b_i + \cdots; \quad \lambda \geq 0, \mu \geq 0, \cdots.$$

Weil aber a' extrem in (Σ) ist, folgt daraus mit Hilfe der Kennzeichnung II. wie im Beweise des Teiles b) von II., daß a' (bis auf einen positiven Proportionalitätsfaktor) mit einem der Punkte $a, b, \cdots$ identisch sein muß.

Σ war gebildet mit den extremen Lösungen $a, \beta, \cdots$ von S; umgekehrt S' mittels der extremen Lösungen $a', b', \cdots$ von Σ. Nun müßte man wiederum die extremen Lösungen von S' betrachten: $a', \beta', \cdots$. Diese sind aber nicht bloß eine Auswahl unter den $a, \beta, \cdots$, sondern die extremen Lösungen von S' sind mit den extremen Lösungen von S identisch:

Satz 11. Die Systeme von Ungleichungen S' und Σ sind wechselseitig zueinander dual.

Denn in II. sind die extremen ξ gekennzeichnet auf Grund des Bereiches (S) aller ξ; die Bereiche (S) und (S') sind aber identisch. Das Resultat mag man für die konvexen Pyramiden so aussprechen:

Satz 12. Durch eine extreme Kante gehen $n - 1$ unabhängige Stützebenen, in einer extremen Stützebene liegen $n - 1$ unabhängige extreme Kanten.

Es ist danach gleichgültig, ob man bei der Definition einer konvexen Pyramide von endlichvielen Punkten $a, b, \cdots$ ausgeht, wie oben geschah, oder von endlichvielen Stützen $a, \beta, \cdots$.

V. Eine Konsequenz der vollständigen Dualisierung ist der

Satz 13. *Der Durchschnitt zweier konvexen Pyramiden ist wiederum eine konvexe Pyramide.*

Man kennzeichne nämlich jede der beiden gegebenen Pyramiden durch ihre endlichvielen extremen Stützungleichungen und vereinige dann beide Systeme von Stützungleichungen in ein einziges: durch dieses System wird wiederum eine konvexe Pyramide erklärt. Wollen wir sie aus endlichvielen Punkten $a, b, \cdots$ entspringen lassen, so müssen wir für $a, b, \cdots$ die extremen Lösungen des vereinigten Systems von Stützungleichungen wählen. —

Nach dem Beweis des Hauptsatzes sind alle diese Folgerungen trivial. Der Dienst, den unsere ausführliche Darlegung leisten soll, ist lediglich die Aufzählung dieser Konsequenzen in der richtigen Reihenfolge, in der sie auseinander logisch hervorgehen.

§ 4. Konvexe Polyeder, inhomogene lineare Ungleichungen

I. *Konvexes Polyeder als Hülle eines endlichen Punktsystems.*

Aus dem homogenen R_n entsteht der inhomogene $(n-1)$-dimensionale $\overline{R}_{n-1}$, indem man $x_n = -1$ setzt. Ist S ein nicht-ausgeartetes System von endlichvielen Punkten $a, b, \cdots$ in $\overline{R}_{n-1}$ $(a_n = b_n = \cdots = -1)$, so ist jetzt der Fall b) des Hauptsatzes unmöglich, in welchem jeder Punkt darstellbar ist. Denn für jeden darstellbaren Punkt x:

$$(12) \qquad x_i = \lambda a_i + \mu b_i + \cdots \quad (\lambda \geqq 0, \mu \geqq 0, \cdots; \ i = 1, \cdots, n)$$

gilt nunmehr notwendig $-x_n \geqq 0$. *Darum ist stets eine extreme Stütze vorhanden.* Will man auch für die dargestellten Punkte die Normierung $x_n = -1$ einhalten, so müssen die nicht-negativen Parameter $\lambda, \mu, \cdots$ in der Darstellung (12) der Bedingung $\lambda + \mu + \cdots = 1$ unterworfen werden. Die durch S darstellbaren Punkte im $\overline{R}_{n-1}$ bilden die konvexe Hülle H von S, das aus S entspringende „*konvexe Polyeder*". Es kann durch die endlich vielen extremen Stützungleichungen gekennzeichnet werden.

Die zusätzliche Voraussetzung (siehe III. in § 3), daß auch das duale System nicht-ausgeartet sei, ist nach Satz 9 hier erfüllt, weil die sämtlichen Punkte $x = a, b, \cdots$ von S der Ungleichung genügen:

$$0 \cdot x_1 + \cdots + 0 \cdot x_{n-1} - 1 \cdot x_n > 0.$$

Sind $a_1, \cdots, a_{n-1}$ beliebig vorgegebene Zahlen, so bilde man das

$$\min \, (a_1 \, x_1 + \cdots + a_{n-1} \, x_{n-1}) = a_n,$$

worin $x = (x_1, \cdots, x_{n-1})$ die endlichvielen Punkte von S durchläuft;

$$(13) \qquad a_1 \, x_1 + \cdots + a_{n-1} \, x_{n-1} - a_n \geqq 0$$

ist dann eine Stütze an S. Es gibt also Stützen an S zu beliebig vorgegebenen $a_1, \cdots, a_{n-1}$, und zwar solche, deren Ebene durch einen Punkt des Systems S hindurchgeht.

Für eine *extreme* Stütze (13) von S ist niemals $(a_1, \cdots, a_{n-1}) = (0, \cdots, 0)$; denn ihre Ebene enthält wenigstens einen Punkt von S, so daß das Verschwinden von $a_1, \cdots, a_{n-1}$ auch das von a_n nach sich zöge.

Nennen wir die extremen Stützen von S Seitenflächen, die extremen Lösungen des dualen Systems Σ Ecken von H, so gilt der Satz: *Durch jede Ecke des konvexen Polyeders H gehen wenigstens $n - 1$ unabhängige Seitenflächen hindurch, in jeder Seitenfläche liegen mindestens $n - 1$ unabhängige Ecken.*

II. *Konvexes Polyeder als Durchschnitt endlichvieler Halbräume.*

Endlichviele Ungleichungen

$$(a \, x) \equiv a_1 \, x_1 + \cdots + a_{n-1} \, x_{n-1} - a_n \geqq 0, \quad (\beta \, x) \geqq 0, \cdots$$

definieren ein Teilgebiet H des Raumes $\overline{R}_{n-1}$. Wenn $\pi : (\pi \, x) \geqq 0$ eine Stütze an H ist, muß nach dem Hauptsatz π sich darstellen lassen durch die Punkte $a, \beta, \cdots$ des Systems Σ. Nach dem Resultat von I. kann H ein konvexes Polyeder nur dann sein, wenn im homogenen R_{n-1} mittels der endlichvielen Punkte

$$(14) \qquad a' = (a_1, \cdots, a_{n-1}), \quad \beta' = (\beta_1, \cdots, \beta_{n-1}), \cdots$$

jeder Punkt $\pi' = (\pi_1, \cdots, \pi_{n-1})$ darstellbar ist, wenn also im R_{n-1} das Punktsystem (14), Σ', keine extreme Stütze besitzt [Fall b) des Hauptsatzes]. Außerdem muß H einen inneren Punkt besitzen, d. h. es muß ein Punkt c im $\overline{R}_{n-1}$ existieren von der Art, daß

$$(15) \qquad (a \, c) > 0, \quad (\beta \, c) > 0, \cdots$$

gilt. Dies ist aber auch hinreichend. Zum Beweise nehme man den Punkt c als Nullpunkt; dann hat man

$$\alpha_n < 0, \quad \beta_n < 0, \cdots.$$

Zunächst folgt jetzt, daß Σ nicht-ausgeartet ist, d. h. daß es keine Zahlen $(d_1, \cdots, d_{n-1}, d_n) \neq (0, \cdots, 0,0)$ geben kann, für welche die sämtlichen Gleichungen

$$\alpha_1 d_1 + \cdots + \alpha_n d_n = 0, \quad \beta_1 d_1 + \cdots + \beta_n d_n = 0, \cdots$$

bestehen. Indem man 0 durch die Punkte (14) im R_{n-1} darstellt und den „Zusatz" zum Hauptsatz beachtet, würde daraus nämlich eine Gleichung folgen: $\pi_n d_n = 0$ mit *negativem* Koeffizienten π_n. Aber nachdem man in ihnen $d_n = 0$ gesetzt hat, widersprechen die angenommenen Gleichungen dem Umstand, daß durch Σ' alle Punkte $(\pi_1, \cdots, \pi_{n-1})$ darstellbar sind und nicht nur solche, welche der Gleichung

$$\pi_1 d_1 + \cdots + \pi_{n-1} d_{n-1} = 0$$

genügen. Das zu Σ duale System S ist nicht-ausgeartet, wie aus Satz 9 zufolge der Voraussetzung (15) hervorgeht. Wir müssen noch zeigen, daß S aus Punkten im $\overline{R}_{n-1}$ besteht.

Für eine Lösung x der Ungleichungen

$$(16) \qquad \alpha_1 x_1 + \cdots + \alpha_n x_n \geqq 0, \quad \beta_1 x_1 + \cdots + \beta_n x_n \geqq 0, \cdots$$

ist notwendig $x_n \leqq 0$. Denn sie ergeben nach dem gleichen Schluß, der eben auf die entsprechenden Gleichungen angewendet wurde, $\pi_n x_n \geqq 0$. Ist die Lösung x extrem, so ist $x_n < 0$; denn im Falle $x_n = 0$ hätte man entgegen der Voraussetzung eine extreme Lösung der Ungleichungen

$$\alpha_1 x_1 + \cdots + \alpha_{n-1} x_{n-1} \geqq 0, \quad \beta_1 x_1 + \cdots + \beta_{n-1} x_{n-1} \geqq 0, \cdots$$

im homogenen R_{n-1}. Mithin kann für eine extreme Lösung x die Koordinate $x_n = -1$ gewählt werden, so daß wir von den homogenen (16) auf die inhomogenen Ungleichungen (13) zurückfallen: ihre extremen Lösungen bilden ein endliches Punktsystem S im inhomogenen $\overline{R}_{n-1}$. Und jeder Punkt x, der den sämtlichen Ungleichungen (13) genügt, läßt sich durch S darstellen; oder H ist identisch mit der konvexen Hülle von S. Die Punkte von S sind die Eckpunkte dieses konvexen Polyeders.

III. *Normalenkegel.*

Der Punkt $(a_1, \cdots, a_{n-1})$ im homogenen R_{n-1} heißt *Normale* zum Eckpunkt a eines gegebenen konvexen Polyeders, wenn

$$a_1 a_1 + \cdots + a_{n-1} a_{n-1} = \min (a_1 x_1 + \cdots + a_{n-1} x_{n-1})$$

oder

$$(17) \qquad a_1 (x_1 - a_1) + \cdots + a_{n-1} (x_{n-1} - a_{n-1}) \geqq 0$$

ist; hier durchläuft x die sämtlichen Eckpunkte $a, b, c, \cdots$ des Polyeders. Die extremen Lösungen des endlichen Systems von Ungleichungen (17) werden genau geliefert durch die extremen Stützebenen des Polyeders, welche durch den Eckpunkt a gehen. Da es $n - 1$ unabhängige solche Ebenen gibt, bilden die extremen Lösungen von (17) im R_{n-1} ein nicht-ausgeartetes Punktsystem. Durch sie läßt sich jede Normale mittels positiver linearer Kombination darstellen: der „Normalenkegel" ist eine nicht-ausgeartete konvexe Pyramide im R_{n-1}.

Jeder Punkt $(a_1, \cdots, a_{n-1})$ gehört dem Normalenkegel wenigstens eines Eckpunktes an; denn wenn x die Ecken $a, b, c, \cdots$ durchläuft, so wird das Minimum von $a_1 x_1 + \cdots + a_{n-1} x_{n-1}$ für einen dieser Punkte angenommen. Dabei sind die Normalenkegel der verschiedenen Ecken in ihren *inneren* Punkten durchweg verschieden. $(a_1, \cdots, a_{n-1})$ ist nämlich ein innerer Punkt des Normalenkegels zu a, wenn in allen Ungleichungen (17) für $x = b, c, \cdots$ das Zeichen $>$ gilt, also z. B.

$$a_1 b_1 + \cdots + a_{n-1} b_{n-1} > a_1 a_1 + \cdots + a_{n-1} a_{n-1}.$$

Für einen dem Normalenkegel von b angehörigen Punkt gilt aber gerade umgekehrt

$$a_1 b_1 + \cdots + a_{n-1} b_{n-1} \leqq a_1 a_1 + \cdots + a_{n-1} a_{n-1}.$$

IV. *Polyederscharen.*

Nach Minkowski kann man aus mehreren konvexen Polyedern $H_1, \cdots, H_h$ eine lineare Kombination $\lambda_1 H_1 + \cdots + \lambda_h H_h = H$ mit positiven Zahlkoeffizienten λ bilden; H ist wiederum ein konvexes Polyeder. Der Prozeß kann in zwei Schritten ausgeführt werden: 1. Multiplikation mit einem positiven Zahlfaktor λ, 2. Addition. Ein dritter Schritt ist, daß man bei fest gegebener Basis $H_1, \cdots, H_h$ die Zahlkoeffizienten λ_i im Bereich $\lambda_i > 0$ als variabel betrachtet: H durchläuft dann eine *Polyederschar.*

Multiplikation des konvexen Polyeders H mit einem positiven Zahl-faktor λ. H sei die konvexe Hülle des endlichen Punktsystems $S: a, b, c, \cdots$ (aus welchem man unbeschadet diejenigen Punkte weglassen kann, welche keine Ecken sind). Das schon oben benutzte Minimum

$$\min_{x = a, b, c, \ldots} (a_1 x_1 + \cdots + a_{n-1} x_{n-1}) = h(a_1, \cdots, a_{n-1})$$

heißt nach Minkowski die *Stützfunktion.*

$$a_1 x_1 + \cdots + a_{n-1} x_{n-1} - a_n \geq 0$$

ist eine Stütze an S (oder H) dann und nur dann, wenn

$$a_n \leq h(a_1, \cdots, a_{n-1}).$$

λH entsteht aus H, indem man jeden Punkt $x = (x_1, \cdots, x_{n-1})$ von H durch $\lambda x = (\lambda x_1, \cdots, \lambda x_{n-1})$ ersetzt. λH ist die konvexe Hülle der Punkte $\lambda a, \lambda b, \lambda c, \cdots$. Dem steht die duale Erklärung gegenüber: λH ist das Polyeder mit der Stützfunktion λh. Die Normalenkegel der verschiedenen Ecken $\lambda a, \lambda b, \lambda c, \cdots$ von λH sind die gleichen wie die Normalenkegel der entsprechenden Ecken $a, b, c, \cdots$ von H.

Addition. H mit der Stützfunktion h sei die Hülle von $S: a, b, c, \cdots$, H' mit der Stützfunktion h' die Hülle von $S': a', b', c', \cdots$. In $H + H'$ werden alle Punkte von der Form $x + x'$ aufgenommen, wo x ein beliebiger Punkt von H, x' ein beliebiger Punkt von H' ist. Diese transfinite kann sofort durch die folgende finite Konstruktion ersetzt werden: aus jeder Kombination (a, a') eines Punktes a von S und eines Punktes a' von S' bilde man $a + a'$; so entsteht ein Punktsystem $S + S'$. Das Polyeder $H + H'$ ist die Hülle von $S + S'$. In der Tat, jede positive lineare Kombination

$$\Sigma \mu (a + a') = \Sigma \mu a + \Sigma \mu a' \quad (\mu \geq 0, \ \Sigma \mu = 1)$$

ist, wie die rechte Seite zeigt, die Summe eines Punktes x von H und eines Punktes x' von H'. Gehört umgekehrt x zu $H: x = \Sigma \mu a$, und x' zu $H': x' = \Sigma \mu' a'$ $(\mu \geq 0, \mu' \geq 0; \ \Sigma \mu = 1, \ \Sigma \mu' = 1)$, so ist

$$x + x' = \Sigma \mu \mu' (a + a').$$

Wiederum steht dem die duale Auffassung gegenüber: $H + H'$ ist das konvexe Polyeder mit der Stützfunktion $h + h'$. In der Tat folgt aus

$$h(a) = \min_{x=a,\,b,\,c,\,\ldots} (a_1 x_1 + \cdots + a_{n-1} x_{n-1}), \quad h'(a) = \min_{x'=a',\,b',\,c'\ldots} (a_1 x_1' + \cdots + a_{n-1} x_{n-1}')$$

die Beziehung

$$h(a) + h'(a) = \min_{\substack{x\,=a,\,b,\,c,\,\ldots \\ x'=a',\,b',\,c',\,\ldots}} \{ a_1(x_1 + x_1') + \cdots + a_{n-1}(x_{n-1} + x_{n-1}') \}.$$

Wie man daraus die endlichvielen extremen Stützungleichungen ausliest, welche zur Abgrenzung von $H + H'$ genügen, wissen wir aus der allgemeinen Theorie.

Aufschlußreicher ist aber der Durchgang durch die *Polarfigur*. Der homogene R_{n-1} ist einerseits in die Normalenkegel von H, anderseits in diejenigen von H' eingeteilt. Auf Grund des Satzes 13 ergibt die Überlagerung dieser beiden Einteilungen eine neue Einteilung von R_{n-1} in konvexe Pyramiden: das ist die Normalenfigur von $H + H'$. Die Kombination einer Ecke a von H und einer Ecke a' von H' gibt nämlich nur dann Anlaß zu einer Ecke $a + a'$ von $H + H'$, wenn die Normalenkegel von a in H und von a' in H' innere Punkte gemein haben, und der Durchschnitt ist alsdann der Normalenkegel von $a + a'$ in $H + H'$. Die extremen Punkte der Normalenkegel von $H + H'$ liefern die „Normalen" $(a_1, \cdots, a_{n-1})$ der extremen Stützen an $H + H'$.

Auf Grund dieser Bemerkungen überblickt man die Verhältnisse in einer „*Schar*" konvexer Polyeder wie $\lambda H + \lambda' H'$, die man durchläuft, wenn λ und λ' im Bereiche $\lambda > 0$, $\lambda' > 0$ frei variieren. Denn die Normalenfigur von H ändert sich durch Multiplikation mit λ nicht. Infolgedessen ergibt sich, daß die Normalenfigur eines Polyeders der Schar nicht variiert mit den Werten von λ und λ', daß insbesondere weder die Normalen der extremen Stützen von λ und λ' abhängen, noch diejenigen Kombinationen (a, a') einer Ecke a von H und einer Ecke a' von H', die zu einer Ecke $\lambda a + \lambda' a'$ von $\lambda H + \lambda' H'$ Anlaß geben. Das kombinatorische Schema der Ecken und extremen Stützebenen, das angibt, wie die einen sich auf die andern verteilen, ist innerhalb der Schar ebenfalls konstant.

107.

Generalized Riemann Matrices and factor sets

Annals of Mathematics 37, 709—745 (1936)

INTRODUCTION

(for the expert only!)

Led by a normalization of integrals of the first kind on a Riemann surface, differing from Riemann's own method in its independence of any dissection of the surface, I suggested in a previous note[1] a natural generalization of the classical concept of Riemann matrices, and expressed the hope that it would tend to simplify considerably the "existential" part in the establishment of necessary and sufficient conditions. The present paper claims to bear out this promise; it contains a complete and simple solution of the problem in terms of "factor sets." This is another point that I had in mind when I drafted the first note: suspicion that it might not be wise under all circumstances to restrict oneself to Galois splitting fields (and thus to sacrifice the minimum degree) induced me to adopt R. Brauer's factor sets in an arbitrary splitting field rather than E. Noether's crossed products over a Galois field. The whole subject is here given a new twist in replacing the study of the commutator algebra $\mathfrak{A}$ of a Riemann matrix R by what I call the associated rational algebra $\mathfrak{L}$; it has the same rational commutator algebra $\mathfrak{A}$ as R and its closure in the field of all real numbers contains R. This change of view was suggested to me by the fact that in the Schur-Brauer theory, construction of splitting fields for a simple algebra $\mathfrak{L}$ is tied up with the maximum subfields of its commutator algebra $\mathfrak{A}$ rather than of $\mathfrak{L}$ itself. Reward in the form of further simplification appears to confirm the new standpoint as a better start for the attack on our problem. To make the paper as easy reading as possible its larger part is devoted to a proof-documented restatement of the foundations,—including the classical facts about simple algebras and the more elementary parts of the Schur-Brauer theory of factor sets.

A. A. Albert's new thorough investigation of the subject[2] unfolding all its aspects and culminating in a complete structural analysis of the commutator algebras of generalized Riemann matrices (Theorems 27–30 on pp. 917–919)

---

[1] "On generalized Riemann matrices," *Annals of Math.* **35** (1934), pp. 714–729.—Corrigendum: The formula $\check{P}_{\alpha\beta} = y_{\alpha\beta}P_{\alpha\beta}$ at the end of the last line on p. 724 should read: $C_\alpha^{-1}\check{P}_{\alpha\beta}C_\beta = y_{\alpha\beta}P_{\alpha\beta}$.

[2] *Annals of Math.* **36** (1935), pp. 886–964.—Albert does me the honor of associating my name with the kind of matrices under investigation; but would it not be better, if a proper name is to be attached to them, to stand by the former designation as Riemann matrices —even at the expense of having to add an adjective like "generalized"?

prompted me to resume my own line of approach. Though independent in other regards, I borrow from him one essential remark: that apart from a relatively harmless adjunction, the splitting field is totally real; it follows immediately from Rosati's theorem contending that the roots of an "even" matrix of the commutator algebra $\mathfrak{A}$ are real. Its former application to the centrum only was not exhaustive enough. The "harmless" adjunction consists either of nothing, or of a square root, or a quaternion. So it seems natural to distinguish three cases instead of making the old discrimination between "first and second kind" which referred to the character of the centrum.

[Paragraphs included in bold-face square brackets [ ] are of minor importance or interrupt the main trend of thought.]

1. Matrix Algebras and their Commutators

(1.1) Let a reference field k be given. A *linear k-set* or *vector-space in k* consists of elements that allow addition and multiplication by numbers in k. n elements $e_1, \cdots, e_n$ such that each element x is expressible as a linear combination

$$x = \xi_1 e_1 + \cdots + \xi_n e_n \qquad\qquad (\xi_i \text{ in } k)$$

in a unique manner form a *base* or a coordinate system; the numbers ξ_i are the coordinates of x. The number n is called the *order* of our linear set $\mathfrak{l}$, or the dimensionality of the vector space.

$\mathfrak{l}$ is a *k-algebra* if multiplication of its elements is added to the list of permissible operations.

A square matrix

$$A = \| \alpha_{ij} \| \qquad\qquad (i, j = 1, \cdots, g)$$

of g rows and columns is called of *degree g*; the same name applies to a set $\mathfrak{A}$ of matrices A of degree g. A lies in k when all the numbers α_{ij} lie in k. Each such matrix may be interpreted as a linear mapping of a g-dimensional vector space $\mathbf{P}$ on itself. $E = E_g$ denotes the unit matrix of degree g, $A' = \| \alpha_{ji} \|$ the transposed matrix of A. A set $\mathfrak{A} = \{A\}$ goes into an equivalent set if all its mappings A become expressed in a new coordinate system. The set is *irreducible* (in k) if the k-vector space $\mathbf{P}$ contains no linear subspace invariant under all the transformations A of $\mathfrak{A}$, other than 0 and $\mathbf{P}$ itself. $\mathfrak{A}$ is *linearly* or *algebraically closed in k* provided its elements A form a linear k-set or a k-algebra respectively. Any given set $\mathfrak{A}$ gives rise to a linear or algebraic k-closure: the smallest linear k-set, or k-algebra of matrices containing all the members A of $\mathfrak{A}$; it is easy to describe how to construct them if a base of $\mathfrak{A}$ is given. By looking upon the members A of an algebraically closed set $\mathfrak{A}$ as abstract elements allowing addition and multiplication among each other and multiplication by numbers in k, the set $\mathfrak{A}$ changes into an abstract algebra $\mathfrak{a}$ with elements a of which $\mathfrak{A}$; $a \to A$ is a faithful representation. We shall stick to this convention throughout, that corresponding types like A and a, $\mathfrak{A}$ and $\mathfrak{a}$ of the upper case and the lower case are used to mark the transition from matrices to abstract elements. In general, a correspondence $a \rightarrow T(a)$ established between the elements a of an algebra $\mathfrak{a}$ and matrices $T(a)$ in k of degree g is called a *k-representation* of $\mathfrak{a}$ provided it preserves the fundamental operations:

$$T(a + b) = T(a) + T(b) ; \qquad T(\lambda a) = \lambda \cdot T(a) ; \qquad T(ab) = T(a) \cdot T(b)$$

$$(a,\ b \text{ elements in } \mathfrak{a} , \qquad \lambda \text{ a number in } k) .$$

The representation is *faithful* if different elements a are represented by different matrices $T(a)$. The *regular representation* $(\mathfrak{a})$: $a \rightarrow (a)$ associates with the element a of $\mathfrak{a}$ the mapping

$$(a): \quad x \rightarrow x' = ax$$

whose argument x varies over $\mathfrak{a}$; its representation space is thus $\mathfrak{a}$ itself considered as an h-dimensional vector space ϱ; its degree is the order h of $\mathfrak{a}$.

A linear k-set or a k-algebra $\mathfrak{A}$ of matrices may be closed in or *extended* to a field K over k; if $e_i(i = 1, \cdots , h)$ is a basis of the set the extended K-set or K-algebra consists of all sums $\sum_i \xi_i e_i$ in which now the components ξ_i vary over K. This operation can thus be described in terms of the abstract scheme $\mathfrak{a}$ (in the case of an algebra, the multiplication table of the e_i is preserved). The extension is denoted by $\mathfrak{A}_K$, $\mathfrak{a}_K$ respectively.

The matrix A is a *commutator* of a given matrix set $\mathfrak{L}$ if it commutes with every member L of $\mathfrak{L}$:

$$AL = LA .$$

Those commutators A that lie in a field k form a k-algebra $\mathfrak{A}$ of matrices, the *commutator algebra* in k.

A k-algebra $\mathfrak{A}$ of matrices A in k (or its abstract scheme $\mathfrak{a}$) is a *division algebra* when all its matrices A are non-singular: $\det A \neq 0$, with the exception only of $A = 0$. According to Schur's lemma, a matrix A in k that commutes with all matrices of a k-irreducible set $\mathfrak{L}$ is either 0 or non-singular; hence *the commutator algebra $\mathfrak{A}$ in k of the irreducible $\mathfrak{L}$ is a division algebra*. Proof: the columns of the commutator A when considered as vectors span an invariant subspace.

A set $\mathfrak{A}$ of matrices A in k, when irreducible and algebraically closed in k, or its abstract counter-image $\mathfrak{a}$, is called *simple*. A simple algebra $\mathfrak{a}$ shall thus always be defined by means of its faithful irreducible representation $\mathfrak{A}$.

We exclude throughout this section any "degenerate" matrix algebra $\mathfrak{A}$ (or representation) whose matrices A map the total vector space upon the same *proper* linear subspace.

(1.2) About division and simple algebras we remind the reader of the following propositions whose proofs shall here be arranged in as elementary a way as possible and according to two principles: first, the matrix algebras are considered the primary subject, the abstract schemes merely as secondary tools to facilitate their management; second, we shun the somewhat unpleasant "radicals" (there are none in our matrix communities—so why talk about them?).

The terms "matrix," "algebra," "irreducible" refer to a given number field k throughout, and thus mean "matrix in k," "k-algebra" and "irreducible in k."

THEOREM (1.2-A). *A division algebra $\mathfrak{a}$ is characterized by these two properties: it contains a unit element e (satisfying $xe = ex = x$ for all x in $\mathfrak{a}$), and every element a except 0 has an inverse a^{-1}: $a \cdot a^{-1} = a^{-1} \cdot a = e$.*

The regular representation $(\mathfrak{a})$ of $\mathfrak{a}$ is faithful as well as irreducible, and hence $\mathfrak{a}$ is simple. Each representation $a \to A(a)$ is a multiple t of $(\mathfrak{a})$, i.e. in an appropriate coordinate system common to all elements a, the matrix $A(a)$ decomposes into t matrices (a) along the main diagonal.

PROOF. A matrix A of degree g has its characteristic polynomial

$$\varphi(z) = \det (zE - A) = z^g + \alpha_1 z^{g-1} + \cdots + \alpha_g .$$

A itself satisfies the equation

$$\varphi(A) \equiv A^g + \alpha_1 A^{g-1} + \cdots + \alpha_{g-1} A + \alpha_g E = 0 .$$

When A is non-singular, the last coefficient α_g is $\neq 0$. Hence a matrix algebra $\mathfrak{A}$ containing a non-singular element A involves E and the inverse matrix A^{-1} of A:

$$E = -\frac{1}{\alpha_g} (A^g + \alpha_1 A^{g-1} + \cdots + \alpha_{g-1} A),$$

$$A^{-1} = -\frac{1}{\alpha_g} (A^{g-1} + \alpha_1 A^{g-2} + \cdots + \alpha_{g-1} E).$$

This remark shows that a division algebra possesses the two properties mentioned in the first paragraph of our theorem after we once and for all have excluded the "trivial case" of the zero-algebra consisting of the one matrix 0.

Vice versa: let $\mathfrak{a} = \{a\}$ have these two properties. We represent a by the linear mapping

$$(a): \quad x \to x' = ax .$$

The terms invariant, irreducible, in the space ϱ of the regular representation, shall always refer to the set $(\mathfrak{a})$ of all these transformations (a). In our case the equation $x' = ax$ ($a \neq 0$) establishes a one-to-one correspondence $x \to x'$ (inversion $x = a^{-1} x'$) and hence (a) is non-singular. The regular representation is faithful since (a) and (b) carry the unit element e into two different elements $ae = a$ and $be = b$ if $a \neq b$. Hence, in replacing $\mathfrak{a}$ by the matrix algebra $(\mathfrak{a})$, our original definition of a division algebra is fulfilled.

$(\mathfrak{a})$ is irreducible. An invariant subspace of ϱ when containing a single element $i \neq 0$ necessarily involves all elements of form ai (a in $\mathfrak{a}$) and hence every element b of $\mathfrak{a}$ whatsoever ($a = b \cdot i^{-1}$). This proves $\mathfrak{a}$ to be simple.

Suppose, finally, we are given an arbitrary representation $a \to A = A(a)$ of $\mathfrak{a}$ in an n-dimensional vector space $\mathbf{P}$ whose generic vector is denoted by $\mathfrak{x}$ and which we span by a coordinate system $\mathfrak{e}_1, \cdots, \mathfrak{e}_n$. The terms invariant, irreducible, when applied to subspaces of $\mathbf{P}$, refer to the algebra $\mathfrak{A}$ of matrices A.

An equation $\mathfrak{x}' = a\mathfrak{x}$ is to be interpreted as meaning $\mathfrak{x}' = A(a)\mathfrak{x}$. Let $\mathbf{P}_i$ be the subspace consisting of all vectors $\mathfrak{x} = x\mathfrak{e}_i$, one obtains when x varies over $\mathfrak{a}$. The correspondence $x \to \mathfrak{x}$ thus established is a similarity, i.e. ax goes into $a\mathfrak{x}$; hence $\mathbf{P}_i$ is invariant under the transformations A of $\mathfrak{A}$. Either $\mathbf{P}_i$ is zero or this mapping of ϱ on $\mathbf{P}_i$ is a one-to-one correspondence. Indeed, the elements x for which $x\mathfrak{e}_i = 0$ form an invariant subspace of ϱ; and as $(\mathfrak{a})$ is irreducible, either every x or no x except zero, satisfies $x\mathfrak{e}_i = 0$. (This "typical argument" recurs again and again.) In taking up the subspaces $\mathbf{P}_1, \cdots, \mathbf{P}_n$ one after the other, a $\mathbf{P}_i$ is either contained in the sum of the preceding ones, or linearly independent of them; this fact is just another application of the typical argument. By dropping a term $\mathbf{P}_i$ in the first case one reduces our sequence $\mathbf{P}_1, \cdots, \mathbf{P}_n$ to a decomposition of $\mathbf{P}$ into linearly independent irreducible invariant subspaces in each of which $\mathfrak{A}$ induces a representation equivalent to $(\mathfrak{a})$.

THEOREM (1.2-B). *A simple algebra $\mathfrak{a}$ contains a unit element. Its regular representation is a multiple t of that faithful irreducible representation $\mathfrak{A}: a \to A$ through which $\mathfrak{a}$ was defined. The order h is a multiple of the degree g: $h = gt$.*

The matrices A of degree g are linear mappings in a g-dimensional vector space $\mathbf{P}$. The regular representation $(\mathfrak{A})$ associates with A the linear mapping

$$(A): \quad X \to X' = AX$$

whose argument X varies within the linear set $\mathfrak{A}$ that here appears as an h-dimensional vector space ϱ. Let us pick out an irreducible invariant subspace ϱ_1 of ϱ. ϱ_1 is similar to $\mathbf{P}$ under their respective transformations (A) and A. Indeed, let A^0 be an element $\neq 0$ in ϱ_1 and $\mathfrak{e}$ a vector in $\mathbf{P}$ such that $A^0\mathfrak{e} \neq 0$. The formula $\mathfrak{x} = X\mathfrak{e}$ (X in ϱ_1) maps ϱ_1 on an invariant subspace $\varrho_1\mathfrak{e}$ of $\mathbf{P}$ by the similarity $X \to \mathfrak{x}$; for $X \to \mathfrak{x}$ entails $AX \to A\mathfrak{x}$. The subspace $\varrho_1\mathfrak{e}$ is either zero or the whole space $\mathbf{P}$, because of the irreducibility of $\mathfrak{A}$. The first possibility is here excluded by $A^0\mathfrak{e} \neq 0$. In the remaining case the similarity $X \to \mathfrak{x}$ is a one-to-one correspondence between ϱ_1 and $\mathbf{P}$ due to the irreducibility of ϱ_1. This proves that any irreducible part of $(\mathfrak{A})$ is equivalent to the representation $\mathfrak{A}$. There exists an element I_1 in ϱ_1 such that $\mathfrak{e} = I_1\mathfrak{e}$. Because of the invariance of ϱ_1, the matrix XI_1 lies in ϱ_1 for every matrix X in ϱ; since both matrices X and XI_1 change $\mathfrak{e}$ into the same vector $\mathfrak{x} = X\mathfrak{e}$ they must coincide for an X lying in ϱ_1; in particular $I_1 I_1 = I_1$. The formula

$$X = XI_1 + (X - XI_1) = X_1 + Y_1$$

decomposes ϱ into two independent invariant subspaces: ϱ_1 with the idempotent generator I_1, and a remainder ϱ_1^* consisting of all matrices of the form $Y_1 = X - XI_1$. The elements X_1 and Y_1 of ϱ_1 and ϱ_1^* obey the relations $X_1 I_1 = X_1$, $Y_1 I_1 = 0$, respectively. Continuation of this process leads to the decomposition of the regular representation into irreducible parts each of which is equivalent to the representation $\mathfrak{A}$:

$$X_1 = XI_1, \qquad Y_1 = X - XI_1; \qquad X_2 = Y_1 I_2^*, \qquad Y_2 = Y_1 - Y_1 I_2^*;$$

and so on. Hence the regular representation $(\mathfrak{a})$ is a multiple t of $\mathfrak{A}$ and $h = tg$.

We have constructed the decomposition $\varrho = \varrho_1 + \varrho_2 + \cdots + \varrho_t$:

$$X = X_1 + X_2 + \cdots = XI_1 + (X - XI_1)I_2^* + \cdots$$
$$= XI_1 + XI_2 + \cdots ;$$
$$I_1 = I_1, \qquad I_2 = I_2^* - I_1 I_2^*, \cdots .$$

As XI_α is the component X_α of X lying in ϱ_α we have

$$I_\beta I_\alpha = 0 \text{ for } \beta \neq \alpha, \qquad I_\alpha I_\alpha = I_\alpha .$$

The sum

$$I = I_1 + I_2 + \cdots + I_t$$

satisfies the equation $XI = X(X \text{ in } \mathfrak{A})$, in particular $II = I$. All vectors $\mathfrak{y}$ carried by I into zero: $I\mathfrak{y} = 0$, form an invariant subspace of $\mathbf{P}$ because of

$$X\mathfrak{y} = XI\mathfrak{y} = 0 \qquad (X \text{ in } \mathfrak{A}).$$

Hence either all vectors $\mathfrak{y}$ fulfill this equation, or the vector $\mathfrak{y} = 0$ only. The first possibility would result in the trivial case once and for all excluded. Since $\mathfrak{y} = \mathfrak{x} - I\mathfrak{x}$ satisfies the equation $I\mathfrak{y} = 0$, the other alternative leads to the identity $\mathfrak{x} = I\mathfrak{x}$, proving I to be the unit matrix E.

One may add to our theorem the statement that *every k-representation of* $\mathfrak{a}$ *decomposes into irreducible parts equivalent to the representation* $\mathfrak{A}$. This is an immediate consequence of the general proposition:

THEOREM (1.2-C). *If the regular representation* $(\mathfrak{a})$ *of an algebra* $\mathfrak{a}$ *decomposes into irreducible parts* $\mathfrak{A}_1, \mathfrak{A}_2, \cdots$, *then every representation decomposes into parts each of which is equivalent to one of the* $\mathfrak{A}_i$.

PROOF: We assumed that $\mathfrak{a}$, considered as the space ϱ of the regular representation, decomposes into irreducible invariant subspaces $\varrho_1, \varrho_2, \cdots, \varrho_t$. Let $\mathfrak{x}$ be the generic vector and $\mathfrak{e}_1, \cdots, \mathfrak{e}_g$ a coordinate system of the space $\mathbf{P}$ of the given representation

$$\mathfrak{A}: \quad a \rightarrow A = A(a).$$

Again, $\mathfrak{x}' = a\mathfrak{x}$ shall mean $\mathfrak{x}' = A(a)\mathfrak{x}$ and $\varrho_\alpha\mathfrak{e}$ denotes the set of all vectors $\mathfrak{x} = x\mathfrak{e}$ $(x \text{ in } \varrho_\alpha)$. We then form the table

$$\varrho_1\mathfrak{e}_1, \cdots, \varrho_t\mathfrak{e}_1,$$

$$\varrho_1\mathfrak{e}_g, \cdots, \varrho_t\mathfrak{e}_g.$$

Going through it as one reads the words in a book, and applying essentially the same argument as in the case of the division algebra, we obtain the sought-for decomposition of $\mathbf{P}$.

(1.3) We now pass to the relationship of this analysis to the commutator idea. It springs from the following source:

THEOREM (1.3-A). *If the algebra* $\mathfrak{a}$ *contains a unit element e, the only linear transformations that commute with all transformations* $(a)\colon x \to x' = ax$ *are of the form* $x \to y = xb$ *(b an element in* $\mathfrak{a}$*).*

Indeed, if $y = B(x)$ is such a commutator, we must have by definition

$$(1.31) \qquad\qquad B(ax) = a \cdot B(x).$$

Put $B(e) = b$ and apply (1.31) to $x = e$: one thus gets the formula desired, $B(a) = ab$, for every a.

When we designate by $\mathfrak{a}'$ the *inverse algebra* of $\mathfrak{a}$ differing from $\mathfrak{a}$ in that the product of two elements a and b is now defined as ba rather than ab, we may express our result thus: *The commutator algebra of the regular representation of* $\mathfrak{a}$ *is the regular representation of* $\mathfrak{a}'$; the relationship is hence *mutual*.

This applies in particular to a division algebra $\mathfrak{a}$; then both regular representations $(\mathfrak{a})$ and $(\mathfrak{a}')$ are irreducible.

We take up again our *simple algebra* $\mathfrak{A}$ or $\mathfrak{a}$. The commutator algebra $\mathfrak{B}$ of $\mathfrak{A}$ is *in abstracto* a division algebra $\mathfrak{b}$ (of order d), hence *in concreto* a multiple $t(\mathfrak{b})$ of $\mathfrak{b}$'s regular representation $(\mathfrak{b})$: the generic matrix of $\mathfrak{B}$ has the form

$$\left\|\begin{array}{ccc} B & & \\ & \ddots & \\ & & B \end{array}\right\| \quad (t \text{ rows})$$

where B varies over all the operators

$$(b)\colon \quad x \to x' = bx \quad (x \text{ variable in } \mathfrak{b})$$

belonging to the elements b of $\mathfrak{b}$. Hence $g = \dot{d} \cdot t$. The commutator algebra $\mathfrak{A}^*$ of $\mathfrak{B}$ consists of all matrices of the form

$$\left\|\begin{array}{ccc} A_{11} & \cdots & A_{1t} \\ \cdots\cdots\cdots \\ A_{t1} & \cdots & A_{tt} \end{array}\right\|,$$

where each A_{ik} is an operator

$$x \to x' = xb \quad (b \text{ in } \mathfrak{b})$$

of the regular representation $(\mathfrak{b}')$ of the inverse division algebra $\mathfrak{b}'$. This we express by the equation

$$(1.32) \qquad\qquad \mathfrak{A}^* = (\mathfrak{b}')_t.$$

$\mathfrak{A}^*$ evidently contains $\mathfrak{A}$. The fact that *it does not extend beyond* $\mathfrak{A}$ can be established by the following simple indirect argument. Were $\mathfrak{A}^*$ really larger than $\mathfrak{A}$, then the same would be true for any multiple of $\mathfrak{A}$, in particular for the regular representation $(\mathfrak{a})$ of $\mathfrak{a}$ contrary to Theorem (1.3-A), which shows that $(\mathfrak{a})$ and $(\mathfrak{a}')$ are *mutual* commutators. Thus we are enabled to replace the equality (1.32) by *Wedderburn's theorem*:*

$$(1.33) \qquad\qquad \mathfrak{A} = (\mathfrak{b}')_t.$$

---

*This shortcut to Wedderburn's theorem was pointed out to me by R. Brauer.

THEOREM (1.3-B). *The relationship of a simple matrix algebra $\mathfrak{A}$ and its commutator algebra $\mathfrak{B}$ is mutual: $\mathfrak{A}$ is the full commutator algebra of $\mathfrak{B}$. $\mathfrak{B}$ is expressed in terms of a division algebra $\mathfrak{d}$ of order d as $t \cdot (\mathfrak{d})$, $\mathfrak{A}$ as $(\mathfrak{d}')_t$. Besides $h = tg$ we have $g = dt$, hence $h = dt^2$.*

From this follow two important consequences:

THEOREM (1.3-C). (Burnside.) *An irreducible $\mathfrak{A}$ of degree g whose only commutators are multiples αE of the unit matrix E (case $d = 1$) contains g^2 independent matrices (and is therefore irreducible in any field K over k; "absolute irreducibility").*

THEOREM (1.3-D). (Criterion for irreducibility preserved.) *The $\mathfrak{A}$ irreducible in k stays irreducible in a field K over k if its commutator algebra in K (as well as in k) is a division algebra.*

Indeed, our equation

$$\mathfrak{A} = (\mathfrak{d}')_t$$

at once leads to

$$\mathfrak{A}_K = (\mathfrak{d}'_K)_t$$

for the extensions to K. Under the assumption that $\mathfrak{d}_K$ and hence $\mathfrak{d}'_K$ is a division algebra, its regular representation $(\mathfrak{d}'_K)$ is irreducible in K and then so is $(\mathfrak{d}'_K)_t$.—The necessity of our criterion which has thus been shown to be sufficient is warranted by Schur's lemma.

The full reciprocity between algebra and commutator algebra is not reached before we pass from the irreducible representation $\mathfrak{A}$ of our simple algebra $\mathfrak{a}$ to a multiple $s\mathfrak{A}$. For this algebra $s \cdot (\mathfrak{d}')_t$ we readily find $t \cdot (\mathfrak{d})_s$ as its commutator algebra. The structure of the generic elements of our two algebras is indicated by the schemes

$$(1.34)\qquad
\begin{array}{|cc|cc|}
\hline
\begin{matrix} A_{11} \cdots A_{1t} \\ \cdots\cdots\cdots \\ A_{t1} \cdots A_{tt} \end{matrix} & 0 & & \\
\hline
0 & \begin{matrix} A_{11} \cdots A_{1t} \\ \cdots\cdots\cdots \\ A_{t1} \cdots A_{tt} \end{matrix} & & \\
\hline
\end{array}
\qquad
\begin{array}{|cc|cc|}
\hline
\begin{matrix} B_{11} \cdots 0 \\ \cdots\cdots\cdots \\ 0 \cdots B_{11} \end{matrix} & \begin{matrix} B_{12} \cdots 0 \\ \cdots\cdots\cdots \\ 0 \cdots B_{12} \end{matrix} \\
\hline
\begin{matrix} B_{21} \cdots 0 \\ \cdots\cdots\cdots \\ 0 \cdots B_{21} \end{matrix} & \begin{matrix} B_{22} \cdots 0 \\ \cdots\cdots\cdots \\ 0 \cdots B_{22} \end{matrix} \\
\hline
\end{array}$$

where all A_{ik} vary independently in $(\mathfrak{d}')$, all $B_{\alpha\beta}$ in $(\mathfrak{d})$; $i, k = 1, \cdots, t$; $\alpha, \beta = 1, \cdots, s$.

THEOREM (1.3-E). *A representation $\mathfrak{A}$ of a simple algebra has as its commutator a matrix algebra $\mathfrak{B}$ of the same type. The relationship is mutual: $\mathfrak{A}$ is the commutator algebra of $\mathfrak{B}$. More exactly, the structure is described by*

$$\mathfrak{A} = s \cdot (\mathfrak{d}')_t\,. \qquad \mathfrak{B} = t \cdot (\mathfrak{d})_s$$

where $\mathfrak{d}$ is an (abstract) division algebra of order d. The degree of $\mathfrak{A}$ and $\mathfrak{B}$ equals $d \cdot st$, order of $\mathfrak{A} = d \cdot t^2$, order of $\mathfrak{B} = d \cdot s^2$.

[The appendix 7 treats the automorphisms of algebras $\mathfrak{A}$ of the type here considered. Though we have no need for the facts there expounded, they follow so easily and naturally from our considerations that I could not resist the temptation of completing my account by their statement and proof.]

(1.4) Our next concern is a natural generalization of matrix algebras: the elements a may be n-uples

$$a = (A_1, A_2, \cdots, A_n)$$

of matrices in k, each component A_i being a matrix of prescribed degree g_i. Such elements may be added and multiplied among each other and multiplied by numbers in k by performing these operations on the several components separately. We want to study algebras $\mathfrak{a}$ in k consisting of such elements a. Each component like $A_1 = A_1(a)$ defines a representation $\mathfrak{A}_1$ of $\mathfrak{a}$: $a \to A_1$. The second part of Schur's lemma states that every matrix B in k satisfying the relation

$$A_1(a)B = BA_2(a)$$

identically in a must be zero provided the two component representations $\mathfrak{A}_1$ and $\mathfrak{A}_2$ are irreducible and inequivalent. We prove:

THEOREM (1.4-A). *If the component representations of an n-uple matrix algebra $\mathfrak{a}$ are irreducible and inequivalent, then the n components A_i are independent of each other. (The regular representation of $\mathfrak{a}$, and hence every representation, is decomposable into irreducible parts each equivalent to one of the component representations.)*

The asserted "independence" may be formulated in different manners; the simplest formulation is perhaps as follows: if

$$a = (A_1, A_2, \cdots, A_n)$$

is contained in $\mathfrak{a}$, then the same holds for

$$
\begin{aligned}
a_1 &= (A_1, 0, \cdots, 0), \\
&\cdots\cdots\cdots\cdots\cdots\cdots\cdots \\
a_n &= (0, 0, \cdots, A_n).
\end{aligned}
$$

(1.41)

Or: with a varying over $\mathfrak{a}$, each component $A_i(a)$ varies *independently* over its whole range $\mathfrak{A}_i$; or: $\mathfrak{a}$ is the direct sum of the algebras $\mathfrak{A}_i$.

The proof follows exactly the lines laid out in the proof of Theorem (1.2-B). In an irreducible invariant subspace ϱ_1 of ϱ we picked out an element $a^0 \neq 0$. At least one of its n components A_i^0, let us say A_1^0, is $\neq 0$. We then chose a vector $\mathfrak{e}$ such that $A_1^0 \mathfrak{e} \neq 0$, and concluded that ϱ_1 is similar to the first component space, i.e. the representation space of $\mathfrak{A}_1$ (or that the representation induced by the regular one in ϱ_1 is equivalent to $\mathfrak{A}_1$). We now add this little remark: For no element a in ϱ_1 can the second component A_2 be $\neq 0$. For then, starting with such an a instead of a^0 we should find that ϱ_1 is similar to the second component space, which is impossible because of the inequivalence of $\mathfrak{A}_1$ and $\mathfrak{A}_2$. After the decomposition of ϱ into irreducible invariant subspaces $\varrho_1, \varrho_2, \cdots$ we unite those that are similar to the first component space, those similar to the second component space, and so on, and we thus arrive at the desired decomposition into independent components of form (1.41).

We finally consider a k-algebra $\mathfrak{a}$ of matrices in k which is decomposable into irreducible parts. Writing the equivalent ones among them alike, the generic element a breaks up into "blocks" of the kind:

$$\begin{array}{|c|}
\hline
\begin{matrix} A_i(a) & & & \\ & \cdot & & \\ & & \cdot & \\ & & & \cdot \\ & & & A_i(a) \end{matrix} \\
\hline
\end{array} \qquad (i = 1, \cdots v) ,$$

where

$$\mathfrak{A}_i : a \to A_i(a)$$

are irreducible and mutually inequivalent representations. The second part of Schur's lemma shows that each commutator breaks up into blocks of the same size. Together with our proposition concerning the independence of the several blocks in a, this leads to the culminating result[3] of our whole investigation:

THEOREM (1.4-B). *If a k-algebra $\mathfrak{A}$ of matrices in k is decomposable into irreducible parts, so is its commutator algebra $\mathfrak{B}$. $\mathfrak{A}$ is conversely the commutator algebra of $\mathfrak{B}$. Their structure is described by formulas*

$$\mathfrak{A} = \sum_{i=1}^{v} s_i(\mathfrak{b}_i')_{t_i} , \qquad \mathfrak{B} = \sum_{i=1}^{v} t_i(\mathfrak{b}_i)_{s_i}$$

where $\mathfrak{b}_i$, $\mathfrak{b}_i'$ are inverse (abstract) division algebras.

2. The Associated Linear Set and Algebra of a Riemann Matrix

(2.1) Two fields play a decisive part for Riemann matrices: the field k of *rational numbers* and that K of *real numbers*. One may replace k by any "real" field in the sense of the Artin-Schreier theory,[4] and K by a really closed real field over k; a real field k is of characteristic 0. No peculiar traits beyond that shall be made use of in our discussions, but it is pleasant to be able to refer to numbers in k and K respectively as "rational" and "real" numbers.

Let C be a symmetric or skew-symmetric non-singular rational matrix of

---

[3] Attributed to Rabinowitsch by v. d. Waerden, *Gruppen von linearen Transformationen*, Berlin, 1935, p. 53.

[4] *Abhandlungen Math. Sem. Hamburg*, vol. **5** (1926), pp. 85–99.

degree g, and $S = \|\, s_{ij}\, \|$ a symmetric real and positive-definite matrix of the same degree, i.e. one whose corresponding quadratic form

$$\sum_{i,\,j=1}^{g} s_{ij}\, x_i\, x_j$$

of the g real variables x_i is positive-definite. Then

$$(2.11) \qquad\qquad R = C^{-1}\, S$$

is called a (*generalized*) *Riemann matrix*. The two cases $C' = \pm\, C$ are distinguished by the attribute *even* or *odd*. If the rational matrix A commutes with R, the Riemann matrix R is said to allow the *complex multiplication A* (it would probably be better to substitute the word "matric" for complex). About the significance of this concept for Riemann surfaces and their integrals, the necessary information is to be found in my note referred to above; we are concerned with the natural generalization of the problem of complex multiplication for elliptic functions from the genus 1 to arbitrary genus.

By a transformation U with rational coefficients one may introduce a new "rational" coördinate system in the underlying vector space. R is then changed into the equivalent $U^{-1}R\,U$, whereas C and S are to be transformed according to:

$$C \to U'\, C\, U\,, \qquad S \to U'\, S\, U\,.$$

The relation (2.11) or

$$(2.12) \qquad\qquad CR = S$$

as well as the symmetries

$$(2.13) \qquad\qquad C' = \pm\, C\,, \qquad S' = S$$

are then preserved. Later on we shall have occasion to use other "real" coördinate systems besides the rational ones. The positive-definite character of S has the consequence that (in an arbitrary real coördinate system) if we cut S:

$$S = \left\|\begin{array}{cc} S_{11} & S_{12} \\ S_{21} & S_{22} \end{array}\right\|$$

then not only S but the principal minors S_{11}, S_{22} as well are non-singular (and positive-definite).

(2.2) The first step one can take is to substitute for R the *smallest linear k-set Λ of matrices in k whose extension Λ_K to K contains R*. I call Λ the *associated linear set*. It provides the most complete reagent for the rational properties of R; for it exhibits them all while automatically extinguishing the transcendental features of R which the algebraist is so anxious to forget about. Two Riemann matrices whose associated linear sets are (rationally) equivalent may therefore be named *kindred* matrices. This closest rational kinship by no means implies the rational equivalence of the Riemann matrices themselves. The existence of a common cross-cut Λ of all linear k-sets of matrices in k, whose extension to K contains R, is established by the following considerations.

Let $L_1, \cdots, L_l$ and $M_1, \cdots, M_m$ be the bases of two such linear k-sets Λ and $\mathbf{M}$:

$$R = x_1^0 L_1 + \cdots + x_l^0 L_l = y_1^0 M_1 + \cdots + y_m^0 M_m$$

(x_i^0, y_k^0 real numbers). The solutions $(x_i; y_k)$ of the linear equations

$$x_1 L_1 + \cdots + x_l L_l = y_1 M_1 + \cdots + y_m M_m$$

with rational coefficients have a base consisting of *rational* solutions. When we express the particular solution $(x_i^0; y_k^0)$ as a linear combination of them, we express R as a linear combination of matrices common to Λ and $\mathbf{M}$.

Some obvious properties of the associated set Λ of base $L_1, \cdots, L_l$ are readily ascertained. The symmetry of (2.12) together with $C' = \pm C$ yields

$$(2.21) \qquad\qquad R' C = \pm C R .$$

From every matrix L of Λ we form L_* by

$$(2.22) \qquad\qquad L_*' = C L C^{-1} .$$

The extension to K of the linear set Λ_* thus obtained, involves R according to (2.21); hence $\Lambda \prec \Lambda_*$ and then $\Lambda = \Lambda_*$ because the order of Λ_* equals that of Λ; or the linear process $L \to L_*$ carries each L of Λ into an L_* of Λ again. (2.22) may be written in both forms:

$$(2.23) \qquad\qquad L_*' C = CL \quad \text{or} \quad CL_* = L'C$$

owing to $C' = \pm C$. Hence the same operation $L \to L_*$ carries L_* back into L and is therefore an *involution*. A rational commutator A of R is at the same time a commutator of Λ. Indeed, the solutions x_i of the rational linear equations $AL = LA$ for the generic element L of Λ_K:

$$L = x_1 L_1 + \cdots + x_l L_l$$

have a rational base. We thus determine a linear subset within Λ whose elements L satisfy $AL = LA$ and whose extension to K includes R. The minimum property of Λ requires the subset to exhaust Λ. Adding a remark of similarly obvious nature, we sum up:

THEOREM (2.2-A). *All linear k-sets of matrices in k whose extension to K involves R, have a common cross-cut of the same property, $\Lambda = \{L\}$, the associated linear set. Λ allows a linear involution $L \to L_*$ as defined by (2.22). The rational commutators of R and Λ coincide. Any rational reduction of R goes hand-in-hand with a parallel reduction of Λ and vice versa.*

The first non-trivial and encouraging fact about Riemann matrices is Poincaré's theorem of reduction:

THEOREM (2.2-B). *The associated set Λ of a Riemann matrix R is decomposable into irreducible parts.*

PROOF: With respect to a given reduction of $\Lambda = \{L\}$:

$$L = \left\| \begin{matrix} L_{11} & 0 \\ L_{21} & L_{22} \end{matrix} \right\|, \qquad R = \left\| \begin{matrix} R_{11} & 0 \\ R_{21} & R_{22} \end{matrix} \right\|$$

we write

$$C = \left\| \begin{matrix} C_{11} & C_{12} \\ C_{21} & C_{22} \end{matrix} \right\|, \qquad S = \left\| \begin{matrix} S_{11} & S_{12} \\ S_{21} & S_{22} \end{matrix} \right\|$$

$C_{22} R_{22} = S_{22}$ proves C_{22} to be non-singular. We infer from the equation $L'_* C = CL$ for

$$L'_* = \left\| \begin{matrix} L^*_{11} & L^*_{12} \\ 0 & L^*_{22} \end{matrix} \right\|, \qquad L = \left\| \begin{matrix} L_{11} & 0 \\ L_{21} & L_{22} \end{matrix} \right\|$$

the two relations

$$L^*_{22} C_{22} = C_{22} L_{22} ,$$

$$L^*_{22} C_{21} = C_{21} L_{11} + C_{22} L_{21} .$$

One substitutes $L^*_{22} = C_{22} L_{22} C_{22}^{-1}$ from the first into the second equation, and gets

$$L_{22} C_{22}^{-1} C_{21} - C_{22}^{-1} C_{21} L_{11} = L_{21} .$$

This shows that the rational transformation

$$\left\| \begin{matrix} E & 0 \\ B & E \end{matrix} \right\|, \qquad B = C_{22}^{-1} C_{21}$$

effects the desired decomposition:

$$\left\| \begin{matrix} E & 0 \\ B & E \end{matrix} \right\| \cdot \left\| \begin{matrix} L_{11} & 0 \\ L_{21} & L_{22} \end{matrix} \right\| = \left\| \begin{matrix} L_{11} & 0 \\ 0 & L_{22} \end{matrix} \right\| \cdot \left\| \begin{matrix} E & 0 \\ B & E \end{matrix} \right\| .$$

After this has been accomplished:

$$L = \left\| \begin{matrix} L_1 & 0 \\ 0 & L_2 \end{matrix} \right\|, \qquad R = \left\| \begin{matrix} R_1 & 0 \\ 0 & R_2 \end{matrix} \right\|,$$

and the relations

$$C_{11} R_1 = S_{11}, \qquad\qquad C_{22} R_2 = S_{22}$$

show that the parts R_1, R_2 are Riemann matrices.

(2.3) There is no machinery ready for handling linear matrix sets. However, when we remember that a matrix A commuting with two matrices L_1 and L_2

also commutes with $L_1 L_2$, we are led to replace Λ by its algebraic closure $\mathfrak{L}$ in k. It arises when we form products of any number of elements of Λ and their linear combinations. $\mathfrak{L}$ is called *the associated algebra of R*, and two Riemann matrices are *associated* when they possess the same or equivalent associated algebras. This "association" is much weaker than the "kinship" before mentioned; many finer rational traits of R are effaced by substituting for Λ its embedding algebra $\mathfrak{L}$—the smallest k-algebra of k-matrices whose extension to K includes R. We thus take refuge in the mathematician's usual makeshift: if one can't solve a problem, one dilutes it so that one can. We have one strong excuse, however, in our case: we retain enough for the treatment of the problem of "matric multiplication." It is evident that the involutorial operation $L \to L_*$ defined by (2.22) takes place within $\mathfrak{L}$ as well as in Λ. Considered as an operation in the abstract algebra $\mathfrak{l}$ it is an involutorial anti-automorphism satisfying the rules

$$(p + q)_* = p_* + q_*, \qquad (\alpha p)_* = \alpha p_*, \qquad (pq)_* = q_* p_*$$

$$(p,\ q \text{ elements in } \mathfrak{l},\ \alpha \text{ a number in } k).$$

An algebra allowing an anti-automorphic involution $p \to p_*$ may be called *involutorial*. The *even* and *odd* elements are those satisfying the equations $p_* = p$, $p_* = -p$ respectively. Each element is the sum of an even and an odd element:

$$p = \tfrac{1}{2}(p + p_*) + \tfrac{1}{2}(p - p_*).$$

R is an even or odd element in the closure $\mathfrak{L}_K$ according as R is an even or odd Riemann matrix.

THEOREM (2.3). *The associated algebra $\mathfrak{L}$ of a Riemann matrix R is an involutorial algebra and decomposable into irreducible parts, each of which is associated with its own (rationally irreducible) Riemann matrix. The rational commutator algebra $\mathfrak{A}$ of $\mathfrak{L}$ coincides with that of R. Vice versa $\mathfrak{L}$ is the commutator algebra of $\mathfrak{A}$.*

The last remark, an immediate consequence of Theorem (1.4-B), affords a new definition of the associated algebra from which its properties could equally easily have been derived, and it shows that $\mathfrak{L}$ and $\mathfrak{A}$ both encompass exactly the same amount of information about the rational nature of R. Since

$$AL = LA \qquad \text{implies} \qquad L'A' = A'L',$$

$\mathfrak{A}$ as well as $\mathfrak{L}$ is involutorial, the involution in $\mathfrak{A}$: $A \to A^*$ being defined by the same equation (2.22):

$$A'_* = CAC^{-1}.$$

Our analysis of the structure of a fully decomposable matrix algebra $\mathfrak{L}$, by warranting the inequivalent irreducible parts to be independent variables, reduces the problem without any loss to the case of a rationally irreducible R and $\mathfrak{L}$. Thus for the rest of the paper we assume R as a *pure*, i.e. irreducible, Riemann matrix. *Our chief problem is to ascertain the necessary and sufficient conditions that a given algebra $\mathfrak{L}$ is a Riemann algebra, namely an algebra associated with some pure Riemann matrix R.*

3. Splitting Fields and Factor Sets, both Absolute and Relative

After the easy advance through open territory, the battle now starts in earnest. We had better put in place, therefore, our big guns: splitting field and factor set.

(3.1) First, some preliminary remarks about algebraic extensions of the reference field k (of characteristic 0).

An irreducible equation $f(x) = 0$ of degree n with coefficients in k determines a field $k(\vartheta)$ of degree n; $f(\vartheta) = 0$. Each number η in $k(\vartheta)$ is of the form

$$(3.11) \qquad \eta = e_0 + e_1\vartheta + \cdots + e_{n-1}\vartheta^{n-1} \qquad (e_i \text{ in } k).$$

In some field over k, $f(x)$ breaks up into n different linear factors:

$$f(x) = \prod_{\alpha=1}^{n} (x - \vartheta_\alpha).$$

We have the n *conjugations* $\vartheta \to \vartheta_\alpha$ sending η, (3.11) over into

$$(3.12) \qquad \eta_\alpha = e_0 + e_1\vartheta_\alpha + \cdots + e_{n-1}\vartheta_\alpha^{n-1}.$$

The n fields $k(\vartheta_\alpha)$ are, as it were, copies of the model $k(\vartheta)$ which no one can algebraically tell apart; each field does exactly the same as the other, like show girls in a parade. When looked upon as a linear transformation between variables e_i and η_α the Vandermonde transformation (3.12), V_n, is non-singular.

Two pairs of indices (α, β) and (α', β') are *conjugate* when a permutation of the Galois group carries ϑ_α, ϑ_β into $\vartheta_{\alpha'}$, $\vartheta_{\beta'}$; or when each polynomial $F(x, y)$ in k vanishing for $x = \vartheta_\alpha$, $y = \vartheta_\beta$ also vanishes for $\vartheta_{\alpha'}$, $\vartheta_{\beta'}$. A number

$$\eta_{\alpha\beta} = G(\vartheta_\alpha, \vartheta_\beta)$$

in $k(\vartheta_\alpha, \vartheta_\beta)$ then has a definite conjugate $\eta_{\alpha'\beta'} = G(\vartheta_{\alpha'}, \vartheta_{\beta'})$ not affected by what is arbitrary in the choice of the polynomial $G(x, y)$ in k. A double set

$$\eta_{\alpha\beta} \qquad\qquad (\alpha, \beta = 1, \cdots, n)$$

is called a *conjugate set* provided each $\eta_{\alpha\beta}$ lies in $k(\vartheta_\alpha, \vartheta_\beta)$, and $\eta_{\alpha\beta}$ and $\eta_{\alpha'\beta'}$ are conjugate whenever the two pairs (α, β) and (α', β') are conjugate. It is readily seen that such a conjugate set may be represented by a formula

$$(3.13) \qquad \eta_{\alpha\beta} = \sum_{i,j=0}^{n-1} e_{ij}\vartheta_\alpha^i \vartheta_\beta^j \qquad (e_{ij} \text{ in } k).$$

Nevertheless our original and less formal definition is preferable in view of its easier management. Analogous definitions apply to triple sets, and so on.

A subfield κ of $k(\vartheta)$ over k of degree v determines a partition of the indices α into v classes Γ of m "coördinated" indices each: α and β are called coördinated if $\eta_\alpha = \eta_\beta$ for all numbers η in κ. Any given coördination of the n indices into classes can thus be generated provided coördination is not destroyed by conjugation: whenever α, β are coördinated and the pair (α', β') is conjugate to (α, β), we suppose that then α', β' are coördinated also.

The term "conjugate double set" $\eta_{\alpha\beta}$ (or triple set, and so on) keeps a definite meaning if we assume $\eta_{\alpha\beta}$ to be defined merely for coördinated subscripts α, β; we then speak of a *conjugate set over* κ. Instead of (3.13) it is more convenient to use a representation

$$(3.14) \qquad \eta_{\alpha\beta} = \sum_{i,j=0}^{m-1} e_\Gamma^{i\,j}\, \vartheta_\alpha^i\, \vartheta_\beta^j$$

where e^{ij} is a number in κ and $e_\Gamma^{i\,j}$ denotes the conjugate $e_\alpha^{i\,j} = e_\beta^{i\,j} = \cdots$ for the class $\Gamma = \alpha, \beta, \cdots$ of coördinated indices.

(3.2) Let $\mathfrak{l}$ be a *simple algebra* in k of order h and $\mathfrak{L}: l \to L$ its irreducible faithful representation of degree g by which $\mathfrak{l}$ was defined; $h = tg$. I. Schur constructed the *splitting field* in the following manner.[5]

We take a rational commutator A of $\mathfrak{L}$. Since every root ϑ of the characteristic polynomial $\varphi(z)$ of A satisfies the equation $| A - \vartheta E | = 0$ the relation $|\psi(A)| = 0$ holds for every factor $\psi(z)$ of $\varphi(z)$; we suppose that $\psi(z)$ lies in k and is irreducible in k. But then as the commutator algebra $\mathfrak{A}$ of the irreducible $\mathfrak{L}$ is a division algebra, not only the determinant but the matrix $\psi(A)$ itself must vanish. In the g-dimensional vector space $\mathbf{P}$ where A represents a linear substitution, we choose an arbitrary vector $\mathfrak{e} \neq 0$ (with rational coefficients) and form successively

$$\mathfrak{e}_0 = \mathfrak{e}, \qquad \mathfrak{e}_1 = A\mathfrak{e}_0, \qquad \mathfrak{e}_2 = A\mathfrak{e}_1, \cdots.$$

If ψ is of degree n, one derives from the equation $\psi(A) = 0$ and the irreducibility of ψ the fact that the vectors $\mathfrak{e}_0, \mathfrak{e}_1, \cdots, \mathfrak{e}_{n-1}$ span an n-dimensional subspace $\mathbf{P}_1$ of $\mathbf{P}$ which is invariant with respect to A and in which $\psi(z)$ is the characteristic polynomial of A. Starting with a vector $\mathfrak{e}_0'$ not contained in $\mathbf{P}_1$, the same procedure furnishes a second independent subspace $\mathbf{P}_2$ in which the same is true; and so forth. Therefore one must have

$$\varphi(z) = (\psi(z))^f, \qquad g = fn.$$

If

$$\psi(z) = \prod_{\alpha=1}^{n} (z - \vartheta_\alpha)$$

the matrix of the transformation A of $\mathbf{P}_1$, when expressed in the coördinate system $\mathfrak{e}_0, \mathfrak{e}_1, \cdots, \mathfrak{e}_{n-1}$, is changed by the Vandermonde transformation (3.12), V_n, into the diagonal matrix

$$\left\|\begin{array}{ccc} \vartheta_1 & & \\ & \ddots & \\ & & \vartheta_n \end{array}\right\|.$$

---

[5] *Transactions Amer. Math. Soc.* (2) **15** (1909), p. 159.

The result is this: in an "irrational" coördinate system changing into a rational one by the Vandermonde transformation $V_n \times E_f$, the matrix A appears as the diagonal matrix of the roots

$$\vartheta_1, \cdots, \vartheta_1, \vartheta_2, \cdots, \vartheta_2, \cdots, \vartheta_n, \cdots, \vartheta_n \qquad \text{(each root } f \text{ times)}.$$

Since the ϑ_α are all distinct, the generic element L of $\mathfrak{L}$, since it satisfies the equation $AL = LA$, splits up in the same coördinate system in the following way:

$$\left\| \begin{matrix} L_1 & & \\ & \ddots & \\ & & L_n \end{matrix} \right\| \sim L,$$

where $L_\alpha = L(\vartheta_\alpha)$ are conjugate matrices of degree f in the conjugate fields $k(\vartheta_\alpha)$. ($\sim$ stands for: "changes into ... by the Vandermonde transformation $V_n \times E_f$.") The L_α form the algebra $\mathfrak{L}_\alpha$; the algebra of the $L(\vartheta)$ may be designated by $\mathfrak{L}(\vartheta)$ if ϑ is any one of the roots ϑ_α, no matter which. $\mathfrak{L}(\vartheta)$ is irreducible in $k(\vartheta)$ because a reduction in $k(\vartheta)$ would result in a rational reduction of $\mathfrak{L}$.

The number field $k(\vartheta)$ is isomorphic to the field $k(a)$ consisting of the polynomials of $a = A$ with coefficients in k. If we have an element $b = B$ in the commutator algebra $\mathfrak{A}$ commuting with a, the splitting can be pushed forward, for then, in the irrational coördinate system just introduced, B decomposes like L into conjugate matrices B_α; B_α is a commutator of $\mathfrak{L}_\alpha$. In applying the above consideration on B_α rather than on A and in the field $k(\vartheta_\alpha)$ instead of k, we bring B_α into diagonal form and obtain a corresponding splitting of L_α. Only then the splitting made no headway when b belongs to the field $k(a)$. In this manner one finally arrives by successive adjunctions of elements a of $\mathfrak{A}$ commutable among each other, at a *maximal* a which has the property that each element b of $\mathfrak{A}$ commutable with a lies in $k(a)$. Our notations shall now refer to such a maximal a; the number field $k(\vartheta)$ isomorphic to $k(a)$ is then called a *splitting field*. Under these circumstances the multiples of the unit matrix are the only matrices commuting with all members $L(\vartheta)$ of the $k(\vartheta)$-irreducible algebra $\mathfrak{L}(\vartheta)$; hence, according to Burnside's theorem, $\mathfrak{L}(\vartheta)$ contains f^2 linearly independent matrices and is *absolutely irreducible*.

[In a more general way the field $k(\eta)$ of degree r is called a splitting field for $\mathfrak{l}$ if $\mathfrak{l}$ allows of an absolutely irreducible representation in $k(\eta)$. One readily concludes from the fact that each representation of $\mathfrak{l}$ is a multiple of the irreducible one $\mathfrak{L}$, that the degree r is a multiple of n. We shall here avail ourselves only of the splitting fields of minimum degree n derived from the commutator algebra.]

(3.3) Two of the conjugate representations $\mathfrak{L}_\alpha$, $\mathfrak{L}_\beta$ may be either equivalent or not. In the second case the equation

$$BL_\beta = L_\alpha B$$

when required to hold for all elements L has by the Schur lemma the only solution $B = 0$, in a field K involving all $k(\vartheta_\alpha)$. In the first case there exists a non-singular solution B; each solution is a multiple of B and hence either 0 or non-singular.   In particular, the equation obviously has a solution $A_{\alpha\beta} \neq 0$ lying in $k(\vartheta_\alpha, \vartheta_\beta)$, if it has a non-vanishing solution at all; $|A_{\alpha\beta}| \neq 0$.   We say that the two conjugations $\vartheta \to \vartheta_\alpha$ and $\vartheta \to \vartheta_\beta$ are coördinated provided $\mathfrak{L}_\alpha$ and $\mathfrak{L}_\beta$ are equivalent.   Since

$$(3.31) \qquad\qquad A_{\alpha\beta}L_\beta = L_\alpha A_{\alpha\beta}$$

implies

$$A_{\alpha'\beta'}L_{\beta'} = L_{\alpha'}A_{\alpha'\beta'},$$

if (α', β') is conjugate to (α, β) this coördination has the property mentioned under (3.1), and is hence being generated by a certain subfield κ of degree v, the *central field*; $n = v \cdot m$.   The quotient m is called the *Schur index* of $\mathfrak{L}$.   We are able to determine the non-singular $A_{\alpha\beta}$ such that $A_{\alpha\alpha} = E_f$ and such that they form a conjugate double set over κ.   In the future, subscripts α or $\alpha\beta$ or $\alpha\beta\gamma$ are always meant to indicate that we are concerned with a conjugate set over κ.

On passing into a field K involving all the conjugate fields $k(\vartheta_\alpha)$ one sees from Burnside's theorem and its supplement (1.4-A) that the order h of $\mathfrak{L}$ equals $v \cdot f^2$.   From this follows by means of

$$h = tg = tfn = tfvm$$

that

$$(3.32) \qquad\qquad f = tm.$$

The arbitrariness in choosing the $A_{\alpha\beta}$ consists in the possibility of replacing $A_{\alpha\beta}$ by $e_{\alpha\beta}A_{\alpha\beta}$; $e_{\alpha\alpha} = 1$, $e_{\alpha\beta} \neq 0$.

The equivalences $\mathfrak{L}_\alpha \sim \mathfrak{L}_\beta$, $\mathfrak{L}_\beta \sim \mathfrak{L}_\gamma$:

$$A_{\alpha\beta}L_\beta = L_\alpha A_{\alpha\beta}, \qquad A_{\beta\gamma}L_\gamma = L_\beta A_{\beta\gamma}$$

in the following way result in the equivalence $\mathfrak{L}_\alpha \sim \mathfrak{L}_\gamma$:

$$A_{\alpha\beta}A_{\beta\gamma} \cdot L_\gamma = L_\alpha \cdot A_{\alpha\beta}A_{\beta\gamma}.$$

Hence a relation

$$(3.33) \qquad\qquad A_{\alpha\beta}A_{\beta\gamma} = c_{\alpha\beta\gamma}A_{\alpha\gamma}$$

must hold.   The conjugate numbers $c_{\alpha\beta\gamma} \neq 0$ form the *factor set*.   From (3.33) and $A_{\alpha\alpha} = E$ follows at once

$$(3.34) \qquad\qquad \begin{cases} c_{\alpha\alpha\beta} = 1, \qquad c_{\alpha\beta\beta} = 1; \\[2mm] c_{\alpha\beta\gamma} \cdot c_{\alpha\gamma\delta} = c_{\alpha\beta\delta} \cdot c_{\beta\gamma\delta}. \end{cases}$$

If one replaces $A_{\alpha\beta}$ by $e_{\alpha\beta}A_{\alpha\beta}$ the factor set c is changed into the "equivalent" c^*:

$$c^*_{\alpha\beta\gamma} = \frac{e_{\alpha\beta}e_{\beta\gamma}}{e_{\alpha\gamma}} \cdot c_{\alpha\beta\gamma}.$$

552

The splitting field once chosen, the factor set is uniquely determined by $\mathfrak{l}$ in the sense of equivalence.

(3.4) Conversely $\mathfrak{L}$ *is uniquely determined by its factor set in the sense of equivalence.* The proof obviously must depend on ascertaining the following two facts: 1) A matrix M,

$$(3.41) \qquad \left\| \begin{array}{ccc} M_1 & & \\ & \ddots & \\ & & M_n \end{array} \right\| \sim M \,,$$

whose parts M_α form a conjugate set of matrices satisfying the equations (3.31):

$$(3.42) \qquad A_{\alpha\beta} M_\beta = M_\alpha A_{\alpha\beta}$$

necessarily lies in $\mathfrak{L}$. 2) If a second system $A_{\alpha\beta}^{*}$ satisfies the same equations (3.33) as $A_{\alpha\beta}(A_{\alpha\alpha}^{*} = E)$, then

$$(3.43) \qquad A_{\alpha\beta}^{*} = T_\alpha^{-1} A_{\alpha\beta} T_\beta$$

where T_α are conjugate non-singular matrices.

Proof of 1). M, if defined according to (3.41) by means of arbitrary matrices M_α in K which fulfill the equations (3.42), contains just the right number $v \cdot f^2$ of parameters and is hence contained in the closure $\mathfrak{L}_K$. If in addition, the M_α are conjugate matrices in $k(\vartheta_\alpha)$, the matrix M itself is rational and hence lies in $\mathfrak{L}$. [By the way, our proposition shows that the matrix L defined by $L_\alpha = \eta_\alpha E$ lies in $\mathfrak{L}$ provided η is any number of the central field; which proves that in the isomorphism $a \to \vartheta$ the central field corresponds to that subfield of $k(a)$ which consists of the centrum elements of $\mathfrak{A}$.]

Proof of 2).

$$T_\alpha = A_{\rho\alpha}^{*-1} A_{\rho\alpha}$$

satisfies the equation (3.43) for every fixed ρ (coördinated with α, β, $\cdots$); the only trouble is that this is not a matrix lying in $k(\vartheta_\alpha)$! We therefore form

$$(3.44) \qquad T_\alpha = \sum_\rho \zeta_\rho A_{\rho\alpha}^{*-1} A_{\rho\alpha}$$

by means of an arbitrary number ζ of $k(\vartheta)$ and must try to take care that the determinant $|T_\alpha| \neq 0$. When we put (Vandermonde transformation!)

$$\zeta_\rho = z_0 + z_1 \vartheta_\rho + \cdots + z_{n-1} \vartheta_\rho^{n-1}$$

the determinant $|T_1|$ is a polynomial of the variables $z_0, z_1, \cdots, z_{n-1}$ that does not vanish identically since $|T_1| = 1$ for $\zeta_1 = 1$, $\zeta_\rho = 0$ $(\rho \neq 1)$. Consequently there exist also *values* z_i *in* k for which $|T_1| \neq 0$; then the T_α are non-singular conjugate matrices. 2) in particular contains Speiser's theorem: if $A_{\alpha\beta} A_{\beta\gamma} = A_{\alpha\gamma}$, then there exist non-singular conjugate matrices T_α such that $A_{\alpha\beta} = T_\alpha^{-1} T_\beta$.

[The existential question is the following: Given a field $k(\vartheta)$ of degree $n = v \cdot m$ and a subfield $\kappa = k(\eta)$ of degree v; the conjugations $\vartheta \to \vartheta_\alpha, \vartheta \to \vartheta_\beta$

are called coördinated if $\eta_\alpha = \eta_\beta$. Furthermore, given a set of numbers $c_{\alpha\beta\gamma} \neq 0$ conjugate over κ and satisfying the relations (3.34): Does there exist a simple algebra for which $k(\vartheta)$, κ, $c_{\alpha\beta\gamma}$ play the part of splitting field, central field, and factor set, respectively? Brauer answers it affirmatively by giving an example;[6] the equations (3.33) have a solution $A_{\alpha\beta}$ *of degree m.* But what one obtains may correspond to the more general situation only cursorily mentioned above, that one failed to choose a splitting field of minimum degree. If one wishes to exclude this, one has to assume in addition that the given factor set is of *Schur index m*, i.e., that the equations (3.33) allow of no solution of lower degree than m.]

(3.5) We need a certain generalization of the theory of splitting fields which I contrast, by the word *"relative,"* to the *absolute* splitting fields heretofore studied. The splitting of $\mathfrak{L}$ into the $\mathfrak{L}_\alpha$ may have been accomplished again by an element a of the commutator algebra. We apply the old notations. However, we shall now assume only that the parts $\mathfrak{L}_\alpha$ are irreducible in a given field K including the n conjugate fields $k(\vartheta_\alpha)$. (For the application to Riemann matrices, K will be the "real" field.) That is to say, we rise merely to the level K rather than to "absolute" irreducibility. In following the above procedure we are to consider those elements Q of $\mathfrak{A}$ that commute with A. There occur the parallel decompositions

$$A \text{ in } \vartheta_\alpha E, \qquad Q \text{ in } Q_\alpha, \qquad L \text{ in } L_\alpha.$$

The extension of the linear set $\mathfrak{Q}_\alpha$ of all Q_α to $k(\vartheta_\alpha)$ may be called $\mathfrak{Q}^{(\alpha)}$. As $\mathfrak{L}_\alpha$ is irreducible in $k(\vartheta_\alpha)$, this $\mathfrak{Q}^{(\alpha)}$ is a division algebra of a certain order d in $k(\vartheta_\alpha)$, the abstract scheme of which may be called $\mathfrak{q}^{(\alpha)}$. The laws of composition in the several $\mathfrak{q}^{(\alpha)}$ are conjugate to each other in the fields $k(\vartheta_\alpha)$; they are copies of a model division algebra $\mathfrak{q}$ in $k(\vartheta)$. The element $q^{(\alpha)}$ of $\mathfrak{q}^{(\alpha)}$ is represented in $\mathfrak{Q}^{(\alpha)}$ by the matrix $Q^{(\alpha)} = (q^{(\alpha)}) \times E_f$ where $(q^{(\alpha)})$ denotes the regular representation of $q^{(\alpha)}$ in $\mathfrak{q}^{(\alpha)}$. The former notation is changed to the effect that now $d \cdot f$ is the degree of the matrices $Q^{(\alpha)}$, L_α. The order of $\mathfrak{L}_\alpha$ is $d \cdot f^2$ according to Theorem (1.3-B).

Since $\mathfrak{L}_\alpha$ is irreducible in K, $\mathfrak{q}^{(\alpha)}$ remains a division algebra when we close it in K: $\mathfrak{q}_K^{(\alpha)}$. The elements $q^{(\alpha)}$ of $\mathfrak{q}_K^{(\alpha)}$ shall be called α-*quantics*. The upper index (α) shall always indicate an α-quantic. The situation is now perfectly analogous to the previous one but for the fact that quantics take the place of scalars.

α and β are coördinated provided $\mathfrak{L}_\alpha$ and $\mathfrak{L}_\beta$ are equivalent in K. The coördination is effected by a subfield κ of $k(\vartheta)$, the central field of degree v. According to Theorem (1.4-A) the v non-coördinated parts $\mathfrak{L}_\alpha$ are entirely independent of each other in the closure $\mathfrak{L}_K$. The order of $\mathfrak{L}$ is therefore $h = v \cdot df^2$;

---

[6] *Math. Zeitschrift* vol. 28 (1928), pp. 677–696, in particular §6, p. 682.—The whole theory of factor sets is due to R. Brauer: *Sitzungsber. Berl. Akad.* (1926), pp. 410–416. Compare furthermore: R. Brauer, *Math. Zeitschrift*, vol. **30** (1929), pp. 79–107.

comparison with the degree $g = mvdf$ again leads to the relation $f = tm$. The equation

$$(3.51) \qquad\qquad BL_\beta = L_\alpha B \,,$$

when required to hold for all L has only the solution $B = 0$ if α and β are not coördinated. If they are coördinated, however, it has a non-singular solution B, and every solution $Q^{(\alpha)}B = q^{(\alpha)}B$ arises from it by fore multiplication with an α-quantic—or by aft multiplication with a β-quantic:

$$(3.52) \qquad\qquad q^{(\alpha)}B = Bq^{(\beta)} \,.$$

Any solution different from zero is therefore non-singular. B, by means of (3.52), establishes an isomorphism $T\colon q^{(\alpha)} \leftrightarrow q^{(\beta)}$ between the α- and the β-quantics. Let us stop for a moment to consider how this isomorphism is changed when one replaces B by $b^{(\alpha)}B(= Bb^{(\beta)})$ ($b^{(\alpha)}$, an α-quantic). The new isomorphism is defined by

$$(3.53) \qquad\qquad q^{(\alpha)}b^{(\alpha)}B = b^{(\alpha)}Bq^{(\beta)} \,.$$

We form

$$(3.54) \qquad\qquad b^{(\alpha)-1} q^{(\alpha)} b^{(\alpha)} = \tilde{q}^{(\alpha)} \,.$$

Then (3.53) reads:

$$\tilde{q}^{(\alpha)}B = Bq^{(\beta)} \,,$$

and consequently $\tilde{q}^{(\alpha)} \rightarrow q^{(\beta)}$ is the old isomorphism T. The modification consists in letting T be preceded by the inner automorphism (3.54), $q^{(\alpha)} \rightarrow \tilde{q}^{(\alpha)}$, of the α-quantics generated by $b^{(\alpha)}$ (or in having the inner automorphism $[b^{(\beta)}]$ of the β-quantics follow T). The inner automorphism generated by an element b is briefly denoted by $[b]$.

It is perhaps advisable to describe our "quantics" a little more carefully. Each quantic x is given as a set of d numbers $(x_1, \cdots , x_d)$ in K; the coefficients π in the multiplication law

$$xy = z\colon z_i = \sum_{k,l} \pi^{ikl} x_k y_l \qquad\qquad (i, k, l = 1, \cdots , d)$$

are numbers in $k(\vartheta)$. Transition to a new base is described by equations

$$x_i = \sum_k \tau^{ik} \bar{x}_k \qquad\qquad (|\,\tau^{ik}\,| \neq 0)$$

with coefficients τ^{ik} in $k(\vartheta)$; only such relations are to be studied as are invariant under arbitrary changes in base of this type. We manufacture n copies $q^{(\alpha)}$ of this model q (α-quantics, $\alpha = 1, \cdots , n$) by replacing the π^{ikl} by their conjugates π_α^{ikl} in $k(\vartheta_\alpha)$. A change of base takes place simultaneously in all n copies, the coefficients τ^{ik} being replaced by the conjugates τ_α^{ik} in the αth copy (think of the show girls again!). It has an invariantive meaning to say that an α-quantic $x^{(\alpha)} = (x_1^{(\alpha)}, \cdots , x_d^{(\alpha)})$ lies, let us say, in $k(\vartheta_\alpha, \vartheta_\beta)$: $x_i^{(\alpha)}$ in $k(\vartheta_\alpha, \vartheta_\beta)$; and it has an invariantive meaning to assert that a set $x^{(\alpha)}_{\alpha\beta}$ of quantics are conjugate (over κ). It has an invariantive meaning to state that a given isomorphism T between the α- and β-quantics:

$$x^{(\alpha)} \leftrightarrow x^{(\beta)}: \bar{x}^{(\beta)}_i = \sum_j \sigma_{ij} x^{(\alpha)}_j$$

lies in $k(\vartheta_\alpha, \vartheta_\beta)$: σ_{ij} in $k(\vartheta_\alpha, \vartheta_\beta)$; and that a set $T_{\alpha\beta}$ of such isomorphisms is conjugate over κ.

If α and β are coördinated, (3.51) has a solution $B = A_{\alpha\beta} \neq 0$ in $k(\vartheta_\alpha, \vartheta_\beta)$; it is non-singular. We take care that $A_{\alpha\alpha} = E$ and $A_{\alpha\beta}$ form, as their notation indicates, a conjugate set over κ. By means of the formula

$$(3.55) \qquad q^{(\alpha)} A_{\alpha\beta} = A_{\alpha\beta} q^{(\beta)}$$

$A_{\alpha\beta}$ determines an isomorphism $T_{\alpha\beta}: q^{(\alpha)} \leftrightarrow q^{(\beta)}$ between the α- and the β-quantics; again, the $T_{\alpha\beta}$ are conjugate over κ. We must have an equation

$$(3.56) \qquad A_{\alpha\beta} A_{\beta\gamma} = c^{(\alpha)}_{\alpha\beta\gamma} A_{\alpha\gamma} \, (= A_{\alpha\gamma} c^{(\gamma)}_{\alpha\beta\gamma}),$$

the c's being a triple set of conjugate quantics $\neq 0$. This equation proves that the succession of the two isomorphisms

$$T_{\alpha\beta}: q^{(\alpha)} \to q^{(\beta)}, \qquad T_{\beta\gamma}: q^{(\beta)} \to q^{(\gamma)}$$

results in an isomorphism between the α- and γ-quantics, equal to $T_{\alpha\gamma}$ preceded by the inner automorphism $[c^{(\alpha)}_{\alpha\beta\gamma}]$. When we remember our convention that subscripts α or $\alpha\beta$ or $\alpha\beta\gamma$ shall automatically indicate that the terms are conjugate over κ, and that an upper index (α) designates an α-quantic, we may finally describe *a quantic factor set* as follows:

Given a field $k(\vartheta)$ of degree n over k; a subfield κ of degree v, $n = v \cdot m$, determines the coördinating of the conjugations $\vartheta \to \vartheta_\alpha$ into v classes; a field K encompasses all conjugate fields $k(\vartheta_\alpha)$.

Given a division algebra q *of "quantics" in K of the nature above described: the multiplication law has coefficients π in $k(\vartheta)$ and only base transformations with coefficients τ in $k(\vartheta)$ are allowed. We then have the n conjugate copies* q$^{(\alpha)}$ *of the model* q: *α-quantics.*

A factor set consists: 1) of a κ-conjugate set of isomorphisms $T_{\alpha\beta}$: q$^{(\alpha)} \leftrightarrow$ q$^{(\beta)}$, and 2) a κ-conjugate set of quantics $\neq 0$:

$$(3.57) \qquad c^{(\alpha)}_{\alpha\beta\gamma} \leftrightarrow c^{(\gamma)}_{\alpha\beta\gamma}$$

such that the succession of $T_{\alpha\beta}$ and $T_{\beta\gamma}$ results in $T_{\alpha\gamma}$ preceded by the inner automorphism $[c^{(\alpha)}_{\alpha\beta\gamma}]$ (or succeeded by the inner automorphism $[c^{(\gamma)}_{\alpha\beta\gamma}]$). The following conditions prevail:

$$(3.58) \qquad \begin{cases} c^{(\alpha)}_{\alpha\alpha\beta} = 1, \quad c^{(\beta)}_{\alpha\beta\beta} = 1, \\ c^{(\alpha)}_{\alpha\beta\gamma} \cdot c^{(\alpha)}_{\alpha\gamma\delta} \leftrightarrow c^{(\delta)}_{\alpha\beta\delta} \cdot c^{(\delta)}_{\beta\gamma\delta}. \end{cases}$$

In analogy to proposition 1) in (3.4), we have the

LEMMA (3.5): A matrix M in k breaking up into parts M_α will lie in $\mathfrak{L}$ provided M_α commutes with all the $Q^{(\alpha)}$ and the relations

$$A_{\alpha\beta}M_\beta = M_\alpha A_{\alpha\beta}$$

are satisfied for each pair of coördinated indices α, β.

The proof is the same as before: these conditions reduce the number of parameters in M to the right value $v \cdot df^2$.

[Ascent from our present level K to the absolute is accomplished by means of a "maximum" element q of $\mathfrak{q}$ lying in $k(\vartheta)$; it cracks each $\mathfrak{L}_\alpha$ into absolutely irreducible parts according to the numerically distinct roots of q.

Of particular interest is the special case that our quantics are commutative. Then we have

$$T_{\beta\gamma}T_{\alpha\beta} = T_{\alpha\gamma} ,$$

hence by Speiser's theorem: $T_{\alpha\beta} = T_\beta T_\alpha^{-1}$. This means: there exists a base for $\mathfrak{q}$ in terms of which the multiplication law has coefficients in κ. $\mathfrak{q}$ may then be described as a commutative field over κ that is not reduced by the extension of the reference field κ to K.]

4. Splitting Field of a Riemann Algebra

(4.1) Now let $\mathfrak{L}$ be again the irreducible algebra of matrices in k associated with a pure Riemann matrix $R = C^{-1}S$ and $\mathfrak{A}$ its commutator algebra. In $\mathfrak{L}$ and $\mathfrak{A}$ we have the anti-automorphic involutions $L \to L_*$, $A \to A_*$ generated by C.

LEMMA (4.1) (Rosati). *If A is an even element of the commutator algebra, its roots are real and C and S break up like $\mathfrak{L}$ into parts C_α, S_α according to the numerically distinct roots. The roots of an odd A are pure imaginary.*

For the proof of this lemma it is convenient to operate in the algebraically closed field $(K, \sqrt{-1})$ and to transform C and S in the manner

$$C \to \overline{U}'CU , \qquad S \to \overline{U}'SU \qquad (L \to U^{-1}LU)$$

by means of the transformation U carrying A into its diagonal form. The equation $CR = S$ is preserved and after the transformation, S is the coefficient matrix of a positive definite Hermitian form:

$$\overline{S}' = S , \qquad \overline{C}' = \pm C .$$

A_* is now defined by $\overline{A}'_* = CAC^{-1}$ and thus our even A satisfies the equation

(4.11) $$\overline{A}'C = CA .$$

We broke A into parts $\vartheta_\alpha E$ where ϑ_α are the numerically distinct roots of A ($\alpha = 1, \cdots, n$). The matrix C is accordingly checkered into squares $C_{\alpha\beta}$, and (4.11) reduces to

(4.12) $$(\overline{\vartheta}_\alpha - \vartheta_\beta)C_{\alpha\beta} = 0 .$$

On account of $CR = S$:

$$C_{\alpha\beta}R_\beta = S_{\alpha\beta},$$

$C_{\alpha\alpha}$ is non-singular and hence (4.12) requires:

$$\bar{\vartheta}_\alpha = \vartheta_\alpha, \qquad C_{\alpha\beta} = 0 \quad (\text{for } \alpha \neq \beta).$$

Since the roots ϑ_α are real the corresponding Vandermonde transformation U is also real.

The case of an odd A is treated along the same lines.

(4.2) We now proceed in the same manner as in (3.2), with the difference, however, that only *even* elements a of $\mathfrak{A}$ shall be used for the purpose of splitting. As long as it is still possible to find even elements b commuting with a and not included in the field $k(a)$, one goes on adjoining them until one finds an even a such that every even b commuting with a lies in the field $k(a)$; by this a we determine our *splitting field* $k(\vartheta)$. Rosati's lemma tells us that all the conjugate ϑ_α are real, or that ϑ is a "totally real algebraic number" over k. Stopping here has the disadvantage that we do not get an "absolute" splitting field; the situation is rather that described in (3.5) with the real field K as the level reached. Indeed, the elements $q = Q$ of $\mathfrak{A}$ commuting with our maximal even a form a division algebra over $k(a)$ in which every element q satisfies a quadratic equation in $k(a)$. For if q commutes with a, so does q_*, and $q + q_*$ and qq_* are even and commute with a; they therefore lie in $k(a)$. The relation

$$q^2 - q(q + q_*) + qq_* = 0$$

is obvious. Now the only division algebras over a field $k(\vartheta)$ in which each element satisfies a quadratic equation in the reference field are of the following three types:[7]

I. the "*scalar*": elements $q = $ numbers q_0 in the reference field $k(\vartheta)$;

II. the "*square root*": elements are of form $q_0 + q_1\iota$ where $\iota^2 = -\lambda$; q_0, q_1 vary in $k(\vartheta)$, $-\lambda$ lies, and is not square, in $k(\vartheta)$;

III. the "*quaternion*": elements are of form

$$q_0 + q_1\iota_1 + q_2\iota_2 + q_3\iota_3$$

where

$$\iota_1\iota_2 = -\iota_2\iota_1 = \iota_3, \qquad \iota_1^2 = -\lambda, \qquad \iota_2^2 = -\mu$$

and q_0, q_1, q_2, q_3 vary in the reference field while $-\lambda$ and $-\mu$ lie, and are no squares, in $k(\vartheta)$.

Thus one of these three types plays the rôle of our algebra q of "quantics." The Rosati lemma, however, provides some more information. In the case of II and III the elements q represented by ι or ι_1, ι_2 satisfy an irreducible *pure*

---

[7] Cf. for example: L. E. Dickson, *Algebren und ihre Zahlentheorie*, Zürich (1927), pp. 43–45.

quadratic equation in $k(\vartheta)$, and hence $q + q_* = 0$, or q is odd. Therefore its roots must be pure imaginary, or λ in case II and λ, μ in case III are *totally positive* (all the conjugates λ_α; λ_α, μ_α respectively, are positive). For this reason we call the square root II and the quaternion III "*totally negative.*" In consequence thereof, *each of the algebras* I, II, III *in all their n conjugate "copies"* $\mathfrak{q}^{(\alpha)}$ *remains a division algebra when extended to the real field K.* We have the parallel decompositions of

$$A \text{ into } \vartheta_\alpha E \,, \qquad Q \text{ into } Q_\alpha \,, \qquad L \text{ into } L_\alpha$$

$$[R \text{ into } R_\alpha \,, \qquad C \text{ into } C_\alpha \,, \qquad S \text{ into } S_\alpha] \,.$$

$\mathfrak{L}_\alpha$ is irreducible in $k(\vartheta_\alpha)$. Our remark proves that the commutator algebra $\mathfrak{D}^{(\alpha)}$ of $\mathfrak{L}_\alpha$ in $k(\vartheta_\alpha)$ remains a division algebra *under extension to K* from which fact the criterion (1.3-D) permits drawing the inference that $\mathfrak{L}_\alpha$ *is irreducible in K.* Furthermore we should keep in mind that in $\mathfrak{D}^{(\alpha)}$ our involution $q^{(\alpha)} \to q_*^{(\alpha)}$ consists in the transition from a quantic q to its "complex conjugate" q_* defined by:

$$(4.21) \qquad
\begin{array}{c|c|c}
q\ = q_0 & q\ = q_0 + q_1\iota & q\ = q_0 + q_1\iota_1 + q_2\iota_2 + q_3\iota_1 \\[4pt]
q_* = q_0 & q_* = q_0 - q_1\iota & q_* = q_0 - q_1\iota_1 - q_2\iota_2 - q_3\iota_3
\end{array}$$

respectively. In each case we have

$$Q^{(\alpha)} = (q^{(\alpha)}) \times E_f \,.$$

Main Theorem, First Part. *A Riemann algebra $\mathfrak{L}$ splits over a certain totally real field $k(\vartheta)$ of degree $n = mv$ with its central field κ of degree v into parts of degree df which are irreducible in the real field K. It is described relatively to $k(\vartheta)$ by a quantic factor set where the algebra of quantics of order d is either scalar $(d = 1)$ or a totally negative square root field $(d = 2)$, or a totally negative quaternion $(d = 4)$.*

[In cases II and III ascent to an absolute splitting field would be accomplished by adjoining the square root $\sqrt{-\lambda}$; we prefer, however, to stop at the totally real field $k(\vartheta)$.[8]

(4.3) Before going on we shall mention a few elementary features common to our three algebras $\mathfrak{q}_K$ of quantics q. The product of a q with its complex-conjugate q_*, (4.21), is a positive scalar $N(q)$, the *norm* of q:

$$\cdot N(q) = q_0^2 \quad | \quad q_0^2 + \lambda q_1^2 \quad | \quad q_0^2 + \lambda q_1^2 + \mu q_2^2 + \lambda\mu q_3^2,$$

which satisfies the multiplicative law:

$$N(pq) = N(p) \cdot N(q) \,.$$

---

[8] Albert adjoins to his Galois splitting field $k(\vartheta_1, \cdots, \vartheta_n)$ the extraneous real square roots $\sqrt{\lambda_\alpha}$, $\sqrt{\mu_\alpha}$ in order to make the case III more easily accessible; here we want to avoid the introduction of such irrationalities foreign to the problem.

559

After our algebra q has been closed in K one may choose as "units"

$$\iota/\sqrt{\lambda} = i \quad | \quad \iota_1/\sqrt{\lambda} = i_1, \quad \iota_2/\sqrt{\mu} = i_2$$

in cases II and III; one then has to deal with the Gauss field $K(i)$ and the ordinary Hamilton quaternions, respectively. An automorphism $q \to p$ in the latter case is expressed in terms of the units $i_1,\ i_2,\ i_3 = i_1 i_2$ by equations:

$$i_1 \to a + a_1 i_1 + a_2 i_2 + a_3 i_3 = j_1,$$

$$i_2 \to b + b_1 i_1 + b_2 i_2 + b_3 i_3 = j_2, \qquad \text{(all } a,\ b,\ c \text{ real numbers)}$$

$$i_3 \to c + c_1 i_1 + c_2 i_2 + c_3 i_3 = j_3 .$$

The requirement $j_1^2 = -1$ yields:

$$a^2 - a_1^2 - a_2^2 - a_3^2 = -1 ; \qquad 2aa_1 = 2aa_2 = 2aa_3 = 0 .$$

Since simultaneous vanishing of $a_1,\ a_2,\ a_3$ would contradict the first equation, we must have $2a = 0$ and for the same reason $2b = 0$, $2c = 0$. This means that the automorphism $q \to p$ carries q_* into p_*. Consequently the norm $N(q)$ is left invariant. Adding the simpler cases I and II we may state our result in the following

LEMMA (4.3-A). *An isomorphism T between α- and β-quantics matches $q_*^{(\alpha)} \leftrightarrow q_*^{(\beta)}$ as well as $q^{(\alpha)} \leftrightarrow q^{(\beta)}$. It leaves the norm invariant: $N_\alpha(q^{(\alpha)}) = N_\beta(q^{(\beta)})$.*

In computing explicitly the multiplication $(q) : x' = qx$ in our quaternion algebra, one finds

$$(4.31) \qquad (q) = \begin{Vmatrix} q_0, & -\lambda q_1, & -\mu q_2, & -\lambda\mu q_3 \\ q_1, & q_0, & -\mu q_3, & \mu q_2 \\ q_2, & \lambda q_3, & q_0, & -\lambda q_1 \\ q_3, & -q_2, & q_1, & q_0 \end{Vmatrix}$$

and we verify the relation

$$(q_*)' = (n)(q)(n)^{-1}$$

where

$$(4.32) \qquad (n) = \begin{Vmatrix} 1 & & & \\ & \lambda & & \\ & & \mu & \\ & & & \lambda\mu \end{Vmatrix}$$

is the coefficient matrix of the norm. It is important to observe that (n) is symmetric and positive-definite. Adding again the simpler cases I and II we thus proved

Lemma (4.3-B):

$$(4.33) \qquad (q_*)' = (n)(q)(n)^{-1}$$

where (n) is the coefficient matrix of the norm.]

5. The Norm Condition

(5.1) Before attacking the slightly more difficult cases II and III we treat, as a model, case I where our totally real splitting field $k(\vartheta)$ splits $\mathfrak{L}$ into *absolutely* irreducible parts $\mathfrak{L}_\alpha$.

The equation

$$L'(l_*)C = CL(l)$$

defining the involution $l \to l_*$ of $\mathfrak{L}$ splits into the relations

$$(5.11) \qquad L'_\alpha(l_*) = C_\alpha L_\alpha(l) C_\alpha^{-1} \ .$$

We have

$$(5.12) \qquad L_\alpha A_{\alpha\beta} = A_{\alpha\beta} L_\beta \ .$$

The $\check{A}_{\alpha\beta} = A'^{-1}_{\alpha\beta}$ fulfill the same conditions with respect to the L'_α as the $A_{\alpha\beta}$ themselves relatively to the L_α and $C_\alpha A_{\alpha\beta} C_\beta^{-1}$ relatively to $C_\alpha L_\alpha C_\alpha^{-1}$. Hence (5.11) leads to a relation of the form

$$(5.13) \qquad \check{A}_{\alpha\beta} = e_{\alpha\beta} \cdot C_\alpha A_{\alpha\beta} C_\beta^{-1}$$

with a conjugate set of numbers $e_{\alpha\beta}$, or

$$(5.14) \qquad C_\beta = e_{\alpha\beta} \cdot A'_{\alpha\beta} C_\alpha A_{\alpha\beta} \ .$$

When we perform the transition from C_α to C_γ on the one hand directly in accordance with this equation, and on the other hand by passing through C_β, we find in making use, for the second process, of the equation

$$A_{\alpha\beta} A_{\beta\gamma} = c_{\alpha\beta\gamma} A_{\alpha\gamma}$$

that the skew-symmetric form C_γ is the transform $A'_{\alpha\gamma} C_\alpha A_{\alpha\gamma}$ of C_α multiplied by $e_{\alpha\gamma}$ on the one hand, or by $e_{\alpha\beta} e_{\beta\gamma} \cdot c^2_{\alpha\beta\gamma}$ on the other hand. Hence

$$(5.15) \qquad c^2_{\alpha\beta\gamma} = e_{\alpha\gamma}/e_{\alpha\beta} e_{\beta\gamma} \ (\sim 1) \ .$$

The numbers $e_{\alpha\beta}$ must be positive as is shown by the following simple observation. The $P_\alpha = C_\alpha L_\alpha$, because of (5.12), satisfy the same relation (5.14) as C_α:

$$(5.16) \qquad P_\beta = e_{\alpha\beta} \cdot A'_{\alpha\beta} P_\alpha A_{\alpha\beta}$$

if L lies in $\mathfrak{L}$ or its closure $\mathfrak{L}_K$. Since $CR = S$, $C_\alpha R_\alpha = S_\alpha$ we have in particular

$$(5.17) \qquad S_\beta = e_{\alpha\beta} \cdot A'_{\alpha\beta} S_\alpha A_{\alpha\beta} \ .$$

All quadratic forms S_α are positive definite. By the transformation $A_{\alpha\beta}$ the positive form S_α is carried into the positive form $A'_{\alpha\beta}S_\alpha A_{\alpha\beta}$. By (5.17) this coincides with the positive form S_β but for the factor $e_{\alpha\beta}$; hence this factor is to be positive. We have arrived at the following result:

The factor set $c_{\alpha\beta\gamma}$ of a Riemann algebra $\mathfrak{A}$ of type I *satisfies relations*

$$(5.15) \qquad\qquad c^2_{\alpha\beta\gamma} = e_{\alpha\gamma}/e_{\alpha\beta}e_{\beta\gamma}$$

where $e_{\alpha\beta}$ is a double set of positive numbers conjugate over the central field κ. We say that c^2 is *totally positive equivalent* 1.

The condition is not only necessary but sufficient. *For let* (5.15) *be fulfilled.* These equations state that $\breve{A}_{\alpha\beta}$ has the same factor set as $e_{\alpha\beta}A_{\alpha\beta}$, and we know by proposition 2) in (3.4) that from this an equivalence like (5.13) follows with some conjugate non-singular matrices C_α. We constructed such a C_α, cf. (3.44), by means of the formula

$$C_\alpha = \sum_\rho \zeta_\rho e_{\rho\alpha}\breve{A}^{-1}_{\rho\alpha}A_{\rho\alpha} = \sum_\rho \zeta_\rho e_{\rho\alpha}A'_{\rho\alpha}A_{\rho\alpha}$$

where ζ is a number in $k(\vartheta)$. Let us take ζ in particular as a square number $\zeta = \xi^2$, ξ in $k(\vartheta)$, so that ζ is totally positive. The coefficients $e_{\rho\alpha}$ are positive by assumption. $A'A$ is a positive symmetric matrix if A is real; it is indeed the transform of the unit matrix E by the transformation A. *Hence our*

$$(5.18) \qquad\qquad C_\alpha = \sum_\rho e_{\rho\alpha}\zeta_\rho A'_{\rho\alpha}A_{\rho\alpha} \qquad\qquad (\zeta_\rho > 0)$$

is symmetric, positive, and therefore non-singular; no special precautions against possible degeneration are necessary. This is the essential part of the proof of sufficiency; it needs some elementary supplement which the last section will take care of, but the pivot of our whole demonstration consists in the two formulas (5.17), (5.18), the first proving (5.15) and $e_{\alpha\beta} > 0$ to be a necessary condition, the second warranting the existence of a symmetric positive C, once this condition is fulfilled.

(5.2) It is easy to survey the *modifications needed to adapt our considerations to the other cases* II *and* III. As a consequence of

$$A_{\alpha\beta}L_\beta = L_\alpha A_{\alpha\beta}$$

we have

$$\breve{A}_{\alpha\beta}L'_\beta(l) = L'_\alpha(l)\breve{A}_{\alpha\beta}.$$

Hence $C^{-1}_\alpha\breve{A}_{\alpha\beta}C_\beta$ have the same significance for $C^{-1}_\alpha L'_\alpha(l)C_\alpha = L_\alpha(l_*)$ and therefore

$$C^{-1}_\alpha\breve{A}_{\alpha\beta}C_\beta = Q^{(\alpha)}A_{\alpha\beta}(= q^{(\alpha)}A_{\alpha\beta}) \qquad [Q^{(\alpha)} \text{ in } \mathfrak{Q}^{(\alpha)}]$$

or

$$(5.21) \qquad\qquad C_\beta = A'_{\alpha\beta}C_\alpha Q^{(\alpha)}A_{\alpha\beta}.$$

We must try to prove that $q^{(\alpha)}$ is a scalar. Putting the $'$ on the whole equation (5.21) we get because of $C'_\alpha = \pm C_\alpha$:

$$C_\beta = A'_{\alpha\beta} Q^{(\alpha)'} C_\alpha A_{\alpha\beta}$$

which changes by

(5.22) $$C_\alpha^{-1} Q^{(\alpha)'} C_\alpha = Q_*^{(\alpha)}$$

into

$$C_\beta = A'_{\alpha\beta} C_\alpha Q_*^{(\alpha)} A_{\alpha\beta}.$$

Comparison with (5.21) shows that $q_*^{(\alpha)} = q^{(\alpha)}$, and hence $q^{(\alpha)}$ is a scalar. We denote it by $e_{\alpha\beta}$ as before, and then obtain the equations (5.14), (5.17) with their implication $e_{\alpha\beta} > 0$.

Let us write the equation

$$A_{\alpha\beta} A_{\beta\gamma} = c^{(\alpha)}_{\alpha\beta\gamma} A_{\alpha\gamma}$$

in which $c^{(\alpha)}_{\alpha\beta\gamma}$ stands for the matrix $Q^{(\alpha)}$ corresponding to the α-quantic $q^{(\alpha)} = c^{(\alpha)}_{\alpha\beta\gamma}$ in the form

$$A_{\alpha\beta} A_{\beta\gamma} = Q^{(\alpha)} A_{\alpha\gamma}.$$

If we now proceed as before we find on the one hand

$$C_\gamma = e_{\alpha\gamma} \cdot A'_{\alpha\gamma} C_\alpha A_{\alpha\gamma}$$

and on the other

$$C_\gamma = e_{\alpha\beta} e_{\beta\gamma} A'_{\alpha\gamma} Q^{(\alpha)'} C_\alpha Q^{(\alpha)} A_{\alpha\gamma}.$$

Making use again of (5.22) the middle factors

$$Q^{(\alpha)'} C_\alpha Q^{(\alpha)} \text{ change into } C_\alpha Q_*^{(\alpha)} Q^{(\alpha)} = N(q^{(\alpha)}) C_\alpha,$$

and our result is

$$N(q^{(\alpha)}) = \frac{e_{\alpha\gamma}}{e_{\alpha\beta} e_{\beta\gamma}}.$$

For its full appreciation one should observe that (3.57), (3.58) by the multiplicative property of the norm and lemma (4.3-A) imply

$$N(c^{(\alpha)}_{\alpha\beta\gamma}) = N(c^{(\gamma)}_{\alpha\beta\gamma}) ;$$

$$N(c^{(\alpha)}_{\alpha\beta\gamma}) \cdot N(c^{(\alpha)}_{\alpha\gamma\delta}) = N(c^{(\delta)}_{\alpha\beta\delta}) \cdot N(c^{(\delta)}_{\beta\gamma\delta}).$$

This means that *the norm of a quantic factor set of types* I, II *or* III *is a scalar factor set.* We have ascertained the following necessary condition, that the algebra described by a quantic factor set of this type relatively to $k(\vartheta)$, be a Riemann algebra:

The norm of the factor set must be totally positive equivalent 1.

(5.3) Vice versa, *if this condition prevails* we proceed to the construction of a pure Riemann matrix associated with $\mathfrak{L}$ in the following way. The first step is to define an anti-automorphic involution in $\mathfrak{L}$ by an appropriately chosen C. From the matrix (n) mentioned in Lemma (4.3-B) and its conjugates (n_α) we form $(n_\alpha) \times E_f = N_\alpha$ and then put

$$(5.31) \qquad C_\alpha = \sum_\rho e_{\rho\alpha} \zeta_\rho A'_{\rho\alpha} N_\rho A_{\rho\alpha}.$$

ζ is a totally positive number in $k(\vartheta)$, $\zeta_\rho > 0$; for instance, we choose $\zeta = \xi^2$, ξ in $k(\vartheta)$. $e_{\rho\alpha}$ is >0, and $A'_{\rho\alpha} N_\rho A_{\rho\alpha}$ is the symmetric positive N_ρ transformed by $A_{\rho\alpha}$; each term of our sum (5.31) and consequently the whole sum is symmetric and positive. C is the rational matrix that breaks up into the conjugate C_α. We are going to prove that C_α fulfills the conditions required:

$$(5.32) \qquad Q^{(\alpha)'} C_\alpha = C_\alpha Q_*^{(\alpha)},$$

$$(5.33) \qquad C_\beta = e_{\alpha\beta} \cdot A'_{\alpha\beta} C_\alpha A_{\alpha\beta}.$$

The relation

$$(5.34) \qquad Q^{(\rho)} A_{\rho\alpha} = A_{\rho\alpha} Q^{(\alpha)}$$

defines the isomorphism $T_{\rho\alpha}$: $q^{(\rho)} \leftrightarrow q^{(\alpha)}$. By Lemma (4.3-A), one has at the same time

$$Q_*^{(\rho)} A_{\rho\alpha} = A_{\rho\alpha} Q_*^{(\alpha)},$$

while (5.34) yields

$$A'_{\rho\alpha} Q^{(\rho)'} = Q^{(\alpha)'} A'_{\rho\alpha}.$$

Therefore

$$C_\alpha Q_*^{(\alpha)} = \sum_\rho e_{\rho\alpha} \zeta_\rho A'_{\rho\alpha} N_\rho Q_*^{(\rho)} A_{\rho\alpha},$$

$$Q^{(\alpha)'} C_\alpha = \sum_\rho e_{\rho\alpha} \zeta_\rho A'_{\rho\alpha} Q^{(\rho)'} N_\rho A_{\rho\alpha};$$

their coincidence results from the equation (4.33) or

$$(5.35) \qquad Q^{(\rho)'} = N_\rho Q_*^{(\rho)} N_\rho^{-1}.$$

The right side of (5.33) is by definition

$$(5.36) \qquad \sum_\rho e_{\rho\alpha} e_{\alpha\beta} \zeta_\rho (A_{\rho\alpha} A_{\alpha\beta})' N_\rho (A_{\rho\alpha} A_{\alpha\beta}).$$

After putting again

$$c^{(\rho)}_{\rho\alpha\beta} = q^{(\rho)}$$

we have

$$A_{\rho\alpha} A_{\alpha\beta} = Q^{(\rho)} A_{\rho\beta}.$$

This changes the matrix under the sum at the right side of (5.36) into

$$A'_{\rho\beta}Q^{(\rho)\,\prime}N_\rho Q^{(\rho)}A_{\rho\beta}\,.$$

According to (5.35),

$$Q^{(\rho)\,\prime}N_\rho Q^{(\rho)} = N_\rho Q^{(\rho)}_* Q^{(\rho)} = N(q^{(\rho)})\cdot N_\rho\,.$$

By assumption

$$e_{\rho\alpha}e_{\alpha\beta}N(q^{(\rho)}) = e_{\rho\beta},$$

and thus (5.33) has been verified.

6. Main Theorem

(6.1) The $C_\alpha = C(\vartheta_\alpha)$, as constructed in the last section are the conjugate parts of a rational C. By means of

$$L'(l_*) = CL(l)C^{-1} \qquad L'_\alpha(l_*) = C_\alpha L_\alpha(l)C_\alpha^{-1}$$

it defines an anti-automorphic involution $l \to l_*$ in I. Indeed, owing to (5.32) and (5.33), the parts M_α of the rational matrix M defined by

$$M' = CLC^{-1}, \qquad M'_\alpha = C_\alpha L_\alpha C_\alpha^{-1}$$

satisfy the relations

$$M_\alpha A_{\alpha\beta} = A_{\alpha\beta}M_\beta$$

and commute with all $Q^{(\alpha)}$ (or $Q^{(\alpha)}_*$) as well as the L_α. M therefore lies in $\mathfrak{L}$, according to Lemma (3.5). $l \to l_*$ is involutorial because of the symmetry of C.

Our C may now be called C_0 and we write $C_0(\vartheta)$ instead of $C(\vartheta)$. The terms *even* and *odd* refer to the involution $l \to l_*$ generated by C_0. Let $\mathfrak{L}^+(\mathfrak{L}^-)$ be the linear k-set of even (odd) elements in $\mathfrak{L}$. The even elements in the extension $\mathfrak{L}_K$ form the extension $\mathfrak{L}_K^+$ of $\mathfrak{L}^+$ to K. Indeed L being an even element in $\mathfrak{L}_K$:

$$(6.11) \qquad\qquad L = \sum_i z_i L^{(i)}$$

(z_i real numbers, $L^{(i)}$ a base of $\mathfrak{L}$) we obtain by addition of the starred equation to (6.11):

$$2L = \sum_i z_i(L^{(i)} + L^{(i)}_*)\,.$$

The same remark applies to the odd elements of $\mathfrak{L}$ and $\mathfrak{L}_K$. *Let*

$$L^{(i)}\ (i = 1, 2, \cdots, \nu)$$

now be a base of $\mathfrak{L}^+$, and in particular $L^{(1)} = E$.

If we chose C_0 as our C we would obtain *even* Riemann matrices alone. We therefore put

$$C = C_0 L_0, \qquad S = C_0 L[z]$$

565

where L_0 is an even or odd non-singular matrix in $\mathfrak{L}$ and $L[z]$ lies in $\mathfrak{L}_K^+$:

$$L[z] = z_1 L^{(1)} + z_2 L^{(2)} + \cdots + z_\nu L^{(\nu)}.$$

$$R = C^{-1} S = L_0^{-1} L[z]$$

shall be our Riemann matrix. We first choose the real numbers z_i so that there exists no homogeneous linear relation among them with rational coefficients.[9] We may normalize $z_1 = 1$. The equation

$$S = C_0 + z_2 \cdot C_0 L^{(2)} + \cdots$$

shows S to be positive definite provided $z_2, \cdots, z_\nu$ are sufficiently small. This can be taken care of[9] without violating the linear independence of the z_i in k by multiplying $z_2, \cdots, z_\nu$ with a common, sufficiently-small, rational factor $\neq 0$.

After the positive character of S is secured, the next question is about the rational commutators A of R. Such a matrix A must commute with all elements $L_0^{-1} L^{(i)}$ which form the base of $L_0^{-1} \mathfrak{L}^+ = \Lambda$; therefore in particular with $L_0^{-1} L^{(1)} = L_0^{-1}$ and consequently with $L^{(i)}$ and with L_0. So we must try to prove the

LEMMA (6.1): *A matrix A commuting with L_0 and the even elements of $\mathfrak{L}$ (or $\mathfrak{L}_K$) commutes with all elements of $\mathfrak{L}$ (or $\mathfrak{L}_K$).*

$L_0^{-1} \mathfrak{L}^+ = \Lambda$ is obviously the linear k-set associated with our R. If L^+ is in $\mathfrak{L}^+$ so is $L_0^{-1} L^+ L_0$; hence $\Lambda = \mathfrak{L}^+ L_0^{-1}$, and the involution $L \to L_*$ carries Λ into itself. Λ contains $L_0 = L_0^{-1} L_0^2$; the algebraic closure of Λ—which is the associated algebra of R—thus embraces $\mathfrak{L}^+$ and is either the algebraic closure $(\mathfrak{L}^+)$ of $\mathfrak{L}^+$ or [if L_0^{-1} is not in $(\mathfrak{L}^+)$] the sum of $(\mathfrak{L}^+)$ and $L_0^{-1}(\mathfrak{L}^+)$.

The lemma (6.1) once established, we may be sure that Λ and hence R are rationally *irreducible*. Because Λ is invariant with respect to the involution and C_0 is positive definite, *reduction* of Λ would result in rational *decomposition* according to the proof of Theorem (2.2-B). The matrix, equal to the unit in the one and to zero in the other partial space, would then be a commutator of Λ without being a commutator of $\mathfrak{L}$; for a non-vanishing commutator of $\mathfrak{L}$ is non-singular. The algebraic closure $(\mathfrak{L}^+)$ or $(\mathfrak{L}^+) + L_0^{-1}(\mathfrak{L}^+)$ of Λ must coincide with $\mathfrak{L}$.

(6.2) We split by means of our totally real $k(\vartheta)$ and afterwards extend the individual $\mathfrak{L}_\alpha = \mathfrak{L}(\vartheta_\alpha)$ to K. To prove the lemma (6.1) we must show two things:

1) A matrix $A_{\alpha\beta}$ satisfying the relation

$$A_{\alpha\beta} L_\beta^+ = L_\alpha^+ A_{\alpha\beta}$$

for all L^+ in $\mathfrak{L}^+$ (or $\mathfrak{L}_K^+$) must needs be zero provided α and β are not coördinated.

2) A real matrix A_α commuting with the element $L_0(\vartheta_\alpha)$ and the even $L_\alpha^+ = L^+(\vartheta_\alpha)$ in $\mathfrak{L}_\alpha$ commutes with all L_α.

---

[9] When one analyzes the assumptions as to the relation between K and k on which this simple construction depends, one finds this: the ring of all numbers in K that are dominated by k is to form a linear k-set *of infinite order* (or at least of order $\geq g^2$). Here a number α in K may be said to be dominated by k provided there exists a number α_0 in k such that $|\alpha| < \alpha_0$. Choose $z_2, \cdots, z_\nu$ as numbers in the ring just mentioned!

As to 1), we observe that the matrix L defined by

$$L_\alpha = \eta_\alpha E \qquad\qquad (\eta_\alpha \text{ real number})$$

lies in $\mathfrak{L}_\kappa$ according to the criterion, Lemma (3.5), if $\eta_\alpha = \eta_\beta$ holds for each pair of coördinated indices α, β (it lies even in $\mathfrak{L}$ when the η_α are the conjugates of a number η in the central field κ). The matrix L thus defined is *even*. Hence the assumption concerning $A_{\alpha\beta}$ implies the equation

$$(\eta_\alpha - \eta_\beta)A_{\alpha\beta} = 0.$$

Operating in $\mathfrak{L}_\kappa$ one may choose $\eta_\alpha = 1$, $\eta_\beta = 0$ provided α and β are not coordinated; if one prefers to stay within $\mathfrak{L}$ one would take a determining number of $\kappa = k(\eta)$ for η and then have $\eta_\alpha \neq \eta_\beta$ under the same assumption. In either way one gets the desired result: $A_{\alpha\beta} = 0$.

Point 2) needs more careful consideration. We replace ϑ_α by the indeterminate root ϑ and for brevity's sake then suppress the argument ϑ (or the index α). With L ranging over all elements of $\mathfrak{L}_\kappa(\vartheta)$, $C_0 L = P$ varies over a linear set $\mathfrak{P}$. To the *even L* corresponds the *symmetric P*. The assumption that A commutes with L amounts to the relation

$$(6.21) \qquad\qquad BP = PA$$

for the corresponding P when we put $C_0 A C_0^{-1} = B$. Requiring (6.21) to hold for every symmetric P in $\mathfrak{P}$, makes superfluous the explicit statement of this link between the constant matrices A and B: $BC_0 = C_0 A$, as it is included in (6.21) for $L = E, P = C_0$. However, we have to add the one equation

$$(6.22) \qquad\qquad BP^0 = P^0 A$$

corresponding to the fixed element $P^0 = C = C_0 L_0$. Our concern is to ascertain that two matrices A, B satisfying (6.21) for P^0 and every *symmetric P* in $\mathfrak{P}$ satisfy (6.21) for every P in $\mathfrak{P}$.

Let q be our quantics forming the division algebra $\mathfrak{q}$ of order $d = 1, 2$ or 4, over K, and $Q = (q) \times E_f$. Each matrix $P = C_0 L$, L in $\mathfrak{L}_\kappa(\vartheta)$, satisfies the equation

$$(6.23) \qquad\qquad Q'_* P = PQ\,;$$

and vice versa, a P satisfying (6.23) for each q must needs be $= C_0 L$ where L commutes with each Q and hence belongs to the algebra $\mathfrak{L}_\kappa(\vartheta)$. By the way, $\mathfrak{L}_\kappa(\vartheta)$ is the algebra $(\mathfrak{q}')_f$ and each P may be written as NL where $N = (n) \times E_f$ is the constant "norm matrix" (4.32). In either way we find that the linear K-set $\mathfrak{P}$ consists of all matrices of the following form in the three cases $d = 1, 2, 4$, respectively:

$$(6.24) \qquad P_0, \qquad
\left\|\begin{array}{cc} P_0, & -P_1 \\ P_1, & \lambda P_0 \end{array}\right\|, \qquad
\left\|\begin{array}{cccc}
P_0, & -P_1, & -P_2, & -P_3 \\
P_1, & \lambda P_0, & P_3, & -\lambda P_2 \\
P_2, & -P_3, & \mu P_0, & \mu P_1 \\
P_3, & \lambda P_2, & -\mu P_1, & \lambda\mu P_0
\end{array}\right\|$$

where P_0 or P_0, P_1 or P_0, P_1, P_2, P_3 are arbitrary real matrices of degree f. This is in agreement with the order $df^2 = f^2, 2f^2, 4f^2$. Such a P is *symmetric* provided P_0 is symmetric and P_1, P_2, P_3 are skew-symmetric. The question can now be settled by the following trivial

LEMMA (6.2). Two matrices A and B of degree f satisfying the equation $BX = XA$ for all symmetric X are of necessity the same multiple $A = B = \alpha E$ of the unit matrix, and hence satisfy the same equation for all X whatsoever.

PROOF: $X = E$ yields

$$B = A = \| a_{ik} \|.$$

With a diagonal matrix X of the elements $x_{ii} = x_i$ one gets

$$a_{ik} x_k = x_i a_{ik};$$

hence if $i \neq k$ by choosing $x_i = 1$, $x_k = 0$: $a_{ik} = 0$. Consequently A is a diagonal matrix of the elements $a_{ii} = a_i$. We finally obtain with an arbitrary symmetric $X = \| x_{ik} \|$:

$$(a_i - a_k)x_{ik} = 0,$$

therefore $a_i = a_k$.

In case I the lemma settles our question at once: the validity of (6.21) for all symmetric P's implies the same for all P's whatsoever. In case II and III we write

$$A = \| A_{ik} \|, \qquad (i, k = 0, 1 \text{ or } 0, 1, 2, 3)$$

the same for B, and

$$\lambda_0 = 1, \lambda_1 = \lambda \mid \lambda_0 = 1, \lambda_1 = \lambda, \lambda_2 = \mu, \lambda_3 = \lambda\mu.$$

We first take $P_1 (= P_2 = P_3) = 0$ and obtain the equations

$$(6.25) \qquad B_{ik} \lambda_k P_0 = P_0 \lambda_i A_{ik}$$

holding for every symmetric P_0. Our lemma shows that therefore

$$A_{ik} = \alpha_{ik} E_f, \qquad B_{ik} = \beta_{ik} E_f$$

are multiples of the unit matrix, the real numbers α_{ik}, β_{ik} satisfying

$$\lambda_i \alpha_{ik} = \lambda_k \beta_{ik}.$$

Hence the equations (6.25) hold for every P_0 whatsoever. If we now consider the equation (6.21) for those P, (6.24), in which $P_0 = 0$ and if we treat P_1, P_2, P_3 as independent matrices, we find a certain number of equations

$$(6.26) \qquad \alpha P_i = \beta P_i \qquad (i = 1 \text{ or } i = 1, 2, 3)$$

where α and β are numbers. They are required to hold good for an arbitrary anti-symmetric P_i. *If $f > 1$ there exist anti-symmetric matrices $\neq 0$* and thus (6.26) implies $\alpha = \beta$; but then (6.26) holds for every P_i whatsoever, and we thus made sure that validity of (6.21) for symmetric P's implies the same for all P's. *The case $f = 1$ is different.* Here we have only *one* independent symmetric P, and thus $\mathfrak{L}_K^+(\vartheta)$ consists of the multiples of the unit matrix alone, and so does its algebraic closure $(\mathfrak{L}_K^+(\vartheta))$. In case II, $f = 1$, one is forced to choose L_0 odd and the corresponding $P^0 = C = C_0 L_0$ antisymmetric. Else (6.21) for all symmetric P's together with (6.22) would be bound to have more solutions than the equation (6.21) when required for *all P's*. In case III, $f = 1$, even this trick will not help us out of the trap. For even with an odd $L_0(\vartheta)$ the sum $(\mathfrak{L}_K^+(\vartheta)) + L_0^{-1}(\vartheta)(\mathfrak{L}_K^+(\vartheta))$ is of order 2 rather than of order 4, as it should be.

(6.3) The question whether there exists an odd *non-singular $L_0(\vartheta)$* is to be discussed. In case I this is only possible for an *even f*. But for $d = 1, f$ even, or $d = 2$ or $d = 4$, (6.24) at once allows writing down a non-singular antisymmetric P and hence an odd $L_0(\vartheta)$ lying in the extension $\mathfrak{L}_K^-(\vartheta)$. The parts $L_\alpha = L_0(\vartheta_\alpha)$ and L_β corresponding to non-coördinated α and β may be chosen independently whereas for coördinated indices L_β is to be taken as $A_{\alpha\beta}^{-1} L_\alpha A_{\alpha\beta}$, or P_β as $e_{\alpha\beta} \cdot A_{\alpha\beta}' P_\alpha A_{\alpha\beta}$; one thus obtains an odd non-singular L_0 in $\mathfrak{L}_K$. If one expresses the unsplit L_0 in terms of a base of $\mathfrak{L}^-$ with certain real coefficients y, one sees that $|L_0|$ is not identically zero in the variables y. One therefore may ascertain rational values of the y for which $|L_0| \neq 0$; this L_0 is then an odd non-singular matrix of $\mathfrak{L}$. We summarize our construction in the

MAIN THEOREM, SECOND PART. *When the Riemann algebra $\mathfrak{L}$ is described over a totally real splitting field $k(\vartheta)$ by means of a quantic factor set of the kind defined in the first part of the Main Theorem, then the norm of the factor set must be totally positive equivalent 1. This condition is not only necessary but also sufficient for $\mathfrak{L}$ to be associated with an even or odd pure Riemann matrix, save for the following limitations:*

$d = 1, f$ odd	$d = 2, f = 1$	$d = 4, f = 1$
no odd,	*no even,*	*neither an odd nor an even,*

associated Riemann matrix exists.

We must return for a moment to the investigation of necessary rather than sufficient conditions in order to determine whether these limitations lie in the nature of things and are not merely due to a lack of skill in our construction. To this end we have to consider that by Rosati's lemma (4.1), C necessarily decomposes into non-singular C_α's. The involution $q \to q_*$ effected by C_α in the realm of α-quantics is prescribed, hence $C(\vartheta)$ must be $= C_0(\vartheta)L(\vartheta)$ where $L(\vartheta)$ commutes with all $Q(\vartheta)$ and therefore must come to lie in $\mathfrak{L}(\vartheta)$ after $\mathfrak{L}(\vartheta)$ has been extended to $k(\vartheta)$. This leaves us no loophole.

7. Appendix. Automorphisms.

The scheme A as well as B, (1.34), may thus be described: it is a checkered square table with rows and columns labeled by a double index $i\alpha$ and $k\beta$ each field of which is occupied by a d-rowed matrix $A_{i\alpha,\,k\beta}$. If E_{ik} denotes the unit or zero matrix according as $i = k$ or $i \neq k$ we have more precisely

$$(7.1) \qquad A_{i\alpha,\,k\beta} = A_{ik}E_{\alpha\beta}, \qquad B_{i\alpha,\,k\beta} = E_{ik}B_{\alpha\beta}.$$

Let us return for a moment to the irreducible representation $\mathfrak{A}$: $a \to A = A(a)$ of a simple algebra $\mathfrak{a}$. If an automorphism $a \to a^*$ of $\mathfrak{a}$ be given, then $a \to A(a^*) = A^*$ is a representation of $\mathfrak{a}$ as well as $\mathfrak{A}$: $a \to A(a)$ itself, and like any representation of the simple $\mathfrak{a}$ is equivalent to a multiple of $\mathfrak{A}$. The words "a multiple of" are to be canceled because of equality of degree g. Hence there exists a non-singular matrix H in k such that

$$(7.2) \qquad A^* = HAH^{-1}$$

for every A in $\mathfrak{A}$. This applies in particular

(α) to the full matric algebra $\mathfrak{M}_g$ consisting of all g-rowed matrices in k, and

(β) to the regular representation of a division algebra.

The same holds true for the *multiple* $s\mathfrak{A}$ of our irreducible $\mathfrak{A}$ which we now again call $\mathfrak{A} = \{A\}$: each automorphism $A \to A^*$ is of the type (7.2). The matrix H at the same time defines an automorphism $B \to B^*$ in the commutator algebra $\mathfrak{B}$: $B^* = HBH^{-1}$. So we are led to study *simultaneous* automorphisms $A \to A^*$, $B \to B^*$ in $\mathfrak{A}$ and $\mathfrak{B}$. A necessary condition that both are expressible in the form

$$(7.3) \qquad A^* = HAH^{-1}, \qquad\qquad B^* = HBH^{-1}$$

by the same non-singular constant H in k is their coincidence within the cross-cut $\mathfrak{Z}$ of $\mathfrak{A}$ and $\mathfrak{B}$, the so-called *centrum*. In formula (7.1) each A_{ik} varies over $(\mathfrak{b}')$, each $B_{\alpha\beta}$ over $(\mathfrak{b})$. An element A common to $\mathfrak{A}$ and $\mathfrak{B}$, must have $A_{ik} = J \cdot E_{ik}$ in (7.1) where J lies in $(\mathfrak{b}')$ and in $(\mathfrak{b})$:

$$J: x \to x' = j_1 x = x j_2$$

(j_1 and j_2 fixed elements, x variable in $\mathfrak{b}$). But $j_1 x = x j_2$ yields $j_1 = j_2$ by putting $x = e$, and $j = j_1 = j_2$ must commute with all elements x of $\mathfrak{b}$. The elements j of this kind form the *centrum* $\mathfrak{z}$ of $\mathfrak{b}$. *Let us first assume that $\mathfrak{z}$ is of order 1*, that only the numerical multiples of the unit element e commute with all elements x of the division algebra $\mathfrak{b}$.

We then maintain that the d^2 transformations

$$(7.4) \qquad x' = bxa$$

yield a base of the complete matric algebra $\mathfrak{M}_d$ if we let a and b run independently over a base of $\mathfrak{b}$. By Burnside's theorem this is true provided the multiples of the unit matrix are the only transformations J commuting with all these transformations (7.4), i.e. with all transformations of type $x' = bx$ and $x' = xa$. For the first reason such a J must be itself of the form $x' = xj_2$, for the second reason of the form $x' = j_1 x$ (j_1 and j_2 in $\mathfrak{b}$); hence $j_1 = j_2$ lies in the centrum of $\mathfrak{b}$ and is a multiple of e. The result is that the product $A_{11}B_{11}$ yields a full base for all d-rowed matrices when A_{11} ranges over a base for $(\mathfrak{b}')$ and B_{11} for $(\mathfrak{b})$. The product of two matrices A and B, (7.1), is given by

$$(AB)_{i\alpha,k\beta} = A_{ik}\cdot B_{\alpha\beta},$$

and from this formula in connection with the result just obtained we readily deduce that AB provides a full base for all g-rowed matrices $(g = dst)$ if A runs over a base of $\mathfrak{A}$ and B of $\mathfrak{B}$. This is in keeping with the orders $d\cdot t^2$ of $\mathfrak{A}$ and $d\cdot s^2$ of $\mathfrak{B}$; for their product equals $(dst)^2 = g^2$.

The two arbitrary given automorphisms $A \to A^*$, $B \to B^*$ define therefore (remembering that the A's commute with the B's!) an automorphism $AB \to A^*B^*$ of the full matric algebra $\mathfrak{M}_g$ and consequently statement (α) above assures us of the existence of a constant non-singular matrix H such that $A^*B^* = HABH^{-1}$, in particular (A or $B = E$):

$$A^* = HAH^{-1}, \qquad\qquad B^* = HBH^{-1}.$$

H is unambiguously determined, but for a numerical factor.

When we combine the identical automorphism of $\mathfrak{B}$ with a given automorphism $A \to A^*$ of $\mathfrak{A}$, our H commutes with every B and hence lies in $\mathfrak{A}$: *Every automorphism of $\mathfrak{A}$ is an inner automorphism.*[10]

If the centrum $\mathfrak{z}$ of $\mathfrak{b}$ is of order δ we may consider $\mathfrak{b}$ as a division algebra of order d/δ over the *field* $\mathfrak{z}$. Operating in this field throughout and finally replacing again each "number" j of this field by the δ-rowed matrix that represents it in the regular representation of $\mathfrak{z}$, we carry over our result to each pair of automorphisms $A \to A^*$, $B \to B^*$ in $\mathfrak{A}$ and $\mathfrak{B}$ which coincide with the identity for the elements Z common to $\mathfrak{A}$ and $\mathfrak{B}$. Application of the statement (β) above to the commutative division algebra $\mathfrak{z}$ enables us to weaken this restricting hypothesis to the assumption that both automorphisms coincide among each other for the elements Z of $\mathfrak{Z}$:

Theorem. *Two automorphisms $A \to A^*$, $B \to B^*$ of $\mathfrak{A}$ and $\mathfrak{B}$ when coinciding within the centrum or cross-cut $\mathfrak{Z}$ of $\mathfrak{A}$ and $\mathfrak{B}$ are generated by the same non-singular matrix H according to (7.3). In particular, each automorphism of $\mathfrak{A}$ which leaves invariant the elements of $\mathfrak{Z}$ is an inner automorphism.*

It is in no way unnatural that the proof first deals with the case of a "normal" algebra whose centrum does not reach beyond the reference field k. For what ambiguity there is in H comes from the centrum: the unruly things happen in the commutative fields, the whole superstructure of algebras is of a comparatively simple nature.

---

[10] Skolem, "Zur Theorie der assoziativen Zahlensysteme," *Skr. Norske Vid.-Akad.*, Oslo (1927), pp. 21, 22; R. Brauer, *Math. Zeitschrift*, vol. **30** (1929), p. 105.

108.

Riemannsche Matrizen und Faktorensysteme

Comptes Rendus du Congrès International des Mathématiciens Oslo 2, 3 (1937)

Mit jedem geschlossenen Weg α auf einer Riemannschen Fläche vom Zusammenhangsgrad $g=2p$ ist eindeutig ein Differential 1. Gattung dw_α assoziiert. Wählt man eine Basis für die Wege, so bilden die zugehörigen Differentiale gleichfalls eine Basis im reellen Sinne. Die g-reihige Matrix der Perioden hat einen Realteil C, der rational und schiefsymmetrisch ist, und einen Imaginärteil S, der symmetrisch und positiv-definit ist; $R=C^{-1}S$ heißt die zugehörige *Riemannsche Matrix*. Allgemeiner mag man C und S beliebig annehmen im Einklang mit den eben aufgezählten Eigenschaften. Die Frage der *„komplexen Multiplikation"* kommt darauf hinaus, die rationalen Kommutatoren A von R zu bestimmen; sie bilden eine Algebra $\mathfrak{A}$ im Körper k der rationalen Zahlen. Ihre Untersuchung ist äquivalent dem Studium der kleinsten Algebra $\mathfrak{L}$ in k, deren Erweiterung auf den Körper K der reellen Zahlen die gegebene Riemannsche Matrix R einschließt („assoziierte Algebra"). Für k und K kann man allgemeiner einen beliebigen reellen Körper im Sinne von Artin-Schreier annehmen, bezw. eine reelle, reellabgeschlossene Erweiterung von k. Die Frage ist, *welche Struktur muß eine gegebene Matrixalgebra $\mathfrak{L}$ in k besitzen, um mit einer Riemannschen Matrix assoziiert zu sein.* Durch Poincarés Theorem der vollen Reduktion wird das Problem reduziert auf den Fall, wo $\mathfrak{L}$ irreduzibel ist.

Nach I. Schur und A. Brauer kennzeichnet man eine einfache Algebra wie $\mathfrak{L}$ durch ihr Faktorensystem mit bezug auf einen gewissen *Zerlegungskörper*. Nach Rosati wird dieser Zerlegungskörper total-reell, wenn man sich darauf beschränkt, in Bestandteile zu zerlegen, die irreduzibel in K (dem Körper der reellen Zahlen) sind statt absolut-irreduzibel. Die Glieder des Faktorensystems sind alsdann nicht skalar, sondern Größen aus einer der drei Divisionsalgebren, die über K möglich sind; man erhält sie, indem man entweder nichts adjungiert, oder die Quadratwurzel aus einer total-negativen Zahl, oder eine „total-negative" Quaternion. Die Norm dieses „quantic factor set" ist ein skalares Faktorensystem. Die gesuchte notwendige und hinreichende Bedingung dafür, daß $\mathfrak{L}$ mit einer Riemannschen Matrix assoziiert ist, besteht darin, *daß das Norm-Faktorensystem total-positiv äquivalent der* 1 *ist.* Verglichen mit den Methoden und Resultaten der bahnbrechenden Arbeiten A. A. Alberts ist der Beweis dieses Satzes erstaunlich einfach.

109.

Note on matric algebras

Annals of Mathematics 38, 477—483 (1937)

1. **Preliminaries.** In §1 and Appendix 7 of my paper, *Generalized Riemann Matrices and Factor Sets,*[1] I established the theory of matric algebras by operating with the matrices themselves and their vector space rather than with abstract elements, and getting along without the discussion of the radical and its influence upon the structure of the algebra. One can treat the $\times$-multiplication in the same style and thus complete the theory, as I propose to show briefly in this note, in which I make use of the same notations and nomenclature as in the cited chapter. At the bottom we have a (commutative) field k; the words "in k" should tacitly be supplied to all terms like "matrix," "algebra," "irreducible."

The set of all d-rowed matrices (transformations in a d-dimensional vector space) is denoted by $\mathfrak{M}_d$ (complete matric algebra). $E = E_d$ is the unit matrix. The linear closure of a given matric set $\mathfrak{A} = \{A\}$ consisting of all possible linear combinations of the elements A of $\mathfrak{A}$ with coefficients in k will be indicated by

$$[\mathfrak{A}] \qquad \text{or} \qquad [A]_{A \text{ in } \mathfrak{A}}.$$

The set of matrices

$$\left\| \begin{matrix} A & 0 & \cdots & 0 \\ 0 & A & \cdots & 0 \\ \cdot & \cdot & \cdots & \cdot \\ 0 & 0 & \cdots & A \end{matrix} \right\| \quad (u \text{ rows}) \quad \text{and} \quad \left\| \begin{matrix} A_{11} & \cdots & A_{1u} \\ \cdot & \cdots & \cdot \\ \cdot & \cdots & \cdot \\ A_{u1} & \cdots & A_{uu} \end{matrix} \right\|$$

where A or the A_{ik} vary independently in $\mathfrak{A}$ is called $u \cdot \mathfrak{A}$ and $\mathfrak{A}_u$ respectively; they are algebras if $\mathfrak{A}$ is such. By transition to a new coördinate system a set $\mathfrak{A}$ of linear mappings A passes into what is called an equivalent set ($\sim \mathfrak{A}$). When δ variables x_ι undergo a linear substitution A and d variables y_k undergo a linear substitution B, then the δd products $x_\iota y_k$ undergo the substitution $A \times B$. If the x_ι and y_k are looked upon as components of vectors x, y in a δ- and d-dimensional vector space $\mathfrak{x}$ and $\mathfrak{y}$ respectively, then $z_{\iota k} = x_\iota y_k$ are the components of a vector $z = xy$ in the δd-dimensional product space $\mathfrak{x}\mathfrak{y}$. If A ranges over a set $\mathfrak{A}$ and B over $\mathfrak{B}$, we mean by $\mathfrak{A} \times \mathfrak{B}$ the set of all matrices

$$A \times B, \qquad\qquad A \text{ in } \mathfrak{A}, \qquad\qquad B \text{ in } \mathfrak{B}.$$

---

[1] Annals of Math. 37 (1936), pp. 709–745.

This is not an algebra even if $\mathfrak{A}$ and $\mathfrak{B}$ are such. The linear closure

$$[A \times B]_{A \text{ in } \mathfrak{A}, B \text{ in } \mathfrak{B}}$$

is to be denoted by $[\mathfrak{A} \times \mathfrak{B}]$ and will be called the *algebra product* of the algebras $\mathfrak{A}$ and $\mathfrak{B}$. We have

$$\mathfrak{A}_v = [\mathfrak{M}_v \times \mathfrak{A}],$$

hence

$$[\mathfrak{A}_v \times \mathfrak{B}] = [\mathfrak{A} \times \mathfrak{B}]_v.$$

LEMMA (1-A). *Let* $R = \{C\}$ *be an algebra of transformations in a d-dimensional vector space* $\mathfrak{r}$, *containing* E_d. *The product* $\rho\mathfrak{r}$ *of* $\mathfrak{r}$ *with a vector space* ρ *of dimensionality* δ *may be considered as the substratum of the transformations of* $\mathfrak{M}_\delta \times R$. *Then each of its invariant subspaces is of form* $\rho\mathfrak{r}'$ *where* $\mathfrak{r}'$ *is an invariant subspace of* $\mathfrak{r}$. *In particular, irreducibility of* R *entails the same for* R_δ.

Of this lemma I made use in the proof of the criterion, Theorem (1.3-D), l.c. Its demonstration is fairly obvious. Let $\epsilon_1, \cdots, \epsilon_\delta$ be a basis of ρ. Each vector z in $\rho\mathfrak{r}$ may be decomposed according to

$$z = \epsilon_1 z_1 + \cdots + \epsilon_\delta z_\delta \qquad (z_\iota \text{ vector in } \mathfrak{r}).$$

$E_{\iota\kappa}$ being the δ-rowed matrix which has a 1 at the crossing point of the ιth row and the κth column and 0 elsewhere, application of the operation $E_{\iota\iota} \times E$ shows that our invariant subspace $\bar{\mathfrak{r}}$ of $\rho\mathfrak{r}$ contains the parts $\epsilon_\iota z_\iota$ of each z in $\bar{\mathfrak{r}}$. The operations like $E_{12} \times E$ prove that with $\epsilon_1 z_1$ (z_1 in $\mathfrak{r}$) also $\epsilon_2 z_1$ lies in $\bar{\mathfrak{r}}$. Consequently $\bar{\mathfrak{r}}$ is of the form $\rho\mathfrak{r}'$, and the operators $E \times C$ force the subspace $\mathfrak{r}'$ of $\mathfrak{r}$ to be invariant:

An abstract *division algebra* $\rho = \{\gamma\}$ of order δ is irreducibly represented by associating with γ the substitution

$$\gamma^*: \qquad \xi' = \gamma\xi \qquad\qquad (\xi \text{ varying in } \rho)$$

(regular representation). $\rho^* = \{\gamma^*\}$. The substitution

$$\xi' = \xi\gamma$$

may be denoted by γ_* and the set of all γ_* by ρ_*. A division algebra is *normal* provided the centrum consists of the multiples of the unit only. In the Appendix I proved the following statement concerning normal division algebras by way of a simple application of Burnside's criterion:

LEMMA (1-B). *Let* ρ *be a normal division algebra. The* δ^2 *substitutions*

$$\xi' = \alpha\xi\beta$$

one obtains by letting α *and* β *run independently over a basis* $\epsilon_1, \cdots, \epsilon_\delta$ *of* ρ *yield a basis for the complete matric algebra* $\mathfrak{M}_\delta$.

One might put this down in the following formula

$$[\alpha^* \beta_*]_{\alpha, \beta \text{ in } \rho} = \mathfrak{M}_\delta.$$

2. **The basic argument.** We are now going to consider the product $\rho\mathfrak{r}$ of a normal division algebra ρ of order δ and a d-dimensional vector space $\mathfrak{r}$ subject to the transformations C of a given irreducible matric algebra $R = \{C\}$. The space $\rho\mathfrak{r}$ is considered the substratum of the transformation set

$$\rho^* \times R = \{\gamma^* \times C\}_{\gamma \text{ in } \rho, \, C \text{ in } R}.$$

We then maintain that $\rho\mathfrak{r}$ splits into a number u of *irreducible* invariant subspaces in each of which $\gamma^* \times C$ induces the *same* transformation; or that we have an equivalence

$$(2.1) \qquad\qquad \rho^* \times R \sim u \cdot \mathfrak{H}, \qquad\qquad \mathfrak{H} \text{ irreducible.}$$

This statement and its proof are the backbone of our whole discussion; the rest is mere juggling around and interpretation of the result. We proceed as follows.

The vectors x of $\rho\mathfrak{r}$ are expressed in terms of a basis $e_1, \cdots, e_d$ of $\mathfrak{r}$ as:

$$(2.2) \qquad\qquad x = \xi_1 e_1 + \cdots + \xi_d e_d \qquad\qquad (\xi_i \text{ in } \rho).$$

Considering ρ as a "quasi-field" in which the coefficients ξ_i vary freely, we define

$$\gamma x = (\gamma\xi_1)e_1 + \cdots + (\gamma\xi_d)e_d, \qquad x\gamma = (\xi_1\gamma)e_1 + \cdots + (\xi_d\gamma)e_d.$$

An invariant subspace $\mathfrak{l}$ of $\rho\mathfrak{r}$ is certainly a subset of vectors x of form (2.2), closed with respect to addition and front multiplication ($x \to \gamma x$); for the latter operation is what we formerly denoted by $\gamma^* \times E$. Hence $\mathfrak{l}$ has a ρ-basis $l_1, \cdots, l_n$ in terms of which every x in $\mathfrak{l}$ is uniquely expressible as

$$x = \eta_1 l_1 + \cdots + \eta_n l_n \qquad\qquad (\eta_i \text{ in } \rho),$$

and the dimensionality δn of $\mathfrak{l}$ is a multiple of δ.

β being a given quantity in ρ, the space $\mathfrak{l}\beta$ containing all vectors $x\beta$ (x in $\mathfrak{l}$) is invariant with respect to $\gamma^* \times C$ as well as $\mathfrak{l}$, and $\gamma^* \times C$ induces therein the same transformation as in $\mathfrak{l}$. By making use of a basis $\epsilon_1 = 1, \cdots, \epsilon_\delta$ of ρ we apply the "typical argument" to the row of irreducible invariant subspaces

$$\mathfrak{l}_1 = \mathfrak{l}\epsilon_1 = \mathfrak{l}, \mathfrak{l}_2 = \mathfrak{l}\epsilon_2, \cdots, \mathfrak{l}_\delta = \mathfrak{l}\epsilon_\delta$$

and thus succeed in picking out a number among them which by a proper arrangement may be denoted by $\mathfrak{l}_1, \cdots, \mathfrak{l}_u$ such that 1) $\mathfrak{l}_1, \cdots, \mathfrak{l}_u$ are linearly independent, and 2) each $\mathfrak{l}_\iota$ ($\iota = 1, \cdots, \delta$) is contained in the sum

$$\mathfrak{l}_1 + \cdots + \mathfrak{l}_u = (\mathfrak{l}).$$

The latter fact shows that $(\mathfrak{l})$ is also invariant with respect to back multiplications: $(\mathfrak{l})\epsilon_\iota$ is contained in $(\mathfrak{l})$ for $\iota = 1, \cdots, \delta$. Consequently $(\mathfrak{l})$ is invariant with respect to all transformations of the type

$$\alpha^* \beta_* \times C, \qquad\qquad \alpha \text{ and } \beta \text{ varying over a basis of } \rho, \, C \text{ in } R,$$

and thus, according to Lemma (1-B), with respect to $\mathfrak{M}_\delta \times R$. Lemma (1-A) then proves ($\mathfrak{l}$) to be the total space $\rho\mathfrak{r}$, and this remark finishes our demonstration, at the same time yielding the equation

$$d = nu:$$

u is a divisor of d.

3. **Exploitation.** Here we restate Theorem (1.3-B) of my former paper as

LEMMA (3-A). *An irreducible matric algebra R is $\sim r_v^*$ where r is a division algebra (and v a natural number).*

From (2.1) there follow the equations

$$[\rho^* \times R] \sim u[\mathfrak{H}], \qquad\qquad [\rho_v^* \times R] \sim u[\mathfrak{H}]_v .$$

According to Lemma (1-A), the algebra $[\mathfrak{H}]_v$ is irreducible as well as $[\mathfrak{H}]$; and in view of Lemma (3-A) we may put our result into the equivalence

$$(3.1) \qquad\qquad [P \times R] \sim u \cdot \mathfrak{P}, \qquad\qquad \mathfrak{P} \text{ irreducible,}$$

holding for any two irreducible matric algebras P and R the first of which is normal. Our result implies the abstract statement:

THEOREM (3-B). *The algebra product of two simple algebras one of which is normal, is a simple algebra again.*

From this we could infer our concrete proposition that $[P \times R]$ is a certain multiple u of an irreducible $\mathfrak{P}$ by means of the general fact mentioned on page 714, l.c., that every representation of a simple algebra is a multiple of its irreducible representation. Our proof here, however, aimed directly at this concrete statement and yielded the further result that u is a divisor of the degree d of R.

Lemma (3-A) makes transition from division algebras r to simple algebras R so easy that it is perhaps convenient to specialize our result (2.1) to the case $R = r^*$ rather than to generalize it to (3.1). Hence let us write down the (special $\times$ special)-equation

$$(3.2) \qquad\qquad \rho^* \times r^* \sim u \cdot \mathfrak{H}$$

This leads back to the (general $\times$ general)-result (3.1) in the form

$$(3.3) \qquad\qquad [\rho_v^* \times r_w^*] \sim u \cdot [\mathfrak{H}]_{vw} .$$

Transition from ρ^* and r^* to $P = \rho_v^*$ and $R = r_w^*$ leaves the multiplicity u unchanged while replacing $[\mathfrak{H}]$ by the likewise irreducible $[\mathfrak{H}]_{vw}$.

Concerning the (special $\times$ special)-case (3.2), I feel bound to make two additional remarks.

First remark. An invariant subspace of $\rho\mathfrak{r}$ has a basis $l_1, \cdots, l_n$ relative to the quasi-field of coefficients in ρ. However, we may exchange the rôles of ρ and r and look upon ρ as a vector space and on r as a quasi-field of multiplicators or coefficients. I will then have an r-basis $\lambda_1, \cdots, \lambda_\nu$ in terms of which

$$y_1 \lambda_1 + \cdots + y_\nu \lambda_\nu$$

describes I with the coefficients y_ι ranging over r. The dimensionality of I is

$$n\delta = \nu d, \qquad \text{therefore} \qquad d : \delta = n : \nu.$$

As $d = nu$, we obtain the further relation $\delta = \nu u$ and thus realize that u *is a common divisor of d and δ.* The same relationship prevails in the (general $\times$ general)-case (3.1). For in passing from ρ^* to $P = \rho_v^*$ and from r^* to $R = r_w^*$, the degrees δ and d change into δv and dw respectively, while u stays put, eq. (3.3). With this additional information on hand we give the concrete counterpart of Theorem (3-B) as follows:

THEOREM (3-C). *The algebra product of two irreducible matric algebras P and R one of which is normal, decomposes into a number u of equal irreducible components $\mathfrak{P}$ according to the equivalence*

$$[P \times R] \sim u \cdot \mathfrak{P}.$$

The multiplicity u is a common divisor of the degrees of both factors.

The u equal parts into which the generic matrix $\Gamma \times C$ of $P \times R$ decomposes will occasionally be denoted by $\Pi(\Gamma, C)$. In the special case $P = \rho^*$ we simply write $\Pi(\gamma, C)$ instead of $\Pi(\gamma^*, C)$, and similarly when R is specialized into r^*.

Second remark. In the (special $\times$ special)-relation (3.2) or in

$$[\rho^* \times r^*] \sim u[\mathfrak{H}]$$

we apply Lemma (3-A) to the irreducible $[\mathfrak{H}]$ and infer from it that

$$[\mathfrak{H}] = \mathfrak{p}_v^*$$

where the abstract division algebra $\mathfrak{p}$, called the R. Brauer product, is uniquely determined by the factors ρ and r. Comparison of degrees and orders in the ensuing equivalence

$$[\rho^* \times r^*] \sim u \cdot \mathfrak{p}_v^*$$

leads to the relations

$$\delta d = uv\mathfrak{b}, \qquad\qquad \delta d = v^2 \mathfrak{b},$$

$\mathfrak{b}$ being the degree of $\mathfrak{p}^* =$ order of $\mathfrak{p}$. Hence $v = u$ and

$$d = nu, \qquad\qquad \delta = \nu u, \qquad\qquad \mathfrak{b} = n\nu :$$

THEOREM (3-D). *The algebra product of the regular representations ρ^* and r^* of two division algebras ρ and r of orders δ and d decomposes according to*

$$[\rho^* \times r^*] \sim u \cdot \mathfrak{p}_u^*$$

provided ρ is normal. Putting

$$d = nu, \qquad\qquad \delta = \nu u, \qquad\qquad (n \text{ and } \nu \text{ integers})$$

the order of the division algebra $\mathfrak{p}$ equals $n\nu$.

4. Adjunction. We have not as yet evaluated to the full the idea involved in our backbone proof that an invariant subspace $\mathfrak{l}$ of ρr can be referred to a ρ-basis $l_1, \cdots, l_n$. Let us now consider its implications for the case which is the other way around: $P \times r^*$, P being a normal irreducible matric algebra, r an arbitrary division algebra. Let $\mathfrak{l}$ be an invariant subspace of the vector space $\mathfrak{r}r$ upon which the operators $\Gamma \times c^*$ of $P \times r^*$ work (Γ are operators in the δ-dimensional space $\mathfrak{r}$, r is of order d). $\mathfrak{l}$ has an r-basis $l_1, \cdots, l_\nu$ such that each $\mathbf{x}$ of $\mathfrak{l}$ is uniquely expressible as

$$(4.1) \qquad \mathbf{x} = y_1 l_1 + \cdots + y_\nu l_\nu \qquad\qquad (y_\iota \text{ in } r).$$

We now look upon $\mathfrak{r}r = \mathfrak{r}_r$ as the vector space $\mathfrak{r}$ under extension of its field of multiplicators k into the quasi-field r. The elements of $\mathfrak{r}_r$ are rows $\mathbf{x}$ of δ quantities $x_1, \cdots, x_\delta$ in r. Addition is defined in the obvious manner, multiplication by a quantity c of r as:

$$c(x_1, \cdots, x_\delta) = (cx_1, \cdots, cx_\delta).$$

A linear subspace $\mathfrak{l}_r$ of $\mathfrak{r}_r$ is a subset closed with respect to addition and multiplication by any c in r. The subspace $\mathfrak{l}_r$ has a basis $l_1, \cdots, l_\nu$ as indicated by eq. (4.1).

Each Γ is a linear substitution with ordinary numbers $\gamma_{\iota\kappa}$ in k:

$$x_\iota' = \sum_\kappa x_\kappa \gamma_{\iota\kappa} \qquad\qquad (\iota, \kappa = 1, \cdots, \delta)$$

and hence commutes with all the multiplications $\mathbf{x} \to c\mathbf{x}$. If $\mathfrak{l}_r$ is invariant with respect to the transformations Γ of P, then each $\Gamma: \mathbf{x} \to \mathbf{x}'$ carries the basic vectors $l_1, \cdots, l_\nu$ into linear combinations of themselves:

$$l_\iota' = \sum_\kappa c_{\iota\kappa} l_\kappa \qquad\qquad (\iota, \kappa = 1, \cdots, \nu).$$

Commuting as it does with the multiplications, Γ then carries (4.1) into

$$\mathbf{x}' = y_1 l_1' + \cdots + y_\nu l_\nu' = y_1' l_1 + \cdots + y_\nu' l_\nu$$

where

$$y_\iota' = \sum_\kappa y_\kappa c_{\iota\kappa} \qquad\qquad (\iota, \kappa = 1, \cdots, \nu).$$

Here it is quite essential to write the coefficients $c_{\iota\kappa}$ *after* or to the right of the variables y_κ: we therefore speak of a *right-transformation*. Γ induces in $\mathfrak{l}_r$ the right-transformation $\| c_{\iota\kappa} \|$ and the correspondence $\Gamma \to \| c_{\iota\kappa} \|$ constitutes a *right-representation* of P in r. It seems worth while to present our chief result in this new garb:

THEOREM (4-A). *Under extension of k into a quasi-field r over k, a given normal matric algebra P, irreducible in k, breaks up into u equal irreducible right-representations of P in r.*

This mode of visualizing the situation is related to our former viewpoint in the following manner. Adopting the coördinate system here used, $\Pi(\Gamma, \mathfrak{l})$ arises from our right-representation $\Gamma \to \| c_{\iota\kappa} \|$ in replacing each $c_{\iota\kappa}$ by the matrix $(c_{\iota\kappa})_*$ (back multiplication and hence lower asterisk!) whereas $\Pi(E_\delta, c)$ is simply $E_\nu \times c^*$.

Of particular import is the case when r is a commutative field K. We then deduce from our theorem that a normal irreducible matric algebra P in k splits into u equal irreducible matric algebras in K after extending the reference field k to a finite field K over k. Let us consider again the special case $P = \rho^*$. We then must have an equivalence like

$$\rho^* \text{ ext. to } K \sim u \cdot \overset{*}{\pi_v}$$

where π is a (normal) division algebra in K. θ being the degree $=$ order of π^*, comparison of degrees and orders leads to the relations

$$\delta = uv\theta, \qquad\qquad \delta = v^2\theta,$$

hence

$$u = v \qquad \text{and} \qquad \delta = u^2\theta.$$

THEOREM (4-B). *A normal division algebra ρ in k breaks up according to the equation*

$$\rho^* \text{ ext. to } K \sim u \cdot \overset{*}{\pi_u}$$

under extension of the field k into a finite field K over k. Hence

$$(\text{order of } \rho) = u^2 \cdot (\text{order of } \pi).$$

An easy consequence thereof is our final

THEOREM (4-C). *The order of a normal division algebra is a square number.*

Indeed, Theorem (4-B) informs us that on successive extensions of the reference field the order of ρ shrinks by throwing off square factors. Therefore we merely have to show how to find an extension so as to effect actual reduction ($u > 1$) as long as one has not yet reached the core: $\rho = (1)$. If ρ is not of order 1 we choose an element α of ρ different from any multiple of the unit and adjoin a root z of the characteristic equation $\varphi(z) = 0$ of the substitution $\alpha_* : \xi \to \xi\alpha$. The transformation $\alpha_* - zE$ is then singular, $\neq 0$, and commutes with all γ^*; hence, according to Schur's Lemma, ρ^* must needs reduce in $K = k(z)$. What one actually does is to pick out an irreducible k-factor $\psi(z)$ of $\varphi(z)$ and then define $k(z)$ *in abstracto* as the field of all k-polynomials of the indeterminate z modulo $\psi(z)$.

Here we find ourselves at the entrance gate to the "*splitting fields*," and there we might well finish our brief journey over what seems to me a particularly smooth and open road through this well-explored territory.

It was essential to suppose one of our factors to be normal. Again, the unruly things happen in the commutative fields: the algebra product of two fields breaks up into inequivalent parts, and to secure its full reducibility at all assumptions concerning separability are needed.

<h1 style="text-align:center">110.</h1>

<h2 style="text-align:center">Commutator algebra of a finite group of collineations</h2>

Duke Mathematical Journal 3, 200—212 (1937)

1. **Introduction.** In Chapter V, §§2–4 of my book *The Theory of Groups and Quantum Mechanics* (English edition, London, 1931) I gave an elementary account of the decomposition of tensor space into subspaces invariant under the algebra of "symmetric" transformations. The treatment was based upon the reciprocity between the ring of a finite group γ whose elements s induce certain linear operators $\mathbf{s}$ in a given vector space $\mathfrak{R}$ and the algebra $\mathfrak{A}$ of those transformations A in $\mathfrak{R}$ that commute with all operators $\mathbf{s}$. It was immaterial that $\mathfrak{R}$ was the manifold of all tensors of a certain rank f in an underlying vector space and γ the symmetric group of all $f!$ permutations operating on the f indices or arguments of the tensors. In many respects the group ring stands in a simpler relationship to this commutator algebra $\mathfrak{A}$ than to the enveloping algebra $\mathfrak{B}$ of the operators $\mathbf{s}$, and therefore it seems desirable to discuss both sides in a direct way rather than to rely upon the general theory of a matric algebra and its commutator algebra (cf. in this regard the observations in the concluding section).

A *number field k* may be given in which all numbers which occur are supposed to lie. We consider vectors

$$f = (f_1, \cdots, f_n)$$

in an n-space $\mathfrak{R}$ whose components f_i are numbers in k. When the result of a linear transformation $U = \|u_{ik}\|$ on f is denoted by Uf, the components of f are to be written in a *column*. A *collineation $f \to \bar{f}$* in the projective $(n-1)$-space based upon the number field k is a linear transformation U of the coördinates f_i combined with an automorphism s: $\alpha \to \alpha^s$ of k:

$$\bar{f}_i = \sum_{k=1}^{n} u_{ik} f_k^s \qquad \text{or} \qquad \bar{f} = U f^s.$$

Representations of a finite group by operators of this generalized type involving automorphisms of the reference field were studied with remarkable success in a recent paper by Messrs. I. Nakayama and K. Shoda (Jap. Jour. Math., vol. 12 (1936), pp. 109–122). The same step will here be carried out with respect to the commutator algebra.

2. **The group ring.** The situation we are concerned with may be described thus. Given a *finite group γ* of order h; if k is of prime characteristic, that prime shall not be a divisor of h. To each element s of γ corresponds an automorphism $\alpha \to \alpha^s$ of k such that

$$(\alpha^s)^t = \alpha^{ts}.$$

A *collinear representation* of degree n of γ associates with each s an operator $f \to \tilde{f}$ in the n-space $\Re$ of the form

$$(2.1) \qquad \tilde{f}_i \;=\; \sum_k u_{ik}(s) f_k^s \qquad\qquad (i,\,k = 1,\,\cdots,n)$$

in such a way that composition of collineations reflects the composition of group elements. This is expressed by the following equation for the matrix $U(s) = \| u_{ik}(s) \|$:

$$(2.2) \qquad\qquad U(st) \;=\; U(s)U^s(t) \qquad\qquad (s,\,t \text{ in } \gamma).$$

In particular,

$$(2.3) \qquad U(s)U^s(s^{-1}) \;=\; E \qquad \text{or} \qquad U^s(s^{-1}) \;=\; U^{-1}(s).$$

(2.1) shall be indicated briefly by

$$(2.4) \qquad\qquad \tilde{f} \;=\; \mathsf{s}f.$$

We introduce the "quantities" of the *group ring* ρ by the formal sum

$$\mathbf{a} \;=\; \sum_s a(s) \cdot \mathsf{s}$$

extending over all elements s of γ; the components $a(s)$ are arbitrary numbers in k. Such quantities are at first abstract elements forming a linear manifold (or "vector space") $\mathfrak{r}$ of h dimensions. At the same time they serve as operators[1] in $\Re$:

$$(2.5) \qquad\qquad \mathbf{a}f \;=\; \sum_s a(s) \cdot \mathsf{s}f.$$

This "realization" suggests how to perform *multiplication*: one has

$$\mathbf{a}_1(\mathbf{a}_2\,f) \;=\; \mathbf{a}f$$

if $\mathbf{a} = \mathbf{a}_1\mathbf{a}_2$ be defined by

$$(2.6) \qquad\qquad a(s) \;=\; \sum_{t\,t'=s} a_1(t)\,a_2^t(t').$$

The multiplication is associative:

$$(\mathbf{a}_1\mathbf{a}_2)\mathbf{a}_3 \;=\; \mathbf{a}_1(\mathbf{a}_2\mathbf{a}_3).$$

Indeed, the left side equals

$$\sum_{t\,t'\,t''=s} a_1(t)\,a_2^t(t')\,a_3^{t\,t'}(t''),$$

whereas the right side equals

$$\sum_{t\,t'\,t''=s} a_1(t)\,(a_2(t')a_3^{t'}(t''))^t.$$

---

[1] These operators are not collineations in the same sense as the operators $f \to \mathsf{s}f$.

Not even the multiplication with multiples $\beta 1$ of the unit element 1 of γ (β in k) is commutative here: while $\beta \mathbf{a}$ is to be interpreted as the quantity with the components $\beta a(s)$, $\mathbf{a}\beta$ has the components $a(s)\beta^s$.

In this section we concentrate on the *abstract group ring* ρ and shove its representation by operators (2.5) into the background after it has served its purpose of suggesting the law of multiplication (2.6).

A part $\mathfrak{p}$ of $\mathfrak{r}$ closed with respect to addition and the operation

$$\mathbf{x} \to \mathbf{x}' = \mathbf{a}\mathbf{x} \qquad\qquad (\mathbf{x} \to \mathbf{x}' = \mathbf{x}\mathbf{a})$$

for any $\mathbf{a}$ in ρ is called a left (right) *invariant subspace of* $\mathfrak{r}$. $\mathfrak{p}$ is a linear subspace in the sense that it contains

$$\mathbf{x} + \mathbf{y}, \; \alpha\mathbf{x} \qquad\qquad (\mathbf{x} + \mathbf{y}, \; \mathbf{x}\alpha)$$

along with $\mathbf{x}$, $\mathbf{y}$ whatever the number α in k.   Associating

(2.7) $$(a): \mathbf{x}' = \mathbf{a}\mathbf{x}$$

with the quantity $\mathbf{a}$ gives rise to the regular representation (ρ) of ρ whose space is $\mathfrak{r}$ itself:

$$\mathbf{a}(\mathbf{b}\mathbf{x}) = (\mathbf{a}\mathbf{b})\mathbf{x}.$$

THEOREM 2A. *A left invariant subspace* $\mathfrak{p}$ *possesses an idempotent generator* $\mathbf{e}$ (*to the right*), *i.c.,* $\mathbf{x}\mathbf{e}$ *lies in* $\mathfrak{p}$ *for every* $\mathbf{x}$, *and* $\mathbf{x}\mathbf{e} = \mathbf{x}$ *for every* $\mathbf{x}$ *in* $\mathfrak{p}$.   *The same is true for a right invariant subspace, but one must then write* $\mathbf{e}\mathbf{x}$ *instead of* $\mathbf{x}\mathbf{e}$.

The theorem implies that $\mathbf{e} = 1\mathbf{e}$ is in $\mathfrak{p}$ and hence $\mathbf{e}\mathbf{e} = \mathbf{e}$.

Its proof is almost the same as given in my book, l.c., on pp. 291–292 for the customary group ring.   For a left invariant subspace $\mathfrak{p}$ it runs as follows.

We construct a projection $\mathbf{x} \to \bar{\mathbf{x}}$ of $\mathfrak{r}$ onto $\mathfrak{p}$, i.e., a substitution

(2.8) $$\bar{x}(s) = \sum_t d(s, t)x(t)$$

with the two desired properties that it changes every $\mathbf{x}$ into an $\bar{\mathbf{x}}$ in $\mathfrak{p}$ and is the identity within $\mathfrak{p}$.   From the expression

$$y(s) = \sum_r a(r)x'(r^{-1}s) \quad \text{for} \quad y = ax$$

one concludes that the substitution leading from

$$y(s) = x'(r^{-1}s) \text{ to } \bar{y}(s) = \bar{x}'(r^{-1}s)$$

is a projection as well:

$$\bar{y}(s) = \sum_t d^r(r^{-1}s, r^{-1}t)y(t).$$

Hence the same holds for the "average":

$$e(s, t) = \frac{1}{h} \sum_r d^r(r^{-1}s, r^{-1}t).$$

As it satisfies

$$e^r(r^{-1}s,\ r^{-1}t) = e(s,\ t),$$

we may write

$$e(s,\ t) = e^t(t^{-1}s) \text{ with } e(s) = e(s,\ 1),$$

and then the projection

$$\bar{x}(s) = \sum_t e(s,\ t)x(t)$$

can be abbreviated to $\bar{\mathbf{x}} = \mathbf{xe}$.

For a right invariant subspace a projection will be of the form

$$\bar{x}(s) = \sum_t d(s,\ t)x^{st^{-1}}(t)$$

rather than (2.8), because this kind of substitution changes $\mathbf{x}\alpha$ into $\bar{\mathbf{x}}\alpha$ along with $\mathbf{x} \to \bar{\mathbf{x}}$, and the averaging process is to be defined by

$$e(s,\ t) = \frac{1}{h}\sum_r d(sr,\ tr) = e(st^{-1}).$$

Incidentally right- can be reduced to left-invariance by a simple process exchanging the order of factors. With a quantity $\mathbf{a}$ we associate $\hat{\mathbf{a}}$ as defined by

$$(2.9) \qquad\qquad \hat{a}(s) = \hat{a}^s(s^{-1}).$$

The relationship is involutorial because (2.9) entails

$$a(s) = \hat{a}^s(s^{-1}).$$

The reader is called upon to verify the

LEMMA 2B. *If* $\mathbf{a} = \mathbf{a}_1\mathbf{a}_2$, *then* $\hat{\mathbf{a}} = \hat{\mathbf{a}}_2\hat{\mathbf{a}}_1$.

From now on only *left invariant* subspaces will be considered, and the specification "left" will be dropped. We derive from the existence of the generating idempotent these consequences (loc. cit.):

THEOREM 2C. *An invariant subspace* $\mathfrak{p}$ *containing the invariant subspace* $\mathfrak{p}_1 < \mathfrak{p}$ *can be split according to* $\mathfrak{p} = \mathfrak{p}_1 + \mathfrak{p}_2$ *into* $\mathfrak{p}_1$ *and a complementary invariant subspace* $\mathfrak{p}_2$.

Proof. $\mathbf{e}_1$ being an idempotent generator of $\mathfrak{p}_1$, we have

$$\mathbf{x} = \mathbf{xe}_1 + (\mathbf{x} - \mathbf{xe}_1) = \mathbf{x}_1 + \mathbf{x}_2$$

for every element $\mathbf{x}$ of $\mathfrak{p}$. The first summand $\mathbf{x}_1$ is in $\mathfrak{p}_1$, while the second satisfies $\mathbf{x}_2\mathbf{e}_1 = 0$. Hence $\mathfrak{p}_2 = \{\mathbf{x}_2\}$ is linearly independent of $\mathfrak{p}_1$.

A given idempotent generator $\mathbf{e}$ of $\mathfrak{p}$ splits like every $\mathbf{x}$ of $\mathfrak{p}$ into two parts

$$(2.10) \qquad\qquad \mathbf{e} = \mathbf{e}_1 + \mathbf{e}_2$$

lying in $\mathfrak{p}_1$, $\mathfrak{p}_2$ respectively. As (2.10) implies the following decomposition of any $\mathbf{x}$ in $\mathfrak{p}$:

$$\mathbf{x} = \mathbf{xe} = \mathbf{xe}_1 + \mathbf{xe}_2 = \mathbf{x}_1 + \mathbf{x}_2,$$

we have in particular

$$\mathbf{e}_1\mathbf{e}_1 \;=\; \mathbf{e}_1, \qquad\qquad\qquad \mathbf{e}_1\mathbf{e}_2 \;=\; 0,$$

$$\mathbf{e}_2\mathbf{e}_1 \;=\; 0, \qquad\qquad\qquad \mathbf{e}_2\mathbf{e}_2 \;=\; \mathbf{e}_2\,.$$

THEOREM 2D. *A similarity projection* $\mathbf{x} \to \mathbf{x}'$ *of an invariant subspace* $\mathfrak{p}$ *upon* $\mathfrak{p}'$ *is generated by aft multiplication with a quantity* $\mathbf{b}:\mathbf{x}' = \mathbf{x}\mathbf{b}$.

A correspondence $\mathbf{x} \to \mathbf{x}'$ is a similarity projection with respect to the algebra (ρ) of the operators (a), (2.7), if carrying $\mathbf{x} + \mathbf{y}$ into $\mathbf{x}' + \mathbf{y}'$ (linearity) and $\mathbf{a}\mathbf{x}$ into $\mathbf{a}\mathbf{x}'$. The proposition follows at once if $\mathbf{b}$ is taken as the image $\mathbf{e}'$ of the idempotent generator $\mathbf{e}$ of $\mathfrak{p}$; one then has $\mathbf{e}\mathbf{b} = \mathbf{b}$.

Invariant subspaces which can be put into a one-to-one similarity correspondence are called *similar* or *equivalent*.

3. **Formal lemmas.** We now return to the representations (2.4), (2.5) of γ and ρ by operators in $\mathfrak{R}$. Notice that

$$\mathbf{s}(f + f') \;=\; \mathbf{s}f + \mathbf{s}f', \qquad\qquad \mathbf{s}(\alpha f) \;=\; \alpha^s\cdot\mathbf{s}f.$$

For any value $i = 1, \cdots, n$ of the index i we denote by $\mathbf{f}_i$ the quantity in ρ with the components

$$f_i(s) \;=\; \mathbf{s}f_i \;=\; \sum_k u_{ik}(s)f_k^s$$

and by $\mathbf{f}$ the column $(\mathbf{f}_1, \cdots, \mathbf{f}_n)$ whose s-component is the vector $f(s) = \mathbf{s}f$. The arguments used (l.c., §4) rest on the validity of the following formal lemmas.

LEMMA 3A.

$$(3.1) \qquad\qquad \mathbf{a}\cdot\mathbf{f}_i \;=\; \sum_k \alpha_{ik}\mathbf{f}_k$$

with

$$\|\alpha_{ik}\| \;=\; \sum_r a(r)U^{-1}(r).$$

Proof. The s-component of $\mathbf{a}\cdot\mathbf{f}$ is the vector

$$g(s) \;=\; \sum_r a(r)(\mathbf{r}^{-1}\mathbf{s}f)^r.$$

Apply

$$f = \mathbf{r}(\mathbf{r}^{-1}f) = U(r)(\mathbf{r}^{-1}f)^r, \qquad\qquad (\mathbf{r}^{-1}f)^r = U^{-1}(r)f$$

to $\mathbf{s}f$ rather than f and thus verify the statement of the lemma.

LEMMA 3B. $\mathbf{f}_i\cdot\mathbf{a} = \mathbf{g}_i$ *where the vector* g *is defined by*

$$g \;=\; \sum_r a^r(r^{-1})\cdot\mathbf{r}f \;=\; \hat{\mathbf{a}}f.$$

In other words, if $g = \hat{\mathbf{a}}f$, *then* $\mathbf{g} = \mathbf{f}\cdot\mathbf{a}$.

Proof. $\mathbf{f}_i\cdot\mathbf{a} = \mathbf{x}$ is indeed given by

$$x(s) \;=\; \sum_r \mathbf{s}\mathbf{r}f_i\cdot a^{sr}(r^{-1}) \;=\; \mathbf{s}g_i.$$

LEMMA 3C. *An equation of the kind*

$$(3.2) \qquad \check{a}(s) = \sum_{i=1}^{n} \varphi_i \cdot \mathbf{s} f_i = \varphi U(s) f^s,$$

where $\varphi = (\varphi_1, \cdots, \varphi_n)$ is a row rather than a column of numbers (contravariant vector) entails

$$a(s) = \sum_{i=1}^{n} f_i \cdot \mathbf{s}\varphi_i$$

when this is interpreted as meaning

$$(3.3) \qquad a(s) = \varphi^s U^{-1}(s) f.$$

The linear transformation

$$\| a_{ik} \| = \| \sum_{s} \mathbf{s} f_i \cdot \mathbf{s}\varphi_k \|,$$

that is

$$(3.4) \qquad A = \sum_{s} U(s) f^s \varphi^s U^{-1}(s)$$

commutes with the operators $\mathbf{s}$.

Proof. (3.3) follows at once from (3.2) by taking (2.3) into account. g being an arbitrary vector in $\Re$, we compute from the explicit expression (3.4):

$$\mathbf{t} A \mathbf{t}^{-1} g = U(t) A^t (\mathbf{t}^{-1} g)^t = U(t) A^t U^{-1}(t) g,$$

$$U(t) A^t U^{-1}(t) = \sum_{s} U(ts) f^{ts} \varphi^{ts} U^{-1}(ts) = A.$$

4. Reciprocity between group ring and commutator algebra. The object of our investigation is the *ring* $\mathfrak{A}$ *of all linear transformations* $A = \| a_{ik} \|$:

$$(4.1) \qquad f_i' = \sum_{k=1}^{n} a_{ik} f_k$$

in $\Re$ which *commute* with the operators $\mathbf{s}$ induced in $\Re$ by the elements s of γ. For each A in $\mathfrak{A}$, (4.1) thus implies

$$(4.2) \qquad \mathbf{s} f_i' = \sum_{k} a_{ik} \cdot \mathbf{s} f_k \quad \text{or} \quad \mathbf{f}_i' = \sum_{k} a_{ik} \mathbf{f}_k.$$

For each A in $\mathfrak{A}$ the multiple αA lies in $\mathfrak{A}$ provided the number α is self-conjugate: $\alpha^s = \alpha$ for all group elements s. Hence $\mathfrak{A}$ is an algebra in the subfield of self-conjugate numbers rather than in k itself; nevertheless we venture to speak of $\mathfrak{A}$ as the *commutator algebra*.

The complete reciprocity between $\mathfrak{r}$ under the influence of (ρ) and $\Re$ under the influence of $\mathfrak{A}$ can now be established in the same manner as l.c. §4. Terms like "invariant", "irreducible", "similar" or "equivalent", when applied to $\mathfrak{r}$ or $\Re$ refer to the algebra (ρ) of operators $\mathbf{x} \to \mathbf{ax}$ or to the algebra $\mathfrak{A}$ respectively. The term "linear subspace" is in $\mathfrak{r}$ to be interpreted as demanding closure with respect to addition and the ordinary multiplication $\mathbf{x} \to \alpha\mathbf{x}$ (not the modified aft multiplication $\mathbf{x} \to \mathbf{x}\alpha$) by numbers α in k. $\mathfrak{p}$ being such a linear subspace of $\mathfrak{r}$ we introduce the corresponding subspace $\mathfrak{P} = \sharp\mathfrak{p}$ of $\mathfrak{R}$ as *the set to which a vector f belongs if $\mathbf{f}_i$ is in $\mathfrak{p}$ for $i = 1, \cdots, n$.* (4.2) shows at once that $\mathfrak{P}$ is invariant. Vice versa, if $\mathfrak{P}$ is a given linear subspace of $\mathfrak{R}$, we define $\mathfrak{p} = \natural\mathfrak{P}$ as the *linear closure of all the quantities $\mathbf{f}_i$ $(i = 1, \cdots, n)$ arising from vectors f in $\mathfrak{P}$.* If

$$f^{(\alpha)} = (f_1^{(\alpha)}, \cdots, f_n^{(\alpha)}) \qquad (\alpha = 1, 2, \cdots, m)$$

is a linear basis of the m-dimensional vector space $\mathfrak{P}$, then $\natural\mathfrak{P}$ consists of all quantities $\mathbf{x}$ of the form

$$\mathbf{x} = \sum_{\alpha,i} \varphi_i^{(\alpha)} \mathbf{f}_i^{(\alpha)} = \sum_{\alpha} (\varphi^{(\alpha)} \mathbf{f}^{(\alpha)}) \qquad (\varphi_i^{(\alpha)} \text{ arbitrary}).$$

In particular we set

$$\natural\mathfrak{R} = \mathfrak{r}_0 .$$

According to Lemma 3A, $\natural\mathfrak{P}$ is an *invariant* subspace of $\mathfrak{r}_0$. Moreover, by definition,

$$\natural\sharp\mathfrak{p} < \mathfrak{p}, \qquad\qquad \mathfrak{P} < \sharp\natural\mathfrak{P}.$$

Inclusion can here be replaced by equality: $\sharp$ *and* $\natural$ *are inverse operations provided we limit ourselves within $\mathfrak{R}$ to the invariant subspaces $\mathfrak{P}$ and within $\mathfrak{r}$ to the invariant subspaces $\mathfrak{p}$ of $\mathfrak{r}_0$.* Besides, those operations are conservative as to reduction, decomposition and equivalence. We exhibit these facts in two theorems:

THEOREM 4A. *If $\mathfrak{p}$ ($\mathfrak{p}'$, $\mathfrak{p}_1$, $\mathfrak{p}_2$) are any invariant subspaces of $\mathfrak{r}_0$ and $\mathfrak{P} = \sharp\mathfrak{p}$, then*

$$\mathfrak{p}' < \mathfrak{p}, \qquad\qquad \mathfrak{p} = \mathfrak{p}_1 + \mathfrak{p}_2 , \qquad\qquad \mathfrak{p}_1 \sim \mathfrak{p}_2$$

imply

$$\mathfrak{P}' < \mathfrak{P}, \qquad\qquad \mathfrak{P} = \mathfrak{P}_1 + \mathfrak{P}_2 , \qquad\qquad \mathfrak{P}_1 \sim \mathfrak{P}_2$$

respectively, while conversely,

$$\mathfrak{p} = \natural\mathfrak{P}.$$

THEOREM 4B. *If $\mathfrak{P}$ ($\mathfrak{P}'$, $\mathfrak{P}_1$, $\mathfrak{P}_2$) are any invariant subspaces of $\mathfrak{R}$ and $\mathfrak{p} = \natural\mathfrak{P}$, then*

$$\mathfrak{P} = \sharp\mathfrak{p}$$

and

$$\mathfrak{P}' < \mathfrak{P}, \qquad\qquad \mathfrak{P} = \mathfrak{P}_1 + \mathfrak{P}_2 , \qquad\qquad \mathfrak{P}_1 \sim \mathfrak{P}_2$$

imply

$$\mathfrak{p}' < \mathfrak{p}, \qquad\qquad \mathfrak{p} = \mathfrak{p}_1 + \mathfrak{p}_2 , \qquad\qquad \mathfrak{p}_1 \sim \mathfrak{p}_2$$

respectively.

Before proceeding to the almost literal repetition of the proofs, we make this remark. If $\hat{\mathbf{e}}$ is the idempotent generator of an invariant $\mathfrak{p}$, then the corresponding $\mathfrak{P} = *\mathfrak{p}$ consists of all vectors of the form $\mathbf{e}f$. Indeed, $g = \mathbf{e}f$ lies in $\mathfrak{P}$ because $\mathbf{g}_i = \mathbf{f}_i\hat{\mathbf{e}}$ by Lemma 3B, and for each f in $\mathfrak{P}$ one has $\mathbf{e}f = f$.

1. We prove the first part of Theorem 4A by observing that the decomposition $\mathfrak{p} = \mathfrak{p}_1 + \mathfrak{p}_2$ when applied to an idempotent generator $\hat{\mathbf{e}}$ of $\mathfrak{p}$: $\hat{\mathbf{e}} = \hat{\mathbf{e}}_1 + \hat{\mathbf{e}}_2$ leads to this decomposition $\mathfrak{P} = \mathfrak{P}_1 + \mathfrak{P}_2$ of $\mathfrak{P} = *\mathfrak{p}$:

$$F = \mathbf{e}F = \mathbf{e}_1 F + \mathbf{e}_2 F = F_1 + F_2 \qquad (F \text{ in } \mathfrak{P}).$$

Lemma 2B allows us to shear all the roofs off the relations

$$\hat{\mathbf{e}}_1\hat{\mathbf{e}}_2 = \hat{\mathbf{e}}_2\hat{\mathbf{e}}_1 = 0 \qquad (\hat{\mathbf{e}}_1\hat{\mathbf{e}}_1 = \hat{\mathbf{e}}_1,\ \hat{\mathbf{e}}_2\hat{\mathbf{e}}_2 = \hat{\mathbf{e}}_2),$$

thus warranting the independence of the parts $\mathfrak{P}_1$, $\mathfrak{P}_2$:

$$\mathbf{e}_1 F_2 = 0, \qquad\qquad \mathbf{e}_2 F_1 = 0.$$

2. The similarity correspondence between $\mathfrak{p}_1$ and $\mathfrak{p}_2$,

$$\mathbf{x}_2 = \mathbf{x}_1\hat{\mathbf{b}}, \qquad\qquad \mathbf{x}_1 = \mathbf{x}_2\hat{\mathbf{b}}',$$

gives rise to the mutually inverse transformations

$$f_2 = \mathbf{b}f_1, \qquad\qquad f_1 = \mathbf{b}'f_2$$

between the vectors f_1, f_2 of $\mathfrak{P}_1 = *\mathfrak{p}_1$ and $\mathfrak{P}_2 = *\mathfrak{p}_2$. By (4.2) these formulas establish a similarity correspondence:

$$f_1' = Af_1 \text{ entails } \mathbf{b}f_1' = A(\mathbf{b}f_1) \qquad \{A \text{ in } \mathfrak{A}\}.$$

To secure the last part, $\mathfrak{p} < \natural\mathfrak{P}$, we construct $\natural\mathfrak{P}$ by means of the idempotent generator $\hat{\mathbf{e}}$ of $\mathfrak{p}$ as follows: if $g^{(\alpha)}$ $(\alpha = 1, \cdots, n)$ ranges over a basis of the complete vector space $\mathfrak{R}$, all $f^{(\alpha)} = \mathbf{e}g^{(\alpha)}$ lie in $\mathfrak{P} = *\mathfrak{p}$, and hence

$$\mathbf{y} = \sum_{\alpha,i} \varphi_i^{(\alpha)} \mathbf{f}_i^{(\alpha)} = \sum_{\alpha} (\varphi^{(\alpha)} f^{(\alpha)})$$

in $\natural\mathfrak{P}$. On introducing

$$\mathbf{x} = \sum_{\alpha} (\varphi^{(\alpha)} \mathbf{g}^{(\alpha)}),$$

we have $\mathbf{y} = \mathbf{x}\hat{\mathbf{e}}$. So $\mathbf{x}\hat{\mathbf{e}}$ lies in $\natural\mathfrak{P}$ if $\mathbf{x}$ lies in $\mathfrak{r}_0 = \natural\mathfrak{R}$. But each $\mathbf{x}$ in $\mathfrak{p}$ satisfies both conditions: $\mathbf{x}$ in $\mathfrak{r}_0$ and $\mathbf{x}\hat{\mathbf{e}} = \mathbf{x}$.

The converse Theorem 4B exhibits the really important facts. Its assertion that $\mathfrak{p} = \natural\mathfrak{P}$ implies $\mathfrak{P} = *\mathfrak{p}$ for any subspace $\mathfrak{P}$ invariant under $\mathfrak{A}$ is the backbone of the whole theory. Let $\hat{\mathbf{e}}$ be the idempotent generator of $\mathfrak{p} = \natural\mathfrak{P}$. Like all elements of $\mathfrak{p}$ it is of the form

$$\hat{\mathbf{e}}(s) = \sum_{\alpha,i} \varphi_i^{(\alpha)} \cdot sf_i^{(\alpha)},$$

where

$$f^{(\alpha)} = (f_1^{(\alpha)}, \cdots, f_n^{(\alpha)})$$

ranges over a basis of $\mathfrak{P}$. Hence by Lemma 3C,

$$e(s) \;=\; \sum_{\alpha,k} \mathbf{s}\varphi_k^{(\alpha)} \cdot f_k^{(\alpha)},$$

and any vector $g = \mathbf{e}f$ of $\divideontimes\mathfrak{p}$ is given by

$$(4.3) \qquad\qquad g_i \;=\; \sum_\alpha \Big(\sum_k a_{ik}^{(\alpha)} f_k^{(\alpha)} \Big) \;=\; \sum_\alpha g_i^{(\alpha)},$$

where

$$a_{ik}^{(\alpha)} \;=\; \sum_s \mathbf{s}f_i \cdot \mathbf{s}\varphi_k^{(\alpha)}.$$

Each term $g^{(\alpha)}$ of the sum (4.3), $g = \Sigma g^{(\alpha)}$, arises from $f^{(\alpha)}$ by a linear transformation $A^{(\alpha)} = \| a_{ik}^{(\alpha)} \|$ which according to the same lemma commutes with all $\mathbf{s}$. Hence $\mathfrak{P}$, being invariant with respect to the transformations A of the commutator algebra $\mathfrak{A}$, contains $g^{(\alpha)}$ as well as $f^{(\alpha)}$. This proves our statement: g in $\mathfrak{P}$ or $\divideontimes\mathfrak{p} < \mathfrak{P}$.

The decomposition $\mathfrak{P} = \mathfrak{P}_1 + \mathfrak{P}_2$ implies by definition that each quantity $\mathbf{x}$ in $\mathfrak{p} = \natural\mathfrak{P}$ can be written as a sum $\mathbf{x}_1 + \mathbf{x}_2$, $\mathbf{x}_1$ in $\mathfrak{p}_1 = \natural\mathfrak{P}_1$, $\mathbf{x}_2$ in $\mathfrak{p}_2 = \natural\mathfrak{P}_2$. It remains to prove that $\mathfrak{p}_1$ and $\mathfrak{p}_2$ are linearly independent or that the intersection $\mathfrak{p}^* = \mathfrak{p}_1 \circ \mathfrak{p}_2$ is empty provided $\mathfrak{P}^* = \mathfrak{P}_1 \circ \mathfrak{P}_2$ be empty. But according to the part of Theorem 4B already proved,

$$\divideontimes\mathfrak{p}^* < \divideontimes\mathfrak{p}_1 = \mathfrak{P}_1, \qquad\qquad \divideontimes\mathfrak{p}^* < \mathfrak{P}_2;$$

hence $\divideontimes\mathfrak{p}^* < \mathfrak{P}^*$ and by the last part of Theorem 4A: $\mathfrak{p}^* < \natural\mathfrak{P}^*$.

The transition from $\mathfrak{P}_1 \sim \mathfrak{P}_2$ to $\mathfrak{p}_1 \sim \mathfrak{p}_2$ for $\mathfrak{p}_1 = \natural\mathfrak{P}_1$, $\mathfrak{p}_2 = \natural\mathfrak{P}_2$, is to be based on the following statement, the proof of which is contained in Lemma 3B:

LEMMA 4C. $\mathfrak{r}_0$ *is right as well as left invariant.*

Therefore $\mathfrak{r}_0$ has an idempotent generator $\mathbf{i}$ to the left: $\mathbf{i}$ in $\mathfrak{r}_0$, $\mathbf{ix} = \mathbf{x}$ for every $\mathbf{x}$ in $\mathfrak{r}_0$.

Let $f^{(\alpha)}$ be a basis for $\mathfrak{P}_1$ and let the given similar mapping of $\mathfrak{P}_1$ on $\mathfrak{P}_2$ send $f^{(\alpha)}$ into $g^{(\alpha)}$. When we put

$$\mathbf{x} = \sum_{\alpha,i} \varphi_i^{(\alpha)} \cdot \mathbf{f}_i^{(\alpha)},$$
$$\mathbf{y} = \sum_{\alpha,i} \varphi_i^{(\alpha)} \cdot \mathbf{g}_i^{(\alpha)}, \qquad (\varphi_i^{(\alpha)} \text{ arbitrary numbers})$$

the correspondence $\mathbf{x} \to \mathbf{y}$ between an $\mathbf{x}$ and a $\mathbf{y}$ with the same coefficients $\varphi_i^{(\alpha)}$ will establish a similarity mapping of $\mathfrak{p}_1 = \natural\mathfrak{P}$ on $\mathfrak{p}_2 = \natural\mathfrak{P}_2$, because by Lemma 3A, we obtain

$$\mathbf{ax} = \sum_{\alpha,k} \psi_k^{(\alpha)} \mathbf{f}_k^{(\alpha)}, \qquad\qquad \mathbf{ay} = \sum_{\alpha,k} \psi_k^{(\alpha)} \mathbf{g}_k^{(\alpha)}$$

with

$$\psi_k^{(\alpha)} \;=\; \sum_i \varphi_i^{(\alpha)} \cdot \alpha_{ik}.$$

588

This definition of $\mathbf{x} \to \mathbf{y}$, however, goes through only *if* $\mathbf{x} = 0$ *implies* $\mathbf{y} = 0$. We first prove that

$$\hat{\mathbf{x}}f = 0 \text{ implies } \hat{\mathbf{y}}f = 0$$

(for any vector f). By Lemma 3C the vector $F = \hat{\mathbf{x}}f$ is a sum of terms $F^{(\alpha)}$, the α-th of which arises from $f^{(\alpha)}$ by the transformation

$$A^{(\alpha)} = || a_{ik}^{(\alpha)} || = \left\| \sum_s \mathsf{s}f_i \cdot \mathsf{s}\varphi_k^{(\alpha)} \right\|.$$

Since $A^{(\alpha)}$ is in $\mathfrak{A}$, the given similarity mapping of $\mathfrak{P}_1$ on $\mathfrak{P}_2$ sends $F^{(\alpha)}$ into the corresponding part $G^{(\alpha)}$ of $G = \hat{\mathbf{y}}f$ and hence F into G. Therefore $F = 0$ implies $G = 0$, and more especially, when the numbers $\varphi_i^{(\alpha)}$ satisfy the equation $\mathbf{x} = 0$, we must have $\hat{\mathbf{y}}f = 0$ for every vector f, or by Lemma 3B, $\mathbf{f}_i \cdot \mathbf{y} = 0$. Hence the given quantity $\mathbf{y}$ satisfies $\mathbf{z}\mathbf{y} = 0$ for every $\mathbf{z}$ in $\mathfrak{r}_0$, in particular for $\mathbf{z} = \mathbf{i}$. But as $\mathbf{y}$ itself lies in $\mathfrak{r}_0$, the ensuing equation $\mathbf{i}\mathbf{y} = 0$ yields the desired result: $\mathbf{y} = 0$.

The complete reciprocity established by Theorems 4A and B involves the fact that the process $✳$ not only changes $\mathfrak{p} = 0$ into $✳\mathfrak{p} = 0$ and a part $\mathfrak{p}' < \mathfrak{p}$ into a part $✳\mathfrak{p}' < ✳\mathfrak{p}$, but also a $\mathfrak{p} \neq 0$ into a $✳\mathfrak{p} \neq 0$ and a *proper* part into a *proper* part *provided the $\mathfrak{p}$'s are invariant subspaces of $\mathfrak{r}_0$. The decomposition of $\mathfrak{r}_0$ into irreducibly invariant subspaces $\mathfrak{p}$ leads to a decomposition of $\mathfrak{R}$ into subspaces $\mathfrak{P}$ irreducibly invariant under the algebra $\mathfrak{A}$, and both decompositions run absolutely parallel even as to the pertaining equivalences.*

5. Representations of the group ring. The roof operation. Not so simple is the relationship of the abstract group ring of our quantities $\mathbf{a}$ to its representation by the operators

$$f \to \mathbf{a}f$$

in $\mathfrak{R}$ which form a *homomorphic operator algebra* $\mathfrak{B}$, although $\mathfrak{B}$ also breaks up into irreducible parts similar to the irreducible parts of ρ. For a given vector f and a given invariant subspace $\mathfrak{p}$ of $\mathfrak{r}$ we denote by $\mathfrak{p}(f)$ the set of vectors $\mathbf{x}f$ arising from f by all the $\mathbf{x}$ in $\mathfrak{p}$. Let $f^{(\alpha)}$ $(\alpha = 1, \cdots, n)$ be a basis for the n-space $\mathfrak{R}$ and

$$(5.1) \qquad \mathfrak{r} = \mathfrak{p}_1 + \mathfrak{p}_2 + \cdots$$

a decomposition of $\mathfrak{r}$ into subspaces irreducibly invariant under (ρ). Our statement is proved in the well-known manner by going through the list

$$\mathfrak{p}_1(f^{(1)}), \cdots, \mathfrak{p}_1(f^{(n)}),$$

$$\mathfrak{p}_2(f^{(1)}), \cdots, \mathfrak{p}_2(f^{(n)}),$$

$$\cdot \quad \cdot \quad \cdot \quad \cdot \quad \cdot \quad \cdot \quad \cdot \quad \cdot$$

and dropping a term each time it is contained in the sum of the preceding ones. The construction depends on the choice of the coördinate system $f^{(\alpha)}$ as well as the decomposition (5.1), and does not result in such a thoroughgoing parallelism as we encountered for the commutator group. Coincidence between the numbers of equivalent parts is not to be expected. Whereas for the commutator algebra it was essential to restrict oneself to the two-sided invariant subspace $\mathfrak{r}_0$, $\mathfrak{r}$ is here to be taken modulo that two-sided invariant subspace whose elements $\mathbf{a}$ satisfy the equation $\mathbf{a}f = 0$ identically in the vector f.

Considering all these circumstances, it seems to me inadequate to avail oneself of the reciprocity[2] between a matric algebra $\mathfrak{B}$ and its commutator algebra $\mathfrak{A}$ for getting a hold on $\mathfrak{A}$ through $\mathfrak{B}$, although the most essential point, the full reducibility of $\mathfrak{A}$, can be reached by this method applicable to any abstract semi-simple algebra ρ. One could visualize the situation as follows. One decomposes the "one" 1 of ρ into independent primitive idempotents:

$$1 = \mathbf{e}_1 + \mathbf{e}_2 + \cdots ;$$

$\mathbf{e}_i\mathbf{e}_k = \mathbf{e}_i$ or 0 according as $i = k$ or $i \neq k$. (An idempotent $\mathbf{e}$ is *primitive* if not allowing of a decomposition $\mathbf{e}_1 + \mathbf{e}_2$ into two independent idempotents except the trivial ones $\mathbf{e} + 0$ and $0 + \mathbf{e}$.) It can be shown then that

$$\mathbf{x} = \mathbf{x}\mathbf{e}_1 + \mathbf{x}\mathbf{e}_2 + \cdots \text{ and } f = \mathbf{e}_1 f + \mathbf{e}_2 f + \cdots$$

result in a decomposition of $\mathfrak{r}$ and $\mathfrak{R}$ respectively,

$$\mathfrak{r} = \mathfrak{p}_1 + \mathfrak{p}_2 + \cdots , \qquad\qquad \mathfrak{R} = \mathfrak{P}_1 + \mathfrak{P}_2 + \cdots ,$$

into irreducibly invariant subspaces. Again, $f \rightarrow \mathbf{a}f$ is a given representation of the elements $\mathbf{a}$ of ρ by operators in $\mathfrak{R}$, and invariance in $\mathfrak{r}$ refers to the operations $\mathbf{x} \rightarrow \mathbf{a}\mathbf{x}$ in $\mathfrak{R}$ to the algebra $\mathfrak{A}$ of linear transformations commuting with the operations $f \rightarrow \mathbf{a}f$. However, the correspondence thus established between the parts $\mathfrak{p}_i$ of $\mathfrak{r}$ and $\mathfrak{P}_i$ of $\mathfrak{R}$ depends on the choice of the idempotent generators $\mathbf{e}_i$ of $\mathfrak{p}_i$. To make the correspondence independent, one must match the subspace $\mathfrak{P}$ of the vectors $\mathbf{e}f$ against the subspace $\mathfrak{p}$ of the quantities $\mathbf{x}\hat{\mathbf{e}}$ rather than $\mathbf{x}\mathbf{e}$. So one may say that the more elementary and complete reciprocity we expatiated on in the preceding sections is due to the existence of the operation $\hat{\ }$ in a group ring while missing in an arbitrary abstract algebra. The rôle of $\hat{\ }$ is further clarified by the following.[3]

THEOREM 5A. *If the invariant subspaces $\mathfrak{p}_1$, $\mathfrak{p}_2$ generated by the idempotents e_1, e_2 are equivalent to each other, so are the invariant subspaces $\hat{\mathfrak{p}}_1$, $\hat{\mathfrak{p}}_2$ generated by $\hat{e}_1$, $\hat{e}_2$. $\mathfrak{p}$ and $\hat{\mathfrak{p}}$ are the substrata of contragredient representations.*

Let the one-to-one similarity mapping $x_1 \rightarrow x_2$ of $\mathfrak{p}_1$ on $\mathfrak{p}_2$ carry e_1 into b and in the inverse direction e_2 into a. We then have

$$(5.2) \qquad\qquad x_2 = x_1 b, \qquad\qquad\qquad x_1 = x_2 a.$$

---

[2] See, for instance, Weyl, Ann. Math., vol. 37 (1936), p. 718, Th. (1.4-B). Even the above statement should be made with reservation, since $\mathfrak{B}$ is not a *matric* algebra, and $\mathfrak{A}$ not a matric *algebra* in the strict sense.

[3] Compare (l. c.) pp. 352–354.

b satisfies $e_1 b = b$, and like every other element of $\mathfrak{p}_2$, $b e_2 = b$. Hence

$$(5.3) \qquad e_1 b e_2 = b, \qquad\qquad e_2 a e_1 = a.$$

Moreover, if we put $x_1 = a$ in the first and $x_2 = b$ in the second of the equations (5.2), we obtain

$$(5.4) \qquad e_2 = ab, \qquad\qquad e_1 = ba.$$

Conversely the relations (5.4) guarantee that (5.2) are reciprocal mappings $\mathfrak{p}_1 \rightleftarrows \mathfrak{p}_2$. We need only to "roof" these equations (5.3), (5.4) in order to conclude that $\hat{e}_1$, $\hat{e}_2$ are linked by $\hat{b}$, $\hat{a}$ in the same fashion as e_1, e_2 by a, b.

To prove the second part we have to introduce the notion of *trace*: the trace of a quantity a, $\mathrm{tr}(a)$, is its unit component $a(1)$. The trace $\mathrm{tr}(xy)$ of the product of two variable quantities x, y is bilinear in the sense that it satisfies the distributive law with respect to decomposition $x = x_1 + x_2$ of the first as well as the second factor, and that it takes on the numerical factor α if one replaces x by αx or y by $y\alpha$ (distinguish between fore and aft multiplication). Moreover,

$$(5.5) \qquad \mathrm{tr}(xy) = \sum_s x(s) y^s(s^{-1})$$

is a *non-degenerate* bilinear form: each of the equations $\mathrm{tr}(ax) = 0$ or $\mathrm{tr}(xa) = 0$ when holding identically in x leads to $a = 0$. (5.5) is not symmetric in x and y as is the case for the ordinary group ring. However, the obvious equation $\mathrm{tr}(\hat{a}) = \mathrm{tr}(a)$, together with Lemma 2B, establish the following modified law of symmetry:

$$\mathrm{tr}(yx) = \mathrm{tr}(\hat{x}\hat{y}).$$

One readily verifies

$$(5.6) \qquad \mathrm{tr}(sxs^{-1}) = \mathrm{tr}^s(x).$$

e being a given idempotent, let $\mathfrak{p}$ and $\mathfrak{q}$ be the left and the right invariant subspaces consisting of the quantities xe and ex respectively. We assert that $\mathrm{tr}(xy)$ is non-degenerate if x and y vary in $\mathfrak{p}$ and $\mathfrak{q}$ respectively. Indeed, if z is any element whatever and a in $\mathfrak{p}$, then

$$az = ae \cdot z = a \cdot ez = ay,$$

where $y = ez$ is in $\mathfrak{q}$. Hence the assumption $\mathrm{tr}(ay) = 0$ for y in $\mathfrak{q}$ implies $\mathrm{tr}(az) = 0$ for all z, whence $a = 0$. Similarly for the second factor. We now refer $\mathfrak{p}$ and $\mathfrak{q}$ each to a coördinate system a_i and b_k such that

$$(5.7) \qquad x = \xi_1 a_1 + \cdots + \xi_g a_g, \qquad\qquad y = b_1 \eta_1 + \cdots + b_h \eta_h$$

describe $\mathfrak{p}$ and $\mathfrak{q}$ if the numbers ξ and η vary freely in k. From the non-degeneracy of $\mathrm{tr}(xy)$ for (5.7) follows readily the coincidence $h = g$ of the dimensions of $\mathfrak{p}$ and $\mathfrak{q}$ and the possibility of adapting the coördinate system b_k in $\mathfrak{q}$ to the arbitrarily chosen coördinate system a_i in $\mathfrak{p}$ such that

$$\mathrm{tr}(xy) = \xi_1 \eta_1 + \cdots + \xi_g \eta_g$$

for x in $\mathfrak{p}$ and y in $\mathfrak{q}$.

We now consider the simultaneous substitutions

$$(5.8) \qquad x' = sx, \qquad\qquad y' = ys^{-1}$$

in $\mathfrak{p}$ and $\mathfrak{q}$ respectively. The y-substitution may also be put into the form

$$(5.9) \qquad \hat{y}' = s\hat{y},$$

where

$$\hat{y} = \eta_1 \hat{b}_1 + \cdots + \eta_\sigma \hat{b}_\sigma$$

now varies in the *left* invariant subspace $\hat{\mathfrak{p}}$ generated by $\hat{e}$. We write (5.8), (5.9) in terms of the coördinates as

$$\xi_i' = \sum_k u_{ik}(s)\,\xi_k^s, \qquad \eta_i' = \sum_k v_{ik}(s)\,\eta_k^s.$$

The relation (5.6) yielding

$$\mathrm{tr}(x'y') = \mathrm{tr}^s(xy) \quad \text{or} \quad \sum_i \xi_i' \eta_i' = \sum_i \xi_i^s \eta_i^s$$

proves the two matrices

$$\| u_{ik}(s) \|, \qquad\qquad \| v_{ik}(s) \|$$

to be *contragredient*. Hence the regular representation of ρ induces in $\mathfrak{p}$ and $\hat{\mathfrak{p}}$ contragredient representations of γ (assuming coördinate systems in $\mathfrak{p}$ and $\hat{\mathfrak{p}}$ properly adapted to each other). Observe that passage to the contragredient matrices $\hat{U}(s)$ in a collinear representation $s \to U(s)$ produces a *representation* again, as is readily seen from equation (2.2).

111.

Symmetry

Journal of the Washington Academy of Sciences 28, 253—271 (1938)

MATHEMATICAL PHYSICS.—*Symmetry.*[1] HERMANN WEYL, Institute for Advanced Study, Princeton, N. J. (Communicated by IRVINE C. GARDNER.)

Symmetry, which is the subject of my talk tonight, plays an enormous rôle both in art and nature. I shall try to describe a little why and how this comes about, and by what concepts the mathematicians have approached this phenomenon. For, after all, symmetry is a mathematical concept.

In our everyday language and in the arts, the word symmetry is today used mostly for designating *bilateral symmetry*, the left- and

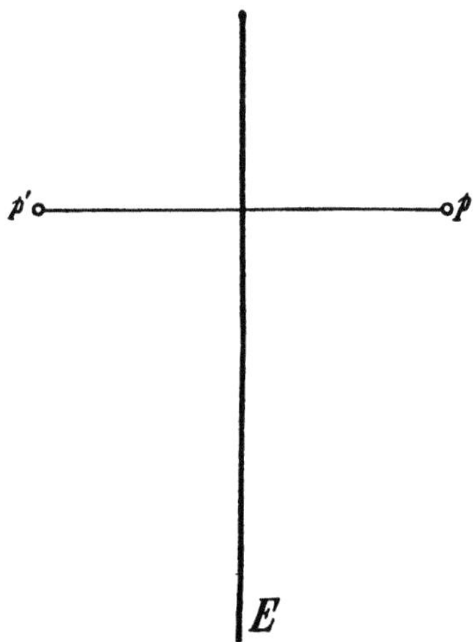

Fig. 1.—Reflection in E.

right-hand symmetry. Let us imagine a plane E in space and perform reflection in E; this is a mapping or transformation S of the whole space on itself $p \rightarrow p'$ by which every point p is carried over into a new point p' according to the construction indicated by Figure 1: dropping the perpendicular from p on E and prolonging it by its

<hr>

[1] The eighth Joseph Henry Lecture of the Philosophical Society of Washington, delivered on March 12, 1938. The illustrating material used in the lecture could not be reproduced here. Received March 16, 1938.

own length. E acts here as a mirror. A figure is symmetric with the symmetry plane E if it goes over into itself by this transformation S.

I find it convenient to explain right at the beginning some simple general notions about mappings. Let S be a mapping carrying the arbitrary point p into $p' = pS$ and T another mapping carrying p' into $p'' = p'T$; then the mapping which changes p directly into p'',

$$p'' = (pS)T = p(ST)$$

shall be denoted by ST (first S, then T). The mapping which carries every point p into itself is called the *identity* J. For our reflection S in the plane E we have $SS = J$, because application of the operation S on p' changes p' back into p. The only transformations with which we shall be concerned are those that change every figure into a congruent one and thus are the result of a motion or of a motion combined with a reflection; we call them *proper* and *improper motions* respectively. The combination or *"product"* ST of any two motions S, T is again a motion, and so is the *inverse* S^{-1} of a motion S:

$$p' = pS, \ p = p'S^{-1}.$$

These general preliminaries will become clearer by the following applications.

You all know the eminent part which bilateral symmetry plays in organic nature, in particular in the higher branches of the animal kingdom and in the structure of the human body. As a reminder I show you two pictures: a bloodhound with deep and perfectly symmetric folds in his face, and this well-known Greek statue of a praying boy, from the 4th century B.C. The noble sculpture may at the same time bear witness to the artistic value of symmetry. It is a general experience that such formal geometric principles, like that of symmetry, hold sway most strictly in archaic periods, while they are apt to soften in more mature times. Here are a few pictures of Babylonian seal stones dating between 2900 and 2650 B.C., which I owe to the kindness of my Princeton colleague, Professor Herzfeld. Particularly impressive is the second, a god fighting a lion. The lower bull-shaped part of the god's body, rendered in profile, is doubled in order to secure the symmetry of the whole composition. Similar examples are the old imperial Russian and Austro-Hungarian double eagle.

For bilateral symmetry one needs neither the three-dimensional space nor even the two-dimensional plane: reflection is essentially a *one-dimensional* operation: a straight line can be reflected at any of its points O which serves as a symmetry center. The only other motions of the one-dimensional line are *translations*, parallel displacements by an arbitrary distance a. A figure which is invariant under a translation a shows an *"infinite rapport,"* i.e., repetition in a regular spatial rhythm of length a. *Rhythm*, whether in space or in time, is another esthetic principle of universal significance. Musical rhythm is its temporal form. A pattern invariant under the translation T is also invariant under its iterations

$$TT = T^2,\ TTT = T^3,\ \text{etc.}$$

and under the inverse T^{-1} and its iterations. They shift the line by $1a$ $2a$, $3a$, ... and by $-a$, $-2a$, ... All translations carrying over a given pattern on a straight line into itself are in this sense multiples

$$na\ (n = 0,\ \pm 1,\ \pm 2,\ \dots)$$

of one basic translation a. This rhythmic symmetry may be combined with reflective. The centers of the reflections then follow each other with half the distance $\frac{1}{2}a$. Only these two types of symmetry, as illustrated by Figure 2, are possible for a one-dimensional pattern or "ornament."

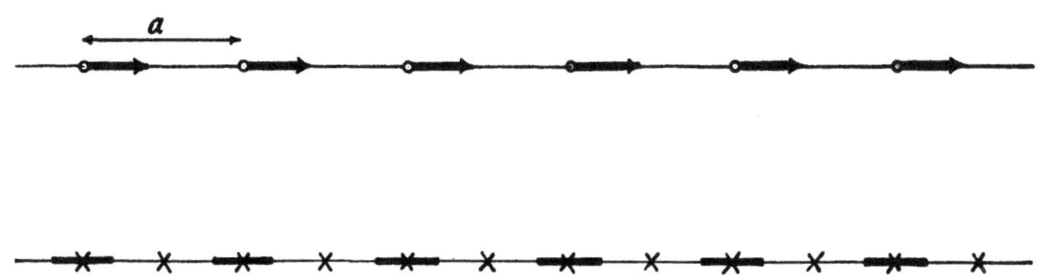

Fig. 2.—The two types of one-dimensional ornaments.

We pass from one to *two dimensions*. Here a new kind of symmetry crops up—symmetry with respect to *rotations* around a center O. The circle is in this regard the fully symmetric figure. A more limited rotary symmetry is represented by the regular polygons: All rotations around O carrying the figure into itself are the iterations of a certain aliquot part $360°/n$ of the full angle ($n = 1, 2, 3, \dots$). We then call O an n-fold symmetry *pole*, or briefly an n-pole. The case where there is no rotary symmetry at all is included as $n = 1$. Flowers, nature's gentlest children, are charming examples of this kind of symmetry. Here is a picture of an iris with its triple pole, and here one of the quintuple flowers of hawthorn. The symmetry of 5 is most frequent among flowers. I emphasize this because, as we shall see later, it never occurs in inorganic nature, among the crystals. As a curiosity, look at this inflorescence of a composite: the arrangement emulates exactly the structure of a regular pentagon-dodecahedron, although the photograph shows it but incompletely. But I shouldn't anticipate here the study of spatial symmetry!

Very frequently rotational symmetry is combined with reflective symmetry. Reflection in a plane takes place at lines, so-called symmetry *axes*, or briefly axes. If O is an n-pole, then the axes through O form angles of $360°/2n$ with each other. For instance, a 3-pole is combined with three axes forming angles of $60°$ with each other. Perhaps the simplest figure with rotational symmetry is the *tripod* $(n=3)$. When one wants to prevent the attending reflective symmetry one puts little flags onto the arms and obtains the *triquetrum*, an old magic symbol; the Greeks, for instance, used it, with the

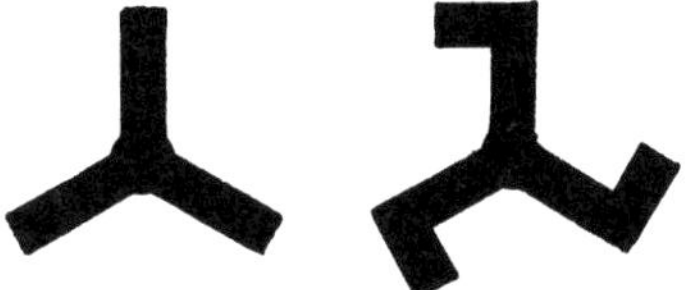

Fig. 3.—Tripod and triquetrum.

Medusa's head in the center, as a symbol for the three-cornered Sicily. The modification with four instead of three arms is the *swastika* of fylfot which I need not draw for you—one of the most primeval symbols of mankind, which we encounter in all civilizations; today it has become again for some people a symbol of magic power, for others a sign of terror like the snake-girdled Medusa's head. It seems that the origin of the magic power ascribed to these patterns lies in their startling incomplete symmetry—a center without axes. Here is the gracefully designed staircase of the pulpit of the Stephan's Dom in Vienna: a triquetrum alternates with a swastika-like wheel.

Magnificent examples of central symmetry are provided by the rose windows of the Gothic cathedrals. The richest I know is the rosette of St. Pierre in Troyes, France, which is based on the number 3 throughout. I show here one of the side portals of Notre Dame de Paris; and here a wonderful view of the Romanesque cathedral in Mainz, Germany, taken from the rear of the choir. Its severe and harmonious aspect is chiefly due to the wealth of simple symmetries: repetition in the round arcs of the friezes, octagonal central symmetry in the small rosette and the three towers, bilateral symmetry with vertical axes which rules the structure as a whole as well as almost every detail. In architecture, symmetry of 4 is prevalent. A particularly pure example is Bramante's second plan of St. Peter's in Rome. Here is a view up into the tower over the crossing of Canterbury Cathedral. The hexagon occurs occasionally; I can recall S. Ivo alla Sapienza in Rome, and the Mariahilfskirche in Innsbruck, Austria. If I am not mistaken, the Zwinger in Dresden, Germany, is a regular 12-side. A pentagon I have seen only once, in a quite inconspicuous passage in San Michele di Murano in Venice. Leonardo da Vinci engaged in systematically determining the possible symmetries of a central building and how to attach chapels or niches without destroying the symmetry of the nucleus. Let us repeat the first part of his investigation in modern terminology.

A figure invariant under the transformations S and T is also invariant under the transformation ST. A motion carrying a figure F as a whole into itself may be called an *automorphism* of the figure. The automorphisms form what the mathematicians call a *group*. A set of transformations S is a group f if any two elements S, S' of f give rise to a compound element SS' again contained in the group. Our considerations lead up to this statement: *Symmetry is described by the group of automorphisms*, and this is the only truly adequate way.

Here we study at first plane symmetries around a center O, i.e., we limit ourselves to motions leaving O fixed. We call them rotations; the proper rotations are rotations in the ordinary sense, the improper ones are reflections in axes going through O. The proper rotations D leaving a given figure invariant form a group. Let ϕ be the angles of these rotations, $D = D_\phi$. If not *all* rotations occur as in the case of a circle, we shall have a rotation of smallest positive angle $\phi = \alpha$. Every ϕ must be a multiple of α:

$$\phi = m\alpha; \; m = 0, \; \pm 1, \; \pm 2, \ldots .$$

Indeed, if there were a ϕ lying between two consecutive multiples, $m\alpha < \phi < (m+1)\alpha$, then $(m+1)\alpha - \phi$ would be a positive symmetry angle smaller than α, contrary to the determination of α. In particular, since the figure is left unchanged by making a full turn, 360° must be a multiple of α. Hence α is an aliquot part $360°/n$ of 360°, and the whole group of proper rotations, as we mentioned before, consists of iterations of one basic rotation of angle $360°/n$, or of the operations which a dial with n equidistant marks permits. The group is called the *cyclic group* C_n. Its order, i.e., the number of its elements, is n. n is capable of the values 1, 2, $\ldots$.

In a second step we propose to include the *reflections*. Let us draw two axes 1 and 2 through O forming an angle $\alpha/2$, and let S_1, S_2 be the reflections in 1 and 2 respectively. The transformation $S_1S_2 = D_\phi$ is the proper rotation by the angle α, as shown by the simple construction in Figure 4. Hence S_2S_1 is the opposite rotation D^{-1} by $-\alpha$. In combining motions we must watch out for the order in which it is done; we see here that the result may depend on the order! From the equation $S_1S_2 = D_\alpha$ we obtain

$$S_1S_1S_2 = S_1D_\alpha \text{ or } S_2 = S_1D_\alpha.$$

Hence if the given figure F with the symmetry axis 1 permits the

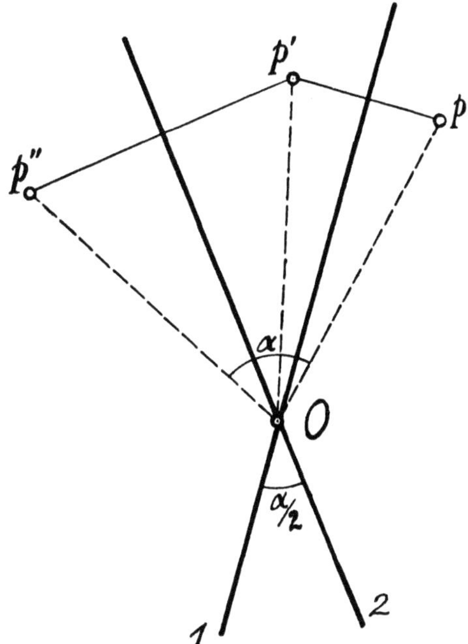

Fig. 4.—Rotation.

rotation D_α, then the line 2 forming the angle $\alpha/2$ with 1 will also be a symmetry axis. If the group C_n of proper rotations occurs together with reflections, we shall have exactly n different reflections whose consecutive axes form the angle $360°/2n$ with each other. The whole group consisting of these reflections and of the rotations by multiples of $360°/n$ is of order $2n$ and is called the *dihedral group* G_n. Thus, in agreement with Leonardo, these are the only possible central symmetries:

$$\begin{aligned}
C_1, \ & C_2, \ C_3, \ C_4, \ C_5, \ \ldots \ ; \\
G_1, \ & G_2, \ G_3, \ G_4, \ G_5, \ \ldots .
\end{aligned}$$

(*)

C_1 means no symmetry at all, G_1 means bilateral symmetry and nothing else.

When we now turn to the study of *ornaments* covering the whole plane, we have to take into account all motions, not only those leaving fixed a pre-assigned center O. A proper motion in a plane is either a translation (parallel displacement, shift, as indicated by a vector) or a rotation with a fixed point (pole) A. An improper motion is either a reflection in an axis l or such a reflection combined with a parallel displacement along l by a certain distance a; in the latter case l may be called a gliding axis. Composition of translations is commutative; it amounts to forming the resultant of two vectors according to the well-known law of the parallelogram. If the group of automorphisms of a given ornament contains translations at all there are only two possibilities:

(1) All translations or vectors are multiples of one basic vector: simple infinite rapport or band ornament.

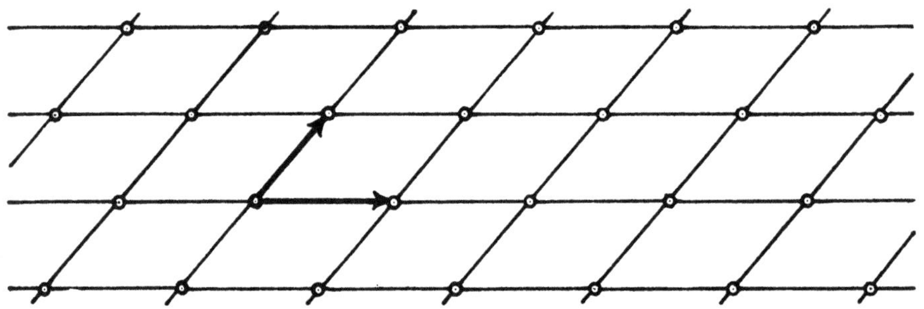

Fig. 5.—Parallelogrammatic lattice.

(2) They arise by composition from two basic vectors of different direction: double infinite rapport or surface ornament. We shall deal with this more interesting case only: Wallpapers, carpets, tiled floors and parquets, belong to this category. Once one's eyes are opened one will be surprised by the numerous symmetric patterns which surround us in our daily lives. The greatest masters of the geometric art of ornament were the Arabs, and I shall soon show you samples of their beautiful decorations. But first a little mathematics.

We choose an arbitrary point O in our plane and submit it to all the translations of our ornament. The result will be a parallelogrammatic lattice L (Fig. 5). Any motion S can be considered as a (proper or improper) rotation around O, followed by a translation. This decomposition is unique, and we call the first, the rotation part, the *reduced* S. After reduction, the motions S which the given ornament permits, form a finite group f_o of rotations; hence one of the groups in the table (*). *Its operations carry the lattice over into itself.* This relationship between the rotation group f_o and the lattice L imposes certain restrictions on both of them.

(1) As to f_o, the values $n = 2$, 3, 4 and 6 only are possible because a lattice cannot have any other symmetry. Hence the rotary parts of our automorphisms must form one out of the following 10 groups:

$$C_1, \ C_2, \ C_3, \ C_4, \ C_6,$$
$$G_1, \ G_2, \ G_3, \ G_4, \ G_6.$$

In particular $n = 5$ is excluded. Indeed, since the lattice permits the

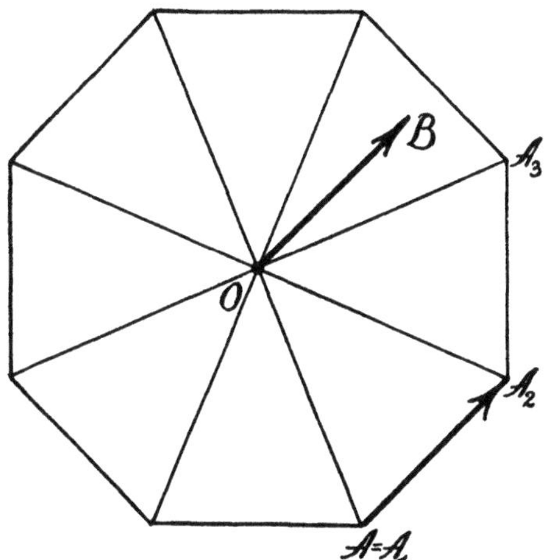

Fig. 6.—Octagon.

rotation by 180°, the smallest rotation leaving it invariant must be an aliquot part of 180°, or of the form

$$360° \text{ divided by 2 or 4 or 6 or 8} \ldots.$$

We must show that the numbers from 8 on are impossible. Take the case $n = 8$ and let A be one of the lattice points nearest to O. Then the whole octagon $A = A_1$, A_2, ... consists of lattice points. The side $A_1 A_2$ is smaller than OA just because $8 > 6$. Draw the vector $\overrightarrow{OB} = \overrightarrow{A_1 A_2}$. O, A_1, A_2 being lattice points, B should be one too. However, this leads to a contradiction as B is nearer to O than $A = A_1$.

I beg your pardon. Did it hurt? The tooth is out now, and no such complicated geometric argument will come up again in this lecture. The rest shall be done more in the form of a narrative.

(2) How do lattices look which have one of our ten groups as their symmetry group? I enumerate the various cases.

C_1 and C_2: a perfectly arbitrary lattice L.

G_1 and G_2: either an arbitrary rectangular lattice R' or the diamond lattice R'' arising from R' by adding the centers of the rectangular meshes. R'' is the one most used for wallpapers.

C_4 and G_4: the square lattice Q.

C_3, C_6, G_3 and G_6: the hexagonal lattice H made up by equilateral triangles, which is in frequent use for tiled floors (bath rooms).

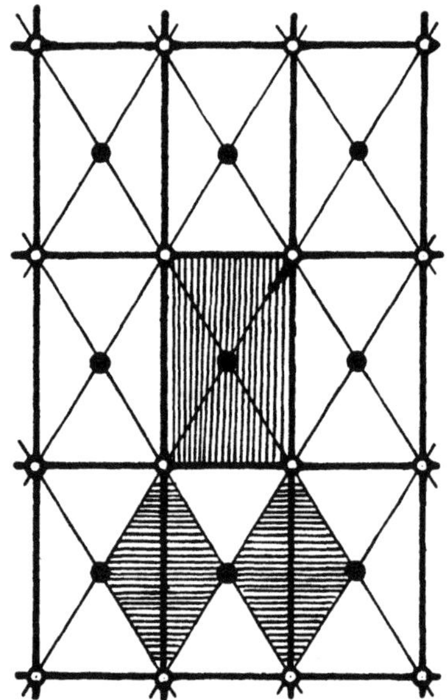

Fig. 7.—Rectangular and diamond lattice

Thus we encounter five types of lattices which differ by their symmetry. As an illustration I describe the full symmetry of the hexagonal lattice (upper half of Fig. 8). The points marked ● △ ◯ are poles of multiplicity 2, 3, 6 respectively. The 6-poles form the lattice. All the lines are axes; the mid-lines between any two of these parallels are the gliding axes.

Finally we return from the reduced transformations, the rotary parts which form the group f_o, to the transformations proper. The translatory parts must dovetail with the lattice L of symmetry f_o. A closer investigation shows that the number 10 of possibilities is thereby increased to 17. *There are 17 essentially different kinds of symmetry possible for a two-dimensional ornament.* Examples for all 17 groups of symmetry are found among the decorative patterns of antiquity, in particular among the Egyptian ornaments. One can hardly over-estimate the depth of geometric imagination and invention reflected in these patterns; their construction is far from being mathematically trivial. The art of ornament contains in implicit form the oldest piece of higher mathematics known to us. To be sure,

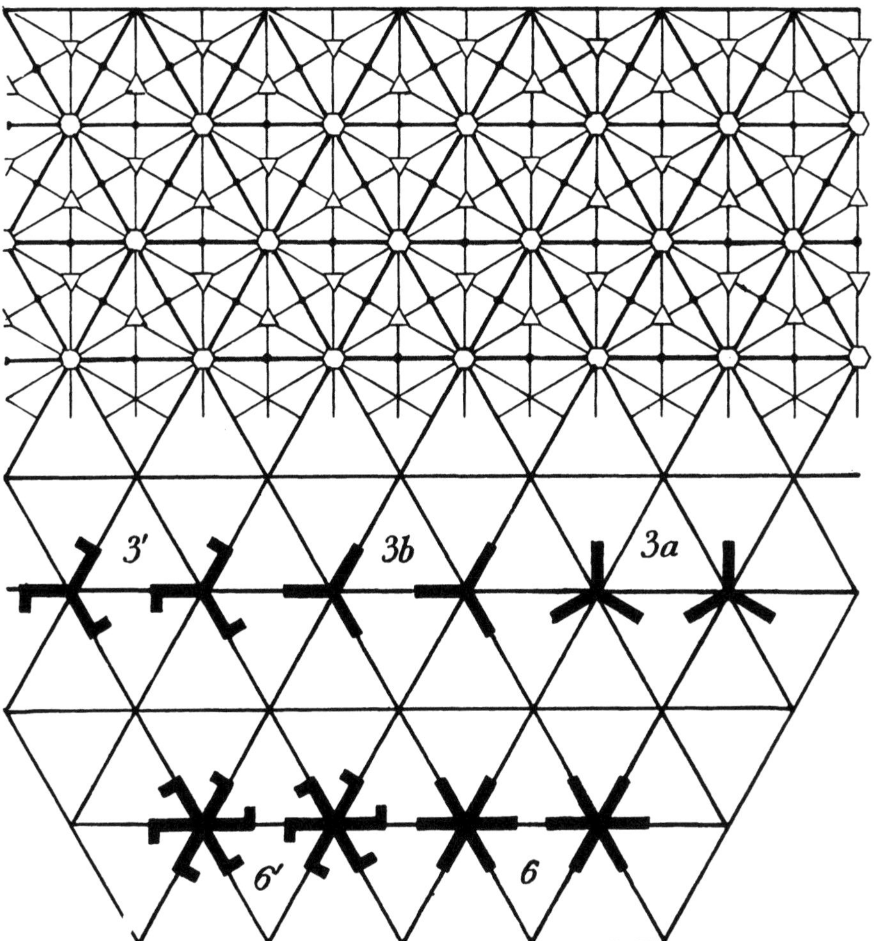

Fig. 8.—Hexagonal lattice and hexagonal symmetries.

the conceptional means for a complete abstract formulation of the underlying problem, namely the mathematical notion of a transformation group, was not provided before the 19th century; and only on this basis is one able to prove for good and all that the 17 symmetries already known to the Egyptian craftsmen more than 4000 years ago exhaust all possibilities. Strangely enough the proof was carried out only as lately as 1924 by Professor Pólya in Zürich. The Arabs fumbled around much with the number 5, but they were of course never able honestly to build in a central symmetry of 5 in their ornamental designs. They tried, however, all kinds of deceptive compromises. One might say that they proved experimentally the impossibility of the pentagon in an ornament.

I shall discuss briefly the five ornamental symmetries of the hexagonal type. I represent them by simple patterns which I obtain by fixing simple starlike figures in the lattice points, the same in the same orientation at each point (lower half of Fig. 8). Here they are: 6 has the complete symmetry of the lattice itself (reduced group or class C_6). 6' removes the symmetry axes (class G_6). 3a, 3b, 3' reduce the 6-poles to triple poles, 3' without symmetry axes (class G_3) while the class C_3 now breaks up into two subcases: in 3a axes pass through every 3-pole, in 3b only through those ($\frac{1}{3}$ of the whole number) which had been sixfold before. A wonderful example of the full symmetry 6 is this window of a mosque in Cairo, of the 14th century. The elementary figure is a trefoil knot the various units of which are interlaced with superb artistry. The gliding axes are particularly conspicuous; they are the mid-lines of the tracks. Axes are absent in this azulejos ornament from the Sala de Camas of the Alhambra in Granada; the group is 3' or 6' according to whether or not one takes account of the colors. This is one of the finer tricks of the ornamental art, that the symmetry of the geometric pattern as expressed by a certain group f is reduced by the coloring to a lower symmetry expressed by a subgroup of f. The picture will give you at the same time some idea of the fascinating total effect of the Moorish ornamental architecture. An example of 3b is provided by this simple Chinese ornament. I give one case of the square class G_4, the one exhibited by the well-known design (Fig. 9) for pavements. The amusing thing about it is that no ordinary axes, only gliding axes, pass through the 4-poles (one of which is marked). Here are two more refined samples of the same symmetry from the Alhambra again. If your interest in ornaments is aroused I should recommend that you go to the library and look into the great folios edited by Owen Jones in London about the middle of the last century—his "Grammar of Ornament" and the "Plans, Elevations, Sections and Details of the Alhambra" in two volumes.

The two-dimensional case has detained us long enough; we must now pass to the *three-dimensional space*. First again, symmetry around a center. The situation here is radically different from the plane.

While in the plane we have a regular polygon for each number n of sides, there are only *five regular polyhedra* in space: tetrahedron, octahedron, cube, pentagon-dodecahedron, and icosahedron. The Greeks were familiar with the five regular bodies. They played an eminent rôle in Plato's philosophy of nature. The discovery of the icosahedron and of the dodecahedron is certainly one of the most beautiful and singular discoveries made in the whole history of mathematics. In Euclid's elements their construction is one of the chief goals of the

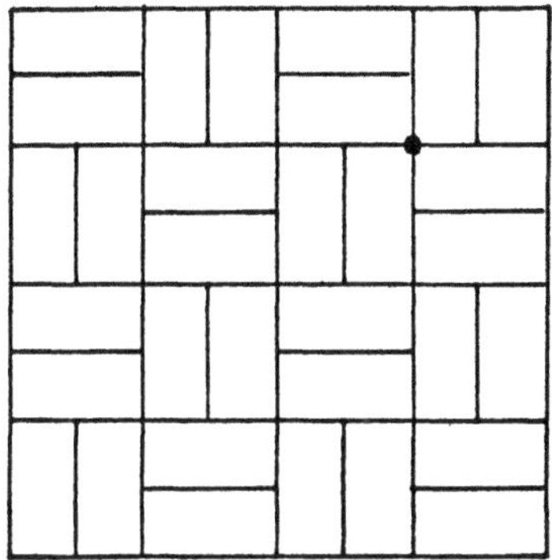

Fig. 9.—Pavement design.

whole development, perhaps *the* goal for the attainment of which all these efforts to erect a deductive system of geometry had been undertaken. It is the more surprising that the general notion of and a word for symmetry in our modern sense seems to be wanting in Greek. Euclid himself uses the word σύμμετρος in the sense of commensurable; side and diagonal of a square are ἀσύμμερτα μεγέθη. In the ancient non-mathematical literature σύμμετρος means as much as harmonious. Kepler in his Mysterium Cosmographicum, published in 1595, a long time before he discovered the three laws bearing his name today, made an attempt to reduce the distances in the planetary system to regular bodies which are alternately inscribed and circumscribed to spheres. Here is his construction by which he is convinced to have penetrated deeply into the secrets of the Creator. He proclaims his faith in prophetic words. We still hold to his belief in a mathematical harmony of the universe; it has stood ever wider and more surprising tests. But we no longer seek the harmony in static forms like the regular bodies, but in dynamical laws.

From our viewpoint the problem of the regular bodies is closely bound up with the construction of all finite groups of proper rotations around a center. First we have again C_n whose operations are now interpreted in space as rotations around an axis perpendicular to our original plane. Rotations in space have an axis, reflections have a symmetry plane. Another possibility is G_n, where the reflections in the axes l_1, l_2, . . . in the plane are now interpreted as rotations by 180° about the same axes in space. Except for these relatively trivial cases in infinite number ($n = 1, 2, 3, \ldots$) already familiar to us from our study of the two-dimensional case, there are only three more quite singular possibilities:

The group T of the proper rotations carrying a tetrahedron into itself; the same group P for the octahedron or the cube (they are identical); the same group I for the icosahedron or the dodecahedron (they are again identical).

The orders of these groups are 12, 24, 60, respectively. It is not difficult to extend the table so as to include the presence of *improper* rotations. If no axes of rotation are admissible except of order 1, 2, 3, 4, and 6, we are left with 32 different groups.

They are the reduced groups or classes for a 3-dimensional ornament with a triple infinite rapport. Pasting the translatory onto the rotary parts, we obtain 230 *symmetry groups* which are divided into our 32 *classes*. The numbers we have found are collected in the following table for the dimensionalities 1, 2, 3:

Dim	No. of Classes	No. of Symmetry Groups
1	1	2
2	10	17
3	32	230

We decorate surfaces with flat ornaments; art has never gone in for *solid* ornaments. But they are found in nature. The arrangements of *atoms in a crystal* are such patterns. Unfortunately I have no models here, but I show you a photograph of two models (of calcite and rocksalt). The models consist of little balls representing the atoms and painted white, black, red, . . . according to the different sorts of atoms—hydrogen, carbon, oxygen, etc. The whole arrangement permits a group of motions with three independent translations spanning a lattice. The group describes the *microscopic symmetry of the crystal* ascertainable only by some device which allows discernment of distances of the order of the atomic distances, i.e., about 10^{-8} cm. How this has been accomplished I shall explain in a moment. The reduced group or *class*, however, describes the *macroscopic symmetry* of the crystal which rules over all its macroscopically discernible properties, and hence may be observed without penetrating into the atomic structure. Physical quantities like compressibility, index of refraction, etc., of a crystal medium, depend in general on *direction*. The variation of the optical properties with direction gives a diamond its scintillating brilliance. We represent such a quantity graphically by laying off on each ray from a center O the value of the quantity in this direction. This diagram must have the symmetry around O as described by the reduced group. Conversely, in studying the dependence of all physical properties of a crystal on direction, we find out its reduced group. Hence the division of all crystals into 32 classes. One of the properties, the speed of growth, determines under ideal conditions the outward shape of a crystal which will thus conform to its inner symmetry. All of you have probably at some time examined snowflakes closely, perhaps even under a magnifying glass, and have been thrilled by their beautiful tiny hexagonal stars. The crystallographers have carefully and thoroughly investigated the symmetry groups in space for more than a century. Nobody in science, however, had cared much about the simpler two-dimensional case so important in the art of ornament, the mathematical study of which had thus been neglected until quite recently. This two-fold application in art and physics, to ornaments and crystals, constitutes a peculiar charm of our subject.

The assumption of a lattice-like structure of the crystals had been inferred from the crystallographic laws for a long time before von Laue twenty-five years ago discovered the key that actually opens up to us the atomic pattern. We see by *light*, but light has a certain wave length, and an image traced by such light will be fairly faithful only with respect to details of considerably greater dimensions than the wave lengths, while details of much smaller dimensions will be completely leveled down. The wave length of ordinary light is about 1000 times as big as the atomic distances. However, X-rays are of the same physical nature as light, and their wave length is exactly of the desirable order 10^{-8} cm. Hence X-ray pictures of a crystalline substance betray their internal atomic structure. In this way von Laue killed two birds with one stone: he confirmed the lattice structure of crystals, and proved what had been but a tentative hypothesis at that time, that X-rays consist of short-wave light. I show you two *Laue diagrams:* one of zinc-blende from Laue's original paper, 1912;

the other of carborundum (SiC) from a paper by H. Ott, 1926. The directions in which the pictures are taken are such as to exhibit the fourfold and the threefold symmetry respectively around an axis. You must not take these portraits of the interior of a crystal too literally. By observing a slit whose width is only a few wave lengths, you obtain a somewhat contorted image of the slit made up by interference fringes. In the same sense these pictures are interference patterns of the atomic lattice. However, one is able to compute from such photographs the actual arrangement of the atoms, the scale being set by the wave length of the illuminating X-rays.

In spite of all contortion which mars our X-ray likenesses, the symmetry of the crystal is faithfully portrayed. This is a special case of the following general principle: *If conditions which uniquely determine their effect possess certain symmetries, then the effect will exhibit the same symmetries.* Thus Archimedes concluded *a priori* that equal weights balance in scales of equal arms. Indeed the whole configuration is symmetric with respect to the mid-plane of the scales, and therefore it is impossible that one scale mounts while the other sinks. For the same reason we may be sure that in casting dice, which are perfect cubes, each side has the same chance,—one-sixth. Sometimes we are thus enabled to make predictions *a priori* on account of symmetry for special cases, while the general case, as for instance the law of equilibrium for scales with arms of different lengths, can only be settled by experience or by physical principles ultimately based on experience. As far as I see, all *a priori* statements in physics have their origin in symmetry.

With this remark I shall conclude the somewhat detailed discussion of geometric symmetries dwelling in ornaments and crystals. I now take to the air and give a quick bird's eye view of other important applications of symmetry in physics and mathematics. First, *relativity theory*. Relativity is simply the most fundamental instance of symmetry. Before we studied geometric forms in space with regard to their symmetry, we should have examined *space itself*. Empty space possesses a very high grade of symmetry. On account of its homogeneity, all points are alike; there is no objective geometric property by which one may distinguish one point from any other. They can be distinguished only by a demonstrative act, by pointing with the finger and saying *"here."* In the same sense all directions at a point are alike. The full homogeneity or symmetry of space must be described again by its group of automorphisms. A point transformation

$\left\{ \begin{array}{c} p \to p' \\ p' \to p \end{array} \right\}$ in space is an automorphism if it leaves untouched every imaginable objective geometric relation between points. For instance, $R(p_1 p_2 p_3)$ being any such ternary relation like that expressed in the words: $p_1 p_2 p_3$ lie on a straight line, we require that any three points satisfying this relation R are turned by the automorphism into three points $p_1' p_2' p_3'$ fulfilling the same relation. Relativity is nothing else than the problem of *determining the group of automorphisms of space itself*. Two figures arising from each other by an automorphism are called *"similar"* in geometry; they are, as Leibnitz said, indiscernible when each is considered by itself and not in their mutual relation. The automorphisms of a given geometric pattern which we investigated before, may now be described in more basic terms as the *automorphisms of space carrying the given pattern into itself*. When we draw a regular hexagon around a point O in the plane, then no longer are all directions from O alike with respect to the hexagon, but merely any six directions forming a hexagonal star. The problem of relativity for the four-dimensional world including time besides the three dimensions of space, was solved in a final manner by Einstein. Felix Klein in his famous Erlanger Program, 1872, classified the various types of geometries, such as metric, affine, projective, conformal geometry, etc., by their groups of automorphisms which are either given by nature or agreed upon by convention. *Geometry*, as Klein declared, *is the study of an arbitrary set of elements called points under the viewpoint that only such relations are taken into account as are invariant under a given group of point transformations*, which then play the rôle of automorphisms.

By far the most fertile application of symmetry in the whole inorganic world has been made by *quantum physics* in studying the *atomic and molecular spectra*. An enormous amount of empiric material concerning the spectral lines, their wave lengths, and the regularities in their arrangement, had been collected before quantum physics was able to order the vast material and to show that most of the laws, whether of qualitative or quantitative nature, are independent of all dynamic peculiarities and assumptions, and a simple consequence of the inherent symmetry. Let us consider an atom consisting of a cloud of n electrons moving around a fixed nucleus at O. (By assuming the nucleus to be fixed we neglect the reaction of the electrons upon the much heavier nucleus.) The symmetry prevailing is twofold. First, rotational symmetry around O; two positions of the electrons which arise from each other by turning the whole constellation like a rigid body about O are indiscernible. This symmetry is expressed by the group of geometric *rotations* in space. Second, all electrons are alike; this symmetry is expressed by the $n!$ *permutations* among the n electrons: two constellations arising from each other by such a permutation are indiscernible. I cannot describe here in more detail how these two simple facts lead to the ordering of the atomic spectra; you must believe me on my word that nowhere else has symmetry proved the clue to a field of greater variety and importance.

Finally I turn to *mathematics*, which I must include all the more because the essential concepts, especially that of a group, were first developed from the applications in mathematics, more particularly in algebra and the theory of algebraic equations. An algebraist is a man who deals in numbers, but the only operations he is able to perform on them are the four species $+, -, \times, \div$. Hence the only relations he can grasp with his methods are the algebraic relations expressible in terms of these operations; as, for instance, the following one between two numbers α and β:

$$\{ \beta^2 + \alpha(5\beta - 2) \}^3 - 9\alpha + 1 + 3\alpha\beta^4 = 0.$$

Let us consider any finite set of numbers $\alpha_1, \cdots, \alpha_n$, in particular the roots of an algebraic equation of degree n. Transformations are here permutations of the n numbers α_i; an automorphism is a permutation leaving untouched every imaginable *algebraic* relation among them. The automorphisms among the roots of an algebraic equation form the so-called *Galois group;* Galois's theory is nothing else than the relativity theory for this set which, by its discrete and finite character, is conceptually so much simpler than the infinite set of points in space dealt with by ordinary relativity theory. Galois's ideas, which for several decades remained a book with seven seals but afterwards exerted a more and more profound influence upon the whole development of mathematics, are contained in a farewell letter to a friend written on the eve of his death, which he met in a duel at the age of twenty-one. This letter is the most substantial piece of writing I know in the whole literature of mankind. I give two simple examples of Galois's theory.

The ratio $\sqrt{2}$ between diagonal and side of a square is determined by the quadratic equation

$$x^2 - 2 = 0.$$

Their incommensurability, that is, the fact that $\sqrt{2}$ is not a rational number, means that the two roots $\sqrt{2}, -\sqrt{2}$ are algebraically indistinguishable, or that their exchange is an automorphism. This is the instance by which the Greeks discovered the *irrational*. The deep impression which its discovery by the Pythagoreans made upon the thinkers of antiquity, is evidenced by a number of passages in Plato's Dialogues.

My other example is Gauss's construction of the regular 17-gon with ruler and compass, which he found as a young lad of nineteen. Up to then he had vacillated betweeen philology and mathematics; this success was instrumental in bringing about his final decision in favor of mathematics. When one fixes one vertex of an n-gon, all the other $n-1$ are the roots of an algebraic equation of degree $n-1$. They are algebraically indiscernible provided n is a prime number like 17, and the automorphisms then form a cyclic group of order $n-1$, i.e. a group that may be depicted by dialing a circular dial with $n-1$ equidistant marks. Since

$$17-1=16=2\times2\times2\times2$$

is a power of 2, one can cut down the cyclic group in passing from group to subgroup, by four consecutive steps, to the orders 8, 4, 2, 1. The solution of our equation of degree 16 is then obtained by means of four consecutive solutions of quadratic equations, or by four consecutive extractions of square roots. However, the four species and extraction of a square root are exactly those algebraic operations which may geometrically be carried out by *ruler and compass*. This is the reason why the regular triangle, pentagon and 17-gon,

$$3=2^1+1, \quad 5=2^2+1, \quad 17=2^4+1,$$

may be constructed by ruler and compass. ($2^3+1=9$ must be skipped because 9 is not a prime number.) During the last decades algebra has thriven more vigorously than most other branches of mathematics. For all the manifold structures it has to deal with, the quest for the group of automorphisms has always proved of cardinal importance and led straight to the core of things. One of the chief accomplishments of the late great algebraist Emmy Noether was her insistence upon this idea and the many applications she made of it in all branches of algebra.

I hope I have succeeded in giving you an impression of the deep significance of the principle of symmetry in art, nature and mathematics. Symmetry always stands for a peculiar kind of perfection. No wonder, therefore, that mystics and theologians have made use of this word and notion to describe by analogy even God's own perfection. I conclude with a short poem by Anna Wickham:

God, Thou great symmetry,
Who put a biting lust in me
From whence my sorrows spring,
For all the frittered days
That I have spent in shapeless ways
Give me one perfect thing.

112.

Meromorphic curves (H. Weyl and J. Weyl)

Annals of Mathematics 39, 516—538 (1938)

A meromorphic curve $\mathfrak{C}$ in the k-dimensional projective space R with the homogeneous coördinates x_0, x_1, $\cdots$, x_k is obtained by setting up x_1/x_0, $\cdots$, x_k/x_0 as meromorphic functions of a complex parameter z ranging over the whole z-plane (excluding $z = \infty$). R. Nevanlinna's theory of meromorphic functions, as the case $k = 1$, may be extended so as to yield a similar theory of meromorphic curves for any number k of dimensions. We follow a simplified method developed by L. Ahlfors.[1]

Sections 1 and 2 are concerned with preliminaries about projective geometry and the local behavior of a meromorphic curve.

1. Distances and Means in Projective Space

In describing $k + 1$ numbers x_0, x_1, $\cdots$, x_k as components of a *vector* in $(k + 1)$-dimensional vector space, we convey our intention to study only such relations as are invariant under non-singular linear transformations

$$(1.1) \qquad x_i' = \sum_j h_{ij} x_j, \qquad (i,j = 0, 1, \cdots, k);$$

in considering them as coördinates of a *point* in projective k-space R we agree moreover not to distinguish between the set x_i and the set ρx_i, ρ being an arbitrary non-vanishing factor. With rare exceptions we shall use the projective terminology.

A *plane* is given by an equation

$$(1.2) \qquad (\alpha x) = \sum_i \alpha_i x_i = 0, \qquad (\alpha_0, \alpha_1, \cdots, \alpha_k) \neq (0, 0, \cdots, 0).$$

Its coördinates α_i transform contragrediently to the point coördinates x_i.

l points x, x', $\cdots$, $x^{(l-1)}$ span a linear $(l - 1)$-*spread* $[xx' \cdots]$ with the coördinates

$$(1.3) \qquad [xx' \cdots]_{i_1 \cdots i_l} = \begin{vmatrix} x_{i_1}, & x_{i_2}, & \cdots, & x_{i_l} \\ x'_{i_1}, & x'_{i_2}, & \cdots, & x'_{i_l} \\ \cdots\cdots\cdots\cdots\cdots\cdots\cdots \\ x_{i_1}^{(l-1)}, & x_{i_2}^{(l-1)}, & \cdots, & x_{i_l}^{(l-1)} \end{vmatrix}.$$

A set $x(l)$ of skew-symmetric numbers $x_{i_1 \cdots i_l}$ which under the influence of (1.1) transform in the same manner as (1.3), is called an $(l - 1)$-*complex* in projective

---

[1] Soc. Sci. Fenn. Comm. Phys.-Math. **8**, No. 10, 1935.

geometry, where only their ratio is taken into account. The spreads shall be called *special* complexes. The complexes are points in a projective space R_l of

$$k_l = \binom{k+1}{l} - 1$$

dimensions. The linear form in R_l :

$$\sum \alpha_{i_1 \ldots i_l} x_{i_1 \ldots i_l} \qquad (i_1 < i_2 < \cdots < i_l)$$

is denoted as $(\alpha(l),\, x(l))$ or $(\alpha x)_l$ and in particular as $\alpha(x,\, x',\, \cdots)$ for $x(l) = [xx' \cdots x^{(l-1)}]$. Summation indices like $i_1,\, \cdots,\, i_l$ are always bound by the restriction $i_1 < i_2 < \cdots < i_l$.

The *distance* $\| \alpha x \|$ between a point x and a plane α may be introduced by

$$(1.4) \qquad \| \alpha x \|^2 = |\sum_i \alpha_i x_i|^2 : \sum_i |\alpha_i|^2 \sum_i |x_i|^2.$$

The distance is a real number ≥ 0 and ≤ 1. It is invariant under *unitary* transformations (1.1). After an arbitrary transformation (1.1), the new distance $\| \alpha x \|'$ differs from the old one $\| \alpha x \|$ by a factor lying between the fixed positive limits Γ/γ and γ/Γ for all α and x. Γ and γ are maximum and minimum of the positive definite Hermitian form

$$\sum_i |x_i'|^2 = \sum_i |\sum_j h_{ij} x_j|^2$$

under the restriction $\sum |x_i|^2 = 1$. This amount of dependence of our unitary metric on the coördinates will prove harmless for the applications we have in mind.

The unitarily invariant *distance* $[[xy]]$ between two points x and y is defined by

$$(1.5) \qquad [[xy]]^2 = \sum_{i<j} |x_i y_j - x_j y_i|^2 : \sum_i |x_i|^2 \sum_i |y_i|^2.$$

It is again ≥ 0 and ≤ 1. The factor it takes on under the influence of (1.1) lies between $(\Gamma/\gamma)^2$ and $(\gamma/\Gamma)^2$.

Similar conditions prevail in R_l .

$$X_l^2 = |x(l)|^2 = \sum |x_{i_1 \ldots i_l}|^2$$

is invariant under unitary transformations (1.1). The numbers $\Gamma_l,\, \gamma_l$ playing the same rôle in R_l as $\Gamma,\, \gamma$ in R are $\leq \Gamma^l$ and $\geq \gamma^l$ respectively. The sub-index l always refers to the space R_l .

Let us examine the distance $[[ax]]_l$ of a given point $a(l)$ in R_l from one varying over the whole set S_l of special points

$$x(l) = [xx' \cdots x^{(l-1)}].$$

We maintain that $[[ax]]_l$ takes on a *minimum* $\delta_l(a)$ on S_l. This follows readily from the possibility of spanning any given $(l-1)$-spread $x(l)$ by l *unitary-orthogonal* vectors $x, x', \cdots, x^{(l-1)}$ satisfying the relations

$$\sum_i \bar{x}_i^{(\alpha)} x_i^{(\beta)} = \begin{cases} 1 & (\alpha = \beta) \\ 0 & (\alpha \neq \beta) \end{cases} \qquad (\alpha, \beta = 0, \cdots, l-1).$$

Indeed, not only do these relations define a *compact* manifold in the space of the $(k+1)l$ variables $x_i^{(\alpha)}$ but at the same time, by implying $|x(l)| = 1$, they do away with the denominator in $[[ax]]_l$. $\delta_l(a)$, the distance of a from S_l, will be positive and not zero if a itself is not special. Thus in that case

$$[[ax]]_l \geqq \delta_l(a) > 0 \qquad \text{(for all } x(l) \text{ in } S_l\text{).}$$

The unit sphere $\mathfrak{S}_k$,

(1.6) $$|\alpha_0|^2 + |\alpha_1|^2 + \cdots + |\alpha_k|^2 = 1$$

in the Euclidean space whose coördinates are the real and imaginary parts of $\alpha_0, \alpha_1, \cdots, \alpha_k$, may be called the *unitary k-sphere*. Of any continuous function $\psi(\alpha_0, \alpha_1, \cdots, \alpha_k)$ we can form the *average*

$$\underset{\alpha}{\mathfrak{M}}\, \psi = \int \psi(\alpha)\, d\omega_\alpha : \int d\omega_\alpha$$

over the whole sphere $\mathfrak{S}_k$, $d\omega_\alpha$ being its volume element at the point α. Because the metric of the sphere is invariant with respect to real orthogonal transformations of the $2(k+1)$ real coördinates and thus *a fortiori* with respect to unitary transformations $\mathfrak{U}$ of $\alpha_0, \cdots, \alpha_k$, our averaging process is invariant under $\mathfrak{U}$.

Two vectors $(\alpha_0, \cdots, \alpha_k)$ and $(\beta_0, \cdots, \beta_k)$ form a *unitary pair* if

(1.7) $$\sum \bar{\alpha}_i \alpha_i = 1, \qquad \sum \bar{\beta}_i \beta_i = 1, \qquad \sum \bar{\alpha}_i \beta_i = 0.$$

The locus of the unitary pairs is a manifold $\mathfrak{S}\mathfrak{S}_k$ of $4k$ real dimensions in the $4(k+1)$-dimensional Euclidean space with the real and imaginary parts of α_i, β_i as its coördinates and

$$|d\alpha_0|^2 + \cdots + |d\alpha_k|^2 + |d\beta_0|^2 + \cdots + |d\beta_k|^2$$

as its metrical ground form. $\mathfrak{S}\mathfrak{S}_k$ is invariant under unitary transformations $\mathfrak{U}$ cogrediently applied to α and β and therefore homogeneous. As the study of the infinitesimal neighborhood of

$$\alpha = (1, 0, 0, \cdots, 0), \qquad \beta = (0, 1, 0, \cdots, 0)$$

at once reveals, it is therefore a differentiable manifold free of singularities and thus, by virtue of the imbedding Euclidean space endowed with a non-degenerate metric, invariant under $\mathfrak{U}$. Its volume element $d\omega_{\alpha,\beta}$ allows us to define an averaging process $\underset{\alpha\beta}{\mathfrak{M}}$ extending over $\mathfrak{S}\mathfrak{S}_k$ which has the same property of invariance. If the process is applied to a function $\psi(\alpha)$ depending only on

α and not on β, we maintain that its effect will be the same as by taking the average of $\psi(\alpha)$ with respect to α alone ranging over $\mathfrak{S}_k$. We state this fact as

LEMMA 1. $\underset{\alpha\beta}{\mathfrak{M}}(\psi(\alpha)) = \underset{\alpha}{\mathfrak{M}}(\psi(\alpha)).$

Indeed, the set of all points (α, β) on $\mathfrak{S}\mathfrak{S}_k$ for which α lies in the given element $d\omega_\alpha$ will have a certain volume $G(\alpha) \cdot d\omega_\alpha$. From the unitary invariance it is evident that the function $G(\alpha)$ of α is actually a constant G independent of α. This observation proves our lemma.

We shall have to use the mean value $\underset{\alpha}{\mathfrak{M}}$ of the particular function

$$(1.8) \qquad\qquad \log \frac{1}{\| \alpha x \|}.$$

LEMMA 2.

$$\underset{\alpha}{\mathfrak{M}} \log \frac{1}{\| \alpha x \|}$$

is a constant m^0 independent of $(x_0, \cdots, x_k)$.

This is an immediate consequence of the unitary invariance of $\| \alpha x \|$ and of the process $\underset{\alpha}{\mathfrak{M}}$. Therefore our mean has the same value as for $x = (1, 0, \cdots, 0)$ or

$$\underset{\alpha}{\mathfrak{M}} \log \frac{1}{|\alpha_0|} = m^0.$$

Incidentally one easily computes

$$m^0 = \frac{1}{2}\left(\frac{1}{1} + \frac{1}{2} + \cdots + \frac{1}{k}\right).$$

Our result may be stated in the form:

$$\underset{\alpha}{\mathfrak{M}} \log |\alpha_0 x_0 + \cdots + \alpha_k x_k| = \log |x| + \text{const.}$$

This remark that the averaging process changes the modulus of the linear form $\alpha_0 x_0 + \cdots + \alpha_k x_k$ under the logarithm into the unitary length $|x|$,

$$|x|^2 = |x_0|^2 + \cdots + |x_k|^2,$$

will be of great importance later on.

Let us further compute the mean $\underset{\alpha}{\mathfrak{M}^a}$ of the same function (1.8) over the unitary $(k-1)$-sphere $\mathfrak{S}_{k-1}(a)$ cut out from $\mathfrak{S}_k$ by a plane:

$$(1.9) \qquad a_0\alpha_0 + \cdots + a_k\alpha_k = 0, \qquad |\alpha_0|^2 + \cdots + |\alpha_k|^2 = 1.$$

In returning to our former dual standpoint where α is taken as a plane rather than a point, one will describe this process as averaging over all planes α through a given point a.

LEMMA 3. $\quad \underset{\alpha}{\mathfrak{M}^a} \log \dfrac{1}{\|\,\alpha x\,\|} = \log \dfrac{1}{[[ax]]} + \text{const.}$

PROOF. On account of unitary invariance one may assume

$$(1.10) \qquad\qquad a_0 = 1, \qquad a_1 = \cdots = a_k = 0.$$

We then have $\alpha_0 = 0$ on $\mathfrak{S}_{k-1}(a)$, $\underset{\alpha}{\mathfrak{M}^a}$ is the mean over the sphere $\mathfrak{S}_{k-1}$,

$$|\,\alpha_1\,|^2 + \cdots + |\,\alpha_k\,|^2 = 1,$$

and on $\mathfrak{S}_{k-1}$

$$\log \frac{1}{\|\,\alpha x\,\|^2} = \log \frac{(|\,\alpha_1\,|^2 + \cdots + |\,\alpha_k\,|^2)(|\,x_1\,|^2 + \cdots + |\,x_k\,|^2)}{|\,\alpha_1 x_1 + \cdots + \alpha_k x_k\,|^2}$$
$$+ \log \frac{|\,x_0\,|^2 + |\,x_1\,|^2 + \cdots + |\,x_k\,|^2}{|\,x_1\,|^2 + \cdots + |\,x_k\,|^2}.$$

By Lemma 2, applied to $k - 1$ instead of k, the mean of the first part is a constant. The second part, which is independent of α, equals

$$\log \frac{1}{[[ax]]^2}$$

for (1.10).

2. Local Investigation of a Meromorphic Curve

In order to accomplish complete symmetry in all coördinates we prefer to define a *meromorphic curve* $\mathfrak{C}$ as follows. To each value $z = z_0$ of the parameter z there are ascribed $k + 1$ function elements

$$(2.1) \qquad x_i = x_i(z) = c_i + c_i'(z - z_0) + \cdots \qquad (i = 0, 1, \cdots, k)$$

such that

$$(2.2) \qquad\qquad (c_0, c_1, \cdots, c_k) \neq (0, 0, \cdots, 0).$$

We are free to replace $x_i(z)$ by $\rho(z)x_i(z)$ with a common factor

$$(2.3) \qquad\qquad \rho(z) = \rho_0 + \rho_1(z - z_0) + \cdots \qquad\qquad (\rho_0 \neq 0)$$

not vanishing at the center z_0. $(c_0 : \cdots : c_k)$ is the point $z = z_0$ of the curve. The elements corresponding to a value z_1 sufficiently near to z_0 are obtained from (2.1) by rearranging the power series according to powers of $z - z_1$ (direct analytic continuation). *We assume that the curve lies in no linear subspace of R.*

A given linear form with constant coefficients α_i,

$$(\alpha x) = \alpha_0 \cdot x_0(z) + \cdots + \alpha_k \cdot x_k(z), \qquad (\alpha_0, \cdots, \alpha_k) \neq (0, \cdots, 0),$$

will vanish to a certain finite order $h = h(z_0; \alpha) \geqq 0$ at $z = z_0$. h is the multiplicity in which the plane α cuts the curve $\mathfrak{C}$ at z_0; the multiplicity obviously is not affected by the arbitrary gauge factor (2.3).

The curve may be looked upon not only as the set of its points, but also as the set of its tangents (1-spreads), its osculating planes (2-spreads), and so on. By means of the elements (2.1) and *their successive derivatives* $x'(z)$, $x''(z)$, $\cdots$ we form $[xx' \cdots x^{(l-1)}]$ with the components

$$
(2.4) \qquad x_{i_1 \cdots i_l} = \begin{vmatrix} x_{i_1}(z), & \cdots, & x_{i_l}(z) \\ x'_{i_1}(z), & \cdots, & x'_{i_l}(z) \\ \cdots\cdots\cdots\cdots\cdots \end{vmatrix}
$$

and thus obtain a meromorphic curve $\mathfrak{C}_l$ in R_l : this is "the curve $\mathfrak{C}$ considered as the set of its $(l - 1)$-spreads." The definition is based on the fundamental fact that a change of gauge $x_i(z) \to \rho(z)x_i(z)$ has upon the determinants (2.4) the effect of multiplying them all with the common factor ρ^l. l is any of the numbers $1, \cdots, k + 1$. However one has to be careful in that, contrary to the convention (2.2), all the elements (2.4) might simultaneously vanish at z_0 by containing some common power $(z - z_0)^{d_l}$. Only after removing this power do we obtain those elements

$$
(2.5) \qquad x_{i_1 \cdots i_l}(z) = c_{i_1 \cdots i_l} + c'_{i_1 \cdots i_l}(z - z_0) + \cdots
$$

which define our curve $\mathfrak{C}_l$ in the vicinity of z_0 and whose initial coefficients $c_{i_1 \cdots i_l}$ do not all vanish. We reserve the notation $x_{i_1 \cdots i_l}(z)$ for these expansions (2.5) while the determinants (2.4) are denoted by $[xx' \cdots]_{i_1 \cdots i_l}$; we have

$$
[x(z), x'(z), \cdots]_{i_1 \cdots i_l} = (z - z_0)^{d_l} \cdot x_{i_1 \cdots i_l}(z).
$$

When we are to determine the multiplicity $h_l = h_l(z_0 ; \alpha)$ of the intersection of a "plane"

$$
(2.6) \qquad \sum \alpha_{i_1 \cdots i_l} x_{i_1 \cdots i_l} = 0
$$

in R_l with $\mathfrak{C}_l$ at the point z_0 we substitute the expansions (2.5) in the left side of (2.6). In other words, the *fixed* zero of order d_l which

$$
\alpha(x(z), x'(z), \cdots) = \sum \alpha_{i_1 \cdots i_l}[x(z), x'(z), \cdots]_{i_1 \cdots i_l}
$$

possesses at $z = z_0$ independent of the values of the coefficients α *does not count.*

According to a well-known method, the local investigation is carried out as follows. Sticking to the hypothesis that $\mathfrak{C}$ lies in no linear subspace of less dimensions, we can ascertain a suitable projective coördinate system such that the expansions

$$
(2.7) \quad x_0 = 1 + \cdots, \qquad x_1 = (z - z_0)^{f_1} + \cdots, \cdots, \qquad x_k = (z - z_0)^{f_k} + \cdots
$$

start with terms of ever higher order:

$$
0 = f_0 < f_1 < \cdots < f_k .
$$

We use the differences

$$
e_0 = 0, \qquad e_1 = f_1 - f_0, \qquad e_2 = f_2 - f_1, \cdots, \qquad e_k = f_k - f_{k-1} .
$$

The point $z = z_0$ of the curve $\mathfrak{C}$ is then $(1 : 0 : \cdots : 0)$. A plane $(\alpha_0, \alpha_1, \cdots, \alpha_k)$ with $\alpha_0 \neq 0$ does not pass through this point and hence its multiplicity of intersection $h(z_0 ; \alpha) = 0$. But all planes *through the point* cut the curve at z_0 *at least* $f_1 = e_1$ *times* and in general (i.e. unless the α satisfy further linear conditions) not more often. $e_1 > 1$ indicates that the point of the curve is stationary or a cusp. Hence we call $e_1 - 1 = e_1(z_0) - 1$ the *local stationarity index*. In the same manner we study $\mathfrak{C}_l$ at z_0. The expansion of the determinant

$$(2.8) \qquad (i_1 \cdots i_l) = [x(z), x'(z), \cdots]_{i_1 \cdots i_l}$$

begins exactly with the power

$$(f_{i_1} - 0) + (f_{i_2} - 1) + \cdots + (f_{i_l} - l + 1)$$

of $z - z_0$. Hence

$$d_l = f_0 + (f_1 - 1) + \cdots + (f_{l-1} - l + 1)$$
$$= (l - 1)(e_1 - 1) + (l - 2)(e_2 - 1) + \cdots + 1(e_{l-1} - 1),$$

and the point $z = z_0$ of the curve $\mathfrak{C}_l$ has the coördinates:

$$c_{0,1\cdots,l-1} = 1, \text{ all other } c_{i_1 \cdots i_l} = 0.$$

Incidentally this shows that the point is in S_l. Any plane (2.6) which cuts our curve $\mathfrak{C}_l$ at all in $z = z_0$, $\alpha_{0,1,\ldots,l-1} = 0$, cuts it there at least e_l times and in general not more often, because all (2.8) except $(0, 1, \cdots, l - 1)$ vanish to the order

$$f_0 + (f_1 - 1) + \cdots + (f_{l-2} - l + 2) + (f_l - l + 1) = d_l + e_l$$

at least, and $(0, \cdots, l - 2, l)$ exactly to this order. Hence $e_l - 1$ is the stationarity index of $\mathfrak{C}_l$. (A stationary tangent is called an inflection tangent; everyday language provides no terms for the higher l.) This argument shows that e_l plays a two-fold rôle: on the one hand the $e_l - 1$ are the second differences of the fixed zero orders,

$$e_l - 1 = d_{l+1} - 2d_l + d_{l-1} \qquad\qquad (l = 1, \cdots, k),$$

on the other hand $e_l - 1$ is *the lth stationarity index*.

3. The First Main Theorem

A plane α cuts the curve $\mathfrak{C}$ in

$$n(r; \alpha) = \sum_{|z| < r} h(z; \alpha)$$

points within the z-circle of radius r. Let α, β be two planes. Application of the principle of the argument to the meromorphic function

$$(3.1) \qquad w = (\alpha x) : (\beta x) = (\alpha_0 x_0 + \cdots + \alpha_k x_k) : (\beta_0 x_0 + \cdots + \beta_k x_k)$$

results in the equation

$$(3.2) \qquad n(r; \alpha) - n(r; \beta) = r \frac{d}{dr} \left\{ \frac{1}{2\pi} \int_0^{2\pi} \log \frac{|(\alpha x)|}{|(\beta x)|} \, d\varphi \right\}.$$

Integration by φ always refers to the z-circle of radius r, $z = re^{i\varphi}$, and extends over the whole circumference from $\varphi = 0$ to 2π. We should like to split the log on the right side into the two terms

$$\log |(\alpha x)| - \log |(\beta x)|.$$

This will not do, however, in view of the fact that only the *ratios* of the α_i and of the x_i have a meaning. Ahlfors's trick by which he overcomes this obstacle (in the case $k = 1$) consists in *replacing $|(\alpha x)|$ by the distance $\|\alpha x\|$*. We are thus prompted to introduce the "*compensating function*"

$$(3.3) \qquad m(r; \alpha) = \frac{1}{2\pi} \int_0^{2\pi} \log \frac{1}{\|\alpha x\|} \cdot d\varphi.$$

(3.2) now states that

$$n(r; \alpha) + r \frac{d}{dr} m(r; \alpha) = t(r)$$

is independent of the plane α. When, after division by r, we integrate from a lower limit $r_0 > 0$ fixed once for all, we find

$$(3.4) \qquad N(r; \alpha) + m(r; \alpha) = T(r) + m(r_0 ; \alpha)$$

with

$$N(r; \alpha) = \int_{r_0}^r n(r; \alpha) \frac{dr}{r}, \qquad T(r) = \int_{r_0}^r t(r) \frac{dr}{r}.$$

A similar notation shall always be employed: for any function $t(r)$ we denote the integral of $t(r)/r$ from r_0 to r by the corresponding capital $T(r)$.

In the relation (3.4) it is essential that the compensating term $m(r; \alpha) \geq 0$ and that $T(r)$ is independent of α. The constant term $m(r_0 ; \alpha)$ is of relatively slight importance. We notice the inequality

$$(3.5) \qquad N(r; \alpha) \leq T(r) + m(r_0 ; \alpha).$$

The function N vanishes for $r = r_0$ and is an *increasing convex function of* $\log r$. Any function of r with these properties shall be called *of regular type*. For a given value of r the function $m(r; \alpha)$ is continuous in α except at the origin $(\alpha_0 , \cdots , \alpha_k) = (0, \cdots , 0)$; but being homogeneous it is even bounded around the origin. According to (3.4) the same conditions prevail for $N(r; \alpha)$.

Replacement of $|(\alpha x)|$ by $\|\alpha x\|$ has the disadvantage of introducing into our projective space a *unitary metric* dependent on the coördinate system. However, as we mentioned, a change of coördinates modifies

$$\log \frac{1}{\|\alpha x\|} \text{ and hence } m(r; \alpha)$$

619

merely by an additive term which remains in absolute value $\leqq \log \Gamma - \log \gamma$. Let us agree to call two functions of r *equivalent* $(\sim)$ if their difference remains bounded as r approaches infinity. We then find that the function $T(r)$ is practically, i.e. in the sense of equivalence, independent of the projective coordinate system employed. The essential content of the equation (3.4) is better emphasized by writing it as an equivalence:

$$(3.6) \qquad N(r;\alpha) + m(r;\alpha) \sim T(r).$$

In the rational case, where one deals with a rational curve of order n, one has $T(r) \sim n \log r$; for then

$$N(r;\alpha) \sim n'(\alpha) \log r, \qquad m(r;\alpha) = n_\infty(\alpha) \log r,$$

if $n_\infty(\alpha)$, $n'(\alpha)$ designate the numbers of intersecting points of the plane α at $z = \infty$ and for all finite z respectively. It was in view of this situation that we called m the compensating function: in the meromorphic case it makes up for the lacking contribution from $z = \infty$. In studying meromorphic functions we have no right to consider the infinite of the z-plane as a point; it is rather an infinitely large circle. The formula (3.6) is the analogue of the theorem that every plane cuts a rational curve at the same number of points. Therefore we call the function $T(r)$ the *order* of the meromorphic curve $\mathfrak{C}$. (Two curves are *of the same order* if their functions $T(r)$ are *equivalent*.)

This analysis clearly indicates that in the *defect relations* one must expect not the function $m(r;\alpha)$ but its *mean over all planes α through a given point a* to play the rôle of the defect. We are thus induced to try two things: to average the fundamental equation (3.4) first over *all* planes α and then over all planes *through a*. Lemma 2 tells us that the average

$$\underset{\alpha}{\mathfrak{M}}\, m(r;\alpha) = m(r)$$

is a constant m^0, independent of r. This result is important enough in itself; for it reveals the surprising fact that *in the average the compensating term is* ~ 0 and therefore completely negligible. Together with (3.4) we obtain the equation

$$(3.7) \qquad T(r) = N(r)$$

where $N(r)$ arises in the usual way by integration from

$$n(r) = \underset{\alpha}{\mathfrak{M}}\, n(r;\alpha).$$

Consequently *the order $T(r)$ itself is a function of regular type.*

When averaging over the planes α through a given point a one will introduce

$$n^*(r;a) = \underset{\alpha}{\mathfrak{M}^a}\, n(r;\alpha)$$

and derive from Lemma 3 the relation

$$\underset{\alpha}{\mathfrak{M}^a}\, m(r;\alpha) = m^*(r;a) + \text{const.}$$

620

with

$$(3.8) \qquad m^*(r; a) = \frac{1}{2\pi} \int_0^{2\pi} \log \frac{1}{[[ax]]} \, d\varphi.$$

Thus (3.4) is paralleled by

$$(3.9) \qquad N^*(r; a) + m^*(r; a) = T(r) + m^*(r_0 ; a).$$

We may apply all this to the curve $\mathfrak{C}_l$ instead of $\mathfrak{C}$. The resulting equations

$$(3.10) \qquad \boxed{\begin{aligned} N_l(r; \alpha) + m_l(r; \alpha) &= T_l(r) + m_l(r_0 ; \alpha), \\ N_l(r) &= T_l(r), \\ N_l^*(r; a) + m_l^*(r; a) &= T_l(r) + m_l^*(r_0 ; a) \end{aligned}} \qquad (l = 1, \cdots, k)$$

constitute the *first main theorem. All N's are functions of regular type, the m's are* ≥ 0. The N and m and T are practically independent of the coördinate system although they are strictly invariant only under unitary transformations. Whenever a is not special,

$$m_l^*(r; a) \leq \log 1/\delta_l(a), \qquad m_l^*(r; a) \sim 0.$$

$\mathfrak{C}_l$ might well happen to lie in a linear subspace of R_l of dimensionality $< k_l$. In order to apply to $\mathfrak{C}_l$ our theory developed for $\mathfrak{C}$ we must modify the latter so as to cover a *degenerate* $\mathfrak{C}$ lying in a subspace of R. The little changes needed in that case and their influence upon our further arguments will be discussed in the appendix. For the time being we treat $\mathfrak{C}_l$ as a non-degenerate curve in R_l.

4. Second Main Theorem

We introduce the numbers

$$v_l(r) = \sum_{|z|<r} \{e_l(z) - 1\}$$

of stationary $(l - 1)$-spreads of our curve $\mathfrak{C}$ within the circle $|z| < r$. The $v_l(r)$ are the second differences of the

$$u_l(r) = \sum_{|z|<r} d_l(z).$$

With arbitrary coefficients $\alpha_{i_1 \ldots i_l}$, β_i we form the meromorphic function

$$\zeta = (\alpha x)_l : (\beta x)^l = \alpha(x(z), \cdots, x^{(l-1)}(z)) : \{\beta(x(z))\}^l$$

and apply the principle of the argument:

$$u_l(r) + n_l(r; \alpha) - ln(r; \beta) = r \frac{d}{dr} \left\{ \frac{1}{2\pi} \int_0^{2\pi} \log |\zeta| \, d\varphi \right\},$$

$$U_l(r) + N_l(r; \alpha) - lN(r; \beta) = \frac{1}{2\pi} \int_0^{2\pi} \log |\zeta| \, d\varphi + \text{const.}$$

Add $m_l(r; \alpha) - lm(r; \beta)$ on both sides. On the left we shall get $U_l(r) + T_l(r) - lT(r) + $ const., on the right

$$\frac{1}{2\pi} \int_0^{2\pi} \log\,(X_l : X^l)\,d\varphi + \text{const.},$$

where

$$X_l^2 = \sum |\,[x(z), \cdots, x^{(l-1)}(z)]_{i_1 \cdots i_l}\,|^2, \qquad X^2 = \sum |\,x_i(z)\,|^2.$$

Under the influence of the gauge factor $\rho = \rho(z)$ both numerator and denominator of $X_l : X^l$ take on the same factor $|\,\rho\,|^l$; the fraction itself stays unaltered. The V_l being the second differences of the U_l, we find it better to pass to the second differences of the equations just derived:

$$(4.1) \qquad \boxed{V_l(r) + \{T_{l+1}(r) - 2T_l(r) + T_{l-1}(r)\} = \Omega_l(r) + C_l} \qquad (l = 1, \cdots, k).$$

C_l is a constant and

$$(4.2) \qquad \Omega_l(r) = \frac{1}{2\pi} \int_0^{2\pi} \log\,(X_{l+1}X_{l-1} : X_l^2)\,d\varphi.$$

For the extreme cases $l = 1$ and k one ought to take account of the conventions

$$X_0 = 1; \qquad T_0(r) = T_{k+1}(r) = 0.$$

The relations (4.1) which link *the l-indices* $V_l(r)$ to the *l-orders* $T_l(r)$ constitute the *second main theorem*. $V_l(r)$ *is a function of regular type*.

(4.1) are the analogues of the equations

$$v_l + (n_{l+1} - 2n_l + n_{l-1}) = -2,$$

holding in the rational case between the orders n_l and the total numbers v_l of stationary $(l - 1)$-spreads. Indeed, if e_l^∞ denote the exponents similar to e_l in the expansions (2.7) for the neighborhood of $z = \infty$, progressing by powers of $1/z$, then $e_l^\infty - 1$ are the local indices for that point, while one readily finds

$$(4.3) \qquad \log\,(X_{l+1}X_{l-1} : X_l^2) \sim -(e_l^\infty + 1)\,\log r.$$

$V_l(r)$ is $\sim v_l'\,\log r$, where v_l' is the sum $\sum_z \{e_l(z) - 1\}$ extending over the finite values z only. Here the $e_l - 1$ appear throughout as the second differences of the d_l.

Their other meaning, as described by the word stationarity index, or by the equation

$$(4.4) \qquad e_l(\mathfrak{C}) = e_1(\mathfrak{C}_l)$$

could be exhibited in this way. In R_l we form, by means of the expansions (2.5), the integral

$$\frac{1}{2\pi} \int_0^{2\pi} \log\,\frac{1}{[[ax]]_l}\,d\varphi$$

extending over a small circle $z - z_0 = r \cdot e^{i\varphi}$ around the center z_0. With r tending to zero, the integral will stay finite (be ~ 0) unless a coincides with the point c, $z = z_0$, of the curve $\mathfrak{C}_l$. In the latter case it is $\sim e_l \log 1/r$. By applying this to the point $z = \infty$ of a rational curve we find

$$(4.5) \qquad m_l^*(r; a) \sim e_l^\infty \log r \text{ or } \sim 0$$

according as a is the point c, $z = \infty$, of the curve or not. Since we are not allowed to consider $z = \infty$ as a single point c in the meromorphic case, (4.3) and (4.5) suggest the following meromorphic generalization,

$$(4.6) \qquad \Omega_l(r) + \sum_a m_l^*(r; a) = -\log r + \cdots ,$$

where the sum extends over any number q of $(l-1)$-complexes $a = a^{(1)}, \cdots, a^{(q)}$ and $\cdots$ indicates an "essentially" negative term. The proof of this equation, which, as it were, is the analogue of the relation (4.4) for the point $z = \infty$, must bring out what we mean exactly by "essentially negative." For the validity of (4.6), the hypothesis that $a^{(1)}, \cdots, a^{(q)}$ are *distinct* is certainly relevant. Beyond that, we shall be forced to suppose $a^{(1)}, \cdots, a^{(q)}$ to *satisfy no accidental linear relation*. (An accidental linear relation for a given finite set of points $a^{(1)}, \cdots, a^{(q)}$ in a k-dimensional projective space is a relation between any $p \leq k + 1$ of those points, $a^{(1)}, \cdots, a^{(p)}$ say,

$$\lambda_1 a^{(1)} + \cdots + \lambda_p a^{(p)} = 0$$

with non-vanishing numerical coefficients λ. Linear relations between more than $k + 1$ points are inevitable.)

In §5 we shall deduce the estimate

$$\Omega_l(r) = -\log r + \cdots ;$$

in §6 we add the sum of defects m^* as in (4.6).

5. Estimate of the Compensating Term Ω_l

Let us first observe that

$$(5.1) \qquad T(r) \geq \log r - \text{const.},$$

as follows at once from (3.4) by choosing for α a plane passing through the point $z = 0$ of the curve (or through any other point). The same inequality holds for $T_l(r)$.

In our investigation we shall encounter functions $\theta(r)$ such that $\lambda^*(r) = \exp(\theta(r))$ gives rise by twofold integration

$$\lambda(r) = \int_0^r \lambda^*(r) r \, dr, \qquad \Lambda(r) = \int_{r_0}^r \lambda(r) \frac{dr}{r}$$

to a function

$$\Lambda(r) \leq cT(r) + c' \qquad (c, c' \text{ any two constants}).$$

This fact shall be expressed by

$$\theta(r) = \omega(T). \tag{5.2}$$

If $\theta = \omega(T)$ then the same holds for any function $\leq \theta(r)$ and for $\theta(r) +$ const. The implications of (5.2) may be exhibited more explicitly in various ways; we shall be content with one simple consequence. Let κ now and forever be any fixed number > 1. From

$$dr/r = d\Lambda/\lambda$$

it follows that the integral of dr/r is finite when extended over those intervals where

$$1/\lambda < 1/\Lambda^\kappa.$$

Outside these intervals we have $\lambda \leq \Lambda^\kappa$. In the same manner we find that "*almost everywhere*", i.e. with the exception of a set of intervals over which the integral $\int dr/r$ stays finite, the inequality

$$\lambda^* \leq r^{-2}\lambda^\kappa$$

prevails. Hence almost everywhere

$$\theta = \log \lambda^* \leq \kappa^2 \log \Lambda - 2 \log r.$$

Here κ^2 is like κ itself any number > 1; therefore we may replace it by κ. Taking (5.1) into account, we see that (5.2) implies the inequality

$$\theta(r) \leq \kappa \log T(r) - 2 \log r$$

almost everywhere.

Again we study the meromorphic function (3.1),

$$(\alpha x):(\beta x) = w(z) = w = w_1/w_2 .$$

We plot its values w on the w-sphere of diameter 1 into which the w-plane changes by stereographic projection. Let

$$d\tau_w = dw\, d\bar{w}/(1 + w\bar{w})^2$$

denote its surface element (spanned by the two line elements dw and $\sqrt{-1}\, dw$ at the point w). The function $w(z)$ maps the interior of the circle $|z| < r$ in a one-to-one fashion upon a Riemann surface covering the w-sphere. We evaluate its area $2\pi f(r; \alpha, \beta)$ in two ways. First we have

$$f(r; \alpha, \beta) = \frac{1}{2\pi} \int_0^r \int_0^{2\pi} \frac{|w'(z)|^2}{(1 + w\bar{w})^2}\, d\varphi \cdot r\, dr; \tag{5.3}$$

on the other hand, since the point w is covered by the Riemann surface

$$n(r; \alpha_i w_2 - \beta_i w_1)$$

624

times,

$$f(r; \alpha, \beta) = \frac{1}{2\pi} \int n(r; \alpha_i w_2 - \beta_i w_1) \, d\tau_w.$$

For the derivative $w'(z)$ we find

$$w'(z) = \sum_{i<j} [\beta\alpha]_{ij} [xx']_{ij} : \left(\sum_i \beta_i x_i\right)^2.$$

By averaging with respect to α and β over the manifold $\mathfrak{S}\mathfrak{S}_k$ described in §1, we obtain on the one hand for

$$\lambda(r) = \underset{\alpha\beta}{\mathfrak{M}} f(r; \alpha, \beta)$$

the equation

$$\lambda(r) = \int_0^r \lambda^*(r) r \, dr$$

with

$$\lambda^*(r) = \frac{1}{2\pi} \int_0^{2\pi} \underset{\alpha\beta}{\mathfrak{M}}(Q^2) \, d\varphi,$$

(5.4)

$$Q = \frac{\left|\sum_{i<j} [\alpha\beta]_{ij} [xx']_{ij}\right|}{\left|\sum \alpha_i x_i\right|^2 + \left|\sum \beta_i x_i\right|^2},$$

on the other hand for

$$\Lambda(r) = \int_{r_0}^r \lambda(r) \frac{dr}{r}$$

the relation

$$\Lambda(r) = \frac{1}{2\pi} \int \underset{\alpha\beta}{\mathfrak{M}} N(r; \alpha_i w_2 - \beta_i w_1) \, d\tau_w.$$

When writing w in homogeneous form $= w_1/w_2$ we find it convenient to normalize by

$$w_1 \bar{w}_1 + w_2 \bar{w}_2 = 1.$$

For given w_1, w_2 the vectors

(5.5) $$\xi_i = \alpha_i w_2 - \beta_i w_1, \qquad \eta_i = \alpha_i \bar{w}_1 + \beta_i \bar{w}_2$$

form a unitary pair just like α and β, and in particular

(5.6) $$|\xi_0|^2 + \cdots + |\xi_k|^2 = w_1 \bar{w}_1 + w_2 \bar{w}_2 = 1.$$

Faced with the task of integrating a function $\psi(\xi_0, \cdots, \xi_k)$ with respect to α, β over $\mathfrak{S}\mathfrak{S}_k$ we may first substitute the variables ξ, η for α, β and shall then realize by Lemma 1 that

(5.7) $$\underset{\alpha,\beta}{\mathfrak{M}} \psi(\xi) = \underset{\xi,\eta}{\mathfrak{M}} \psi(\xi) = \underset{\xi}{\mathfrak{M}} \psi(\xi),$$

and even

$$\frac{1}{2\pi} \int_{\alpha,\beta} \mathfrak{M}\psi(\xi) \cdot d\tau_w = \frac{1}{2} \mathfrak{M}_\xi \psi(\xi).$$

Hence

$$(5.8) \qquad \Lambda(r) = \tfrac{1}{2}\mathfrak{M}_\xi N(r;\xi) = \tfrac{1}{2}N(r) = \tfrac{1}{2}T(r).$$

The logarithm is a *concave* function. Therefore for any positive quantities y and their average $\mathfrak{M}y$ with assigned positive weights, we have

$$\mathfrak{M}\,(\log y) \leqq \log\,(\mathfrak{M}y).$$

Let us apply this to (5.4) with $y = Q^2$ and the average

$$\mathfrak{M} = \frac{1}{2\pi} \int_0^{2\pi} \mathfrak{M}_{\alpha\beta} \cdots d\varphi.$$

We get

$$(5.9) \qquad \frac{1}{2\pi} \int_0^{2\pi} \mathfrak{M}_{\alpha\beta} \log Q^2 \cdot d\varphi \leqq \log \lambda^* = \omega(T).$$

The problem of computing the mean $\mathfrak{M}_{\alpha\beta} \log Q$ for any two points x, x' has nothing to do with the curve and is fairly easily solved by the remark in §1 that our means change the absolute values of linear forms under a logarithm into the corresponding "lengths." Thus we shall derive the equation

$$(5.10) \qquad \mathfrak{M}_{\alpha,\beta} \log Q = -A + \log\,(X_2 : X_1^2), \qquad A = \text{const.}$$

Indeed, on account of unitary invariance we may assume

$$x = (x_0\,,\, 0,\ \ 0,\ \cdots,\ 0),$$
$$x' = (x_0'\,,\, x_1'\,,\, 0,\ \cdots,\ 0).$$

Then $\log Q$ becomes

$$\log \frac{|\,\alpha_0\beta_1 - \alpha_1\beta_0\,|}{|\,\alpha_0\,|^2 + |\,\beta_0\,|^2} + \log \frac{|\,x_0 x_1'\,|}{|\,x_0\,|^2},$$

and we find (5.10) confirmed with

$$A = A(k) = -\mathfrak{M}_{\alpha\beta} \log \frac{|\,\alpha_0\beta_1 - \alpha_1\beta_0\,|}{|\,\alpha_0\,|^2 + |\,\beta_0\,|^2}$$

$$= -\mathfrak{M}_{\alpha\beta} \log \frac{|\,\alpha_0\beta_1 - \alpha_1\beta_0\,|}{\sqrt{|\,\alpha_0\,|^2 + |\,\beta_0\,|^2} \cdot \sqrt{|\,\alpha_1\,|^2 + |\,\beta_1\,|^2}}.$$

The result is

$$2\Omega_1(r) = \frac{1}{\pi} \int_0^{2\pi} \log\,(X_2 : X_1^2)\,d\varphi = \omega(T),$$

in particular

$$\Omega_1(r) < \frac{\kappa}{2} \log T(r) - \log r$$

"almost everywhere."

In the lowest case $k = 1$ our Q is independent of α and β, and taking the mean becomes superfluous. This is Ahlfors's procedure. The introduction of α and β and the averaging process $\underset{\alpha\beta}{\mathfrak{M}}$ are, however, inevitable for higher k; it is the essential new point in our treatment.

We strike against a little formal obstacle when we try to carry our argument over from $l = 1$ to higher l. We first obtain

$$Q = |\, \alpha(x)\beta^*(x) - \alpha^*(x)\beta(x) \,| : (\,|\, \alpha(x) \,|^2 + |\, \beta(x) \,|^2)$$

with the abbreviations

$$\alpha(x) = \alpha(x, x', \cdots, x^{(l-2)}, x^{(l-1)}), \quad \alpha^*(x) = \alpha(x, x', \cdots, x^{(l-2)}, x^{(l)}),$$

and then argue as follows. A recursive substitution with numerical coefficients ρ,

$$
\begin{aligned}
x &= \rho_0 y, \\
x' &= \rho_{10} y + \rho_1 y', \\
x'' &= \rho_{20} y + \rho_{21} y' + \rho_2 y'', \\
&\;\;\cdots\cdots\cdots\cdots\cdots\cdots\cdots\cdots\cdots\cdots\cdots \\
x^{(l)} &= \rho_{l0} y + \cdots + \rho_{l,l-1} y^{(l-1)} + \rho_l y^{(l)}
\end{aligned}
$$

changes $\alpha(x)$, $\alpha^*(x)$ and hence $Q(x)$ according to the equations

$$\alpha(x) = \rho_0 \cdots \rho_{l-1} \cdot \alpha(y), \qquad \alpha^*(x) = \rho_0 \cdots \rho_{l-2}(\rho_l \alpha^*(y) + \rho_{l,l-1} \alpha(y)),$$

$$Q(x) = Q(y) \,|\, \rho_l : \rho_{l-1} \,|\,.$$

Consequently for points of the particular form

$$
\begin{aligned}
x &= (x_0, 0, 0, \cdots, 0), \\
x' &= (x_0', x_1', 0, \cdots, 0), \\
x'' &= (x_0'', x_1'', x_2'', \cdots, 0), \\
&\;\;\cdots\cdots\cdots\cdots\cdots\cdots
\end{aligned}
$$

$Q(x)$ becomes equal to $|\, x_l^{(l)} \,| : |\, x_{l-1}^{(l-1)} \,|$ times its value

$$Q_0 = \frac{|\, \alpha_0 \beta_1 - \alpha_1 \beta_0 \,|}{|\, \alpha_0 \,|^2 + |\, \beta_0 \,|^2}$$

for the unit vectors

$$x \;\; = (1, 0, 0, \cdots, 0),$$
$$x' \;= (0, 1, 0, \cdots, 0),$$
$$x'' = (0, 0, 1, \cdots, 0),$$
$$\cdots\cdots\cdots\cdots\cdots\cdots$$

α_0, α_1 are the components with the indices $0, \cdots, l-2, l-1$ and $0, \cdots, l-2, l$.

The road is now open which leads to the relation paralleling (5.10),

$$(5.11) \qquad \underset{\alpha\beta}{\mathfrak{M}}\, \log Q = -A_l + \log\,(X_{l+1} X_{l-1} : X_l^2)$$

with

$$A_l = -\underset{\alpha\beta}{\mathfrak{M}}\, \log \frac{|\,\alpha_0\,\beta_1 - \alpha_1\,\beta_0\,|}{|\,\alpha_0\,|^2 + |\,\beta_0\,|^2} = A\,(k_l).$$

In the latter expression α_0, α_1 stand for any two of the $k_l + 1$ components $\alpha_{i_1 \cdots i_l}$. We find again

$$2\Omega_l(r) \;=\; \omega(T_l),$$

and in particular

$$\Omega_l(r) \;<\; \frac{\kappa}{2} \log T_l(r) - \log r$$

almost everywhere.

All inequalities in the following paragraph are understood not in the strict sense, but as holding almost everywhere. Omitting in our last relation the negative term $-\log r$, which carries but little weight except in the rational and the lowest transcendental cases, we are for the time being content with the rougher estimate

$$(5.12) \qquad\qquad\qquad \Omega_l(r) \;<\; \frac{\kappa}{2}\log T_l(r).$$

From it flow a number of valuable items of information about the *growth of the orders and indices*. First we show that T_l in (5.12) may be replaced by $T = T_1$. Indeed, let us suppose we are in possession of the inequalities

$$(5.13) \qquad\qquad \Omega_1 \;<\; \frac{\kappa}{2}\log T, \;\cdots, \Omega_{l-1} \;<\; \frac{\kappa}{2}\log T.$$

We resort to our old equation

$$(5.14) \qquad \begin{aligned} \{(l-1)\, V_1 &+ \cdots + 1\, V_{l-1}\} + \{T_l - lT\} \\ &= \{(l-1)\Omega_1 + \cdots + 1\, \Omega_{l-1}\} + \text{const.} \end{aligned}$$

On neglecting the V-part and making use of (5.13) we obtain

$$(5.15) \qquad T_l < lT + \frac{l(l-1)}{4} \cdot \kappa \log T$$

and hence

$$\log T_l < \log T + O(1).$$

This enables us to replace $\log T_l$ in (5.12) by $\log T$ and thus to prove by induction first

$$\Omega_l < \frac{\kappa}{2} \log T$$

and then (5.15). As to the V-part in (5.14), the equation with $l = k+1$ yields the best harvest, namely

$$kV_1 + \cdots + 1V_k < (k+1)T + \frac{(k+1)k}{4} \cdot \kappa \log T,$$

a fortiori

$$(5.16) \qquad V_l < \frac{k+1}{k-l+1} T + \frac{k(k+1)}{4(k-l+1)} \cdot \kappa \log T.$$

Roughly speaking, one may state these results (5.15), (5.16) as follows: It happens very rarely that $T_l(r)$ is appreciably bigger than $l \cdot T(r)$ or that $V_l(r)$ is appreciably bigger than $\dfrac{k(k+1)}{k-l+1} T(r)$ (the "rareness" referring to the values of r). *The mark for the transcendency level of the curve is set by the one order* $T(r)$.

6. Third Main Theorem

Our next goal is the relation

$$(6.1) \qquad \Omega_1(r) + \sum_a m^*(r; a) = \tfrac{1}{2} q \kappa \log T(r) + \tfrac{1}{2} \omega(T).$$

The sum on the left extends over a set of q points $a^{(1)}, \cdots, a^{(q)}$ without accidental linear relations. Following in the footsteps of F. Nevanlinna and L. Ahlfors, we replace the surface element $d\tau_w$ on the w-sphere by $\mu_w \cdot d\tau_w$ with a certain density $\mu_w > 0$ in calculating the area $2\pi f(r; \alpha, \beta)$ of the Riemann surface over the w-sphere. μ may depend on α and β in addition to w. However, we shall assume from the outset that it is a homogeneous function only of the combinations ξ_i as introduced by (5.5):

$$\mu = \mu(\xi_0, \cdots, \xi_k).$$

The effect will be twofold: Q^2 in (5.4) will be replaced by $Q^2 \cdot \mu(\Xi_i)$ where Ξ_i arises from $\xi_i = \alpha_i w_2 - \beta_i w_1$ by substituting

$$\sum_j \alpha_j x_j(z), \qquad \sum_j \beta_j x_j(z)$$

for w_1, w_2 respectively; and the equation (5.8) will turn into

$$(6.2) \qquad \Lambda(r) = \frac{1}{2} \underset{\xi}{\mathfrak{M}} \{ N(r; \xi) \mu(\xi) \}.$$

We have

$$\Xi_i = \sum_j (\alpha_i \beta_j - \alpha_j \beta_i) x_j(z),$$

and (5.6) implies

$$\sum | \Xi_i |^2 = | \sum \alpha_i x_i |^2 + | \sum \beta_i x_i |^2.$$

On account of the inequality (3.5),

$$(6.3) \qquad N(r; \xi) \leqq T(r) + m(r_0 ; \xi),$$

(6.2) will lead to

$$\Lambda(r) \leqq \tfrac{1}{2} \{ CT(r) + C' \},$$

C, C' being the mean values

$$C = \underset{\xi}{\mathfrak{M}} \mu(\xi), \qquad C' = \underset{\xi}{\mathfrak{M}} \{ \mu(\xi) m(r_0 ; \xi) \} ;$$

and instead of (5.9) we shall get

$$\frac{1}{2\pi} \int_0^{2\pi} \underset{\alpha\beta}{\mathfrak{M}} \log Q^2 \cdot d\varphi + \frac{1}{2\pi} \int_0^{2\pi} \underset{\alpha\beta}{\mathfrak{M}} \log \mu(\Xi_i) \cdot d\varphi = \omega(T).$$

We choose a continuous positive monotone function $g(r)$ defined for $0 < r \leqq 1$ which tends to infinity with $r \to 0$ in such a way that the integral

$$\int g(|z|) \, dz \, d\bar{z} = 2\pi \int_0^1 g(r) r \, dr$$

over the unit circle $|z| \leqq 1$ remains finite. An appropriate choice will be

$$(6.4) \qquad g(r) = r^{-2} \left(\log \frac{c}{r} \right)^{-\varkappa}$$

with some constant $c > 1$. We then specify

$$(6.5) \qquad \mu(\xi) = \prod_a g(|| a\xi ||).$$

On account of the singularity of $g(r)$ for $r = 0$ one has to examine carefully whether the integral

$$(6.6) \qquad J = \int \mu(\xi) \cdot d\omega_\xi$$

over the ξ-sphere is *finite*. Once the finiteness of C is secured, C' will follow suit since $m(r_0 ; \xi)$ is a bounded function of the ξ. Taking the convergence of the integral J for granted, we obtain

$$2\Omega_1(r) + \sum_a \frac{1}{2\pi} \int_0^{2\pi} \underset{\alpha,\beta}{\mathfrak{M}} \log g(P_a) \cdot d\varphi = \omega(T)$$

with

$$P_a^2 = \frac{\left| \sum_{i<j} (\alpha_i\beta_j - \alpha_j\beta_i)(a_i x_j - a_j x_i) \right|^2}{\sum |a_i|^2 \cdot \left(\left| \sum \alpha_i x_i \right|^2 + \left| \sum \beta_i x_i \right|^2 \right)}.$$

In particular, for (6.4),

(6.7)
$$2\left\{ \Omega_1(r) - \sum_a \frac{1}{2\pi} \int_0^{2\pi} \underset{\alpha\beta}{\mathfrak{M}} \log P_a \, d\varphi \right\}$$
$$= \omega(T) + \kappa \sum_a \frac{1}{2\pi} \int_0^{2\pi} \underset{\alpha\beta}{\mathfrak{M}} \log (\log c - \log P_a) \, d\varphi.$$

By the method often employed one gets

$$\underset{\alpha\beta}{\mathfrak{M}} \log P_a = \log [[ax]] - B$$

where B is the constant

$$B = -\underset{\alpha\beta}{\mathfrak{M}} \log \frac{|\alpha_0\beta_1 - \alpha_1\beta_0|}{\sqrt{|\alpha_0|^2 + |\beta_0|^2}} = B(k).$$

Hence the left side of (6.7), apart from an additive constant, equals twice the sum

$$\Omega_1(r) + \sum_a m^*(r; a).$$

For the individual term in the $\sum_a$ on the right side, we again resort to the concavity of the logarithm and we obtain

$$\frac{1}{2\pi} \int_0^{2\pi} \underset{\alpha\beta}{\mathfrak{M}} \log (\log c - \log P_a) \, d\varphi \leq \log \frac{1}{2\pi} \int_0^{2\pi} \underset{\alpha\beta}{\mathfrak{M}}(\log c - \log P_a) \, d\varphi$$
$$= \log \{\text{const.} + m^*(r; a)\} \leq \log \{\text{const.} + T(r)\}.$$

The resulting equation (6.1) holds good for the higher l. These *"defect"* *relations*

(6.8)
$$\Omega_l(r) + \sum_a m_l^*(r; a) = \frac{1}{2} \omega(T_l) + \frac{\kappa q}{2} \log T_l$$

constitute *the third* and most important *main theorem*. We repeat that *we assume the q points $a^{(1)}, \cdots, a^{(q)}$ to which the sum $\sum_a$ extends, to satisfy no acci-*

631

dental linear relation. Since $m_i^*(r; a)$ is a bounded function of r unless a is special, it is reasonable to restrict the formulas to the case where the a are $(l - 1)$-spreads rather than complexes.

We still have to show the convergence of the integral (6.6). For that purpose we may without loss of generality assume $q \geqq k + 1$. The q planes

$$(6.9) \qquad\qquad (\xi a^{(1)}) = 0, \cdots, (\xi a^{(q)}) = 0$$

cut the ξ-sphere up into a number of cells. According to our hypothesis of the linear independence of any $k + 1$ of the forms (6.9), each vertex of the cell division is the intersection of exactly k of those planes, whose numbers $(p_1, \cdots, p_k)$ serve to characterize the vertex. We make use of the "dual" division where each vertex $(p_1, \cdots, p_k)$ is surrounded by a corresponding cell $\mathfrak{Z}(p_1, \cdots, p_k)$. For any point ξ of the ξ-sphere we arrange the q numbers $\mid (\xi a^{(p)}) \mid$ in increasing order; ξ belongs to $\mathfrak{Z}(p_1, \cdots, p_k)$ if the k terms $p = p_1, \cdots, p_k$ (in any order) come first. We now determine an upper bound for the part $J(\mathfrak{Z})$ of the integral (6.6) extending over $\mathfrak{Z} = \mathfrak{Z}(1, \cdots, k)$. As each

$$\| \xi a^{(p)} \| \qquad\qquad (p = k + 1, \cdots, q)$$

has a positive lower bound[2] in $\mathfrak{Z}$ we may at once cancel all the factors in (6.5) following the first k factors. By a linear transformation we make

$$(\xi a^{(1)}), \cdots, (\xi a^{(k)}); (\xi a^{(k+1)})$$

the coördinates $\xi_1, \cdots, \xi_k; \xi_0$. The Hermitian metric groundform will then no longer have the normal form $\sum \mid \xi_i \mid^2$. Of this change we take care by means of the constant γ/Γ mentioned in §1. The old argument $\| \xi a^{(1)} \|$ written in the new variables will then be

$$(6.10) \qquad\qquad \geqq \frac{\gamma}{\Gamma} \mid \xi_1 \mid : \{ \mid \xi_0 \mid^2 + \cdots + \mid \xi_k \mid^2 \}^{-\frac{1}{2}}.$$

The non-homogeneous coördinates

$$\zeta_1 = \xi_1/\xi_0, \cdots, \zeta_k = \xi_k/\xi_0$$

are of modulus $\leqq 1$ within $\mathfrak{Z}$, and consequently (6.10) is

$$\geqq b \mid \zeta_1 \mid \quad \text{with} \quad b = \frac{\gamma}{\Gamma} : \sqrt{k + 1}$$

---

[2] In the most explicit way one sees this as follows. By introducing $(\xi a^{(1)}), \cdots, (\xi a^{(k)})$, $(\xi a^{(p)})$ as $k + 1$ new independent variables and by expressing the ξ_i in terms of them one gets an inequality

$$\sum \mid \xi_i \mid^2 \leqq A \{ \mid(\xi a^{(1)})\mid^2 + \cdots + \mid(\xi a^{(k)})\mid^2 + \mid(\xi a^{(p)})\mid^2 \}.$$

Among the $k + 1$ terms in the sum on the right side the last one is the biggest in $\mathfrak{Z}$; therefore

$$\mid(\xi a^{(p)})\mid^2 \geqq 1/(k + 1)A \qquad\qquad \text{in } \mathfrak{Z}.$$

in $\mathfrak{Z}$. Hence we obtain for $J(\mathfrak{Z})$ an upper bound equal to a constant multiple of the kth power of

$$\int_{|\zeta| \leqq 1} g(b \,|\, \zeta \,|) \, d\zeta \, d\bar{\zeta} = \frac{2\pi}{b^2} \int_0^b g(r) r \, dr.$$

Appendix

We study a *degenerate* curve $\mathfrak{C}$ lying in a certain subspace R' of lower dimensionality h than R. After a suitable unitary transformation we may assume that this subspace is described by

$$x_{h+1} = 0, \cdots, x_k = 0.$$

The function elements $x_{h+1}(z), \cdots, x_k(z)$ vanish identically, whereas $x_0(z), \cdots,$ $x_h(z)$ satisfy no linear relations with constant coefficients. For a given value r, $N(r; \alpha)$ will now depend in a homogeneous manner on the $h + 1$ coefficients $\alpha_0, \cdots, \alpha_h$ only and will become singular, though staying bounded, for $\alpha_0 = \cdots = \alpha_h = 0$. The same will hold for $m(r; \alpha)$ *provided we define* $\|\, \alpha x \,\|^2$ *in* R', i.e. by

$$\left| \sum_{i=0}^h \alpha_i x_i \right|^2 : \sum_{i=0}^h |\, \alpha_i \,|^2 \cdot \sum_{i=0}^h |\, x_i \,|^2.$$

For points x in R' this differs from the corresponding expression in R only by the constant factor

$$\frac{|\, \alpha_0 \,|^2 + \cdots + |\, \alpha_k \,|^2}{|\, \alpha_0 \,|^2 + \cdots + |\, \alpha_h \,|^2}.$$

Hence the old $m(r; \alpha)$ will equal the new one plus half the logarithm of that constant. The modification has no influence upon $T(r)$. But it is important that the inequality (3.5) is correct with the *new* $m(r_0 ; \alpha)$ which is bounded with respect to the parameters α.

As a matter of fact we shall stick to the hypothesis that $\mathfrak{C}$ is non-degenerate or that R is the linear space of lowest dimension containing $\mathfrak{C}$. However, we must be prepared to have $\mathfrak{C}_l$ degenerate. Let R'_l be the sub-space of lowest dimensionality h_l containing $\mathfrak{C}_l$. We can *not* operate in R'_l throughout. In estimating Ω_l we had to use vectors α and β ranging over the k_l-sphere rather than an h_l-sphere; A_l in (5.11) is $= A(k_l)$, not $= A(h_l)$. But in the inequality (6.3),

$$N_l(r; \xi) \leqq T_l(r) + m_l(r_0 ; \xi),$$

and its subsequent application we make use of the *modified* m_l (defined in R'_l) which is a bounded function of the parameters ξ. As to the final result (6.8) it is reasonable to limit oneself to points a in R'_l since $m_l^*(r; a) \sim 0$ for points outside R'_l.

The local investigation yielded as a byproduct a simple proof of the well-known fact: The Wronskian

$$\begin{vmatrix} x_0(z), & \cdots, & x_k(z) \\ x_0'(z), & \cdots, & x_k'(z) \\ \cdots\cdots\cdots\cdots\cdots\cdots \\ x_0^{(k-1)}(z), & \cdots, & x_k^{(k-1)}(z) \end{vmatrix}$$

of $k+1$ analytic functions $x_0(z), \cdots, x_l(z)$ does not vanish identically unless they satisfy a non-trivial homogeneous linear relation with constant coefficients. Let $\alpha, \alpha', \cdots, \alpha^{(l-1)}$ be l planes in R. On applying the Wronskian theorem to the l functions $(\alpha x), \cdots, (\alpha^{(l-1)} x)$ one finds that $\mathfrak{C}_l$ *will not lie in any plane*

$$\sum \alpha_{i_1 \cdots i_l} x_{i_1 \cdots i_l} = 0$$

in R_l *whose coefficients* $\alpha_{i_1 \cdots i_l}$ *are special,*

$$\alpha_{i_1 \cdots i_l} = [\alpha \alpha' \cdots \alpha^{(l-1)}]_{i_1 \cdots i_l}.$$

From (2.7) it follows that $h_l + 1$ is at least as big as the number of numerically different l-sums

$$(7.1) \qquad\qquad f_{i_1} + f_{i_2} + \cdots + f_{i_l} \qquad (i_1 < i_2 < \cdots < i_l)$$

which may be derived from $k+1$ given different numbers

$$f_0 < f_1 < \cdots < f_k.$$

By a fairly easy combinatorial argument[3] one thus concludes

$$h_l \geqq l(k - l + 1).$$

Simple examples show that the lower limit is actually attained for some curves $\mathfrak{C}$.

INSTITUTE FOR ADVANCED STUDY, PRINCETON, N. J.
UNIVERSITY OF ILLINOIS, URBANA, ILL.

---

[3] Indeed, let us string l beads on a vertical wire with (equidistant) halting points 0, 1, $\cdots$, k running from top to bottom $(k + 1 \geqq l)$. The beads, as they follow each other downwards, shall be labeled 1, $\cdots$, l. They are movable and can occupy the nodes $i = 0$, 1, $\cdots$, k on the wire. A position is described by the marks i_α which the several beads α occupy; $i_1 < i_2 < \cdots < i_l$. At the beginning of the game they shall be at the top: $i_1 = 0$, $i_2 = 1, \cdots, i_l = l - 1$. A simple move consists in moving one bead down one step while the others stay put. The problem is, by a series of simple moves to bring all the beads to the bottom where they will occupy the last l marks. It can be done, for instance, by first dropping the lowest bead, then the next, and so on. The number of simple moves needed is obviously $l(k - l + 1)$ because each bead has finally moved down $k - l + 1$ steps. If $(i_1, \cdots, i_l)$ are the $l(k - l + 1) + 1$ consecutive positions encountered in any such game, the corresponding number (7.1) increases by each move.

113.

Mean motion

American Journal of Mathematics 60, 889—896 (1938)

The problem of mean motion which arose from the theory of the secular perturbations of the planetary orbits [1] and which will here find its complete solution, deals with the *superposition of a finite number of epicycles* or of simple oscillations:

$$(1) \qquad z = \sum_{k=1}^{n} a_k e(\vartheta_k),$$

$$(2) \qquad \vartheta_k = \vartheta_k(t) = \lambda_k t + \alpha_k.$$

We use the abbreviation $e^{2\pi i\vartheta} = e(\vartheta)$. The *amplitudes $a_k > 0$, frequencies λ_k,* and *initial phases α_k,* are real constants; the *time t* is a real variable ranging from $-\infty$ to $+\infty$. The n-dimensional space of the real phases ϑ_k is to be construed as a *torus* Θ by identifying two points $(\vartheta) = (\vartheta_1, \cdots, \vartheta_n)$ and

$(\vartheta') = (\vartheta'_1, \cdots, \vartheta'_n)$ which are congruent modulo 1:

$$\vartheta_k \equiv \vartheta'_k \pmod 1.$$

z is first a function of the n phases ϑ_k and then, after the substitution (2), a function of t. With the customary notation, polar coördinates are used in the z-plane:

$$z = r \cdot e(\phi).$$

Let us begin by discussing the phase function. (1) may be interpreted as depicting a (plane open) *linkage* $A_0 A_1 \cdots A_n$ consisting of the links

$$(3) \qquad A_{k-1} A_k = a_k e(\vartheta_k)$$

of fixed lengths a_k. $z = A_0 A_n$ is the vector *spanned* by the linkage. Those points on the torus Θ for which $z = 0$ form what we call the *singular manifold*; it consists of all possible states of a *closed* n-linkage with the prescribed sides a_k. E being any area in the z-plane, the volume $v(E)$ of that part of the torus where $z(\vartheta_1 \cdots \vartheta_n)$ takes on values in E, indicates the phase probability of z lying in E. On account of central symmetry, it suffices to determine the probability

$$W(r) = W(r; a_1 \cdots a_n)$$

of the span z being in absolute value $< r$. By its very nature $W(r)$ is an increasing function of r varying between the limits 0 and 1. The strip $0 \leq W \leq 1$ in a (W, ϕ)-plane is a cylinder when points (W, ϕ), (W, ϕ') are regarded equal if $\phi \equiv \phi'$ (mod 1). The phase probability $v(E)$ is the area of the image of E on the (W, ϕ)-cylinder produced by the mapping

$$z = r \cdot e(\phi) \to (W(r), \phi).$$

A straightforward analysis by Fourier transforms, carried out by A. Wintner [2], results, for $n \geq 2$, in the absolutely convergent expression

$$(4) \qquad W(r; a_1 \cdots a_n) = r \int_0^\infty J_1(r\rho) \prod_{k=1}^n J_0(a_k\rho) \, d\rho$$

in terms of the Bessel functions J_0, J_1. The relationship to the random walk problem is obvious [3].

We now turn to the second standpoint with t as the independent variable, and assume that the λ_k satisfy no homogeneous linear relation

$$(5) \qquad \sum_k m_k \lambda_k = 0$$

with integral coefficients m_k. The *law of equidistribution* (Kronecker-Weyl) [4] then states that the straight line (2) fills the torus with uniform density. In other words, for any piece G of the torus with a Jordan volume G, the relative frequency with which the point $\vartheta(t)$, moving uniformly along a straight line, visits G, tends to G if the period of observation becomes infinitely large, or: *time-probability = phase-probability*. A slightly more general form of the proposition asserts that for any bounded Riemann integrable function $f(\vartheta_1 \cdots \vartheta_n)$

$$(6) \qquad \frac{1}{t_2 - t_1} \int_{t_1}^{t_2} f((\vartheta(t))) \, dt \text{ tends to } \int_0^1 \cdots \int_0^1 f((\vartheta)) \, d\vartheta_1 \cdots d\vartheta_n$$

with $t_2 - t_1 \to \infty$, or that the *time-average* of f *equals its phase-average*. Hence the considerations of the preceding paragraph determine the relative frequencies with which the " planet " $z(t)$ visits the various parts E of the z-plane.[1]

However, the problem of mean motion is slightly more intricate. To avoid ambiguities, let us suppose that the planet never passes through the origin (or that the straight line $\vartheta(t)$ does not hit the singular manifold). Then the continuous increment $\phi(t_2) - \phi(t_1)$ of the azimuth $\phi(t)$ of $z(t)$

---

[1] This is to be interpreted in a figurative sense, as in the astronomical application based on the Copernican rather than the Ptolomaic system $\phi(t)$ is not the longitude of the planet itself, but of its perihelion or its ascending node.

over any time interval $t_1 \leqq t \leqq t_2$ is uniquely determined. ϕ has a *mean motion* μ if

$$\frac{\phi(t_2) - \phi(t_1)}{t_2 - t_1} \to \mu \quad \text{for} \quad t_2 - t_1 \to \infty.$$

We shall see that such a mean motion μ exists, depending linearly on the frequencies λ_k:

$$(7) \qquad \mu = W_1\lambda_1 + \cdots + W_n\lambda_n.$$

The complete statement is as follows.

THEOREM. *Assuming the frequencies λ_k to satisfy no linear relation* (5) *with integral coefficients m_k of sum* 0, *the azimuth ϕ of the superposition* (1), (2) *of epicycles has a mean motion*

$$(7) \qquad \mu = W_1\lambda_1 + \cdots + W_n\lambda_n.$$

The coefficients W_k depend on the amplitudes $a_1, \cdots, a_n$ only; they are $\geqq 0$ and their sum equals 1, *so that* (7) *is a certain average of the individual frequencies λ_k. More precisely, W_k is the probability*

$$(8) \qquad W_k = W(a_k; a_{k+1} \cdots a_n\, a_1 \cdots a_{k-1})$$

that an $(n-1)$-linkage with the given sides $a_{k+1} \cdots a_n\, a_1 \cdots a_{k-1}$ spans a distance $< a_k$.

For the proof we first return to our old hypothesis that the λ_k satisfy no linear homogeneous integral relation whatsoever, and then follow a method recently suggested by P. Hartmann, E. R. van Kampen, and A. Wintner [5]. We verify at once that the time derivative

$$\phi'(t) = \Re\left(\frac{1}{2\pi i}\,\frac{z'}{z}\right) \qquad \{\Re = \text{real part}\}$$

arises by the substitution (2) from the following phase function:

$$(9) \qquad \Phi((\vartheta)) = \Re\,\frac{\Sigma\lambda_k a_k e(\vartheta_k)}{\Sigma a_k e(\vartheta_k)}$$

which becomes dangerously infinite on the singular manifold. Were one allowed to apply to this function the principle of equidistribution (6) holding for bounded Riemann integrable functions f, one would at once obtain a mean motion

$$(10) \qquad \mu = \int_0^1 \cdots \int_0^1 \Phi((\vartheta))\,d\vartheta_1 \cdots d\vartheta_n.$$

The μ as defined by this formula depends linearly on the λ_k, (7), and its coefficients W_k are integrals of the following type:

$$W_n = \int_0^1 \cdots \int_0^1 \Re \left\{ \frac{a_n e(\vartheta_n)}{\sum\limits_k a_k e(\vartheta_k)} \right\} d\vartheta_1 \cdots d\vartheta_n.$$

So far HKW. I shall now show how to carry out the integration by ϑ_n in W_n.
Indeed, for fixed $\vartheta_1, \cdots, \vartheta_{n-1}$ and variable $\vartheta_n = \vartheta$ we set

$$a_n = a, \qquad \sum_{k=1}^{n-1} a_k e(\vartheta_k) = b,$$
$$z = z(\vartheta) = b + a \cdot e(\vartheta).$$

The integrand is then

(11)
$$\Re \left(\frac{1}{2\pi i} \frac{z_\vartheta}{z} \right)$$

where the index ϑ designates derivation by ϑ. The integral of (11) by ϑ is $\int d\phi$ where ϕ denotes the direction of the radius vector from the origin O to the variable point $z(\vartheta)$ describing the circle of radius a around the center b, and hence we obtain 1 or 0 according as the origin lies within or without the circle. This distinction amounts to

(12)
$$| b | = | a_1 e(\vartheta_1) + \cdots + a_{n-1} e(\vartheta_{n-1}) | \lessgtr a_n.$$

We thus find

$$W_n = \int d\vartheta_1 \cdots d\vartheta_{n-1},$$

the integral extending over that part of the $(n-1)$-dimensional phase torus $(\vartheta_1, \cdots, \vartheta_{n-1})$ where

$$| a_1 e(\vartheta_1) + \cdots + a_{n-1} e(\vartheta_{n-1}) | < a_n,$$

or

(13)
$$W_n = W(a_n; a_1 \cdots a_{n-1}).$$

The formula (10) for $\Sigma W_k \lambda_k$ yields at once the equation

(14)
$$W_1 + \cdots + W_n = 1$$

by taking $\lambda_1 = \cdots = \lambda_n = 1$. This result has its own interest independent of the problem of mean motion:

Given n positive lengths a_k, let W_k be the probability that an $(n-1)$-linkage with the sides $a_{k+1} \cdots a_n a_1 \cdots a_{k-1}$ spans a distance $< a_k$. Then the n probabilities $W_1, \cdots, W_n$ yield the sum 1.

Certain examples suggest that the equidistribution law (6) might not be applicable to functions with the type of singularity present in $\phi((\vartheta))$. HKW get around this difficulty by resorting to Birkhoff's general ergodic theorem. But then the formula is proved only with the exception of an unknown zero set in the space of the initial phases α_k. Our evaluation of the integral indicates, however, that the evil-spelling singularities of the integrand (9) are more or less bluff. For a complete proof of our theorem I therefore fall back on a much earlier and more elementary procedure inaugurated in 1909 by P. Bohl [6] for the lowest non-trivial case $n = 3$.

We slit the phase torus in the $(n-1)$-dimensional manifold of those points (ϑ) for which $z = z(\vartheta_1 \cdots \vartheta_n)$ is *real and negative*. On the slit torus the azimuth $\phi(\vartheta_1 \cdots \vartheta_n)$ is a continuous (periodic) single-valued function whose values lie between $-\frac{1}{2}$ and $+\frac{1}{2}$ (limits excluded). The boundary of the slit is the singular manifold. On the slit itself ϕ has a discontinuity, taking on the value $+\frac{1}{2}$ on the one, the $+$ side, and $-\frac{1}{2}$ on the $-$ side; it jumps by -1 or $+1$ according as one crosses the slit in the positive or negative sense (i. e. from the $+$ to the $-$ side, or in the opposite direction). Therefore $\phi(t_2) - \phi(t_1)$ differs by a term of absolute value $< \frac{1}{2}$ from the number of times $N(t_1 t_2)$ the straight line $\vartheta(t)$ crosses the slit during the time interval $t_1 \leq t \leq t_2$. In computing $N(t_1 t_2)$ the sense of crossing has to be taken into account. Let us erect a cylindrical trunk T over the slit as basis whose generator is the velocity vector $\lambda = (\lambda_1, \cdots, \lambda_n)$. Whenever our moving point $\vartheta(t)$ crosses the slit it will stay in T during the following unit of time, so that $N(t_1 t_2)$ is essentially the duration of its stay in T between t_1 and t_2. Hence $N(t_1 t_2)/(t_2 - t_1)$ will tend to the volume μ of T with $t_2 - t_1 \to \infty$. In computing that volume the multiplicity and orientation in which T covers the various parts of the torus are to be taken into account; the " characteristic function " of the trunk, to which the law of equidistribution (6) is here applied, is the covering index capable of the values $0, \pm 1, \pm 2, \cdots$. μ is perhaps more fittingly described as the flux of the constant velocity field λ through the slit, and is given by the integral over the slit of

$$(15) \qquad \begin{vmatrix} \lambda_1, & \cdots, & \lambda_n \\ d_1\vartheta_1, & \cdots, & d_1\vartheta_n \\ \cdot & \cdot \quad \cdot \quad \cdot \quad \cdot & \cdot \\ d_{n-1}\vartheta_1, & \cdots, & d_{n-1}\vartheta_n \end{vmatrix} .$$

$d_1, \cdots, d_{n-1}$ denote $n-1$ tangential line elements at a point (ϑ) of the slit in such orientation that (15) is positive or negative according as the current λ crosses the slit at (ϑ) in the positive or negative sense. We thus obtain

639

$$(7) \qquad \mu = W_1\lambda_1 + \cdots + W_n\lambda_n$$

where W_n is the area

$$W_n = \int \cdots \int d\vartheta_1 \cdots d\vartheta_{n-1}$$

of the vertical projection of the slit upon the $(n-1)$-dimensional $(\vartheta_1, \cdots, \vartheta_{n-1})$-torus with the orientation of its covering taken into account.

When we wish to ascertain whether (and with what index) a given point $(\vartheta_1 \cdots \vartheta_{n-1})$ is covered by the projection, we draw the $(n-1)$-linkage $A_0 A_1 \cdots A_{n-1}$ with the links (3) starting at $A_0 = O$. Denoting A_{n-1} by b we have the figure as described before: the circle of radius $a_n = a$ around b and the origin O. We now add the negative real axis $\mathfrak{l}$ issuing from O, and we have to watch whether the point $z(\vartheta)$ crosses $\mathfrak{l}$ as ϑ varies from 0 to 1. $z(\vartheta)$ will cross once and in the positive sense if $|b| < a$; it will not cross at all, or once cross and then recross if $|b| > a$. Thus the covering index $= 1$ or 0 according to the distinction (12), and our previous formula (13) is confirmed.

When looked at in this way the topological situation is as plain as it could be. The flux of a constant velocity field through an $(n-1)$-dimensional surface bounded by an $(n-2)$-dimensional cycle does not depend on what two-sided surface one spans into the cycle; it may be described as the flux encompassed by the cycle and expressed by an integral extending over the cycle. If we had proceeded in this way we would have got entangled in a cobweb of topological difficulties. The singular manifold is of a complex topological structure which, moreover, varies with the values of the parameters a_k; the topologically different cases seem to be separated by those " exceptional " closed n-linkages whose a_k fall apart into two groups of equal sum. The unravelling of this maze is avoided by using the slit rather than the singular manifold, and by defining the slit precisely as we did.

By their very definition as probabilities the W_k are positive. But since we no longer make use of the Wintner integral (10) an independent proof of (14) becomes desirable. From the definition of $z(\vartheta_1 \cdots \vartheta_n)$ it is obvious that

$$\phi(\vartheta_1 + \vartheta, \cdots, \vartheta_n + \vartheta) = \vartheta + \phi(\vartheta_1, \cdots, \vartheta_n) \qquad (\vartheta \text{ arbitrary}),$$

and hence

$$\mu = \Sigma W_k \lambda_k$$

must increase by λ when all frequencies λ_k are raised by the same λ, or $\Sigma W_k = 1$. In arguing thus, one is a little bit encumbered by the assumption that the λ_k are linearly independent. But by choosing $\vartheta = -\vartheta_n$,

$$\phi(\vartheta_1, \cdots, \vartheta_n) = \phi(\vartheta_1 - \vartheta_n, \cdots, \vartheta_{n-1} - \vartheta_n, 0) + \vartheta_n,$$

one carries over the whole discussion from the n-dimensional to an $(n-1)$-dimensional phase space and finds the linear independence of $\lambda_1 - \lambda_n, \cdots,$ $\lambda_{n-1} - \lambda_n$ to be a sufficient condition for our result. But this amounts to the absence of any relation (5) with integral coefficients m_k *of sum* 0, as stated in our theorem, and this hypothesis is not affected by passing from the frequencies λ_k to $\lambda_k + \lambda$.

So far we have assumed that the planet $z(t)$ does not pass through the origin. Should this happen at some moment t_0 the continuation of $\phi(t)$ beyond t_0 may become (and will in general become) ambiguous, with $\phi(t)$ splitting into two equally admissible branches which differ by 1. But our procedure shows that such an occurrence with its attendant accumulating ambiguity is rare enough to be of no influence upon the asymptotic law.

Combining the result (13) with (4) one gets for $n \geqq 3$ an explicit expression in terms of Bessel functions:

$$(16) \qquad W_n = a_n \int_0^\infty J_1(a_n\rho) \prod_{k=1}^{n-1} J_0(a_k\rho)\, d\rho.$$

I conclude with a few remarks on the history of our question. When Lagrange hit upon it in his approximate theory of secular perturbations, he at once solved the " trivial " case where one of the sides, a_n say, is larger than the sum of all others,

$$a_n > a_1 + \cdots + a_{n-1}.$$

One then has $\mu = \lambda_n$ with the much sharper estimate

$$\phi(t) = \lambda_n t + O(1).$$

(This estimate was implied in the term " mean motion," as Lagrange used it. Actually all planets are in the Lagrangean case except Venus and Earth.) More than a century elapsed before P. Bohl succeeded in establishing mean motion for $n = 3$ in the non-Lagrangean case where a_1, a_2, a_3 form a triangle Δ. He found

$$\mu = W_1\lambda_1 + W_2\lambda_2 + W_3\lambda_3,$$

πW_k being the angles of Δ. This result is easily obtained if after the aforementioned elementary reduction of the dimensionality of the phase space to $n - 1$, one expresses the flux in terms of the singular manifold which now is a 0-cycle. When the problem and Bohl's paper were pointed out to me by Felix Bernstein in 1913, it started me on my investigations on Diophantine approximations (W_1). Although the essential step was accomplished by the equidistribution law, the messy topology of the singular manifold at that time prevented me from settling the problem by an explicit and universal formula. As an illustration I carried out the case $n = 4$; the topology of closed 4-linkages has been thoroughly investigated in kinematics because such linkages are a frequent element in the construction of machines. Even there I limited myself to one of the topological subcases, see W_1, Satz 7, and blundered in the final formulation (although the proof is correct): since my "integral invariants" of the rickety quadrilateral have the sum 0 instead of 1, the term λ_1 should be added in the final formula. But I will not mar the simplicity of our present argument by these old vagaries. Awareness of those complications will, however, help the reader to a fuller appreciation of the result (8), (16) holding for all cases alike.

This formula, which served me as a lodestar, was guessed for all n and verified for $n = 3, 4$ by Professor Wintner. His report on the paper HKW in my Princeton seminar on current literature stimulated me to resume the ancient problem. The various equations known about Bessel integrals of the type (16) for lower n are most naturally derived from the interpretation put upon (16) by the problem of mean motion.

BIBLIOGRAPHY.

[1] See e. g. Charlier, *Die Mechanik des Himmels* I, Leipzig, 1902, pp. 333-436, and for a brief account the paper W_2 by the author, *Enseignement Mathématique*, vol. 16 (1914), p. 455.
[2] A. Wintner, *American Journal of Mathematics*, vol. 55 (1933), p. 309.
[3] Cf. Watson's *Treatise on Bessel Functions*, pp. 411, 414, and 420.
[4] See the paper W_1 by the author, *Mathematische Annalen*, vol. 77 (1916), p. 313.
[5] *American Journal of Mathematics*, vol. 59 (1937), p. 261, cited as HKW.
[6] P. Bohl, *Journ. reine u. angew. Mathem.*, vol. 135 (1909), p. 189.

114.

Mean motion II

American Journal of Mathematics 61, 143—148 (1939)

In order to establish "*mean motion*" for the azimuth ϕ of a finite exponential sum

$$(1) \qquad z = r \cdot e(\phi) = \sum_{k=1}^{n} a_k \cdot e(\theta_k),$$

$$(2) \qquad \theta_k = \theta_k^{\,0} + \lambda_k t,$$

in which the amplitudes a_k are arbitrary complex constants while the frequencies λ_k and phases θ_k, $\theta_k^{\,0}$ are real, one has to resort to the Kronecker equidistribution law for the straight line (2) in the n-dimensional torus space $(\theta_1, \cdots, \theta_n)$. The time t is a real variable. The result derived in a previous paper of mine [1], for the case of a "totally irrational" frequency vector $\lambda = (\lambda_1, \cdots, \lambda_n)$, is independent of the initial phases $\theta_k^{\,0}$. The first remark which I wish to add here is to the effect that the limit of $\phi(t)/t$ defining the mean motion exists *uniformly* with respect to the $\theta_k^{\,0}$. This is an immediate consequence of the transcendental method based on finite Fourier series by which I proved the equidistribution law. For certain singular values of the initial phases $\theta_k^{\,0}$ the curve $z = z(t)$ will pass through the origin and thereby cause ambiguity of the continuation of $\phi(t)$. In the most effective way our uniformity silences these trouble makers by embedding them in the army of all possible initial phases.

In the second place I propose to study the case where λ is not totally irrational. As often happens, the whole treatment becomes considerably more satisfactory and natural if one is forced to include the "exceptions." The wholesome influence in this case comes from the necessity of stating the problem in terms of an arbitrary lattice basis. In the n-dimensional space of the vectors $\xi = (\xi_1, \cdots, \xi_n)$ all the equations with integral coefficients h,

$$(3) \qquad h_1 \xi_1 + \cdots + h_n \xi_n = 0,$$

satisfied by $\lambda = (\lambda_1, \cdots, \lambda_n)$ define a linear subspace E of dimensionality $m \leq n$. As one readily sees, E is a *lattice subspace*, i. e. we can find m linearly independent lattice vectors in E,

$$\mathfrak{l}_1 = (l_{11}, \cdots, l_{1n}), \cdots, \mathfrak{l}_m = (l_{m1}, \cdots, l_{mn})$$

643

(lattice basis) such that a vector

(4)
$$\xi = \xi'_1 I_1 + \cdots + \xi'_m I_m$$

in E is a lattice vector (namely a vector with integral components ξ_k) if and only if the ξ'_i are integers. Hence by identifying points on E whose difference is a lattice vector, E is changed into an m-dimensional torus space (E). We call ξ *totally irrational* in E if the components ξ'_i are linked by no homogeneous linear relation with integral coefficients. This notion is clearly independent of the choice of the lattice basis I_i, and λ itself is totally irrational in E. In agreement with (4) we set

$$\lambda = \lambda'_1 I_1 + \cdots + \lambda'_m I_m.$$

We apply our former method to the function $z(\theta'_1, \cdots, \theta'_m)$ arising from (1) by the substitution

$$\theta = \theta'_1 I_1 + \cdots + \theta'_m I_m \quad \text{or} \quad \theta_k = l_{1k}\theta'_1 + \cdots + l_{mk}\theta'_m.$$

In this function we have to set

$$\theta'_k = \lambda'_k t \quad \text{or more generally} \quad \theta'_k = \theta'_k{}^0 + \lambda'_k t.$$

The azimuth of the resulting function $z(t)$ has a mean motion M expressible as a certain volume or flux. Namely, one "slits" (E) in the locus of those points θ in E for which (1) is real and negative, and for an arbitrary vector ξ in E one determines the flux $W(\xi)$ sent through the slit by the constant current of velocity $\xi = (\xi_1, \cdots, \xi_n)$. Then the mean motion $M = W(\lambda)$.

The flux $W(\xi)$ considered as a function of the variable vector (4) has quite remarkable properties. By its very definition it is *independent of the choice of the lattice basis* $I_1, \cdots, I_m$ in E. Moreover it is *a linear form in E*. Let us therefore write

(6)
$$W(\xi) = W'_1 \xi'_1 + \cdots + W'_m \xi'_m.$$

For given values $\theta'_2, \cdots, \theta'_m$ and with the parameter θ'_1 traveling over a full cycle from 0 to 1, $z(\theta'_1, \cdots, \theta'_m)$ describes a closed curve $C(\theta'_2, \cdots, \theta'_m)$. The coefficient W'_1 is given by the integral

$$\int_0^1 \cdots \int_0^1 N(\theta'_2, \cdots, \theta'_m)\, d\theta'_2 \cdots d\theta'_m$$

where N denotes the number of times this curve $C(\theta'_2 \cdots \theta'_m)$ surrounds the origin. I transform the expression for W'_1 to which our method immediately leads by a very simple trick. If $\theta'_1, \cdots, \theta'_m$ are fixed and t is the variable parameter, then

$$z = z(t + \theta'_1, \theta'_2, \cdots, \theta'_m)$$

describes a curve $C(\theta'_1, \cdots, \theta'_m)$ which is actually independent of θ'_1 and coincides with $C(\theta'_2, \cdots, \theta'_m)$. If it surrounds the origin $N(\theta'_1, \theta'_2, \cdots, \theta'_m)$ times, one has

$$W'_1 = \int_0^1 \cdots \int_0^1 N(\theta'_1, \cdots, \theta'_m) \, d\theta'_1 \cdots d\theta'_m.$$

The argument θ'_1 is a fake. However, in this more symmetric form we can at once get rid of the particular coördinate system I_i. Considering the fact that $W(\xi)$ has a significance independent of that coördinate system, and that any primitive lattice vector $I = (l_1, \cdots, l_n)$ in E (l_k integers without common divisor) may serve as the first basis vector in an appropriate lattice basis for E, we obtain the following definition of the linear form $W(\xi)$ in E.

Denote for any lattice vector I in E and any vector θ in E, by $N(I; \theta)$ the number of times the curve

$$(7) \qquad\qquad C(I; \theta): \quad z = \sum_k a_k \cdot e(\theta_k + l_k t) \qquad\qquad (0 \leqq t \leqq 1)$$

surrounds the origin. Then

$$(8) \qquad\qquad W(I) = E_\theta\{N(I; \theta)\}.$$

E_θ indicates the average with respect to θ over the m-dimensional torus space (E). The assumption that the l_k are without common divisor may be at once removed since the curve $C(hI)$, h a positive integer, is h times the curve $C(I)$. When one has to define a linear form in a lattice subspace without prejudicing the choice of the basis, it is best to give its values for all lattice vectors. In doing so one is obliged to show that these values fit together. Here we have got around that difficulty by means of the invariantive significance of the form (6) as a volume or flux.

The final result becomes perhaps more intelligible if looked at in the following way. If λ (in E) is rational, then it is trivial that

$$(9) \qquad\qquad z = \sum_k a_k \cdot e(\theta_k + \lambda_k t)$$

has a mean motion, because the curve is closed. Yet its mean motion is highly sensitive to variation of the initial phases θ_k, and such a simple result as a linear form $W(\lambda)$ is to be expected only after averaging over θ in (E). However, if λ is totally irrational, the curve itself according to the equidistribution law takes care of this smearing effect and has therefore a mean motion equalling $W(\lambda)$ and independent of θ.

Replacing $e(t)$ in (7) by a complex variable ζ, one can describe $N(\mathrm{I};\theta)$ as the total order (number of zeros minus number of poles) of the function

$$\sum_{k} a_k e(\theta_k) \cdot \zeta^{l_k}$$

within the unit circle $|\zeta| < 1$. Hence $W(\mathrm{I})$ lies between the least and the greatest of the components l_k. Approximating to an arbitrary vector (4) in E by such vectors with rational components ξ'_i, one extends this result to all ξ:

The linear form $W(\xi)$ defined on E lies between the least and the greatest of the n components ξ_k of $\xi = (\xi_1, \cdots, \xi_n)$. It is thus characterized as a certain mean value of the components.

Our whole treatment calls for an improvement by taking notice of the equation

$$\phi(\theta_1 + \theta, \cdots, \theta_n + \theta) = \phi(\theta_1, \cdots, \theta_n) + \theta$$

and the resulting redundance of one of the phases θ_k. We now define E by all those relations (3) with integral coefficients h for which

$$h_1\lambda_1 + \cdots + h_n\lambda_n = 0 \quad \text{and} \quad h_1 + \cdots + h_n = 0.$$

E contains the vector $e = (1, 1, \cdots, 1)$. We determine a lattice basis $\mathrm{I}_1, \cdots, \mathrm{I}_m$ of E with $\mathrm{I}_1 = e$. By operating in the $(m-1)$-dimensional subspace E^* of E spanned by $\mathrm{I}_2, \cdots, \mathrm{I}_m$ we find a mean motion

$$(10) \qquad M = \lambda'_1 + (W'_2\lambda'_2 + \cdots + W'_m\lambda'_m),$$

and for any lattice vector $\mathrm{I} = l'_2\mathrm{I}_2 + \cdots + l'_m\mathrm{I}_m$ in E, $W'_2 l'_2 + \cdots + W'_m l'_m$ is expressed as a certain integral over $\theta'_2, \cdots, \theta'_m$. However, since, in an easily understandable notation, the curve $C(\theta'_1\theta'_2 \cdots \theta'_m)$ arises from $C(0\,\theta'_2 \cdots \theta'_m)$ by rotating it around the origin by the angle θ'_1, one falls back on the old expression (8):

$$W(\mathrm{I}) = W'_2 l'_2 + \cdots + W'_m l'_m \qquad (\mathrm{I} \text{ in } E^*).$$

Moreover, the definition of $N(\mathrm{I})$ shows readily that

$$N(\mathrm{I} + le) = N(\mathrm{I}) + l \qquad (l \text{ any integer}),$$

and hence for *any* lattice vector I in E:

$$(11) \qquad W(\mathrm{I}) = l'_1 + (W'_2 l'_2 + \cdots + W'_m l'_m),$$

in particular $W(e) = 1$. Comparison of (10) with (11) reestablishes our former results.

It appears very natural to express the number N in the Cauchy manner:

$$N(\mathrm{I}; \theta) = \int_0^1 \Re \left\{ \frac{1}{2\pi i} \cdot \frac{z'}{z} \right\} dt\,;$$

z is again defined by (7), z' is its derivative with respect to t. Hence

$$W(\mathrm{I}) = E_\theta \left\{ \int_0^1 \Re \left(\frac{1}{2\pi i} \cdot \frac{z'}{z} \right) dt \right\}\cdot$$

$$\frac{1}{2\pi i} \cdot \frac{z'}{z} = \sum_k l_k \cdot \frac{a_k e\,(\theta_k + l_k t)}{z}\,.$$

If one exchanges the integration E_θ and the integration with respect to t, one finds that

$$W(\mathrm{I}) = \sum_k l_k \int_0^1 W_k(t)\,dt$$

with

$$W_k(t) = E_\theta \left\{ \frac{a_k e\,(\theta_k + l_k t)}{z} \right\}.$$

$W_k(t)$ is clearly independent of t. Indeed, I is in E and thus for a given t, $\theta_k \to \theta_k + l_k t$ indicates merely a parallel displacement of E into itself. Therefore

$$W(\mathrm{I}) = \sum_k W_k l_k$$

with

$$W_k = E_\theta \left\{ \frac{a_k e\,(\theta_k)}{a_1 e\,(\theta_1) + \cdots + a_n e\,(\theta_n)} \right\}.$$

These formulas are in keeping with the Hartman-van Kampen-Wintner approach [2] and furnish another proof of the fact that $W(\mathrm{I})$ depends linearly on I. The argument hinges, however, on the exchange of two integrations, which is somewhat awkward to justify in view of the infinities of the integrand. I therefore prefer the method here adopted, resting on the simple fact that the flux of a constant current of arbitrary velocity through a given hole depends linearly on the velocity.

We summarize:

Let n real frequencies λ_k and n complex amplitudes a_k be given. All equations $h_1 \xi_1 + \cdots + h_n \xi_n = 0$ with integral coefficients h satisfying the relations

$$h_1 + \cdots + h_n = 0, \qquad h_1 \lambda_1 + \cdots + h_n \lambda_n = 0$$

define an m-dimensional linear subspace E in the n-space of the generic vector $\xi = (\xi_1, \cdots, \xi_n)$. The vector $e = (1, 1, \cdots, 1)$ lies in E. We assume that $\Sigma a_k \cdot e(\theta_k)$ does not vanish identically with $\theta = (\theta_1, \cdots, \theta_n)$ running over E. Denote for any lattice vector $\mathfrak{l}$ in E and any vector θ in E by $N(\mathfrak{l}; \theta)$ the number of times the curve

$$z = \sum_k a_k \cdot e(\theta_k + l_k t) \qquad (0 \leqq t \leqq 1)$$

surrounds the origin. There exists a linear form $W(\xi)$ on E such that for any lattice vector $\mathfrak{l}$ in E,

$$W(\mathfrak{l}) = E_\theta\{N(\mathfrak{l}; \theta)\}.$$

$W(e) = 1$. $W(\xi)$ is $\geqq 0$ if all components ξ_k of ξ are $\geqq 0$. The azimuth of

$$z = \sum_k a_k \cdot e(\theta_k + \lambda_k t)$$

has a mean motion, uniformly with respect to and independent of the initial phases θ_k, provided the phase vector $\theta = (\theta_1, \cdots, \theta_n)$ lies in E. The mean motion equals $W(\lambda)$.

THE INSTITUTE FOR ADVANCED STUDY,
PRINCETON, N. J.

REFERENCES.

[1] See *American Journal of Mathematics*, vol. 60 (1938), p. 889. Professor Norbert Wiener told me that he and Professor Aurel Wintner have found another way of establishing the general formula for mean motion.

[2] Cf. *American Journal of Mathematics*, vol. 59 (1937), p. 261.

115.

On unitary metrics in projective space

Annals of Mathematics 40, 141—148 (1939)

For the purpose of investigating meromorphic curves, my son Joachim and I introduced in the k-dimensional projective space R with the homogeneous coördinates $x_0, \cdots, x_k$ a unitary metric[1] by defining the distance $\| \xi x \|$ of a plane ξ and a point x and the distance $[[xx']]$ of two points x, x' by means of the equations

$$(1_1) \qquad \| \xi x \|^2 = | \sum_i \xi_i x_i |^2 : (\sum_i | \xi_i |^2 \sum_i | x_i |^2),$$

$$(1_2) \qquad [[xx']]^2 = \sum_{i<j} | x_i x_j' - x_j x_i' |^2 : (\sum_i | x_i |^2 \cdot \sum_i | x_i' |^2).$$

The question arose to what extent these distances depend on the coördinate system. Let us therefore subject the x to an arbitrary non-singular linear transformation

$$(2) \qquad y_i = \sum_j h_{ij} x_j$$

while the plane coördinates ξ_i undergo the contragredient transformation

$$(3) \qquad \xi_i = \sum_j h_{ji} \eta_j .$$

By passing to the new coördinate system y the two distances $\| \xi x \|$, $[[xx']]$ take on a factor varying between fixed positive limits, independent of ξ and x, or of x and x' respectively. We shall here determine the *exact* limits of both distances and discuss in more detail this problem which seems to deserve some attention on its own merits.

I use the notation of matrix calculus, designating by x the column of the numbers $x_0, x_1, \cdots, x_k$ (vector) and by A^* the transposed matrix of A. Unitary geometry is based upon the "scalar product"

$$(x, x') = \bar{x}_0 x_0' + \cdots + \bar{x}_k x_k' = \bar{x}^* x'.$$

In particular

$$(x, x) = | x_0 |^2 + \cdots + | x_k |^2.$$

---

[1] Annals of Math. *39* (1938), pp. 516-538 (quoted as M). I take this opportunity to correct a few misprints:

p. 517, line 14: read "Γ^2 and γ^2" instead of "Γ and γ".

p. 533, line 15: cancel the factor k in $\dfrac{k(k+1)}{k-l+1}$.

p. 538, line 6 (last line of the Wronskian): read "$x^{(k)}$" instead of "$x^{(k-1)}$."

The inequality

$$(4) \qquad | (x, x') |^2 \leqq (x, x) \cdot (x', x')$$

proves that both our distances (1) lie between 0 and 1. The numerator in (1_2) may be written as the determinant

$$\begin{vmatrix} (x, x) & (x, x') \\ (x', x) & (x', x') \end{vmatrix}.$$

By the transformation (2), $y = Hx$, one gets

$$(y, y) = (Hx, Hx) = \bar{x}^* \bar{H}^* Hx = (x, Cx),$$

where

$$C = \bar{H}^* H$$

is Hermitian:

$$\bar{C}^* = C \quad \text{or} \quad (x, Cx') = \overline{(x', Cx)}.$$

The vectors $e_0, \cdots, e_k$ form a unitary basis if

$$(e_i, e_j) = \delta_{ij} = \begin{cases} 1 & (i = j) \\ 0 & (i \neq j) \end{cases}.$$

One knows that with a given Hermitian transformation C one is able to determine a unitary basis e_i such that

$$Ce_i = \lambda_i e_i.$$

We arrange the real eigen-values λ_i which are the roots of the secular equation

$$\det (\lambda E - C) = 0 \qquad\qquad (E = \text{unit matrix})$$

in increasing order, $\lambda_0 \leqq \lambda_1 \leqq \cdots \leqq \lambda_k$. One then has for any vector

$$x = t_0 e_0 + \cdots + t_k e_k \qquad\qquad (t_i \text{ numbers})$$

the equations

$$(5) \qquad \begin{aligned} (x, x) &= | t_0 |^2 + \cdots + | t_k |^2, \\ (x, Cx) &= \lambda_0 | t_0 |^2 + \cdots + \lambda_k | t_k |^2 \end{aligned}$$

(transformation onto principal axes). This shows at once that

$$\lambda_0 \cdot (x, x) \leqq (x, Cx) \leqq \lambda_k \cdot (x, x).$$

In our case $C = \bar{H}^* H$, the Hermitian form (x, Cx) is positive definite and therefore all eigen-values λ_i are positive. We set

$$(6) \qquad \lambda_0 = \gamma^2, \qquad \lambda_k = \Gamma^2,$$

and then have

$$(7) \qquad \gamma^2 \cdot (x, x) \leqq (y, y) \leqq \Gamma^2 \cdot (x, x).$$

γ^2 and Γ^2 are the minimum and maximum of (y, y) under the condition $(x, x) = 1$.

650

All this is very well known. In denoting by d_x, d_y the distances in the old and the new coördinate system, we have for the *point-plane-distance* (1_1):

$$(8) \qquad \left(\frac{d_x}{d_y}\right)^2 = \frac{\sum |y_i|^2}{\sum |x_i|^2} \cdot \frac{\sum |\eta_i|^2}{\sum |\xi_i|^2}.$$

By (7) we have succeeded in determining the exact bounds of the first factor. In the same fashion we should be able to compute those limits for the second factor. However, it is superfluous to go through the same process again; our transformation to principal axes settles the question concerning both factors. Indeed, let us designate the column of the $\bar{\xi}_i$ by ξ and the column of the $\bar{\eta}_i$ by η so that

$$\xi = \bar{H}^* \eta.$$

The maximum and minimum of the quotient

$$(9) \qquad \frac{\sum |\xi_i|^2}{\sum |\eta_i|^2} = \frac{(\xi, \xi)}{(\eta, \eta)}$$

are the greatest and least eigen-values of

$$D = H\bar{H}^*.$$

But these eigen-values are the same as for

$$C = \bar{H}^* H,$$

while the eigen-vectors of D are

$$f_i = He_i/\sqrt{\lambda_i}.$$

Indeed one realizes at once that

$$(f_i, f_j) = \delta_{ij}, \quad Df_i = \lambda_i f_i.$$

Hence the coördinates τ_i as introduced by

$$\eta = \tau_0 f_0 + \cdots + \tau_k f_k$$

satisfy the relations

$$(\eta, \eta) = |\tau_0|^2 + \cdots + |\tau_k|^2,$$

$$(\xi, \xi) = \lambda_0 |\tau_0|^2 + \cdots + \lambda_k |\tau_k|^2,$$

and thus the exact bounds of (9) turn out the same, γ^2 and Γ^2, as for the first factor in (8). The final result is

$$(10) \qquad \gamma/\Gamma \leqq d_x/d_y \leqq \Gamma/\gamma.$$

It should be observed that the transformations $x_i \rightarrow t_i$, $\xi_i \rightarrow \tau_i$ are by no means contragredient. Instead one has

$$\sum_i \xi_i x_i = \sum_i \eta_i y_i = \sum_i \sqrt{\lambda_i} \cdot \bar{\tau}_i t_i,$$

as follows readily from

$$\sum_i \eta_i y_i = (\eta, Hx) = \sum_{i,j} \bar{\tau}_i t_j (f_i, H e_j) = \sum_i \sqrt{\lambda_i} \cdot \bar{\tau}_i t_i.$$

The investigation for the *point distance* $d_x = [[xx']]$ first follows the same track: After a suitable unitary transformation we obtain

$$(11_x) \qquad d_x^2 = \begin{vmatrix} (x, x) & (x, x') \\ (x', x) & (x', x') \end{vmatrix} : (x, x)(x', x'),$$

$$(11_y) \qquad d_y^2 = \begin{vmatrix} L(x, x) & L(x, x') \\ L(x', x) & L(x', x') \end{vmatrix} : L(x, x)L(x', x'),$$

where

$$L(x, x') = \sum_i \lambda_i \bar{x}_i x_i'.$$

This time we have been less pedantic by allowing the new variables t_i to be denoted again by x_i. The numerator in d_y^2 may be written as

$$\sum_{i<j} \lambda_i \lambda_j \, | z_{ij} |^2$$

with

$$(12) \qquad z_{ij} = x_i x_j' - x_j x_i'.$$

This sum differs from

$$\sum_{i<j} | z_{ij} |^2$$

by a factor between the bounds $\lambda_0 \lambda_1$ and $\lambda_{k-1} \lambda_k$. Together with

$$\lambda_0 \cdot (x, x) \leqq L(x, x) \leqq \lambda_k \cdot (x, x)$$

and the same inequality for x' this results in the estimate

$$(13) \qquad \frac{\lambda_0^2}{\lambda_{k-1} \lambda_k} \leqq \left(\frac{d_x}{d_y} \right)^2 \leqq \frac{\lambda_k^2}{\lambda_0 \lambda_1}.$$

On replacing $\lambda_{k-1} \lambda_k$ by the bigger λ_k^2 and $\lambda_0 \lambda_1$ by the lesser λ_0^2 one finds that d_x/d_y certainly lies between $(\Gamma/\gamma)^2$ and $(\gamma/\Gamma)^2$ as maintained in the paper M. But this rough estimate is far from being exact. I am going to prove that the precise limits are Γ/γ and γ/Γ again.

In the one-dimensional case $k = 1$ this follows at once from (13) because the left- and right-hand sides of this inequality equal

$$\lambda_0/\lambda_1 \quad \text{and} \quad \lambda_1/\lambda_0$$

respectively. The lower limit is attained when x and x' coincide at the point $1:0$, and the upper limit when $x = x' = (0:1)$.

On returning to arbitrary k, this result may be applied to any straight line $\mathfrak{z}$

in R. For any two points x, x' on $\mathfrak{z}$ the distance quotient d_x/d_y varies between two reciprocal limits $\kappa = \kappa(\mathfrak{z}) \geq 1$ and $1/\kappa$ each of which will be attained if x, x' coincide at a certain point on the straight line. I proceed to compute κ explicitly. When the straight line is thought of as determined by two points x, x', its coördinates z_{ij} will be given by (12). In (11_x), (11_y) we have to substitute for x, x' two arbitrary points of this straight line, viz.

$$(14) \qquad \sigma_1 x + \sigma_2 x', \qquad \tau_1 x + \tau_2 x'$$

respectively. In denoting the matrix

$$\left\| \begin{matrix} L(x,\, x) & L(x,\, x') \\ L(x',\, x) & L(x',\, x') \end{matrix} \right\| \quad \text{by} \quad \left\| \begin{matrix} L_{11} & L_{12} \\ L_{21} & L_{22} \end{matrix} \right\|$$

and the corresponding one with $\lambda_i = 1$ by

$$\left\| \begin{matrix} l_{11} & l_{12} \\ l_{21} & l_{22} \end{matrix} \right\|$$

the squared distance d_y^2 of the two points (14) will come out as

$$(L_{11}L_{22} - L_{12}L_{21})\, |\, \sigma_1 \tau_2 - \sigma_2 \tau_1 \,|^2 / L(\sigma) \cdot L(\tau)$$

where $L(\sigma)$ is the Hermitian form

$$L_{11} \bar\sigma_1 \sigma_1 + L_{12} \bar\sigma_1 \sigma_2 + L_{21} \bar\sigma_2 \sigma_1 + L_{22} \bar\sigma_2 \sigma_2$$

of two variables σ_1, σ_2. Hence

$$\left(\frac{d_x}{d_y}\right)^2 = \frac{L(\sigma)\cdot L(\tau)}{l(\sigma)\cdot l(\tau)} \cdot \frac{\det\,(l)}{\det\,(L)}\,.$$

The maximum and minimum of the Hermitian form $L(\sigma)$ under the condition $l(\sigma) = 1$ are the two roots λ of the secular equation

$$\left| \begin{matrix} \lambda l_{11} - L_{11}, & \lambda l_{12} - L_{12} \\ \lambda l_{21} - L_{21}, & \lambda l_{22} - L_{22} \end{matrix} \right| = 0.$$

The limits of d_x/d_y on the straight line under consideration are therefore the two values

$$\kappa = \lambda \cdot \left(\frac{\det l}{\det L}\right)^{\frac{1}{2}}$$

which are the roots of the equation

$$\kappa^2 - \frac{l_{11}L_{22} + l_{22}L_{11} - l_{12}L_{21} - l_{21}L_{12}}{\sqrt{\det L} \cdot \sqrt{\det l}}\, \kappa + 1 = 0.$$

This confirms our former statement that the two bounds κ, $1/\kappa$ are reciprocal, and by computing the middle coefficient we get

$$(15) \qquad \kappa + \frac{1}{\kappa} = \sum_{i<j} (\lambda_i + \lambda_j) z_{ij} \bar{z}_{ij} / \sqrt{\sum_{i<j} |z_{ij}|^2} \cdot \sqrt{\sum_{i<j} \lambda_i \lambda_j |z_{ij}|^2}.$$

After this piece of elementary calculation our next step will be to ascertain the maximum of the quotient at the right side, with the straight line $\mathfrak{z} = (z_{ij})$ taking on all possible positions. For any two numbers $\kappa \geq 1$, $\kappa_0 \geq 1$ the inequality

$$\kappa \leq \kappa_0 \quad \text{implies} \quad \kappa + \frac{1}{\kappa} \leq \kappa_0 + \frac{1}{\kappa_0},$$

and vice versa. Instead of determining the maximum κ_0 of $\kappa(\mathfrak{z})$ and hence the minimum $1/\kappa_0$ of $1/\kappa(\mathfrak{z})$ we therefore proceed to calculate the maximum $\kappa_0 + \dfrac{1}{\kappa_0}$ of $\kappa + \dfrac{1}{\kappa}$. To this end we apply our fundamental inequality (4),

$$\left| \sum_p \bar{u}_p v_p \right|^2 \leq \sum_p |u_p|^2 \cdot \sum_p |v_p|^2,$$

in the following way. Let p range over the pairs ij with $i < j$, and set

$$u_p = z_{ij}, \qquad v_p = (\lambda_i + \lambda_j) z_{ij}.$$

We thus get

$$\left\{ \sum_{i<j} (\lambda_i + \lambda_j) z_{ij} \bar{z}_{ij} \right\}^2 \leq \sum_{i<j} |z_{ij}|^2 \cdot \sum_{i<j} (\lambda_i + \lambda_j)^2 |z_{ij}|^2.$$

The square of the quotient (15) is therefore

$$\leq \sum_{i<j} (\lambda_i + \lambda_j)^2 |z_{ij}|^2 / \sum_{i<j} \lambda_i \lambda_j |z_{ij}|^2.$$

On putting

$$\lambda_i \lambda_j |z_{ij}|^2 = V_p, \qquad \rho_p = \frac{\lambda_i + \lambda_j}{(\lambda_i \lambda_j)^{\frac{1}{2}}} = \left(\frac{\lambda_j}{\lambda_i}\right)^{\frac{1}{2}} + \left(\frac{\lambda_i}{\lambda_j}\right)^{\frac{1}{2}},$$

we resort to the trivial inequality

$$\sum_p \rho_p^2 V_p \leq \rho^2 \cdot \sum_p V_p$$

where ρ is the biggest of the $k(k+1)/2$ numbers ρ_p, and we thus find the quotient (15) to be

$$\leq \max_{i<j} \left[\left(\frac{\lambda_j}{\lambda_i}\right)^{\frac{1}{2}} + \left(\frac{\lambda_i}{\lambda_j}\right)^{\frac{1}{2}} \right].$$

654

This upper bound for $\kappa + \dfrac{1}{\kappa}$ implies

$$\kappa(\mathfrak{z}) \leqq \max_{i<j} \sqrt{\lambda_j/\lambda_i} = \sqrt{\lambda_k/\lambda_0} = \Gamma/\gamma$$

as we maintained.[2]

Any l points

$$x, x', \cdots, x^{(l-1)} \qquad\qquad (1 \leqq l \leqq k)$$

determine an $(l - 1)$-spread with the coördinates

$$x_{i_1\cdots i_l} = \begin{vmatrix} x_{i_1}, & \cdots, & x_{i_l} \\ \cdots & \cdots & \cdots \\ x_{i_1}^{(l-1)}, & \cdots, & x_{i_l}^{(l-1)} \end{vmatrix}.$$

Any skew-symmetric numbers $x_{i_1\cdots i_l}$ dependent on the coördinate system which transform like these determinants describe a $(l - 1)$-complex $x(l)$. The $(l - 1)$-complexes form a projective space R_l of k_l dimensions,

$$k_l + 1 = \binom{k+1}{l}.$$

Spreads are special complexes. In R_l one can introduce a unitary metric based on the form

$$(16) \qquad |x(l)|^2 = \sum_{i_1 < \cdots < i_l} |x_{i_1\cdots i_l}|^2.$$

For special complexes the formula

$$(17) \qquad |x(l)|^2 = \begin{vmatrix} (x, x), & (x, x'), & \cdots, & (x, x^{(l-1)}) \\ \cdots & \cdots & \cdots & \cdots \\ (x^{(l-1)}, x), & (x^{(l-1)}, x'), & \cdots, & (x^{(l-1)}, x^{(l-1)}) \end{vmatrix}$$

holds. We compare (16) with the corresponding expression in a new coördinate system as introduced by (2). According to the method formerly employed we may assume without loss of generality that

$$(y, y) = \lambda_0 |x_0|^2 + \cdots + \lambda_k |x_k|^2.$$

We then obtain from the expression (17) for $y(l)$, first for special complexes and then in general,

$$|y(l)|^2 = \det_{\alpha,\beta=0,\cdots,l-1} \left\{ \sum_i \lambda_i \bar{x}_i^{(\alpha)} x_i^{(\beta)} \right\} = \sum_{i_1 < \cdots < i_l} \lambda_{i_1} \cdots \lambda_{i_l} |x_{i_1\cdots i_l}|^2.$$

---

[2] Instead of adopting our elementary method one could resort to the infinitesimal process of comparing locally at any point the lengths of an arbitrary line element in the two metrics.

Thus the values Γ_l, γ_l similar to Γ and γ in R_l are given by

$$\gamma_l^2 = \lambda_0 \lambda_1 \cdots \lambda_{l-1}, \qquad \Gamma_l^2 = \lambda_{k-l+1} \cdots \lambda_{k-1} \lambda_k.$$

From this exact estimate one may derive, if one so desires, the simpler though less complete result

$$\gamma_l \geqq \gamma^l, \qquad \Gamma_l \leqq \Gamma^l.$$

Addition to my note: On unitary metrics in projective space

Annals of Mathematics 40, 634—635 (1939)

The note mentioned in the title dealt with the unitary point-plane and point-point distances, $\|\, x\xi\, \|$ and $[\![xx']\!]$ in projective space, and proved that under a change of the projective coördinate system the second distance takes on a factor varying between the same fixed limits $K = \Gamma/\gamma$ and $1/K$ as the first distance. I am indebted to Professor Chevalley for the remark that this is an almost immediate consequence of the elementary fact that for two given points x, x' the distance $[\![xx']\!]$ is the maximum of the distance $\|\, x\xi\, \|$ of x from all planes ξ going through x'.

Indeed, let y, η be the coördinates in the second system. Then

$$[\![yy']\!] = \|\, y\eta\, \| \quad \text{(for a certain plane η going through y')}$$

$$(1) \qquad\qquad \leqq K \cdot \|\, x\xi\, \| \leqq K \cdot [\![xx']\!].$$

By exchanging the rôles of the two coördinate systems one finds in the same manner

$$(2) \qquad\qquad [\![xx']\!] \leqq K \cdot [\![yy']\!].$$

Arguing in the opposite direction and observing that for given x and ξ the point-plane distance $\|\, x\xi\, \|$ is the minimum of $[\![xx']\!]$ for all points x' lying in the plane ξ, one realizes that K is the *exact* bound in (1) and in (2). Could one replace K in (2) by a smaller constant K^*, then one could improve the inequality for the point-plane distance to the same extent:

$$\|\, y\eta\, \| = [\![yy']\!] \quad \text{(for a certain point y' lying in the plane η)}$$

$$(3) \qquad\qquad \geqq \frac{1}{K^*} \cdot [\![xx']\!] \geqq \frac{1}{K^*} \cdot \|\, x\xi\, \|$$

which is impossible.

The maximum and minimum principle for distances on which our argument is based follows readily from the inequality for scalar products

$$(4) \qquad \begin{vmatrix} (x, x), & (x, x'), & (x, x'') \\ (x', x), & (x', x'), & (x', x'') \\ (x'', x), & (x'', x'), & (x'', x'') \end{vmatrix} \geqq 0$$

---

[1] Annals of Math. 40 (1939), p. 141.

by setting $x'' = \bar{\xi}$ and assuming $(\xi x') = 0$.   (4) then becomes

$$\begin{vmatrix} (x,\, x), & (x,\, x') \\ (x',\, x), & (x',\, x') \end{vmatrix} \cdot (\xi,\, \xi) - (x',\, x') \cdot |\,(\xi x)\,|^2 \geqq 0 \quad \text{or}$$

$$[xx']^2 \geqq \|\,\xi x\,\|^2.$$

The equality sign will hold if

$$\xi_i = A\bar{x}_i + B\bar{x}'_i\,; \qquad A = (x',\, x'), \quad B = -(x,\, x'),$$

or if

$$x'_i = Cx_i + D\bar{\xi}_i\,; \qquad C = (\xi,\, \xi), \qquad D = -(\xi x)$$

respectively.

Thus the proof (1) breaks down if the two points y, y' coincide; for then we shall have $\eta_i = 0$.   (3) breaks down if the point $\bar{\eta}$ coincides with y.   But both exceptions are readily removed by an appeal to the principle of continuity.

116.

On the volume of tubes

American Journal of Mathematics 61, 461—472 (1939)

1. The problem. In a lecture before the Mathematics Club at Princeton last year Professor Hotelling stated the following geometric problem [1] as one of primary importance for certain statistical investigations:

Let there be given in the n-dimensional Euclidean space E_n or spherical space S_n a closed v-dimensional manifold C_v. The solid spheres of given radius a around all the points of C_v cover a certain part $C_v(a)$ of the embedding space E_n or S_n, the volume $V(a)$ of which is to be determined. We call $C_v(a)$ an (n,v)-tube (of radius a around C_v).

For small values of a one will have in the first approximation

$$V(a) = \Omega_m a^m \cdot k_0,$$

where $\Omega_m a^m$ is the volume of the solid m-dimensional sphere

$$(1) \qquad\qquad \sigma_m(a): \quad t_1^2 + \cdots + t_m^2 \leqq a^2$$

$(m = n - v)$, and k_0 the area of the "surface" C_v. Professor Hotelling showed that this formula is exact in E_n and a similar formula prevails in S_n, for $v = 1$. I shall here treat the problem for higher dimensionalities v. The result in E_n is a formula consisting of $1 + [\frac{1}{2}v]$ terms, of the following type (§ 3):

$$(2) \qquad V(a) = \Omega_m \cdot \sum_e \frac{a^{m+e}}{(m+2)(m+4) \cdots (m+e)} k_e$$
$$(e \text{ even, } 0 \leqq e \leqq v),$$

where k_e is a certain integral invariant of the surface C_v determined by the intrinsic metric nature of C_v only, and thus independent of its embedding in E_n. I shall express these invariants (§ 4) in terms of the Riemannian tensor of C_v. An analogous result is obtained for S_n.

2. The fundamental formulas for the volume of tubes. If an n-dimensional manifold M_n consisting of points u and locally referred to

---

* Received October 14, 1938.

[1] See his paper " Tubes and spheres in n-spaces, and a class of statistical problems " which precedes this article in this Journal, pp. 440-460.

parameters $u^1, \cdots, u^n$ is mapped upon the Euclidean space E_n with the coördinates $(x_1, \cdots, x_n) = \mathfrak{r}$,

$$(3) \qquad \mathfrak{r} = \mathfrak{r}(u) = \mathfrak{r}(u^1, \cdots, u^n),$$

then the volume V of the image of M_n in E_n may be computed by means of the formula

$$(4) \qquad V = \int [\mathfrak{r}_1 \cdots \mathfrak{r}_n] du^1 \cdots du^n,$$

where $[\mathfrak{r}_1 \cdots \mathfrak{r}_n]$ designates the determinant of the n columns $\mathfrak{r}_i$, each consisting of the components of the vector

$$\mathfrak{r}_i = \partial \mathfrak{r}/\partial u^i.$$

This formula takes account of the $\pm$ orientation and multiplicity with which the mapping $u \to \mathfrak{r}$ covers the several parts of E_n. The covering will be locally a one-to-one mapping without folds and ramifications wherever $[\mathfrak{r}_1 \cdots \mathfrak{r}_n] > 0$. But even if this condition is satisfied everywhere, multiple covering might occur. This question is essentially one of topological rather than differential geometric nature. It is with this reservation in mind that in the following we apply formula (4).

When dealing with the spherical space S_n we employ homogeneous coördinates $(x_0, x_1, \cdots, x_n) = \mathfrak{r}$, the set ρx_i meaning the same point as x_i, whatever the factor $\rho \neq 0$. Sometimes we use the normalization

$$\mathfrak{r}^2 = x_0{}^2 + x_1{}^2 + \cdots + x_n{}^2 = 1.$$

S_n then appears as the unit sphere in the Euclidean E_{n+1}. (4) must be replaced by the formula

$$(5) \qquad V = \int \frac{[\mathfrak{r}\mathfrak{r}_1 \cdots \mathfrak{r}_n]}{(\mathfrak{r}^2)^{(n+1)/2}} du^1 \cdots du^n$$

as one easily verifies by observing the following facts: (1) the integrand is orthogonally invariant; (2) it is not affected by the gauge factor $\rho = \rho(u)$ because

$$(\rho \mathfrak{r})_i = \rho \cdot \mathfrak{r}_i + \frac{\partial \rho}{\partial u^i} \cdot \mathfrak{r};$$

(3) at the point $\mathfrak{r} = (1, 0, \cdots, 0)$ the integrand reduces to the "Euclidean" value

$$\begin{vmatrix} \dfrac{\partial x_1}{\partial u^1}, & \cdots, & \dfrac{\partial x_n}{\partial u^1} \\ \cdot & \cdots & \cdot \\ \dfrac{\partial x_1}{\partial u^n}, & \cdots, & \dfrac{\partial x_n}{\partial u^n} \end{vmatrix}.$$

After these preliminary remarks I now turn to our problem in E_n. Let a piece of the ν-dimensional manifold C_ν be given in the Gaussian representation

$$(6) \qquad\qquad \mathfrak{r} = \mathfrak{r}(u^1 \cdots u^\nu).$$

At each point we can determine $m = n - \nu$ normal vectors $\mathfrak{n} = \mathfrak{n}(1), \cdots, \mathfrak{n}(m)$ satisfying the equations

$$\mathfrak{r}_\alpha \cdot \mathfrak{n} = 0 \qquad\qquad (\alpha = 1, \cdots, \nu)$$

which are mutually normalized by

$$\mathfrak{n}(p) \cdot \mathfrak{n}(q) = \delta_{pq} \qquad\qquad (p, q = 1, \cdots, m).$$

$\mathfrak{r}_\alpha$ is the derivative $\partial \mathfrak{r}/\partial u^\alpha$. In using the radius vector (6) and these normals, the part $C_\nu(a)$ of the space covered by the spheres of radius a around the points of C_ν allows the representation

$$(7) \qquad \mathfrak{x} = \mathfrak{r} + t_1 \mathfrak{n}(1) + \cdots + t_m \mathfrak{n}(m), \qquad (t_1^2 + \cdots + t_m^2 \leqq a^2),$$

in terms of the parameters $u^1, \cdots, u^\nu, t_1, \cdots, t_m$. Hence its volume $V(a)$ is the integral

$$(8) \qquad \int [\mathfrak{x}_1, \cdots, \mathfrak{x}_\nu, \mathfrak{n}(1), \cdots, \mathfrak{n}(m)] \, dt_1 \cdots dt_m du^1 \cdots du^\nu.$$

Following Gauss we describe the surface C_ν embedded in E_n by its metric ground form

$$(d\mathfrak{r})^2 = \sum_{\alpha,\beta} g_{\alpha\beta} du^\alpha du^\beta, \qquad\qquad (g_{\alpha\beta} = \mathfrak{r}_\alpha \cdot \mathfrak{r}_\beta)$$

together with the linear pencil of the second fundamental forms

$$-\sum_{p=1}^{m} \{ t_p \sum_{\alpha,\beta} G_{\alpha\beta}(p) \, du^\alpha du^\beta \},$$

which is the scalar product of

$$d^2\mathfrak{r} = \sum_{\alpha,\beta} \mathfrak{r}_{\alpha\beta} du^\alpha du^\beta$$

with an arbitrary normal $\mathfrak{n} = t_1 \mathfrak{n}(1) + \cdots + t_m \mathfrak{n}(m)$.

$$G_{\alpha\beta}(p) = G_{\beta\alpha}(p) = -\mathfrak{r}_{\alpha\beta} \cdot \mathfrak{n}(p) = \mathfrak{r}_\alpha \cdot \mathfrak{n}_\beta(p).$$

A Greek subscript α attached to the vectors $\mathfrak{r}$, $\mathfrak{n}$ and $\mathfrak{x}$ always denotes differentiation by u^α.

Each vector at the point u of C_ν is a linear combination of the basic vectors $\mathfrak{r}_a$, $\mathfrak{n}(p)$. On applying this remark to $\mathfrak{n}_a(p)$ we set

$$\mathfrak{n}_a(p) = \sum_\beta G_a{}^\beta(p) \cdot \mathfrak{r}_\beta + \cdots,$$

where . . . indicates a linear combination of the normal vectors $\mathfrak{n}(p)$. By scalar multiplication with $\mathfrak{r}_\beta$ one finds

$$G_{a\beta}(p) = \sum_\lambda g_{a\lambda} G_\beta{}^\lambda(p).$$

From (7) one infers that

$$\mathfrak{r}_a = \sum_\beta \{\delta_a{}^\beta + \sum_{p=1}^{m} t_p G_a{}^\beta(p)\} \mathfrak{r}_\beta + \cdots.$$

Therefore the integrand in (8)

$$= \det \{\delta_a{}^\beta + \sum_p t_p G_a{}^\beta(p)\} \cdot [\mathfrak{r}_1 \cdots \mathfrak{r}_\nu \mathfrak{n}(1) \cdots \mathfrak{n}(m)].$$

Because of the general identity

$$[\mathfrak{a}_1 \cdots \mathfrak{a}_n]^2 = \det (\mathfrak{a}_i \mathfrak{a}_k),$$

$$[\mathfrak{r}_1 \cdots \mathfrak{r}_\nu \mathfrak{n}(1) \cdots \mathfrak{n}(m)]^2 = |\, g_{a\beta} \,|,$$

and considering that

$$ds = |\, g_{a\beta} \,|^{\frac{1}{2}} du^1 \cdots du^\nu$$

is the area element of C_ν, one arrives at the fundamental formula

$$V(a) = \int_{C_\nu} \left\{ \int \cdots \int_{(t_1{}^2 + \ldots + t_m{}^2 \leq a^2)} |\, \delta_a{}^\beta + \sum_p t_p G_a{}^\beta(p) \,|\, dt_1 \cdots dt_m \right\} ds$$

in the Euclidean case. The integrand is independent of the choice of the parameters u^a on C_ν.

In the spherical case, let the manifold C_ν be given by the parametric representation (6) with the normalization $\mathfrak{r}^2 = 1$. Therefore $\mathfrak{r} \cdot \mathfrak{r}_a = 0$. The mutually orthogonal normal vectors $\mathfrak{n} = \mathfrak{n}(1), \cdots, \mathfrak{n}(m)$ satisfy the equations

$$\mathfrak{r} \cdot \mathfrak{n} = 0, \qquad \mathfrak{r}_a \cdot \mathfrak{n} = 0.$$

From both equations there follows

$$\mathfrak{r} \cdot \mathfrak{n}_a = 0.$$

The part $C_v(\alpha)$ of the space S_n covered by the $m = (n - v)$-dimensional solid spheres of spherical radius α is represented by

$$\mathfrak{x} = \mathfrak{r} + t_1 \mathfrak{n}(1) + \cdots + t_m \mathfrak{n}(m),$$

where the argument u in $\mathfrak{r}, \mathfrak{n}(1), \cdots, \mathfrak{n}(m)$ ranges over the whole C_v, while the parameters $t_1, \cdots, t_m$ are bound by

$$t_1^2 + \cdots + t_m^2 \leqq a^2, \qquad\qquad (a = \tan \alpha).$$

According to equation (5) the volume $V(\alpha)$ of $C_v(\alpha)$ is given by the integral of

$$(9) \qquad \frac{[\mathfrak{x} \mathfrak{x}_1 \cdots \mathfrak{x}_v \mathfrak{n}(1) \cdots \mathfrak{n}(m)]}{(\mathfrak{r}^2)^{(n+1)/2}} \, du^1 \cdots du^v dt_1 \cdots dt_m$$

extended with respect to $u^1, \cdots, u^v$ over the whole of C_v, with respect to $t_1, \cdots, t_m$ over the sphere $\sigma_m(a)$. Application of the same procedure as before results in the formula

$$(10) \quad V(\alpha) = \int_{C_v} \left\{ \int \cdots \int_{(t_1^2 + \ldots + t_m^2 \leqq a^2)} | \delta_a{}^\beta + \sum_p t_p G_a{}^\beta(p) | \right.$$
$$\left. \times \frac{dt_1 \cdots dt_m}{(1 + t_1^2 + \cdots + t_m^2)^{(n+1)/2}} \right\} ds.$$

3. Evaluation. For any function $\phi(t) = \phi(t_1, \cdots, t_m)$, let $\langle \phi(t) \rangle_t$ designate its mean value over the sphere

$$(11) \qquad\qquad t_1^2 + \cdots + t_m^2 = 1.$$

The mean value $\langle t_1{}^{e_1} \cdots t_m{}^{e_m} \rangle_t$ of a monomial is obviously zero unless all exponents e_p are even. In the latter case one has the well-known formula

$$(12) \qquad \langle t_1{}^{e_1} \cdots t_m{}^{e_m} \rangle_t = \frac{e_1) \cdots e_m)}{m(m + 2) \cdots (m + e - 2)}$$
$$(e_p \text{ even}, \ e = e_1 + \cdots + e_m),$$

where

$$0) = 1, \quad e) = 1 \cdot 3 \cdots (e - 1) \qquad\qquad [\text{for } e = 2, 4, \cdots].$$

$\big[$ (12) is most easily proved by multiplying the monomial by

$$e^{-t_1^2} \cdots e^{-t_m^2} = e^{-(t_1^2 + \ldots + t_m^2)}$$

and then integrating over

$$-\infty < t_p < \infty \qquad\qquad (p = 1, \cdots, m).$$

One thus obtains

$$\int t_1{}^{e_1}\cdots t_m{}^{e_m}d\omega_t \cdot \int_0^\infty e^{-r^2}r^{e+m-1}dr = \prod_p \left(\int_{-\infty}^{+\infty} e^{-t^2}t^{e_p}dt\right),$$

$$(e = e_1 + \cdots + e_m),$$

with $\int \cdots d\omega_t$ indicating the "solid angle" integration over the sphere (11), and hence

$$\frac{1}{2}\int t_1{}^{e_1}\cdots t_m{}^{e_m}d\omega_t = \frac{\Gamma\left(\dfrac{1+e_1}{2}\right)\cdots\Gamma\left(\dfrac{1+e_m}{2}\right)}{\Gamma\left(\dfrac{m+e}{2}\right)}.$$

In particular, for the surface $\omega_m = \int d\omega_t$ of the sphere,

$$(13) \qquad \frac{1}{2}\omega_m = \left[\Gamma\left(\tfrac{1}{2}\right)\right]^m \Big/ \Gamma\left(\tfrac{m}{2}\right).$$

Division results in the desired equation

$$\langle t_1{}^{e_1}\cdots t_m{}^{e_m}\rangle_t = \frac{\Gamma\left(\dfrac{1}{2}+\dfrac{e_1}{2}\right)\cdots\Gamma\left(\dfrac{1}{2}+\dfrac{e_m}{2}\right)}{\Gamma\left(\dfrac{1}{2}\right)\cdots\Gamma\left(\dfrac{1}{2}\right)} \Big/ \frac{\Gamma\left(\dfrac{m}{2}+\dfrac{e}{2}\right)}{\Gamma\left(\dfrac{m}{2}\right)}$$

$$= \frac{e_1)\cdots e_m)}{m(m+2)\cdots(m+e-2)}.$$

The volume of the solid sphere $\sigma_m(a)$ amounts to

$$\omega_m\int_0^a r^{m-1}dr = \frac{\omega_m}{m}\cdot a^m;$$

hence $\Omega_m = \omega_m/m$. Specialization of (13) for $m = 2$ yields $[\Gamma(\tfrac{1}{2})]^2 = \pi$. The numbers ω_m, Ω_m are best defined by the recursive formulas readily derived from (13):

$$\omega_{m+2} = \frac{2\pi}{m}\cdot\omega_m \quad (m \geqq 1); \qquad\qquad (\omega_1 = 2, \quad \omega_2 = 2\pi).$$

$$\Omega_{m+2} = \frac{2\pi}{m+2}\cdot\Omega_m \quad (m \geqq 0); \qquad\qquad (\Omega_0 = 1, \quad \Omega_1 = 2).\Big]$$

We expand the determinant

$$\psi(t_1\cdots t_m) = |\,\delta_a{}^\beta + \sum_p t_p G_a{}^\beta(p)\,| = \psi_0 + \psi_1 + \cdots + \psi_\nu$$

according to degrees in the variables $t_1,\cdots,t_m$:

$$\psi_e(t_1\cdots t_m) = \sum \phi_{e_1\ldots e_m}t_1{}^{e_1}\cdots t_m{}^{e_m} \qquad (e_1 + \cdots + e_m = e)$$

is homogeneous of degree e. $\psi_0 = 1$. This decomposition is conveniently described by introducing an artificial parameter λ:

$$\left| \delta_a{}^\beta + \lambda \sum_p t_p G_a{}^\beta(p) \right| = 1 + \lambda\psi_1 + \lambda^2\psi_2 + \cdots .$$

We set

$$\langle \psi_e(t_1 \cdots t_m) \rangle_t = \frac{H_e}{m(m+2) \cdots (m+e-2)} .$$

By its definition, H_e is a point invariant of C_v. H_e is zero for odd e, while for even e one derives from (12) the explicit expression

$$H_e = \sum e_1) \cdots e_m) \cdot \phi_{e_1 \ldots e_m}, \qquad (e_p \text{ even}, \ e_1 + \cdots + e_m = e).$$

The integral over the solid sphere $\sigma_m(a)$,

$$\int \cdots \int_{\sigma_m(a)} \psi_e(t_1 \cdots t_m) \, dt_1 \cdots dt_m$$

then will turn out to be

$$\frac{\omega_m H_e}{m(m+2) \cdots (m+e-2)} \int_0^a r^{e+m-1} dr = \omega_m H_e \cdot \frac{a^{m+e}}{m(m+2) \cdots (m+e)} .$$

Thus we find in the Euclidean case

$$(14) \qquad V(a) = \Omega_m \sum_e k_e \frac{a^{m+e}}{(m+2)(m+4) \cdots (m+e)} ,$$
$$(e \text{ even}, \ 0 \leqq e \leqq v),$$

with the coefficients

$$(15) \qquad k_e = \int_{C_v} H_e \, ds.$$

In the spherical case one gets

$$\int \cdots \int_{\sigma_m(a)} \psi_e(t) \frac{dt_1 \cdots dt_m}{(1 + t_1^2 + \cdots + t_m^2)^{(n+1/)2}}$$
$$= \frac{\omega_m H_e}{m(m+2) \cdots (m+e-2)} \int_0^a \frac{r^{e+m-1} dr}{(1+r^2)^{(n+1/)2}} .$$

On putting $r = \tan \rho$ the integral at the right side becomes

$$\int_0^a (\sin \rho)^{m+e-1} (\cos \rho)^{v-e} d\rho,$$

and instead of (14) one obtains

$$(16) \qquad V(\alpha) = \omega_m \cdot \sum_e k_e J_e(\alpha), \qquad (e \text{ even}, \ 0 \leqq e \leqq v),$$

where

(17) $\quad m(m+2)\cdots(m+e-2)J_e(\alpha) = \int_0^a (\sin\rho)^{m+e-1}(\cos\rho)^{\nu-e}d\rho.$

One may notice the recurrent equation

$$\frac{(\sin\alpha)^{e+m}(\cos\alpha)^{\nu-e-1}}{m(m+2)\cdots(m+e)} = J_e(\alpha) - (\nu-e-1)J_{e+2}(\alpha).$$

THEOREM. *The volumes of (n,ν)-tubes in Euclidean and in spherical space are given by the formulas* (14), (16) *respectively, $J_e(\alpha)$ being defined by* (17). k_e, (15), *are certain integral invariants of C_ν, in particular k_0 is its surface.*

4. Intrinsic nature of the invariants k_e. So far we have hardly done more than what could have been accomplished by any student in a course of calculus. However, some less obvious argument is needed for ascertaining that more explicit form of the point invariant H_e which enables one to replace the curvature $G_a{}^\beta(p)$ by the Riemannian tensor $R^\lambda{}_{\mu a\beta}$ of C_ν. I repeat the definition of this tensor in terms of the metric ground tensor:

$$\sum_\lambda g_{\kappa\lambda}\Gamma^\lambda{}_{a\beta} = \tfrac{1}{2}\left(\frac{\partial g_{a\kappa}}{\partial u^\beta} + \frac{\partial g_{\beta\kappa}}{\partial u^a} - \frac{\partial g_{a\beta}}{\partial u^\kappa}\right)$$

[definition of the affine connection $\Gamma^\kappa{}_{a\beta}$],

$$R^\kappa{}_{\lambda a\beta} = \left(\frac{\partial\Gamma^\kappa{}_{\lambda\beta}}{\partial u^a} - \frac{\partial\Gamma^\kappa{}_{\lambda a}}{\partial u^\beta}\right) + \sum_\rho(\Gamma^\kappa{}_{\rho a}\,\Gamma^\rho{}_{\lambda\beta} - \Gamma^\kappa{}_{\rho\beta}\,\Gamma^\rho{}_{\lambda a}).$$

After raising the index λ according to

$$R^{\kappa\lambda}{}_{a\beta} = \sum_\mu g_{\lambda\mu}R^{\kappa\mu}_{a\beta},$$

$R^{\kappa\lambda}_{a\beta}$ is not only skew-symmetric in $\alpha\beta$, but also in $\kappa\lambda$. As a part of the integrability conditions expressing the *Euclidean* nature of the embedding space E_n, one has the relations [2]

(18) $$R^{\kappa\lambda}_{a\beta} = \sum_{p=1}^m \{G_a{}^\kappa(p)\,G_\beta{}^\lambda(p) - G_\beta{}^\kappa(p)\,G_a{}^\lambda(p)\}.$$

In the *spherical* case we look upon C_ν as a surface in E_{n+1}. To the set of m normals $\mathfrak{n}(p)$, $(p=1,\cdots,m)$ one has simply to add $\mathfrak{n}(0)=\mathfrak{r}$. Since

---

[2] See H. Weyl, *Mathematische Zeitschrift*, vol. 12 (1922), p. 154.

$$\mathfrak{n}_a(0) = \mathfrak{r}_a \ \text{ or } \ G_a{}^\beta(0) = \delta_a{}^\beta,$$

(18) changes into the equation

$$(19) \quad R^{\kappa\lambda}_{a\beta} - (\delta_a{}^\kappa\delta_\beta{}^\lambda - \delta_\beta{}^\kappa\delta_a{}^\lambda) = \sum_{p=1}^{m} \{ G_a{}^\kappa(p) G_\beta{}^\lambda(p) - G_\beta{}^\kappa(p) G_a{}^\lambda(p) \}.$$

[It is a pity that the inadequate name "curvature," which ought to be reserved for $G_a{}^\beta(p)$, has been attached to the Riemann tensor. In the paper just quoted I proposed the more descriptive term "vector vortex." The left side of (19), and also of (18), is the excess of the vortex of C_ν over that of the embedding space. In this form the relation would hold with an arbitrary embedding Riemann space.]

We must try then to express the spherical average

$$\langle \det (\delta_a{}^\beta + \lambda \sum_p t_p G_a{}^\beta(p)) \rangle,$$

in terms of the quantities

$$(20) \qquad H\begin{pmatrix} \kappa\lambda \\ a\beta \end{pmatrix} = \sum_p G_a{}^\kappa(p) G_\beta{}^\lambda(p) - \sum_p G_a{}^\lambda(p) G_\beta{}^\kappa(p).$$

In this investigation the

$$G_a{}^\beta = (G_a{}^\beta(1), \cdots, G_a{}^\beta(m)),$$

just as

$$t = (t_1, \cdots, t_m),$$

may be looked upon as arbitrary vectors in an m-dimensional Euclidean space E_m. Using for a moment the abbreviation

$$z_a{}^\beta = (t \cdot G_a{}^\beta) = \sum_p t_p G_a{}^\beta(p),$$

one has

$$\psi_e = \sum_{a_1 < \cdots < a_e} \begin{vmatrix} z_{a_1}{}^{a_1}, & \cdots, & z_{a_1}{}^{a_e} \\ \cdot & \cdots & \cdot \\ z_{a_e}{}^{a_1}, & \cdots, & z_{a_e}{}^{a_e} \end{vmatrix}.$$

Hence we try to determine

$$\langle \det (t \cdot G_a{}^\beta) \rangle_t,$$

where $G_a{}^\beta$, $(a, \beta = 1, \cdots, e)$ are any e^2 given vectors in E_m.

LEMMA.

$$(21) \quad \langle \det (t \cdot G_\alpha{}^\beta) \rangle_{(\alpha,\beta=1,\ldots,e)}$$

$$= \frac{1}{m(m+2)\cdots(m+e-2)} \sum_{[\alpha,\beta]} \delta\binom{\beta}{\alpha} H\binom{\beta_1\beta_2}{\alpha_1\alpha_2} \cdots H\binom{\beta_{e-1}\beta_e}{\alpha_{e-1}\alpha_e}.$$

$\alpha_1 \cdots \alpha_e$, $\beta_1 \cdots \beta_e$ *are the numbers* $1, \cdots, e$ *in any two arrangements,*
$\delta\binom{\beta}{\alpha} = \pm 1$ *according as the permutation carrying the* α- *into the* β-
arrangement is even or odd. The sum extends over all couplings of pairs

$$(22) \qquad \begin{matrix} (\alpha_1\alpha_2) \\ (\beta_1\beta_2) \end{matrix} \bigg| \begin{matrix} (\alpha_3\alpha_4) \\ (\beta_3\beta_4) \end{matrix} \bigg| \cdots$$

By a "pair" $(\alpha_1\alpha_2)$ we mean here two distinct numbers α_1, α_2, *irrespective*
of their order. Indeed the term $T\binom{\beta}{\alpha}$ under the sum $\sum_{[\alpha\beta]}$ on the right side
of (21) does not change under reversal of an α-pair, $(\alpha_1\alpha_2) \to (\alpha_2\alpha_1)$, or of a
β-pair. Nor does it change under permutation of its $e/2$ factors H; therefore
only the coupling of the α-pairs with the β-pairs, but not the order of the $e/2$
blocks of the scheme (22) matters. Of the $2^e \cdot (\frac{1}{2}e)!$ equal terms arising from
$T\binom{\beta}{\alpha}$ by inverting any of the e pairs of indices and by permuting the $e/2$
factors H, only one is retained in the sum.

Taking the lemma for granted, we find at once

$$(23) \qquad H_e = \sum_{[\alpha,\beta]} \delta\binom{\beta}{\alpha} H\binom{\beta_1\beta_2}{\alpha_1\alpha_2} \cdots H\binom{\beta_{e-1}\beta_e}{\alpha_{e-1}\alpha_e},$$

where the sum now extends to all couplings of pairs (22) from the larger
range $1, 2, \cdots, \nu$ for which the β-sequence consists of the same e distinct
figures as the α-sequence. The invariant nature of the sum to the right is
evidenced when we first write it as

$$\frac{1}{2^e(e/2)!} \sum_{\alpha_1,\ldots,\alpha_e} \sum_{1',\ldots,e'} \pm H\binom{\alpha_{1'}\,\alpha_{2'}}{\alpha_1\,\alpha_2} H\binom{\alpha_{3'}\,\alpha_{4'}}{\alpha_3\,\alpha_4} \cdots, \qquad (e/2 \text{ factors}),$$

the inner sum alternatingly running over the permutations $1', \cdots, e'$ of
$1, \cdots, e$. The limitation of distinctness imposed upon $\alpha_1, \cdots, \alpha_e$ can be
canceled, as the inner sum vanishes if two of the α's coincide. Hence

$$(24) \qquad H_e = \frac{1}{2^e(e/2)!} \sum_{1',\ldots,e'} \left\{ \pm \sum_{\alpha_1,\ldots,\alpha_e} H\binom{\alpha_{1'}\,\alpha_{2'}}{\alpha_1\,\alpha_2} H\binom{\alpha_{3'}\,\alpha_{4'}}{\alpha_3\,\alpha_4} \cdots \right\}.$$

The inner sum in which each α runs independently from 1 to ν is a scalar. We have thus arrived at the decisive

THEOREM. *The scalar H_e on C_ν is determined by the formulas* (23), (24) *where* $H\!\left(\begin{smallmatrix}\lambda\mu\\\alpha\beta\end{smallmatrix}\right)$ *is the Riemann tensor or vortex* $R^{\lambda\mu}_{\ \alpha\beta}$ *in the Euclidean case, and the vortex excess* (19) *in the spherical case.*

These metric scalars H_e deserve attention on their own merits: they are probably the simplest and most fundamental scalars built up by the Riemann tensor.

As a very special case of our theorem we find that *the one term formulas*

$$V(a) = \Omega_m a^m \cdot k_0, \qquad V(\alpha) = \omega_m J_0(\alpha) \cdot k_0$$

prevail if C_ν is applicable on E_ν or S_ν respectively. k_0 denotes the surface of C_ν. Professor Hotelling's result concerning the tubes around a *curve*, $\nu = 1$, is fully contained in this special case.

The lemma is proved by an invariant-theoretic argument as follows. We consider the e^2 vectors $G_\alpha{}^\beta$ as independent variables.

$$\Phi = \langle \det (t \cdot G_\alpha{}^\beta) \rangle_t$$

is an orthogonal invariant of these variables and therefore, according to the theory of orthogonal vector invariants,[3] expressible as a polynomial in terms of the scalar products $(G_\alpha{}^\lambda \cdot G_\beta{}^\mu)$. Observing that Φ is linear and homogeneous in the components of the vectors of each row and each column of the scheme

$$\left\| \begin{array}{ccc} G_1{}^1, & \cdots, & G_1{}^e \\ \cdot & \cdots & \cdot \\ G_e{}^1, & \cdots, & G_e{}^e \end{array} \right\|$$

we realize that it must be a linear combination of terms

$$(G_{a_1}{}^{\beta_1} \cdot G_{a_2}{}^{\beta_2}) \cdots (G_{a_{e-1}}{}^{\beta_{e-1}} \cdot G_{a_e}{}^{\beta_e}),$$

where the α and β are any two arrangements of $1, \cdots, e$. Moreover Φ is skew-symmetric with respect to the columns. Hence, by summing alternatingly over the $e!$ permutations of the superscripts β we find that Φ is a linear combination of the following functions

---

[3] E. Study, *Ber. Sächs. Akad. Wissensch.* 1897, p. 442. H. Weyl, *Mathematische Zeitschrift*, vol. 20 (1924), p. 136.

$$\sum_{(\beta)} \delta\!\binom{\beta}{\alpha} (G_{a_1}{}^{\beta_1} \cdot G_{a_2}{}^{\beta_2})(G_{a_3}{}^{\beta_3} \cdot G_{a_4}{}^{\beta_4}) \cdots = \sum_{[\beta]} \delta\!\binom{\beta}{\alpha} H\!\binom{\beta_1 \beta_2}{\alpha_1 \alpha_2} H\!\binom{\beta_3 \beta_4}{\alpha_3 \alpha_4} \cdots$$

The first sum runs over all $e!$ permutations $\beta_1 \cdots \beta_e$ of $1, \cdots, e$, the second over all their $e!/2^{e/2}$ arrangements in " pairs "

$$(\beta_1 \beta_2), \quad (\beta_3 \beta_4), \cdots.$$

By applying the same argument to the subscripts α one concludes that Φ is a constant multiple c of H_e, (23).

The constant c is determined by the specialization

$$G_a{}^\beta = (\delta_a{}^\beta, 0, \cdots, 0)$$

for which

$$\Phi = \langle t_1{}^e \rangle_t = \frac{e)}{m(m+2) \cdots (m+e-2)}$$

and

$$H\!\binom{\lambda\mu}{\alpha\beta} = \delta_a{}^\lambda \delta_\beta{}^\mu - \delta_a{}^\mu \delta_\beta{}^\lambda, \quad H_e = e!/2^{e/2}(\tfrac{1}{2}e)! = e).$$

117.

Invariants

Duke Mathematical Journal 5, 489—502 (1939)

The *theory of invariants* came into existence about the middle of the nineteenth century somewhat like Minerva: a grown-up virgin, mailed in the shining armor of algebra, she sprang forth from Cayley's Jovian head.   Her Athens over which she ruled and which she served as a tutelary and beneficent goddess was *projective geometry*.   From the beginning she was dedicated to the proposition that all projective coördinate systems are created equal.   Indeed, at that time the viewpoint of projective invariance was the one universally accepted in geometry. The rise of projective geometry had first been brought about by truly geometric stimuli, the study of conic sections, the theory of perspective and by the development of descriptive geometry, and the so-called synthetic direction of Steiner and von Staudt has confirmed the fertility of the projective attitude with respect to pure geometry.

However, its gaining such immense preponderance was, if I am not mistaken, due to algebraic rather than geometric reasons: namely, to the fact that the group of projectivities is expressed by the simplest of all continuous groups, the group of all homogeneous linear transformations.   Plücker in the preface of his first work (*Analytisch-geometrische Entwicklungen*, vol. 1, 1828) openly espoused the ascendency of algebra, or, as he said, analysis, over geometry. So that perhaps one had better speak of geometric algebra than of algebraic geometry, namely, of an algebra which, in establishing its theorems and in the search for the proofs thereof, uses geometric terms and is guided by geometric intuition.   The modern evolution, as far as it does not point its needle toward topology, has on the whole been marked by a trend of algebraization, notwithstanding the undeniable merits of the great school of Italian geometers.

The dictatorial rule of the projective idea in geometry was first successfully broken by the German astronomer and geometer Möbius.   One is forced to realize that the group of all homogeneous linear transformations is not the only one worthy of consideration and capable of serving as the group of automorphisms in a geometric space.   Möbius does not yet possess the general idea of a group; however, his notion of *Verwandtschaft* meets the same purpose in each special case he considers.   The universal group theoretic interpretation was first

Received April 20, 1939; an invited address before the American Mathematical Society at its meeting held April 7–8, 1939 in conjunction with the centennial celebration of Duke University.

No explicit references to the literature were given in the address; they can readily be supplied from the author's book *The Classical Groups, their Invariants and Representations*, Princeton, 1939.   For the general foundations of the theory of invariants compare in particular v.d. Waerden, Mathematische Annalen, vol. 113(1936), pp. 14–35.

promulgated in plain words by Felix Klein in his famous *Erlanger Programm* 1872, which is the classical document of the democratic platform in geometry yielding equal rights to each and every imaginable group. The adaptation of his standpoint to the study of invariants has been somewhat slow. Before I discuss the main problems of the theory of invariants I find it convenient to rephrase Klein's fundamental idea in slightly modernized and hence slightly more abstract terms.

One wishes to associate with the points P of a space numerical (i.e., reproducible) symbols x as their *coördinates*. In general this is possible in a conceptual manner, without pointing out the individual points with my finger, only with respect to a *frame of reference*, e.g., in Euclidean geometry with respect to an arbitrarily assumed Cartesian set of axes. Transition from one frame $\mathfrak{f}$ to another equally admissible one is accomplished by means of a one-to-one correspondence S in the domain of symbols x. One has to deal, therefore, with 4 kinds of objects: a set of symbols or coördinates x, a group $\mathfrak{G}$ of transformations S of this set into itself, and further points P and frames $\mathfrak{f}$. Their connection is to be described thus: A point P relative to a frame $\mathfrak{f}$ determines a coördinate $x = (P, \mathfrak{f})$. Any two frames $\mathfrak{f}$, $\mathfrak{f}'$ determine a transformation S of our group $\mathfrak{G}$, such that the coördinate $x' = (P, \mathfrak{f}')$ of an arbitrary point P arises from its coördinate $x = (P, \mathfrak{f})$ by S, $x' = Sx$. With two given frames $\mathfrak{f}$, $\mathfrak{f}'$ the equation

$$(1) \qquad\qquad (P, \mathfrak{f}) = (P', \mathfrak{f}')$$

defines an *automorphism* $P \rightleftarrows P'$ of the space. If the same S carries $\mathfrak{f}$, $\mathfrak{f}'$ into $\mathfrak{g}$, $\mathfrak{g}'$ respectively, one has, along with (1),

$$(P, \mathfrak{g}) = (P', \mathfrak{g}').$$

This shows that the automorphisms of our space form a group isomorphic with $\mathfrak{G}$; however, the isomorphic correspondence between the two groups depends on the frame of reference and is hence determined up to an arbitrary inner automorphism of the group. If in studying a given group $\mathfrak{G}$ of transformations $x' = Sx$ in a domain of symbols x one wishes to make use of a geometric nomenclature, it is quite fitting to *invent* a point space with its equally admissible frames to which the above scheme applies.

However, in one regard the scheme is still incomplete. Not only are the *points* of the space to be submitted to symbolical representation, but as has been emphasized by Plücker, other geometric entities also, e.g., the straight lines, may serve as spatial elements. Nay, in physics all sorts of physical quantities, velocities, forces, field strengths, electronic spins, etc., should be fixed by numerical symbols relative to a frame of reference. The law according to which the transformation S depends on the transition $\mathfrak{f} \rightarrow \mathfrak{f}'$ will then be determined by the type of the quantity in question, and will differ for points, lines, velocities, spins, etc. Only the elements s of the *abstract* group are tied up with the transitions in a manner independent of the type of quantity under consideration. After this correction, Klein's axiomatics looks as follows. (In its description I use the language of physicists: instead of several points, I speak of *a* point which may assume several positions, or rather of a quantity, e.g., the electromagnetic field strength, capable of several values.)

A. *The "symbolic" part* (dealing with group elements and coördinates).

(1) Let there be given a set γ of elements called *group elements*. Each pair s, t of group elements shall give rise to a composite element ts. There shall be a unit element e satisfying $es = se = s$ and an inverse s^{-1} for each group element s: $s^{-1}s = ss^{-1} = e$. (The associative law is not explicitly required.)

(2) Let there be given a set of elements called coördinates x and a realization $\mathfrak{A}$: $s \to S$ of the group γ by means of one-to-one correspondences $x \to x' = Sx$ within that set.

B. *The "geometric" part* (dealing with frames and quantities).

(1) Any two *frames* $\mathfrak{f}$, $\mathfrak{f}'$ determine a group element s, called the *transition* from $\mathfrak{f}$ to $\mathfrak{f}'$. Vice versa, a group element s "carries" a frame $\mathfrak{f}$ into a uniquely determined frame $\mathfrak{f}' = s\mathfrak{f}$ such that the transition $(\mathfrak{f} \to \mathfrak{f}') = s$. The transition $\mathfrak{f} \to \mathfrak{f}$ is the unit element e, the transition $\mathfrak{f}' \to \mathfrak{f}$ the inverse element. If s, t are the transitions $\mathfrak{f} \to \mathfrak{f}'$, $\mathfrak{f}' \to \mathfrak{f}''$ respectively, then the composite ts is the transition $\mathfrak{f} \to \mathfrak{f}''$.

(2) A quantity q of the type $\mathfrak{A}$ is capable of different values. Relative to an arbitrarily fixed frame $\mathfrak{f}$ each value of q determines a coördinate x such that $q \to x$ is a one-to-one mapping of the possible values of q on the set of coördinates. The coördinate x' corresponding to the same arbitrary value q in any other frame $\mathfrak{f}'$ is linked to x by the transformation $x' = Sx$ associated with the transition $(\mathfrak{f} \to \mathfrak{f}') = s$ by the given realization $\mathfrak{A}$.

(1) refers to the space, (2) to a special quantity therein.

This sounds fairly general and abstract. As algebraists we are interested almost exclusively in the case where the realization of the group is a *representation* $s \to A(s)$ by linear transformations $A(s)$ in an n-dimensional vector space and where the coördinate is therefore a *k-vector*, i.e., any n-tuple of numbers $(x_1, \cdots, x_n)$. By "number" we mean here a number in an arbitrarily given field k. With this limitation we repeat once more our definition of a quantity:

A quantity q of type $\mathfrak{A}$ is characterized by a representation of γ in k, $s \to A(s)$, of a certain degree n. Each value of q relative to a frame $\mathfrak{f}$ determines a k-vector $(x_1, \cdots, x_n)$ such that under the transition s to another frame $\mathfrak{f}'$ the components x_i of q transform according to $A(s)$. [The representation $s \to 1$ of degree 1 is called the identical representation. A quantity of this type is a *scalar*.]

For the purposes of differential geometry this set-up is also of basic importance, though its does not tell the whole story. Here the procedure consists in associating with each point of the non-homogeneous "differential" manifold M a homogeneous Klein space of fixed type $\mathfrak{G}$ and in establishing transitions between these Klein spaces by moving around in M. For example, in a recent review of E. Cartan's method of repères mobiles in the Bulletin of the American Mathematical Society, I was able to show the adequacy of the axiomatic foundation as given here for his treatment of manifolds M, that are embedded in a Klein space, by means of differential invariants. But I shall not enter into this subject here, my sole concern at present being algebraic invariants.

I denote by $P = P_n$ the "space" of n-dimensional k-vectors $(x_1, \cdots, x_n)$. A change of the vector basis in P transmutes $\mathfrak{A}$ into an equivalent representation $\mathfrak{A}'$. $\mathfrak{A}$ or the corresponding type of quantities is *reducible*, provided P has a linear subspace P' invariant under all transformations $A(s)$ of the group $\mathfrak{A}$ which is neither the total P nor contains only the vector 0. By appropriate choice of the vector basis one then may split off a part of the components x_i such that these transform only among themselves. *Decomposition* occurs if P can be decomposed into two complementary invariant subspaces $P_1 + P_2$. This means that, relative to a suitable vector basis, the components break up into two classes

$$(2) \qquad\qquad x_1, \cdots, x_l \,|\, y_1, \cdots, y_m \qquad\qquad (l + m = n),$$

the members of each transforming among themselves. The corresponding quantity consists of the juxtaposition of two quantities x and y which vary independently of each other. Thus one may look upon the electromagnetic four-potential together with the field strength as *one* quantity of $4 + 6 = 10$ components; but everybody will agree that this is a very artificial union. Looking from the other direction one will try and wish to *decompose every quantity into independent irreducible* ("primitive") *constituents*. For most groups, indeed for all which will engage our attention here, this is in fact possible. But the demonstration by algebraic means of the theorem of full reducibility is one of the chief goals of the theory.

Juxtaposition was defined thus: If the variables $x_1, \cdots, x_l$ are subject to the substitution A, and $y_1, \cdots, y_m$ to the substitution B, then the row (2) undergoes the substitution $A \dotplus B$. Another process of great importance is $\times$-multiplication: under the conditions just described, the lm products $x_i y_k$ undergo the substitution $A \times B$ which one calls the Kronecker product. Hence one may add and multiply representations $\mathfrak{A}: s \to A(s)$ and $\mathfrak{B}: s \to B(s)$ of the same group:

$$\mathfrak{A} + \mathfrak{B}: s \to A(s) \dotplus B(s); \qquad \mathfrak{A} \times \mathfrak{B}: s \to A(s) \times B(s);$$

or what is the same, one may add and $\times$-multiply quantities. In performing the second process, the representation spaces P and P' of l and m dimensions over which the vectors x and y range, give rise to an lm-dimensional space PP' which contains the vector $z = x \times y$ with the components

$$z_{ik} = x_i y_k \,.$$

In studying linear forms in PP' one often finds it convenient to replace the most general vector z with lm independent components z_{ik} by the vector $x \times y$ with x_i and y_k as independent variables. This procedure is called the *symbolic method* in the theory of invariants. One of the most important problems for quantities is to decompose the product of two primitive quantities (or of two irreducible representations) into its irreducible constituents. Special cases will soon occupy us.

After all these preliminaries I shall finally say what an *invariant* is. I begin with the notion of a *vector invariant* which presupposes that we are given a group Γ of linear transformations A in an n-dimensional vector space P. Suppose we are given a form $f(x, y, \cdots)$, i.e., a homogeneous polynomial of certain degrees $\mu, \nu, \cdots$ in the components of each argument vector $x, y, \cdots$ which vary in P. The cogredient transformations

$$x' = Ax, \qquad y' = Ay, \qquad \cdots$$

change f into a new form $f' = Af$ defined by

$$f'(x', y', \cdots) = f(x, y, \cdots).$$

f is an (absolute) vector invariant with respect to the group Γ if $f = Af$ for all transformations A in Γ. A simple generalization of this elementary concept will introduce contravariant argument vectors $\xi, \eta, \cdots$ which undergo the transformation contragredient to A while the covariant arguments $x, y, \cdots$ are transformed by A.

To this elementary notion I oppose the *general notion of invariants* resting upon a given *abstract* group $\gamma = \{s\}$ and a series of given representations of γ,

$$\mathfrak{A}\colon s \to A(s), \qquad \mathfrak{B}\colon s \to B(s), \qquad \cdots$$

of degrees $m, n, \cdots$, respectively. A function $\varphi(\mathfrak{x}, \mathfrak{y}, \cdots)$ depending on an arbitrary quantity $\mathfrak{x}$ of type $\mathfrak{A}$, another quantity $\mathfrak{y}$ of type $\mathfrak{B}$, $\cdots$ will be expressed by a certain function F of the numerical vectors

$$x = (x_1, \cdots, x_m), \qquad y = (y_1, \cdots, y_n), \qquad \cdots$$

in terms of a given frame of reference $\mathfrak{f}$, and will be expressed by a certain function $F' = sF$ in terms of another frame $\mathfrak{f}'$ into which $\mathfrak{f}$ changes by the group element s. If $F' = F$ for all s, then φ is an invariant. If we make use of the numerical vectors and the given representations only, invariance may be simply stated by the equation

$$F(A(s)x, B(s)y, \cdots) = F(x, y, \cdots),$$

holding for all s in γ. Again, we limit ourselves to the case where F is a polynomial homogeneous in the components of each vector. Another way of expressing the same thing would be to say that *an invariant is a scalar depending on variable quantities of given types* $\mathfrak{A}, \mathfrak{B}, \cdots$.

One speaks of a *relative invariant* if $F' = \lambda \cdot F$ where the multiplier $\lambda = \lambda(s)$ depends on s only. $s \to \lambda(s)$ is then necessarily a representation of degree 1. More generally, a *covariant* is a quantity of a certain type $\mathfrak{H}\colon s \to H(s)$, depending on variable quantities $x, y, \cdots$ of given types $\mathfrak{A}, \mathfrak{B}, \cdots$.

After having fixed the concepts, we can now turn to the fundamental theorems concerning invariants. The *first main theorem* maintains that the invariants for a given group γ and a given set of its representations $\mathfrak{A}, \mathfrak{B}, \cdots$ have a *finite integrity basis*; i.e., one can pick out a finite number among them in terms of which all these invariants are expressible in an integral rational manner. We do not know whether the proposition holds good for any group γ and representations $\mathfrak{A}$, $\mathfrak{B}$, $\cdots$. One has been able to prove it, however, in the most important cases, in particular for finite groups γ. After one has ascertained a finite complete set of basic invariants $J_1(x, y, \cdots)$, $\cdots$, $J_h(x, y, \cdots)$, the second task is to survey all existing algebraic *relations* among them. A relation is a polynomial $R(t_1, \cdots , t_h)$ of h variables $t_1, \cdots , t_h$ which is turned identically into zero by the substitution

$$t_1 = J_1(x, y, \cdots), \cdots , t_h = J_h(x, y, \cdots).$$

The *second main theorem* states that one can find a finite number of relations of which all relations are algebraic consequences. This is merely a special case of Hilbert's universal proposition about the finiteness of an ideal basis for any ideal of polynomials. Indeed the relations form an ideal in the ring of all polynomials of $t_1, \cdots , t_h$. Thus the second main theorem is settled once for all and we shall pay little further attention to it. To be sure, in each single case the problem remains actually to ascertain an ideal basis of the relations.

I give two examples from the elementary domain of vector invariants. Let us deal with invariant forms depending on an arbitrary number of vectors $x^{(1)}$, $x^{(2)}$, $\cdots$ in the same space; invariance refers to a given group Γ of linear transformations in that space. If Γ is the group of all unimodular transformations, one gets an integrity basis by forming from the given argument vectors in all possible combinations the determinants $[xy \cdots z]$ of the components of n vectors $x, y, \cdots , z$. If contravariant arguments $\xi^{(1)}$, $\xi^{(2)}$, $\cdots$ are admitted, one must add the following two types

$$(\xi x) = \xi_1 x_1 + \cdots + \xi_n x_n$$

and $[\xi \eta \cdots \zeta]$. On the other hand, if Γ is the group of all orthogonal transformations, then the scalar products

$$(xy) \qquad \left\{ \begin{aligned} x &= x^{(1)}, x^{(2)}, \cdots \\ y &= x^{(1)}, x^{(2)}, \cdots \end{aligned} \right\}$$

of the argument vectors constitute an integrity basis for invariants. Surprisingly enough the last result holds good even when the underlying number field is any field of characteristic zero in the sense of abstract algebra. Since the construction of suitable Cartesian coördinate systems to which the proofs resort depends on laying off a given segment on a given line, one would have expected the result to be restricted to "*Pythagorean*" *fields*. As one knows, a field is called *real* (Artin-Schreier) provided a square sum never vanishes unless each term vanishes. I name a real field Pythagorean if the square sum of two numbers is always a square. All relations between scalar products are in the case of the orthogonal group consequences of the relations of the following type:

$$\begin{vmatrix} (xx) & (xx') & \cdots & (xx^{(n)}) \\ \cdots & \cdots & \cdots & \cdots \\ (x^{(n)}x) & (x^{(n)}x') & \cdots & (x^{(n)}x^{(n)}) \end{vmatrix} = 0.$$

(Second main theorem for orthogonal vector invariants.)

By means of his theorem about polynomial ideals Hilbert had reduced the general proof of the first main theorem to the construction of a linear operator ω working on polynomials $F(x, y, \cdots)$ and having the following two properties:

$$(3) \qquad\qquad \omega(1) = 1, \qquad \omega(F \cdot J) = \omega(F) \cdot J$$

whenever J is an invariant. If γ is a compact Lie group, one can follow a procedure inaugurated by Adolf Hurwitz and define an *invariant measure of volumes* on γ by means of which one is able to form the average $\mathfrak{M}_s\{\psi(s)\}$ of any continuous function $\psi(s)$ on γ. One sees at once that

$$\omega(F) = \mathfrak{M}_s(sF)$$

is a process of the desired nature. By this topological method which necessarily presupposes the continuum K of all real numbers as reference field, one succeeds in proving the first fundamental theorem for any compact Lie group. I mention the instance of the real orthogonal group in K. By the same method I. Schur succeeded in carrying over from finite to compact Lie groups Frobenius' theory of group representations, in particular, the orthogonality relations for the representing matrices and their characters, while the speaker, together with F. Peter, established the completeness relation.

A. Haar freed the definition of the volume measure of the awkward differentiability conditions imposed by the Lie nature of the group. H. Bohr's theory of almost periodic functions could be interpreted as the simplest example of a similar theory for open, non-compact groups, namely, for the group of translations of a straight line. With the theory of compact groups and Bohr's example of a non-compact group before his eyes, von Neumann established the theory of almost periodic representations, their orthogonality and completeness, for any group whatsoever. Hence the first main theorem for invariants is proved for each group as long as we restrict ourselves to quantities $x, y, \cdots$ as arguments whose types are described by almost periodic representations.

All this sounds as if we could rest as God did after the sixth day of creation, finding that it was very good! But now enters the snake into the paradise. Let us once more envisage the classical case of the group L^r of all real unimodular transformations A in n dimensions. Not one of the representations with which the classic theory of invariants deals, not even the representation $A \to A$, is almost periodic! Thus the "almost periodic" theory fails just in the most important and natural cases. Nevertheless it has been possible to make the theory of compact groups fruitful for all semi-simple Lie groups by what I have called the *unitarian trick*. For the group L^r it consists in first extending L^r to embrace all unimodular transformations with *complex* coefficients and then limiting oneself within this wider group L^c to the *unitary* operations. By following Lie's fundamental suggestion and going back to the infinitesimal elements of a group, one linearizes and thereby algebraizes all problems concerning structure, representations and invariants of a group; and then such reality restrictions as the two encountered above, either to real coefficients or to the unitary subgroup, become irrelevant. Hence each of these subgroups can stand for the other, and one of them, namely, the unitary subgroup, is compact and thus accessible to the integration method. In the linkage between the infinitesimal and the total group a topological element is involved; but I shall not dwell here on this subtle point. Anyway I have been able to show that the unitarian trick is effective with all semi-simple Lie groups, and thus not only to confirm by a combination of the infinitesimal and integral methods the results derived in a purely infinitesimal manner by E. Cartan for the irreducible representations of the semi-simple groups, but also to supplement them by the theorem of full reducibility and explicit formulas for their characters. At the same time *the first main theorem for invariants was thus secured for all semi-simple groups.*

The problem naturally puts itself: to corroborate by direct and explicit algebraic construction these results first obtained in a transcendental way. If one succeeds, one may hope at the same time to remove the bond by which the topological approach ties these results to the field K of real numbers and to extend them to any field in the abstract algebraic sense, at least to any field of characteristic zero. This is a goal at which I have aimed for many years, though not at all with the necessary persistence and singleness of purpose. So many other mathematical things have diverted my interests, and the whirlwind of political events has had a most disturbing effect on my concentration. However, younger men came to my aid, above all Richard Brauer, to whom I owe the most essential link in the chain of the algebraic theory. At present I have come to a certain end, or at least to a certain halting point, from which it seemed profitable to look back upon the track so far pursued, and this is what I tried to do in my recent book *The Classical Groups, their Invariants and Representations.* The most important simple groups in the field of all complex numbers are: the group $L(n)$ of all (non-singular or merely of all unimodular) linear transformations in n dimensions, the group $O(n)$ of all (or all proper) orthogonal transformations in n dimensions, and the group $Sp(n)$ of all linear transformations in $n = 2\nu$ dimensions leaving invariant a non-degenerate skew-symmetric bilinear form. The last I have christened the symplectic group. These are even the only ones, apart from 5 quite singular exceptional groups. I shall deal exclusively with these groups $L(n)$, $O(n)$, $Sp(n)$. For their investigation a finite group, the group of all permutations, must be drawn in, and one could also include the alternating group of permutations. These groups are in my mind when I speak of *classical groups.* We are first engaged in algebraically constructing the *possible types of quantities* under their reign.

Again we start with the universal linear group $L(n)$, an arbitrary element of which we denote by A:

$$x_i' = \sum a(ik)x_k \qquad (i, k = 1, \cdots, n).$$

You all know what a tensor of rank r is. It has n^r components $t(i_1 i_2 \cdots i_r)$ labeled by r indices $i_1, i_2, \cdots, i_r$ ranging from 1 to n; under the influence of the transformation A of the coördinates in the underlying vector space these components are transformed according to the substitution

$$\Pi_r(A) = A \times A \times \cdots \times A \qquad \text{(r factors)}$$

or more explicitly

$$(4) \qquad t'(i_1 \cdots i_r) = \sum_{k_1, \cdots, k_r} a(i_1 k_1) \cdots a(i_r k_r) \cdot t(k_1 \cdots k_r).$$

The generic tensor of rank r is the quantity arising by r-fold $\times$-multiplication of the quantity vector. But the space P^r of all tensors is not irreducible under the group $\Pi_r(L)$ consisting of the substitutions $\Pi_r(A)$ which are induced in tensor space by the elements A of $L(n)$, whereas the words symmetric tensor, skew-symmetric tensor, indicate irreducible quantities. The tensor space P^r must therefore be split into irreducible invariant parts by imposing symmetry conditions upon the tensors. The possibility of doing so is based on the fact that one can perform an arbitrary permutation p on the r indices or arguments $i_1, \cdots, i_r$, whereby t changes into another tensor pt. In this way enters the group π_r of permutations p of r figures $1, \cdots, r$. Associating the transition $t \longrightarrow pt$ with p defines a representation of π_r by linear transformations in P^r. But why is it that these permutation operators are of importance for the decomposition of tensor space into invariant subspaces? One understands this if one replaces the group $\Pi_r(L)$ of the substitutions (4) to which the tensor space is submitted by its *enveloping algebra*, containing all those substitutions which can be gained by linearly combining any finite number of substitutions of the group $\Pi_r(L)$. It is easily seen that the enveloping algebra consists of all linear substitutions $t \to Ht$ commuting with the permutations $p: t \to pt$. The group π_r of permutations may also conveniently be replaced by the enveloping algebra, i.e., by the corresponding group ring whose elements

$$\sum_p \alpha(p) \cdot p \qquad [\alpha(p) \text{ numbers}]$$

may be interpreted as "symmetry operators" working on tensors.

The general situation under which our problem is naturally to be subsumed is now this: Instead of the tensor space we consider an arbitrary vector space P whose vectors are called t; there is given a finite group $\gamma = \{p\}$ and a representation of γ in P representing the abstract group element p by a linear substitution $t \to pt$. We are interested in the algebra $\mathfrak{A}$ of linear operators $t \to Ht$ commuting with all operators $t \to pt$ of γ. The regular representation $\mathfrak{r}$ of a finite group γ or of its group ring $(\gamma) = \rho$ has ρ itself as its representation space, representing any element a of ρ by the transformation $x \to ax$ of ρ into itself. By a well-known theorem due to Maschke the regular representation of γ is fully reducible; this holds good in any field, unless it is of a prime characteristic dividing the order of γ. We take into account only fields of characteristic zero. A thoroughly elementary method permits establishment of a complete parallelism between the subspaces of ρ invariant under $\mathfrak{r}$ on the one side and the subspaces of P invariant under the algebra $\mathfrak{A}$ on the other side. The parallelism is faithful with respect to addition and the relation of being contained for invariant subspaces, and also with respect to equivalence under their respective operator algebras $\mathfrak{r}$ and $\mathfrak{A}$.

For the symmetric group π_r one knows how to carry out the decomposition into irreducible invariant subspaces by means of the symmetry operators which were invented by A. Young and later, under the leadership of E. Wigner, have found such surprising applications in quantum mechanics. Let us attach the word *quantics*, originally coined by Cayley, to the quantities which one prepares in this way from the material of tensors under the rule of the full linear group $L(n)$. The domain of quantics is closed with respect to the two most important operations: (1) $\times$-multiplication of two quantics followed by decomposition into irreducible constituents, (2) transition from a representation to its contragredient. Each Young operator and hence each quantic[1] is characterized by a partition of the rank number r into n integral summands

$$r = r_1 + r_2 + \cdots + r_n \quad (r_1 \geqq r_2 \geqq \cdots \geqq r_n \geqq 0).$$

We represent this partition by a symmetry diagram whose rows have the lengths $r_1 , r_2 , \cdots , r_n$. Example:

$$
\begin{array}{ll}
r_1 = 7 & \bigcirc\bigcirc\bigcirc\bigcirc\bigcirc\bigcirc\bigcirc \\
r_2 = 5 & \bigcirc\bigcirc\bigcirc\bigcirc\bigcirc \\
r_3 = 5 & \bigcirc\bigcirc\bigcirc\bigcirc\bigcirc \\
r_4 = 2 & \bigcirc\bigcirc \\
r_5 = 1 & \bigcirc
\end{array}
$$

If one wishes to employ a similar method for the orthogonal and the symplectic groups one has first to get hold by a simple description of the enveloping algebra of the substitutions $\Pi_r(A)$ induced in tensor space by the elements A of these more limited groups $O(n)$ and $Sp(n)$. The problem is not as trivial by far as in the former case of the full linear group $L(n)$, and R. Brauer succeeded in solving it only by resorting to the general theory of matric algebras. If one is given an algebra $\mathfrak{A}$ of linear substitutions or matrices A in a certain vector space P, then the matrices B commuting with all matrices A of the set $\mathfrak{A}$ form in their turn an algebra $\mathfrak{B}$ which I call *the commutator algebra* of $\mathfrak{A}$. The key principle asserts that if $\mathfrak{A}$ is fully reducible, the commutator algebra of the commutator algebra of $\mathfrak{A}$ is not larger than $\mathfrak{A}$ as one might expect, but coincides with $\mathfrak{A}$. This principle holds in any field. It is the crowning result of a theory of matric algebras based on this fundamental advice due to I. Schur: along with a given matric algebra, always consider its commutator algebra. Unable to refer to any other place, I had to incorporate in my book this theory which has become a central issue in the whole non-commutative algebra. Perhaps many a reader will find such a concrete treatment in terms of matrices more easily accessible than the abstract handling of semi-simple rings.

---

[1] We disregard here a slight modification necessary to work the process (2).

If one replaces the group $\Pi_r(O)$ induced by the orthogonal group $O(n)$ in tensor space by its enveloping algebra thus determined, one succeeds again in decomposing the most general tensor into quantics with respect to the orthogonal group. The primitive quantics to which one finds oneself reduced differ from those for the full linear group in two essential regards: (1) The Young symmetry operator is applied not to an arbitrary tensor, but to the most general tensor whose $\frac{1}{2}r(r-1)$ traces vanish; the (12)-trace of a tensor $t(i_1\,i_2\,i_3\,\cdots\,i_r)$ being given by

$$ t_{12}(i_3\,\cdots\,i_r) \;=\; \sum_i t(i\,i\,i_3\,\cdots\,i_r) $$

(process of *Verjüngung*).   (2) While all symmetry diagrams whose first column had a length $\leq n$ were admitted for the full linear group, only those occur here whose first two columns have a total length $\leq n$.   Similar results obtain for the symplectic group which in many regards is easier to handle than the orthogonal group.

The algebraic concept of invariants which we adopt for the classical groups is that of a scalar depending on one or more independent variable *quantics*. Arbitrary *forms* such as occurred as arguments in the classical theory of invariants are identical with arbitrary symmetric tensors, and under the reign of $L(n)$ these are quantics which correspond to a symmetry diagram of one row (the length of the row being the order of the form).   Let us first stick again to $L(n)$!   In all textbooks on our subject one is told a lot about the so-called *symbolic method* which reduces *form invariants* to *vector invariants*.   On the basis of the above analysis one shows readily that the method still works for invariants of variable quantics of any type.   However, since the number of argument vectors to be introduced depends on the degree of the invariant under consideration with respect to the variable quantics, the reduction to vector invariants is by no means sufficient without further resources for a proof of the first main theorem.   Certainly the importance of the symbolic method whose formal elegance nobody will deny has been greatly exaggerated.   I consider it one of the more glaring examples of the power of tradition and inertia in mathematics that the elementary textbooks on invariants up to this day deal almost exclusively with this method and its applications.   Frequently quite different approaches, e.g., irrational methods, lead much faster to the goal.   Hilbert's general proof dealing with form invariants of the group $L(n)$ is based on his general proposition about a finite ideal basis for polynomial ideals and employs as the above mentioned process ω with the properties (3) Cayley's purely algebraic Ω-process.   The method goes through in any field of characteristic zero even if quantics instead of forms are the arguments.

The projective geometers were able to cope with affine and metric geometry by adjoining some entities given once for all which they called the *absolute*: the plane at infinity and the absolute involution.   In the same line of ideas relativity theory has found it convenient to treat the metric vector space as an affine vector space in which a positive quadratic form is appointed as metric ground form. Is this standpoint justified as far as invariants are concerned? Let variable forms u, v, $\cdots$ be our arguments in the invariants $J(u, v, \cdots)$ which we envisage. Then the question means whether any *orthogonal* invariant $J(u, v, \cdots)$ arises by the Cartesian specialization $g_{ik} = \delta_{ik}$ from a L-invariant $J(g_{ik}\,;\,u, v, \cdots)$ involving besides the arguments u, v, $\cdots$ a variable covariant quadratic form

$$(5) \qquad \sum_{i,k} g_{ik}\,\xi_i\,\xi_k\,.$$

That it can answer this question in the affirmative goes to the credit of the symbolic method and is its highest triumph. Indeed, each orthogonal vector invariant is expressible in terms of the scalar products (xy) of the vectorial arguments, and if we replace the scalar product

$$(6) \qquad x_1 y_1 + \cdots + x_n y_n$$

by the L-invariant formation

$$- \begin{vmatrix} g_{11} & \cdots & g_{1n} & x_1 \\ \cdots & \cdots & \cdots & \cdots \\ g_{n1} & \cdots & g_{nn} & x_n \\ y_1 & \cdots & y_n & 0 \end{vmatrix}$$

which depends on (5) besides the two vectors x and y and changes into (6) by the specialization $g_{ik} = \delta_{ik}$, then we attain our ends, first for vector invariants and then, owing to the symbolic treatment, for form invariants. The procedure remains applicable even for arbitrary quantics, although the quantics for the group L split into more primitive quantics under the orthogonal subgroup O. In this purely algebraic way based on the adjunction argument we master the orthogonal and the symplectic invariants. This procedure has even stood the test in certain special cases where the statement of full reducibility breaks down.

In these days the angel of topology and the devil of abstract algebra fight for the soul of each individual mathematical domain. As to the decompositions into invariant subspaces whose algebraic construction has here been indicated, one would like to know in some explicit way with which *multiplicity* each of the inequivalent irreducible constituents occurs. This question is answered most readily if one replaces the representations by their *characters*. Explicit formulas for the characters are much more easily obtained by the *integral-topological approach*. The identification of the characters thus derived with the algebraically constructed representations to which they correspond causes a little headache; however, if this has been remedied one has seized upon a result which by its very nature is independent of the nature of the reference field, and that in spite of the fact that the topological method operates in the field K of all real numbers. Thus we are face to face with a peculiar application of analysis to purely algebraic problems whose stage is set in an arbitrary field. The multiplicities just mentioned yield at the same time formulas for the explicit enumeration of invariants and covariants. This field has recently been tilled with high success by Professor Murnaghan.

I must forego giving examples of such enumerating formulas. Instead I prefer to mention a by-product of the algebraic investigation. In the n^2-dimensional space of all matrices $A = \| a_{ik} \|$ the equations

$$(7) \qquad \sum_k a_{ik} a_{jk} - \delta_{ij} = 0, \qquad \det (a_{ik}) - 1 = 0$$

define a certain algebraic manifold, the proper orthogonal group O^+. *This manifold is irreducible*, or, what is the same, the ideal of all polynomials $\Phi(a_{ik})$ vanishing on $O^+(n)$ is a prime ideal. The polynomials constituting the left members of the equations (7) form an ideal basis for our ideal, and Cayley's rational parametrization of orthogonal substitutions A,

$$A = (E - S)(E + S)^{-1},$$

in terms of an arbitrary skew-symmetric matrix S yields a generic zero (allgemeine Nullstelle) of the ideal, provided the elements s_{ik} $(i < k)$ of the skew matrix $S = \| s_{ik} \|$ are treated as indeterminates. All this holds good in any field of characteristic zero.

I hope my sketch has shown how closely the investigation of the invariants of a group is tied up with the ascertainment of its representations. This connection with the general theory of representations and of matric algebras has carried new life-blood into the older theory of invariants which thus has joined the modern forward movement of algebra and now participates in its general conceptual structure. I feel bound to add a personal confession. In my youth I was almost exclusively active in the field of analysis; the differential equations and expansions of mathematical physics were the mathematical things with which I was on the most intimate footing. I have never succeeded in completely assimilating the abstract algebraic way of reasoning, and constantly feel the necessity of translating each step into a more concrete analytic form. But for that reason I am perhaps fitter to act as intermediary between old and new than the younger generation which is swayed by the abstract axiomatic approach, both in topology and algebra.

In closing I should like to point out a few lines of probable *further advance*. First, one naturally wishes to do all things also in a field of prime characteristic. Secondly, it is desirable to find *all* inequivalent irreducible representations in an arbitrarily given field; it is doubtful enough that they are exhausted by the quantics, though these form a class of quantities algebraically closed in a certain sense. If one replaces a continuous group by its infinitesimal elements, one has to deal with a *Lie algebra* and one will ask for its representations and invariants. The classical groups together with the 5 exceptional groups mentioned above yield all the simple Lie-algebras in the field of complex numbers, or in any algebraically closed field.   However, this does not remain true in an arbitrary field.   In this question Landherr, A. A. Albert, Jacobson and Zassenhaus have recently made much headway.   So I am confident that in a few years a younger algebraist will be able to write a similar book dealing comprehensively with the representations and invariants of all semi-simple Lie algebras in an arbitrary field.

118.

The Ghost of Modality

Philosophical Essays in Memory of Edmund Husserl, Cambridge (Mass.), 278—303
(1940)

HUSSERL's philosophy developed from his endeavor to lay bare the phenomenological roots of arithmetic and logic. The present occasion might therefore not be unfitting for a mathematician to survey the attempts made in symbolic logic to account for an idea of such paramount importance as that of *possibility*. Symbolic treatment is neutral to philosophical interpretation; there is no reason why it should remain the monopoly of the positivistic school. So thought O. Becker when he first attacked our question by combining logical calculus with phenomenology.[1] My conjuration of the evasive ghost of modality will follow a somewhat different plan.

I.   THE FIRM GROUND OF CLASSICAL LOGIC

The classical logic of propositions as formalized by G. Frege, and later by Russell and Whitehead in the *Principia Mathematica*, is based on the assumption that a proposition puts a question to some realm of reality whose facts answer with a clear-cut yes or no, according to which the proposition is either true or false. Up to the time of the *Principia Mathematica* everybody believed, or at least hoped, that mathematical propositions were of this nature, leaving no room for indeterminacies expressed by the modal words "possible," "may be," and the like.

A proposition then is capable of only two "truth values," 1 (yes or true), and 0 (no, or false). The meaning of $\sim$ (not), $\cup$ (or), $\cap$ (and), $\rightarrow$ (if, then), is defined by the following "matrices" which assign one of the truth values 0, 1 to the propositions

$$(1) \qquad \sim a, \quad a \cup b, \quad a \cap b, \quad a \rightarrow b$$

---

[1] Oskar Becker, "Zur Logik der Modalitäten," *Jahrbuch für Philosophie und phänomenologische Forschung*, XI (1930), 397.

whenever the truth values of the arbitrary propositions $\mathfrak{a}$, $\mathfrak{b}$ are known:

(2)

$\mathfrak{a}$	$\sim\mathfrak{a}$
I	O
O	I

negation

$\mathfrak{a}$ \ $\mathfrak{b}$	I	O
I	I	I
O	I	O

$\mathfrak{a} \cup \mathfrak{b}$

disjunction

	I	O
	I	O
	O	O

$\mathfrak{a} \cap \mathfrak{b}$

conjunction

	I	O
	I	O
	I	I

$\mathfrak{a} \to \mathfrak{b}$

implication

The peculiar importance of $\to$ lies in the following fact, which we call the *scheme of inference*:

(F) *If the propositions $\mathfrak{a}$ and $\mathfrak{a} \to \mathfrak{b}$ hold, then $\mathfrak{b}$ holds.*

The unary operation $\sim$ and the binary operations $\cup$, $\cap$, $\to$ are termed elementary logical operations for the reason that the truth values of (1) depend only on the truth values of the arguments $\mathfrak{a}$ and $\mathfrak{b}$. We could save two of the binary operations because they are expressible in terms of the third one and negation.

The following fundamental combinations are true whatever the truth values of the arguments $\mathfrak{a}$, $\mathfrak{b}$, $\mathfrak{c}$ may be:

TABLE CT[2]

I (Implication)

    1) $\mathfrak{a} \to (\mathfrak{b} \to \mathfrak{a})$.
    2) $(\mathfrak{a} \to (\mathfrak{a} \to \mathfrak{b})) \to (\mathfrak{a} \to \mathfrak{b})$.
    3) $(\mathfrak{a} \to \mathfrak{b}) \to ((\mathfrak{b} \to \mathfrak{c}) \to (\mathfrak{a} \to \mathfrak{c}))$.

II (Negation)

    1) $(\mathfrak{a} \to \mathfrak{b}) \to (\sim\mathfrak{b} \to \sim\mathfrak{a})$.
    2) $\mathfrak{a} \to \sim\sim\mathfrak{a}$.
    3) $\sim\sim\mathfrak{a} \to \mathfrak{a}$.

III (Disjunction)

    1) $\mathfrak{a} \to \cdot\, \mathfrak{a} \cup \mathfrak{b}$.
    2) $\mathfrak{b} \to \cdot\, \mathfrak{a} \cup \mathfrak{b}$.
    3) $(\mathfrak{a} \to \mathfrak{c}) \to ((\mathfrak{b} \to \mathfrak{c}) \to (\mathfrak{a} \cup \mathfrak{b} \cdot \to \mathfrak{c}))$.

<hr>

[2] This table is copied from D. Hilbert and P. Bernays, *Grundlagen der Mathematik*, I (Berlin, 1934), 66.

IV (Conjunction)

$\quad$ 1) $\; \mathfrak{a} \cap \mathfrak{b} \cdot \to \mathfrak{a}.$

$\quad$ 2) $\; \mathfrak{a} \cap \mathfrak{b} \cdot \to \mathfrak{b}.$

$\quad$ 3) $\; (\mathfrak{a} \to \mathfrak{b}) \to ((\mathfrak{a} \to \mathfrak{c}) \to (\mathfrak{a} \to \cdot \, \mathfrak{b} \cap \mathfrak{c})).$

I and II may be looked upon as the axioms for implication and negation, while III and IV, as it were, define $\cup$ and $\cap$ in terms of them.

Following von Neumann,[3] we avoid the introduction of propositional variables and an attending rule of substitution. A formula like I, 1) is rather meant to convey this communication: If you are given two propositions $\mathfrak{a}$ and $\mathfrak{b}$, then you may be sure that the proposition $\mathfrak{a} \to (\mathfrak{b} \to \mathfrak{a})$ is true (without inquiring into the truth of $\mathfrak{a}$ and $\mathfrak{b}$). According to Hilbert's convention, German letters serve throughout as "communicative signs." Without being objects of the theory itself, they are used for the short and distinct communication of facts or directions, mostly of hypothetic generality.[4] In a completely formalized system, propositions will be replaced by *formulas*, and an exact description of what a formula is will be given. Formulas are sequences of certain symbols among which $\sim, \cup, \cap, \to$ occur, and according to the description, (1) will be formulas if $\mathfrak{a}$ and $\mathfrak{b}$ are. Formulas are *proved* according to two kinds of rules working together: an *axiom* is established by means of one of the axiomatic rules; a formula is derived from two already proved formulas by means of the rule of inference (F). Our Table CT consists of axiomatic rules. The rule I, 1), e.g., says: Take a formula $\mathfrak{a}$ and a formula $\mathfrak{b}$ and combine them into $\mathfrak{a} \to (\mathfrak{b} \to \mathfrak{a})$, which thereby is established as a proved formula (axiom). The rule of inference becomes operative if one has two formulas $\mathfrak{a}$ and $\mathfrak{b}$ and if $\mathfrak{a}$ and $\mathfrak{a} \to \mathfrak{b}$ were proved before; then it authorizes one to put down $\mathfrak{b}$ as a proved formula. In any concrete theoretic discipline the logical axioms I–IV will constitute only a part, presumably the most trivial part, of the whole axiomatic system. In this game of constructing valid formulas the meaning of the

---

[3] *Mathematische Zeitschrift*, xxvi (1927), 1.

[4] A very lucid and detailed exposition of Hilbert's fundamental ideas is given in Hilbert-Bernays, *Grundlagen der Mathematik*, i and ii (Berlin, 1934 and 1939).

formulas does not matter. One has to distinguish clearly between the symbolic formulas, which are meaningless in themselves, and the rules of procedure which tell us how to deal with the symbolic material and whose meaning must be understood by whoever applies them. In a certain well-defined sense Table CT is complete.

Perhaps Russell was unfortunate and invited misunderstandings by calling the operator $\rightarrow$ implication. The implication expressed in the first antecedent of the syllogism:

$$\frac{\begin{array}{l}\text{All men are mortal}\\ \text{Socrates is a man}\end{array}}{\text{Socrates is mortal}}$$

states that

$$x \text{ being man} \rightarrow x \text{ being mortal}$$

holds good for *all* individuals x. We are here concerned with propositional functions $\mathfrak{A}(x)$ or predicates referring to an arbitrary element x in a certain "field" or "space" ω of individuals or "points." For instance, x may range over all integers or over all points of a geometric space. If we choose as our space the phase space of a physical system, then the argument x indicates any phase or state of that system. Complete knowledge of a point x consists in knowing its position; any sort of incomplete knowledge, in knowing that it lies in a certain region a of the space ω. The regions or "sets" a thus correspond to the possible predicates $\mathfrak{A}(x)$ concerning a variable point x in ω; a is the *extension* of $\mathfrak{A}(x)$ encompassing all points x for which $\mathfrak{A}(x)$ holds. The logical operators $\sim$, $\cup$, $\cap$, $\rightarrow$ apply to the propositional functions and can be interpreted as operators working on the corresponding sets; the first three are then called complement, join (or union), and meet (or intersection), respectively. $a \rightarrow \beta$ is the join of β and the complement of a. Not this operation, but rather the relation

$$a \subset \beta, \ a \text{ is part of } \beta,$$

deserves the name of implication. The rule of inference (F) reads here:

(F) If a point p lies in a and in $a \rightarrow \beta$, then p lies in β, while the *syllogism* says:

(S) If p lies in a and a is a part of β, then p lies in β.

The link is provided by the fact:

$(\bar{\bar{F}})$ $a \subset \beta$ states the set $a \rightarrow \beta$ to be the whole space ω.

(F) gives the most complete answer to the question: how much more must I know about a point p in a so as to be sure of its lying in β? Indeed $a \rightarrow \beta$ is the *largest* set γ whose common part with a is contained in β; i.e., any such region γ is contained in $a \rightarrow \beta$.

So much about the connection between the *operator* $\rightarrow$ and the *relation* $\subset$. The calculus of subsets of a given space ω satisfies the axioms of Table CT in the sense that each formula of the table represents the whole space ω whatever the subsets $\mathfrak{a}, \mathfrak{b}, \mathfrak{c}$ may be. For many purposes it is more convenient to put down the axioms of sets in terms of the operations $\sim, \cup, \cap$. The axioms then deal with a class of objects called sets, two special sets (the "empty set" o, and the "total space" ω) and the three operations $\sim, \cup, \cap$. The sign $=$ designates identity. The arrangement of our Table CS exhibits an inherent dualism according to which the axioms on the right-hand side follow from those on the left, and vice versa, by applying the involution $\sim$.

TABLE CS

$$\sim \sim a = a.$$

$\sim o = \omega.$	$\sim \omega = o.$
$\sim (a \cap \beta) = (\sim a) \cup (\sim \beta).$	$\sim (a \cup \beta) = (\sim a) \cap (\sim \beta).$
$a \cup o = a.$	$a \cap \omega = a.$
$a \cap o = o.$	$a \cup \omega = \omega.$
$a \cup (\sim a) = \omega.$	$a \cap (\sim a) = o.$
$a \cap \beta = \beta \cap a.$	$a \cup \beta = \beta \cup a.$
$(a \cap \beta) \cap \gamma = a \cap (\beta \cap \gamma).$	$(a \cup \beta) \cup \gamma = a \cup (\beta \cup \gamma).$
$a \cap (\beta \cup \gamma) =$ $(a \cap \beta) \cup (a \cap \gamma).$	$a \cup (\beta \cap \gamma) =$ $(a \cup \beta) \cap (a \cup \gamma).$

These axioms are true for any sets a, β, γ. If one wishes to interpret $=$ not as logical identity but as a material relation among sets which enters into the axioms on the same level with $\sim$, $\cap$, $\cup$, one will have to add the axioms expressing $=$ to be reflexive, symmetric, and transitive, and furthermore that any sets α, α', β, β' for which $\alpha = \alpha'$, $\beta = \beta'$ also satisfy the equations

$$\sim \alpha = \sim \alpha', \qquad \alpha \cap \beta = \alpha' \cap \beta', \qquad \alpha \cup \beta = \alpha' \cup \beta'.$$

It would not be amiss to introduce $\alpha \subset \beta$ (α part of β) as a fundamental relation beside $=$, but this $\subset$ could also be defined by either of the equations

(3) $$\alpha \cap \beta = \alpha \quad \text{or} \quad \alpha \cup \beta = \beta.$$

Their equivalence follows from the axioms CS. So does the fact that the relation $\alpha \subset \beta$ defined by (3) obeys the following laws:

$$\alpha \subset \alpha. \qquad (\alpha \cap \beta) \subset \alpha. \qquad \alpha \subset (\alpha \cup \beta).$$
$$\text{If } \alpha \subset \beta, \ \beta \subset \gamma, \text{ then } \alpha \subset \gamma.$$

So far the axioms deal with but one class of objects, namely sets.[5] Points and their relationship to sets could conveniently be introduced by expressing the fact that a point x lies or does not lie in a set ξ as

(4) $$(\xi; x) = 1 \quad \text{or} \quad (\xi; x) = 0$$

respectively. We shall then have certain axioms concerning the universal function $(\xi; x)$ which is capable of the two truth values 1 and 0 only, and whose arguments ξ and x range over sets and points respectively. E.g., the equations

$$(o; p) = 0, \quad (\omega; p) = 1$$

[5] If one introduces $\alpha + \beta$ as the remaining set after taking $\alpha \cap \beta$ away from $\alpha \cup \beta$, and $\alpha \cdot \beta$ as the intersection $\alpha \cap \beta$, one has to do with a *ring* in the ordinary algebraic sense (Boolean algebra) whose every element α satisfies the conditions $\alpha \cdot \alpha = \alpha$, $\alpha + \alpha = 0$. Cf. B. A. Bernstein, *Transactions of the American Mathematical Society*, XXVI (1924), 171. Our system of axioms is far from characterizing its objects as (all) sets in a certain point space. How far is revealed by M. H. Stone's thorough investigation of Boolean algebras in *Transactions of the American Mathematical Society*, XL (1936), 37–111. General axiomatic investigations of such appallingly "existential" nature have hardly any bearing upon the fundamental epistemological issues. In mathematics we must suffer them; for at least until the time when the question of the foundations of mathematics shall be definitely settled — if that time ever comes — nothing but arbitrary dictatorial commands could draw the line between sound and unsound mathematical activities — and this price is too high in science and art, no less than in politics.

are valid for any point p. The most important feature of this calculus is that

$$(\sim a; p), \quad (a \cap \beta; p) \quad \text{and} \quad (a \cup \beta; p)$$

are uniquely determined by the values $(a; p)$ and $(\beta; p)$, namely, according to the tables (2) for $\sim$, $\cap$, $\cup$.

One can pass from the predicates and sets with one argument to two or more arguments (relations) by the standard device of forming (ordered) pairs, triples, and so on. If the points x, x' vary over spaces ω, ω' respectively, then the pair (x, x') ranges over the so-called product-space $\omega \times \omega'$.

II.   THE GHOST'S DIFFUSE APPARITION

The first serious attempt to reopen the way to a logic of modality which had been barred by the *Principia Mathematica* was made by C. I. Lewis's system of "strict implication." [6] Lewis missed in Russell's "material implication" $\rightarrow$ the binding moment of valid inference. For Russell the statement

(Caesar is alive) $\rightarrow$ (the moon is made of green cheese)

holds good. Says Lewis: "But to suppose it false that Caesar died would not bind one to suppose the moon made of green cheese." Maybe, but there is certainly nothing wrong in introducing the elementary logical operator $\rightarrow$ by (2) and in pointing out the fundamental fact (F). Moreover, implication in the traditional sense of the syllogism means the relation $a \subset \beta$ among predicates or sets a, β, and I see no ground on which to refute the analysis of $\subset$ in terms of $\rightarrow$ and "all" as stated under $(\overline{\text{F}})$ — whatever name you give to the set operator $\rightarrow$.

I quote two other criticisms leveled by Lewis against $\rightarrow$. He finds this implication insufficient to support an indirect proof, for "a hypothesis whose truth is problematic has logical consequences which are independent of its truth or falsity." And he comes to the conclusion: "Not only does the calculus

---

[6] See now C. I. Lewis and C. H. Langford, *Symbolic Logic* (New York, 1932). Aristotle's logic deals in detail with the oblique modes. A predecessor of C. I. Lewis is Hugh MacColl in his *Symbolic Logic and Its Applications* (London, 1906).

of [material] implication contain false theorems, but all its theorems are not proved. For the theorems are implied by the postulates in the sense of 'implies' which the system uses. . . . The assumptions, e.g., of Principia Mathematica, imply the theorems in the same sense that a false proposition implies anything." I believe that this argument has lost all power by the clear distinction between the formulas of the system in which the symbol $\rightarrow$ occurs and the rules of procedure including the rule of inference (F) according to which the game of deduction is played. "Valid inference" is established by my acting upon the formulas according to rules which I understand how to apply; while $\rightarrow$ is part of the meaningless formulas. Thus Hilbert's distinction between mathematics and metamathematics seems to contain a more complete and radical formulation of what Lewis was aiming at by opposing strict to material implication.

Lewis himself holds that the true or strict implication expresses the *necessity* of $a \rightarrow b$; and thereby he resorts to the correlative modal ideas of necessity and impossibility. (Impossibility of a is equivalent to necessity of $\sim a$.) In the light of our above remark, this necessity — a word wrapped in a shroud of ambiguities and doubts — could be interpreted as *deducibility*: When I put the sign of assertion $\vdash$ in front of a formula a I want to convey thereby the historical fact that *I have succeeded* in deriving this formula a in a game played according to the rules. Yet this assertion or necessity is relative to the axioms from which the formula has been derived. Within mathematics itself we can thus talk of several degrees of mathematical necessity, according to the axioms which we admit, starting with the elementary logical axioms CT ("analytic" necessity) and then adding one after the other the transcendental logical, the arithmetical, and finally the set-theoretic axioms. Outside the mathematical sphere, this list could be prolonged. Take, for instance, the following statements about a train leaving Seattle, Wash., at 10:15 P.M. (Pacific Time), January 18, 1940:

(1) It will arrive and will not arrive in Chicago at a certain time.

(2) It will arrive in Chicago the same day at 9:15 P.M. (Pacific Time).

(3) It will arrive there 0.002 seconds after it leaves Seattle.

(4) It will arrive there at 11:45 P.M. (Pacific Time) of the same day.

The first is logically impossible. The second is *a priori* or *wesensgesetzlich* impossible (Kant, Husserl) because it is against the nature of time that effect precedes cause. The third is physically impossible (considering the distance from Seattle to Chicago), the velocity of light being an upper limit for all speeds of propagation. Finally, the fourth is, at least at present, technically impossible.

Another point is still more important. The assertion $\vdash \alpha$, unlike α itself, is not a formula within the system, but a meaningful statement or communication about α. In consequence of this *metabasis eis allo genos* it makes no sense to apply to $\vdash \alpha$ the operators within the system like $\sim$, $\cup$, $\cap$, nor does it make sense to iterate the sign of assertion $\vdash$. This is at variance with Lewis's intentions: he wishes to have two operators P, N (possible, necessary) which carry a formula into a formula and combine with the other logical operators.

Hume in his analysis of causality replaced the statement that an event A is *necessarily* followed by B, involving the obscure notion of a necessity uncontrollable by experience, into the inductively verifiable statement that *when and wherever* the event A occurs, it is followed by B. Similarly, a mathematician maintaining that a number n necessarily satisfies the equation

$$n + 1 = 1 + n$$

probably wants to say simply that all numbers satisfy this equation. However there are subtle shades in the meaning of "all." One way is to look upon the last proposition as a collective statement of the infinitely many equations

$$1 + 1 = 1 + 1,\ 2 + 1 = 1 + 2,\ 3 + 1 = 1 + 3,\ 4 + 1 = 1 + 4,\ \cdots.$$

The intuitionistic standpoint doubts that such an "infinite logical sum" makes sense. It interprets our sentence as one of *hypothetical* generality, and one could defend the thesis that the word "necessarily" alludes to this sort of generality: *If* you are given a concrete number n, then you may be sure without further examination that $n + 1 = 1 + n$. This is no proposition stating a fact; it tells something only if . . . , namely, if you are actually given a number. It makes bold to predict something about n before one knows what that number n will be. When one raises the problem on what ground its foresight is based, many will answer that it is based on an insight into the general nature of numbers. Whatever merits such a reference to the general nature of things may have, our viewpoint that *necessary* is a fitting word to indicate hypothetic as opposed to factual generality could be supported by the observation that one hesitates to use the word where that distinction disappears, namely in the case of a finite set given by exhibiting one of its elements after the other. I for my part can hardly discern an essential difference between the two statements: "A number which equals 1 or 3 or 5 is necessarily odd," and "One is odd and 3 is odd and 5 is odd." In what way does the inclusion of "necessarily" modify statements like "Three is (necessarily) odd," "This sheet of paper is (necessarily) white"?

Let us return to fundamentals. The basic assumption of the strict alternative of true and false, characteristic for classical logic, leaves no room for bridging the abyss by "perhaps" or "possibly." However, the major part of statements in our everyday life which have a vital meaning for us and our communicants are not of this rigorous nature. A given hue may be *more or less* gray instead of pure black or pure white. We may find it too arbitrary or even impossible to set exact boundaries in a continuum. By far the most important examples are provided by statements about the *future*. A question of this sort, say: "Will a large-scale European war break out within the next year?" does not point to a verification by any reality, and is nevertheless discussed and judged right now, under such aspects as possible, likely, inevitable, rather than true or false.[6a] The statement will be verifiable, indeed, after one year, but then in the modified temporal form: "*Did* a large-scale war break out in the past year?" We make plans by mentally prefiguring future possibilities and basing our decisions on weighing and deliberating them. Whoever drives a car has to do

[6a] This was written late in 1938.

this almost instinctively at every moment. We strive for certain ends, run risks, dangers hang over our heads; besides hard facts we depend on expectations which often bear the emotional accents of hope and fear. One may hesitate to speak here of knowledge and judgments, but these things have the structure of judgments and mean something vital to us. (If we are to believe pragmatism, all knowledge has only this "vital" sense by which it directs our actions.) A message, "Father passed away this morning," conveys a crushing fact; a telegram from my sister saying "We must prepare for the worst, come at once" is no less important for my actions, though it expresses only an expectation.

A plain statement, "This is so," e.g., "This table has this green color," calls for *facts* as its justification; the answer to one questioning this statement should be in principle: "Here, look!" But he who maintains that something is impossible will be asked *why*. His statement calls for *reasons*. Thus in the above example of the telegram calling me to my father's sickbed, the conclusion that his life is in danger has its antecedents, first, in the fact that he is very ill with such and such symptoms, and second, in medical experience finding its expression in a judgment of hypothetic generality: Such symptoms (frequently) indicate approaching death (the element of uncertainty being due to its inductive rather than deductive character).

In classical logic there is no doubt about the meaning of any combination of arbitrary propositions a, b, c, . . by the operators $\sim$, $\cap$, $\cup$, $\rightarrow$, however complicated the structure may be, and we have a perfectly clear combinatorial criterion by which to decide whether such a combined proposition is generally (analytically) true: if its value turns out to be 1 whatever combination of values 1, 0 one assigns to the arguments a, b, c, ... The twilight in which the oblique modes P and N move is revealed most strikingly by the many hesitations we feel when we come to formulate the axioms governing their use. We are sure of their correlation as expressed by the double implication

$$(5) \qquad \sim Pa \;\rightleftarrows\; N \sim a.$$

Moreover

(6)
$$\mathfrak{a} \to P\mathfrak{a} \quad \text{and} \quad N\mathfrak{a} \to \mathfrak{a}.$$

We may still agree upon the further principle

(7)
$$N(\mathfrak{a} \to \mathfrak{b}) \to (N\mathfrak{a} \to N\mathfrak{b}):$$

"If $\mathfrak{a}$ necessarily implies $\mathfrak{b}$ and $\mathfrak{a}$ is necessary, then $\mathfrak{b}$ is necessary." But doubts begin with the iterations: Is it true that

(8)
$$PP\mathfrak{a} \to P\mathfrak{a},$$

or is it even true that

(9)
$$P\mathfrak{a} \to NP\mathfrak{a}\,?$$

The last axiom would mean that statements about possibility or impossibility are themselves not subject to the modal gradations, but are either impossible or necessary. The further one penetrates, the more one seems to move among empty shadows. The only reasonable path to follow will be to examine important "models" in which there is no doubt about the meaning of P and N and in which these operations combine freely and unambiguously with $\sim$, $\cap$, $\cup$ and among themselves. If in several such models we encounter the same complete set of axioms, then we have reason to believe in the usefulness of a universal logic of modality. In the opposite case our hopes will be nipped in the bud. It is upon this enterprise that we now embark (Sections III–VI).

III. FIRST ATTEMPT TO STAY THE GHOST: PROBABILITY

Under the most favorable circumstances likelihood will be *measurable probability*.[7] In a calculus of probability we therefore assign to a proposition or an "event" $\mathfrak{a}$ a probability a which may be any real number within the limits $0 \leq a \leq 1$, rather than a truth value 0 or 1. The probability of the event "$\mathfrak{a}$ and $\mathfrak{b}$" may have any value between 0 and $\min (a, b)$. An italic letter here indicates the probability of an event denoted by the corresponding German letter;

$$\min (a, b), \quad \max (a, b)$$

[7] O. Becker, *loc. cit.* note 1, uses to great advantage for the purpose of modal logic the classical model of drawing balls from an urn.

are the smaller and the larger of the two numbers a and b respectively. In order to obtain a closed calculus of probability in which the values of

$$\sim a, \quad a \cap b, \quad a \cup b$$

are determined by those of a and b, we agree upon these definitions in terms of probability values:

(10)

Proposition	a, b	$\sim a,$	$a \cap b,$	$a \cup b$
Value	a, b	$1 - a,$	$\min (a, b),$	$\max (a, b)$

Let $a \subset b$ indicate the relation $a \leq b$ ("b is at least as good a bet as a"). Can this, in analogy to $(\bar{F})$, be expressed with the help of a certain operator $\rightarrow$, by stating that $a \rightarrow b$ has the value 1? One would then expect this $\rightarrow$ to play in the calculus of probability a part similar to that played by its synonymous operator in the calculus of truth. $a \leq b$ is equivalent to

$$\min (a, b) = a \quad \text{or} \quad a - \min (a, b) = 0.$$

The left side of the last equation is indeed a "probability function," i.e., a function the value and the arguments of which range over the interval $0 \leq x \leq 1$. We therefore venture to complete our table by the convention

(11)

Proposition	$a \rightarrow b$
Value	$1 - a + \min (a, b) = \min (1, 1 - a + b)$

This calculus does not necessarily require that the values range over the entire interval $0 \leq x \leq 1$. Any subset closed with respect to the replacement of a by $1 - a$ would do; for instance, the finite set

$$0, \quad \frac{1}{n}, \quad \frac{2}{n}, \quad \cdot \cdot, \quad \frac{n-1}{n}, \quad 1$$

(n a given integer 1 or 2 or 3 . . .). This is Łukasiewicz's $(n + 1)$-valued logic.[8] For $n = 1$ we fall back upon the calculus of truth and then the definitions (10), (11) are in agreement with those given previously. $n = 2$ gives rise to a 3-valued-logic whose three values 1, $\frac{1}{2}$, 0 are conveniently interpreted as "certainly, possibly, certainly not."

[8] *Ruch filozoficzny* (Lwów), v (1920), 169; *Comptes rend. Soc. Sc. et Lett.* Varsovie, cl. III, xxiii (1930), 51.

It is gratifying to observe that our calculus of probability satisfies all the axioms of the table CT, except I, 2), in the sense that these formulas have the value 1 whatever the values of the arguments a, b, c. Hence our model shows that axiom I, 2) is independent of the rest. By the same method of valuations one establishes independence for each of the logical axioms in that table.

It would be natural to define:

$$P a \text{ has the value } 1 \text{ if } a > 0, \quad 0 \text{ if } a = 0;$$

$$N a \text{ has the value } 1 \text{ if } a = 1, \quad 0 \text{ if } a < 1.$$

This has the consequence that propositions of the form Pa, Na are capable of the two values 1, 0 only, and thus do not participate in the gradation of probability values: besides (8) the strong axiom (9) holds good.

Any probability function of one, two or more arguments can serve to define a corresponding elementary logical operator in the calculus of probability. The operators $\sim$, $\cap$, $\cup$ are only a few picked at random from an infinite host of operators which may claim equal rights. Viewed from this angle our calculus shows little semblance to logic; rather it appears as a special chapter in the theory of real functions. One example is important enough to deserve special mention: the combinations $a \wedge b$, $a \vee b$ with the values $a \cdot b$, $a + b - a \cdot b$ respectively. These are the probabilities of "a and b", "a or b" in the case of *statistically independent* events a, b.

We are thus reminded of the fact that the probabilities of "a and b" and of "a or b" are actually not determined by the probabilities of a and b. This whole calculus is therefore of very little extrinsic significance, in spite of its attractive intrinsic mathematical features.[9]

IV.   THE SECOND ATTEMPT: TOPOLOGY AND THE MORE OR LESS

Because of the inevitable vagueness of localization in a continuum, the logic of predicates or sets, of which the reader was

[9] Reichenbach, *Sitzungsber. Preuss. Ak. Wissensch.* (1932), p. 476, has tried to remedy this deficiency of our calculus by introducing an index of correlation as third argument.

reminded in Section I, is of doubtful application if the space ω is a continuum, in particular for the phase space of a physical system. Aristotle in discussing Zeno's paradox remarks: "The movement does not move by counting. . . . By dividing the continuous line into two halves one takes the one point for two; one makes it both beginning and end. But if one divides in this manner, neither the line nor the motion are any longer continuous," and he concludes significantly: "In the continuous there is indeed an unlimited number of halves, but only potentially, not actually."

Nevertheless, set-theoretic topology has been able, by associating with each point its "neighborhoods," to deal in a crude manner with that structure of a continuum by which it defies isolation of an individual point. For instance, in the case of a plane, a neighborhood of the point x is any circle around the center x. Thus x is an *inner point* of a given set a if all points of a certain neighborhood of x belong to a; x is a *limit point* of a if each neighborhood of x contains points of a. Following Aristotle's suggestion that for a point on the common boundary of a and its complement $\sim a$, uncertainty prevails as to whether it belongs to a or $\sim a$, we venture this terminology:[10] A point x lies *certainly* in the set a, if x is an inner point of a, x lies *possibly* in a, if it is a limit point of a. We thus come to introduce two operators P and N for sets: Pa is the closure consisting of all limit points of a while Na is the core consisting of all inner points of a. We then have, as it should be [cf. (5), (6)]:

$$\sim Pa = N \sim a,$$
$$a \subset Pa \quad \text{and} \quad Na \subset a.$$

Axiom (8) in the form $PPa \subset Pa$ is true, and hence

$$PPa = Pa, \quad Na = NNa$$

(P and N are "idempotent" operators). But (9), which was correct in Section III, is now decidedly wrong.

___

[10] See Tang Tsao-Chen, *Bulletin American Mathematical Society*, XLIV (1938), 737.

Here are some further facts concerning our "modal" operators P and $\mathcal{N}$:

   i. If $\alpha \subset \beta$, then $P\alpha \subset P\beta$, $\mathcal{N}\alpha \subset \mathcal{N}\beta$.

  ii. $\mathcal{N}(\alpha \cap \beta) = (\mathcal{N}\alpha \cap \mathcal{N}\beta)$. $\quad\big|\quad P(\alpha \cup \beta) = (P\alpha \cup P\beta)$.

 iii. $(\mathcal{N}\alpha \cup \mathcal{N}\beta) \subset \mathcal{N}(\alpha \cup \beta)$. $\quad\big|\quad (P\alpha \cap P\beta) \quad P(\alpha \cap \beta)$.

 iv. $\mathcal{N}(\alpha \cup \beta) \subset (P\alpha \cup \mathcal{N}\beta)$.

A set α is said to be *open* or *closed* according to whether

$$\alpha = \mathcal{N}\alpha \quad \text{or} \quad \alpha = P\alpha.$$

The sets $\alpha \cup \beta$, $\alpha \cap \beta$. are open or closed sets respectively if α and β are such.

If one designates the set $(\sim \alpha) \cup \beta$ by $\alpha \to \beta$ as in Section I, then fact iv above is equivalent to formula (7):

$$\mathcal{N}(\alpha \to \beta) \subset (\mathcal{N}\alpha \to \mathcal{N}\beta).$$

All this looks promising enough. However, before it is too late I feel obliged to dampen our growing enthusiasm by three remarks: (1) P and $\mathcal{N}$ are here operators working on sets or predicates rather than on propositions. (2) They presume a *topological space*, and hence are of much more limited application than the general theory of sets. This tends to indicate that the idea of possibility is much more specific and deeper tinged by the material in which it works than the ideas *not*, *and*, *or*. The following considerations in Sections v and vi will go far in confirming such a conviction. (3) Our model lends no support to Lewis's theory of strict implication; for there is no difference between the two statements "$\alpha \to \beta$ is the whole space," "$\mathcal{N}(\alpha \to \beta)$ is the whole space"; they both state α to be part of β.

Various devices have been proposed to reform the set-theoretic analysis of the continuum, or, what is the same, the logic of classical physics, so as to avoid obviously meaningless questions as, for example, whether in a given case a measurable quantity with a continuous range has a rational or irrational value. One escape suggested by the requirements of statistical mechanics has been to identify sets which differ by a set of Lebesgue measure zero. Let me point out here another such attempt that is more in line with Aristotle's thoughts. We admit only *open* sets a. But then the complement $\sim a$ is not open, and we therefore replace it by its open core $N\sim a$.[11] This has the embarrassing effect that the join of the two sets falls short of the whole space by their common boundary. This defect could be repaired by considering as the join of a and β the closure $P(a \cup \beta)$, or rather, since we want to have an open set again, $NP(a \cup \beta)$. Any open set a is part of NPa, the core of its closure. NP is an idempotent operator. We are thus led to admit only such sets, called * sets, for which $NPa = a$, and to adopt the following modified definitions of *not, and, or*:

$$\underset{*}{\sim} a = N(\sim a), \quad a \underset{*}{\cap} \beta = a \cap \beta, \quad a \underset{*}{\cup} \beta = NP(a \cup \beta).$$

These operators $\underset{*}{\sim}$, $\underset{*}{\cap}$, $\underset{*}{\cup}$ carry * sets into * sets, and in consequence of the facts about P and N enumerated before, all the axioms of Table CS are fulfilled by the modified operators. But all * sets being open, the distinction between "it is so" and "it is necessarily so," namely, between a and Na, has disappeared.

Predicates or properties of a point in a continuum are often of the "*more or less*" type, so that the question is not whether an individual has this property or not, but *to what degree*. Assuming the degree to be measurable, the predicate is then described by a function $f(x)$ whose argument x varies over the points of the given space while the value f is a real number in the interval $0 \leq f \leq 1$. The predicates of the former type are those for which the function takes on no other values than 0 and 1 [characteristic function $(a; x)$ of a set a]. A natural way to take into account the nature of a continuum which defies "chopping off its parts from one another, as it were, with a hatchet" (Anaxagoras) would be by limiting oneself to continuous functions $f(x)$ throughout. We come here upon a functional calculus uniting the features of the calculus of

---

[11] So far in agreement with M. H. Stone, *Časopis pro pěst. mat. a fys.*, LXVII (1937–38), 1–25, and A. Tarski, *Fundamenta mathematicae*, XXXI (1938), 103–134. If one stops here, one obtains a calculus of open sets which coincides with Heyting's system of intuitionistic logic (cf. Section VII). But the simple remark that follows and restores the classical axioms CS casts a deep shadow on this interpretation of Heyting's system in terms of topology.

probability and of sets. The domain of continuous functions $f(x)$ is closed with respect to the fundamental operations

$$\sim f(x) = 1 - f(x), \quad f(x) \frown g(x) = \min\,(f(x),\,g(x)),$$
$$f(x) \smile g(x) = \max\,(f(x),\,g(x)).$$

V. DIGGING DEEPER FOR THE MOLE: INTUITIONISM

We believe this to be a fair description of a continuum: (1) It is divisible into parts; (2) but the parts are not "chopped off from one another with a hatchet," localization and boundaries are necessarily vague; (3) however, the mathematician, wishing to be prepared for any emergency, imagines that the fineness and accuracy of the partition can be driven beyond any degree already reached.

The combinatorial schemes of topology correspond to this conception of the continuum. The schemes as such contain nothing vague; the uncertainties come in when one applies the scheme to an actual continuum; in progressing to more and more refined divisions according to the scheme, the boundaries of the previous divisions have to be drawn with an ever sharper pencil.

Much more than classical mathematics is intuitional mathematics capable of accounting for this nature of the continuum. According to Brouwer the alternative a and $\sim a$ of classical logic breaks down in mathematics as soon as one takes the first step beyond arithmetical statements concerning individual numbers, namely, as soon as the ideas "there is" and "any" creep in. Brouwer thus denies the table CT as a sound basis even for the propositions of mathematics. A question of the form "Is there an integer x of the well defined property $\mathfrak{A}$, or has any integer the property non-$\mathfrak{A}$?" is not such as to be necessarily answerable by yes or no. Assertion of the existence statement requires *actual construction* of a concrete integer with the property $\mathfrak{A}$, while the meaning of the other alternative is a *hypothetical* proposition, saying something only in case that . . . : "In case you come across a certain number (whatever this number may be) you may be sure it has the property non-$\mathfrak{A}$." If we search for sheer and honest truth in mathematics, the intuitionistic thesis is irrefutable. However, if Brouwer in this sense challenges the principle of excluded middle, the defect can certainly not be repaired by the primitive expedient of inserting a "possible, perhaps" between the yes and no. The situation is one of essentially more delicate nature.

Hilbert made the heroic attempt to save classical mathematics from Brouwer's onslaught by a complete formalization of mathematics. The mathematical propositions are changed into formulas meaningless in themselves, and the way in which a mathematical proof consisting of such formulas proceeds is described without reference to their meaning. This puts Hilbert beyond the reach of the attack by Brouwer, who denied an intuitively verifiable meaning to most of the usual mathematical propositions: Hilbert relinquishes that pretension of meaning altogether, and what he tries to establish by intuitive reasoning is not the truth of the formulas, but the *consistency* of the whole system: the game when played according to the rules will never lead to the formula $\sim (0 = 0)$.

Hilbert's formulas [12] consist of four kinds of symbols: constants (like 0, 1), variables $(x, y, ..)$, operators (like the logical operators $\sim$, $\cap$, $\cup$ or the arithmetical operators $+$, $\times$), quantifiers. The most important quantifiers are "any" (x) and "there is" $(\exists x)$. The formulas $(x)\mathfrak{A}(x)$, $(\exists x)\mathfrak{A}(x)$ correspond to the propositions "$\mathfrak{A}(x)$ holds for all x," and "There is an x for which $\mathfrak{A}(x)$ holds." The quantifiers bear a variable x as index, and "bind" that variable in the whole following formula $\mathfrak{A}(x)$. An exact description is given of the way in which the symbols combine to form formulas. A formula without free variables may be called a closed formula; in our mathematical game they correspond roughly to individuals or individual propositions. Let $\mathfrak{b}$ be a closed formula and $\mathfrak{A}$ a formula which contains only one free variable x. We denote by $\mathfrak{A}(\mathfrak{b})$ the closed formula arising from $\mathfrak{A}$ if one replaces the variable x wherever it occurs *free*, by the whole expression $\mathfrak{b}$. Hilbert and von Neumann *maintain* the table CT in the sense

---

[12] My description is based on von Neumann's modified system, *loc. cit.* note 3. See now Hilbert-Bernays, *loc. cit.* note 4.

that its rules furnish axioms if one takes for $\mathfrak{a}, \mathfrak{b}, \mathfrak{c}$ any closed formulas. About the quantifier (x) they first stipulate the rule

$$(12) \qquad (x)\mathfrak{A} \to \mathfrak{A}(\mathfrak{b})$$

with the notation just explained. In order to make possible conclusions resulting in a "general" statement $(x)\mathfrak{A}$, Hilbert is bold enough to combine the ideas of "any" and "there is" with Zermelo's axiom of choice by inventing a quantifier ρ_x, called representative. The idea is that a predicate $\mathfrak{A}$ will hold for any individual x if it holds for the representative $\rho_x\mathfrak{A}$ of $\mathfrak{A}$. Or, translated into an axiomatic rule with the same notations as before:

$$(13) \qquad \mathfrak{A}(\rho_x\mathfrak{A}) \to (x)\mathfrak{A}.$$

Similarly for existence. The syllogism (F) remains the only rule of inference.

We are now very far from claiming the rules in Table CT as universal truths which have a crystal-clear significance and are indubitably true irrespective of the propositions $\mathfrak{a}, \mathfrak{b}, \mathfrak{c}$ and of the field of reality with which they deal. But we incorporate them, together with the "transcendental" logical axioms (12), (13), as an intrinsic part into the symbolic edifice of mathematics. As soon as we argue "metamathematically" about the consistency of the whole system, our reasoning is not governed by any axioms but by sheer evidence.

VI. LIGHTNING IN THE CLOUDS: QUANTUM LOGIC

A calculus of probability (sets) much less artificial and arbitrary than the one discussed in Section III is *quantum logic*, which has been devised to serve the ends of modern quantum physics.[13] As we explain it here, it is the counterpart of "classical logic" with a phase space ω consisting of a *finite* number n of points only.[14] Our space is now an n-dimensional *Euclidean vector space V.* By a set a we now mean any *linear sub-*

---

[13] G. Birkhoff and J. von Neumann, *Annals of Mathematics*, xxxvii (1936), 823.

[14] In truth, we should have substituted unitary geometry with complex coördinates for the ordinary orthogonal Euclidean geometry; but the simpler model is good enough for our purposes.

space of V; in particular, o is the zero space made up by the vector o alone, and ω the full space V. $\sim a$ is defined as the subspace perpendicular to a, $a \cap \beta$ is the intersection of a and β, while $a \cup \beta$ denotes the smallest linear subspace containing both a and β, namely the subspace of all vectors of the form $x + y$ (x in a, y in β). Then all the axioms CS are satisfied with the exception of the last two, which are to be replaced by the self-dual Dedekind axiom:

$$\text{If } \beta \subset a, \text{ then } a \cap (\beta \cup \gamma) = \beta \cup (a \cap \gamma).$$

Let us investigate what the analogue of $\to$ is in this quantum logic. Here too, $a \subset \beta$, a is contained in β, means the same as:

$$(a \cup \beta) = \beta \quad \text{or as} \quad (a \cap \beta) = a.$$

Adopting the first description we replace it by the equivalent

$$\sim (a \cup \beta) \cup \beta = \omega.$$

Hence if we introduce the abbreviation

$$a \uparrow \beta \quad \text{for} \quad (\sim a \cap \sim \beta) \cup \beta,$$

$a \subset \beta$ asserts $a \uparrow \beta$ to be the whole space. It is also true that a vector lying in a and in $a \uparrow \beta$ will lie in β. In both these respects, ($\bar{\text{F}}$) and (F), the operator $\uparrow$ in quantum logic behaves like $\to$ in classical logic. However, with equal right we could have adopted the second description which leads us to introduce the abbreviation $a \downarrow \beta$ for $\sim a \cup (a \cap \beta)$; and in both respects, ($\bar{\text{F}}$) and (F), $\downarrow$ is as good as $\uparrow$. In the classical case the two operators $\uparrow$, $\downarrow$ coincide with $\to$, but here they are essentially different. This splitting of $\to$ into $\uparrow$ and $\downarrow$ in quantum logic throws some light on our previous analysis of implication.

We now come to the probability part of quantum logic. If x is a given vector $\neq o$ and ξ a given linear subspace, we project x perpendicularly upon ξ; the quotient of the square of the length of the projection $\bar{x}$ by the square of the length of x itself is called the "probability $(\xi; x)$ of x satisfying ξ." (Since this value is the same for vectors differing by a numerical factor, it is reasonable to consider the *rays* rather than the vectors as representing the possible states of the given physical system.) Pythagoras's theorem then turns into the axiom of negation:

$$(\sim a; p) = 1 - (a; p)$$

which shows that the value of $(\sim a; p)$ is uniquely determined by $(a; p)$, namely according to the rule set down in (10). However the values of $(a \cup \beta; p)$ and $(a \cap \beta; p)$ are in no way uniquely determined by the values of $(a; p)$ and $(\beta; p)$ — and we were well aware in Section III that by enforcing the arbitrary rules (10) we sold our birthright of reality for the pottage of a nice formal game.

There is a perfectly sound definition of the multiplication of vector spaces which in quantum logic allows passing from properties to *relations* between several states of the same or different physical systems. Nevertheless the classical logic of propositional functions with its *variables* $x, y, \ldots$ and its *quantifiers* (x), $(\exists x)$ has a much greater flexibility, due to the parallelism between the operators $\sim$, $\cap$, $\cup$ for sets and for (truth or probability) values, a feature prevailing in classical logic which breaks down completely in quantum logic.

Again we encounter in the symbolic set-up of a discipline, here quantum physics, a certain part which may justly be said to be its *logic*.[15] Each field of knowledge, when it crystallizes into a formal theory, seems to carry with it its intrinsic logic which is part of the formalized symbolic system, and this logic will, generally speaking, differ in different fields. However, when in a formalized mathematical proof we check that a formula $a \rightarrow b$ is this combination of two given formulas a and b (with the intention to draw from a and $a \rightarrow b$ the inference b) we depend on sheer *evidence*. We depend on experimental evidence in quantum physics when we ask whether a physical quantity under empirically given concrete conditions takes on a certain value with such and such probability. Our symbolic structure may consist of several layers; e.g., we may want to apply to quantum physics classical mathematics in its

---

[15] In the present case some would prefer to call it quantum *geometry*; however, there is not much use in fighting over names.

formalized form with the attending existential logic rather than intuitionistic mathematics. But the topmost layer will always open up to the light of meaning, of simple and honest truth, as revealed by evidence and experience. Pure symbolism is never closed in itself; ultimately the mind's seeing eye must come in. We can teach a man, perhaps a dog, but not a stone.

VII. SNAPSHOTS IN TWILIGHT

Up to now we have been mostly concerned with the intrinsic logic of a system. However, in Section II we mentioned another interpretation of the "oblique modes": α being a formula within the system, the assertion $\vdash \alpha$ proclaiming the "certainty" or "necessity" of α is not a formula, but the statement that I have succeeded in deriving α as the end formula in a game played according to the axioms and the rule of inference. The situation is quite similar from the intuitionistic standpoint. Kolmogoroff [16] proposed to interpret an existential proposition "There is a number x of such and such kind" as the mathematical *problem* α to *construct* such a number. With the timeless problem α we confront the announcement $\vdash \alpha$ of the historical fact that I have succeeded in carrying out the desired construction.

The fact is less subjective than it appears at first sight, since anyone else to whom the construction is communicated and who understands it may also pronounce: "(Owing to Mr. Weyl's communication) I know how to construct a number such that . . . ." Yet the statement would be deprived of its personal and historical character altogether only by appending the full construction, whereby it is changed into the proposition that the number thus and thus constructed satisfies the demands. We prefer the much shorter existential statement if, as often happens, the particular construction of the number is irrelevant and hence we may forget about it. Indeed, a mathematical proof after having established the existence of a number of the desired nature, is apt to go on like this: "Let therefore a be such a number," and then to lead to a conclusion not

---

[16] *Mathematische Zeitschrift*, xxxv (1932), 58.

involving a at all. For such purposes one has invented the phrases "one can" or "it is possible to construct" instead of the personal one "I have succeeded in constructing." This characteristic usage of the word "possible" in mathematics should not pass without notice. [In Hilbert's system it is "objectivized" as the quantifier $(\exists x)$.]

In Hilbert's system the gap between the (mathematical) formulas and the metamathematical assertions of deducibility for certain formulas is unbridgeable. It makes therefore no sense to iterate the assertion $\vdash$ or to combine it with the symbols $\sim$, $\cap$, $\cup$ occurring within the system. Brouwer displays a more conciliatory attitude.[17] Let a be the statement that all numbers have the property non-$\mathfrak{A}$. By constructing a number of the property $\mathfrak{A}$ one proves the impossibility, or as Brouwer says, the absurdity, of a which we indicate by the symbol $\daleth a$. In this case it makes sense to speak of the absurdity of the absurdity of a: $\daleth\daleth a$, which would be established by showing that the hypothesis of a number a having the property $\mathfrak{A}$ leads to a contradiction. It seems certain that $\daleth\daleth a$ implies a, but the converse remains doubtful. Prompted by such arguments, Heyting [18] set up a formal system of intuitionistic logic of propositions to which I am ready to consent with two reservations: (1) what constitutes absurdity of a proposition a depends on the nature of a, and I do not see how one can be sure of the meaning of $\daleth a$ for any meaningful proposition a; (2) all evidence seems to discourage the hope that we shall ever be able completely to formalize the logic of intuitive reasoning; so I question whether, or in which limited sense, completeness may be claimed for Heyting's system.

Even so, to my mind his system $\mathfrak{H}$ stands on a much firmer ground of evidence than Lewis's logic of strict implication. It is therefore of some interest to clarify their mutual formal relationship. Let us adopt for the operator N the following axioms:

$$1)\ \ Na \to a, \qquad\qquad 2)\ \ Na \to NNa,$$
$$3)\ \ N(a \to b) \to (Na \to Nb)$$

[17] Cf. Bernays-Hilbert, I, 43, about the "finitistic" and "intuitionistic" standpoints.

[18] *Sitzungsber. Preuss. Ak. Wissensch.* (1930), p. 42.

and add them to the table CT. In addition to the syllogism
we employ as a further rule of inference one admitting passage
from an already proved formula a to Na as a proved formula
(system $\mathfrak{L}$). Then, as Gödel has found, one can translate
Heyting's basic concepts into this symbolism so that formu-
las valid in $\mathfrak{H}$ are deducible in the system $\mathfrak{L}$. There are even
several ways of translation by which to accomplish this. But
the translation seems to work only one way: $\mathfrak{H} \rightarrow \mathfrak{L}$. Hence
this support lent to Lewis by intuitionism is not very strong.[19]

As to the question raised at the end of Section II, the scores
are now decidedly in favor of a negative answer. But if we
have found in our considerations ample reason for casting
doubt upon a universal logic of modality, we need not deny
that the word "possible," though capable of different nuances,
expresses a basic and irreducible idea. In concluding, I want
to point out two of its most fundamental appearances.

As we mentioned above, Aristotle, and following him
Leibniz, described the continuum as the medium of possible
parts where the whole precedes the parts, while in an aggregate of actual parts the parts precede the whole. The continuum of space and time is the medium of possible localiza-
tions. I have often said, and repeat it here once more, that in
using the continuum or the sequence of integers we project the
actually given upon the background of the *a priori* possible,
upon a field of possibilities constructed according to a definite
procedure but open into infinity.[20] I still believe this "poten-
tiality" to be a basic issue, yet it is a specific metaphysical
rather than a universal logical conception. Such ideas under-
lie our theoretical constructions, and we have caught glimpses
of the disguise in which the idea in question enters into our
actual mathematical construction.

---

[19] K. Gödel, *Ergebnisse eines mathematischen Kolloquiums* (Wien), IV (1933), 39.

[20] I was bold enough to add (1925): "Wir stehen mit ihr (der mathematischen Konstruktion) genau in jenem Schnittpunkt von Gebundenheit und
Freiheit, welcher das Wesen des Menschen selbst ist." Heidegger says more
emphatically (*Sein und Zeit*, vol. I, 1927, p. 143): "Die Möglichkeit als Existen-
zial ist die ursprünglichste und letzte positive ontologische Bestimmung des
Daseins." About mathematics and temporality cf. O. Becker, *op. cit.* note 1,
pp. 539–547.

Potentialities of another kind are those which bear on us as historical beings at every moment of our daily lives, the dreaded or hoped for eventualities that the future has in store for us. If history ever becomes ripe for the stage of theoretic symbolic construction, it would not be surprising if in symbolical form this possibility inherent in our very existence, on which I have dwelt before in Section 11, and the depth of which resounded in the last quotation from Heidegger, would play a paramount part in an intrinsic "logic of history." But the example of quantum physics should warn us against any attempt to predict *a priori* what a symbolic logic of history will look like — if its time ever comes.

One may also expect the entire situation to change if one passes from a logic of propositions to a true logic of communications. The propositions either are impersonal or involve only an ego from which they irradiate; communications play between an existential I and thou. Promises, questions, commands, will have to be treated in such a logic.

Our aim was to display relevant material. To pass and execute final judgment requires a stouter heart than that of Hamlet or a mathematician.

119.

The mathematical way of thinking

Science 92, 437—446 (1940)

Pennsylvania University Bicentennial Conference, Studies in the History of Science,
Philadelphia, 103—123 (1941)

By the mathematical way of thinking I mean first that form of reasoning through which mathematics penetrates into the sciences of the external world—physics, chemistry, biology, economics, etc., and even into our everyday thoughts about human affairs, and secondly that form of reasoning which the mathematician, left to himself, applies in his own field. By the mental process of thinking we try to ascertain truth; it is our mind's effort to bring about its own enlightenment by evidence. Hence, just as truth itself and the experience of evidence, it is something fairly uniform and universal in character. Appealing to the light in our innermost self, it is neither reducible to a set of mechanically applicable rules, nor is it divided into watertight compartments like historic, philosophical, mathematical thinking, etc. We mathematicians are no Ku Klux Klan with a secret ritual of thinking. True, nearer the surface there are certain techniques and differences; for instance, the procedures of fact-finding in a courtroom and in a physical laboratory are conspicuously different. However, you should not expect me to describe the mathematical way of thinking much more clearly than one can describe, say, the democratic way of life.

A movement for the reform of the teaching of mathematics, which some decades ago made quite a stir in Germany under the leadership of the great mathematician Felix Klein, adopted the slogan "functional thinking." The important thing which the average educated man should have learned in his mathematics classes, so the reformers claimed, is thinking in terms of *variables and functions*. A function describes how one variable y depends on another x; or more generally, it maps one variety, the range of a variable element x, upon another (or the same) variety. This idea of function or mapping is certainly one of the most fundamental concepts, which accompanies mathematics at every step in theory and application.

Our federal income tax law defines the tax y to be paid in terms of the income x; it does so in a clumsy enough way by pasting several linear functions together, each valid in another interval or bracket of

income. An archeologist who, five thousand years from now, shall unearth some of our income tax returns together with relics of engineering works and mathematical books, will probably date them a couple of centuries earlier, certainly before Galileo and Vieta. Vieta was instrumental in introducing a consistent algebraic symbolism; Galileo discovered the quadratic law of falling bodies, according to which the drop s of a body falling in a vacuum is a quadratic function of the time t elapsed since its release:

$$s = \tfrac{1}{2}gt^2, \tag{1}$$

g being a constant which has the same value for each body at a given place. By this formula Galileo converted a natural law inherent in the actual motion of bodies into an *a priori* constructed mathematical function, and that is what physics endeavors to accomplish for every phenomenon. The law is of much better design than our tax laws. It has been designed by Nature, who seems to lay her plans with a fine sense for mathematical simplicity and harmony. But then Nature is not, as our income and excess profits tax laws are, hemmed in by having to be comprehensible to our legislators and chambers of commerce.

Right from the beginning we encounter these characteristic features of the mathematical process: 1) variables, like t and s in the formula (1), whose possible values belong to a range, here the range of real numbers, which we can completely survey because it springs from our own free construction, 2) representation of these variables by symbols, and 3) functions or *a priori* constructed mappings of the range of one variable t upon the range of another s. *Time* is the independent variable *kat exochen*.

In studying a function one should let the independent variable run over its full range. A conjecture about the mutual interdependence of quantities in nature, even before it is checked by experience, may be probed in thought by examining whether it carries through over the whole range of the independent variables. Sometimes certain simple *limiting cases* at once reveal that the conjecture is untenable. Leibnitz taught us by his *principle of continuity* to consider rest not as contradictorily opposed to motion, but as a limiting case of motion. Arguing by continuity he was able *a priori* to refute the laws of impact proposed by Descartes. Ernst Mach gives this prescription: "After having reached an opinion for a special

<hr>

[1] Address delivered at the Bicentennial Celebration Conference of the University of Pennsylvania, September 17, 1940.

case, one gradually modifies the circumstances of this case as far as possible, and in so doing tries to stick to the original opinion as closely as one can. There is no procedure which leads more safely and with greater mental economy to the simplest interpretation of all natural events." Most of the variables with which we deal in the analysis of nature are continuous variables like time, but although the word seems to suggest it, the mathematical concept is not restricted to this case. The most important example of a discrete variable is given by the sequence of natural numbers or integers 1, 2, 3, . . . Thus the number of divisors of an arbitrary integer n is a function of n.

In Aristotle's logic one passes from the individual to the general by exhibiting certain abstract features in a given object and discarding the remainder, so that two objects fall under the same concept or belong to the same genus if they have those features in common. This descriptive classification, *e.g.*, the description of plants and animals in botany and zoology, is concerned with the actual existing objects. One might say that Aristotle thinks in terms of substance and accident, while the functional idea reigns over the formation of mathematical concepts. Take the notion of ellipse. Any ellipse in the x-y-plane is a set E of points (x, y) defined by a quadratic equation

$$ax^2 + 2bxy + cy^2 = 1$$

whose coefficients a, b, c satisfy the conditions

$$a > 0, \quad c > 0, \quad ac - b^2 > 0.$$

The set E depends on the coefficients a, b, c; we have a function $E(a, b, c)$ which gives rise to an individual ellipse by assigning definite values to the variable coefficients a, b, c. In passing from the individual ellipse to the general notion one does not discard any specific difference, one rather makes certain characteristics (here represented by the coefficients) variable over an *a priori* surveyable range (here described by the inequalities). The notion thus extends over all *possible*, rather than over all *actually existing*, specifications.[1]

From these preliminary remarks about functional thinking I now turn to a more systematic argument. Mathematics is notorious for the thin air of abstraction in which it moves. This bad reputation is only half deserved. Indeed, the first difficulty the man in the street encounters when he is taught to think mathematically is that he must learn to look things much more squarely in the face; his belief in words must be shattered; he must learn to think more concretely. direction. Altitude, height, is a word which has a clear meaning when I ask how high the ceiling of this room is above its floor. The meaning gradually loses precision when we apply it to the relative altitudes of mountains in a wider and wider region. It dangles in the air when we extend it to the whole globe, unless we support it by the dynamical concept of potential. Potential is more concrete than altitude because it is generated by and dependent on the mass distribution of the earth.

Words are dangerous tools. Created for our everyday life they may have their good meanings under familiar limited circumstances, but Pete and the man in the street are inclined to extend them to wider spheres without bothering about whether they then still have a sure foothold in reality. We are witnesses of the disastrous effects of this witchcraft of words in the political sphere where all words have a much vaguer meaning and human passion so often drowns the voice of reason. The scientist must thrust through the fog of abstract words to reach the concrete rock of reality. It seems to me that the science of economics has a particularly hard job, and will still have to spend much effort, to live up to this principle. It is, or should be, common to all sciences, but physicists and mathematicians have been forced to apply it to the most fundamental concepts where the dogmatic resistance is strongest, and thus it has become their second nature. For instance, the first step in explaining relativity theory must always consist in shattering the dogmatic belief in the temporal terms past, present, future. You can not apply mathematics as long as words still becloud reality.

I return to relativity as an illustration of this first important step preparatory to mathematical analysis, the step guided by the maxim, "Think concretely." As the root of the words *past, present, future*, referring to time, we find something much more tangible than time, namely, the causal structure of the universe. Events are localized in space and time; an event of small extension takes place at a space-time or world point, a here-now. After restricting ourselves to events on a plane E we can depict the events by a graphic timetable in a three-dimensional diagram with a horizontal E plane and a vertical t axis on which time t is plotted. A world point is represented by a point in this picture, the motion of a small body by a world line, the propagation of light with its velocity c radiating from a light signal at the world point O by a vertical straight circular cone with vertex at O (light cone). The *active future* of a given world point O, here-now, contains all those events which can still be influenced by what happens at O, while its *passive past* consists of all those world points from which any influence, any message, can reach O. I

Only then will he be able to carry out the second step, the step of abstraction where intuitive ideas are replaced by purely symbolic construction.

About a month ago I hiked around Longs Peak in the Rocky Mountain National Park with a boy of twelve, Pete. Looking up at Longs Peak he told me that they had corrected its elevation and that it is now 14,255 feet instead of 14,254 feet last year. I stopped a moment asking myself what this could mean to the boy, and should I try to enlighten him by some Socratic questioning. But I spared Pete the torture, and the comment then withheld, will now be served to you. Elevation is elevation above sea level. But there is no sea under Longs Peak. Well, in idea one continues the actual sea level under the solid continents. But how does one construct this ideal closed surface, the geoid, which coincides with the surface of the oceans over part of the globe? If the surface of the ocean were strictly spherical, the answer would be

---

[1] Compare about this contrast Ernst Cassirer, "Substanzbegriff und Funktionsbegriff," 1910, and my critical remark, "Philosophie der Mathematik und Naturwissenschaft," 1923, p. 111.

clear. However, nothing of this sort is the case. At this point dynamics comes to our rescue. Dynamically the sea level is a surface of constant potential $\phi = \phi_0$; more exactly ϕ denotes the gravitational potential of the earth, and hence the difference of ϕ at two points P, P' is the work one must put into a small body of mass 1 to transfer it from P to P'. Thus it is most reasonable to define the geoid by the dynamical equation $\phi = \phi_0$. If this constant value of ϕ fixes the elevation zero, it is only natural to define any fixed altitude by a corresponding constant value of ϕ, so that a peak P is called higher than P' if one gains energy by flying from P to P'. The geometric concept of altitude is replaced by the dynamic concept of potential or energy. Even for Pete, the mountain climber, this aspect is perhaps the most important: the higher the peak the greater—*ceteris paribus*—the mechanical effort in climbing it. By closer scrutiny one finds that in almost every respect the potential is the relevant factor. For instance the barometric measurement of altitude is based on the fact that in an atmosphere of given constant temperature the potential is proportional to the logarithm of the atmospheric pressure, whatever the nature of the gravitational field. Thus atmospheric pressure, generally speaking, indicates potential and not altitude. Nobody who has learned that the earth is round and the vertical direction is not an intrinsic geometric property of space but the direction of gravity should be surprised that he is forced to discard the geometric idea of altitude in favor of .the dynamic more concrete idea of potential. Of course there is a relationship to geometry: In a region of space so small that one can consider the force of gravity as constant throughout this region, we have a fixed vertical direction, and potential differences are proportional to differences of altitude measured in that here-now can no longer change anything that lies outside the active future; all events of which I here-now can have knowledge by direct observation or any records thereof necessarily lie in the passive past. We interpret the words past and future in this causal sense where they express something very real and important, the causal structure of the world.

The new discovery at the basis of the theory of relativity is the fact that no effect may travel faster than light. Hence while we formerly believed that active future and passive past bordered on each other along the cross-section of *present*, the horizontal plane $t = $ const. going through O, Einstein taught us that the active future is bounded by the forward light cone and the passive past by its backward continuation. Active future and passive past are separated by the part of the world lying between these cones, and with this part I am here-now not at all causally connected. The essential positive content of relativity theory is this new insight into the causal structure of the universe. By discussing the various interpretations of such a simple question as whether two men, say Bill on earth and Bob on Sirius, are contemporaries, as to whether it means that Bill can send a message to Bob, or Bob a message to Bill, or even that Bill can communicate with Bob by sending a message and receiving an answer, etc., I often succeed soon in accustoming my listener to thinking in terms of causal rather than his

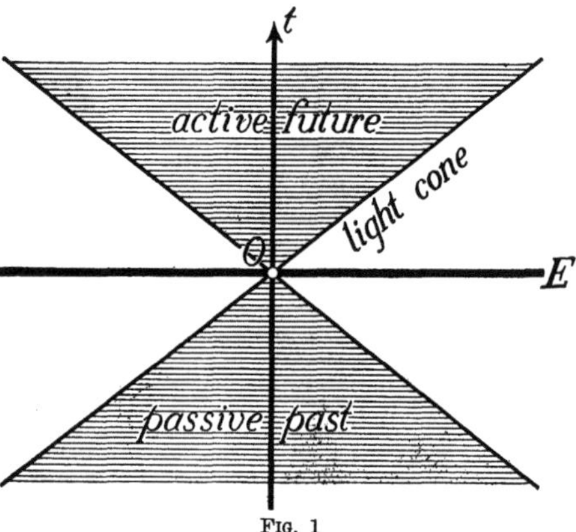

Fig. 1

wonted temporal structure. But when I tell him that the causal structure is not a stratification by horizontal layers $t = $ const., but that active future and passive past are of cone-like shape with an interstice between, then some will discern dimly what I am driving at, but every honest listener will say: Now you draw a figure, you speak in pictures; how far does the simile go, and what is the naked truth to be conveyed by it? Our popular writers and news reporters, when they have to deal with physics, indulge in similes of all sorts; the trouble is that they leave the reader helpless in finding out how far these pungent analogies cover the real issue, and therefore more often lead him astray than enlighten him. In our case one has to admit that our diagram is no more than a picture, from which, however, the real thing emerges as soon as we replace the intuitive space in which our diagrams are drawn by its construction in terms of sheer symbols. Then the phrase that the world is a four-dimensional continuum changes from a figurative form of speech into a statement of what is literally true. At this second step the mathematician turns abstract, and here is the point where the layman's understanding most frequently breaks off: the intuitive picture must be exchanged for a symbolic construction. "By its geometric and later by its purely symbolic construction," says Andreas Speiser, "mathematics shook off the fetters of language, and one who knows the enormous work put into this process and its ever recurrent surprising successes can not help feeling that mathematics to-day is more efficient in its sphere of the intellectual world, than the modern languages in their deplorable state or even music are on their respective fronts." I shall spend most of my time to-day in an attempt to give you an idea of what this magic of symbolic construction is.

To that end I must begin with the simplest, and in a certain sense most profound, example: the natural numbers or *integers* by which we *count* objects. The symbols we use here are strokes put one after another. The objects may disperse, "melt, thaw and resolve themselves into a dew," but we keep this record of their number. What is more, we can by a constructive process decide for two numbers represented through such symbols which one is the larger, namely by checking one against the other, stroke by stroke.

This process reveals differences not manifest in direct observation, which in most instances is incapable of distinguishing between even such low numbers as 21 and 22. We are so familiar with these miracles which the number symbols perform that we no longer wonder at them. But this is only the prelude to the mathematical step proper. We do not leave it to chance which numbers we shall meet by counting actual objects, but we generate the open sequence of *all possible* numbers which starts with 1 (or 0) and proceeds by adding to any number symbol n already reached one more stroke, whereby it changes into the following number n'. As I have often said before, being is thus projected onto the background of the possible, or more precisely onto a manifold of possibilities which unfolds by iteration and is open into infinity. Whatever number n we are given, we always deem it possible to pass to the next n'. "Number goes on." This intuition of the "ever one more," of the open countable infinity, is basic for all mathematics. It gives birth to the simplest example of what I termed above an *a priori* surveyable range of variability. According to this process by which the integers are created, functions of an argument ranging over all integers n are to be defined by so-called complete induction, and statements holding for all n are to be proved in the same fashion. The principle of this inference by complete induction is as follows. In order to show that every number n has a certain property V it is sufficient to make sure of two things:

1) 0 has this property;
2) If n is any number which has the property V, then the next number n' has the property V.

It is practically impossible, and would be useless, to write out in strokes the symbol of the number 10^{12}, which the Europeans call a billion and we in this country, a thousand billions. Nevertheless we talk about spending more than 10^{12} cents for our defense program, and the astronomers are still ahead of the financiers. In July the *New Yorker* carried this cartoon: man and wife reading the newspaper over their breakfast and she looking up in puzzled despair: "Andrew, how much *is* seven hundred billion dollars?" A profound and serious question, lady! I wish to point out that only by passing through the *infinite* can we attribute any significance to such figures. 12 is an abbreviation of

$$\overline{/\ /\ /\ /\ /\ /\ /\ /\ /\ /\ /\ /.}$$
$$10^{12} = 10 \cdot 10 \cdot 10 \cdot 10 \cdot 10 \cdot 10 \cdot 10 \cdot 10 \cdot 10 \cdot 10 \cdot 10 \cdot 10$$

can not be understood without defining the function $10 \cdot n$ for *all n*, and this is done through the following definition by complete induction:

$$10 \cdot 0 = 0,$$
$$10 \cdot n' = (10 \cdot n)^{/\!/\!/\!/\!/\!/\!/\!/}.$$

The dashes constitute the explicit symbol for 10, and, as previously, each dash indicates transition to the next number. Indian, in particular Buddhist, literature indulges in the possibilities of fixing stupendous numbers by the decimal system of numeration which the Indians invented, *i.e.*, by a combination of sums, products and powers. I mention also Archimedes's treatise "On the counting of sand," and Professor Kasner's Googolplex in his recent popular book on "Mathematics and the Imagination."

Our conception of *space* is, in a fashion similar to that of natural numbers, depending on a constructive grip on all *possible* places. Let us consider a metallic disk in a plane E. Places on the disk can be marked *in concreto* by scratching little crosses on the plate. But relatively to two axes of coordinates and a standard length scratched into the plate we can also put ideal marks in the plane outside the disk by giving the numerical values of their two coordinates. Each coordinate varies over the *a priori* constructed range of real numbers. In this way astronomy uses our solid earth as a base for plumbing the sidereal spaces. What a marvelous feat of imagination when the Greeks first constructed the shadows which earth and moon, illumined by the sun, cast in empty space and thus explained the eclipses of sun and moon! In analyzing a continuum, like space, we shall here proceed in a somewhat more general manner than by measurement of coordinates and adopt the *topological* viewpoint, so that two continua arising one from the other by continuous deformation are the same to us. Thus the following exposition is at the same time a brief introduction to an important branch of mathematics, topology.

The symbols for the localization of points on the one-dimensional continuum of a straight line are the *real numbers*. I prefer to consider a *closed* one-dimensional continuum, the circle. The most fundamental statement about a continuum is that it may be divided into parts. We catch all the points of a continuum by spanning a net of division over it, which we refine by repetition of a definite process of subdivision *ad infinitum*. Let S be any division of the circle into a number of arcs, say l arcs. From S we derive a new division S' by the process of *normal subdivision*, which consists in breaking each arc into two. The number of arcs in S' will then be $2l$. Running around the circle in a definite sense (orientation) we may distinguish the two pieces, in the order in which we meet them, by the marks 0 and 1; more explicitly, if the arc is denoted by a symbol α then these two pieces are designated as $\alpha 0$ and $\alpha 1$. We start with the division S_0 of the circle into two arcs $+$ and $-$; either is topologically a cell, *i.e.*, equivalent to a segment. We then iterate the process of normal subdivision and thus obtain $S_0', S_0'', \cdots$, seeing to it that the refinement of the division ultimately pulverizes the whole circle. If we had not renounced the use of metric properties we could decree that the normal subdivision takes place by cutting each arc into two *equal* halves. We introduce no such fixation; hence the actual performance of the process involves a wide measure of arbitrariness. However, the *combinatorial scheme* according to which the parts reached at any step border on each other, and according to which the division progresses, is unique and perfectly fixed. Mathematics cares for this symbolic scheme only. By our notation the parts occurring at the consecutive divisions are *catalogued* by symbols of this type

$$+.011010001$$

with $+$ or $-$ before the dot and all following places occupied by either 0 or 1. We see that we arrive at the familiar symbols of binary (not decimal) fractions. A point is caught by an infinite sequence of arcs of the consecutive divisions such that each arc arises from the preceding one by choosing one of the two pieces into which it breaks by the next normal subdivision, and the point is thus fixed by an infinite binary fraction.

Let us try to do something similar for two-dimensional continua, *e.g.*, for the surface of a sphere or a

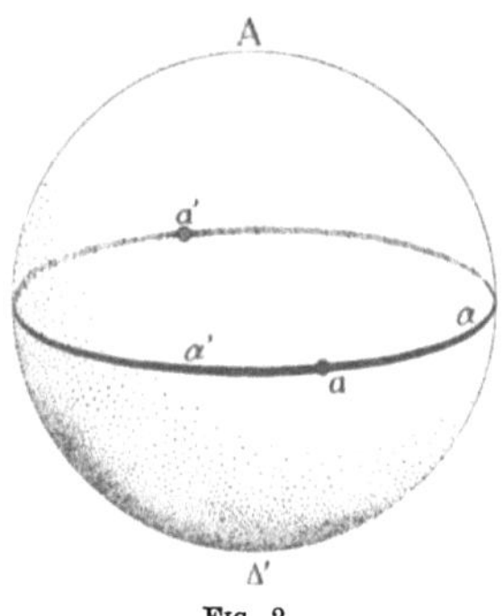

Fig. 2

torus. The figures show how we may cast a very coarse net over either of them, the one consisting of two, the other of four meshes; the globe is divided into its upper and lower halves by the equator, the torus is welded together from four rectangular plates. The meshes are two-dimensional cells, or briefly, 2-cells which are topologically equivalent to a circular disk. The combinatorial description is facilitated by introducing also the vertices and edges of the division, which

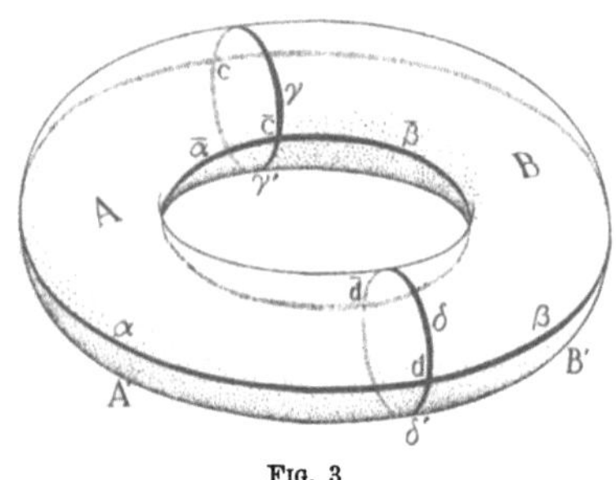

Fig. 3

are 0- and 1-cells. We attach arbitrary symbols to them and state in symbols for each 2-cell which 1-cells bound it, and for each 1-cell by which 0-cells it is bounded. We then arrive at a *topological scheme* S_0. Here are our two examples:

Sphere. $A \rightarrow \alpha, \alpha'.\ A' \rightarrow \alpha, \alpha'.\ \alpha \rightarrow a, a'.\ \alpha' \rightarrow a, a'.$
 ($\rightarrow$ means: bound by)

Torus. $A \rightarrow \alpha, \bar{\alpha}, \gamma, \delta.\ A' \rightarrow \alpha, \bar{\alpha}, \gamma', \delta'.$

$\qquad B \rightarrow \beta, \bar{\beta}, \gamma, \delta.\ B' \rightarrow \beta, \bar{\beta}, \gamma', \delta'.$

$\qquad \alpha \rightarrow c, d.\ \bar{\alpha} \rightarrow \bar{c}, \bar{d}.\ \beta \rightarrow c, d.\ \bar{\beta} \rightarrow \bar{c}, \bar{d}.$

$\qquad \gamma \rightarrow c, \bar{c}.\ \gamma' \rightarrow c, \bar{c}.\ \delta \rightarrow d, \bar{d}.\ \delta' \rightarrow d, \bar{d}.$

From this initial stage we proceed by iteration of a universal process of normal subdivision: On each 1-cell $\alpha = ab$ we choose a point which serves as a new vertex α and divides the 1-cell into two segments $a\alpha$ and αb; in each 2-cell A we choose a point A and cut the cell into triangles by joining the newly created

vertex A with the old and new vertices on its bounding 1-cells by lines within the 2-cell. Just as in elementary geometry we denote the triangles and their sides by means of their vertices. The figure shows a pentagon before and after subdivision; the triangle $A\beta c$ is bounded by the 1-cells βc, $A\beta$, Ac, the 1-cell Ac for instance by the vertices c and A. We arrive at the following general purely symbolic description of the process by which the subdivided scheme S' is derived from a given topological scheme S. Any symbol $e_2\, e_1\, e_0$ made up by the symbols of a 2-cell e_2, a 1-cell e_1 and a 0-cell e_0 in S such that e_2 is bounded by e_1 and e_1 bounded by e_0 represents a 2-cell e'_2 of S'. This 2-cell $e'_2 = e_2 e_1 e_0$ in S' is part of the 2-cell e_2 in S. The symbols of cells in S' which bound a given cell are derived from its symbol by dropping any one of its constituent letters. Through iteration of this symbolic process the initial scheme S_0 gives rise to a sequence of derived schemes S_0', S_0'', S_0''', $\cdots$. What we have done is nothing else than devise a systematic cataloguing of the parts created by consecutive subdivisions. A *point* of our continuum is caught by a sequence

$$e\ e'\ e'' \cdots \qquad\qquad (2)$$

which starts with a 2-cell e of S_0 and in which the 2-cell $e^{(n)}$ of the scheme $S^{(n)}$ is followed by one of the 2-cells $e^{(n+1)}$ of $S^{(n+1)}$ into which $e^{(n)}$ breaks up by our subdivision. (To do full justice to the inseparability of parts in a continuum this description ought to be slightly altered. But for the present purposes our simplified description will do.) We are convinced that not only may each point be caught by such a sequence (Eudoxos), but that an arbitrarily constructed sequence of this sort always catches a point (Dedekind, Cantor). The fundamental concepts of *limit, convergence* and *continuity* follow in the wake of this construction.

We now come to the decisive step of mathematical abstraction: we forget about what the symbols stand for. The mathematician is concerned with the catalogue alone; he is like the man in the catalogue room who does not care what books or pieces of an intuitively given manifold the symbols of his catalogue denote. He need not be idle; there are many operations which he may carry out with these symbols, without ever having to look at the things they stand for. Thus, replacing the points by their symbols (2) he turns the given manifold into a *symbolic construct* which we shall call the *topological space* $\{S_0\}$ because it is based on the scheme S_0 alone.

The details are not important; what matters is that once the initial finite symbolic scheme S_0 is given we are carried along by an absolutely rigid symbolic construction which leads from S_0 to S_0', from S_0' to S_0'', etc. The idea of iteration, first encountered with the natural numbers, again plays a decisive role. The realization of the symbolic scheme for a given manifold, say a sphere or a torus, as a scheme of consecutive divisions involves a wide margin of arbitrariness restricted only by the requirement that the pattern of the meshes ultimately becomes infinitely fine everywhere. About this point and the closely affiliated requirement that each 2-cell has the topological structure of a circular disk, I must remain a bit vague. However, the mathematician is not concerned with applying the scheme or catalogue to a given manifold, but only with the scheme itself, which contains no haziness whatsoever. And we shall presently see that even the physicist need not care greatly about that application. It was merely for heuristic purposes that we had to go the way from manifold through division to pure symbolism.

technology, rests upon the combination of *a priori* symbolic construction with systematic experience in the form of planned and reproducible reactions and their measurements. As material for the *a priori* construction, Galileo and Newton used certain features of reality like space and time which they considered as objective, in opposition to the subjective sense qualities, which they discarded. Hence the important role

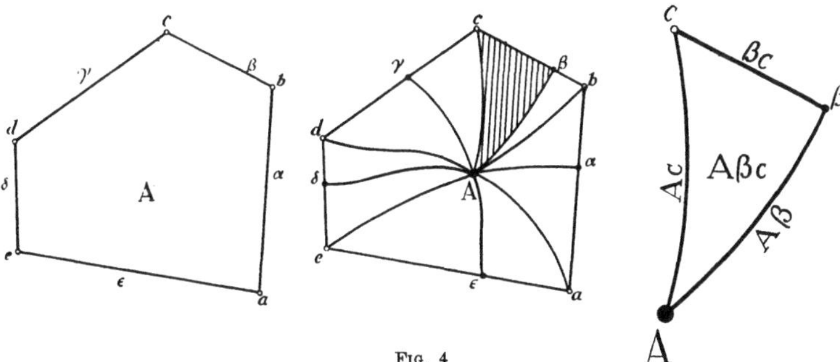

FIG. 4

In the same purely symbolic way we can evidently construct not only 1- and 2- but also 3, 4, 5, . . . -dimensional manifolds. An n-dimensional scheme S_0 consists of symbols distinguished as 0, 1, 2, . . . , n-cells and associates with each i-cell e_i ($i = 1, 2, \cdot \cdot, n$) certain $(i-1)$-cells of which one says that they bound e_i. It is clear how the process of normal subdivision carries over. *A certain such 4-dimensional scheme can be used for the localization of events*, of all possible here-nows; physical quantities which vary in space and time are functions of a variable point ranging over the corresponding symbolically constructed 4-dimensional topological space. In this sense the world *is a* 4-dimensional continuum. The causal structure, of which we talked before, will have to be constructed within the medium of this 4-dimensional world, *i.e.*, out of the symbolic material constituting our topological space. Incidentally the topological viewpoint has been adopted on purpose, because only thus our frame becomes wide enough to embrace both special and general relativity theory. The special theory envisages the causal structure as something geometrical, rigid, given once for all, while in the general theory it becomes flexible and dependent on matter in the same way as, for instance, the electromagnetic field.

In our analysis of nature we reduce the phenomena to simple elements each of which varies over a certain range of possibilities which we can survey *a priori* because we construct these possibilities *a priori* in a purely combinatorial fashion from some purely symbolic material. The manifold of space-time points is one, perhaps the most basic one, of these constructive elements of nature. We dissolve light into plane polarized monochromatic light beams with few variable characteristics like wave length which varies over the symbolically constructed continuum of real numbers. Because of this *a priori* construction we speak of a *quantitative* analysis of nature; I believe the word quantitative, if one can give it a meaning at all, ought to be interpreted in this wide sense. The power of science, as witnessed by the development of modern

which geometric figures played in their physics. You probably know Galileo's words in the *Saggiatore* where he says that no one can read the great book of nature "unless he has mastered the code in which it is composed, that is, the mathematical figures and the necessary relations between them." Later we have learned that none of these features of our immediate observation, not even space and time, have a right to survive in a pretended truly objective world, and thus have gradually and ultimately come to adopt a purely symbolic combinatorial construction.

While a set of objects determines its number unambiguously, we have observed that a scheme of division S_0 with its consecutive derivatives S_0', S_0'', $\cdot \cdot \cdot$ can be established on a given manifold in many ways involving a wide margin of arbitrariness. But the question whether two schemes,

$$S_0, S_0', S_0'' \cdot \cdot \cdot \text{ and } T_0, T_0', T_0'' \cdot \cdot \cdot$$

are fit to describe the same manifold is decidable in a purely mathematical way: it is necessary and sufficient that the two topological spaces $\{S_0\}$ and $\{T_0\}$ can be mapped one upon the other by a continuous one-to-one transformation—a condition which ultimately boils down to a certain relationship called isomorphism between the two schemes S_0 and T_0. (Incidentally the problem of establishing the criterion of isomorphism for two finite schemes in finite combinatorial form is one of the outstanding unsolved mathematical problems.) The connection between a given continuum and its symbolic scheme inevitably carries with it this notion of *isomorphism;* without it and without our understanding that isomorphic schemes are to be considered as not intrinsically different, no more than congruent figures in geometry, the mathematical concept of a topological space would be incomplete. Moreover it will be necessary to formulate precisely the conditions which every topological scheme is required to satisfy. For instance, one such condition demands that each 1-cell be bounded by exactly *two* 0-cells.

I can now say a little more clearly why the physicist is almost as disinterested as the mathematician in the particular way how a certain combinatorial scheme of consecutive divisions is applied to the continuum of here-nows which we called the world. Of course, somehow our theoretical constructions must be put in contact with the observable facts. The historic development of our theories proceeds by heuristic arguments over a long and devious road and in many steps from experience to construction. But systematic exposition should go the other way: first develop the theoretical scheme without attempting to define individually by appropriate measurements the symbols occurring in it as space-time coordinates, electromagnetic field strengths, etc., then describe, as it were in one breath, the contact of the whole system with observable facts. The simplest example I can find is the observed angle between two stars. The symbolic construct in the medium of the 4-dimensional world from which theory determines and predicts the value of this angle includes: (1) the world-lines of the two stars, (2) the causal structure of the universe, (3) the world position of the observer and the direction of his world line at the moment of observation. But a continuous deformation, a one-to-one continuous transformation of this whole picture, does not affect the value of the angle. *Isomorphic pictures lead to the same results concerning observable facts.* This is, in its most general form, the *principle. of relativity.* The arbitrariness involved in our ascent from the given manifold to the construct is expressed by this principle for the opposite descending procedure, which the systematic exposition should follow.

So far we have endeavored to describe how a mathematical construct is distilled from the given raw material of reality. Let us now look upon these products of distillation with the eye of a pure mathematician. One of them is the sequence of natural numbers and the other the general notion of a topological space $\{S_0\}$ into which a topological scheme S_0 develops by consecutive derivations $S_0, S_0', S_0'', \cdots$. In both cases *iteration* is the most decisive feature. Hence all our reasoning must be based on evidence concerning that completely transparent process which generates the natural numbers, rather than on any principles of formal logic like syllogism, etc. The business of the constructive mathematician is *not* to draw logical conclusions. Indeed his arguments and propositions are merely an accompaniment of his actions, his carrying out of constructions. For instance, we run over the sequence of integers 0, 1, 2, . . . by saying alternatingly even, odd, even, odd, etc., and in view of the possibility of this inductive construction which we can extend as far as we ever wish, we formulate the general arithmetical proposition: "Every integer is even or odd." Besides the idea of iteration (or the sequence of integers) we make constant use of mappings or of the functional idea. For instance, just now we have defined a function $\pi(n)$, called parity, with n ranging over all integers and π capable of the two values 0 (even) and 1 (odd), by this induction:

$$\pi(0) = 0;$$
$$\pi(n') = 1 \text{ if } \pi(n) = 0, \quad \pi(n') = 0 \text{ if } \pi(n) = 1.$$

Structures such as the topological schemes are to be studied in the light of the idea of *isomorphism.* For instance, when it comes to introducing operators τ which carry any topological scheme S into a topological scheme $\tau(S)$ one should pay attention only to such operators or functions τ for which isomorphism of S and R entails isomorphism for $\tau(S)$ and $\tau(R)$.

Up to now I have emphasized the constructive character of mathematics. In our actual mathematics there vies with it the non-constructive *axiomatic method.* Euclid's axioms of geometry are the classical prototype. Archimedes employs the method with great acumen and so do later Galileo and Huyghens in erecting the science of mechanics. One defines all concepts in terms of a few undefined basic concepts and deduces all propositions from a number of basic propositions, the axioms, concerning the basic concepts. In earlier times authors were inclined to claim *a priori* evidence for their axioms; however this is an epistemological aspect which does not interest the mathematician. Deduction takes place according to the principles of formal logic, in particular it follows the syllogistic scheme. Such a treatment *more geometrico* was for a long time considered the ideal of every science. Spinoza tried to apply it to ethics. For the mathematician the meaning of the words representing the basic concepts is irrelevant; any interpretation of them which fits, *i.e.*, under which the axioms become true, will be good, and all the propositions of the discipline will hold for such an interpretation because they are all logical consequences of the axioms. Thus n-dimensional Euclidean geometry permits another interpretation where points are distributions of electric current in a given circuit consisting of n branches which connect at certain branch points. For instance, the problem of determining that distribution which results from given electromotoric forces inserted in the various branches of the net corresponds to the geometric construction of orthogonal projection of a point upon a linear subspace. From this standpoint mathematics treats of relations in a hypothetical-deductive manner without binding itself to any particular material interpretation. It is not concerned with the *truth* of axioms, but only with their *consistency;* indeed inconsistency would *a priori* preclude the possibility of our ever coming across a fitting interpretation. "Mathematics is the science which draws necessary conclusions," says B. Peirce in 1870, a definition which was in vogue for decades after. To me it seems that it renders very scanty information about the real nature of mathematics, and you are at present watching my struggle to give a fuller characterization. Past writers on the philosophy of mathematics have so persistently discussed the axiomatic method that I don't think it necessary for me to dwell on it at any greater length, although my exposition thereby becomes somewhat lopsided.

However I should like to point out that since the axiomatic attitude has ceased to be the pet subject of the methodologists its influence has spread from the roots to all branches of the mathematical tree. We have seen before that topology is to be based on a full enumeration of the axioms which a *topological scheme* has to satisfy. One of the simplest and most basic axiomatic concepts which penetrates all fields of mathematics is that of *group*. Algebra with its "*fields*," "*rings*," etc., is to-day from bottom to top permeated by the axiomatic spirit. Our portrait of mathematics would look a lot less hazy, if time permitted me to explain these mighty words which I have just uttered, group, field and ring. I shall not try it, as little as I have stated the axioms characteristic for a topological scheme. But such notions and their kin have brought it about that modern mathematical research often is a dexterous blending of the constructive and the axiomatic procedures. Perhaps one should be content to note their mutual interlocking. But temptation is great to adopt one of these two views as the genuine primordial way of mathematical thinking, to which the other merely plays a subservient role, and it is possible indeed to carry this standpoint through consistently whether one decides in favor of construction or axiom.

Let us consider the first alternative. Mathematics then consists primarily of construction. The occurring sets of axioms merely *fix the range of variables entering into the construction*. I shall explain this statement a little further by our examples of causal structure and topology. According to the special theory of relativity the causal structure is once for all fixed and can therefore be explicitly constructed. Nay, it is reasonable to construct it together with the topological medium itself, as for instance a circle together with its metric structure is obtained by carrying out the normal subdivision by cutting each arc into two *equal* halves. In the general theory of relativity, however, the causal structure is something flexible; it has only to satisfy certain axioms derived from experience which allow a considerable measure of free play. But the theory goes on by establishing laws of nature which connect the flexible causal structure with other flexible physical entities, distribution of masses, electromagnetic field, etc., and these laws in which the flexible things figure as variables are in their turn *constructed* by the theory in an explicit *a priori* way. Relativistic cosmology asks for the topological structure of the universe as a whole, whether it is open or closed, etc. Of course the topological structure can not be flexible as the causal structure is, but one must have a free outlook on all topological possibilities before one can decide by the testimony of experience which of them is realized by our actual world. To that end one turns to topology. There the topological scheme is bound only by certain axioms; but the topologist derives numerical characters from, or establishes universal connections between, arbitrary topological schemes, and again this is done by explicit construction into which the arbitrary schemes enter as variables. Wherever axioms occur, they ultimately serve to describe the range of variables in explicitly constructed functional relations.

So much about the first alternative. We turn to the opposite view, which subordinates construction to axioms and deduction, and holds that mathematics consists of systems of axioms freely agreed upon, and their necessary conclusions. In a completely axiomatized mathematics construction can come in only secondarily as construction of examples, thus forming the bridge between pure theory and its applications. Sometimes there is only *one* example because the axioms, at least up to arbitrary isomorphisms, determine their object uniquely; then the demand for translating the axiomatic set-up into an explicit construction becomes especially imperative. Much more significant is the remark that an axiomatic system, although it refrains from constructing the mathematical *objects*, constructs the mathematical *propositions* by combined and iterated application of logical rules. Indeed, drawing conclusions from given premises proceeds by certain logical rules which since Aristotle's day one has tried to enumerate completely. Thus on the level of propositions, the axiomatic method is undiluted constructivism. David Hilbert has in our day pursued the axiomatic method to its bitter end where all mathematical propositions, including the axioms, are turned into formulas and the game of deduction proceeds from the axioms by rules which take no account of the meaning of the formulas. The mathematical game is played in silence, without words, like a game of chess. Only the rules have to be explained and communicated in words, and of course any arguing about the possibilities of the game, for instance about its consistency, goes on in the medium of words and appeals to evidence.

If carried so far, the issue between explicit construction and implicit definition by axioms ties up with the last foundations of mathematics. Evidence based on construction refuses to support the principles of Aristotelian logic when these are applied to existential and general propositions in infinite fields like the sequence of integers or a continuum of points. And if the logic of the infinite is taken into account, it seems impossible to axiomatize adequately even the most primitive process, the transition $n \rightarrow n'$ from an integer n to its follower n'. As K. Gödel has shown, there will always be constructively evident arithmetical propositions which can not be deduced from the axioms however you formulate them, while at the same time the axioms, riding roughshod over the subtleties of the constructive infinite, go far beyond what is justifiable by evidence. We are not surprised that a concrete chunk of nature, taken in its isolated phenomenal existence, challenges our analysis by its inexhaustibility and incompleteness; it is for the sake of completeness, as we have seen, that physics projects what is given onto the background of the possible. However, it is surprising that a construct created by mind itself, the sequence of integers, the simplest and most diaphanous thing for the constructive mind, assumes a similar aspect of obscurity and deficiency when viewed from the axiomatic angle. But such is the fact; which casts an uncertain light upon the relationship of evidence and mathematics. In spite, or because, of our deepened critical insight we are to-day less sure than at any previous time of the ultimate foundations on which mathematics rests.

My purpose in this address has not been to show how the inventive mathematical intellect works in its manifold manifestations, in calculus, geometry, algebra, physics, etc., although that would have made a much more attractive picture. Rather, I have attempted to make visible the sources from which all these manifestations spring. I know that in an hour's time I can have succeeded only to a slight degree. While in other fields brief allusions are met by ready understanding, this is unfortunately seldom the case with mathematical ideas. But I should have completely failed if you had not realized at least this much, that mathematics, in spite of its age, is not doomed to progressive sclerosis by its growing complexity, but is still intensely alive, drawing nourishment from its deep roots in mind and nature.

120.

Theory of reduction for arithmetical equivalence

Transactions of the American Mathematical Society 48, 126—164 (1940)

INTRODUCTION

Minkowski's *Geometrie der Zahlen* as it was published in 1896 led up to two fundamental inequalities concerning a symmetric convex body in relationship to a lattice; in his notation

$$(1) \qquad M^n V \leqq 2^n$$

and

$$(2) \qquad S_1 \cdots S_n V \leqq 2^n.$$

The second inequality, which generalizes the first, is a decisive step towards a theory of reduction of arbitrary gauge functions under arithmetical equivalence. In fact the problem of reduction for quadratic forms of n variables (ellipsoids) was the starting point of Minkowski's investigations. But he must have found that the new instrument which he invented and of which he made so many beautiful applications in other directions was not quite adequate to the goal for which it had originally been devised. For 14 years later he came out with a paper on "Diskontinuitätsbereich für arithmetische Aequivalenz" [1] which makes no use whatsoever of his own geometric methods. This was probably due to two difficulties: he failed to see a way of passing from pseudo-reduction to true reduction for an arbitrary convex body, and in the special case of ellipsoids he found the inequality of true reduction tied up with the selection of a finite number among the linear inequalities which characterize a reduced form. The latter knot was unraveled by a kind of topological argument in a joint paper by L. Bieberbach and I. Schur [2] while K. Mahler in 1938 made an almost trivial remark which removed the first difficulty [3]. In a general overhauling of the geometry of numbers [4], to which the author was led by preparing an introductory talk for a seminar on the subject, he generalized (2) in such a way as to make the approach to that inequality more natural [5], rediscovered Mahler's observation, substituted a simpler argument for that used by Bieberbach and Schur and finally extended Minkowski's second theorem of finiteness. Without this extension certain primitive questions about the topological pattern of equivalent cells would be unanswerable. In a previous paper R. Remak had considerably shortened and sharpened Minkowski's estimate for the coefficients β_{ij} which appear in

Presented to the Society, February 24, 1940; received by the editors February 16, 1940.

the Jacobi transformation of a reduced quadratic form [6]. The author found that a considerable part of the theory of reduction could be carried through along the lines of Mahler's approach for arbitrary convex bodies and that this more general procedure results in stronger rather than weaker estimates for the quantities on which the question of finiteness depends.

The present paper sets forth the whole theory *ab ovo*, and hence is partly of a didactic nature; as far as possible it follows the geometric approach dealing with arbitrary convex bodies. In order to prevent it from becoming too dull reading, I have extended the theory to vectors and lattices and forms in which complex numbers or quaternions take the place of real numbers. Chapter I deals with the general theory, Chapter II with the special case of quadratic, Hermitian and "Hamiltonian" forms([1]).

CHAPTER I. GENERAL THEORY OF REDUCTION

A. THE REAL CASE

1. **Known facts about lattices.** In the n-dimensional vector space E_n whose elements are the n-uples $\mathfrak{x} = (x_1, \cdots, x_n)$ of real numbers we consider the *lattice* $\mathfrak{L}$ of the vectors with integral components x_i. The n unit vectors $e_k = (\delta_1^k, \cdots, \delta_n^k)$ form a basis of, or span, this lattice in the sense that the lattice vectors appear as sums $\sum_i x_i e_i$ with integral coefficients. Here δ_i^k are the Kronecker δ's. Any basis $\mathfrak{s}_k = (s_1^k, \cdots, s_n^k)$ of the lattice arises from the absolute basis e_k by a *unimodular transformation* $S = \|s_i^k\|$:

$$\mathfrak{s}_k = \sum_i s_i^k e_i.$$

The corresponding coordinates, x_i and x_i', $\mathfrak{x} = \sum_i x_i e_i = \sum_k x_k' \mathfrak{s}_k$, are linked by the equations([2])

$$x_i = \sum_k x_k' s_i^k \text{ or briefly, } x = x'S.$$

The coefficients s_i^k are integers and their determinant is ± 1. The substitutions S with these properties form a group $\{S\}$, the *modular group*. Our viewpoint is that the vector space is endowed with the lattice, but that the choice of the lattice basis is arbitrary.

([1]) A brief and masterly treatment of the reduction of quadratic forms along purely arithmetical lines is to be found in a recent paper by C. L. Siegel, Abhandlungen aus dem mathematischen Seminar der Hansischen Universität, vol. 13 (1939), pp. 209–239, of which I received a reprint on March 20, 1940. (The number of the journal itself has not yet reached Princeton.) But even against Siegel's highly simplified arithmetical treatment, the geometrical approach retains the advantage of yielding sharper estimates. Siegel has a generalization of the second theorem of finiteness, different from ours, which leads to important applications in the domain of rational indefinite forms. (Added March 25, 1940.)

([2]) In preparation for a later generalization to quaternions we take good care to put factors in their proper order.

Any k linearly independent vectors $\mathfrak{d}_1, \cdots, \mathfrak{d}_k$ $(0 \leq k \leq n)$ span a k-dimensional subspace

$$E_k = E = [\mathfrak{d}_1, \cdots, \mathfrak{d}_k].$$

If they are lattice vectors, then E is a *lattice subspace*. E_0 consists of the vector zero only.

A vector $\mathfrak{a}$ not in E may be adjoined to E and then gives rise to the $(k+1)$-dimensional manifold $E' = [E, \mathfrak{a}]$ consisting of all sums

$$(3) \qquad \qquad \mathfrak{x}' = \mathfrak{x} + x\mathfrak{a}$$

with $\mathfrak{x}$ in E, x a number. If E is a lattice subspace and $\mathfrak{a}$ a lattice vector, the adjunction is said to be *primitive* provided every lattice vector (3) in E' has an integral coefficient x (and hence a lattice component $\mathfrak{x}$ in E).

Suppose $\mathfrak{d}_1, \cdots, \mathfrak{d}_k$ are k linearly independent lattice vectors spanning the lattice subspace $E = [\mathfrak{d}_1, \cdots, \mathfrak{d}_k]$.

LEMMA 1. *There exists a positive integer M such that every lattice vector in E is of the form*

$$\frac{y_1}{M} \mathfrak{d}_1 + \cdots + \frac{y_k}{M} \mathfrak{d}_k$$

where the y's are integers.

There are two essentially different proofs of this fact, one resting on divisibility and determinants, the other on considerations of magnitude. The first proof runs as follows. We can select $n-k$ among the unit vectors $\mathfrak{e}_1, \cdots, \mathfrak{e}_n$, say $\mathfrak{e}_1', \cdots, \mathfrak{e}_{n-k}'$, such that

$$(4) \qquad \qquad \mathfrak{d}_1, \cdots, \mathfrak{d}_k, \mathfrak{e}_1', \cdots, \mathfrak{e}_{n-k}'$$

are linearly independent. The determinant of the components of (4) is non-zero; denote its absolute value by M. Writing down the equation

$$(5) \qquad \mathfrak{x} = y_1\mathfrak{d}_1 + \cdots + y_k\mathfrak{d}_k + x_1'\mathfrak{e}_1' + \cdots + x_{n-k}'\mathfrak{e}_{n-k}'$$

for any lattice vector $\mathfrak{x}$ in terms of absolute components, one finds the coefficients y and x' to be fractions with the common denominator M. This applies in particular to the lattice vectors in E for which $x_1' = \cdots = x_{n-k}' = 0$.

The other proof compares $\mathfrak{L} \cap E = \mathfrak{L}_k$, "the lattice in E," with the coarser lattice $\mathfrak{L}_k^0$ consisting of all integral combinations of $\mathfrak{d}_1, \cdots, \mathfrak{d}_k$,

$$(6) \qquad \qquad y_1\mathfrak{d}_1 + \cdots + y_k\mathfrak{d}_k \qquad \qquad (y_1, \cdots, y_k \text{ integers}).$$

We maintain that there is only a finite number M of vectors in $\mathfrak{L}_k$ which are incongruent modulo $\mathfrak{L}_k^0$. For every vector $\mathfrak{x}$ in E their exists a reduced one

$$(7) \qquad \mathfrak{x}^* \equiv \mathfrak{x} \pmod{\mathfrak{L}_k^0}, \qquad \mathfrak{x}^* = y_1^*\mathfrak{d}_1 + \cdots + y_k^*\mathfrak{d}_k,$$

which satisfies the inequalities

$$(8) \qquad |y_1^*| \leq \tfrac{1}{2}, \cdots, |y_k^*| \leq \tfrac{1}{2}.$$

Using again the absolute components one readily derives from (8) upper bounds for the $|x_i^*|$ of any reduced vector $\mathfrak{x}^* = (x_1^*, \cdots, x_n^*)$. Hence if the x_i^* are required to be integers, which is the case when $\mathfrak{x}$ and thus $\mathfrak{x}^*$ is a lattice vector, one finds oneself restricted to a finite number of possibilities. Our result states that the additive Abelian group $\mathfrak{L}_k/\mathfrak{L}_k^0$ is of finite order M, and therefore every vector $\mathfrak{x}$ of $\mathfrak{L}_k$ satisfies the congruence $M\mathfrak{x} \equiv 0$ $(\mathfrak{L}_k^0)$, which was to be proved.

The vectors $\mathfrak{b}_1, \cdots, \mathfrak{b}_k$ form a lattice basis of E if $\mathfrak{L}_k$ coincides with $\mathfrak{L}_k^0$, that is to say, if every lattice vector in E is of the form (6).

The vector $\mathfrak{g}_k$ of any basis $(\mathfrak{g}_1, \cdots, \mathfrak{g}_n)$ of $\mathfrak{L}$ evidently is a primitive adjunction to $[\mathfrak{g}_1, \cdots, \mathfrak{g}_{k-1}]$. More generally, we have

LEMMA 2. *Suppose* $\mathfrak{g}_1, \cdots, \mathfrak{g}_n$ *constitute a basis of* $\mathfrak{L}$. *The vector*

$$\mathfrak{a} = a_1\mathfrak{g}_1 + \cdots + a_n\mathfrak{g}_n$$

is a primitive adjunction to $E = [\mathfrak{g}_1, \cdots, \mathfrak{g}_{k-1}]$ *if and only if* $a_1, \cdots, a_n$ *are integers and* $a_k, \cdots, a_n$ *are without common divisor.*

Proof. 1. If $(a_k, \cdots, a_n)$ have a common divisor $d > 1$, then

$$(9) \qquad \frac{1}{d}\,(a_k\mathfrak{g}_k + \cdots + a_n\mathfrak{g}_n)$$

evidently is a vector $\mathfrak{x}'$ in $E' = [E, \mathfrak{a}]$ for which the x in (3) is $1/d$ and thus not an integer.

2. If one denotes by x_i' the components of $\mathfrak{x}'$ in (3) with respect to the basis $\mathfrak{g}_i$, one has

$$(10) \qquad x_k' = xa_k, \cdots, x_n' = xa_n.$$

Hence (10) must be integers for any lattice vector $\mathfrak{x}'$ in E'. However if $a_k, \cdots, a_n$ are without common divisor one can ascertain integers $l_k, \cdots, l_n$ satisfying the equation

$$a_k l_k + \cdots + a_n l_n = 1.$$

The integrity of (10) then results in the integrity of

$$x = x_k' l_k + \cdots + x_n' l_n$$

itself.

LEMMA 3. *Suppose* E' *is a given lattice subspace and* $\mathfrak{b}$ *a lattice vector outside* E'. *Then one can pass from* E' *to* $E = [E', \mathfrak{b}]$ *by a primitive adjunction* $\mathfrak{g}$.

Proof. Let E be spanned by the $k-1$ linearly independent lattice vectors

$\mathfrak{s}_1, \cdots, \mathfrak{s}_{k-1}$ and use the notations $\mathfrak{L}_k$, $\mathfrak{L}_k^0$ with respect to the basis $(\mathfrak{s}_1, \cdots, \mathfrak{s}_{k-1}, \mathfrak{d})$ of E. We write each vector $\mathfrak{x}$ of $\mathfrak{L}_k$ in the form (3),

$$(11) \qquad \mathfrak{x} = x\mathfrak{d} + \mathfrak{x}' \qquad\qquad (\mathfrak{x}' \text{ in } E').$$

If M is the order of the additive Abelian group $\mathfrak{L}_k/\mathfrak{L}_k^0$, we know that

$$(12) \qquad M x = y$$

is an integer. Select a full system of residues

$$\mathfrak{x}^{(0)} = 0, \mathfrak{x}^{(1)}, \cdots, \mathfrak{x}^{(M-1)}$$

of $\mathfrak{L}_k$ modulo $\mathfrak{L}_k^0$ and denote by $y^{(0)} = 0, y^{(1)}, \cdots, y^{(M-1)}$ the corresponding numbers y as defined by (11), (12). The integers $M, y^{(1)}, \cdots, y^{(M-1)}$ have a greatest common divisor (G.C.D.) m^*, namely a common divisor expressible as a linear combination

$$lM + l^{(1)}y^{(1)} + \cdots + l^{(M-1)}y^{(M-1)}$$

with integral coefficients l. By forming the corresponding combination

$$\mathfrak{s} = l\mathfrak{d} + l^{(1)}\mathfrak{x}^{(1)} + \cdots + l^{(M-1)}\mathfrak{x}^{(M-1)}$$

we obtain a vector $\mathfrak{s}$ of $\mathfrak{L}_k$,

$$\mathfrak{s} = (m^*/M)\mathfrak{d} + \mathfrak{s}' \qquad\qquad (\mathfrak{s}' \text{ in } E'),$$

such that for every $\mathfrak{x}$ in $\mathfrak{L}_k$ the coefficient y is divisible by m^*. This $\mathfrak{s}$ evidently satisfies our lemma.

Since m^* is a divisor of M, $M = mm^*$, we have

$$(13) \qquad \mathfrak{s} = (1/m)\mathfrak{d} + t_1\mathfrak{s}_1 + \cdots + t_{k-1}\mathfrak{s}_{k-1}.$$

m is a positive integer. Moreover one can assume

$$(14) \qquad |t_1| \leq \tfrac{1}{2}, \cdots, |t_{k-1}| \leq \tfrac{1}{2}.$$

In the special case $m = 1$ one may simply take $\mathfrak{s} = \mathfrak{d}$.

We shall use our lemma only for the case when $\mathfrak{s}_1, \cdots, \mathfrak{s}_{k-1}$ constitute a lattice basis of E'. Then the lemma makes possible, by induction with respect to k, the construction of a lattice basis for any given lattice subspace.

All these simple facts about lattices are well known to the mathematician and the crystallographer. We had to restate them for later use and generalizations.

2. **Gauge functions. Minkowski's inequality.** According to Minkowski, a real-valued continuous function $f(\mathfrak{x}) = f(x_1, \cdots, x_n)$ in vector space is said to be a *gauge function* under the following three conditions:

(i) $f(x_1, \cdots, x_n) > 0$, except for $x_1 = \cdots = x_n = 0$;
(ii) $f(tx_1, \cdots, tx_n) = |t| \cdot f(x_1, \cdots, x_n)$ for any real factor t;
(iii) $f(x_1 + x_1', \cdots, x_n + x_n') \leq f(x_1, \cdots, x_n) + f(x_1', \cdots, x_n')$.

One may use this function to endow the n-dimensional affine point space with a *metric* by ascribing the distance $f(\overrightarrow{pp'})$ to any two points p, p'. The gauge body $\mathfrak{K}$ defined by $f(\mathfrak{x}) < 1$ is an open convex bounded set surrounding the origin $\mathfrak{x} = 0$. (Boundedness follows from the fact that $f(x_1, \cdots, x_n)$ has a positive minimum on the sphere $x_1^2 + \cdots + x_n^2 = 1$.) $\mathfrak{K}$ has a Jordan volume V.

Equation (13), together with (14) and $m \geq 1$, results in the inequality

$$(15) \qquad f(\mathfrak{s}) \leq f(\mathfrak{d}) + \tfrac{1}{2}\{f(\mathfrak{s}_1) + \cdots + f(\mathfrak{s}_{k-1})\}.$$

If one makes the distinction $m = 1$ or $m \geq 2$ one finds that $f(\mathfrak{s})$ cannot exceed both numbers

$$f(\mathfrak{d}), \qquad \tfrac{1}{2}f(\mathfrak{d}) + \tfrac{1}{2}f(\mathfrak{s}_1) + \cdots + \tfrac{1}{2}f(\mathfrak{s}_{k-1}).$$

Therefore we may state this

SUPPLEMENT TO LEMMA 3. *The vector $\mathfrak{s}$ may be chosen so that (15) holds, or even so that*

$$(16) \qquad f(\mathfrak{s}) \leq \max\ \{f(\mathfrak{d}), \tfrac{1}{2}f(\mathfrak{d}) + \tfrac{1}{2}f(\mathfrak{s}_1) + \cdots + \tfrac{1}{2}f(\mathfrak{s}_{k-1})\}.$$

Minkowski determines a sequence of lattice vectors $\mathfrak{d}_1, \cdots, \mathfrak{d}_n$ and lattice subspaces $E_0, E_1, \cdots, E_n$ starting with the zero-space E_0 by the following induction with respect to k.

Among all lattice vectors $\mathfrak{a}$ outside E_{k-1}, one chooses one, $\mathfrak{d}_k$, for which $f(\mathfrak{a})$ takes on the least possible value, so that $f(\mathfrak{a}) \geq f(\mathfrak{d}_k)$ for every $\mathfrak{a}$ outside E_{k-1}. The space E_k arises from E_{k-1} by the adjunction of $\mathfrak{d}_k$, $E_k = [E_{k-1}, \mathfrak{d}_k]$. We put $f(\mathfrak{d}_k) = M_k$. Evidently

$$M_1 \leq M_2 \leq \cdots \leq M_n.$$

Consider the continuous series of homothetic solids

$$\mathfrak{K}(q): \quad f(\mathfrak{x}) < q$$

increasing with the positive parameter q. Our M_k can be described thus: $\mathfrak{K}(q)$ contains less than k linearly independent lattice vectors as long as $q \leq M_k$, but at least k such vectors if $q > M_k$. Hence $M_1, \cdots, M_n$ are uniquely determined. About these consecutive minima Minkowski proved the fundamental inequality:

THEOREM 1.

$$(2) \qquad\qquad M_1 \cdots M_n V \leq 2^n.$$

For later purposes we repeat this proposition in the following slightly modified form: Suppose $M_1', \cdots, M_n'$ are given positive numbers such that the number of linearly independent lattice vectors $\mathfrak{x}$ for which $f(\mathfrak{x}) < M_k'$ is less than k. Then

$$(17) \qquad\qquad M_1' \cdots M_n' V \leq 2^n.$$

While $M_1, \cdots, M_n$ are uniquely determined, there may be a certain amount of free play in the choice of $\mathfrak{d}_1, \cdots, \mathfrak{d}_n$. The most one can say about it in general terms is this:

THEOREM 2. *If $\mathfrak{d}_1', \cdots, \mathfrak{d}_n'$ are a second set of lattice vectors determined just like $\mathfrak{d}_1, \cdots, \mathfrak{d}_n$, and if, for a certain k, $M_k < M_{k+1}$, then $\mathfrak{d}_1', \cdots, \mathfrak{d}_k'$ are linear combinations of $\mathfrak{d}_1, \cdots, \mathfrak{d}_k$ only.*

Proof. Suppose one of the vectors $\mathfrak{d}_1', \cdots, \mathfrak{d}_k'$, say $\mathfrak{d}_i'$, is not a linear combination of $\mathfrak{d}_1, \cdots, \mathfrak{d}_k$. Then $\mathfrak{d}_1, \cdots, \mathfrak{d}_k, \mathfrak{d}_i'$ are linearly independent, and hence not all the $k+1$ numbers

$$f(\mathfrak{d}_1) = M_1, \cdots, f(\mathfrak{d}_k) = M_k, f(\mathfrak{d}_i') = M_i$$

can be less than M_{k+1}. This contradicts the assumption $M_k < M_{k+1}$.

The problem of reduction consists in constructing a basis for the lattice $\mathfrak{L}$ in terms of the given gauge function f. The vectors $\mathfrak{d}_1, \cdots, \mathfrak{d}_n$ do not yet solve the problem because in general they do not span the whole lattice $\mathfrak{L}$. Our next task will be to pass from this pseudo-reduction to true reduction, a step well prepared by the considerations of §1.

3. **Reduction.** The only modification needed in the definition of $\mathfrak{d}_k$ is the insertion at its proper place of the word "primitive." The new inductive definition of lattice vectors $\mathfrak{s}_1, \cdots, \mathfrak{s}_n$ and lattice subspaces $E_0, E_1, \cdots, E_n$ runs as follows:

Among all primitive adjunctions $\mathfrak{a}$ to E_{k-1}, we choose one, $\mathfrak{d}_k$, for which $f(\mathfrak{a})$ assumes the least possible value, so that

$$f(\mathfrak{a}) \geqq f(\mathfrak{s}_k)$$

for every primitive adjunction $\mathfrak{a}$ to E_{k-1}. Moreover

$$E_k = [E_{k-1}, \mathfrak{s}_k].$$

Lemma 3 guarantees the existence of primitive adjunctions $\mathfrak{a}$ to E_{k-1}. We realize by induction that $\mathfrak{s}_1, \cdots, \mathfrak{s}_k$ is a lattice basis for E_k, hence $\mathfrak{s}_1, \cdots, \mathfrak{s}_n$ for the whole space. We put $f(\mathfrak{s}_k) = L_k$. Taking Lemma 2 into account, we can give our definition of a reduced basis $\mathfrak{s}_1, \cdots, \mathfrak{s}_n$ the following turn:

An n-uple of integers $(x_1, \cdots, x_n)$ is said to belong to X_k if $x_k, \cdots, x_n$ are without common divisor. *The basis $\mathfrak{s}_1, \cdots, \mathfrak{s}_n$ of $\mathfrak{L}$ is reduced with respect to f, if for every $k = 1, \cdots, n$ and every $(x_1, \cdots, x_n)$ of X_k the inequality*

$$(18) \qquad f(x_1\mathfrak{s}_1 + \cdots + x_n\mathfrak{s}_n) \geqq f(\mathfrak{s}_k)$$

holds [7]. Our procedure has led up to this result:

THEOREM 3. *For every gauge function f there exists a reduced basis $\mathfrak{s}_1, \cdots, \mathfrak{s}_n$ of the lattice.*

Relation (18) implies

$$f(\mathfrak{s}_{k+1}) \geqq f(\mathfrak{s}_k)$$

or

(19) $$L_1 \leqq L_2 \leqq \cdots \leqq L_n.$$

The following proposition ties up pseudo-reduction with the reduction just defined [8]:

THEOREM 4 (Mahler's theorem). *One has*

(20) $$L_k \leqq \theta_k M_k$$

where θ_k is a constant independent of the gauge function f.

An immediate corollary derived from it by Minkowski's inequality (2) is

THEOREM 5. *The relation*

(21) $$L_1 \cdots L_n V \leqq \mu_n$$

holds with $\mu_n = 2^n \cdot \theta_1 \theta_2 \cdots \theta_n$.

Proof. After we have ascertained $\mathfrak{s}_1, \cdots, \mathfrak{s}_{k-1}$ we determine a primitive adjunction $\mathfrak{s}$ to $E' = [\mathfrak{s}_1, \cdots, \mathfrak{s}_{k-1}]$ by the construction of Lemma 3, choosing $\mathfrak{b}$ in this particular fashion: One of the k linearly independent vectors $\mathfrak{b}_1, \cdots, \mathfrak{b}_k$ occurring in Minkowski's construction, say $\mathfrak{b}_i$, lies outside E'. We take $\mathfrak{b} = \mathfrak{b}_i$ and then find a primitive adjunction $\mathfrak{s}$ to E' such that $[E', \mathfrak{s}] = [E', \mathfrak{b}]$. By the supplement to Lemma 3 one will have

$$f(\mathfrak{s}) \leqq f(\mathfrak{b}) + \tfrac{1}{2}\{f(\mathfrak{s}_1) + \cdots + f(\mathfrak{s}_{k-1})\}.$$

Since $f(\mathfrak{b})$ is one of the numbers $M_1, \cdots, M_k$ and hence is less than or equal to M_k, and since by definition $L_k \leqq f(\mathfrak{s})$, we find

$$L_k \leqq M_k + \tfrac{1}{2}(L_1 + \cdots + L_{k-1}),$$

which under the assumption of the inequalities

$$L_1 \leqq \theta_1 M_1, \cdots, L_{k-1} \leqq \theta_{k-1} M_{k-1}$$

leads on to

$$L_k \leqq \theta_k M_k$$

with

(22) $$\theta_k = 1 + \tfrac{1}{2}(\theta_1 + \cdots + \theta_{k-1}).$$

Hence Theorem 4 is proved inductively, and, by the recursive relations (22) or

$$\theta_1 = 1; \quad \theta_{k+1} = 1 + \tfrac{1}{2}(\theta_1 + \cdots + \theta_{k-1} + \theta_k) = \theta_k + \tfrac{1}{2}\theta_k = \tfrac{3}{2}\theta_k,$$

we find the following explicit expressions for θ_k and μ_n:

$$\theta_k = (\tfrac{3}{2})^{k-1}, \qquad \mu_n = (\tfrac{3}{2})^{n(n-1)/2}.$$

Suppose $p_0, p_1, \cdots, p_n$ are given numbers satisfying the following conditions:

$$(23) \qquad\qquad 1 = p_0 \leq p_1 \leq \cdots \leq p_n.$$

A basis $\mathfrak{s}_1', \cdots, \mathfrak{s}_n'$ of $\mathfrak{L}$ is said to have the property $B(p_1, \cdots, p_n)$ if the inequality

$$f(x_1\mathfrak{s}_1' + \cdots + x_n\mathfrak{s}_n') \geq (1/p_k)f(\mathfrak{s}_k)$$

holds whenever $(x_1, \cdots, x_n)$ is an n-uple in X_k and k one of the indices $1, \cdots, n$. By exploiting our method to the full we arrive at the following [9] generalization of Theorem 4:

THEOREM 6. *If the lattice basis $\mathfrak{s}_k'$ has the property $B(p_1, \cdots, p_n)$, then the values $f(\mathfrak{s}_k') = L_k'$ satisfy the inequalities*

$$(24) \qquad\qquad L_k' \geq \frac{1}{p_i} L_i' \qquad\qquad (for\ k > i)$$

and

$$(25) \qquad\qquad L_k' \leq \theta_k(p) \cdot M_k \qquad\qquad (k = 1, \cdots, n)$$

with a constant $\theta_k(p)$ depending on $p_1, \cdots, p_k$ but not on f.

Relation (24) is a consequence of the fact that $(\delta_1^k, \cdots, \delta_n^k)$ is an n-uple in X_i if $k > i$. Otherwise the proof follows the same road as before. (22) gives place to this recursive equation:

$$\theta_k(p)/p_k = 1 + \tfrac{1}{2}(\theta_1(p) + \cdots + \theta_{k-1}(p))$$

which in the same manner readily leads to

$$\theta_k(p) = p_k \cdot \prod_{i=1}^{k-1} (1 + \tfrac{1}{2}p_i).$$

One sees that $\theta_k(p)/p_k$ increases with k, and therefore (23) implies

$$(26) \qquad\qquad 1 = \theta_0(p) \leq \theta_1(p) \leq \cdots \leq \theta_n(p).$$

One can repeat our whole argument after replacing (15) by the sharper and slightly more complex inequality (16). One then obtains this

SUPPLEMENT TO THEOREMS 4–6. *One may choose*

$$(27) \qquad \theta_k = (\tfrac{3}{2})^{k-1}, \qquad \mu_n = (\tfrac{3}{2})^{n(n-1)/2}, \qquad \theta_k(p) = p_k \cdot \prod_{i=1}^{k-1} (1 + \tfrac{1}{2}p_i),$$

or, with a slight improvement,

$$\theta_1 = 1, \qquad \theta_k = (\tfrac{3}{2})^{k-2} \quad (\textit{for } k \geqq 2); \qquad \mu_n = (\tfrac{3}{2})^{(n-1)(n-2)/2};$$

(28)
$$\theta_1(p) = p_1, \quad \theta_k(p) = p_k \cdot \frac{1 + p_1}{2} \cdot \prod_{i=2}^{k-1} (1 + \tfrac{1}{2}p_i) \qquad (\textit{for } k \geqq 2).$$

Shifting the accent, *we call a gauge function $f(x_1, \cdots , x_n)$ reduced if it satisfies the inequalities*

$$f(x_1, \cdots , x_n) \geqq f(\overset{k}{\delta_1}, \cdots , \overset{k}{\delta_n})$$

for any vector $(x_1, \cdots , x_n)$ in X_k and $k = 1, \cdots , n$. This means that the unit vectors $e_k = (\overset{k}{\delta_1}, \cdots , \overset{k}{\delta_n})$ form a reduced lattice basis with respect to f. The inequalities (20) then hold for $L_k = f(e_k)$. If $f(x)$ is any gauge function and $\mathfrak{s}_1, \cdots , \mathfrak{s}_n$ a reduced lattice basis with respect to f, we may set

$$f(x_1 \mathfrak{s}_1 + \cdots + x_n \mathfrak{s}_n) = f^*(x_1, \cdots , x_n).$$

Then $f^*(x_1, \cdots , x_n)$ is a reduced gauge function, and we see that any gauge function f can be carried over into a reduced one by a unimodular transformation S of its variables. We shall adopt this terminology in Chapter II while at present we stick to talking in terms of reduced bases rather than gauge functions.

4. **The question of uniqueness.** Denote by X_k^* the set X_k after excluding the two n-uples

$$(x_1, \cdots , x_n) = \pm (\overset{k}{\delta_1}, \cdots , \overset{k}{\delta_n}).$$

The lattice basis $\mathfrak{s}_1, \cdots , \mathfrak{s}_n$ is said to be *properly reduced* when for every $k = 1, \cdots , n$ and for every $(x_1, \cdots , x_n)$ in X_k^* the inequality (18) holds with the $>$ sign.

The 2^n diagonal transformations of the modular group,

$$J: \quad \mathfrak{s}_1' = \pm \mathfrak{s}_1, \cdots , \mathfrak{s}_n' = \pm \mathfrak{s}_n$$

(all possible combinations of signs admitted) form a finite Abelian subgroup $\{J\}$ of order 2^n. Its generators are the involutions $J_1, \cdots , J_n$ which change one sign at a time:

$$J_k: \mathfrak{s}_k' = -\mathfrak{s}_k \text{ and } \mathfrak{s}_j' = \mathfrak{s}_j \text{ for all } j \neq k.$$

Clearly the J carry a reduced basis $(\mathfrak{s}_1, \cdots , \mathfrak{s}_n)$ into a reduced one. The first result concerning the question of uniqueness is that this exhausts the possibilities, provided $(\mathfrak{s}_1, \cdots , \mathfrak{s}_n)$ is *properly* reduced [10]. Of two lattice bases $(\mathfrak{s}_1, \cdots , \mathfrak{s}_n)$ and $(\mathfrak{s}_1', \cdots , \mathfrak{s}_n')$, the first is called *lower* than the second provided the first nonvanishing difference

$$f(\mathfrak{s}_1') - f(\mathfrak{s}_1), \cdots , f(\mathfrak{s}_n') - f(\mathfrak{s}_n)$$

happens to be positive (which includes the case for which they are all zero).

THEOREM 7. *Let* $(\mathfrak{s}_1', \cdots, \mathfrak{s}_n')$ *be any lattice basis and* $(\mathfrak{s}_1, \cdots, \mathfrak{s}_n)$ *be a properly reduced lattice basis. In these circumstances* $(\mathfrak{s}_1, \cdots, \mathfrak{s}_n)$ *is lower than* $(\mathfrak{s}_1', \cdots, \mathfrak{s}_n')$, *and the equations*

$$f(\mathfrak{s}_1') = f(\mathfrak{s}_1), \cdots, f(\mathfrak{s}_k') = f(\mathfrak{s}_k)$$

imply

$$\mathfrak{s}_1' = \pm\, \mathfrak{s}_1, \cdots, \mathfrak{s}_k' = \pm\, \mathfrak{s}_k.$$

If $(\mathfrak{s}_1', \cdots, \mathfrak{s}_n')$ *is reduced and* $(\mathfrak{s}_1, \cdots, \mathfrak{s}_n)$ *is properly reduced, then*

$$\mathfrak{s}_1' = \pm\, \mathfrak{s}_1, \cdots, \mathfrak{s}_n' = \pm\, \mathfrak{s}_n.$$

Proof. Under the hypothesis that $(\mathfrak{s}_1, \cdots, \mathfrak{s}_n)$ is properly reduced, we have to show that

$$(29) \qquad \mathfrak{s}_1' = \pm\, \mathfrak{s}_1, \cdots, \mathfrak{s}_{k-1}' = \pm\, \mathfrak{s}_{k-1}$$

imply $f(\mathfrak{s}_k') \geqq f(\mathfrak{s}_k)$, and even $f(\mathfrak{s}_k') > f(\mathfrak{s}_k)$ unless $\mathfrak{s}_k' = \pm\, \mathfrak{s}_k$.

Because of (29), $\mathfrak{s}_k'$ is a primitive adjunction to

$$[\mathfrak{s}_1', \cdots, \mathfrak{s}_{k-1}'] = [\mathfrak{s}_1, \cdots, \mathfrak{s}_{k-1}],$$

and hence

$$(30) \qquad f(\mathfrak{s}_k') \geqq f(\mathfrak{s}_k).$$

As $(\mathfrak{s}_1, \cdots, \mathfrak{s}_n)$ is properly reduced, the equality sign in (30) will hold only if $\mathfrak{s}_k' = \pm\, \mathfrak{s}_k$.

Suppose $\mathfrak{s}_1', \cdots, \mathfrak{s}_n'$ is reduced and (29) holds. Since $\mathfrak{s}_k$ is a primitive adjunction to $[\mathfrak{s}_1', \cdots, \mathfrak{s}_{k-1}']$, we must have $f(\mathfrak{s}_k) \geqq f(\mathfrak{s}_k')$ in addition to (30), and hence $f(\mathfrak{s}_k') = f(\mathfrak{s}_k)$, an equation which we have just found impossible unless $\mathfrak{s}_k' = \pm\, \mathfrak{s}_k$. This establishes the full content of our theorem.

Much less can be said if the reduced basis $(\mathfrak{s}_1, \cdots, \mathfrak{s}_n)$ is not properly reduced.

THEOREM 8. *If*

$$\mathfrak{s}_1, \cdots, \mathfrak{s}_n; \qquad \mathfrak{s}_1', \cdots, \mathfrak{s}_n'$$

are two reduced bases; then

$$L_k = f(\mathfrak{s}_k), \qquad L_k' = f(\mathfrak{s}_k')$$

satisfy the inequalities

$$(31) \qquad \theta_k L_k \geqq L_k', \qquad \theta_k L_k' \geqq L_k.$$

(This proposition indicates how far the uniqueness of the M_k survives for the L_k.)

Proof. Because there are k linearly independent lattice vectors $\mathfrak{x} = \mathfrak{g}_1, \cdots, \mathfrak{g}_k$ for which $f(\mathfrak{x}) \leqq L_k$, L_k cannot be smaller than M_k. Hence

$$(32) \qquad \begin{aligned} M_k \leqq L_k, & \qquad L_k \leqq \theta_k M_k; \\ M_k \leqq L_k', & \qquad L_k' \leqq \theta_k M_k. \end{aligned}$$

Elimination of M_k leads to the two inequalities (31).

The case when $(\mathfrak{g}_1, \cdots, \mathfrak{g}_n)$ is reduced while the basis $(\mathfrak{g}_1', \cdots, \mathfrak{g}_n')$ has the property $B(p_1, \cdots, p_n)$ will also be needed later. The k linearly independent vectors $\mathfrak{g}_1', \cdots, \mathfrak{g}_{k-1}', \mathfrak{g}_k'$ impart values to f which are less than or equal to

$$p_1 L_k', \cdots, p_{k-1} L_k', L_k'$$

respectively. Hence

$$M_k \leqq p_{k-1} L_k', \qquad L_k' \leqq \theta_k(p) \cdot M_k.$$

Substituting these inequalities for the second line of (32) and again eliminating M_k we find:

Theorem 8_p. *For a reduced basis $(\mathfrak{g}_1, \cdots, \mathfrak{g}_n)$ and a basis $(\mathfrak{g}_1', \cdots, \mathfrak{g}_n')$ of the property*

$$B(p_1, \cdots, p_n) \qquad (1 = p_0 \leqq p_1 \leqq \cdots \leqq p_n)$$

the values

$$L_k = f(\mathfrak{g}_k), \qquad L_k' = f(\mathfrak{g}_k')$$

satisfy the inequalities

$$(33) \qquad L_k' \leqq \theta_k(p) \cdot L_k, \qquad L_k \leqq \theta_k p_{k-1} \cdot L_k'.$$

With the same effort one could have established similar relations for two bases of the properties $B(p_1, \cdots, p_n)$ and $B(p_1', \cdots, p_n')$ respectively. The present generality, however, is sufficient for our purposes.

Theorem 9_p. *If, for a certain* $k = 1, \cdots, n-1$,

$$(34) \qquad \theta_k(p)\theta_{k+1} \cdot L_k < L_{k+1},$$

then $\mathfrak{g}_1', \cdots, \mathfrak{g}_k'$ *are linear combinations of the vectors* $\mathfrak{g}_1, \cdots, \mathfrak{g}_k$ *only and thus arise from them by a unimodular transformation of degree* k.

Proof. Suppose that in one of the vectors $\mathfrak{g}_1', \cdots, \mathfrak{g}_k'$, say

$$\mathfrak{g}_i' = \overset{i}{s_1}\mathfrak{g}_1 + \cdots + \overset{i}{s_n}\mathfrak{g}_n,$$

not all the components s_i^j, $(j = k+1, \cdots, n)$, vanish. Then $\mathfrak{g}_1, \cdots, \mathfrak{g}_k, \mathfrak{g}_i'$ are linearly independent and hence the maximum of the $k+1$ numbers

$$L_1 = f(\mathfrak{g}_1), \cdots, L_k = f(\mathfrak{g}_k), L_i' = f(\mathfrak{g}_i')$$

must be greater than or equal to M_{k+1}. If on the contrary

(35)
$$L_1, \cdots, L_k; \qquad L_1', \cdots, L_k'$$

are all less than M_{k+1}, then the $\mathfrak{s}_1', \cdots, \mathfrak{s}_k'$ are linear combinations of $\mathfrak{s}_1, \cdots, \mathfrak{s}_k$ only. Now

$$L_i' \leqq \theta_i(p) \cdot L_i \qquad\qquad (i = 1, \cdots, k),$$

and owing to

$$L_1 \leqq \cdots \leqq L_k, \qquad 1 \leqq \theta_1(p) \leqq \cdots \leqq \theta_k(p)$$

all our requirements concerning (35) can be met by the one condition

$$\theta_k(p) \cdot L_k < M_{k+1}$$

which in its turn is a consequence of

$$\theta_k(p) \cdot L_k < L_{k+1}/\theta_{k+1}$$

because $L_{k+1} \leqq \theta_{k+1} M_{k+1}$.

In the particular case where $(\mathfrak{s}_1', \cdots, \mathfrak{s}_n')$ is likewise reduced $(p_1 = \cdots = p_n = 1)$, we have the following close parallel to Theorem 2:

THEOREM 9. *Let* $\mathfrak{s}_1, \cdots, \mathfrak{s}_n$ *and* $\mathfrak{s}_1', \cdots, \mathfrak{s}_n'$ *be two reduced bases of* $\mathfrak{L}$, *and* $f(\mathfrak{s}_k) = L_k$. *Suppose that moreover, for some* $k \leqq n-1$,

$$\theta_k \theta_{k+1} L_k < L_{k+1}.$$

Then the first k *vectors* $\mathfrak{s}_1', \cdots, \mathfrak{s}_k'$ *are linear combinations of* $\mathfrak{s}_1, \cdots, \mathfrak{s}_k$ *only.*

B. THE IMAGINARY AND QUATERNION CASES

5. Integers and Minkowski's inequality in the complex field. *Complex numbers* $\xi = x_0 + ix_1$ have two real components x_0, x_1. We denote the conjugate by $\bar\xi = x_0 - ix_1$. Trace and norm:

$$\operatorname{tr} \xi = \xi + \bar\xi = 2x_0, \qquad N\xi = \xi\bar\xi = |\xi|^2 = x_0^2 + x_1^2$$

are real and the coefficients of a quadratic equation satisfied by ξ:

(36)
$$\xi^2 - \xi \cdot \operatorname{tr} \xi + N\xi = 0.$$

Let ω be a non-real number. $1, \omega$ span a lattice $\mathcal{J}$ in the Gaussian plane consisting of all numbers

(37)
$$\xi = y_0 + y_1\omega \qquad\qquad (y_0, y_1 \text{ integers}).$$

If $\mathcal{J}$ is closed with respect to multiplication and the operation $\xi \to \bar\xi$, then $\mathcal{J}$ is a self-conjugate ring, and we agree to call the elements of $\mathcal{J}$ *integers*. Owing to the choice of 1 as an element of the lattice basis $1, \omega$, the only real integers (with $y_1 = 0$) are the common rational integers. Trace and norm of an integer ξ are rational integers. Hence the quadratic equation (36) for $\xi = \omega$ shows that ω

is of the form $\frac{1}{2}(c+id^{1/2})$ where c and d are rational integers and either

$$c \equiv 0 \ (2), \quad d \equiv 0 \ (4), \quad \text{or} \quad c \equiv 1 \ (2), \quad d \equiv 1 \ (4).$$

The lattice $\mathcal{J}$ is rectangular in the first, rhombic in the second case. The density of the lattice $\mathcal{J}$, that is to say, the area of its fundamental parallelogram spanned by $1, \omega$, is $\frac{1}{2}d^{1/2}$.

The numbers of the form (37) with rational coefficients y_0, y_1 form the embedding *field* $\mathcal{J}_0$. Indeed if $\xi \neq 0$ is in $\mathcal{J}_0$ so is

$$\xi^{-1} = \bar{\xi}/N\xi.$$

$\mathcal{J}_0$ is the quadratic field over the rational field determined by $(-d)^{1/2}$. The x_0, x_1 and y_0, y_1, formula (37), are always spoken of as the x- and y-components of a complex number $\xi = x_0 + ix_1$.

We ask for the least radius r such that the circles of radius r around all integers cover the whole ξ-plane. One readily finds in the rectangular case,

$$r = \tfrac{1}{2}(1 + \tfrac{1}{4}d)^{1/2},$$

and in the rhombic case

$$r = \frac{1+d}{4d^{1/2}}.$$

If ξ is any complex number, one can always ascertain an integer α such that

$$N(\xi - \alpha) \leq r^2.$$

Another constant which will crop up later is the least norm e^2 of an integer $\alpha \neq 0$ which is not a unit (i.e. for which $1/\alpha$ is no integer); e is either $2^{1/2}$, $3^{1/2}$ or 2.

We operate in a vector space E_n of $2n$ real dimensions whose vectors $\mathfrak{x} = (\xi_1, \cdots, \xi_n)$ have arbitrary complex coordinates ξ_i. The lattice $\mathfrak{L}$ consists of all vectors whose coordinates ξ_i are integers (elements of $\mathcal{J}$). The notion of a lattice basis needs no explanation. The modular group $\{S\}$ consists of all unimodular transformations S,

$$\xi_i = \sum_k \xi_k' \sigma_i^k$$

with integral coefficients σ_i^k whose determinant is a unit ϵ.

A *gauge function* is a real-valued continuous function $f(\xi_1, \cdots, \xi_n)$ with the following three properties:

    (i) $f(\xi_1, \cdots, \xi_n) > 0$ except for $(\xi_1, \cdots, \xi_n) = (0, \cdots, 0)$;

    (ii) $f(\tau\xi_1, \cdots, \tau\xi_n) = |\tau| \cdot f(\xi_1, \cdots, \xi_n)$;

    (iii) $f(\xi_1+\xi_1', \cdots, \xi_n+\xi_n') \leq f(\xi_1, \cdots, \xi_n) + f(\xi_1', \cdots, \xi_n')$.

We introduce real coordinates x_{k0}, x_{k1} by $\xi_k = x_{k0} + ix_{k1}$ and use them in defining the volumes of solids in our space. In particular V denotes the volume of the gauge body

$$\Re: \quad f(\xi_1, \cdots, \xi_n) < 1.$$

We carry out Minkowski's construction according to the same recipe as in the real case and thus determine n lattice vectors $\mathfrak{d}_1, \cdots, \mathfrak{d}_n$ and consecutive minima $M_k = f(\mathfrak{d}_k)$. Our first concern is the analogue of Minkowski's inequality:

THEOREM 1*.

$$(38) \qquad M_1^2 \cdots M_n^2 V \leqq (2d^{1/2})^n.$$

We resort to Minkowski's original inequality in the form (17). But under the present circumstances we deal with $2n$ real coordinates x_{k0}, x_{k1} and with a lattice which is the direct product of n two-dimensional lattices of density $\frac{1}{2}d^{1/2}$ rather than 1. Hence the right side in (17) is to be replaced by

$$2^{2n}(\tfrac{1}{2}d^{1/2})^n = (2d^{1/2})^n.$$

The only lattice vectors $\mathfrak{x}$ for which $f(\mathfrak{x}) < M_k$ are linear combinations of $\mathfrak{d}_1, \cdots, \mathfrak{d}_{k-1}$ with complex coefficients. Hence there are at most $2(k-1)$ vectors satisfying this inequality which are linearly independent in the real sense. Consequently we may take

$$M'_{2k-1} = M'_{2k} = M_k,$$

and in this way the inequality

$$M'_1 \cdots M'_{2n} \cdot V \leqq (2d^{1/2})^n$$

results in (38).

6. **The same for quaternions.** A *quaternion* ξ has four real components (x_0, x_1, x_2, x_3). The conjugate is $\bar{\xi} = (x_0, -x_1, -x_2, -x_3)$. The quaternions $(x, 0, 0, 0)$ can be identified with the real numbers x. Both trace and norm:

$$\operatorname{tr} \xi = \xi + \bar{\xi} = 2x_0, \qquad \mathrm{N}\xi = \bar{\xi}\xi = |\xi|^2 = x_0^2 + x_1^2 + x_2^2 + x_3^2,$$

are such real numbers. Every quaternion $\xi \neq 0$ has its reciprocal

$$(39) \qquad \xi^{-1} = \bar{\xi}/\mathrm{N}\xi;$$

but since multiplication is noncommutative we have to do with a division algebra rather than a field. Each quaternion ξ satisfies the quadratic equation (36) with real coefficients.

Any lattice $\mathcal{J}$ in the four-dimensional space with the real coordinates x_0, x_1, x_2, x_3 which is spanned by four linearly independent quaternions including 1,

(40)
$$\omega_0 = 1, \quad \omega_1, \quad \omega_2, \quad \omega_3,$$

may serve to define the integral quaternions as those of the form

(41)
$$\xi = y_0\omega_0 + y_1\omega_1 + y_2\omega_2 + y_3\omega_3$$

with ordinary integral coefficients y, provided $\mathcal{J}$ is closed with respect to multiplication and the operation $\xi \to \bar{\xi}$. Then trace and norm of a quaternion integer are rational integers. As (39) shows, the quaternions (41) with rational y form the embedding field $\mathcal{J}_0$. We denote by $\frac{1}{4}d$ the density of the lattice $\mathcal{J}$, and maintain that d is a rational integer. Although this fact is of little importance to us I shall briefly indicate its proof.

With (41) we form

(42)
$$N\xi = \sum_{i,k=0}^{3} a_{ik}y_iy_k \ (= x_0^2 + x_1^2 + x_2^2 + x_3^2).$$

The coefficients

(43)
$$a_{ii} \text{ and } 2a_{ik} \text{ for } i \equiv k$$

are rational integers. According to the transformation theory of quadratic forms the discriminant of (42) is $(\frac{1}{4}d)^2$ and hence, because of (43), d^2 is a rational integer. On the other side let us study the *field* $\mathcal{J}_0$ and any basis $\omega_0 = 1, \omega_1, \omega_2, \omega_3$ of the field. Starting with (40) we may first subtract from ω_1 and ω_2 half their traces and thus provide for the conditions

$$\bar{\omega}_1 = -\omega_1, \quad \bar{\omega}_2 = -\omega_2.$$

Then $\omega_1\omega_2 + \omega_2\omega_1$ is the trace of $\omega_1\omega_2$ and hence a real rational number $2c$. Replacing ω_2 by $\omega_2 + c\omega_1$, one gets

$$\omega_2\omega_1 = -\omega_1\omega_2.$$

$\omega_1\omega_2$ is in the field. Choosing it as ω_3 the form (42) becomes

$$y_0^2 + ay_1^2 + by_2^2 + aby_3^2$$

which shows that its discriminant is the square of a rational number. This property persists for any basis of $\mathcal{J}_0$. Hence d^2 is the square of a rational number d, and, as d^2 is integral, so is d itself [11].

r and e have the same significance as before.

The vectors $\mathfrak{x} = (\xi_1, \cdots, \xi_n)$ which we now consider have arbitrary quaternions ξ_k for their components,

$$\xi_k = (x_{k0}, x_{k1}, x_{k2}, x_{k3})$$
$$= y_{k0}\omega_0 + y_{k1}\omega_1 + y_{k2}\omega_2 + y_{k3}\omega_3.$$

The definition of lattice vectors remains unchanged. The modular group consists of all pairs of mutually inverse transformations

$$\xi_i = \sum_k \xi_k' \sigma_i^k, \qquad \xi_i' = \sum_k \xi_k \tau_i^k$$

with integral coefficients σ_i^k, τ_i^k. (This modification of the definition is forced upon us because a quaternion matrix $\|\sigma_i^k\|$ has no determinant.) One has to observe carefully the position of the factors. Our convention is that the subspace spanned by k linearly independent vectors $\mathfrak{d}_1, \cdots, \mathfrak{d}_k$ consists of the vectors $\eta_1\mathfrak{d}_1 + \cdots + \eta_k\mathfrak{d}_k$ with the coefficients η in front of the vectors.

The description of a gauge function by the three properties (i), (ii), (iii) stays unaltered, with the factor τ in front of the variables $\xi_1, \cdots, \xi_n$ in (ii). Minkowski's inequality assumes the form

$$M_1^4 \cdots M_n^4 \cdot V \leqq 2^{4n}(\tfrac{1}{4}d)^n,$$

which we put down as

THEOREM 1**.

(44) $$M_1^2 \cdots M_n^2 \cdot V^{1/2} \leqq (2d^{1/2})^n.$$

7. **Reduction.** What remains will be done simultaneously for the imaginary and the quaternion cases in such language as applies literally to the more complex of the two. We have to check Lemmas 1–3 of §1 as to their validity under the new circumstances.

Both proofs of Lemma 1 go through with the following precautions. (5) is to be written down in terms of the $4n$ integral y-components of the vectors and coefficients concerned, and the positive rational integer M is the absolute value of the determinant of the linear equations with $4n$ unknowns thus obtained. The inequalities (8) for a reduced vector (7),

$$\mathfrak{x}^* = \eta_1^*\mathfrak{d}_1 + \cdots + \eta_k^*\mathfrak{d}_k,$$

must be replaced by

$$N\eta_1^* \leqq r^2, \cdots, N\eta_k^* \leqq r^2.$$

In order to secure the validity of Lemmas 2 and 3 an essentially new assumption has to be made:

HYPOTHESIS P. *Every left or right ideal in the ring $\mathfrak{J}$ is a principal ideal.*

As far as left ideals are concerned it requires: Any integers

$$(\alpha_1, \cdots, \alpha_h) \neq (0, \cdots, 0)$$

have a left common divisor δ,

$$\alpha_1 = \delta\cdot\beta_1, \cdots, \alpha_h = \delta\cdot\beta_h \qquad (\beta_1, \cdots, \beta_h \text{ integers}),$$

which can be written as a linear combination

$$\tag{45} \alpha_1\lambda_1 + \cdots + \alpha_h\lambda_h$$

with integral coefficients λ_i. This divisor δ, which up to a right unit factor is uniquely determined, is called the left G.C.D. of $\alpha_1, \cdots, \alpha_h$. (The integers represented by (45) if the λ_i range independently over all integers coincide with the values of $\delta \cdot \mu$ for all possible integral values of μ. It is sufficient to make the requirement for two integers α_1, α_2.)

Lemma 2, in which the last words *"without common divisor"* must be changed into *"without left common divisor,"* is true under the hypothesis P for *left* ideals (P_l). Change the Roman into Greek letters and define d, or rather δ, as the left G.C.D. of $\alpha_k, \cdots, \alpha_n$. The alternative 1 occurs if δ is not a unit, the alternative 2 if $\alpha_k, \cdots, \alpha_n$ are without left common divisor (which means, of course, that they have no left common divisors except units).

One has merely to glance through the proof of Lemma 3 in order to realize that it depends on the hypothesis P for *right* ideals. We obtain the primitive adjunction in the form

$$\vartheta = (1/\mu)\mathfrak{d} + \tau_1\vartheta_1 + \cdots + \tau_{k-1}\vartheta_{k-1}$$

where μ is a nonzero integer and the τ satisfy the inequalities

$$N\tau_1 \leqq r^2, \cdots, N\tau_{k-1} \leqq r^2.$$

If μ is a unit one may take

$$\vartheta = \mathfrak{d}, \text{ i.e., } \quad \mu = 1, \quad \tau_1 = \cdots = \tau_{k-1} = 0.$$

As $N\mu \geqq 1$ for any integer $\mu \neq 0$, the inequality (15) is turned over into

$$f(\vartheta) \leqq f(\mathfrak{d}) + r\{f(\vartheta_1) + \cdots + f(\vartheta_{k-1})\}$$

while in (16) the smallest norm $e^2 > 1$ of integers makes its appearance:

$$f(\vartheta) \leqq \max \{f(\mathfrak{d}), (1/e)f(\mathfrak{d}) + r(f(\vartheta_1) + \cdots + f(\vartheta_{k-1}))\}.$$

Incidentally hypotheses P_l and P_r are fulfilled if $r < 1$. For then Euclid's algorithm for the G.C.D. goes through. In the complex field this happens for the rectangular lattices $\mathcal{J}$ with $d = 4$ (Gaussian field) and $d = 8$, and for the rhombic lattices $\mathcal{J}$ with $d = 3, 7, 11$. The most important example for quaternions is the classical case first treated by A. Hurwitz [12]: he declares a quaternion (x_0, x_1, x_2, x_3) to be integral when $2x_0, 2x_1, 2x_2, 2x_3$ are rational integers either congruent to $(0, 0, 0, 0)$ or to $(1, 1, 1, 1)$ modulo 2. One realizes at once that here $r < 1$; the exact value is $r = 1/3^{1/2}$.

The whole theory of reduction of §§3 and 4 will now go through, practically without alterations. We indicate the few changes to be made. X_k is the set of all n-uples $(\xi_1, \cdots, \xi_n)$ for which $\xi_1, \cdots, \xi_n$ are integral and $\xi_k, \cdots, \xi_n$

without *left* common divisor. X_k^* arises from X_k by excluding the following n-uples:

$$\epsilon(\overset{k}{\delta_1}, \cdots, \overset{k}{\delta_n}) \qquad (\epsilon \text{ a unit}).$$

$\{J\}$ consists of the diagonal transformations

$$J: \quad \delta_1' = \epsilon_1\delta_1, \cdots, \delta_n' = \epsilon_n\delta_n, \quad \text{or} \quad \xi_1 = \xi_1'\epsilon_1, \cdots, \xi_n = \xi_n'\epsilon_n$$

where $\epsilon_1, \cdots, \epsilon_n$ are units. This group is the direct product of n factors each of which is isomorphic with the group of units. The most essential point concerns the values of the constants θ_k, $\theta_k(p)$ and μ_n.

Instead of the recursive formula (22) we get $\theta_k = 1 + r(\theta_1 + \cdots + \theta_{k-1})$ leading to

$$\theta_k = (1 + r)^{k-1}.$$

Similarly

$$\theta_k(p) = p_k \cdot \prod_{i=1}^{k-1} (1 + rp_i).$$

THEOREM 5**. *The inequality*

$$\overset{2}{L_1} \cdots \overset{2}{L_n} \cdot V^{2/\kappa} \leqq \overset{2}{\mu_n}$$

holds, where $\kappa = 1, 2, 4$ *characterize the real, imaginary and quaternion cases respectively and*

$$\overset{2}{\mu_n} = \left\{ 2d^{1/2} \cdot (1 + r)^{n-1} \right\}^n.$$

(*In the real case* $d = 4$, $r = \frac{1}{2}$.)

The same trick as used before, compare formulas (27) and (28), allows us to improve to some extent these values of θ_k, $\theta_k(p)$ and μ_n.

CHAPTER II. REDUCTION OF QUADRATIC, HERMITIAN
AND HAMILTONIAN FORMS

8. Jacobi transformation. A *quadratic form*

$$(46) \qquad f(\mathfrak{x}) = \sum g_{ij}x_ix_j \qquad (i, j = 1, \cdots, n)$$

of n variables $(x_1, \cdots, x_n) = \mathfrak{x}$ is characterized by its real symmetric coefficients $g_{ij} = g_{ji}$ and may thus be denoted by $f = \{g_{ij}\}$. All quadratic forms constitute a linear space R of $N = \frac{1}{2}n(n+1)$ dimensions. In the imaginary and the quaternion cases the analogues are the *Hermitian* and "*Hamiltonian" forms* respectively,

$$(47) \qquad f(\xi_1, \cdots, \xi_n) = \sum_{i,j} \xi_i\gamma_{ij}\bar{\xi}_j$$

whose complex or quaternion coefficients satisfy the symmetry condition

$$(48) \qquad \gamma_{ji} = \bar{\gamma}_{ij}.$$

The conjugate of a product is the product of the conjugates in inverted order. This rule at once shows that the value of f is real, $\bar{f}=f$. In the quaternion case one has to watch out for the order of the factors on the right side of (47). The substitution $x_i \rightarrow tx_i$ multiplies the quadratic form (46) with $t^2 = |t|^2 = \mathrm{N}t$, while $\xi_i \rightarrow \tau\xi_i$ changes (47) into $\tau f \bar{\tau}$, or since f is real, into

$$\tau\bar{\tau} \cdot f = \mathrm{N}\tau \cdot f.$$

The diagonal coefficients γ_{ii} are real while the skew coefficients γ_{ij} on one side of the diagonal, $i<j$, may be chosen arbitrarily and then determine the coefficients γ_{ji} on the other side by (48). Hence the quadratic, Hermitian and Hamiltonian forms f constitute linear spaces of

$$N = n + \kappa \cdot \frac{n(n-1)}{2}$$

or of

$$N = \tfrac{1}{2}n(n+1), \qquad n^2, \qquad n(2n-1)$$

dimensions respectively. The form f is said to be *positive* if $f(\mathfrak{x})>0$ except for $\mathfrak{x}=0$. According to our remarks above, $f^{1/2}$ may then serve as gauge function in the real, imaginary or quaternion vector spaces.

Jacobi's transformation is a uniquely determined linear transformation of recursive character of a positive quadratic form into a square sum. It is nothing else than the method of "completing the square" which, probably some 4000 years ago, was invented for the solution of quadratic equations. It no less applies to Hermitian and Hamiltonian forms, though in the latter case we have to bear in mind that there are no determinants. Thus we had better disregard this formal tool altogether. The discriminant of the form will be defined by recursion in the course of our construction. Its general explicit expression in terms of the coefficients γ_{ij} is a task about which we need not bother here [13]. I now give the description of the process for positive Hamiltonian forms f.

If f is positive, then γ_{11} is real and greater than 0, $\gamma_{11}=q_1$. We form

$$\zeta_1 = \xi_1 + \xi_2 \frac{\gamma_{21}}{\gamma_{11}} + \cdots + \xi_n \frac{\gamma_{n1}}{\gamma_{11}}$$

which implies

$$\bar{\zeta}_1 = \bar{\xi}_1 + \frac{\gamma_{12}}{\gamma_{11}} \bar{\xi}_2 + \cdots + \frac{\gamma_{1n}}{\gamma_{11}} \bar{\xi}_n$$

and find

$$739$$

(49) $$f(\xi_1, \cdots, \xi_n) = q_1 \zeta_1 \bar{\zeta}_1 + f^*(\xi_2, \cdots, \xi_n)$$

where the remainder f^* depends on the variables $\xi_2, \cdots, \xi_n$ only. Incidentally its coefficients are given by

(50) $$\overset{*}{\gamma}_{ij} = \gamma_{ij} - \frac{\gamma_{i1}\gamma_{1j}}{\gamma_{11}}.$$

f^* is positive; for if $\xi_2, \cdots, \xi_n$ are any given values we may determine ξ_1 by the equation

$$\xi_1 + \xi_2 \frac{\gamma_{21}}{\gamma_{11}} + \cdots + \xi_n \frac{\gamma_{n1}}{\gamma_{11}} = 0$$

and then

$$f^*(\xi_2, \cdots, \xi_n) = f(\xi_1, \xi_2, \cdots, \xi_n) > 0$$

except for $\xi_2 = \cdots = \xi_n = 0$. Iteration of the splitting (49), therefore, leads to an expression

(51) $$f(\mathfrak{x}) = q_1 |\zeta_1|^2 + \cdots + q_n |\zeta_n|^2$$

(Jacobi's transform) where the q are positive numbers and ζ_i linear forms of the recursive type

(52) $$\zeta_i = \xi_i + \sum_{(j>i)} \xi_j \beta_{ji}.$$

The product $q_1 \cdots q_n = D = D_n$ is called the discriminant of f.

Break the sum (51) into two parts according to

$$f(\mathfrak{x}) = (q_1 |\zeta_1|^2 + \cdots + q_{k-1} |\zeta_{k-1}|^2) + (q_k |\zeta_k|^2 + \cdots + q_n |\zeta_n|^2)$$

and substitute $\mathfrak{x} = \mathfrak{e}_k$. The value of the whole form is γ_{kk} while the value of the second summand is q_k. Hence

(53) $$q_k \leqq \gamma_{kk},$$

(54) $$D \leqq \gamma_{11} \cdots \gamma_{nn}.$$

The Jacobi transformation of the positive form

$$f^{(k)} = f(\xi_1, \cdots, \xi_k, 0, \cdots, 0)$$

of k variables is obtained from (51) by setting $\xi_{k+1} = \cdots = \xi_n = 0$. Consequently its discriminant is $D_k = q_1 \cdots q_k$ and thus

$$q_k = D_k/D_{k-1} \qquad (k = 1, \cdots, n; D_0 = 1).$$

The first step (49) goes through under the sole assumption $\gamma_{11} = q_1 > 0$. If, in carrying the process further for a given form f, we find $q_2 > 0, \cdots, q_n > 0$

at the following steps, then the formula (51) itself reveals that f is positive.

By (50) the inequality $q_2 > 0$ amounts to

$$\left| \gamma_{21} \right|^2 = \left| \gamma_{12} \right|^2 < \gamma_{11} \cdot \gamma_{22}.$$

More generally we must have

$$\left| \gamma_{ij} \right|^2 < \gamma_{ii} \cdot \gamma_{jj} \qquad\qquad (i \neq j)$$

for any positive form f.

Next we compute the volume V of the $4n$-dimensional ellipsoid $f(\mathfrak{x}) < 1$. Denote by ω_n the volume of the sphere

$$x_1^2 + \cdots + x_n^2 < 1$$

in the n-dimensional real vector space. When in the recursive substitution (52) we replace each of the quaternions ξ and ζ by its 4 real x-components, we again obtain a recursive substitution, this time in $4n$ variables, whose coefficient matrix has 1's along the principal diagonal and hence is of determinant 1. Thus the volume V is the same as that of the Jacobi transform $\sum_i q_i |\xi_i|^2 < 1$ or in real x-components

$$\sum_{i=1}^{n} \sum_{\alpha=0}^{3} \left(q_i^{1/2} x_{i\alpha} \right)^2 < 1.$$

Consequently

$$(55) \qquad V = \frac{\omega_{4n}}{(q_1^{1/2} \cdots q_n^{1/2})^4} = \frac{\pi^{2n}}{(2n)!} \frac{1}{q_1^2 \cdots q_n^2} = \frac{\pi^{2n}}{(2n)!} \cdot \frac{1}{D^2}.$$

In the real and the imaginary case one finds

$$(56) \qquad V = \frac{\omega_n}{D^{1/2}}, \qquad V = \frac{\omega_{2n}}{D} = \frac{\pi^n}{n!} \cdot \frac{1}{D}$$

instead. Incidentally these formulas prove that, although our recursive definition refers to a definite arrangement, the discriminant of f is not changed by arranging the variables $\xi_1, \cdots, \xi_n$ in a different order.

From here on we limit ourselves to real quadratic forms, because the adjustments to the two other cases are sufficiently trivial; only an occasional glance will be cast upon them.

9. **Some simple topological considerations.** Within the N-dimensional linear space R of all quadratic forms $f = \{g_{ij}\}$ the positive ones form a convex subset G which is a cone with the origin $f = 0$ as vertex. The relative clause means that dilatation, $f \rightarrow tf$, at any positive rate t carries G into itself. G is an open set. Indeed the quantities emerging at the first step of Jacobi's transformation,

$$q_1 = g_{11}, \qquad b_{i1} = \frac{g_{i1}}{g_{11}}, \qquad \overset{*}{g}_{ij} = g_{ij} - \frac{g_{i1}g_{1j}}{g_{11}} \qquad (i, j = 2, \cdots, n),$$

all depend continuously on f. [We now use corresponding Roman instead of Greek letters throughout, so that the transformation (52) reads

$$(52') \qquad\qquad z_i = x_i + \sum_{(j>i)} x_j b_{ji}. \,]$$

Hence $q_1, \cdots, q_n$; b_{ji} $(j>i)$ depend continuously on f at a given point f^0 of G, and all forms f in a certain neighborhood U of f^0 will satisfy the conditions

$$q_1 \geqq \tfrac{1}{2}\overset{0}{q}_1, \cdots, q_n \geqq \tfrac{1}{2}\overset{0}{q}_n$$

and thus be positive.

Jacobi's transformation shows quite explicitly that for a given positive form f and a given number A the inequality $f(\mathfrak{x}) \leqq A$ entails upper bounds for the $|x_i|$ of $\mathfrak{x} = (x_1, \cdots, x_n)$. In fact, one first obtains upper bounds for $|z_1|, \cdots, |z_n|$ and then, going in backward direction, from the relations (52') upper bounds for $|x_n|, |x_{n-1}|, \cdots, |x_1|$. One can make this estimate uniform throughout a sufficiently small neighborhood of a given form. Hence this

LEMMA 4. *Let $A(f)$ be a real function depending on a variable point f in G and continuous at the given point f^0. We can fix a neighborhood U of f^0 such that nearly every lattice vector $\mathfrak{x} = (x_1, \cdots, x_n)$ has the property of satisfying the inequality*

$$f(\mathfrak{x}) > A(f)$$

for all f in U.

("Nearly every" means that only a finite number lack the property in question.)

Proof. We fix the neighborhood U so that

$$q_k(f) \geqq \tfrac{1}{2}\overset{0}{q}_k, \qquad A(f) \leqq 1 + A(\overset{0}{f}), \qquad |b_{ji}(f)| \leqq 1 + |\overset{0}{b}_{ji}|.$$

If $\mathfrak{x}$ is a vector such that there is an f in U for which $f(\mathfrak{x}) \leqq A(f)$, then (51) yields upper bounds for $|z_k|$ which are universal in that they do not depend on the specific f in U, and (52') yields universal bounds for $|x_n|, \cdots, |x_1|$.

From now on up to the end of §12, f without or with accent or index always indicates a point of G. All topological notions are to be interpreted relative to G; e.g., a subset of G is said to be open or closed whenever it is open or closed relative to G.

Before going on we specialize some of our previous definitions concerning gauge functions to gauge functions of the type $f^{1/2}$ now under consideration. *A positive quadratic form f is said to be reduced if it satisfies the inequality*

$$f(x_1, \cdots, x_n) \geqq g_{kk}$$

for any vector $(x_1, \cdots, x_n)$ *in* X_k *and for* $k = 1, \cdots, n$. *This implies*

$$(0 <)g_{11} \leqq g_{22} \leqq \cdots \leqq g_{nn}.$$

Two forms f, f' are called equivalent and counted in the same class if one proceeds from the other by a substitution

$$x_i = \sum_k x_k' \overset{k}{s_i}$$

of the modular group. Every point f in G is equivalent to a reduced one.

To each index k and vector $\mathfrak{x} = (x_1, \cdots, x_n)$ in X_k there corresponds a linear form of the coordinates g_{ij} in R,

$$f(\mathfrak{x}) - g_{kk} = \sum_{i,j} x_i x_j g_{ij} - g_{kk} = \sum_{i,j} \alpha_{ij} g_{ij},$$

which we denote by $\alpha_k(\mathfrak{x})$; its coefficients are

$$\alpha_{ij} = x_i x_j - \overset{k}{\delta_i} \overset{k}{\delta_j}.$$

The relations for the variable point $\{g_{ij}\}$,

$$\sum \alpha_{ij} g_{ij} = 0, \qquad \geqq 0, \qquad > 0$$

are referred to as the *equation*, the *inequality* and the *strict inequality* $\alpha_k(\mathfrak{x})$ respectively. Except for $\mathfrak{x} = \pm \mathfrak{e}_k$, i.e., for every vector $\mathfrak{x}$ in X_k^*, the inequality and equation $\alpha_k(\mathfrak{x})$ define a half-space and its bounding $(N-1)$-dimensional plane in R. Now f is properly reduced provided the strict inequality $\alpha_k(\mathfrak{x})$ is satisfied for every $\mathfrak{x}$ in X_k^* and every k. Examples of properly reduced forms are ready at hand; the simplest are the diagonal forms

$$g_1 x_1^2 + \cdots + g_n x_n^2 \qquad\qquad \text{with } 0 < g_1 < g_2 < \cdots < g_n.$$

The reduced points form a closed convex subset Z of G which again is a cone and will be called the (basic) *cell*. A properly reduced f is said to belong to the *core* of Z. An inner point of Z belongs to its core. Each unimodular substitution S carries Z into an equivalent cell Z_S. The substitutions of the subgroup $\{J\}$ leave Z unchanged, but if S is not in $\{J\}$ then no point of the core of Z can be in Z_S (Theorem 7). Hence the equivalent cells Z_S cover G without gaps and overlappings; two different cells have none but boundary points in common. Here two substitutions like S and JS which are left equivalent modulo $\{J\}$ are to be identified because they have the same effect on Z. Our aim is first to study the individual cell Z and then the whole pattern of the division of G into equivalent cells.

We start with the observation that *a point f^0 belonging to the core of Z is* *an inner point of Z.* Indeed according to Lemma 4, nearly every lattice vector $\mathfrak{x}$ satisfies the inequalities $f(\mathfrak{x}) > g_{kk}$ for $k = 1, \cdots, n$ and for all forms f in a certain neighborhood U of f^0. Therefore among the infinitely many inequalities

$$(57) \qquad\qquad \alpha_k(\mathfrak{x}) \qquad\qquad (\mathfrak{x} \text{ in } X_k^*; \ k = 1, \cdots, n)$$

there are only a finite number, say $\alpha', \alpha'', \cdots$, which are not a priori sure to hold throughout U. But if the *strict* inequalities $\alpha', \alpha'', \cdots$ hold for f^0 then they hold also in a sufficiently small neighborhood U' of f^0; and the neighborhood $U \cap U'$ of f^0 lies in Z.

Denote by T_k the subset of X_k to which $\mathfrak{x}$ belongs if there are reduced forms f satisfying the equation $f(\mathfrak{x}) = g_{kk}$. The two vectors $\pm \mathfrak{e}_k$ belong to T_k, and again T_k^* designates what is left of T_k after these two vectors have been removed. The planes $\alpha_k(\mathfrak{x}) = 0$ corresponding to the $\mathfrak{x}$ in T_k^* graze the cell Z. Our last result asserts that every boundary point of Z lies in one of these grazing planes

$$(58) \qquad\qquad \alpha_k(\mathfrak{x}) = 0 \qquad\qquad (\mathfrak{x} \text{ in } T_k^*, \ k = 1, \cdots, n).$$

Hence from a general topological principle which we shall presently prove for our special situation there follows

THEOREM 10. *In the definition of Z as the set consisting of all points f of G which satisfy the inequalities*

$$(59) \qquad\qquad \alpha_k(\mathfrak{x}) \qquad\qquad \text{for every } \mathfrak{x} \text{ in } X_k \text{ and } k = 1, \cdots, n,$$

the vector set X_k may be replaced by T_k^*.

Proof. Choose one of the points f^0 belonging to the core of Z as the center of Z and suppose f is any point (of G) outside Z. Join f^0 with f by a straight segment. Somewhere, at a point f', it will cross the border of Z; the part $f^0 f'$ of the segment, including f', belongs to Z while the points beyond f' are outside Z. The point f' satisfies one of the equations (58), say

$$(60) \qquad\qquad \sum \alpha_{ij} g_{ij} = 0.$$

The left member of (60) is greater than 0 at f^0, equals 0 at f', and hence is less than 0 at f. Consequently a point f which satisfies all inequalities

$$\alpha_k(\mathfrak{x}) \geqq 0 \qquad\qquad (\mathfrak{x} \text{ in } T_k^*, \ k = 1, \cdots, n)$$

cannot lie outside Z [14].

We denote by X_k^0 the set of lattice vectors $(x_1, \cdots, x_n)$ for which

$$x_k = 1, \qquad x_{k+1} = \cdots = x_n = 0.$$

X_k^0 is a subset of X_k. Let ρ be any number greater than 1 and σ a positive number. Later on we shall have occasion to study the part $G(\rho, \sigma)$ of G defined by the following simultaneous inequalities:

$$(61_1) \qquad f(x_1, \cdots, x_n) \geqq \frac{1}{\rho^2} \cdot g_{kk} \qquad \text{for every vector } (x_1, \cdots, x_n) \text{ in } X_k,$$

$$(61_2) \qquad f(x_1, \cdots, x_n) \geqq g_{kk} - \sigma g_{11} \qquad \text{for every vector } (x_1, \cdots, x_n) \text{ in } X_k^0$$

$$[k = 1, \cdots, n].$$

$G(\rho, \sigma)$ is a closed convex part of G which increases with increasing ρ and σ. A point f of G satisfying all these inequalities (61) with the $>$ sign is an inner point of $G(\rho, \sigma)$, as follows by the argument previously applied to Z. The domain $G(\rho, \sigma)$ contains the cell Z in its interior. I propose to show that with $\rho \uparrow \infty, \sigma \uparrow \infty$ it exhausts the whole G. Let f be any point of G. All lattice vectors $(x_1, \cdots, x_n)$ except those of a certain finite set Σ satisfy the inequalities

$$f(x_1, \cdots, x_n) > g_{kk} \qquad\qquad (k = 1, \cdots, n)$$

and hence (61), whatever the values $\rho > 1$ and $\sigma > 0$. When $(x_1, \cdots, x_n)$ varies over the finite set $X_k \cap \Sigma$, $f(x_1, \cdots, x_n)$ will assume a least (positive) value g_{kk}/ρ_k^2. Thus all the inequalities (61_1), with the $>$ sign and for $k = 1, \cdots, n$, will hold as soon as $\rho > \rho_1, \rho_2, \cdots, \rho_n$. In the same manner one sees that, for a sufficiently high σ, f satisfies all relations (61_2) with the $>$ sign for $k = 1, \cdots, n$.

10. **The first theorem of finiteness.** We now resume the algebraic study of reduced forms, first specializing Theorem 5 for the gauge function $f^{1/2}$:

THEOREM 11. *Any reduced form $f = \{g_{ij}\}$ satisfies the inequality*

$$(62) \qquad\qquad \lambda_n g_{11} \cdots g_{nn} \leqq D$$

where $\lambda_n = (\omega_n/\mu_n)^2$.

About the constant μ_n see the Supplement to Theorems 4–6 in §3. We use the formulas (55) and (56) for the volumes of our ellipsoidal gauge bodies and thus obtain a corresponding inequality

$$\lambda_n \gamma_{11} \cdots \gamma_{nn} \leqq D$$

for reduced Hermitian and Hamiltonian forms, with

$$\lambda_n = \frac{\pi^n}{n!} \cdot \frac{1}{\mu_n^2}, \qquad \lambda_n = \frac{\pi^n}{[(2n)!]^{1/2}} \cdot \frac{1}{\mu_n^2}$$

and the values of μ_n^2 given by Theorem 5**. The resulting values of λ_n are certainly not optimal, but fairly good.

In passing we mention the following relations:

$$(63) \qquad \left| g_{ij} \right| \leqq \tfrac{1}{2} g_{ii}, \qquad \left| \gamma_{ij} \right| \leqq r\gamma_{ii},$$

which hold for reduced forms and for $i < j$. Choose two different indices, say 2 and 5. The two vectors for which $x_2 = \pm 1$, $x_5 = 1$ and all other x_i vanish belong to X_5; hence

$$g_{22} \pm 2g_{25} + g_{55} \geqq g_{55}$$

or

$$2 \left| g_{25} \right| \leqq g_{22}.$$

In the imaginary and quaternion cases the procedure is as follows. Let η range over all integers. We take $\xi_5 = 1$ and $\xi_2 = -\eta$ while all other ξ_i vanish. The resulting inequality reads

$$\gamma_{22}\eta\bar{\eta} - \eta\gamma_{25} - \gamma_{52}\bar{\eta} \geqq 0$$

which for $\gamma = \gamma_{52}/\gamma_{22}$ yields

$$\left| \gamma - \eta \right|^2 \geqq \left| \gamma \right|^2.$$

This means that, in the lattice of integers, γ is not farther from zero than from any other integer. Hence this distance $\left| \gamma \right|$ cannot exceed r.

If $f(x_1, \cdots, x_n)$ is a reduced form of n variables, then

$$f^{(k)} = f(x_1, \cdots, x_k, 0, \cdots, 0)$$

is one of k variables, therefore

$$D_k \geqq \lambda_k g_{11} \cdots g_{kk}.$$

Combining this with (54) for $f^{(k-1)}$, $D_{k-1} \leqq g_{11} \cdots g_{k-1,k-1}$, *we find the important inequality*

$$q_k \geqq \lambda_k g_{kk} \qquad\qquad (k = 1, \cdots, n)$$

holding for reduced forms f.

We are now sufficiently prepared to prove the first theorem of finiteness:

THEOREM 12. *The set T_k of lattice vectors is finite.*

Hence by Theorem 10 we have succeeded in sifting from the infinitely many inequalities (59) a finite number on which all others are consequent and therefore redundant. In proving our proposition we shall give fairly explicit upper bounds of $\left| x_1 \right|, \cdots, \left| x_n \right|$ for the vectors $\mathfrak{x} = (x_1, x_2, \cdots, x_n)$ in T_k.

Proof. Suppose $\mathfrak{x}$ is in T_k and f a reduced form for which $f(\mathfrak{x}) = g_{kk}$. In particular $\mathfrak{x} = \mathfrak{e}_k$ fulfills this demand. We apply Jacobi's transformation to f and then find for the vector in question

$$q_1 z_1^2 + \cdots + q_n z_n^2 = g_{kk};$$

a fortiori

$$\sum_{j=k}^{n} q_j z_j^2 \leqq g_{kk}.$$

In the last sum $q_j \geqq \lambda_j g_{jj} \geqq \lambda_j g_{kk}$ $(j \geqq k)$, and thus the inequality

$$\sum_{j=k}^{n} \lambda_j z_j^2 \leqq 1$$

results which yields universal upper bounds for $|z_k|, \cdots, |z_n|$:

$$(64) \qquad\qquad |z_j|^2 \leqq 1/\lambda_j \qquad\qquad (j = k, \cdots, n).$$

To find universal bounds for $|z_1|, \cdots, |z_{k-1}|$ is a slightly more intricate job. Let h be a given index less than k. Without altering $x_n, \cdots, x_{h+1}$ we may replace $x_h, \cdots, x_1$ by such integers $x_h^*, \cdots, x_1^*$ in succession that the corresponding $z_h^*, \cdots, z_1^*$ satisfy

$$|z_h^*| \leqq \tfrac{1}{2}, \cdots, |z_1^*| \leqq \tfrac{1}{2}.$$

Since the new vector $(x_1^*, \cdots, x_h^*, x_{h+1}, \cdots, x_n)$ also is in X_k, we must have

$$f(x_1^*, \cdots, x_h^*, x_{h+1}, \cdots, x_n) \geqq g_{kk},$$

consequently

$$(q_1 z_1^{*2} + \cdots + q_h z_h^{*2}) + (q_{h+1} z_{h+1}^2 + \cdots + q_n z_n^2)$$
$$\geqq g_{kk} = (q_1 z_1^2 + \cdots + q_h z_h^2) + (q_{h+1} z_{h+1}^2 + \cdots + q_n z_n^2)$$

or

$$q_1 z_1^{*2} + \cdots + q_h z_h^{*2} \geqq q_1 z_1^2 + \cdots + q_h z_h^2.$$

The left member is less than or equal to

$$r^2(q_1 + \cdots + q_h) \leqq r^2(g_{11} + \cdots + g_{hh}) \leqq r^2 h g_{hh} \qquad (r = \tfrac{1}{2}).$$

Hence

$$r^2 h g_{hh} \geqq q_h z_h^2 \geqq \lambda_h g_{hh} z_h^2 \quad \text{or}$$

$$(65) \qquad\qquad z_h^2 \leqq r^2 h/\lambda_h \qquad\qquad (h = 1, \cdots, k - 1).$$

(The notation r is used in order to cover also the imaginary and quaternion cases.)

Applying (65) to $\mathfrak{x} = e_k$, one gets

$$(66) \qquad\qquad b_{kh}^2 \leqq r^2 h/\lambda_h \qquad\qquad (\text{for } h < k).$$

The universal upper bounds for $|z_n|, \cdots, |z_1|$ together with the universal bounds for the moduli of the coefficients b_{kh} in the recursive equations (52′) result in universal upper bounds for $|x_n|, \cdots, |x_1|$.

This argument is chiefly due to Minkowski and is in my view the backbone of his theory of reduction. The simple remark leading from (65) to (66) was first made by Remak [15]. It dispenses with the necessity of making use of the explicit expression of b_{kh} as Minkowski did, which is the more fortunate as it would have been quite cumbersome to follow his procedure in the quaternion case.

11. **The second theorem of finiteness. Generators of the modular group.** We prove now the following theorem.

THEOREM 13. *The set $G(\rho, \sigma)$ has points in common with not more than a finite number of cells Z_S.*

We must show that there is only a finite number of unimodular substitutions S capable of carrying an (unspecified) point f of Z into a point f' of $G(\rho, \sigma)$,

$$f(y_1 \mathfrak{s}_1 + \cdots + y_n \mathfrak{s}_n) = f'(y_1, \cdots, y_n).$$

Here $(\mathfrak{s}_1, \cdots, \mathfrak{s}_n)$ is a lattice basis of the property $B(\rho, \cdots, \rho)$ with respect to $f^{1/2}$. Consider the two series of subspaces

$$E_0, \quad E_1 = [\mathfrak{e}_1], \quad E_2 = [\mathfrak{e}_1, \mathfrak{e}_2], \cdots, \quad E_n;$$

$$E_0', \quad E_1' = [\mathfrak{s}_1], \quad E_2' = [\mathfrak{s}_1, \mathfrak{s}_2], \cdots, \quad E_n'.$$

$E_0 = E_0'$ is the zero space, $E_n = E_n'$ the full vector space. Let l be the highest of the indices $1, \cdots, n$ for which

$$(67) \qquad E_{l-1}' = E_{l-1}.$$

The decision whether or not $E_k' = E_k$ depends merely on checking whether some integers are zero. For l there exist the possibilities $l = 1, \cdots, n$. We propose to consider the S with a definite l.

First we focus our attention on the vectors

$$(68) \qquad \mathfrak{s}_k \qquad\qquad (k = l, \cdots, n).$$

For the moment let $\mathfrak{x} = (x_1, \cdots, x_n)$ denote the vector $\mathfrak{s}_k$; then

$$(69) \qquad f(\mathfrak{x}) = q_1 z_1^2 + \cdots + q_n z_n^2 = g_{kk}'.$$

Put

$$\theta_i' = \theta_i(\rho) \qquad\qquad \text{for } p_1 = \cdots = p_i = \rho.$$

Because of the significance of l and Theorem 9_p we have

$$(\theta_i' \theta_{i+1})^2 g_{ii} \geqq g_{i+1,i+1}$$

for $i \geqq l$. Therefore and because f is reduced,

$$q_1 z_1^2 + \cdots + q_n z_n^2 \geq \lambda_1 g_{11} z_1^2 + \cdots + \lambda_n g_{nn} z_n^2$$

$$(70) \qquad \geq g_{kk} \left\{ \lambda_n z_n^2 + \cdots + \lambda_k z_k^2 + \frac{\lambda_{k-1}}{(\theta'_{k-1}\theta_k)^2} z_{k-1}^2 + \cdots \right.$$

$$\left. + \frac{\lambda_l}{(\theta'_{k-1} \cdots \theta'_l \cdot \theta_k \cdots \theta_{l+1})^2} z_l^2 \right\},$$

while by Theorem 8_p

$$(71) \qquad g'_{kk} \leq (\theta'_k)^2 g_{kk}.$$

Combining the two inequalities (70) and (71) with (69), we get hold of universal upper bounds for $|z_l|, \cdots, |z_n|$, namely

$$|z_k| \leq \frac{\theta'_k}{\lambda_k^{1/2}}, \cdots, |z_n| \leq \frac{\theta'_k}{\lambda_n^{1/2}},$$

$$|z_{k-1}| \leq \frac{\theta'_{k-1}\theta'_k \cdot \theta_k}{\lambda_{k-1}^{1/2}}, \cdots, |z_l| \leq \frac{\theta'_l \cdots \theta'_k \cdot \theta_{l+1} \cdots \theta_k}{\lambda_l^{1/2}}.$$

So far we have used merely the first set (61_1) of inequalities for f'.

The second set yields universal bounds for $|z_1|, \cdots, |z_{l-1}|$. Suppose $y_1, \cdots, y_{l-1}$ to be any integers; we have

$$f'(y_1, \cdots, y_{l-1}, \delta_l^k, \cdots, \delta_n^k) \geq f'(\delta_1^k, \cdots, \delta_n^k) - \sigma g'_{11}$$

which is equivalent to

$$f(y_1 \mathfrak{z}_1 + \cdots + y_{l-1}\mathfrak{z}_{l-1} + \mathfrak{z}_k) \geq f(\mathfrak{z}_k) - \sigma g'_{11}$$

or

$$(72) \qquad f(x_1^*, \cdots, x_{l-1}^*, x_l, \cdots, x_n) \geq f(x_1, \cdots, x_n) - \sigma g'_{11}$$

where $(x_1, \cdots, x_n)$ again is the vector $\mathfrak{z}_k$ and $x_1^*, \cdots, x_{l-1}^*$ denote any integers. In fact

$$x_1^* = x_1 + x_1', \cdots, x_{l-1}^* = x_{l-1} + x_{l-1}'$$

with

$$y_1 \mathfrak{z}_1 + \cdots + y_{l-1}\mathfrak{z}_{l-1} = x_1' \mathfrak{e}_1 + \cdots + x_{l-1}' \mathfrak{e}_{l-1}.$$

Observe that $\mathfrak{z}_1, \cdots, \mathfrak{z}_{l-1}$ span the lattice in E_{l-1} so that $x_1', \cdots, x_{l-1}'$ and therefore $x_1^*, \cdots, x_{l-1}^*$ range independently over all integers while $y_1, \cdots, y_{l-1}$ do so. Let h be one of the indices $1, \cdots, l-1$, and choose $x_i^* = x_i$ for $i > h$, but $x_h^*, \cdots, x_1^*$ such that

$$|z_h^*| \leqq r, \cdots, |z_1^*| \leqq r \qquad\qquad (r = \tfrac{1}{2}).$$

Then (72) yields

$$\sigma g_{11}' + (q_1 z_1^{*2} + \cdots + q_h z_h^{*2}) \geqq q_1 z_1^2 + \cdots + q_h z_h^2 \geqq q_h z_h^2 \geqq \lambda_h g_{hh} z_h^2.$$

The left member is less than or equal to

$$\sigma \rho^2 g_{11} + r^2 (g_{11} + \cdots + g_{hh}) \leqq (\sigma \rho^2 + r^2 h) g_{hh};$$

thus

$$\lambda_h z_h^2 \leqq \sigma \rho^2 + r^2 h \qquad\qquad (h = 1, \cdots, l-1)$$

Hence we have obtained universal bounds for all $|z_i|$ and by means of (66) also for all $|x_i|$. In other words, for each of the lattice vectors (68) we find ourselves limited to a finite set from which to choose.

If $l = 1$ nothing remains to be said. In the opposite case the same situation prevails for the "cut" forms

$$f(x_1, \cdots, x_{l-1}, 0, \cdots, 0), \qquad f'(x_1, \cdots, x_{l-1}, 0, \cdots, 0)$$

of $l-1 < n$ variables in E_{l-1} as for the full forms f and f' in n dimensions which we started with. Thus the proof is complete by induction.

The main idea of the proof is again borrowed from Minkowski—with two essential modifications:

(1) Where Minkowski uses estimates based upon Jacobi's transformation of quadratic forms, we have availed ourselves of the general Theorems 8 and 9 holding for any gauge function whatsoever; in spite of their far greater generality these estimates are sharper than Minkowski's.

(2) Minkowski has our proposition only for

$$\rho = 1, \qquad \sigma = 0, \qquad G(\rho, \sigma) = Z,$$

in which case it asserts that Z borders on not more than a finite number of equivalent cells Z_S. However, we should know that every boundary point of Z is on the common boundary of Z and a different cell Z_S, or that the cells Z_S cluster only towards the border of G, which means that into any sufficiently small neighborhood of a point of G, or into any compact subset of G, there penetrate only a finite number of cells Z_S. Our theorem goes beyond this because $G(\rho, \sigma)$ exhausts G if $\rho \uparrow \infty, \sigma \uparrow \infty$, but is not compact. About this finer point refer to §13. Here is an application of the fact that the cells do not cluster in the interior of G:

LEMMA 5. *Any cell $Z' = Z_S$ may be reached from the basic cell Z by a chain*

$$(73) \qquad\qquad Z = Z_1, Z_2, \cdots, Z_\nu = Z'$$

in which any two consecutive members are in contact, i.e., have points in common.

Proof. The center f^0 of Z goes by the substitution S into an inner point f_S^0 of $Z_S = Z'$. Join f^0 with f_S^0 by a straight segment τ. Determine $\rho > 1$ and $\sigma > 0$ so that f_S^0 is an inner point of $G(\rho, \sigma)$. Then the whole segment τ lies in $G(\rho, \sigma)$. Since the number of cells Z_S having points in common with $G(\rho, \sigma)$ is finite, the same is true a fortiori for the cells Z_S which are met by the segment τ. On the other hand every point of τ belongs to a certain cell Z_S, and the points which τ and Z_S have in common form a (closed) interval on τ. Hence τ is covered by a finite number of subintervals of which we can select a chain connecting f^0 with f_S^0. What we obtain in this manner is a chain of cells (73) in which any two consecutive members have a contact point on τ.

Those substitutions of the modular group which effect transition from Z to cells in contact with Z form a finite set $[Z]$. If S is in $[Z]$, so is the "(two-sided) congruent" substitution

$$S^* = JSJ' \qquad (J, J' \text{ any two elements of } \{J\})$$

as one readily verifies by performing the substitution J' on the two contacting cells Z and $Z_{JS} = Z_S$. Hence $[Z]$ breaks up into a number of complete sets of congruent substitutions; we choose a representative out of each set: $S', S'', \cdots$.

THEOREM 14. *The substitutions of $\{S\}$ which carry Z into cells bordering on Z, or rather a complete system of modulo $\{J\}$ incongruent representatives $S', S'', \cdots$ among them, combined with $\{J\}$, generate the whole modular group $\{S\}$.*

Proof. Let S be any element of the modular group and determine a chain (73) leading from Z to $Z_S = Z'$. A certain unimodular S_i^{-1} will carry Z_i into Z and Z_{i+1} into a cell contacting Z which therefore arises from Z by an element $S^{(i)}$ of $[Z]$. The substitution $S^{(i)}S_i$ carries Z into Z_{i+1} and thus can and shall be adopted as S_{i+1}. If this inductive definition of S_i is started off with S_1 the identity, then $S^{(\nu-1)} \cdots S^{(1)}$ carries Z into Z_S, and therefore

$$S = JS^{(\nu-1)} \cdots S^{(1)} \qquad (J \text{ in } \{J\}).$$

12. **Faces and walls.** The main body of the theory of reduction is now complete; what follows are accessories of minor importance. In this section we discuss the consequences upon the cell configuration of the fact that any boundary point of a convex solid polyhedron lies on one of its faces. Engaging in this kind of general topological argument, we prefer the notation $y_1, \cdots, y_N$ instead of g_{ij} for the coordinates in our N-dimensional space R. A *face* of the cell would be described by one of the *equations*

$$(57) \qquad\qquad \alpha_k(\mathfrak{x}) \qquad\qquad (\mathfrak{x} \text{ in } X_k^*, k = 1, \cdots, n),$$

which hold for $N-1$ linearly independent points of Z. Taking it for granted that each boundary point of Z lies on a face, we infer from the proof of

Theorem 10 that the corresponding inequalities suffice to define Z as a part of G: those planes (57) which do not share an $(N-1)$-dimensional convex face with Z may be discarded. It is clear that on account of their "extreme" character the remaining inequalities are truly indispensable.

As to the configuration of all equivalent cells Z_S, it seems clear that any point on the boundary of Z lies on a "wall" separating Z from an "adjacent" cell Z_S. By these words "wall" and "adjacent" we wish to indicate that Z and Z_S have $N-1$ linearly independent points in common. The points which two cells have in common, if any, form a convex cone of 1 or 2 or $\cdots$ or $N-1$ dimensions. We speak of a contact of order 1, 2, $\cdots$, $N-1$ respectively. The unimodular S carrying Z into adjacent cells form a finite set $[[Z]]$ narrower than $[Z]$. Again it decomposes into subsets of congruent substitutions. Theorem 14 remains true if S', S'', $\cdots$ denote representatives of these sets. We can dispense with none of these more restricted generators.

The ultimate goal of all such considerations should be to show that the pattern of our cells which mutually border on each other is a *complex* in the combinatorial topological sense, of such particular structure as to form the skeleton of a manifold.

It is clear that the walls of Z are parts of its faces. This simple observation establishes a close relationship between the first and Minkowski's special case of the second theorem of finiteness.

I shall try to give the most convenient arrangement of the proofs. First the faces of Z.

LEMMA 6. *Any boundary point of Z lies on a face of Z.*

We know that Z as a part of G is characterized by inequalities

$$(74) \qquad \alpha(y) = \alpha_1 y_1 + \cdots + \alpha_N y_N \geqq 0$$

corresponding to a finite set $\Sigma = \Sigma_0$ of linear forms $\alpha(y)$. Let f^1 be a point (of G) on the boundary of Z; it will satisfy at least one of the inequalities of Σ with the = sign. After an appropriate linear transformation of the coordinates y_i we may assume

$$(75) \qquad f^1 = e^1 = (1, 0, 0, \cdots, 0).$$

Σ_1 is the non-empty subset of Σ to which a linear form $\alpha(y)$ belongs if nullified by e^1. Their first coefficient α_1 vanishes, so that they may be looked upon as forms of $N-1$ variables. For the linear forms $\alpha(y)$ in the complementary subset $\bar{\Sigma}_0$ the first coefficient α_1 is positive. We describe the νth step of this process of selection. Suppose the subset Σ_ν of those linear forms of Σ in which the variables $y_1, \cdots, y_\nu$ are absent is not empty. The corresponding inequalities

$$\alpha_{\nu+1} y_{\nu+1} + \cdots + \alpha_N y_N \geqq 0$$

of Σ_ν define a convex pyramid Z^ν in the $(N-\nu)$-dimensional space R^ν with the coordinates $y_{\nu+1}, \cdots, y_N$. As long as $N-\nu \geq 2$, we can find a point $f^{\nu+1} \neq 0$ on the boundary of that pyramid, and by a suitable affine transformation of the coordinates $y_{\nu+1}, \cdots, y_N$ we can provide for $f^{\nu+1}$ having the coordinates

$$(y_{\nu+1}, \cdots, y_N) = (1, 0, \cdots, 0).$$

Σ_ν breaks up into the subsets $\Sigma_{\nu+1}$ and $\overline{\Sigma}_\nu$ whose members have their first coefficient $\alpha_{\nu+1}=0$ and >0 respectively. $\Sigma_{\nu+1}$ is not empty.

The existence of $f^{\nu+1}$ follows in this way. Denote by $f^0 = (y_1^0, \cdots, y_N^0)$ the center of the cell Z. All linear forms $\alpha(y)$ belonging to Σ_ν have the property $\alpha(f^0)>0$ for

$$(76) \qquad\qquad f^0 = (y_{\nu+1}^0, \cdots, y_N^0),$$

or (76) is an inner point of Z^ν. Operating in the $(N-\nu)$-dimensional space R^ν we choose one of the forms of Σ_ν, say $\alpha'(y)$, and a point $f \neq 0$ in the plane $\alpha'(y)$. (As long as R^ν has at least two dimensions, a plane $\alpha'(y)=0$ through the origin O certainly contains points $f \neq 0$.) We join f^0 with f by a straight segment, which will not contain the origin O. Traveling along the segment from f^0 to f we encounter a first point f^* where one of the forms of Σ_ν ceases to be positive. (If not before this will happen for f.) All forms of Σ_ν are greater than or equal to 0 for f^* and at least one equals 0. We take $f^{\nu+1}=f^*$.

We end up with a non-empty set Σ_{N-1} consisting of linear forms $\alpha_N y_N$ in the 1-dimensional space R^{N-1} with the single coordinate y_N. They are positive for $y_N = y_N^0$. We take one of them as the coordinate y_N; then the coefficients α_N of the others are greater than 0 and $y_N \geq 0$ is the pyramid Z^{N-1} in R^{N-1}. At the same time we have arrived at a complete normalization of the affine system of coordinates $y_1, \cdots, y_N$.

By construction the pyramid $Z^{\nu-1}$ in $R^{\nu-1}$ contains the point

$$(y_\nu, \cdots, y_N) = (1, 0, \cdots, 0).$$

The system $\Sigma_{\nu-1}$ of linear forms

$$\alpha_\nu y_\nu + \cdots + \alpha_N y_N$$

splits into Σ_ν and $\overline{\Sigma}_{\nu-1}$ according to the condition $\alpha_\nu = 0$ or $\alpha_\nu > 0$. It is therefore easy to ascertain a positive constant $\epsilon_\nu \leq 1$ such that $(1, y_{\nu+1}, \cdots, y_N)$ lies in $Z^{\nu-1}$ provided $(y_{\nu+1}, \cdots, y_N)$ lies in Z^ν and

$$\left| y_{\nu+1} \right| \leq \epsilon_\nu, \cdots, \left| y_N \right| \leq \epsilon_\nu.$$

This is true even at the first step $\nu=1$ when $R^0=R$ is restricted to G, because for a sufficiently small ϵ the neighborhood of (75) described by

$$y_1 = 1, \left| y_2 \right| \leq \epsilon, \cdots, \left| y_N \right| \leq \epsilon$$

lies in G.

Starting with the point $y_N=0$ in Z^{N-1} and following this rule for the transition $Z^\nu \rightarrow Z^{\nu-1}$ backwards from Z^{N-1} to Z, we find that the following $N-1$ points

$$(1,\ 0,\ 0,\quad 0,\cdots,\ 0),$$
$$(1,\ \epsilon_1,\ 0,\quad 0,\cdots,\ 0),$$
$$(1,\ \epsilon_1,\ \epsilon_1\epsilon_2,\ 0,\cdots,\ 0),$$
$$\cdot\ \cdot\ \cdot\ \cdot\ \cdot\ \cdot\ \cdot\ \cdot\ \cdot$$

belong to Z. Thus the plane $y_N = 0$ belongs to Σ_{N-1}, hence to Σ, is a face and contains the point f^1.

LEMMA 7. *Any cell $Z' = Z_S$ may be reached from the basic cell Z by a chain whose consecutive members are adjacent.*

The inner reason for this lemma is obvious: because the region G is *convex*, the cell complex into which it has been divided is *connected*.

We start with the chain described in Lemma 5. Any two of its consecutive members have a common point f situated on the segment τ; but in general their contact will be one of order 1 only. We must insert further cells between them to make the chain proceed by contacts of order $N-1$.

The point f, being common to two cells, is not an inner point of a cell. I shall try to describe the situation intuitively in the plane section $g_{nn} = 1$ of G. The cells to which f belongs cover an entire neighborhood U of f, each of them participating in it by an $(N-1)$-dimensional pyramid with vertex f. Hence we obtain a division of the $(N-1)$-dimensional space R^1 into a finite number of convex pyramids radiating from the vertex f, and our task is to prove that this complex is connected. We thus face the same problem as before, but in one dimension less, and hence induction with respect to N will lead to the desired result. Let us now repeat the argument in detail, again using the notation $y_1, \cdots, y_N$ instead of g_{ij} for the coordinates in R.

Not more than a finite number of cells Z_S penetrate into a neighborhood U of f which lies in $G(\rho, \sigma)$. If one of these cells does not contain f, then U may be shrunk so as to have its intersection with the closed Z_S empty. Hence we find a smaller neighborhood of f, again called U, into which none but cells Z_f containing f will penetrate. We choose the coordinates y_i such that $f = (1, 0, 0, \cdots, 0)$. A cell Z_f is defined by a finite set Σ of inequalities (74) which as before is divided into the subsets Σ_1 and $\overline{\Sigma}_0$; and as has been shown above, any point $(1, y_2, \cdots, y_N)$ sufficiently near to f, if it satisfies merely the inequalities Σ_1, will lie in Z_f. The inequalities Σ_1 define a convex pyramid $Z_f^{(1)}$ in the $(N-1)$-dimensional space R^1 with the coordinates $y_2, \cdots, y_N$. The center $(y_1^0, \cdots, y_N^0)$ of Z_f gives rise to a center $(y_2^0, \cdots, y_N^0)$ of $Z_f^{(1)}$. Thus the Z_f determine a division of R^1 into a finite number of pyramids $Z_f^{(1)}$, and our aim is to prove the connectivity of that assemblage. Let us formulate this assertion as a lemma for N instead of $N-1$ dimensions.

LEMMA 8_N. *Suppose the N-dimensional space R divided into a finite number of convex pyramids Π with their common vertex at the origin O. Each of them is supposed to contain inner points. Then any two of them can be joined by a chain whose consecutive members have contacts of order $N-1$.*

The argument employed to reduce Lemma 7 to 8_{N-1} may be used equally well to reduce 8_N to 8_{N-1} and thus to prove 8_N by induction. The case is somewhat simpler because we now deal with a finite set of cells from the beginning. There is a slight complication, however, in so far as the Euclidean N-dimensional space robbed of the point O is not convex, but it is still *connected* as long as $N \geq 2$, and that is what counts. Indeed the centers of any two of our pyramids can be joined by a line consisting of *one or two* straight segments without passing through O.

As a consequence of Lemma 7, Theorem 14 is sharpened to

THEOREM 15. *A complete system of modulo $\{J\}$ incongruent substitutions S which carry Z into adjacent cells generates the whole modular group when one combines them with a system of generators for $\{J\}$.*

13. **Concluding remarks.** Observe that a reduced form f satisfies the inequality

$$(77) \qquad\qquad f(x_1, \cdots, x_n) \geq g_{11}$$

not only for integers $x_1, \cdots, x_n$ without a (left) common divisor, but for any integers $(x_1, \cdots, x_n) \neq (0, \cdots, 0)$ whatsoever. This is nothing else than the equation $L_1 = M_1$.

In this final section we are going to study the cell Z of reduced forms relatively to the whole N-dimensional space R rather than G.

The cell Z as a subset of R is not (necessarily) closed; boundary points f which do not belong to G will be semi-definite forms in the sense that $f(\mathfrak{x}) \geq 0$ for every vector $\mathfrak{x}$, but $f(\mathfrak{x}) = 0$ for certain vectors $\mathfrak{x} \neq 0$. Such a form can be written as a square sum

$$z_1^2 + \cdots + z_m^2$$

of $m < n$ linear forms $z_1, \cdots, z_m$ of the coordinates x_i with real coefficients. Now if ϵ is any pre-assigned positive number we can ascertain a lattice vector $(x_1, \cdots, x_n) \neq (0, \cdots, 0)$ for which

$$|z_1| \leq \epsilon, \cdots, |z_m| \leq \epsilon$$

and thus

$$(78) \qquad\qquad f \leq m\epsilon^2.$$

This is accomplished either by Minkowski's inequality (1) for a parallelotope or by an easy application of Dirichlet's principle concerning the distribution of $\nu+1$ objects in ν boxes. But (78) contradicts (77) unless

$$g_{11} = 0.$$

Because of the relations (63),

$$\left| g_{12} \right| \leqq rg_{11}, \cdots, \left| g_{1n} \right| \leqq rg_{11},$$

which will extend from the forms in Z to those on the boundary of Z, the latter will satisfy the n equations

$$(79) \qquad g_{11} = g_{12} = \cdots = g_{1n} = 0.$$

(Even an appeal to the inequality $g_{1i}^2 \leqq g_{11} \cdot g_{ii}$ valid for all positive forms would have sufficed here.)

The closure $\overline{Z}$ of Z in R has each of its boundary points either on one of the planes formerly assembled in the finite set Σ or on the plane $g_{11}=0$. Hence $\overline{Z}$ as a part of R is completely described by the inequalities Σ together with $g_{11} \geqq 0$ and therefore is a pyramid. For $n=1$, the set Σ is empty and we have the one inequality $g_{11} \geqq 0$. We may safely ignore this trivial case. For $n \geqq 2$, $\overline{Z}$ reaches the boundary of G only along the "edge" (79) of n dimensions less; hence $g_{11}=0$ is no face of $\overline{Z}$, and the inequality $g_{11} \geqq 0$ is redundant. Therefore:

THEOREM 16. *The same finite set of inequalities which defines Z in G defines $\overline{Z}$ in R. The boundary points of $\overline{Z}$ which do not belong to Z lie on the edge* (79).

The vertices of $\overline{Z}$ are the so-called extreme forms; every reduced form is a linear combination of them with non-negative coefficients, but some of the extreme forms will be semi-definite.

We can now more fully appreciate the fine points in our two theorems of finiteness. By excluding from Z an arbitrarily small neighborhood

$$V_\epsilon: \quad g_{11} < \epsilon g_{nn}$$

of the "edge" we obtain a compact subset Z_ϵ of G[3]. The fact that the boundary points of Z which lie outside this neighborhood V_ϵ belong to a finite number of plane faces is considerably less deep than our first theorem of finiteness, and so is its proof. When one excludes V_ϵ, one could have used the region $G(\rho)$ defined by the first set of inequalities (61) alone instead of $G(\rho, \sigma)$, and could have shown that $G(\rho)$ possesses not more than a finite number of plane faces outside V_ϵ, while this is not true for $G(\rho)$ or $G(\rho, \sigma)$ as a whole. And the second theorem of finiteness could have been replaced by the less profound and more easily accessible assertion that there is only a finite number of S capable of carrying a point of Z outside of V_ϵ into a point of $G(\rho)$ outside V_ϵ. These statements would have sufficed for the topological analysis

---

[3] Compact under the convention that proportional forms like f and tf $(t>0)$ are identified.

in §12. Our two theorems of finiteness include the approach to the "edge" and thus reveal finer features which are of great interest to the algebraist, though perhaps of less important from the topological standpoint.

Up to now positive quadratic forms have been the object of investigation. Instead one can study arbitrary *affine coordinate systems* [16] in an n-dimensional vector space, consisting of n linearly independent vectors $\mathfrak{a}_1, \cdots, \mathfrak{a}_n$; these new objects form an n^2-dimensional space $\mathfrak{A}$. Two such systems $(\mathfrak{a}_1, \cdots, \mathfrak{a}_n)$ and $(\mathfrak{b}_1, \cdots, \mathfrak{b}_n)$ are said to be (arithmetically) equivalent if connected by a unimodular transformation S,

$$\mathfrak{b}_i = \sum_k s_k^i \mathfrak{a}_k \qquad\qquad (s_k^i \text{ integers, det } (s_k^i) = \pm 1).$$

For any vector $\mathfrak{x} = (x_1, \cdots, x_n)$ we introduce its square

$$\mathfrak{x}^2 = x_1^2 + \cdots + x_n^2$$

(in accordance with Euclidean metric geometry) and associate the positive form

$$(80) \qquad\qquad f(x_1, \cdots, x_n) = (x_1\mathfrak{a}_1 + \cdots + x_n\mathfrak{a}_n)^2$$

with the coordinate system $(\mathfrak{a}_1, \cdots, \mathfrak{a}_n)$[4]. The latter is said to be reduced and to belong to the "cell" $\mathfrak{Z}$ of $\mathfrak{A}$ provided the associated form f is reduced. $\mathfrak{Z}$ is a fundamental domain for the group $\{S\}$ in $\mathfrak{A}$, and we could interpret our whole theory in terms of the new objects. The quadratic forms are then merely a tool for the study of coordinate systems under the rule of unimodular equivalence. We have thus returned to the approach of Chapter I: What we now call a reduced system $(\mathfrak{a}_1, \cdots, \mathfrak{a}_n)$ was there termed a reduced system with respect to the gauge function

$$(x_1^2 + \cdots + x_n^2)^{1/2}.$$

A similar shift of viewpoint is applicable to the imaginary and the quaternion cases.

<h2 style="text-align:center">BIBLIOGRAPHY</h2>

1. Journal für die reine und angewandte Mathematik, vol. 129 (1905), pp. 220–274; also *Gesammelte Abhandlungen* II, Leipzig, 1911, pp. 53–100. Cited as M with the page number in the *Gesammelte Abhandlungen*.

2. Sitzungsberichte der Preussischen Akademie der Wissenschaften, 1928, pp. 510–535; 1929, p. 508.

3. Quarterly Journal of Mathematics, vol. 9 (1938), pp. 259–262.

4. H. Weyl, *On geometry of numbers*, soon to appear in the Proceedings of the London Mathematical Society. On the whole subject see H. Hancock, *Development of the Minkowski Geometry of Numbers*, New York, 1939.

---

[4] The inequality (54), $g_{11} \cdots g_{nn} \geq D$, for (80) reads in this interpretation as follows: The volume of a parallelotope cannot exceed the product of the lengths of the vectors by which it is spanned.

5. Another short proof by H. Davenport, Quarterly Journal of Mathematics, vol. 10 (1939), pp. 119–121.

6. Compositio Mathematica, vol. 5 (1938), pp. 368–391.

7. Cf. Minkowski's definition in M, p. 59.

8. See Mahler, loc. cit. (3 above), and the author, loc. cit. (4 above), Theorem V.

9. Weyl, loc. cit. (4 above), "Generalized Theorem V."

10. See M, pp. 56–58.

11. For more details see L. E. Dickson, *Algebren und ihre Zahlentheorie*, Zürich, 1927, chap. 9; C. G. Latimer, American Journal of Mathematics, vol. 48 (1926), pp. 57–66; M. Deuring, *Algebren*, Ergebnisse der Mathematik, vol. 4, no. 1, Berlin, 1935, chap. 6.

12. *Vorlesungen über die Zahlentheorie der Quaternionen*, Berlin, 1919.

13. The larger part of E. H. Moore's "Algebra of Matrices" (*General Analysis*, Part I, Memoirs of the American Philosophical Society, Philadelphia, 1935) deals with the formalism of "Hamiltonian" forms.

14. Cf. Weyl, loc. cit. (4 above), §8, and the more complicated argument in Bieberbach-Schur, loc. cit. (2 above), pp. 521–523.

15. Loc. cit. (6 above), equation (25).

16. See M, p. 53.

121.

The method of orthogonal projection in potential theory

Duke Mathematical Journal 7, 411—444 (1940)

1. **Stating the problem.** Roughly speaking the classical boundary-value problem of potential theory for a region G in the Cartesian (x_1, x_2, x_3)-space consists in splitting a given function φ in G into two summands $\psi + \eta$, the first of which vanishes along the boundary of G, while the second η is harmonic. The two components are orthogonal if a metric in the functional space is based upon the Dirichlet integral

$$D[\varphi] = \int (\operatorname{grad} \varphi)^2.$$

$\int$ indicates integration over G.

This fact suggests the idea of replacing the scalar φ by the vector field

$$f = \operatorname{grad} \varphi \qquad \left(\text{in components: } f_i = \frac{\partial \varphi}{\partial x_i}\right)$$

and of operating in the Hilbert space of all vector fields f, with its metric defined by

$$\|f\|^2 = \int f^2 = \int (f_1^2 + f_2^2 + f_3^2).$$

Then the question arises how to characterize a vector field f as a gradient field without assuming more than its Lebesgue integrability. The vanishing of the line integral

$$\int (f \cdot dx) = \int (f_1 \, dx_1 + f_2 \, dx_2 + f_3 \, dx_3)$$

over any closed curve in G will not do, because we have nothing but *spatial* integration at our disposal. The customary condition

$$(1) \qquad \qquad \operatorname{rot} f = 0$$

uses differentiation. Let v be any vector field vanishing at the boundary of G. The formula

$$(2) \qquad \qquad \operatorname{div} [f, v] = (v \cdot \operatorname{rot} f) - (f \cdot \operatorname{rot} v)$$

for the vector product $[f, v]$ with its integrated consequence

$$\int (v \cdot \operatorname{rot} f) = \int (f \cdot \operatorname{rot} v)$$

shows that (1) is equivalent to the relation

$$\int (f \cdot \operatorname{rot} v) = 0$$

holding for all fields v of the above-described nature. This characterization satisfies our demands. While the vector field f itself is single-valued, the potential φ whose existence is assured by (1) may be multivalued with certain "periods", if G is not simply connected. However, this is to the good because it makes our problem more inclusive.

After these preliminaries we are now going to fix our subject in precise terms. G is any open set in 3-space. All functions which we consider are understood to be defined and their squares to be Lebesgue integrable in the interior of G; and equality of functions is understood as prevailing "almost everywhere", i.e., except in a set of Lebesgue measure zero. A continuous function ψ with continuous (first) derivatives which vanishes in a boundary strip, i.e., outside some compact subset G^* of G, is said to be of class Γ, and so is a vector field whose components are of class Γ. A vector field f is called *irrotational* or *solenoidal* if it satisfies the condition

(3) $$\int (f \cdot \operatorname{rot} v) = 0 \quad \text{for every vector field } v \text{ of class } \Gamma$$

or

(4) $$\int (f \cdot \operatorname{grad} \psi) = 0 \quad \text{for every scalar field } \psi \text{ of class } \Gamma$$

respectively. We state the almost trivial

Lemma 1.

(5) $$\int (\operatorname{grad} \psi \cdot \operatorname{rot} v) = 0$$

for any scalar and vector fields ψ, v of class Γ.

Our pivotal proposition is as follows:

Theorem I. *A field which is both irrotational and solenoidal equals a field f possessing derivatives of all orders and satisfying the equations*

(6) $$\operatorname{div} f = 0, \qquad \operatorname{rot} f = 0.$$

Because of the equation

(7) $$\Delta f = \operatorname{grad} \operatorname{div} f - \operatorname{rot} \operatorname{rot} f$$

for the Laplace operator Δ working on the components of f, these components are harmonic functions.

Let $\mathfrak{F}_0$ be the complete Hilbert space of all vector fields f in G of finite $\|f\|$. The elements of $\mathfrak{F}_0$ which are irrotational or solenoidal, or both, form complete subspaces $\mathfrak{F}$, $\mathfrak{F}'$, $\mathfrak{E}$ of $\mathfrak{F}_0$. Our Theorem I describes the elements of $\mathfrak{E}$. The closure (in the sense of the metric $\|f\|^2$) of the fields

$$(8) \qquad\qquad \operatorname{grad} \psi \qquad\qquad (\psi \text{ any scalar of class } \Gamma)$$

will be denoted by $\mathfrak{G}$, the closure of the fields

$$(9) \qquad\qquad \operatorname{rot} v \qquad\qquad (v \text{ any vector of class } \Gamma)$$

by $\mathfrak{G}'$. According to Lemma 1, $\mathfrak{G}$ is part of $\mathfrak{F}$, and $\mathfrak{G}'$ part of $\mathfrak{F}'$. By the very definitions (3), (4) we have the following decompositions into mutually orthogonal components:

THEOREM II.

$$\mathfrak{F} = \mathfrak{G} + \mathfrak{E}, \qquad \mathfrak{F}' = \mathfrak{G}' + \mathfrak{E};$$

$$\mathfrak{F}_0 = \mathfrak{G}' + \mathfrak{F}, \qquad \mathfrak{F}_0 = \mathfrak{G} + \mathfrak{F}'.$$

The first equation contains essentially the solution of the boundary-value problem in our generalized form. The second equation is no less important. We shall treat both problems along parallel lines.

In (8) the potential ψ of class Γ is uniquely determined by the field $f = \operatorname{grad} \psi$. Not so for (9); here one has to add $\operatorname{div} v$ to $\operatorname{rot} v$ in order to fix v. Hence we are led to consider pairs $\mathfrak{f} = (f, \varphi)$ consisting of any solenoidal vector f and any scalar φ, with the metric of the complete Hilbert space $\mathfrak{F}^+$ of pairs $\mathfrak{f}$ defined by

$$\| \mathfrak{f} \|^2 = \int f^2 + \int \varphi^2.$$

Let $\mathfrak{G}^+$ denote the closure (in the sense of this metric) of the pairs of the following form

$$f = \operatorname{rot} v, \qquad \varphi = \operatorname{div} v \qquad\qquad (v \text{ any field of class } \Gamma),$$

while an element (f, φ) of $\mathfrak{F}^+$ is said to lie in $\mathfrak{E}^+$ if it satisfies the equation

$$(10) \qquad\qquad \int (f \cdot \operatorname{rot} v) + \int \varphi \cdot \operatorname{div} v = 0$$

for any v of class Γ. We have the decomposition

$$(\text{III}) \qquad\qquad \mathfrak{F}^+ = \mathfrak{G}^+ + \mathfrak{E}^+$$

into two mutually orthogonal constituents. Theorem I is paralleled by the following statement about $\mathfrak{E}^+$:

THEOREM III. *Any element of $\mathfrak{C}^+$ equals a pair (f, φ) whose members f and φ have derivatives of all orders and are linked by the equations*

$$(11) \qquad \operatorname{div} f = 0, \qquad \operatorname{rot} f = \operatorname{grad} \varphi.$$

These equations show at once that φ and the components of f are harmonic. We speak of the splitting (III) as the solution of the third boundary-value problem.

The proofs of our three theorems follow in §2. Lemma 1 will be settled in §3 in connection with a general survey of vector analysis. Some important auxiliary inequalities, the first of which is due to H. Poincaré, are discussed in §4. After these preliminaries a new question, that of topological periods, first formulated at the end of §2, is taken up in §§5 and 6. §7 deals with the behavior at the boundary, and §8 contains concluding remarks about 2 and n dimensions.

The idea of replacing Dirichlet's minimum principle by the construction of orthogonal projection in a suitable Hilbert space seems to have occurred first to O. Nikodym,[1] who applied it to a simpler problem than ours. Chevalley tells me that he and de Possel some years ago developed potential theory along similar lines without publishing their investigations. I depend, above all, on two papers by K. Friedrichs.[2] In particular, the proof of Lemma 2 is a modification of a construction due to Fubini, Courant and Friedrichs. In his second paper Friedrichs overcomes the difficulties involved in the differentiation connecting grad φ with φ by some ingeniously devised "mollifiers" J_a. Our way of dealing directly with the space of vector fields f and expressing their irrotational character by (3) removes an undesirable limitation and opens the road for a parallel treatment of our two boundary-value problems. By the question of periods our investigation is linked to Hodge's construction of harmonic differential forms with preassigned periods.[3]

The two constructions which serve to prove Lemma 2 and Theorem VII form the backbone of this paper.

2. **Proof of the central theorems.** Suppose f is both irrotational and solenoidal. Let w be a vector field of class Γ_2, i.e., vanishing in a boundary strip and continuous with its derivatives up to the second order. Replace ψ by $\operatorname{div} w$ in (4) and v by $\operatorname{rot} w$ in (3) and subtract; because of (7),

$$\Delta w = \operatorname{grad} \operatorname{div} w - \operatorname{rot} \operatorname{rot} w,$$

[1] *Sur un théorème de M. S. Zaremba concernant les fonctions harmoniques*, Journal de Mathématiques, (9), vol. 12(1933), pp. 95–109.

[2] *On certain inequalities and characteristic value problems for analytic functions and for functions of two variables*, Trans. Amer. Math. Soc., vol. 41(1937), pp. 321–364; *On differential operators in Hilbert spaces*, Amer. Jour. Math., vol. 61(1939), pp. 523–544.

[3] W. V. D. Hodge, *A Dirichlet problem for harmonic functionals, with applications to analytic varieties*, Proc. London Math. Soc., (2), vol. 36(1933), pp. 257–303.

one gets the relation

$$\int (f \cdot \Delta w) = 0$$

in which the three components separate, and finds oneself called upon to **prove** this

LEMMA 2. *A scalar η satisfying the equation*

$$(12) \qquad \int \eta \cdot \Delta \zeta = 0$$

for every scalar ζ of class Γ_2 equals a harmonic function.

This once accomplished, we conclude that the components of f are harmonic functions with derivatives of all orders, and then, owing to (2) and

$$(13) \qquad \operatorname{div}(\psi f) = (f \cdot \operatorname{grad} \psi) + \psi \cdot \operatorname{div} f,$$

the equations (4), (3) lead back to

$$\operatorname{div} f = 0 \quad \text{and} \quad \operatorname{rot} f = 0.$$

The proof of Lemma 2 depends on the skillful construction of scalars ζ of class Γ_2. Consider a sphere K of radius R in G whose center we take as the origin, and let x' be a point within the "cavity" K. Green's function $G(x, x'; R)$ representing the potential in K of a point-charge at x' is the difference of two parts, the singular part

$$(14) \qquad \frac{1}{|x - x'|}$$

and the compensating part

$$L(x, x'; R) = \begin{cases} \dfrac{R}{(R^4 - 2R^2(x \cdot x') + x^2 \cdot x'^2)^{\frac{1}{2}}} & \text{for } |x| \leqq R, \\[2em] \dfrac{1}{(x^2 - 2(x \cdot x') + x'^2)^{\frac{1}{2}}} & \text{for } |x| \geqq R. \end{cases}$$

Here x denotes the vector from the origin to the point x. A surface density

$$-\frac{1}{R} \cdot \frac{R^2 - x'^2}{|x - x'|^3}$$

screens the exterior of K. Replacing the metal surface K by a wall of some thickness, and thus letting R vary between limits a and $b > a$, we form

$$(15) \qquad L^*(x, x') = \int_a^b L(x, x'; R) \, dR \bigg/ \int_a^b dR.$$

x' is supposed to lie in the cavity $|x| < a$. A spatial density

$$-\frac{1}{b-a}\cdot\frac{x^2 - x'^2}{|x-x'|^3}\cdot\frac{1}{|x|}$$

distributed in the wall $a \leqq |x| \leqq |b|$ now screens the exterior $|x| > b$. Turning to the singular part (13), we replace the point-source x' by a little spherical conductor of radius ρ around x'. Then the following function

$$g(x;\rho) = \begin{cases} \dfrac{1}{|x-x'|} & \text{for } |x-x'| \geqq \rho, \\[2ex] \dfrac{1}{\rho} & \text{for } |x-x'| \leqq \rho \end{cases}$$

with the uniform surface density ρ^{-2} on the boundary, takes the place of (14). Again we want spatial, not surface, distribution of sources: charges uniformly distributed over a solid sphere of radius c around x' generate the potential

$$(16) \qquad g^*(x) = \int_0^c g(x;\rho)\,\rho^2\,d\rho \Big/ \int_0^c \rho^2\,d\rho,$$

more explicitly,

$$g^*(x,\,x';\,c) = \begin{cases} \dfrac{3}{2}\dfrac{1}{c} - \dfrac{1}{2}\dfrac{|x-x'|^2}{c^3} & \text{for } |x-x'| \leqq c, \\[2ex] \dfrac{1}{|x-x'|} & \text{for } |x-x'| \geqq c. \end{cases}$$

We choose

$$(17) \qquad\qquad \zeta(x) = g^* - L^*$$

in (12) and then find

$$(18) \qquad \mathfrak{M}\eta(x) = \frac{1}{4\pi(b-a)}\cdot\int_x \frac{x^2 - x'^2}{|x-x'|^3}\cdot\frac{\eta(x)}{|x|}.$$

$\mathfrak{M}$ is the mean value over the sphere $|x-x'| \leqq c$, while the integral at the right extends over the wall. The right side is a harmonic function $\eta^*(x')$ of x' and independent of c (while the left side is independent of a and b). Since the mean value of the harmonic function $\eta^*(x)$ over a sphere around x' equals $\eta^*(x')$, we find that the integrals

$$\int \big(\eta(x) - \eta^*(x)\big)$$

extending over any solid spheres in G vanish, and hence $\eta(x)$ and $\eta^*(x)$ coincide almost everywhere, or $\eta(x)$ equals a harmonic function throughout G.

The choice of the differential dR in the integration (15) with respect to R is somewhat arbitrary: it could have been replaced by $\mu(R)\cdot R\,dR$ with any positive continuous factor $\mu(R)$. The same applies to (16). Instead of (18) one would get

$$(19) \qquad \frac{\int \lambda(|x - x'|) \cdot \eta(x)}{\int \lambda(\rho)\, \rho^2\, d\rho} = \int \frac{x^2 - x'^2}{|x - x'|^3} \mu(|x|)\eta(x) \Big/ \int \cdot \mu(R)\, R\, dR.$$

$\lambda(\rho)$ and $\mu(R)$ are functions in the intervals $0 \leqq \rho \leqq c$ and $a \leqq R \leqq b$ respectively. Yet the result is not essentially more general than (18) in which one is allowed to vary c as well as a and b.

The function (17) is not exactly of class Γ_2. However, one can extend the class Γ in (3) and (4) to cover also continuous functions which have only piecewise continuous derivatives, with discontinuities on such regular surfaces as spheres. Or sticking to the class Γ one can use the formula (19) with such continuous functions $\lambda(\rho)$ and $\mu(R)$ which vanish at the ends c and a, b of their respective intervals of definition.

Only little modification is required for the proof of Theorem III. The same substitutions $\psi = \operatorname{div} w$ and $v = \operatorname{rot} w$ take place in (4) and (10) respectively, resulting in

$$\int (f \cdot \Delta w) = 0$$

while the substitution $v = \operatorname{grad} \zeta$ (ζ of class Γ_2) in (10) yields

$$\int \varphi \cdot \Delta \zeta = 0.$$

Hence Lemma 2 shows that φ and the components of f are harmonic. Making use of their derivatives we may change the relation (4) holding for all ψ of class Γ into

$$\int \psi \cdot \operatorname{div} f = 0 \quad \text{or} \quad \operatorname{div} f = 0$$

and (10) into

$$\int v(\operatorname{rot} f - \operatorname{grad} \varphi) = 0 \quad \text{or} \quad \operatorname{rot} f - \operatorname{grad} \varphi = 0.$$

We add some elementary observations concerning the local structure of harmonic fields f which satisfy the equations (6).

Take a cube T in G the center of which is chosen as the origin. On account of $\operatorname{rot} f = 0$ the field f is the gradient of a scalar η in T which vanishes in the origin. $\eta(x)$ may be constructed as the line integral of f along the radius (r) joining x with the origin,

$$\eta = \int_0^r f_r\, dr,$$

or more explicitly,

$$(20) \qquad \eta(x) = \int_0^1 F(x; \tau)\, d\tau$$

after setting

$$\sum_i x_i \cdot f_i(\tau x_1,\, \tau x_2,\, \tau x_3) = F(x; \tau).$$

One easily verifies the equations

$$f_i = \frac{\partial \eta}{\partial x_i}$$

by utilizing the condition rot $f = 0$. Because of div $f = 0$ one has $\Delta\eta = 0$; consequently η itself is harmonic. Moreover, for any harmonic function η in T, the radial field

$$j = x \cdot \eta^* \qquad \text{where } \eta^* = \frac{1}{r} \int_0^r \eta\, dr$$

is, as one readily verifies, a solution of the equation

$$\text{rot rot } j = \text{grad } \eta.$$

Again, in more explicit form,

$$\eta^*(x) = \int_0^1 \eta(\tau x_1,\, \tau x_2,\, \tau x_3)\, d\tau,$$

in particular for (20):

$$\eta^*(x) = \int_0^1 F(x; \tau)(1 - \tau)\, d\tau.$$

η is a scalar potential and

$$h = \text{rot } j = [\text{grad } \eta^*,\, x]$$

is a vector potential of f:

$$\text{grad } \eta = f, \qquad \text{rot } h = f.$$

Notice that our vector potential has the additional property

$$\text{div } h = 0$$

and that its radial component vanishes. The equations

$$\text{rot } h = \text{grad } \eta, \qquad \text{div } h = 0,$$

which the reader is asked to compare with (11), show that $\Delta h = 0$: both scalar and vector potentials are harmonic.

We repeat the content of the first two equations of Theorem II. Any irrotational field f of finite $||f||$ splits uniquely into two orthogonal components,

$$(21) \qquad f = g + e,$$

where e lies in $\mathfrak{E}$ and can therefore be expressed locally by a harmonic scalar potential η,

$$e = \mathrm{grad}\ \eta,$$

while the $\mathfrak{G}$-component g is the limit (in the sense of the metric $||f||^2$) of a sequence of fields of the form

$$(22) \qquad g_\nu = \mathrm{grad}\ \psi_\nu, \qquad\qquad (\psi_\nu\ \text{of class}\ \Gamma;\ \nu = 1, 2, \cdots).$$

A similar decomposition (21) takes place for any solenoidal field f. We then express the $\mathfrak{E}$-component e by its harmonic vector potential h,

$$e = \mathrm{rot}\ h \qquad\qquad (\mathrm{div}\ h = 0),$$

while the $\mathfrak{G}'$-component g is the limit of a sequence of fields

$$(23) \qquad g_\nu = \mathrm{rot}\ v_\nu, \qquad\qquad (v_\nu\ \text{of class}\ \Gamma;\ \nu = 1, 2, \cdots).$$

In both cases we have

$$||f||^2 = ||g||^2 + ||e||^2.$$

Any properties of regularity prevailing for f (e.g., differentiability up to a certain order) will be shared by g because of the completely regular behavior of the component e.

We now are in a position to formulate the *problem of periods*. The integral of $(e \cdot dx)$ extended over a one-dimensional cycle (polygon) C in G is called the *period* $\pi(C)$. This period is a topological invariant of e, inasmuch as its value does not change under continuous deformation of C; this is a consequence of the equation div $e = 0$. In the solution (21) of our first boundary problem the component g is the limit of fields (22) whose 1-periods vanish. It is therefore reasonable to ascribe to f the same periods as to e. However, if f is continuous, we can form the integral of $(f \cdot dx)$ over C, and the question arises whether these natural periods of f coincide with those of e. Now let C^2 be a two-dimensional (oriented) cycle in G consisting of plane triangular faces. Because of rot $e = 0$ the surface integral $\int e_n\, do$ of the normal component of e over C^2 is a topological invariant $\pi(C^2)$, called two-dimensional period. In our second boundary problem the component g is the limit of fields (23) whose 2-periods vanish. Hence the 2-periods of e may be justly assigned to the solenoidal field f. Again, if f itself is continuous, one must ask whether its natural 2-period,

$$\pi(C^2) = \int f_n\, do \quad \text{over}\ C^2,$$

coincides with that of e.

3. A survey of vector analysis.[4] In order to prepare the answer to these questions we shall in this section concern ourselves with *continuous* vector fields f. The words "cube", "block", "square", "rectangle" will be used to designate cubes, parallelepipeds, squares and rectangles whose edges are parallel to the axes of coördinates. We add the adjective "oblique" to indicate arbitrary orientation of these figures in space.

The continuous vector field f in G is said to be *whirl-free* if to every point x^0 in G one can assign a neighborhood N (cube centered in x^0) such that the line integral

$$(24) \qquad \int (f \cdot dx) = \int f_s \, ds = 0$$

when extended over the boundary Q' of any square Q in N. Here s denotes the length along Q' and f_s the component of f in the direction of the line of integration. The equation (24) then holds for any square Q in G, irrespective of its size, as follows readily by subdividing Q into small squares. The same is true even for any rectangle R. Let us describe its edges of lengths a and b as horizontal and vertical. Divide the horizontal edge into a large number m of equal parts and fill the rectangle with squares of edge $\epsilon = a/m$ starting from the bottom. The line integral around éach of these little squares vanishes. A small strip of m rectangles $r_1, \cdots, r_m$ of height $< \epsilon$ along the upper edge of R will be left over. Consider one of them, e.g. r_1, choose a point in r_1 and denote by f^1 the value of f at that point. If δ is an arbitrarily small given positive number, one can choose m so large that the inequality $|f - f^1| < \delta$ holds throughout r_1; on account of the *uniform* continuity of f this is even possible simultaneously for $r_1, \cdots, r_m$. Because the circumference of r_1 has a length $< 4\epsilon$, one finds that the line integral of $f - f^1$ around r_1 has an absolute value $< 4\epsilon \cdot \delta$. The line integral of the constant vector f^1 vanishes. Hence our estimate holds good for f itself, and the sum of the line integrals of f around $r_1, \cdots, r_m$ has an absolute value $< \delta \cdot 4\epsilon m = 4a\delta$. By adding all the little pieces into which R is cut, we find the same estimate holding for the line integral of f around R, and thus our statement is proved. This typical argument is very useful for a rigorous foundation of vector analysis.

Consider a cube T in G whose center is taken as the origin. We construct the solution φ in T of the equations

$$(25) \qquad \frac{\partial \varphi}{\partial x_i} = f_i \qquad\qquad (i = 1, 2, 3)$$

[4] Here I follow closely the lectures on vector analysis which I used to give at the Technische Hochschule in Zürich; reflections of the method can be seen in some of my early papers, as in *Über die Randwertaufgabe der Strahlungstheorie und asymptotische Spektralgesetze*, Journal für Mathematik, vol. 143(1913), p. 182, footnote, and Sitzungsber. Preuss. Akad. d. Wissensch., 1917, p. 265.

which assumes a given value φ^0 at the origin by integrating parallel to the axes of coördinates. In the present general case this is the more natural procedure while we used radial integration for the harmonic fields in §2. We find

$$\varphi(x_1, x_2, x_3) = \varphi^0 + \int_0^{x_1} f_1(\xi, 0, 0)\, d\xi + \int_0^{x_2} f_2(x_1, \xi, 0)\, d\xi + \int_0^{x_3} f_3(x_1, x_2, \xi)\, d\xi.$$

By definition

$$\varphi(x_1, x_2, x_3 + \delta x_3) - \varphi(x_1, x_2, x_3) = \int_{x_3}^{x_3 + \delta x_3} f_3(x_1, x_2, \xi)\, d\xi.$$

The analogous equations for the variation of x_2 and x_1 hold by definition for $x_3 = 0$ and for $x_3 = 0$, $x_2 = 0$ respectively, but using the fact that the integral of f around the circumference of a rectangle vanishes, we obtain them without those restrictions and thus prove (25). Once (25) is established one realizes that the line integral of f along any closed rectifiable curve in T, in particular along the circumference of a plane triangle or an oblique square, vanishes. The last remark shows that our definition of a whirl-free field is independent of the orientation of our Cartesian coördinate system. Summing over a finite set of triangles, each of which is embedded in a cube $T \subset G$, we see that the line integral of f over any 1-cycle C in G vanishes provided $C \sim 0$. As mentioned before, we assume our 1-chains, 1-cycles, 2-chains and 2-cycles to consist of straight segments and triangular faces respectively. $C \sim 0$ indicates that C bounds a certain 2-chain in G. By subdivision one can always take care that each of the faces of a given 2-chain can be immersed in a cube $T \subset G$.

It is convenient to use the "universal Abelian covering manifold" $\bar{G}$ over G on which a cycle C of G is closed if and only if $C \sim 0$ on G. The covering transformations S of $\bar{G}$ over G form an Abelian group. The process of continuation yields a solution φ of the equations (25),

$$\operatorname{grad} \varphi = f,$$

over the whole of $\bar{G}$. The potential φ is periodic, the difference $\varphi(Sx) - \varphi(x)$ of the values of φ at any two points x, Sx of $\bar{G}$, covering the same point of G and arising from each other by the covering transformation S, is a constant π_S. If by following the 1-cycle C a traveler is led from a point x^0 to the point Sx^0 over x^0, this period π_S is the line integral of f over C.

The continuous field f in G is said to be *source-free* if one can assign a neighborhood $N \subset G$ to every point x^0 in G such that the flow

$$\mathcal{F}[T] = \int f_n\, do$$

vanishes through the boundary T' of any cube T in N. By subdivision into sufficiently small cubes we carry this statement over to any cube $T \subset G$. How general is this law of vanishing flow? Consider a piece V of G bounded by one or several surfaces V'. We cast over the space a net of cubes of small edge ϵ and thus cut V into small pieces. The flow for each cube of the net which lies entirely in V (inner piece) vanishes. To each of the truncated boundary pieces we apply the same method outlined before in the case of the small boundary rectangles r_i. By summation we find that the flow

$$\mathfrak{F}[V] = \int_{V'} f_n \, do$$

vanishes provided

(i) we may be sure that the flow of a *constant* vector f^0 vanishes for each boundary piece (projection in the direction of f^0!), and

(ii) the number of boundary pieces is $O(1/\epsilon^2)$.

This is certainly true for any solid convex polyhedron V which (together with its boundary) lies in G, in particular for a tetrahedron and any oblique cube. The last remark frees our basic definition from being bound to a special Cartesian coördinate system. Summing over a set of solid tetrahedrons, we realize that the flow through a 2-cycle C^2 vanishes provided $C^2 \sim 0$.

A device similar to what the universal Abelian covering manifold does for the whirl-free fields and their one-dimensional periods is missing in the present case.

Our next concern is the introduction of div and rot without the hypothesis of differentiability. We shall use the notations div*, rot* for these generalizations of the differential operators div, rot. The existence of

$$\mathrm{div}^* f = \rho$$

for a continuous field f means the existence of a continuous function ρ in G such that

$$(26) \qquad \int_{T'} f_n \, do = \int_T \rho \qquad (T' \text{ boundary of } T)$$

holds for any cube T in a certain neighborhood N of any point x^0 of G. One sees at once that ρ is uniquely determined and that the restriction of T to a neighborhood N may be omitted. Moreover, the fundamental relation (26) may be carried over from T to any piece V of G which satisfies the two requirements (i), (ii) mentioned above; hence, in particular, to any tetrahedron and oblique block. Source-free fields f are characterized by the condition

$$\mathrm{div}^* f = 0.$$

The existence of

$$\mathrm{rot}^* f = u$$

for a continuous field f means the existence of a continuous vector field u in G such that

$$(27) \qquad \int_Q u_n \, do = \int_{Q'} (f \cdot dx)$$

for any square Q in a certain neighborhood N of any point x^0 in G. The sense in which one travels around Q at the right side is to be connected with the normal n at the left by means of the orientation of space. u is uniquely determined. Whirl-free fields f are characterized by the equation

$$\text{rot}^* f = 0.$$

In the manner described before the relation (27) carries over to any convex polygon parallel to one of the coördinate planes. However, we must try to make ourselves independent of this orientation. Consider any plane E. As it cannot be parallel to each of the three coördinate axes, one may suppose that it does not contain the "vertical" x_3-direction. Those parallelograms in E which by orthogonal projection upon the (x_1, x_2)-plane go into squares (in our limited sense) will for a moment be called cells of E. Suppose x^0 a point of G on E and $N \subset G$ a cube around the center x^0. Given any cell Z on E which lies in N, we project Z vertically upon the horizontal base of N and thus obtain a little chimney with a horizontal square base, four perpendicular walls which are parallel to the (x_1, x_3)- and the (x_2, x_3)-planes and the slanting opening Z. u satisfies the condition of vanishing flow

$$\int u_n \, do = 0$$

for the surface of each cube T and hence also for the surface of our chimney:

$$(28) \qquad \sum_F \int_F u_n \, do + \int_Z u_n \, do = 0.$$

Since each of the five faces F (namely, the base and the four walls) have the proper orientation, we have for each of them the equation

$$\int_F u_n \, do = \int_{F'} f_s \, ds.$$

In view of (28) we obtain by summation over the five faces F:

$$-\int_Z u_n \, do = -\int_{Z'} f_s \, ds.$$

Operating with the cells Z in E as we operated with the squares in the planes parallel to the coördinate axes, we arrive at the equation

$$(29) \qquad \int_P (\text{rot}^* f)_n \, do = \int_{P'} f_s \, ds$$

for any plane convex polygon P in G. (This method is also well suited to carry Stokes' formula (29) over to curved surfaces.)

If f has continuous first derivatives, then $\text{div}^* f$ and $\text{rot}^* f$ arise from f by the differential operators div and rot respectively.

Just as, locally speaking, a whirl-free field f has a scalar potential $\varphi, f = \text{grad } \varphi$, so a source-free field f has a vector potential u,

$$(30) \qquad f = \text{rot*} \, u.$$

In general u will not be differentiable, and hence it is essential to write rot* instead of rot. We imitate the procedure followed for the scalar potential. The center of the cube T in G is taken as the origin. We choose $u_1 = 0$ along the x_1-axis, $u_2 = 0$ in the plane $x_3 = 0$, and $u_3 = 0$ throughout T. We integrate the equation

$$\frac{\partial u_2}{\partial x_1} - \frac{\partial u_1}{\partial x_2} = f_3$$

in the plane $x_3 = 0$ by

$$(31_0) \qquad u_1(x_1, x_2, 0) = - \int_0^{x_2} f_3(x_1, \xi, 0) \, d\xi,$$

and

$$\frac{\partial u_3}{\partial x_2} - \frac{\partial u_2}{\partial x_3} = f_1, \qquad \frac{\partial u_1}{\partial x_3} - \frac{\partial u_3}{\partial x_1} = f_2$$

by

$$u_2(x_1, x_2, x_3) = - \int_0^{x_3} f_1(x_1, x_2, \xi) \, d\xi,$$

$$(31)$$

$$u_1(x_1, x_2, x_3) = u_1(x_1, x_2, 0) + \int_0^{x_3} f_2(x_1, x_2, \xi) \, d\xi.$$

The relation

$$(32) \qquad \int_Q f_n \, do = \int_{Q'} u_s \, ds$$

remains to be proved only for horizontal squares Q in T. Projecting such a Q perpendicularly upon the plane $x_3 = 0$, we obtain a block B for whose square base and four walls F the equation

$$(33) \qquad \int_F f_n \, do = \int_{F'} u_s \, ds$$

holds by construction. Because f is supposed to be source-free, the total flow of f through the surface of the block, namely, through the five faces F and the square Q, vanishes. Hence summation of (33) over the five faces F yields the desired equation (32).

Our next step will be to carry over the formulas (13) and (2) to the starred operators. Here are the statements: If the function φ has continuous derivatives and div* f exists for the continuous vector field f, then div* (φf) exists and is given by the equation

$$\text{(34)} \qquad \text{div*} \ (\varphi f) = \varphi \cdot \text{div*} f + (f \cdot \text{grad } \varphi).$$

If f is continuous and rot* f exists while g is supposed to have continuous first derivatives, then

$$\text{(35)} \qquad \text{div*} \ [f, g] = (g \cdot \text{rot*} f) - (f \cdot \text{rot } g).$$

Notice the asymmetry in the assumptions about f and g. In order to prove (34) cut the cube T into m^3 small cubes t of edge ϵ. Denote by φ^0 the value of any function φ in the center x^0 of t and by (ϵ) a quantity tending to zero with ϵ uniformly for all the m^3 cubes t. We have in t:

$$\varphi = \varphi^0 + \varphi_1^0(x_1 - x_1^0) + \varphi_2^0(x_2 - x_2^0) + \varphi_3^0(x_3 - x_3^0) + (\epsilon) \cdot \epsilon,$$

where $\varphi_i = \partial\varphi/\partial x_i$; hence, with an error of order $(\epsilon) \cdot \epsilon^3$,

$$\int_{t'} \varphi f_n \, do = \varphi^0 \cdot \int_{t'} f_n \, do + \int_{t'} \sum_i \varphi_i^0(x_i - x_i^0) \cdot f_n \, do.$$

In the first part we write

$$\int_{t'} f_n \, do = \int_t \text{div*} f = \{(\text{div*} f)^0 + (\epsilon)\} \cdot \epsilon^3.$$

In the second part we may replace f by the constant vector f^0 in neglecting something of the order $(\epsilon) \cdot \epsilon^3$, and then we readily obtain as its value

$$\epsilon^3 \cdot \sum_i \varphi_i^0 f_i^0 = \epsilon^3 \cdot (f \cdot \text{grad } \varphi)^0.$$

Hence

$$\int_{t'} \varphi f_n \, do = \epsilon^3 \{(\varphi \cdot \text{div*} f + (f \cdot \text{grad } \varphi))^0 + (\epsilon)\},$$

and after summation over all m^3 cubes t:

$$\int_{T'} \varphi f_n \, do = \sum (\varphi \cdot \text{div*} f + (f \cdot \text{grad } \varphi))^0 \cdot \epsilon^3 + (\epsilon).$$

In the limit $\epsilon \to 0$ the right member changes into

$$\int_T (\varphi \cdot \text{div*} f + (f \cdot \text{grad } \varphi)).$$

Similarly (35) is proved.

If f is source-free and ψ of class Γ the equation (34) reduces to

$$\text{(36)} \qquad \text{div*} \ (\psi f) = (f \cdot \text{grad } \psi),$$

and thus by integration over G:

$$(4) \qquad \int (f \cdot \operatorname{grad} \psi) = 0.$$

Indeed, let G^* be the compact subset of G outside of which ψ vanishes. We construct a net of cubes of such width that all cubes of the net which have points in common with G^* lie in G. Integrate (36) over each of these cubes t,

$$\int_t (f \cdot \operatorname{grad} \psi) = \int_{t'} \psi f_n \, do$$

and form the sum. In the same way we infer from (35) that a whirl-free field satisfies the equation

$$\operatorname{div}^* [v, f] = (f \cdot \operatorname{rot} v)$$

and hence

$$(3) \qquad \int (f \cdot \operatorname{rot} v) = 0$$

for any vector field v of class Γ. In other words, *any source-free field f is solenoidal*, equation (4), *and any whirl-free field f is irrotational*, equation (3). *Lemma 1 is a particular case of both these facts.*

We cannot be fully satisfied without convincing ourselves of the inverse proposition: *A continuous field which is irrotational or solenoidal is whirl-free or source-free respectively.* I indicate the proof briefly in the two-dimensional case. Let Q be a square inside the "horizontal" two-dimensional region G. We use a third vertical dimension z and erect over Q a straight pyramid which we cut at the height $z = \epsilon$. Let the frustum, a low mound standing over Q, be described by the equation $z = \psi_\epsilon(x_1, x_2)$ while $\psi_\epsilon = 0$ outside Q. The derivatives of ψ_ϵ have simple discontinuities. Nevertheless we are allowed to substitute ψ_ϵ for the function ψ in the equation (4) which characterizes the continuous vector field f as solenoidal. The limit of

$$\frac{1}{\epsilon} \cdot \int_Q (f \cdot \operatorname{grad} \psi_\epsilon)$$

for $\epsilon \to 0$ is the flow $\int f_n \cdot do$ through Q'.

Finally we prove the modified equation (7):

$$(37) \qquad \operatorname{grad} (\operatorname{div} f) - \Delta^* f = \operatorname{rot}^* (\operatorname{rot} f).$$

Under the assumption that f and $\operatorname{div} f$ have continuous first derivatives, we maintain that the existence of $\operatorname{rot}^* (\operatorname{rot} f)$ implies the existence of

$$\Delta^* f_i = \operatorname{div}^* (\operatorname{grad} f_i) \qquad\qquad [i = 1, 2, 3]$$

and vice versa. We consider the vertical component and erect over a horizontal square $Q \subset G$ in the plane $x_3 = x_3^0$ a vertical block $B \subset G$ of height h. Its two horizontal faces will be called Q and Q_h. Integrate the vertical component of the left member of (37) over B. The first term contributes

$$(38) \qquad \int_B \frac{\partial}{\partial x_3}(\operatorname{div} f) = \left[\int \operatorname{div} f \cdot do \right]_Q^{Q_h} = \int_{Q_h} \operatorname{div} f \cdot do - \int_Q \operatorname{div} f \cdot do.$$

Observe that

$$\int_Q \operatorname{div} f \cdot do = \int_Q \frac{\partial f_3}{\partial x_3} do + \int_Q \left(\frac{\partial f_1}{\partial x_1} + \frac{\partial f_2}{\partial x_2} \right) do$$

$$= \int_Q \frac{\partial f_3}{\partial x_3} do + \int_{Q'} f_n \cdot ds.$$

The second term at the right is a line integral around the boundary Q' of Q. Reversing for this part the transformation (38) we see that the contribution under consideration equals

$$\int \frac{\partial f_3}{\partial n} do + \int \int \frac{\partial f_n}{\partial x_3} \cdot ds \cdot dx_3,$$

the first integral extending over the two bases Q and Q_h, the second over the four walls. The second term of the left member of (37) contributes

$$\int_B \Delta^* f_3 = \int_{B'} \frac{\partial f_3}{\partial n} do.$$

Subtraction yields the integral of

$$\frac{\partial f_n}{\partial x_3} - \frac{\partial f_3}{\partial x_n} = (\operatorname{rot} f)_s$$

over the four walls or the integral over z from x_3^0 to $x_3^0 + h$ of the line integral

$$\int (\operatorname{rot} f)_s \cdot ds$$

around the cross section $Q_z : x_3 = z$ of B. Divide by h and pass to the limit $h \to 0$.

Let ρ be a continuous function in G and $T \subset G$ a cube. We form the potential $\Phi(x)$ of the mass distribution with density $\rho(x)$ in T:

$$\Phi(x) = \int \frac{\rho(x')}{|x - x'|};$$

the integration with respect to x' runs over T. Inside T not only Φ is continuous, but also its derivatives:

$$F = \operatorname{grad} \Phi = - \int \frac{x - x'}{|x - x'|^3} \cdot \rho(x').$$

(Incidentally F satisfies a Hölder condition with arbitrary exponent < 1.)
For any cube t in the interior of T one has

$$(39) \qquad \int_{t'} F_n \, do = -4\pi \int_t \rho.$$

Indeed the integral

$$\int_{t'} \frac{(x - x')_n}{|x - x'|^3} \, do$$

running with respect to x over the surface t' is the solid angle under which
t' appears from x' and thus equals 4π or 0 according to whether the point x' lies
inside or outside t'. This gives for the left side of (39) the result

$$-4\pi \cdot \int \rho(x') \qquad\qquad (x' \text{ over } t).$$

The formula (39) may be stated thus:

$$\text{div*} \, F = \Delta^* \Phi = -4\pi\rho \qquad \text{inside } T.$$

We return to an arbitrary source-free field f in G. The local existence of a
vector potential u of f, equation (30), is of little use unless we are able to normalize it by the equation $\text{div*} \, u = 0$. Here is the way in which this may be
accomplished. We form for any point x in T the integral

$$j(x) = \frac{1}{4\pi} \int \frac{f(x')}{|x - x'|} \qquad\qquad (x' \text{ over } T).$$

Then

$$(40) \qquad\qquad \Delta^* j = -f \qquad \text{in } T.$$

On the other hand,

$$\text{div} \, j = -\frac{1}{4\pi} \cdot \int \frac{(x - x') \cdot f(x')}{|x - x'|^3} \qquad\qquad (x' \text{ over } T).$$

Write for a moment x^0, x instead of x, x'; the value $(\text{div} \, j)^0$ at x^0 is given by

$$-\frac{1}{4\pi} \int_T \left(\text{grad} \, \frac{1}{|x^0 - x|} \cdot f(x) \right).$$

Use the relation (34) for

$$\varphi(x) = \frac{1}{|x^0 - x|}$$

and integrate over T after first excluding x^0 by a small cubical neighborhood t.
Taking account of $\text{div*} \, f = 0$ and shrinking t down to x^0, we get

$$(\text{div} \, j)^0 = -\frac{1}{4\pi} \int_{T'} \frac{1}{|x^0 - x|} f_n(x)$$

or

$$\theta = -\operatorname{div} j = \frac{1}{4\pi} \int \frac{f_n(x')}{|x - x'|} \qquad\qquad (x' \text{ over } T').$$

This θ is a harmonic function in T with derivatives of all orders, and thus we deduce from (40) and (37) the relation

$$\operatorname{rot}^* (\operatorname{rot} j) = f - \operatorname{grad} \theta.$$

We saw at the end of §2 how we may ascertain a harmonic vector field h in T such that

$$\operatorname{grad} \theta = \operatorname{rot} h, \qquad \operatorname{div} h = 0.$$

The field

$$\operatorname{rot} j + h = u$$

satisfies all our demands. This construction is superior to the one laid down in the equations (31), and the result, which is the main goal of this long section, deserves to be fixed as

THEOREM IV. *For a harmonic function η in a cube T we can find a harmonic vector field h such that*

$$\operatorname{grad} \eta = \operatorname{rot} h, \qquad \operatorname{div} h = 0.$$

For any source-free vector field f in T we can find a continuous field u in T (which moreover satisfies a Hölder condition of arbitrary exponent < 1) such that

$$(41) \qquad\qquad f = \operatorname{rot}^* u, \qquad \operatorname{div}^* u = 0.$$

4. **Auxiliary inequalities.** We now come to another more interesting preparation. Take a cube T of edge l and let it be described by the inequalities

$$0 \leqq x_1 \leqq l, \qquad 0 \leqq x_2 \leqq l, \qquad 0 \leqq x_3 \leqq l.$$

Let φ be a function with continuous first derivatives in T (boundary included). The gradient $f = \operatorname{grad} \varphi$ determines φ up to an additive constant. We therefore split φ into a multiple φ^0 of 1 and a second component φ^* orthogonal to 1,

$$\varphi(x) = \varphi^0 + \varphi^*(x), \qquad \int_T \varphi^*(x) = 0$$

and set

$$H_T[\varphi] = \int_T (\varphi^*)^2, \qquad D_T[\varphi] = \int_T (\operatorname{grad} \varphi)^2.$$

LEMMA 3. *With a certain constant L depending only on l, Poincaré's inequality*[5]

$$(42) \qquad\qquad H_T[\varphi] \leqq L^2 \cdot D_T[\varphi]$$

[5] H. Poincaré, *Sur les équations de la physique mathématique*, Rend. Circ. Mat. Palermo, vol. 8(1894), pp. 70–76.

holds. The best value for L is

$$L = \frac{l}{\pi}.$$

The attempt to minimize $D_T[\varphi]$ under the auxiliary condition $\int_T \varphi^2 = 1$ leads to the acoustic problem of the eigen-tones of T, even when T is any fairly regular region:

$$\Delta\varphi + \lambda^2\varphi = 0 \quad \text{in } T, \qquad \frac{\partial\varphi}{\partial n} = 0 \quad \text{on the boundary } T'.$$

Hence the best value for L in (42) is the reciprocal of the frequency λ of the gravest eigen-tone. This observation points the way to the following proof.

Take $l = 1$. For any set $\nu = (\nu_1, \nu_2, \nu_3)$ of non-negative integers we introduce the eigen-function

$$\text{co }(\nu) = \text{co }(\nu_1, \nu_2, \nu_3) = \cos \pi\nu_1 x_1 \cdot \cos \pi\nu_2 x_2 \cdot \cos \pi\nu_3 x_3$$

and the eigen-vectors

$$\text{co}^{(1)}(\nu), \text{co}^{(2)}(\nu), \text{co}^{(3)}(\nu); \qquad \text{sn}^{(1)}(\nu), \text{sn}^{(2)}(\nu), \text{sn}^{(3)}(\nu).$$

The second and third component of $\text{co}^{(1)}(\nu)$ and $\text{sn}^{(1)}(\nu)$ vanish while their first components equal

$$\sin \pi\nu_1 x_1 \cdot \cos \pi\nu_2 x_2 \cdot \cos \pi\nu_3 x_3 \quad \text{and} \quad \cos \pi\nu_1 x_1 \cdot \sin \pi\nu_2 x_2 \cdot \sin \pi\nu_3 x_3$$

respectively. We introduce the Fourier coefficients of φ and $f = \text{grad } \varphi$ with respect to co (ν) and $\text{co}^{(1)}(\nu), \text{co}^{(2)}(\nu), \text{co}^{(3)}(\nu)$ respectively:

$$a = a(\nu) = \int_T \varphi \cdot \text{co }(\nu), \qquad a_i = a_i(\nu) = \int_T f \cdot \text{co}^{(i)}(\nu) \qquad (i = 1, 2, 3).$$

φ^* has the same Fourier coefficients as φ, except that $a(0, 0, 0)$ is replaced by 0. Set

$$2(\nu) = 1 \text{ or } 2 \text{ for } \nu = 0 \text{ or } \nu = 1, 2, \cdots \text{ respectively,}$$

and

$$\delta = \delta(\nu_1, \nu_2, \nu_3) = 2(\nu_1) \cdot 2(\nu_2) \cdot 2(\nu_3).$$

The individual eigen-function co (ν) contributes to $H_T[\varphi]$ the amount $\delta \cdot a^2$; according to Parseval's equation, $H_T[\varphi]$ itself is the sum of these contributions associated with the different sets $\nu = (\nu_1, \nu_2, \nu_3)$, excluding $(0, 0, 0)$.

The connection between φ^* and f may be put in this form:

$$\int_T \varphi^* = 0,$$

$$\int_T \varphi^* \cdot \text{div } p = -\int_T (f \cdot p),$$

the second equation holding for any vector field p in T with continuous derivatives whose normal component p_n vanishes along T'. In the sequel p always has this significance. Taking

$$p = \mathrm{co}^{(1)}, \ \mathrm{co}^{(2)}, \ \mathrm{co}^{(3)}$$

one finds

$$a_i = -\pi \nu_i a \qquad\qquad (i = 1, 2, 3).$$

Since

$$\pi^2 \cdot \sum_{\nu}{}' \ (\nu_1^2 + \nu_2^2 + \nu_3^2) \cdot \delta a^2 = \sum_{\nu}{}' \ \delta \cdot (a_1^2 + a_2^2 + a_3^2) \leqq \int_T f^2,$$

where the accent indicates the exclusion of $(0, 0, 0)$ from summation, we obtain the desired result

$$\pi^2 \cdot H_T[\varphi] \leqq \int_T f^2.$$

As one sees, the proof depends on the fact that

$$[2(\nu)]^{\frac{1}{2}} \cdot \cos \pi \nu x \qquad\qquad (\nu = 0, 1, 2, \cdots)$$

constitute a complete orthogonal system for the interval $0 \leqq x \leqq 1$.

For a block T of arbitrary edges l_1, l_2, l_3,

$$0 \leqq x_1 \leqq l_1, \quad 0 \leqq x_2 \leqq l_2, \quad 0 \leqq x_3 \leqq l_3,$$

one would obtain the same inequality (42) with

$$(43) \qquad\qquad L = \frac{1}{\pi} \max \ (l_1, l_2, l_3).$$

The inequality (42) may also be written in this form:

$$(44) \qquad\qquad \int\int (\varphi(x) - \varphi(x'))^2 \leqq 2L^2 T \cdot D_T[\varphi].$$

In the left member both integrations with respect to x and x' run over T. At the right, the letter T stands for the volume of the cube T.

What is the analogous relation for rot instead of grad? rot u remains unchanged by adding a term grad φ to u. Hence as a preliminary we carry out the following construction[6] in which T plays the rôle of G. Let $\mathfrak{T}$ be the complete Hilbert space of all vector fields u of finite

$$\| u \|_T^2 = \int_T u^2$$

---

[6] This is the problem to which O. Nikodym applied the method of orthogonal projection, loc. cit. (footnote 1).

while $\bar{\mathfrak{T}} \subset \mathfrak{T}$ is the closure of all fields grad σ derived from potentials σ that have continuous first derivatives in the closed T, and $\mathfrak{T}^*$ consists of the elements u^* of $\mathfrak{T}$ which are orthogonal to all those fields:

$$(45) \qquad \int_T (u^* \cdot \text{grad } \sigma) = 0.$$

This orthogonal decomposition $\mathfrak{T} = \mathfrak{T}^* + \bar{\mathfrak{T}}$ when applied to an element u of $\mathfrak{T}$ is described by

$$u = u^* + \bar{u}.$$

We put the relation $f = \text{rot } u$ into the more universal form

$$\int_T (u \cdot \text{rot } q) = \int_T (f \cdot q),$$

holding for any field q in the closed T which has continuous derivatives and whose tangential components vanish along T'. This equation survives for u^* because the fields grad σ approximating $\bar{u}$ and hence $\bar{u}$ itself are orthogonal to rot q. We thus arrive at this conjecture:

LEMMA 4. *Let f and u^* be vector fields in the interior of T of finite $\|f\|_T$, $\|u^*\|_T$ such that the equations*

$$
\begin{aligned}
&\int_T (u^* \cdot \text{grad } \sigma) = 0, \\
&\int_T (u^* \cdot \text{rot } q) = \int_T (f \cdot q)
\end{aligned}
$$

(46)

hold whenever the scalar σ and vector q have continuous derivatives in the closed T and the tangential components of q vanish along the boundary of T. Then u^* is uniquely determined by f, and a universal inequality

$$(47) \qquad \|u^*\|_T^2 \leqq M^2 \cdot \|f\|_T^2$$

holds where the constant M depends on l only; its best value is

$$M^2 = \frac{l^2}{2\pi^2}.$$

The corresponding minimizing problem is that of radiation, of standing electromagnetic waves in the Hohlraum T. This sets the tune for our proof.

Let a_i, b_i ($i = 1, 2, 3$) be the Fourier coefficients of f with respect to $\text{sn}^{(i)}$ and of u with respect to $\text{co}^{(i)}$. Then by the substitutions $\sigma = \text{co}(\nu)$ and $q = \text{co}^{(1)}, \text{co}^{(2)}, \text{co}^{(3)}$ the equations (46) yield

$$b_1\nu_1 + b_2\nu_2 + b_3\nu_3 = 0,$$

(48)

$$\pi(\nu_2 b_3 - \nu_3 b_2) = a_1, \quad \pi(\nu_3 b_1 - \nu_1 b_3) = a_2, \quad \pi(\nu_1 b_2 - \nu_2 b_1) = a_3,$$

and from this follows

$$a_1^2 + a_2^2 + a_3^2 = \pi^2(\nu_1^2 + \nu_2^2 + \nu_3^2)(b_1^2 + b_2^2 + b_3^2).$$

Not only $(0, 0, 0)$ but also those combinations (ν_1, ν_2, ν_3) in which two components vanish may be excluded. Indeed $\nu_2 = \nu_3 = 0, \nu_1 \neq 0$ implies $a_1 = a_2 = a_3 = 0, b_2 = b_3 = 0$, and by (48) also $b_1 = 0$. Thus the least admissible value of $\nu_1^2 + \nu_2^2 + \nu_3^2$ is 2. This proves our statement.

For a block T with the edges l_1, l_2, l_3 a similar inequality holds, and in that case the best value for M^2 is

$$M^2 = \frac{1}{\pi^2} \cdot \max\left(\frac{l_2^2 l_3^2}{l_2^2 + l_3^2}, \frac{l_3^2 l_1^2}{l_3^2 + l_1^2}, \frac{l_1^2 l_2^2}{l_1^2 + l_2^2}\right).$$

The question of the existence of u^* for a given solenoidal f will be decided in connection with the application of our inequality to the situation in which we are primarily interested (§6).

Similar inequalities hold for a sphere K of radius R. The best values of L and M in (42) and (47) are R/α, where α is the least positive root of the equation

$$\tan \alpha = \frac{2\alpha}{2 - \alpha},$$

and $2R/\pi$ respectively. Elementary proofs of the inequality (42) for convex bodies and sphere, which, however, do not yield the best constants, are given by H. Poincaré and the author.[7] It seems unlikely that they allow approaching the inequality (47).

5. **Periods of irrotational fields.**

1. We take up the first boundary problem, i.e., the decomposition $\mathfrak{F} = \mathfrak{G} + \mathfrak{E}$, $f = g + e$, of an element f of $\mathfrak{F}$. Here g is the limit of a sequence of fields $g_\nu = \text{grad } \psi_\nu$. For the moment we throw aside our knowledge that ψ_ν is single valued over the whole of G and vanishes in a boundary strip. Given a cube $T \subset G$, we subtract from ψ_ν its mean value ψ_ν^0 over T, so that $\psi_\nu^* = \psi_\nu - \psi_\nu^0$ satisfies the normalizing condition

$$\int_T \psi_\nu^* = 0.$$

We apply Lemma 3:

$$\int_T (\psi_\nu^* - \psi_\mu^*)^2 \leq L^2 \cdot \| g_\nu - g_\mu \|^2.$$

---

[7] H. Poincaré, loc. cit. (footnote 5). See also R. Courant and D. Hilbert, *Methoden der mathematischen Physik*, II, Berlin, 1937, pp. 488 and 517–519. H. Weyl, *Die Idee der Riemannschen Fläche*, Leipzig, 1913, pp. 89–90. Another proof could be modeled after the pattern of the argument in §7.

Hence the integral at the left tends to zero with $\mu, \nu \to \infty$, and there exists a function ψ^* of finite square integral in T such that

$$\int_T (\psi^* - \psi_\nu^*)^2 \to 0 \quad \text{for} \quad \nu \to \infty.$$

ψ^* is connected with g by the equations $\int_T \psi^* = 0$ and

$$(49) \qquad \int_T \psi^* \cdot \operatorname{div} p = -\int_T (g \cdot p)$$

holding for any p of the formerly described nature. If one writes $e = \operatorname{grad} \eta$, then $\psi^* + \eta$ stands in similar relationship to f itself.

2. We study any function φ in G with continuous derivatives and the accompanying vector field $f = \operatorname{grad} \varphi$. We suppose

$$(50) \qquad \|f\|^2 = \int_G f^2 = D[\varphi] \leqq \epsilon^2.$$

Choosing a definite cube T_0 of edge l_0 in G, we normalize the arbitrary additive constant in φ by

$$(51) \qquad \int_{T_0} \varphi = 0,$$

and then have

$$(52) \qquad \int_{T_0} \varphi^2 \leqq L_0^2 \epsilon^2 \qquad\qquad (L_0 = l_0/\pi).$$

LEMMA 5. *Let T, T_1 be any two overlapping cubes in G. We maintain that under the assumption (50)*

$$(53) \qquad \int_T \varphi^2 \leqq A^2 \epsilon^2 \quad \text{implies} \quad \int_{T_1} \varphi^2 \leqq A_1^2 \epsilon^2,$$

where A_1 depends on A and T, T_1 but not on ϵ and φ.

Proof. According to Lemma 3 there exists a constant φ^1, the mean value of φ over T_1, such that

$$(54) \qquad \int_{T_1} (\varphi - \varphi^1)^2 \leqq L_1^2 \epsilon^2 \qquad\qquad (L_1 = l_1/\pi).$$

Denote by t the common part of T and T_1. The hypothesis (53) and formula (54) imply

$$\int_t \varphi^2 \leqq A^2 \epsilon^2, \qquad \int_t (\varphi^1 - \varphi)^2 \leqq L_1^2 \epsilon^2.$$

Using Schwarz's inequality for

$$\varphi^1 = A^{\frac{1}{2}} \cdot \frac{\varphi}{A^{\frac{1}{2}}} + L_1^{\frac{1}{2}} \cdot \frac{\varphi^1 - \varphi}{L_1^{\frac{1}{2}}}$$

we find

$$(\varphi^1)^2 t \leqq (A + L_1)^2 \epsilon^2.$$

Since

$$\int_{T_1} \varphi^2 = \int_{T_1} (\varphi - \varphi^1)^2 + (\varphi^1)^2 T_1,$$

we arrive at the result (53) with

$$A_1^2 = L_1^2 + (A + L_1)^2 \cdot \frac{T_1}{t}.$$

Let T be any cube in G. Join T_0 with T by a chain of cubes any two consecutive members of which overlap.[8] (We operate here, if necessary, in one of the connected components of G, rather than in G itself.) Starting with (52) and continuing by means of the last lemma, we ascertain a constant A_T such that

$$(55) \qquad \int_T \varphi^2 \leqq A_T^2 \cdot \epsilon^2$$

follows from

$$\int_{T_0} \varphi = 0 \quad \text{and} \quad D[\varphi] \leqq \epsilon^2.$$

The application to our situation is immediate. We subtract from ψ_ν its mean value ψ_ν^0 over T_0, so that $\psi_\nu^* = \psi_\nu - \psi_\nu^0$ fulfills the normalizing condition

$$(56) \qquad \int_{T_0} \psi_\nu^* = 0.$$

Then

$$\int_T (\psi_\nu^* - \psi_\mu^*)^2 \leqq A_T^2 \cdot \| g_\nu - g_\mu \|^2$$

for any cube $T \subset G$. Hence we find a function ψ^* in the whole of G such that

$$(57) \qquad \int_T (\psi^* - \psi_\nu^*)^2 \to 0 \quad \text{for each } T.$$

The relation (49) now holds for every T. The harmonic e has a harmonic scalar potential η, $e = \operatorname{grad} \eta$, on $\bar{G}$. We put $\varphi^* = \psi^* + \eta$ and feel justified in

---

[8] This argument is taken from the author's book on Riemann surfaces, loc. cit. (footnote 7), pp. 103–104.

ascribing the value $\varphi^*(b) - \varphi^*(a)$ to the line integral $\int (f \cdot dx)$ extending over any line $\mathfrak{l}$ on G joining the point a with b. Here a denotes at the same time a point on $\bar{G}$ lying over a and b that point on $\bar{G}$ to which a traveler starting at a is led by following the trace $\mathfrak{l}$.

3. Suppose f itself to be continuous and thus whirl-free rather than irrotational. We can write $f = \mathrm{grad}\ \varphi$, where φ is a periodic function on $\bar{G}$ with continuous derivatives. Our last result comes very close to a proof that φ has the same periods as η. But to make this point quite explicit we apply Lemma 5 to our present φ on $\bar{G}$, which we are evidently entitled to do, and to a chain leading from the cube T_0 on $\bar{G}$ to that cube T which arises from T_0 by the covering transformation S. We make use of the normalization (51). The inequalities

$$\int_{T_0} \varphi^2 \leqq L_0^2 \epsilon^2, \qquad \int_T \varphi^2 = \int_{T_0} (S\varphi)^2 \leqq A_T^2 \cdot \epsilon^2$$

result in the following relation for the constant difference $\pi_S = S\varphi - \varphi$:

$$\pi_S^2 \cdot T_0 \leqq (L_0 + A_T)^2 \epsilon^2.$$

Hence:

THEOREM V. *For any covering transformation S of $\bar{G}$ there exists a constant H_S such that the period $\pi_S[f]$ of any whirl-free field f satisfies the inequality*

$$\pi_S^2 \leqq H_S^2 \cdot \|f\|^2.$$

We apply this lemma to $g - g_\nu$ with its potential $\varphi - \eta - \psi_\nu$. Its periods are independent of ν, namely, the periods κ_S of $\varphi - \eta$, and we obtain

$$\kappa_S^2 \leqq H_S^2 \cdot \|g - g_\nu\|^2,$$

and this proves the desired result $\kappa_S = 0$:

THEOREM VI. *If the decomposition $\mathfrak{F} = \mathfrak{G} + \mathfrak{E}$ is applied to a whirl-free vector $f, f = \mathrm{grad}\ \varphi$, then the periods of its potential φ agree with those of the harmonic potential η of the $\mathfrak{E}$-part e.*

The function $\psi^* = \varphi - \eta$, single-valued in G, is the limit of the functions ψ_ν^* in the sense of the relation (57), provided the arbitrary additive constant in η is normalized according to

$$\int_{T_0} \psi^* = 0.$$

Our theorem proves in particular that for any periodic function φ on $\bar{G}$ with continuous derivatives we can ascertain a harmonic function η with the same periods; it goes beyond this statement by adding that in some sense η has the same boundary values as φ.

6. **Periods of solenoidal fields.** We shall try to imitate as closely as possible the procedure of the previous section for the second boundary problem, i.e., the

decomposition

$$\mathfrak{F}' = \mathfrak{G}' + \mathfrak{E}, \quad f = g + e$$

of a solenoidal vector field f. We encounter no difficulty at point 1. g is the limit of fields $g_\nu = \operatorname{rot} v_\nu$, and we apply to v_ν and a given cube $T \subset G$ the splitting formerly described as $\mathfrak{T} = \mathfrak{T}^* + \bar{\mathfrak{T}}$. Lemma 4 yields

$$\int_T (v_\nu^* - v_\mu^*)^2 \leq M^2 \cdot \| g_\nu - g_\mu \|^2,$$

and hence v_ν^* tends to a limit v^* in T in the sense that

$$\int_T (v^* - v_\nu^*)^2 \to 0 \quad \text{for } \nu \to \infty.$$

This v^* satisfies the relations

$$\int_T (v^* \cdot \operatorname{grad} \sigma) = 0,$$

$$\int_T (v^* \cdot \operatorname{rot} q) = \int_T (g \cdot q)$$

with the same conditions for σ and q as in (46). Put e in the form $\operatorname{rot} h$; then the given field f will stand in the same relationship to $v^* + h^*$ as g to v^*. (Incidentally h^* would equal h if we had used a sphere K instead of a cube T, because $\operatorname{div} h$ and the radial component of h vanish.)

We can expect no analogue of point 2.

Point 3 may be established although the argument has to undergo some modification on account of the missing parallel to the covering manifold $\bar{G}$.

Consider a 2-cycle C in G whose faces are plane triangles Δ each enclosed in a cubical box $T \subset G$. (To be precise, we suppose all points of the closed triangle to lie in the interior of T.) Our goal is to derive an inequality for the period

$$\pi_C = \int_C f_n \, do$$

of any source-free vector field f in G,

$$\pi_C^2 \leqq H_C^2 \cdot \| f \|^2$$

in which the constant H_C depends on C and not on f. To that end we enclose T in a slightly larger cube $T' \subset G$ and construct a vector potential u for f, continuous in the interior of T' and satisfying the relations

(58) $$f = \operatorname{rot}^* u, \quad \operatorname{div}^* u = 0.$$

Afterwards we pass to T and apply the splitting $\mathfrak{T} = \mathfrak{T}^* + \bar{\mathfrak{T}}$ to u,

$$u = u^* + \bar{u}.$$

We maintain that $\bar{u} = \operatorname{grad} \vartheta$, where ϑ is harmonic in the interior of T. Indeed, by definition,

$$\int_T (\bar{u} \cdot \operatorname{rot} q) = 0.$$

Moreover, the second equation (58) implies

$$\int_T (u \cdot \operatorname{grad} \psi) = 0$$

for any ψ with continuous derivatives in the closed T which vanishes at the border of T, and this, together with (45), results in

$$\int_T (\bar{u} \cdot \operatorname{grad} \psi) = 0.$$

Our fundamental Theorem I applied to T instead of G then shows that $\bar{u}$ is a harmonic field satisfying the relations

$$\operatorname{div} \bar{u} = 0, \quad \operatorname{rot} \bar{u} = 0.$$

Hence u^* is continuous in the interior of T and the relations (58) persist for u^*. Therefore

$$(59) \qquad \int_\Delta f_n \, do = \int_{\Delta'} u_s \, ds = \int_{\Delta'} u_s^* \, ds.$$

Since the conditions (46) prevail, we conclude from Lemma 4 that

$$(60) \qquad \int_T (u^*)^2 \leq M^2 \cdot \|f\|^2.$$

[The combinatorial schemes of the 2-cycles I had in mind when writing the following proof are abstract finite oriented 2-*manifolds*. However, with obvious alterations the proof holds good for 2-cycles on an arbitrary 2-*complex*, and Theorems VII and VIII should be understood in this wider sense. Added November 17, 1940.]

Next we envisage two adjacent faces Δ_1, Δ_2 of C, their common edge δ, and their embedding boxes T_1, T_2 in which the fields u_1^*, u_2^* are defined. In computing π_C we sum (59) over all faces of C. The edge δ contributes

$$(61) \qquad \int_\delta (u_1^* - u_2^*)_s \, ds.$$

T_1 and T_2 have a common part T_δ. The boxes T for all the faces Δ with a common vertex a have a common part T_a. The T_δ and T_a are not cubes, but blocks. Because

$$f = \operatorname{rot}^* u_1^* = \operatorname{rot}^* u_2^* \qquad \text{in } T_\delta$$

the difference $u_2^* - u_1^*$ is whirl-free in T_δ and hence equals grad φ_δ, where $\varphi_\delta = \varphi_{12}$ is a function in the interior of T_δ with continuous derivatives. Incidentally φ_δ is harmonic because $u_2^* - u_1^*$ is not only whirl-free but also source-free according to the equations

$$\text{div}^* \, u_1^* = 0, \qquad \text{div}^* \, u_2^* = 0.$$

The relations (60) for u_1^* in T_1 and u_2^* in T_2 imply

$$\int_{T_\delta} (u_1^*)^2 \leqq M_1^2 \cdot \|f\|^2, \qquad \int_{T_\delta} (u_2^*)^2 \leqq M_2^2 \cdot \|f\|^2$$

and hence

$$(62) \qquad \int_{T_\delta} (\text{grad } \varphi_\delta)^2 = \int_{T_\delta} (u_1^* - u_2^*)^2 \leqq (M_1 + M_2)^2 \cdot \|f\|^2.$$

Let the edge δ lead from the vertex a to b. Its orientation is such that the transition $\Delta_1 \to \Delta_2$ crosses it from left to right. For the opposite crossing $\Delta_2 \to \Delta_1$ we obtain $\varphi_{21} = -\varphi_{12}$, $\varphi_{-\delta} = -\varphi_\delta$. The integral (61) has the value

$$-\int_\delta (\text{grad } \varphi_\delta)_s \, ds = \varphi_\delta(a) - \varphi_\delta(b) = \varphi_\delta(a) + \varphi_{-\delta}(b).$$

Summing over all edges δ of C we arrive at this formula:

$$(63) \qquad \pi_C = \sum_\delta \{\varphi_\delta(a) - \varphi_\delta(b)\} = \sum_a \chi_a(a).$$

The latter sum extends over all vertices a and

$$\chi_a(a) = {\sum_\delta}' \varphi_\delta(a),$$

where ${\sum_\delta}'$ runs over all edges δ radiating from a.

Denote by $\Delta_1, \Delta_2, \cdots, \Delta_m \, (\Delta_1)$ the cycle of faces around a. Because

$$\text{grad } \varphi_{12} = u_2^* - u_1^*, \quad \text{grad } \varphi_{23} = u_3^* - u_2^*, \quad \cdots$$

the gradient of the sum $\varphi_{12} + \varphi_{23} + \cdots + \varphi_{m1}$ vanishes in T_a, and hence that sum is a constant. Designating by x_a a point varying over T_a we thus find that

$$\chi_a(x_a) = {\sum_\delta}' \varphi_\delta(x_a)$$

is a constant, and (63) changes into the more general equation

$$(64) \qquad \pi_C = \sum_a \chi_a(x_a) = \sum_\delta \{\varphi_\delta(x_a) - \varphi_\delta(x_b)\}.$$

This equation puts in evidence that the value of π_C is not affected by moving each vertex a within its surrounding box T_a.

We apply the inequality (44) to φ_δ and the box T_δ with the effect that

$$\iint (\varphi_\delta(x) - \varphi_\delta(x'))^2 \leqq L_\delta^2 \cdot \int_{T_\delta} (\text{grad } \varphi_\delta)^2$$

with a certain constant L_δ depending on the lengths of the edges of T_δ only; see equation (43). Integration at the left ranges over T_δ with respect to x and x'. We combine this with (62) and limit the integration at the left for x to T_a and for x' to T_b and thus find an inequality

$$\int_{T_a}\int_{T_b} (\varphi_\delta(x_a) - \varphi_\delta(x_b))^2 \leqq A_\delta^2 T_a T_b \cdot \|f\|^2.$$

The constant A_δ, whose explicit value can easily be given, does not depend on f. If we now use the second expression (64) of π_C and integrate by running each point x_a over its box T_a we get

$$\pi_C^2 \leqq H_C^2 \cdot \|f\|^2 \quad \text{where} \quad H_C = \sum_\delta A_\delta :$$

THEOREM VII. *To every 2-cycle C in G one can assign a constant H_C such that the period π_C over C of any source-free vector field f in G satisfies the inequality*

$$\pi_C^2 \leqq H_C^2 \cdot \|f\|^2.$$

Returning to our second boundary problem we observe that the period κ_C over any 2-cycle C of g is that of

$$g - g_\nu = g - \operatorname{rot} v_\nu .$$

The resulting inequality

$$\kappa_C^2 \leqq H_C^2 \cdot \|g - g_\nu\|^2 \quad \text{for } \nu = 1, 2, \cdots$$

shows that $\kappa_C = 0$ or that f has the same periods as the harmonic part e:

THEOREM VIII. *If the decomposition $\mathfrak{F}' = \mathfrak{G}' + \mathfrak{E}$ is applied to a source-free vector field f, then the periods of f over any 2-cycle are the same as those of the $\mathfrak{E}$-part e.*

7. **Behavior on the boundary.** So far we have evaluated the fact that the approximating g_ν in our two problems have a scalar and a vector potential respectively, which are single-valued throughout G. How can we take into account their vanishing in a boundary strip?

In our first problem,

$$g_\nu = \operatorname{grad} \psi_\nu \qquad\qquad (\psi_\nu, \text{ of class } \Gamma),$$

we put $\psi_\nu = 0$ outside G, so that ψ_ν is a function with continuous derivatives throughout the whole space, and choose an arbitrarily large cube T which need not be part of G. We are going to prove that the ψ_ν themselves, without being normalized by subtraction of a constant to fit the equation (56), converge to a limit $\bar\psi$ in the sense that

$$\int_T (\bar\psi - \psi_\nu)^2 \to 0 \quad \text{for } \nu \to \infty.$$

To this end, study any function ψ of class Γ and the potential Φ of the mass distribution of density

$$\rho(x) = \psi(x) \text{ in } T, \qquad = 0 \text{ outside } T:$$

$$\Phi(x) = \int_{x'} \frac{\rho(x')}{|x - x'|},$$

and form the integral

$$J = \frac{1}{4\pi} \int (\text{grad } \Phi \cdot \text{grad } \psi).$$

Taking G as the domain of integration one finds

$$(65) \qquad J = -\frac{1}{4\pi} \int \psi \cdot \Delta^* \Phi = \int \psi \rho = \int_T \psi^2.$$

Taking the whole space as domain of integration one gets

$$J^2 \leqq \frac{1}{4\pi} \int (\text{grad } \Phi)^2 \cdot \frac{1}{4\pi} \int (\text{grad } \psi)^2.$$

The first integral at the right converges because Φ, grad Φ vanish at infinity with the orders 1 and 2 respectively, and it equals

$$-\frac{1}{4\pi} \int \Phi \cdot \Delta^* \Phi = \int\int \frac{\rho(x)\rho(x')}{|x - x'|}.$$

At the right side the integration with respect to both x and x' may be restricted to T and then $\rho(x)$ be replaced by $\psi(x)$. By Schwarz's inequality its square is less than or equal to

$$E^2 \cdot \int_T \int_T (\psi(x)\psi(x'))^2 = E^2 \cdot \left(\int_T \psi^2\right)^2,$$

where

$$E^2 = \int_T \int_T \frac{1}{|x - x'|^2}.$$

Thus

$$J^2 \leqq \frac{E}{4\pi} \cdot \int_T \psi^2 \cdot \int_G (\text{grad } \psi)^2.$$

Combine this with (65). The result is the following inequality which ought to be compared with Lemma 3:

$$\int_T \psi^2 \leqq \frac{E}{4\pi} \cdot \int_G (\text{grad } \psi)^2.$$

Application to $\psi_\nu - \psi_\mu$ yields

$$\int_T (\psi_\nu - \psi_\mu)^2 \to 0 \quad \text{for } \mu, \nu \to \infty.$$

Hence ψ_ν converges toward a limit ψ in the sense that for every cube T

$$\int_T (\psi - \psi_\nu)^2 \to 0 \quad \text{for } \nu \to \infty.$$

ψ vanishes outside G.   The relation

$$\int_T \psi_\nu \cdot \operatorname{div} p = -\int_T (g_\nu \cdot p)$$

holding for any p satisfying the conditions indicated by that letter carries over to the limit:

$$(66) \qquad \int_T \psi \cdot \operatorname{div} p = -\int_T (g \cdot p).$$

Again g is set equal to zero outside G.   This is the sought-for equivalent for the equation $g = \operatorname{grad} \psi$ together with the boundary condition $\psi = 0$.   Indeed, if G has a fairly regular boundary γ, and ψ, which vanishes outside G, has continuous boundary values, then the equation (66) would not be true for $g = \operatorname{grad} \psi$ unless one adds at one side the term $\int \psi \cdot p_n \, do$ extending over the part of the boundary γ enclosed in T.

For obvious reasons this procedure fails for the second boundary problem. However, the idea again works handsomely when we replace the second by the third problem.   We study a vector field v of class Γ and set $v = 0$ outside G; moreover,

$$\tilde{v} = v \text{ in } T, \qquad = 0 \text{ outside } T.$$

We form the vector potential

$$V(x) = \int_{x'} \frac{\tilde{v}(x')}{|x - x'|}$$

and the integral

$$J = \frac{1}{4\pi} \int (\operatorname{div} V \cdot \operatorname{div} v + \operatorname{rot} V \cdot \operatorname{rot} v).$$

By transformations similar to the foregoing we find the inequality

$$\int_T v^2 \leqq \frac{E}{4\pi} \cdot \int_G \{(\operatorname{rot} v)^2 + (\operatorname{div} v)^2\},$$

which is to be compared with Lemma 4.

Any pair (g, ψ) in $\mathfrak{G}^+$ is the limit of pairs

$$g_\nu = \operatorname{rot} v_\nu, \qquad \psi_\nu = \operatorname{div} v_\nu \qquad\qquad (v_\nu \text{ of class } \Gamma).$$

Application of our inequality to $v_\nu - v_\mu$ yields a vector field v vanishing outside G such that

$$\int_T (v - v_\nu)^2 \to 0 \quad \text{for } \nu \to \infty$$

in any cube T. This v satisfies the conditions

$$\int_T (v \cdot \text{rot } q) = \int_T (g \cdot q), \qquad \int_T (v \cdot \text{grad } \sigma) = - \int_T \psi \cdot \sigma$$

for any scalar σ with continuous derivatives in the closed T which vanishes along the boundary and any vector field q of the nature indicated by that letter. These integral equations are the equivalent for the differential equations

$$g = \text{rot } v, \qquad \psi = \text{div } v$$

together with the boundary condition $v = 0$.

8. **Concluding remarks.** In two-dimensional space the conditions (3) and (4) for irrotational and solenoidal fields, read

$$\int \left(f_1 \frac{\partial \psi}{\partial x_2} - f_2 \frac{\partial \psi}{\partial x_1} \right) = 0,$$

$$\int \left(f_1 \frac{\partial \psi}{\partial x_1} + f_2 \frac{\partial \psi}{\partial x_2} \right) = 0$$

$(\psi$ of class $\Gamma)$.

When one considers (f_1, f_2) as a covariant vector, these conditions are invariant under conformal transformations of the coördinates x_1, x_2. Hence the theory applies to arbitrary Riemann surfaces, i.e., to two-dimensional manifolds whose conformal structure is locally Euclidean. It yields, among others, this result: If φ is a periodic function with continuous derivatives on the universal Abelian covering manifold $\bar{G}$ of a compact Riemann surface G, then there exists a harmonic function η with the same periods. This statement is practically equivalent, and on the basis of well-known results due to de Rham, completely equivalent to the existence of an Abelian integral of first kind with prescribed periods of its real part. An alternative procedure for the construction of these integrals is the one followed by the author in his book on Riemann surfaces cited before. The method of orthogonal projection in Hilbert space is a pleasant variant of the Dirichlet principle of minimization. However, it ought to be said that our present method shows its full strength only by the general way in which it allows taking boundary conditions into account. The argument of the last section does not go through in two-dimensional space, unless G is bounded or at least such that the integral over G of $1/(1 + | x |^2)$ is finite.

The method is easily adaptable to the problems of two- and three-dimensional *elasticity theory*.

In n dimensions the conditions (4), (3) read:

$$\int \sum_i f_i \frac{\partial \psi}{\partial x_i} = 0,$$

$$\int \sum_{i,k} f_i \frac{\partial v_{ik}}{\partial x_k} = 0.$$

ψ is an arbitrary scalar of class Γ and v_{ik} an arbitrary skew-symmetric tensor of rank 2 and class Γ. It is not difficult to see how to formulate the corresponding conditions for Pfaffian forms of higher rank. Here we meet with Hodge's investigations mentioned above. He observes that in a $2k$-dimensional space the conditions for a Pfaffian form of rank k involve only the conformal, not the full metric, structure of the space, and thus the theory of these forms and their periods goes through in a "conformally flat" space (a space endowed with a Riemann metric for which the conformal curvature vanishes).